2 次 関 数

□ 関数とグラフ
⇨ **定義域・値域** 関数 $y=f(x)$ において
　定義域 …… 変数 x のとる値の範囲
　値　域 …… 定義域の x の値に対応して y がとる値の範囲
⇨ **1 次関数 $y=ax+b$ のグラフ**
　傾きが a で y 軸上の切片が b の直線。
　$a>0$ なら右上がり，$a<0$ なら右下がり
□ 2 次関数のグラフ
⇨ **$y=a(x-p)^2+q$ のグラフ**
　$y=ax^2$ のグラフを
　　　x 軸方向に p,
　　　y 軸方向に q
　だけ平行移動した放物線。
　　頂点は　点 $(p,\ q)$
　　軸は　　直線 $x=p$
　$a>0$ のとき下に凸　$a<0$ のとき上に凸

⇨ **$y=ax^2+bx+c$ のグラフ**
　$y=a(x-p)^2+q$ に変形（平方完成）してかく。
$$ax^2+bx+c=a\left(x+\frac{b}{2a}\right)^2-\frac{b^2-4ac}{4a}$$

頂点は　点 $\left(-\dfrac{b}{2a},\ -\dfrac{b^2-4ac}{4a}\right)$

軸は　　直線 $x=-\dfrac{b}{2a}$

□ 2 次関数の最大・最小
⇨ **2 次関数 $y=ax^2+bx+c$ の最大・最小**
　$y=a(x-p)^2+q$ に変形（平方完成）。
　$a>0$ のとき，$x=p$ で最小値 q
　$a<0$ のとき，$x=p$ で最大値 q
⇨ **関数 $y=ax^2+bx+c$（$h\leqq x\leqq k$）の最大・最小**
　グラフを利用。$a>0$（下に凸）の場合
　① 定義域の内部に頂点があるとき
　　　頂点で最小。頂点から遠い定義域の端で最大。
　② 定義域の外部に頂点があるとき
　　　頂点に近い定義域の端で最小。遠い端で最大。
□ 2 次関数の決定　与えられた条件が
　① 放物線の頂点や軸　② 最大値，最小値
　　── 基本形 $y=a(x-p)^2+q$ でスタート。
　③ グラフが通る 3 点
　　── 一般形 $y=ax^2+bx+c$ でスタート。

2 次方程式と 2 次不等式

□ 2 次方程式
⇨ **解の公式**　2 次方程式 $ax^2+bx+c=0$ の解は　　$x=\dfrac{-b\pm\sqrt{b^2-4ac}}{2a}$

　　　　　　2 次方程式 $ax^2+2b'x+c=0$ の解は　　$x=\dfrac{-b'\pm\sqrt{b'^2-ac}}{a}$

⇨ **2 次方程式 $ax^2+bx+c=0$ の実数解**　判別式 $D=b^2-4ac$ について

　$D>0 \iff$ 異なる 2 つの解 $\left(\dfrac{-b\pm\sqrt{b^2-4ac}}{2a}\right)$　　$D=0 \iff$ 重解 $\left(-\dfrac{b}{2a}\right)$　　$D<0 \iff$ ない

□ 2 次関数のグラフと x 軸の位置関係
　2 次関数 $y=ax^2+bx+c$ について，$D=b^2-4ac$ とすると
　$D>0 \iff$ 異なる 2 点で交わる　　$D=0 \iff$ 1 点で接する　　$D<0 \iff$ 点をもたない
□ 2 次不等式　（$a>0$ の場合）

$D=b^2-4ac$	$D>0$	$D=0$	$D<0$
$y=ax^2+bx+c$ のグラフと x 軸の位置関係			
$ax^2+bx+c=0$ の解	$x=\alpha,\ \beta$	$x=\alpha$	ない
$ax^2+bx+c>0$ の解	$x<\alpha,\ \beta<x$	α 以外のすべての実数	すべての実数
$ax^2+bx+c\geqq0$ の解	$x\leqq\alpha,\ \beta\leqq x$	すべての実数	すべての実数
$ax^2+bx+c<0$ の解	$\alpha<x<\beta$	ない	ない
$ax^2+bx+c\leqq0$ の解	$\alpha\leqq x\leqq\beta$	$x=\alpha$	ない

注意　$a<0$ の場合は，不等式の両辺に -1 を掛けて，2 次の係数を正にして解けばよい。

□ **三角比**

⇒ **三角比の定義**

$$\sin\theta = \frac{BC}{AB}\ \left(\frac{対辺}{斜辺}\right)$$

$$\cos\theta = \frac{AC}{AB}\ \left(\frac{隣辺}{斜辺}\right)$$

$$\tan\theta = \frac{BC}{AC}\ \left(\frac{対辺}{隣辺}\right)$$

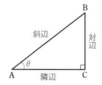

□ **三角比の相互関係**

① $\tan\theta = \dfrac{\sin\theta}{\cos\theta}$　② $\sin^2\theta + \cos^2\theta = 1$

③ $1 + \tan^2\theta = \dfrac{1}{\cos^2\theta}$

□ **三角比の拡張**

⇒ **座標を用いた三角比の定義**

$0° \leqq \theta \leqq 180°$ とする。

右の図で，$\angle AOP = \theta$，
$OP = r$，$P(x,\ y)$ とするとき

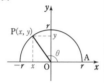

$$\sin\theta = \frac{y}{r}$$

$$\cos\theta = \frac{x}{r} \qquad \tan\theta = \frac{y}{x}$$

⇒ **90° − θ の三角比**

$$\sin(90° - \theta) = \cos\theta$$
$$\cos(90° - \theta) = \sin\theta$$
$$\tan(90° - \theta) = \frac{1}{\tan\theta}$$

⇒ **180° − θ の三角比**

$$\sin(180° - \theta) = \sin\theta$$
$$\cos(180° - \theta) = -\cos\theta$$
$$\tan(180° - \theta) = -\tan\theta$$

⇒ **三角比の符号**

θ	0°	鋭角	90°	鈍角	180°
$\sin\theta$	0	+	1	+	0
$\cos\theta$	1	+	0	−	−1
$\tan\theta$	0	+	なし	−	0

⇒ **三角比のとる値の範囲**

$0° \leqq \theta \leqq 180°$ のとき

$0 \leqq \sin\theta \leqq 1$，$-1 \leqq \cos\theta \leqq 1$

$\tan\theta$ はすべての実数値をとる。

⇒ **直線の傾きと正接**

直線 $y = mx$ と x 軸の正の向きとのなす角を
θ とすると　　$m = \tan\theta$

三角形への応用

□ **正弦定理・余弦定理とその応用**

⇒ **正弦定理**

△ABCの外接円の半径を R とすると

① $\dfrac{a}{\sin A} = \dfrac{b}{\sin B} = \dfrac{c}{\sin C} = 2R$

　$(\sin A : \sin B : \sin C = a : b : c)$

② $a = 2R\sin A$，$b = 2R\sin B$，$c = 2R\sin C$

⇒ **余弦定理**

① $a^2 = b^2 + c^2 - 2bc\cos A$

　$b^2 = c^2 + a^2 - 2ca\cos B$

　$c^2 = a^2 + b^2 - 2ab\cos C$

② $\cos A = \dfrac{b^2 + c^2 - a^2}{2bc}$，$\cos B = \dfrac{c^2 + a^2 - b^2}{2ca}$

　$\cos C = \dfrac{a^2 + b^2 - c^2}{2ab}$

□ **三角形の面積**

△ABC の面積を S とする。

① $S = \dfrac{1}{2}bc\sin A = \dfrac{1}{2}ca\sin B = \dfrac{1}{2}ab\sin C$

② 内接円の半径を r とすると

$$S = \frac{1}{2}r(a + b + c)$$

データの分析 (1)

□ **データの整理，データの代表値**

⇒ **度数分布表**

データをいくつかの範囲に区切って階級を定め，各階級に度数を対応させた表。

⇒ **ヒストグラム**

度数分布表を柱状のグラフで表したもの。

⇒ **平均値 $\bar{x}$**　$\bar{x} = \dfrac{1}{n}(x_1 + x_2 + \cdots\cdots + x_n)$

⇒ **最頻値（モード）**

データにおける最も個数の多い値。度数分布表の場合は，度数が最も大きい階級の階級値。

⇒ **中央値（メジアン）**

データを値の大きさの順に並べたとき，中央の位置にくる値。データの大きさが偶数のときは，中央に並ぶ２つの値の平均をとる。

チャート式® 基礎と演習 数学 I + A

チャート研究所 編著

はじめに

CHART（チャート）とは 何？

C.O.D.(*The Concise Oxford Dictionary*)には，CHART —— Navigator's sea map,with coast outlines, rocks, shoals, *etc.* と説明してある。

海図 —— 浪風荒き問題の海に船出する若き船人に捧げられた海図 —— 問題海の全面をことごとく一眸の中に収め，もっとも安らかな航路を示し，あわせて乗り上げやすい暗礁や浅瀬を一目瞭然たらしめる CHART!

—— 昭和初年チャート式代数学巻頭言

本書では，この CHART の意義に則り，下に示したチャート式編集方針で問題の急所がどこにあるか，その解法をいかにして思いつくかをわかりやすく示すことを主眼としています。

チャート式編集方針

1
基本となる事項を，定義や公式・定理という形で覚えるだけではなく，問題を解くうえで直接に役に立つ形でとらえるようにする。

▶

2
問題と基本となる事項の間につながりをつけることを考える——問題の条件を分析して既知の基本事項と結びつけて結論を導き出す。

▶

3
問題と基本となる事項を端的にわかりやすく示したものが **CHART** である。**CHART** によって基本となる事項を問題に活かす。

問.

君の成長曲線を
描いてみよう。

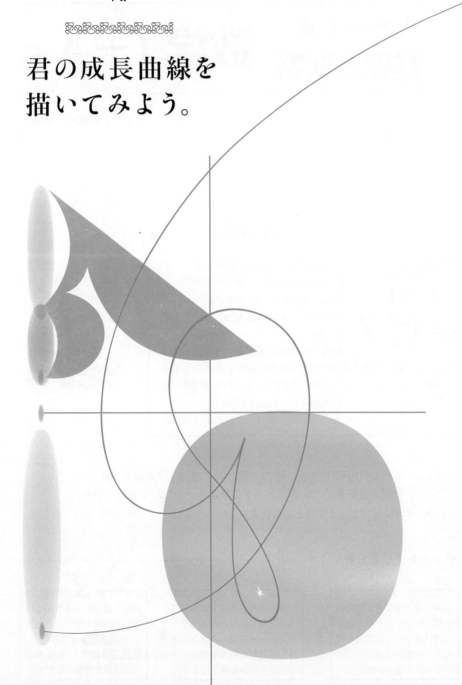

まっさらなノートに、未来を描こう。

新しい世界の入り口に立つ君へ。
次のページから、チャート式との学びの旅が始まります。
1年後、2年後、どんな目標を達成したいか。
10年後、どんな大人になっていたいか。
まっさらなノートを開いて、
君の未来を思いのままに描いてみよう。

好奇心は、君の伸びしろ。

君の成長を支えるひとつの軸、それは「好奇心」。
この答えを知りたい。もっと難しい問題に挑戦してみたい。
数学に必要なのは、多くの知識でも、並外れた才能でもない。
好奇心があれば、初めて目にする公式や問題も、
「高い壁」から「チャンス」に変わる。
「学びたい」「考えたい」というその心が、君を成長させる力になる。

なだらかでいい。日々、成長しよう。

君の成長を支えるもう一つの軸は「続ける時間」。
ライバルより先に行こうとするより、目の前の一歩を踏み出そう。
難しい問題にぶつかったら、焦らず、考える時間を楽しもう。
途中でつまづいたとしても、粘り強く、ゴールに向かって前進しよう。
諦めずに進み続けた時間が、1年後、2年後の君を大きく成長させてくれるから。

その答えが、
君の未来を前進させる解になる。

本 書 の 構 成

● Let's Start

その節で学習する内容の概要を示した。単に，基本事項 (公式や定理など) だけを示すのではなく，それはどのような意味か，どのように考えるか，などをかみくだいて説明している。また，その節でどのようなことを学ぶのかを冒頭で説明している。

Play Back 中学　中学の内容の復習を必要に応じて設けた。新しく学習する内容の土台となるので，しっかり確認しておこう。

● 例 題

基本例題，**標準例題**，**発展例題** の 3 種類がある。

基本例題　基礎力をつけるための問題。教科書の例，例題として扱われているタイプの問題が中心である。

標準例題　複数の知識を用いる等のやや応用力を必要とする問題。

発展例題　基本例題，標準例題の発展で重要な問題。教科書の章末に扱われているタイ
(発展学習)　プの問題が中心である。一部，学習指導要領の範囲を超えた内容も扱っている。

フィードバック・フォワード

関連する例題の番号を記してある。

CHART & GUIDE

例題の考え方や解法の手順を示した。大きい赤字の部分は解法の最重要ポイントである。

解 答

例題の模範解答を示した。解答の左側の $!$ の部分は特に重要で，CHART & GUIDE の $!$ の部分に対応している。

Lecture

例題の考え方について，その補足説明や，それを一般化した基本事項・公式などを示した。

質問コーナー

学習の際に疑問に思うようなことを，質問と回答の形式で説明した。

TRAINING

各ページで学習した内容の反復練習問題を 1 問取り上げた。

● コ ラ ム

「CHART NAVI」
本書の活用法や解答の書き方のポイントなどを紹介している。

「STEP forward」
基本例題への導入を丁寧に説明している。

「STEP into ここで整理」
問題のタイプに応じて定理や公式などをどのように使い分けるかを，見やすくまとめている。公式の確認・整理に利用できる。

「STEP into ここで解説」
わかりにくい事柄を掘り下げて説明している。

「STEP UP!」
学んだ事柄を発展させた内容などを紹介している。

「ズーム UP」
考える力を多く必要とする例題について，その考え方を詳しく解説している。

「ズーム UP-review-」
フィードバック先が複数ある例題について，フィードバック先に対応する部分の解答を丁寧に振り返っている。

「数学の扉」
日常生活や身近な事柄に関連するような数学的内容を紹介している。

「STEP forward」の紙面例

● EXERCISES
各章の最後に例題の類題を扱った。「EXERCISES A」では標準例題の類題，「EXERCISES B」では発展例題の類題が中心である。

● 実 践 編
「大学入学共通テスト」の準備・対策のための長文問題を例題形式で扱った。なお，例題に関連する問題を「TRAINING 実践」として扱った。

▶ 例題のコンパスマークの個数や，TRAINING，EXERCISES の問題の番号につけた数字は，次のような 難易度 を示している。

🧭，① … 教科書の例レベル 　　🧭🧭🧭🧭，④ … 教科書の章末レベル

🧭🧭，② … 教科書の例題レベル 　🧭🧭🧭🧭🧭，⑤ … 教科書を超えるレベル

🧭🧭🧭，③ … 教科書の応用例題，補充問題レベル 　（数研出版発行の教科書「新編 数学」シリーズを基準としている。）

また，大学入学共通テストの準備・対策向きの問題には，★ の印をつけた。

本書の使用法

本書のメインとなる部分は「**基本例題**」と「**標準例題**」です。

また，基本例題，標準例題とそれ以外の構成要素は次のような関係があります。

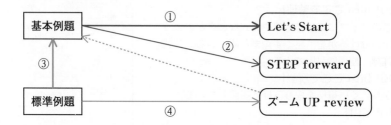

● **基本例題がよくわからないとき** ⟶

① 各節は，基本事項をまとめた「Let's Start」のページからはじまります。
基本例題を解いていて，公式や性質などわからないことがあったとき，
「Let's Start」のページを確認しよう。

② 基本例題の中には，その例題につながる基本的な考え方などを説明した
「STEP forward」のページが直前に掲載されていることがあります。
「STEP forward」のページを参照することも有効です。

● **標準例題がよくわからないとき** ⟶

③ 標準例題は基本例題の応用問題となっていることもあり，標準例題のもととなって
いる基本例題をきちんと理解できていないことが原因で標準例題がよくわからないの
かもしれません。
フィードバック(例題ページ上部に掲載)で基本例題が参照先として示されている場合，
その基本例題を参照してみよう。

④ 標準例題の中には，既習の例題などを振り返る「ズーム UP-review-」のページ
が右ページに掲載されていることがあり，そこを参照することも有効です。

(補足) 基本例題(標準例題)を解いたら，その反復問題である TRAINING を解いてみよう。例題
の内容をきちんと理解できているか確認できます。

(参考) **発展的なことを学習したいとき**
各章の後半には，発展例題と「EXERCISES」のページがあります。
基本例題，標準例題を理解した後，
さらに応用的な例題を学習したいときは，発展例題
同じようなタイプの問題を演習したいときは，EXERCISES のA問題
に取り組んでみよう。

デジタルコンテンツの活用方法

本書では，QRコード*からアクセスできるデジタルコンテンツを用意しています。これらを活用することで，わかりにくいところの理解を補ったり，学習したことをさらに深めたりすることができます。

● 解説動画

一部の例題について，解説動画を配信しています。

数学講師が丁寧に解説しているので，本書と解説動画をあわせて学習することで，例題のポイントを確実に理解することができます。

例えば，

- ・例題を解いたあとに，その例題の理解を確認したいとき
- ・例題が解けなかったときや，解説を読んでも理解できなかったとき

といった場面で活用できます。

数学講師による解説を　いつでも，どこでも，何度でも　視聴することができます。

解説動画も活用しながら，チャート式とともに数学力を高めていってください。

● サポートコンテンツ

本書に掲載した問題や解説の理解を深めるための補助的なコンテンツも用意しています。

例えば，関数のグラフや図形の動きを考察する例題において，画面上で実際にグラフや図形を動かしてみることで，視覚的なイメージと数式を結びつけて学習できるなど，より深い理解につなげることができます。

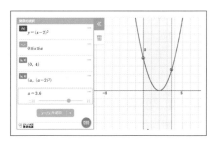

<デジタルコンテンツのご利用について>

デジタルコンテンツはインターネットに接続できるコンピュータやスマートフォン等でご利用いただけます。下記のURL，右のQRコード，もしくはLet's Startや一部の例題のページにあるQRコードからアクセスできます。

https://cds.chart.co.jp/books/5gsqwz4mj6

※追加費用なしにご利用いただけますが，通信料はお客様のご負担となります。Wi-Fi環境でのご利用をおすすめいたします。学校や公共の場では，マナーを守ってスマートフォンなどをご利用ください。

---

*　QRコードは，(株)デンソーウェーブの登録商標です。

※　上記コンテンツは，2021年秋以降，順次配信予定です。また，画像は制作中のものです。

8

目　次　（数学Ⅰ）

	問題数（数学Ⅰ）
例　題	159 （基本：76，標準：36，発展：47）
TRAINING	159
EXERCISES	89　（A：41，B：48）
実践編	12 （実践例題：6，TRAINING 実践：6）

目　次　（数学A）

	問題数（数学 A）
例　題	120 （基本：61，標準：25，発展：34）
TRAINING	120
EXERCISES	63　（A：37，B：26）
実践編	6 （実践例題：3，TRAINING 実践：3）

コラム一覧

レベル ………… 各例題の難易度を表す ⏱ の個数 (1〜5 の 5 段階)。

★印 ………… 大学入学共通テストの準備・対策向き。

●, ◎, ○印 … 各項目で重要度の高い例題につけた (●, ◎, ○ の順に重要度が高い)。
時間の余裕がない場合は, ●, ◎, ○ の例題を中心に勉強すると効果的である。
また, ◎ の例題には, 解説動画がある。

1 多項式の加法と減法

まず，文字を含む式には，次のようなものがあった。

① 方　程　式	② 関　　　数	③ 定理や公式
1次方程式 $2x+5=0$ 2次方程式 $x^2-3x+2=0$	1次関数 $y=\dfrac{1}{2}x+1$ 2次関数 $y=5x^2$	三平方の定理 　図の直角 　三角形で 　$c^2=a^2+b^2$
未知の数を表す	変化する数を表す	一般的な数を表す

数学とは抽象的な概念を扱う学問であるから，文字を含む式(等式，方程式，関数など)を考えることで，いろいろな問題を一般的に研究することができるメリットがある。

> ここで，文字を含む式の表し方について，再確認しておきましょう。

↩ Play Back 〔中学〕

① 乗法では，記号×を省略して書く
② 文字と数の積では，数を文字の前に書く
③ 同じ文字の積では，指数を用いて書く
④ 除法では，÷を使わずに，分数の形に書く

（補足）
指数 とは，a^1, a^2, …… のような表記における，右肩に小さく書いた数 1, 2, …… のこと。

例 ① $a \times b = ab$ 　② $a \times 3 = 3a$

　③ $a \times a = a^2$ 　④ $2 \div a = \dfrac{2}{a}$

■ 単項式と多項式

2, b, $3y$, $5ax^2$ のように，数や文字およびそれらを掛けて作られる式を **単項式** といい，数の部分をその単項式の **係数**，掛けた文字の個数をその単項式の **次数** という。
数だけの単項式の次数は 0 である。ただし，数 0 の次数は考えない。

例　$5ax^2$ の係数は 5，次数は 3

注意　ふつう $1x$ は単に x と書き，$(-2)xy$ は $-2xy$ と書く。また，$(-1)x$ は $-x$ と書く。

$5x^2+4x+1$ のように，いくつかの単項式の和の形で表された式を **多項式** といい，＋でつながれた 1 つ 1 つの単項式を **項** という。多項式のことを **整式** ともいう。

例　$5x^2+4x+1$ の項は　$5x^2$，$4x$，1

◀ $5ax^2$ において，数の部分は 5，掛けた文字の個数は a が 1 個，x が 2 個で合計 3 個である。

参考　単項式は項が 1 つの多項式と考える。

■ 多項式の整理

多項式の項の中で，文字の部分が同じ項を **同類項** という。

同類項は，分配法則を使って次のように 1 つの項にまとめることができる。$ax+bx=(a+b)x$

例　$2x+3x=(2+3)x=5x$，$a-7a=(1-7)a=-6a$

注意　次数が異なる単項式，例えば，$3x^2$ と $4x$ は同類項ではない。また，$2x^2+2x-3$ を $2x(x+1)-3$ とすることは，同類項をまとめる，ということではない。

◀ 分配法則は，下の **Play Back** 中学 を参照。

↩ **Play Back** 中学

交換法則	$a+b=b+a$	$a\times b=b\times a$
結合法則	$(a+b)+c=a+(b+c)$	$(a\times b)\times c=a\times(b\times c)$
分配法則	$a\times(b+c)=a\times b+a\times c$	$(a+b)\times c=a\times c+b\times c$

同類項をまとめて整理した多項式において，最も次数の高い項の次数をその多項式の **次数** という。また，次数が n である多項式を **n 次式** という。

例　$5x^2+4x+1$ の次数は 2 である。

多項式は，ある文字に着目して，各項を次数が低くなる順に並べて整理することが多い。このことを，**降べきの順** に整理するという。

◀ 次数の大小は，ふつう「高い」，「低い」で言い表す。

◀ 最も次数の高い項は $5x^2$ である。

参考　各項を次数が高くなる順に並べて整理することもある。このことを，**昇べきの順** に整理するという。

これらの文字式の分類や成り立ちをもとにして，次ページからは多項式の加法，減法について学習しましょう。

基本 例題 **1** 単項式の次数と係数 ⌖

次の単項式の次数と係数をいえ。また，[ ]内の文字に着目するとき，その次数と係数をいえ。

(1) $2abx^2$ [x]　　　　　(2) $-7xy^2z^3$ [y]，[yとz]

CHART & GUIDE

単項式の次数と係数

次数は　掛けた文字の個数 ＝ 文字の指数の和

係数は　数の部分

次数は，各文字の指数を足す方針で求める。

例　$5xy^2$　　$5 \times x^1 y^2$　とみて，次数は　$1+2=3$　　係数は　5
　　　　　　 └── かくれている指数1に注意。

特定の文字に着目するときは，着目する文字以外の文字は数と考える。

解答

(1) $2abx^2 = 2 \times a^1 b^1 x^2$

　$1+1+2=4$ であるから

　　　　　次数は　4，　係数は　2

　x に着目すると　　$2abx^2 = 2ab \times x^2$

　したがって，　**次数は　2，　係数は　$2ab$**

(2) $-7xy^2z^3 = -7 \times x^1 y^2 z^3$

　$1+2+3=6$ であるから

　　　　　次数は　6，　係数は　-7

　y に着目すると　　　　$-7xy^2z^3 = -7xz^3 \times y^2$

　したがって，　**次数は　2，　係数は　$-7xz^3$**

　y と z に着目すると　　$-7xy^2z^3 = -7x \times y^2z^3$

　$2+3=5$ であるから　　**次数は　5，　係数は　$-7x$**

◆ $2abx^2$
　$= 2 \times a \times b \times x \times x$

◆ x 以外の文字 a, b は数として扱う。

◆ $-7xy^2z^3$
　$= -7 \times x \times y \times y \times z \times z \times z$

◆ y 以外の文字 x, z は数として扱う。

◆ y と z 以外の文字 x は数として扱う。

注意 2 や -6 のような **0 以外の数だけの式** も単項式と考える。また，その **次数は 0** である。なお，0 も単項式であるが，その **次数は考えない**。

TRAINING　1　①

次の単項式の次数と係数をいえ。また，[ ]内の文字に着目するとき，その次数と係数をいえ。

(1) $2ax^2$ [a]　　　　　(2) $-\dfrac{1}{3}ab^7x^2y^7$ [y]，[aとb]

基本 例題

2 多項式の次数　⬤

(1) 多項式 $1+2x+3x^4-x^2$ は何次式か。

(2) $a^4+3a^2b+2ab^2-1$ は次の文字に着目すると何次式か。また，そのときの定数項は何か。

　(ア) a　　　　　　(イ) b　　　　　　(ウ) a と b

CHART & GUIDE

多項式の次数
各項の次数を調べて，最も高いものを選ぶ

また，特定の文字に着目するときは，着目する文字以外の文字はすべて数として扱う。そして，着目している文字を含まない項が定数項(次数 0)である。

解 答

(1) $1+2x+3x^4-x^2$ の項のうち，最も次数の高い項は $3x^4$ で，その次数は 4 であるから，この式は **4次式** である。

← 1 は定数項，$2x$ は 1 次，$3x^4$ は 4 次，$-x^2$ は 2 次。

(2) (ア) a に着目すると，各項の次数は

項	a^4	$3ba^2$	$2b^2a$	-1
次数	4	2	1	0

したがって，**4次式** で，定数項は **-1**

← a 以外の文字は数として扱う。

← a を含まない項の次数は 0 と考える。

← 定数項は次数 0 の項(の和)。

(イ) b に着目すると，各項の次数は

項	a^4	$3a^2b$	$2ab^2$	-1
次数	0	1	2	0

したがって，**2次式** で，定数項は **a^4-1**

(ウ) a と b に着目すると，各項の次数は

項	a^4	$3a^2b$	$2ab^2$	-1
次数	4	3	3	0

したがって，**4次式** で，定数項は **-1**

← a は文字だが，b に着目するときには数と考えるので，a^4 の次数は 0。よって，次数が 0 の項の和 a^4-1 が定数項である。

TRAINING　**2**　①

(1) 多項式 $5a^2-2-4a^5-3a^3+a$ は何次式か。

(2) $6x^2-7xy+2y^2-6x+5y-12$ は次の文字に着目すると何次式か。また，そのときの定数項は何か。

　(ア) x　　　　　　(イ) y　　　　　　(ウ) x と y

基本 例題 **3** 多項式の整理 ⏱

次の式を，x について降べきの順に整理せよ。

(1) $x^3 - 3x + 2 - 2x^2$ 　　　　　(2) $ax - 1 + a + 2x^2 + x$

(3) $3x^2 + 2xy + 4y^2 - x - 2y + 1$

CHART & GUIDE ▶

降べきの順に整理
次数が低くなる順に並べる

(2), (3) は 2 種類の文字を含んでいる。この場合は，

1 「x について」とは「x に着目する」ということであるから，x 以外の文字はすべて数と考える。

2 同類項をまとめる。

3 最も次数の高い項から，順に次数が低くなるように，定数項まで並べる。

> 降べきの順
>
> ● x^2 ＋ ■ x ＋ ▲
>
> 高 ―――――― 低
> 　　　次数

解答

(1) $x^3 - 3x + 2 - 2x^2 = \boldsymbol{x^3 - 2x^2 - 3x + 2}$
　　　　　　　　　　　　　3次　2次　1次 0次

(2) $ax - 1 + a + 2x^2 + x = 2x^2 + ax + x + a - 1$
　　　　　　　　　　　$= \boldsymbol{2x^2 + (a+1)x + (a-1)}$
　　　　　　　　　　　　　2次　　　1次　　0次

(3) $3x^2 + 2xy + 4y^2 - x - 2y + 1$
　　　　$= 3x^2 + 2yx - x + 4y^2 - 2y + 1$
　　　　$= \boldsymbol{3x^2 + (2y-1)x + (4y^2 - 2y + 1)}$
　　　　　2次　　　1次　　　0次

> 多項式で，次数が低くなる順を **降べきの順** という。
>
> (2) a は数と考えるから，ax と x は同類項。
>
> (3) y は数と考えるから，$2yx$ と $-x$ は同類項。答えでは x の係数，定数項も y について降べきの順に整理しておく。

🖐 Lecture 式の整理

着目する文字によって整理後の式は異なる。

　　(2) a について降べきの順に整理すると　　$(x+1)a + (2x^2 + x - 1)$

　　(3) y について降べきの順に整理すると　　$4y^2 + 2(x-1)y + (3x^2 - x + 1)$

何について整理するのかをきちんと把握することが大切である。

TRAINING 3 ①

次の (1), (2) は x について，(3) は a について降べきの順に整理せよ。

(1) $-3x^2 + 12x - 17 + 10x^2 - 8x$ 　　　　(2) $-2ax + x^2 - a + bx$

(3) $2a^2 - 3b^2 - 8ab + 5b^2 - 3a^2 - 6ab + 4a + 2b - 5$

CHART NAVI

自分だけのチャートを作る！

これまで，**例題1**から**例題3**を学習しましたが，どのように取り組んだでしょうか。
数学では，解答に至るまでの過程が大切です。つまり，

「なぜそのような解法を考え，選択したか」

が重要なポイントであり，数学は，そのような力(**思考力**，**判断力**)を養うための学問ともいえます。そのために読んでほしいのが，**CHART & GUIDE** です。

CHART & GUIDE には，
　　「問題の急所や重点はどこにあるか」
　　「解法をいかにして思いつくか」
といった，問題のポイントや解き方の手順が示されています。

また，問題を1度解いたら終わりということではなく，復習をするようにしましょう。
問題を解く際にわかりにくかった箇所や理解度などを書き込んでおくと，復習をするとき便利です。

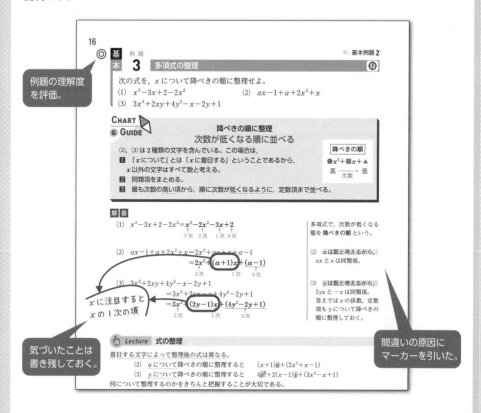

基本 例題 **4** 多項式の加法・減法(1)

次の計算をせよ。

(1) $(5x^3+3x-2x^2-4)+(3x^3-3x^2+5)$

(2) $(2x^2-7xy+3y^2)-(3x^2+2xy-y^2)$

CHART & GUIDE

1 まず，かっこをはずす。次の点に注意。

+( )はそのまま ( )をとる $+(a+b-c)=a+b-c$

−( )は符号を変えて( )をとる $-(a+b-c)=-a-b+c$

すべての符号が変わる。⟶↑ ...... **!**

2 同類項をまとめて，降べきの順に整理する。

解答

(1) $(5x^3+3x-2x^2-4)+(3x^3-3x^2+5)$

$=5x^3+3x-2x^2-4+3x^3-3x^2+5$ ← ( )をはずす。

$=(5+3)x^3+(-2-3)x^2+3x-4+5$ ← 同類項をまとめる。

$=\boldsymbol{8x^3-5x^2+3x+1}$

(2) $(2x^2-7xy+3y^2)-(3x^2+2xy-y^2)$ ← −( )は符号変え

! $=2x^2-7xy+3y^2-3x^2-2xy+y^2$ $-(3x^2+2xy-y^2)$

$=(2-3)x^2+(-7-2)xy+(3+1)y^2$ $=-3x^2-2xy+y^2$

$=\boldsymbol{-x^2-9xy+4y^2}$ ← 同類項をまとめる。

Lecture 縦書きの計算方法（加法・減法）

多項式の加法，減法では，同類項が上下にそろうように書き並べて計算する方法もある。
これを **縦書きの方法** という。この方法では，まず，各多項式を

降べきの順に整理 し，次に 同類項を縦にそろえて

書いて計算する。このとき，欠けている次数の項があれば，下の □ のようにあけておく。

$$(1) \quad \begin{array}{r} 5x^3-2x^2+3x-4 \\ +)\ 3x^3-3x^2\ \ \ \ \ \ +5 \\ \hline \boldsymbol{8x^3-5x^2+3x+1} \end{array}$$

$$(2) \quad \begin{array}{r} 2x^2-7xy+3y^2 \\ -)\ \ 3x^2+2xy-\ y^2 \\ \hline \boldsymbol{-x^2-9xy+4y^2} \end{array}$$

└─ $3-(-1)=4$ に注意。

TRAINING 4 ①

次の多項式 A, B について，$A+B$ と $A-B$ をそれぞれ計算せよ。

(1) $A=7x-5y+17$, $B=6x+13y-5$

(2) $A=7x^3-3x^2-16$, $B=7x^2+4x-3x^3$

(3) $A=3a^2-ab+2b^2$, $B=-2a^2-ab+7b^2$

(4) $A=8x^2y-18xy^2-7xy+3y^2$, $B=2x^2y-9xy^2-15xy-6y^2$

標
準

例題
5　多項式の加法・減法(2) …… 整理してから具体的な式を代入　🔵🔵🔵

$P=-2x^2+x+3$, $Q=3x^2-x+2$, $R=x^2-x+5$ であるとき, 次の式を計算せよ。

(1) $P-2Q$

(2) $3P-\{Q+2(P-R)\}$

1章

1

多項式の加法と減法

CHART
& GUIDE

かっこの扱い方

⓪ 代入する式は, かっこをつけて代入する

① 内側から ( ), { }, 〔 〕の順にはずす

② −( ) は, かっこ内の式の符号が変わる …… !
$-(a+b-c)=-a-b+c$ ←すべての符号が変わる。

(2) まず, P, Q, R について整理した後で, 具体的な式を代入する。

解答

(1) $P-2Q=(-2x^2+x+3)-2(3x^2-x+2)$　←( )をつけて代入する。

! $\qquad =-2x^2+x+3-6x^2+2x-4$　←−( )は符号が変わる。

$\qquad =(-2-6)x^2+(1+2)x+(3-4)$　←同類項をまとめる。

$\qquad =\boldsymbol{-8x^2+3x-1}$

(2) $3P-\{Q+\underline{2(P-R)}\}$　❶内側の( )をはずす。

$=3P-\underline{(Q+2P-2R)}$　❷{ }は( )に変える。
❷　−( )は符号が変わる。

! $=3P-Q-2P+2R$

$=P-Q+2R$

$=(-2x^2+x+3)-(3x^2-x+2)+2(x^2-x+5)$　←ここで, 初めてP, Q, Rの式を代入。

! $=-2x^2+x+3-3x^2+x-2+2x^2-2x+10$

$=(-2-3+2)x^2+(1+1-2)x+(3-2+10)$　←同類項をまとめる。

$=\boldsymbol{-3x^2+11}$

👆 *Lecture*　**複雑な式への代入**

上の例題の(2)で, 直接P, Q, Rの式を代入すると, 計算が大変になる。そこで, P, Q, Rのままで計算して, 簡単な式に直してから代入する。つまり, 次の方針で行うとよい。

複雑な式への代入は　なるべく　あとで

TRAINING　**5**　③

$A=2x+y+z$, $B=x+2y+2z$, $C=x-2y-3z$ であるとき, 次の式を計算せよ。

(1) $3A-2C$

(2) $A-2(B-C)-3C$

2 多項式の乗法

 多項式の乗法は，単項式の乗法が基本となっていて，指数法則，分配法則を用いて計算されます。
そのことについて，単項式の乗法から順に見ていきましょう。

■ 単項式の乗法

↪ Play Back 中学

a を n 個掛け合わせたものを a の n 乗といい，a^n と書く。

$$a^1=a \qquad a^2=a\times a \qquad a^3=a\times a\times a$$

$$a^n=\underbrace{a\times a\times a\times\cdots\cdots\times a}_{n個}$$

◀ a^1 は，指数 1 を省略して a と書く。

a^1, a^2, a^3, …… をまとめて a の累乗といい，
a の右肩に小さく書いた数 1, 2, 3, …… を指数という。

例　$(-2)\times(-2)\times(-2)$ を指数を使って表すと　$(-2)^3$
　　4^3 を計算すると　$4^3=4\times4\times4=64$

累乗についての積は，次のようにして計算される。

① $a^2\times a^3=(a\times a)\times(a\times a\times a)=a^5$

② $(a^2)^3=a^2\times a^2\times a^2=(a\times a)\times(a\times a)\times(a\times a)=a^6$

③ $(ab)^2=(a\times b)\times(a\times b)=a\times b\times a\times b$

$\qquad\qquad =a\times a\times b\times b$

$\qquad\qquad =(a\times a)\times(b\times b)$

$\qquad\qquad =a^2b^2$

◀ 交換法則 $a\times b=b\times a$

◀ 結合法則
$(a\times b)\times c=a\times(b\times c)$

一般に，次の **指数法則** が成り立つ。

┌─ **指 数 法 則** ─┐

$\overset{\text{$m$ と n の和}}{\overbrace{}}$　　$\overset{\text{$m$ と n の積}}{\overbrace{}}$　　$\overset{\text{同じ数}}{\overbrace{}}$

① $a^m\times a^n=a^{m+n}$　② $(a^m)^n=a^{mn}$　③ $(ab)^n=a^nb^n$

m と n は正の整数とする。

例　① $a^2\times a^3=a^{2+3}=a^5$

　　② $(a^2)^3=a^{2\times3}=a^6$

　　③ $(ab)^2=a^2b^2$

◀ $m=2$, $n=3$

◀ $m=2$, $n=3$

◀ $n=2$

単項式の積は，指数法則を用いて計算する。

例 $2ab \times 3a^2b$

$= (2 \times 3) \times (ab \times a^2b)$ ← 係数の積に，文字の積を掛ける。

$= 6 \times (a \times a^2) \times (b \times b)$

$= 6 \times a^{1+2} \times b^{1+1}$ ← 指数法則 ① を用いる。

$= 6a^3b^2$

■ 多項式の乗法

多項式の積は，分配法則を用いて計算する。

↪ Play Back 〔中学〕

> **分配法則** $a \times (b+c) = a \times b + a \times c$　　$(a+b) \times c = a \times c + b \times c$

$(a+b)(c+d) = a(c+d) + b(c+d)$

$\qquad\qquad = ac + ad + bc + bd$ ← $(a+b)(c+d)$ は，縦が $a+b$，横が $c+d$ の長方形の面積である。

例 $(x+2)(x+5) = x(x+5) + 2(x+5)$

$\qquad\qquad = x^2 + 5x + 2x + 10$

$\qquad\qquad = x^2 + 7x + 10$ ← 同類項をまとめる。

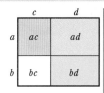

多項式の積の形をした式について，その積を計算して単項式の和の形に表すことを，もとの式を **展開** するという。

■ 展開の公式

> **展開の公式**
>
> ① $(a+b)^2 = a^2 + 2ab + b^2$　　[和の平方]
>
> 　$(a-b)^2 = a^2 - 2ab + b^2$　　[差の平方]
>
> ② $(a+b)(a-b) = a^2 - b^2$　　[和と差の積]
>
> ③ $(x+a)(x+b) = x^2 + (a+b)x + ab$

$(ax+b)(cx+d)$ を展開すると

$(ax+b)(cx+d) = ax(cx+d) + b(cx+d)$

$\qquad\qquad\qquad = acx^2 + adx + bcx + bd$ ← $ax(cx+d)$ $= ax \times cx + ax \times d$

$\qquad\qquad\qquad = acx^2 + (ad+bc)x + bd$

よって，次の公式が成り立つ。

> **展開の公式**
>
> ④ $(ax+b)(cx+d) = acx^2 + (ad+bc)x + bd$

式の展開には，掛ける式の組み合わせを工夫するなど，さまざまなものがあります。それらについて，次のページから学習していきましょう。

1章
2
多項式の乗法

STEP *forward*

指数法則をマスターして，例題 **6** を攻略！

指数法則っていろいろあって，難しいです。

では，具体的な問題を通して考えてみましょう。

指数法則

① $a^m \times a^n = a^{m+n}$

② $(a^m)^n = a^{mn}$

③ $(ab)^n = a^n b^n$

Get ready

(1) $a^2 \times a^5$ (2) $(a^5)^2$ (3) $(ab)^3$

□ の中に数や記号（＋，－，×，÷）を入れてみよう。

(1) $a^2 \times a^5 = a^{2^{\boxed{\mathcal{7}}}\boxed{}5} = a^{\boxed{\mathcal{1}}}$ ← $\underbrace{(a \times a)}_{a\ \text{が}\ 2\ \text{個}} \times \underbrace{(a \times a \times a \times a \times a)}_{a\ \text{が}\ 5\ \text{個}}$

(2) $(a^5)^2 = a^{5^{\boxed{\mathcal{\dot{7}}}}\boxed{}2} = a^{x\boxed{}}$ ← $a^5 \times a^5 = \underbrace{(a \times a \times a \times a \times a)}_{a\ \text{が}\ 5\ \text{個}} \times \underbrace{(a \times a \times a \times a \times a)}_{a\ \text{が}\ 5\ \text{個}}$

(3) $(ab)^3 = a^{\boxed{\mathcal{\dot{7}}}\boxed{}} b^{\mathcal{n}\boxed{}}$ ← $(ab) \times (ab) \times (ab)$

? 質問コーナー $(x^3)^2$ は，$x^{3^2} = x^9$ になるのでは？

累乗の定義($p.20$)に戻ってみよう。累乗を掛け算に直して計算すると

$(x^3)^2 = (x^3) \times (x^3) = (x \times x \times x) \times (x \times x \times x) = x^6$

となるから，指数部分は $3^2 = 9$ ではなく $3 \times 2 = 6$ となる。

なお，次の ①〜③ は間違いやすい例なので注意しよう。

    ① $x^3 \times x^2 = x^{3 \times 2} = x^6$ 正しくは $x^3 \times x^2 = x^{3+2} = x^5$

    ② $(x^3)^2 = x^{(3^2)} = x^9$ 正しくは $(x^3)^2 = x^{3 \times 2} = x^6$

    ③ $(3x)^2 = 3x^2$ 正しくは $(3x)^2 = 3^2 \times x^2 = 9x^2$

まとめ 考えにくいときは，累乗を掛け算に直して考えよう。

Get ready 答：(ア) ＋   (イ) **7**   (ウ) ×   (エ) **10**   (オ) **3**   (カ) **3**

例題 **6** 単項式の乗法 …… 指数法則を利用して計算 ◉

次の計算をせよ。

(1) $2a \times (a^3)^2$　　(2) $3a^2b \times (-5ab^3)$　　(3) $(-2x^2y)^2 \times (-3x^3y^2)^3$

単項式の乗法

係数は係数どうし
文字は文字どうし を別々に計算

このとき，指数法則を利用する。m，n が自然数のとき

① $a^m \times a^n = a^{m+n}$　　② $(a^m)^n = a^{mn}$　　③ $(ab)^n = a^n b^n$

解答

(1) $2a \times (a^3)^2 = 2a \times a^{3 \times 2}$　　← 指数法則 ②

　　　　　$= 2a \times a^6$

　　　　　$= 2 \times a^{1+6}$　　← 指数法則 ①

　　　　　$= \boldsymbol{2a^7}$　　　　　　　　　　　　← $a = a^1$ に注意。

(2) $3a^2b \times (-5ab^3)$

　　$= 3 \times (-5) \times a^2b \times ab^3$　　← 係数どうし，文字どうし

　　$= -15a^{2+1}b^{1+3}$　　← 指数法則 ①

　　$= \boldsymbol{-15a^3b^4}$

(3) $(-2x^2y)^2 \times (-3x^3y^2)^3$

　　$= (-2)^2(x^2)^2y^2 \times (-3)^3(x^3)^3(y^2)^3$　　← 指数法則 ③

　　$= 4x^{2 \times 2}y^2 \times (-27)x^{3 \times 3}y^{2 \times 3}$　　← 指数法則 ②

　　$= 4x^4y^2 \times (-27)x^9y^6$

　　$= 4 \times (-27) \times x^4y^2 \times x^9y^6$　　← 係数どうし，文字どうし

　　$= -108x^{4+9}y^{2+6}$　　← 指数法則 ①

　　$= \boldsymbol{-108x^{13}y^8}$

(3) 次の計算の区別を！
$(-2)^2 = (-2) \times (-2) = 4$
$-2^2 = -2 \times 2 = -4$
また，$(-3)^3$ は
$(-3) \times (-3) \times (-3) = -27$

✋ **Lecture** 係数の積の符号

係数どうしの積の中に負の数の個数が

　　　　偶数個 ⟶ 係数は正　　$(-1)^{偶数} = +1$

　　　　奇数個 ⟶ 係数は負　　$(-1)^{奇数} = -1$

TRAINING 6 ①

次の計算をせよ。

(1) $x^2 \times x^5$　　　　　(2) $(x^5)^2$　　　　　　(3) $(-x^2yz)^4$

(4) $(-2ab^2x^3)^3 \times (-3a^2b)^2$　　　　(5) $(-xy^2)^2 \times (-2x^3y) \times 3xy$

基本 例題 **7** 式の展開 ……基本

次の式を展開せよ。

(1) $2abc(a-3b+2c)$　　(2) $(2a+3b)(a-2b)$　　(3) $(3-x^2)(2x^2-x+6)$

式の展開
分配法則を繰り返し利用
$$A(B+C)=AB+AC, \qquad (A+B)C=AC+BC$$
(3) $3-x^2$ は，$-x^2+3$ と降べきの順に整理してから計算すると，計算がしやすい。

解答

(1) $2abc(a-3b+2c)=2abc\cdot a+2abc\cdot(-3b)+2abc\cdot2c$
$\qquad =\boldsymbol{2a^2bc-6ab^2c+4abc^2}$

(2) $(2a+3b)(a-2b)=2a(a-2b)+3b(a-2b)$
$\qquad =2a^2-4ab+3ab-6b^2$
$\qquad =\boldsymbol{2a^2-ab-6b^2}$

(3) $(3-x^2)(2x^2-x+6)=(-x^2+3)(2x^2-x+6)$
$\qquad =-x^2(2x^2-x+6)+3(2x^2-x+6)$
$\qquad =-2x^4+x^3-6x^2+6x^2-3x+18$
$\qquad =\boldsymbol{-2x^4+x^3-3x+18}$

・印の意味

$2abc\cdot a$ などの・は，積 $\times$ を表す記号である。

$(a+b)(c+d)$ の展開は，分配法則を繰り返す代わりに

$$(a+b)(c+d)$$
$$=ac+ad+bc+bd$$

を用いてもよい。

Lecture **縦書きの計算方法（乗法）**

上の例題は，縦書きの方法で計算することもできる。この場合は，多項式の加法や減法のときと同じように，**降べきの順に整理**し，欠けている次数の項があれば，あけておく。なお，右下のように係数だけを取り出して計算する方法もある。その際，欠けている次数の項の係数は 0 と表す。例えば，(3)は次のようになる。

$$\begin{array}{r} -x^2 \boxed{}+3 \\ \times)\ 2x^2-x\ +6 \\ \hline -2x^4 \boxed{}+6x^2 \\ x^3 \boxed{}-3x \\ -6x^2 \boxed{}+18 \\ \hline -2x^4+x^3\qquad -3x+18 \end{array}$$

$=A$
$=B$
$\longleftarrow A\times2x^2$
$\longleftarrow A\times(-x)$ 加える
$\longleftarrow A\times6$
$=A(2x^2-x+6)=A\times B$

$$\begin{array}{r} -1\quad 0\quad 3 \\ \times)\ \ 2\ -1\quad 6 \\ \hline -2\quad 0\quad 6 \\ 1\quad 0\ -3 \\ -6\quad 0\ 18 \\ \hline -2\quad 1\quad 0\ -3\ 18 \end{array}$$

TRAINING **7** ①

次の式を展開せよ。

(1) $12a^2b\left(\dfrac{a^2}{3}-\dfrac{ab}{6}-\dfrac{b^2}{4}\right)$

(2) $(3a-4)(2a-5)$

(3) $(3x+2x^2-4)(x^2-5-3x)$

(4) $(x^3-3x^2-2x+1)(x^2-3)$

基本 例題 **8** 公式を利用した式の展開 …… 2次式

次の式を展開せよ。

(1) $(2x+1)^2$ (2) $(3x-2y)^2$ (3) $(2x-3y)(3y+2x)$

(4) $(x-4)(x+2)$ (5) $(4x-7)(2x+5)$

CHART & GUIDE

展開の公式 (1)

① $\begin{cases} (a+b)^2=a^2+2ab+b^2 & \text{[和の平方]} \\ (a-b)^2=a^2-2ab+b^2 & \text{[差の平方]} \end{cases}$

② $(a+b)(a-b)=a^2-b^2$ [和と差の積]

③ $(x+a)(x+b)=x^2+(a+b)x+ab$

④ $(ax+b)(cx+d)=acx^2+(ad+bc)x+bd$

解答

(1) $(2x+1)^2=(2x)^2+2\cdot2x\cdot1+1^2$
$=\boldsymbol{4x^2+4x+1}$

(2) $(3x-2y)^2=(3x)^2-2\cdot3x\cdot2y+(2y)^2$
$=\boldsymbol{9x^2-12xy+4y^2}$

(3) $(2x-3y)(3y+2x)=(2x-3y)(2x+3y)$
$=(2x)^2-(3y)^2=\boldsymbol{4x^2-9y^2}$

(4) $(x-4)(x+2)=x^2+(-4+2)x+(-4)\cdot2$
$=\boldsymbol{x^2-2x-8}$

(5) $(4x-7)(2x+5)=4\cdot2x^2+\{4\cdot5+(-7)\cdot2\}x+(-7)\cdot5$
$=\boldsymbol{8x^2+6x-35}$

(1) 公式① 上で
$a=2x,\ b=1$

(2) 公式① 下で
$a=3x,\ b=2y$

← 公式② が使える形に項を並べ替える。

← 公式③ で
$a=-4,\ b=2$

← 公式④ で $a=4$,
$b=-7,\ c=2,\ d=5$

? 質問コーナー 公式を忘れてしまったときは，どうすればよいですか？

多項式の乗法は，分配法則を繰り返し用いると必ず計算できるので，上の公式 ①〜④ は **自分で作り出すことができる**。例えば，公式 ④ は次のようになる。

$(ax+b)(cx+d)=ax(cx+d)+b(cx+d)$
$=acx^2+adx+bcx+bd$
$=acx^2+(ad+bc)x+bd$

うろ覚えのまま公式を使ったり，忘れたからといってあきらめたりしないことが大切である。

TRAINING **8** ①

次の式を展開せよ。

(1) $(3a+2)^2$ (2) $(5x-2y)^2$ (3) $(4x+3)(4x-3)$

(4) $(-2b-a)(a-2b)$ (5) $(x+6)(x+7)$ (6) $(2t-3)(2t-5)$

(7) $(4x+1)(3x-2)$ (8) $(2a+3b)(3a+5b)$ (9) $(7x-3)(-2x+3)$

基本 例題 **9**　式の展開の工夫(1) …… おき換えの利用　◐◐

次の式を展開せよ。

(1)　$(x-2y+1)(x-2y-2)$　　　　(2)　$(a+b+c)^2$

(3)　$(x^2+x-1)(x^2-x+1)$

解説動画へGO!!

CHART & GUIDE

3つ以上の項でできた式の展開

公式が使えるように，おき換えで2つの項の式に …… !

(1)　繰り返し出てくる $x-2y$ を t でおき換えると　　$(t+1)(t-2)$

(2)　$b+c$ を t でおき換えると　　$(a+t)^2$　←── 2つの項の式

(3)　$-x+1=-(x-1)$ とみると，$x-1$ が繰り返し現れる。

解答

! (1)　$x-2y=t$ とおくと

　$(x-2y+1)(x-2y-2)=(t+1)(t-2)=t^2-t-2$

　　　　　　　$=(x-2y)^2-(x-2y)-2$

　　　　　　　$=x^2-4xy+4y^2-x+2y-2$

←おき換えるときは，左のように断り書きを書く。

← t を $x-2y$ に戻す。

注意 おき換えたとき，もとの式に戻すのを忘れないように。

! (2)　$b+c=t$ とおくと

　$(a+b+c)^2$

　　$=(a+t)^2=a^2+2at+t^2=a^2+2a(b+c)+(b+c)^2$

　　$=a^2+2ab+2ac+b^2+2bc+c^2$

　　$=a^2+b^2+c^2+2ab+2bc+2ca$

← t を $b+c$ に戻す。

補足 (2)　$a+b=t$ あるいは $a+c=t$ とおき換えてもよい。

! (3)　$x-1=t$ とおくと

　$(x^2+x-1)(x^2-x+1)$

　　$=(x^2+x-1)\{x^2-(x-1)\}=(x^2+t)(x^2-t)$

　　$=(x^2)^2-t^2=x^4-(x-1)^2=x^4-(x^2-2x+1)$

　　$=x^4-x^2+2x-1$

← $(a+b)(a-b)=a^2-b^2$

← t を $x-1$ に戻す。

☞ **Lecture** $(a+b+c)^2$ **の展開公式と輪環の順**

上の例題の(2)の結果は，利用価値が高いので，公式として覚えておくとよい。

$$(a+b+c)^2=a^2+b^2+c^2+2ab+2bc+2ca$$

この公式の右辺の式の整理は

①　まず，2乗の項はアルファベット順（輪環の順でもある）

②　次に，2文字の積は輪環の順（ab, bc, ca の順）に書く。

このように，$a \longrightarrow b \longrightarrow c \longrightarrow a$ の順に書くと，式も整理されて，覚えやすくなる。

〔輪環の順〕

TRAINING 9 ②

次の式を展開せよ。

(1)　$(3a-b+2)(3a-b-1)$　　　　(2)　$(x-2y+3z)^2$

(3)　$(a+b-3c)(a-b+3c)$　　　　(4)　$(x^2+2x+2)(x^2-2x+2)$

10 式の展開の工夫 (2) …… 掛ける順序, 組み合わせの工夫　◍◍

次の式を展開せよ。

(1)　$(3a+1)^2(3a-1)^2$　　　　(2)　$(4x^2+y^2)(2x+y)(2x-y)$

CHART & GUIDE

複雑な式の展開

掛ける順序, 掛ける組み合わせ を工夫

(1)　$A^2B^2=(AB)^2$ であることを利用する。

(2)　3つ以上の式の積では, 掛ける式の組み合わせを工夫する。　…… !

$2x+y$ と $2x-y$ に注目すると, 和と差の積の公式が使える。よって, 後ろの2つの式から先に展開するとよい。

解答

(1)　$(3a+1)^2(3a-1)^2=\{(3a+1)(3a-1)\}^2$
　　　　　　　　　　　$=\{(3a)^2-1^2\}^2$
　　　　　　　　　　　$=(9a^2-1)^2$
　　　　　　　　　　　$=(9a^2)^2-2\cdot9a^2\cdot1+1^2$
　　　　　　　　　　　$=\boldsymbol{81a^4-18a^2+1}$

◆ { } 内の計算は
　$(○+△)(○-△)$
　$=○^2-△^2$

◆ $(○-△)^2$
　$=○^2-2○△+△^2$

! (2)　$(4x^2+y^2)(2x+y)(2x-y)=(4x^2+y^2)\{(2x)^2-y^2\}$
　　　　　　　　　　　　　　　　$=(4x^2+y^2)(4x^2-y^2)$
　　　　　　　　　　　　　　　　$=(4x^2)^2-(y^2)^2$
　　　　　　　　　　　　　　　　$=\boldsymbol{16x^4-y^4}$

◆ $(4x^2)^2=4^2\times x^{2\times2}=16x^4$

🖐 Lecture　式の形に応じた計算の工夫

上の例題の (1) で, 2乗を先に計算し, 後は分配法則を用いて展開しても正しい結果が得られる。

　　$(3a+1)^2(3a-1)^2=(9a^2+6a+1)(9a^2-6a+1)$
　　　　　　　　　　　$=9a^2(9a^2-6a+1)+6a(9a^2-6a+1)+1\cdot(9a^2-6a+1)$
　　　　　　　　　　　$=81a^4-54a^3+9a^2+54a^3-36a^2+6a+9a^2-6a+1$
　　　　　　　　　　　$=81a^4-18a^2+1$

しかし, このように, 大変な手間を要してしまい, 計算ミスをする可能性も大きくなる。
したがって, CHART & GUIDE で示したように, 式の形を見て, いろいろな工夫をすれば, 比較的らくに展開できる。

TRAINING 10 ②

次の式を展開せよ。

(1)　$(2a+b)^2(2a-b)^2$　　　　(2)　$(x^2+9)(x+3)(x-3)$
(3)　$(x-y)^2(x+y)^2(x^2+y^2)^2$

Let's Start

3 因 数 分 解

第2節「多項式の乗法」では，多項式の積の形をした式を展開して，1つの多項式の形に表す方法を学びました。
ここでは，その逆，1つの多項式を単項式や多項式の積の形に表す方法を学んでいきましょう。

■ 因数分解とは？

 Play Back 中学

一般に，多項式 P を $P=AB$，$P=ABC$ など2つ以上の多項式の積の形に表すことを，多項式 P を因数分解するといい，積を作っている式 A，B，C などを P の因数という。

例　$x^2+4x+3=(x+1)(x+3)$ であるから，$x+1$，$x+3$ は多項式 x^2+4x+3 の因数である。

因数分解は，ちょうど展開の逆の操作になっている。

因数分解

$$x^2+4x+3 \xrightarrow{} (x+1)(x+3)$$

展開

◀因数分解は，結果の式を展開することで，検算できる。
普段から検算することを心がけよう。

多項式の各項に共通な因数があれば，その共通因数をかっこの外にくくり出して，式を因数分解することができる。

$$AB+AC=A(B+C)$$
A が共通因数

例　$6ab+3ac=3a\cdot2b+3a\cdot c=3a(2b+c)$

◀$3a$ が共通因数。

■ 因数分解の公式

展開の公式を逆に利用すると，因数分解の公式が得られる。

┌─ **因 数 分 解 の 公 式** ─────────

① $a^2+2ab+b^2=(a+b)^2$
　$a^2-2ab+b^2=(a-b)^2$
② $a^2-b^2=(a+b)(a-b)$
③ $x^2+(a+b)x+ab=(x+a)(x+b)$
④ $acx^2+(ad+bc)x+bd=(ax+b)(cx+d)$

◀p.21 の展開の公式における左辺と右辺を入れ替えたもの。

④ のタイプの因数分解には，たすきがけ という方法を利用するとよい。詳しくは p.32 で学ぶ。

基本 例題 **11** 共通因数のくくり出しによる因数分解

次の式を因数分解せよ。

(1) x^2y-xy^2

(2) $6a^2b-9ab^2+3ab$

(3) $(a+b)x-(a+b)y$

(4) $(a-b)^2+c(b-a)$

CHART & GUIDE

因数分解　まず，共通因数をくくり出す

$$ma+mb=m(a+b) \quad \leftarrow m が共通因数。$$

各項に共通な因数を見つけ出す。 (1)は xy (2)は $3ab$

(2) $3ab$ の項から $3ab$ をくくり出すと，**1** が残る。**0** ではないので注意。

(3), (4) 共通因数は単項式とは限らない。多項式が共通因数となる場合もある。

特に，(4)では，$b-a=-(a-b)$ と考えると，式は $(a-b)^2-c(a-b)$ となって，共通因数の多項式 $a-b$ が見えてくる。

解答

(1) $x^2y-xy^2=xy\cdot x-xy\cdot y=\boldsymbol{xy(x-y)}$

(2) $6a^2b-9ab^2+3ab=3ab\cdot2a-3ab\cdot3b+3ab\cdot\underline{1}$
$$=\boldsymbol{3ab(2a-3b+1)}$$

(3) $(a+b)x-(a+b)y=\boldsymbol{(a+b)(x-y)}$

(4) $(a-b)^2+c(b-a)=(a-b)^2-c(a-b)$
$$=(a-b)(a-b)-c(a-b)$$
$$=(a-b)\{(a-b)-c\}$$
$$=\boldsymbol{(a-b)(a-b-c)}$$

(2) 共通因数を ab とするのではなく，数字 3 も含めた $3ab$ を共通因数とする。

(3) 共通因数は $a+b$

← ___ は，全体に { } をつけることに注意。

Lecture 多項式が共通因数となる場合もある

上の例題の (3), (4) の解答の流れがわかりにくい場合は，p.26 でも学んだように，共通因数となる多項式を1つの文字に「おき換え」て考えるとよい。

(3) $a+b=t$ とおくと　$(a+b)x-(a+b)y=tx-ty$
$$=t(x-y) \qquad \leftarrow t が共通因数。$$
$$=(a+b)(x-y) \qquad \leftarrow t を a+b に戻す。$$

(4) $b-a=-(a-b)$ と考えて，$a-b=t$ とおくと
$$(a-b)^2+c(b-a)=(a-b)^2-c(a-b)=t^2-ct$$
$$=t(t-c) \qquad \leftarrow t が共通因数。$$
$$=(a-b)(a-b-c) \qquad \leftarrow t を a-b に戻す。$$

TRAINING 11 ②

次の式を因数分解せよ。

(1) $2ab-3bc$

(2) x^2y-3xy^2

(3) $9a^3b+15a^2b^2-3a^2b$

(4) $a(x-2)-(x-2)$

(5) $(a-b)x^2+(b-a)xy$

基本 例題

12 $a^2 \pm 2ab + b^2$, $a^2 - b^2$ の形の式の因数分解

次の式を因数分解せよ。

(1) $x^2 + 8x + 16$ (2) $25x^2 + 30xy + 9y^2$ (3) $9a^2 - 24ab + 16b^2$

(4) $18a^3 - 48a^2 + 32a$ (5) $16a^2 - 81b^2$ (6) $-3a^3 + 27ab^2$

CHART
& GUIDE 因数分解の公式

① $\begin{cases} a^2 + 2ab + b^2 = (a+b)^2 & \text{〔和の平方〕} \\ a^2 - 2ab + b^2 = (a-b)^2 & \text{〔差の平方〕} \end{cases}$

② $a^2 - b^2 = (a+b)(a-b)$ 〔和と差の積〕

○² + 2○△ + △² ならば   (○ + △)²

○² − 2○△ + △² ならば   (○ − △)²

平方の差の形の式 ○² − △² ならば   (○ + △)(○ − △)

(4), (6)は，まず，共通因数をくくり出すと公式が利用できる。

なお，因数分解では，できるところまで分解しておくようにする。

解答

(1) $x^2 + 8x + 16 = x^2 + 2 \cdot x \cdot 4 + 4^2$ ← ○² + 2○△ + △² の形。

                   $= (x+4)^2$

(2) $25x^2 + 30xy + 9y^2 = (5x)^2 + 2 \cdot 5x \cdot 3y + (3y)^2$ ← ○² + 2○△ + △² の形。

                      $= (5x+3y)^2$

(3) $9a^2 - 24ab + 16b^2 = (3a)^2 - 2 \cdot 3a \cdot 4b + (4b)^2$ ← ○² − 2○△ + △² の形。

                      $= (3a-4b)^2$

(4) $18a^3 - 48a^2 + 32a = 2a \cdot 9a^2 + 2a(-24a) + 2a \cdot 16$ ← $2a$ が共通因数。

                      $= 2a(9a^2 - 24a + 16)$

                      $= 2a\{(3a)^2 - 2 \cdot 3a \cdot 4 + 4^2\}$ ← { } 内の式が ○² − 2○△ + △² の形。

                      $= 2a(3a-4)^2$

(5) $16a^2 - 81b^2 = (4a)^2 - (9b)^2$ ← ○² − △² の形。

             $= (4a+9b)(4a-9b)$

(6) $-3a^3 + 27ab^2 = -3a \cdot a^2 + (-3a)(-9b^2)$ ← $-3a$ が共通因数。

                  $= -3a(a^2 - 9b^2)$

                  $= -3a\{a^2 - (3b)^2\}$ ← { } 内の式が ○² − △² の形。

                  $= -3a(a+3b)(a-3b)$

TRAINING **12** ①

次の式を因数分解せよ。

(1) $x^2 + 2x + 1$ (2) $4x^2 + 4xy + y^2$ (3) $x^2 - 10x + 25$

(4) $9a^2 - 12ab + 4b^2$ (5) $x^2 - 49$ (6) $8a^2 - 50$

(7) $16x^2 + 24xy + 9y^2$ (8) $8ax^2 - 40ax + 50a$ (9) $5a^3 - 20ab^2$

基本 例題 **13** x^2+px+q の形の式の因数分解

次の式を因数分解せよ。

(1) $x^2+8x+15$

(2) $x^2-13x+36$

(3) $x^2+2x-24$

(4) $x^2-4xy-12y^2$

CHART & GUIDE

x^2+px+q の因数分解

掛けて q，加えて p となる2数 a，b を見つける

因数分解の公式 ③ $x^2+\underset{\text{和}}{(a+b)}x+\underset{\text{積}}{ab}=(x+a)(x+b)$

■1 掛けて q になる2数の組をあげる。

■2 ■1 であげた組のうち，加えて p となる2数を a，b として公式を適用。

解答

(1) $x^2+8x+15=x^2+(3+5)x+3\cdot5$

$\qquad =(x+3)(x+5)$

(2) $x^2-13x+36=x^2+\{-4+(-9)\}x+(-4)\cdot(-9)$

$\qquad =(x-4)(x-9)$

(3) $x^2+2x-24=x^2+(-4+6)x+(-4)\cdot6$

$\qquad =(x-4)(x+6)$

(4) $x^2-4xy-12y^2=x^2+\{2y+(-6y)\}x+2y\cdot(-6y)$

$\qquad =(x+2y)(x-6y)$

注意 因数分解の結果の因数を書く順序には決まりはない。

例えば，(1)で結果を

$(x+5)(x+3)$

と書いても正解である。

(4) y は数と考える。掛けて $-12y^2$，加えて $-4y$ となる2数は $2y$ と $-6y$

Lecture 掛けて q，加えて p となる2数 a，b の見つけ方

(1) 積が **15**（正），和が **8**（正）となる2数は，ともに 正 の数で

$\qquad 15=1\cdot15$，$3\cdot5$ のうち **3 と 5**

(2) 積が **36**（正），和が **-13**（負）となる2数は，ともに 負 の数で

$\qquad 36=(-1)(-36)$，$(-2)(-18)$，$(-3)(-12)$，

$\qquad (-4)(-9)$，$(-6)(-6)$ のうち **-4 と -9**

(3) 積が **-24**（負）となる2数は，異符号 で 和が **2**（正）

$\qquad \longrightarrow -24=(-1)\cdot24$，$(-2)\cdot12$，$(-3)\cdot8$，$(-4)\cdot6$，

$\qquad (-6)\cdot4$，…… のうち **-4 と 6**

(4) まず，$x^2-4x-12=(x+2)(x-6)$ としてから，**定数項に y をつけ加える** と考えてもよい。

┌─ 2数 a，b の符号 ─┐

積が正 なら 同符号
積が負 なら 異符号

└─────────────┘

TRAINING **13** ①

次の式を因数分解せよ。

(1) $x^2+14x+24$

(2) $a^2-17a+72$

(3) $x^2+4xy-32y^2$

(4) $x^2-6x-16$

(5) $a^2+3ab-18b^2$

(6) $x^2-7xy-18y^2$

14 たすきがけによる因数分解

解説動画へGO!!

次の式を因数分解せよ。

(1) $2x^2+7x+6$ (2) $6x^2+5x-6$

CHART & GUIDE

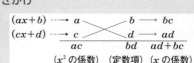

Ax^2+Bx+C の因数分解

因数分解の公式 ④ $acx^2+(ad+bc)x+bd=(ax+b)(cx+d)$

a, b, c, d の発見には，たすきがけ

1 x^2 の係数 A を 2 数の積 ac に分解。

2 定数項 C を 2 数の積 bd に分解。

3 右図のように，たすきに（斜めに）掛けて

$ad+bc=B$

となるものが，求める a, b, c, d

$$
\begin{array}{lll}
(ax+b) \cdots\!\!\longrightarrow a & b \longrightarrow bc \\
(cx+d) \cdots\!\!\longrightarrow c & d \longrightarrow ad \\
\hline
\quad ac & bd & ad+bc \\
(x^2\text{の係数}) & (\text{定数項}) & (x\text{の係数})
\end{array}
$$

解答

(1) $2x^2+7x+6=(x+2)(2x+3)$

$$
\begin{array}{lll}
1 & 2 \longrightarrow 4 \\
2 & 3 \longrightarrow 3 \\
\hline
2 & 6 & 7
\end{array}
$$

(2) $6x^2+5x-6=(2x+3)(3x-2)$

$$
\begin{array}{lll}
2 & 3 \longrightarrow 9 \\
3 & -2 \longrightarrow -4 \\
\hline
6 & -6 & 5
\end{array}
$$

●検算を心掛けよう

因数分解が正しいかどうかは，結果の式を展開すると確認できる。

 Lecture a, b, c, d の見つけ方

(1)において，$ac=2$ を $1\cdot2$，$bd=6$ を $1\cdot6$，$2\cdot3$ と分解すると，次の場合が考えられる。

$$
\begin{array}{llll}
[1] \; 1 \times 1 & [2] \; 1 \times 6 \to 12 & [3] \; 1 \times 2 \to 4 & [4] \; 1 \times 3 \\
\quad\; 2 \quad 6 & \quad\; 2 \quad 1 \to 1 & \quad\; 2 \quad 3 \to 3 & \quad\; 2 \quad 2 \\
& \qquad\qquad 13 & \qquad\qquad 7 &
\end{array}
$$

このうち，[1]，[4] は考える必要がない。なぜなら，[1]，[4] には 〜 の部分に共通の約数 2 があるが，$2x^2+7x+6$ は 2 でくくれないからである。

↑例えば，[1] の場合，$(\boxed{})(2x+6)$ と因数分解できるとすると，$2x^2+7x+6=2(\boxed{})(x+3)$

となるはずだが，$2x^2+7x+6$ は 2 でくくれない。

残りの [2]，[3] のうち，$ad+bc=7$ となるのは [3] である。

よって，$2x^2+7x+6=(x+2)(2x+3)$ と因数分解できる。

TRAINING 14 ②

次の式を因数分解せよ。

(1) $6x^2+13x+6$ (2) $3a^2-11a+6$ (3) $12x^2+5x-2$

(4) $6x^2-5x-4$ (5) $4x^2-4x-15$ (6) $6a^2+17ab+12b^2$

(7) $6x^2+5xy-21y^2$ (8) $12x^2-8xy-15y^2$ (9) $4x^2-3xy-27y^2$

標準 例題 **15** おき換えによる因数分解⑴ ◈◈◈

次の式を因数分解せよ。

(1) $(x+y)^2-10(x+y)+25$

(2) $2(x-3)^2+(x-3)-3$

(3) $(x^2+2x+1)-a^2$

(4) $4x^2-y^2+6y-9$

CHART & GUIDE

複雑な式の因数分解

同じ式 や まとまった式 は, 1つの文字でおき換える

■1 ( )の中の式に注目して, 1つの文字でおき換える。…… !

■2 公式を利用して, 因数分解する。

■3 おき換えた文字を, もとの式に戻す。 ── これを忘れずに！

(3) ( )の中の式は2乗の形で表される。

(4) 後の3つの項を -1 でくくると, ( )の中の式は2乗の形。

解答

! (1) $x+y=X$ とおくと

$$(x+y)^2-10(x+y)+25=X^2-10X+25$$
$$=(X-5)^2$$
$$=\boldsymbol{(x+y-5)^2}$$

← $X^2-2\cdot X\cdot 5+5^2$
$=(X-5)^2$

← X を $x+y$ に戻す。

! (2) $x-3=X$ とおくと

$$2(x-3)^2+(x-3)-3=2X^2+X-3=(X-1)(2X+3)$$
$$=\{(x-3)-1\}\{2(x-3)+3\}$$
$$=\boldsymbol{(x-4)(2x-3)}$$

← たすきがけ

$$\begin{array}{ccc} 1 & \diagdown & -1 \longrightarrow -2 \\ 2 & \diagup & 3 \longrightarrow 3 \\ \hline 2 & -3 & 1 \end{array}$$

(3) $(x^2+2x+1)-a^2=(x+1)^2-a^2$

! ここで, $x+1=X$ とおくと

$$(x+1)^2-a^2=X^2-a^2=(X+a)(X-a)$$
$$=\{(x+1)+a\}\{(x+1)-a\}$$
$$=\boldsymbol{(x+a+1)(x-a+1)}$$

← $x^2+2\cdot x\cdot 1+1^2$
$=(x+1)^2$

← X を $x+1$ に戻す。

(4) $4x^2-y^2+6y-9=4x^2-(y^2-6y+9)=4x^2-(y-3)^2$

! ここで, $y-3=Y$ とおくと

$$4x^2-(y-3)^2=4x^2-Y^2=(2x)^2-Y^2=(2x+Y)(2x-Y)$$
$$=\{2x+(y-3)\}\{2x-(y-3)\}$$
$$=\boldsymbol{(2x+y-3)(2x-y+3)}$$

← $y^2-2\cdot y\cdot 3+3^2$
$=(y-3)^2$

← Y を $y-3$ に戻す。

TRAINING 15 ③

次の式を因数分解せよ。

(1) $(x+2)^2-5(x+2)-14$

(2) $16(x+1)^2-8(x+1)+1$

(3) $2(x+y)^2-7(x+y)+6$

(4) $4x^2+4x+1-y^2$

(5) $25x^2-a^2+8a-16$

(6) $(x+y+9)^2-81$

≪≪ 標準例題 15   ≫≫ 発展例題 24

標
準

例題
16 おき換えによる因数分解⑵ …… 4 次式   🕐🕐🕐

次の式を因数分解せよ。

(1) $a^4 - b^4$

(2) $x^4 - 13x^2 + 36$

CHART
& GUIDE

次数が高い式の因数分解
おき換えで次数を下げる　公式が使える形に ⤷‥‥‥‥

1 (1) $a^2 = x$, $b^2 = y$ (2) $x^2 = t$ とおく。

(1) 平方の差の形になる。 (2) $t^2 + \square t + \triangle$ の形になる。

2 公式を利用して，因数分解する。

3 もとの文字・式に戻す。戻した後，さらに因数分解できることがある。

なお，因数分解では，できるところまで分解しておくようにする。

解答

(1) $a^2 = x$, $b^2 = y$ とおくと

$a^4 - b^4 = (a^2)^2 - (b^2)^2 = x^2 - y^2$

$\qquad = (x+y)(x-y)$

$\qquad = (a^2+b^2)(a^2-b^2)$

$\qquad = \boldsymbol{(a^2+b^2)(a+b)(a-b)}$

← $●^4 = (●^2)^2$

← $\bigcirc^2 - \triangle^2$
$= (\bigcirc + \triangle)(\bigcirc - \triangle)$

← $a^2 + b^2$ は，これ以上因数分解できない。

(2) $x^2 = t$ とおくと

$x^4 - 13x^2 + 36 = (x^2)^2 - 13x^2 + 36 = t^2 - 13t + 36$

$\qquad = (t-4)(t-9)$

$\qquad = (x^2-4)(x^2-9)$

$\qquad = \boldsymbol{(x+2)(x-2)(x+3)(x-3)}$

← 掛けて 36，加えて -13 となる 2 数は
-4 と -9

← できるところまで分解しておく。

👆 *Lecture* **複 2 次式の因数分解**

3 次と 1 次の項がない x の 4 次式 $ax^4 + bx^2 + c$ は，$a(x^2)^2 + b \cdot x^2 + c$ であるから，2 次式 x^2 の 2 次式という意味で，x の **複 2 次式** という。

複 2 次式 $ax^4 + bx^2 + c$ は，次のような方法で因数分解できることがある。

方法 1. $x^2 = t$ とおいて，t の 2 次式 $at^2 + bt + c$ を因数分解する。── 上の例題⑵。

方法 2. 平方の差の形を作り出す ように変形する。

── 詳しくは $p.45$ 例題 24 参照。

TRAINING 16 ③

次の式を因数分解せよ。

(1) $x^4 - 81$

(2) $16a^4 - b^4$

(3) $x^4 - 5x^2 + 4$

(4) $4x^4 - 15x^2y^2 - 4y^4$

CHART NAVI

CHART & GUIDE を読もう！

CHART & GUIDE を読む習慣はついたでしょうか($p.17$ 参照)。

さて，CHART & GUIDE を読んでいると，いくつか共通するキーワードが見えてくるかと思います。例えば，例題 9，例題 15，例題 16 からは，次のような共通のキーワードが見えてきます。

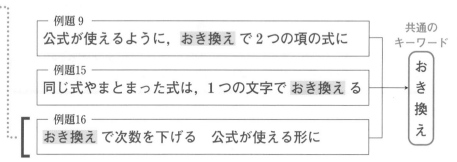

この共通のキーワードにより，どのような効果が生まれるでしょうか。

例題 16 につまずいたとしましょう。その場合，CHART & GUIDE を読めば，ポイントが例題 9 や例題 15 と同じ「おき換え」であることがわかり，解法の糸口がつかみやすくなりませんか？あるいは，解けたとしても，「ポイントは同じなんだ」と背景も含めて理解することができるでしょう。

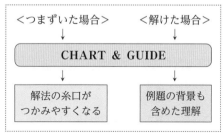

このように，CHART & GUIDE は **1 つの例題のポイントで終わることなく，他の例題にも当てはまる** ことがあります。したがって，CHART & GUIDE を読むことは，効率的な学習にもつながります。

さらに，「STEP into-ここで整理-」や「STEP into-ここで解説-」といったコラムとあわせて学習すると，$p.17$ で触れた **思考力・判断力** も向上し，より効果的に学習できます（例：$p.37$「STEP into-ここで整理-」因数分解の要領）。

CHART & GUIDE を読むことをきっかけにして，
"自分で考える人" になりましょう。

≪≪ 基本例題 **11**　≫≫ 発展例題 **25**

17 1つの文字について整理して因数分解　◇◇◇

次の式を因数分解せよ。

(1) $a^2b+b^2c-b^3-a^2c$　　　　(2) $1+2ab+a+2b$

CHART & GUIDE

多くの文字を含む式の因数分解

次数が最低の文字について整理 …… $\boxed{1}$

(1) a について 2 次，b について 3 次，c については 1 次である。
　── 次数が最低の文字 c について整理する。

(2) a について 1 次，b についても 1 次である。このような場合は，a，b どちらの文字について整理してもよい。ここでは a について整理してみよう。

解答

$\boxed{1}$ (1)　c について整理する。

$$a^2b+b^2c-b^3-a^2c=(b^2-a^2)c+(a^2b-b^3)$$
$$=-(a^2-b^2)c+b(a^2-b^2)$$
$$=(a^2-b^2)(-c+b)=(a^2-b^2)(b-c)$$
$$=\boldsymbol{(a+b)(a-b)(b-c)}$$

◀ a^2-b^2 が共通因数。
◀ a^2-b^2 は平方の差。さらに因数分解できる。

$\boxed{1}$ (2)　a について整理する。

$$1+2ab+a+2b=\underline{(2b+1)}a+\underline{(2b+1)}$$　──$2b+1$ が共通因数。
$$=\boldsymbol{(a+1)(2b+1)}$$

(2) b について整理しても同じ。
$$2b(a+1)+(a+1)$$
$$=\boldsymbol{(a+1)(2b+1)}$$

(補足)「c について」とは「c に着目する」ということである。例題 3 参照。

Lecture 多くの文字を含む式の因数分解

複数の種類の文字を含む式の因数分解で，どうしてよいかわからない場合は，

　　　　1つの文字について整理する

とよい。このとき，一般に，式は次数が低いほど扱いやすいから，

　　　　次数が最低の文字について整理する

と，問題を解く見通しがよくなる。

実際に，上の例題の (1) で，次数が最低の文字 c について整理すると

$$a^2b+b^2c-b^3-a^2c=(b^2-a^2)c+(a^2b-b^3)$$

のように，c の 1 次式となる。

そして，これが因数分解できるとすると，c の項の係数 b^2-a^2 と定数項 a^2b-b^3 に共通因数があるはず。確かに，共通因数 a^2-b^2 が見つかる。

一般に　**x の 1 次式 $Ax+B$ が因数分解できるならば，A，B に共通因数がある。**

TRAINING 17 ③

次の式を因数分解せよ。

(1) $ab+a+b+1$

(2) $x^2+xy+2x+y+1$

(3) $2ab^2-3ab-2a+b-2$

(4) $x^3+(a-2)x^2-(2a+3)x-3a$

STEP *into* ここで整理

因数分解の要領

例題 11〜17 で学んだ因数分解の基本的な手順をまとめておきましょう。

因数分解をするための基本方針は,

因数分解の公式が適用できる形にする

ということである。そのための手段として,

共通因数をくくり出す

例　$6a^2b-9ab^2+3ab=3ab(2a-3b+1)$ ← 例題 11 (2)

同じ式やまとまった式は, 1つの文字でおき換える

例　$(x+y)^2-10(x+y)+25$ ← 例題 15 (1)

$x+y=X$ とおくと

$(x+y)^2-10(x+y)+25=X^2-10X+25$

$=(X-5)^2$ ← 因数分解の公式 ① を適用。

$=(x+y-5)^2$

おき換えで次数を下げる

例　a^4-b^4 ← 例題 16 (1)

$a^2=x,\ b^2=y$ とおくと

$a^4-b^4=x^2-y^2=(x+y)(x-y)$ ← 因数分解の公式 ② を適用。

$=(a^2+b^2)(a^2-b^2)$

$=(a^2+b^2)(a+b)(a-b)$ ← 因数分解の公式 ② を適用。

といったものがある。

複数の種類の文字を含む式の因数分解で, 上のような手段ではうまくいかず, どうしたらよいかわからない場合は,

1つの文字について整理する

特に, 次数が最低の文字について整理する

とよい。例題 17 の場合, 1つの文字について整理することで, 共通因数をくくり出すことができた。

因数分解の公式

① $\begin{cases} a^2+2ab+b^2=(a+b)^2 \\ a^2-2ab+b^2=(a-b)^2 \end{cases}$

② $a^2-b^2=(a+b)(a-b)$

③ $x^2+(a+b)x+ab=(x+a)(x+b)$

④ $acx^2+(ad+bc)x+bd=(ax+b)(cx+d)$

(参考) 次の公式 ⑤ は p.42 で学ぶ。数学Ⅱの内容であるが, 利用されることも多い。

⑤ $\begin{cases} a^3+b^3=(a+b)(a^2-ab+b^2) \\ a^3-b^3=(a-b)(a^2+ab+b^2) \end{cases}$ ←── 符号の対応に要注意。

38

標 例題
準 **18** $x,\ y$ についての2次式の因数分解

次の式を因数分解せよ。

(1) $x^2+3xy+2y^2-5x-7y+6$ (2) $2x^2-5xy-3y^2-x+10y-3$

★ は,大学入学共通テストの準備・対策向きの問題であることを示す。

CHART
& GUIDE

$x,\ y$ についての2次式の因数分解
1つの文字について整理して,たすきがけ

1 x について降べきの順に整理する。

2 定数項となる y の2次式を因数分解する。

3 x の2次式とみて,たすきがけの図式を完成させる。

解答

(1) $x^2+3xy+2y^2-5x-7y+6$
$=x^2+(3y-5)x+(2y^2-7y+6)$ ← x について整理。
$=x^2+(3y-5)x+(y-2)(2y-3)$ Ⓐ ← たすきがけ Ⓐ
$=\{x+(y-2)\}\{x+(2y-3)\}$ Ⓑ ← たすきがけ Ⓑ
$=(x+y-2)(x+2y-3)$

Ⓐ
$$\begin{array}{ccc}1 & -2 & \longrightarrow -4 \\ 2 & -3 & \longrightarrow -3 \\ \hline 2 & 6 & -7\end{array}$$
Ⓑ
$$\begin{array}{ccc}1 & y-2 & \longrightarrow y-2 \\ 1 & 2y-3 & \longrightarrow 2y-3 \\ \hline 1 & & 3y-5\end{array}$$

(2) $2x^2-5xy-3y^2-x+10y-3$
$=2x^2-(5y+1)x-(3y^2-10y+3)$ ← x について整理。
$=2x^2-(5y+1)x-(y-3)(3y-1)$ Ⓒ ……($*$) ← たすきがけ Ⓒ
$=\{x-(3y-1)\}\{2x+(y-3)\}$ Ⓓ ← たすきがけ Ⓓ
$=(x-3y+1)(2x+y-3)$

なお,たすきがけ Ⓓ が考えやすくなるように,($*$)では x の1次の項を $+(-5y-1)x$ と書いておくのもよい。

Ⓒ
$$\begin{array}{ccc}1 & -3 & \longrightarrow -9 \\ 3 & -1 & \longrightarrow -1 \\ \hline 3 & 3 & -10\end{array}$$
Ⓓ
$$\begin{array}{ccc}1 & -(3y-1) & \longrightarrow -6y+2 \\ 2 & y-3 & \longrightarrow y-3 \\ \hline 2 & & -5y-1\end{array}$$

注意 解答では,x について整理しているが,y について整理しても同じ結果が得られる。
しかし,2次の項の係数が簡単な x について整理する方が計算が少しらくである。

TRAINING 18 ③ ★

次の式を因数分解せよ。

(1) $x^2+4xy+3y^2+2x+4y+1$ (2) $x^2-2xy+4x+y^2-4y+3$
(3) $2x^2+3xy+y^2+3x+y-2$ (4) $3x^2+5xy-2y^2-x+5y-2$

〔(3) 東京電機大, (4) 京都産大〕

因数分解の基本を振り返ろう！

● 例題 17 を振り返ろう！

多くの文字を含む式の因数分解では，
次数が最低の文字について整理 しましょう。

$x^2+3xy+2y^2-5x-7y+6$ は，x について 2 次，y についても 2 次である。
よって，どちらの文字について整理してもよいが，

　　　<u>2 次の項の係数が簡単な x</u>　　← x^2 の項の係数は 1，y^2 の項の係数は 2

について整理すると

$$x^2+3xy+2y^2-5x-7y+6=x^2+(3y-5)x+(2y^2-7y+6)$$

● 例題 14 を振り返ろう！

Ax^2+Bx+C の因数分解では，**たすきがけ** を利用しましょう。
$acx^2+(ad+bc)x+bd=(ax+b)(cx+d)$

$2y^2-7y+6$ の因数分解

1 y^2 の係数 2 を 2 数の積に分解。

2 定数項 6 を 2 数の積に分解。

3 たすきに掛けて，その和が -7 となるものを見つける。

$$\times \quad \begin{array}{ccc} 1 & \diagdown & -6 \longrightarrow -12 \\ 2 & \diagup & -1 \longrightarrow -1 \\ \hline 2 & 6 & -13 \end{array}$$　← 定数項 6 を 2 数 $(-1)\cdot(-6)$
　　と分解した場合

$$\bigcirc \quad \begin{array}{ccc} 1 & \diagdown & -2 \longrightarrow -4 \\ 2 & \diagup & -3 \longrightarrow -3 \\ \hline 2 & 6 & -7 \end{array}$$　← 定数項 6 を 2 数 $(-2)\cdot(-3)$
　　と分解した場合

$x^2+(3y-5)x+(y-2)(2y-3)$ の因数分解

1 x^2 の係数 1 を 2 数の積に分解。

2 定数項 $(y-2)(2y-3)$ を 2 つの積に分解。

　　↑ x について整理しているから，y は数と考える。

3 たすきに掛けて，その和が $3y-5$ となるものを見つける。

$$\bigcirc \quad \begin{array}{ccc} 1 & \diagdown & y-2 \longrightarrow y-2 \\ 1 & \diagup & 2y-3 \longrightarrow 2y-3 \\ \hline 1 & & 3y-5 \end{array}$$

たすきがけはいろいろ試して，$ad+bc=B$ となる
a，b，c，d を見つけるんでしたね。

発展学習

例題 19 公式を利用した式の展開 …… 3次式

次の式を展開せよ。

(1) $(x+3)^3$　　　(2) $(2x-3y)^3$　　　(3) $(2x+1)(4x^2-2x+1)$

CHART & GUIDE

展開の公式(2)　　　　　　　　　　[※数学Ⅱの内容]

⑤ $\begin{cases} (a+b)^3=a^3+3a^2b+3ab^2+b^3 & \text{[和の立方]} \\ (a-b)^3=a^3-3a^2b+3ab^2-b^3 & \text{[差の立方]} \end{cases}$

——マイナスの位置に注意。

同符号

⑥ $\begin{cases} (a+b)(a^2-ab+b^2)=a^3+b^3 & \text{[立方の和になる]} \\ \qquad \text{異符号}\quad\text{関係なくプラス} \\ (a-b)(a^2+ab+b^2)=a^3-b^3 & \text{[立方の差になる]} \end{cases}$

同符号

解答

(1) $(x+3)^3=x^3+3x^2\cdot3+3x\cdot3^2+3^3$

　　　　　$=\boldsymbol{x^3+9x^2+27x+27}$

　←公式⑤ 上において
　　$a=x,\ b=3$

(2) $(2x-3y)^3=(2x)^3-3(2x)^2\cdot3y+3\cdot2x(3y)^2-(3y)^3$

　　　　　　$=8x^3-3\cdot4x^2\cdot3y+3\cdot2x\cdot9y^2-27y^3$

　　　　　　$=\boldsymbol{8x^3-36x^2y+54xy^2-27y^3}$

　←公式⑤ 下において
　　$a=2x,\ b=3y$

(3) $(2x+1)(4x^2-2x+1)=(2x+1)\{(2x)^2-2x\cdot1+1^2\}$

　　　　　　　　　　　$=(2x)^3+1^3$

　　　　　　　　　　　$=\boldsymbol{8x^3+1}$

　←公式⑥ 上において
　　$a=2x,\ b=1$

🖐 Lecture　公式の相互関係(3次式)

$(a+b)^3$, $(a+b)(a^2-ab+b^2)$ の公式において, b を $-b$ におき換えると

前者は　　$\{a+(-b)\}^3=a^3+3a^2(-b)+3a(-b)^2+(-b)^3$

　　　　　すなわち　$(a-b)^3=a^3-3a^2b+3ab^2-b^3$　　　　　$\leftarrow(-b)^2=b^2,\ (-b)^3=-b^3$

後者は　　$\{a+(-b)\}\{a^2-a(-b)+(-b)^2\}=a^3+(-b)^3$

　　　　　すなわち　$(a-b)(a^2+ab+b^2)=a^3-b^3$　　　　　$\leftarrow(-b)^2=b^2,\ (-b)^3=-b^3$

となり, 和の公式(⑤, ⑥の上の公式)から差の公式(⑤, ⑥の下の公式)が導かれることがわかる。

TRAINING 19 ③

次の式を展開せよ。

(1) $(x+4)^3$ 　　　　　　　　　　(2) $(3a-2b)^3$

(3) $(-2a+b)^3$ 　　　　　　　　 (4) $(a+3)(a^2-3a+9)$

(5) $(4x-3y)(16x^2+12xy+9y^2)$ 　(6) $(5a-3b)(25a^2+15ab+9b^2)$

発展 例題 **20** 式の展開の工夫⑶ …… 掛ける式の組み合わせの工夫など

$(x+1)(x-2)(x+3)(x-4)$ を展開せよ。

CHART & GUIDE

複雑な式の展開
掛ける順序，組み合わせを工夫

左から順に計算すると大変。そこで，掛ける式の組み合わせに着目。

1 $\{(x+1)(x-2)\} \times \{(x+3)(x-4)\}$ と組み合わせる。

2 2つの{ }内をそれぞれ展開する。—→ $(x^2-x-2) \times (x^2-x-12)$

3 $x^2-x=t$ とおく。 同じ式は まとめておき換え …… [!]

—→ $(t-2)(t-12)$ となって，展開の公式が使える。

解答

$$(与式)=\{(x+1)(x-2)\} \times \{(x+3)(x-4)\}$$
$$=(x^2-x-2) \times (x^2-x-12)$$

◀「与式」とは，問題文で与えられた式のこと。

[!] ここで，$x^2-x=t$ とおくと

$$(与式)=(t-2)(t-12)$$
$$=t^2-14t+24$$
$$=(x^2-x)^2-14(x^2-x)+24$$
$$=x^4-2x^3+x^2-14x^2+14x+24$$
$$=\boldsymbol{x^4-2x^3-13x^2+14x+24}$$

◀ t を x^2-x に戻す。

(補足) 左から順に計算する場合，次のようになり計算が大変になる。

$$(x+1)(x-2)(x+3)(x-4)=(x^2-x-2)(x+3)(x-4)$$
$$=\{x^2(x+3)-x(x+3)-2(x+3)\}(x-4)$$
$$=(x^3+3x^2-x^2-3x-2x-6)(x-4)$$
$$=(x^3+2x^2-5x-6)(x-4)$$
$$=x^3(x-4)+2x^2(x-4)-5x(x-4)-6(x-4)$$
$$=x^4-4x^3+2x^3-8x^2-5x^2+20x-6x+24$$
$$=x^4-2x^3-13x^2+14x+24$$

👆 Lecture 組み合わせの工夫

解答では，同じ式が現れるようにする，

　　　　　この例題の場合，xの項の係数が同じになるようにする

という目的で組み合わせを工夫している。

$(x+a)(x+b)=x^2+(a+b)x+ab$ であるから，1，-2，3，-4 について，加えて同じ数になる
2組を考えると　$1+(-2)=-1$，$3+(-4)=-1$

よって，$\{(x+1)(x-2)\} \times \{(x+3)(x-4)\}$ と組み合わせて，同じ式が現れるようにしている。

TRAINING 20 ④

次の式を展開せよ。

(1) $(x+1)(x+2)(x+3)(x+4)$ 　　(2) $x(x-1)(x+3)(x+4)$

発展 例題 **21** 3乗の和や差の式の因数分解 ⦿⦿⦿

次の式を因数分解せよ。

(1) x^3+8

(2) $27x^3-64$

(3) $125a^3+27b^3$

CHART & GUIDE 3乗の和・差の公式 **符号の対応に注意**

因数分解の公式 ⑤

$$a^3+b^3=(a+b)(a^2-ab+b^2)$$

異符号／同符号／関係なく／プラス

[*数学Ⅱの内容]

$$a^3-b^3=(a-b)(a^2+ab+b^2)$$

異符号

公式⑤については，$a^3+b^3=(a+b)(a^2-2ab+b^2)$ や
$a^3+b^3=(a+b)(a^2+ab+b^2)$ のようなミスが多いので注意しよう。

解答

(1) $x^3+8=x^3+2^3$
$$=(x+2)(x^2-x\cdot2+2^2)$$
$$=\boldsymbol{(x+2)(x^2-2x+4)}$$

(2) $27x^3-64=(3x)^3-4^3$
$$=(3x-4)\{(3x)^2+3x\cdot4+4^2\}$$
$$=\boldsymbol{(3x-4)(9x^2+12x+16)}$$

(3) $125a^3+27b^3=(5a)^3+(3b)^3$
$$=(5a+3b)\{(5a)^2-5a\cdot3b+(3b)^2\}$$
$$=\boldsymbol{(5a+3b)(25a^2-15ab+9b^2)}$$

(1) $\bigcirc^3+\triangle^3$
$$=(\bigcirc+\triangle)(\bigcirc^2-\bigcirc\triangle+\triangle^2)$$
$\bigcirc=x,\ \triangle=2$

(2) $\bigcirc^3-\triangle^3$
$$=(\bigcirc-\triangle)(\bigcirc^2+\bigcirc\triangle+\triangle^2)$$
$\bigcirc=3x,\ \triangle=4$

(3) $\bigcirc^3+\triangle^3$
$$=(\bigcirc+\triangle)(\bigcirc^2-\bigcirc\triangle+\triangle^2)$$
$\bigcirc=5a,\ \triangle=3b$

(補足) $a^2-ab+b^2,\ a^2+ab+b^2$ について，

「掛けて 1，加えて -1」 ←$a^2-1\times ab+1\times b^2$

または「掛けて 1，加えて 1」 ←$a^2+1\times ab+1\times b^2$

になる2つの整数はないから，係数が整数の範囲では因数分解できない。

Lecture 3乗した数にも注目しよう

自然数を3乗した数（**立方数** ともいう）は，中学ではあまり出てこなかった。しかし，高校では，これまでより多く現れる。特に，1～6までの数は覚えておくとよい。

$$1^3=1 \quad 2^3=8 \quad 3^3=27 \quad 4^3=64 \quad 5^3=125 \quad 6^3=216$$

TRAINING 21 ③

次の式を因数分解せよ。

(1) $8x^3+1$

(2) $64a^3-125b^3$

(3) $108a^3-4b^3$

発展 例題 **22** 項の組み合わせによる因数分解 ◔◔◔◔◔

次の式を因数分解せよ。

(1) x^3-3x^2+x-3　　　　(2) $x^3+6x^2+12x+8$

CHART & GUIDE

多くの項を含む式
項を組み合わせて，共通因数を作り出す

1 各項の係数に着目して，組み合わせる項を見つける。

(1)は，係数が 1，−3，1，−3　⟶ 前2つと後ろ2つを組み合わせる。

2 **1** がうまくいかない場合は，組み合わせ方をいろいろ試してみる。

(2)は，係数が同じ項がない。$8=2^3$ に着目して，$(x^3+8)+(6x^2+12x)$ と組み合わせてみよう。

解答

(1) $x^3-3x^2+x-3=(x^3-3x^2)+(x-3)$
$\qquad\qquad\qquad\quad =x^2(x-3)+(x-3)$
$\qquad\qquad\qquad\quad =(x-3)(x^2+1)$

(2) $x^3+6x^2+12x+8=(x^3+8)+(6x^2+12x)$
$\qquad\qquad\qquad\qquad\quad =(x+2)(x^2-2x+4)+6x(x+2)$
$\qquad\qquad\qquad\qquad\quad =(x+2)\{(x^2-2x+4)+6x\}$
$\qquad\qquad\qquad\qquad\quad =(x+2)(x^2+4x+4)$
$\qquad\qquad\qquad\qquad\quad =(x+2)(x+2)^2$
$\qquad\qquad\qquad\qquad\quad =(x+2)^3$

◆$x-3$ が共通因数。

(1) x^3+x-3x^2-3
$\quad =x(x^2+1)-3(x^2+1)$
としてもよい。

◆$x+2$ が共通因数。

なお $x^3+8=x^3+2^3$
$=(x+2)(x^2-x\cdot2+2^2)$

🖐 **Lecture** 項の組み合わせによる因数分解

公式が直接適用できない式でも，式の特徴を利用することにより，因数分解できることがある。
上の例題は，項をうまく 組み合わせて 共通因数を見つける タイプである。
なお，上の例題の(2)は，結果からもわかるように，展開の公式 ⑤ ($p.40$)の逆(右辺から左辺に直す形)になっている。

　　　　展開の公式　⑤　　$(a+b)^3=a^3+3a^2b+3ab^2+b^3$
　　　　　　　　　　　　　　　$(a-b)^3=a^3-3a^2b+3ab^2-b^3$

この公式の逆を，因数分解の公式として覚えておいてもよい。(2)に公式を適用すると
　　　　(与式)$=x^3+3x^2\cdot2+3x\cdot2^2+2^3=(x+2)^3$

TRAINING 22 ④

次の式を因数分解せよ。

(1) $x^3-5x^2-4x+20$　　　　(2) $8a^3-b^3+3ab(2a-b)$

(3) $8x^3+1+6x^2+3x$　　　　(4) $x^3-9x^2+27x-27$

発
展

例題
23　複雑な式の因数分解 (1) …… おき換えの利用，組み合わせの工夫　🔵🔵🔵🔵🔵

次の式を因数分解せよ。

(1)　$(x^2+3x)^2-2(x^2+3x)-8$　　　　(2)　$(x^2+5x)(x^2+5x-20)-96$

(3)　$(x-1)x(x+1)(x+2)-24$

CHART
& GUIDE

同じ式は，1 つの文字でおき換える ── (1), (2)
多くの式の積は，組み合わせに注意 ── (3)

すぐに展開せずに式の形を見て，これまで学んだ内容が利用できないか考えてみる。

(1)　x^2+3x　(2)　x^2+5x　が 2 度現れているから，これをおき換える (例題 15)。

(3)　積の部分を，組み合わせを考えて展開する (例題 20)。

$(x-1)(x+2)\times x(x+1)$ と組み合わせて展開すると，

$(x^2+x-2)\times(x^2+x)$ …… 同じ式 $\underline{x^2+x}$ が現れる。　…… ｜!｜

解答

(1)　$x^2+3x=t$ とおくと

　　(与式)$=t^2-2t-8=(t+2)(t-4)$

　　　　$=(x^2+3x+2)(x^2+3x-4)$

　　　　$=\boldsymbol{(x+1)(x+2)(x-1)(x+4)}$

◆さらに因数分解できる。

(2)　$x^2+5x=t$ とおくと

　　(与式)$=t(t-20)-96=t^2-20t-96$

　　　　$=(t+4)(t-24)$

　　　　$=(x^2+5x+4)(x^2+5x-24)$

　　　　$=\boldsymbol{(x+1)(x+4)(x-3)(x+8)}$

◆一度，展開して整理する。

◆さらに因数分解できる。

｜!｜ (3)　(与式)$=(x-1)(x+2)\times x(x+1)-24$

　　　　$=(x^2+x-2)(x^2+x)-24$

｜!｜　　ここで，$x^2+x=t$ とおくと

　　(与式)$=(t-2)t-24=t^2-2t-24$

　　　　$=(t+4)(t-6)$

　　　　$=(x^2+x+4)(x^2+x-6)$

　　　　$=\boldsymbol{(x^2+x+4)(x-2)(x+3)}$

◆4 つの 1 次式の定数項に
注目。$-1+2=1$，
$0+1=1$ となるように，
組み合わせる。

似た問題

◆x^2+x+4 は，これ以上
因数分解できない。

TRAINING　**23**　④

次の式を因数分解せよ。

(1)　$(x^2+2x)^2-2(x^2+2x)-3$　　　　(2)　$(x^2+x-2)(x^2+x-12)-144$

(3)　$(x+1)(x+2)(x+3)(x+4)-3$

発展 例題 **24** 複雑な式の因数分解(2) …… 複2次式(平方の差を導く)

次の式を因数分解せよ。

(1) x^4+x^2+1

(2) x^4+4

CHART & GUIDE

複雑な式の因数分解
公式が使える形を導き出す

(1) 複2次式(ax^4+bx^2+c の形の式。$p.34$ 参照)であるが,例題 16 のようにおき換え $x^2=t$ を利用しても因数分解できない。そこで,
 (与式)$=(x^4+2x^2+1)-x^2$ のように変形して,平方の差の形 を作り出す。
(2) (1)と同様に,平方の差を作るように,(与式)$=(x^4+4x^2+4)-4x^2$ と変形。

 解答

(1) $x^4+x^2+1=(x^4+2x^2+1)-x^2$
　　　　　　　$=(x^2+1)^2-x^2$ ← 平方の差 $\bigcirc^2-\square^2$
　　　　　　　$=\{(x^2+1)+x\}\{(x^2+1)-x\}$ ← $a^2-b^2=(a+b)(a-b)$
　　　　　　　$=(x^2+x+1)(x^2-x+1)$

(2) $x^4+4=(x^4+4x^2+4)-4x^2$
　　　　　$=(x^2+2)^2-(2x)^2$ ← 平方の差 $\bigcirc^2-\square^2$
　　　　　$=\{(x^2+2)+2x\}\{(x^2+2)-2x\}$ ← $a^2-b^2=(a+b)(a-b)$
　　　　　$=(x^2+2x+2)(x^2-2x+2)$

Lecture 複2次式の因数分解で,平方の差を作るときの着目点

複2次式の因数分解は,

平方の差の形（$\bigcirc^2-\square^2$）を作り出す

ように変形することで解決できる場合がある。上の例題(1),(2)がそのようなケースであるが,例えば,上の解答(1)について,どのように考えて式変形をしているか,詳しく見てみよう。

　まず,x^4+x^2+1 の $x^4=(x^2)^2$,$1=1^2$ に着目し,$(x^2+1)^2=x^4+2x^2+1$ が利用できないかと考えてみる。
　そこで,式を　　　$x^4+x^2+1=(x^4+2x^2+1)-x^2$
のように工夫して変形し,平方の差 $(x^2+1)^2-x^2$ を作り出している。

（x^2 を加えて　　x^2 を引く（加えた x^2 を帳消しにするため））

TRAINING 24 ⑤

次の式を因数分解せよ。

(1) x^4+5x^2+9

(2) $x^4-12x^2y^2+16y^4$

発展 例題 **25** 複雑な式の因数分解 (3) …… 1 文字について整理

次の式を因数分解せよ。

(1) $a^2(b+c)+b^2(c+a)+c^2(a+b)+2abc$

(2) $a^2(b-c)+b^2(c-a)+c^2(a-b)$

CHART & GUIDE

多くの文字を含む式の因数分解

次数が同じ場合　まず，1 つの文字について整理する

1 a について整理する。a 以外の文字 b，c は数として扱う。 …… $!$

2 $\bigcirc a^2+\square a+\triangle$ の形となる。公式やたすきがけを利用する。

解答

$!$ (1) (与式) $=(b+c)a^2+(b^2+2bc+c^2)a+b^2c+bc^2$

$\qquad =(b+c)a^2+(b+c)^2a+bc(b+c)$ [1]

$\qquad =(b+c)\{a^2+(b+c)a+bc\}$ [2]

$\qquad =(b+c)(a+b)(a+c)$

$\qquad =(a+b)(b+c)(c+a)$ ←輪環の順 ($p.26$) に。

> 1) $b+c$ が共通因数。
> 2) 掛けて bc，加えて $b+c$ となる 2 数は b と c

$!$ (2) (与式) $=(b-c)a^2-(b^2-c^2)a+b^2c-bc^2$

$\qquad =(b-c)a^2-(b+c)(b-c)a+bc(b-c)$ [3]

$\qquad =(b-c)\{a^2-(b+c)a+bc\}$ [4]

$\qquad =(b-c)(a-b)(a-c)$

$\qquad =-(a-b)(b-c)(c-a)$ ←輪環の順に。

> 3) $b-c$ が共通因数。
> 4) 掛けて bc，加えて $-b-c$ となる 2 数は $-b$ と $-c$
>
> ◀ $a-c=-(c-a)$

👆 Lecture 対称式と交代式

上の例題の (1) のように，a，b，c のうちのどの 2 つの文字を入れ替えても，もとの式と同じになる式を，3 文字の **対称式** という。また，(2) のように，a，b，c のうちのどの 2 つの文字を入れ替えても，もとの式と符号だけが変わる式を，3 文字の **交代式** という。

3 文字の対称式，交代式の因数分解については，次のことが成り立つ。

> 1 a，b，c の対称式は $a+b$，$b+c$，$c+a$ の 1 つが因数ならば，
> 他の 2 つも因数である。
>
> 2 a，b，c の交代式は，因数 $(a-b)(b-c)(c-a)$ をもつ。

証明は高校の程度を超えるので省略するが，知っていると因数分解の見通しに役立つ。

TRAINING 25 ⑤

次の式を因数分解せよ。

(1) $abc+ab+bc+ca+a+b+c+1$

(2) $(a+b)(b+c)(c+a)+abc$

(3) $a(b+c)^2+b(c+a)^2+c(a+b)^2-4abc$

EXERCISES

A **1**③ $A=x^2+3x-2$, $B=3x^2-2x+1$ とするとき，$A+B$ を計算すると ア□□□ であり，$A+B+C=x^2$ となる C は イ□□□ である。 ≪≪ 基本例題 **4**

2① 次の式を展開せよ。

(1) $\left(\dfrac{3}{4}x^2-xy+\dfrac{9}{2}y^2\right)\times(-4xy)$ (2) $(-2a+3b)^2$

(3) $(2a-5b)(-5b-2a)$ (4) $(2x+3y)(3x-2y)$

(5) $(6a+5b)(3a-2b)$ ≪≪ 基本例題 **7**，**8**

3① 次の式を計算せよ。

(1) $-\dfrac{1}{4}x^2y^2\times(2xy^3)^3$ (2) $500xz^3\times\left(-\dfrac{1}{2}xy^2\right)^2\times\left(\dfrac{2}{5}xz\right)^3$

(3) $(a+b)^2+(a-b)^2$ (4) $(a+b)^2-(a-b)^2$

(5) $(a-b)^2+(b-c)^2+(c-a)^2$ ≪≪ 基本例題 **6**，**8**

4③ 次の式を展開せよ。

(1) $(x+2y)^2(x^2+4y^2)^2(x-2y)^2$ (2) $(a+b+c)^2(a+b-c)^2$

(3) $(x-1)(x+1)(x^2+1)(x^4+1)$ (4) $(x+1)(x+2)(x-1)(x-2)$

≪≪ 基本例題 **9**，**10**

5③ 次の式を因数分解せよ。

(1) $x^2+x+\dfrac{1}{4}$ (2) $6x^2+xy-35y^2$

(3) $8a^2+14ab-15b^2$ (4) $4(x+y)^2-11(x+y)-3$

(5) $(a+b+1)^2-b^2$ (6) $(a+b)^2-(c-d)^2$

(7) $4x^4-13x^2y^2+9y^4$ (8) a^8-1

(9) $(x+y)^4+(x+y)^2-2$ (10) $(x^2-2x)^2-11(x^2-2x)+24$

[(10) 京都産大]

≪≪ 基本例題 **12**，**14**，標準例題 **15**，**16**

6③ 次の式を因数分解せよ。

(1) $x^3+2x^2y-x^2z+xy^2-2xyz-y^2z$

(2) $x^3+3x^2y+zx^2+2xy^2+3xyz+2zy^2$ ≪≪ 標準例題 **17**

HINT

- -

5 (8) $a^8=(a^4)^2$

B **7**③ 式 A に式 $B=2x^2-2xy+y^2$ を加えるところを，誤って式 B を引いてしまったので，間違った答え x^2+xy+y^2 を得た。正しい答えを求めよ。

〔大阪経大〕 《《 基本例題 4

8③ $(7x^3+12x^2-4x-3)(x^5+3x^3+2x^2-5)$ の展開式で，x^5 の係数は ア[　]，x^3 の係数は イ[　]である。

〔創価大〕 《《 基本例題 7

9④ 次の式を展開せよ。

(1) $(3x-1)^3$ (2) $(3x^2-a)(9x^4+3ax^2+a^2)$

(3) $(x-1)(x+1)(x^2+x+1)(x^2-x+1)$ (4) $(x+2)(x+4)(x-3)(x-5)$

(5) $(x+1)^3(x-1)^3$ 《《 発展例題 19, 20

■次の式を因数分解せよ。[**10〜12**]

10④ (1) $125a^3+64b^3$ (2) $27x^4-8xy^3z^3$

(3) $x^3+2x^2-9x-18$ (4) $8x^3-36x^2y+54xy^2-27y^3$

(5) $x^3+x^2+3xy-27y^3+9y^2$ 〔(5) 類 西南学院大〕

《《 発展例題 21, 22

11⑤ (1) x^4-7x^2+1 (2) $a^4-3a^2b^2+b^4$ (3) a^6+26a^3-27

(4) a^6-b^6 (5) $(x-1)(x-3)(x-5)(x-7)+15$ 〔(5) 旭川大〕

《《 発展例題 23, 24

12⑤ (1) $(a+b+c+1)(a+1)+bc$ (2) $xy+(x+1)(y+1)(xy+1)$

(3) $4(a-b)^2+2b(a-b)-b(b-c)-(b-c)^2$ 〔(1) 松山大, (3) 実践女子大〕

《《 発展例題 25

13⑤ 等式 $a^3+b^3=(a+b)^3-3ab(a+b)$ を利用し，共通因数を見つけて等式
$$a^3+b^3+c^3-3abc=(a+b+c)(a^2+b^2+c^2-ab-bc-ca)$$
を導け。また，この結果を用いて，次の式を因数分解せよ。

(1) $x^3+y^3+3xy-1$ (2) $a^3-8b^3+6ab+1$

HINT

7 誤った答えから，まず式 A を求める。

8 すべてを展開しないで，必要な項だけ取り出して計算する。例えば，x^5 の項は，$7x^3 \cdot 2x^2+12x^2 \cdot 3x^3-3 \cdot x^5$ からできている。

10 (3)〜(5) **項の組み合わせ** を工夫。(5)では $(x^3-27y^3)+$(他の項) と分ける。

12 与えられた式をそのまま展開してしまうと，あとの処理が大変になる。同じ式はおき換える，1つの文字に着目する，といった手段をまず考えよう。

実数，1次不等式

例題番号	例題のタイトル	レベル

4 実　数

	基本 26	分数と循環小数	2

5 根号を含む式の計算

	基本 27	平方根	1
○	基本 28	根号を含む式の計算(1)	2
◉	基本 29	分母の有理化(1)	2
★ ○	標準 30	根号を含む式の計算(2)	3
★ ◎	標準 31	平方根と対称式の値	3

6 1次不等式

	基本 32	不等式の性質の利用(1)	1
○	標準 33	不等式の性質の利用(2)	3
◎	基本 34	1次不等式の解法	2
◉	基本 35	連立不等式の解法	2
★ ○	標準 36	不等式の整数解	3
○	標準 37	不等式の文章題	3
★ ◎	基本 38	絶対値を含む方程式，不等式 … 基本	2
★ ◎	標準 39	場合分けによって絶対値を含む方程式を解く	3

発 展 学 習

	発展 40	$\sqrt{A^2}$ のはずし方	4
★	発展 41	分母の有理化(2)	4
◎	発展 42	整数部分と小数部分の問題	4
	発展 43	2重根号をはずす	4
★ ◎	発展 44	場合分けによって絶対値を含む不等式を解く	4
★ ○	発展 45	絶対値記号を2つ含む不等式	5
★ ○	発展 46	連立不等式が解をもつ条件	5

レベル ………… 各例題の難易度を表す ◆ の個数(1〜5の5段階)。

★印 ………… 大学入学共通テストの準備・対策向き。

◉, ◎, ○印 … 各項目で重要度の高い例題につけた(◉, ◎, ○の順に重要度が高い)。
時間の余裕がない場合は，◉, ◎, ○の例題を中心に勉強すると効果的である。
また，◉の例題には，解説動画がある。

4 実 数

中学までに，整数，分数などいろいろな数について学習してきました。ここでは，新たに「実数」を定義し，数直線との関係などについて学んでいきましょう。

■ 実数の分類

↩ Play Back 中学

> 5のように，0より大きい数を正の数といい，−3のように0より小さい数を負の数という。0は正の数でも負の数でもない数である。
> 整数には，正の整数，0，負の整数があり，正の整数のことを自然数ともいう。

① **有理数**

　整数 m と 0 でない整数 n を用いて分数 $\dfrac{m}{n}$ の形に表される数。

　例　$5\left(=\dfrac{5}{1}\right),\ \dfrac{1}{4},\ -\dfrac{2}{3}$ などは有理数である。

② **有限小数**

　小数第何位かで終わる小数。

　例　$0.125\left(=\dfrac{1}{8}\right),\ -0.75\left(=-\dfrac{3}{4}\right)$ などは有限小数である。

③ **無限小数**

　小数点以下の数字が限りなく続く小数。

④ **循環小数**

　ある位以下では数字の同じ並びが繰り返される小数。

　例　$0.1666\cdots\cdots\left(=\dfrac{1}{6}\right)$ などは循環小数である。

　循環小数は，繰り返し部分（循環節という）の最初と最後の数字の
　上に記号・をつけて，次のように表す。

　　　$0.1666\cdots\cdots=0.1\dot{6},\ 1.518518518\cdots\cdots=1.\dot{5}1\dot{8}$

整数以外の有理数は，有限小数か循環小数のいずれかで表される。逆に，有限小数と循環小数は必ず分数で表され，有理数である。
整数と，有限小数または無限小数で表される数を合わせて **実数** という。また，有理数でない実数もあり，そのような数を **無理数** という。
無理数は，循環しない無限小数で表される数であり，分母と分子がともに整数である分数で表すことはできない。

整数まで数の世界が広がり，加法・減法・乗法が自由にできるようになったが，除法はいつでも計算できるとは限らない。例えば，5÷3の結果は，整数の範囲では答えられない。
除法の計算が常にできるように $\dfrac{5}{3}$ などの分数を定義し，整数と分数をまとめた数が **有理数** である。

有理数 ← 整数・有限小数・循環小数

前ページの内容をまとめると次のようになる。

$$
実数
\begin{cases}
有理数
\begin{cases}
整数
\begin{cases}
正の整数（自然数）1,\ 2,\ 3,\ \cdots\cdots \\
0 \\
負の整数 \qquad\quad -1,\ -2,\ -3,\ \cdots\cdots
\end{cases} \\[2mm]
分数
\begin{cases}
\dfrac{1}{8}=0.125,\ -\dfrac{3}{4}=-0.75\ など \qquad\qquad\cdots\cdots\ 有限小数 \\[3mm]
\dfrac{1}{6}=0.1\dot{6},\ \dfrac{41}{27}=1.\dot{5}1\dot{8}\ など（循環小数）
\end{cases}
\end{cases} \\[6mm]
無理数 \qquad \sqrt{2}\,,\ -\sqrt{3}\,,\ \pi\ （円周率）など（循環しない無限小数）
\end{cases}
$$

（右に波括弧）無限小数

■ 数の範囲と四則計算

有理数，実数は，それぞれの数の範囲で常に四則計算ができる。
すなわち，次のことがいえる。

> 2つの有理数の和，差，積，商は常に有理数である。
> 2つの実数の和，差，積，商は常に実数である。

◀ 加法，減法，乗法，除法をまとめて **四則** といい，四則計算の結果が，それぞれ，
　和，差，積，商
である。

■ 数直線と絶対値

直線上に基準となる点Oをとって数0を対応させ，その点の両側に数の目もりをつけた直線を，**数直線** という。点Oを **原点** という。
数直線上では，1つの実数に1つの点が対応している。

例
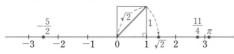

◀ 原点の右側に正の数を，原点の左側に負の数を対応させる。

数直線上で，原点から実数 a を表す点までの距離を，実数 a の **絶対値** といい，これを $|a|$ で表す。0の絶対値 $|0|$ は 0 である。
実数 a の絶対値について，次のことが成り立つ。

> ┌ 絶 対 値 ┐
>
> | a が正の数または0のとき | $|a|=a$ |
> |---|---|
> | a が負の数のとき | $|a|=-a$ |

◀ a が負の数のとき，符号を変える，すなわちマイナスをつける。

例　$|5|=5,\ |-2|=2$
　　　↑ そのまま　　↑ 符号を変える

次ページからは，実数についてその表し方などについて学んでいきましょう。

基本 例題 26 分数と循環小数 ◎◎

(1) 循環小数 $1.\dot{5}$, $0.\dot{6}\dot{3}$ をそれぞれ分数で表せ。

(2) $\dfrac{30}{7}$ を小数で表したとき，小数第 100 位の数字を求めよ。

CHART & GUIDE

循環小数
循環部分（繰り返される部分）に注目

(1) 例えば，循環小数 $x=0.\dot{1}$ は，循環部分が 1 桁であるから，右のように，$10x-x$ とすると循環部分が消える。これと同様に考える。

$$10x = 1.111\cdots$$
$$-)\quad x = 0.111\cdots$$
$$\overline{\quad 9x = 1 \quad}$$

解答

(1) $x=1.\dot{5}$ とおくと $x=1.555\cdots$
両辺を 10 倍して $10x=15.555\cdots$
よって $10x-x=14$
ゆえに $x=\dfrac{14}{9}$

$$10x = 15.555\cdots$$
$$-)\quad x = 1.555\cdots$$
$$\overline{\quad 9x = 14 \quad}$$

← 循環部分が 1 桁のとき，両辺を $10(=10^1)$ 倍。

$y=0.\dot{6}\dot{3}$ とおくと $y=0.6363\cdots$
両辺を 100 倍して $100y=63.6363\cdots$
よって $100y-y=63$
ゆえに $y=\dfrac{63}{99}=\dfrac{7}{11}$

$$100y = 63.6363\cdots$$
$$-)\quad y = 0.6363\cdots$$
$$\overline{\quad 99y = 63 \quad}$$

← 循環部分が 2 桁のとき，両辺を $100(=10^2)$ 倍。

(2) $\dfrac{30}{7}=4.285714\cdots=4.\dot{2}8571\dot{4}$

小数第 1 位から 285714 の 6 個の数字の並びが繰り返される。
$100=6\cdot16+4$ であるから，小数第 100 位の数字は 285714 の 4 番目の数字で $\quad\mathbf{7}$

（参考）循環小数を分数で表すには，上の解答(1)の方法以外に，

$$\frac{1}{9}=0.\dot{1}, \quad \frac{1}{99}=0.0101\cdots=0.\dot{0}\dot{1}, \quad \frac{1}{999}=0.001001\cdots=0.\dot{0}0\dot{1}$$

であることを利用して，次のように求める方法もある。

$$1.\dot{5}=1+5\times0.\dot{1}=1+5\times\frac{1}{9}=\frac{14}{9},$$

$$0.\dot{6}\dot{3}=63\times0.\dot{0}\dot{1}=63\times\frac{1}{99}=\frac{7}{11}$$

```
          4.285714…
      7) 30
         28
         ──
          20
          14
          ──
           60
           56
           ──
            40
            35
            ──
             50
             49
             ──
              10
               7
              ──
              30
              28
              ──
               2
```

TRAINING 26 ②

(1) 循環小数 $0.\dot{2}$, $1.\dot{2}\dot{1}$, $0.1\dot{3}$ をそれぞれ分数で表せ。

(2) (ア) $\dfrac{5}{37}$ (イ) $\dfrac{1}{26}$ を小数で表したとき，小数第 200 位の数字を求めよ。

5 根号を含む式の計算

ここでは，中学で学んだ平方根，根号を含む式の計算をさらに深めていきます。そこで，まず，中学で学んだことを思い出してみましょう。

■ 平方根とは

↩ Play Back 中学

- 2乗すると a になる数，つまり，$x^2=a$ を満たす x を，a の平方根という。
- 正の数 a の平方根は 2 つあって，絶対値が等しく符号が異なる。ただし，0 の平方根は 0 だけである。
- 記号 $\sqrt{}$ を根号といい，$\sqrt{a}$ を「ルート a」と読む。正の数 a の平方根のうち，正の方を $\sqrt{a}$，負の方を $-\sqrt{a}$ で表す。

  例　5の平方根は，$\sqrt{5}$ と $-\sqrt{5}$ である。$\sqrt{16}$ は 16 の正の平方根で $\sqrt{16}=\sqrt{4^2}=4$

← 2乗して負になる実数は存在しないから，負の数には平方根がない。

┌ 平方根の性質 ┐

1　a が正の数のとき　$(\sqrt{a})^2=(-\sqrt{a})^2=a$

2　a が正の数または 0 のとき　$\sqrt{a^2}=a$

　　a が負の数のとき　$\sqrt{a^2}=-a$

例　$(\sqrt{3})^2=3,\ (-\sqrt{3})^2=3$

例　$\sqrt{7^2}=7$

例　$\sqrt{(-2)^2}=-(-2)=2$

■ 根号を含む式の計算

↩ Play Back 中学

$a,\ b$ が正の数のとき　$\sqrt{a}\times\sqrt{b}=\sqrt{ab},\quad \dfrac{\sqrt{a}}{\sqrt{b}}=\sqrt{\dfrac{a}{b}}$　例　$\sqrt{2}\times\sqrt{3}=\sqrt{6},\quad \dfrac{\sqrt{3}}{\sqrt{7}}=\sqrt{\dfrac{3}{7}}$

証明　$\sqrt{a}\sqrt{b}$ を 2 乗すると　$(\sqrt{a}\sqrt{b})^2=(\sqrt{a})^2(\sqrt{b})^2=ab$

$\sqrt{a}\sqrt{b}$ は正であるから，$\sqrt{a}\sqrt{b}$ は ab の正の平方根である。

すなわち　$\sqrt{a}\sqrt{b}=\sqrt{ab}$

$\dfrac{\sqrt{a}}{\sqrt{b}}$ を 2 乗すると　$\left(\dfrac{\sqrt{a}}{\sqrt{b}}\right)^2=\dfrac{(\sqrt{a})^2}{(\sqrt{b})^2}=\dfrac{a}{b}$

$\dfrac{\sqrt{a}}{\sqrt{b}}$ は正であるから，$\dfrac{\sqrt{a}}{\sqrt{b}}$ は $\dfrac{a}{b}$ の正の平方根である。

すなわち　$\dfrac{\sqrt{a}}{\sqrt{b}}=\sqrt{\dfrac{a}{b}}$

← 指数法則
$(\bigcirc\triangle)^2=\bigcirc^2\triangle^2$

← $\left(\dfrac{\bigcirc}{\triangle}\right)^2=\dfrac{\bigcirc^2}{\triangle^2}$

また，一般に，次のことが成り立つ。

$a,\ k$ が正の数のとき　$\sqrt{k^2a}=k\sqrt{a}$

例　$\sqrt{45}=\sqrt{3^2\cdot5}=3\sqrt{5}$

>>> 発展例題 **40**

基本 例題
27 平方根

(1) 次の ①～④ のうち, 正しいものをすべて選べ。

① 7 の平方根は $\pm\sqrt{7}$ である。　② 7 の平方根は $\sqrt{7}$ のみである。

③ $\sqrt{\dfrac{9}{16}}=\pm\dfrac{3}{4}$ である。　　④ $\sqrt{\dfrac{9}{16}}=\dfrac{3}{4}$ である。

(2) $(\sqrt{13})^2$, $(-\sqrt{13})^2$, $\sqrt{5^2}$, $\sqrt{(-5)^2}$ の値をそれぞれ求めよ。

CHART & GUIDE

(1) 正の数 a の平方根は　　$\sqrt{a}$ と $-\sqrt{a}$

また, 正の数 a の平方根のうち, 正の方を $\sqrt{a}$ で表す。

(2) $\sqrt{a}$ と $-\sqrt{a}$ は 2 乗して a になる数である。

また, $\sqrt{a^2}$ の扱いには注意が必要(下の Lecture 参照)。

解答

(1) 7 の平方根は　　$\sqrt{7}$ と $-\sqrt{7}$　すなわち　$\pm\sqrt{7}$

また　$\sqrt{\dfrac{9}{16}}=\sqrt{\left(\dfrac{3}{4}\right)^2}=\dfrac{3}{4}$

よって, 正しいものは　①, ④

注意 $\dfrac{9}{16}$ の平方根は $\pm\dfrac{3}{4}$ であるが, $\sqrt{\dfrac{9}{16}}=\pm\dfrac{3}{4}$ ではない。

(2) $\sqrt{13}$ は 2 乗して 13 になる正の数であるから　$(\sqrt{13})^2=13$

$-\sqrt{13}$ は 2 乗して 13 になる負の数であるから

$(-\sqrt{13})^2=13$

次に　　$\sqrt{5^2}=\sqrt{25}=5$,　　$\sqrt{(-5)^2}=\sqrt{25}=5$

← 記号 ± を**複号**といい, 「プラスマイナス」と読む。

← $\dfrac{9}{16}$ の平方根は $\pm\sqrt{\dfrac{9}{16}}$

← $\sqrt{(-5)^2}=-5$ ではない。

🖑 **Lecture** $\sqrt{a^2}=a$ とは限らない

例えば, $a=-5$ のとき, $\sqrt{(-5)^2}=-5$ ではない。　←正しくは $\sqrt{(-5)^2}=5$

「a が正の数または 0 のとき $\sqrt{a^2}=a$」, 「a が負の数のとき $\sqrt{a^2}=-a$」であるから,

$\sqrt{a^2}=|a|$ が成り立つ。

TRAINING 27 ①

(1) 次の ①～④ のうち, 正しいものをすべて選べ。

① $\sqrt{0.25}=\pm0.5$ である。　　② $\sqrt{0.25}=0.5$ である。

③ $\dfrac{49}{64}$ の平方根は $\pm\dfrac{7}{8}$ である。　④ $\dfrac{49}{64}$ の平方根は $\dfrac{7}{8}$ のみである。

(2) $(\sqrt{3})^2$, $\left(-\sqrt{\dfrac{3}{2}}\right)^2$, $\sqrt{(-7)^2}$, $-\sqrt{(-9)^2}$ の値をそれぞれ求めよ。

基本 例題 **28** 根号を含む式の計算 (1) ◔◔

次の式を計算せよ。

(1) $6\sqrt{2}-8\sqrt{2}+3\sqrt{2}$ 　　(2) $\sqrt{48}-\sqrt{27}+\sqrt{8}-\sqrt{2}$

(3) $(\sqrt{5}+\sqrt{2})^2$ 　　(4) $(3\sqrt{2}+2\sqrt{3})(3\sqrt{2}-2\sqrt{3})$

CHART & GUIDE

$\sqrt{}$ を含む式の計算
$\sqrt{}$ の中が同じ数字を，同じ文字とみて計算する

1 $\sqrt{}$ の中を，できるだけ小さい数にする。
$\sqrt{k^2a}=k\sqrt{a}$ $(k>0)$ を利用し，平方数を $\sqrt{}$ の外に出す。…… ⚡

2 文字式と同じように計算する。

3 $(\sqrt{a})^2$ が出てきたら，a に直す。

解答

(1) $6\sqrt{2}-8\sqrt{2}+3\sqrt{2}=(6-8+3)\sqrt{2}=\boldsymbol{-\sqrt{2}}$

⚡ (2) $\sqrt{48}-\sqrt{27}+\sqrt{8}-\sqrt{2}=\sqrt{4^2\cdot3}-\sqrt{3^2\cdot3}+\sqrt{2^2\cdot2}-\sqrt{2}$
$=4\sqrt{3}-3\sqrt{3}+2\sqrt{2}-\sqrt{2}$
$=(4-3)\sqrt{3}+(2-1)\sqrt{2}$
$=\boldsymbol{\sqrt{3}+\sqrt{2}}$

(3) $(\sqrt{5}+\sqrt{2})^2=(\sqrt{5})^2+2\sqrt{5}\sqrt{2}+(\sqrt{2})^2$
$=5+2\sqrt{10}+2=\boldsymbol{7+2\sqrt{10}}$

(4) $(3\sqrt{2}+2\sqrt{3})(3\sqrt{2}-2\sqrt{3})=(3\sqrt{2})^2-(2\sqrt{3})^2$
$=9\cdot2-4\cdot3=\boldsymbol{6}$

◀ $6x-8x+3x$ と同じように計算。

◀ $4x-3x+2y-y$ と同じように計算。

◀ 展開の公式を利用。
$(a+b)^2=a^2+2ab+b^2$
$2\sqrt{5}\sqrt{2}=2\sqrt{5\cdot2}$
◀ 展開の公式を利用。
$(a+b)(a-b)=a^2-b^2$
$(3\sqrt{2})^2=3^2\times(\sqrt{2})^2$

? 質問コーナー (2) の答えは，$\sqrt{3}+\sqrt{2}=\sqrt{5}$ ではないのですか？

$\sqrt{3}+\sqrt{2}=\sqrt{5}$ と計算するのは誤りである。実際に
$$\sqrt{3}=1.732\cdots\cdots,\quad \sqrt{2}=1.414\cdots\cdots,\quad \sqrt{5}=2.236\cdots\cdots$$
から，左辺は $1.732\cdots\cdots+1.414\cdots\cdots\fallingdotseq3.146$ であり，$\sqrt{3}+\sqrt{2}=\sqrt{5}$ は成り立たない。$x+y$ がこれ以上簡単にならないのと同じように，$\sqrt{3}+\sqrt{2}$ はこれ以上簡単にすることはできない。

TRAINING 28 ②

次の式を計算せよ。

(1) $3\sqrt{3}-6\sqrt{3}+5\sqrt{3}$ 　　(2) $2\sqrt{50}-5\sqrt{18}+3\sqrt{32}$

(3) $\sqrt{2}(\sqrt{3}+\sqrt{50})-\sqrt{3}(1-\sqrt{75})$ 　　(4) $(\sqrt{3}+\sqrt{5})^2$

(5) $(3\sqrt{2}-\sqrt{3})^2$ 　　(6) $(4+2\sqrt{3})(4-2\sqrt{3})$

(7) $(\sqrt{20}+\sqrt{3})(\sqrt{5}-\sqrt{27})$ 　　(8) $(\sqrt{6}+2)(\sqrt{3}-\sqrt{2})$

例題 **29** 分母の有理化(1)

<<< 基本例題 **28** >>> 発展例題 **41**

次の式の分母を有理化せよ。

(1) $\dfrac{\sqrt{2}}{\sqrt{3}}$　(2) $\dfrac{2}{\sqrt{12}}$　(3) $\dfrac{1}{\sqrt{5}+\sqrt{3}}$　(4) $\dfrac{\sqrt{5}}{2-\sqrt{5}}$

解説動画へGO!!

CHART & GUIDE

分母の有理化

$\sqrt{a}\sqrt{a}=a,\ (\sqrt{a}+\sqrt{b})(\sqrt{a}-\sqrt{b})=a-b$ の利用

分母・分子に同じ数を掛ける　←分母・分子に同じ数を掛けても式の値は変わらない。

$$\dfrac{1}{\sqrt{a}}=\dfrac{\sqrt{a}}{\sqrt{a}\sqrt{a}}=\dfrac{\sqrt{a}}{a}$$

$$\dfrac{1}{\sqrt{a}+\sqrt{b}}=\dfrac{\sqrt{a}-\sqrt{b}}{(\sqrt{a}+\sqrt{b})(\sqrt{a}-\sqrt{b})}=\dfrac{\sqrt{a}-\sqrt{b}}{a-b}\ \ \cdots\cdots\ \boxed{!}$$

└── 異符号 ──┘

解答

(1) $\dfrac{\sqrt{2}}{\sqrt{3}}=\dfrac{\sqrt{2}\times\sqrt{3}}{\sqrt{3}\times\sqrt{3}}=\dfrac{\sqrt{6}}{3}$

←分母・分子に $\sqrt{3}$ を掛ける。

(2) $\dfrac{2}{\sqrt{12}}=\dfrac{2}{\sqrt{2^2\cdot3}}=\dfrac{2}{2\sqrt{3}}=\dfrac{1}{\sqrt{3}}=\dfrac{\sqrt{3}}{\sqrt{3}\times\sqrt{3}}=\dfrac{\sqrt{3}}{3}$

←まず，$\sqrt{}$ の中を小さな数にする。

$\boxed{!}$ (3) $\dfrac{1}{\sqrt{5}+\sqrt{3}}=\dfrac{\sqrt{5}-\sqrt{3}}{(\sqrt{5}+\sqrt{3})(\sqrt{5}-\sqrt{3})}=\dfrac{\sqrt{5}-\sqrt{3}}{(\sqrt{5})^2-(\sqrt{3})^2}$

$=\dfrac{\sqrt{5}-\sqrt{3}}{5-3}=\dfrac{\sqrt{5}-\sqrt{3}}{2}$

←$\sqrt{5}+\sqrt{3}$ には，$\sqrt{5}-\sqrt{3}$ を掛ける。

$\boxed{!}$ (4) $\dfrac{\sqrt{5}}{2-\sqrt{5}}=\dfrac{\sqrt{5}(2+\sqrt{5})}{(2-\sqrt{5})(2+\sqrt{5})}=\dfrac{2\sqrt{5}+(\sqrt{5})^2}{2^2-(\sqrt{5})^2}$

$=\dfrac{2\sqrt{5}+5}{4-5}=\dfrac{2\sqrt{5}+5}{-1}=-2\sqrt{5}-5$

←$2-\sqrt{5}$ には，$2+\sqrt{5}$ を掛ける。

Lecture 分母の有理化の意味

分母に根号を含む式は，一般に複雑で扱いにくい。そこで，分母に根号を含まない式，すなわち，分母が有理数となるように変形する。この変形が **分母の有理化** である。

分母の有理化は，式の値を求めたり，式の計算を簡単にしたりするために，よく用いられる。

TRAINING 29 ②

次の式の分母を有理化せよ。

(1) $\dfrac{10}{\sqrt{5}}$　(2) $\dfrac{\sqrt{9}}{\sqrt{8}}$　(3) $\dfrac{1}{\sqrt{2}+1}$　(4) $\dfrac{2+\sqrt{3}}{2-\sqrt{3}}$

標準 例題 **30** 根号を含む式の計算 (2)

次の式を計算せよ。

(1) $\dfrac{3\sqrt{3}}{\sqrt{2}}+\dfrac{\sqrt{2}}{2\sqrt{3}}$

(2) $\dfrac{1}{1+\sqrt{2}}+\dfrac{1}{\sqrt{2}+\sqrt{3}}$

CHART & GUIDE

分母に根号を含む式の計算
まず 分母を有理化する

$\sqrt{a}\,\sqrt{a}=a,\ (\sqrt{a}+\sqrt{b})(\sqrt{a}-\sqrt{b})=a-b$ の利用。

分母が無理数のまま通分すると，計算が面倒になることが多い。

解答

(1) $\dfrac{3\sqrt{3}}{\sqrt{2}}+\dfrac{\sqrt{2}}{2\sqrt{3}}=\dfrac{3\sqrt{3}\times\sqrt{2}}{\sqrt{2}\times\sqrt{2}}+\dfrac{\sqrt{2}\times\sqrt{3}}{2\sqrt{3}\times\sqrt{3}}=\dfrac{3\sqrt{6}}{2}+\dfrac{\sqrt{6}}{2\cdot3}$

$=\dfrac{9\sqrt{6}}{6}+\dfrac{\sqrt{6}}{6}=\dfrac{10\sqrt{6}}{6}=\dfrac{5\sqrt{6}}{3}$

← $\dfrac{3\sqrt{3}}{\sqrt{2}}$ には $\sqrt{2}$ を，$\dfrac{\sqrt{2}}{2\sqrt{3}}$ には $\sqrt{3}$ を，分母・分子に掛ける。

(2) $\dfrac{1}{1+\sqrt{2}}+\dfrac{1}{\sqrt{2}+\sqrt{3}}$

$=\dfrac{\sqrt{2}-1}{(\sqrt{2}+1)(\sqrt{2}-1)}+\dfrac{\sqrt{3}-\sqrt{2}}{(\sqrt{3}+\sqrt{2})(\sqrt{3}-\sqrt{2})}$

$=\dfrac{\sqrt{2}-1}{2-1}+\dfrac{\sqrt{3}-\sqrt{2}}{3-2}$

$=\sqrt{2}-1+\sqrt{3}-\sqrt{2}=\sqrt{3}-1$

← $1+\sqrt{2}$ は $\sqrt{2}+1$ として，$\sqrt{2}-1$ を分母・分子に掛ける。$\sqrt{2}+\sqrt{3}$ も同様。

(補足) $a>b>0$ のとき $(\sqrt{a}+\sqrt{b})(\sqrt{a}-\sqrt{b})=a-b$ ← $a-b$ は正

分母を有理化して，分母が正になるとその後の計算がしやすい。

よって，(2)において $2>1$ であるから，$1+\sqrt{2}$ は $\sqrt{2}+1$ として，$\sqrt{2}-1$ を分母・分子に掛けている。$\sqrt{2}+\sqrt{3}$ も同様。

(注意) (2)で分母を有理化せずに通分すると

$\dfrac{1}{1+\sqrt{2}}+\dfrac{1}{\sqrt{2}+\sqrt{3}}=\dfrac{(\sqrt{2}+\sqrt{3})+(1+\sqrt{2})}{(1+\sqrt{2})(\sqrt{2}+\sqrt{3})}=\dfrac{1+2\sqrt{2}+\sqrt{3}}{2+\sqrt{2}+\sqrt{3}+\sqrt{6}}$

となるが，ここから分母を有理化するのは，極めて困難である。

TRAINING 30 ③ ★

次の式を計算せよ。

(1) $\dfrac{3\sqrt{2}}{2\sqrt{3}}-\dfrac{\sqrt{3}}{3\sqrt{2}}+\dfrac{1}{2\sqrt{6}}$

(2) $\dfrac{8}{3-\sqrt{5}}-\dfrac{2}{2+\sqrt{5}}$

(3) $\dfrac{\sqrt{5}}{\sqrt{3}+1}-\dfrac{\sqrt{3}}{\sqrt{5}+\sqrt{3}}$

(4) $\dfrac{\sqrt{3}-\sqrt{2}}{\sqrt{3}+\sqrt{2}}+\dfrac{\sqrt{3}+\sqrt{2}}{\sqrt{3}-\sqrt{2}}$ [(4) 法政大]

標 準 例題
31 平方根と対称式の値 ◑◑◑

$x=\dfrac{\sqrt{2}+1}{\sqrt{2}-1}$, $y=\dfrac{\sqrt{2}-1}{\sqrt{2}+1}$ のとき，次の式の値を求めよ。

(1) $x+y$, xy　　　(2) x^2+y^2　　　(3) $x^4y^2+x^2y^4$　　　(4) x^3+y^3

CHART & GUIDE

2文字 x, y の対称式　$x+y$, xy で表す
$$x^2+y^2=(x+y)^2-2xy, \quad x^3+y^3=(x+y)^3-3xy(x+y)$$

(1) 分母が $\sqrt{2}-1$，$\sqrt{2}+1$ であるから，通分すると分母が有理化される。

(2)～(4) x，y の値をそのまま代入したのでは，計算が面倒。そこで

(2), (4)　上で示したように式を変形して，(1) で求めた $x+y$，xy の値を代入。…… !

(3) (1)，(2) で求めた式の値が利用できる形に，式を変形する。

　　式の値　計算はらくに　式を変形してから代入

解答

(1) $x+y=\dfrac{\sqrt{2}+1}{\sqrt{2}-1}+\dfrac{\sqrt{2}-1}{\sqrt{2}+1}=\dfrac{(\sqrt{2}+1)^2+(\sqrt{2}-1)^2}{(\sqrt{2}-1)(\sqrt{2}+1)}$

$\qquad\quad =\dfrac{(2+2\sqrt{2}+1)+(2-2\sqrt{2}+1)}{2-1}=6$

$\qquad xy=\dfrac{\sqrt{2}+1}{\sqrt{2}-1}\times\dfrac{\sqrt{2}-1}{\sqrt{2}+1}=1$

← 分母が $\sqrt{2}-1$ と $\sqrt{2}+1$ であるから，通分と同時に分母が有理化される。

← x，y は，互いに他の逆数になっている。

! (2) $x^2+y^2=(x+y)^2-2xy=6^2-2\cdot1=\mathbf{34}$

(3) $x^4y^2+x^2y^4=x^2y^2(x^2+y^2)=(xy)^2(x^2+y^2)=1^2\cdot34=\mathbf{34}$

← 共通因数 x^2y^2 でくくる。

! (4) $x^3+y^3=(x+y)^3-3xy(x+y)=6^3-3\cdot1\cdot6=\mathbf{198}$

Lecture　対称式における重要な式変形

例題の式のように，x と y を入れ替えても，もとの式と同じになる式を **2文字 x, y の対称式** といい，特に，$x+y$ と xy を **基本対称式** という。そして，次のことが知られている。

　　　x，y の対称式は，基本対称式 $x+y$，xy で表すことができる。

例えば，CHART & GUIDE で示した式は，次のようにして導かれている。

$(x+y)^2=x^2+2xy+y^2$　　　　　から　　$x^2+y^2=(x+y)^2-2xy$

$(x+y)^3=x^3+3x^2y+3xy^2+y^3$ から　$x^3+y^3=(x+y)^3-3xy(x+y)$

└── $p.40$ 参照。

TRAINING　31 ③ ★

$x=\dfrac{2+\sqrt{3}}{2-\sqrt{3}}$, $y=\dfrac{2-\sqrt{3}}{2+\sqrt{3}}$ のとき，次の式の値を求めよ。

(1) $x+y$, xy　　　(2) x^2+y^2　　　(3) $x^4y^3+x^3y^4$　　　(4) x^3+y^3

ズームUP

計算の工夫 …有理化をどこでするか

例題 30 では，まず，それぞれの項の分母を有理化してから計算していましたが，例題 31 (1) では，分母を有理化しないまま計算をしています。その理由について考えてみましょう。

● 和 $x+y$ について

x, y それぞれの分母を有理化する際，分母・分子に掛ける数は何でしょうか。

有理化

$$x = \frac{\sqrt{2}+1}{\sqrt{2}-1} = \frac{(\sqrt{2}+1)^2}{(\sqrt{2}-1)(\sqrt{2}+1)}$$

$$y = \frac{\sqrt{2}-1}{\sqrt{2}+1} = \frac{(\sqrt{2}-1)^2}{(\sqrt{2}+1)(\sqrt{2}-1)}$$

分母が等しい

x の場合は $\sqrt{2}+1$ で，y の場合は $\sqrt{2}-1$ です。

その通りです。では，x, y それぞれの分母を有理化した後の分母はどうなりますか。

$$x+y = \frac{\sqrt{2}+1}{\sqrt{2}-1} + \frac{\sqrt{2}-1}{\sqrt{2}+1}$$

$$= \frac{(\sqrt{2}+1)^2 + (\sqrt{2}-1)^2}{(\sqrt{2}-1)(\sqrt{2}+1)}$$

通分

有理化

あ！同じになります。

つまり，x, y の分母の有理化は通分していることと同じで，言いかえると，通分すると同時に有理化されることになります。そのため，分母を有理化しないまま，$x+y$ を計算しています。

● 積 xy について

xy については，x の分母と y の分子が同じで，x の分子と y の分母が同じだから，分母を有理化しなくても $xy=1$ と計算できますね。

逆数の関係：$\dfrac{A}{B}$, $\dfrac{B}{A}$

$$\frac{A}{B} \times \frac{B}{A} = 1$$

その通りです。例題 31 (1) のように，式の形によって柔軟に対応できると，計算量を軽減することができます。

6　1次不等式

 ここでは，不等式の性質を利用して，1次不等式を解くことについて学びます。不等式の性質は，等式の性質と似ているので，まず，1次方程式を通して等式の性質について復習しましょう。

■ 1次方程式

 Play Back 中学

等式の性質

1　等式の両辺に同じ数を足しても，等式は成り立つ。

$$A=B \text{ ならば }\quad A+C=B+C$$

2　等式の両辺から同じ数を引いても，等式は成り立つ。

$$A=B \text{ ならば }\quad A-C=B-C$$

3　等式の両辺に同じ数を掛けても，等式は成り立つ。

$$A=B \text{ ならば }\quad AC=BC$$

4　等式の両辺を同じ数で割っても，等式は成り立つ。

$$A=B \text{ ならば }\quad \frac{A}{C}=\frac{B}{C} \quad \text{ただし，} C \neq 0$$

例　1次方程式　$-2x-5=9$　を等式の性質を利用して解く。

$$-2x-5=9$$

-5 を移項すると　$-2x=9+5$　　　　　　　　　　　←等式の性質1

すなわち　　　　　　$-2x=14$

両辺を -2 で割って　$x=-7$　　　　　　　　　　　←等式の性質4

■ 不等号と不等式

不等号の種類と意味についてまとめると，次のようになる。

不等号	使 用 例	意　　味
$<$	$a<b$	a は b より小さい
$>$	$x+y>0$	x と y の和は 0 より大きい
$\leqq$	$x \leqq 5$	x は 5 以下
$\geqq$	$c \geqq d$	c は d 以上

別の表現

←b は a より大きい
←$x+y$ は正の数
←$x<5$ または $x=5$
←$c>d$ または $c=d$

補足　例えば，$0<x<1$ は「x は 0 より大きく，かつ 1 より小さい」の意味である。

不等号で示された大小の関係式を，**不等式** という。なお，不等式で使われる文字は，特に断りがなければ実数である。

注意 不等号 ≦ は，＜ と ＝ のどちらか一方が成り立っていれば正しい。

　　例えば，$x \leqq 5$ は，$x < 5$ でもよいし，$x = 5$ でもよい。
　　したがって，$3 \leqq 5$ は $3 < 5$ が成り立っているから正しい。
　　　　　　$5 \leqq 5$ も $5 = 5$ が成り立っているから正しい。

← 不等号 ≧ も，＞ と ＝ のどちらか一方が成り立っていれば正しい。

例 「10 からある数 x の 3 倍を引いた数は -5 より大きい」を不等式で表すと　　$10 - 3x > -5$

「2 数 x，y の和は正で，かつ 6 以下である」を不等式で表すと　　$0 < x + y \leqq 6$

← 2 数 x，y の和は 0 より大きい。

■ 不等式の性質

不等式でも等式の場合と同様に，不等号の左側の部分を **左辺**，右側の部分を **右辺** といい，左辺と右辺とを合わせて **両辺** という。

不等式の両辺に同じ数を足したり，掛けたりした場合，前ページの「等式の性質」と同じようなことが成り立つかどうかを調べよう。

$$A < B$$
左辺　右辺
両辺

$4 < 8$ である。このとき

$$4 + 2 < 8 + 2, \quad 4 - 2 < 8 - 2$$

$$4 \cdot 2 < 8 \cdot 2, \quad \frac{4}{2} < \frac{8}{2}, \quad 4 \cdot (-2) > 8 \cdot (-2), \quad \frac{4}{-2} > \frac{8}{-2}$$

一般に，次のことが成り立つ。

┌─ **不等式の性質** ─────────────────
│
│　1　$A < B$ ならば　$A + C < B + C$
│
│　2　$A < B$ ならば　$A - C < B - C$
│
│　3　$A < B$，$\underset{\sim}{C > 0}$ ならば　$AC < BC$，$\dfrac{A}{C} < \dfrac{B}{C}$
│
│　4　$A < B$，$\underset{\sim}{C < 0}$ ならば　$AC > BC$，$\dfrac{A}{C} > \dfrac{B}{C}$
│
└──────────────────────────────

← 不等式の両辺に同じ数を加えても，不等式は成り立つ。

■ 1 次不等式

整理して $ax > b$，$ax \leqq b$（a，b は定数，ただし $a \neq 0$）などの形にできる不等式を，x の **1 次不等式** といい，不等式を成り立たせる x の値を，その不等式の **解** という。

不等式のすべての解を求めることを，その不等式を **解く** という。

不等式でも，等式の場合と同じように，移項することができる。

次のページからは，不等式の性質を用いて，1 次不等式を解く方法について学んでいきましょう。

基本 例題 **32** 不等式の性質の利用 (1)

$a<b$ のとき，次の2数の大小関係を調べて，不等式で表せ。

(1) $a+2$, $b+2$　　(2) $a-3$, $b-3$　　(3) $4a$, $4b$

(4) $\dfrac{a}{5}$, $\dfrac{b}{5}$　　(5) $-6a$, $-6b$　　(6) $\dfrac{a}{-7}$, $\dfrac{b}{-7}$

CHART
& GUIDE

不等式の性質の注意点

負の数の乗除で
不等号の向きが変わる …… !
（加減や正の数の乗除では変わらない）

×(−1) で大小が逆転

解答

	不等号の向きは

(1) $a<b$ の両辺に2を加えて　　　$a+2<b+2$　　← 変わらない

(2) $a<b$ の両辺から3を引いて　　$a-3<b-3$　　← 変わらない

(3) $a<b$ の両辺に正の数4を掛けて　$4a<4b$　　← 変わらない

(4) $a<b$ の両辺を正の数5で割って　$\dfrac{a}{5}<\dfrac{b}{5}$　　← 変わらない

! (5) $a<b$ の両辺に負の数 -6 を掛けて　$-6a>-6b$　　← 変わる

! (6) $a<b$ の両辺を負の数 -7 で割って　$\dfrac{a}{-7}>\dfrac{b}{-7}$　　← 変わる

Lecture **不等式の性質を言葉で言い表すと**

不等式の両辺に同じ数を加えても，不等式の両辺から同じ数を引いても，**不等号の向きは変わらない。**

$$A<B \longrightarrow \begin{cases} A+C<B+C \\ A-C<B-C \end{cases}$$

不等式の両辺に同じ正の数を掛けても，不等式の両辺を同じ正の数で割っても，**不等号の向きは変わらないが，同じ負の数を掛けたり，同じ負の数で割ったりすると，不等号の向きが変わる。**

$$A<B \begin{cases} C>0 \nearrow AC<BC, \ \dfrac{A}{C}<\dfrac{B}{C} \\ C<0 \searrow AC>BC, \ \dfrac{A}{C}>\dfrac{B}{C} \end{cases}$$

TRAINING 32 ①

$a<b$ のとき，次の □ に不等号 > または < を入れ，正しい不等式にせよ。

(1) $a+3$ □ $b+3$　　(2) $0.3a$ □ $0.3b$　　(3) $-\dfrac{2}{5}a$ □ $-\dfrac{2}{5}b$

(4) $2a-3$ □ $2b-3$　　(5) $6-a$ □ $6-b$　　(6) $\dfrac{a+5}{3}$ □ $\dfrac{b+5}{3}$

標準 例題 **33** 不等式の性質の利用(2)

$-2<x<5$, $-7<y<4$ のとき，次の式のとりうる値の範囲を求めよ。

(1) $x+3$ (2) $2x$ (3) $x+y$ (4) $x-y$

CHART & GUIDE

不等式の性質($p.61$ 参照)を利用して，式のとりうる値の範囲を求める。

不等式 $A<B<C$ は $A<B$ と $B<C$ が同時に成り立つこと である。

2章 **6** 1次不等式

(1), (2) $A<B$ かつ $B<C$ のとき

    $A+D<B+D$ かつ $B+D<C+D$ から $A+D<B+D<C+D$

    また，$D>0$ のとき，$AD<BD$ かつ $BD<CD$ から $AD<BD<CD$

(3) $A<B$ かつ $C<D$ のとき $A+C<B+D$

    例 $1<5$ かつ $2<4$ である。このとき $1+2<5+4$ ←$3<9$

(4) $x-y=x+(-y)$ と考えるとよい。まず，性質

    $A<B<C$ のとき，$D<0$ ならば $AD>BD>CD$

を利用し，$-y$ の値の範囲を求める。

解答

(1) $-2<x<5$ の各辺に 3 を加えて $-2+3<x+3<5+3$
   すなわち **$1<x+3<8$**   ← $A<B<C$ のとき $A+D<B+D<C+D$

(2) $-2<x<5$ の各辺に 2 を掛けて $-2\cdot2<x\cdot2<5\cdot2$
   すなわち **$-4<2x<10$**   ← $A<B<C$, $D>0$ のとき $AD<BD<CD$

(3) $-2<x$ かつ $-7<y$ から $-2-7<x+y$ ← $-2<x<5$ かつ $-7<y<4$
   すなわち $-9<x+y$ …… ①
   $x<5$ かつ $y<4$ から $x+y<5+4$ ← $-2<x<5$ かつ $-7<y<4$
   すなわち $x+y<9$ …… ②
   ①, ② から **$-9<x+y<9$**

[別解] $-2<x<5$, $-7<y<4$ の各辺を加えて   ← このように簡単に書いてもよい。
   $-2-7<x+y<5+4$ すなわち **$-9<x+y<9$**

(4) $-7<y<4$ の各辺に -1 を掛けて   ← 各辺に負の数を掛けると，不等号の向きが変わる。
     $-7\cdot(-1)>y\cdot(-1)>4\cdot(-1)$
   すなわち $-4<-y<7$ …… ③
   $-2<x<5$ と ③ の各辺を加えて $-2-4<x-y<5+7$ ← (3)の[別解]と同じ方法。
   すなわち **$-6<x-y<12$**

(参考) 一般に，$\begin{cases} A<x<B \\ C<y<D \end{cases}$ ならば $\begin{cases} A+C<x+y<B+D \\ A-D<x-y<B-C \end{cases}$ が成り立つ。

TRAINING 33 ③

$2<x<5$, $-1<y<3$ のとき，次の式のとりうる値の範囲を求めよ。

(1) $x-5$ (2) $3y$ (3) $x+y$ (4) $x-2y$

STEP *forward*

不等式の性質をマスターして，例題 **34** を攻略！

1次不等式をどのようにして解けばよいかわかりません。

では，具体的な問題を通して考えてみましょう。

不 等 式 の 性 質

1　$A < B$ ならば　$A + C < B + C$

2　$A < B$ ならば　$A - C < B - C$

3　$A < B,\ C > 0$ ならば
$$AC < BC,\quad \frac{A}{C} < \frac{B}{C}$$

4　$A < B,\ C < 0$ ならば
$$AC > BC,\quad \frac{A}{C} > \frac{B}{C}$$

Get ready

不等式 $2x - 5 < 9$ を解け。

方程式 $2x - 5 = 9$ を解くときにはどのようにしましたか。

x を含む項を左辺に，数の項を右辺に移項しました。

不等式も等式と同じように，両辺に同じ数を加えたり引いたりできるので，不等式でも移項することができます。やってみましょう。

移項して，整理しました。

方程式では次にどうしましたか。

memo

解答

$$2x - 5 < 9$$

移項すると　　$2x < 9 + 5$

整理すると　　$2x < 14$

両辺を 2 で割って　$x < 7$

両辺を同じ数 2 で割って…，できました。

正解です。1次不等式の解き方をまとめると次のようになります。
次の例題も同じようにして解いてみましょう。

まとめ

1　x を含む項を左辺に，数を右辺に移項する。

2　$ax > b,\ ax \leqq b$ などの形に整理する。

3　両辺を x の係数 a で割る。このとき a の符号に注意。

基本 例題 34 1次不等式の解法

次の不等式を解け。

(1) $4x+5>2x-3$

(2) $3(x-2)\geqq 2(2x+1)$

(3) $\dfrac{1}{2}x>\dfrac{4}{5}x-3$

(4) $0.1x+0.06<0.02x+0.1$

CHART & GUIDE

1次不等式の解法

1 x を含む項を左辺に，数を右辺に移項する。

2 $ax>b,\ ax\leqq b$ などの形に整理する。

3 両辺を x の係数 a で割る。このとき a の符号に注意。

$a>0$ なら不等号の向きはそのまま，$a<0$ なら不等号の向きが変わる。…… !

(3)，(4) 係数が分数や小数のときは，両辺を何倍かして，係数を整数に直す。

解答

(1) 移項して　　　　　$4x-2x>-3-5$

　　整理して　　　　　$2x>-8$

　　両辺を 2 で割って　$\boldsymbol{x>-4}$

(2) かっこをはずして　$3x-6\geqq 4x+2$

　　移項して　　　　　$3x-4x\geqq 2+6$

　　整理して　　　　　$-x\geqq 8$

!　両辺を -1 で割って　$\boldsymbol{x\leqq -8}$

(3) 両辺を 10 倍して　$5x>8x-30$

　　移項，整理して　　$-3x>-30$

!　両辺を -3 で割って　$\boldsymbol{x<10}$

(4) 両辺を 100 倍して　$10x+6<2x+10$

　　移項，整理して　　$8x<4$

　　両辺を 8 で割って　$\boldsymbol{x<\dfrac{1}{2}}$

◀ 移項すると符号が変わる。

$$4x+5>2x-3$$
$$4x-2x>-3-5$$

移項では，不等号の向き は変わらない。

◀ 不等号の向きが変わる。

◀ 2 と 5 の最小公倍数 10 を両辺に掛ける。

◀ 不等号の向きが変わる。

◀ 係数の小数が小数点以下 第 2 位であるから，両 辺を $10^2=100$ 倍する。

Lecture 不等式の解と数直線

x の不等式を成り立たせる x の値全体を，その不等式の **解** ということがある。
1 次不等式の解は，1 次方程式のような，ただ 1 つの値ではなく無数の
値からなる。例えば，(2) の解 $x\leqq -8$ は -8 以下のすべての実数が解で
ある。解 $x\leqq -8$ を数直線上に表すと理解しやすい。

TRAINING 34 ②

次の不等式を解け。

(1) $8x+13>5x-8$

(2) $3(x-3)\geqq 5(x+1)$

(3) $\dfrac{4-x}{2}<7+2x$

(4) $\dfrac{1}{2}(1-3x)\geqq \dfrac{2}{3}(x+7)-5$

(5) $0.2x-7.1\leqq -0.5(x+3)$

基本 **例題** **35** 連立不等式の解法 <<< 基本例題 34

次の不等式を解け。

(1) $\begin{cases} 2x+3 < 3x+5 \\ 2(x+3) \leqq -x+9 \end{cases}$ (2) $-4x+1 < 7-3x < x-1$

解説動画へGO!!

CHART & GUIDE

連立不等式の解法

1 それぞれの不等式を解く。
2 不等式の解を数直線上に図示する。
3 図を利用して，解の共通範囲を求める。…… $!$

$\begin{cases} A < B \\ A < C \end{cases}$ として はダメ！

(2) $A < B < C$ は $A < B$ かつ $B < C$，すなわち連立不等式 $\begin{cases} A < B \\ B < C \end{cases}$ と同じ意味。

解答

(1) $2x+3 < 3x+5$ から $\qquad -x < 2$ ← 移項 $2x-3x < 5-3$

よって $\qquad x > -2$ …… ① ← 不等号の向きが変わる。

$2(x+3) \leqq -x+9$ から $\qquad 2x+6 \leqq -x+9$ ← かっこをはずす。

整理して $\qquad 3x \leqq 3$

よって $\qquad x \leqq 1$ …… ②

$!$ ①，② の共通範囲を求めて $\qquad -2 < x \leqq 1$

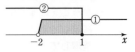

(2) $-4x+1 < 7-3x$ から $\qquad -x < 6$

よって $\qquad x > -6$ …… ①

$7-3x < x-1$ から $\qquad -4x < -8$

よって $\qquad x > 2$ …… ②

$!$ ①，② の共通範囲を求めて $\qquad x > 2$

Lecture 連立不等式には，数直線の利用が有効

いくつかの不等式を組み合わせたものを **連立不等式** といい，それらの不等式の解に共通する範囲を，この連立不等式の **解** という。また，連立不等式の解を求めることを，連立不等式を **解く** という。

連立不等式を解く場合は **数直線を利用する** とわかりやすい。例えば，上の例題(1)では

 と の共通範囲が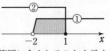

注意 図の白丸 ○ は，その数が範囲に含まれないことを示し，黒丸 ● は，範囲に含まれることを示す。

TRAINING 35 ②

次の不等式を解け。

(1) $\begin{cases} 4x-1 < 3x+5 \\ 5-3x < 1-x \end{cases}$ (2) $\begin{cases} 3x-5 < 1 \\ \dfrac{3x}{2} - \dfrac{x-4}{3} \leqq \dfrac{1}{6} \end{cases}$ (3) $\dfrac{2x+5}{4} < x+2 \leqq 17-2x$

標準
例題
36　不等式の整数解

(1)　不等式 $1-\dfrac{n-1}{3}>\dfrac{n}{4}$ を満たす最大の自然数 n の値を求めよ。

(2)　連立不等式 $\begin{cases} 2(x+1)\geqq 5x-2 \\ -5x<-3x+4 \end{cases}$ を満たす整数 x の値をすべて求めよ。

CHART
& GUIDE

不等式の整数解

1　不等式・連立不等式を解く。(1) では，係数を整数にするため，まず両辺に **12** を掛ける。

2　(1) では n が自然数，(2) では x が整数であることに注意して，条件を満たす値を求める。(2) では，数直線を利用すると考えやすい。

解|答

(1)　両辺を 12 倍すると　　$12-4(n-1)>3n$

　　よって　　　　　　$12-4n+4>3n$

　　整理すると　　　　$-7n>-16$

　　ゆえに　　　　　　$n<\dfrac{16}{7}$

　　$\dfrac{16}{7}=2.2\cdots$ である。不等式を満たす最大の自然数 n の値は，

　　$n<\dfrac{16}{7}$ を満たす最大の自然数 n の値を求めて　　**$n=2$**

←分母 3，4 の最小公倍数は 12

←不等号の向きが変わる。

←$\dfrac{16}{7}$ のおおよその値を知るために，小数に直した。

(2)　$2(x+1)\geqq 5x-2$ から　　$2x+2\geqq 5x-2$

　　ゆえに　　　　　$-3x\geqq -4$

　　よって　　　　　$x\leqq \dfrac{4}{3}$　……　①

　　$-5x<-3x+4$ から　　$-2x<4$

　　よって　　　　　$x>-2$　……　②

　　①，② の共通範囲を求めて

　　　　　　$-2<x\leqq \dfrac{4}{3}$

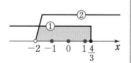

　　$\dfrac{4}{3}=1.3\cdots$ である。連立不等式を満たす整数 x の値は，

　　$-2<x\leqq \dfrac{4}{3}$ を満たす整数 x の値を求めて　**$x=-1,\ 0,\ 1$**

←前ページの例題 35 と同様に，まず各不等式を解いて，その共通範囲を求める。

←数直線で解を判断。

TRAINING　36 ③ ★

(1)　不等式 $\dfrac{n+1}{7}+n\leqq \dfrac{3(n-1)}{2}$ を満たす最小の自然数 n の値を求めよ。

(2)　連立不等式 $\begin{cases} 2x-1<3(x+1) \\ x-4\leqq -2x+3 \end{cases}$ を満たす整数 x の値をすべて求めよ。

標準 例題 37 不等式の文章題

1個 160 円のりんごと 1個 130 円のみかんを合わせて 20 個買い，これを 200 円のかごに入れ，代金の合計を 3000 円以下にしたい。りんごをできるだけ多く買うとすると，りんごは何個買えるか。ただし，消費税は考えない。

CHART & GUIDE

1次不等式の文章題

1 求める数量を x とおく。
2 文章で表された条件を，x の不等式で表す。
3 2 で表した不等式を解く。
4 x が整数ならば，3 の解の範囲の中から，最適なものを選ぶ。
  └─ x はりんごの"個数"であるから整数（厳密には 0 以上の整数）。

解答

りんごを x 個買うとすると，みかんの個数は $(20-x)$ である。
このとき，りんごの代金は　　160x 円，
　　　　　　みかんの代金は　　$130(20-x)$ 円
かごの代金を含めると，代金の合計は
$$160x+130(20-x)+200 \ （円）$$
問題の条件を不等式で表すと
$$160x+130(20-x)+200 \leqq 3000 \ \cdots\cdots ①$$
両辺を 10 で割って　$16x+13(20-x)+20 \leqq 300$
すなわち　　　　　$16x+260-13x+20 \leqq 300$
整理すると　　　$3x \leqq 20$　　　よって　　$x \leqq \dfrac{20}{3}$

$\dfrac{20}{3}=6.66\cdots$ である。不等式 ① を満たす最
大の整数 x の値は，$x \leqq \dfrac{20}{3}$ を満たす最大の
整数 x の値を求めて　　$x=6$
したがって，りんごは **6 個**買える。

1 x を決める。
← (代金)
　＝(単価)×(個数)

2 条件を不等式で表す。
← (代金の合計)≦3000
← 係数は，小さい方が計算しやすい。

3 不等式を解く。

6　$\dfrac{20}{3}$　7　x

4 問題に合った最適な x を選ぶ。

注意 不等式を作るときは，不等号に ＝ を含めるか含めないかに要注意！
$$a<b \begin{cases} b \text{ は } a \text{ より } \textbf{大きい} \\ a \text{ は } b \text{ より } \textbf{小さい} \\ a \text{ は } b \ \textbf{未満} \end{cases} \quad a \leqq b \begin{cases} b \text{ は } a \ \textbf{以上} & a \text{ は } b \text{ より大きくない} \\ a \text{ は } b \ \textbf{以下} & b \text{ は } a \text{ より小さくない} \end{cases}$$

TRAINING 37 ③

ある学校で学校祭のパンフレットを作ることになった。印刷の費用は 100 枚までは 4000 円であるが，100 枚を超えた分については，1 枚につき 27 円かかるという。1 枚あたりの印刷の費用を 30 円以下にするためには，少なくとも何枚印刷すればよいか。ただし，消費税は考えない。

CHART NAVI
解答の書き方

高校数学では，最終的な答えだけでなく，答えに至るまでの過程も解答として書き表す力（**表現力**）が求められます。そこで，解答の書き方のコツをいくつか紹介したいと思います。

まず，解答は **見る人が読んでわかる内容であること** が重要です。よって，解答は数式だけでなく，文章や時には図も交えることが必要です。解答が書き慣れないうちは，次の手順で取り組んでみてください。

① 「問題文からわかること」と「求めるもの」を明確にする。
　　<例題 37 の場合>　（わかること）りんごとみかん 1 個の値段，個数と代金の条件など
　　　　　　　　　　　（求めるもの）りんごの個数
② 「問題文からわかること」を数式で表し，適宜，文章や図を補う。
③ 「問題文からわかること」が解答にもれなく含まれているか，「求めたもの」が問題の条件を満たしているかを確認する。
　　<例題 37 の場合>　求めたものが 0 以上の整数であるか確認する（りんごの個数は 0 以上の整数）。
④ 自分で読んでみて，見る人に伝わるかどうかを確認する。

② について，仮に例題 37 の解答が数式ばかりであったら，「読んでわかる内容」とは言いづらいでしょう。それぞれの数式やその変形が何を表しているかを，解答を見る人に伝えやすくするために，

<数式ばかりの解答>
りんご $160x$　　みかん $130(20-x)$
$160x+130(20-x)+200 \leqq 3000$
$30x \leqq 200$
$x \leqq 6.66 \cdots\cdots$　**6個**
これでは伝わりづらい！

$$\begin{array}{r} 6.6\cdots \\ 3\overline{)20} \\ 18 \\ \hline 2\ 0 \end{array}$$

「りんごの代金は」などの言葉や「よって」などの言葉を補足します。

補足する言葉などは，「どこまで書けばよいのか」の判断が難しいところですが，1 つの目安としては，**問題文にない情報は，必ずその説明を書くようにする** ことです。例題 37 であれば，「りんごを x 個買うとすると，みかんの個数は $(20-x)$ である。」という 1 文です。x は問題文に与えられていませんので，必要な言葉になります。

慣れないうちは，例題や解答編の解答の真似でも構いません。しかし，慣れてきたら，自分の解答と模範解答を比較して，自分で修正したり，人に見てもらったりすることで，解答の表現力を磨いていってください。

基本 例題
38 絶対値を含む方程式，不等式 …… 基本

次の方程式，不等式を解け。

(1) $|x-3|=5$ (2) $|x-3|<5$ (3) $|x-3|\geqq5$

CHART
& GUIDE

絶対値を含む方程式，不等式

$c>0$ のとき $|x|=c$ の解は $x=\pm c$

$|x|<c$ の解は $-c<x<c$ …… $\boxed{!}$

$|x|>c$ の解は $x<-c,\ c<x$

与えられた式の形が $|\ \ |=$（正の数），$|\ \ |<$（正の数）などの場合に利用するとよい。

解答

$\boxed{!}$ (1) $|x-3|=5$ から $x-3=\pm5$ (1) $x-3=X$ とおくと
     $x-3=5$ から $x=8$ $|X|=5$ の形。
     $x-3=-5$ から $x=-2$
     したがって $\boldsymbol{x=8,\ -2}$

$\boxed{!}$ (2) $|x-3|<5$ から $-5<x-3<5$ (2) $x-3=X$ とおくと
     各辺に 3 を加えて $-5+3<x<5+3$ $|X|<5$ の形。
     したがって $\boldsymbol{-2<x<8}$

$\boxed{!}$ (3) $|x-3|\geqq5$ から $x-3\leqq-5,\ 5\leqq x-3$ (3) $x-3=X$ とおくと
     $x-3\leqq-5$ から $x\leqq-2$ $|X|\geqq5$ の形。
     $5\leqq x-3$ から $x\geqq8$
     したがって $\boldsymbol{x\leqq-2,\ 8\leqq x}$

注意 (1) 解は $x=8$ と $x=-2$ で，これを合わせて $\boldsymbol{x=8,\ -2}$ と書く。
     (3) 解は $x\leqq-2$ と $x\geqq8$ で，これを合わせて $\boldsymbol{x\leqq-2,\ 8\leqq x}$ と書く。

✋ *Lecture* 絶対値の図形的意味から確認しよう

絶対値の定義「$|x|$ は，**数直線上で実数 x に対応する点と原点との距離**」に照らし合わせてみると，次のことがいえる。

     $|x|=c$ は，原点からの距離が c である点
     $|x|<c$ は，原点からの距離が c <u>より小さい点</u>の集まり
     $|x|>c$ は，原点からの距離が c <u>より大きい点</u>の集まり

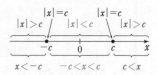

TRAINING 38 ② ★

次の方程式，不等式を解け。

(1) $|2x-1|=7$ (2) $|2x+5|\leqq2$ (3) $|3-x|>4$

≪≪ 基本例題 **38**　≫≫ 発展例題 **44**, **45**｜★

標準
例題
39 　場合分けによって絶対値を含む方程式を解く　⏱⏱⏱

(1)　$|2x-1|$ の絶対値記号をはずせ。　　(2)　方程式 $|x-6|=2x$ を解け。

CHART
& GUIDE

絶対値は　場合分け

$$|a|=\begin{cases} a & (a \geqq 0 \text{ のとき}) \quad \leftarrow a \text{ が正, 0 なら, } a \text{ をそのままにしてはずす。} \\ -a & (a < 0 \text{ のとき}) \quad \leftarrow a \text{ が負なら, } a \text{ にマイナスをつけてはずす。} \end{cases}$$

(1)　記号｜｜の中の式が $\geqq 0$ か <0 かで，下線{場合分け}をして絶対値記号をはずす。

　……｜｜の中の式が $=0$ となる x の値が場合の分かれ目になる。

(2)　$|X|=$（正の数）の形ではないから，前ページの例題 38 (1)と同じようにして解くことはできない。この問題では，場合分けをして，絶対値記号をはずして解く。

1 絶対値記号｜｜の中の式の符号で場合分けをする。

2 記号｜｜をはずしてできる方程式を解く。

3 **2** で得られた解が，場合分けの条件を満たすか満たさないか，チェックする。

解答

(1)　[1]　$2x-1 \geqq 0$ すなわち $x \geqq \dfrac{1}{2}$ の

　　とき　　$|2x-1|=2x-1$

　　[2]　$2x-1 < 0$ すなわち $x < \dfrac{1}{2}$ のと

　　き　$|2x-1|=-(2x-1)$
　　　　　　　　$=-2x+1$

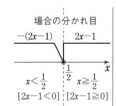

場合の分かれ目

$-(2x-1)$　　$2x-1$

$x<\dfrac{1}{2}$　｜　$x \geqq \dfrac{1}{2}$
$[2x-1<0]$　$[2x-1 \geqq 0]$

[1]　｜｜の中の式$\geqq 0$ の場合。

←｜｜をはずすだけ。

[2]　｜｜の中の式<0 の場合。

←－をつけてはずす。

(2)　[1]　$x-6 \geqq 0$ すなわち $x \geqq 6$ のとき

　　　$|x-6|=x-6$ であるから，方程式

　　　は　　$x-6=2x$

　　　これを解いて　　$x=-6$

　　　これは $x \geqq 6$ を満たさない。

　　[2]　$x-6 < 0$ すなわち $x < 6$ のとき

　　　$|x-6|=-(x-6)$ であるから，方

　　　程式は　　$-(x-6)=2x$

　　　よって　　$3x=6$　　ゆえに　　$x=2$

　　　これは $x < 6$ を満たす。

　　[1]，[2] から，求める解は　　$x=2$

[1]

[2]

[1]　｜｜の中の式$\geqq 0$ の場合。

←｜｜をはずすだけ。

←x の1次方程式を解く。

←この確認を忘れずに！

[2]　｜｜の中の式<0 の場合。

←－をつけてはずす。

←この確認を忘れずに！

←[2] の場合の解のみが方程式の解となる。

TRAINING 39 ③ ★

(1)　$|3x+1|$ の絶対値記号をはずせ。　　(2)　方程式 $|x-1|=3x+2$ を解け。

発展学習

≪≪ 基本例題 27

発展 例題 40　$\sqrt{A^2}$ のはずし方

a を実数とする。$\sqrt{9a^2-6a+1}+|a+2|$ を簡単にすると，

$a>\dfrac{1}{3}$ のとき ア$\boxed{}$，　$-2\leqq a\leqq\dfrac{1}{3}$ のとき イ$\boxed{}$，　$a<-2$ のとき ウ$\boxed{}$

である。

［類 センター試験］

CHART & GUIDE

$A\geqq 0$ のとき $\sqrt{A^2}=A$，$A<0$ のとき $\sqrt{A^2}=-A$ であるから，

$\sqrt{A^2}=\left|A\right|$ が成り立つ。　…… 1

このことを利用して，$\sqrt{9a^2-6a+1}+|a+2|$ を絶対値記号を用いて表す。

解答

1　$\sqrt{9a^2-6a+1}=\sqrt{(3a-1)^2}=|3a-1|$ から

$\sqrt{9a^2-6a+1}+|a+2|=|3a-1|+|a+2|$

(ア)　$a>\dfrac{1}{3}$ のとき，$3a-1>0$，$a+2>0$ であるから

$|3a-1|=3a-1$，$|a+2|=a+2$

よって　$|3a-1|+|a+2|=3a-1+a+2=\boldsymbol{4a+1}$

← $A>0$ のとき
$|A|=A$

(イ)　$-2\leqq a\leqq\dfrac{1}{3}$ のとき，$3a-1\leqq 0$，$a+2\geqq 0$ であるから

$|3a-1|=-(3a-1)=-3a+1$，$|a+2|=a+2$

ゆえに　$|3a-1|+|a+2|=-3a+1+a+2=\boldsymbol{-2a+3}$

← $A\leqq 0$ のとき
$|A|=-A$
$A\geqq 0$ のとき
$|A|=A$

(ウ)　$a<-2$ のとき，$3a-1<0$，$a+2<0$ であるから

$|3a-1|=-(3a-1)=-3a+1$，

$|a+2|=-(a+2)=-a-2$

← $A<0$ のとき
$|A|=-A$

よって　$|3a-1|+|a+2|=-3a+1-a-2=\boldsymbol{-4a-1}$

(参考)　$|3a-1|+|a+2|$ に対し，$|\ \ |$ の中の式が $=0$

となる a の値は　$a=\dfrac{1}{3}$，-2

問題文では，この値を基準として，3つの場合
に分けている。

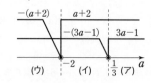

TRAINING　40 ④

$\sqrt{x^2-2x+1}-\sqrt{x^2+4x+4}$ を簡単にすると，$x>1$ のとき，ア$\boxed{}$ で，$-2<x<1$ の
とき，イ$\boxed{}$ である。

［福岡工大］

≪≪ 基本例題 29 | ★

発展 例題 **41** 分母の有理化 (2)

(1) $(1-\sqrt{2}+\sqrt{3})(1-\sqrt{2}-\sqrt{3})$ を計算せよ。

(2) $\dfrac{1}{1-\sqrt{2}+\sqrt{3}}$ の分母を有理化せよ。

CHART & GUIDE

① 同じものには おき換え を利用　② 繰り返し有理化

(1) $1-\sqrt{2}=A$ とおくと　$(A+\sqrt{3})(A-\sqrt{3})=A^2-(\sqrt{3})^2$

(2) (1)の結果を利用して，まず，分母の $\sqrt{}$ を1個に減らす。その計算結果に対して，分母を有理化する。

解答

(1) $(1-\sqrt{2}+\sqrt{3})(1-\sqrt{2}-\sqrt{3})$

$\quad = \{(1-\sqrt{2})+\sqrt{3}\}\{(1-\sqrt{2})-\sqrt{3}\}$

$\quad = (1-\sqrt{2})^2-(\sqrt{3})^2$

$\quad = 1-2\sqrt{2}+2-3 = -2\sqrt{2}$

← $1-\sqrt{2}=A$ とおくと
$(A+\sqrt{3})(A-\sqrt{3})$
$=A^2-(\sqrt{3})^2$

(2) $\dfrac{1}{1-\sqrt{2}+\sqrt{3}} = \dfrac{1}{(1-\sqrt{2})+\sqrt{3}}$

$\quad = \dfrac{1-\sqrt{2}-\sqrt{3}}{\{(1-\sqrt{2})+\sqrt{3}\}\{(1-\sqrt{2})-\sqrt{3}\}}$

$\quad = \dfrac{1-\sqrt{2}-\sqrt{3}}{(1-\sqrt{2})^2-(\sqrt{3})^2}$

$\quad = \dfrac{1-\sqrt{2}-\sqrt{3}}{-2\sqrt{2}} = \dfrac{-1+\sqrt{2}+\sqrt{3}}{2\sqrt{2}}$

$\quad = \dfrac{(-1+\sqrt{2}+\sqrt{3})\sqrt{2}}{2\sqrt{2}\sqrt{2}} = \dfrac{-\sqrt{2}+2+\sqrt{6}}{4}$

← (1)の結果を利用して，分母の $\sqrt{}$ を1個に減らす。

← 分母を有理化。

Lecture 分母が3つの項からなる式の有理化における注目点

分母に3つの $\sqrt{}$ の項を含む式の有理化では，上の解答(2)のように，**2つの項と1つの項に分け**て有理化を進めていく。その際，分母の3つの項 $\sqrt{●}$, $\sqrt{▲}$, $\sqrt{■}$ について，$●+▲=■$ となるものがないか，ということに注目するとよい。例えば，分母が $\sqrt{a}+\sqrt{b}+\sqrt{a+b}$ ならば，これを $(\sqrt{a}+\sqrt{b})+\sqrt{a+b}$ とみて有理化すると，分母は

$\{(\sqrt{a}+\sqrt{b})+\sqrt{a+b}\}\{(\sqrt{a}+\sqrt{b})-\sqrt{a+b}\}=(\sqrt{a}+\sqrt{b})^2-(\sqrt{a+b})^2=2\sqrt{ab}$

となり，その後の計算が進めやすくなる。

1つの項 ⎯

TRAINING 41 ④ ★

(1) $(\sqrt{2}+\sqrt{3}-\sqrt{5})(\sqrt{2}+\sqrt{3}+\sqrt{5})$ を計算せよ。

(2) $\dfrac{1}{\sqrt{2}+\sqrt{3}-\sqrt{5}}$ の分母を有理化せよ。

発展 例題 **42** 整数部分と小数部分の問題

$3+\sqrt{2}$ の整数部分を a，小数部分を b とする。$a^2+2ab+4b^2$ の値は $\boxed{}$ である。

[防衛大]

CHART & GUIDE

実数 x の整数部分と小数部分
整数部分… $n \leqq x < n+1$ を満たす整数 n
小数部分… $x-(x$ の整数部分$)$ …… $\boxed{!}$

まず，$3+\sqrt{2}$ の整数部分について考える。整数部分を求めた後，
$3+\sqrt{2}=(3+\sqrt{2}$ の整数部分$)+(3+\sqrt{2}$ の小数部分$)$ であること
を利用して，小数部分を求めることができる。

整数部分
4 $3+\sqrt{2}$ 5
小数部分

解答

$1<\sqrt{2}<2$ から $\quad 4<3+\sqrt{2}<5$
よって $\qquad a=4$

$\boxed{!}$ ゆえに $\qquad b=3+\sqrt{2}-4=\sqrt{2}-1$
よって $\quad a^2+2ab+4b^2=(a+b)^2+3b^2$
$\qquad\qquad\qquad\qquad =(3+\sqrt{2})^2+3(\sqrt{2}-1)^2$
$\qquad\qquad\qquad\qquad =11+6\sqrt{2}+3(3-2\sqrt{2})$
$\qquad\qquad\qquad\qquad =\mathbf{20}$

←不等式の性質
　$A<B$ ならば
　$\qquad A+C<B+C$

←$3+\sqrt{2}$ の整数部分が a，
　小数部分が b であるから
　$a+b=3+\sqrt{2}$

(補足) $a=4$ について，次のようにして求めてもよい。
$\qquad \sqrt{2}=1.4\cdots\cdots$ から $\quad 3+\sqrt{2}=4.4\cdots\cdots$
$\qquad$ よって $\quad a=4$

👆 *Lecture* 整数部分の求め方

$\sqrt{2}$ であれば，すぐに $1<\sqrt{2}<2$ であることがわかるが，根号の中の数字が大きい場合，例え
ば，$n\leqq\sqrt{11}<n+1$ を満たす整数 n については，$n^2\leqq 11<(n+1)^2$ となる整数 n を求めればよい。
$\qquad 3^2=9,\ 4^2=16$ であるから $\quad 3^2\leqq 11<4^2$
$\qquad$ よって $\qquad \sqrt{3^2}\leqq\sqrt{11}<\sqrt{4^2}$ $\quad$ ←$0<p<q$ のとき $\sqrt{p}<\sqrt{q}$
$\qquad$ すなわち $\quad 3\leqq\sqrt{11}<4$
$\qquad$ ゆえに，$\sqrt{11}$ の整数部分は 3 である。

(補足) $3.3\times 3.3=10.89,\ 3.4\times 3.4=11.56$ から $\quad \sqrt{11}=3.3\cdots$

TRAINING **42** ④

$\sqrt{6}+3$ の整数部分を a，小数部分を b とするとき，a^2+b^2 の値は $\boxed{}$ である。

[立教大]

発展 例題 43 2重根号をはずす ◆◆◆◆◆

次の式の2重根号をはずせ。

(1) $\sqrt{3+2\sqrt{2}}$　　(2) $\sqrt{7-2\sqrt{12}}$　　(3) $\sqrt{5+\sqrt{24}}$　　(4) $\sqrt{3-\sqrt{5}}$

CHART & GUIDE

2重根号のはずし方

$a>0,\ b>0$ のとき　$\sqrt{(a+b)+2\sqrt{ab}}=\sqrt{a}+\sqrt{b}$

$a>b>0$　　のとき　$\sqrt{(a+b)-2\sqrt{ab}}=\sqrt{a}-\sqrt{b}$　……（＊）

■ 与えられた式を $\sqrt{p+2\sqrt{q}}$ または $\sqrt{p-2\sqrt{q}}$ の形にする。

…… 内側の $\sqrt{\ }$ の前の係数が2となるように，変形することがポイント。

② $p=a+b$（足して p），$q=ab$（掛けて q）となる2つの正の数 a, b を見つける。

解答

(1) $\sqrt{3+2\sqrt{2}}=\sqrt{(2+1)+2\sqrt{2\cdot1}}=\sqrt{2}+1$　　←$=\sqrt{(\sqrt{2}+1)^2}$

(2) $\sqrt{7-2\sqrt{12}}=\sqrt{(4+3)-2\sqrt{4\cdot3}}$　　←$=\sqrt{(\sqrt{4}-\sqrt{3})^2}$
$=\sqrt{4}-\sqrt{3}=2-\sqrt{3}$　　←$\sqrt{3}-\sqrt{4}$ としない。

(3) $\sqrt{5+\sqrt{24}}=\sqrt{5+2\sqrt{6}}=\sqrt{(3+2)+2\sqrt{3\cdot2}}=\sqrt{3}+\sqrt{2}$　　←$\sqrt{24}=\sqrt{2^2\cdot6}=2\sqrt{6}$

(4) $\sqrt{3-\sqrt{5}}=\sqrt{\dfrac{6-2\sqrt{5}}{2}}=\dfrac{\sqrt{6-2\sqrt{5}}}{\sqrt{2}}$　　←$3-\sqrt{5}=\dfrac{3-\sqrt{5}}{1}$ とし

$=\dfrac{\sqrt{(5+1)-2\sqrt{5\cdot1}}}{\sqrt{2}}=\dfrac{\sqrt{5}-1}{\sqrt{2}}$　　て，この分母・分子に2
を掛けて $2\sqrt{5}$ を作る。

$=\dfrac{(\sqrt{5}-1)\sqrt{2}}{\sqrt{2}\sqrt{2}}=\dfrac{\sqrt{10}-\sqrt{2}}{2}$　　←分母の有理化。

（補足）足して p，掛けて q となる2つの自然数が存在するとは限らないため，例えば
$\sqrt{8+2\sqrt{6}}$ のように2重根号をはずせない場合もある。

Lecture　CHART & GUIDEの等式について

$a>0,\ b>0$ のとき　$(\sqrt{a}+\sqrt{b})^2=a+2\sqrt{a}\sqrt{b}+b=a+b+2\sqrt{ab}$,　$\sqrt{a}+\sqrt{b}>0$
よって，$\sqrt{a}+\sqrt{b}$ は，$a+b+2\sqrt{ab}$ の正の平方根 すなわち $\sqrt{a+b+2\sqrt{ab}}$ である。
$\underline{a>b>0}$　　のとき　$(\sqrt{a}-\sqrt{b})^2=a-2\sqrt{a}\sqrt{b}+b=a+b-2\sqrt{ab}$,　$\sqrt{a}-\sqrt{b}>0$
ゆえに，$\sqrt{a}-\sqrt{b}$ は，$a+b-2\sqrt{ab}$ の正の平方根 すなわち $\sqrt{a+b-2\sqrt{ab}}$ である。

（注意）例えば $a=2$, $b=3$ のとき $\sqrt{a}-\sqrt{b}<0$ となってしまう。そのため，等式（＊）は
「$\underline{a>b(>0)}$ のとき」に成り立つ。

TRAINING 43 ④

次の式の2重根号をはずせ。　　　　　　　　　　　　　　　〔(3) 東京海洋大〕

(1) $\sqrt{4+2\sqrt{3}}$　　(2) $\sqrt{9-2\sqrt{20}}$　　(3) $\sqrt{11+4\sqrt{6}}$　　(4) $\sqrt{4-\sqrt{15}}$

発展 例題 **44** 場合分けによって絶対値を含む不等式を解く ◆◆◆◆

不等式 $2|x+4| < x+10$ を解け。

CHART & GUIDE

絶対値は　場合分け

例題 39 (2) と同様，場合分けで絶対値記号をはずして解く。

1 記号 $|\quad|$ の中の式が $\geqq 0$ か <0 かで場合分けをする。

　… $|\quad|$ の中の式が $=0$ となる x の値が場合の分かれ目。

2 記号 $|\quad|$ をはずしてできる不等式を解く。

3 **2** で得られた解と場合分けの範囲の共通範囲を求める。

4 **3** で得られた範囲を合わせた範囲が求める解である。

場合の分かれ目
$-(x+4)$ | $x+4$
$\dfrac{}{\quad}$
-4 | x
$x<-4$ | $x\geqq-4$
$[x+4<0]$ | $[x+4\geqq0]$

解答

[1] $x+4\geqq0$ すなわち $x\geqq-4$ のとき

　不等式は　$2(x+4) < x+10$

　よって　　$x < 2$

　$x\geqq-4$ との共通範囲は　　$-4\leqq x < 2$ ……①

[2] $x+4<0$ すなわち $x<-4$ のとき

　不等式は　$-2(x+4) < x+10$

　よって　　$-3x < 18$

　ゆえに　　$x > -6$

　$x<-4$ との共通範囲は　　$-6 < x < -4$ ……②

求める解は ① と ② を合わせた範囲で　　$-6 < x < 2$

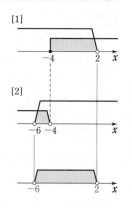

Lecture　絶対値を含む方程式と不等式における考え方

例題 39 (2) と例題 44 で手順が異なるように見えるかもしれないが，基本的な考え方は同じで，ともに，

　　場合分けをし，

　　それぞれの場合分けの範囲で解を考える。

　　そして，それらを合わせる

ということをしている。

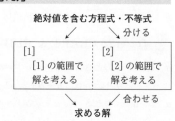

絶対値を含む方程式・不等式

分ける

[1] | [2]
[1] の範囲で 解を考える | [2] の範囲で 解を考える

合わせる

求める解

TRAINING　44 ④ ★

不等式 $3|x+1| \geqq x+5$ を解け。

STEP into ここで解説

「共通範囲」か？「合わせた範囲」か？

前ページの例題 44 の解答の中には、「共通範囲」を求める場面と「合わせた範囲」を求める場面があります。例題 44 の解答をもとに、その違いについて詳しく見てみましょう。

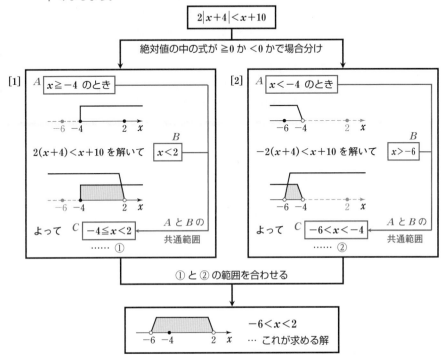

まず、絶対値記号をはずすため、実数全体を 2 つの場合([1] $x \geqq -4$ と [2] $x < -4$)に分ける。（上の図では、範囲 [1], [2] を A で表している。）

そして、範囲 A において絶対値記号をはずした不等式の解が B である。

⟶ A と B がともに成立（A かつ B が成立）しなければならないから、C では A と B の共通範囲 をとっている。

また、実数全体を [1], [2] の 2 つに分けたから、求めた解 ①, ② はどちらももとの不等式の解である。

⟶ 最後に ①, ② を 合わせた範囲 (① または ②) をとり、答えとしている。

注意 「p かつ q」を満たす範囲は p と q の 共通範囲
「p または q」を満たす範囲は p と q を 合わせた範囲　ということである。

手順を暗記するのではなく、なぜ共通範囲をとっているのか、なぜ合わせた範囲をとっているのかをしっかり理解しましょう。

発展 例題 **45** 絶対値記号を 2 つ含む不等式

不等式 $|2x|+|x-5|\geqq8$ を解け。

CHART & GUIDE

絶対値は 場合分け

例題 39(2)，44 と同様，場合分けで絶対値記号をはずして解く。

1 記号 $|\ \ |$ の中の式が $\geqq0$ か <0 かで場合分けをする。

… $|\ \ |$ の中の式が $=0$ となる x の値が場合の分かれ目。

2 記号 $|\ \ |$ をはずしてできる不等式を解く。

3 **2** で得られた解と場合分けの範囲の共通範囲を求める。

4 **3** で得られた範囲を合わせた範囲が求める解である。

解答

[1] $x<0$ のとき

不等式は $-2x-(x-5)\geqq8$

ゆえに $-3x+5\geqq8$ よって $x\leqq-1$

$x<0$ との共通範囲は $x\leqq-1$ …… ①

[2] $0\leqq x<5$ のとき

不等式は $2x-(x-5)\geqq8$

ゆえに $x+5\geqq8$ よって $x\geqq3$

$0\leqq x<5$ との共通範囲は $3\leqq x<5$ …… ②

[3] $5\leqq x$ のとき

不等式は $2x+x-5\geqq8$

ゆえに $3x-5\geqq8$ よって $x\geqq\dfrac{13}{3}$

$5\leqq x$ との共通範囲は $5\leqq x$ …… ③

求める解は ①〜③ を合わせた範囲で $x\leqq-1,\ 3\leqq x$

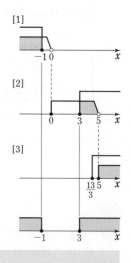

👆 **Lecture** 絶対値記号を 2 つ含むときの場合分け

記号 $|\ \ |$ の中の式が $=0$ となる x の値は $x=0,\ 5$

$|2x|$，$|x-5|$ について，$|\ \ |$ をはずした式は下の表のようになる。

ゆえに，$x<0$，$0\leqq x<5$，$5\leqq x$ の 3 つの場合に分ける。

x	$\cdots$	0	$\cdots$	5	$\cdots$
$|2x|$	$-2x$	$2x$	$2x$	$2x$	$2x$
$|x-5|$	$-(x-5)$	$-(x-5)$	$-(x-5)$	$x-5$	$x-5$

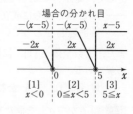

TRAINING 45 ⑤ ★

次の方程式・不等式を解け。

(1) $|x+4|-2|x|=2$　　　(2) $|x+2|+|2x-3|<10$

[(2) 國學院大]

発展 例題 **46** 連立不等式が解をもつ条件 🕐🕐🕐🕐🕐🕐

連立不等式 $\begin{cases} x<6 & \cdots\cdots ① \\ 2x+3 \geqq x+a & \cdots\cdots ② \end{cases}$ の解について, 次の条件を満たす定数 a の値の範囲を求めよ。

(1) 解をもつ。　　　　　　　　(2) 解に整数がちょうど 2 個含まれる。

CHART & GUIDE

連立不等式の解の条件　数直線で考える

1 各不等式を解く。…… 不等式 ② の解は $x \geqq ○$ (a の式) … ②′ の形。

2 数直線上に, 条件を満たすように範囲 ①, ②′ を図示することで a の不等式を作り, それを解く。…… !

…… 例えば, (1) では ①, ②′ の共通範囲が存在することが条件であるから, 右のような数直線を考えて　○<6　という (a の) 不等式を作る。

解答

② を解くと　$x \geqq a-3$ …… ②′

! (1) 連立不等式が解をもつための条件は　$a-3<6$ …… ㋐
これを解いて　$\boldsymbol{a<9}$

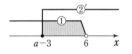

(2) $a<9$ のとき, ①, ②′ の共通範囲は　$a-3 \leqq x<6$
これを満たす整数 x がちょうど 2 個あるとき, その値は
$x=4, \ 5$ であるから, $a-3$ が満たす条件は

! 　　　　　　　$3<a-3 \leqq 4$ …… ㋑

各辺に 3 を加えて　$\boldsymbol{6<a \leqq 7}$

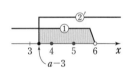

👆 **Lecture** 不等号に ＝ が含まれる・含まれないに要注意！

上の解答で, ㋐ を $a-3 \leqq 6$ としてしまうと, $a-3=6$ すなわち $a=9$ のとき ②′ が $x \geqq 6$ となり, ① と ②′ の共通範囲が存在しなくなるので誤りである。

また, ㋑ についても, 3, 4 を $a-3$ の値の範囲に含めるかどうかに注意が必要である（→右図参照）。

(1) $a=9$ のとき

(2) $3=a-3 \ (a=6)$ のとき　(2) $a-3=4 \ (a=7)$ のとき

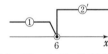

整数の解は 3 個で, ダメ。　　整数の解は 2 個で, OK。

TRAINING 46 ⑤ ★

連立不等式 $\begin{cases} 3x-7 \leqq 5x-3 \\ 2x-6<3a-x \end{cases}$ の解について, 次の条件を満たす定数 a の値の範囲を求めよ。

(1) 解をもつ。　　　　　　　　(2) 解に整数がちょうど 3 個含まれる。

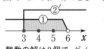

EXERCISES

A **14**③ ★ 不等式 $-\sqrt{10}<x-5<\sqrt{10}$ を満たす整数 x の個数は □ 個である。

<<< 標準例題 **36**

15③ ★ 次の方程式，不等式を解け。

(1) $\left|(\sqrt{14}-2)x+2\right|=4$ (2) $3|x-1|\leqq4$

(3) $x+|3x-2|=3$ 〔(1) センター試験〕 <<< 基本例題 **38**，標準例題 **39**

B **16**⑤ $a=\dfrac{1-\sqrt{5}}{2}$ のとき，次の式の値を求めよ。

(1) a^2-a-1 (2) a^6 〔類 倉敷芸科大〕

<<< 基本例題 **28**，標準例題 **31**

17④ p を定数とするとき，x の不等式 $px\geqq2x-3$ を解け。 <<< 基本例題 **34**

18④ ★ $\sqrt{7}$ の小数部分を a とするとき，次の式の値を求めよ。

(1) $a+\dfrac{1}{a}$ (2) a^2+4a-7 (3) $a^2+\dfrac{1}{a^2}$ 〔類 近畿大〕

<<< 標準例題 **31**，発展例題 **42**

19④ (1) 2つの実数 a, b が $\sqrt{a}+\sqrt{b}=\sqrt{11+4\sqrt{7}}$, $\sqrt{a}-\sqrt{b}=\sqrt{11-4\sqrt{7}}$
を満たすとき，$a-b=$ □ である。 〔立教大〕

(2) $\sqrt{x}=\sqrt{17+\sqrt{253}}-\sqrt{17-\sqrt{253}}$ が成り立つような整数 x を求めよ。

〔東京電機大〕 <<< 発展例題 **43**

20⑤ ★ 連立不等式 $\begin{cases} x>3a+1 \\ 2x-1>6(x-2) \end{cases}$ の解について，次の条件を満たす定数 a の
値の範囲を求めよ。

(1) 解が存在しない。 (2) 解に 2 が含まれる。

(3) 解に含まれる整数が 3 つだけとなる。 〔神戸学院大〕 <<< 発展例題 **46**

HINT -

16 (1) 直接代入してもよいが，次のように工夫して，根号をなくす方法もある。
$2a=1-\sqrt{5}$ から $2a-1=-\sqrt{5}$ 両辺を2乗して $(2a-1)^2=5$
(2) 直接代入するのは計算が大変。そこで，(1) で求めた値を利用する。a^6 の次数を下げて a の1次式で表すことを考える。

17 ●$x\geqq■$ の形に変形し，● の符号で場合分けして解く。● が 0 になることもあるので
注意。

18 (3) $\left(a+\dfrac{1}{a}\right)^2=a^2+2\cdot a\cdot\dfrac{1}{a}+\dfrac{1}{a^2}$ から $a^2+\dfrac{1}{a^2}=\left(a+\dfrac{1}{a}\right)^2-2$
この式を利用すると早い。

数学I

集合と命題

3章

レベル ………… 各例題の難易度を表す の個数(1～5 の 5 段階)。

★印 ………… 大学入学共通テストの準備・対策向き。

◉, ◎, ○印 … 各項目で重要度の高い例題につけた(◉, ◎, ○の順に重要度が高い)。
時間の余裕がない場合は, ◉, ◎, ○の例題を中心に勉強すると効果的である。
また, ◉の例題には, 解説動画がある。

Let's Start

7 集 合

1 から 10 までの自然数の中で 3 の倍数は 3，6，9 です。
このように，ある性質を満たすものの集まりについて，その表し方や用語についてここで学びましょう。

■ 集合とその要素

「−10 から 10 までの整数の集まり」とか「100 より大きい偶数の集まり」のように，範囲がはっきりした「もの」の集まりを **集合** といい，集合を構成している 1 つ 1 つのものを，その集合の **要素** という。

← 例えば，単に「大きい偶数の集まり」はその集まりの範囲がはっきりしないから，集合ではない。

x が集合 A の要素であるとき，x は集合 A に **属する** という。
また，x が集合 A の要素であることを $x \in A$
　　　y が集合 A の要素でないことを $y \notin A$ と表す。

← 要素のことを **元** ということもある。

例 偶数全体の集合を P とすると $2 \in P$，$3 \notin P$ である。

■ 集合の表し方

集合の表し方には，{ } の中にその **要素を書き並べて** 表す方法がある。

← 要素のもれがないように書く。

例 20 の正の約数全体の集合 P は
$$P = \{1,\ 2,\ 4,\ 5,\ 10,\ 20\}$$
要素の個数が多い場合，すべての要素を書き並べるのは大変である。そこで，省略記号 …… を用いて表すことがある。

例 1 から 100 までの整数全体の集合 Q は
$$Q = \{1,\ 2,\ 3,\ \cdots\cdots,\ 100\}$$

← 一部の要素だけを書いて，残りを省略記号「……」を用いて表す。

また，**要素の満たす条件を示す** 表し方もある。

例 20 の正の約数全体の集合 P は
$$P = \{x \,|\, x \text{ は 20 の正の約数}\}$$
　　　要素の代表 ┃ x が満たす条件を書く
　　　　間に縦線を入れる

■ 部分集合

集合 A のすべての要素が集合 B の要素でもあるとき，A を B の **部分集合** という。このとき，A は B に **含まれる**，または，B は A を **含む** といい，$A \subset B$ または $B \supset A$ と表す。

← A 自身も A の部分集合である。すなわち $A \subset A$

← $A \subset B$ を $A \subseteq B$ と書くこともある。

例 　$P=\{4,\ 8\}$，$Q=\{2,\ 4,\ 6,\ 8\}$ とすると，P
　　は Q の部分集合であり，$P \subset Q$ である。

(補足)　右のような図を **ベン図** という。
　　　　ベン図に要素を書き込むと，各要素がど
　　　　の集合に属しているかわかりやすい。

←P の要素 4，8 は，集合 Q の要素でもある。

また，集合 A と集合 B の要素がすべて一致しているとき，A と B
は **等しい** といい，$A=B$ で表す。

例 　R を 1 桁の正の偶数全体の集合とし，$Q=\{2,\ 4,\ 6,\ 8\}$ とす
　　ると，$Q=R$ である。

←$R=\{2,\ 4,\ 6,\ 8\}$

■ 共通部分と和集合

2 つの集合 A と B のどちらにも属する要素全体
の集合を A と B の **共通部分** といい，$A \cap B$ と
表す。

共通部分　$A \cap B$

←$A \cap B$ は「A かつ B」，「A and B」などと読む。また，$A \cup B$ は「A または B」，「A or B」などと読む。

また，集合 A と B の少なくとも一方に属する要
素全体の集合を A と B の **和集合** といい，
$A \cup B$ と表す。

和集合　$A \cup B$

←「少なくとも一方」であるから，両方に属する共通部分も含まれる。

例 　$A=\{1,\ 3,\ 9\}$，
　　　$B=\{3,\ 6,\ 9\}$ とすると
　　　　　$A \cap B=\{3,\ 9\}$，
　　　　　$A \cup B=\{1,\ 3,\ 6,\ 9\}$

要素が 1 つもない集合を **空集合** といい，$\varnothing$ で表す。

例 　$A=\{1,\ 3,\ 9\}$，
　　　$C=\{2,\ 6\}$ とすると
　　　　　　　$A \cap C=\varnothing$

(注意)　空集合は，どんな集合においても，その部分集合であると約
　　　　束する。すなわち，集合 A に対して，必ず $\varnothing \subset A$ が成り
　　　　立つ。

←例えば，集合 $\{2,\ 6\}$ の部分集合は
$\varnothing$，$\{2\}$，$\{6\}$，$\{2,\ 6\}$
の 4 つある。

■ 補集合

集合では，最初に 1 つの集合 U を決めて，U の部分集合につ
いて考えることが多い。このとき，U を **全体集合** という。
U の部分集合 A に対して，U の要素のうち A に属さない要素
全体の集合を，U に関する A の **補集合** といい，$\overline{A}$ で表す。

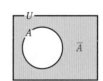

次のページからは，集合の表し方，用語を用いて，与えられた集合の共通部分や
和集合などを考えていきましょう。

基本 例題
47 集合の表し方，包含関係

(1) 24 の正の約数全体の集合を A とするとき，次の □ に適する記号 $\in$ または $\notin$ を入れよ。　(ア) 6 □ A　(イ) 9 □ A　(ウ) -2 □ A

(2) 次の 2 つの集合 A，B の間に成り立つ関係を，記号 $\subset$，$=$ を用いて表せ。
　(ア) $A=\{n\,|\,n$ は 5 以下の自然数$\}$，　$B=\{0,\ 1,\ 2,\ 3,\ 4,\ 5\}$
　(イ) $A=\{5n\,|\,n=1,\ 2\}$，　　$B=\{x\,|\,(x-5)(x-10)=0\}$

CHART & GUIDE

集合の包含関係　それぞれの集合の要素を比較

(2) 各集合について要素を書き並べて表してから，包含関係を考える。
例えば，集合 P の要素がすべて Q に属していれば　$P\subset Q$
集合 P の要素と集合 Q の要素が一致すれば　$P=Q$　となる。

解答

(1) $A=\{1,\ 2,\ 3,\ 4,\ 6,\ 8,\ 12,\ 24\}$ であるから
　(ア) $6\in A$　　　(イ) $9\notin A$　　　(ウ) $-2\notin A$

◆ 6 は集合 A に属するが，9，-2 は属さない。

(2) (ア) $A=\{1,\ 2,\ 3,\ 4,\ 5\}$ であるから　　$A\subset B$

◆ 0 は自然数ではない。

　(イ) $A=\{5,\ 10\}$
　　$(x-5)(x-10)=0$ を解くと　　$x=5,\ 10$
　　ゆえに　　$B=\{5,\ 10\}$
　　よって　　$A=B$

(イ) A について。
$5n$ の n に条件を満たす数を代入して得られる数が要素である。
$5\times1=5,\ 5\times2=10$

Lecture　集合の包含関係

空集合ではない 2 つの集合 A，B の包含関係は次のような場合がある。

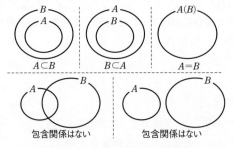

$A\subset B$　　　$B\subset A$　　　$A=B$

包含関係はない　　　包含関係はない

TRAINING　47 ①★

(1) 3 の正の倍数のうち，20 以下のもの全体の集合を A とするとき，次の □ に適する記号 $\in$ または $\notin$ を入れよ。
　(ア) 9 □ A　　　　(イ) 14 □ A　　　　(ウ) 0 □ A

(2) 次の 2 つの集合 A，B の間に成り立つ関係を，記号 $\subset$，$=$ を用いて表せ。
　　$A=\{n\,|\,n$ は 7 以下の素数$\}$，　$B=\{2n-1\,|\,n=2,\ 3,\ 4\}$

基本 例題
48 部分集合 ★ ◑

(1) 「1のみを要素にもつ集合は集合Aの部分集合である」という事柄を，記号を用いて表したとき，最も適当なものを次の ①～④ の中から1つ選べ。
① $1 \subset A$　　② $1 \subset \{A\}$　　③ $\{1\} \subset A$　　④ $\{1\} \in A$
(2) 集合 $A = \{x,\ y,\ z\}$ の部分集合をすべてあげよ。

CHART
& GUIDE
(1) 2つの記号「$\in$」，「$\subset$」の違いに注意する。
(2) $\varnothing$ と A 自身も A の部分集合である。また，要素の個数（0個，1個，2個，3個）ごとに部分集合を求めるとよい。

3章
7
集
合

解答
(1) 1のみを要素にもつ集合は $\{1\}$ と表される。　　　　　　　　　　　　← { } の中にその要素を
この集合が集合Aの部分集合であるから，$\{1\} \subset A$ と表され　　　書き並べて表す。
る。
よって　③
(2) 要素が0個の部分集合は　　　　$\varnothing$　　　　　　　　　　　　← $\varnothing$ を $\{\varnothing\}$ と書かないよ
要素が1個の部分集合は　　　　$\{x\},\ \{y\},\ \{z\}$　　　　　　　　うに注意する。
要素が2個の部分集合は　　　　$\{x,\ y\},\ \{x,\ z\},\ \{y,\ z\}$
要素が3個の部分集合は　　　　$\{x,\ y,\ z\}$

Lecture　記号「$\in$」と「$\subset$」について

「$1 \in A$」は，1が集合Aの要素であることを表す。→図[1]
「$\{1\} \subset A$」は，1のみを要素にもつ集合が集合Aの部分集合であることを表す。→図[2]
また，一般に，**要素**$\in$**集合**，**集合**$\subset$**集合** という記号の使い方が正しく，**集合**$\in$**集合**，例えば $\{1\} \in A$ といった使い方はしない。

TRAINING　48　① ★
(1) Aを有理数全体の集合とするとき，$A \boxed{} \{0\}$ である。$\boxed{}$ に適する記号を $\in,\ \ni,\ \subset,\ \supset$ の中から1つ選べ。
(2) 集合 $A = \{0,\ 1,\ 2,\ 3\}$ の部分集合をすべてあげよ。

STEP forward

ベン図を使いこなして，例題 **49** を攻略！

ここでは，具体的な問題を通して，ベン図の使い方について取り上げます。

Get ready

> 5 以下の自然数全体の集合を全体集合 U とし，U の部分集合 A，B を $A=\{1,\ 2,\ 3\}$，$B=\{2,\ 4\}$ とするとき，集合 $A\cup B$，$\overline{A}$ をそれぞれ求めよ。

まず，全体集合を大きな四角で，集合 A，B を円で書きます。
このベン図に要素を書き込んでいきます。
一番書き込みやすいところから書いてください。

2 つの円が重なったところに書きました。

次はどこでしょうか。書き込んでみてください。

2 つの円について，重なり部分以外が埋まるから…。書きました。

全体集合が 5 以下の自然数ですから，まだ書き込んでいない要素がありますね。

円の外に 5 を書いて，すべての要素を書き込みました。このベン図から，
$A\cup B=\{1,\ 2,\ 3,\ 4\}$，$\overline{A}=\{4,\ 5\}$ です。

正解です。ベン図に要素を書き込む手順をまとめると次のようになります。
この手順に沿って，次の例題に取り組んでみましょう。

---

1 $A\cap B$ に属する要素を書き込む。

2 A，B の要素で，$A\cap B$ に属さないものをそれぞれ書き込む。

3 U の要素で，A にも B にも属さない要素を書き込む。

>>> 発展例題 60

基本 例題
49 集合の共通部分と和集合・補集合

(1) 10 以下の自然数全体の集合を全体集合 U とし，U の部分集合 A，B を
$A=\{1,\ 2,\ 3,\ 4,\ 5\}$，$B=\{1,\ 3,\ 5,\ 7,\ 9\}$ とする。次の集合を求めよ。
(ア) $A\cap B$　　(イ) $A\cup B$　　(ウ) $\overline{A}$　　(エ) $\overline{A}\cap B$

(2) 実数全体を全体集合とし，その部分集合 A，B を
$$A=\{x\,|\,-1\leqq x\leqq 2,\ x \text{ は実数}\},\ B=\{x\,|\,0<x<3,\ x \text{ は実数}\}$$
とするとき，集合 $A\cap B$，$A\cup B$ をそれぞれ求めよ。

CHART
& GUIDE

集合　図に表す

(1) 次のような手順でベン図をかいて，集合を求める。　……　[!]
■ $A\cap B$ に属する要素を書き込む。
■ A，B の要素で，$A\cap B$ に属さないものをそれぞれ書き込む。
■ U の要素で，A にも B にも属さない要素を書き込む。

(2) 実数は無数にあるから，(1)のように要素をすべて書く，ということができない。そこで，数直線上に集合 A，B を表して考える。……　[!]

解答

[!] (1) 条件を図に表すと，右のようになる。
(ア) $A\cap B=\{1,\ 3,\ 5\}$
(イ) $A\cup B=\{1,\ 2,\ 3,\ 4,\ 5,\ 7,\ 9\}$
(ウ) $\overline{A}=\{6,\ 7,\ 8,\ 9,\ 10\}$
(エ) $\overline{A}\cap B=\{7,\ 9\}$

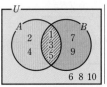

図で
//// が $A\cap B$
　が $A\cup B$
　が $\overline{A}$

← $\overline{A}$ と B にともに属する。

[!] (2) 集合 A，B を数直線上に表すと，右のようになる。
$A\cap B=\{x\,|\,0<x\leqq 2,\ x \text{ は実数}\}$
$A\cup B=\{x\,|\,-1\leqq x<3,\ x \text{ は実数}\}$

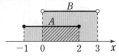

Lecture　"かつ"，"または" の意味合い

数学において，「かつ」は「同時に」，「または」は「少なくとも一方」という意味で用いられる。日常の生活で使う「または」は，「魚 または 肉を選択」のようにどちらか一方のみという意味で用いられるが，数学では両方の場合も含まれる。したがって，$A\cup B(A$ または $B)$ には，A と B の両方に属する共通部分も含まれる。

TRAINING　**49** ①

(1) 10 以下の正の整数全体の集合を全体集合 U とし，U の部分集合 A，B を
$A=\{1,\ 3,\ 6,\ 8,\ 10\}$，$B=\{2,\ 3,\ 6,\ 8,\ 9\}$ とするとき，次の集合を求めよ。
(ア) $A\cap B$　　(イ) $A\cup B$　　(ウ) $\overline{A}$　　(エ) $A\cap\overline{B}$

(2) 上の例題(2)に関して，集合 $\overline{A}$，$\overline{A}\cap B$ をそれぞれ求めよ。

基本 例題 **50** ド・モルガンの法則 🕐

全体集合 U の部分集合 A, B について
$$\overline{A \cap B} = \overline{A} \cup \overline{B}, \qquad \overline{A \cup B} = \overline{A} \cap \overline{B} \qquad \text{(ド・モルガンの法則)}$$
が成り立つ。このことを，図を用いて確かめよ。

CHART
& GUIDE

集合 図に表す

例えば，$\overline{A \cap B} = \overline{A} \cup \overline{B}$ については，$\overline{A \cap B}$，$\overline{A} \cup \overline{B}$ が表す集合をそれぞれ図示して，図示した部分が一致することを確認する。

解答

集合 A, B を右の図のように表すと，下の図のように
$\overline{A \cap B}$ は ①，　$\overline{A} \cup \overline{B}$ は ②，
$\overline{A \cup B}$ は ③，　$\overline{A} \cap \overline{B}$ は ④
で表される。

◀ $\overline{A \cap B}$ は $A \cap B$ の補集合。また，$\overline{A \cup B}$ は $A \cup B$ の補集合。

図より，① と ②，③ と ④ はそれぞれ一致するから
$$\overline{A \cap B} = \overline{A} \cup \overline{B}, \qquad \overline{A \cup B} = \overline{A} \cap \overline{B}$$

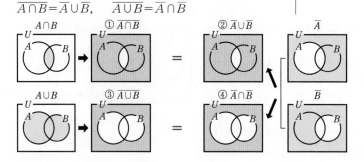

(補足) 1. ド・モルガンの法則の具体例

全体集合 U を 1 から 9 までの自然数全体の集合とし，U の部分集合 A, B を $A = \{1, 3, 9\}$，$B = \{3, 6, 9\}$ とする。
このとき，$A \cap B = \{3, 9\}$ であるから
$$\overline{A \cap B} = \{1, 2, 4, 5, 6, 7, 8\}$$
また，$\overline{A} = \{2, 4, 5, 6, 7, 8\}$，$\overline{B} = \{1, 2, 4, 5, 7, 8\}$ であるから　$\overline{A} \cup \overline{B} = \{1, 2, 4, 5, 6, 7, 8\}$

$A \cup B = \{1, 3, 6, 9\}$ であるから
$$\overline{A \cup B} = \{2, 4, 5, 7, 8\}$$
また，$\overline{A} = \{2, 4, 5, 6, 7, 8\}$，$\overline{B} = \{1, 2, 4, 5, 7, 8\}$ であるから
$$\overline{A} \cap \overline{B} = \{2, 4, 5, 7, 8\}$$

確かに，$\overline{A \cap B} = \overline{A} \cup \overline{B}$，$\overline{A \cup B} = \overline{A} \cap \overline{B}$ が成り立っている。

（補足）**2．ド・モルガンの法則は $A \cap B = \varnothing$ の場合でも成り立つ**

全体集合 U の部分集合 A, B について，$A \cap B = \varnothing$ のとき
$$\overline{A \cap B} = U, \quad \overline{A} \cup \overline{B} = U$$
また，集合 $\overline{A \cup B}$, $\overline{A} \cap \overline{B}$ は右の図の斜線部分であり，
一致する。

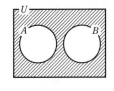

よって，$A \cap B = \varnothing$ のときにもド・モルガンの法則は成
り立つ。

$A \subset B$, $B \subset A$ のときも同様であり，集合 A, B の包含関係に関係なく，
ド・モルガンの法則は成り立つ。

👆 *Lecture*　**補集合の性質**

┌─ **補集合の性質** ─────────────┐

U を全体集合とし，A, B をその部分集合とするとき
$$A \cap \overline{A} = \varnothing, \quad A \cup \overline{A} = U, \quad \overline{(\overline{A})} = A$$
$$A \subset B \text{ ならば } \quad \overline{A} \supset \overline{B}$$

└──────────────────────────┘

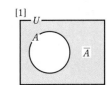

A, $\overline{A}$ は図 [1] のように表されるから
$$A \cap \overline{A} = \varnothing, \quad A \cup \overline{A} = U, \quad \overline{(\overline{A})} = A$$
が成り立つことがわかる。
また，$A \subset B$ のとき，$\overline{A}$, $\overline{B}$ は図 [2] の
ように表され，$\overline{A} \supset \overline{B}$ となるから，
　「$A \subset B$ ならば　$\overline{A} \supset \overline{B}$」
が成り立つ。

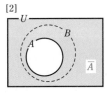 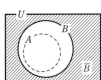

TRAINING 50 ①

全体集合 U の部分集合 A, B について，次の等式が成り立つことを，図を用いて確か
めよ。
$$\overline{(\overline{A} \cap B)} = A \cup \overline{B}$$

標準

例題

51 3つの集合の共通部分と和集合

次の集合 A, B, C について，$A \cap B \cap C$ と $A \cup B \cup C$ を求めよ。

$$A = \{1,\ 3,\ 4,\ 5,\ 7\}, \quad B = \{1,\ 3,\ 5,\ 9\}, \quad C = \{2,\ 3,\ 5,\ 7\}$$

CHART
& GUIDE

集合　図に表す

2つの集合の場合と同様，$A \cap B \cap C$ や $A \cup B \cup C$ の要素を求める問題では，ベン図をかいて求めるとよい。

1 $A \cap B \cap C$ に属する要素を書き込む。

2 $A \cap B$，$B \cap C$，$C \cap A$ にそれぞれ属する要素を書き込む。

3 A のみ，B のみ，C のみにそれぞれ属する要素を書き込む。

解答

与えられた条件を図に表すと，右のようになるから

$$A \cap B \cap C = \{3,\ 5\}$$

$$A \cup B \cup C = \{1,\ 2,\ 3,\ 4,\ 5,\ 7,\ 9\}$$

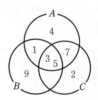
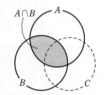

Lecture　3つの集合の共通部分・和集合

3つの集合 A, B, C のすべてに属する要素全体の集合を A, B, C の **共通部分** といい，$A \cap B \cap C$ と表す。

また，集合 A, B, C の少なくとも1つに属する要素全体の集合を A, B, C の **和集合** といい，$A \cup B \cup C$ と表す。

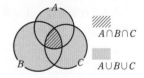

(参考) 3つの集合 A, B, C について

$$(A \cap B) \cap C = A \cap (B \cap C),$$

$$(A \cup B) \cup C = A \cup (B \cup C) \quad \text{結合法則}$$

が成り立つ（ベン図を用いて確かめられる）。

よって，$A \cap B \cap C$ を求めるのに $(A \cap B) \cap C$ と考えても，$A \cap (B \cap C)$ と考えてもよい（$A \cup B \cup C$ についても同様）。

↳ $A \cap B$ を求め，$A \cap B$ と C の共通部分を求める，という要領。

TRAINING 51 ③

$A = \{n \mid n \text{ は } 12 \text{ の正の約数}\}$，$B = \{n \mid n \text{ は } 18 \text{ の正の約数}\}$，

$C = \{n \mid n \text{ は } 7 \text{ 以下の自然数}\}$ とするとき，次の集合を求めよ。

(1) $A \cup B \cup C$ 　　　　　　　　　(2) $A \cap B \cap C$

Let's Start

8 命題と条件

> ある事柄について，正しいか正しくないかを判断するにはどのようにしたらよいでしょうか。ここでは，その判断をするときに必要となる考え方を学んでいきましょう。

■ 命題と条件

一般に，正しいか正しくないかがはっきり定まる文や式を **命題** という。命題が正しいとき，命題は **真** であるといい，正しくないとき，命題は **偽** であるという。

例 「日本は広い」は命題とはいえない。

(理由) 広いと思う人もいれば，狭いと思う人もいるから，正しいか正しくないかがはっきり定まらない。

「2本の直線が平行ならば同位角は等しい」は命題であり，真である。

$x=1$ や $x^2=1$ のように文字 x を含んだ文や式で，x に値を代入することで真偽が定まるものを，x に関する **条件** という。条件を考える場合には，条件に含まれる文字がどんな集合の要素かをはっきりさせておく。この集合を，その条件の **全体集合** という。

■ 命題 $p \Longrightarrow q$

⤴ Play Back 中学

> ある事柄や性質は「〇〇〇 ならば △△△」という形で述べられることが多い。
> このとき，〇〇〇 の部分を仮定，△△△ の部分を結論という。
>
> **例** 「2本の直線が平行ならば同位角は等しい」の場合，「2本の直線が平行」が仮定，「同位角は等しい」が結論である。

2つの条件 p，q を用いて「p ならば q」と表現することができる命題を，記号「$\Longrightarrow$」を用いて $p \Longrightarrow q$ と書く。命題 $p \Longrightarrow q$ について，p を **仮定**，q を **結論** という。

一般に，全体集合を U とし，U の要素のうち，

　　　条件 p を満たすもの全体の集合を P，
　　　条件 q を満たすもの全体の集合を Q

とすると，命題「$p \Longrightarrow q$」は

　　　P の要素はすべて Q の要素である

ということを表している。

よって，命題「$p \Longrightarrow q$」が真であるとき，$P \subset Q$ が成り立つ。

逆に，$P \subset Q$ が成り立つとき，命題「$p \Longrightarrow q$」は真である。

━ 命 題 と 集 合 ━

> 条件 p を満たすもの全体の集合を P，条件 q を満たすもの全体の集合を Q とするとき，「命題 $p \Longrightarrow q$ が真である」と「$P \subset Q$ が成り立つ」とは同じことである。

92

命題「$p \Longrightarrow q$」が偽であるのは

　　　　p を満たすが，q を満たさないもの　……（※）

が存在するときである。よって，命題「$p \Longrightarrow q$」が偽である
ことを示すには，（※）の例を1つだけあげればよい。そのような
例を **反例** という。

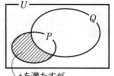

p を満たすが，
q を満たさないもの

■ 必要条件と十分条件

2つの条件 p，q について，命題「$p \Longrightarrow q$」が真であるとき，

　　　p は q であるための **十分条件** である，

　　　q は p であるための **必要条件** である　という。

例　命題「東京に住む $\Longrightarrow$ 日本に住む」は真であり，

　　「東京に住む」は「日本に住む」ための十分条件，

　　「日本に住む」は「東京に住む」ための必要条件である。

東京に住むことは，日本
に住むために十分である。
日本に住むことは，東京
に住むために必要である。

2つの条件 p，q について，「$p \Longrightarrow q$ かつ $q \Longrightarrow p$」を $p \Longleftrightarrow q$ と書く。

命題「$p \Longrightarrow q$」と「$q \Longrightarrow p$」がともに真のとき，すなわち $p \Longleftrightarrow q$ が成り立つと
き，p は q であるための **必要十分条件** であるという。同様に，q は p であるための必要
十分条件である。

また，このとき，p と q は **同値** であるという。

■ 条件の否定

条件 p に対して，条件「p でない」を p の **否定** といい，$\bar{p}$ で表す。条件 $\bar{p}$ の否定はもと
の条件 p である。また，条件 p，q に対して，次が成り立つ。

> ──▶「かつ」の否定，「または」の否定◀──
> $\overline{p\text{ かつ }q} \Longleftrightarrow \bar{p}\text{ または }\bar{q}$　　$\overline{p\text{ または }q} \Longleftrightarrow \bar{p}\text{ かつ }\bar{q}$

■ 命題とその逆・対偶・裏

命題 $p \Longrightarrow q$ に対して，

　　$q \Longrightarrow p$ を $p \Longrightarrow q$ の **逆**

　　$\bar{q} \Longrightarrow \bar{p}$ を $p \Longrightarrow q$ の **対偶**

　　$\bar{p} \Longrightarrow \bar{q}$ を $p \Longrightarrow q$ の **裏**

という。命題 $p \Longrightarrow q$ とその逆・対偶・裏は互いに
右の図のような関係にある。

命題の逆，対偶の真偽について次のことがいえる。

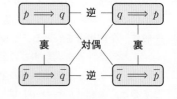

> もとの命題が真であっても，その逆が真であるとは限らない。
> 命題とその対偶の真偽は一致する。

　次のページからは，これらを用いて真偽の判定などをしていきましょう。

例題 **52** 命題の真偽 🕐

次の命題の真偽を調べよ。ただし，a, b, c は実数とする。
(1) $a=0$ ならば $ab=0$ である　　　(2) $ac=bc$ ならば $a=b$ である

CHART & GUIDE

命題の真偽の判定　その1
真をいうなら 証明　　偽をいうなら 反例
(1) 反例が見つからないので，真のようだ ⟶ 真であることを証明。
(2) 一見，真のように思えるが，反例となる c の値がないかどうか考えてみよう。
　1つでも反例が見つかれば，その命題は偽である。

3章
8
命題と条件

解答

(1) $a=0$ のとき　　$ab=0 \cdot b=0$
　　よって，命題「$a=0$ ならば $ab=0$ である」は **真** である。

← 0にどのような数を掛けても0になる。

(2) $a=1$, $b=-1$, $c=0$ とすると
　　$ac=1 \cdot 0=0$, $bc=(-1) \cdot 0=0$ となり，$ac=bc$ を満たすが，
　　$a=b$ は満たさない。
　　よって，命題「$ac=bc$ ならば $a=b$ である」は **偽** である。

(参考) 条件が文字を含む式のときは，0 など特別な値を代入してみると，反例が見つかりやすい。

注意　「$a=1$, $b=-1$, $c=0$」が反例である。「$a=2$, $b=3$, $c=0$」なども反例になるが，$c=0$ だけでは反例にならない。

👆 Lecture　**命題の真偽を調べる**

上の例題のような「命題の真偽を調べよ」という問題では
　　　　　真の場合は証明する
　　　　　偽の場合は反例を1つあげる
という形で答えることが多い。証明をするよりも，反例を探す方がらくなことが多いので，次の手順で考えるとよい。

■ 反例がないかどうか探す。反例が1つでも見つかればその命題は偽である。
　　（その場合，解答には「偽」と答えるだけでなく，反例も書いておく。）
② 反例が簡単に見つからなければ，真である可能性が高いので，その命題を証明してみる。
なお，集合を用いて命題の真偽を調べる方法もある（次ページの例題53を参照）。

TRAINING　52 ①
次の命題の真偽を調べよ。ただし，x, y は実数，m, n は自然数とする。
(1) $|x|=|y|$ ならば $x=y$ である
(2) $x=2$ ならば $x^2-5x+6=0$ である
(3) m, n がともに素数 ならば $m+n$ は偶数 である
(4) n が3の倍数 ならば n は9の倍数 である

基本 例題 **53** 集合を利用して，命題の真偽を判定

x は実数，n は整数とする。集合を用いて，次の命題の真偽を調べよ。

(1) $x<-3 \implies 2x+4\leqq0$

(2) n は 18 の正の約数 $\implies$ n は 24 の正の約数

CHART & GUIDE

命題の真偽の判定 その2

含む なら 真　　はみ出し なら 偽

命題 $p \implies q$ について，次の2つの集合の関係を調べる。

P：条件 p を満たすもの全体の集合

Q：条件 q を満たすもの全体の集合

$P\subset Q$ が成り立つならば真，成り立たないならば偽である。 …… $!$

解答

(1) $2x+4\leqq0$ を変形すると　　　　$2x\leqq-4$

したがって　　　　　　　　　　$x\leqq-2$

よって，$P=\{x|x<-3\}$，$Q=\{x|2x+4\leqq0\}$ とすると

$Q=\{x|x\leqq-2\}$

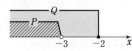

$!$　右の図より，$P\subset Q$ が成り立つ

から，命題は **真** である。

◀ 4 を右辺へ移項する。

◀ 両辺を正の数 2 で割る。

◀ 条件 $x<-3$，条件 $2x+4\leqq0$ をそれぞれ満たす実数全体の集合を左のように表す。

(2) 18 の正の約数全体の集合を P，24 の正の約数全体の集合を Q とする。$18=2\cdot3^2$，$24=2^3\cdot3$ であるから

$P=\{1, 2, 3, 6, 9, 18\}$

$Q=\{1, 2, 3, 4, 6, 8, 12, 24\}$

$!$　よって，$P\subset Q$ は成り立たないから，命題は **偽** である。

(参考) (2) 問題文に「集合を用いて」とななければ

偽：反例 $n=9$

などと答えてもよい。

👆 **Lecture　命題の真偽と集合**

条件が不等式で表されるときは，

命題 $p \implies q$ が真であることと $P\subset Q$ であることは同じ

を用いるとわかりやすい。すなわち，集合 P，Q について，$P\subset Q$ が成り立つ（真）か，成り立たない（偽）かを調べる。

命題 $p \implies q$ が偽のとき，P の要素であるが Q の要素でないもの（すなわち $P\cap\overline{Q}$ の要素）が存在し，それが反例（Q からはみ出し）である。

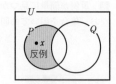

TRAINING 53 ①

x は実数とする。集合を用いて，次の命題の真偽を調べよ。

(1) $-1<x<1 \implies 2x-2<0$ 　　　(2) $|x|>2 \implies 3x+1\leqq0$

基本 例題 **54** 必要条件・十分条件 <<< 基本例題 **52, 53** ★

次の □ に適するものを，下の ①～③ から選べ。ただ
し，x は実数とする。

(1) $p : x^2 - x = 0$　　$q : x = 1$　とすると，p は q である
ための □ 。

(2) 四角形について　　p：ひし形である　　q：対角線が垂直に交わる
とすると，p は q であるための □ 。

① 必要十分条件である　　② 必要条件であるが，十分条件ではない
③ 十分条件であるが，必要条件ではない

3章
8
命題と条件

CHART & GUIDE

必要条件・十分条件の見分け方
$p \implies q$ の真偽と $q \implies p$ の真偽を調べる

$p \implies q$ が真ならば「p は q であるための十分条件」
$q \implies p$ が真ならば「p は q であるための必要条件」

（十分）$\implies$（必要）
矢印の向きに
じゅう（十）$\longrightarrow$ よう（要）

解答

(1) $x^2 - x = 0$ を解くと，$x(x-1) = 0$ から　$x = 0, 1$
よって，$p \implies q$ は偽である。（反例：$x=0$）
$x=1$ ならば $1^2 - 1 = 0$ であるから，$q \implies p$ は真である。
よって，p は q であるための必要条件であるが，十分条件で
はない（②）。

◀ $x^2 - x$ に $x=1$ を代入して，0 になることを確かめる。

$p \overset{\text{偽}}{\underset{\text{真}}{\rightleftarrows}} q$

(2) $p \implies q$ は真である。また，$q \implies p$
は偽である。（反例：右のような四角形）
よって，p は q であるための十分条件であ
るが，必要条件ではない（③）。

◀ ひし形は対角線が垂直に交わる平行四辺形。

$p \overset{\text{真}}{\underset{\text{偽}}{\rightleftarrows}} q$

（補足）条件 p を満たすもの全体の集合を P，条件 q を満たすもの全体の集合を Q とすると，次
のようになる。

$P \subset Q$
p は q であるための十分条件

$Q \subset P$
p は q であるための必要条件

$P = Q$
p は q であるための必要十分条件

TRAINING 54 ① ★

x, y は実数とする。次の □ に適するものを，上の例題の選択肢 ①～③ から選べ。

(1) $xy = 1$ は，$x = 1$ かつ $y = 1$ であるための □ 。

(2) $x > 0$ かつ $y > 0$ は，$xy > 0$ であるための □ 。

(3) $\triangle ABC$ で，$AB = BC = CA$ は $\angle A = \angle B = \angle C$ であるための □ 。

STEP forward

条件の否定を理解して，例題 55 を攻略！

ここでは，「かつ」「または」がある条件の否定について，集合を用いて考えてみましょう。

ド・モルガンの法則
$$\overline{A \cap B} = \overline{A} \cup \overline{B}$$
$$\overline{A \cup B} = \overline{A} \cap \overline{B}$$

 全体集合を U，条件 p，q を満たすもの全体の集合をそれぞれ P，Q とすると，条件「p かつ q」を満たすもの全体の集合はどう表されるでしょうか。

 $P \cap Q$ です。

 その通りです。では，条件「$\overline{p}$ かつ $\overline{q}$」を満たすもの全体の集合は？

 $\overline{P \cap Q}$ でしょうか。

 正解です。では，ここで，条件「$\overline{p}$ または $\overline{q}$」を満たすもの全体の集合がどう表されるか考えてみてください。

 $\overline{P} \cup \overline{Q}$ です。

 何か気が付きませんか？

 ド・モルガンの法則から $\overline{P \cap Q} = \overline{P} \cup \overline{Q}$ です。あ！「$\overline{p}$ かつ q」を満たすもの全体の集合と，「$\overline{p}$ または $\overline{q}$」を満たすもの全体の集合が一致しています。だから，$\overline{p \text{ かつ } q} \iff \overline{p} \text{ または } \overline{q}$ となるんですね。

 よくできました。
同じようにして，$\overline{p}$ または $\overline{q}$ を満たすもの全体の集合は $\overline{P} \cup \overline{Q}$，$\overline{p}$ かつ $\overline{q}$ を満たすもの全体の集合は $\overline{P \cap Q}$ であり，ド・モルガンの法則から $\overline{P} \cup \overline{Q}$ と $\overline{P \cap Q}$ は一致するので，$\overline{p \text{ または } q} \iff \overline{p} \text{ かつ } \overline{q}$ となります。
まとめると次のようになります。

まとめ

p かつ q の否定は 「p でない」または「q でない」 ← $\overline{p \text{ かつ } q} \iff \overline{p} \text{ または } \overline{q}$

p または q の否定は 「p でない」かつ「q でない」 ← $\overline{p \text{ または } q} \iff \overline{p} \text{ かつ } \overline{q}$

>>> 発展例題 61

基本 例題
55 条件の否定

次の条件の否定を述べよ。ただし，x, y は実数，m, n は整数とする。
(1) x は無理数である　　(2) $-2 \leqq x < 1$　　(3) $x \leqq 0$ または $y > 0$
(4) x, y の少なくとも一方は 0 である　　　(5) m, n はともに偶数である

CHART & GUIDE

条件の否定

「である」と「でない」が入れ替わる
「かつ」　と「または」

$\overline{p \text{ かつ } q} \iff \overline{p} \text{ または } \overline{q}$, $\overline{p \text{ または } q} \iff \overline{p} \text{ かつ } \overline{q}$

(1) 「～である」の否定は「～でない」―→「無理数でない」＝「○○数である」
(2) $-2 \leqq x < 1$ は $x \geqq -2$ かつ $x < 1$ と同じことである。
　　数直線を利用して否定を考えてもよい。
(4), (5) 「少なくとも一方」，「ともに」がある条件の否定では，
　　　　　「である」　　　　と「でない」が入れ替わる。
　　　　　「少なくとも一方」と「ともに」

3章
8

命題と条件

解答

(1) 否定は　　「x は無理数でない」
　　すなわち　「x は有理数である」
(2) $-2 \leqq x < 1$ は「$x \geqq -2$ かつ $x < 1$」と同じである。
　　$x \geqq -2$ の否定は　$x < -2$　　$x < 1$ の否定は　$x \geqq 1$
　　よって，$-2 \leqq x < 1$ の否定は　　$x < -2$ または $x \geqq 1$
(3) $x \leqq 0$ の否定は　$x > 0$　　　$y > 0$ の否定は　$y \leqq 0$
　　よって，$x \leqq 0$ または $y > 0$ の否定は　　$x > 0$ かつ $y \leqq 0$
(4) 否定は　　x, y はともに 0 でない
(参考) $x = 0$ の否定は　$x \neq 0$　　$y = 0$ の否定は　$y \neq 0$
　　　　よって，「x, y の少なくとも一方は 0」の否定は
　　　　　　　　$x \neq 0$ かつ $y \neq 0$
(5) 否定は　　m, n の少なくとも一方は奇数である
(参考) m は偶数である　の否定は　　m は奇数である
　　　　n は偶数である　の否定は　　n は奇数である
　　　　よって，「m, n はともに偶数である」の否定は
　　　　　m または n は奇数である

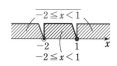

← 不等式に ＝ が入るか入らないかに注意する。

「x, y の少なくとも一方は 0」を「$x = 0$ または $y = 0$」と言いかえて考えてもよい。

「m, n はともに偶数である」を「m は偶数であり，かつ n は偶数である」と言いかえて考えてもよい。

TRAINING 55 ①

次の条件の否定を述べよ。ただし，x, y, m, n は実数とする。
(1) x は正の数である　　(2) $x \neq 0$ または $y = 0$　　(3) $0 \leqq x < 1$
(4) x, y の少なくとも一方は無理数である　　(5) m, n はともに正の数である

基本
例題
56 命題とその逆・対偶・裏

n を整数とし，命題 A を「n は4の倍数 $\Longrightarrow$ n は8の倍数」で定める。

(1) 命題 A の逆・対偶を述べ，それらの真偽を調べよ。

(2) 命題 A の裏を述べよ。

CHART
& GUIDE

命題 $p \Longrightarrow q$ の逆・対偶・裏

(1) 命題 $p \Longrightarrow q$ の逆は　　$q \Longrightarrow p$

　　また，否定 $\bar{p}$，$\bar{q}$ を作って

　　命題 $p \Longrightarrow q$ の対偶は　$\bar{q} \Longrightarrow \bar{p}$

(2) 命題 $p \Longrightarrow q$ の裏は　　$\bar{p} \Longrightarrow \bar{q}$

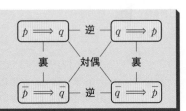

解答

(1) **逆は　n は8の倍数 $\Longrightarrow$ n は4の倍数**

　　　n が8の倍数であるとき，$n = 8k$（k は整数）と表され

　　　$n = 4 \cdot 2k$　　ここで，$2k$ は整数であるから，n は4の倍

　　数である。よって，逆は **真** である。

　　また，「n は4の倍数」の否定は　「n は4の倍数でない」

　　　　　「n は8の倍数」の否定は　「n は8の倍数でない」

　　よって，**対偶は**

　　　　　n は8の倍数でない $\Longrightarrow$ n は4の倍数でない

　　これは **偽** である。（反例：$n = 4$）

(2) **裏は　n は4の倍数でない $\Longrightarrow$ n は8の倍数でない**

← 仮定と結論の入れ替え。

← n は●の倍数 $\Longleftrightarrow$
　$n = ● \times k$（k は整数）

← 「～である」の否定は
　「～でない」

← 4 は8の倍数でないが，
　4の倍数である。

Lecture 命題とその対偶の真偽

命題 $p \Longrightarrow q$ とその対偶 $\bar{q} \Longrightarrow \bar{p}$ の真偽の関係を，集合 P，Q を
用いて調べてみよう。

[1] $p \Longrightarrow q$ が真 であることは $P \subset Q$ と同じである（p.91）。

　　$P \subset Q$ ならば $\bar{P} \supset \bar{Q}$ が成り立つ（右の図参照）。

　　したがって，対偶 $\bar{q} \Longrightarrow \bar{p}$ は真である。

[2] $p \Longrightarrow q$ が偽ならば，P は Q に含まれない。

　　このとき，$\bar{Q}$ は $\bar{P}$ に含まれないから，対偶 $\bar{q} \Longrightarrow \bar{p}$ は偽である。

よって　　$p \Longrightarrow q$ が真　は　対偶 $\bar{q} \Longrightarrow \bar{p}$ が真　と　同値

　　　　　$p \Longrightarrow q$ が偽　は　対偶 $\bar{q} \Longrightarrow \bar{p}$ が偽　と　同値

すなわち，**命題とその対偶の真偽は一致する**。

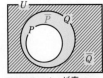

$p \Longrightarrow q$ が真

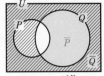

$p \Longrightarrow q$ が偽

TRAINING　56 ①

x，y は実数とする。次の命題の逆・対偶・裏を述べ，それらの真偽を調べよ。

(1) $x^2 \neq -x \Longrightarrow x \neq -1$

(2) $x + y$ は有理数 $\Longrightarrow$ x または y は有理数

9 命題と証明

命題が真であることを証明しようとしたとき，直接的に示すことが難しいこともあります。そのような場合に有効な証明方法をここで学びましょう。

■ 証明とは

↩ **Play Back** 中学

ある事柄が正しいことを示すには，仮定から始め，正しいことが既に認められたことを根拠として，筋道を立てて説明していく。
このようにして行う説明を証明という。

中学では，「事柄」などとしていたが，高校では「命題」と表現する。
また，"命題を証明する"ことは，"命題が真であることを証明する"ことと同じ。

■ 対偶，背理法を利用した証明

前ページで示したように，命題とその対偶の真偽は一致するから，次のことがいえる。

> ┃対偶を利用する証明┃
> 命題が真であることを証明するのに，
> その命題の対偶が真であることを証明してもよい。

また，命題が成り立たないと仮定して矛盾を導くことにより，もとの命題が真であると結論する証明方法を **背理法** という。

例　「12個のお菓子を A，B，C の 3 人で分けるとき，少なくとも
　　1 人は 4 個以上もらう」という命題を背理法で証明すると，次
　　のようになる。

証明　「3 人とももらうお菓子は 4 個より少ない」と仮定する。
　　　　　　　　　　　　　　　　　　　　　　　…… ①

　　　もらうお菓子は 4 個より少ないから，3 人それぞれが最も多くお
　　菓子をもらう場合，A：3 個，B：3 個，C：3 個となるが，お菓
　　子の合計が 9 個となり，"12 個"に矛盾する。…… ②
　　　よって，少なくとも 1 人は 4 個以上もらう。…… ④

対偶を利用した証明，背理法を利用した証明など，仮定から間接的
に結論を導く方法を **間接証明法** という。

背理法を利用した証明の
流れは，次のようになる。
① 命題が成り立たない
と仮定する。
② ① の仮定のもとで
矛盾を導く。
③ ② で矛盾が生じた
のは，① の仮定が間
違っているからである。
④ したがって，もとの
命題が成り立つ。

基本 例題
57 対偶を利用した証明

m, n を整数とするとき，対偶を利用して，次の命題を証明せよ。
(1) n^2+4n+3 が 4 の倍数ならば，n は奇数である。
(2) mn が偶数ならば，m, n のうち少なくとも 1 つは偶数
である。

CHART
& GUIDE

証明の問題
直接がだめなら間接で　対偶による証明を考える

1 命題の対偶を作る。…… $p \Longrightarrow q$ の対偶は $\overline{q} \Longrightarrow \overline{p}$ …… !

2 対偶が真であることを証明する。

3 もとの命題も真である，としめくくる。

解答

! (1) 対偶は 「n が偶数ならば，n^2+4n+3 は 4 の倍数でない」
　　　n が偶数であるとき，　$n=2k$ （k は整数）　と表される。
　　　このとき　　$n^2+4n+3=(2k)^2+4\cdot2k+3=4k^2+8k+3$
　　　　　　　　　　　　　　　　　$=4(k^2+2k)+3$
　　　k^2+2k は整数であるから，n^2+4n+3 は 4 の倍数ではな
　　　い。
　　　よって，対偶は真である。
　　　したがって，もとの命題も真である。

◀右ページの 参考 を参照。

◀$4 \times$(整数)$+3$ の形。

◀____ の断りは大切。

◀命題とその対偶の真偽は
　一致する。

(2) 条件「m, n のうち少なくとも 1 つは偶数である」の否定
　　　は　　　m, n はともに奇数である

! ゆえに，与えられた命題の対偶は
　　　　　　「m, n がともに奇数ならば，mn は奇数である」
　　　m, n がともに奇数であるとき，
　　　　　　$m=2k+1$, $n=2l+1$ （k, l は整数）
　　　と表される。
　　　このとき　　$mn=(2k+1)(2l+1)=4kl+2k+2l+1$
　　　　　　　　　　　　　$=2(2kl+k+l)+1$
　　　$2kl+k+l$ は整数であるから，mn は奇数である。
　　　よって，対偶は真である。
　　　したがって，もとの命題も真である。

◀$2 \times$(整数)$+1$ の形。

（参考）次の ①～③ のように，整数をある数で割ったときの余りに着目して分けることで，すべての整数を表すことができる。ただし，k は整数，m は自然数とする。

① 2で割ったときの余りは 0，1 　　$\longrightarrow$ $2k$（偶数），$2k+1$（奇数）の形。

② 3で割ったときの余りは 0，1，2 $\longrightarrow$ $3k$，$3k+1$，$3k+2$ の形。

③ mで割ったときの余りは 0，1，……，$m-1$

$\longrightarrow$ mk，$mk+1$，……，$mk+(m-1)$ の形。

整数に関する証明問題では，このような考え方を利用するのが有効なこともある。

✋ **Lecture** 次の解答の問題点について考えよう

> **例題 57(1) の問題点がある解答**
>
> 対偶は 「n が偶数ならば，n^2+4n+3 は 4 の倍数でない」
> n が偶数であるとき，$n=2k$ と表される。
> このとき $n^2+4n+3=(2k)^2+4\cdot2k+3=4k^2+8k+3$
> $\qquad\qquad\qquad\qquad\quad =4(k^2+2k)+3$
> ゆえに，n^2+4n+3 は 4 の倍数ではない。
> よって，対偶は真である。
> したがって，もとの命題も真である。

問題点

2 行目の「$n=2k$ と表される」

[解説] k は問題文にない文字であるから，「k は整数」といった k に関する説明が必要です。

k が整数でない場合，例えば，$k=\dfrac{1}{2}$ のとき $n=2k=1$ となり，「n が偶数である」

が成り立ちません。

5 行目の「ゆえに，」

[解説] 例えば，$k^2+2k=\dfrac{5}{4}$ のとき，$n^2+4n+3=4(k^2+2k)+3=8$ であり，n^2+4n+3 は 4

の倍数となってしまいます。

$\longrightarrow$ 「n^2+4n+3 は 4 の倍数ではない」を示すことができない。

k^2+2k が整数でないと，「n^2+4n+3 は 4 の倍数ではない」は成り立たないから，「**k^2+2k は整数であるから，**」といった言葉を添えたいところです。k は整数であるから，「k^2+2k は整数」は当たり前では？と思うかもしれませんが，伝わりやすくするために書いておきたい言葉です。

TRAINING **57** ②

m，n を整数とするとき，対偶を利用して，次の命題を証明せよ。

(1) n^2 が 3 の倍数ならば，n は 3 の倍数である。 ［類 獨協大，富山県大］

(2) mn が奇数ならば，m，n はともに奇数である。

基本
例題
58   背理法を利用した証明(1)   ⦿⦿

$\sqrt{3}$ が無理数であることを用いて，$1+2\sqrt{3}$ は無理数であることを証明せよ。

CHART
& GUIDE

証明の問題
直接も対偶利用もだめなら　背理法

無理数であることの証明は，背理法を利用するとよい。

■ $1+2\sqrt{3}$ は有理数であると仮定する。…… ⚠

　　⟶ $1+2\sqrt{3}=r$（r は有理数）…… ① とおく。

■ ① を $\sqrt{3}$ について解き，矛盾を導く。…… ⚠

■ もとの命題が成り立つことを述べ，証明をしめくくる。

解答

⚠ $1+2\sqrt{3}$ が無理数でない，すなわち有理数であると仮定すると

$$1+2\sqrt{3}=r\ (r\text{ は有理数})\qquad\cdots\cdots ①$$

とおける。

① を変形すると　$\sqrt{3}=\dfrac{r-1}{2}$　　…… ②

ここで，r は有理数であるから，$\dfrac{r-1}{2}$ は有理数である。

⚠ よって，② は $\sqrt{3}$ が無理数であることに矛盾する。

したがって，$1+2\sqrt{3}$ は無理数である。

◀実数は有理数と無理数に分けられるから，無理数であることを否定すると有理数になる($p.97$)。

◀有理数の和・差・積・商（0で割らない）は有理数である。

（補足）**背理法を利用した証明の流れ**

① 命題が成り立たないと仮定する。

② ① の仮定のもとで矛盾を導く。

③ ② で矛盾が生じたのは，① の仮定が間違っているからである。

④ したがって，もとの命題が成り立つ。

TRAINING　**58** ②

$\sqrt{6}$ が無理数であることを用いて，次の数が無理数であることを証明せよ。

(1) $1-\sqrt{24}$　　　　　　(2) $\sqrt{2}+\sqrt{3}$　　　　　〔(2) 北海道大〕

標準 例題 **59** 背理法を利用した証明 (2) ◍◍◍

$\sqrt{2}$ は無理数であることを，背理法を用いて証明せよ。ただし，整数 n について，n^2 が偶数ならば n は偶数であることを用いてよい。

CHART & GUIDE

証明の問題
直接も対偶利用もだめなら　背理法

背理法で，前ページの例題 58 と同様に $\sqrt{2}=r$（r は有理数）とおいてもうまくいかない。
そこで，ここでは
　　　　　　　　　┌─約分できる数を除外するため。
$$\sqrt{2}=\frac{m}{n}\quad(m,\ n \text{ は } 1 \text{ 以外の正の公約数をもたない自然数})\quad \text{とおく。}\cdots\cdots \boxed{!}$$
この等式の両辺を 2 乗して，矛盾を導く。　　└─$\sqrt{2}>0$ であるから，自然数とした。

3章 9 命題と証明

解答

$\sqrt{2}$ が無理数でない，すなわち $\sqrt{2}$ が有理数であると仮定する。このとき，$\sqrt{2}$ は，1 以外の正の公約数をもたない自然数

$\boxed{!}$　$m,\ n$ を用いて　　　$\sqrt{2}=\dfrac{m}{n}$　……①　　と表される。

①から　　　$m=\sqrt{2}\,n$
両辺を 2 乗すると　　　$m^2=2n^2$　……②
よって，m^2 は偶数であるから，m も偶数である。
ゆえに，m は k を自然数として　$m=2k$　……③　と表される。
③ を ② に代入すると　　$4k^2=2n^2$　　　よって　　　$n^2=2k^2$
k^2 は自然数であるから，n^2 は偶数であり，n も偶数である。
m と n がともに偶数となることは，m と n が 1 以外の正の公約数をもたないことに矛盾する。
ゆえに，$\sqrt{2}$ は無理数である。

◄ 有理数とは，整数 a，b（$b \neq 0$）を用いて $\dfrac{a}{b}$ の形で表される数のこと。

(参考) 2 つの整数 i，j の最大公約数が 1 のとき，i と j は **互いに素** であるという（数学 A 参照）。

◄ m と n が 2 を公約数としてもつことになる。

🖑 Lecture 「n^2 が偶数（奇数）ならば n は偶数（奇数）」

「**n^2 が偶数ならば n は偶数**」…… Ⓐ は，この命題の対偶を考えると証明できる。
　　Ⓐ の対偶は　　「n が奇数ならば n^2 は奇数」
　　n が奇数ならば $n=2k+1$（k は整数）と表され　　$n^2=4k^2+4k+1=2(2k^2+2k)+1$
　　よって，n^2 は奇数であるから，Ⓐ の対偶は真である。　←─ $2k^2+2k$ は整数であるから，
(補足) Ⓐ の逆「**n が偶数ならば n^2 は偶数**」も真である。　　　　$2(2k^2+2k)+1$ は奇数。
　　同様に，「**n^2 が奇数ならば n は奇数**」やその逆「**n が奇数ならば n^2 は奇数**」も真である。
　　これらの事実は覚えておくとよい。

TRAINING 59 ③

$\sqrt{3}$ は無理数であることを証明せよ。ただし，整数 n について，n^2 が 3 の倍数ならば n は 3 の倍数であることを用いてよい。　　　　　　　　　　　〔類 富山県大，北星学園大〕

発展学習

≪≪ 基本例題 49

発展 例題 **60** 集合の要素の決定 〔⏱⏱⏱⏱⏱〕

2つの集合

$$A=\{1,\ 3,\ x^2-x-2\},\ B=\{2,\ x+1,\ x^2+x-6,\ x^3-x^2+x-1\}$$

に対して，$A \cap B=\{0,\ 3\}$ となるとき，実数 x の値を求めよ。また，そのとき
の $A \cup B$ を求めよ。 〔山梨学院大〕

CHART & GUIDE

集合の要素の条件
$A \cap B$ は A，B の部分集合であることに注意

共通部分 $A \cap B$ の要素 0，3 は，A，B どちらの集合にも属して
いる必要があるから，集合 A の要素に注目すると，まず
$x^2-x-2=0$ とならなければならない。
そして，この方程式を解いて得られる x の値のうち，条件
$A \cap B=\{0,\ 3\}$ を満たしているものを答えとする。

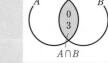

解答

$A \cap B=\{0,\ 3\}$ であるから $0 \in A$ ← $A \cap B \subset A$

よって $x^2-x-2=0$ ゆえに $(x+1)(x-2)=0$ ← A の要素 x^2-x-2 が 0 に一致する。

したがって $x=-1,\ 2$

[1] $x=-1$ のとき ← $x=-1,\ 2$ は最低でも必要な条件。この x の各値に対して，条件 $A \cap B=\{0,\ 3\}$ を満たすかどうか確認する。

$\qquad x+1=0,\ x^2+x-6=-6,\ x^3-x^2+x-1=-4$

よって $A=\{1,\ 3,\ 0\},\ B=\{2,\ 0,\ -6,\ -4\}$

ゆえに，$A \cap B=\{0\}$ となるから，条件に適さない。

[2] $x=2$ のとき

$\qquad x+1=3,\ x^2+x-6=0,\ x^3-x^2+x-1=5$

よって $A=\{1,\ 3,\ 0\},\ B=\{2,\ 3,\ 0,\ 5\}$

[2] のとき

ゆえに，$A \cap B=\{0,\ 3\}$ となるから，条件に適する。

[1]，[2] から，求める x の値は $\boldsymbol{x=2}$

また，このとき $A \cup B=\{0,\ 1,\ 2,\ 3,\ 5\}$

注意 上の例題で，0 または 3 が集合 B に属していることに注目して進めようとする
と，導かれる x の方程式の数が多くなってしまい，処理しにくくなる。
上の解答のように，**条件はらくになるように扱う** ことを心掛けよう。

TRAINING 60 ④

$U=\{x \mid x$ は実数$\}$ を全体集合とする。U の部分集合 $A=\{2,\ 4,\ a^2+1\}$，
$B=\{4,\ a+7,\ a^2-4a+5\}$ について，$A \cap \overline{B}=\{2,\ 5\}$ となるとき，定数 a の値を求め
よ。 〔富山県大〕

発展 例題 **61** 命題「すべての～」,「ある～」の否定

次の命題 P の真偽を調べよ。また，命題 P の否定を述べ，その真偽を調べよ。
(1) P：「すべての整数 x について，$x^2>0$ である。」
(2) P：「ある素数 x について，x は偶数である。」

CHART & GUIDE

命題「すべての～」,「ある～」の否定
すべて と ある を入れ替えて，結論を否定

(P の真偽) (1) 整数 ……，-2, -1, 0, 1, 2, …… のすべてについて $x^2>0$ が成り立つ場合のみ真，とする。

(2) 素数のうち 1 つでも偶数となるものがあれば真，とする。

(P の否定) 次のことを利用して作る。
「すべての x について p である」の否定は「ある x について $\bar{p}$ である」
「ある x について p である」の否定は「すべての x について $\bar{p}$ である」

解答
(1) $x=0$ のとき $x^2>0$ とならないから，命題 P は **偽**
 P の否定：ある整数 x について，$x^2\leqq0$ である。
 $x=0$ のとき $x^2=0$ となるから，否定は **真**

◀ $x=0$ が反例。

◀ $0^2\leqq0$ が成り立つ。

(2) 素数 2 は偶数であるから，命題 P は **真**
 P の否定：すべての素数 x について，x は奇数である。
 素数 2 は偶数であるから，否定は **偽**

(1), (2) とも，P とその否定の真偽が入れ替わっている。
──→Lecture の 2. 参照。

Lecture 命題「すべての～」,「ある～」の否定

1. 「すべての x」,「ある x」の代わりに，次のような表現を用いることもある。
 「すべての x」……「任意の x」,「常に～」
 「ある x」……「適当な x」,「少なくとも 1 つの x」,「～である x が存在する」
2. 一般に，命題 A とその否定 $\bar{A}$ の真偽は入れ替わる。
 すなわち A が真 ⟶ $\bar{A}$ は偽，A が偽 ⟶ $\bar{A}$ は真
[説明] 命題とは，真偽（正しいか正しくないか）がはっきり定まるものであるから，正しい命題を否定すると正しくない命題になり，逆に正しくない命題を否定すると正しい命題になる。背理法はこの考え方を利用した証明法である。

TRAINING 61 ③
次の命題の否定を述べよ。また，その真偽を調べよ。
(1) すべての自然数 n について，$\sqrt{n}$ は無理数である。
(2) ある実数 x について，$x^2=x+2$ である。

3章 発展学習

発展 例題 **62** 背理法を利用した証明 (3)

(1) a, b は有理数とする。$a+b\sqrt{3}=0$ のとき，$\sqrt{3}$ が無理数であることを用いて，$a=b=0$ を証明せよ。

(2) $(2+3\sqrt{3})x+(1-5\sqrt{3})y=13$ を満たす有理数 x, y の値を求めよ。

CHART
& GUIDE

証明の問題
直接も対偶利用もだめなら　背理法

(1) 直接証明するのは難しいから，背理法を用いる。まず，$b\neq0$ であると仮定して，矛盾を導くことで，$b=0$ を示す。

(2) (1)の結果を利用する。そのために，式を ●+■$\sqrt{3}=0$ の形に変形する。

解答

(1) $b\neq0$ と仮定する。

$a+b\sqrt{3}=0$ から　　$\sqrt{3}=-\dfrac{a}{b}$

a, b は有理数であるから，$-\dfrac{a}{b}$ は有理数である。

このことは，$\sqrt{3}$ が無理数であることに矛盾する。

ゆえに　　$b=0$

$a+b\sqrt{3}=0$ に $b=0$ を代入すると　　$a=0$

よって，$a+b\sqrt{3}=0$ のとき，$a=b=0$ が成り立つ。

←$b\neq0$ のとき
$b\sqrt{3}=-a$ の両辺を b で割ることができる。

(2) 等式を変形すると　　$(2x+y-13)+(3x-5y)\sqrt{3}=0$

x, y が有理数のとき，$2x+y-13$, $3x-5y$ も有理数であり，$\sqrt{3}$ は無理数であるから，(1) により

$2x+y-13=0$, $3x-5y=0$

ゆえに　　$x=5$, $y=3$

(このとき，$(2x+y-13)+(3x-5y)\sqrt{3}=0$ である)

←____ の断りは重要。
(1)の条件「a, b は有理数」を満たしていることを示している。

参考　一般に，次のことが成り立つ。a, b, c, d を有理数，$\sqrt{l}$ を無理数とすると

　　[1]　$a+b\sqrt{l}=0 \iff a=b=0$

　　[2]　$a+b\sqrt{l}=c+d\sqrt{l} \iff a=c$, $b=d$

(下の TRAINING 62(1)参照)

TRAINING　62 ④

(1) a, b, c, d は有理数，$\sqrt{l}$ は無理数であるとする。
$a+b\sqrt{l}=c+d\sqrt{l}$ のとき，$b=d$ が成り立つことを証明せよ。また，このとき $a=c$ も成り立つことを証明せよ。

(2) $(1+3\sqrt{2})x+(3+2\sqrt{2})y=-5-\sqrt{2}$ を満たす有理数 x, y の値を求めよ。

A **21**② 集合 $U=\{1, 2, 3, 4, 5, 6, 7, 8, 9, 10\}$ の部分集合 A, B について
$\overline{A}\cap\overline{B}=\{1, 2, 5, 8\}$, $A\cap B=\{3\}$, $\overline{A}\cap B=\{4, 7, 10\}$
がわかっている。このとき，A, B, $A\cap\overline{B}$ を求めよ。
[昭和薬大]
≪ 基本例題 **49**

22② 全体集合を U，その部分集合を A, B とする。$A\subset B$ であるとき，$A\cap B$，
$A\cup B$，$A\cap\overline{B}$ は，それぞれ次の ①～③ のどの集合と一致するか。
① A　　　② B　　　③ $\varnothing$　　≪ 基本例題 **50**

23③ 実数全体を全体集合とし，その部分集合 A, B, C を
$A=\{x\,|\,1<x<5\}$, $B=\{x\,|\,x<3\}$, $C=\{x\,|\,x>2\}$ とするとき，$A\cap B\cap C$，
$(\overline{A}\cap B)\cup C$ をそれぞれ求めよ。
[類 大阪薬大]
≪ 標準例題 **51**

24② 次の命題 P の逆と対偶を述べ，それらの真偽を調べよ。また，命題 P の裏を
述べよ。ただし，x, y は実数，n は整数とする。
(1) P：「$x+y=-3$ ならば x, y の少なくとも一方は負の数である。」
(2) P：「n^2+1 が偶数 $\Longrightarrow$ n は奇数」
(3) P：「$3x+5>0 \Longrightarrow x^2-6x-7=0$」　≪ 基本例題 **56**

B **25**④ ★ a を定数とする。実数 x に関する 2 つの条件 p, q を次のように定める。
$p：-1\leqq x\leqq 3$　　$q：|x-a|>3$
条件 p, q の否定をそれぞれ $\overline{p}$, $\overline{q}$ で表す。
(1) 命題「$p \Longrightarrow q$」が真であるような a の値の範囲は
$a<{}^{ア}\boxed{}$, ${}^{イ}\boxed{}<a$ である。また，命題「$p \Longrightarrow \overline{q}$」が真であるよう
な a の値の範囲は ${}^{ウ}\boxed{}\leqq a\leqq{}^{エ}\boxed{}$ である。
(2) $a={}^{イ}\boxed{}$ のとき，$x={}^{オ}\boxed{}$ は命題「$p \Longrightarrow q$」の反例である。
[センター試験]
≪ 基本例題 **38**，**53**

HINT
21 ベン図をかいて，要素を書き込む。
23 数直線を利用。$(\overline{A}\cap B)\cup C$ については，まず $\overline{A}\cap B$ を求める。
25 (1) 条件 p を満たすもの全体の集合を P，条件 q を満たすもの全体の集合を Q とすると
き，「命題 $p \Longrightarrow q$ が真である」と「$P\subset Q$ が成り立つ」とは同じことである。

EXERCISES

B **26**④ ★ 実数 x に関する次の条件 p, q, r, s を考える。

$$p : |x-2| > 2, \quad q : x < 0, \quad r : x > 4, \quad s : \sqrt{x^2} > 4$$

次の ァ[＿＿], ィ[＿＿] に当てはまるものを，下の ①〜④ のうちからそれぞれ 1つ選べ。ただし，同じものを繰り返し選んでもよい。

q または r であることは，p であるための ァ[＿＿]。また，s は r であるための ィ[＿＿]。

① 必要条件であるが，十分条件ではない

② 十分条件であるが，必要条件ではない

③ 必要十分条件である　④ 必要条件でも十分条件でもない

〔センター試験〕

≪≪ 基本例題 **38**，発展例題 **40**，基本例題 **54**

27③ x は無理数とする。次の命題を背理法を用いて証明せよ。

x^2 と x^3 の少なくとも一方は無理数である。

〔類 東北学院大〕

≪≪ 基本例題 **58**

28④ x, y についての多項式 $P = 3x^3 - 3xy^2 + x^2 - y^2 + ax + by$ がある。ただし，a, b は有理数の定数とする。

(1) $x = \dfrac{1}{2-\sqrt{3}}$, $y = \dfrac{1}{2+\sqrt{3}}$ のとき，$x+y$ と $x-y$ の値を求めよ。

(2) (1)の x, y の値に対して $P = 4$ となるとき，a, b の値を求めよ。

≪≪ 発展例題 **62**

HINT

26 $\sqrt{x^2} > 4$ から $|x| > 4$ であり，条件 p, q, r, s が表す範囲を数直線上に図示する。

27 「x^2 と x^3 の少なくとも一方は無理数である」の否定は

「x^2 と x^3 はともに有理数である」

28 (2) x, y の値を直接代入しては大変。P を $x+y$, $x-y$ を使って表して，計算をできるだけらくにする。

2 次 関 数

レベル ………… 各例題の難易度を表す ⏱ の個数 (1〜5 の5段階)。

★印 ………… 大学入学共通テストの準備・対策向き。

◉, ◎, ○印 … 各項目で重要度の高い例題につけた (◉, ◎, ○ の順に重要度が高い)。
時間の余裕がない場合は, ◉, ◎, ○ の例題を中心に勉強すると効果的である。
また, ◉の例題には, 解説動画がある。

10 関数とグラフ

1個100円の品物を何個か買うとき，買う個数が決まるとそれに応じて代金が決まります。また，車が時速60kmで走るとき，走る時間が決まるとそれに応じて走行距離が決まります。
このように「ある数量に応じて他の数量が決まる関係」について学習しましょう。

■ 関数の定義

例えば，1個100円の品物を x 個買ったときの代金を y 円とするとき，x と y の関係は $y=100x$ で表される。

このように，2つの変数 x，y があって，x の値を1つ決めると，それに対応して y の値がただ1つ決まるとき，

y は x の 関数 である

という。

関数は，数 x を原料として入れると「x を100倍する」という加工がされ，製品 y が出てくる工場のようなものである。

◀ **変数** …いろいろな値をとる文字。また，変数のとりうる値の範囲を **変域** という。

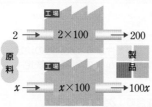

工場によっていろいろな加工の仕方があるように，いろいろな関数がある。

y が x の1次式で表されるとき，y は x の **1次関数** であるといい，y が x の2次式で表されるとき，y は x の **2次関数** であるという。

関数でない例
「x の平方根 y」
$x=16$ に対して
$y=4$ と $y=-4$
y がただ1つに決まらないから，y は x の関数ではない。

▶ 1次関数，2次関数の一般形

a，b，c は定数とする。
1次関数は　　$y=ax+b$　　　　ただし，$a \neq 0$
2次関数は　　$y=ax^2+bx+c$　　ただし，$a \neq 0$

◀ **定数** …一定の数やそれを表す文字。

$ax+b$ における 1 次の項の係数 a, ax^2+bx+c における
2 次の項の係数 a が 0 でないことに注意する。

例 $y=3x+2$, $y=-2x-3$ は x の 1 次関数

$y=x^2$, $y=-3x^2+1$, $y=x^2-4x+5$ は x の 2 次関数

■ 関数記号 $f(x)$

y が x の関数であることを，文字 f などを用いて $y=f(x)$ と表す。

f は関数に付けられた名前であり，例えば「x を 2 倍して 1 を加える」という関数については $f(x)=2x+1$ のように表す。

関数 $y=f(x)$ において，x の値 a に対応して決まる y の値を $f(a)$ と書き，$f(a)$ を関数 $f(x)$ の $x=a$ における **値** という。

ここで，記号 $f(x)$ の使い方を見ていこう。

例えば，$f(x)=2x+1$ では，$f(\bigcirc)=2\times\bigcirc+1$ の $\bigcirc$ に同じ数や文字を代入すると考えればよい。

例 $f(x)=2x+1$ のとき

$x=-1$ における値は $f(-1)=2\times(-1)+1=-1$

$x=0$ における値は $f(0)=2\times0+1=1$

$x=1$ における値は $f(1)=2\times1+1=3$

◄ f は「関数」を意味する英語 function の頭文字である。

● x の関数 $y=f(x)$ を単に，**関数 $f(x)$** ともいう。

4章
10
関数とグラフ

◄ $f(\bigcirc)=2\times\bigcirc+1$ の $\bigcirc$ に -1 を代入する。

■ 関数のグラフ

関数 $y=f(x)$ の **グラフ** とは，

$y=f(x)$ を満たす x と y の値の組を座標とする

点 $(x,\ y)$ 全体で作られる図形

のことをいう。

例 1 次関数 $y=2x+1$ のグラフ

$(x,\ y)=(-1,\ -1)$, $(0,\ 1)$,

$(1,\ 3)$, $(2,\ 5)$

は $y=2x+1$ を満たすから，1 次関数 $y=2x+1$ のグラフは右の図のように直線になる。

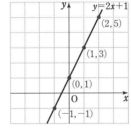

関数とグラフの違いは次のようになる。
関数
… 変数 x と変数 y の対応のこと。
グラフ
… 関数における変数 x と変数 y の対応を可視化した図形のこと。

関数のグラフをかくということは，その関数を理解し，関数の性質を研究する準備を整えたことになるから，グラフがかければ関数の問題を半分解決したといっても過言ではない。

ここで，中学で学んだ 1 次関数と 2 次関数のグラフについて再確認しておこう。

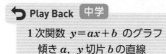

1 次関数 $y=ax+b$ のグラフ　　　2 次関数 $y=ax^2$ のグラフ
傾き a，y 切片 b の直線　　　　頂点が原点，y 軸が対称軸の放物線

| $a>0$ 右上がり | $a<0$ 右下がり | $a>0$ 上に開く | $a<0$ 下に開く |

  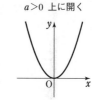 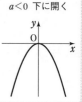

■ 定義域と値域，最大値と最小値

関数 $y=f(x)$ において，変数 x のとりうる値の範囲をこの関数の **定義域** といい，定義域の x の値に対応して y がとる値の範囲を，この関数の **値域** という。

関数の定義域を示すとき，関数の式の後に（　）を付けて示す。例えば，関数 $y=f(x)$ の定義域が，$1 \leqq x \leqq 5$ であるときは，次のように示される。

$$y=f(x) \quad (1 \leqq x \leqq 5)$$

なお，定義域について，特に断りがないときは，その関数は実数全体 で考えるものとする。

そして，関数 $y=f(x)$ の値域の中で，

　　　　最 も 大 きい 値 を，その関数の **最大値**

　　　　最 も 小 さい 値 を，その関数の **最小値**

という。右上の図において，関数 $y=f(x)$ の定義域は，$a \leqq x \leqq b$，値域は $r \leqq y \leqq q$ で，$x=b$ のとき最大値 q を，$x=c$ のとき最小値 r をとる。

注意
グラフをかくときは，まず実数全体でのグラフを考え，定義域内は実線で，定義域外は破線でかくとよい。

◀ $x=a$ のときの y の値 p は最大値でも最小値でもない。

次のページからは，関数の定義域と値域，そして最大値と最小値について，具体的な問題を通して学習していきましょう。

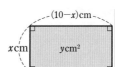

基本
例題
63 関数の式と関数の値

周囲の長さが 20 cm の長方形がある。この長方形の縦の長さを x cm とし，面積を y cm^2 とすると，y は x の関数である。次の問いに答えよ。

(1) y を x の式で表せ。また，この関数の定義域をいえ。

(2) この関数を $f(x)$ とするとき，$f(3)$，$f\left(\dfrac{1}{2}\right)$，$f(a+1)$ を求めよ。

CHART & GUIDE

y は x の関数　　$y=(x\text{ の式})$

(2) $x=a$ における関数の値 $f(a)$　　$f(x)$ の式で x に a を代入する

(1) （長方形の面積）＝（縦）×（横）　　横の長さを x で表す必要がある。
また，縦と横の長さがともに正であることから，x の変域（定義域）がわかる。

4章
10
関数とグラフ

解答

(1) 長方形の周囲の長さが 20 cm であるから，横の長さは
$(10-x)$ cm
よって，面積は　　$y=x(10-x)$
すなわち　　$y=-x^2+10x$
また，縦と横の長さはともに正であるから
$x>0$　かつ　$10-x>0$
したがって，**定義域は**　　$0<x<10$

← 図をかくことも理解の助けとなる。
← 隣り合う 2 辺の長さの和は，周囲の長さの半分の 10 cm である。

← $10-x>0$ を解くと
$x<10$
これと $x>0$ との共通範囲をとる。

(2) (1) から　　$f(x)=-x^2+10x$

$f(3)=-3^2+10\cdot3=21$　　$f\left(\dfrac{1}{2}\right)=-\left(\dfrac{1}{2}\right)^2+10\cdot\dfrac{1}{2}=\dfrac{19}{4}$

$f(a+1)=-(a+1)^2+10(a+1)=-(a^2+2a+1)+10a+10$
$\qquad=-a^2+8a+9$

(2) 関数の値
$x=\bullet$ なら
$f(\bullet)=-(\bullet)^2+10\times(\bullet)$

Lecture 関数記号 $f(x)$, $g(x)$, ……

「関数」は英語で function というので，関数の名前には f を用いることが多いが，f 以外に g，h などを用いることもある。例えば，計算の仕組みが異なる関数を扱うときは，$f(x)=-x^2+x$，$g(x)=2x+1$ のように，関数の名前を区別して表す。
また，変数は x 以外の文字 s，t などを用いてもよい。このとき，計算の仕組みが同じであれば，関数の名前は変えないで，$f(s)=-s^2+s$，$g(t)=2t+1$ と書く。

TRAINING 63 ①

$f(x)=-2x+3$，$g(x)=2x^2-4x+3$ のとき，次の値を求めよ。

(1) $f(0)$，$f(3)$，$f(-2)$，$f(a-2)$　　(2) $g(\sqrt{2})$，$g(-3)$，$g\left(\dfrac{1}{2}\right)$，$g(1-a)$

STEP forward

関数の値域を理解して，例題 **64** を攻略！

ここでは，関数の値域について取り上げます。

関数 $y=x-3$ $(1\leqq x<5)$ の値域を求めよ。

まず，関数 $y=x-3$ $(1\leqq x<5)$ のグラフをかいてみましょう。そのために 1 次関数 $y=x-3$ のグラフを点線でかき，それを利用します。

その点線の $1\leqq x<5$ の部分を実線にしました。

定義域の端の点に注意が必要です。
実線の左端は黒丸●にして，$x=1$ が定義域に**含まれる**ことを表します。また，$x=5$ は**定義域に含まれない**ので，右端は白丸○で表します。
これで $y=x-3$ $(1\leqq x<5)$ のグラフがかけました。では，値域とは何でしょうか？

値域とは y のとる値の範囲です。

では，それを y 軸上に赤線で表してください。

赤線を読みとると，値域は $-2\leqq y<2$ ですね。

よくできました。

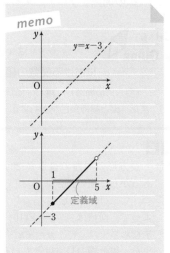

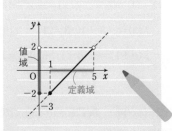

まとめ

1　与えられた関数について，実数全体でのグラフを点線でかく。

2　定義域に対応した部分を実線でかき，端点を黒丸，白丸で表す。

3　y のとる値の範囲を y 軸上に表し，値域を読みとる。

>>> 発展例題 78

基本
例題
64 関数の値域，関数の最大値・最小値（基本）

次の関数の値域を求めよ。また，関数の最大値，最小値も求めよ。

(1) $y=-2x+3$ $(-1 \leqq x \leqq 3)$ (2) $y=2x^2$ $(-2<x \leqq 1)$

CHART & GUIDE

関数の値域，最大値・最小値
グラフをかいて y の値の範囲を読みとる

1 与えられた関数について，実数全体でのグラフを点線でかく。

2 定義域に対応した部分を実線でかき，端点を黒丸，白丸で表す。

3 y のとる値の範囲を y 軸上に表し，値域を読みとる。…… **!**

解答

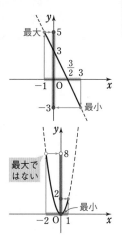

(1) 1次関数 $y=-2x+3$ のグラフは，傾きが -2，y 切片
が 3 の直線で $x=-1$ のとき $y=5$
            $x=3$ のとき $y=-3$

! よって，この関数のグラフは，図の実線部分のようになる
から，値域は $-3 \leqq y \leqq 5$
また，$x=-1$ で最大値 5，$x=3$ で最小値 -3 をとる。

(2) 2次関数 $y=2x^2$ のグラフは，原点を頂点とする上に開
いた放物線で $x=-2$ のとき $y=8$
            $x=1$ のとき $y=2$

! よって，この関数のグラフは，図の実線部分のようになる
から，値域は $0 \leqq y<8$
また，$x=0$ で最小値 0 をとり，最大値はない。

4章
10
関数とグラフ

Lecture (2) の最大値に関する解説

8 が最大値ではない理由

(1)の答えは「$x=-1$ で最大値 5」だが，(2)では $x=-2$ が定義域に含まれていないため
「$x=\triangle$ で最大値 8」に適する x の値 $\triangle$ がない。そのため 8 は最大値ではない。

最大値がない理由

では，8 より少し小さい値が最大値ではないかと考える人もいるだろう。し
かし 7.9 は最大値ではない。7.99 の方が大きい。7.99 より 7.999 の方がさ
らに大きい。このように x を -2 に近づけるといくらでも 8 に近づく大き
な値をとるから「**最も大きな値**」はない（右図）。

TRAINING 64 ②

次の関数の値域を求めよ。また，関数の最大値，最小値も求めよ。

(1) $y=-3x+1$ $(-1 \leqq x \leqq 2)$ (2) $y=\dfrac{1}{2}x+2$ $(-2<x \leqq 4)$

(3) $y=-2x^2$ $(-1<x<1)$

標準 例題 **65** 値域などの条件から1次関数の係数決定 〔◇◇◇◇◇◇◇◇

(1) 1次関数 $f(x)=ax+b$ について，$f(1)=2$ かつ $f(3)=8$ であるとき，定数 a, b の値を求めよ。

(2) 1次関数 $y=ax+b$ $(-2 \leqq x \leqq 1)$ の値域が $-1 \leqq y \leqq 5$ となるように，定数 a, b の値を定めよ。ただし，$a<0$ とする。

CHART & GUIDE

1次関数 $y=ax+b$ の決定問題
(1) **2つの関数の値から決定**　a, b の連立方程式を解く
(2) **定義域・値域から決定**　傾き a の符号がカギ

1 a の符号から，関数の増加・減少のようすを調べる。
2 定義域と値域，それぞれの両端の値の対応を調べる。
3 a, b の連立方程式を解く。

解答

(1) $f(1)=a \cdot 1+b=a+b$,　$f(3)=a \cdot 3+b=3a+b$

$f(1)=2$ であるから　$a+b=2$ …… ①

$f(3)=8$ であるから　$3a+b=8$ …… ②

②−① から　$2a=6$　　よって　$a=3$

① に代入して　$3+b=2$　　よって　$b=-1$

(2) $a<0$ であるから，この関数は x の値が増加すると，y の値は減少する。

よって　$x=-2$ のとき　$y=5$,　$x=1$ のとき　$y=-1$

ゆえに　$-2a+b=5$ …… ①,　$a+b=-1$ …… ②

②−① から　$3a=-6$　　　よって　$a=-2$

これは $a<0$ を満たす。　　⟵ 解のチェック

② に代入して　$-2+b=-1$　　よって　$b=1$

(1) この問題は，2点 $(1, 2)$, $(3, 8)$ を通る直線の方程式を求めよ，ということと同じである。

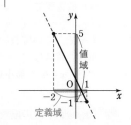

注意 (2)のような場合には，1次関数 $y=ax+b$ の増減の特徴である

　　　$a>0$ のとき，x の値が増加すると，y の値も増加する。

　　　$a<0$ のとき，x の値が増加すると，y の値は減少する。

を使って，値域の両端の値をとる x の値を決める。

もし，$a<0$ の条件がないときは，a が正・負の場合を考えなければならない。

TRAINING　65 ③

次の条件を満たすように，定数 a, b の値を定めよ。

(1) 1次関数 $y=ax+b$ のグラフが2点 $(-2, 2)$, $(4, -1)$ を通る。

(2) 1次関数 $y=ax+b$ の定義域が $-3 \leqq x \leqq 1$ のとき，値域が $-1 \leqq y \leqq 3$ である。ただし，$a>0$ とする。

11 2次関数のグラフ

中学では，2次関数 $y=ax^2$ のグラフを学びました。ここでは，$y=ax^2$ と関係性のある $y=ax^2+bx+c$ のグラフについて学習します。
そのためには，$y=a(x-p)^2+q$ の形をした2次関数のグラフの理解が重要となりますので，詳しく見ていきましょう。

■ $y=ax^2$ のグラフ

$y=ax^2$ のグラフについて，中学で学んだことをまとめておこう。

↩ **Play Back** 中学

$y=ax^2$ のグラフ
① 原点を通る
② y 軸に関して対称
③ $a>0$ のとき，上に開いている（下に凸という）。
　　$a<0$ のとき，下に開いている（上に凸という）。
グラフは放物線とよばれる。また，②のように，放物線は対称軸をもち，この対称軸を軸，軸と放物線の交点を，その放物線の頂点という。

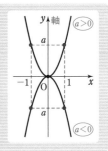

■ グラフの平行移動

座標平面上で，ある関数のグラフF上のすべての点を
　　　　一定の方向に，一定の距離だけ
移動してグラフGが得られることを，**グラフの平行移動** という。
平行移動でグラフの形は変わらない。すなわち，2つのグラフFとGは **合同** である。

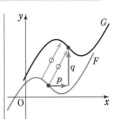

■ $y=ax^2+bx+c$ のグラフ

$y=ax^2+bx+c$ のグラフは，$y=ax^2$ のグラフを平行移動させた放物線である。
2次関数 $y=ax^2+bx+c$ のグラフを，**放物線 $y=ax^2+bx+c$**
ということもある。
また，$y=ax^2+bx+c$ をこの **放物線の方程式** という。
ここでは，$y=a(x-p)^2+q$ のグラフと $y=ax^2$ のグラフの関係性について，具体的な関数で考えてみよう。

本書では，2次関数 $y=ax^2+bx+c$ を **一般形**，2次関数 $y=a(x-p)^2+q$ を **基本形** とよぶことにする。

3つの2次関数

$$y=x^2 \quad\cdots\cdots ①, \quad y=(x-2)^2 \quad\cdots\cdots ②, \quad y=(x-2)^2+1 \quad\cdots\cdots ③$$

について，xとyの対応表を作ると次のようになる。

	x		-4	-3	-2	-1	0	1	2	3	4	
①	x^2	$\cdots$	16	9	4	1	0	1	4	9	16	$\cdots$
②	$(x-2)^2$	$\cdots$	36	25	16	9	4	1	0	1	4	$\cdots$
③	$(x-2)^2+1$	$\cdots$	37	26	17	10	5	2	1	2	5	$\cdots$

◀ x軸（数直線）

◀ 右に2ずれている。

◀ 上に1ずれている。

xとyの対応表をもとに①，②，③の
グラフをかくと，右の図のようになり，

    ②のグラフは，①のグラフをx軸方
向に2だけ平行移動したもの，

    ③のグラフは，②のグラフをy軸方
向に1だけ平行移動したもの

であることがわかる。

したがって，

    ③のグラフは，①のグラフを

      x軸方向に2，y軸方向に1だけ平行移動したもの

である。

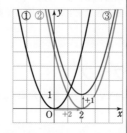

◀「x軸方向に」とは，
「x軸の正の向きに」
ということである。
負の向きへの移動は，
「x軸方向に-1」な
どと表す。

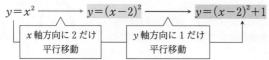

$$y=x^2 \longrightarrow y=(x-2)^2 \longrightarrow y=(x-2)^2+1$$

x軸方向に2だけ
平行移動

y軸方向に1だけ
平行移動

一般に次のことがいえる。

$y=a(x-p)^2+q$ のグラフは，
  $y=ax^2$ のグラフを

    x軸方向にp，

    y軸方向にq

だけ平行移動したものである。

← pの前のマイナスに注意

← pの値がx軸方向の移動量

← qの値がy軸方向の移動量

$p>0$ なら右，$p<0$ な
ら左，$q>0$ なら上，
$q<0$ なら下へ移動する。

ここで学んだことを利用して，次のページ以降の $y=ax^2+bx+c$ のグラフにつ
いて学習していきましょう。

基本 例題 66 2次関数 $y=a(x-p)^2+q$ のグラフをかく

次の2次関数のグラフをかけ。また，その頂点と軸を求めよ。

(1) $y=3(x+1)^2-2$ $\qquad$ (2) $y=-\dfrac{1}{2}(x-1)^2+2$

CHART & GUIDE

$y=a(x-p)^2+q$ のグラフのかき方

① まず，頂点 $(p,\ q)$ をとる。

② 頂点を原点とみて，$y=ax^2$ のグラフをかく。その際，軸に関して左右対称にかく。

③ 頂点，y 軸との交点など，点の座標を入れて完成。

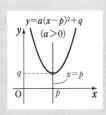

解答

(1)

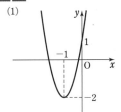

頂点は　点 $(-1,\ -2)$
軸は　直線 $x=-1$

(2)

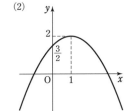

頂点は　点 $(1,\ 2)$
軸は　直線 $x=1$

(1) $y=3\{x-(-1)\}^2+(-2)$
頂点 $(-1,\ -2)$ を原点とみて，$y=3x^2$ のグラフをかく。

(2) 頂点 $(1,\ 2)$ を原点とみて，$y=-\dfrac{1}{2}x^2$ のグラフをかく。

座標軸との交点

$x=0$ とおいたときの y の値が y 軸との交点の y 座標。

なお，x 軸との交点については，第5章で学ぶ。

注意 点 $(p,\ 0)$ を通り，x 軸に垂直な直線の表し方

この直線は，x 座標が p と決まっていて，y 座標は任意（何でもよい）である点の集合であるから，$x=p$ で表す。この形の直線は，いわば傾きを表すことのできない直線であるから，$y=ax+b$ の形に表すことができない。

Lecture 2次関数 $y=a(x-p)^2+q$ のグラフの頂点と軸

2次関数 $y=ax^2$ と $y=a(x-p)^2+q$ のグラフの頂点と軸の位置関係について，次のことがいえる。

$$\boxed{平行移動}\quad \begin{cases} x\,軸方向に\ p \\ y\,軸方向に\ q \end{cases}$$

$$
\begin{array}{ccc}
y=ax^2 & \longrightarrow & y=a(x-p)^2+q \\
頂点：原点\ (0,\ 0) & \longrightarrow & 点\ (p,\ q) \\
軸\ \ ：直線\ x=0\ (y軸) & \longrightarrow & 直線\ x=p
\end{array}
$$

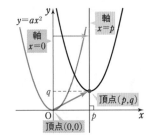

TRAINING 66 ①

次の2次関数のグラフをかけ。また，その頂点と軸を求めよ。

(1) $y=-(x+1)^2$ $\qquad$ (2) $y=2(x-1)^2+1$

STEP forward

平方完成に慣れよう

$y=ax^2+bx+c$ のグラフをかく際には，2次式 ax^2+bx+c を $a(x+\square)^2+\bigcirc$ の形に変形（平方完成）します。
ここでは，その平方完成について取り上げます。
因数分解の公式から，$x^2+2kx+k^2=(x+k)^2$，$x^2-2kx+k^2=(x-k)^2$ であり，この形をどのようにして作り出すのかがポイントとなります。

Get ready

次の2次式を平方完成せよ。
(1) $x^2+10x+7$ (2) $-2x^2+12x-13$

右の指示に従って，空欄 $\square$ を埋めながら平方完成の仕方を練習しましょう。

(1) $x^2+10x+7$

$=(x^2+10x)+7$ ← x^2 の係数が 1 のときは，x^2 と x の項を（ ）でまとめる。

$=(x^2+10x+{}^{ア}\square^2-{}^{ア}\square^2)+7$ ←（ ）の中で「10 の **半分の2乗**」を加えて引く。

$=(x^2+10x+{}^{ア}\square^2)-{}^{ア}\square^2+7$ ←引いた分を（ ）の外に出す。

$=(x+{}^{イ}\square)^2-{}^{ウ}\square$ ←（ ）の中は因数分解し，（ ）の外は計算する。

(2) $-2x^2+12x-13$

$=-2(x^2-{}^{エ}\square x)-13$ ← x^2 と x の項を x^2 の係数でくくる。

$=-2(x^2-{}^{エ}\square x+{}^{オ}\square^2-{}^{オ}\square^2)-13$ ←（ ）の中で「${}^{エ}\square$ の **半分の2乗**」を加えて引く。

$=-2(x^2-{}^{エ}\square x+{}^{オ}\square^2)+2\times{}^{オ}\square^2-13$ ←引いた分について，x^2 の係数の -2 を掛けて（ ）の外に出す。

$=-2(x-{}^{カ}\square)^2+{}^{キ}\square$ ←（ ）の中は因数分解し，（ ）の外は計算する。

まとめ

2次式 ax^2+bx+c の平方完成
ax^2+bx+c

$=a\left(x^2+\dfrac{b}{a}x\right)+c$ ❶

❶ x^2 と x の項を x^2 の係数でくくる。

$=a\left\{x^2+\dfrac{b}{a}x+\left(\dfrac{b}{2a}\right)^2-\left(\dfrac{b}{2a}\right)^2\right\}+c$

❷ { }内で，x の係数の半分の2乗を加えて，引く。

$=a\left\{x^2+\dfrac{b}{a}x+\left(\dfrac{b}{2a}\right)^2\right\}-a\cdot\left(\dfrac{b}{2a}\right)^2+c$ ❷ ❸

❸ ❷で引いた分を{ }の外に出す。このとき，x^2 の係数を掛け忘れないように。

$=a\left(x+\dfrac{b}{2a}\right)^2-\dfrac{b^2-4ac}{4a}$ ❹

❹ 整理して $a(x-p)^2+q$ の形にする。

基本 例題
67 2次関数 $y=ax^2+bx+c$ のグラフをかく (1)

次の2次関数のグラフをかけ。また，その頂点と軸を求めよ。

(1) $y=2x^2-4x-1$ (2) $y=-x^2-2x+4$ (3) $y=-x^2+4x-3$

CHART
& GUIDE

$y=ax^2+bx+c$ （一般形）のグラフ
平方完成し，基本形 $y=a(x-p)^2+q$ に変形

1 ax^2+bx+c を $a(x-p)^2+q$ の形に変形する。…… ?

2 頂点 (p, q) を原点とみて，$y=ax^2$ のグラフをかく。

3 頂点，y軸との交点など，点の座標を入れて完成。

解答

(1) $y=\underline{2(x^2-2x)}-1$
 $=2(x^2-2x\underline{+1^2-1^2})-1$
 $=2(x^2-2x+1^2)\underline{-2\cdot1^2}-1$
 $=\underline{2(x-1)^2-3}$

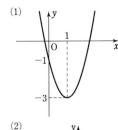

よって，グラフは下に凸の放物線で，
頂点は点 $(1, -3)$，軸は直線 $x=1$

(2) $y=\underline{-(x^2+2x)}+4$
 $=-(x^2+2x\underline{+1^2-1^2})+4$
 $=-(x^2+2x+1^2)\underline{+1^2}+4$
 $=\underline{-(x+1)^2+5}$

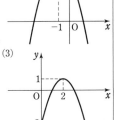

よって，グラフは上に凸の放物線で，
頂点は点 $(-1, 5)$，軸は直線 $x=-1$

(3) $y=\underline{-(x^2-4x)}-3$
 $=-(x^2-4x\underline{+2^2-2^2})-3$
 $=-(x^2-4x+2^2)\underline{+2^2}-3$
 $=\underline{-(x-2)^2+1}$

よって，グラフは上に凸の放物線で，
頂点は点 $(2, 1)$，軸は直線 $x=2$

平方完成するには
1 x^2 と x の項を x^2 の係数でくくる。
2 （ ）内で，x の係数の半分の2乗を加えて，引く。
3 **2** で引いた分を（ ）の外に出す。このとき，x^2 の係数を掛け忘れないように。
4 整理して $a(x-p)^2+q$ の形にする。

注意 座標軸を表す x, y や，原点 $\overset{\text{オー}}{O}$ もきちんとかくようにする。

4章
11
2次関数のグラフ

TRAINING **67** ②

次の2次関数のグラフをかけ。また，その頂点と軸を求めよ。

(1) $y=x^2-4x+3$ (2) $y=2x^2+8x+5$ (3) $y=-3x^2+6x-2$

基本 例題
68 2次関数 $y=ax^2+bx+c$ のグラフをかく (2)

次の2次関数のグラフをかけ。また，その頂点と軸を求めよ。
(1) $y=2x^2-3x-1$　　　　(2) $y=-x^2-x+2$

CHART
& GUIDE

$y=ax^2+bx+c$ （一般形）のグラフ
平方完成し，基本形 $y=a(x-p)^2+q$ に変形
頂点は $(p,\ q)$，軸は $x=p$ …… グラフの特徴が現れる
前ページの基本例題67と比較すると，計算が複雑であるが，解き方の基本方針は変わらない。

解答

(1) $y=2\left(x^2-\dfrac{3}{2}x\right)-1$　❶

$=2\left\{x^2-\dfrac{3}{2}x+\left(\dfrac{3}{4}\right)^2-\left(\dfrac{3}{4}\right)^2\right\}-1$　❷

$=2\left\{x^2-\dfrac{3}{2}x+\left(\dfrac{3}{4}\right)^2\right\}-2\cdot\left(\dfrac{3}{4}\right)^2-1$　❸

$=2\left(x-\dfrac{3}{4}\right)^2-\dfrac{17}{8}$　❹

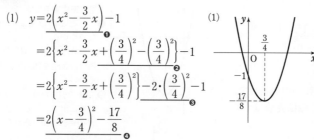

よって，グラフは下に凸の放物線で，

頂点は点 $\left(\dfrac{3}{4},\ -\dfrac{17}{8}\right)$，軸は直線 $x=\dfrac{3}{4}$

(2) $y=-(x^2+x)+2$　❶

$=-\left\{x^2+x+\left(\dfrac{1}{2}\right)^2-\left(\dfrac{1}{2}\right)^2\right\}+2$　❷

$=-\left\{x^2+x+\left(\dfrac{1}{2}\right)^2\right\}+\left(\dfrac{1}{2}\right)^2+2$　❸

$=-\left(x+\dfrac{1}{2}\right)^2+\dfrac{9}{4}$　❹

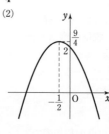

よって，グラフは上に凸の放物線で，

頂点は点 $\left(-\dfrac{1}{2},\ \dfrac{9}{4}\right)$，軸は直線 $x=-\dfrac{1}{2}$

❶ x^2 と x の項を x^2 の係数でくくる。
❷ （　）内で，x の係数の半分の2乗を加えて，引く。
❸ ❷で引いた分を（　）の外に出す。このとき，x^2 の係数を掛け忘れないように。
❹ 整理して
$a(x-p)^2+q$
の形にする。

平方完成された式は，
（　）^{2} 部分を展開して整理すると，もとの式に戻るので検算することができる。

TRAINING　68 ②

次の2次関数のグラフをかけ。また，その頂点と軸を求めよ。
(1) $y=5x^2+3x+4$　　　　(2) $y=-x^2+3x-1$

STEP *into* ここで**整理**

2次関数のグラフのかき方

$y=ax^2+bx+c$ の形で与えられた 2 次関数のグラフのかき方について，その流れを整理しておきましょう。

2次関数 $y=ax^2+bx+c$ のグラフ

⬇ 平方完成する

$y=a(x-p)^2+q$

⬇ グラフの特徴を読みとる

① $a>0$ なら 下に凸(上に開く)
　 $a<0$ なら 上に凸(下に開く)
② 頂点は　点 (p, q)
③ 軸は　　直線 $x=p$

⬇ グラフをかく

頂点 (p, q) を原点とみて，2 次関数 $y=ax^2$ のグラフをかく

2 次関数のグラフは，x^2 の係数 a と頂点の座標 (p, q) で決まります。

a は，開く方向と形を決める のですね。

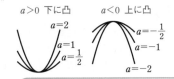
$a>0$ 下に凸　　$a<0$ 上に凸
$a=2$
$a=1$
$a=\frac{1}{2}$
$a=-\frac{1}{2}$
$a=-1$
$a=-2$

頂点 (p, q) は，放物線の位置を決める のですね。

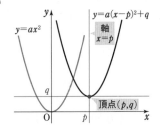
$y=ax^2$
$y=a(x-p)^2+q$
軸 $x=p$
q
頂点 (p,q)
O　　p

では，$y=x^2-6x+10$ のグラフをかいてみます。

① 平方完成する。

$$
\begin{aligned}
y &= (x^2-6x)+10 \\
  &= (x^2-6x+3^2 \\
  &\quad -3^2)+10 \\
  &= (x^2-6x+3^2) \\
  &\quad -3^2+10 \\
  &= (x-3)^2+1
\end{aligned}
$$

② まず，頂点をとる。

まず
頂点

1
O　　3　　x

③ 頂点を原点とみて $y=x^2$ のグラフをかく。

軸

1
O　　3　　x

④ 頂点や軸との交点の座標を入れて図を完成する。

10

1
O　　3　　x

◁◁◁ 基本例題 **67**　▷▷▷ 発展例題 **79**

標準 例題 **69**　放物線の平行移動(1)　◔◑◕

放物線 $y=x^2+4x+5$ はどのように平行移動すると放物線 $y=x^2-6x+8$ に重なるか。　〔岡山理科大〕

CHART & GUIDE

x^2 の係数が同じである2つの放物線
頂点と頂点を重ねると，放物線も重なる

1　放物線の方程式をそれぞれ平方完成し，頂点の座標を求める。

2　一方の頂点を他方の頂点に重ねる。どのように平行移動すればよいかは，移動後から移動前の，頂点の x 座標，y 座標をそれぞれ引いてみるとよい。…… [!]

解答

$y=x^2+4x+5$ の右辺を平方完成すると　　$y=(x+2)^2+1$
よって，移動前の放物線の頂点は　　点 $(-2,\ 1)$
$y=x^2-6x+8$ の右辺を平方完成すると　　$y=(x-3)^2-1$
ゆえに，移動後の放物線の頂点は　　点 $(3,\ -1)$
よって，点 $(-2,\ 1)$ が点 $(3,\ -1)$ に重なるように移ると
2つの放物線は重なる。

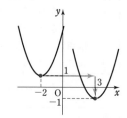

[!]　$3-(-2)=5$，$-1-1=-2^{(*)}$ であるから，**x 軸方向に 5，y 軸方向に -2 だけ平行移動すればよい。**

(補足)　$(*)$ について

$$(-2,\ 1) \longrightarrow (3,\ -1)$$
移動前　　　　移動後

x 軸方向は -2 が 3 に移るから，移動量は　　$3-(-2)$
y 軸方向は 1 が -1 に移るから，移動量は　　$-1-1$

👆 *Lecture*　2次関数のグラフの平行移動

これまで学習してきたように，2次関数 $y=ax^2+bx+c$ のグラフは，放物線 $y=ax^2$ を平行移動したものである。
したがって，上の例題のように x^2 の係数 a が一致した2つの放物線は，一方を平行移動によって他方に重ねることができる。このことは次のようにまとめることができる。

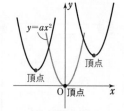

2次関数のグラフ(放物線)は，平行移動によって
x^2 の係数 a は **変わらない**　　頂点の座標が **変わる**

TRAINING　69 ③

放物線 $y=-x^2+2x$ を平行移動して，次の放物線に重ねるには，どのように平行移動すればよいか。

(1)　$y=-x^2+5x-4$　　　　　　　(2)　$y=-x^2-2x-3$

標 準
例 題
70 放物線の平行移動 (2) ◐◐◐◑

放物線 $y=3x^2+6x+2$ を x 軸方向に 2，y 軸方向に -1 だけ平行移動したとき，
移動後の放物線の方程式を $y=ax^2+bx+c$ の形で表せ。　　　　　　〔立教大〕

CHART
& GUIDE

放物線の平行移動　頂点の移動先を考える

1 放物線 $y=3x^2+6x+2$ の頂点を求める。
2 1 で求めた頂点を平行移動する。
3 基本形 $y=a(x-p)^2+q$ に当てはめる。なお，平行移動で x^2 の係数 a
　は変わらない。…… ⚠

解 答

$3x^2+6x+2=3(x+1)^2-1$ であるから，
放物線 $y=3x^2+6x+2$ の頂点は
　　　　　　点 $(-1,\ -1)$
平行移動により，この点は
点 $(-1+2,\ -1-1)$　すなわち，
点 $(1,\ -2)$ に移動するから，求める方

⚠ 程式は　　　$y=3(x-1)^2-2$ すなわち **$y=3x^2-6x+1$**

◀ 点 $(a,\ b)$ を
　x 軸方向に p，
　y 軸方向に q だけ
　平行移動した点の座標は
　$(a+p,\ b+q)$
◀ 下の質問コーナー参照。

[別解] $y=3x^2+6x+2$ の x を $x-2$，y を $y-(-1)$ でおき
　　　　換えて　　$y-(-1)=3(x-2)^2+6(x-2)+2$
　　　　したがって　　**$y=3x^2-6x+1$**

**❓質問
コーナー**
x 軸方向に 2，y 軸方向に -1 だけ平行移動するなら，
x は $x+2$，y は $y-1$ におき換えるのでは？

2 次関数 $y=3x^2+6x+2$ のグラフを F，移動後のグラフを G とする。
F 上の任意の点 $P(X,\ Y)$ が，この平行移動により，G 上の点
$Q(x,\ y)$ へ移るとすると，右の図から　　$x=X+2,\ y=Y-1$
したがって　　$X=x-2,\ Y=y+1$　…… ①
ここで，点 P は F 上の点であるから　　$Y=3X^2+6X+2$
① を代入すると　　$y+1=3(x-2)^2+6(x-2)+2$
つまり，x を $x-2$，y を $y-(-1)$ におき換えたことになる。

(参考) 一般に，関数 $y=f(x)$ のグラフを x 軸方向に p，y 軸方向に q だけ平行移動すると，移
　　　　動後のグラフを表す関数は **$y-q=f(x-p)$** と表される。← $y+q=f(x+p)$ ではない！
　　　　すなわち，$y=f(x)$ で x を $x-p$ に，y を $y-q$ におき換えた ものである。

TRAINING 70 ③ ★
放物線 $y=2x^2-3x+2$ …… ① の頂点の座標を求めよ。また，放物線 ① を x 軸方向
に 1，y 軸方向に -4 だけ平行移動したとき，移動後の放物線の方程式を
$y=ax^2+bx+c$ の形で表せ。　　　　　　　　　　　　　　　　　　〔センター試験〕

数学の扉　放物線を作ってみよう！

 先生，なぜ，放物線とよぶのでしょうか？

それは，斜め上に放り投げた物体が描く曲線だからです。でも，物を投げなくても身の回りのものから簡単に放物線を作ることができます。

●同心円を塗る

右のような，同じ間隔で描いた同心円と平行線でできた図の中には，いくつもの放物線が隠れています。

そのうちの1つを赤色で塗ってありますが，他の部分も色を変えながら塗っていくと，放物線からなるきれいな模様ができ上がります。

●紙を折る

1枚の紙を用意して，中央上から2～3 cmのところに点をとります。この用紙の上の辺（図の赤い部分）が，この点に重なるようにいくつも折り目をつけていきます。

すると，折り目は直線ですが，うっすらと放物線が浮かび上がってきます。

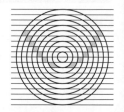

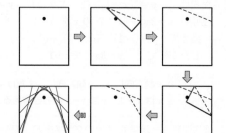

●ライトを照らす

懐中電灯などから発せられた光は円錐状に広がっていきますが，右のような角度で照らすと，照らされた部分のふちが放物線になります。

これは，円錐を母線に平行になるように切ったときの切り口に放物線が現れることから起きる現象です。

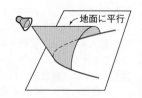

地面に平行

 家に帰ったら，早速放物線を作ってみます！！

12 2次関数の最大・最小

今まで，2次関数のグラフについて学習してきました。そのグラフを利用すると，関数の値の変化の様子を知ることができます。ここでは2次関数の値の変化，特に最大値・最小値について調べましょう。

■ 関数の最大・最小

関数の値域（関数のとる値の範囲）の中で，

最も大きい値が最大値，最も小さい値が最小値

となる。
グラフにおけるイメージは，

最も高い位置にある点の y 座標が最大値，
最も低い位置にある点の y 座標が最小値

となる。

■ 2次関数 $y = a(x-p)^2 + q$ の最大・最小

① 定義域に制限がない場合（定義域が実数全体の場合）

a の符号によって次の2つの場合がある。

$a > 0$ のとき

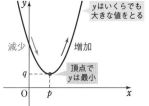

y はいくらでも大きな値をとる

減少　増加

頂点で y は最小

$x = p$ で最小値 q をとる
最大値はない

$a < 0$ のとき

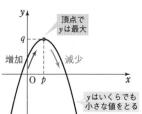

頂点で y は最大

増加　減少

y はいくらでも小さな値をとる

$x = p$ で最大値 q をとる
最小値はない

● 関数 $y = f(x)$ において，x が増加するとき，y が増加するなら，関数 $f(x)$ は**増加する**といい，x が増加するとき，y が減少するなら，関数 $f(x)$ は**減少する**という。

← 値域は
$a > 0$ のとき $y \geqq q$
$a < 0$ のとき $y \leqq q$

② 定義域に制限がある場合

制限の内容によっていろいろな場合がある。

2次関数 $y = (x-3)^2 + 1$ について，

(1) $1 \leqq x \leqq 4$, (2) $2 \leqq x \leqq 5$, (3) $4 \leqq x \leqq 5$, (4) $2 \leqq x$

の場合，それぞれのグラフをかき，値域を調べて最大値・最小値を求めると，次のようになる。

(1) $1 \leqq x \leqq 4$　　(2) $2 \leqq x \leqq 5$　　(3) $4 \leqq x \leqq 5$　　(4) $2 \leqq x$

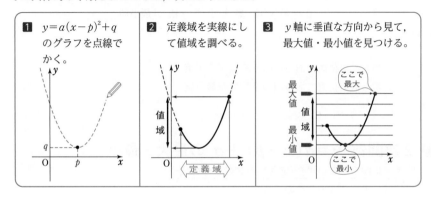

値域は $1 \leqq y \leqq 5$　　値域は $1 \leqq y \leqq 5$　　値域は $2 \leqq y \leqq 5$　　値域は $1 \leqq y$

$x=1$ で最大値 5　　$x=5$ で最大値 5　　$x=5$ で最大値 5　　最大値はない

$x=3$ で最小値 1　　$x=3$ で最小値 1　　$x=4$ で最小値 2　　$x=3$ で最小値 1

定義域に制限がある場合は，このようにグラフをかいて値域を調べ，最大値・最小値を求める必要がある。

その具体的な手順をまとめると，次のようになる。

■ 1　$y=a(x-p)^2+q$ のグラフを点線でかく。

■ 2　定義域を実線にして値域を調べる。

■ 3　y 軸に垂直な方向から見て，最大値・最小値を見つける。

■ 2次関数 $y=ax^2+bx+c$ の最大・最小

$y=ax^2+bx+c$ の式のままでは，頂点，軸を把握しにくい。そのため，右辺を平方完成して，上の方法で最大値・最小値を求める。

$$y=ax^2+bx+c \xrightarrow{\text{平方完成}} y=a(x-p)^2+q$$

頂点，軸を把握しにくい

頂点：点 $(p,\ q)$，軸：直線 $x=p$

次のページからは，2次関数のグラフを利用して，2次関数の最大値・最小値を求めてみましょう。

基本 例題
71 2次関数の最大値・最小値(1) ◆◆

次の2次関数に最大値，最小値があれば，それを求めよ。

(1) $y = x^2 - 6x + 3$　　　　(2) $y = -2x^2 + 8x - 3$

CHART
& GUIDE

2次関数の最大・最小
グラフをかき，頂点と定義域の端の点に注目

■ まず，平方完成して，グラフをかく。……… ？

② 最大・最小の問題では，定義域が重要！
…… 本問では，断りがないから，定義域は実数全体
と考える。

③ (1) <u>下に凸</u> の放物線 → 頂点で最小，最大値はない。
(2) <u>上に凸</u> の放物線 → 頂点で最大，最小値はない。

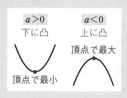

$a > 0$　　　$a < 0$
下に凸　　　上に凸
頂点で最大
頂点で最小

4章
12

2次関数の最大・最小

解答

？ (1) $y = (x^2 - 6x + 3^2 - 3^2) + 3 = (x-3)^2 - 6$

よって，y は $x = 3$ で最小値 -6 をとる。
最大値はない。

？ (2) $y = -2(x^2 - 4x) - 3 = -2(x^2 - 4x + 2^2 - 2^2) - 3$
$= -2(x^2 - 4x + 2^2) + 2 \cdot 2^2 - 3 = -2(x-2)^2 + 5$

よって，y は $x = 2$ で最大値 5 をとる。
最小値はない。

(1) グラフは，下に凸の放物線。
頂点は　点 $(3, -6)$

(2) グラフは，上に凸の放物線。
頂点は　点 $(2, 5)$

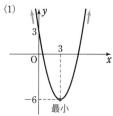

(1)

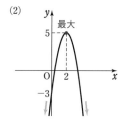

(2)

注意 問題文に書かれていなくても，最大値・最小値を求める問題では，それらを与える x の値を示しておくのが原則である。
また，最大値や最小値がないときは，「ない」と答える。

🖑 **Lecture** 放物線は無限に伸びた曲線

放物線は，左右に無限に伸びた曲線である。ゆえに，
<u>下に凸の放物線の場合</u>は，x の値が軸から遠ざかるにしたがって，y の値はいくらでも大きくなるから，**最大値はない。**
<u>上に凸の放物線の場合</u>は，x の値が軸から遠ざかるにしたがって，y の値はいくらでも小さくなるから，**最小値はない。**

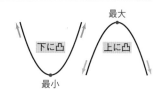

最大
下に凸　　上に凸
最小

TRAINING 71 ②

次の2次関数に最大値，最小値があれば，それを求めよ。

(1) $y = 2x^2 - 1$　　　　(2) $y = -2(x+1)^2 + 5$

(3) $y = 2x^2 - 6x + 6$　　　(4) $y = -x^2 + 5x - 2$

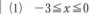

基本 例題 **72** 2次関数の最大値・最小値(2)

≪≪ 基本例題 71　≫≫ 発展例題 82〜84

関数 $y=x^2+2x-1$ の定義域として次の範囲をとるとき，各場合について，最大値，最小値があれば，それを求めよ。

(1) $-3 \leqq x \leqq 0$　　　(2) $-2 < x < 1$　　　(3) $0 \leqq x \leqq 2$

解説動画へGO!!

CHART & GUIDE

2次関数の最大・最小
グラフをかき，頂点と定義域の端の点に注目

1 まず，平方完成して，グラフをかく。
2 与えられた定義域に対する値域を求める。
　── 端の点が入っているかどうかを確かめる。…… ！
3 値域の中で，最大値，最小値をさがす。

解答

関数 $y=x^2+2x-1$　すなわち $y=(x+1)^2-2$ のグラフは下に凸の放物線であり，その頂点は　点 $(-1, -2)$，軸は　直線 $x=-1$ である。

$f(x)=x^2+2x-1$ とおくと　$f(-3)=2$，$f(-2)=-1$，$f(0)=-1$，$f(1)=2$，$f(2)=7$

各定義域での関数のグラフは，下の図の実線部分のようになる。

(1)
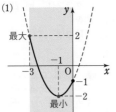

(2)
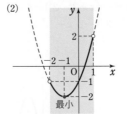

(3)
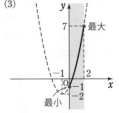

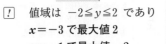

！ 値域は $-2 \leqq y \leqq 2$ であり
$x=-3$ で最大値 2
$x=-1$ で最小値 -2

値域は $-2 \leqq y < 2$ であり
最大値はない
$x=-1$ で最小値 -2

値域は $-1 \leqq y \leqq 7$ であり
$x=2$ で最大値 7
$x=0$ で最小値 -1

注意　・最大・最小の問題では　定義域が重要！　最大値，最小値は定義域によって変わる。単純に「頂点のところで最大か最小」とは限らない。

　・一般に，頂点と定義域の端の点が最大・最小の候補 になる。端の点が入るかどうかもチェックしよう。

　・慣れてきたら，かいたグラフをもとにして直ちに（値域を書くのは省略して）最大値・最小値を求めてもよい。

TRAINING　72 ②

次の関数に最大値，最小値があれば，それを求めよ。

(1) $y=x^2-2x-3$ $(-4 \leqq x \leqq 0)$　　　(2) $y=2x^2-4x-6$ $(0 \leqq x \leqq 3)$
(3) $y=-x^2-4x+1$ $(0 \leqq x \leqq 2)$　　　(4) $y=x^2-4x+3$ $(0 < x < 3)$

標準 例題 **73** 2次関数の最大値から係数決定 🕐🕐🕐

関数 $f(x)=x^2-10x+c$ $(3 \le x \le 8)$ の最大値が 10 であるように，定数 c の値を定めよ。

> **CHART**
> **& GUIDE**
>
> ### 最大・最小の問題
> ## まず 平方完成する
> **1** $f(x)$ の $3 \le x \le 8$ における最大値を求める。
> 頂点と定義域の端の点に注目
> **2** **1** で求めた最大値を $=10$ として，c の値を定める。

解答

$$f(x)=(x^2-10x)+c$$
$$=(x^2-10x+5^2-5^2)+c$$
$$=(x-5)^2+c-25$$

よって，$3 \le x \le 8$ の範囲において，
関数 $f(x)$ は
　$x=8$ で最大値
　　$f(8)=(8-5)^2+c-25=c-16$
をとる。

最大値が 10 となるための条件は
　　　　$c-16=10$
よって　　**$c=26$**

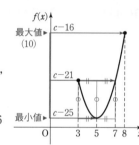

定義域の端の値の $f(3)$ と $f(8)$ を比べると
　　$c-21<c-16$
であるから，$f(8)$ が最大値となる。または，軸 $x=5$ から遠い $x=8$ に対する値 $f(8)$ の方が大きいと考えてもよい。
（下の Lecture を参照）

←c の方程式を解く。

🖐 **Lecture** 定義域の端のどちらで最大となるか？

$a>0$ として，関数 $y=a(x-p)^2+q$ の定義域が $h \le x \le k$ であるとする。
この関数のグラフの軸 $x=p$ が定義域内にあるとき，右図のような場合が考えられる。
そして，グラフは**軸に関して対称**であるから，
　　軸（頂点）から**より遠く**にあるxの値
　　〔図1〕では $x=k$，　〔図2〕では $x=h$
におけるyの値の方が大きい。

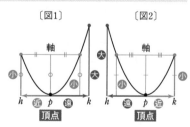

TRAINING **73** ③ ★

関数 $f(x)=-x^2+4x+c$ $(-4 \le x \le 4)$ の最小値が -50 であるように，定数 c の値を定めよ。

[類 金沢工大]

標準 例題 **74** 2次関数の最大・最小と文章題(1)

≪≪ 基本例題 72　≫≫ 発展例題 81

長さ 6 m の金網を直角に折り曲げて，右図のように，直角な壁の隅のところに囲いを作ることにした。囲いの面積を最大にするには，金網をどのように折り曲げればよいか。

CHART & GUIDE

応用問題（最大・最小）を解く手順

❶ 変数 x を決める。 …… 一般に，求めるものを x とする。

❷ ❶ で決めた x の変域を調べる。…… ❸ の関数の定義域となる。

❸ 最大・最小を考えるものを，x で表す。
　　　　　　　　　…… 囲いの面積 S を x で表す。

❹ ❸ の関数の最大値・最小値を求める。…… 関数 S のグラフをかく。

解答

金網の端から x m のところで折り曲げるとすると，折り目からもう一方の端までは $(6-x)$ m になる。❶

$x>0$ かつ $6-x>0$ であるから

$$0<x<6 \quad \cdots\cdots ①$$ ❷

金網の囲む面積を S m² とすると，

$S=x(6-x)$ で表される。❸

ゆえに

$$
\begin{aligned}
S &= -(x^2-6x) \\
&= -(x^2-6x+3^2-3^2) \\
&= -(x-3)^2+9
\end{aligned}
$$

から，① の範囲において，S は $x=3$ で最大値 9 をとる。❹

よって，**端から 3 m のところ**，すなわち，**金網をちょうど半分に折り曲げればよい。**

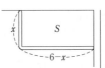

← 変数 x を決める。

← 長方形の囲いの辺の長さは正である。

← 長方形の面積 ＝(縦)×(横)

← 平方完成してグラフをかく。グラフは，上に凸の放物線。

← 面積が最大となる囲いの形は正方形。

（参考）この例題は，長方形の縦と横の長さをそれぞれ x，y で表したとき，条件 $x+y=6$ のもとで面積 xy の最大値を求めることと同じである（p.150 の発展例題 85 参照）。

TRAINING 74 ③

直角を挟む 2 辺の長さの和が 16 である直角三角形の面積が最大になるのはどんな形のときか。また，その最大値を求めよ。

Let's Start

13　2次関数の決定

これまでに，与えられた2次関数について，その **グラフをかき**，**頂点** の座標，左右対称の **軸** などその特徴を調べ，これらをもとにして **最大値・最小値** を求めることを学習した。

この節では，逆に，これらの特徴を備えた2次関数を求めることを学習しよう。

2次関数を求める ということは，$y=ax^2+bx+c$ あるいは $y=a(x-p)^2+q$ の式に含まれる **文字の定数 a，b，c あるいは a，p，q を具体的な数値として決定すること** である。

> ここでは，2次関数を決定する基本的でかつ代表的な3つのパターンについて，具体的に見てみましょう。

4章
13
2次関数の決定

■ 与えられた条件を満たす2次関数の求め方

[1]　グラフの頂点が点 $(2,\ 1)$ で，点 $(4,\ 9)$ を通る

頂点の条件から，求める2次関数は
$$y=a(x-2)^2+1$$
とおける。

点 $(4,\ 9)$ を通るから，$x=4$ のとき $y=9$
で　　$9=a(4-2)^2+1$

この方程式を解くと，a の値を求めることができ，2次関数が決定する。

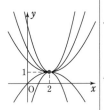

◀ a の値によって，グラフは図のように変わる。

◀ 点 $(4,\ 9)$ を通るように a の値を決める。

[2]　$x=1$ で最小となり，グラフが2点 $(0,\ 3)$，$(3,\ 6)$ を通る

最小値の条件から，求める2次関数は
$$y=a(x-1)^2+q \quad (a>0)$$
とおける。

点 $(0,\ 3)$ を通るから　　$3=a(0-1)^2+q$
点 $(3,\ 6)$ を通るから　　$6=a(3-1)^2+q$

この連立方程式を解くと，a，q の値を求めることができ，2次関数が決定する。

◀ a，q の値によって，グラフは図のように変わる。

◀ 2点を通るように a，q の値を決める。

注意　求めた a の値が，$a>0$ を満たすかどうかを確認することを忘れないこと（満たさない場合は，条件を満たす2次関数は存在しない）。

[3] グラフが 3 点 (1，3)，(2，5)，(3，9) を通る

求める 2 次関数を $y=ax^2+bx+c$ とおく。

点 (1，3) を通るから　　　$3=a\cdot1^2+b\cdot1+c$

点 (2，5) を通るから　　　$5=a\cdot2^2+b\cdot2+c$

点 (3，9) を通るから　　　$9=a\cdot3^2+b\cdot3+c$

この連立方程式を解くと，a，b，c の値を求めることができ，2 次関数が決定する。

◆連立 3 元 1 次方程式
① 消しやすい 1 文字を消去する。
② 残りの 2 文字の連立方程式を解く。
③ ① で消去した文字の値を求める。
(例題 77 を参照)

参考 **通る点に x 軸との 2 交点が含まれている場合**

例えば，グラフが 3 点 (3，0)，(5，0)，(2，2) を通るときは求める 2 次関数を $y=a(x-3)(x-5)$ とおくことが有効である。

点 (2，2) を通るから　　　$2=a(2-3)(2-5)$

この方程式を解くと，a の値を求めることができ，2 次関数が決定する。(詳しくは解答編 TRAINING 77 Lecture 参照)

◆$x=3$ を代入すると
　$y=0$
$x=5$ を代入すると
　$y=0$

[1] や [2] では，頂点の座標や軸の位置が条件として与えられている。このとき，求める 2 次関数を $y=ax^2+bx+c$（一般形）とおくと，条件を使うことが難しい。

一方 [3] では，頂点の座標や軸の位置が条件として与えられていない。このとき，求める 2 次関数を $y=a(x-p)^2+q$（基本形）とおくと，連立 2 次方程式を解くことになるため，やはり難しい。

このように 2 次関数を決定する問題では，

　　　　　与えられた条件に応じて 2 次関数の式をどのようにおくかが重要

である。

解答のスタートを「求める 2 次関数を $y=\sim$ とおく（おける）」とするときの 2 大方針は次の通りである。

---
　2 次関数の決定における 2 大方針

☐1　決めるべき文字定数の数は，できるだけ少ない方がよいから，**頂点，軸，最大値・最小値などの条件が与えられているときは，**

　　　　基本形　$y=a(x-p)^2+q$　で　スタート

☐2　そうでないときは　　　一般形　$y=ax^2+bx+c$　で　スタート

次のページからは，上の 2 大方針に沿って，グラフの通る点の条件などを満たす 2 次関数を求めることを学習していきましょう。

>>> 発展例題 79

基本 例題
75 頂点などの条件から2次関数の決定 〇〇

そのグラフが，次のような放物線となる2次関数を求めよ。
(1) 頂点が点 $(-1,\ 3)$ で，点 $(1,\ 7)$ を通る放物線
(2) 軸が直線 $x=1$ で，2点 $(3,\ -6)$，$(0,\ -3)$ を通る放物線

解説動画へGO!!

CHART & GUIDE

頂点や軸から2次関数を決定
基本形 $y=a(x-p)^2+q$ でスタート …… ①

① $y=a(x-p)^2+q$ に，頂点や軸の条件を代入する。
  …… (1) $p=-1$，$q=3$　(2) $p=1$
② 通る点の座標を代入する。
③ ② で得られた方程式を解く。

頂点が $(●,\ ■)$

$y=a(x-●)^2+■$

軸が $x=●$

4章
13

2次関数の決定

解答

(1) 放物線の頂点が点 $(-1,\ 3)$ であるから，求める2次関数は
① $$y=a(x+1)^2+3$$
とおける。
点 $(1,\ 7)$ を通るから　$7=a(1+1)^2+3$
よって　　　$a=1$
したがって，求める2次関数は
$$y=(x+1)^2+3 \qquad [y=x^2+2x+4 \text{ でもよい}]$$

(2) 放物線の軸が直線 $x=1$ であるから，求める2次関数は
① $$y=a(x-1)^2+q$$
とおける。
グラフが2点 $(3,\ -6)$，$(0,\ -3)$ を通るから
$$\begin{cases} -6=a(3-1)^2+q \\ -3=a(0-1)^2+q \end{cases} \text{ よって } \begin{cases} 4a+q=-6 \\ a+q=-3 \end{cases}$$
これを解いて　$a=-1$，$q=-2$
したがって，求める2次関数は
$$y=-(x-1)^2-2 \qquad [y=-x^2+2x-3 \text{ でもよい}]$$

次のことは重要なので，ここで確認しておこう。

関数 $y=f(x)$ のグラフが点 $(●,\ ■)$ を通る
⇕
$x=●$ のとき $y=■$
⇕
$■=f(●)$ が成立

← $x=3$ のとき $y=-6$
← $x=0$ のとき $y=-3$

注意 本書では，特に指定がない限り，計算過程で2次関数が基本形 $y=a(x-p)^2+q$ の形で求められた場合は，その形を答えとしている。ただし，さらにそれを一般形 $y=ax^2+bx+c$ の形にして答えても構わない。

TRAINING 75 ②
そのグラフが，次のような放物線となる2次関数を求めよ。
(1) 頂点が点 $(2,\ -3)$ で，点 $(3,\ -1)$ を通る放物線
(2) 軸が直線 $x=4$ で，2点 $(2,\ 1)$，$(5,\ -2)$ を通る放物線

基本 例題
76 最大・最小の条件から2次関数の決定 ◔◔

次の条件を満たす2次関数を求めよ。
(1) $x=2$ で最小値1をとり，$x=4$ のとき $y=9$ となる。
(2) $x=-1$ で最大となり，そのグラフが2点 $(1,\ 5)$，$(3,\ -7)$ を通る。

CHART
& GUIDE

最大値，最小値から2次関数を決定
基本形 $y=a(x-p)^2+q$ でスタート

1 $y=a(x-p)^2+q$ に，最大値などの条件を代入する。a の符号にも注意。
   ……(1) $p=2$，$q=1$，$a>0$ (2) $p=-1$，$a<0$
2 x に対応する y の値や通る点の座標を代入する。
3 **2** で得られた方程式を解く。

解答

(1) $x=2$ で最小値1をとるから，
   求める2次関数は
   $$y=a(x-2)^2+1\ (a>0)$$
   とおける。
   $x=4$ のとき $y=9$ であるから
   $$9=a(4-2)^2+1$$
   したがって $a=2$
   これは $a>0$ を満たす。
   よって **$y=2(x-2)^2+1$** [$y=2x^2-8x+9$ でもよい]

(2) $x=-1$ で最大となるから，
   求める2次関数は
   $$y=a(x+1)^2+q\ (a<0)$$
   とおける。このグラフが
   2点 $(1,\ 5)$，$(3,\ -7)$ を通るから
   $$5=a(1+1)^2+q,\quad -7=a(3+1)^2+q$$
   整理して $4a+q=5$，$16a+q=-7$
   この連立方程式を解いて $a=-1$，$q=9$
   これは $a<0$ を満たす。
   よって **$y=-(x+1)^2+9$** [$y=-x^2-2x+8$ でもよい]

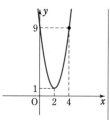

(1), (2) ともに定義域は**実数全体**であるから，**最大・最小は頂点の場所で起こる**。すなわち，頂点の条件が与えられていることになる。

◀ 下に凸の放物線。

◀ 頂点の x 座標が -1 ということ。

◀ 上に凸の放物線。

◀ $x=1$ のとき $y=5$
   $x=3$ のとき $y=-7$

   $16a+q=-7$
   $-)\ 4a+q=5$
   ̄ ̄ ̄ ̄ ̄ ̄ ̄ ̄
   $12a\ \ \ =-12$
   よって $a=-1$

TRAINING 76 ②

次の条件を満たす2次関数を求めよ。
(1) $x=3$ で最大値1をとり，$x=5$ のとき $y=-1$ となる。
(2) $x=-2$ で最小となり，そのグラフが2点 $(-1,\ 2)$，$(0,\ 11)$ を通る。

基本 例題
77 通る3点の条件から2次関数の決定 🕐🕐

グラフが3点 $(1, 3)$, $(2, 5)$, $(3, 9)$ を通るような2次関数を求めよ。

CHART & GUIDE

放物線上の3点から2次関数を決定
一般形 $y=ax^2+bx+c$ でスタート …… ⚡

1 $y=ax^2+bx+c$ に、通る3点の座標を代入する。
グラフが点 (●, ■) を通る $\iff$ $■=a●^2+b●+c$ が成り立つ
2 a, b, c の3文字を含む連立方程式を解く（Lecture 参照）。

解答

⚡ 求める2次関数を $y=ax^2+bx+c$ とする。
そのグラフが3点 $(1, 3)$, $(2, 5)$, $(3, 9)$ を通るから

$$\begin{cases} 3=a\cdot1^2+b\cdot1+c \\ 5=a\cdot2^2+b\cdot2+c \\ 9=a\cdot3^2+b\cdot3+c \end{cases}$$ すなわち $$\begin{cases} a+b+c=3 & \cdots\cdots ① \\ 4a+2b+c=5 & \cdots\cdots ② \\ 9a+3b+c=9 & \cdots\cdots ③ \end{cases}$$

②−① から $3a+b=2$ …… ④
③−② から $5a+b=4$ …… ⑤
⑤−④ から $2a=2$ よって $a=1$
④ から $3+b=2$ よって $b=-1$
① から $1-1+c=3$ よって $c=3$
したがって、求める2次関数は $y=x^2-x+3$

← ①〜③の c の係数はすべて1であるから、c が消去しやすい。

参考 この例題のような問題で、通る点の中に x 軸との2交点 $(\alpha, 0)$, $(\beta, 0)$ が含まれる場合、
因数分解形
$y=a(x-\alpha)(x-\beta)$
を利用することも有効である。詳しくは解答編 p.58 参照。

👆 **Lecture** 連立3元1次方程式の解き方

上の解答の①, ②, ③ は、いずれも3文字(3元) a, b, c の1次方程式である。
これら3つの方程式を組み合わせたものを、**連立3元1次方程式** という。その解き方は、次の手順で行うとよい。解答と照らし合わせて見てみよう。

❶ 1つの文字を消去して、残りの2文字についての方程式を2つ作る。 ⟹ 消しやすい文字 c を消去。①, ② から ④ を、②, ③ から ⑤ を作る。

❷ ❶でできた2文字についての連立方程式を解く。 ⟹ 残りの2文字 a, b についての連立方程式 ④, ⑤ を解く。

❸ ❷で求めた解を使って、最初に消去した文字の値を求める。 ⟹ a, b の値と ① を使って、c を求める。

TRAINING 77 ②
グラフが次の3点を通るような2次関数を求めよ。
(1) $(-1, 7)$, $(0, -2)$, $(1, -5)$　　(2) $(-1, 0)$, $(3, 0)$, $(1, 8)$

STEP *into* ここで 整理

2次関数の決定の手順

「2次関数を決定する」とは，与えられた条件から，2次関数 $y=a(x-p)^2+q$ の定数 a, p, q あるいは $y=ax^2+bx+c$ の係数 a, b, c の値を具体的に決めることでした。

例題 75～77 で学習した，2次関数の決定パターンをまとめてみました。

スタートする式の形を決める

与えられた条件が
① **軸や頂点** （例題75）
    ⟶ 基本形 $y=a(x-p)^2+q$ でスタート
② 定義域が実数全体のときの **最大値，最小値** （例題76）
    ⟶ 基本形 $y=a(x-p)^2+q$ でスタート
③ **通る3点** （例題77）
    ⟶ 一般形 $y=ax^2+bx+c$ でスタート
    ただし，通る点に x 軸との2交点 $(\alpha,\ 0)$, $(\beta,\ 0)$
    が含まれているときは
    因数分解形 $y=a(x-\alpha)(x-\beta)$ も有効
                     （TRAINING 77(2)）

通る点などの条件を代入して，係数などについての方程式を作る

| 関数 $y=f(x)$ のグラフが点 $(●,\ ■)$ を通る | 同じこと | 等式 $■=f(●)$ が成り立つ |

方程式（連立方程式）を解く

連立3元1次方程式の解法

❶ 消しやすい1文字を消去する。
❷ 残りの2文字の連立方程式を解く。
❸ ❶で消去した文字の値を求める。

よくまとめられています。ただ，方程式を解いて a, p, q や a, b, c を求めたところで終わりにしないでください。決定した2次関数を答えにすることを忘れないようにしましょう。
また，得られた2次関数が，問題の条件を満たしているかどうかを確認すると，ミスを防ぐことができます。

発展学習

≪≪ 基本例題 64　≫≫ 発展例題 109

発展 例題 78 絶対値を含む1次関数のグラフ　◔◔◔◔

次の関数のグラフをかけ。また，その値域を求めよ。

(1)　$y=|x-1|$ 　　　　(2)　$y=|3x+2|$　$(-2\leqq x<1)$

CHART & GUIDE

絶対値　場合に分ける　$|A|=\begin{cases} A & (A\geqq 0 \text{ のとき}) \\ -A & (A<0 \text{ のとき}) \end{cases}$

1 絶対値記号の中の式が，$\geqq 0$ か <0 かで場合を分ける。
……（記号の中の式）$=0$ となる x の値が場合分けのポイント。

2 絶対値記号をはずして，場合分けの x の範囲で，それぞれのグラフをかく。

4章 発展学習

解答

(1)　$x-1\geqq 0$　すなわち　$x\geqq 1$ のとき　$y=x-1$ 　　←そのままはずす。

$x-1<0$　すなわち　$x<1$ のとき　$y=-(x-1)=-x+1$ 　←$-$ をつけてはずす。

グラフは，図(1)の**実線部分** のようになり，値域は　$y\geqq 0$ 　←グラフは，直線 $x=1$ に関して対称なグラフとなる。

(2)　$3x+2\geqq 0$　すなわち　$x\geqq -\dfrac{2}{3}$ のとき　$y=3x+2$

$3x+2<0$ すなわち $x<-\dfrac{2}{3}$ のとき $y=-(3x+2)=-3x-2$

グラフは，図(2)の**実線部分** のようになり，値域は　$0\leqq y<5$ 　←値域はグラフから判断する。

$x=-2$ のとき $y=4$
$x=1$ のとき $y=5$
であるからといって，値域を　$4\leqq y<5$　としないように！

(1)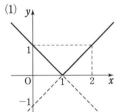

(2)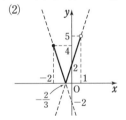

Lecture　$y=|f(x)|$ のグラフの簡単なかき方

$\underline{f(x)\geqq 0}$ のとき　$|f(x)|=f(x)$ ←── そのままはずす。

$\underline{f(x)<0}$ のとき　$|f(x)|=-f(x)$ ←── $-$ をつけてはずす。

であるから，$y=|f(x)|$ のグラフは，$y=f(x)$のグラフで x 軸と x 軸の上側にある部分は そのまま とし，x 軸の下側の部分を x 軸に関して**対称に折り返す** と得られる。

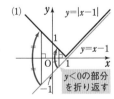

TRAINING　78 ③

次の関数のグラフをかけ。また，その値域を求めよ。

(1)　$y=|3x|$ 　　　　(2)　$y=-|2x-1|$

(3)　$y=|2x+6|$　$(-4<x\leqq 0)$ 　　(4)　$y=|x|-1$　$(-2<x<2)$

≪≪≪ 標準例題 69，基本例題 75，77 ★

発展 例題 **79** グラフの平行移動と 2 次関数の決定 🕐🕐🕐🕐

グラフが次の条件を満たすような 2 次関数を，それぞれ求めよ。

(1) 放物線 $y=-2x^2$ を平行移動した曲線で，頂点が点 $(-3, 1)$ である。

(2) 放物線 $y=x^2+2x-3$ を平行移動した曲線で，2 点 $(-1, 6)$，$(3, 2)$ を通る。

CHART & GUIDE

放物線 $y=ax^2+bx+c$ の平行移動

平行移動で x^2 の係数 a は変わらない ……… ⚡

(1) 移動後の頂点が与えられているから，基本形 $y=a(x-p)^2+q$ を利用する。そして，x^2 の係数は変わらないから，$a=-2$ である。

(2) 移動後の通る 2 点が与えられているから，一般形 $y=ax^2+bx+c$ を利用する。そして，x^2 の係数は変わらないから，$a=1$ である。

解答

⚡ (1) 放物線 $y=-2x^2$ を平行移動したものであるから，x^2 の係数は -2 である。
また，頂点が点 $(-3, 1)$ であるから，求める 2 次関数は
$$y=-2(x+3)^2+1 \quad [y=-2x^2-12x-17 \text{ でもよい}]$$

◀ 平行移動で x^2 の係数は変わらない。

◀ 頂点が，原点から点 $(-3, 1)$ に移る。

(2) 求める 2 次関数は，そのグラフが放物線 $y=x^2+2x-3$ を平行移動したものであるから

⚡ $$y=x^2+bx+c$$

とおける。

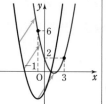

◀ x^2 の係数 1 は変わらない。

参考 一般に，放物線
$$y=ax^2+bx+c$$
を平行移動した放物線の式は，
$$y=ax^2+b'x+c'$$
とおける(b, c は無関係)。

このグラフが 2 点 $(-1, 6)$，$(3, 2)$ を通るから
$$6=(-1)^2+b(-1)+c,$$
$$2=3^2+b\cdot3+c$$
整理して $\quad -b+c=5,\ 3b+c=-7$
これを解いて $\quad b=-3,\ c=2$
したがって $\quad y=x^2-3x+2$

TRAINING 79 ④ ★

グラフが次の条件を満たすような 2 次関数を，それぞれ求めよ。

(1) 放物線 $y=-x^2-2x$ を平行移動した曲線で，2 点 $(-1, -2)$，$(2, 1)$ を通る。

(2) x 軸方向に 2，y 軸方向に -3 だけ平行移動すると，3 点 $(1, 2)$，$(2, -2)$，$(3, -4)$ を通る。

発展 例題 **80** グラフの対称移動 🕐🕐🕐🕐

放物線 $y=x^2+2x-1$ …… ① の頂点をPとする。次の問いに答えよ。

(1) x軸に関して点Pと対称な点Qの座標を求めよ。

(2) この放物線とx軸に関して対称な放物線の方程式を求めよ。

CHART & GUIDE

放物線の対称移動
開き方（上に凸，下に凸），頂点に注目

1 放物線の方程式を平方完成して，頂点の座標を求める。

2 1 で求めた頂点とx軸に関して対称な点の座標を求める。
…… x軸に関して対称な点の座標 ⟶ y座標の符号が変わる

3 開く方向に注意して，基本形 $y=a(x-p)^2+q$ に代入する。

解答

(1) $y=(x+1)^2-2$ であるから，
頂点Pの座標は $(-1, -2)$
よって，x軸に関して点Pと対称
な点Qの座標は $(-1, 2)$

(2) 頂点は $Q(-1, 2)$ に移動し，
上に凸の放物線になるから，x^2
の係数は -1 であり，求める方程
式は

$$y=-(x+1)^2+2 \quad [y=-x^2-2x+1]$$

[**別解**] $y=-(x^2+2x-1)$ すなわち $y=-x^2-2x+1$

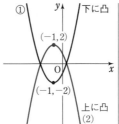

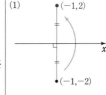

◀上に凸の放物線となるから，x^2 の係数の符号が変わる。

◀Lecture 参照。

Lecture x軸，y軸，原点に関する対称移動

平面上で，図形上の各点を，直線や点に関してそれと対称な位置に移すことを **対称移動** という。

中でも x軸，y軸，原点に関しての対称移動は基本的で重要である。

x軸，y軸，原点に関しての対称移動によって，

$y=f(x)$ のグラフは，それぞれ図の下に示した関数のグラフに移される。

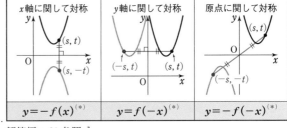

[（＊）が成り立つ理由については，解答編 $p.61$ 参照。]

TRAINING **80** ④

上の例題の ① の放物線を (1) y軸 (2) 原点 に関して対称に移動したときの放物線の方程式をそれぞれ求めよ。

発展 **例題** **81** 2次関数の最大・最小と文章題(2) 〰〰〰〰

直角を挟む2辺の長さの和が10である直角三角形について，斜辺の長さ l の最小値を求めよ。

CHART & GUIDE

❶ 変数 x を決める。 …… 直角を挟む2辺のうちの1辺を x とする。

❷ x の変域を調べる。 …… 辺の長さは正である。

l を x の式で表すと，$l=\sqrt{(x\,\text{の式})}$ となるが，根号がついた形で最小値を求めることは困難である。そこで，次のことを利用する。

$l>0$ のとき，l の大小は l^2 の大小と一致する …… ⚠

❸ l^2 を x の式で表す。

❹ l^2 の最小値を求める。

解答

直角を挟む2辺のうちの一方の長さを x とすると，他方の長さは $10-x$ で表され，$x>0$，$10-x>0$ であるから❶

$$0<x<10 \ \cdots\cdots\ ①$$

三平方の定理から❷

$$l^2=x^2+(10-x)^2$$
$$=2x^2-20x+100$$
$$=2(x-5)^2+50$$

よって，① の範囲において，l^2 は $x=5$ のとき最小値 50 をとる。

⚠ $l>0$ であるから，l^2 が最小のとき l も最小となり，その値は

$$\sqrt{50}=5\sqrt{2}$$

← 辺の長さは正の数。

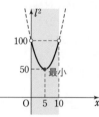

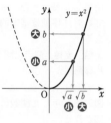

$(0<x<10)$

← ❹ の断り書きが重要！

Lecture l の大小は，l^2 の大小から

上の例題では，$l=\sqrt{f(x)}$ の最小値を求めるのに，根号内の関数 $f(x)(=l^2)$ の最小値を求めている。これは，右の図からわかるように，次のことを根拠にしている。

$a>0$，$b>0$ のとき $\sqrt{a}<\sqrt{b} \iff a<b$

すなわち，$\sqrt{x}$ は根号内の x が小さいほど小さく，x が大きいほど大きい。したがって，$l=\sqrt{f(x)}$ の最小値は，$l^2=f(x)$ の最小値の正の平方根とすればよい。

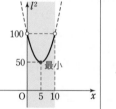

対角線の長さの和が 10 cm のひし形について

(1) 面積の最大値を求めよ。 (2) 周の長さの最小値を求めよ。

例題 82 2次関数の最大値・最小値(3) …… 定義域の一端が動く

定義域が $0 \leqq x \leqq a$ である関数 $f(x) = (x-2)^2$ の最大値および最小値を，次の各場合について求めよ。ただし，a は正の定数とする。

(1) $0 < a < 2$ (2) $2 \leqq a < 4$ (3) $a = 4$ (4) $4 < a$

CHART & GUIDE

x の変域が動き，グラフが固定された関数の最大・最小
グラフの軸や頂点 と x の変域 の位置関係が重要

定義域 $0 \leqq x \leqq a$ は，a の値によって変わってくる。—→ 最大値・最小値が変わる。

① 関数 $y = f(x)$ のグラフをかく。
　　└─ 簡単な図でよい。

② グラフの軸や頂点と定義域の位置関係に注目しながら，それぞれの a の範囲に応じた定義域における最大値・最小値をグラフから読みとる。

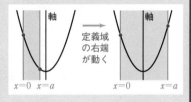

定義域の右端が動く

解答

関数 $y = f(x)$ のグラフは下に凸の放物線で，頂点は点 $(2, 0)$，軸は直線 $x = 2$ である。

(1) $0 < a < 2$ のとき　　グラフは図 [1] のようになる。
　　　　$f(0) = 4$, $f(a) = (a-2)^2$
　　よって　　**$x = 0$ で最大値 4，$x = a$ で最小値 $(a-2)^2$**

(2) $2 \leqq a < 4$ のとき　　グラフは図 [2] のようになる。
　　　　$f(2) = 0$
　　よって　　**$x = 0$ で最大値 4，$x = 2$ で最小値 0**

(3) $a = 4$ のとき　　グラフは図 [3] のようになる。
　　よって　　**$x = 0, 4$ で最大値 4，$x = 2$ で最小値 0**

(4) $4 < a$ のとき　　グラフは図 [4] のようになる。
　　よって　　**$x = a$ で最大値 $(a-2)^2$，$x = 2$ で最小値 0**

例えば，a の値を
(1) 1 (2) 3 (3) 4
(4) 5 としてグラフをかいてみる。
(1) 軸が定義域の右外
(2) 軸が定義域内の右寄り
(3) 軸が定義域の中央
(4) 軸が定義域内の左寄り

(補足) x 軸，y 軸を省略してグラフをかくと見やすい。

[1]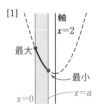

[2]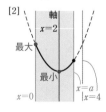

[3]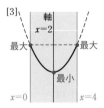

[4]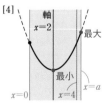

TRAINING 82 ③

定義域が $1 \leqq x \leqq a$ である関数 $f(x) = -(x-3)^2$ の最大値および最小値を，次の各場合について求めよ。ただし，a は $a > 1$ を満たす定数とする。

(1) $1 < a < 3$ (2) $3 \leqq a < 5$ (3) $a = 5$ (4) $5 < a$

発展

例題
83 ２次関数の最大値・最小値 (4) …… 軸が動く 🕐🕐🕐🕐

$0 \leqq x \leqq 2$ における関数 $f(x)=3x^2-6ax+2$ の最大値および最小値を，次の (1) ～(5) の場合について求めよ。ただし，a は定数とする。

(1) $a<0$　　(2) $0 \leqq a<1$　　(3) $a=1$　　(4) $1<a \leqq 2$　　(5) $2<a$

CHART
& GUIDE

x の変域が固定，グラフが動く関数の最大・最小
グラフの軸や頂点 と x の変域 の位置関係が重要

関数 $y=f(x)$ のグラフの軸は，
a のとる値によって変化する。…… $!$
そこで，(1)～(5) の各場合について，
ひとつひとつグラフをかいて判断する。
その際，頂点と定義域の端の点に注目する。

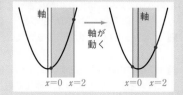

解答

$$f(x)=3x^2-6ax+2=3(x^2-2ax)+2$$
$$=3(x^2-2ax+a^2-a^2)+2=3(x-a)^2-3a^2+2$$

よって，関数 $y=f(x)$ のグラフは，下に凸の放物線で，その頂点は点 $(a,\ -3a^2+2)$，軸は直線 $x=a$ である。

$!$ したがって，(1)～(5) の場合分けは軸の位置を場合分けしていることになる。

定義域の左端では　　$f(0)=2$
定義域の右端では　　$f(2)=-12a+14$
定義域 $0 \leqq x \leqq 2$ の中央の値は　　1

(1) $a<0$ のとき

$!$ 　グラフの軸は，定義域の左外にある。
　よって，右のグラフから
　　$x=2$ で　**最大値** $-12a+14$
　　$x=0$ で　**最小値** 2

(2) $0 \leqq a<1$ のとき

$!$ 　グラフの軸は，定義域内で，定義域の中央より左にある。
　よって，右のグラフから
　　$x=2$ で　**最大値** $-12a+14$
　　$x=a$ で　**最小値** $-3a^2+2$

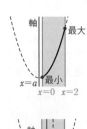

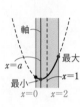

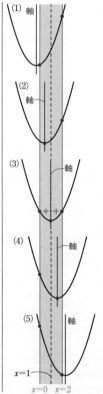

(3) $a=1$ のとき

[!] グラフの軸は，定義域の中央と一致する。
よって，右のグラフから
$x=0,\ 2$ で　最大値 2
$x=1$ で　　最小値 -1

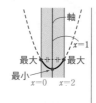

← $x=a$ のとき最小値
$-3a^2+2$ をとるが，(3)
では a の値が $a=1$ と
定まっているから，答え
は「$x=1$ で最小値 -1」
となる。

(4) $1<a\leqq2$ のとき

[!] グラフの軸は，定義域内で，定義域の中
央より右にある。
よって，右のグラフから
$x=0$ で　最大値 2
$x=a$ で　最小値 $-3a^2+2$

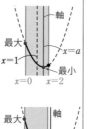

(5) $2<a$ のとき

[!] グラフの軸は，定義域の右外にある。
よって，右のグラフから
$x=0$ で　最大値 2
$x=2$ で　最小値 $-12a+14$

4章

発展学習

? 質問コーナー **軸が定義域内にあるときの最大値が苦手です**

放物線は軸に関して対称であるから，下に凸の場合
　**軸からより遠くにある x の値における
　y の値の方が大きい**
よって，右図のように軸が定義域の中央より左寄りか右寄り
かで，最大値をとる x の値が入れ替わる。
入れ替わる境目は例題(3)のときで，軸が定義域の中央と一致
している。このとき，
　軸から「定義域の左端」までの距離と，
　軸から「定義域の右端」までの距離が同じになる
から，左端と右端の2ヶ所で最大値をとる。
なお，上に凸の放物線では，最大と最小が逆になる(図をかい
て確かめることができる)。

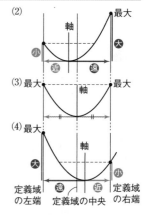

TRAINING 83 ④ ★

2次関数 $y=x^2-2ax+a$ の $1\leqq x\leqq2$ における最大値および最小値を，次の(1)〜(5)
の場合について求めよ。ただし，a は定数とする。

(1) $a<1$　　(2) $1\leqq a<\dfrac{3}{2}$　　(3) $a=\dfrac{3}{2}$　　(4) $\dfrac{3}{2}<a\leqq2$　　(5) $2<a$

STEP *into* ここで解説

2次関数の最大・最小 …… 軸の位置が決め手

例題83の解答をもう一度見てみると，いろいろな場合に分かれていますが，ポイントとなるのは，**軸（頂点）が定義域に対してどの位置にあるか** ということです。例えば，そのグラフが下に凸の2次関数では，次のように分けられます。

1. 軸（頂点）が定義域の内にあるとき

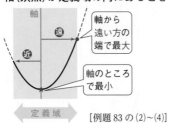

[例題83の(2)〜(4)]

2. 軸（頂点）が定義域の外にあるとき

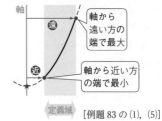

[例題83の(1)，(5)]

上に凸のグラフでは，次のようになるのですね。

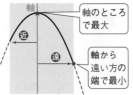

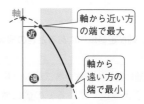

その通りです。このように大小が入れ替わります。
上に凸，下に凸いずれの場合も，軸（頂点）が，定義域の 内 にあるか 外 にあるか，また，その軸（頂点）が定義域の中央の位置の 左右 のどちらにあるか，によっていろいろな場合があります。

例題83では，最大値と最小値を同時に考えていますが，最大値，最小値で分けて考えると，どうなるのでしょうか。

下に凸のグラフでは，次のようになります。

最小値のみを 考えるとき	最大値と最小値を 同時に考えるとき		最大値のみを 考えるとき
軸が定義域の左外にある場合，定義域の左端で最小 となる。	(A) 軸が定義域の **外で左側**		(A)(B) はいずれも 定義域の右端で最大 となっているから， 軸が定義域の中央より 左にある場合，定義域 の右端で最大 という 1 つの場合にまとめることができる。
(B)(C)(D) はいずれも 頂点で最小 となっているから， 軸が定義域内にある場合，頂点で最小 という 1 つの場合にまとめることができる。	(B) 軸が定義域の **内で左寄り**	軸 最大 最小 定義域の中央	
	(C) 軸が定義域の **内で中央**	軸 最大 最大 最小	軸が定義域の中央にある場合，定義域の両端で最大 となる。
	(D) 軸が定義域の **内で右寄り**	最大 軸 定義域の中央 最小	(D)(E) はいずれも 定義域の左端で最大 となっているから， 軸が定義域の中央より 右にある場合，定義域 の左端で最大 という 1 つの場合にまとめることができる。
軸が定義域の右外にある場合，定義域の右端で最小 となる。	(E) 軸が定義域の **外で右側**	最大 軸 最小	

4章

発展学習

例題 83 を，最大値，最小値に分けて考えると，次のようになりますね。

最大値は $a<1$ のとき，$x=2$ で最大値 $-12a+14$

　　　　　$a=1$ のとき，$x=0,\ 2$ で最大値 2

　　　　　$a>1$ のとき，$x=0$ で最大値 2

最小値は $a<0$ のとき，$x=0$ で最小値 2

　　　　　$0\leqq a\leqq 2$ のとき，$x=a$ で最小値 $-3a^2+2$

　　　　　$a>2$ のとき，$x=2$ で最小値 $-12a+14$

よくできました。

発
展 | 例題 **84** | 2次関数の最大値・最小値(5) …… 定義域の両端が動く 🌙🌙🌙🌙🌙

a を定数とする。$a \leqq x \leqq a+2$ における関数 $f(x) = -x^2 + 2x$ について,次の問いに答えよ。

(1) 最大値を求めよ。　　　　　　(2) 最小値を求めよ。

CHART & GUIDE

x の変域が動き,グラフが固定された関数の最大・最小
グラフの軸や頂点 と x の変域 の位置関係が重要

定義域は $a \leqq x \leqq a+2$ で,a の値が変わると,
定義域が変わる。
発展例題 82 は定義域の右端のみが動いたが,本
問は定義域の両端が動く。
ただし,$(a+2) - a = 2$ であるから,定義域の幅
は一定である。

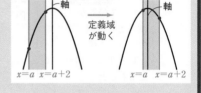
定義域
が動く
$x=a$　$x=a+2$　　$x=a$　$x=a+2$

1 関数 $y = f(x)$ のグラフをかく。
2 グラフの軸や頂点と定義域の位置関係をみる。
　(1) 最大値　軸が定義域の外にあるか内にあるか,外の場合は右外か左外か。
　(2) 最小値　上に凸の放物線であるから,軸から遠いほど y の値は小さい。
　　　　　　…… 定義域の中央の値が境目
3 頂点と定義域の端の点に注目して,最大値,最小値を求める。

解答

$$f(x) = -x^2 + 2x = -(x^2 - 2x + 1^2 - 1^2) = -(x-1)^2 + 1$$

よって,関数 $y = f(x)$ のグラフは,上に凸の放物線で,その
頂点は点 $(1, 1)$,軸は直線 $x = 1$ である。

◀固定された(動かない)放物線。

また　$f(a) = -a^2 + 2a$, $f(a+2) = -(a+1)^2 + 1 = -a^2 - 2a$

◀定義域の両端の $f(x)$ の値。

(1) [1] $a + 2 < 1$ すなわち $a < -1$ のとき

グラフの軸は,定義域の右外にあって
$$f(a) < f(a+2)$$
よって,$x = a+2$ で最大値
$-a^2 - 2a$ をとる。

[2] $a \leqq 1$ かつ $1 \leqq a+2$ すなわち
$-1 \leqq a \leqq 1$ のとき
グラフの軸は,定義域の内部にある。
よって,$x = 1$ で最大値 1 をとる。

[2] では,軸が定義域の内部であれば,右寄りでも左寄りでも頂点で最大となる。

$a \leqq 1$ かつ $1 \leqq a+2$
$\iff a \leqq 1$ かつ $-1 \leqq a$
$\iff -1 \leqq a \leqq 1$

[3] $1<a$ のとき

グラフの軸は，定義域の左外にあって
$$f(a)>f(a+2)$$
よって，$x=a$ で最大値 $-a^2+2a$
をとる。

[1]，[3] 軸が定義域の外にあるから，軸に近い方の端で最大となる。

以上から

　　$a<-1$ のとき　　$x=a+2$ で最大値 $-a^2-2a$

　　$-1\leqq a\leqq 1$ のとき　$x=1$ で最大値 1

　　$1<a$ のとき　　　$x=a$ で最大値 $-a^2+2a$

(2) 定義域 $a\leqq x\leqq a+2$ の中央の値は　$a+1$

[4]　$a+1<1$ すなわち $a<0$ のとき
グラフの軸は，定義域の中央より右にある。
よって，$x=a$ で最小値 $-a^2+2a$
をとる。

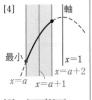

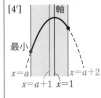

$a+1<1$ であれば，軸が定義域の内部にあっても $x=a$ で最小値をとる。

[5]　$a+1=1$ すなわち $a=0$ のとき
定義域の中央とグラフの軸が $x=1$
で一致する。
よって，$x=0,\ 2$ で最小値 0 をとる。

[6]　$1<a+1$ すなわち $0<a$ のとき
グラフの軸は，定義域の中央より左にある。
よって，$x=a+2$ で最小値
$-a^2-2a$ をとる。

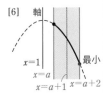

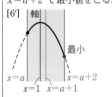

$1<a+1$ であれば，軸が定義域の内部にあっても $x=a+2$ で最小値をとる。

以上から

　　$a<0$ のとき　$x=a$ で最小値 $-a^2+2a$

　　$a=0$ のとき　$x=0,\ 2$ で最小値 0

　　$0<a$ のとき　$x=a+2$ で最小値 $-a^2-2a$

参考 (1)，(2)をまとめると，次のようになる。

　　$a<-1$ のとき　$x=a+2$ で最大値 $-a^2-2a$，$x=a$ で最小値 $-a^2+2a$　（図 [4]）

　　$-1\leqq a<0$ のとき　$x=1$ で最大値 1，　$x=a$ で最小値 $-a^2+2a$　（図 [4']）

　　$a=0$ のとき　　　$x=1$ で最大値 1，　$x=0,\ 2$ で最小値 0　（図 [5]）

　　$0<a\leqq 1$ のとき　$x=1$ で最大値 1，　$x=a+2$ で最小値 $-a^2-2a$　（図 [6']）

　　$1<a$ のとき　　$x=a$ で最大値 $-a^2+2a$，$x=a+2$ で最小値 $-a^2-2a$　（図 [6]）

TRAINING　84 ④ ★

a を定数とする。$a\leqq x\leqq a+2$ における関数 $f(x)=x^2-2x+2$ について，次の問いに答えよ。

(1) 最大値を求めよ。　　　　　　　(2) 最小値を求めよ。

発展 例題 **85** 条件式がある場合の最大・最小 (1) 🕐🕐🕐🕐

$x \geqq 1$, $y \geqq -1$, $2x+y=5$ であるとき, xy の最大値と最小値を求めよ。

[類 摂南大]

CHART & GUIDE

条件式がついた問題
文字を減らす方針でいく　変域にも注意

1 1つの文字を消去する。　　…… $2x+y=5$ を y について解く。
・ $y \geqq -1$ に代入して x の条件を求める。……（＊）
・ xy に代入して，x の2次関数にする。
2 平方完成し，**1**（＊）に注意して最大値，最小値を求める（x, y の値も示しておく）。

解答

$2x+y=5$ から　　　$y=-2x+5$　　……①
$y \geqq -1$ であるから　　$-2x+5 \geqq -1$　　よって　　$x \leqq 3$
$x \geqq 1$ との共通範囲は　　$1 \leqq x \leqq 3$ ……②
① を xy に代入すると

$$xy = x(-2x+5) = -2x^2+5x$$
$$= -2\left\{x^2 - \frac{5}{2}x + \left(\frac{5}{4}\right)^2 - \left(\frac{5}{4}\right)^2\right\} = -2\left(x-\frac{5}{4}\right)^2 + \frac{25}{8}$$

② の範囲において，xy は $x=\dfrac{5}{4}$ のとき最大値 $\dfrac{25}{8}$, $x=3$ の

とき最小値 -3 をとる。

また，① から　$x=\dfrac{5}{4}$ のとき $y=\dfrac{5}{2}$, $x=3$ のとき $y=-1$

以上から　　$\boldsymbol{x=\dfrac{5}{4}}$, $\boldsymbol{y=\dfrac{5}{2}}$ **のとき最大値** $\dfrac{\boldsymbol{25}}{\boldsymbol{8}}$

$\boldsymbol{x=3}$, $\boldsymbol{y=-1}$ **のとき最小値** $\boldsymbol{-3}$

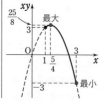

 Lecture 条件式の使い方

$2x+y=5$ のように，問題の前提になっている式を **条件式** という。
条件式から y を消去すると，1変数の2次関数となり，最大値，最小値を求めることができる。
文字を減らすために，条件式を使うことは，問題解決の有力な手段となるが，次のことを忘れないように！

　消去する文字 y の条件（上の例題では，$y \geqq -1$）は，残る文字 x の条件（例題では，$x \leqq 3$）におき換えておく。

$x \geqq 1$, $y \geqq -1$
条件式 $2x+y=5$
$z=xy$

⇕ 同じこと

$y=-2x+5$
$1 \leqq x \leqq 3$
$z=x(-2x+5)$

TRAINING 85 ④

(1) $x+y=4$ のとき，xy の最大値を求めよ。
(2) $x \geqq 0$, $y \geqq 0$, $x+y=2$ のとき，x^2+y^2 の最大値と最小値を求めよ。

EXERCISES

A **29**③ 関数 $y=-2x+5$ の値域が $-3\leqq y\leqq 7$ であるとき，その定義域をいえ。

<<< 基本例題 **64**

30② 次の2次式を平方完成せよ。

(1) x^2-10x 　　(2) $-x^2+6x-2$ 　　(3) $3x^2+6x+2$

(4) $-2x^2+4x+1$ 　　(5) $2x^2+3x+1$ 　　(6) $-2x^2+5x-2$

(7) $\dfrac{1}{3}x^2-\dfrac{4}{3}x+2$ 　　(8) $-\dfrac{1}{2}x^2-x+1$ 　　<<< 基本例題 **67**, **68**

31② 次の2次関数のグラフをかけ。また，その頂点と軸を求めよ。

(1) $y=-x^2+6x-9$ 　　(2) $y=\dfrac{1}{2}x^2+2x$ 　　(3) $y=x^2-3x+2$

(4) $y=(x-2)(x+3)$ 　　(5) $y=(2x+1)(x-3)$ 　　<<< 基本例題 **67**, **68**

32③ 放物線 $y=x^2+ax-2$ の頂点が直線 $y=2x-1$ 上にあるとき，定数 a の値を求めよ。　　　　　〔慶応大〕 　<<< 基本例題 **67**

33③ ★ 放物線 $y=ax^2+bx+c$ を x 軸方向に 2，y 軸方向に -1 だけ平行移動すると，放物線 $y=-2x^2+3$ になる。係数 a, b, c の値を求めよ。

<<< 標準例題 **70**

34② 次の2次関数に最大値，最小値があればそれを求めよ。

(1) $y=x^2-3x+2$ 　　　　(2) $y=-x^2+5x+3$

(3) $y=-\dfrac{1}{3}x^2+2x-6$ 　　　　(4) $y=(x+1)(x+4)$ 　<<< 基本例題 **71**

35③ ★ a は定数とする。2次関数 $f(x)=3x^2+2ax+5a-12$ について

(1) 関数 $f(x)$ の最小値を a の式で表せ。

(2) 関数 $f(x)$ の最小値が 6 であるとき，a の値を求めよ。　　〔類 愛知工大〕

<<< 基本例題 **71**, 標準例題 **73**

HINT
- **29** グラフをかくと考えやすい。
- **32** まず，頂点の座標を a で表す。
- **33** 逆の平行移動を考える。

4章

発展学習

EXERCISES

A **36**③ ある商品は，単価が 10 円のとき 1 日 100 個売れる。単価を 1 円上げるごとに，1 日の売り上げは 5 個ずつ減り，単価を 1 円下げるごとに，1 日の売り上げは 5 個ずつ増える。単価をいくらにすると 1 日の売上金額が最大になるか。売上金額の最大値とそのときの単価を求めよ。ただし，消費税は考えない。

〔共愛学園前橋国際大〕 ≪ **標準例題 74**

37③ x^2 の係数が -1 で，グラフが点 $(1,\ 1)$ を通り，頂点が直線 $y=x$ 上にある 2 次関数を求めよ。 ≪ **基本例題 75**

38③ ボールを地上から真上に打ち上げて，t 秒後の高さを y m とするとき，y は t の 2 次関数になるという。打ち上げてから 6 秒後にボールの高さが最高 176.4 m になるとき，y は t のどのような式で表されるか。 ≪ **基本例題 76**

B **39**③ ★ a を定数とし，x の関数 $f(x)=(1+2a)(1-x)+(2-a)x$ を考える。
$f(x)=(-^{ア}\boxed{}a+^{イ}\boxed{})x+2a+1$ であるから，$0\leqq x\leqq1$ における $f(x)$ の最小値 $m(a)$ は次のようになる。

$a<\dfrac{^{イ}\boxed{}}{^{ア}\boxed{}}$ のとき $m(a)=^{ウ}\boxed{}$，$a>\dfrac{^{イ}\boxed{}}{^{ア}\boxed{}}$ のとき $m(a)=^{エ}\boxed{}$

〔類 センター試験〕 ≪ **基本例題 64**

40③ ★ a，b を実数とし，2 次関数 $y=4x^2-8x+5$，$y=-2(x+a)^2+b$ の表す放物線のそれぞれの頂点が一致するとき，定数 a，b の値を求めよ。

〔センター試験〕 ≪ **基本例題 67**

HINT

36 商品の単価を x 円上げたときの，1 日の売上金額を x で表す。
（売上金額）＝（単価）×（売り上げた個数）

37 頂点が直線 $y=x$ 上にあるから，頂点の x 座標と y 座標は等しい。よって，求める 2 次関数は，$y=-(x-p)^2+p$ とおける。

38 $t=0$ のとき $y=0$ である。

EXERCISES

B **41**③ x の 2 次関数 $y=x^2+2bx+6+2b$ の最小値を m とする。

(1) m を b の式で表せ。

(2) b を変化させるとき，m の最大値とそのときの b の値を求めよ。

〔類 東京経大〕 ≪≪ **基本例題 71**

42④ 1 辺の長さが 8 の正方形 ABCD の辺 AB，BC，CD 上にそれぞれ点 P，Q，R を，AP=x，BQ=$2x$，CR=$x+4$ $(0<x<4)$ であるようにとる。△PBQ，△QCR の面積を x で表すとそれぞれ ア◯◯◯◯，イ◯◯◯◯ であるから，△PQR の面積は $x=$ ウ◯◯◯◯ のとき最小値 エ◯◯◯◯ をとる。〔千葉工大〕 ≪≪ **標準例題 74**

43④ $-\dfrac{5}{2} \leqq x \leqq 2$ のとき，関数 $f(x)=(1-x)|x+2|$ の最大値を求めよ。

〔福井大〕 ≪≪ **発展例題 78**

44④ ★ 2 次関数 $y=6x^2+11x-10$ のグラフを x 軸方向に a，y 軸方向に b だけ平行移動して得られるグラフを F とする。F が原点 $(0, 0)$ を通るとき，次の問いに答えよ。 〔類 センター試験〕

(1) b を a で表せ。

(2) F を表す 2 次関数 $f(x)$ が $x=-2$ と $x=3$ で同じ値をとるときの a の値と，$-2 \leqq x \leqq 3$ における $f(x)$ の最大値・最小値を求めよ。

≪≪ **発展例題 79**

4章

発展学習

HINT

42 まず，図をかく。台形 PBCR の面積を利用して，△PQR の面積を x で表す。

43 絶対値記号をはずして，場合分けの x の範囲でそれぞれのグラフをかいて考える。

EXERCISES

B **45**④ ★ (1) 放物線 $y=-2x^2+4x-4$ を x 軸に関して対称移動し，さらに x 軸方向に 8，y 軸方向に 4 だけ平行移動して得られる放物線の方程式を求めよ。

[慶応大]

(2) 放物線 $y=x^2+ax+b$ を原点に関して対称移動し，さらに x 軸方向に 3，y 軸方向に 6 だけ平行移動すると，放物線 $y=-x^2+4x-7$ が得られるという。このとき，$a=$ ア▢，$b=$ イ▢ となる。 [名城大]

≪≪ 発展例題 **79**, **80**

46④ a と b は実数とし，関数 $f(x)=x^2+ax+b$ の $0 \leqq x \leqq 1$ における最小値を m とするとき，m を a と b で表せ。 [北海道大] ≪≪ 発展例題 **83**

47⑤ a を定数とし，2 次関数 $f(x)=-x^2+6x-7$ の $a \leqq x \leqq a+1$ における最大値を $M(a)$ とする。

(1) 　　　　$a<$ ア▢ のとき　　$M(a)=$ イ▢
　　　ア▢ $\leqq a \leqq$ ウ▢ のとき　　$M(a)=$ エ▢
　　　ウ▢ $<a$ 　　　　のとき　　$M(a)=$ オ▢

(2) 関数 $y=M(a)$ のグラフをかけ。 ≪≪ 発展例題 **84**

48④ (1) $2x+y=3$ のとき x^2+y^2 の最小値を求めよ。

(2) $x \geqq 0$，$y \geqq 0$，$3x+2y=1$ のとき，$3x^2+4y^2$ の最大値と最小値を求めよ。

[(2) 阪南大] ≪≪ 発展例題 **85**

49⑤ x を実数とするとき，$y=(x^2+2x)^2+8(x^2+2x)+10$ とする。$t=x^2+2x$ とおくと，$y=(t+$ ア▢$)^2-$ イ▢ となる。したがって，y は $x=$ ウ▢ で最小値 エ▢ をとる。 [近畿大]

HINT
- -

45 (2) 放物線 $y=-x^2+4x-7$ をどのように移動すると，放物線 $y=x^2+ax+b$ となるのかを考える。

46 関数 $y=f(x)$ のグラフの軸は，a のとる値によって変化する。

47 (1) 軸の位置が　[1] 定義域の右外　[2] 定義域の内部　[3] 定義域の左外
　　の各場合に分けて，最大値を求める。

(2) (1)で場合分けした a の値の範囲ごとに $y=M(a)$ のグラフをかき，それらを合わせる。

レベル ………… 各例題の難易度を表す ⏣ の個数（1〜5の5段階）。

★印 ………… 大学入学共通テストの準備・対策向き。

◉, ◎, ○印 … 各項目で重要度の高い例題につけた（◉, ◎, ○の順に重要度が高い）。
時間の余裕がない場合は，◉, ◎, ○の例題を中心に勉強すると効果的である。
また，◉の例題には，解説動画がある。

14　2次方程式

$(x$ の 2 次式$)=0$ の形に表される方程式を，x の**2次方程式**といいます。
その2次方程式を満たす x の値を2次方程式の**解**といい，すべての解を
求めることを2次方程式を**解く**といいます。
ここでは，2次方程式の解について，中学で学習したことも含めて考え
てみましょう。

■　2次方程式とその解き方

まずは，2次方程式の解き方について，中学で学んだことを振り返っておこう。

↩ **Play Back** 中学

　(ア)　平方根を利用する解き方
　　　方程式が $(x+m)^2=k$ $(k>0)$ と変形できる場合，$x+m=\pm\sqrt{k}$ となるから
　　　　　$x=-m\pm\sqrt{k}$
　(イ)　因数分解を利用する解き方
　　　方程式が $(x-p)(x-q)=0$ と変形できる場合，
　　　　　　2つの数や式を A，B とするとき
　　　　　　　　$AB=0$ ならば　　$A=0$ または $B=0$
　　　という性質を利用して，$x-p=0$ または $x-q=0$ となるから
　　　　　$x=p$ または $x=q$
　(ウ)　解の公式を利用する解き方
　　　2次方程式の解の公式
　　　　　2次方程式 $ax^2+bx+c=0$ は，$b^2-4ac\geqq0$ のとき解をもち，その解は
　　　　　　$x=\dfrac{-b\pm\sqrt{b^2-4ac}}{2a}$

例　(ア)　$(x-3)^2=5$ を解く。
　　　$x-3=\pm\sqrt{5}$ から　　$x=3\pm\sqrt{5}$
　　注意　「$x=3\pm\sqrt{5}$」は，$x=3+\sqrt{5}$ と $x=3-\sqrt{5}$ をまとめて表したものである。
　(イ)　$x^2+3x-4=0$ を解く。
　　　左辺を因数分解して　　　$(x-1)(x+4)=0$
　　　よって　　$x-1=0$ または $x+4=0$　　　ゆえに　　$x=1$，-4
　　注意　「$x=1$，-4」は，$x=1$ と $x=-4$ をまとめて表したものである。
　(ウ)　$x^2+3x-5=0$ を解く。
　　　解の公式で $a=1$，$b=3$，$c=-5$ として
　　　　　$x=\dfrac{-3\pm\sqrt{3^2-4\cdot1\cdot(-5)}}{2\cdot1}=\dfrac{-3\pm\sqrt{29}}{2}$

[説明] (ウ)に関し，2次方程式の解の公式は次のようにして導かれる。

2次方程式 $ax^2+bx+c=0$ …… ① の左辺は，$p.120$ で示したように

$$ax^2+bx+c=a\left(x+\frac{b}{2a}\right)^2-\frac{b^2-4ac}{4a}$$ と変形されるから，① より

$$a\left(x+\frac{b}{2a}\right)^2=\frac{b^2-4ac}{4a} \quad \text{すなわち} \quad \left(x+\frac{b}{2a}\right)^2=\frac{b^2-4ac}{4a^2} \quad \leftarrow「(ア)平方根の利用」と同じ考え方。$$

$\underline{b^2-4ac \geqq 0}$ のとき $x+\dfrac{b}{2a}=\pm\dfrac{\sqrt{b^2-4ac}}{2a}$ よって $x=\dfrac{-b\pm\sqrt{b^2-4ac}}{2a}$

2次方程式を解くときは，まず「(ア)平方根の利用」や「(イ)因数分解」で解けないか考え，うまくいかないときは「(ウ)解の公式」で進めるとよい。

なお，2次方程式の解の公式は，x の係数 b が2の倍数のとき，少し簡単になる。

$b=2b'$ として，解の公式に $b=2b'$ を代入すると

$$x=\frac{-2b'\pm\sqrt{(2b')^2-4ac}}{2a}=\frac{-2b'\pm2\sqrt{b'^2-ac}}{2a}=\frac{-b'\pm\sqrt{b'^2-ac}}{a}$$

よって，次の公式が得られる。

> 2次方程式 $ax^2+2b'x+c=0$ の解は，$b'^2-ac \geqq 0$ のとき $x=\dfrac{-b'\pm\sqrt{b'^2-ac}}{a}$

■ 2次方程式の係数と実数解

方程式における実数の解を，単に **実数解** という。2次方程式 $ax^2+bx+c=0$ の実数解は，解の公式の根号内の式 b^2-4ac の符号によって，次のように分類される。

[1] $b^2-4ac>0$ のとき，$\sqrt{b^2-4ac}$ と $-\sqrt{b^2-4ac}$ は異なる2つの実数であるから，異なる2つの実数解 $x=\dfrac{-b\pm\sqrt{b^2-4ac}}{2a}$ をもつ。

[2] $b^2-4ac=0$ のとき，$\sqrt{b^2-4ac}$ と $-\sqrt{b^2-4ac}$ はともに0であるから，実数解 $x=-\dfrac{b}{2a}$ をもつ。2つの解が重なったものと考えて，この実数解を **重解** という。

[3] $b^2-4ac<0$ のとき，$\sqrt{b^2-4ac}$ の根号の中が負であるから，実数解をもたない。

この b^2-4ac を **判別式** といい，D で表す。なお，D は判別式を意味する英語 discriminant の頭文字である。

2次方程式 $ax^2+bx+c=0$ の実数解とその個数は，次のようにまとめられる。

Dの符号	$D>0$	$D=0$	$D<0$
実数解	$\dfrac{-b\pm\sqrt{D}}{2a}$ $\left(\begin{array}{c}異なる2つ\\の実数解\end{array}\right)$	$-\dfrac{b}{2a}$ （重解）	なし $\left(\begin{array}{c}詳しくは数\\学Ⅱで学ぶ\end{array}\right)$
実数解の個数	2	1	0

次のページからは，2次方程式の実数解について学んでいきましょう。

>>> 発展例題 103

基本 例題
86 因数分解を利用した 2 次方程式の解き方

次の 2 次方程式を解け。

(1) $3x^2+7x=0$ (2) $x^2-x-20=0$ (3) $x^2-12x+36=0$

(4) $x^2-49=0$ (5) $2x^2-7x+6=0$

CHART & GUIDE

2 次方程式 $ax^2+bx+c=0$ の解法
まず，2 次式 ax^2+bx+c の因数分解を考える

因数分解の公式

⓪ $x^2+ax=x(x+a)$

① $x^2+2ax+a^2=(x+a)^2$, $x^2-2ax+a^2=(x-a)^2$

② $x^2-a^2=(x+a)(x-a)$

③ $x^2+(a+b)x+ab=(x+a)(x+b)$

④ $acx^2+(ad+bc)x+bd=(ax+b)(cx+d)$ ← たすきがけ

解答

(1) 左辺を因数分解して $x(3x+7)=0$
よって $x=0$ または $3x+7=0$
したがって $\boldsymbol{x=0,\ -\dfrac{7}{3}}$

◀「両辺を x で割って $3x+7=0$ よって $x=-\dfrac{7}{3}$」としてはいけない。

(2) 左辺を因数分解して $(x+4)(x-5)=0$
よって $x+4=0$ または $x-5=0$
したがって $\boldsymbol{x=-4,\ 5}$

(3) 左辺を因数分解して $(x-6)^2=0$
よって $x-6=0$
したがって $\boldsymbol{x=6}$

(3) のような解は，2 つの解が重なったものと考えて，**重解** とよぶ。

(4) 左辺を因数分解して $(x+7)(x-7)=0$
よって $x+7=0$ または $x-7=0$
したがって $\boldsymbol{x=-7,\ 7}$

(4) [別解]
移項して $x^2=49$
よって $x=\pm7$

(5) 左辺を因数分解して $(x-2)(2x-3)=0$
よって $x-2=0$ または $2x-3=0$
したがって $\boldsymbol{x=2,\ \dfrac{3}{2}}$

$$\begin{array}{ccc} 1 & \diagdown & -2 \longrightarrow -4 \\ 2 & \diagup & -3 \longrightarrow -3 \\ \hline 2 & 6 & -7 \end{array}$$

TRAINING 86 ①

次の 2 次方程式を解け。

(1) $x^2+10x=0$ (2) $x^2+x-56=0$ (3) $9x^2+6x+1=0$

(4) $4x^2+8x-21=0$ (5) $3x^2+5x-2=0$ (6) $6x^2-7x-3=0$

基本 例題 87　解の公式を利用した2次方程式の解き方

次の2次方程式を解け。

(1)　$2x^2+5x-1=0$　　(2)　$x^2-6x+3=0$　　(3)　$\dfrac{1}{2}x^2+\dfrac{2}{3}x-1=0$

CHART & GUIDE

2次方程式 $ax^2+bx+c=0$ の解の公式

$$x=\dfrac{-b\pm\sqrt{b^2-4ac}}{2a}$$

←この公式は暗記しておく。

x の係数 b について，$b=2b'$（2の倍数）のときは　$x=\dfrac{-b'\pm\sqrt{b'^2-ac}}{a}$　……！

(3)　まず，分母の最小公倍数を両辺に掛けて，係数を整数にする。

解答

(1)　$x=\dfrac{-5\pm\sqrt{5^2-4\cdot2\cdot(-1)}}{2\cdot2}=\dfrac{-5\pm\sqrt{33}}{4}$

　　←$a=2$，$b=5$，$c=-1$
　　（$c=1$ ではない！）

(2)　$x^2+2\cdot(-3)x+3=0$ であるから

　　$x=\dfrac{-(-3)\pm\sqrt{(-3)^2-1\cdot3}}{1}=3\pm\sqrt{6}$

　　←$a=1$，$b'=-3$，$c=3$
　　（$b'=3$ ではない！）

(3)　方程式の両辺に 6 を掛けて　　$3x^2+4x-6=0$
　　$3x^2+2\cdot2x-6=0$ であるから

　　$x=\dfrac{-2\pm\sqrt{2^2-3\cdot(-6)}}{3}=\dfrac{-2\pm\sqrt{22}}{3}$

　　←分数のまま代入すると，計算が大変である。

　　←$a=3$，$b'=2$，$c=-6$

5章
14
2次方程式

👆 Lecture　解の公式について

解の公式は，a，b，c の値を正確に代入さえすれば，確実に正しい答えを出してくれる。2次方程式を解くときには，最も頼りになるので，必ず記憶しておこう。
また，上の例題の(2)において，$a=1$，$b=-6$，$c=3$ として公式に代入すると

$$x=\dfrac{-(-6)\pm\sqrt{(-6)^2-4\cdot1\cdot3}}{2\cdot1}=\dfrac{6\pm\sqrt{24}}{2}=\dfrac{6\pm2\sqrt{6}}{2}=3\pm\sqrt{6}$$

となるから，x の係数が 2 の倍数のときは，解答のように，公式 $x=\dfrac{-b'\pm\sqrt{b'^2-ac}}{a}$ を使う方が計算がらくになる。

TRAINING　87　①

解の公式を用いて，次の2次方程式を解け。

(1)　$x^2+x-11=0$　　(2)　$3x^2-5x+1=0$　　(3)　$x^2+6x+4=0$

(4)　$3x^2-4x-5=0$　　(5)　$9x^2-12x+4=0$　　(6)　$x^2+\dfrac{1}{4}x-\dfrac{1}{8}=0$

基本 例題 **88** 実数解をもつ条件(1)

(1) 2次方程式 $x^2+5x+7-m=0$ が異なる2つの実数解をもつとき，定数 m の値の範囲を求めよ。

(2) 2次方程式 $x^2-4mx+m+3=0$ が重解をもつとき，定数 m の値とそのときの重解を求めよ。 〔(2) 類 岩手大〕

CHART & GUIDE

2次方程式 $ax^2+bx+c=0$ の解の分類

判別式 $D=b^2-4ac$ の符号を調べる

$D>0 \iff$ 異なる2つの実数解をもつ

$D=0 \iff$ 実数の重解をもつ $\left.\right\}$ $D\geqq0 \iff$ 実数解をもつ …… $\boxed{!}$

$D<0 \iff$ 実数解をもたない

解答

(1) 与えられた2次方程式の判別式を D とすると

$$D=5^2-4\cdot1\cdot(7-m)=4m-3$$

$\boxed{!}$ 異なる2つの実数解をもつための条件は $D>0$

よって $4m-3>0$ ゆえに $m>\dfrac{3}{4}$

$\Leftarrow a=1,\ b=5,$ $c=7-m$

(2) 与えられた2次方程式の判別式を D とすると

$$D=(-4m)^2-4\cdot1\cdot(m+3)=16m^2-4m-12$$
$$=4(4m^2-m-3)=4(m-1)(4m+3)$$

$\boxed{!}$ 重解をもつための条件は $D=0$

よって $(m-1)(4m+3)=0$ ゆえに $m=1,\ -\dfrac{3}{4}$

[1] $m=1$ のとき，方程式は $x^2-4x+4=0$

よって $(x-2)^2=0$ 重解は $x=2$

[2] $m=-\dfrac{3}{4}$ のとき，方程式は $x^2+3x+\dfrac{9}{4}=0$

よって $\left(x+\dfrac{3}{2}\right)^2=0$ 重解は $x=-\dfrac{3}{2}$

したがって

$m=1$ のとき $x=2$, $m=-\dfrac{3}{4}$ のとき $x=-\dfrac{3}{2}$

(参考) x の係数が2の倍数 $2b'$ のとき，
$D=(2b')^2-4ac$
$=4(b'^2-ac)$
となるから，$\dfrac{D}{4}=b'^2-ac$
の符号を調べてもよい。

$\Leftarrow$ 重解をもつ2次方程式 $ax^2+bx+c=0$ は，$a(x-p)^2=0$ と変形でき，p が重解となる。

(参考) 2次方程式 $ax^2+bx+c=0$ が重解をもつとき，重解は $x=-\dfrac{b}{2a}$

TRAINING 88 ②★

(1) 2次方程式 $x^2+3x+m-1=0$ が実数解をもたないとき，定数 m の値の範囲を求めよ。

(2) 2次方程式 $x^2-2mx+2(m+4)=0$ が重解をもつとき，定数 m の値とそのときの重解を求めよ。

15 2次関数のグラフとx軸の位置関係

2次関数のグラフとx軸の位置関係は，次の3つの場合に分類されます。ここでは，これらの場合について調べることにしましょう。

[1] 2点を共有　[2] 1点だけを共有　[3] 共有点なし

[2] の場合のように，2次関数のグラフとx軸の共有点がただ1つのとき，グラフはx軸に **接する** といい，その共有点を **接点** という。接点は放物線の頂点でもある。

■ 2次関数のグラフとx軸の共有点

上の図 [1]，[2] のように2次関数 $y=ax^2+bx+c$ のグラフがx軸と共有点をもつとき，共有点のy座標は0であるから，共有点のx座標は $y=0$ となるxの値である。

よって，次のことがいえる。

$$\boxed{\begin{array}{c} y=ax^2+bx+c \text{ のグラフ} \\ \text{と}x\text{軸の共有点の}x\text{座標} \end{array}} \Longleftrightarrow \boxed{\begin{array}{c} 2\text{次方程式 } ax^2+bx+c=0 \\ \text{の実数解} \end{array}}$$

ゆえに，2次関数 $y=ax^2+bx+c$ のグラフとx軸の共有点の個数は，2次方程式 $ax^2+bx+c=0$ の実数解の個数と一致する。

以上のことをまとめると次のようになる。ただし，$D=b^2-4ac$ とする。

$y=ax^2+bx+c$ のグラフ $a>0$ のとき → （下に凸） $a<0$ のとき → （上に凸）	接点		
x軸との位置関係	異なる2点で交わる	接する	共有点がない
x軸との共有点の個数とx座標	2個，$\dfrac{-b\pm\sqrt{D}}{2a}$	1個，$-\dfrac{b}{2a}$	0個，なし

次のページからは，上の表を利用して，2次関数のグラフとx軸の位置関係について学んでいきましょう。

STEP *forward*

グラフと x 軸の共有点と方程式の実数解

2次関数 $y=x^2-6x+6$ のグラフと x 軸の共有点の座標を求めよ。

関数の式を平方完成すると
$y=(x-3)^2-3$ となるから，頂点
を求めてグラフをかいてみました。

そうですね。これまで2次関数といえば平方完成でした。でも，x 軸との共有点については2次方程式におき換えて考えます。では，まず，グラフの黒丸の点の座標を答えてください。

$(1,\ 1)$，$(5,\ 1)$ です。

y 座標がともに1ですね。x 軸上にある赤丸の点はどうでしょうか。

y 座標がともに0です。2次関数の式で $y=0$ としたら何か求められそうです。

memo

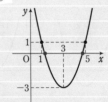

解答
$y=0$ として
$x^2-6x+6=0$
よって
$$x=\frac{-(-3)\pm\sqrt{(-3)^2-1\cdot6}}{1}$$
$=3\pm\sqrt{3}$
2次関数 $y=x^2-6x+6$ のグラフと x 軸の共有点の座標は
$(3-\sqrt{3},\ 0)$，$(3+\sqrt{3},\ 0)$

$y=0$ として得られるのは x の2次方程式です。この方程式の解は，グラフと x 軸の共有点の x 座標となります。

$y=ax^2+bx+c$ のグラフと x 軸の共有点の x 座標を求めることと，2次方程式 $ax^2+bx+c=0$ の実数解を求めることは同じなのですね。

よく気がつきましたね。2次関数についてまとめると，次のようになります。

まとめ
2次関数 $y=ax^2+bx+c$ について
・グラフの頂点の座標を求めるには
…… 平方完成をする。
・グラフと x 軸の共有点の x 座標を求めるには
…… $y=0$ として得られる2次方程式を解く。

≪≪ 基本例題 86, 87

基本 89 2次関数のグラフと x 軸の共有点の座標

次の2次関数のグラフと x 軸の共有点の座標を求めよ。

(1) $y=x^2-6x-4$　　　　(2) $y=-4x^2+4x-1$

CHART & GUIDE

2次関数 $y=ax^2+bx+c$ のグラフと x 軸の 共有点の x 座標 は，
$y=0$ とおいた2次方程式 $ax^2+bx+c=0$ の実数解　である。
2次方程式 $ax^2+bx+c=0$ の解法

① 因数分解　または　② 解の公式 $x=\dfrac{-b\pm\sqrt{b^2-4ac}}{2a}$ の活用

解答

(1) $y=0$ とおくと　$x^2-6x-4=0$

これを解いて

$$x=\frac{-(-6)\pm\sqrt{(-6)^2-4\cdot1\cdot(-4)}}{2\cdot1}$$

$$=\frac{6\pm\sqrt{52}}{2}=\frac{6\pm2\sqrt{13}}{2}=3\pm\sqrt{13}$$

よって，共有点の座標は

$$(3-\sqrt{13},\ 0),\ (3+\sqrt{13},\ 0)$$

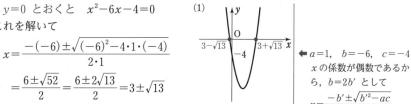

← $a=1$，$b=-6$，$c=-4$
x の係数が偶数であるから，$b=2b'$ として
$x=\dfrac{-b'\pm\sqrt{b'^2-ac}}{a}$
を用いてもよい。

(2) $y=0$ とおくと　$-4x^2+4x-1=0$

すなわち　$4x^2-4x+1=0$

左辺を因数分解して　$(2x-1)^2=0$

ゆえに　$2x-1=0$　　よって　$x=\dfrac{1}{2}$

共有点の座標は　$\left(\dfrac{1}{2},\ 0\right)$

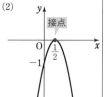

← 両辺に -1 を掛けて，x^2 の係数を正にする。

← **重解**，グラフは x 軸に $x=\dfrac{1}{2}$ で **接する**。

👆 Lecture　式が因数分解されている2次関数

2次関数の式が $y=(x+1)(x-3)$ のように因数分解されているとき，
$y=0$ とおいた2次方程式は $(x+1)(x-3)=0$ となるから，グラフと x
軸の共有点の x 座標は $x=-1,\ 3$ とすぐにわかる。
このことを利用すると，関数のグラフが右のようになることもすぐにわかる。

TRAINING 89 ①

次の2次関数のグラフと x 軸の共有点の座標を求めよ。

(1) $y=x^2+7x-18$　　　(2) $y=3x^2+8x+2$　　　(3) $y=x^2-6x+2$

(4) $y=-6x^2-5x+6$　　　(5) $y=9x^2-24x+16$

基本 例題
90　2次関数のグラフとx軸の共有点の個数

次の2次関数のグラフとx軸の共有点の個数を求めよ。
(1)　$y=x^2-x-3$　　　(2)　$y=4x^2+12x+9$　　　(3)　$y=-x^2+2x-3$

CHART & GUIDE

$p.161$ で学んだように，2次関数 $y=ax^2+bx+c$ について，
「グラフとx軸の共有点のx座標」は「2次方程式 $ax^2+bx+c=0$ の実数解」であるから，共有点の個数＝実数解の個数である。よって，共有点の個数は，$p.157$ の表のように判別式 $D=b^2-4ac$ の符号によって分類できる。

解答

(1)　2次方程式 $x^2-x-3=0$ の判別式をDとすると
$$D=(-1)^2-4\cdot1\cdot(-3)=13>0$$
　　よって，グラフとx軸の共有点の個数は　　**2個**

← $a=1$, $b=-1$, $c=-3$
を代入。

(2)　2次方程式 $4x^2+12x+9=0$ の判別式をDとすると
$$D=12^2-4\cdot4\cdot9=0$$
　　よって，グラフとx軸の共有点の個数は　　**1個**

← $a=4$, $b=12$, $c=9$
を代入。

(3)　2次方程式 $-x^2+2x-3=0$ の判別式をDとすると
$$D=2^2-4\cdot(-1)\cdot(-3)=-8<0$$
　　よって，グラフとx軸の共有点の個数は　　**0個**

← $a=-1$, $b=2$, $c=-3$
を代入。

Lecture　2次関数 $y=ax^2+bx+c$ のグラフとx軸の位置関係のまとめ

判別式 $D=b^2-4ac$		$D>0$	$D=0$	$D<0$
グラフ	$a>0$ のとき→（下に凸）		接点	
	$a<0$ のとき→（上に凸）			
グラフとx軸の位置関係		異なる2点で交わる	接する	共有点がない
グラフとx軸の共有点の個数		2個	1個	0個
2次方程式 $ax^2+bx+c=0$	実数解の個数	2個	1個	0個
	実数解	$x=\dfrac{-b\pm\sqrt{D}}{2a}$	$x=-\dfrac{b}{2a}$	なし

TRAINING　90 ①

次の2次関数のグラフとx軸の共有点の個数を求めよ。
(1)　$y=3x^2+x-2$　　　(2)　$y=-5x^2+3x-1$　　　(3)　$y=2x^2-16x+32$

基本 例題 **91** 2次関数のグラフと x 軸が共有点をもつ条件 ◐◐

2次関数 $y=x^2-2kx+k^2-k+3$ のグラフについて，次の
問いに答えよ。

(1) x 軸と異なる2点で交わるとき，定数 k の値の範囲を
　求めよ。

(2) x 軸と接するとき，定数 k の値とそのときの接点の座標を求めよ。

解説動画へGO!!

CHART & GUIDE

2次関数 $y=ax^2+bx+c$ のグラフと x 軸の共有点の有無
$$D=b^2-4ac \text{ の符号を調べる}$$

$D>0 \iff x$ 軸と異なる2点で交わる ⎫
$D=0 \iff x$ 軸と接する　　　　　 ⎬ $D \geqq 0 \iff$ 共有点をもつ …… [!]
$D<0 \iff x$ 軸と共有点をもたない ⎭

(2) 接点の x 座標は，$x=-\dfrac{b}{2a}$ （下の Lecture 参照）を利用して求めるとよい。

5章
15

2次関数のグラフと x 軸の位置関係

解 答

　2次方程式 $x^2-2kx+k^2-k+3=0$ の判別式を D とすると
$$D=(-2k)^2-4\cdot1\cdot(k^2-k+3)=4k-12=4(k-3)$$

[!] (1) グラフが x 軸と異なる2点で交わるための条件は　$D>0$
　　　　よって　$k-3>0$　　　　したがって　　**$k>3$**

[!] (2) グラフが x 軸と接するための条件は　$D=0$
　　　　よって　$k-3=0$　　　　したがって　　**$k=3$**

　　　このとき，接点の x 座標は　　$x=-\dfrac{-2k}{2\cdot1}=k=3$
　　　ゆえに，接点の座標は　　**$(3, 0)$**

◀ x の係数が $2\times●$ の形で
あるから，$b=2b'$ とし
て $\dfrac{D}{4}=b'^2-ac$
$=(-k)^2-1\cdot(k^2-k+3)$
$=k-3$
を利用して考えてもよい。

◀ $k=3$ のとき
$y=x^2-6x+9=(x-3)^2$

👆 *Lecture* **接点の x 座標 ⟺ 2次方程式の重解**

┌─────────────────────┐　　　┌─────────────────────┐
│ 2次関数 $y=ax^2+bx+c$ │ ⟺ │ 2次方程式 $ax^2+bx+c=0$ │
│ のグラフが x 軸に接する │　　　│ が重解をもつ │
└─────────────────────┘　　　└─────────────────────┘

であるから，2次関数 $y=ax^2+bx+c$ のグラフが x 軸に接するときの**接点の x 座標** は，$y=0$
とおいた2次方程式 $ax^2+bx+c=0$ の **重解** である。

その重解は　　$x=\dfrac{-b\pm\sqrt{D}}{2a}=\dfrac{-b\pm\sqrt{0}}{2a}=-\dfrac{b}{2a}$　　← $D=b^2-4ac=0$

TRAINING **91** ② ★

2次関数 $y=x^2+2(k-1)x+k^2-3$ のグラフについて，次の問いに答えよ。

(1) x 軸と共有点をもたないとき，定数 k の値の範囲を求めよ。

(2) x 軸に接するとき，定数 k の値とそのときの接点の座標を求めよ。

標準 例題 **92** 2次関数のグラフが x 軸から切り取る線分の長さ ◎◎◎

(1) 次の2次関数のグラフが x 軸から切り取る線分の長さを求めよ。
　(ア) $y=-x^2+3x+1$　　(イ) $y=x^2-2ax+a^2-4$ （a は定数）

(2) 放物線 $y=x^2-(k+2)x+2k$ が x 軸から切り取る線分の長さが 3 であるとき，定数 k の値を求めよ。

CHART & GUIDE

2次関数のグラフが切り取る線分の長さ
まず，$y=0$ とおいた2次方程式を解く

「グラフが x 軸から切り取る線分の長さ」とは，グラフが x 軸と異なる2点 A，B で交わるときの線分 AB の長さのことで，A，B の x 座標を α，β ($\alpha<\beta$) とすると　$AB=\beta-\alpha$ …… 1

(2) 放物線が x 軸から切り取る線分の長さを k の式で表し，それを $=3$ とおいた k の方程式を解く。

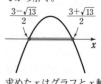

解答

(1) (ア) $-x^2+3x+1=0$ とすると　$x^2-3x-1=0$

　　よって　$x=\dfrac{-(-3)\pm\sqrt{(-3)^2-4\cdot1\cdot(-1)}}{2\cdot1}=\dfrac{3\pm\sqrt{13}}{2}$

1　ゆえに，求める線分の長さは　$\dfrac{3+\sqrt{13}}{2}-\dfrac{3-\sqrt{13}}{2}=\sqrt{13}$

←x^2 の係数を正の数にしてから解く。

求めた x はグラフと x 軸の交点の x 座標。

　(イ) $x^2-2ax+a^2-4=0$ とすると
　　　　$x^2-2ax+(a+2)(a-2)=0$
　　よって　$\{x-(a+2)\}\{x-(a-2)\}=0$
　　ゆえに　$x=a+2,\ a-2$

1　よって，求める線分の長さは　$a+2-(a-2)=4$

←$a-2<a+2$

(2) $x^2-(k+2)x+2k=0$ とすると　$(x-2)(x-k)=0$
　　よって　　$x=2,\ k$

1　ゆえに，放物線が x 軸から切り取る線分の長さは　$|k-2|$
　　よって　　$|k-2|=3$
　　ゆえに　　$k-2=\pm3$
　　$k-2=3$ から　$k=5$　　$k-2=-3$ から　$k=-1$
　　したがって　$k=5,\ -1$

←2 と k の大小関係が不明なので，絶対値を用いて表す。
←$|x|=c\ (c>0)$ の解は $x=\pm c$

TRAINING　92 ③

(1) 次の2次関数のグラフが x 軸から切り取る線分の長さを求めよ。
　(ア) $y=2x^2-8x-15$　　　(イ) $y=x^2-(2a+1)x+a(a+1)$ （a は定数）

(2) 放物線 $y=x^2+(2k-3)x-6k$ が x 軸から切り取る線分の長さが 5 であるとき，定数 k の値を求めよ。

16 2次不等式

不等式のすべての項を左辺に移項して整理したとき，$ax^2+bx+c>0$，$ax^2+bx+c \leqq 0$ （a, b, c は定数，ただし $a \neq 0$）などのように，左辺が x の2次式になる不等式を**x の2次不等式**という。そして，2次不等式を成り立たせる x の値を，その不等式の**解**といい，解のすべてを求めることを2次不等式を**解く**という。

この節では，2次関数のグラフを利用して2次不等式を解く方法を学びましょう。前節で学んだ，2次関数のグラフと x 軸の位置関係を積極的に活用します。

■ 2次不等式の解と2次関数のグラフ

注意 以下では，x^2 の係数 a の符号を正として話を進めても不都合はない。なぜなら，a の符号が負のときは，両辺に -1 を掛けて x^2 の係数を正にして解けばよいからである。

2次不等式 $ax^2+bx+c>0$（$a>0$）の解を求めることは，$y=ax^2+bx+c$ とおくとき，$y>0$ となる x の値の範囲，すなわち，$y=ax^2+bx+c$ のグラフが x 軸より上側にあるような x の値の範囲を求めることである。

$y=ax^2+bx+c$

$y>0$ となる x の範囲は
x 軸上の ▦▦ 部分であり，
ここが2次不等式の解になる。

x

具体的な例として，2次不等式 $x^2-4x+3>0$ …… ① について説明しよう。

不等式の解とは

不等式 ① の解は，x^2-4x+3 の値が正となる x の値である。例えば，

・$x=2$ のとき，$2^2-4 \cdot 2+3=-1$ となり，$x=2$ は $x^2-4x+3>0$ を成り立たせないから，不等式 ① の解ではない。

・$x=4$ のとき，$4^2-4 \cdot 4+3=3$ となり，$x=4$ は $x^2-4x+3>0$ を成り立たせるから，不等式 ① の解である。

$a<0$ のときは，$ax^2+bx+c>0$ の両辺に -1 を掛けた $(-a)x^2-bx-c<0$ ［不等号の向きが変わる！］を解けばよい。

注意 x の不等式を成り立たせる x の値全体を，その不等式の**解**ということがある。

不等式の解をグラフをかいて考える

不等式 ① の左辺を y とおいた 2 次関数 $y=x^2-4x+3$ の
グラフを，x 軸との位置関係に注意してかくと，右のように
なる。ここで

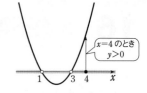

$x=4$ が不等式 ① の解

$\iff$ $x=4$ のとき $y>0$

$\iff$ $x=4$ のとき グラフが x 軸より上側

であることから，グラフが x 軸より上側にある部分に対応する x の値の範囲が不等式
① の解となる。つまり

2 次不等式 $x^2-4x+3>0$ の解は $\quad x<1,\ 3<x$

同様にして，グラフが x 軸より下側にある部分に対応する x の値の範囲が 2 次不等式
$x^2-4x+3<0$ の解である。すなわち

2 次不等式 $x^2-4x+3<0$ の解は $\quad 1<x<3$

2 次不等式を解くには，不等式の左辺を y とおいた 2 次関数
のグラフをかき，不等式の解を

$\qquad x$ 軸上で確認して答えにすること

が大切である。
グラフをかくと，右の図のようなケースがよく出てくるが，
この場合の解法の手順は次のようになる。

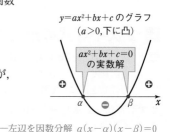

グラフが x 軸と異なる 2 点で交わる場合

1 2 次方程式 $ax^2+bx+c=0$ を解いて，異なる $\qquad$ ←─左辺を因数分解 $a(x-\alpha)(x-\beta)=0$
2 つの実数解 $\alpha,\ \beta\ (\alpha<\beta)$ を求める。$\qquad\qquad$ または解の公式 $x=\dfrac{-b\pm\sqrt{b^2-4ac}}{2a}$

2 x 軸上に 1 の解 $\alpha,\ \beta$ をとり，下に凸である
2 次関数 $y=ax^2+bx+c$ のグラフをかく。$\qquad$ ←─x 軸との位置関係に注意したグラフ

3 グラフから不等式の解を x 軸上で読みとる。

$\qquad ax^2+bx+c>0 \iff x<\alpha,\ \beta<x \qquad$ ←─2 つの解の外側
$\qquad ax^2+bx+c<0 \iff \alpha<x<\beta \qquad$ ←─2 つの解の内側

不等式の解は上のようになるが，これを覚えるのではなく，なぜそうなるのかを理解する
ことが重要である。
なお，グラフが x 軸に接する場合や x 軸と共有点をもたない場合もグラフをかいて考える。
詳しくは $p.171,\ 172$ で学習する。

次のページからは，グラフをイメージしながら，2 次不等式の問題を解いていき
ましょう。

≫ 発展例題 103, 104

基本 例題 93　2次不等式の解法(1)

次の2次不等式を解け。

(1) $(x+1)(x-2)>0$　　(2) $(x+1)(x-2)<0$　　(3) $x^2-3x-10\leqq0$

CHART & GUIDE

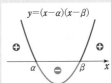

$(x-\alpha)(x-\beta)>0$, $(x-\alpha)(x-\beta)<0$ の解
$(x-\alpha)(x-\beta)=0$ の解を求め，
$y=(x-\alpha)(x-\beta)$ のグラフから判断
$y>0$ なら　グラフがx軸の上側にあるxの範囲
$y<0$ なら　グラフがx軸の下側にあるxの範囲

解答

(1) $(x+1)(x-2)=0$ を解くと
$$x=-1,\ 2$$
$y=(x+1)(x-2)$ のグラフで $y>0$
となるxの値の範囲を求めて
$$x<-1,\ 2<x$$

(2) (1)のグラフで，$y<0$ となるxの値の範囲を求めて
$$-1<x<2$$

(3) 左辺を因数分解して　$(x+2)(x-5)\leqq0$
$(x+2)(x-5)=0$ を解くと
$$x=-2,\ 5$$
$y=(x+2)(x-5)$ のグラフで $y\leqq0$
となるxの値の範囲を求めて
$$-2\leqq x\leqq5$$

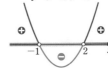

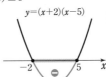

グラフは，x軸との交点の座標とx軸との位置関係がわかる程度のものでよい。また，y軸をかく必要はない。

5章
16
2次不等式

(3) $x^2-3x-10\leqq0$
の解は，
$\quad x^2-3x-10<0$
の解と
$\quad x^2-3x-10=0$
の解を合わせたもの。

? 質問コーナー　$x^2<9$ の解は $x<\pm3$ になるのでは？

$x^2<9$ を変形すると $x^2-9<0$ である。
よって，左辺をyとおいた2次関数 $y=x^2-9$ のグラフについて考える。$y=(x+3)(x-3)$ であるから，そのグラフは右のようになる。
ゆえに，$x^2<9$ すなわち $x^2-9<0$ の解は，$y=(x+3)(x-3)$ のグラフで $y<0$ となるxの値の範囲を求めて，$-3<x<3$ となる。

TRAINING　93 ①

次の2次不等式を解け。

(1) $(x+2)(x+3)<0$　　(2) $(2x+1)(3x-5)>0$　　(3) $x^2-2x<0$

(4) $x^2+6x+8\geqq0$　　(5) $x^2>9$　　(6) $x^2+x\leqq6$

基本 例題
94 2次不等式の解法 (2)

≪≪ 基本例題 93　≫≫ 発展例題 103

次の2次不等式を解け。

(1) $2x^2-5x+2<0$

(2) $-4x^2+4x+1\leqq0$

解説動画へGO!!

CHART & GUIDE

2次不等式
まず，>，≦ を = におき換えた2次方程式を解く

1 x^2 の係数 a が正になるように，不等式を $ax^2+bx+c>0$，$ax^2+bx+c\leqq0$ などの形に整理する。

2 2次方程式 $ax^2+bx+c=0$ を解き，方程式の実数解 α，β $(\alpha<\beta)$ をグラフにかき込む。

3 グラフから不等式の解を読みとる。

$$ax^2+bx+c>0 \iff x<\alpha,\ \beta<x$$
$$ax^2+bx+c<0 \iff \alpha<x<\beta$$

...... !

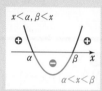

解答

(1) $2x^2-5x+2=0$ を解くと
左辺を因数分解して
$$(2x-1)(x-2)=0$$
したがって $x=\dfrac{1}{2},\ 2$
よって，不等式の解は

! $\dfrac{1}{2}<x<2$

← $D=(-5)^2-4\cdot2\cdot2>0$

← たすきがけの因数分解

$$\begin{array}{ccc} 1 & \diagdown & -2 \longrightarrow -4 \\ 2 & \diagup & -1 \longrightarrow -1 \\ \hline 2 & 2 & -5 \end{array}$$

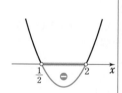

(2) 両辺に -1 を掛けて $4x^2-4x-1\geqq0$
$4x^2-4x-1=0$ を解くと
$$x=\frac{-(-2)\pm\sqrt{(-2)^2-4\cdot(-1)}}{4}$$
$$=\frac{2\pm\sqrt{8}}{4}=\frac{1\pm\sqrt{2}}{2}$$
よって，不等式の解は

! $x\leqq\dfrac{1-\sqrt{2}}{2},\ \dfrac{1+\sqrt{2}}{2}\leqq x$

← 不等号の向きが変わる。

← $D=(-4)^2-4\cdot4\cdot(-1)>0$

← $ax^2+2b'x+c=0$ の解は
$$x=\frac{-b'\pm\sqrt{b'^2-ac}}{a}$$
$a=4,\ b'=-2,\ c=-1$

TRAINING 94 ②

次の2次不等式を解け。

(1) $3x^2+10x-8>0$ 　　(2) $6x^2+x-12\leqq0$ 　　(3) $5x^2+6x-1\geqq0$

(4) $2(x+2)(x-2)\leqq(x+1)^2$ 　　(5) $-x^2+3x+2>0$

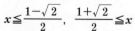

>>> 発展例題 103

基本 例題 **95**　2次不等式の解法 (3)　◇◇

次の2次不等式を解け。

(1)　$x^2-8x+16>0$

(2)　$x^2-8x+16<0$

(3)　$x^2-8x+16 \geqq 0$

(4)　$x^2-8x+16 \leqq 0$

CHART & GUIDE

2次不等式
不等式の左辺を y とおいた2次関数のグラフをかく

$y=x^2-8x+16$ のグラフと x 軸の位置関係を判別式で調べる。　…… $!$

$D=(-8)^2-4 \cdot 1 \cdot 16=0$ から，グラフは x 軸と接することがわかる。

解答

2次方程式 $x^2-8x+16=0$ の判別式を D とすると

$$D=(-8)^2-4 \cdot 1 \cdot 16=0$$

$!$　よって，$y=x^2-8x+16$ のグラフは x 軸に接する。

$x^2-8x+16=0$ を解くと，$(x-4)^2=0$ から　　$x=4$

◀まず D の値を計算し，グラフと x 軸の位置関係を調べる。

5章
16
2次不等式

(1)　$y=(x-4)^2$ のグラフで，$y>0$ となる x の値の範囲を求めて，解は

　　　4 以外のすべての実数

◀$x=4$ のときだけ，グラフが x 軸の上側にない。

(2)　$y=(x-4)^2$ のグラフで $y<0$ となる x の値の範囲を考えて

　　　解はない

◀グラフは，x 軸の下側にはない。

(3)　$y=(x-4)^2$ のグラフで $y \geqq 0$ となる x の値の範囲を求めて，解は

　　　すべての実数

◀$y \geqq 0$ とは，
　$y>0$ または $y=0$
のことである。

(4)　$y=(x-4)^2$ のグラフで $y \leqq 0$ となる x の値の範囲を求めて，解は

　　　$x=4$

◀$y \leqq 0$ とは，
　$y<0$ または $y=0$
のことである。

TRAINING　95 ②

次の2次不等式を解け。

(1)　$x^2+2x+1>0$

(2)　$x^2+4x+4 \geqq 0$

(3)　$\dfrac{1}{4}x^2-x+1<0$

(4)　$-9x^2+12x-4 \geqq 0$

>>> 発展例題 103

基本 例題 **96** 2次不等式の解法(4)

次の2次不等式を解け。
(1) $x^2+4x+6>0$
(2) $x^2+4x+6<0$
(3) $x^2+4x+6\geqq0$
(4) $x^2+4x+6\leqq0$

CHART & GUIDE

2次不等式

不等式の左辺をyとおいた2次関数のグラフをかく

$y=x^2+4x+6$ のグラフとx軸の位置関係を判別式で調べる。 …… ?

$D=4^2-4\cdot1\cdot6<0$ から,グラフはx軸と共有点をもたないことがわかる。

解答

2次方程式 $x^2+4x+6=0$ の判別式をDとすると
$$D=4^2-4\cdot1\cdot6<0$$

? よって,$y=x^2+4x+6$ のグラフはx軸と共有点をもたない。

◀x^2の係数が$1(>0)$で,$D<0$であるから,グラフはx軸の上側にある。

(1) $y=x^2+4x+6$ のグラフで $y>0$
となるxの値の範囲を求めて,解は
すべての実数

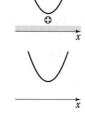

◀すべての実数xについて成り立つ,すなわち解が「すべての実数」となる不等式を **絶対不等式** という。

(2) $y=x^2+4x+6$ のグラフで $y<0$
となるxの値の範囲を考えて
解はない

(3) $y=x^2+4x+6$ のグラフで $y\geqq0$
となるxの値の範囲を求めて,解は
すべての実数

◀$y=0$ となるxの値はないが,すべての実数xに対して $y>0$ であるから,$y\geqq0$ となるxの値の範囲は,すべての実数である。

(4) $y=x^2+4x+6$ のグラフで $y\leqq0$
となるxの値の範囲を考えて
解はない

注意 このタイプの2次不等式では,「グラフがx軸の上側にあること」がわかれば答えを求めることができるから,頂点の座標は不要であり,上のような座標がまったくないグラフで十分である。

TRAINING 96 ②

次の2次不等式を解け。
(1) $x^2-4x+5<0$
(2) $2x^2-8x+13>0$
(3) $3x^2-6x+6\leqq0$
(4) $x^2+3\geqq0$

STEP *into* ▶ ここで**整理**

2次不等式の解法のまとめ

基本例題 93〜96 で，いろいろなタイプの2次不等式を解いてきました。
ここで，2次不等式の解き方をフローチャート（流れ図）の形にまとめておきましょう。

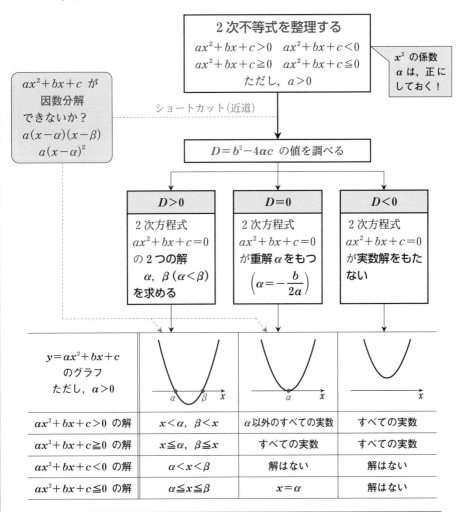

2次不等式を整理する
$ax^2+bx+c>0$　$ax^2+bx+c<0$
$ax^2+bx+c\geqq0$　$ax^2+bx+c\leqq0$
ただし，$a>0$

x^2 の係数 a は，正にしておく！

ax^2+bx+c が
因数分解
できないか？
$a(x-\alpha)(x-\beta)$
$a(x-\alpha)^2$

ショートカット（近道）

$D=b^2-4ac$ の値を調べる

$D>0$	$D=0$	$D<0$
2次方程式 $ax^2+bx+c=0$ の2つの解 $\alpha,\ \beta\ (\alpha<\beta)$ を求める	2次方程式 $ax^2+bx+c=0$ が重解 α をもつ $\left(\alpha=-\dfrac{b}{2a}\right)$	2次方程式 $ax^2+bx+c=0$ が実数解をもたない

	$D>0$	$D=0$	$D<0$
$y=ax^2+bx+c$ のグラフ ただし，$a>0$			
$ax^2+bx+c>0$ の解	$x<\alpha,\ \beta<x$	α以外のすべての実数	すべての実数
$ax^2+bx+c\geqq0$ の解	$x\leqq\alpha,\ \beta\leqq x$	すべての実数	すべての実数
$ax^2+bx+c<0$ の解	$\alpha<x<\beta$	解はない	解はない
$ax^2+bx+c\leqq0$ の解	$\alpha\leqq x\leqq\beta$	$x=\alpha$	解はない

この表を丸暗記するのではなく，解がなぜそうなるのかを理解することが大切です。

5章
16
2次不等式

≪≪ 基本例題 88, 93

標準 例題 **97** 実数解をもつ条件 (2)

2 次方程式 $x^2+2mx-m+2=0$ の解が次のようなとき，定数 m の値の範囲を求めよ。

(1) 異なる 2 つの実数解をもつ。　　　　(2) 実数解をもつ。

(3) 実数解をもたない。

CHART & GUIDE

2 次方程式 $ax^2+bx+c=0$ の解の分類については，p.157 で学習している。その結果をまとめると（判別式を D とする）

$D>0 \iff$ 異なる 2 つの実数解をもつ

$D=0 \iff$ 実数の重解をもつ

$D<0 \iff$ 実数解をもたない

$\left. \begin{array}{} \\ \end{array} \right\} D \geqq 0 \iff$ 実数解をもつ

1 判別式 $D=b^2-4ac$ を m の式で表す。

2 m の 2 次不等式を解く。…… (1) $D>0$ (2) $D \geqq 0$ (3) $D<0$

解答

2 次方程式の判別式を D とすると

$D=(2m)^2-4\cdot1\cdot(-m+2)$

$=4(m^2+m-2)=4(m+2)(m-1)$

← x の係数が $2 \times \bullet$ の形であるから，

$\dfrac{D}{4}=m^2-(-m+2)$ の符号を調べてもよい。

(1) 異なる 2 つの実数解をもつための条件は　　　$D>0$

ゆえに　$(m+2)(m-1)>0$　　よって　$\boldsymbol{m<-2, 1<m}$

(2) 実数解をもつための条件は　　　$D \geqq 0$

ゆえに　$(m+2)(m-1) \geqq 0$　　よって　$\boldsymbol{m \leqq -2, 1 \leqq m}$

(3) 実数解をもたないための条件は　　　$D<0$

ゆえに　$(m+2)(m-1)<0$　　よって　$\boldsymbol{-2<m<1}$

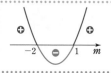

Lecture 実数解をもつ条件と共有点をもつ条件は同じこと

2 次関数 $y=x^2+2mx-m+2$ のグラフと x 軸の位置関係が次の (1)～(3) の場合，定数 m の値の範囲は上の例題と同じになる。

(1) x 軸と異なる 2 点で交わる $\iff D>0$　　よって　　　$m<-2, 1<m$

(2) x 軸と共有点をもつ　　　$\iff D \geqq 0$　　よって　　　$m \leqq -2, 1 \leqq m$

(3) x 軸と共有点をもたない　$\iff D<0$　　よって　　　$-2<m<1$

このように，2 次関数 $y=ax^2+bx+c$ のグラフが x 軸と共有点をもつ条件は，2 次方程式 $ax^2+bx+c=0$ が実数解をもつ条件と同じ である。

TRAINING 97 ③

2 次方程式 $x^2+mx+9=0$ の解が次のようなとき，定数 m の値の範囲を求めよ。

(1) 異なる 2 つの実数解をもつ。　(2) 実数解をもつ。　(3) 実数解をもたない。

判別式，2次不等式の基本を振り返ろう！

● $p.157$ を振り返ろう！

判別式について思い出しましょう。

2次方程式 $ax^2+bx+c=0$ の解の公式 $x=\dfrac{-b\pm\sqrt{b^2-4ac}}{2a}$ の根号内の式 b^2-4ac を判別式といい，D で表す。例題 97 の場合，次のようになる。
2次方程式 $x^2+2mx-m+2=0$ の判別式 D は
$$D=(2m)^2-4\cdot1\cdot(-m+2)\qquad\longleftarrow a=1,\ b=2m,\ c=-m+2$$

● 例題 88，$p.157$ を振り返ろう！

2次方程式の解の分類は，**判別式 $D=b^2-4ac$ の符号** を調べましょう。

2次方程式 $ax^2+bx+c=0$ の解の公式は
$$x=\dfrac{-b\pm\sqrt{b^2-4ac}}{2a}$$
　ここが正(つまり $D>0$)のとき，異なる 2 つの実数解をもつ。
　ここが 0 (つまり $D=0$)のとき，実数の重解をもつ。
　ここが負(つまり $D<0$)のとき，実数解をもたない。

● 例題 93 を振り返ろう！

2次不等式は，**グラフを用いて** 解きましょう。
ここでは，x についての 2 次不等式ではなく，m についての 2 次不等式ですから，x 軸ではなく，m 軸になります。

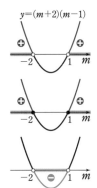

$y=(m+2)(m-1)$ のグラフで $y>0$ となる m の値の範囲を求めて　　$m<-2,\ 1<m$

$y=(m+2)(m-1)$ のグラフで $y\geqq0$ となる m の値の範囲を求めて　　$m\leqq-2,\ 1\leqq m$

$y=(m+2)(m-1)$ のグラフで $y<0$ となる m の値の範囲を求めて　　$-2<m<1$

≪≪ 基本例題 95, 96 ≫≫ 発展例題 105

標準
例題
98 すべての実数に対して 2 次不等式が成り立つ条件

すべての実数 x について，次の 2 次不等式が成り立つような定数 m の値の範囲を求めよ。 [(1) センター試験]

(1) $x^2 + mx + 3m - 5 > 0$　　　　(2) $mx^2 + 4x - 2 < 0$

CHART & GUIDE

常に $ax^2 + bx + c > 0$ が成り立つ $\Longleftrightarrow$ $a > 0$ かつ $D < 0$
常に $ax^2 + bx + c < 0$ が成り立つ $\Longleftrightarrow$ $a < 0$ かつ $D < 0$

「すべての実数 x について，2 次不等式 $ax^2 + bx + c > 0$ が成り立つ」とは，「2 次関数 $y = ax^2 + bx + c$ のグラフが常に x 軸より上側にある」ということ。
$\longrightarrow$ グラフは下に凸 ($a > 0$) で，x 軸と共有点がない ($D < 0$)　……[!]
< 0 の場合も，同様に考えて「グラフが常に x 軸より下側にある」
$\longrightarrow$ グラフは上に凸 ($a < 0$) で，x 軸と共有点がない ($D < 0$)　……[!]

解答

(1) $y = x^2 + mx + 3m - 5$ …… ①　とする。
 x^2 の係数は正であるから，① のグラフは下に凸の放物線である。
 すべての実数 x について，不等式 $x^2 + mx + 3m - 5 > 0$ が成り立つための条件は，① のグラフが常に x 軸より上側にあることである。
 ゆえに，2 次方程式 $x^2 + mx + 3m - 5 = 0$ の判別式を D とすると　　$D < 0$
 ここで　　$D = m^2 - 4 \cdot 1 \cdot (3m - 5) = m^2 - 12m + 20$
 　　　　　　　$= (m - 2)(m - 10)$
 よって　　　　$(m - 2)(m - 10) < 0$
 したがって　　**$2 < m < 10$**

(1) では $(x^2$ の係数)>0 が初めから成り立っている。

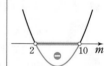

(2) $y = mx^2 + 4x - 2$ …… ②　とする。
 すべての実数 x について，不等式 $mx^2 + 4x - 2 < 0$ が成り立つための条件は，② のグラフが常に x 軸より下側にあることである。
 ゆえに，2 次方程式 $mx^2 + 4x - 2 = 0$ の判別式を D とすると
 　　　　　　　$m < 0$ かつ $D < 0$
 $D = 4^2 - 4 \cdot m \cdot (-2) = 8m + 16$ であるから　　$8m + 16 < 0$
 これを解いて　　$m < -2$
 これと $m < 0$ の共通範囲を求めて　　**$m < -2$**

注意 問題文に「2 次不等式」とあるから，$m \neq 0$ である。

TRAINING 98 ③ ★

次の 2 次不等式が，常に成り立つような定数 m の値の範囲を求めよ。
(1) $x^2 + 2(m+1)x + 2(m^2 - 1) > 0$　　(2) $mx^2 + 3mx + m - 1 < 0$

絶対不等式 …関数のグラフを考える

左の例題について，(1)の「>0」の場合に焦点を当てて，詳しく見てみることにしましょう。

● 2次不等式はグラフを考えるのが有効

左の例題は2次不等式の問題であるが，2次関数のグラフの利用が解決の糸口となっている。基本例題 93～96 で学んだように，2次不等式を解くためには，2次関数のグラフが有効 である。グラフは，方程式や不等式を視覚的にとらえることができる便利な道具であることを認識しよう。

● グラフを通して条件を言いかえよう

次の条件 (あ)，(い)，(う) を言いかえると，いずれも条件 (え) と同じになる。

(あ) すべての実数 x について
$ax^2+bx+c>0$ が成り立つ
[例題 98 (1)]

(い) 不等式 $ax^2+bx+c>0$ の解
がすべての実数である [例題 96 (1)]

(う) 不等式 $ax^2+bx+c>0$ が
常に成り立つ [TRAINING 98 (1)]

(え) $y=ax^2+bx+c$ のグラフが
常に x 軸の上側にある

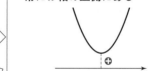

また，条件 (え) は p.164 の表から，「$a>0$ かつ $D<0$」と言いかえることができる。

注意 左の例題(1)では，$a>0$ を考える必要がないため，$D<0$ のみが求める条件となっている。

左の例題の CHART & GUIDE にもありますが，よく用いられる条件の言いかえは，次のようになります。

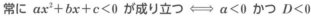

常に $ax^2+bx+c>0$ が成り立つ $\iff$ $a>0$ かつ $D<0$
常に $ax^2+bx+c<0$ が成り立つ $\iff$ $a<0$ かつ $D<0$

2次不等式の不等号が「>」，「<」のどちらであっても，判別式の不等号が「<」になるところに気を付けたいと思います。

≪≪ 基本例題 **35**, **93**, **94**

標準 例題
99 連立 2 次不等式の解法 〇〇〇

次の不等式を解け。

(1) $\begin{cases} x^2+3x+2>0 \\ x^2+2x-3<0 \end{cases}$

(2) $2x-3<x^2-4x\leqq 4x-7$

CHART & GUIDE

連立不等式の解法
1 まず，それぞれの不等式を解く
2 それらの解の共通範囲を求める
共通範囲を求めるには，数直線を利用する。

解答

(1) $x^2+3x+2>0$ から $(x+2)(x+1)>0$
　よって $x<-2,\ -1<x$ …… ①
　$x^2+2x-3<0$ から $(x+3)(x-1)<0$
　よって $-3<x<1$ …… ②
　①と②の共通範囲を求めて
　$\boldsymbol{-3<x<-2,\ -1<x<1}$

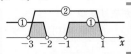

$\alpha<\beta$ のとき
$(x-\alpha)(x-\beta)>0$
$\Longleftrightarrow x<\alpha,\ \beta<x$
$(x-\alpha)(x-\beta)<0$
$\Longleftrightarrow \alpha<x<\beta$
←数直線から判断。

(2) $2x-3<x^2-4x$ から $x^2-6x+3>0$
　$x^2-6x+3=0$ を解くと
$$x=\frac{-(-3)\pm\sqrt{(-3)^2-1\cdot 3}}{1}=3\pm\sqrt{6}$$
　よって，$x^2-6x+3>0$ の解は
　　$x<3-\sqrt{6},\ 3+\sqrt{6}<x$ …… ①
　また，$x^2-4x\leqq 4x-7$ から $x^2-8x+7\leqq 0$
　ゆえに $(x-1)(x-7)\leqq 0$
　よって $1\leqq x\leqq 7$ …… ②
　①と②の共通範囲を求めて
　$\boldsymbol{3+\sqrt{6}<x\leqq 7}$

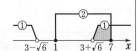

←$A<B\leqq C \Longleftrightarrow$
　$A<B$ かつ $B\leqq C$

①，②の解の端の値の大小に注意。
$\sqrt{6}=2.4\cdots$ であるから
　$3-\sqrt{6}=0.5\cdots$
　$3+\sqrt{6}=5.4\cdots$
よって
　$3-\sqrt{6}<1<3+\sqrt{6}<7$

TRAINING 99 ③

次の不等式を解け。

(1) $\begin{cases} x^2-2x-8<0 \\ x^2-x-2>0 \end{cases}$

(2) $\begin{cases} x^2+2x+1>0 \\ x^2-x-6<0 \end{cases}$

(3) $\begin{cases} 2x^2+5x\leqq 3 \\ 3(x^2-1)<1-11x \end{cases}$

(4) $2-x<x^2<x+3$

連立不等式，2次不等式の基本を振り返ろう！

● 例題 93 を振り返ろう！

> 2次不等式は，グラフを用いて 解きましょう。

$y=(x+2)(x+1)$ のグラフで $y>0$ となる x の値の範囲
を求めて　　$x<-2$，$-1<x$

● 例題 35 を振り返ろう！

> 連立不等式では，数直線上に図示 して考えましょう。

連立不等式の解法

1. それぞれの不等式を解く。
2. 不等式の解を数直線上に図示する。
3. 図を利用して，解の共通範囲を求める。

$(x+2)(x+1)>0$ から
$$x<-2,\ -1<x\ \cdots\cdots ①$$
$(x+3)(x-1)<0$ から
$$-3<x<1\ \cdots\cdots ②$$
① と ② の共通範囲を求めて
$$-3<x<-2,\ -1<x<1$$

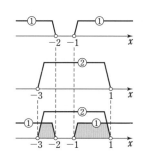

● 例題 94 を振り返ろう！

> 2次不等式では，まず，$>$ を $=$ におき換えた 2次方程式 を解きましょう。

2次不等式 $x^2-6x+3>0$ を解くために，まず，2次方程式 $x^2-6x+3=0$ を解く。
解の公式から
$$x=\frac{-(-3)\pm\sqrt{(-3)^2-1\cdot 3}}{1}=3\pm\sqrt{6}\qquad \leftarrow ax^2+2b'x+c=0\ \text{の解は}\ x=\frac{-b'\pm\sqrt{b'^2-ac}}{a}$$
$x^2-6x+3>0$ の解は，$y=x^2-6x+3$ のグラフで
$y>0$ となる x の値の範囲を求めて
$$x<3-\sqrt{6},\ 3+\sqrt{6}<x$$

標準 例題 100 連立 2 次不等式の文章題

横の長さが縦の長さの 2 倍である長方形の薄い金属の板がある。この板の四すみから，1 辺の長さが 1 cm の正方形を切り取り，ふたのない直方体の箱を作る。箱の容積を 4 cm³ 以上 24 cm³ 以下にするには，縦の長さをどのような範囲にとればよいか。

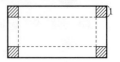

〔類 広島工大〕

CHART & GUIDE

連立 2 次不等式の文章題

1 板の縦の長さを x cm とする。……x の値の範囲も調べておく。
2 箱の容積を x を用いて表す。
3 「箱の容積が 4 cm³ 以上 24 cm³ 以下」という条件を，x の不等式で表す。
4 3 で表した不等式を解く。1 で調べた x の値の範囲にも注意。

解答

長方形の板の縦の長さを x cm とすると，横の長さは
$2x$ cm

よって，直方体の箱の縦の長さは $(x-2)$cm，
横の長さは $(2x-2)$cm，高さは 1 cm である。

ここで，$x-2>0$ かつ $2x-2>0$ から $x>2$ …… ①
このとき，箱の容積は
$$(x-2) \cdot (2x-2) \cdot 1 = 2(x-1)(x-2) \ (\text{cm}^3)$$
箱の容積を 4 cm³ 以上 24 cm³ 以下にするには
$$4 \leqq 2(x-1)(x-2) \leqq 24$$
$4 \leqq 2(x-1)(x-2)$ から $x^2-3x \geqq 0$
よって $x(x-3) \geqq 0$
ゆえに $x \leqq 0, \ 3 \leqq x$ …… ②
$2(x-1)(x-2) \leqq 24$ から $x^2-3x-10 \leqq 0$
よって $(x+2)(x-5) \leqq 0$
ゆえに $-2 \leqq x \leqq 5$ …… ③
①～③ の共通範囲を求めて $3 \leqq x \leqq 5$
したがって，縦の長さを **3 cm 以上 5 cm 以下** にとればよい。

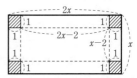

← $A \leqq B \leqq C \iff$
 $A \leqq B$ かつ $B \leqq C$

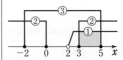

←②，③ の共通範囲（Ⓐ とする）を求めてから，Ⓐ と ① の共通範囲を求めてもよい。

TRAINING 100 ③ ★

ある速さで真上に打ち上げたボールの，打ち上げてから x 秒後の地上からの高さを h m とする。h の値が $h = -5x^2 + 40x$ で与えられるとき，ボールが地上から 35 m 以上 65 m 以下の高さにあるのは，x の値がどのような範囲にあるときか。

発展学習

発展 例題 101 2次関数の係数の符号とグラフ

2次関数 $y=ax^2+bx+c$ のグラフが，右の図のようになるとき，次の値の符号を調べよ。

(1) a　(2) $-\dfrac{b}{2a}$　(3) b　(4) c　(5) b^2-4ac

CHART & GUIDE

それぞれの式が，グラフの何を表しているか読みとる。

(1) x^2 の係数 a …… グラフが上に凸か下に凸か

(2) $-\dfrac{b}{2a}$ …… 放物線の軸　直線 $x=-\dfrac{b}{2a}$

(4) c …… $x=0$ とすると $y=a\cdot 0^2+b\cdot 0+c=c$

(5) b^2-4ac …… 2次方程式 $ax^2+bx+c=0$ の判別式

5章

発展学習

解答

$$y=ax^2+bx+c=a\left(x+\frac{b}{2a}\right)^2-\frac{b^2-4ac}{4a}$$

よって，放物線 $y=ax^2+bx+c$ の軸は　直線 $x=-\dfrac{b}{2a}$

(1) グラフは下に凸であるから　$a>0$

(2) 軸が $x<0$ の範囲にあるから　$-\dfrac{b}{2a}<0$

(3) (1)と(2)から　$b>0$

(4) $y=ax^2+bx+c$ で $x=0$ とすると　$y=c$
　グラフは y 軸と正の部分で交わっているから　$c>0$

(5) グラフは x 軸と異なる2点で交わっているから
　$b^2-4ac>0$

(3) $-\dfrac{b}{2a}<0$ の両辺に正の数 $2a$ を掛けて $-b<0$ よって　$b>0$

(4) $x=0$ のときの y はグラフと y 軸との交点の y 座標。

Lecture　放物線の頂点の y 座標から b^2-4ac の符号を考える

解答1行目から，放物線の頂点の y 座標は $-\dfrac{b^2-4ac}{4a}$ であり，グラフからその値は負である。

よって，$-\dfrac{b^2-4ac}{4a}<0$ である。これと $a>0$ から，$b^2-4ac>0$ が得られる。

問題によっては，放物線と x 軸の位置関係を，頂点の y 座標の符号で考えると，判別式を利用するより計算がらくになる場合がある（$p.192$ EXERCISES 50 参照）。

TRAINING 101 ③

2次関数 $y=ax^2+bx+c$ のグラフが，右の図のようになるとき，次の値の符号を調べよ。

(1) a　(2) $-\dfrac{b}{2a}$　(3) b　(4) c　(5) b^2-4ac

発展 例題
102 2つの2次方程式の共通解 ◆◇◇◇◇

m を定数とする。2つの2次方程式
$$2x^2 - mx - (2m+2) = 0, \quad x^2 - (m+2)x + (m+7) = 0$$
の共通な実数解が1つだけあるとき，その共通解は $x = ^{\mathcal{P}}\boxed{}$ であり，
$m = ^{\mathcal{A}}\boxed{}$ である。　　　　　　　　　　　　　　　　　　　　　　［類 慶応大］

CHART
& GUIDE
共通解の問題
共通解を α とおいて，α と定数 m の連立方程式を解く
1 共通な実数解を α とおいて，2つの方程式に代入する。
　　$x = \alpha$ が解 $\iff$ $x = \alpha$ を方程式に代入した等式が成り立つ
2 α と m の連立方程式から，m と α の条件を導く。
3 2 で得られた m や α の値を方程式に代入して，問題の条件を満たすものを答えとする。…… $!$

解答

共通な実数解を α とすると
$$2\alpha^2 - m\alpha - (2m+2) = 0 \quad \cdots\cdots ①,$$
$$\alpha^2 - (m+2)\alpha + (m+7) = 0 \quad \cdots\cdots ②$$
　　← 2つの方程式の x に，α を代入。

①$-$②$\times 2$ から　　$(m+4)\alpha - 4m - 16 = 0$　　← α^2 を消去する。
よって　　　　　　$(m+4)(\alpha-4) = 0$　　← $(m+4)\alpha - 4(m+4) = 0$
ゆえに　　　　　$m = -4$ または $\alpha = 4$　　← 求めた m, α が，「共通な実数解が1つだけある」という条件に適するかどうかを次に調べる。

[1] $m = -4$ のとき
　2つの2次方程式はともに $x^2 + 2x + 3 = 0$ となる。
　この判別式を D とすると
　　　　　$D = 2^2 - 4\cdot1\cdot3 = -8$　　← $D = b^2 - 4ac$
$!$　　$D < 0$ であるから，この2次方程式は実数解をもたない。　　← 問題の条件を満たさない。
　よって，この場合は不適。

[2] $\alpha = 4$ のとき
　② に代入して　　$4^2 - (m+2)\cdot4 + m + 7 = 0$　　← ① に代入しても $2\cdot4^2 - m\cdot4 - (2m+2) = 0$ から $m = 5$
　よって　　　　$m = 5$
　このとき，2つの2次方程式は
　　　　　$2x^2 - 5x - 12 = 0, \quad x^2 - 7x + 12 = 0$
　すなわち　　$(x-4)(2x+3) = 0, \quad (x-3)(x-4) = 0$
$!$　したがって，2つの方程式の共通な実数解は1つ$(x=4)$だけである。　　← 問題の条件を満たし，OK。

[1], [2] から，共通解は $x = ^{\mathcal{P}}4$ であり，$m = ^{\mathcal{A}}5$ である。

TRAINING 102 ④
2つの2次方程式 $x^2 + 2mx + 10 = 0, \quad x^2 + 5x + 4m = 0$ の共通な実数解が1つだけあるとき，定数 m の値とその共通解を求めよ。　　　　　［類 立教大］

≪≪ 基本例題 86, 93～96

発展
例題
103 文字係数の方程式, 不等式の解法 🍀🍀🍀🍀🍀

a は定数とする。次の x についての方程式, 不等式を解け。

(1) $ax^2-(a+1)x+1=0$　　　　(2) $x^2-(a+2)x+2a<0$

CHART
& GUIDE
係数に文字を含む方程式, 不等式では, 文字 a がどのような値をとっても対応できる解答を示すことが重要。よって, 場合分けになることが多い。

(1) 「方程式」といっているだけなので, 2次方程式と決めつけてはいけない！
x^2 の係数 (ここでは a) が 0 の場合も考える。…… !

(2) x^2 の係数は 1 で文字 a を含まないから, 2次不等式である。
1 左辺の2次式は因数分解できる。……$(x-2)(x-a)$
2 $\alpha<\beta$ のとき　$(x-\alpha)(x-\beta)<0 \iff \alpha<x<\beta$　($p.169$ 参照)
を利用。2 と a の大小で場合分けをする。

解答

!

(1) $a=0$ のとき　方程式は　$-x+1=0$　よって　$x=1$　　← 1次方程式になる。

$a\neq0$ のとき　与式から　$(x-1)(ax-1)=0$　　← たすきがけ

ゆえに　$x-1=0$ または $ax-1=0$

よって　$x=1,\ \dfrac{1}{a}$

$$\begin{array}{ccc}1 & -1 & \longrightarrow -a \\ a & -1 & \longrightarrow -1 \\ \hline a & 1 & -(a+1)\end{array}$$

解の公式を利用してもよいが, 計算が複雑になることが多いから, まず因数分解を考えた方がよい。

以上から　**$a=0$ のとき $x=1$; $a\neq0$ のとき $x=1,\ \dfrac{1}{a}$**

(2) 左辺を因数分解して　$(x-2)(x-a)<0$

$a<2$ のとき　解は　$a<x<2$

$a=2$ のとき
不等式は　$(x-2)^2<0$
よって　**解はない**

$a>2$ のとき
解は　**$2<x<a$**

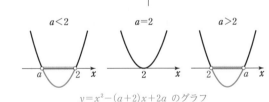

$y=x^2-(a+2)x+2a$ のグラフ

(参考) x の方程式 $ax=b$ の解

$a\neq0$ のとき　$x=\dfrac{b}{a}$

$a=0$ のとき　$b=0$ ならば, 方程式は　$0\cdot x=0$　よって, **解はすべての実数**
└左辺は, どんな x の値に対しても 0 となる

$b\neq0$ ならば, 方程式は　$0\cdot x=b$　よって, **解はない**
└左辺は 0 となるが, 右辺は 0 ではない

5章

発展学習

TRAINING　103 ④

a は定数とする。次の x についての方程式, 不等式を解け。

(1) $(a^2-1)x^2+2ax+1=0$　　　　(2) $x^2-2ax-3a^2<0$

発展 例題 **104** 2 次不等式の解から係数決定 〇〇〇〇〇

2 次不等式 $ax^2+bx+4>0$ の解が $-\dfrac{1}{2}<x<4$ であるとき，定数 a, b の値を求めよ。

CHART & GUIDE

2 次不等式の解から係数決定　2 次関数のグラフで考える

⟶ $y=ax^2+bx+4$ のグラフが，$-\dfrac{1}{2}<x<4$ のときだけ x 軸より上側にある。

1　x^2 の係数 a の符号を決める。…… グラフは上に凸の放物線である。

2　グラフが点 $\left(-\dfrac{1}{2},\ 0\right)$, $(4,\ 0)$ を通る条件から，a, b の連立方程式を作る。

3　2 の連立方程式を解く。1 で決めた a の符号に注意。

解答

題意を満たすための条件は，2 次関数 $y=ax^2+bx+4$ のグラフが，$-\dfrac{1}{2}<x<4$ の範囲でのみ x 軸より上側にあることである。

すなわち，このグラフが上に凸の放物線で，2 点 $\left(-\dfrac{1}{2},\ 0\right)$, $(4,\ 0)$ を通ることである。したがって

$$a<0 \qquad\qquad \cdots\cdots ①$$
$$a\left(-\dfrac{1}{2}\right)^2+b\left(-\dfrac{1}{2}\right)+4=0 \ \cdots\ ②$$
$$a\cdot 4^2+b\cdot 4+4=0 \qquad \cdots\cdots ③$$

② から　$a-2b+16=0$　③ から　$4a+b+1=0$

この 2 式を連立して解くと　$\boldsymbol{a=-2,\ b=7}$

これは ① を満たす。

[別解]　解が $-\dfrac{1}{2}<x<4$ となる 2 次不等式は

$$\left(x+\dfrac{1}{2}\right)(x-4)<0$$

展開して

$$x^2-\dfrac{7}{2}x-2<0$$

定数項を 4 にするために，両辺に -2 を掛けて

$$-2x^2+7x+4>0$$

$ax^2+bx+4>0$ と対応する係数を比較して

$$\boldsymbol{a=-2,\ b=7}$$

（下の **注意** 参照。）

注意　2 つの 2 次不等式 $ax^2+bx+c<0$ と $a'x^2+b'x+c'<0$ の解が等しいからといって，直ちに $a=a'$, $b=b'$, $c=c'$ とするのは誤りである。例えば，$x^2-3x+2<0$ と $2x^2-6x+4<0$ の解はともに $1<x<2$ であるが，対応する係数は等しくない。
対応する 3 つの係数のうち，少なくとも 1 つが等しいときに限って，残りの係数は等しいといえる。例えば，$c=c'$ であるならば，$a=a'$, $b=b'$ といえる。

TRAINING　104 ④

次の条件を満たすように，定数 a, b の値を定めよ。

(1)　2 次不等式 $x^2+ax+b<0$ の解が $-\dfrac{1}{2}<x<3$ である。

(2)　2 次不等式 $ax^2+x+b\leqq 0$ の解が $x\leqq -1$, $2\leqq x$ である。

発展
例題
105 ある変域で2次不等式が常に成り立つ条件

$0 \leqq x \leqq 2$ の範囲において，常に $x^2 - 2ax + 3a > 0$ が成り立つように，定数 a の値の範囲を定めよ。

CHART & GUIDE ある変域において

| 常に $f(x) > 0$ が成り立つ | $\Longleftrightarrow$ | $y = f(x)$ のグラフが x 軸より上側 | $\Longleftrightarrow$ | 関数 $f(x)$ の最小値が正 |

1 $f(x) = x^2 - 2ax + 3a$ とし，平方完成する。
2 $y = f(x)$ のグラフを考えて，軸の位置で場合分けをする。
3 2 の各場合について，$f(x)$ の $0 \leqq x \leqq 2$ における最小値を求める。
4 (最小値)> 0 の不等式を解き，最後に不等式の解をまとめる。

解答

5章

発展学習

$f(x) = x^2 - 2ax + 3a$ とすると　　$f(x) = (x-a)^2 - a^2 + 3a$
$0 \leqq x \leqq 2$ の範囲で，常に $f(x) > 0$ が成り立つための条件は，この範囲における $f(x)$ の最小値が正であることである。

[1]　$a < 0$ のとき
　$f(x)$ は $x = 0$ で最小となる。
　$f(0) = 3a$ であるから　　$3a > 0$
　これは，$a < 0$ を満たさない。

[2]　$0 \leqq a \leqq 2$ のとき
　$f(x)$ は $x = a$ で最小となる。
　$f(a) = -a^2 + 3a$ であるから
　　$-a^2 + 3a > 0$　すなわち　$a(a-3) < 0$
　よって　　　　$0 < a < 3$
　これと $0 \leqq a \leqq 2$ の共通範囲は
　　　　$0 < a \leqq 2$ …… ①

[3]　$2 < a$ のとき
　$f(x)$ は $x = 2$ で最小となる。
　$f(2) = 2^2 - 2a \cdot 2 + 3a = 4 - a$ であるから
　　　$4 - a > 0$　　　よって　　$a < 4$
　これと $2 < a$ の共通範囲は　　$2 < a < 4$ …… ②
求める a の値の範囲は，① と ② を合わせて　　**$0 < a < 4$**

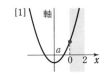

p.144 発展例題 83 参照。
定義域 $0 \leqq x \leqq 2$ は固定，$y = f(x)$ のグラフは，定数 a の値によって移動するから，軸(直線 $x = a$)の位置で場合を分ける。
[1]　軸が定義域の左外
[2]　軸が定義域の内部
[3]　軸が定義域の右外
　　最大・最小
　頂点と定義域の端の点に注目
◀ 不等号の向きが変わる。

注意　　のように，場合分けの条件を落とさないようにする。

TRAINING 105 ⑤

$f(x) = x^2 - 2ax - a + 6$ について，すべての実数 x に対して $f(x) > 0$ となる定数 a の値の範囲は ⁷☐ $< a <$ ⁱ☐ である。また，$-1 \leqq x \leqq 1$ で常に $f(x) \geqq 0$ となる a の値の範囲は ⁿ☐ $\leqq a \leqq$ ᵋ☐ である。

発展 例題
106 放物線が x 軸の正の部分と異なる2点で交わる条件 ❗❗❗❗

放物線 $y=x^2-8ax-8a+24$ が x 軸の正の部分と,異なる2点で交わるように,定数 a の値の範囲を定めよ。

CHART
& GUIDE

放物線 $y=ax^2+bx+c$ と x 軸の共有点の x 座標と定数 k の大小に関する問題では,グラフをかき,

  [1] $f(k)$ の符号 [2] $D=b^2-4ac$ [3] 軸の位置 …… ❗

に注目する。ただし,$f(x)=ax^2+bx+c$ である。
本問は,$k=0$ の場合(異なる2つの共有点の x 座標がともに0より大きい)で,
 [1] $f(0)>0$ [2] $D>0$ [3] (軸の位置)>0 が条件。

解答

$f(x)=x^2-8ax-8a+24$ とすると,放物線 $y=f(x)$ は下に凸で,軸は直線 $x=4a$ である。
方程式 $f(x)=0$ の判別式を D とすると,放物線 $y=f(x)$ が x 軸の正の部分と,異なる2点で交わる条件は,次の[1],[2],[3]が同時に成り立つことである。

   [1] $f(0)>0$ [2] $D>0$ [3] 軸が $x>0$ の範囲にある

❗ [1] $f(0)=-8a+24$, $f(0)>0$ から $-8a+24>0$ よって $a<3$ ……①

❗ [2] $D=(-8a)^2-4\cdot1\cdot(-8a+24)=32(2a^2+a-3)$
    $=32(a-1)(2a+3)$
  $D>0$ から $(a-1)(2a+3)>0$
  よって $a<-\dfrac{3}{2},\ 1<a$ ……②

❗ [3] $4a>0$ から $a>0$ ……③
 ①,②,③の共通範囲を求めて $1<a<3$

注意 考え方の流れは下図の矢印のようになる。

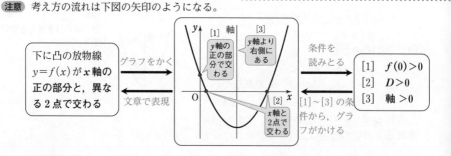

ズーム
UP

放物線と x 軸の共有点の位置関係

例題 101 では，与えられた $y=ax^2+bx+c$ のグラフから a の符号などを読みとりました。
この例題 106 では逆に，どのような条件がそろえば，目的のグラフになるかを考えます。
目的のグラフは右の図のようになります。
どのような条件を整えると，このグラフになるかを考えてみましょう。

● y 軸と正の部分で交わる条件は　$f(0)>0$

目的のグラフを見ると，y 軸との交点の y 座標が正ですから，$f(0)>0$ であることが読みとれます。
しかし，$f(0)>0$ だけでは，右の⑤〜⑰の場合が考えられますから，不十分です。

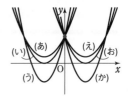

●「$D>0$」という条件を加える

目的のグラフは，x 軸と異なる 2 点で交わっているから，$D>0$ という条件も必要だと思います。

その通りです。すると，上の⑤〜⑰のうち⑤，⑥，②，③のグラフは不適となり，③と⑰のグラフに絞られます。

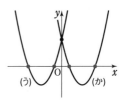

●「軸が $x>0$ の範囲にある」という条件をさらに追加する

⑰のグラフに絞り込みたいから，「軸が $x>0$ の範囲にある」という条件を追加しました。
③のグラフが不適で，目的の⑰のグラフだけが残りました。

よくできました。このように，
　　[1]　$f(k)$ の符号　　[2]　$D=b^2-4ac$　　[3]　軸の位置
の条件を考え，目的のグラフが得られるかどうかを調べていくことが大切です。

発展 例題 107 放物線と直線の共有点の座標

次の放物線と直線の共有点の座標を求めよ。

(1) $y=x^2-2x+3$, $y=x+3$ (2) $y=-x^2+1$, $y=-4x+5$

CHART & GUIDE

放物線 $y=ax^2+bx+c$ と直線 $y=mx+n$ の共有点の座標は,

連立方程式 $\begin{cases} y=ax^2+bx+c \\ y=mx+n \end{cases}$ の実数解　で与えられる。

1 yを消去する。…… $ax^2+bx+c=mx+n$

2 xの2次方程式 $ax^2+(b-m)x+c-n=0$ を解く。

3 2で求めたxの値を直線の式に代入してyの値を求める。なお，2で実数解が存在しないとき，放物線と直線は共有点をもたない。

解答

(1) $\begin{cases} y=x^2-2x+3 & \cdots\cdots ① \\ y=x+3 & \cdots\cdots ② \end{cases}$ とする。

①，②からyを消去すると

$$x^2-2x+3=x+3$$

整理して　　　$x^2-3x=0$

よって　　　　$x(x-3)=0$

したがって　　$x=0,\ 3$

②に代入すると　$x=0$ のとき　$y=3$,
　　　　　　　　$x=3$ のとき　$y=6$

ゆえに，共有点の座標は　　**(0, 3), (3, 6)**

①，②が共有点 (h, k) をもつ

$\iff \begin{cases} k=h^2-2h+3 \\ k=h+3 \end{cases}$

(h, k) はこの**連立方程式の実数解**である。

この連立方程式は1次と2次。

1次方程式（条件式）
$y=x+3$
を用いて，yを消去
（文字を減らす）
することができる。

(2) $\begin{cases} y=-x^2+1 & \cdots\cdots ① \\ y=-4x+5 & \cdots\cdots ② \end{cases}$ とする。

①，②からyを消去すると

$$-x^2+1=-4x+5$$

整理して　　　$x^2-4x+4=0$

よって　　　　$(x-2)^2=0$

したがって　　$x=2$

②に代入すると　$y=-3$

ゆえに，共有点の座標は　　**(2, -3)**

注意 (2)のような場合,すなわちyを消去したxの2次方程式
$ax^2+bx+c=mx+n$
が**重解**をもつとき，放物線と直線は**接する**といい，ただ1つの共有点を**接点**という。

TRAINING 107 ④

次の放物線と直線の共有点の座標を求めよ。

(1) $y=x^2+2x-1$, $y=3x+5$ (2) $y=x^2-4x$, $y=2x-9$

(3) $y=-3x^2+x-4$, $y=-x+2$

発展 例題 **108** 条件式がある場合の最大・最小 (2) ⏱⏱⏱⏱⏱

$x^2+y^2=4$ のとき，$2y+x^2$ の最大値と最小値を求めよ。また，そのときの x，y の値を求めよ。

CHART & GUIDE

条件式の問題
文字を減らす方針でいく　変域にも注意

1 計算しやすい変数を選び，1つの文字を消去する。
　…… y を消去するのは難しいから，$x^2+y^2=4$ を x^2 について解く。
2 **1** でできた式を，$2y+x^2$ に代入する。…… y の2次式になる。
3 平方完成し，最大値・最小値を求める（x，y の値も示しておく）。

解答

$x^2+y^2=4$ から　　　　$x^2=4-y^2$ …… ①
$x^2 \geqq 0$ であるから　　　$4-y^2 \geqq 0$
ゆえに　　　　　$y^2-4 \leqq 0$
よって　　　　　$(y+2)(y-2) \leqq 0$
したがって　　　$-2 \leqq y \leqq 2$ …… ②
$P=2y+x^2$ とし，① を P に代入して
　　$P=2y+(4-y^2)=-y^2+2y+4$
　　　　$=-(y^2-2y+1^2-1^2)+4$
　　　　$=-(y-1)^2+5$
② の範囲において，P は
　　$y=1$ で最大，$y=-2$ で最小　となる。
$y=1$ 　のとき，① から　　$x^2=3$ 　　ゆえに　　$x=\pm\sqrt{3}$
$y=-2$ のとき，① から　　$x^2=0$ 　　ゆえに　　$x=0$
よって　　$\boldsymbol{x=\pm\sqrt{3}}$，$\boldsymbol{y=1}$ のとき　**最大値 5**
　　　　　$\boldsymbol{x=0}$，$\boldsymbol{y=-2}$　のとき　**最小値 -4**

注意　$(実数)^2 \geqq 0$
であるから
　　　　$x^2 \geqq 0$
**消去する文字 x^2 の条件を，
y の条件（$-2 \leqq y \leqq 2$）に
変えておく。**

◀ $P=a(y-p)^2+q$ の形
に変形。

◀ 最大・最小となるときの
x の値を求める。

 Lecture $(実数)^2 \geqq 0$ のかくれた条件に注意

$(正の数)^2>0$，$0^2=0$，$(負の数)^2>0$ であるから，$(実数)^2 \geqq 0$ が成り立つ。このことが，解答の $x^2 \geqq 0$ の根拠になっている。実際，$x^2+y^2=4$ で y の値は何でもよいというわけにはいかない。例えば，$y=3$ とすると，$x^2=4-3^2=-5$ となって $(実数)^2 \geqq 0$ に反するから，y の値が 3 となることはない。
x^2 や y^2 など，$(実数)^2$ の形のものが出てきたら，$(実数)^2 \geqq 0$ の条件に注意しよう。

TRAINING 108 ⑤

$x^2+2(y-2)^2=18$ のとき，$2x^2+3y^2$ の最大値と最小値を求めよ。また，そのときの x，y の値も求めよ。

[芝浦工大]

発 展 例 題 **109** 絶対値を含む2次関数のグラフ ◉◉◉◉

次の関数のグラフをかけ。

(1) $y=x^2-4|x|+1$

(2) $y=|x^2-2x-3|$

CHART
& GUIDE 絶対値 場合に分ける $|A|=\begin{cases} A & (A \geqq 0 \text{ のとき}) \\ -A & (A < 0 \text{ のとき}) \end{cases}$

方針は例題78とまったく同じである。

1 絶対値記号の中の式が，$\geqq 0$ か <0 かで場合を分ける。
…… (記号の中の式)$=0$ となる x の値が場合分けのポイント。

2 絶対値記号をはずして，場合分けの x の範囲で，それぞれのグラフをかく。

解 答

(1) $x \geqq 0$ のとき $y=x^2-4x+1=(x-2)^2-3$ ← 平方完成。
    $x < 0$ のとき $y=x^2+4x+1=(x+2)^2-3$ ← $y=x^2-4(-x)+1$
    よって，グラフは **図(1)の実線部分** のようになる。

(2) $x^2-2x-3=(x+1)(x-3)$ であるから ← まず，$|\ \ |$ の中の式が
    $x^2-2x-3 \geqq 0$ の解は $x \leqq -1,\ 3 \leqq x$ $\geqq 0$，<0 となる範囲を
    $x^2-2x-3 < 0$ の解は $-1 < x < 3$ それぞれ調べる。
    ゆえに，$x \leqq -1,\ 3 \leqq x$ のとき $y=x^2-2x-3=(x-1)^2-4$
    $-1 < x < 3$ のとき $y=-x^2+2x+3=-(x-1)^2+4$ ← $y=-(x^2-2x-3)$
    よって，グラフは **図(2)の実線部分** のようになる。

(1)
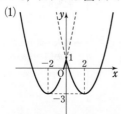

(2)
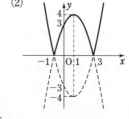

← (1) 放物線
$y=(x-2)^2-3$ の $x \geqq 0$
の部分と，放物線
$y=(x+2)^2-3$ の $x < 0$
の部分を合わせたものが
求めるグラフである [(2)
も同様]。

(参考) 上の(1)，(2)のグラフの対称性

(1) $f(x)=x^2-4|x|+1$ とすると $f(-x)=f(x)$ ⟵ $(-x)^2=x^2$，$|-x|=|x|$
   よって，グラフは y 軸に関して対称である ($p.141$ Lecture 参照)。

(2) $y=|g(x)|$ の形であるから，グラフは，$y=x^2-2x-3$ のグラフで $y \geqq 0$ の部分は
   そのままとし，$y < 0$ の部分を x 軸に関して対称に折り返したものである ($p.139$
   Lecture 参照)。

TRAINING 109 ④

次の関数のグラフをかけ。

(1) $y=2x^2+6|x|-1$

(2) $y=|x^2-4x+3|$

≪≪ 発展例題 **44**, **78**, **109**

発展 例題
110 絶対値を含む不等式を2通りの方法で解く ✍✍✍✍✍✍

不等式 $x^2-1>|x+1|$ …… Ⓐ を次の2通りの方法で解け。

(ア) $x \geqq -1$, $x < -1$ で場合分けして、絶対値記号をはずして解く。

(イ) 関数 $y=x^2-1$, $y=|x+1|$ のグラフを利用して解く。

CHART & GUIDE

(ア) 例題44と同様。絶対値記号をはずして、2次不等式を解く。

(イ) 不等式 $f(x)>g(x)$ の解 $\iff$ $y=f(x)$ のグラフが $y=g(x)$ のグラフより上側にあるxの値の範囲

$y=x^2-1$ のグラフと $y=|x+1|$ のグラフの上下関係に注目。 …… !

解答

(ア) [1] $x \geqq -1$ のとき、Ⓐ は $x^2-1>x+1$
　　　　　よって $(x+1)(x-2)>0$ ゆえに $x<-1$, $2<x$
　　　　$x \geqq -1$ との共通範囲は $2<x$ …… ①

　　[2] $x < -1$ のとき、Ⓐ は $x^2-1>-(x+1)$
　　　　　よって $x(x+1)>0$ ゆえに $x<-1$, $0<x$
　　　　$x<-1$ との共通範囲は $x<-1$ …… ②

　　Ⓐ の解は、① と ② を合わせた範囲で **$x<-1$, $2<x$**

(イ) $y=|x+1|$ は $x \geqq -1$ のとき $y=x+1$
　　　　　　　　　　$x<-1$ のとき $y=-(x+1)=-x-1$

　　よって、$y=|x+1|$ のグラフと
　　$y=x^2-1$ のグラフは右図のように
　　なる。ここで、2つのグラフの交点
　　の1つは 点 $(-1, 0)$
　　また、$x^2-1=x+1$ とすると
　　　　　　$(x+1)(x-2)=0$
　　$x>-1$ とすると $x=2$
　　ゆえに、図の交点Pのx座標は 2

! Ⓐ の解は、$y=x^2-1$ のグラフが $y=|x+1|$ のグラフより
上側にあるxの値の範囲であるから、図より **$x<-1$, $2<x$**

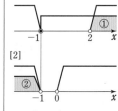

← $y=|x+1|$ のグラフを
かくために、場合分けを
する(例題78と同様)。

← 同じ座標平面上にかく。

← 2つのグラフの交点のx
座標を調べる。

← $x>-1$ における交点(図
の点P)のx座標を調べ
る。

← 図のx軸上の赤く塗った
範囲。

(参考) 方程式 $f(x)=g(x)$ の解 $\iff$ $y=f(x)$, $y=g(x)$ のグラフの交点のx座標
不等式 $f(x)<g(x)$ の解 $\iff$ $y=f(x)$ のグラフが $y=g(x)$ のグラフより下側に
あるxの値の範囲

TRAINING 110 ⑤
次の不等式を、上の例題と同じように2通りの方法で解け。
(1) $x^2-7<3|x-1|$ 　　　(2) $|x^2-6x-7| \geqq 2x+2$

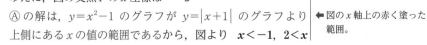

EXERCISES

A

50③ ★ 放物線 $y=x^2-4ax+4a^2-4a-3b+9$ の頂点の座標を求めよ。また，この放物線が x 軸と共有点をもたないような自然数 a, b を求めよ。

〔類 センター試験〕

≪≪ 基本例題 **91**

51③ ★ (1) 2次関数 $y=-2x^2+ax+b$ のグラフが点 $(3, -8)$ を通るとする。このグラフが x 軸と接するとき，定数 a の値を求めよ。

(2) 放物線 $y=x^2+ax+3$ が x 軸と異なる 2 点で交わるような自然数 a の値の中で，$a<9$ を満たすものは何個あるか。 〔類 センター試験〕

≪≪ 基本例題 **91**

52③ ★ 2次関数 $y=ax^2+2ax+a+6$ $(a \neq 0)$ のグラフが x 軸と 2 点 P，Q で交わり，線分 PQ の長さが $2\sqrt{6}$ になるように，定数 a の値を定めよ。

〔センター試験〕

≪≪ 標準例題 **92**

53③ 次の条件を満たすような定数 m の値の範囲を，それぞれ求めよ。

(1) 2次方程式 $x^2-(m-1)x+m^2=0$ が実数解をもつ

(2) 2次不等式 $x^2+mx+m+2<0$ が解をもつ

(3) 2次関数 $y=mx^2+3x+m$ のグラフが常に x 軸より上側にある

(4) 2次関数 $y=-x^2+2mx-2m^2+m+6$ が負の値しかとらない

≪≪ 標準例題 **97**，**98**

54③ ★ k は 0 でない定数とする。不等式 $kx^2+(2k-3)x+2k-1 \geqq 0$ がすべての実数 x に対して成り立つような k の値の範囲を求めよ。 〔類 岡山県大〕

≪≪ 標準例題 **98**

HINT

50 (後半)頂点の y 座標を利用する。

52 $y=0$ とおいた x の 2 次方程式の解を求める。

53 (2) $y=x^2+mx+m+2$ のグラフと x 軸の位置関係を考える。

A **55**③ ★ (1) 不等式 $-1<x^2-6x+7\leqq0$ を解け。 〔愛知工大〕

(2) 連立不等式 $\begin{cases} |x+1|<\dfrac{3}{2} \\ x^2-2x-3>0 \end{cases}$ を解け。 〔センター試験〕

(3) 連立不等式 $\begin{cases} 2x^2<7x+4 \\ x^2+1\leqq3x \end{cases}$ を満たす整数 x をすべて求めよ。

<<< 標準例題 **99**

B **56**③ a を実数とするとき，放物線 $y=x^2+ax+a-4$ …… ① について

(1) 放物線 ① は，定数 a の値に関係なく常に x 軸と異なる 2 つの共有点をもつことを示せ。

(2) ★ (1)の共有点の x 座標を α, β とするとき，$(\alpha-\beta)^2<28$ が成り立つような定数 a の値の範囲を求めよ。 〔類 センター試験〕

<<< 基本例題 **91**，標準例題 **92**

57⑤ 2 つの方程式 $x^2+ax+a+3=0$ …… ①，$x^2-2ax+8a=0$ …… ② について，次の条件を満たすような定数 a の値の範囲を求めよ。

(1) ①，② がともに実数解をもたない。

(2) ①，② の一方だけが実数解をもつ。 〔京都産大〕

<<< 標準例題 **97**

58④ ★ a, b を定数とし，2 次関数 $y=x^2+ax+b$ のグラフを F とする。F について述べた文として正しいものを次の ①～⑥ の中から 2 つ選べ。

① F は，上に凸の放物線である。

② F は，下に凸の放物線である。

③ $a^2>4b$ のとき，F と x 軸は共有点をもたない。

④ $a^2<4b$ のとき，F と x 軸は共有点をもたない。

⑤ $a^2>4b$ のとき，F と y 軸は共有点をもたない。

⑥ $a^2<4b$ のとき，F と y 軸は共有点をもたない。 〔センター試験〕

<<< 発展例題 **101**

5章 発展学習

HINT

55 (3) まず，連立不等式の解を求める。解となる x の値の範囲の中から整数を選び出す。

57 (2) 「一方だけが」とあるから，(① が解をもち，② が解をもたない) または (① が解をもたないで，② が解をもつ) の場合がある。

EXERCISES

B **59**④ x についての異なる 2 つの 2 次方程式 $x^2+ax+b=0$ …… ①,
$x^2+bx+a=0$ …… ② がただ 1 つの共通解をもつとする。
(1) その共通解を求めよ。　　(2) $a,\ b$ が満たすべき条件を求めよ。
(3) ①, ② のもう 1 つの解はそれぞれ $b,\ a$ に等しいことを示せ。　〔國學院大〕
≪ 発展例題 **102**

60④ x の不等式 $x^2+2x-8>0$, $x^2-(a+3)x+3a<0$ を同時に満たす整数 x が 3
つあるとき，定数 a の値の範囲を求めよ。　〔類 東北工大〕
≪ 発展例題 **103**

61⑤ a を定数とする関数 $f(x)=x^2+2x-a^2+5$ について，次が成り立つような
a の値の範囲をそれぞれ求めよ。
(1) すべての x について，$f(x)>0$ である。
(2) $x\geqq0$ を満たすすべての x について，$f(x)>0$ である。
(3) $a\leqq x\leqq a+1$ を満たすすべての x について，$f(x)\leqq0$ である。　〔名城大〕
≪ 標準例題 **98**, 発展例題 **105**

62⑤ 方程式 $ax^2+(a+7)x+2a-7=0$ が異なる 2 つの実数解をもつような定数 a
の値の範囲は，ア$\boxed{}$$<a<0$, $0<a<$イ$\boxed{}$ である。また，異なる 2 つの
実数解がともに $-3<x<3$ の範囲にあるような定数 a の値の範囲は，
ウ$\boxed{}$$<a<$エ$\boxed{}$ である。　〔立命館大〕
≪ 発展例題 **106**

63⑤ 放物線 $y=x^2-4x+5$ …… ① と直線 $y=2x+b$ …… ② について
(1) ① と ② が共有点をもつとき，定数 b の値の範囲を求めよ。
(2) ① と ② が接するとき，b の値と接点の座標を求めよ。　≪ 発展例題 **107**

HINT
----
61 (2) $x\geqq0$ における $f(x)$ の最小値が正となる a の値の範囲を求める。
　　(3) $a\leqq x\leqq a+1$ における $f(x)$ の最大値を場合分けして考える。
62 $a=0$ のとき，与えられた方程式は 1 次方程式であり，異なる 2 つの実数解をもたない。

数学I

三　角　比

6章

レベル ………… 各例題の難易度を表す 🕐 の個数（1～5 の 5 段階）。

★印 ………… 大学入学共通テストの準備・対策向き。

◉，◎，◯印 … 各項目で重要度の高い例題につけた（◉，◎，◯の順に重要度が高い）。
時間の余裕がない場合は，◉，◎，◯の例題を中心に勉強すると効果的で
ある。
また，◉の例題には，解説動画がある。

Let's Start

17 三 角 比

2つの相似な直角三角形 **ABC** と **A′B′C′** があります。
このとき，対応する辺の長さの比は等しいから，辺の比について，次の3つの等式が成り立ちます。
この3つの比について考えてみましょう。

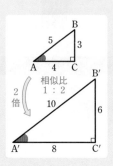

① $\dfrac{BC}{AB} = \dfrac{B'C'}{A'B'}$　② $\dfrac{AC}{AB} = \dfrac{A'C'}{A'B'}$　③ $\dfrac{BC}{AC} = \dfrac{B'C'}{A'C'}$

■ 三角比の定義

直角三角形 ABC の3辺の長さを AB=5，AC=4，BC=3 とし，三角形 ABC と三角形 A′B′C′ の相似比を 1：2 とすると，A′B′=10，A′C′=8，B′C′=6 であるから，① の値は $\dfrac{3}{5} = \dfrac{6}{10}$，② の値は $\dfrac{4}{5} = \dfrac{8}{10}$，③ の値は $\dfrac{3}{4} = \dfrac{6}{8}$ で，それぞれ等しい。このことから，① ～③ の各値は，直角三角形の大きさに関係なく，いずれも一定の値をとることがわかる。

この ①，②，③ の比の値は，直角三角形 ABC の ∠A の大きさだけで決まり，三角形の大きさにはよらない。
これらを，それぞれ

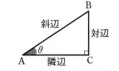

　① ⟶ ∠A の **正弦** (sine)　　または　**サイン**
　② ⟶ ∠A の **余弦** (cosine)　または　**コサイン**
　③ ⟶ ∠A の **正接** (tangent)　または　**タンジェント**

といい，正弦，余弦，正接をまとめて **三角比** という。そして，∠A=θ とおくとき，θ の正弦，余弦，正接をそれぞれ $\sin\theta$，$\cos\theta$，$\tan\theta$ と書く。

┌─ **三角比の定義** ─

$$\sin\theta = \dfrac{対辺}{斜辺} = \dfrac{BC}{AB},\ \cos\theta = \dfrac{隣辺}{斜辺} = \dfrac{AC}{AB},\ \tan\theta = \dfrac{対辺}{隣辺} = \dfrac{BC}{AC}$$

θ の三角比は，θ を左下，直角を右下にして直角三角形をかいて考えるとよい。

辺の呼称について
直角の向かい側の辺 AB を **斜辺**，
BC を ∠A の **対辺**，
AC を ∠A の **隣辺**
という。

角を表す文字
ギリシャ文字の **θ**(シータ)は，角の大きさを表すのによく用いられる。

>>> 発展例題 123

基本 111 直角三角形と三角比の値

右の図の直角三角形において，∠A＝α，∠B＝β とする。
α，β の正弦，余弦，正接の値を，それぞれ求めよ。

CHART & GUIDE

まず，斜辺 AB の長さを求めて，三角比の定義に
当てはめる。…… ①

$$\sin\theta = \frac{対辺}{斜辺}, \quad \cos\theta = \frac{隣辺}{斜辺}, \quad \tan\theta = \frac{対辺}{隣辺}$$

角 θ を左下，直角を右下にして直角三角形をかく
と，考えやすい。

解答

三平方の定理から AB²＝3²＋(√7)²＝16　よって AB＝4
三角比の定義から

$$\sin\alpha = \frac{BC}{AB} = \frac{\sqrt{7}}{4} \quad \sin\beta = \frac{AC}{AB} = \frac{3}{4}$$

$$\cos\alpha = \frac{AC}{AB} = \frac{3}{4} \quad \cos\beta = \frac{BC}{AB} = \frac{\sqrt{7}}{4}$$

$$\tan\alpha = \frac{BC}{AC} = \frac{\sqrt{7}}{3} \quad \tan\beta = \frac{AC}{BC} = \frac{3}{\sqrt{7}}$$

∠B の三角比

∠B を左下，直角を右下
にして直角三角形をかく。

6章
17
三角比

👆 Lecture 三角比の定義の覚え方

正弦 (sin)，余弦 (cos)，正接 (tan) の覚え方
着目している角を左下，直角を右下にして直角三角形をかき，sin, cos,
tan の頭文字 s，c，t の筆記体の書き順に，分母 ⟶ 分子 とする。
　　　　　　　　　　　　　　　　　　　　　　分の

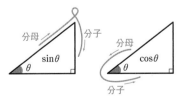

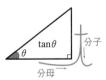

直角が右下にくる
ように裏返すと

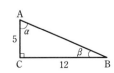

TRAINING 111 ①

右の図において，∠A＝α，∠B＝β とする。
α，β の正弦，余弦，正接の値を求めよ。

例題
112 30°, 45°, 60° の三角比の値

30°, 45°, 60° の正弦, 余弦, 正接の値を求めよ。

CHART
& GUIDE

30°, 45°, 60° の三角比
三角定規の図をかいてみよう

解答

内角が 30°, 60°, 90° である直角三角形, 内角が 45°, 45°, 90° である直角三角形では, 辺の長さについて, 次のようにすることができる。

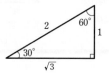

◀ 三角比の値は三角形の大きさにはよらないから, 最も簡単な辺の長さで考える。

60° の三角比
下のように, 三角形の配置を変える。

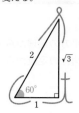

したがって, 三角比の定義により

$$\sin 30° = \frac{1}{2} \qquad \sin 45° = \frac{1}{\sqrt{2}} \qquad \sin 60° = \frac{\sqrt{3}}{2}$$

$$\cos 30° = \frac{\sqrt{3}}{2} \qquad \cos 45° = \frac{1}{\sqrt{2}} \qquad \cos 60° = \frac{1}{2}$$

$$\tan 30° = \frac{1}{\sqrt{3}} \qquad \tan 45° = 1 \qquad \tan 60° = \sqrt{3}$$

Lecture 30°, 45°, 60° の三角比

・三角比を学習していくのに, 30°, 45°, 60° の三角比は決して忘れてはならない。繰り返し図をかいて確かめよう。また, 正三角形の半分, 正方形の半分として把握しておくのもよい。

・辺の長さの間には, 三平方の定理により, それぞれ
$$1^2 + (\sqrt{3})^2 = 2^2, \quad 1^2 + 1^2 = (\sqrt{2})^2$$
の関係がある。

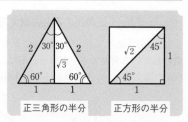

正三角形の半分　　　　正方形の半分

TRAINING 112 ①

右の図において, 斜辺の長さをともに 1 とする。このとき, 残りの辺の長さを求め, □をうめよ。そして, 30°, 45°, 60° の正弦, 余弦, 正接の値を確かめよ。

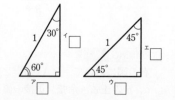

基本 **113** 三角比の表を利用して角度を求める

巻末の三角比の表を用いて

(1) $\cos\theta = \dfrac{2}{5}$ を満たす鋭角 θ の

およその大きさを求めよ。

(2) 右図の x の値と角 θ のおよその
大きさを求めよ。ただし，x の値
は小数第 2 位を四捨五入せよ。

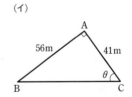

CHART
& GUIDE

三角比の表（巻末）の数値は，1°ごとの角について，その正弦，余弦，正接の
値の小数第 5 位を四捨五入して，第 4 位までを示したものである。

(1) 三角比の表から，$\cos\theta = \dfrac{2}{5} = 0.4$ に近い鋭角を求める。

(2) 与えられた数値と x，θ の間に，三角比のどの関係式が成り立つかを考えると

$$\sin 40° = \dfrac{x}{86}, \quad \tan\theta = \dfrac{56}{41}$$

6章
17

三
角
比

解答

(1) $\dfrac{2}{5} = 0.4$

三角比の表から　$\cos 66° = 0.4067$, $\cos 67° = 0.3907$

$0.4067 - 0.4 = 0.0067$, $0.4 - 0.3907 = 0.0093$ であり

$\qquad 0.0067 < 0.0093$ 　　よって　　**$\theta ≒ 66°$**

(2) (ア) $\sin 40° = \dfrac{x}{86}$ 　　三角比の表から　$\sin 40° = 0.6428$

よって　$x = 86 \sin 40° = 86 \times 0.6428 = 55.2808$

四捨五入して　**$x = 55.3$**

(イ) $\tan\theta = \dfrac{56}{41} = 1.3658\cdots\cdots$

三角比の表から　$\tan 53° = 1.3270$, $\tan 54° = 1.3764$

よって　　**$\theta ≒ 54°$**

θ		$\cos\theta$
65°	$\cdots$	0.4226
66°	$\cdots$	0.4067
67°	$\cdots$	0.3907

◆「≒」は，ほぼ等しいこ
とを意味する。

◆(2) (ア) $\cos 50° = \dfrac{x}{86}$ か
ら求めてもよい。

(イ) 角度は表に合わせて
整数値の度までとする。
より近い方の値にする。

角の大きさを表す文字に，
α（アルファ），β（ベータ），
γ（ガンマ）もよく用いられ
る。

TRAINING **113** ①

巻末の三角比の表を用いて，次のものを求めよ。

(1) $\sin 15°$, $\cos 73°$, $\tan 25°$ の値

(2) $\sin\alpha = 0.4226$, $\cos\beta = 0.7314$,
$\tan\gamma = 8.1443$ を満たす鋭角 α, β, γ

(3) 右の図の x の値と角 θ のおよその大きさ。
ただし，x は小数第 2 位を四捨五入せよ。

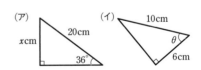

標準 例題 **114** 測量への応用(1)　　　　　　　　≪≪ 基本例題 **113**　　≫≫ 発展例題 **121**

高さ 20 m の建物の屋上の端から，ある地点を見下ろすと，水平面とのなす角が 32° であった。その地点と建物の距離を求めよ。また，その地点と建物の屋上の端の距離を求めよ。ただし，小数第 2 位を四捨五入せよ。

CHART
& GUIDE

測量の問題
直角三角形を見つける

１ 簡単な図をかく（下の解答の図を参照）。
２ 与えられた数値と求める量の間に成り立つ三角比の関係式をかく。
３ 三角比の表(巻末)を利用する。

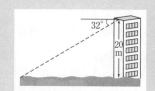

解答

求めるものを順に x m, y m として，図をかくと，右のようになる。図から

$$\tan 58° = \frac{x}{20}, \quad \cos 58° = \frac{20}{y}$$

三角比の表から　　$\tan 58° = 1.6003$, $\cos 58° = 0.5299$
よって　　$x = 20\tan 58° = 20 \times 1.6003 = 32.006$

$$y = \frac{20}{\cos 58°} = \frac{20}{0.5299} = 37.742\cdots\cdots$$

求める距離は，小数第 2 位を四捨五入して
　　　　　　順に　**32.0 m, 37.7 m**

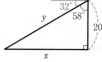

◀ 高さ 20 m …… 屋上の端から地面に下ろした垂線の長さが 20 m 垂線を下ろすから，直角三角形ができる。
また　$58° = 90° - 32°$

◀ $y = \dfrac{200000}{5299}$ として計算する。

👆 *Lecture* **三角比と辺**

三角比の定義の式　$\sin\theta = \dfrac{a}{c}$, $\cos\theta = \dfrac{b}{c}$, $\tan\theta = \dfrac{a}{b}$　は，
上の解答のように，必要に応じて変形して使われる。

　　　　　$a = c \times \sin\theta$ … 対辺 a は，斜辺 c の ($\sin\theta$) 倍
　　　　　$b = c \times \cos\theta$ … 隣辺 b は，斜辺 c の ($\cos\theta$) 倍
　　　　　$a = b \times \tan\theta$ … 対辺 a は，隣辺 b の ($\tan\theta$) 倍

TRAINING 114 ③

次の各問いに答えよ。ただし，小数第 2 位を四捨五入せよ。
(1) 木の根元から 5 m 離れた地点に立って木の先端を見上げると，水平面とのなす角が 55° であった。目の高さを 1.6 m として木の高さを求めよ。
(2) 水平面との傾きが 8° の下り坂の道を 80 m 進むと，水平方向に何 m 進んだことになるか。また，鉛直方向には何 m 下ったことになるか。

Let's Start

18 三角比の相互関係

3つの三角比 $\sin\theta$, $\cos\theta$, $\tan\theta$ の間には密接な関係があります。ここでは，その関係について考えてみましょう。

■ $\sin\theta$, $\cos\theta$, $\tan\theta$ の相互関係

右の図の直角三角形 ABC において，$\angle A = \theta$ とすると

$$\sin\theta = \frac{a}{c}, \qquad \cos\theta = \frac{b}{c}$$

分母を払って　$a = c\sin\theta$, 　$b = c\cos\theta$　……　①

[1]　$\tan\theta = \dfrac{a}{b} = \dfrac{c\sin\theta}{c\cos\theta} = \dfrac{\sin\theta}{\cos\theta}$

← ① を代入。

$\tan\theta = \dfrac{\sin\theta}{\cos\theta}$,

[2]　直角三角形においては，三平方の定理 $a^2 + b^2 = c^2$ が成り立

つから，a, b に ① を代入して

$$(c\sin\theta)^2 + (c\cos\theta)^2 = c^2$$

両辺を c^2 ($\neq 0$) で割ると

$$(\sin\theta)^2 + (\cos\theta)^2 = 1$$

すなわち　　$\sin^2\theta + \cos^2\theta = 1$

$\sin^2\theta + \cos^2\theta = 1$ は，分母を払ったり移項したりして，次の形で用いられることも多い。
$\sin\theta = \cos\theta \cdot \tan\theta$
$\cos^2\theta = 1 - \sin^2\theta$
$\sin^2\theta = 1 - \cos^2\theta$

[3]　上で得られた $\sin^2\theta + \cos^2\theta = 1$ の両辺を $\cos^2\theta$ で割ると

$$\frac{\sin^2\theta}{\cos^2\theta} + \frac{\cos^2\theta}{\cos^2\theta} = \frac{1}{\cos^2\theta}$$

したがって　　$1 + \left(\dfrac{\sin\theta}{\cos\theta}\right)^2 = \dfrac{1}{\cos^2\theta}$

すなわち　　$1 + \tan^2\theta = \dfrac{1}{\cos^2\theta}$

以上から，三角比の間に次の関係が成り立つ。

注意 三角比では，慣例で $(\sin\theta)^2, (\cos\theta)^2$, $(\tan\theta)^2$ をそれぞれ，$\sin^2\theta$, $\cos^2\theta$, $\tan^2\theta$ と書く。

← $\tan\theta = \dfrac{\sin\theta}{\cos\theta}$

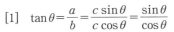
三角比の相互関係

$$\tan\theta = \frac{\sin\theta}{\cos\theta} \qquad \sin^2\theta + \cos^2\theta = 1 \qquad 1 + \tan^2\theta = \frac{1}{\cos^2\theta}$$

この関係式を使うと，θ の値がわからなくても，3つの三角比のうち1つの値から残り2つの値を計算できます。
次のページから，その具体的な計算方法について学習していきましょう。

6章
18
三角比の相互関係

基本 115 θが鋭角の場合の三角比の相互関係

(1) θが鋭角で，$\sin\theta=\dfrac{3}{4}$ のとき，$\cos\theta$，$\tan\theta$ の値を求めよ。

(2) θが鋭角で，$\tan\theta=3$ のとき，$\cos\theta$，$\sin\theta$ の値を求めよ。

解説動画へGO!!

CHART & GUIDE

三角比の相互関係の公式 ...... ！

① $\tan\theta=\dfrac{\sin\theta}{\cos\theta}$　② $\sin^2\theta+\cos^2\theta=1$　③ $1+\tan^2\theta=\dfrac{1}{\cos^2\theta}$

(1) ② を用いて $\cos\theta$ の値を求める。次に，① を用いて $\tan\theta$ の値を求める。
(2) ③ を用いて $\cos\theta$ の値を求める。次に，① を用いて $\sin\theta$ の値を求める。

解答

！ (1) $\sin^2\theta+\cos^2\theta=1$ から　$\cos^2\theta=1-\sin^2\theta=1-\left(\dfrac{3}{4}\right)^2=\dfrac{7}{16}$

$\cos\theta>0$ であるから　$\cos\theta=\sqrt{\dfrac{7}{16}}=\dfrac{\sqrt{7}}{4}$

！ また　$\tan\theta=\dfrac{\sin\theta}{\cos\theta}=\dfrac{3}{4}\div\dfrac{\sqrt{7}}{4}=\dfrac{3}{4}\times\dfrac{4}{\sqrt{7}}=\dfrac{3}{\sqrt{7}}$

！ (2) $1+\tan^2\theta=\dfrac{1}{\cos^2\theta}$ から　$1+3^2=\dfrac{1}{\cos^2\theta}$

よって　$\cos^2\theta=\dfrac{1}{10}$　　$\cos\theta>0$ であるから　$\cos\theta=\dfrac{1}{\sqrt{10}}$

！ また，$\tan\theta=\dfrac{\sin\theta}{\cos\theta}$ から

$\sin\theta=\cos\theta\tan\theta=\dfrac{1}{\sqrt{10}}\times3=\dfrac{3}{\sqrt{10}}$

(1) $\sin\theta=\dfrac{3}{4}\left(\dfrac{対辺}{斜辺}\right)$ を満たす直角三角形

(2) $\tan\theta=\dfrac{3}{1}\left(\dfrac{対辺}{隣辺}\right)$ を満たす直角三角形

Lecture　1つの三角比から他の三角比を求める手順

[1] $\sin\theta$ または $\cos\theta$ が与えられたとき　← 例題の(1)の場合

$\sin^2\theta+\cos^2\theta=1$ を使って，他方の値を求め，次に $\tan\theta=\dfrac{\sin\theta}{\cos\theta}$ の値を求める。

[2] $\tan\theta$ が与えられたとき　← 例題の(2)の場合

$1+\tan^2\theta=\dfrac{1}{\cos^2\theta}$ を使って，$\cos\theta$ の値を求め，次に $\sin\theta=\cos\theta\tan\theta$ の値を求める。

TRAINING 115 ②

θは鋭角とする。$\sin\theta$，$\cos\theta$，$\tan\theta$ のうち，1つが次の値のとき，他の2つの値を，それぞれ求めよ。

(1) $\sin\theta=\dfrac{4}{5}$　　(2) $\cos\theta=\dfrac{5}{13}$　　(3) $\tan\theta=\dfrac{1}{2}$

116 45° 以下の三角比で表す ⏱

(1) $\sin 75°$, $\cos 63°$, $\tan 57°$ を 45° 以下の鋭角の三角比で表せ。

(2) $\tan 20° \tan 70°$ の値を求めよ。

CHART
& GUIDE

90°−θ の三角比の公式

$$\sin(90°-\theta)=\cos\theta, \quad \cos(90°-\theta)=\sin\theta, \quad \tan(90°-\theta)=\frac{1}{\tan\theta}$$

(2) $70°+20°=90°$ であるから，$\tan 70°$ は，$\tan 20°$ で表される。

解答

(1) $\sin 75°=\sin(90°-15°)=\cos 15°$ ← $75°+15°=90°$

    $\cos 63°=\cos(90°-27°)=\sin 27°$ ← $63°+27°=90°$

    $\tan 57°=\tan(90°-33°)=\dfrac{1}{\tan 33°}$ ← $57°+33°=90°$

(2) $\tan 70°=\tan(90°-20°)=\dfrac{1}{\tan 20°}$ であるから

$$\tan 20° \tan 70°=\tan 20° \times \frac{1}{\tan 20°}=1$$

6章
18

三角比の相互関係

👆 *Lecture* 90°−θ の三角比の公式

直角三角形において，1つの鋭角を θ とすると，もう1つの鋭角は $90°-\theta$ で表される。
2つの鋭角 θ，$90°-\theta$ の三角比の間に成り立つ関係を調べてみよう。

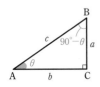

$$\sin\theta=\frac{a}{c} \qquad \sin(90°-\theta)=\frac{b}{c}$$

$$\cos\theta=\frac{b}{c} \quad 等しい \quad \cos(90°-\theta)=\frac{a}{c}$$

$$\tan\theta=\frac{a}{b} \qquad \tan(90°-\theta)=\frac{b}{a}$$

逆数

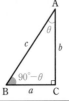

これらの式を見比べると，
θ が鋭角のとき，右の公式が
成り立つことがわかる。

$$\begin{array}{ll} \sin(90°-\theta)=\cos\theta & \tan(90°-\theta)=\dfrac{1}{\tan\theta} \\ \cos(90°-\theta)=\sin\theta & \end{array}$$

2つの角 θ と $90°-\theta$ の和は $90°$ であるから，1つの角が $45°$ より大きい鋭角のとき，もう1つの
角は，$45°$ より小さい鋭角である。したがって，上の公式を言葉で表現すると，45° より大きい鋭
角の三角比は，45° より小さい鋭角の三角比で表される ということである。

TRAINING 116 ①

$\sin 70°$，$\cos 80°$，$\tan 55°$ を 45° 以下の鋭角の三角比で表せ。

Let's Start

19 三角比の拡張

これまでは，三角比を鋭角（$0°<\theta<90°$）の範囲で考えてきました。ここでは，鈍角（$90°<\theta<180°$）の場合も含めて，$0°\leqq\theta\leqq180°$ の範囲で統一的に三角比を定義することを考えていきましょう。

■ 座標を用いた三角比の定義

鈍角は直角三角形の内角にはなりえないから，鋭角の場合の定義をそのまま拡張することはできない。そこで，座標を用いて定義し直すことにする。

座標平面上に，原点Oを中心とする半径 r の半円をかき，x 軸の正の部分の交点をAとする。次に，$\angle AOP=\theta$（$0°\leqq\theta\leqq180°$）となる点Pをこの半円周上にとり，点Pの座標を (x, y) とする。このとき，θ の三角比を次の式で定義する。

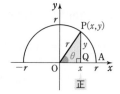

$0°\leqq\theta<90°$ のとき $x>0$

> **三角比の定義**
>
> $$\sin\theta=\frac{y}{r} \qquad \cos\theta=\frac{x}{r} \qquad \tan\theta=\frac{y}{x}$$

この定義は，θ が鋭角のとき，直角三角形を用いて定義したものと一致する。また，r の大きさは，任意（自由）に決めてよい。

注意 $\theta=90°$ のとき，分母 x の値が 0 となるから，$\tan 90°$ は定義されない。

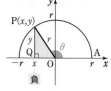

$90°<\theta\leqq180°$ のとき $x<0$

右上の図（θ が鈍角）において，直角三角形 OPQ の辺の長さは OQ$=-x$，PQ$=y$，OP$=r$ であり，三平方の定理から $(-x)^2+y^2=r^2$ すなわち $x^2+y^2=r^2$ が成り立つ。$\theta=0°$，$90°$，$180°$ の場合もそれぞれ $y=0$，$x=0$，$y=0$ となることから，$x^2+y^2=r^2$ が成り立つ。よって，$0°\leqq\theta\leqq180°$ のときも次の関係式が成り立つ。

> **三角比の相互関係**
>
> $$\tan\theta=\frac{\sin\theta}{\cos\theta} \qquad \sin^2\theta+\cos^2\theta=1 \qquad 1+\tan^2\theta=\frac{1}{\cos^2\theta}$$

次のページからは，座標を用いて，鈍角の三角比について学習していきましょう。

基本 **117** 鈍角の三角比の値 ⏱

次の角の正弦，余弦，正接の値を求めよ。

(1) 120°　　　　　　　　　　(2) 135°

CHART & GUIDE　三角比の値　$\sin\theta=\dfrac{y}{r}$, $\cos\theta=\dfrac{x}{r}$, $\tan\theta=\dfrac{y}{x}$ …… [!]

1 半径 r の半円をかく。……(1) $r=2$　(2) $r=\sqrt{2}$　とするとよい。

2 半円周上に点Pを，線分OPと x 軸の正の部分のなす角が，(1) **120°**，(2) **135°** となるようにとる。…… この場合の線分OPを動径という。

3 点Pの座標 (x, y) を決めて，定義の式に当てはめる。

解答

(1) $r=2$ とする。図の点Pの座標は $(-1,\ \sqrt{3}\ )$ であるから

[!]　$\sin 120°=\dfrac{y}{r}=\dfrac{\sqrt{3}}{2}$

$\cos 120°=\dfrac{x}{r}=\dfrac{-1}{2}=-\dfrac{1}{2}$

$\tan 120°=\dfrac{y}{x}=\dfrac{\sqrt{3}}{-1}=-\sqrt{3}$

(2) $r=\sqrt{2}$ とする。図の点Pの座標は $(-1,\ 1)$ であるから

[!]　$\sin 135°=\dfrac{y}{r}=\dfrac{1}{\sqrt{2}}$

$\cos 135°=\dfrac{x}{r}=\dfrac{-1}{\sqrt{2}}=-\dfrac{1}{\sqrt{2}}$

$\tan 135°=\dfrac{y}{x}=\dfrac{1}{-1}=-1$

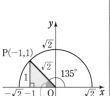

(補足) 0°，90°，180° の三角比は次のようになる(詳しくは解答編 $p.113$ 参照)。

$\sin 0°=0,$　　$\cos 0°=1,$　　$\tan 0°=0$

$\sin 90°=1,$　　$\cos 90°=0,$　　$\tan 90°$ は 定義されない

$\sin 180°=0,$　　$\cos 180°=-1,$　　$\tan 180°=0$

(1) $180°-120°=60°$ であるから，$r=2$ とするとき，1辺の長さが2の正三角形の半分の図形から，点Pの座標が決められる。

(2) $180°-135°=45°$ であるから，$r=\sqrt{2}$ とするとき，1辺の長さが1(対角線の長さが $\sqrt{2}$)の正方形の半分の図形から，点Pの座標が決められる。

(参考)

三角比を考える角が 30°，60°，120°，150° のときは半径2，

45°，135° のときは半径 $\sqrt{2}$，

0°，90°，180° のときは半径1

とすると，考えやすい。

6章

19

三角比の拡張

TRAINING 117 ①

右の図において，角 θ の正弦，余弦，正接の値を求めよ。

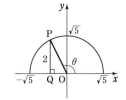

>>> 発展例題 **125**

基本 例題
118 鋭角の三角比で表す ⏱

(1) 三角比の表を用いて，110° の正弦，余弦，正接の値を求めよ。

(2) $\sin 10° = a$, $\cos 10° = b$ とする。次の $^{ア}\boxed{}$ ～ $^{エ}\boxed{}$ に適するものを，a, $-a$, b, $-b$ の中から選べ。ただし，同じものを繰り返し選んでもよい。

$\sin 80° = {}^{ア}\boxed{}$, $\cos 80° = {}^{イ}\boxed{}$, $\sin 100° = {}^{ウ}\boxed{}$, $\cos 100° = {}^{エ}\boxed{}$

CHART
& GUIDE

180°−θ の三角比の公式

$$\sin(180°-\theta) = \sin\theta, \quad \cos(180°-\theta) = -\cos\theta,$$
$$\tan(180°-\theta) = -\tan\theta$$

鈍角の三角比は，0°～90° の三角比に直すと三角比の表で値を求めることができる。

(1) 110° を 180°−70° ととらえて考える。

解答

(1) 180°−θ の三角比の公式から

$$\sin 110° = \sin(180°-70°) = \sin 70° = \mathbf{0.9397}$$
$$\cos 110° = \cos(180°-70°) = -\cos 70° = \mathbf{-0.3420}$$
$$\tan 110° = \tan(180°-70°) = -\tan 70° = \mathbf{-2.7475}$$

← 180°−θ の公式では，cos と tan の符号に注意。

(2) 90°−θ の三角比の公式から

$$\sin 80° = \sin(90°-10°) = \cos 10° = {}^{ア}\mathbf{b}$$
$$\cos 80° = \cos(90°-10°) = \sin 10° = {}^{イ}\mathbf{a}$$

← $\sin(90°-\theta) = \cos\theta$
← $\cos(90°-\theta) = \sin\theta$

180°−θ の三角比の公式から

$$\sin 100° = \sin(180°-80°) = \sin 80° = {}^{ウ}\mathbf{b}$$
$$\cos 100° = \cos(180°-80°) = -\cos 80° = {}^{エ}\mathbf{-a}$$

(参考) (2)の計算をまとめると，次のようになる。

$$\sin 100° = \sin 80° = \cos 10°$$
$$\cos 100° = -\cos 80° = -\sin 10°$$

$\sin 100° = \cos 10°$, $\cos 100° = -\sin 10°$ は，90°+θ の三角比の公式から導くことができる。右の「STEP into ここで解説」参照。

TRAINING 118 ①

(1) 三角比の表を用いて，128° の正弦，余弦，正接の値を求めよ。

(2) $\sin 27° = a$ とする。117° の余弦を a を用いて表せ。

STEP into ここで**解説**

$90°+\theta$ の三角比の公式

p.203 の Lecture で扱った「$90°-\theta$ の三角比の公式」，前ページで扱った
「$180°-\theta$ の三角比の公式」を利用すると，「$90°+\theta$ の三角比の公式」を導くこと
ができます。そのことについて，ここで解説しましょう。

■余角の三角比，補角の三角比

$90°-\theta$ と θ のように，加えて $90°$ になる角を互いに **余角** という。
また，$180°-\theta$ と θ のように，加えて $180°$ になる角を互いに **補角** という。

余角の三角比の公式	補角の三角比の公式
$\sin(90°-\theta)=\cos\theta$	$\sin(180°-\theta)=\sin\theta$
$\cos(90°-\theta)=\sin\theta$	$\cos(180°-\theta)=-\cos\theta$
$\tan(90°-\theta)=\dfrac{1}{\tan\theta}$	$\tan(180°-\theta)=-\tan\theta$

[補角の三角比の公式について]

右の図のように，半径 r の半円上に
$\angle AOP=\theta$ となる点 $P(x,\ y)$ をとる。
ただし，$0°\leqq\theta\leqq180°$ とする。
ここで，点Pと y 軸に関して対称な点 P' を
とると，点 P' の座標は $(-x,\ y)$ で，
$\angle AOP'=180°-\theta$ である。
このとき，$\angle AOP'=180°-\theta$ と
$\angle AOP=\theta$ の三角比を考えると

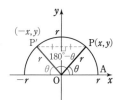

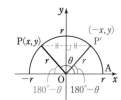

$$\sin(180°-\theta)=\frac{y}{r}=\sin\theta, \quad \cos(180°-\theta)=\frac{-x}{r}=-\cos\theta,$$

$$\tan(180°-\theta)=\frac{y}{-x}=-\tan\theta \ (ただし，\theta\ne90°)$$

■$90°+\theta$ の三角比

前ページの例題(2)の計算は次のようになっている。前ページの (参考) 参照。

$$\sin\underset{補角}{100°}=\sin\underset{余角}{80°}=\cos10° \qquad \cos\underset{補角}{100°}=-\cos\underset{余角}{80°}=-\sin10°$$

$90°+\theta$ と $90°-\theta$ が互いに補角(加えると $180°$ になる)の関係にあることを利用すると

$$\sin(\underset{補角}{90°+\theta})=\sin(\underset{余角}{90°-\theta})=\cos\theta \qquad \cos(\underset{補角}{90°+\theta})=-\cos(\underset{余角}{90°-\theta})=-\sin\theta$$

のように一般化することができ，$\tan(90°+\theta)=\dfrac{\sin(90°+\theta)}{\cos(90°+\theta)}=\dfrac{\cos\theta}{-\sin\theta}=-\dfrac{1}{\tan\theta}$ となる
から，まとめると次のようになる。

$90°+\theta$ の三角比の公式
$\sin(90°+\theta)=\cos\theta \qquad \cos(90°+\theta)=-\sin\theta \qquad \tan(90°+\theta)=-\dfrac{1}{\tan\theta}$

基本 例題
119 三角比の等式を満たす θ (三角方程式)

$0° \leqq \theta \leqq 180°$ とする。次の等式を満たす θ を求めよ。

(1) $\sin\theta = \dfrac{\sqrt{3}}{2}$　　(2) $\cos\theta = -\dfrac{1}{\sqrt{2}}$　　(3) $\tan\theta = -\dfrac{1}{\sqrt{3}}$

解説動画へGO!!

CHART
& GUIDE

三角方程式　等式を表す図を，定義通りにかく

三角比の定義　$\sin\theta = \dfrac{y}{r}$, $\cos\theta = \dfrac{x}{r}$, $\tan\theta = \dfrac{y}{x}$

1 半径 r の半円をかく。…… (1) $r=2$　(2) $r=\sqrt{2}$　(3) $r=2$

2 半円周上に，次のような点Pをとる。

(1) y 座標が $\sqrt{3}$　(2) x 座標が -1　(3) x 座標が $-\sqrt{3}$, y 座標が 1

3 線分 OP と x 軸の正の部分のなす角を求める。

解答

(1) 半径 2 の半円上で，y 座標が $\sqrt{3}$ で
ある点は，$\mathrm{P}(1, \sqrt{3})$ と $\mathrm{Q}(-1, \sqrt{3})$
の 2 つある。
求める θ は，図の $\angle \mathrm{AOP}$ と $\angle \mathrm{AOQ}$
であるから，この大きさを求めて
$$\theta = 60°, \quad 120°$$

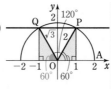

三角定規の辺の比を利用し
よう。

注意　$0° \leqq \theta \leqq 180°$ の範囲において，$\sin\theta = \triangle$（ただし，
$0 \leqq \triangle < 1$）を満たす θ は 2 つある。

(2) 半径 $\sqrt{2}$ の半円上で，x 座標が
-1 である点は，$\mathrm{P}(-1, 1)$ である。
求める θ は，図の $\angle \mathrm{AOP}$ であるか
ら，この大きさを求めて
$$\theta = 135°$$

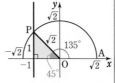

(3) x 座標が $-\sqrt{3}$，y 座標が 1 である
点Pをとると，求める θ は，図の
$\angle \mathrm{AOP}$ である。
この大きさを求めて　$\theta = 150°$

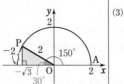

注意　$\tan\theta = \dfrac{1}{-\sqrt{3}}$ として，$x = -\sqrt{3}$, $y = 1$ とする。

TRAINING　**119** ①

$0° \leqq \theta \leqq 180°$ のとき，次の等式を満たす θ を求めよ。

(1) $\sin\theta = \dfrac{1}{2}$　　(2) $\cos\theta = \dfrac{1}{\sqrt{2}}$　　(3) $\tan\theta = -\sqrt{3}$

《《 基本例題 115　》》 発展例題 124

標準 例題 **120** 三角比の相互関係 …… θ が $0° \leqq \theta \leqq 180°$

$0° \leqq \theta \leqq 180°$ とする。$\sin\theta = \dfrac{1}{3}$ のとき，$\cos\theta$，$\tan\theta$ の値を求めよ。

CHART & GUIDE

三角比の相互関係の公式 …… !

① $\tan\theta = \dfrac{\sin\theta}{\cos\theta}$　② $\sin^2\theta + \cos^2\theta = 1$　③ $1 + \tan^2\theta = \dfrac{1}{\cos^2\theta}$

解法の方針は，例題 115 と同じ。$\sin\theta$ の値が与えられているので，② からスタート。
ただし，θ が鈍角のとき　$\sin\theta > 0$，$\cos\theta < 0$，$\tan\theta < 0$ に注意。

解答

! $\sin^2\theta + \cos^2\theta = 1$ から　$\cos^2\theta = 1 - \sin^2\theta = 1 - \left(\dfrac{1}{3}\right)^2 = \dfrac{8}{9}$

$0° \leqq \theta \leqq 180°$ であるから　$\cos\theta = \pm\sqrt{\dfrac{8}{9}} = \pm\dfrac{2\sqrt{2}}{3}$

$\cos\theta = \dfrac{2\sqrt{2}}{3}$ のとき

! $\tan\theta = \dfrac{\sin\theta}{\cos\theta} = \dfrac{1}{3} \div \dfrac{2\sqrt{2}}{3} = \dfrac{1}{2\sqrt{2}} = \dfrac{\sqrt{2}}{4}$

$\cos\theta = -\dfrac{2\sqrt{2}}{3}$ のとき

! $\tan\theta = \dfrac{\sin\theta}{\cos\theta} = \dfrac{1}{3} \div \left(-\dfrac{2\sqrt{2}}{3}\right) = -\dfrac{1}{2\sqrt{2}} = -\dfrac{\sqrt{2}}{4}$

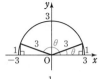

$\sin\theta = \dfrac{1}{3}$ を満たす
θ は 2 つある。

🖐 Lecture　三角比の符号

三角比 $\sin\theta = \dfrac{y}{r}$，$\cos\theta = \dfrac{x}{r}$，$\tan\theta = \dfrac{y}{x}$ の値の符号は，半径 r について $r > 0$ であるから，x と y の符号で決まる。

　$0° < \theta < 180°$ では　常に　$y > 0$

　$0° < \theta < 90°$ では　$x > 0$，　$90° < \theta < 180°$ では　$x < 0$

であるから，三角比の値の符号は，次の表のようになる。

θ	$0°$	$0° < \theta < 90°$	$90°$	$90° < \theta < 180°$	$180°$
$\sin\theta$	0	+	1	+	0
$\cos\theta$	1	+	0	−	−1
$\tan\theta$	0	+	✕	−	0

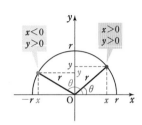

TRAINING 120 ③

(1) $0° \leqq \theta \leqq 180°$，$\cos\theta = -\dfrac{3}{4}$ のとき，$\sin\theta$，$\tan\theta$ の値を求めよ。

(2) $0° \leqq \theta \leqq 180°$，$\tan\theta = -\dfrac{12}{5}$ のとき，$\sin\theta$，$\cos\theta$ の値を求めよ。

STEP *into* ▶ ここで**整理**

三角比のまとめ

第19節では，三角比で扱う角 θ を $0° \leqq \theta \leqq 180°$ の範囲まで拡張しました。ここで，三角比の定義や相互関係などについて整理しておきましょう。

● **三角比の定義**（鋭角から鈍角への拡張）●

$0° < \theta < 90°$
（直角三角形で定義）

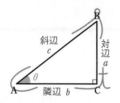

$0° \leqq \theta \leqq 180°$
（座標で定義）

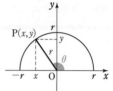

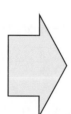

定義 $(a,\ b,\ c$ で決める)

$$\sin\theta = \frac{a}{c} = \frac{\text{対辺}}{\text{斜辺}}$$

$$\cos\theta = \frac{b}{c} = \frac{\text{隣辺}}{\text{斜辺}}$$

$$\tan\theta = \frac{a}{b} = \frac{\text{対辺}}{\text{隣辺}}$$

定義 $(r,\ x,\ y$ で決める)

$$\sin\theta = \frac{y}{r}$$

$$\cos\theta = \frac{x}{r}$$

$$\tan\theta = \frac{y}{x}$$

三角比の相互関係

$\sin^2\theta + \cos^2\theta = 1$ … 三平方の定理 $a^2 + b^2 = c^2$
を三角比で表現したもの

$$\tan\theta = \frac{\sin\theta}{\cos\theta}, \qquad 1 + \tan^2\theta = \frac{1}{\cos^2\theta}$$

180°−θ の三角比

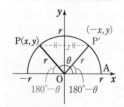

90°−θ の三角比

$\sin(90° - \theta) = \cos\theta$
$\cos(90° - \theta) = \sin\theta$
$\tan(90° - \theta) = \dfrac{1}{\tan\theta}$

$\sin(180° - \theta) = \sin\theta$
$\cos(180° - \theta) = -\cos\theta$
$\tan(180° - \theta) = -\tan\theta$

発展学習

発展 例題 **121** 測量への応用⑵

地点Aから鉄塔の頂点Pを見上げた角を測ったら $30°$ であった。次に，地点A から鉄塔に向かって 100 m 進んだ地点Bで，再び頂点Pを見上げる角を測った ら $45°$ であった。鉄塔の高さを求めよ。ただし，目の高さは考えないものとす る。

CHART & GUIDE

測量の問題　直角三角形を見つける

1 簡単な図をかく（下の解答の図を参照）。
2 与えられた数値と未知の量の間に成り立つ三角比の関係式をかく。
　　…… 図で，$PH=x$，$BH=y$ として，x，y についての方程式を作る。
3 x，y についての方程式を解く。

解答

右の図のように点 H をとり，
$PH=x$ m，$BH=y$ m とすると
△PAH において
$$x=(100+y)\tan 30°$$
$$=\frac{100+y}{\sqrt{3}} \quad\cdots\cdots ①$$

また，△PBH は，直角二等辺三角形であるから
$$y=x \quad\cdots\cdots ②$$

①，② から　　$x=\dfrac{100+x}{\sqrt{3}}$

両辺に $\sqrt{3}$ を掛けて整理すると　　$(\sqrt{3}-1)x=100$

よって　　$x=\dfrac{100}{\sqrt{3}-1}=\dfrac{100(\sqrt{3}+1)}{(\sqrt{3}-1)(\sqrt{3}+1)}=\dfrac{100(\sqrt{3}+1)}{3-1}$
$$=50(\sqrt{3}+1) \ (m)$$

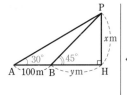

◆ $PH=AH\tan\angle PAH$，
$\tan 30°=\dfrac{1}{\sqrt{3}}$

◆ $x=y\tan 45°$ であり
$\tan 45°=1$

分母の有理化
分母・分子に $\sqrt{3}+1$
を掛けて
$(a+b)(a-b)=a^2-b^2$
を利用。

TRAINING 121 ④

地点Oに塔が垂直に立っている。地点Oより真南にある地点 Aから塔の頂点Pを見ると，仰角が $45°$ で，地点Oより真東 にある地点Bから頂点Pを見ると，仰角が $30°$ であった。A，B 間の距離が 200 m であるとき，塔の高さを求めよ。ただ し，目の高さは無視する。

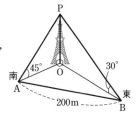

注意 点Aから点Pを見るとき，APとAを通る水平面とのなす 角を，Pが水平面より上にあるとき **仰角**，下にあるとき **俯角** という。

6章

発展学習

数学の扉　地球の半径を測ろう！

紀元前の時代から，地球の半径を測るためにいろいろな試みがされてきました。
山登りから地球の半径を求める手順をここで紹介しましょう。

【STEP1】　まずは山の高さを求めよう。

富士山（約 3776 m）を例にしましょう。富士山の高さを h（m）
とします。山のふもとに向かう途中の地点Aから頂上Tを見上
げて角度を測ると 31°，山の方に 700 m 進んだ地点Bから再び
見上げると 34° であったとします。

このとき，頂上の真下の地点をCとして

2 つの直角三角形 △TAC と △TBC

に注目すると，次の ①，② が得られます。ただし，目の高さは無視するとします。

$$\tan 31° = \frac{\mathrm{CT}}{\mathrm{AC}} = \frac{h}{700 + \mathrm{BC}} \quad \cdots\cdots ① , \qquad \tan 34° = \frac{\mathrm{CT}}{\mathrm{BC}} = \frac{h}{\mathrm{BC}} \quad \cdots\cdots ②$$

① から　$h = (700 + \mathrm{BC}) \tan 31°$　　三角比の表から　$h = 0.6009 \times (700 + \mathrm{BC})$
② から　$h = \mathrm{BC} \tan 34°$　　　　三角比の表から　$h = 0.6745 \times \mathrm{BC}$
2 式の連立方程式を解くと　　$h ≒ 3855$

富士山は 3776 m でしたから，たった 100 m の誤差で高さが測れたことになりま
すね！

【STEP2】　地球の半径 R を求めよう。

さあ，登頂しました。富士山の山頂から地平線を見下ろすと，
水平面との角度は 2° でした。
これを地球の外から見ると，右のようになりますから，
$h = 3855$，三角比の表より　$\cos 2° = 0.9994$　として

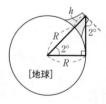

$\cos 2° = \dfrac{R}{R + h}$　　すなわち　$0.9994 = \dfrac{R}{R + 3855}$

これを R について解くと　　$R = 6421145$（m）≒ **6421（km）**
実際の地球の半径に近い数値が求められました。

今度，山登りの計画を立てているので，チャレンジしてみようと思います。

是非，測量の結果を知らせてください。楽しみにしています。

発展 例題 **122** 2直線のなす角 🕐🕐🕐🕐

(1) 直線 $x-y=0$, $\sqrt{3}\,x+y=0$ が，x 軸の正の向きとなす角をそれぞれ求めよ。

(2) 2直線 $x-y=0$, $\sqrt{3}\,x+y=0$ のなす鋭角を求めよ。

CHART & GUIDE

直線 $y=mx$ と x 軸の正の向きとのなす角を θ
$(0°\leqq\theta\leqq180°)$ とすると $m=\tan\theta$ …… ⚠

(1) ① 直線の傾きを求める。

② （傾き）$=\tan\theta$ を満たす θ の値を求める。

(2) (1)のなす角を，順に α，β とすると
2直線のなす角は $|\alpha-\beta|$

解答

(1) 直線 $x-y=0$ すなわち $y=x$
と x 軸の正の向きとのなす角を α
⚠ とすると $\tan\alpha=1$
よって $\alpha=\mathbf{45°}$
直線 $\sqrt{3}\,x+y=0$ すなわち
$y=-\sqrt{3}\,x$ と x 軸の正の向きとの
なす角を β とすると
⚠ $\tan\beta=-\sqrt{3}$
よって $\beta=\mathbf{120°}$

(2) 2直線 $y=x$ と $y=-\sqrt{3}\,x$ のなす鋭角は，図より，
$\beta-\alpha$ であるから $\beta-\alpha=120°-45°=\mathbf{75°}$

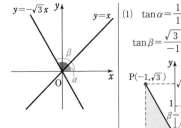

(1) $\tan\alpha=\dfrac{1}{1}$

$\tan\beta=\dfrac{\sqrt{3}}{-1}$

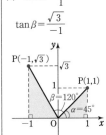

← $\alpha<\beta$ であるから
$|\alpha-\beta|=\beta-\alpha$

👆 **Lecture** **直線の傾き m と，直線が x 軸の正の向きとなす角 θ の関係**

CHART & GUIDE で示した関係式
$m=\tan\theta$
について説明しておこう。

説明 $m>0$ のときは，直線上に点
$P(1,\ m)$ をとり，$m<0$ のときは，直
線上に点 $P(-1,\ -m)$ をとると，正接
の定義式から，それぞれ右の図の下の
等式が成り立つ（結果は同じ式となる）。

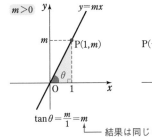

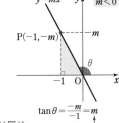

TRAINING 122 ④

2直線 $x-\sqrt{3}\,y=0$, $x+\sqrt{3}\,y=0$ のなす鋭角を求めよ。

発展 例題 **123** 15° の三角比

右の直角三角形 ABC を利用して，15° の正弦，
余弦，正接の値を求めよ。

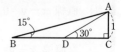

CHART & GUIDE
三角比の問題では，直角三角形を見つけることが重要である。
この例題では，2 つの直角三角形 ADC，ABC に注目する。

解答

△ADC は，内角が 30°，60°，90° の直角三角形であるから
$$AD=2, \quad DC=\sqrt{3}$$
三角形の 1 つの外角は，それと隣り合わない 2 つの内角の和に
等しいから，△DAB において
$$\angle DAB=30°-15°=15°$$
よって，△DAB は DB=DA=2 の二等辺三角形である。
ゆえに $\quad BC=BD+DC=2+\sqrt{3}$
よって，△ABC において，三平方の定理から
$$AB=\sqrt{(2+\sqrt{3})^2+1^2}=\sqrt{8+4\sqrt{3}}=\sqrt{8+2\sqrt{12}}$$
$$=\sqrt{6}+\sqrt{2}$$
ゆえに
$$\sin 15°=\frac{AC}{AB}=\frac{1}{\sqrt{6}+\sqrt{2}}=\frac{\sqrt{6}-\sqrt{2}}{(\sqrt{6}+\sqrt{2})(\sqrt{6}-\sqrt{2})}$$
$$=\frac{\sqrt{6}-\sqrt{2}}{4}$$
$$\cos 15°=\frac{BC}{AB}=\frac{2+\sqrt{3}}{\sqrt{6}+\sqrt{2}}=\frac{(2+\sqrt{3})(\sqrt{6}-\sqrt{2})}{(\sqrt{6}+\sqrt{2})(\sqrt{6}-\sqrt{2})}$$
$$=\frac{\sqrt{6}+\sqrt{2}}{4}$$
$$\tan 15°=\frac{AC}{BC}=\frac{1}{2+\sqrt{3}}=\frac{2-\sqrt{3}}{(2+\sqrt{3})(2-\sqrt{3})}$$
$$=\frac{2-\sqrt{3}}{1}=2-\sqrt{3}$$

参考 ∠BAC=75° から，
75° の三角比は
$$\sin 75°=\frac{BC}{AB}$$
$$\cos 75°=\frac{AC}{AB}$$
$$\tan 75°=\frac{BC}{AC}$$

◀ $\sqrt{(a+b)+2\sqrt{ab}}$
$=\sqrt{a}+\sqrt{b}$

◀ $(2+\sqrt{3})(\sqrt{6}-\sqrt{2})$
$=2\sqrt{6}-2\sqrt{2}+3\sqrt{2}-\sqrt{6}$
$=\sqrt{6}+\sqrt{2}$

TRAINING 123 ③

右の直角三角形 ABC を利用して，15° の正弦，余弦，正接の
値を求めよ。

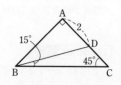

≪≪ 標準例題 31，120

発展 例題 **124** 三角比の対称式の値 🕐🕐🕐🕐🕐

$0° \leqq \theta \leqq 180°$，$\sin\theta + \cos\theta = \dfrac{2}{3}$ のとき，次の式の値を求めよ。

(1) $\sin\theta\cos\theta$ 　　　　(2) $\sin^3\theta + \cos^3\theta$ 　　　　［立教大］

CHART & GUIDE

$\sin\theta$ と $\cos\theta$ の対称式

基本対称式 $\begin{pmatrix} \sin\theta + \cos\theta \\ \sin\theta\cos\theta \end{pmatrix}$ で表す

(1) 条件の等式の両辺を 2 乗すると，かくれた条件 $\sin^2\theta + \cos^2\theta = 1$ …… $\boxed{!}$ と $\sin\theta\cos\theta$ が現れる。

(2) 公式 $x^3 + y^3 = (x+y)^3 - 3xy(x+y)$ ［$p.58$ 参照］を利用する。

解答

(1) $\sin\theta + \cos\theta = \dfrac{2}{3}$ の両辺を 2 乗すると

$$\sin^2\theta + 2\sin\theta\cos\theta + \cos^2\theta = \dfrac{4}{9}$$

$\boxed{!}$ 　$\sin^2\theta + \cos^2\theta = 1$ であるから 　$1 + 2\sin\theta\cos\theta = \dfrac{4}{9}$

したがって 　$\sin\theta\cos\theta = -\dfrac{5}{18}$

(2) $\sin^3\theta + \cos^3\theta$
$$= (\sin\theta + \cos\theta)^3 - 3\sin\theta\cos\theta(\sin\theta + \cos\theta)$$

$\sin\theta + \cos\theta = \dfrac{2}{3}$ と (1) の $\sin\theta\cos\theta = -\dfrac{5}{18}$ を代入して

$$\sin^3\theta + \cos^3\theta = \left(\dfrac{2}{3}\right)^3 - 3\left(-\dfrac{5}{18}\right)\cdot\dfrac{2}{3}$$
$$= \dfrac{8}{27} + \dfrac{15}{27} = \dfrac{23}{27}$$

[別解] 　$\sin^3\theta + \cos^3\theta$
$$= (\sin\theta + \cos\theta)(\sin^2\theta - \sin\theta\cos\theta + \cos^2\theta)$$
$$= \dfrac{2}{3}\left\{1 - \left(-\dfrac{5}{18}\right)\right\}$$
$$= \dfrac{2}{3}\cdot\dfrac{23}{18} = \dfrac{23}{27}$$

(1), (2) の式は，$\sin\theta$ と $\cos\theta$ を入れ替えても，もとの式と同じになる。すなわち $\sin\theta$ と $\cos\theta$ の **対称式** である（$p.58$ 参照）。

← $\sin\theta\cos\theta$
$= \dfrac{1}{2}\left(\dfrac{4}{9} - 1\right)$

← 通分の手間を省くために，分母は 27 にそろえる。

← 因数分解の公式
$a^3 + b^3$
$= (a+b)(a^2 - ab + b^2)$
（$p.42$ 参照）の利用。

TRAINING 124 ⑤

$0° \leqq \theta \leqq 180°$，$\sin\theta + \cos\theta = -\dfrac{1}{2}$ のとき，次の式の値を求めよ。

(1) $\sin\theta\cos\theta$ 　　　　(2) $\sin^3\theta + \cos^3\theta$ 　　　　［類 神奈川大］

発展 **例題** **125** 三角形の角に関する等式の証明

三角形 ABC の ∠A, ∠B, ∠C の大きさを, それぞれ A, B, C とするとき, 次の等式が成り立つことを示せ。

(1) $\sin \dfrac{A}{2} = \cos \dfrac{B+C}{2}$ (2) $\tan \dfrac{A}{2} \tan \dfrac{B+C}{2} = 1$

CHART & GUIDE

三角形の 3 つの内角 A, B, C についての等式
かくれた条件 $A+B+C=180°$ を利用

$A+B+C=180°$ であるから $\dfrac{B+C}{2} = 90° - \dfrac{A}{2}$

したがって, $90°-\theta$ の三角比の公式を用いて証明できる。
(1) 右辺の式を変形して左辺の式を, (2) 左辺の式を変形して右辺の式を 導く。

解答

$A+B+C=180°$ であるから $\qquad B+C=180°-A$　　　　　　◀三角形の内角の和は
　　　　　　　　　　　　　　　　　　　　　　　　　　　　　　　　　　$180°$

(1) $\cos \dfrac{B+C}{2} = \cos \dfrac{180°-A}{2} = \cos\left(90° - \dfrac{A}{2}\right)$

$\qquad\qquad = \sin \dfrac{A}{2}$　　　　　　　　　　　　　　　　　◀ $\cos(90°-\theta) = \sin\theta$

(2) $\tan \dfrac{A}{2} \tan \dfrac{B+C}{2} = \tan \dfrac{A}{2} \tan \dfrac{180°-A}{2}$

$\qquad\qquad = \tan \dfrac{A}{2} \tan\left(90° - \dfrac{A}{2}\right)$

$\qquad\qquad = \tan \dfrac{A}{2} \cdot \dfrac{1}{\tan \dfrac{A}{2}} = 1$　　　　　　◀ $\tan(90°-\theta) = \dfrac{1}{\tan\theta}$

🖐 Lecture 等式 $P=Q$ の証明

等式 $P=Q$ の成立を示すには, 次の 3 通りの方法がある (詳しくは, 数学 II で学習)。

1 **P を変形して Q を導く。または, Q を変形して P を導く。**
　　…… 一般には, 両辺の式を見比べて, 複雑な方の式を変形して, 簡単な方の式を導く。
　　　例題の解答がこのタイプである。

2 **P と Q をそれぞれ変形して, 同じ式を導く。**
　　　　　　$P = \cdots\cdots = R$,　　$Q = \cdots\cdots = R$　　　　　　　　　よって $P=Q$

3 **$P-Q$ を変形して 0 になることを示す。**　　$P-Q = \cdots\cdots = 0$　　　よって $P=Q$

TRAINING 125 ④

△ABC の内角 A, B, C に対し, 次の等式が成り立つことを示せ。

(1) $\sin A = \sin(B+C)$ (2) $\cos \dfrac{A}{2} = \sin \dfrac{B+C}{2}$

EXERCISES

A **64**② AB>AC, ∠A=90° の直角三角形 ABC において，
頂点Aから辺 BC に垂線 AD を下ろす。
∠B=θ，AB=a とするとき，次の線分の長さをa,
θで表せ。

(1) AD　(2) AC　(3) BC　(4) CD

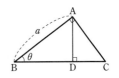

≪≪ 基本例題 **111**

65③ 半径 r の円Oにおいて，弦 AB に対する中心角 ∠AOB
の大きさを2θとし，O から AB に下ろした垂線を OH
とする。
このとき，弦 AB と垂線 OH の長さをrとθで表せ。

≪≪ 基本例題 **111**

66③ 前問の結果を利用して，半径 10 の円に内接している次の正多角形の 1 辺の長
さを求めよ。また，円の中心Oから，正多角形の 1 辺に下ろした垂線の長さ
を求めよ。ただし，三角比の表を用いてもよい。また，小数第 2 位を四捨五
入せよ。

(1) 正五角形　　　　　(2) 正十角形　　　　≪≪ 基本例題 **113**

67③ 長さ 125 m のまっすぐな坂道がある。この坂道を登りつめると，21.7 m 高く
なる。この坂道の傾斜角度は約何度か。また，この坂道の水平距離は何 m か。
三角比の表を用いて考えよ。　　　　　　　　　　　　　　≪≪ 標準例題 **114**

68② (1) $\sin 70° + \cos 100° + \sin 170° + \cos 160°$ の値を求めよ。
(2) 次の式を簡単にせよ。

$$\tan(45°+\theta)\tan(45°-\theta) \qquad (0°<\theta<45°)$$

≪≪ 基本例題 **116**，**118**

HINT

66 (1) 正五角形のある 1 辺 AB に対し，△OAB と，O から辺 AB に下ろした垂線 OH
に注目。(2) も同様に考える。

68 (2) $45°+\theta=90°-(45°-\theta)$

6章

発展学習

EXERCISES

B **69**③ $0° \leqq \theta \leqq 180°$ とする。

(1) $\sin\theta = 3\cos\theta$ のとき，$\sin\theta\cos\theta$ の値を求めよ。

(2) $\tan\theta = -2$ のとき，$\dfrac{1}{1-\sin\theta} + \dfrac{1}{1+\sin\theta}$ の値を求めよ。 ≪≪ 標準例題 **120**

70④ 原点を通り，直線 $y=x$ となす鋭角が $15°$ である直線は2本引ける。これらの直線の式を求めよ。 ≪≪ 発展例題 **122**

71③ △ABC において，AB=AC=1，∠ABC=72° とする。辺 AC 上に，∠ABD=∠CBD を満たす点Dをとる。

(1) ∠BDC を求めよ。

(2) 辺 BC の長さを求めよ。

(3) $\cos 36°$ の値を求めよ。 〔中央大〕

≪≪ 発展例題 **123**

72⑤ $0° < \theta < 90°$ の範囲にある θ に対して，$\tan\theta + \dfrac{1}{\tan\theta} = 4$ のとき，

$\cos\theta\sin\theta = {}^{7}\boxed{}$，$\cos\theta + \sin\theta = {}^{イ}\boxed{}$，$\cos^3\theta + \sin^3\theta = {}^{ウ}\boxed{}$，

$\cos^4\theta + \sin^4\theta = {}^{エ}\boxed{}$，$\dfrac{1}{\cos^4\theta} + \dfrac{1}{\sin^4\theta} = {}^{オ}\boxed{}$ である。 〔類 関西学院大〕

≪≪ 発展例題 **124**

73⑤ 等式 $\sin^2\theta - \dfrac{1}{2}\cos\theta - \dfrac{1}{2} = 0$ $(0° \leqq \theta \leqq 180°)$ について答えよ。

(1) $\cos\theta = x$ とおくとき，等式を x の式で表せ。

(2) x の値を求めよ。

(3) 等式を満たす θ を求めよ。 〔類 愛知工大〕

HINT

---

69 (2) まず，通分して $\cos\theta$ だけの式に変形する。

71 (2) △ABC と △BCD が相似になることを示し，そのことを利用する。

72 (イ) まず，$(\cos\theta + \sin\theta)^2$ を求める。

(エ)，(オ) $x^4 + y^4 = (x^2+y^2)^2 - 2x^2y^2$，$\dfrac{1}{x^4} + \dfrac{1}{y^4} = \dfrac{x^4+y^4}{x^4 y^4}$ を利用する。

73 (1) $\sin^2\theta = 1 - \cos^2\theta$ を利用する。

三角形への応用

レベル ………… 各例題の難易度を表す 🕐 の個数（1〜5 の 5 段階）。

★印 ………… 大学入学共通テストの準備・対策向き。

◎, ○, ○印 … 各項目で重要度の高い例題につけた（◎, ○, ○ の順に重要度が高い）。
時間の余裕がない場合は，◎, ○, ○ の例題を中心に勉強すると効果的である。
また，◎ の例題には，解説動画がある。

Let's Start

20 正弦定理・余弦定理とその応用

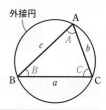

注意 今後は，△ABC において， 3 つの角 ∠A， ∠B， ∠C の大きさを，それぞれ A， B， C で表し，∠A の対辺 BC の長さを a，∠B の対辺 CA の長さを b，∠C の対辺 AB の長さを c で表す。また，△ABC の 3 つの頂点 A， B， C を通る円を，△ABC の**外接円**という。

三角形の 3 つの辺と 3 つの角を**三角形の要素**という。三角形では，

　　① 3 辺　　② 2 辺とその間の角　　③ 1 辺と 2 つの角

が，それぞれ定まると，他の辺，角が定まり，その三角形が確定する。

ここでは，
・三角形の 3 つの内角の正弦（sin）と 3 辺の長さの関係（正弦定理）
・余弦（cos）を使った三平方の定理の拡張（余弦定理）
について学習しましょう。

■ 正弦定理

正弦定理は，三角形の 3 つの内角の正弦（sin）と 3 辺の長さの関係を表した定理である。この定理の証明には，中学で学習した円周角の定理を利用する。

↩ Play Back 中学

円周角の定理
1 つの弧に対する円周角の大きさはすべて等しく

　　（円周角）＝ $\dfrac{1}{2}$ ×（中心角）

特に，半円の弧に対する円周角は　　90°

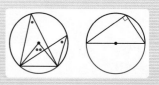

△ABC の外接円の半径を R とし，まずは $a=2R\sin A$ という関係式が成り立つことを
[1] $0°<A<90°$　[2] $A=90°$　[3] $90°<A<180°$　の 3 つの場合に分けて示そう。

[1] $0°<A<90°$ のとき

　右の図で，線分 BD は △ABC の外接円の直径とする。

　円周角の定理から

　　　　∠BCD＝90°， ∠BDC＝∠BAC＝A

　よって　　$a=\mathrm{BD}\sin\angle\mathrm{BDC}=\mathrm{BD}\sin A$

　$\mathrm{BD}=2R$ であるから　　$a=2R\sin A$

← △BCD に注目する。

[2] $A=90°$ のとき

$\sin A = \sin 90° = 1$ であるから

$$2R\sin A = 2R \cdot 1 = 2R$$

また，辺 BC は $\triangle ABC$ の外接円の直径で

あるから $\quad a = 2R$

ゆえに $\quad a = 2R\sin A$

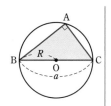

[3] $90° < A < 180°$ のとき

右の図で，線分 BD は $\triangle ABC$ の外接円の

直径とする。

このとき $\quad \angle BAC + \angle BDC = 180°$

すなわち $\quad \angle BDC = 180° - A$

ゆえに $\quad a = BD\sin\angle BDC$

$$= BD\sin(180° - A)$$

$$= BD\sin A$$

$BD = 2R$ であるから $\quad a = 2R\sin A$

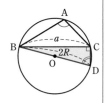

円に内接する四角形の
向かい合う角の和は，
$180°$。
（詳しくは数学 A で学
習。本書 p.394 参照）

したがって，[1]，[2]，[3] のいずれの場合も $a = 2R\sin A$ すな

わち $\dfrac{a}{\sin A} = 2R$ が成り立つ。

同様に，$\dfrac{b}{\sin B} = 2R$，$\dfrac{c}{\sin C} = 2R$ も成り立つ。

まとめると，次のようになる。

───── 正弦定理 ─────

$\triangle ABC$ の外接円の半径を R とすると，次の等式が成り立つ。

$$\frac{a}{\sin A} = \frac{b}{\sin B} = \frac{c}{\sin C} = 2R$$

$$\frac{\bullet}{\sin \blacktriangle} = \frac{\blacksquare}{\sin \blacktriangle} = \frac{\blacktriangle}{\sin \blacktriangle}$$

7章
20
正弦定理・余弦定理とその応用

👆 *Lecture* **[1] と [3] で同じ関係式が導かれる理由**

上の証明で，[1] と [3] は，$\angle A$ が鋭角か鈍角かの違いがあるが，同じ関係式が導かれた。その
理由について考えよう。

[1] と [3] ではともに $a = BD\sin\angle BDC$ を導いた後，

  [1] では，$\angle BDC = A$ から $\qquad \sin\angle BDC = \sin A$

  [3] では，$\angle BDC = 180° - A$ から $\qquad \sin\angle BDC = \sin(180° - A) = \sin A$

のように，$\sin\angle BDC = \sin A$ となることから，同じ関係式が導かれている。

ここで重要な働きをしている公式は，$180° - \theta$ の三角比の公式である。

正弦定理の証明では，このことを頭に入れておこう。

    $180° - \theta$ の三角比の公式 $\qquad \sin(180° - \theta) = \sin\theta$

■ 余弦定理

余弦定理は，余弦(cos)を使った三平方の定理の拡張で，一般の三角形において，3辺の長さの間に成り立つ関係を表した定理である。

まずは $a^2 = b^2 + c^2 - 2bc\cos A$ …… ① という関係式が成り立つことを
[1] $0° < A < 90°$　[2] $A = 90°$　[3] $90° < A < 180°$　の3つの場合に分けて示そう。

[1] $0° < A < 90°$ のとき

　頂点Cから直線 AB に垂線 CH を下ろす。

　　図1のとき

　　　$BH = AB - AH = c - b\cos A$,

　　　$CH = b\sin A$

図1

← △CAH に注目すると
　$AH = b\cos A$

　　図2のとき

　　　$BH = AH - AB = b\cos A - c$,

　　　$CH = b\sin A$

図2

← △CAH に注目すると
　$AH = b\cos A$

　いずれのときも，△CBH において，三平方の定理から

　　$a^2 = (c - b\cos A)^2 + (b\sin A)^2$

　　　$= c^2 - 2bc\cos A + b^2(\cos^2 A + \sin^2 A)$

　　　$= b^2 + c^2 - 2bc\cos A$

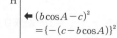

← $(b\cos A - c)^2$
　$= \{-(c - b\cos A)\}^2$

← $\sin^2 A + \cos^2 A = 1$

　　図3のとき

　　$b\cos A = c$ であるから

　　　$b^2 + c^2 - 2bc\cos A$

　　　$= b^2 + c^2 - 2c \cdot b\cos A$

　　　$= b^2 + c^2 - 2c^2 = b^2 - c^2 = a^2$

図3

← 三平方の定理から
　$b^2 - c^2 = a^2$

[2] $A = 90°$ のとき

　　$b^2 + c^2 - 2bc\cos A = b^2 + c^2 - 2bc\cos 90°$

　　　　　　　　　　　　　$= b^2 + c^2 = a^2$

← $\cos 90° = 0$

[3] $90° < A < 180°$ のとき

　頂点Cから直線 AB に垂線 CH を下ろす。

　　$BH = AB + AH = c + b\cos(180° - A)$

　　　$= c - b\cos A$

　　$CH = b\sin(180° - A) = b\sin A$

← △CHA に注目すると
　$AH = b\cos\angle CAH$
　　$= b\cos(180° - A)$

　よって，[1] と同様にして

　　$a^2 = b^2 + c^2 - 2bc\cos A$

したがって，[1]，[2]，[3] のいずれの場合も ① が成り立つ。

① は，$A = 90°$ のとき $a^2 = b^2 + c^2$ を表すから，三平方の定理を一般の三角形へ拡張したものとなっている。

① と同様にして，次の 2 つの式も成り立つ。

$$b^2 = c^2 + a^2 - 2ca \cos B \quad \cdots\cdots ②$$

$$c^2 = a^2 + b^2 - 2ab \cos C \quad \cdots\cdots ③$$

まとめると，次のようになる。

> **余弦定理**
>
> △ABC において，次の等式が成り立つ。
> $$a^2 = b^2 + c^2 - 2bc \cos A$$
> $$b^2 = c^2 + a^2 - 2ca \cos B$$
> $$c^2 = a^2 + b^2 - 2ab \cos C$$

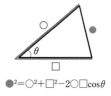

●² = ○² + □² - 2○□cosθ

（参考） 余弦定理の証明においても，正弦定理と同様に，$180° - \theta$ の三角比の公式が重要な働きをしている。

　　　$180° - \theta$ の三角比の公式　　$\cos(180° - \theta) = -\cos\theta, \ \sin(180° - \theta) = \sin\theta$

余弦定理から，△ABC において，次の等式が成り立つ。

$$\cos A = \frac{b^2 + c^2 - a^2}{2bc}, \ \cos B = \frac{c^2 + a^2 - b^2}{2ca}, \ \cos C = \frac{a^2 + b^2 - c^2}{2ab}$$

✋ *Lecture* 余弦定理の使い方

主な使い方は次の (ア)，(イ) である。

(ア)　**2 辺と間の角から残りの辺の長さを求める。**

例えば，① では

　　ここまでは三平方の定理と同じ

$$a^2 = b^2 + c^2 - 2bc \cos A$$

　　2 辺と間の角

(イ)　**3 辺から内角の 1 つの大きさを求める。**

例えば，A を求める場合，

$$\cos A = \frac{b^2 + c^2 - a^2}{2bc}$$

によって，$\cos A$ の値を求め，A を求める。

どこがわかると何が求められるのかを視覚的に理解し，余弦定理を使い分けることが大切である。

次のページからは，「正弦定理」，「余弦定理」を用いて，三角形の辺の長さや角の大きさを求めることを学習していきましょう。

7章
20
正弦定理・余弦定理とその応用

224

STEP *forward*

正弦定理をマスターして，例題 126 を攻略！

正弦定理って，公式のどの部分を使えばよいかよくわかりません。

では，具体的な問題を通して考えてみましょう。

正弦定理

$$\frac{a}{\sin A}=\frac{b}{\sin B}=\frac{c}{\sin C}=2R$$

Get ready

△ABC において，外接円の半径を R とする。$b=2$，$B=45°$ のとき，R を求めよ。

まずは，わかっていることは何か，図をかいて整理してみましょう。

図をかいてみました。

正弦定理の式でわかっているのは，○の部分，求めたいのは，△の部分です。
公式のどの部分を取り出して使えばよいですか？

$\dfrac{b}{\sin B}=2R$ の部分です！これを用いて R の値を求めてみました。

よくできました。下のまとめをしっかり覚えておきましょう。

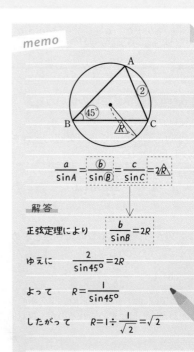

memo

$$\frac{a}{\sin A}=\frac{\boxed{b}}{\sin B}=\frac{c}{\sin C}=\boxed{2R}$$

解答

正弦定理により $\quad \boxed{\dfrac{b}{\sin B}=2R}$

ゆえに $\quad \dfrac{2}{\sin 45°}=2R$

よって $\quad R=\dfrac{1}{\sin 45°}$

したがって $\quad R=1\div\dfrac{1}{\sqrt{2}}=\sqrt{2}$

まとめ

1 図をかいて，わかっていることを書き込む。

2 求めたいものを確認し，公式の使う部分を取り出す。

△ABC において，外接円の半径を R とする。次のものを求めよ。
(1) $b=10$，$A=105°$，$C=30°$ のとき B，c，R
(2) $b=\sqrt{6}$，$R=\sqrt{2}$ のとき B

解説動画へGO!!

CHART & GUIDE

向かい合う辺と角の関係には，正弦定理を利用

$$\frac{a}{\sin A}=\frac{b}{\sin B}=\frac{c}{\sin C}=2R \quad \cdots\cdots \boxed{!}$$

1 図をかいて，わかったことを書き込む。
2 求めたいものを確認し，公式の使う部分を取り出す。
(1) 2つの角が与えられていると，残りの角もわかる。 ← 三角形の内角の和は 180°

解答

(1) $A+B+C=180°$ であるから
$$B=180°-(105°+30°)=\mathbf{45°}$$
正弦定理により

$\boxed{!}$ $\dfrac{b}{\sin B}=\dfrac{c}{\sin C}$，$\dfrac{b}{\sin B}=2R$

ゆえに $\dfrac{10}{\sin 45°}=\dfrac{c}{\sin 30°}$ …… ①，

$\dfrac{10}{\sin 45°}=2R$ …… ②

① から $c=\dfrac{10\sin 30°}{\sin 45°}=10\cdot\dfrac{1}{2}\div\dfrac{1}{\sqrt{2}}=\mathbf{5\sqrt{2}}$

② から $R=\dfrac{1}{2}\cdot\dfrac{10}{\sin 45°}=\dfrac{1}{2}\cdot 10\div\dfrac{1}{\sqrt{2}}=\mathbf{5\sqrt{2}}$

$\boxed{!}$ (2) 正弦定理により $\dfrac{b}{\sin B}=2R$

ゆえに $\dfrac{\sqrt{6}}{\sin B}=2\cdot\sqrt{2}$

よって $\sin B=\dfrac{\sqrt{6}}{2\sqrt{2}}=\dfrac{\sqrt{3}}{2}$

したがって $\mathbf{B=60°,\ 120°}$

← 三角形の内角の和は 180°
← $b=10$，$A=105°$，$B=45°$，$C=30°$ を図にかく。

c の値を求めるために，$\dfrac{ⓑ}{\sin Ⓑ}=\dfrac{Ⓐ}{\sin Ⓒ}$ を取り出す。

R の値を求めるために，$\dfrac{ⓑ}{\sin Ⓑ}=2Ⓐ$ を取り出す。

← $b=\sqrt{6}$，$R=\sqrt{2}$ を図にかく。

B の値を求めるために，$\dfrac{ⓑ}{\sin Ⓐ}=2Ⓡ$ を取り出す。

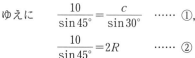

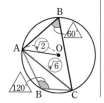

TRAINING 126 ②

△ABC において，外接円の半径を R とする。次のものを求めよ。
(1) $a=10$，$A=30°$，$B=45°$ のとき C，b，R
(2) $b=3$，$B=60°$，$C=75°$ のとき A，a，R
(3) $c=2$，$R=\sqrt{2}$ のとき C

基本 例題
127 余弦定理の利用 …… 基本

(1) △ABC において，$a=2\sqrt{2}$，$b=3$，$C=135°$ のとき c を求めよ。

(2) △ABC において，$a=13$，$b=7$，$c=15$ のとき A を求めよ。

(3) △ABC において，$a=7$，$c=8$，$A=60°$ のとき b を求めよ。

解説動画へGO!!

CHART & GUIDE

2辺とその間の角；3辺がわかれば
余弦定理を利用

① $●^2=○^2+□^2-2○□\cos\theta$

② $\cos\theta=\dfrac{○^2+□^2-●^2}{2○□}$ …… ！

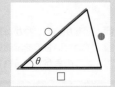

(3) $a^2=b^2+c^2-2bc\cos A$ を使うと，b の2次方程式ができる。

解答

(1) 余弦定理により

！ $c^2=a^2+b^2-2ab\cos C$

よって

$c^2=(2\sqrt{2})^2+3^2-2\cdot2\sqrt{2}\cdot3\cos135°$

$=8+9-12\sqrt{2}\left(-\dfrac{1}{\sqrt{2}}\right)=29$

$c>0$ であるから $c=\sqrt{29}$

余弦定理は
3辺と cos角 の等式。

(1) $C=135°$であるから
$c^2=a^2+b^2-2ab\cos C$
を利用。

(2) 余弦定理により

！ $\cos A=\dfrac{b^2+c^2-a^2}{2bc}$

ゆえに $\cos A=\dfrac{7^2+15^2-13^2}{2\cdot7\cdot15}$

$=\dfrac{105}{210}=\dfrac{1}{2}$

よって $A=60°$

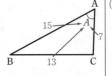

(2) A を求めるから
$a^2=b^2+c^2-2bc\cos A$
を変形した
$\cos A=\dfrac{b^2+c^2-a^2}{2bc}$
に代入する。

(3) 余弦定理により

！ $a^2=b^2+c^2-2bc\cos A$

ゆえに $7^2=b^2+8^2-2\cdot b\cdot8\cos60°$

よって $49=b^2+64-2\cdot b\cdot8\cdot\dfrac{1}{2}$

整理すると $b^2-8b+15=0$

ゆえに $(b-3)(b-5)=0$

したがって $b=3,\ 5$

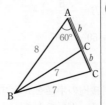

(3) わかっている角がAで
あるから，$\cos A$ が含ま
れる
$a^2=b^2+c^2-2bc\cos A$
を利用。b は2通りある。

Lecture　三角形は1通りとは限らない

p.223 では，余弦定理の主な使い方として

　　　　(ア)　2辺と間の角から残りの辺の長さを求める
　　　　(イ)　3辺から内角の1つの大きさを求める

を取り上げた。

この例題(3)では，

　　　　(ウ)　2辺と1対角から残りの辺の長さを求める

という使い方をしている。この場合，余弦定理を利用すると，求めたい辺（例題では b ）の2次方程式が得られる。

この2次方程式が異なる2つの正の実数解をもつ場合，例題のように条件を満たす三角形は2つ考えられ，三角形は1通りとは限らない。

このことを，条件を満たすような図をかいて考えてみよう。

　〈手順〉
　① 長さ8の線分 AB をかく
　② 線分 AB と 60° をなす半直線を引く
　③ 点Bを中心として半径7の円をかき，半直線との交点をCとする。

①，②，③ の順に図をかくと次のようになり，題意を満たす点Cが2箇所あることがわかる。

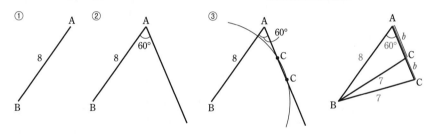

7章

20

正弦定理・余弦定理とその応用

TRAINING 127 ②

　△ABC において，次のものを求めよ。
　(1)　$c=4$, $a=6$, $B=60°$ のとき　b
　(2)　$a=3$, $b=\sqrt{2}$, $c=\sqrt{17}$ のとき　C
　(3)　$b=2$, $c=\sqrt{6}$, $C=60°$ のとき　a

標準 例題 **128** 三角形の辺と角の決定 (1) ◇◇◇◇

△ABC において，$b=2\sqrt{6}$，$c=3\sqrt{2}+\sqrt{6}$，$A=60°$ のとき，残りの辺の長さと角の大きさを求めよ。

CHART & GUIDE

三角形の形状を調べる
正弦定理，余弦定理の利用

1 条件は，2辺 b，c とその間の角 A …… 余弦定理を利用して a を求める。
2 正弦定理または余弦定理を利用して B を求める（下では正弦定理を用いている）。
3 残りの C を，$A+B+C=180°$ から求める。

解答

余弦定理により

$$a^2 = (2\sqrt{6})^2 + (3\sqrt{2}+\sqrt{6})^2$$
$$-2\cdot 2\sqrt{6}(3\sqrt{2}+\sqrt{6})\cos 60°$$
$$= 24 + (18 + 12\sqrt{3} + 6)$$
$$-4\sqrt{6}(3\sqrt{2}+\sqrt{6})\cdot\frac{1}{2}$$
$$= 36$$

$a>0$ であるから　$\bm{a=6}$

← $a^2 = b^2+c^2-2bc\cos A$

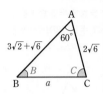

← $\sqrt{2}\sqrt{6}$
$= \sqrt{2}\cdot\sqrt{2}\sqrt{3}$
$= 2\sqrt{3}$

正弦定理により　$\dfrac{6}{\sin 60°} = \dfrac{2\sqrt{6}}{\sin B}$

よって　$\sin B = \dfrac{2\sqrt{6}}{6}\cdot\sin 60° = \dfrac{2\sqrt{6}}{6}\cdot\dfrac{\sqrt{3}}{2} = \dfrac{\sqrt{2}}{2}$

← $\dfrac{a}{\sin A} = \dfrac{b}{\sin B}$

← $\dfrac{\sqrt{2}}{2} = \dfrac{1}{\sqrt{2}}$ である。

したがって　$B=45°$，$135°$

[1]　$B=45°$ のとき
　　$C = 180° - (60° + 45°) = 75°$

[2]　$B=135°$ のとき
　　$C = 180° - (60° + 135°) = -15°$　　これは不適。

← $C = 180° - (A+B)$ に A，B を代入して $0° < C < 180°$ を満たすかどうか調べる。

以上により　$\bm{B=45°，C=75°}$

(参考) $B=45°$，$135°$ を導いた後，次のようにしてもよい。
　　$B+C = 180° - A = 120°$ であるから　$B < 120°$
　　ゆえに　$\bm{B=45°}$　（C の求め方は同様）

(補足) この例題では，右のページでも紹介するように解法が複数あるなど判断に迷う要素が多い。ただし，三角形の合同条件からわかるように，2辺と間の角が与えられている場合，三角形は1通りに定まる。

TRAINING 128 ③

△ABC において，$a=\sqrt{6}+\sqrt{2}$，$b=2$，$C=45°$ のとき，残りの辺の長さと角の大きさを求めよ。

正弦定理か余弦定理か

余弦定理で a を求めた後，解法が複数考えられ，解法によっては答が得られないこともあります。詳しく見てみましょう。

● 余弦定理を用いて B を求めてみよう。

$a=6$ を求めた後，$\triangle ABC$ について，3辺がわかっている状態になる。そこで，余弦定理を利用して B を求めてみよう。

余弦定理により
$$\cos B = \frac{c^2+a^2-b^2}{2ca} = \frac{(3\sqrt{2}+\sqrt{6})^2+6^2-(2\sqrt{6})^2}{2\cdot(3\sqrt{2}+\sqrt{6})\cdot6}$$
$$= \frac{18+12\sqrt{3}+6+36-24}{12\sqrt{2}(3+\sqrt{3})} = \frac{12(3+\sqrt{3})}{12\sqrt{2}(3+\sqrt{3})} = \frac{1}{\sqrt{2}}$$

よって　　　　$B=45°$

左の例題の正弦定理を用いた解法は，計算はそれほど煩雑ではないですが，B が2通り導かれ，残りの角 C についての吟味が必要になりましたよね。この違いはどこからくるのでしょうか。

それは，$0°<\theta<180°$（$\theta \neq 90°$）において

$\sin\theta=$ ● を満たす θ は2通りある　　（例）$\sin\theta=\dfrac{1}{2}$ のとき　$\theta=30°,\ 150°$

$\cos\theta=$ ● を満たす θ は1通りに決まる　　（例）$\cos\theta=\dfrac{\sqrt{3}}{2}$ のとき　$\theta=30°$

ということからです。
どちらの方針でもよいですが，それぞれの利点を押さえておきましょう。

● 先に C を正弦定理で求めようとするとどうなるか。

正弦定理により　　　$\dfrac{6}{\sin60°}=\dfrac{3\sqrt{2}+\sqrt{6}}{\sin C}$　　$\leftarrow \dfrac{a}{\sin A}=\dfrac{c}{\sin C}$

よって　　$\sin C=\dfrac{3\sqrt{2}+\sqrt{6}}{6}\cdot\sin60°=\dfrac{3\sqrt{2}+\sqrt{6}}{6}\cdot\dfrac{\sqrt{3}}{2}=\dfrac{\sqrt{6}+\sqrt{2}}{4}$

これでは C が求められません。

正弦定理自体は成り立ちますが，C が直ちに求められません。また，C を余弦定理で求めようとしても，同様に求めることができません。
このように，辺や角の選び方によっては，うまくいかないこともあります。
そのようなときは別の辺や角を試してみましょう。

標準 例題
129 三角形の辺と角の決定 (2)

△ABC において，$a=1$，$b=\sqrt{3}$，$A=30°$ のとき，残りの辺の長さと角の大きさを求めよ。

CHART & GUIDE

三角形の形状を調べる　正弦定理，余弦定理の利用

1 　正弦定理を利用して B を求める。
2 　$A+B+C=180°$ から C を求める。
3 　正弦定理を利用して c を求める。
　　…… 直角三角形または二等辺三角形の特徴をとらえて求めてもよい。

解答

正弦定理により　　$\dfrac{1}{\sin 30°}=\dfrac{\sqrt{3}}{\sin B}$　　　　　　← $\dfrac{a}{\sin A}=\dfrac{b}{\sin B}$

ゆえに　$\sin B=\sqrt{3}\sin 30°=\dfrac{\sqrt{3}}{2}$　　よって　$B=60°,\ 120°$　　←等式を満たす B は，2つある。

[1]　$B=60°$ のとき
　　　$C=180°-(30°+60°)=90°$
　　　△ABC は，30°，60°，90° の直角
　　三角形であるから　　$c=2$
[2]　$B=120°$ のとき
　　　$C=180°-(30°+120°)=30°$

　　正弦定理により　　$\dfrac{1}{\sin 30°}=\dfrac{c}{\sin 30°}$　　　　よって　　$c=1$

← 3辺の長さの比は
$a:b:c=1:\sqrt{3}:2$

← △ABC は $A=C=30°$ の二等辺三角形であるから，$c=BA=BC=1$ としてもよい。

以上により
　　　$c=2,\ B=60°,\ C=90°$ または $c=1,\ B=120°,\ C=30°$

(参考) この例題は余弦定理を利用して解くこともできる。
　　　　余弦定理により　$1^2=(\sqrt{3})^2+c^2-2\sqrt{3}\,c\cos 30°$　　← $a^2=b^2+c^2-2bc\cos A$
　　　　整理して　$c^2-3c+2=0$　　よって　$c=1,\ 2$
　　このあと，$c=1$ の場合と $c=2$ の場合に分けて正弦定理から C を求め，B は
　　$B=180°-(A+C)$ から求める。
　　なお，この例題では <u>2辺と1対角が与えられているから，三角形が1通りに決まるとは限らない</u>。

TRAINING 129 ③

△ABC において，$b=2$，$c=\sqrt{6}$，$B=45°$ のとき，残りの辺の長さと角の大きさを求めよ。ただし，$\sin 15°=\dfrac{\sqrt{6}-\sqrt{2}}{4}$，$\sin 75°=\dfrac{\sqrt{6}+\sqrt{2}}{4}$ であることを用いてもよい。

STEP into ここで整理

三角形の形状決定のまとめ

正弦定理や余弦定理を用いて，3辺 a，b，c と3つの角 A，B，C のうちの
いくつかの条件から，残りの要素を求めることができることを学びましたね。
ここで，条件に応じた定理の使用法などを整理してみましょう。
まずは，正弦定理，余弦定理をおさらいしておきましょう。

正弦定理　$\dfrac{a}{\sin A}=\dfrac{b}{\sin B}=\dfrac{c}{\sin C}=2R$

（R は外接円の半径）

余弦定理　$\begin{cases} a^2=b^2+c^2-2bc\cos A \\ b^2=c^2+a^2-2ca\cos B \\ c^2=a^2+b^2-2ab\cos C \end{cases}$

△ABC の6つの要素のうち，三角形の合同条件に現れる，次のような3つの要
素が与えられると，三角形はただ1通りに決まり，他の3つの要素も求められま
す。それぞれの場合について，他の要素を求める方法をまとめてみてください。

① 1辺とその両端の角

a，B，C の条件から，
b，c，A を求める。

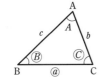

$A=180°-(B+C)$ から A

$\dfrac{a}{\sin A}=\dfrac{b}{\sin B}=\dfrac{c}{\sin C}$

から b，c

② 2辺とその間の角

b，c，A の条件から，
a，B，C を求める。

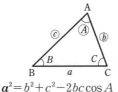

$a^2=b^2+c^2-2bc\cos A$
から a

$\cos B=\dfrac{c^2+a^2-b^2}{2ca}$

$\left(\text{または } \dfrac{a}{\sin A}=\dfrac{b}{\sin B}\right)$

から B

$C=180°-(A+B)$ から C

③ 3辺

a，b，c の条件から，
A，B，C を求める。

$\cos A=\dfrac{b^2+c^2-a^2}{2bc}$

から A

$\cos B=\dfrac{c^2+a^2-b^2}{2ca}$

から B

$C=180°-(A+B)$ から C

まとめました。

大変よくできました。
「1辺と2つの角」が与えられているときは，① と同様に求めることができます。

標 例題
準 **130** 三角形の角について，鋭角・直角・鈍角の判定 ◑◑◑

(1) △ABC の 3 辺の長さが次のようなとき，角 A は鋭角，直角，鈍角のいずれ
であるか。 (ア) $a=11$，$b=9$，$c=5$ (イ) $a=7$，$b=2\sqrt{6}$，$c=5$

(2) $a=13$，$b=9$，$c=10$ である △ABC は，鋭角三角形，直角三角形，鈍角三
角形のいずれであるか。

CHART
& GUIDE
三角形の角が鋭角，直角，鈍角のいずれであるかの判定
向かい合う辺の平方と，他の 2 辺の平方の和の大小を比べる
(1) 下の Lecture の($*$)を利用。つまり，辺の長さの 2 乗の大小関係に注目。
(2) 最大の辺 BC ($a=13$) に向かい合う角 A が最大の角となる（下の Lecture 参照）。
よって，角 A が鋭角，直角，鈍角のいずれであるかを調べる。

解答

(1) (ア) $a^2=121$ また $b^2+c^2=81+25=106$
よって $a^2>b^2+c^2$ ゆえに $A>90°$（角 A は **鈍角**）

(イ) $a^2=49$ また $b^2+c^2=24+25=49$
よって $a^2=b^2+c^2$ ゆえに $A=90°$（角 A は **直角**）

(2) $a^2=169$，$b^2+c^2=81+100=181$ であるから
$a^2<b^2+c^2$ よって $A<90°$

最大の角 A が鋭角であるから，△ABC は **鋭角三角形** である。

余弦定理から
(1) (ア) $\cos A=-\dfrac{1}{6}<0$
よって，角 A は鈍角。
(イ) $\cos A=0$
よって，角 A は直角。
(2) $\cos A=\dfrac{1}{15}>0$
よって，角 A は鋭角。

Lecture **余弦定理と鋭角，直角，鈍角の判定**

$\cos A=\dfrac{b^2+c^2-a^2}{2bc}$ の式に注目すると，分母 $2bc>0$ であるから，$\cos A$ と $b^2+c^2-a^2$ の符号
は一致する。よって，△ABC において，次のことが成り立つ。

$A<90° \iff \cos A>0 \iff a^2<b^2+c^2$ $A=90° \iff \cos A=0 \iff a^2=b^2+c^2$
$A>90° \iff \cos A<0 \iff a^2>b^2+c^2$ $\Bigg\}(*)$

また，1 つの三角形で，「2 辺の大小関係は，その向かい合う角の大小関係と一致する」（数学A。
$p.389$ 参照）から，**最大の辺に向かい合う角が最大の角** である。
三角形において，最大の角以外はすべて鋭角であるから，三角形が鋭角三角形，直角三角形，鈍
角三角形のいずれであるかを調べるには，最大の角が鋭角，直角，鈍角のいずれであるかを調べ
ればよい。

TRAINING **130** ③

(1) △ABC の 3 辺の長さが次のようなとき，角 A は鋭角，直角，鈍角のいずれであるか。

(ア) $a=5$，$b=4$，$c=3\sqrt{2}$ (イ) $a=17$，$b=10$，$c=5\sqrt{6}$

(2) $a=10$，$b=6$，$c=7$ である △ABC は，鋭角三角形，直角三角形，鈍角三角形のいずれであるか。

標準 例題
131 正弦の比例式から余弦を求める

$\triangle ABC$ について，$\dfrac{\sin A}{4}=\dfrac{\sin B}{5}=\dfrac{\sin C}{6}$ が成り立つとき，$\cos C$ の値を求めよ。

[類 立命館大]

CHART
& GUIDE

三角形の正弦の比は，3辺の長さの比に等しい

$$\sin A : \sin B : \sin C = a : b : c$$

1 3辺の長さの比を求め，3辺を文字 (k) を使って表す。

2 余弦定理を利用して，$\cos C$ を求める。

$A : B : C = a : b : c$
ではない！

解答

条件から　　　　　　　　$\sin A : \sin B : \sin C = 4 : 5 : 6$

また，正弦定理により　　$a : b : c = \sin A : \sin B : \sin C$

よって　　　　　　　　　$a : b : c = 4 : 5 : 6$

ゆえに，正の数 k を用いて

$$a = 4k, \quad b = 5k, \quad c = 6k$$

と表すことができるから，余弦定理により

$$\cos C = \frac{(4k)^2 + (5k)^2 - (6k)^2}{2 \cdot 4k \cdot 5k}$$

$$= \frac{5k^2}{40k^2} = \frac{1}{8}$$

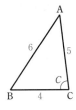

3辺の比が等しい三角形はすべて相似であり，相似な三角形の対応する内角はそれぞれ等しい。
したがって，その1つ ($a=4$, $b=5$, $c=6$) の三角形で $\cos C$ を求めてもよい。

← 三角比の表から C はおよそ $83°$ とわかる。

7章
20

正弦定理・余弦定理とその応用

👆 *Lecture* **比例式について**

$\dfrac{a}{x} = \dfrac{b}{y} = \dfrac{c}{z}$ のように，比の値が等しいことを示す等式を **比例式** という。この関係式を比の形で書くと，$a : x = b : y = c : z$ となる。さらに，この比の関係を $a : b : c = x : y : z$ と書くこともある。つまり，正弦定理の式 $\dfrac{a}{\sin A} = \dfrac{b}{\sin B} = \dfrac{c}{\sin C}$ は，比の関係

$a : b : c = \sin A : \sin B : \sin C$ と同じことである。

(参考) $a : b : c$ を a, b, c の **連比** ともいう。比例式は比の形のままでは扱いにくいから，一般には，$\dfrac{a}{x} = \dfrac{b}{y} = \dfrac{c}{z} = k$ $(k \neq 0)$ とおいて，$a = xk$, $b = yk$, $c = zk$ として扱うことが多い（詳しくは数学Ⅱで学習する）。

TRAINING 131 ③ ★

$\triangle ABC$ において，$\dfrac{\sin A}{\sqrt{3}} = \dfrac{\sin B}{\sqrt{7}} = \sin C$ が成り立つとき，最も大きい内角の大きさを求めよ。

[類 明治薬科大]

≪≪ 基本例題 **126**, **127** ≫≫ 発展例題 **141** ★

標準 例題
132 円に内接する四角形の問題 (1)

円Oに内接する四角形 ABCD は，AB=2，BC=3，CD=1，∠ABC=60° を満たすとする。このとき，次のものを求めよ。

(1) 線分 AC の長さ (2) 辺 AD の長さ

(3) 円Oの半径 R

［類 センター試験］

CHART
& GUIDE

円に内接する四角形

① 四角形を対角線で 2 つの三角形に分割する

② 円に内接する四角形の対角の和は $180°$（数学 A で学習）

…… この問題では ∠ABC+∠ADC=180° を利用。…… !

まず，図をかき，三角形に注目して正弦定理，余弦定理を適用する。

解答

(1) △ABC において，余弦定理により
$$AC^2=2^2+3^2-2\cdot2\cdot3\cos60°=7$$
AC>0 であるから $AC=\sqrt{7}$

(2) 四角形 ABCD は円に内接するから
$$∠ADC=180°-60°=120°$$
AD=x とおく。

△ACD において，余弦定理により
$$(\sqrt{7})^2=x^2+1^2-2x\cdot1\cdot\cos120°$$
整理すると $x^2+x-6=0$
よって $(x-2)(x+3)=0$
x>0 であるから $x=2$
すなわち AD=**2**

(3) △ABC において，正弦定理により
$$\frac{\sqrt{7}}{\sin60°}=2R$$
よって $R=\dfrac{\sqrt{7}}{2\sin60°}=\dfrac{\sqrt{7}}{\sqrt{3}}=\dfrac{\sqrt{21}}{3}$

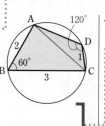

← どの三角形に対しての余弦定理か，きちんと示す。

$2B+2D=360°$
よって $B+D=180°$

← 辺の長さは正 という条件に注意。

(3) △ACD に正弦定理を適用してRを求めてもよい。

TRAINING **132** ③ ★

四角形 ABCD は，円Oに内接し，AB=3，BC=CD=$\sqrt{3}$，$\cos∠ABC=\dfrac{\sqrt{3}}{6}$ とする。このとき，次のものを求めよ。

［類 センター試験］

(1) 線分 AC の長さ (2) 辺 AD の長さ (3) 円Oの半径 R

正弦定理・余弦定理を振り返ろう！

● 例題 127 を振り返ろう！

> 2辺とその間の角が与えられたときは**余弦定理**を利用しましょう。

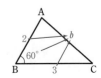

2辺とその間の角から残りの辺の長さを求める。

……例題 127 (1) と同じ。

$\triangle ABC$ において，余弦定理により
$$b^2 = c^2 + a^2 - 2ca\cos B$$

よって $\quad AC^2 = 2^2 + 3^2 - 2\cdot 2\cdot 3\cos 60° = 4 + 9 - 2\cdot 2\cdot 3\cdot\dfrac{1}{2}$

2辺と1対角から残りの辺の長さを求める。

……例題 127 (3) と同じ。

辺 AD の長さを求めたいから，$\triangle ACD$ に注目する。

また，$\angle ADC = 120°$ がわかっているから，

$AC^2 = AD^2 + CD^2 - 2AD\cdot CD\cos\angle ADC$ を利用する。

$AD = x$ とおくと $\quad (\sqrt{7})^2 = x^2 + 1^2 - 2x\cdot 1\cdot\cos 120°$

● 例題 126 を振り返ろう！

> 向かい合う辺と角の関係には，**正弦定理**を利用しましょう。

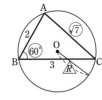

$\triangle ABC$ において $\quad\dfrac{a}{\sin A} = \dfrac{b}{\sin B} = \dfrac{c}{\sin C} = 2R$

$b = \sqrt{7}$，$B = 60°$ がわかっているから，$\dfrac{b}{\sin B} = 2R$ を取り出

して $\quad\dfrac{\sqrt{7}}{\sin 60°} = 2R$

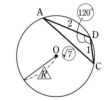

$\triangle ACD$ において，$AC = \sqrt{7}$，$\angle ADC = 120°$ がわかっている

から，$\dfrac{AC}{\sin\angle ADC} = 2R$ を取り出して $\quad\dfrac{\sqrt{7}}{\sin 120°} = 2R$

よって $\quad R = \dfrac{\sqrt{7}}{2\sin 120°} = \dfrac{\sqrt{7}}{\sqrt{3}} = \dfrac{\sqrt{21}}{3}$

> わかっていることを書き込んで，公式から取り出す部分を考えるんでしたね。

基本 例題
133 正弦・余弦定理を利用した測量(1)

2地点 A，B から用水路を隔てた対岸の2地点 C，D を観測したところ，右の地図のようになった。なお，4 地点 A，B，C，D は同じ高さにあるものとする。

(1) BD および BC の長さ(m)を求めよ。
(2) CD の長さ(m)を求めよ。

ただし，答えに根号がついたままでよい。

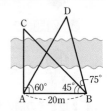

CHART
& GUIDE
正弦定理，余弦定理を利用できる三角形を見つける。
(1) △ABD において，1辺と2つの角がわかるから，正弦定理を利用。
(2) △BDC において，2辺とその間の角がわかるから，余弦定理を利用。

解答

(1) $\angle ADB = 180° - (\angle DAB + \angle DBA) = 45°$

△ABD において，正弦定理により $\dfrac{BD}{\sin 60°} = \dfrac{20}{\sin 45°}$

よって $BD = \dfrac{20}{\sin 45°} \cdot \sin 60° = 20 \cdot \dfrac{\sqrt{3}}{2} \div \dfrac{1}{\sqrt{2}}$

$= 10\sqrt{6}$ (m)

また $\angle ACB = 180° - (\angle CAB + \angle CBA) = 45°$

△ABC は直角二等辺三角形であるから

$BC = 20\sqrt{2}$ m

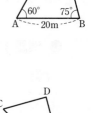

(2) $\angle CBD = \angle DBA - \angle CBA = 30°$

△BDC において，余弦定理により

$CD^2 = (10\sqrt{6})^2 + (20\sqrt{2})^2 - 2 \cdot 10\sqrt{6} \cdot 20\sqrt{2} \cos 30°$

$= 10^2 \left\{ (\sqrt{6})^2 + (2\sqrt{2})^2 - 2 \cdot \sqrt{6} \cdot 2\sqrt{2} \cdot \dfrac{\sqrt{3}}{2} \right\}$

$= 10^2 (6 + 8 - 12) = 10^2 \cdot 2$

CD > 0 であるから $CD = 10\sqrt{2}$ m

TRAINING 133 ②

右の地図において，4点 A，B，P，Q は同一水平面上にあるものとする。

(1) A，P 間の距離を求めよ。
(2) P，Q 間の距離を求めよ。

ただし，答えは根号がついたままでよい。

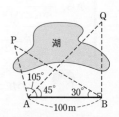

Let's Start

21 三角形の面積，空間図形への応用

三角形の面積は $\dfrac{1}{2} \times$ (底辺) $\times$ (高さ) で求められます。この公式を三角比を使って表してみましょう。

■ 三角形の面積

右の図の △ABC において，頂点 C から対辺 AB またはその延長に下ろした垂線 CH の長さは，∠A が鋭角，直角，鈍角のいずれの場合であっても CH $=b\sin A$ となる。

∠A が鈍角のとき
CH $=b\sin(180° - A)$

よって，△ABC の面積 S は

$$S = \frac{1}{2} \times AB \times CH = \frac{1}{2} \cdot c \cdot b\sin A = \frac{1}{2} bc\sin A$$

この式の重要な点は，三角形の面積は 2 辺の長さとその間の角の正弦の値で求められるという点である（右図）。

$S = \dfrac{1}{2} xy\sin\theta$

┌─ 三角形の面積 ─────

△ABC の面積 S は，次の式で表される。

$$S = \frac{1}{2} bc\sin A = \frac{1}{2} ca\sin B = \frac{1}{2} ab\sin C$$

(補足) 3 つの角 A, B, C に応じて 3 通りに表現される。

■ 三角形の内接円の半径と面積

三角形の 3 辺すべてに接する円を，その三角形の **内接円** という。
△ABC の面積を S，内接円の中心を I，半径を r とすると，三角形の面積について

$$\triangle ABC = \triangle IBC + \triangle ICA + \triangle IAB$$

が成り立つ。I から辺 BC，CA，AB に下ろした垂線の長さはすべて r であり，これらをそれぞれ △IBC，△ICA，

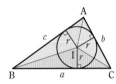

△IAB の高さととらえれば $\quad S = \dfrac{1}{2} ar + \dfrac{1}{2} br + \dfrac{1}{2} cr$

┌─ 三角形の内接円と面積 ─────

△ABC の面積を S，△ABC の内接円の半径を r とするとき

$$S = \frac{1}{2} r(a + b + c)$$

■ ヘロンの公式（発展事項）

△ABC の面積 S を，3 辺の長さ a，b，c で表すことを考えると，次のようになる。

$$S = \frac{1}{2}bc\sin A = \frac{1}{2}bc\sqrt{1-\cos^2 A}$$

$$= \frac{1}{2}bc\sqrt{1-\left(\frac{b^2+c^2-a^2}{2bc}\right)^2}$$

◀ 余弦定理により
$$\cos A = \frac{b^2+c^2-a^2}{2bc}$$

$$= \frac{1}{2}bc\sqrt{\frac{(2bc)^2-(b^2+c^2-a^2)^2}{(2bc)^2}}$$

$$= \frac{1}{2}bc\cdot\frac{1}{2bc}\sqrt{(2bc)^2-(b^2+c^2-a^2)^2}$$

◀ b，c は辺の長さであるから $bc>0$
よって
$$\frac{1}{\sqrt{(2bc)^2}} = \frac{1}{2bc}$$

$$= \frac{1}{4}\sqrt{\{2bc+(b^2+c^2-a^2)\}\{2bc-(b^2+c^2-a^2)\}}$$

$$= \frac{1}{4}\sqrt{(b^2+2bc+c^2-a^2)\{a^2-(b^2-2bc+c^2)\}}$$

$$= \frac{1}{4}\sqrt{\{(b+c)^2-a^2\}\{a^2-(b-c)^2\}}$$

$$= \frac{1}{4}\sqrt{\{(b+c+a)(b+c-a)\}\{(a+b-c)(a-b+c)\}}$$

◀ $a^2-(b-c)^2$
$=\{a+(b-c)\}\{a-(b-c)\}$

ここで，$a+b+c=2s$ とおくと

$b+c-a=2(s-a)$，$a+b-c=2(s-c)$，$a-b+c=2(s-b)$

よって

$$S = \frac{1}{4}\sqrt{2s\cdot 2(s-a)\cdot 2(s-c)\cdot 2(s-b)} = \sqrt{s(s-a)(s-b)(s-c)}$$

以上から，次の **ヘロンの公式** が成り立つ。

> ヘロンの公式

△ABC の面積 S は

$2s=a+b+c$ とすると $S=\sqrt{s(s-a)(s-b)(s-c)}$

注意 ヘロンの公式には，3 辺の長さを代入してすぐに三角形の面積を求めることができる，という利点があるが，必ずしも計算がらくになるとは限らない。与えられた辺の長さによっては，次ページの CHART & GUIDE の **1**〜**3** の手順で面積を求める方がらくな場合もある。ヘロンの公式の利用が有効なのは，a，b，c が整数のときなど，$\sqrt{}$ の中が比較的計算しやすいときである。

次のページからは，図形をいくつかの三角形に分けるなどして，線分の長さや面積を求める方法を学習しましょう。

基本 134 三角形の面積

次のような △ABC の面積 S を求めよ。

(1) $b=4$, $c=5$, $A=60°$　　　　(2) $a=\sqrt{3}$, $b=2$, $C=150°$

(3) $a=8$, $b=7$, $c=5$

CHART & GUIDE

△ABC の面積 S

$$S=\frac{1}{2}bc\sin A, \quad S=\frac{1}{2}ca\sin B, \quad S=\frac{1}{2}ab\sin C \quad \cdots\cdots \boxed{!}$$

三角形の面積は，2辺とその間の角に注目して求める。

(1), (2)　2辺とその間の角が条件 ── 公式にズバリ代入。

(3)　3辺の長さが与えられているとき

  1 余弦定理を用いて，$\cos A$ を求める。

  2 $\sin^2 A+\cos^2 A=1$ から，$\sin A$ を求める。

  3 公式に代入する。

なお，ヘロンの公式を使ってもよい（前ページ参照）。

$S=\dfrac{1}{2}\times\bigcirc\times\square\times\sin\theta$

解答

$\boxed{!}$ (1) $S=\dfrac{1}{2}bc\sin A=\dfrac{1}{2}\cdot 4\cdot 5\sin 60°$

$\qquad = \dfrac{1}{2}\cdot 4\cdot 5\cdot\dfrac{\sqrt{3}}{2}=\boldsymbol{5\sqrt{3}}$

$\boxed{!}$ (2) $S=\dfrac{1}{2}ab\sin C=\dfrac{1}{2}\cdot\sqrt{3}\cdot 2\sin 150°$

$\qquad = \dfrac{1}{2}\cdot\sqrt{3}\cdot 2\cdot\dfrac{1}{2}=\dfrac{\sqrt{3}}{2}$

(3) 余弦定理により

$\qquad \cos A=\dfrac{b^2+c^2-a^2}{2bc}=\dfrac{49+25-64}{2\cdot 7\cdot 5}=\dfrac{1}{7}$

よって　$\sin^2 A=1-\cos^2 A$

$\qquad\qquad = 1-\left(\dfrac{1}{7}\right)^2=\dfrac{48}{49}$

$\sin A>0$ であるから　$\sin A=\dfrac{4\sqrt{3}}{7}$

$\boxed{!}$　したがって　$S=\dfrac{1}{2}bc\sin A=\dfrac{1}{2}\cdot 7\cdot 5\cdot\dfrac{4\sqrt{3}}{7}=\boldsymbol{10\sqrt{3}}$

◆ $b=4$, $c=5$, $A=60°$
図をかくとよい。

(3) $\cos B$, $\sin B$ の順に
求めて
$S=\dfrac{1}{2}ca\sin B$ 利用，
$\cos C$, $\sin C$ の順に求
めて
$S=\dfrac{1}{2}ab\sin C$ 利用
でもよい。

[別解] ヘロンの公式を
用いると，
$s=\dfrac{8+7+5}{2}=10$ である
から
$S=\sqrt{s(s-a)(s-b)(s-c)}$
$\quad = \sqrt{10\cdot 2\cdot 3\cdot 5}$
$\quad = \boldsymbol{10\sqrt{3}}$

TRAINING 134 ②

次のような △ABC の面積 S を求めよ。

(1) $b=12$, $c=15$, $A=30°$　　　　(2) $c=4$, $a=2\sqrt{2}$, $B=135°$

(3) $a=3$, $b=3$, $C=60°$　　　　(4) $a=4$, $b=3$, $c=2$

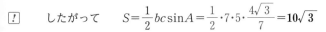

標準 例題
135 多角形の面積

次の図形の面積を求めよ。

(1) AB＝2，BC＝3，∠ABC＝60° である平行四辺形 ABCD

(2) 半径が 10 の円に内接する正八角形

CHART & GUIDE

多角形の面積
いくつかの三角形に分けて求める

(1) 平行四辺形は対角線によって，2 つの合同な三角形に分けられる。

(2) 円の中心と各頂点を結ぶと，8 つの合同な三角形に分けられる。

解答

(1) 求める面積を S とする。

$\triangle ABC \equiv \triangle CDA$ であるから

$S = 2\triangle ABC$

$\quad = 2 \times \dfrac{1}{2} \cdot 2 \cdot 3 \sin 60°$

$\quad = 3\sqrt{3}$

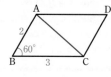

一般に，平行四辺形 ABCD の面積は

$2 \cdot \dfrac{1}{2} AB \cdot BC \sin\angle ABC$

$= \mathbf{AB \cdot BC \sin\angle ABC}$

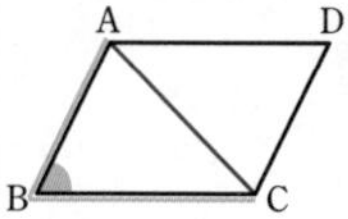

(2) 求める面積を S，円の中心を O とする。

右の図のように，正八角形を 8 つの合同な三角形に分けると

$\angle AOB = \dfrac{360°}{8} = 45°$

よって

$S = 8\triangle OAB$

$\quad = 8 \times \dfrac{1}{2} \cdot 10 \cdot 10 \sin 45° = 400 \cdot \dfrac{1}{\sqrt{2}}$

$\quad = \mathbf{200\sqrt{2}}$

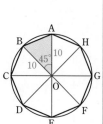

◀ 正八角形は円に内接しているから

OA＝OB＝OC
＝OD＝OE
＝OF＝OG
＝OH

TRAINING 135 ③

次の図形の面積 S を求めよ。

(1) OA＝4，OB＝6，∠AOB＝60° である平行四辺形 ABCD
ただし，点 O は平行四辺形 ABCD の対角線の交点とする。

(2) 半径が 6 の円に内接する正十二角形

<<< 基本例題 134　　>>> 発展例題 142

標準 **136** 三角形と内接円の半径

△ABC において，$a=7$，$b=4$，$c=5$ であるとき，
次のものを求めよ。

(1)　$\cos A$　　　　(2)　△ABC の面積 S

(3)　△ABC の内接円の半径 r

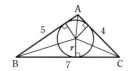

CHART & GUIDE

内接円の半径
周の長さと面積から求める

(3)　△ABC の面積を S，内接円の半径を r とすると

$$S=\frac{1}{2}r(a+b+c)\quad\cdots\cdots\boxed{!}$$

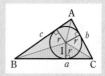

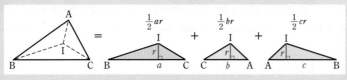

解答

(1)　余弦定理により

$$\cos A=\frac{4^2+5^2-7^2}{2\cdot4\cdot5}=\frac{-8}{40}=-\frac{1}{5}$$

← $\cos A=\dfrac{b^2+c^2-a^2}{2bc}$

(2)　$\sin^2 A=1-\cos^2 A=1-\left(-\dfrac{1}{5}\right)^2=1-\dfrac{1}{25}=\dfrac{24}{25}$

← $\sin^2 A+\cos^2 A=1$

$\sin A>0$ であるから　$\sin A=\dfrac{2\sqrt{6}}{5}$

よって　$S=\dfrac{1}{2}bc\sin A=\dfrac{1}{2}\cdot4\cdot5\cdot\dfrac{2\sqrt{6}}{5}=4\sqrt{6}$

[別解]　(2)　**ヘロンの公式**
を用いると，
$s=\dfrac{7+4+5}{2}=8$ である
から
$S=\sqrt{s(s-a)(s-b)(s-c)}$
$=\sqrt{8\cdot1\cdot4\cdot3}$
$=4\sqrt{6}$

$\boxed{!}$　(3)　$S=\dfrac{1}{2}r(a+b+c)$ に代入して

$$4\sqrt{6}=\frac{1}{2}r(7+4+5)$$

すなわち　$4\sqrt{6}=8r$　　したがって　$r=\dfrac{\sqrt{6}}{2}$

7章 21 三角形の面積・空間図形への応用

TRAINING 136 ③

△ABC において，$a=8$，$b=3$，$c=7$ のとき，次のものを求めよ。

(1)　$\cos A$ の値　　　　　　　(2)　△ABC の面積 S

(3)　△ABC の内接円の半径 r

標準 例題
137 三角形の内角の二等分線の長さ

△ABC の ∠A の二等分線が辺 BC と交わる点を D とする。
次の (1), (2) それぞれについて, 指示に従って線分 AD の長さを求めよ。

(1) △ABC において, ∠A$=120°$, AB$=3$, AC$=1$ であるとき, 三角形の面積について, △ABC$=$△ABD$+$△ADC であることを利用する。

(2) △ABC において, $a=6$, $b=4$, $c=5$ であるとき, 角の二等分線の性質 BD : DC$=$AB : AC を利用する。

CHART
& GUIDE

三角形の内角の二等分線の長さ
面積の利用 または 余弦定理の利用

(1) **△ABC**, **△ABD**, **△ADC** それぞれに対し, 三角形の面積公式を適用する。

(2) 角の二等分線の性質を利用して線分 **BD** の長さを求めた後, 余弦定理を 2 回適用する。

解答

(1) 面積について, 次の等式が成り立つ。

$$△ABC=△ABD+△ADC$$

よって, AD$=d$ とすると

$$\frac{1}{2}\cdot 3\cdot 1\cdot \sin 120°$$

$$=\frac{1}{2}\cdot 3\cdot d\sin 60°+\frac{1}{2}\cdot 1\cdot d\sin 60°$$

$\sin 120°=\sin 60°=\dfrac{\sqrt{3}}{2}$ であるから $3=3d+d$

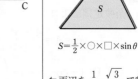

$$S=\frac{1}{2}\times○\times□\times\sin\theta$$

⬅ 両辺を $\dfrac{1}{2}\cdot\dfrac{\sqrt{3}}{2}$ で割る。

これを解いて $d=\dfrac{3}{4}$ すなわち $\mathbf{AD=\dfrac{3}{4}}$

(2) BD : DC$=$AB : AC$=5:4$ であるから

$$BD=\frac{5}{5+4}BC=\frac{5}{9}\times 6=\frac{10}{3}$$

△ABC において, 余弦定理により

$$\cos B=\frac{5^2+6^2-4^2}{2\cdot 5\cdot 6}=\frac{3}{4}$$

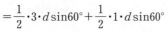

⬅ $\cos B=\dfrac{c^2+a^2-b^2}{2ca}$

△ABD において, 余弦定理により

$$AD^2=AB^2+BD^2-2AB\cdot BD\cos B$$

$$=5^2+\left(\frac{10}{3}\right)^2-2\cdot 5\cdot\frac{10}{3}\cdot\frac{3}{4}=\frac{100}{9}$$

AD>0 であるから $\mathbf{AD=\dfrac{10}{3}}$

(参考) △ABC の ∠A の二等分線と辺 BC の交点をDとするとき

$$AD^2 = AB \cdot AC - BD \cdot DC$$

が成り立つ。

Lecture 角の二等分線の性質

△ABC の ∠A の二等分線と辺 BC の交点をDとする。

このとき，次の関係が成り立つことを例題(2)で利用した。

$$BD : DC = AB : AC \quad \cdots\cdots (*)$$

三角形の面積比を2通りに表して，(*)を証明してみよう。

証明 頂点Aから辺 BC またはその延長に垂線 AH を下ろす。

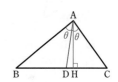

△ABD と △ADC は，底辺をそれぞれ辺 BD，DC とすると，
高さは AH で共通となるから

$$\triangle ABD : \triangle ADC = BD : DC \qquad \leftarrow 等高なら底辺の比$$

一方，∠BAD＝∠DAC＝θ とすると

$$\triangle ABD : \triangle ADC = \frac{1}{2} AB \cdot AD \sin\theta : \frac{1}{2} AD \cdot AC \sin\theta$$
$$= AB : AC$$

よって   BD : DC = AB : AC

角の二等分線が関係する問題では，性質(*)が有効なことが多い。

7章
21

三角形の面積・空間図形への応用

TRAINING 137 ③ ★

△ABC の ∠A の二等分線が辺 BC と交わる点をDとする。

次の (1)，(2) それぞれについて，指示に従って線分 AD の長さを求めよ。

(1) △ABC において，∠A＝60°，AB＝2，AC＝$1+\sqrt{3}$ であるとき，三角形の面積
について，△ABC＝△ABD＋△ADC であることを利用する。

(2) △ABC において，$a=6$，$b=5$，$c=7$ であるとき，角の二等分線の性質
BD : DC = AB : AC を利用する。

標準 例題
138 正弦・余弦定理を利用した測量⑵

1 km 離れた海上の2地点 A，B から，同じ山
頂Cを見たところ，A の東の方向，見上げた
角が $30°$，B の北東の方向，見上げた角が $45°$
の位置に見えた。この山の高さ CD を求めよ。
ただし，地点DはCの真下にあり，3点A，B，
D は同じ水平面上にあるものとする。また，$\sqrt{6}=2.45$ とする。

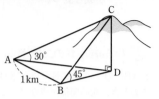

CHART
& GUIDE

測量の問題
図をかいて，線分や角を三角形の辺や角としてとらえる

1 CD=h km として，AD，BD をhで表す。
2 ∠ADB の大きさを求める。
……「Aの東，B の北東の方向に山頂Cが見えた」という条件に注目。
3 △ABD に注目して余弦定理を利用し，h を求める。

解答

山の高さ CD を h km とする。
△ACD は，$30°$，$60°$，$90°$ の直角
三角形であるから
$$AD=\sqrt{3}\,h \text{ km}$$
また，△BCD は，$45°$，$45°$，$90°$
の直角二等辺三角形であるから
$$BD=h \text{ km}$$

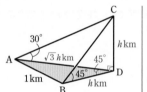

←CD：AC：AD
$=1:2:\sqrt{3}$

←BD：CD：BC
$=1:1:\sqrt{2}$

次に，地点Dは，A の東の方向かつBの北東の方向にあるから
$$∠ADB=45°$$
△ABD において，余弦定理により
$$1^2=(\sqrt{3}\,h)^2+h^2-2\cdot\sqrt{3}\,h\cdot h\cos 45°$$
すなわち $1=3h^2+h^2-\sqrt{6}\,h^2$　　よって $(4-\sqrt{6})h^2=1$
ゆえに　$h^2=\dfrac{1}{4-\sqrt{6}}=\dfrac{4+\sqrt{6}}{(4-\sqrt{6})(4+\sqrt{6})}=\dfrac{4+2.45}{16-6}$
　　　　$=0.645$ ┌─計算は電卓による
$h>0$ であるから　　$h=\sqrt{0.645}=0.8031\cdots$　**答 約 803 m**

←$\cos 45°=\dfrac{1}{\sqrt{2}}=\dfrac{\sqrt{2}}{2}$

←分母の有理化。
分母・分子に $4+\sqrt{6}$ を
掛ける。

TRAINING 138 ③

同一水平面上に3地点 A，B，C があって，C には塔 PC が
立っている。
AB=80 m で，$∠PAC=30°$，$∠PAB=75°$，$∠PBA=60°$
であった。塔の高さ PC を求めよ。
ただし，答えは根号がついたままでよい。

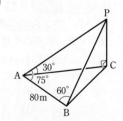

標準 例題 **139** 正四面体の切り口の三角形の面積

1辺の長さが4である正四面体 ABCD において，辺 CD の中点をMとし，$\angle AMB = \theta$ とするとき

(1) $\cos\theta$ の値を求めよ。

(2) $\triangle ABM$ の面積を求めよ。 ［類 北里大］

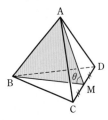

CHART & GUIDE

空間図形の問題 平面図形（断面図）を取り出す
線分や角は 三角形の 辺や角 としてとらえる

平面図形（ここでは $\triangle ABM$）を取り出すと，例題 134 と同じ方針で考えることができる。

(1) $\cos\theta$ を $\triangle ABM$ の1つの角の余弦ととらえ，余弦定理を利用する。

(2) かくれた条件 $\sin^2\theta + \cos^2\theta = 1$ から $\sin\theta$ の値を求め，面積の公式に代入する。

解答

(1) $\triangle ACM$，$\triangle BCM$ は，内角が $30°$，$60°$，$90°$ の直角三角形であるから

$$AM = BM = \sqrt{3}\,CM = \sqrt{3}\cdot 2 = 2\sqrt{3}$$

$\triangle ABM$ において，余弦定理により

$$\cos\theta = \frac{(2\sqrt{3})^2 + (2\sqrt{3})^2 - 4^2}{2\cdot 2\sqrt{3}\cdot 2\sqrt{3}} = \frac{8}{24}$$

$$= \frac{1}{3}$$

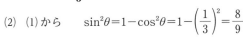

← CM : AC : AM
= CM : BC : BM
= 1 : 2 : $\sqrt{3}$

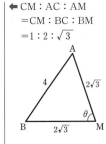

(2) (1)から $\sin^2\theta = 1 - \cos^2\theta = 1 - \left(\dfrac{1}{3}\right)^2 = \dfrac{8}{9}$

$\sin\theta > 0$ であるから $\sin\theta = \dfrac{2\sqrt{2}}{3}$

よって，$\triangle ABM$ の面積は

$$\triangle ABM = \frac{1}{2} AM\cdot BM \sin\theta = \frac{1}{2}\cdot (2\sqrt{3})^2 \cdot \frac{2\sqrt{2}}{3}$$

$$= 4\sqrt{2}$$

← $\sin^2\theta + \cos^2\theta = 1$

← 面積の公式。

TRAINING 139 ③ ★

1辺の長さが3である正四面体 ABCD において，辺 BC 上に点Eを BE=2，EC=1 となるようにとる。

(1) 線分 AE の長さを求めよ。

(2) $\angle AED = \theta$ とおくとき，$\cos\theta$ の値を求めよ。

(3) $\triangle AED$ の面積を求めよ。 ［類 慶応大］

7章
21
三角形の面積，空間図形への応用

標　例題
準 **140** 正四面体の体積　　　　　　　　　　　◎◎◎

1辺の長さが3の正四面体 ABCD において，頂点Aから底面 BCD に垂線 AH を下ろす。線分 AH の長さおよび正四面体 ABCD の体積Vを求めよ。

CHART
& GUIDE

空間図形の問題
平面図形を取り出して考える

AH を辺にもつ<u>三角形を3つ取り出して</u>，BH＝CH＝DH を導く。
<u>△BCD を取り出して</u>，BH を求める。
<u>△ABH を取り出して</u>，AH を求める。

解答

△ABH，△ACH，△ADH は，斜辺の
長さが3の直角三角形で，AH は共通な
辺であるから

　　　　△ABH≡△ACH≡△ADH

よって　　BH＝CH＝DH
したがって，点Hは △BCD の外接円の
中心で，BH はその半径である。
△BCD において，正弦定理により

$$\frac{3}{\sin 60°}=2BH$$

ゆえに　　$BH=\dfrac{3}{2\sin 60°}=\sqrt{3}$

△ABH において，三平方の定理により

$$AH=\sqrt{AB^2-BH^2}=\sqrt{3^2-(\sqrt{3})^2}=\sqrt{6}$$

△BCD の面積は　　$\dfrac{1}{2}\cdot 3\cdot 3\sin 60°=\dfrac{9\sqrt{3}}{4}$

正四面体 ABCD について，△BCD を底面とすると，高さは
AH であるから

$$V=\frac{1}{3}\times△BCD\times AH=\frac{1}{3}\cdot\frac{9\sqrt{3}}{4}\cdot\sqrt{6}$$

$$=\frac{9\sqrt{2}}{4}$$

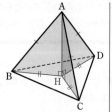

Play Back 中学
直角三角形の合同条件
斜辺と他の1辺がそれぞれ
等しい。

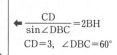

←　$\dfrac{CD}{\sin\angle DBC}=2BH$
　　CD＝3，∠DBC＝60°

Play Back 中学
角錐，円錐の体積
$\dfrac{1}{3}\times$(底面積)$\times$(高さ)
で求められる。

TRAINING　140 ③

∠BAC＝60°，AB＝8，CA＝5，OA＝OB＝OC＝7 の四面体 OABC について，次の
ものを求めよ。
(1) 頂点Oから底面の △ABC に下ろした垂線 OH の長さ
(2) 四面体 OABC の体積V

発展学習

≪≪ 標準例題 **132**, **135**

発展 例題 **141** 円に内接する四角形の問題(2)

円に内接する四角形 ABCD があり，AB$=1$，BC$=2$，CD$=3$，DA$=4$ のとき
(1) $\cos A$ の値を求めよ。　(2) 四角形 ABCD の面積 S を求めよ。　[東京薬大]

CHART & GUIDE

円に内接する四角形
① 四角形を対角線で 2 つの三角形に分割する
② 円に内接する四角形の対角の和は $180°$ …… **!**

(1) △ABD，△BCD それぞれに余弦定理を適用して，BD^2 を 2 通りに表す。
(2) 四角形 ABCD $=$ △ABD $+$ △BCD から，面積が求められる。

解答

四角形 ABCD は円に内接するから
$$C=180°-A$$

(1) △ABD において，余弦定理により
$$BD^2=1^2+4^2-2\cdot1\cdot4\cos A$$
$$=17-8\cos A \quad \cdots\cdots ①$$
△BCD において，余弦定理により
$$BD^2=2^2+3^2-2\cdot2\cdot3\cos(180°-A)$$
$$=13+12\cos A \quad \cdots\cdots ②$$
①，② から　$17-8\cos A=13+12\cos A$
よって　$\cos A=\dfrac{1}{5}$

(2) $\sin A>0$ であるから
$$\sin A=\sqrt{1-\cos^2 A}=\sqrt{1-\left(\dfrac{1}{5}\right)^2}=\dfrac{2\sqrt{6}}{5}$$
また　$\sin C=\sin(180°-A)=\sin A$
したがって　$S=$ △ABD $+$ △BCD
$$=\dfrac{1}{2}\cdot1\cdot4\cdot\dfrac{2\sqrt{6}}{5}+\dfrac{1}{2}\cdot2\cdot3\cdot\dfrac{2\sqrt{6}}{5}$$
$$=2\sqrt{6}$$

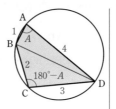

円に内接する四角形
和は $180°$

← $\cos(180°-A)=-\cos A$

← BD^2 を消去する。
　整理すると
　　$20\cos A=4$

← $0°<A<180°$

△ABD
$=\dfrac{1}{2}\cdot AB\cdot AD\sin A$
△BCD
$=\dfrac{1}{2}\cdot CB\cdot CD\sin C$

7章

発展学習

TRAINING 141 ④ ★

円に内接する四角形 ABCD があり，辺の長さは AB$=\sqrt{7}$，BC$=2\sqrt{7}$，CD$=\sqrt{3}$，
DA$=2\sqrt{3}$ である。このとき，次のものを求めよ。
(1) $\cos B$ の値　(2) 対角線 AC の長さ
(3) 四角形 ABCD の面積 S

[類 センター試験]

発展 例題 **142** 正四面体に内接する球の半径 ◯◯◯◯

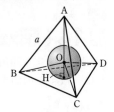

1 辺の長さが a の正四面体 ABCD に内接する球の中心を
O とする。頂点 A から底面の △BCD に下ろした垂線を
AH とすると，中心 O は線分 AH 上にある。また，内接
球 O は △BCD と点 H で接し，その半径を r とすると
$r=\text{OH}$ である。

(1) 正四面体 ABCD の体積 V を求めよ。

(2) r を求めよ。

**CHART
& GUIDE**

**内接球の半径
表面積と体積から求める**

(2) 中心と頂点を結んでできる 4 つの三角錐 OBCD，OABC，OABD，OACD の体積を
それぞれ V_1，V_2，V_3，V_4 とすると，$V=V_1+V_2+V_3+V_4$ である。

これに，$V_1=\dfrac{1}{3}\times\triangle\text{BCD}\times r$ などを代入すると

$$V=\dfrac{1}{3}r(\triangle\text{BCD}+\triangle\text{ABC}+\triangle\text{ABD}+\triangle\text{ACD})$$

例題 136 で学んだ，三角形の内接円の半径の立体版ととらえることができる。

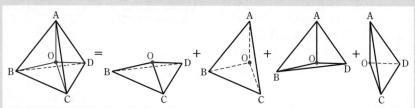

解答

(1) 点 H は △BCD の外接円の中心で，
BH はその半径である。

△BCD において，正弦定理により

$$\dfrac{a}{\sin 60°}=2\text{BH}$$

よって $\text{BH}=\dfrac{a}{2\sin 60°}=\dfrac{a}{\sqrt{3}}$

ゆえに $\text{AH}=\sqrt{\text{AB}^2-\text{BH}^2}=\sqrt{a^2-\left(\dfrac{a}{\sqrt{3}}\right)^2}$

$$=\sqrt{\dfrac{2}{3}a^2}=\dfrac{\sqrt{6}}{3}a$$

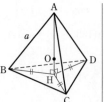

← 詳しくは $p.246$ を参照。

← $\sin 60°=\dfrac{\sqrt{3}}{2}$

← 直角三角形 ABH で三平
方の定理を使う。

よって，正四面体 ABCD の体積 V は

$$V = \frac{1}{3} \times \triangle BCD \times AH$$

$$= \frac{1}{3} \cdot \frac{1}{2} a^2 \sin 60° \cdot \frac{\sqrt{6}}{3} a = \frac{\sqrt{2}}{12} a^3$$

← $\triangle BCD$ は 1 辺の長さが a の正三角形である。

(2)　4 つの三角錐 OBCD, OABC, OABD, OACD の体積をそれぞれ V_1, V_2, V_3, V_4 とすると

$$V = V_1 + V_2 + V_3 + V_4 \quad \cdots\cdots ①$$

また，三角錐 OBCD は $\triangle BCD$ を底面とみると高さが r であるから　$V_1 = \frac{1}{3} \times \triangle BCD \times r = \frac{r}{3} \times \triangle BCD$

同様に

$$V_2 = \frac{r}{3} \times \triangle ABC, \quad V_3 = \frac{r}{3} \times \triangle ABD, \quad V_4 = \frac{r}{3} \times \triangle ACD$$

← 三角錐，四角錐，円錐など錐体の体積は，

$\frac{1}{3} \times$（底面積）$\times$（高さ）

で求められる。

これらを ① に代入して

$$V = \frac{1}{3} r(\triangle BCD + \triangle ABC + \triangle ABD + \triangle ACD) \quad \cdots(*)$$

$\triangle BCD$, $\triangle ABC$, $\triangle ABD$, $\triangle ACD$ はいずれも 1 辺の長さが a の正三角形であるから，その面積は

$$\frac{1}{2} a \times a \times \sin 60° = \frac{\sqrt{3}}{4} a^2$$

ゆえに，(1) から

$$\frac{\sqrt{2}}{12} a^3 = \frac{1}{3} r\left(\frac{\sqrt{3}}{4} a^2 + \frac{\sqrt{3}}{4} a^2 + \frac{\sqrt{3}}{4} a^2 + \frac{\sqrt{3}}{4} a^2 \right)$$

すなわち　$\frac{\sqrt{2}}{12} a^3 = \frac{\sqrt{3}}{3} r a^2$

よって　$r = \frac{\sqrt{6}}{12} a$

7章

発展学習

(参考)　例題 136 では，$\triangle ABC$ の面積を S，$\triangle ABC$ の内接円の半径を r とすると

$$S = \frac{1}{2} r(a+b+c) \quad \text{すなわち　（面積）} = \frac{1}{2} r \times \text{（周の長さ）}$$

が成り立つことを学んだ。四面体 ABCD については，例題(2) で示した $(*)$ のように，（体積）$= \frac{1}{3} \times$（内接球の半径）$\times$（表面積）が成り立つ。

TRAINING 142 ④

図のように，高さ 4，底面の半径 $\sqrt{2}$ の円錐が球 O と側面で接し，底面の中心 M でも接している。

(1)　円錐の母線の長さを求めよ。

(2)　球 O の半径 r を求めよ。

(注意)　円錐の**母線**とは，円錐の頂点と底面の円の周上の点を結ぶ線分のこと（中学で学習）。

発展 例題
143 辺や角の等式から三角形の形状決定 ⏱⏱⏱⏱⏱

△ABC において，$c\cos B = b\cos C$ が成り立つとき，この三角形はどのような
形をしているか。　　　　　　　　　　　　　　　　　　　　　　［法政大］

CHART
& GUIDE

三角形の辺や角で表された等式
辺だけの関係に もちこむ

正弦定理 $\sin A = \dfrac{a}{2R}$，余弦定理 $\cos A = \dfrac{b^2+c^2-a^2}{2bc}$ などを代入して，角を消し，辺だ
けの式に直して扱う。　……　!
そして，得られた a, b, c の関係式から，△ABC の形を判断する。

解答

余弦定理により

$$\cos B = \frac{c^2+a^2-b^2}{2ca}, \quad \cos C = \frac{a^2+b^2-c^2}{2ab}$$

これらを $c\cos B = b\cos C$ に代入すると

! $$c \cdot \frac{c^2+a^2-b^2}{2ca} = b \cdot \frac{a^2+b^2-c^2}{2ab}$$

← 左辺は c で，右辺は b で
約分。

よって　　$\dfrac{c^2+a^2-b^2}{2a} = \dfrac{a^2+b^2-c^2}{2a}$

ゆえに　　$c^2+a^2-b^2 = a^2+b^2-c^2$
よって　　$c^2 = b^2$
$b>0$, $c>0$ であるから　　$c=b$
したがって，△ABC は
　　AB=AC の二等辺三角形

注意 答えを単に「二等辺
三角形」としてはダメ！解
答のように，等しい辺も具
体的に書いておく。

🖐 *Lecture* **三角形の形状**

辺の関係式から，どのような三角形かを読みとることができる。例えば，
　　$b=c$ 　　　　ならば　$\underline{AB=AC \text{ の二等辺三角形}}$
　　$a=b=c$ 　　ならば　$\underline{\text{正三角形}}$
　　$a^2=b^2+c^2$ 　ならば　$\underline{\angle A=90° \text{ の直角三角形}}$ ── 直角となる角も書く。

TRAINING 143 ⑤

次の等式が成り立つとき，△ABC はどのような形をしているか。
(1) $a\sin A = b\sin B$ 　　　　(2) $\cos B\sin C = \sin A$
　　　　　　　　　　　　　　　　　　　　　　　　　　　　　　　［類 宮城教育大］

EXERCISES

A **74**② ★ △ABC において，AB=7，BC=$4\sqrt{2}$，∠ABC=45° とし，△ABC の外接円の中心をOとする。

(1) CA=$^{ア}\boxed{}$ であり，外接円Oの半径は $^{イ}\boxed{}$ である。

(2) 外接円O上の点 A を含まない弧 BC 上に，点 D を CD=$\sqrt{10}$ であるようにとる。このとき，∠ADC=$^{ウ}\boxed{}$° であるから，AD=x とすると $x=^{エ}\boxed{}$ である。　　　　［類 センター試験］　≪≪ **基本例題 126，127**

75③ △ABC において，$a=\sqrt{3}$，$B=45°$，$C=15°$ のとき，次のものを求めよ。

(1) b　　　　(2) c　　　　(3) $\cos 15°$ の値　　　≪≪ **標準例題 128**

76② △ABC において，次のものを求めよ。ただし，△ABC の面積をSとする。

(1) $A=120°$，$c=8$，$S=14\sqrt{3}$ のとき　a，b

(2) $b=3$，$c=2$，$0°<A<90°$，$S=\sqrt{5}$ のとき　$\sin A$，a

(3) $a=13$，$b=14$，$c=15$ で，頂点Aから対辺BC に下ろした垂線の長さを h としたとき　S，h　　　≪≪ **基本例題 134**

77③ AB=5，BC=6，CD=5，DA=3，∠ADC=120° である四角形 ABCD の面積 S を求めよ。　≪≪ **標準例題 135**

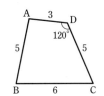

78③ ★ AD∥BC，AB=5，BC=7，CD=6，DA=3 である台形 ABCD において，Dを通り AB に平行な直線と辺 BC の交点をEとし，∠DEC=θ とする。次のものを求めよ。

(1) 線分 DE，EC の長さ　　(2) $\cos\theta$ の値　　(3) 台形 ABCD の面積　　≪≪ **標準例題 135**

7章

発展学習

HINT

74 まず，図をかく。　(2) (ウ) 円周角の定理を利用。

75 (1) まず，A を求める。

78 台形を平行四辺形と三角形に分けて考えるとよい。

EXERCISES

A **79**③ 右の図に示す四面体 ABCD において，AD=2，
BD=4，CD=6，∠ADB=∠ADC=∠BDC=90°
であるとき，次の値を求めよ。　　　〔岡山理科大〕

(1) 四面体 ABCD の体積 V

(2) △ABC の面積 S

(3) 頂点Dから平面 ABC に下ろした垂線の長さ d　　　≪ **標準例題 139**

B **80**④ ★ △ABC について，AB=$7\sqrt{3}$ および ∠ACB=60° であるとする。この
とき，△ABC の外接円Oの半径は $^ア\boxed{}$ である。外接円Oの，点Cを含む
弧 AB 上で点Pを動かす。

(1) 2PA=3PB となるのは PA=$^イ\boxed{}$ のときである。

(2) △PAB の面積が最大となるのは PA=$^ウ\boxed{}$ のときである。

(3) sin∠PBA の値が最大となるのは PA=$^エ\boxed{}$ のときであり，このと
き △PAB の面積は $^オ\boxed{}$ である。　　　〔類 センター試験〕　≪ **基本例題 127**

81③ △ABC において AB=3，AC=5，A=120° とする。△ABC の面積の値は
△ABC=$^ア\boxed{}$ である。辺 BC の長さの値は BC=$^イ\boxed{}$ である。点Aか
ら辺 BC に下ろした垂線を AH とすると，線分 AH の長さの値は
AH=$^ウ\boxed{}$ である。また，$\cos B$ の値は $\cos B$=$^エ\boxed{}$ である。辺 BC 上
の点Kを ∠BAK=60° であるようにとる。線分 KH の長さの値は
KH=$^オ\boxed{}$ である。　　　〔関西学院大〕　≪ **基本例題 134，標準例題 137**

82③ 円に内接する五角形 ABCDE において，AB=7，BC=3，CD=5，DE=6，
∠BCD=120° とするとき，次のものを求めよ。

(1) 線分 BD の長さ　　(2) 線分 AD の長さ　　(3) 辺 AE の長さ

(4) 四角形 ABDE の面積　　　〔類 佐賀大〕　≪ **発展例題 141**

83⑤ △ABC において，$a^2\cos A\sin B=b^2\cos B\sin A$ が成り立つとき，△ABC
はどのような形をしているか。　　　〔横浜国大〕　≪ **発展例題 143**

HINT

79 (3) 四面体 ABCD について，△ABC を底面とすると，高さは d である。

80 (1) PA=3x，PB=2x とおく。

81 (ウ) 三角形の面積を利用する。

(エ) 線分 AK は ∠BAC の二等分線であるから　BK：KC=AB：AC

82 線分 BD，AD によって，五角形 ABCDE を 3 つの三角形に分ける。

83 $PQ=0 \iff P=0$ または $Q=0$ を利用。

数学I

データの分析

8章

レベル ………… 各例題の難易度を表す ⚠ の個数(1~5 の 5 段階)。

★印 ………… 大学入学共通テストの準備・対策向き。

◉, ◎, ○印 … 各項目で重要度の高い例題につけた(◉, ◎, ○の順に重要度が高い)。
時間の余裕がない場合は, ◉, ◎, ○の例題を中心に勉強すると効果的である。
また, ◉の例題には, 解説動画がある。

22 データの整理，データの代表値

気候や降水量，人の身長や体重，テストの得点などのように，ある特性を表す数量を変量といい，数学では，ある変量の測定値や観測値の集まりをデータといいます。ここでは，データを整理する方法など，中学までに学んだことを復習しましょう。

■ 度数分布表，ヒストグラム

↪ Play Back 中学

度数分布表において，区切られた各区間を**階級**，区間の幅を**階級の幅**，各階級に含まれる値の個数を**度数**という。また，各階級の真ん中の値を**階級値**という。

また，度数分布表を柱状のグラフで表したものを**ヒストグラム**という。

例 右の度数分布表（[1]）について，階級の幅は 3℃，階級 7（℃）以上 10（℃）未満の度数は 6 であり，ヒストグラムで表すと，右の図 [2] のようになる。

補足 階級の幅が一定であるとき，ヒストグラムの各長方形の高さは，各階級の度数を表している。

[1]

階級（℃）	度数
4 以上 7 未満	4
7 ～ 10	6
10 ～ 13	3
13 ～ 16	2
計	15

[2]

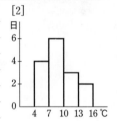

■ データの代表値

データ全体の特徴を適当な 1 つの数値で表すこともある。そのような数値をそのデータの**代表値** という。よく用いられる代表値としては，**平均値，最頻値，中央値** がある。

なお，データにおける測定値や観測値の個数を，そのデータの **大きさ** という。

平均値 …… データの値の総和を，データの大きさで割った値のこと。

一般に，変量 x のデータの値が x_1, x_2, ……, x_n であるとき，このデータの平均値を $\bar{x}$ で表す。 すなわち $$\bar{x} = \frac{x_1 + x_2 + \cdots\cdots + x_n}{n}$$

最頻値 …… データにおいて，最も個数の多い値のこと。**モード** ともいう。度数分布表に整理したときは，度数が最も大きい階級の階級値を最頻値とする。

中央値 …… データの値を大きさの順に並べたとき，中央の位置にくる値のこと。**メジアン** ともいう。なお，データの大きさが偶数のときは，中央の 2 つの値の平均をとって中央値とする。

基本例題 144 度数分布表・ヒストグラムの作成

次のデータは，ある地域における商品Aの30日間の売り上げ数である。

41	53	64	47	44	31	46	53	65	54	42	50	56	66	71
39	46	55	34	56	23	54	76	62	37	58	68	48	53	56 |(個)

(1) 20個以上30個未満を階級の1つとして，どの階級の幅も10個である度数分布表を作れ。

(2) (1)の度数分布表をもとにして，ヒストグラムをかけ。

(3) 30日間のうち，売り上げが50個以下の日は何日あるか。

CHART & GUIDE

(1) 度数分布表 …… 階級ごとの度数を調べ，表にまとめる。最後に，度数の合計が，データの大きさと一致することを確認する。

(2) ヒストグラム …… 階級を横軸，度数を縦軸にとって，柱状のグラフで表す。

(3) 度数分布表を利用。階級の境界の値の扱いに注意して考える。

解答

(1)

階級（個）	度数
20 以上 30 未満	1
30 ～ 40	4
40 ～ 50	7
50 ～ 60	11
60 ～ 70	5
70 ～ 80	2
計	30

(2)

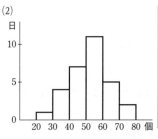

(1) 階級の境界にあたる，20個，30個，……，80個の入る階級をはっきりさせておく。値50は50以上～60未満の階級に入る。

a以上，a以下はaを含み，a未満，aを超えるはaを含まない。

(3) 50個売れた日が1日あるから，(1)の度数分布表より　1+4+7+1=**13（日）**

(参考) 度数分布表の階級の幅は，データの傾向がつかみやすいようにすることが大切である。また，次のような点にも気を配るようにしよう。

・階級の幅は等しくとるようにする。　・階級値や階級の幅は，簡単な値にする。

TRAINING 144 ①

次のデータは，ある高校のクラス30人の名字の画数を調べたものである。

18	9	19	15	10	15	8	17	11	21	9	26	23	13	31
14	9	27	10	11	9	17	18	19	11	6	12	15	18	11 |(画)

(1) 5画以上10画未満を階級の1つとして，どの階級の幅も5画である度数分布表を作れ。

(2) (1)の度数分布表をもとにして，ヒストグラムをかけ。

(3) 名字の画数が20画以下の生徒は何人いるか。

8章
22
データの整理，データの代表値

>>> 発展例題 **157～159**

基本 例題
145 データの平均値

解説動画へGO!!

(1) 次のデータの平均値を求めよ。

$$10,\ 4,\ 7,\ 6,\ 3,\ 12,\ 6,\ 3,\ 0,\ 2,\ 6,\ 7$$

(2) 5人の生徒に英語の試験を実施したところ，5人の得点は

$$58,\ 65,\ 72,\ x,\ 76\ (点)$$

であった。この5人の得点の平均が71(点)のとき，x の値を求めよ。

〔(2) 類 明治薬大〕

CHART & GUIDE

変量 x のデータの値が $x_1,\ x_2,\ \cdots\cdots,\ x_n$ であるとき，このデータの平均値 $\bar{x}$ は

$$\bar{x}=\frac{x_1+x_2+\cdots\cdots+x_n}{n}\ \cdots\cdots\ \boxed{!}$$

データの平均値
$$=\frac{データの総和}{データの大きさ}$$

解答

$\boxed{!}$ (1) $\dfrac{1}{12}(10+4+7+6+3+12+6+3+0+2+6+7)$

$=\dfrac{66}{12}=\mathbf{5.5}$

(2) 得点の平均が71点のとき

$\boxed{!}$ $\dfrac{1}{5}(58+65+72+x+76)=71$

ゆえに $271+x=355$ よって $\quad\boldsymbol{x=84}$

(参考) 平均値などの代表値は分数ではなく，小数で表すことが多い。

Lecture データの平均値

上の平均値の定義 $\bar{x}=\dfrac{x_1+x_2+\cdots\cdots+x_n}{n}$ は，**相加平均** (算術平均) ともよばれているもので，一般に平均というとこれを指す。例えば，平均点，平均気温，平均賃金などの言葉を使うが，普通はそれらのデータ(点数，気温，賃金など)の平均値を意味している。

TRAINING 145 ②

(1) 次のデータの平均値を求めよ。

$$6,\ 8,\ 22,\ 18,\ 2,\ 6,\ 11,\ 0,\ 17,\ 7,\ 2,\ 14,\ 8,\ 11,\ 4,\ 8$$

(2) 7個の値 1, 5, 8, 12, 17, 25, a からなるデータの平均値が12であるとき，a の値を求めよ。

データの最頻値

(1) 40 人の生徒が 10 点満点のテストを受けたところ，その結果は次の通りであった。

得点(点)	0	1	2	3	4	5	6	7	8	9	10
人数(人)	0	0	4	6	0	6	14	4	3	2	1

このデータの最頻値を求めよ。

(2) 右の表は，ある高校のクラス 40 人について通学時間を調査した結果の度数分布表である。このデータの最頻値を求めよ。

階級（分）	度数
0 以上 20 未満	5
20 ～ 40	16
40 ～ 60	11
60 ～ 80	7
80 ～ 100	1
計	40

CHART & GUIDE

最頻値は，データにおいて最も個数の多い値である。
(2)のように，度数分布表に整理されているデータの場合は，度数が最も大きい階級の階級値を最頻値とする。

解答

(1) 6 点の人数が最も多いから，このデータの最頻値は
6 点

(2) 度数が最も大きい階級は，20 以上 40 未満（分）の階級であり，その階級の階級値は $\dfrac{20+40}{2}=30$ （分）
よって，このデータの最頻値は **30 分**

(2) 最頻値は階級値で答える。
階級値 は，階級の真ん中の値のことである。

Lecture データの最頻値

最頻値については1通りに定まらないこともある。例えば，データ 1, 2, 2, 3, 3 については，最頻値は 2, 3 の 2 通りに決まる。最頻値にはこのような欠点があるが，例えば，服や靴の最も売れ行きのよいサイズを知りたいといったような場合には，代表値として最頻値が適していることが多い。

TRAINING 146 ①

右の表は，A 市の 1 日の平均気温を 1 か月間測定した結果の度数分布表である。このデータの最頻値を求めよ。

階級（℃）	度数
14 以上 16 未満	2
16 ～ 18	6
18 ～ 20	16
20 ～ 22	5
22 ～ 24	2
計	31

258

例題
147 データの中央値

>>> 発展例題 **156**, **157**

次のデータ ① は，生徒 9 人の身長を調べた結果である。

　　① : 172, 155, 187, 169, 163, 150, 167, 159, 177　(cm)

(1)　データ ① の中央値を求めよ。

(2)　データ ① に身長 160 cm の生徒 1 人分の値が加わったデータを ② とすると
き，データ ② の中央値を求めよ。

CHART
& GUIDE

データの中央値の求め方

1　データを値の大きさの順(小 → 大の順) に並べ替える。…… !

2　**1** の後，中央の位置にくる値を中央値とする。このとき，次のように，
データの大きさが奇数か，偶数かに分けて考える。

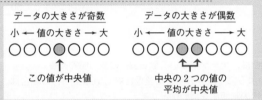

解答

　(1)　データ ① を値の大きさの順に並べると

!　　　　150, 155, 159, 163, 167, 169, 172, 177, 187

　　よって，データ ① の中央値は　**167 cm**

　(2)　データ ② を値の大きさの順に並べると

!　　　　150, 155, 159, 160, 163, 167, 169, 172, 177, 187

　　よって，データ ② の中央値は　$\dfrac{163+167}{2}=\textbf{165(cm)}$

(1)　データの大きさは 9 で
奇数 — 小さい方から
5 番目の値が中央値。

(2)　データの大きさは 10
で**偶数** — 小さい方か
ら 5 番目と 6 番目の値の
平均が中央値。

TRAINING　147 ①

次のデータ ① は，生徒 7 人のある日曜日の睡眠時間である。

　　① : 410, 360, 440, 420, 390, 450, 400　(分)

(1)　データ ① の中央値を求めよ。

(2)　データ ① に，右の 3 人分の睡眠時間の値を加えた
データを ② とするとき，データ ② の中央値を求めよ。

420, 360, 430 (分)

Let's Start

23 データの散らばりと四分位数

前の節では，データの特徴を表す値（代表値）について学びましたが，データの平均値，中央値が等しくても，その散らばり具合は異なることが多く，代表値だけではデータの分布をとらえきれません。そこで，この節では，データの散らばりの様子（分布）を表す数値や図について学習しましょう。

■ 範囲，四分位数と四分位範囲

↰ Play Back 中学

データの最大値から最小値を引いた差をデータの範囲という。データの範囲が大きいほど，散らばりの度合いが大きいと考えられる。

データを値の大きさの順に並べたとき，4等分する位置にくる値を四分位数という。四分位数は，小さい方から順に第1四分位数，第2四分位数，第3四分位数といい，順に Q_1, Q_2, Q_3 で表す。第2四分位数 Q_2 はデータの中央値である。

データの第3四分位数 Q_3 から第1四分位数 Q_1 を引いた差 Q_3-Q_1 を四分位範囲という。

（範囲）
＝（最大値）－（最小値）

（四分位範囲）
＝（第3四分位数）
　－（第1四分位数）

8章
23
データの散らばりと四分位数

注意 以後本書では，Q_1, Q_2, Q_3 はそれぞれ第1四分位数，第2四分位数，第3四分位数を表すものとする。

例 データAを 13, 18, 7, 11, 2, 4, 22 とする。

データAの範囲は 22－2＝20

データAの四分位数を求める。

　　　データAの大きさは奇数で，値の大きさの順に並べると

　　　　　　2, 4, 7, 11, 13, 18, 22

　　よって 第2四分位数 $Q_2＝11$

　・下組 2, 4, 7 について，中央値は 4

　　　よって 第1四分位数 $Q_1＝4$

　・上組 13, 18, 22 について，中央値は 18

　　　よって 第3四分位数 $Q_3＝18$

また，四分位範囲の半分を **四分位偏差** という。

例 データAの四分位範囲は $\quad Q_3-Q_1=18-4=14$

四分位偏差は $\quad \dfrac{Q_3-Q_1}{2}=\dfrac{14}{2}=7$

■ 箱ひげ図

↩ **Play Back** 中学

データの分布をみるための図に，箱ひげ図とよばれるものがある。
箱ひげ図は，データの最小値，第1四分位数（Q_1），中央値（Q_2），第3四分位数（Q_3），最大値を，箱と線（ひげ）で表現した図であり，箱ひげ図全体の長さが範囲を，箱の長さが四分位範囲を表している。
なお，箱ひげ図に平均値を記入することもある。

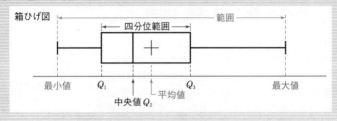

注意 箱ひげ図は，例題 150 のもののように，縦に表すこともある。

箱ひげ図では，ヒストグラムほどデータの分布が詳しく表現されていないが，大まかな様子を知ることはできる。また，箱ひげ図はヒストグラムほど複雑な形ではないので，複数のデータについての箱ひげ図を並べてかくことも比較的容易である。そのため，**箱ひげ図は複数のデータの分布を比較するのに利用されることが多い。**

■ 外れ値

データの中に，他の値から極端に離れた値が含まれることがある。そのような値を **外れ値** という。
外れ値の基準として次のようなものがある。

$\qquad$ {（第1四分位数）$-1.5\times$（四分位範囲）} 以下の値
$\qquad$ {（第3四分位数）$+1.5\times$（四分位範囲）} 以上の値

外れ値の影響について，例えば，次のようなものがある。
$\qquad$ ① 平均値は中央値より外れ値の影響を受けやすい。
$\qquad$ ② 四分位範囲は外れ値の影響を受けにくい。

[① について]

例えば，ある 6 つの市の人口のデータ

$$10, \ 24, \ 26, \ 28, \ 40, \ 370 \ (万人)$$

について考える。

このデータの第 1 四分位数は 24 万人，第 3 四分位数は 40 万人であり，

← 10, 24, 26

$\uparrow$

第 1 四分位数

$$\{40+1.5\times(40-24)\}\leqq370$$

となるから，370 万人は外れ値である。

28, 40, 370

$\uparrow$

第 3 四分位数

このとき，6 つのデータの

平均値は $\dfrac{10+24+26+28+40+370}{6}=83 \ (万人)$

中央値は $\dfrac{26+28}{2}=27 \ (万人)$

また，370 万人を除いた 5 つのデータの

平均値は $\dfrac{10+24+26+28+40}{5}=25.6 \ (万人)$

中央値は 26 万人

このように，データの中に外れ値があると，平均値は中央値よりもその影響を大きく受ける。よって，データの中に外れ値があるときは，代表値として平均値よりも中央値の方が有効であるといえる。

[② について]

四分位範囲は，データを値の大きさの順に並べたときの，中央に並ぶ約 50 % のデータの散らばりの度合いを表している。

ゆえに，四分位範囲は，データの中に外れ値がある場合でも，その影響を受けにくいといえる。

なお，上の 6 つのデータについては次のようになる。

6 つのデータの四分位範囲は　　40−24＝16 （万人）

← (第 3 四分位数)
− (第 1 四分位数)

370 万人を除いた 5 つのデータの場合，四分位範囲は

$$\dfrac{28+40}{2}-\dfrac{10+24}{2}=17 \ (万人)$$

8章
23
データの散らばりと四分位数

次のページからは箱ひげ図の読み取り方について学習していきましょう。

基本
例題
148 データの散らばり（四分位数と四分位範囲）

次のデータは，A，B の 2 人の，ある定期テストにおける各科目の得点である。

A：67, 52, 89, 72, 96, 45, 58, 42, 83 （点）

B：81, 98, 55, 75, 60, 82, 70, 66, 72 （点）

(1) A のデータの第 1 四分位数，第 2 四分位数，第 3 四分位数を求めよ。

(2) A のデータの四分位範囲と四分位偏差を求めよ。

(3) A のデータと B のデータでは，どちらの方がデータの散らばりの度合いが大きいか。四分位範囲を利用して判断せよ。

CHART & GUIDE

(1) 第 2 四分位数（中央値）Q_2，続いて第 1 四分位数 Q_1，第 3 四分位数 Q_3 の順に求める。まずは，データを値の大きさの順に並べ替える。…… $!$

(2) 四分位範囲は $Q_3 - Q_1$，四分位偏差は $\dfrac{Q_3 - Q_1}{2}$

解答

(1) A のデータを値の大きさの順に並べると

$!$ 　　42, 45, 52, 58, 67, 72, 83, 89, 96 　　よって

$Q_2 = 67$（点），$Q_1 = \dfrac{45 + 52}{2} = 48.5$（点），$Q_3 = \dfrac{83 + 89}{2} = 86$（点）

(2) **四分位範囲は** $Q_3 - Q_1 = 86 - 48.5 = 37.5$（点）

四分位偏差は $\dfrac{Q_3 - Q_1}{2} = \dfrac{37.5}{2} = 18.75$（点）

(3) B のデータを値の大きさの順に並べると

　　55, 60, 66, 70, 72, 75, 81, 82, 98

よって，B のデータの四分位数について

$Q_1 = \dfrac{60 + 66}{2} = 63$（点），$Q_3 = \dfrac{81 + 82}{2} = 81.5$（点）

B のデータの四分位範囲は $Q_3 - Q_1 = 18.5$（点）

A のデータの四分位範囲の方が大きいから，**A のデータの方が散らばりの度合いが大きい** と考えられる。

(1) A のデータ

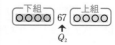

下組 42, 45, 52, 58
　　　　　 ↑
　　　　 Q_1

上組 72, 83, 89, 96
　　　　　　 ↑
　　　　　 Q_3

(3) A，B のデータの範囲がそれぞれ

54（$= 96 - 42$），

43（$= 98 - 55$）

であることに注目しても，A のデータの方が散らばりの度合いが大きいことがわかる。

TRAINING 148 ①

次のデータは，A 市と B 市における，ある 10 日間の降雪量である。

A 市 3, 10, 8, 25, 7, 2, 12, 35, 5, 18 （cm）

B 市 5, 20, 16, 34, 10, 3, 12, 52, 6, 23 （cm）

(1) A 市のデータの第 1 四分位数，第 2 四分位数，第 3 四分位数を求めよ。

(2) A 市のデータの四分位範囲と四分位偏差を求めよ。

(3) A 市のデータと B 市のデータでは，どちらの方がデータの散らばりの度合いが大きいか。四分位範囲を利用して判断せよ。

基本 例題 149 ヒストグラムと箱ひげ図 ◐◐

次の (1)～(3) のヒストグラムに対応している箱ひげ図を，①～③ から1つずつ選べ。

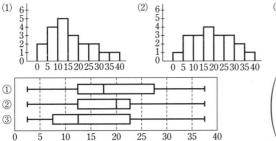

ヒストグラムで，階級は
0以上5未満，5以上
10未満，…… のように
とっている。

CHART & GUIDE

ヒストグラムと箱ひげ図
最小値，Q_1，Q_2，Q_3，最大値を読みとる

①～③ の箱ひげ図から，3つのデータのそれぞれの最小値と最大値は等しいことが読みとれる。そこで，Q_1～Q_3 を比較する。

解答

3つのデータの大きさはどれも20で，それぞれの最大値と最小値は一致する。

(1) ヒストグラムから，Q_1 は5以上10未満の階級にある。
これを満たす箱ひげ図は **③**

(2) ヒストグラムから，Q_3 は25以上30未満の階級にある。
これを満たす箱ひげ図は **①**

(3) ヒストグラムから，Q_1 は10以上15未満の階級にあり，Q_3 は20以上25未満の階級にある。
これを満たす箱ひげ図は **②**

Q_1：下から5番目と6番目の値の平均
Q_3：上から5番目と6番目の値の平均

TRAINING 149 ② ★

右のヒストグラムに対応する箱ひげ図を，下の ①～③ から選べ。

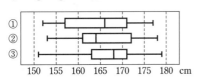

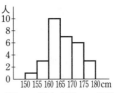

階級は 150 cm 以上 155 cm 未満，155 cm 以上 160 cm 未満，……
のようにとっている。

基本
150 箱ひげ図からデータの傾向を読みとる

右の図は，30 人の生徒についての，テストAとテストBの得点のデータの箱ひげ図である。この箱ひげ図から読みとれることとして正しいものを，次の①〜③からすべて選べ。

① テストAの方が，テストBよりも得点の四分位範囲が大きい。

② テストAでは，60 点以上の生徒が 15 人以上いる。

③ テストA，Bともに 30 点台の生徒がいる。

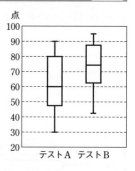

CHART
& GUIDE

箱ひげ図からデータを読みとる問題
最大値・最小値，四分位数（四分位範囲）に注目

① 四分位範囲は，与えられた箱ひげ図の場合，箱の長さに相等する。

② 「15 人」＝「30 人の半分」であるから，中央値（第 2 四分位数）に注目。

③ 最小値に注目。

解答

① 箱の長さについて，テストAの方がテストBより長いから，四分位範囲はテストAの方がテストBより大きい。
よって，①は正しい。

② テストAのデータの中央値は 60 点であるから，全体の半数以上が 60 点以上である。よって，②は正しい。

③ テストAのデータの最小値は 30 点，テストBのデータの最小値は 40 点台である。よって，30 点台の生徒はテストAにはいるが，テストBにはいないから，③は正しくない。

以上から，正しいものは ①，②

TRAINING 150 ② ★

右の図は，ある商店における，商品Aと商品Bの 30 日間にわたる販売数のデータの箱ひげ図である。この箱ひげ図から読みとれることとして正しいものを，次の①〜③からすべて選べ。

① 商品Aの販売数の第 3 四分位数は，商品Bの販売数の中央値よりも小さい。

② 30 日間すべてにおいて，商品Aは 5 個以上，商品Bは 15 個以上売れた。

③ 商品A，Bともに，20 個以上売れた日が 7 日以上ある。

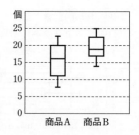

箱ひげ図で表される値について振り返ろう！

● *p.260* を振り返ろう！

箱ひげ図では，箱の長さが四分位範囲を表しています。

テストAの箱の長さは 30 を超えていることから
    （A の四分位範囲）＞30
テストBの箱の長さは 30 未満であることから
    （B の四分位範囲）＜30
よって，四分位範囲はテストAの方がテストBより
大きい。

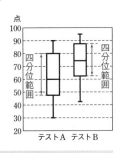

● *p.254，p.260* を振り返ろう！

中央値は，データの値を大きさの順に並べたとき，中央の位置にくる値のことです。

テストAの箱ひげ図から，60 点は中央値である。
また，30 人の得点のデータであるから，中央値は小さい方
から 15 番目と 16 番目の得点の平均である。
よって，60 点は，小さい方から 15 番目と 16 番目の得点の
平均である。

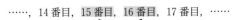

……，14 番目，15 番目，16 番目，17 番目，……

この 2 つの得点の平均が 60 点

ゆえに，小さい方から 16 番目の得点は 60 点以上である。

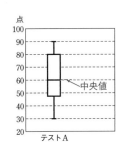

● *p.260* を振り返ろう！

縦に表示された箱ひげ図では，下の線が最小値を表しています。

テストAの下の線は 30 点であることから
    テストAの最小値は 30 点
よって，テストAには 30 点台の生徒がいる。
テストBの下の線は 40 点より上にあることから
    テストBの最小値は 40 点台
ゆえに，テストBには 30 点台の生徒はいない。

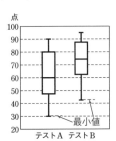

8章
23
データの散らばりと四分位数

24 分散と標準偏差，データの相関

今までは，四分位数などデータの特定の値をもとに散らばりの度合いを考えてきましたが，ここでは，データの値全体を使った散らばりの度合いを表す値について学んでいきましょう。

■ 分散と標準偏差

データの平均値の周りにデータの各値がどのように散らばっているかを表す値として，各値と平均値の差が考えられる。

変量 x のデータの値 x_1, x_2, ……, x_n の平均値を $\bar{x}$ とするとき，各値と平均値の差 $x_1-\bar{x}$, $x_2-\bar{x}$, ……, $x_n-\bar{x}$ を，それぞれの平均値からの **偏差** といい，$x-\bar{x}$ で表す。

偏差の総和は

$$(x_1-\bar{x})+(x_2-\bar{x})+\cdots\cdots+(x_n-\bar{x})$$
$$=(x_1+x_2+\cdots\cdots+x_n)-n\bar{x}=n\bar{x}-n\bar{x}=0$$

になる。すなわち，偏差の平均値も 0 となるから，偏差の平均値を用いてデータの散らばりの度合いを表すことはできない。

そこで，偏差を 2 乗した値を考えると，これらはすべて 0 以上であり，各値が平均値から離れるほど大きくなる。よって，偏差の 2 乗の平均値はデータの散らばりの度合いを表す尺度として利用できる。この値を **分散** といい s^2 で表す。

また，分散の正の平方根を **標準偏差** といい s で表す。

$\blacktriangleleft \bar{x}$
$= \dfrac{1}{n}(x_1+x_2+\cdots+x_n)$

$\blacktriangleleft s$ は標準偏差を意味する
standard deviation
の頭文字。

> **分散と標準偏差**
>
> 変量 x のデータの値が x_1, x_2, ……, x_n で，その平均値が $\bar{x}$ のとき
>
> **分散** $s^2=\dfrac{1}{n}\{(x_1-\bar{x})^2+(x_2-\bar{x})^2+\cdots\cdots+(x_n-\bar{x})^2\}$
>
> **標準偏差** $s=\sqrt{分散}=\sqrt{\dfrac{1}{n}\{(x_1-\bar{x})^2+(x_2-\bar{x})^2+\cdots\cdots+(x_n-\bar{x})^2\}}$

一般に，標準偏差が大きいほどデータの散らばりの度合いが大きく，標準偏差が小さいほどデータの各値は平均値の近くに集中する傾向にある。

■ 散布図

下の表は，ある中学生 12 人の身長 x (cm)と体重 y (kg)からなるデータである。

x	161.1	158.8	168.2	153.9	157.3	152.5	151.4	159.6	146.7	148.1	154.6	162.6
y	47.6	48.7	57.6	48.8	53.5	46.1	44.3	55.8	38.3	42.3	54.1	54.2

このデータについて，$(x,\ y)$ を座標とする点を平面上に表すと，右の図のようになる。

このような，2 つの変量からなるデータを平面上に図示したものを **散布図** という。右の散布図からは，点全体が右上がりに分布していることが読みとれるから，身長が高い人は体重も重いという傾向を読みとることができる。

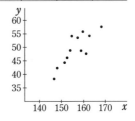

■ 正の相関，負の相関

2 つの変量からなるデータにおいて，一方が増加すると他方も増加する傾向がみられるとき，2 つの変量の間には **正の相関** があるという。また，一方が増加すると他方が減少する傾向がみられるとき，同様に **負の相関** がある

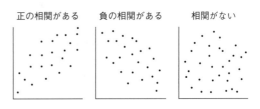

という。どちらの傾向もみられないとき，**相関がない** または **相関関係がない** という。

2 つの変量に相関があるとき，散布図における点の分布が 1 つの直線に接近しているほど相関が強いといい，散らばっているほど相関が弱いという。

■ 相関係数

(1) 共分散

2 つの変量 $x,\ y$ についてのデータの値の組

$$(x_1,\ y_1),\ (x_2,\ y_2),\ \cdots\cdots,\ (x_n,\ y_n)$$

があり，$x,\ y$ の平均値を順に $\overline{x},\ \overline{y}$ とする。

$\overline{x},\ \overline{y}$ を境界として，データの散布図を右のように 4 つの部分 ①〜④ に分けると，散布図の点について，次の傾向がある。

点の多くが ① と ③ の部分にあるとき，x と y の間に正の相関がある。

点の多くが ② と ④ の部分にあるとき，x と y の間に負の相関がある。

また，点 $(x_\bullet,\ y_\bullet)$ が

　① または ③ にあるときは　$(x_\bullet-\overline{x})(y_\bullet-\overline{y})>0$

　② または ④ にあるときは　$(x_\bullet-\overline{x})(y_\bullet-\overline{y})<0$　である。

よって，x と y の相関関係を調べるには

$$(x_\bullet-\overline{x})(y_\bullet-\overline{y}) \text{ の値（符号）}$$

を考えればよい。そこで，x の偏差と y の偏差の積 $(x_\bullet-\overline{x})(y_\bullet-\overline{y})$ の平均値

$$\frac{1}{n}\{(x_1-\overline{x})(y_1-\overline{y})+(x_2-\overline{x})(y_2-\overline{y})+\cdots\cdots+(x_n-\overline{x})(y_n-\overline{y})\}$$

を考える。これを，x と y の **共分散** といい，s_{xy} で表す。

上で述べたことから，共分散 s_{xy} の値は，x と y の間に正の相関があるときは正になり，負の相関があるときは負になる。

(2) 相関係数

次に，相関の強弱をみるために，共分散 s_{xy} を，x の標準偏差 s_x と y の標準偏差 s_y の積 $s_x s_y$ で割った値を考える。この値を，x と y の **相関係数** といい，r で表す。

$$r=\frac{s_{xy}}{s_x s_y} \quad\longleftarrow\quad r=\frac{(x \text{ と } y \text{ の共分散})}{(x \text{ の標準偏差})\times(y \text{ の標準偏差})}$$

$$=\frac{\dfrac{1}{n}\{(x_1-\overline{x})(y_1-\overline{y})+\cdots\cdots+(x_n-\overline{x})(y_n-\overline{y})\}}{\sqrt{\dfrac{1}{n}\{(x_1-\overline{x})^2+\cdots\cdots+(x_n-\overline{x})^2\}}\sqrt{\dfrac{1}{n}\{(y_1-\overline{y})^2+\cdots\cdots+(y_n-\overline{y})^2\}}}$$

$$=\frac{(x_1-\overline{x})(y_1-\overline{y})+\cdots\cdots+(x_n-\overline{x})(y_n-\overline{y})}{\sqrt{\{(x_1-\overline{x})^2+\cdots\cdots+(x_n-\overline{x})^2\}\{(y_1-\overline{y})^2+\cdots\cdots+(y_n-\overline{y})^2\}}}$$

$$\longmapsto\quad r=\frac{(x-\overline{x})(y-\overline{y}) \text{ の総和}}{\sqrt{(x-\overline{x})^2 \text{ の総和}}\times\sqrt{(y-\overline{y})^2 \text{ の総和}}}$$

また，相関係数 r については $-1\leqq r\leqq 1$ であることが知られており，r の値は，正の相関が強いほど 1 に近づき，負の相関が強いほど -1 に近づく。相関がないとき，r は 0 に近い値をとる。

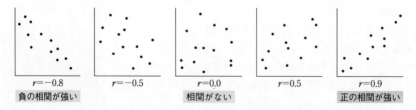

$r=-0.8$ 　　　　$r=-0.5$ 　　　　$r=0.0$ 　　　　$r=0.5$ 　　　　$r=0.9$

負の相関が強い 　　　　　　相関がない 　　　　　　　　正の相関が強い

■ 相関関係と因果関係

40人の生徒に対し，1週間における読書時間のデータと垂直跳びのデータの相関を調べて，正の相関があったとする。

このとき，

　　　　「読書時間が多いことが原因で垂直跳びの記録が伸びる」，

　　　　「垂直跳びの記録が伸びることが原因で読書時間が増える」

といったことは断定できないだろう。

一般に，2つの変量の間に相関関係があるからといって，一方が原因で他方が起こる因果関係があるとは限らない。

■ 質的データをとる2つの変量の間の関係

売上個数や気温のように数値として得られるデータを **量的データ** といい，天気や場所などのように数値ではないものとして得られるデータを **質的データ** という。

質的データをとる2つの変量の間の関係として，例えば，次のようなものがある。

なお，下の表1，表2のような表を **分割表** という。**クロス集計表** ともいう。

例　次の表1は，合否が判定されるある試験について，受験者100人を対象に，参考書Wを使用して学習したかを調べた結果である。

表1

	合(人)	否(人)	計(人)
Wの使用：有	53	23	76
Wの使用：無	7	17	24
計	60	40	100

参考書Wの使用が「有」，「無」における合格者の割合は，それぞれ約70%，約29%となる。

同じ受験者を対象に，解答をノートに書いて学習したかどうかを調べたところ，表2のようになった。

表2

	合(人)	否(人)	計(人)
ノート：有	51	5	56
ノート：無	9	35	44

「ノート：有」は，解答をノートに書いて学習したことを表す。
「ノート：無」は，解答をノートに書かずに学習したことを表す。

ノートの「有」，「無」における合格者の割合は，それぞれ約91%，約20%となる。

このことから，参考書Wの使用よりも解答をノートに書くことの方が合否に影響していることが推測できる。

8章
24
分散と標準偏差，データの相関

次のページからは，具体的なデータに対して，分散を計算したり，相関関係について調べたりしていきましょう。

≫≫ 発展例題 **157**

基本 **151** 分散，標準偏差を求める

あるTV番組で，6人のゲスト出演者にYESかNOかで答える10個の質問に答えてもらったところ，各人のYESと答えた回数xは次のようになった。

$$3, \ 7, \ 9, \ 6, \ 4, \ 7 \quad (個)$$

(1) このデータの分散を求めよ。

(2) このデータの標準偏差を求めよ。

CHART & GUIDE

変量xのデータの値が$x_1, \ x_2, \ \cdots\cdots, \ x_n$で，その平均値が$\overline{x}$のとき，分散$s^2$は

$$s^2 = \frac{1}{n}\{(x_1-\overline{x})^2 + (x_2-\overline{x})^2 + \cdots\cdots + (x_n-\overline{x})^2\}$$

$$(分散) = (偏差の2乗の平均値) = \frac{(偏差の2乗の総和)}{(データの大きさ)}$$

(2) 標準偏差 $s = \sqrt{分散}$

解答

(1) 平均値$\overline{x}$は

$$\overline{x} = \frac{1}{6}(3+7+9+6+4+7) = \frac{36}{6} = 6 (個)$$

← $\dfrac{データの総和}{データの大きさ}$

x	3	7	9	6	4	7	計 36
$x-\overline{x}$	-3	1	3	0	-2	1	計 0
$(x-\overline{x})^2$	9	1	9	0	4	1	計 24

← もれなく計算するため，偏差の2乗$(x-\overline{x})^2$を表にまとめた。

よって，分散s^2は $\quad s^2 = \dfrac{24}{6} = \mathbf{4}$

← (偏差)^{2}の平均

(2) 標準偏差sは $\quad s = \sqrt{4} = \mathbf{2 (個)}$

← 標準偏差の単位は，データの各値の単位と同じ。

TRAINING 151 ①

海外の8つの都市について，成田空港からのおよその飛行時間xを調べたところ，次のようなデータが得られた。

$$7, \ 5, \ 7, \ 6, \ 8, \ 7, \ 10, \ 6 \quad (時間)$$

このデータの分散と標準偏差を求めよ。ただし，必要ならば小数第2位を四捨五入せよ。

基本
例題
152 分散と平均値の関係式

<<< 基本例題 **151**　　>>> 発展例題 **158**，**159**

(1) 変量 x のデータの値が x_1，x_2，x_3 のとき，その平均値を $\overline{x}$ とする。分散 s^2 を $\dfrac{1}{3}\{(x_1-\overline{x})^2+(x_2-\overline{x})^2+(x_3-\overline{x})^2\}$ で定義するとき，$s^2=\overline{x^2}-(\overline{x})^2$ となることを示せ。ただし $\overline{x^2}$ は $x_1{}^2$，$x_2{}^2$，$x_3{}^2$ の平均値を表す。　　〔(1) 琉球大〕

解説動画へGO!!

(2) (1)で示した $s^2=\overline{x^2}-(\overline{x})^2$ は，変量 x のデータの値が x_1，x_2，x_3，$\cdots$，x_n のときにも成り立つ。そのことを利用して，6個の値 2，4，5，6，8，9 から なるデータの分散を求めよ。ただし，小数第2位を四捨五入せよ。

CHART & GUIDE

(1)で示したことから，分散は

① $s^2=\dfrac{1}{n}\{(x_1-\overline{x})^2+(x_2-\overline{x})^2+\cdots\cdots+(x_n-\overline{x})^2\}$

② $s^2=\overline{x^2}-(\overline{x})^2$ ←(x^2 のデータの平均値)−(x のデータの平均値)^2

の2通りの求め方ができる。

解答

(1) 分散 s^2 の定義から

$$s^2=\frac{1}{3}\{(x_1-\overline{x})^2+(x_2-\overline{x})^2+(x_3-\overline{x})^2\}$$

$$=\frac{1}{3}\{x_1{}^2-2x_1\overline{x}+(\overline{x})^2+x_2{}^2-2x_2\overline{x}+(\overline{x})^2+x_3{}^2-2x_3\overline{x}+(\overline{x})^2\}$$

$$=\frac{1}{3}\{(x_1{}^2+x_2{}^2+x_3{}^2)-2\overline{x}(x_1+x_2+x_3)+3(\overline{x})^2\}$$

$$=\overline{x^2}-2\overline{x}\cdot\overline{x}+(\overline{x})^2=\overline{x^2}-(\overline{x})^2 \qquad ←\frac{1}{3}(x_1+x_2+x_3)=\overline{x}$$

よって，$s^2=\overline{x^2}-(\overline{x})^2$ が成り立つ。

(2) 6個のデータの平均値は $\dfrac{1}{6}(2+4+5+6+8+9)=\dfrac{34}{6}=\dfrac{17}{3}$

ゆえに，分散は $\dfrac{1}{6}(2^2+4^2+5^2+6^2+8^2+9^2)-\left(\dfrac{17}{3}\right)^2=\dfrac{226}{6}-\dfrac{289}{9}=\dfrac{50}{9}\fallingdotseq\boldsymbol{5.6}$

参考 データの値が大きい場合は，2乗の計算が大変なので，上の公式 ① を用いた方 がらくである。一方，データの値が大きくない整数で，平均値が整数でない場合 は，上の公式 ② を用いた方が，整数でない数の2乗の計算が1回ですむのでら くになることが多い。

TRAINING 152 ①

分散の公式 ②「$s^2=\overline{x^2}-(\overline{x})^2$」を利用して，6個の値 10，7，8，0，4，2 からなるデータの分散を求めよ。ただし，小数第2位を四捨五入せよ。

8章
24
分散と標準偏差，データの相関

例 題
153 散布図をかいて，相関を調べる

下の表は，2つの変量 x, y についてのデータである。これらについて，散布図をかき，x と y の間に相関があるかどうかを調べよ。また，相関がある場合には，正・負のどちらの相関であるかをいえ。

(1)

x	31	62	39	29	47	39	25	50	50	53
y	49	86	63	59	68	53	43	72	66	79

(2)

x	19	35	26	15	34	44	24	53	39	25
y	79	60	75	50	38	61	62	75	43	37

CHART & GUIDE

散布図から相関を読みとる問題

点の分布が
$$\begin{cases} \text{右上がりの直線に近い} \longrightarrow \text{正の相関がある} \\ \text{右下がりの直線に近い} \longrightarrow \text{負の相関がある} \\ \text{どちらの傾向もみられない} \longrightarrow \text{相関はない} \end{cases}$$

解答

(1) 散布図は，**下図**。

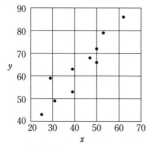

x の値が増加すると，y の値も増加する傾向がみられるから，x と y には **正の相関がある**。

(2) 散布図は，**下図**。

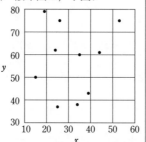

x の値の増減と y の値の増減には関係性がみられないから，x と y には **相関はない**。

◀ 散布図をかくときは，データの最大値・最小値に注目して目盛りを決めるとよい。

参考 この例題のデータの相関係数は
(1) 0.93 (2) 0.08
である（小数第3位を四捨五入した）。

TRAINING 153 ①

下の表は，10種類のパンに関する，定価と売上個数のデータである。

種類	①	②	③	④	⑤	⑥	⑦	⑧	⑨	⑩
定価（円）	120	100	110	130	105	120	100	110	130	105
売上個数（個）	45	65	48	25	32	30	53	40	35	60

これらについて，散布図をかき，定価と売上個数に相関があるかどうかを調べよ。また，相関がある場合には，正・負のどちらの相関であるかをいえ。

基本 例題
154 相関係数の計算 ★

(1) 2つの変量 x, y について，x の標準偏差が 7，y の標準偏差が 6，x と y の共分散が -10.5 であるとき，x と y の相関係数を求めよ。

(2) 下の表は，8人の生徒に10点満点のテスト A，B を行った結果である。A，B の得点の相関係数を求めよ。必要ならば小数第3位を四捨五入せよ。

生徒の番号	①	②	③	④	⑤	⑥	⑦	⑧
テスト A	6	5	8	5	2	3	4	7
テスト B	8	5	10	6	7	4	7	9

CHART & GUIDE

相関係数 r の計算

$$r = \frac{(x \text{ と } y \text{ の共分散})}{(x \text{ の標準偏差}) \times (y \text{ の標準偏差})} = \frac{(x-\bar{x})(y-\bar{y}) \text{ の総和}}{\sqrt{(x-\bar{x})^2 \text{ の総和}} \times \sqrt{(y-\bar{y})^2 \text{ の総和}}}$$

(2)は，表を用いると，見通しがよくなり計算しやすくなる。

解答

相関係数を r とする。

(1) $r = \dfrac{-10.5}{7 \times 6} = -0.25$ ← $r<0$ から，負の相関がある。

(2) A の得点を x，B の得点を y とする。x，y の平均値 $\bar{x}$，$\bar{y}$ は

$\bar{x} = \dfrac{1}{8} \times 40 = 5$,

$\bar{y} = \dfrac{1}{8} \times 56 = 7$

右の表から

$r = \dfrac{20}{\sqrt{28} \cdot \sqrt{28}}$

$= \dfrac{20}{28} = \dfrac{5}{7} ≒ 0.71$

$r>0$ から，正の相関がある。

番号	x	y	$x-\bar{x}$	$y-\bar{y}$	$(x-\bar{x})(y-\bar{y})$	$(x-\bar{x})^2$	$(y-\bar{y})^2$
①	6	8	1	1	1	1	1
②	5	5	0	-2	0	0	4
③	8	10	3	3	9	9	9
④	5	6	0	-1	0	0	1
⑤	2	7	-3	0	0	9	0
⑥	3	4	-2	-3	6	4	9
⑦	4	7	-1	0	0	1	0
⑧	7	9	2	2	4	4	4
計	40	56			20	28	28

8章 24 分散と標準偏差，データの相関

TRAINING 154 ① ★

(1) 2つの変量 x, y について，x の標準偏差が 1.2，y の標準偏差が 2.5，x と y の共分散が 1.08 であるとき，x と y の相関係数を求めよ。

(2) 下の表は，10人の生徒に10点満点のテスト A，B を行った結果である。A，B の得点の相関係数を求めよ。必要ならば小数第3位を四捨五入せよ。

生徒の番号	①	②	③	④	⑤	⑥	⑦	⑧	⑨	⑩
テスト A	8	9	6	2	10	3	8	4	1	9
テスト B	2	2	5	5	2	5	4	4	7	4

数学の扉　統計のグラフの種類と特徴

統計をグラフで表すとき，グラフの特徴を理解した上で，目的にあったものを選ぶことが大切です。そこで，統計で用いる代表的なグラフとその特徴を見てみましょう。

(1)　ヒストグラム

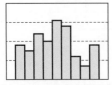

1種類のデータの散らばり具合がわかる。

(2)　箱ひげ図

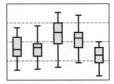

複数のデータの散らばり具合がわかる。

(3)　散布図

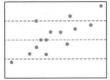

2種類のデータの関係がわかる。

(4)　折れ線グラフ

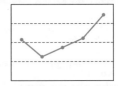

データの量的な変化(増加・減少)がわかる。

(5)　円グラフ

各項目のデータが全体に占める割合がわかる。

(6)　帯グラフ

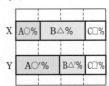

複数のデータについて，各項目のデータが全体に占める割合がわかる。

(1)～(6)のグラフの適用例を示すと，次のようになります。

・商品Aの月ごとの売り上げの変化を調べる。　　　　　…… **折れ線グラフ**
・生徒30人の身長の散らばり具合を調べる。　　　　　…… **ヒストグラム**
・あるテストの，クラスごとの得点の散らばり具合を調べる。　…… **箱ひげ図**
・選択式のアンケートの回答の割合を調べる。　　　　…… **円グラフ**
・選択式のアンケートの年代ごとの回答の割合を調べる。　…… **帯グラフ**
・2教科のテストの得点結果に関係があるかどうかを調べる。　…… **散布図**

25 仮説検定の考え方

ある事柄が正しいかどうか検証するとき、得られたデータをもとに、偶然に起こったことなのか、または何か原因があって起こったのか、ということから判断する方法があります。
ここでは、統計学における「検定」の考え方について学びます。

■ 仮説検定の考え方

仮説検定とは、母集団に関するある仮説が統計学的に正しいかどうかを、得られた標本のデータを用いて判断することである。

● **仮説** …… 物事を考える際に「最も確からしいと考えられる仮の答え」のこと。

Aさんがさいころを 15 回投げたところ奇数の目が 12 回出た。この結果からAさんは次のような主張をしているが、この主張は正しいと判断できるだろうか。

> **Aさんの主張** このさいころは奇数の目が出やすい。

12 回出たのは単なる偶然かもしれない。そこで、Aさんの主張に対する次の仮説を立てる。

> **仮説** さいころの出る目は同様に確からしい。すなわち、さいころを 1 回投げたときに奇数の目が出る確率は $\dfrac{3}{6} = \dfrac{1}{2}$ である。

◀ どうしてこのような仮説を立てるのか、ということについては、p.276 Lecture で詳しく学習する。

この仮説が正しいとして、さいころを 15 回投げたときに、奇数の目の出る回数が 12 回以上である確率を P とすると、次の表から

k	$\cdots$	11	12	13	14	15
p_k	$\cdots$	0.0417	0.0139	0.0032	0.0005	0.0000

p_k：さいころを 15 回投げたときに奇数の目が k 回($0 \le k \le 15$)出る確率

$P = p_{12} + p_{13} + p_{14} + p_{15} = 0.0139 + 0.0032 + 0.0005 + 0.0000$
$\qquad = 0.0176 \fallingdotseq 0.018 \ (1.8\%)$

◀ 表の確率 p_k は、反復試行の確率(数学A)
${}_{15}C_k \left(\dfrac{3}{6} \right)^k \left(\dfrac{3}{6} \right)^{15-k}$
($0 \le k \le 15$) から。

つまり、**確率 P は 0.018 程度の小さいもの** であるが、見方を変えると、「出る目が同様に確からしいさいころでは、**15 回中奇数の目が 12 回以上出るようなことは極めて起こりにくい。それが起こったのだから、そもそも仮説が正しくなかった可能性が高い**」と判断してよいと考えられる。よって、Aさんの主張は正しく、「このさいころは奇数の目が出やすい」と判断してよいと考えられる。
以上が仮説検定の考え方の流れである。

(補足) データから得られる確率が、どのくらいの数値であれば「極めて起こりにくい」と判断できるか、その基準を事前に決めておかなければならない。一般に、基準の確率は、0.05(5 %)または0.01(1 %)とすることが多い。

基本 155 仮説検定の考え方

ある会社では，既に販売しているボールペンAを改良したボールペンBを開発した。書きやすさを評価してもらうために，無作為に選んだ20人に，AとBのどちらが書きやすいかのアンケートを行った結果，15人がBと回答した。このアンケート結果から，Bの方が書きやすいと消費者から評価されていると判断してよいか。基準となる確率を0.05とし，次のコイン投げの実験の結果を利用して考察せよ。

実験　公正な1枚のコインを投げる。そして，コイン投げを20回行うことを1セットとし，1セットで表の出た枚数を記録する。

この実験を200セット繰り返したところ，次の表のような結果となった。

表の枚数	5	6	7	8	9	10	11	12	13	14	15	16	計
度数	4	10	15	19	27	33	29	26	21	12	3	1	200

CHART & GUIDE

仮説検定の考え方
立てた仮説のもとで確率を計算し，基準の確率と比較

1 主張したいことは「Bの方が書きやすい」ということ。

2 **1**の主張に対する仮説を立てる。

3 **2**の仮説のもとで，20人中15人以上がBと回答する確率がどれくらいか，コイン投げの実験結果に当てはめて考察する。

4 **3**で考えた確率と，基準の確率を比較し，仮説が正しいかどうか判断する。

解答

「主張：Bの方が書きやすい」に対する次の仮説を立てる。

　　仮説：AとBの書きやすさに差はない。

　　　　　つまり，Aと回答する場合とBと回答する場合
　　　　　が半々の確率で起こる。

ここで，コインの表が出る場合を，Bと回答する場合とする。コイン投げの実験結果において，15枚以上表が出たのは，200セットのうち，3+1＝4 セットであり，相対度数は

$$4 \div 200 = 0.02$$

これは基準の確率0.05より小さい。

したがって，仮説は正しくないと考えられる。

よって，最初の主張は正しい。つまり，「**Bの方が書きやすい**」**と評価されていると判断してよい。**

← 仮説検定では，まず，主張したいことを否定するような仮説を立てる。

← 数学Ⅰの範囲では，確率（数学A）や確率分布（数学B）の知識がないから，コイン投げの実験に当てはめて考える。

← 仮説が正しくないと判断することを仮説を棄却するともいう。

Lecture　仮説検定の考え方の補足

仮説検定の考え方がよくわかりません。

主張したいことが正しいことを証明するのは難しい，ということはわかりますか。

すべての消費者に対してアンケート調査を行い，その結果から主張の妥当性を判断できるかもしれませんが，対象も不確定で，全数調査は現実的に不可能ですね。

時間や労力がかかりそうで，確かに難しそうですね。
でも，どうして主張したいことを否定するような仮説を，わざわざ立てる必要があるのでしょうか。

仮説が正しくないことを証明するのは可能だからです。
これと似た証明法がありませんでしたか。
例えば，P であることを証明するために，「P でない」と仮定して，矛盾を導く方法がありましたね。

背理法ですね（$p.99$ 参照）。

そうです。仮説検定の流れは背理法に似ています。

ということは，仮説は誤りと判断されることを前提に立てているのですね。

立てた仮説を無に帰すという意味で，帰無仮説とも呼ばれます。
例題では，（帰無）仮説のもとで計算した確率が，基準の確率 0.05 より小さいので，「極めて起こりにくいことが起こっている。よって，A，B と回答する確率が半々であるという仮説は疑わしい。」と考え，（帰無）仮説は誤りと判断しているのです。

基準の確率より小さくなる場合は理解できましたが，大きくなる場合はどう考えるのですか。仮説は正しいと判断してよいのでしょうか。

基準の確率より大きくなっても，仮説が正しいと示されたわけではありません。
仮説を否定する根拠がないということで，「仮説は正しくない，とは判断できない。」との結論になります。
感覚的には，背理法で矛盾を導くことができないからといって，「P でない」ことが真であるとは限りません。このことと似ていますね。

8章
25

仮説検定の考え方

TRAINING 155 ①

　例題 155 において，無作為に選んだ 20 人中 12 人が B と回答したとする。B の方が書きやすいと消費者から評価されていると判断してよいか，基準となる確率を 0.05 として考察せよ。ただし，例題 155 のコイン投げの実験結果を用いよ。

発展学習

≪≪ 基本例題 147 | ★

発展 例題 156 中央値のとりうる値

次のデータは，ある 7 人の数学のテストの得点である。ただし，a の値は 0 以上の整数である。

$$55,\ 60,\ 39,\ 68,\ a,\ 73,\ 49\ \ (点)$$

a の値がわからないとき，7 人の得点の中央値として何通りの値がありうるか。

CHART & GUIDE

中央値
データを値の大きさの順に並べて判断

データの大きさは 7（奇数）であるから，中央値は小さい方から 4 番目の値である。この値は a の値の大小によって変わってくるから，場合分けして考える。…… [!]

小 ← 値の大きさ → 大
○○○●○○○
　　　　↑
　　　中央値

解答

小さい方から 4 番目の得点が中央値となる。

a 以外の得点を大きさの順に並べると

$$39,\ 49,\ 55,\ 60,\ 68,\ 73$$

[!]
$\begin{cases} a \leqq 55 \text{ のとき，得点の中央値は} \quad \underline{55} \text{ 点} \\ a \geqq 60 \text{ のとき，得点の中央値は} \quad \underline{60} \text{ 点} \\ 55 < a < 60 \text{ のとき，得点の中央値は } \underline{a} \text{ 点であり，} 55 < a < 60 \\ \quad \text{を満たす整数 } a \text{ の値は} \quad a = 56,\ 57,\ 58,\ 59 \end{cases}$

← 39, 49, a, 55, 60, 68, 73
← 39, 49, 55, 60, a, 68, 73
← 39, 49, 55, a, 60, 68, 73

よって，得点の中央値は $1 + 1 + 4 = 6$(通り) の値がありうる。

(補足) 55 以上 60 以下の整数が中央値となる。

よって，得点の中央値は

$$60 - 55 + 1 = 6(通り)$$

の値がありうる。

整数 m, $n(m \leqq n)$ に対し，m 以上 n 以下の整数の個数は $n - m + 1$

TRAINING 156 ③ ★

次のデータはある 8 店舗での，1 kg あたりのみかんの価格である。ただし，a の値は自然数である。

$$530,\ 550,\ 499,\ 560,\ 550,\ 555,\ 500,\ a\ \ (円)$$

a の値がわからないとき，8 店舗の価格の中央値として何通りの値がありうるか。

≪≪ 基本例題 **145**, **147**, **151** | ★

発展 例題 **157** データの修正による変化 ◐◐◐◐

次のデータは，10 人の高校生について，ある問題を解くのに何分かかったかを
調べた結果である。　　10, 7, 9, 8, 9, 10, 12, 11, 13, 11 （分）

(1) このデータの平均値を求めよ。

(2) このデータの一部に誤りがあり，正しくは，2 人いた 9 分のうちの 1 人は
10 分であり，7 分，12 分はそれぞれ 10 分，8 分であった。この誤りを修正
したとき，このデータの平均値，中央値，分散は修正前より増加するか，減
少するか，一致するかそれぞれ答えよ。

CHART & GUIDE

(2) 平均値 = $\dfrac{\text{データの総和}}{\text{データの大きさ}}$，分散 = $\dfrac{\text{偏差の 2 乗の総和}}{\text{データの大きさ}}$ であるが，

修正前と修正後で，データの大きさ 10 は変わらない。よって，平均値，分
散については，データの総和，偏差の 2 乗の総和がどのように変わるかに
注目する。…… ❗

中央値については，修正前，修正後それぞれで，値を大きさの順に並べた
ときの，5 番目と 6 番目の値がどう変わるかに注目する。

解答

(1) $\dfrac{1}{10}(10+7+9+8+9+10+12+11+13+11) = \dfrac{100}{10} = \mathbf{10}$（分）　　← $\dfrac{\text{データの総和}}{\text{データの大きさ}}$

❗ (2) 修正した 3 つの値の総和について，修正前は　　　　　　　　← 修正のある 3 つの値につ
　　$9+7+12 = 28$，修正後は $10+10+8 = 28$ である。データの総　　いて，どれだけ変化する
　　和は変わらないから，修正後の **平均値は修正前と一致する。**　　か調べる。

　　中央値は，データを値の大きさの順に並べたときの小さい方　　← 大きさの順に並べると
　　から 5 番目と 6 番目の値の平均である。修正前も修正後も 5　　修正前 7, 8, 9, 9, 10,
　　番目と 6 番目の値は 10, 10 であるから，修正後の **中央値は**　　　　　10, 11, 11, 12, 13
　　修正前と一致する。　　　　　　　　　　　　　　　　　　　　修正後 8, 8, 9, 10, 10,
　　　　　　　　　　　　　　　　　　　　　　　　　　　　　　　　　　　10, 10, 11, 11, 13
　　また，修正した 3 つの値の，偏差の 2 乗の総和について

❗ 　　修正前は　$(9-10)^2+(7-10)^2+(12-10)^2 = 1+9+4 = 14$　　← （偏差）=（値）−（平均値）
　　修正後は　$(10-10)^2+(10-10)^2+(8-10)^2 = 4$

ゆえに，偏差の 2 乗の総和は減少するから，修正後の **分散は修正前より減少する。**

TRAINING 157 ④ ★

次のデータは，ある遊園地の「迷路」に挑戦した 8 人の高校生について，何分で抜け出
すことができたかを調べたものである。　　7, 16, 11, 8, 12, 15, 10, 9 （分）

(1) このデータの平均値を求めよ。

(2) このデータの一部に記録ミスがあり，正しくは 16 分が 15 分，11 分が 8 分，9 分
は 13 分であった。この誤りを修正したときのデータの平均値，中央値，分散は修正
前より増加するか，減少するか，一致するかそれぞれ答えよ。

8章

発展学習

≪≪ 基本例題 145, 152

発展 例題
158 集団全体の平均値，分散 🎯🎯🎯🎯

ある集団はAとBの2つのグループで構成される。データを集計したところ，それぞれのグループについて，個数，平均値，分散は右の表のようになった。このとき，集団全体の平均値は ア▢，分散は イ▢ である。

グループ	個数	平均値	分散
A	20	16	24
B	60	12	28

〔立命館大〕

CHART & GUIDE

Aについて，平均値 16，個数 20 であるから，A の値の総和は　16×20
また，この問題では各データの値がわからないから，$s^2 = \overline{x^2} - (\overline{x})^2$ を利用して考える。…… ⚠

Aについて，分散 24，平均値 16 であるから
　$24 = (A の値の 2 乗の平均値) - 16^2$
　$(x のデータの分散) = (x^2 のデータの平均値) - (x のデータの平均値)^2$

解答

集団全体の平均値は
$$\frac{1}{80}(16 \times 20 + 12 \times 60) = \frac{1}{8}(32 + 72) = {}^{\text{ア}}\mathbf{13}$$

◀集団全体の値の総和は
　$16 \times 20 + 12 \times 60$

グループAの値の2乗の平均値を $\overline{x^2}$ とすると
⚠　　$\overline{x^2} - 16^2 = 24$　　よって　$\overline{x^2} = 280$

グループBの値の2乗の平均値を $\overline{y^2}$ とすると
⚠　　$\overline{y^2} - 12^2 = 28$　　ゆえに　$\overline{y^2} = 172$

よって，集団全体の値の2乗の総和は
　　$280 \times 20 + 172 \times 60$

ゆえに，集団全体の分散は
⚠　$$\frac{280 \times 20 + 172 \times 60}{80} - 13^2 = 199 - 169 = {}^{\text{イ}}\mathbf{30}$$

◀(集団全体の値の2乗の平均値)
　$-$(集団全体の平均値)^2

TRAINING 158 ④

男子5人，女子5人からなる10人のグループについて，1か月の読書時間を調べたところ，男子5人の読書時間の平均値は9，分散は13.2であり，女子5人の読書時間の平均値は10，分散は42.8であった。このとき，グループ全体での読書時間の平均値は ア▢ であり，分散は イ▢ である。

〔類 北里大〕

STEP UP!

変量の変換

データのすべての値に同じ数を加えたり，同じ数を掛けたりするとき，平均値，分散がどのように変化するかを考えてみましょう。

以下，変量 x について，平均値を $\bar{x}$，分散を $s_x{}^2$，標準偏差を s_x とする。

□ 変量の変換

変量 x のデータ $\quad x:6,\ 3,\ 8,\ 7,\ 6$ について，各データに 4 を加えた変量を y，各データを 2 倍した変量を u とすると

$$y:10,\ 7,\ 12,\ 11,\ 10 \qquad u:12,\ 6,\ 16,\ 14,\ 12$$

となる。このように，変量を関係式によって別の変量に変えることを **変量の変換** という。上の場合，変量 x を $y=x+4,\ u=2x$ によって，変量 $y,\ u$ に変換している。

一般に，変量 x を $y=ax+b$（$a,\ b$ は定数）によって新しい変量 y に変換するとき，次のことが成り立つ。

$$\bar{y}=a\bar{x}+b, \qquad s_y{}^2=a^2 s_x{}^2, \qquad s_y=|a|s_x$$

証明 変量 x のデータの値を $x_1,\ x_2,\ \cdots\cdots,\ x_n$，変量 y のデータの値を $y_1,\ y_2,\ \cdots\cdots,\ y_n$ とすると

$$\bar{y}=\frac{1}{n}(y_1+y_2+\cdots\cdots+y_n)=\frac{1}{n}\{(ax_1+b)+(ax_2+b)+\cdots\cdots+(ax_n+b)\}$$

$$=\frac{1}{n}\{a(x_1+x_2+\cdots\cdots+x_n)+nb\}$$

$$=a\times\frac{1}{n}(x_1+x_2+\cdots\cdots+x_n)+b=a\bar{x}+b \qquad \text{よって} \quad \bar{y}=a\bar{x}+b$$

また，偏差について
$$y_1-\bar{y}=ax_1+b-(a\bar{x}+b)=a(x_1-\bar{x}),$$
$$y_2-\bar{y}=ax_2+b-(a\bar{x}+b)=a(x_2-\bar{x}),$$
$$\vdots$$
$$y_n-\bar{y}=ax_n+b-(a\bar{x}+b)=a(x_n-\bar{x})$$

であるから

$$s_y{}^2=\frac{1}{n}\{(y_1-\bar{y})^2+(y_2-\bar{y})^2+\cdots\cdots+(y_n-\bar{y})^2\}$$

$$=\frac{1}{n}\{a^2(x_1-\bar{x})^2+a^2(x_2-\bar{x})^2+\cdots\cdots+a^2(x_n-\bar{x})^2\}$$

$$=a^2\times\frac{1}{n}\{(x_1-\bar{x})^2+(x_2-\bar{x})^2+\cdots\cdots+(x_n-\bar{x})^2\}=a^2 s_x{}^2$$

よって $\quad s_y{}^2=a^2 s_x{}^2 \qquad$ ゆえに $\quad s_y=|a|s_x$

8章

発展学習

発展 例題 159 変量の変換の利用 ◇◇◇◇

次の変量 x のデータについて、次の問いに答えよ。

$$x : 672,\ 693,\ 644,\ 665,\ 630,\ 644$$

(1) $y = x - 630$ とおくことにより、変量 y の平均値 $\bar{y}$ を利用して、変量 x の平均値 $\bar{x}$ を求めよ。

(2) $u = \dfrac{x-630}{7}$ とおくことにより、変量 u の分散 $s_u{}^2$、標準偏差 s_u を利用して、変量 x の分散 $s_x{}^2$、標準偏差 s_x を求めよ。

CHART & GUIDE

変量の変換

変量 x, y について、$y = ax + b$ (a, b は定数) であるとき

$$\bar{y} = a\bar{x} + b, \qquad s_y{}^2 = a^2 s_x{}^2, \qquad s_y = |a| s_x$$

解答

(1) x の各値とそれに対応する y の各値は、右のようになる。

x	672	693	644	665	630	644	計
y	42	63	14	35	0	14	168

よって $\bar{y} = \dfrac{1}{6} \times 168 = 28$

$y = x - 630$ より $x = y + 630$ であるから

$$\bar{x} = \bar{y} + 630 = 28 + 630 = \mathbf{658}$$

← $y = ax + b$ のとき
$\bar{y} = a\bar{x} + b$

(2) x の各値とそれに対応する u, u^2 の各値は、右のようになる。よって、u の分散 $s_u{}^2$ は

x	672	693	644	665	630	644	計
u	6	9	2	5	0	2	24
u^2	36	81	4	25	0	4	150

$$s_u{}^2 = \overline{u^2} - (\bar{u})^2 = \frac{150}{6} - \left(\frac{24}{6}\right)^2 = 25 - 16 = 9$$

ゆえに、u の標準偏差 s_u は $\sqrt{9} = 3$

$u = \dfrac{x-630}{7}$ より、$x = 7u + 630$ であるから

$$s_x{}^2 = 7^2 s_u{}^2 = 49 \cdot 9 = \mathbf{441}, \quad s_x = 7 s_u = \mathbf{21}$$

← (分散) = (u^2 の平均値) − (u の平均値)^2

← $y = ax + b$ のとき
$s_y{}^2 = a^2 s_x{}^2$
$s_y = |a| s_x$

(参考) 変量 x から、ある定数 x_0 を引いて平均値などを考えると、その後の計算がらくになることがある。この x_0 を **仮平均** という。上の例題では **630** が仮平均となる。

TRAINING 159 ④ ★

次の変量 x のデータについて、次の問いに答えよ。

$$x : 810,\ 850,\ 820,\ 840,\ 820,\ 810$$

(1) $y = x - 830$ とおくことにより、変量 x の平均値 $\bar{x}$ を求めよ。

(2) $u = \dfrac{x-830}{10}$ とおくことにより、変量 x の分散 $s_x{}^2$、標準偏差 s_x を求めよ。

EXERCISES

A **84①** 右のヒストグラムは，ある高校の生徒 25 人につ
いて，この 1 週間における路線バスの利用日数
を調査した結果である。
(1) 利用日数の最頻値，中央値を求めよ。
(2) 利用日数の平均値を求めよ。
≪ 基本例題 **145～147**

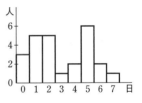

85③ ★ 99 個の観測値からなるデータがある。四分位数について述べた記述で，
どのようなデータでも成り立つものを次の ⑩～⑤ のうちから 2 つ選べ。
⑩ 平均値は第 1 四分位数と第 3 四分位数の間にある。
① 四分位範囲は標準偏差より大きい。
② 中央値より小さい観測値の個数は 49 個である。
③ 最大値に等しい観測値を 1 個削除しても第 1 四分位数は変わらない。
④ 第 1 四分位数より小さい観測値と，第 3 四分位数より大きい観測値とを
すべて削除すると，残りの観測値の個数は 51 個である。
⑤ 第 1 四分位数より小さい観測値と，第 3 四分位数より大きい観測値とを
すべて削除すると，残りの観測値からなるデータの範囲はもとのデータの
四分位範囲に等しい。　　　　　　［センター試験］　≪ 基本例題 **145，147，148**

B **86④** ★ あるクラスの生徒 10 人について行われ
た 50 点満点の漢字の「読み」と「書き取
り」のテストの得点を，それぞれ変量 x，
変量 y とする。右の図は，変量 x と変量 y
の散布図である。また，生徒 10 人の変量 x
のデータは次の通りであった（単位は点）。
　13, 17, 20, 23, 28, 34, 36, 40, 44, 45
(1) 変量 x のデータの平均値と中央値を
求めよ。

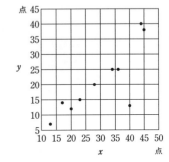

(2) 変量 x の値が 40 点，変量 y の値が
13 点となっている生徒の変量 y の値は誤りであることがわかり，正しい値
32 点に修正した。修正前，修正後の変量 y のデータの中央値をそれぞれ求
めよ。
(3) (2)のとき，修正前の x と y の相関係数を r_1，修正後の x と y の相関係数
を r_2 とする。値の組 (r_1, r_2) として正しいものを，次の ①～④ から選べ。
　① $(0.82, 0.98)$　　② $(0.98, 0.82)$　　③ $(-0.82, -0.98)$
　④ $(-0.98, -0.82)$　　　　　　　　≪ 基本例題 **153**，発展例題 **157**

8章

発展学習

HINT

86 (3) 相関係数の符号や，修正による相関係数の増減に注目。

EXERCISES

B **87**④ 20 個の値からなるデータがあり，平均値は 7 で，分散は 20 である。そのうちの 10 個の値の平均値が 5，分散が 15 であるとき，残りの 10 個の値の平均値は ${}^{ア}\boxed{}$ であり，分散は ${}^{イ}\boxed{}$ である。　　〔成蹊大〕　≪≪ **発展例題 158**

88⑤ ★ 4 人が 50 点満点のゲームを行ったときの得点は，a，43，b，c（点）であった。ただし，a，b，c は整数値で，$0 < c < b < 43 < a$ である。この得点のデータの平均値が 43 点，分散が 6.5，範囲が 7 点であったとき，次の問いに答えよ。
(1) $x = a - 43$，$y = b - 43$，$z = c - 43$ とするとき，$x + y + z$，$x^2 + y^2 + z^2$ の値を求めよ。
(2) a，b，c の値を求めよ。　　〔類 センター試験〕　≪≪ **発展例題 159**

89⑤ ★ 0 または正の値だけとるデータの散らばりの大きさを比較するために，

$$変動係数 = \frac{標準偏差}{平均値}$$ で定義される「変動係数」を用いる。ただし，平均値は正の値とする。

昭和 25 年と平成 27 年の国勢調査の女の年齢データから表 1 を得た。

表 1　平均値，標準偏差および変動係数

	人数（人）	平均値（歳）	標準偏差（歳）	変動係数
昭和 25 年	42,385,487	27.2	20.1	V
平成 27 年	63,403,994	48.1	24.5	0.509

次の ${}^{ア}\boxed{}$ に当てはまるものを，下の ⓪ ～ ② のうちから 1 つ選べ。
昭和 25 年の変動係数 V と平成 27 年の変動係数との大小関係は ${}^{ア}\boxed{}$ である。
⓪　$V < 0.509$　　　①　$V = 0.509$　　　②　$V > 0.509$
次の ${}^{イ}\boxed{}$，${}^{ウ}\boxed{}$ に当てはまる最も適切なものを，下の ⓪ ～ ③ のうちから 1 つずつ選べ。ただし，同じものを繰り返し選んでもよい。
・平成 27 年の年齢データの値すべてを 100 倍する。このとき，変動係数は ${}^{イ}\boxed{}$。
・平成 27 年の年齢データの値すべてに 100 を加える。このとき，変動係数は ${}^{ウ}\boxed{}$。
⓪　小さくなる　　　①　変わらない　　　②　10 倍になる　　　③　100 倍になる
〔センター試験〕　≪≪ **発展例題 159**

HINT

87 (イ) 残りの 10 個の値について，2 乗の総和を求める。
89 (イ), (ウ) まず，平均値，分散がどう変化するかを考える。

場合の数

例題番号		例題のタイトル	レベル

1 集合の要素の個数

	基本 1	集合の要素の個数	1
◉	基本 2	倍数の個数	2
◎	標準 3	集合の要素の個数の応用問題	3

2 場合の数

	基本 4	樹形図の利用	2
○	基本 5	和の法則の利用	2
◉	基本 6	積の法則の利用	2
◎	標準 7	約数の個数とその総和	3
	標準 8	（A である）＝（全体）－（A でない）の考え方の利用	3

3 順 列

	基本 9	順列の基本	1
○	標準 10	隣り合う順列	3
	基本 11	数字の順列	2
◎	標準 12	0 を含む数字の順列	3
○	基本 13	円順列・じゅず順列	2
★ ◎	標準 14	円順列の応用	3
◉	基本 15	重複順列	2

4 組 合 せ

	基本 16	組合せの基本	2
	基本 17	図形の個数と組合せ	2
◎	標準 18	組分けの方法の数	3
◉	基本 19	同じものを含む順列	2
○	標準 20	順序が定まった順列	3
◎	標準 21	最短の経路の数	3

発 展 学 習

	発展 22	3 つの集合の要素の個数	3
★ ○	発展 23	順列の n 番目	4
◎	発展 24	グループ分けの方法の数	4
★ ○	発展 25	色の塗り分け（平面）	3
	発展 26	色の塗り分け（空間）	4
○	発展 27	同じものを含む円順列・じゅず順列	5
	発展 28	重複組合せ	4

レベル ………… 各例題の難易度を表す ⏱ の個数（1～5 の 5 段階）。

★印 ………… 大学入学共通テストの準備・対策向き。

◉, ◎, ○印 … 各項目で重要度の高い例題につけた（◉, ◎, ○の順に重要度が高い）。
時間の余裕がない場合は, ◉, ◎, ○の例題を中心に勉強すると効果的である。
また, ◉の例題には, 解説動画がある。

1 集合の要素の個数

数学では「2桁の7の倍数の集まり」のように，範囲がはっきりした「もの」の集まりを **集合** といい，集合を構成している1つ1つのものを，その集合の **要素** という。

$$14,\ 21,\ 28,\ 35,\ 42,\ 49$$
$$56,\ 63,\ 70,\ 77,\ 84,\ 91,\ 98$$

要素 　　　　集合

 ここでは，いろいろな集合の要素の個数について考えていきましょう。

■ 集合の要素の個数

集合Aの要素の個数が有限であるとき，その個数を $n(A)$ で表す。
また，空集合$\varnothing$は要素の個数が0であるから，$n(\varnothing)=0$ である。

例　全体集合を $U=\{x|x$ は5以下の自然数$\}$ とし，その部分集合
A, B を $A=\{1,\ 2,\ 5\}$, $B=\{2,\ 4\}$ とする。このとき
$$n(U)=5,\ n(A)=3,\ n(B)=2$$

◀ 要素が1つもない集合を空集合といい，$\varnothing$で表す。

◀ 要素を書き並べると
$U=\{1,\ 2,\ 3,\ 4,\ 5\}$

■ 和集合，補集合の要素の個数

上の例において，和集合や補集合の要素の個数を数えると
$$A\cup B=\{1,\ 2,\ 4,\ 5\}\ \text{から}\qquad n(A\cup B)=4$$
$$\overline{A}=\{3,\ 4\}\ \text{から}\qquad\qquad n(\overline{A})=2$$
である。

次に，集合の要素の個数のみが与えられているときの一般の場合の和集合や補集合の要素の個数について考えてみよう。

全体集合 U の部分集合 A, B に対して
$n(A)=a,\ n(B)=b,\ n(A\cap B)=c$
とする。

◀ $A\cup B$　和集合
A, B の少なくとも一方に属する要素全体の集合。

① **和集合の要素の個数**

右の図から
$$n(A\cup B)=(a-c)+c+(b-c)$$
$$=a+b-c$$

よって　$n(A\cup B)=n(A)+n(B)-n(A\cap B)$

特に，$A\cap B=\varnothing$ のときは，$n(A\cap B)=0$ であるから
$$n(A\cup B)=n(A)+n(B)$$

◀ $\overline{A}$　補集合
Aに属さない要素全体の集合。

② 補集合の要素の個数

$\overline{A}$ の要素は，全体集合 U の要素から A の要素を除いた残りであるから

$$n(\overline{A}) = n(U) - n(A)$$

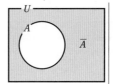

以上をまとめておこう。

和集合，補集合の要素の個数

1　$n(A \cup B) = n(A) + n(B) - n(A \cap B)$

　　$A \cap B = \varnothing$ ならば　　$n(A \cup B) = n(A) + n(B)$

2　U を全体集合とすると

　　　　$n(\overline{A}) = n(U) - n(A)$

この公式は，ベン図のどの部分を足したり引いたりしているかを合わせて理解しておくとよい。

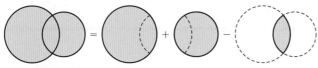

← $A \cap B \neq \varnothing$ のとき

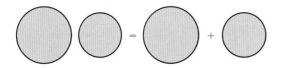

← $A \cap B = \varnothing$ のとき

次のページからは，上の「和集合，補集合の要素の個数」の求め方を用いて，さまざまな集合の要素の個数を求めることを学習していきましょう。

基本 例題 1 集合の要素の個数

全体集合 U と，その部分集合 A，B について
$$n(U)=60, \quad n(A)=25, \quad n(B)=16, \quad n(A\cap B)=8$$
であるとき，次の個数を求めよ。

(1) $n(A\cup B)$ (2) $n(\overline{A})$ (3) $n(\overline{B})$ (4) $n(\overline{A\cup B})$ (5) $n(\overline{A}\cap\overline{B})$

CHART & GUIDE

集合の要素の個数
図（ベン図）をかき，公式を利用

$n(\bullet)$ は，集合の要素の個数を表す。また，$A\cap B$ は，A と B の共通部分を表し，$n(A\cap B)$ は A と B のどちらにも属する要素の個数を表す。

(1) $n(A\cup B)$ を求めたい $\longrightarrow$ $n(A\cup B)=n(A)+n(B)-n(A\cap B)$ を利用。

(2) $n(\overline{A})$ を求めたい $\longrightarrow$ $n(\overline{A})=n(U)-n(A)$ を利用。

(4) $n(\overline{A\cup B})$ を求めたい $\longrightarrow$ $n(\overline{A\cup B})=n(U)-n(A\cup B)$ を利用。

(5) $\overline{A}\cap\overline{B}=\overline{A\cup B}$ （ド・モルガンの法則）に着目。

解答

(1) $n(A\cup B)=n(A)+n(B)-n(A\cap B)$
$$=25+16-8$$
$$=\mathbf{33}$$

(2) $n(\overline{A})=n(U)-n(A)$
$$=60-25$$
$$=\mathbf{35}$$

(3) $n(\overline{B})=n(U)-n(B)$
$$=60-16$$
$$=\mathbf{44}$$

(4) $n(\overline{A\cup B})=n(U)-n(A\cup B)$
　ここで，(1) より $n(A\cup B)=33$ であるから
$$n(\overline{A\cup B})=60-33=\mathbf{27}$$

(5) ド・モルガンの法則より $\overline{A}\cap\overline{B}=\overline{A\cup B}$ であるから
$$n(\overline{A}\cap\overline{B})=n(\overline{A\cup B})=\mathbf{27}$$

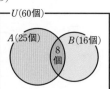

TRAINING 1 ①

全体集合 U と，その部分集合 A，B について
$$n(U)=80, \quad n(A)=36, \quad n(B)=24, \quad n(A\cap B)=12$$
であるとき，次の個数を求めよ。

(1) $n(A\cup B)$ (2) $n(\overline{A})$ (3) $n(\overline{B})$ (4) $n(\overline{A\cup B})$ (5) $n(\overline{A}\cup\overline{B})$

>>> 発展例題 22

基本 例題 2 倍数の個数

解説動画へGO!!

300 以下の自然数のうち，次のような数の個数を求めよ。

(1) 5 の倍数 (2) 8 の倍数

(3) 5 の倍数でない数

(4) 5 の倍数かつ 8 の倍数

(5) 5 の倍数または 8 の倍数

CHART & GUIDE

倍数の個数

倍数全体を集合とみて，集合の要素の個数を調べる

300 以下の自然数全体の集合を U とし，その部分集合で，5 の倍数全体の集合を A，8 の倍数全体の集合を B とする。

(1) $A=\{5\cdot1,\ 5\cdot2,\ 5\cdot3,\ \cdots\cdots,\ 5\cdot60\}$ のように表して，$n(A)$ を求める。

(3) 5 の倍数でない数全体の集合は $\overline{A}$ である。$n(\overline{A})=n(U)-n(A)$ を利用する。

...... !

(4) 5 の倍数かつ 8 の倍数全体の集合は $A\cap B$ である。

$A\cap B$ は 5 と 8 の最小公倍数である 40 の倍数全体の集合である。

(5) 5 の倍数または 8 の倍数全体の集合は $A\cup B$ である。

$n(A\cup B)=n(A)+n(B)-n(A\cap B)$ を利用する。

...... !

解答

300 以下の自然数全体の集合を U とし，U の部分集合で，5 の倍数全体の集合を A，8 の倍数全体の集合を B とすると

$A=\{5\cdot1,\ 5\cdot2,\ \cdots\cdots,\ 5\cdot60\}$, $B=\{8\cdot1,\ 8\cdot2,\ \cdots\cdots,\ 8\cdot37\}$

(1) $n(A)=\mathbf{60}$(個)

(2) $n(B)=\mathbf{37}$(個)

(3) 5 の倍数でない数全体の集合は $\overline{A}$ である。

! よって $n(\overline{A})=n(U)-n(A)=300-60=\mathbf{240}$(個)

(4) 5 の倍数かつ 8 の倍数全体の集合は $A\cap B$ である。

$A\cap B$ は 40 の倍数全体の集合であるから

$A\cap B=\{40\cdot1,\ 40\cdot2,\ 40\cdot3,\ \cdots\cdots,\ 40\cdot7\}$

よって $n(A\cap B)=\mathbf{7}$(個)

(5) 5 の倍数または 8 の倍数全体の集合は $A\cup B$ である。

! よって $n(A\cup B)=n(A)+n(B)-n(A\cap B)$

$=60+37-7=\mathbf{90}$(個)

← ・は積を表す記号。

$300\div5=60$

$300\div8=37.\cdots$

← 「…でない」の個数は

(全体の個数)

−(「…である」の個数)

← 40 は 5 と 8 の最小公倍数。

TRAINING 2 ②

400 以下の自然数のうち，次のような数の個数を求めよ。

(1) 4 の倍数 (2) 4 の倍数でない数

(3) 4 の倍数かつ 10 の倍数 (4) 4 の倍数または 10 の倍数

標
準

例題
3 集合の要素の個数の応用問題 ◎◎◎

40 人の生徒に，テレビ番組 A，B を見たかどうかを調べた。A を見た人が 20
人，B を見た人が 30 人，両方とも見た人が 11 人であるとき，A，B の少なく
とも一方を見た人は ゜□□人，両方とも見なかった人は ゜□□人である。

CHART
& GUIDE

集合の要素の個数の応用問題
図 (ベン図) をかいて数量を把握

この 40 人の集合を全体集合 U，番組 A を見た人の集合を A，番組 B を見た人の集合を B
とすると，求める人数は
(ア) $n(A \cup B) \longrightarrow n(A \cup B) = n(A) + n(B) - n(A \cap B)$ …… ⚠
(イ) $n(\overline{A} \cap \overline{B})$ すなわち $n(\overline{A \cup B}) \longrightarrow n(\overline{A \cup B}) = n(U) - n(A \cup B)$ …… ⚠

解答

この 40 人の集合を U とし，番組 A
を見た人の集合を A，番組 B を見た
人の集合を B とすると
$n(A) = 20$, $n(B) = 30$,
$n(A \cap B) = 11$

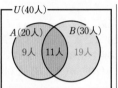

番組 A，B の少なくとも一方を見
た人の集合は $A \cup B$ であるから，求める人数は

⚠ $n(A \cup B) = n(A) + n(B) - n(A \cap B) = 20 + 30 - 11 = ^{ア}\mathbf{39}$

また，番組 A，B を両方とも見なかった人の集合は $\overline{A} \cap \overline{B}$ で
ある。ド・モルガンの法則より $\overline{A} \cap \overline{B} = \overline{A \cup B}$ であるから

⚠ $n(\overline{A} \cap \overline{B}) = n(\overline{A \cup B}) = n(U) - n(A \cup B) = 40 - 39 = ^{イ}\mathbf{1}$

← 「A，B の少なくとも一方」は「A または B」のこと。

← $\overline{A}$：A を見なかった
$\overline{B}$：B を見なかった
$\overline{A} \cap \overline{B}$：A も B も見なかった

👆 Lecture **表を利用して人数を求める**

上の例題について，右のような表を作る。
① 問題文で与えられた人数（■の 4 か所）を入れる。
② 合計人数をもとに残りの空欄を埋める。
この表から，例えば A だけを見た人は 9 人 ← $n(A \cap \overline{B})$
両方とも見なかった人は 1 人 ← $n(\overline{A} \cap \overline{B})$
このように，集合の要素の個数は表を利用しても求められる。

	B	$\overline{B}$	合計
A	11	9	20
$\overline{A}$	19	1	20
合計	30	10	40

TRAINING **3** ③

あるクラスの生徒 50 人のうち，通学に電車を利用している人は 30 人，バスを利用して
いる人は 40 人，両方を利用している人は 26 人である。このクラスで，電車もバスも利
用していない人は ゜□□人，電車を利用しているが，バスは利用していない人は
゜□□人いる。

Let's Start

2 場合の数

中学では，図や表をかくなど工夫して，起こる場合の数を数えましたね。
この節では具体的な例を通して法則を見つけ出しましょう。

■ 場合の数の数え方

ある事柄が起こる場合の数を調べるときは，すべての場合を

もれなく　かつ　重複なく

数え上げることが大切である。そのための方法の一つが **樹形図** である。

↩ **Play Back** 中学

樹形図
各場合を次々と枝分かれしていくように表した図

例　p, p, q, q, q の5文字から3文字を選んで1列に並べる方法

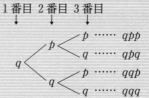

| p で始まるもの | | q で始まるもの | |

1番目 2番目 3番目　　　　　1番目 2番目 3番目

したがって　7通り

■ 和の法則

上の例では，p で始まるものが3個，q で始まるものが4個あり，これらの並べ方には重複がなく，次のことが成り立つ。

並べ方の総数	=	p で始まるものの数	+	q で始まるものの数
7	=	3	+	4

一般に，次の **和の法則** が成り立つ。

┌─ **和の法則** ─────────────

　2つの事柄 A，B は **同時には起こらない** とする。Aの起こり
方が a 通りあり，Bの起こり方が b 通りあれば
　　　　AまたはBの起こる場合は　　$a+b$ 通り

└────────────────────

← 和の法則は，p.287 で
　学んだ
　$A \cap B = \emptyset$ ならば
　　$n(A \cup B)$
　　　$= n(A) + n(B)$
　に対応している。

和の法則は，3つ以上の事柄についても，同じように成り立つ。

■ 積の法則

右の図は，3つの都市 A，B，C を
結ぶ道路図である。
AからBへは2本の道路 p，q が，
BからCへは3本の道路 x，y，z が
使えるものとする。このとき，都市
Bを通って都市Aから都市Cまで移動する
方法を樹形図で調べると右のようになる。
AからBへ移動する方法は2通りあり，ど
の場合に対してもBからCへ移動する方法
は3通りある。
したがって都市Bを通って都市Aから都市
Cまで移動する方法は
　　　　$2 \times 3 = 6$
すなわち6通りある。
一般に，次の **積の法則** が成り立つ。

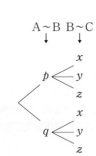

← 和の法則の例では，p
で始まるものと q で始
まるもので樹形図の形
が異なるから，積の法
則は使えない。

┌─ **積の法則** ─────────────

　事柄Aの起こり方が a 通りあり，そのどの場合に対しても事
柄Bの起こり方が b 通りあれば
　　　　Aが起こり，そしてBが起こる場合は　$a \times b$ 通り

└────────────────────

積の法則は，3つ以上の事柄についても同じように成り立つ。

次のページからは，樹形図や和の法則・積の法則を用いていろいろな場合の数を
求めることを学習していきましょう。

基本 例題 **4** 樹形図の利用 ◐◑◐

(1) 各位の数字がすべて正の偶数で，その和が 10 であるような 3 桁の整数は全部で何個あるか。

(2) 1 枚のコインを繰り返し投げ，表が 3 回出たらそれ以降は投げない。1 回目に表が出たとき，コイン投げが 6 回以内で終わる場合は何通りあるか。

CHART & GUIDE

樹 形 図
もれなく，重複なく

(1) 百の位の数 ⟶ 十の位の数 ⟶ 一の位の数の流れで，それぞれ数の小さい順に，樹形図をかいて数え上げる。

(2) 書く手間を省くために，例えば，表を○，裏を×として樹形図をかく。

解答

(1) 百の位の数，十の位の数，一の位の数の和が 10 となるように，百の位，十の位，一の位を並べる樹形図をかくと，右のようになる。
よって，3 桁の整数は 226，244，262，424，442，622 の **6個**

```
百の位  十の位  一の位
         2 —— 6
    2 <  4 —— 4
         6 —— 2
         2 —— 4
    4 <  4 —— 2
    6 —— 2 —— 2
```

◀ 百の位が 2，4，6 の各場合について，十の位を小さい順に書き上げる。
百，十の位が定まれば，一の位は
10−(百の位)−(十の位)
により決まる。
百の位が 8 以上となることはない。

(2) 表を○，裏を×として，6 回以内で終わる場合の樹形図をかくと，下の図のようになる。
よって，6 回以内で終わる場合は **10 通り**

1回目 2回目 3回目 4回目 5回目 6回目

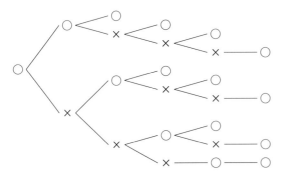

◀ 1 回目は表が出るから○
2 回目以降は，○，×の順に書き上げる。
○が 3 個となったら終わり。

TRAINING 4 ②

(1) 1 個のさいころを 3 回投げ，その目の和が 7 となる場合は何通りあるか。

(2) A，B の 2 人が試合を行い，先に 3 勝した方が勝ちである。引き分けはなしで 5 回以内で勝負がつくのは何通りの場合があるか。

STEP *forward*

和の法則の「同時には起こらない」ってどういうこと？

 和の法則を用いるときの「同時には起こらない」がよくわかりません。

 では，次の問題を考えてみましょう。

Get ready

大小 2 個のさいころを同時に投げるとき，次の 3 つの事柄 A〜C を考える。
　　A：目の和が 5 になる　　　B：目の和が 6 になる　　　C：同じ目が出る
このうち，同時には起こらないのはどれとどれか。

 事柄 A〜C について，（大きいさいころの目，小さいさいころの目）のように表してみてください。

 事柄 A は　(1, 4)，(2, 3)，(3, 2)，(4, 1)
事柄 B は　(1, 5)，(2, 4)，(3, 3)，(4, 2)，(5, 1)
事柄 C は　(1, 1)，(2, 2)，(3, 3)，(4, 4)，(5, 5)，(6, 6)　です。

 ここで，事柄 A と B を比べると，同じ目の出方がありませんね。
このことを事柄 A と B は「同時には起こらない」といいます。

memo

大＼小	1	2	3	4	5	6
1	▽			×	△	
2		▽	×	△		
3		×	○			
4	×	△		▽		
5	△				▽	
6						▽

×　A だけが起きている
△　B だけが起きている
▽　C だけが起きている
○　B と C が同時に起きている

 事柄 B と C では (3, 3) という同じ目の出方があります。

 いいことに気が付きました。つまり，(3, 3) という目が出たとき，事柄 B と C が同時に起きていることになります。事柄 A と C はどうですか？

 同じ目の出方がないので，事柄 A と C は同時には起こりません。

 これで「同時には起こらない」が理解できましたね。
上のように表を作って確かめることも大切です。

基本 例題
5 和の法則の利用

大小 2 個のさいころを同時に投げるとき，目の和が 6 の倍数となる場合の数は何通りあるか。

CHART
& GUIDE

和の法則の利用
同時には起こらないなら，和の法則を利用

さいころの目は 1 から 6 までであるから，目の和の最小値は　$1+1=2$，最大値は $6+6=12$　であることに注目して，次の手順で求める。

1 目の和が　[1]　6 の場合　[2]　12 の場合　に分け，各場合について目の出方を数え上げる。

2 [1] と [2] は同時には起こらないから，和の法則で総数を求める。

解答

さいころの出る目を(大きいさいころ，小さいさいころ)のように表す。
目の和が 6 の倍数となる場合は，目の和が 6 または 12 となる場合である。

[1] 目の和が 6 となるのは
　　　$(1, 5), (2, 4), (3, 3), (4, 2), (5, 1)$
　の 5 通り。

[2] 目の和が 12 となるのは
　　　$(6, 6)$
　の 1 通り。

よって，和の法則から　　$5+1=\textbf{6(通り)}$

← 目の和が 6 となる事柄を A，12 となる事柄を B とすると，A と B は同時には起こらない。

🖐 *Lecture* **さいころの目の和や積は表を作るとわかりやすい**

上の例題で，大小 2 個のさいころの出た目をそれぞれ x, y として表を作ると右のようになる。
この表から和が 6 または 12 となる目の出方を数え上げることもできる。
また，和の法則は，同時には起こらない 3 つ以上の事柄についても同じように成り立つ。
例えば「目の和が 4 の倍数」なら $x+y=4, 8, 12$ の 3 つの場合があり，右の表からそれぞれ 3, 5, 1 通り。
よって，和の法則から　　$3+5+1=9$(通り)

x\\y	1	2	3	4	5	6
1	2	3	4	5	6	7
2	3	4	5	6	7	8
3	4	5	6	7	8	9
4	5	6	7	8	9	10
5	6	7	8	9	10	11
6	7	8	9	10	11	12

さいころの目の和

TRAINING **5** ②

1 個のさいころを 2 回投げるとき，目の積が 12 の倍数となる場合の数は何通りあるか。

基本 例題 **6** 積の法則の利用 解説動画へGO!!

(1) 大小2個のさいころを同時に投げるとき，1の目が1個も出ない目の出方は何通りあるか。

(2) 積 $(a+b+c)(x+y)$ を展開すると，項は何個できるか。

CHART & GUIDE

積の法則の利用

m 通りそれぞれに n 通り起こる場合の数は mn 通り

(1) 1の目が1個も出ない，すなわち出る目は 2～6 のみである。
大きいさいころのどの目に対しても，小さいさいころの目の出方は 2～6 のどれか。

(2) a，b，c の3通りに対して x との積，y との積の2通りずつの積がある。

解答

(1) 大きいさいころの目の出方は，2～6 の5通りある。
そのどの目に対しても，小さいさいころの目の出方は

5通り

よって，積の法則から求める目の出方は

$5 \times 5 = $ **25(通り)**

← 1の目が出ないから，2～6 のいずれかの目が出る。

(2) a，b，c の中から1つの文字を選び出す方法は 3通り
そのどの場合に対しても，x，y の中から1つの文字を選び出して積を作る方法は 2通り
よって，積の法則から展開式の項の個数は

$3 \times 2 = $ **6(個)**

← $(a+b+c)(x+y)$
$= ax + ay$
$\quad + bx + by$
$\quad + cx + cy$
から項の数を確認できる。

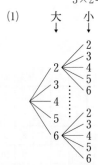

(2)

$a \begin{cases} x \\ y \end{cases}$

$b \begin{cases} x \\ y \end{cases}$

$c \begin{cases} x \\ y \end{cases}$

TRAINING **6** ②

(1) 大中小3個のさいころを同時に投げるとき，どの目も奇数になる目の出方は何通りあるか。

(2) 積 $(a+b+c)(x+y)(p+q)$ を展開すると，項は何個できるか。

標
準

例題
7 約数の個数とその総和

108 の正の約数の個数と，その総和を求めよ。

CHART & GUIDE

約数の個数と総和
素因数分解し，積の法則・式の展開を利用

素因数分解を利用する。例えば，$45=3^2 \cdot 5$ について考える。

（約数の個数） 45 の正の約数は 3^2 の正の約数と 5 の正の約数の積で表される。3^2 の正の約数は，1, 3, 3^2 の 3 個あり，5 の正の約数は 1, 5 の 2 個ある。よって，1, 3, 3^2 のいずれに対しても，1, 5 から 1 つ選び積を作るから，積の法則により　$3 \times 2 = 6$（個）　…… $!$

（約数の総和） $(1+3+3^2)(1+5)$ を展開すると，樹形図の右に並んだものの和，つまり

$$1 \cdot 1 + 1 \cdot 5 + 3 \cdot 1 + 3 \cdot 5 + 3^2 \cdot 1 + 3^2 \cdot 5$$

となることを利用する。　…… $!$

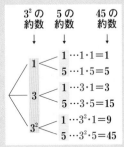

解答

（約数の個数）

$108 = 2^2 \cdot 3^3$ であるから，108 の正の約数は，2^2 の正の約数と 3^3 の正の約数の積で表される。

2^2 の正の約数は 1, 2, 2^2 の 3 個あり，3^3 の正の約数は 1, 3, 3^2, 3^3 の 4 個ある。

$!$　よって，積の法則から　$3 \times 4 = 12$（個）

（総和）

108 の正の約数は

$!$　　　　$(1+2+2^2)(1+3+3^2+3^3)$

を展開した項にすべて現れる。

よって，求める総和は

$$(1+2+2^2)(1+3+3^2+3^3) = 7 \cdot 40 = 280$$

←
2) 108
2) 54
3) 27
3) 9
　　3

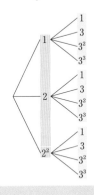

Lecture 約数の個数と総和

一般に，正の整数 N が $N = p^a q^b r^c$ と素因数分解されるとき，N の正の約数の

個数は　　$(a+1)(b+1)(c+1)$ 個　　← ……は約数 1 の分。

総和は　　$(1+p+\cdots\cdots+p^a)(1+q+\cdots\cdots+q^b)(1+r+\cdots\cdots+r^c)$

└ 展開した項に，正の約数がすべて現れる。

TRAINING　7 ③

648 の正の約数の個数と，その総和を求めよ。

準 **8** 例題 （ A である）＝（全体）－（ A でない）の考え方の利用 ◇◇◇

大中小 3 個のさいころを同時に投げるとき，目の積が偶数となる場合は何通り
あるか。

CHART
& GUIDE

場合の数

正確に，効率よく

（Aである）＝（全体）－（Aでない） …… ⚠

「目の積が偶数」を直接求めようとすると

偶×奇×奇，偶×奇×偶，偶×偶×奇，……

など場合分けが多くなり大変。

そこで，（目の積が偶数）＝（全体）－（目の積が奇数）に着目する。積が奇数となるのは
奇×奇×奇 の場合のみであるから，計算がらくになる。

解答

目の出方の総数は　　6×6×6＝216（通り）　　　　　　　　　← 積の法則

このうち，目の積が奇数となるのは，3 個のさいころの目がす
べて奇数の場合である。奇数の目は 1，3，5 の 3 通りあるから

3×3×3＝27（通り）　　　　　　← 積の法則

⚠ よって，目の積が偶数となる場合は

216－27＝**189（通り）**

[**別解**]　和の法則を用いて直接求めると，次のようになる。

目の積が偶数となる場合は，大・中・小のさいころの順に

偶数×偶数×偶数，偶数×偶数×奇数，　　　　← 目の積が偶数となるのは，
偶数×奇数×偶数，奇数×偶数×偶数，　　　　　偶数の目が 1 個以上出る
偶数×奇数×奇数，奇数×偶数×奇数，　　　　　とき。
奇数×奇数×偶数

の 7 通りがある。これらはどの 2 つも同時には起こらない。

ここで，1 個のさいころで，奇数，偶数の目の出方は，それ
ぞれ 3 通りである。

以上により，目の積が偶数となるのは

3·3·3×7＝**189（通り）**　　　　　　　← 上記の 7 通りがすべて
3·3·3 通りずつある。

TRAINING 8 ③

3 桁の自然数のうち，各位の数の積が偶数になる数はいくつあるか。

Let's Start

3 順 列

ここでは，ものや人の並べ方の総数について学習します。「1列に並べる」，「円形に並べる」など，いろいろな場合について法則を見つけ，並べ方の総数の求め方を身につけていきましょう。

■ 順列

いくつかのものを順に1列に並べるとき，その並びの1つ1つを**順列**という。一般に，$r \leqq n$ のとき，**異なる n 個のものから異なる r 個を取り出して1列に並べる順列を n 個から r 個取る順列**といい，その総数を ${}_n\mathrm{P}_r$ で表す。

例 異なる4個の果物から3個を取って1列に並べるとき，その並べ方の総数は ${}_4\mathrm{P}_3$ 通りである。

◆ ${}_n\mathrm{P}_r$ は「n, P, r」または「P の n, r」などと読む。P は permutation（順列）の頭文字である。

■ 順列の総数 ${}_n\mathrm{P}_r$

上の例で述べた ${}_4\mathrm{P}_3$ について，4個の果物を a, b, c, d として，1番目から順にどの果物を置くか決めていく。

① 1番目は，a, b, c, d のどれでもよいから   4通り
② 2番目は，① で置いた果物以外で   3通り
③ 3番目は，①，② で置いた果物以外で   2通り

したがって，3個の果物の並べ方の総数は積の法則から

$$4 \times 3 \times 2 = 24（通り）$$

よって $\quad {}_4\mathrm{P}_3 = \underbrace{4 \times 3 \times 2}_{3個}$ ← **4** から始めて **3** 個の積

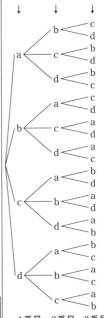

1番目   2番目   3番目

同様にして n 個から r 個取る順列の総数 ${}_n\mathrm{P}_r$ を考える。

① 1番目は，n 個のどれでもよいから n 通り
② 2番目は，① で選んだもの以外で $(n-1)$ 通り
③ 3番目は，①，② で選んだもの以外で $(n-2)$ 通り
⋮   ⋮   ⋮
Ⓡ r 番目は，これまでに選んだもの以外で $n-(r-1)$（通り）

したがって，積の法則から次のようになる。

┌ 順列の総数 ┐

$${}_n\mathrm{P}_r = \underbrace{n(n-1)(n-2)\cdots\cdots(n-r+1)}_{r個}$$ ← **n** から始めて **r** 個の積

1番目   2番目   3番目

↑   ↑   ↑
4通り   3通り   2通り

特に，$r=n$ のとき，異なる n 個を 1 列に並べる順列の総数は

$$_nP_n=n(n-1)(n-2)\cdots\cdots1$$

これは，1 から n までのすべての自然数の積であり，n の **階乗** といい，$n!$ で表す。すなわち，次のようになる。

$$_nP_n=n!=n(n-1)(n-2)\cdots\cdots3\cdot2\cdot1$$

← $_nP_r$ は記号 ! を使うと
$$_nP_r=\frac{n!}{(n-r)!}$$
と表される。

■ 円順列

ものを円形に並べる順列を **円順列** という。円順列では，適当に回転して並びが同じになるものは同じ並び方 とみなす。

具体的に，A，B，C，D の 4 人が円形に並ぶ円順列を考える。

まず，4 人が 1 列に並ぶ順列を作る。これは全部で $_4P_4=4!=24$ 通りあり，列挙すると次のようになる。

← $_4P_4=4!$
  $=4\cdot3\cdot2\cdot1$
  $=24$

ABCD	DABC	CDAB	BCDA
ABDC	CABD	DCAB	BDCA
ACBD	DACB	BDAC	CBDA
ACDB	BACD	DBAC	CDBA
ADBC	CADB	BCAD	DBCA
ADCB	BADC	CBAD	DCBA

それぞれ，このまま反時計回りに円形になって両端の人が隣り合うようにすれば円順列になる。ところが，この方法で作った輪では例えば 1 行目の 4 つの順列については下のように回転すると一致する並び方であるから，同じ円順列と考えることができる。

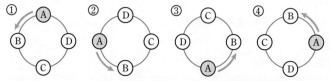

← A の右隣は B，左隣は D，向かいは C というのは，①～④ すべてにおいて同じ。

同様にして 2 行目～6 行目それぞれの 4 つの順列はすべて同じ円順列になるから，4 人を円形に並べる円順列の総数は

$$\frac{_4P_4}{4}=\frac{4!}{4}=\frac{4\times3!}{4}=3!(通り)$$

なお，上とは別に，次のような考え方もできる。
A の位置を固定すると，4 人を円形に並べる円順列の総数は，B，C，D の 3 人を残りの 3 か所に並べる順列の総数に等しい。

よって　$(4-1)!=3!(通り)$

異なる n 個の円順列の総数については，次のことがいえる。

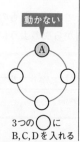

動かない

3 つの ◯ に
B,C,D を入れる

━ 円順列の総数 ━

異なる n 個の円順列の総数は　$(n-1)!$ 通り

■ じゅず順列

異なる5個の玉を糸でつないで輪にして裏返すと，右の2つは同じものになる。
このように，異なるいくつかのものを円形に並べて，回転または裏返して，一致するものは同じもの とみるとき，その並べ方を じゅず順列 という。

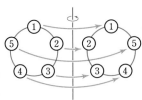

じゅず順列の総数は，円順列の中に同じものが2つずつあるから
　　　円順列の総数の半分
である。
異なる n 個のじゅず順列の総数については，次のことがいえる。

━ じゅず順列の総数 ━

異なる n 個のじゅず順列の総数は　$\dfrac{(n-1)!}{2}$ 通り

←問題文に，"腕輪"，"ブレスレット"，"ネックレス"，"首飾り" などのキーワードが出てきたときは，じゅず順列に関連する問題である可能性が高い。

■ 重複順列

これまでと異なり，同じものを繰り返し使うこと(重複)を許した場合の順列について考えてみよう。
例えば，A，B の2種類の文字から重複を許して3文字を取って1列に並べる場合，樹形図は右のようになり，並べ方の総数は
　　　$2 \times 2 \times 2 = 2^3$（通り）
一般に，異なる n 個のものから重複を許して r 個取って1列に並べる順列を **n 個から r 個取る重複順列** という。
重複順列の総数については，次のことがいえる。

━ 重複順列の総数 ━

n 個から r 個取る重複順列の総数は　n^r 通り

重複順列では，一般の順列と違って $r \leqq n$ の場合だけでなく，$r > n$ の場合でも考えられる。

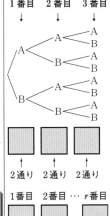

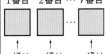

次のページからは，具体的な問題を通して並べ方の総数を効率的に求めることを学習していきましょう。

STEP *forward*

$_n\mathrm{P}_r$ の計算をマスターしよう！

新しく学習した順列の $_n\mathrm{P}_r$ の計算の仕方がわかりません。

では次の問題で確認してみましょう。

順 列 の 総 数
$_n\mathrm{P}_r=n(n-1)(n-2)\cdots\cdots(n-r+1)$
$_n\mathrm{P}_n=n!=n(n-1)(n-2)\cdots\cdots3\cdot2\cdot1$

Get ready

(1) $_8\mathrm{P}_3$ の計算式として正しいのはどちらか。
　① $_8\mathrm{P}_3=8\cdot7\cdot6\cdot5\cdot4\cdot3$ 　　② $_8\mathrm{P}_3=8\cdot7\cdot6$

(2) $3!\times4!$ の計算式として正しいのはどちらか。
　① $3!\times4!=(3\cdot2\cdot1)\times(4\cdot3\cdot2\cdot1)$ 　② $3!\times4!=12\cdot11\cdot10\cdots\cdots3\cdot2\cdot1$

(1)は 8 から始めて 3 まで掛けるので，① ではないかと思います。

残念！正解は ② です。その理由を考えてみましょう。
$_8\mathrm{P}_3$ では，例えば 8 人から 3 人選んで 1 列に並べる方法を計算することができます。1 人目の選び方，2 人目の選び方，3 人目の選び方を順に考えてみてください。

> *memo*
>
> (1)　$_8\mathrm{P}_3=\underbrace{8\cdot7\cdot6}_{3\,個}$ 　よって　②
>
> (2)　$3!\times4!=\underbrace{(3\cdot2\cdot1)}_{\substack{3から1まで\\掛ける}}\times\underbrace{(4\cdot3\cdot2\cdot1)}_{\substack{4から1まで\\掛ける}}$
>
> 　　　よって　①

1 人目は 8 通り，2 人目は 7 通り，3 人目は 6 通りです。

そうですね。すると積の法則によって $8\cdot7\cdot6=336$（通り）となります。
「8 から始めて 3 まで」ではなく「8 から始めて 3 番目まで」です。
(2)の階乗の計算では，$n!\times m!\neq(mn)!$ に注意しましょう。

> **まとめ**
>
> $_n\mathrm{P}_r$ の計算……n から始めて r 番目まで，r 個の数を掛け合わせる。
> $$_n\mathrm{P}_r=\underset{\substack{\uparrow\\1番目}}{n}\times\underset{\substack{\uparrow\\2番目}}{(n-1)}\times\underset{\substack{\uparrow\\3番目}}{(n-2)}\times\cdots\cdots\times\underset{\substack{\uparrow\\r番目}}{(n-r+1)}$$
> $n!$ の計算……n から始めて 1 まで，n 個の数を掛け合わせる。

基本 例題 **9** 順列の基本

(1) $_{10}P_4$，$_7P_1$ の値をそれぞれ求めよ。

(2) 8人の高校生の中から3人を選んで1列に並べる方法は何通りあるか。

(3) chart という単語の5個の文字全部を1列に並べる方法は何通りあるか。

(4) 4人の生徒の中から，議長と副議長を1人ずつ選ぶとき，選び方は何通りあるか。ただし，兼任は認めないものとする。

CHART & GUIDE

異なる n 個から r 個取る順列

$$_nP_r = n(n-1)(n-2)\cdots\cdots(n-r+1)$$

n から始めて r 番目まで，r 個の数を掛け合わせる。

特に，$r=n$ のとき

$$_nP_n = n! = n(n-1)(n-2)\cdots\cdots3\cdot2\cdot1$$

n から始めて1まで，n 個の数を掛け合わせる。

(1) $_nP_r$ の定義の式に，n と r の値を代入する。

(2) 異なる8個から3個取る順列の総数。

(3) 異なる5個のものをすべて並べる順列の総数。

(4) 議長，副議長の順に決めると考えると，異なる4個から2個取る順列の総数。

解答

(1) $_{10}P_4 = 10\cdot9\cdot8\cdot7 = \mathbf{5040}$，　　　$_7P_1 = \mathbf{7}$　　　◀ $_nP_1 = n$

(2) 8人の高校生の中から3人を選んで並べる順列の総数であるから

$$_8P_3 = 8\cdot7\cdot6 = \mathbf{336(通り)}$$

(3) 異なる5個の文字をすべて並べる順列の総数であるから

$$_5P_5 = 5! = 5\cdot4\cdot3\cdot2\cdot1 = \mathbf{120(通り)}$$

(4) 4人の生徒の中から2人選んで，1列に並べる順列の総数と同じであるから　　　◀議長，副議長の順に並べると考える。

$$_4P_2 = 4\cdot3 = \mathbf{12(通り)}$$

（補足）$0! = 1$，$_nP_0 = 1$ は数学における約束事である。$_nP_0 = 1$ は「n 個の異なるものから何も選ばない，つまり何も並べない方法の総数であるから1通りである」と考えれば理解できる。

TRAINING 9 ①

(1) $_{12}P_3$，$_7P_7$ の値をそれぞれ求めよ。

(2) 9人の中学生の中から4人を選んで1列に並べる方法は何通りあるか。

(3) 赤，青，白，緑の4本の旗を1列に並べる方法は何通りあるか。

(4) 7人の部員の中から，部長，副部長，会計を1人ずつ選ぶ方法は何通りあるか。ただし，兼任は認めないものとする。

標準 例題 **10** 隣り合う順列

男 2 人，女 3 人の 5 人が 1 列に並ぶとき，次のような並び方は何通りあるか。
(1) 両端が女である。　　(2) 男 2 人が隣り合う。　　(3) 男が隣り合わない。

CHART & GUIDE

隣り合う順列
隣り合うものをひとまとめにして考える

(1) まず，両端に女 2 人を並べ，その間に残りの 3 人を並べる。
(2) 男 2 人の並びをひとまとめにし（1 人とみなし），4 人を並べる，と考える。…… $\boxed{!}$
(3) まず，女 3 人を 1 列に並べて，その両端と間の 4 か所に男 2 人を並べる。

解答

(1) 両端の女 2 人の並び方は　　$_3P_2$ 通り
そのどの場合に対しても，間に並ぶ残りの 3 人の並び方は
　　　　3! 通り
よって，求める並び方は
　　　　$_3P_2×3!=3\cdot2×3\cdot2\cdot1=\mathbf{36}$(通り)

$\boxed{!}$ (2) 男 2 人をひとまとめにする。
女 3 人とひとまとめにした男の並び方は　　4! 通り
そのどの場合に対しても，ひとまとめにした男 2 人の並び方
は　　　　2! 通り
よって，求める並び方は
　　　　$4!×2!=4\cdot3\cdot2\cdot1×2\cdot1=\mathbf{48}$(通り)

(3) 女 3 人が 1 列に並ぶ並び方は　　　3! 通り
そのどの場合に対しても，女と女の間か両端の計 4 か所に男
2 人を並べる方法は　　　$_4P_2$ 通り
よって，求める並び方は
　　　　$3!×_4P_2=3\cdot2\cdot1×4\cdot3=\mathbf{72}$(通り)

[別解] 男 2 人と女 3 人の全員が 1 列に並ぶ並び方は
　　　　5! 通り
男 2 人が隣り合う並び方は，(2)から　　48 通り
よって，求める並び方は
　　　　$5!-48=5\cdot4\cdot3\cdot2\cdot1-48=120-48=\mathbf{72}$(通り)

注意 男 2 人，女 3 人もそ
れぞれ区別する。

← 積の法則

← 積の法則

└─ 4 か所のどこかに ─┘
　男 2 人を並べる。

← 積の法則

←「2 人が隣り合わない場
合」は，次の方針の方が
らくなこともある。
(A でない)
＝(全体)－(A である)

TRAINING 10 ③

大人 4 人，子ども 3 人の 7 人が 1 列に並ぶとき，次のような並び方は何通りあるか。
(1) 両端が大人である。　　　　　(2) 子ども 3 人が続いて並ぶ。
(3) 子どもが隣り合わない。

基
本 例題
11 数字の順列 ◑◑

5個の数字 1，2，3，4，5 から異なる 3個の数字を取って 3桁の整数を作るとき，次のような数はいくつできるか。
(1) 300 未満の数　　　　(2) 偶数　　　　(3) 5 の倍数

CHART
& GUIDE
数字の順列
作りたい数に関係する位の数から決める

(1) 300 未満の数は 1□□か 2□□であるから，百の位の数から決める。
(2) 偶数は□□2 か□□4 であるから，一の位の数から決める。
(3) 5 の倍数は□□5 であるから，一の位の数から決める。

解答

(1) 百の位の数は 1 か 2 であるから，その選び方は　　2 通り
そのどの場合に対しても十の位，一の位には残りの 4個の数字から 2個を取って並べるから，その並べ方は　　$_4P_2$ 通り
よって，積の法則から
$$2 \times {}_4P_2 = 2 \times 4 \cdot 3 = 24 \text{(個)}$$

百の位	十の位	一の位
↑		
1か2		

(2) 一の位の数は 2 か 4 であるから，その選び方は　　2 通り
そのどの場合に対しても百の位，十の位には残りの 4個の数字から 2個を取って並べるから，その並べ方は　　$_4P_2$ 通り
よって，積の法則から
$$2 \times {}_4P_2 = 2 \times 4 \cdot 3 = 24 \text{(個)}$$

百の位	十の位	一の位
		↑
		2か4

(3) 一の位の数は 5 であるから　　1 通り
百の位，十の位には残りの 4個の数字から 2個を取って並べるから，その並べ方は　　$_4P_2$ 通り
よって，積の法則から
$$1 \times {}_4P_2 = 4 \cdot 3 = 12 \text{(個)}$$

百の位	十の位	一の位
		5

TRAINING　**11** ②

5個の数字 1，2，3，4，5 から異なる 3個の数字を取って 3桁の整数を作るとき，次のような数はいくつできるか。
(1) 300 以上の数　　　　(2) 奇数

5 個の数字 0, 1, 2, 3, 4 から異なる 3 個の数字を取って 3 桁の整数を作るとき, 次のような数はいくつできるか。

(1) 整数　　　　　　　　　　　(2) 偶数

CHART & GUIDE

0 を含む数字の順列

最高位の数は 0 でないことに注意

作りたい数に関係する位の数から決める

(1) 百の位に 0 は使えないから 1□□ か 2□□ か 3□□ か 4□□ である。

(2) 一の位の数が [1] 0 の場合 と [2] 0 でない場合 に分ける。

解答

(1) 百の位の数は 0 以外の数字であるから　　　4 通り
そのどの場合に対しても十の位, 一の位には残りの 4 個の数字から 2 個を取って並べるから, その並べ方は　　$_4P_2$ 通り
よって, 積の法則から　　$4 \times {}_4P_2 = 4 \times 4 \cdot 3 = 48$(個)

(2) 一の位の数が 0 かどうかで場合分けをする。

[1] 一の位が 0 のとき
百の位, 十の位には, 0 を除いた 4 個の数字から 2 個を取って並べるから, その並べ方は　　$_4P_2 = 12$(通り)

[2] 一の位が 0 でないとき
一の位は 2 か 4 であるから, その選び方は　　2 通り
百の位の数は一の位の数と 0 を除いた　　3 通り
十の位の数は残りの　　3 通り
よって, 積の法則から　　$2 \times 3 \times 3 = 18$(個)

[1], [2] は同時には起こらないから　　$12 + 18 = 30$(個)　　←和の法則

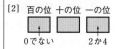

[別解] 3 桁の整数は, (1)から全部で 48 個ある。このうち 3
桁の奇数の個数を調べる。

一の位の数は 1 か 3 であるから, その選び方は　　2 通り
百の位の数は, 一の位の数と 0 を除いた　　3 通り
十の位の数は残りの　　3 通り
よって, 積の法則から 3 桁の奇数は全部で
　　　　$2 \times 3 \times 3 = 18$(個)
したがって　　$48 - 18 = 30$(個)

←偶数の個数を求めるために, 偶数でない, すなわち奇数の個数を考える。

←(A である)
　=(全体)−(A でない)

TRAINING　12 ③

0, 1, 2, 3, 4, 5 の 6 個の数字から異なる 4 個の数字を取って作られる 4 桁の整数のうち, 次のような数は何個あるか。

(1) 整数　　　　　　　　　　　(2) 偶数

>>> 発展例題 26, 27

基本
例題
13 円順列・じゅず順列

(1) 異なる 5 個の玉を，円形に並べる方法は何通りあるか。

(2) 異なる 5 個の玉をつないで腕輪を作ると，腕輪は何通りできるか。

CHART & GUIDE

円順列・じゅず順列

異なる n 個の円順列は $(n-1)!$，じゅずは $\div 2$

(1) 円形に並べるから，円順列と考える。

(2) (1)で考えた円順列について，裏返すと一致するものを同じものとみなす。

解答

(1) $(5-1)!=4!=4\cdot3\cdot2\cdot1=24$(**通り**)

◀ 異なる n 個の円順列の総数は $(n-1)!$ 通り

(2) 腕輪は裏返すことができる。

　よって，(1)の並べ方のうち，裏返して同じになるものが 2 通りずつあるから

$$24\div2=12(通り)$$

◀ (1)の円順列の総数の半分。

Lecture 円順列とじゅず順列

例えば，異なる 4 個の円順列を考える。

円順列の総数は　$(4-1)!=3!=3\cdot2\cdot1=6$(通り)

この 6 通りは右図の ① ～ ⑥ のようになっている。

この 6 通りのうち，① と ④，② と ⑤，③ と ⑥ は

それぞれ裏返すと一致するから，異なる 4 個のじゅず順列は

$$6\div2=3(通り)$$

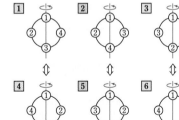

TRAINING 13 ②

(1) 7 人が円卓に着席する方法は何通りあるか。

(2) 異なる 6 個の玉を用いて作る首飾りは何通りあるか。

308

| 標準 | 例題 | | 基本例題 **13** | 発展例題 **27** | ★ |

14 円順列の応用 🕐🕐🕐

大人 A，B，C と子ども D，E，F の 6 人が等間隔に輪の形に並ぶとき，次のような並び方の総数をそれぞれ求めよ。

(1) 大人と子どもが交互に並ぶ並び方
(2) A，B が向かい合う並び方
(3) A，B が隣り合う並び方

CHART & GUIDE

円順列の応用
特定のものを先に並べて（固定して），
他のものの配列を考える

(1) **1** まず，大人を円形に並べる。─→ 円順列
    2 大人と大人の間に子どもを並べる。
    このとき，大人は先に並んで固定されているので，子どもの並び方は 1 列に並ぶ順列と同じになる。

(2) 向かい合う一方を固定して，残り 5 人を並べる。

(3) 隣り合う 2 人をひとまとめにし，残りの 4 人とひとまとめにした 2 人の円順列を考える。なお，ひとまとめにした 2 人の並び方を忘れないように注意。

★ は，大学入学共通テストの準備・対策向きの問題であることを示す（p.5 も参照）。

解答

(1) 大人 3 人の円順列の総数は
$$(3-1)! \text{ 通り}$$
そのどの場合に対しても，子ども 3 人が大人の間に 1 人ずつ並ぶ方法は
$$3! \text{ 通り}$$
よって，並び方の総数は
$$(3-1)! \times 3! = 2 \cdot 1 \times 3 \cdot 2 \cdot 1$$
$$= 12 \text{（通り）}$$

← まず，大人を円形に並べる。

← 子どもの並び方は，1 列に並ぶ順列と同じ。

← 積の法則

(2) A を固定する。
B の並び方は 1 通り
残りの 4 人の並び方は
$$4! \text{ 通り}$$
よって，並び方の総数は
$$1 \times 4! = 4 \cdot 3 \cdot 2 \cdot 1$$
$$= 24 \text{（通り）}$$

← B は A の向かい側に自動的に決まる。

← 積の法則

(3) A，B 2 人をひとまとめにする。
残りの 4 人とひとまとめにした A，B の円順列の総数は

$$(5-1)! \text{ 通り}$$

そのどの場合に対しても，A，B 2 人の並び方は

$$2! \text{ 通り}$$

よって，並び方の総数は

$$(5-1)! \times 2! = 4 \cdot 3 \cdot 2 \cdot 1 \times 2 \cdot 1 = 48 \text{（通り）}$$

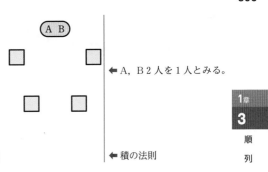

◀ A，B 2 人を 1 人とみる。

◀ 積の法則

1章
3
順
列

? 質問コーナー **(2)** では，なぜ**A**を固定したのですか。

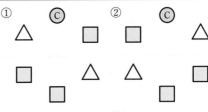

例えば例題の(2)で，C を固定すると，右の図の①，②のように，向かい合う A，B の位置(△のところ)を 2 通り考えなくてはならない。ところが，解答のように向かい合う一方の A を固定すると，B は 1 通りの並び方しかないから，並び方を調べるのがらくである。問題に応じて誰を固定するかを考えることが大切である。

※ A，B は△のところに並ぶ。

TRAINING 14 ③ ★
先生が男女 1 人ずつと生徒が男女 3 人ずつ，合計 8 人が円卓に等間隔に座るとき，次のような並び方の総数をそれぞれ求めよ。
(1) 男女が交互に並ぶ並び方
(2) 先生が向かい合う並び方
(3) 先生が隣り合う並び方

基本 例題
15 重複順列 >>> 発展例題 24

(1) 1, 2, 3, 4, 5 の 5 種類の数字を用いて 2 桁の整数はいくつ作ることができるか。ただし，同じ数字を繰り返し用いてもよい。

(2) 5 題の問題に○か×かで答えるとき，○，×のつけ方は何通りあるか。

解説動画へGO!!

CHART
& GUIDE

重複順列　n^r
異なる n 個から重複を許して r 個取って並べる

(1) 2 桁の整数を□□として，「2 つの□の中に，5 個の数字から重複を許して 2 個並べる」と考える。

(2) 各問題が○か×かの 2 通りの答え方になる。

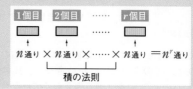

解答

(1) 十の位，一の位の数の選び方は，それぞれ 1, 2, 3, 4, 5 の
　　5 通り

よって，求める 2 桁の整数の総数は

$$5^2 = 25 \text{（個）}$$

(2) 各問題について，○か×かの 2 通りの答え方がある。

よって，○，×のつけ方は

$$2^5 = 32 \text{（通り）}$$

(1) 十の位　一の位

5通り　5通り

👆 *Lecture* **重複順列の計算ミス**

重複順列 n^r の式に直接当てはめようとすると，例えば (1) は，5^2 でなく 2^5 のように，n と r の値を間違えてしまうミスが起こりがちである。慣れないうちは，右上のように，各部分は何通りかを 図をかいて 考えるとよい。

TRAINING 15 ②

(1) 2, 4, 6 の 3 種類の数字を繰り返し用いてよいとすると，5 桁の整数はいくつ作ることができるか。

(2) 6 題の問題に○，△，×のいずれかで答える方法は何通りあるか。

Let's Start

4 組 合 せ

ここでは，いくつかのものの中から一部を取り出して組を作るときの組の総数について学習します。

■ 組合せ

4個の果物 Ⓐ，Ⓑ，Ⓒ，Ⓓ から異なる3個を選ぶとき，選び方は次の4通りある。

$\{Ⓐ，Ⓑ，Ⓒ\}$，$\{Ⓐ，Ⓑ，Ⓓ\}$，$\{Ⓐ，Ⓒ，Ⓓ\}$，$\{Ⓑ，Ⓒ，Ⓓ\}$ … ①

このように，ものを取り出す順序を無視した組を作るとき，これらの組の1つ1つを **組合せ** という。

一般に，$r \leqq n$ のとき，異なる n 個のものから異なる r 個を取り出して作る組合せを **n 個から r 個取る組合せ** といい，その総数を $_nC_r$ で表す。

例 4個から3個取る組合せの総数は，$_4C_3$ で表される。

◀ 選んだ果物を1列に並べるとき，並べる順序まで考えると
$_4P_3$ 通り

◀ $_nC_r$ は「n，C，r」または「C の n，r」などと読む。
また，C は combination（組合せ）の頭文字である。

■ 組合せの総数 $_nC_r$

上の① から，$_4C_3 = 4$ である。これを順列の総数から求めてみる。

4個から3個取る順列は，次のように考えることもできる。

① の中の1つの組，例えば $\{Ⓐ，Ⓑ，Ⓒ\}$ について，その3個の果物 Ⓐ，Ⓑ，Ⓒ を1列に並べてできる順列は

$ⒶⒷⒸ$，$ⒶⒸⒷ$，$ⒷⒶⒸ$，$ⒷⒸⒶ$，$ⒸⒶⒷ$，$ⒸⒷⒶ$

の，全部で 3! 通りある。これは① の他のすべての組についても同じだけできる。よって，全部では $_4C_3 \times 3!$ 通りの順列ができるから

$$_4C_3 \times 3! = {}_4P_3$$

したがって $\quad _4C_3 = \dfrac{_4P_3}{3!} = \dfrac{4 \cdot 3 \cdot 2}{3 \cdot 2 \cdot 1} = 4$

同様に，$_nC_r$ と $_nP_r$ について $_nC_r \times r! = {}_nP_r$ が成り立つ。

◀ $_3P_3 = 3!$

◀ 積の法則

組合せの総数 $_nC_r$

$$_nC_r = \frac{_nP_r}{r!} = \frac{\overbrace{n(n-1)\cdots\cdots(n-r+1)}^{r\,個}}{\underbrace{r(r-1)\cdots\cdots 3 \cdot 2 \cdot 1}_{r\,個}}$$

◀ $_nP_r = \dfrac{n!}{(n-r)!}$ から
$_nC_r = \dfrac{n!}{r!(n-r)!}$
と表すこともできる。

特に，$_nC_1 = n$，$_nC_n = 1$ である。また，$0! = 1$，$_nC_0 = 1$ と定める。

■ $_nC_r$ の性質

前ページの4個から3個選ぶ組合せについて，次のことに注目して $_nC_r$ の性質を考える。

| 選ぶ　　　3個の果物 | … | $\{Ⓐ, Ⓑ, Ⓒ\}$, | $\{Ⓐ, Ⓑ, Ⓓ\}$, | $\{Ⓐ, Ⓒ, Ⓓ\}$, | $\{Ⓑ, Ⓒ, Ⓓ\}$ |

総数は同じ

| 選ばない　1個の果物 | … | $\{Ⓓ\}$, | $\{Ⓒ\}$, | $\{Ⓑ\}$, | $\{Ⓐ\}$ |

異なる4個のものから3個を選ぶことは，選ばない1個を決めることと結果的には同じであるから $_4C_3 = {}_4C_1$ が成り立つ。

一般に，n 個から r 個取る組合せの総数は，n 個から $(n-r)$ 個取る組合せの総数に等しい。すなわち，次が成り立つ。

> ◖ $_nC_r$ の性質 ▸
>
> $$_nC_r = {}_nC_{n-r} \qquad (0 \le r \le n)$$

◀ $_○C_△ = {}_○C_□$
$\triangle + \square = ○$

この等式は，組合せの計算をするのに，役に立つことが多い。

■ 同じものを含む順列

果物 Ⓐ が3個，果物 Ⓑ が2個，果物 Ⓒ が1個ある。この3種類の果物6個を1列に並べる順列の総数を，組合せの考え方で求めてみよう。

右のように ○ を6個並べ，Ⓐ，Ⓑ，Ⓒ の順に，入れる場所 ○ を選んでいく。すなわち

○○○○○○

[1]　6個の ○ から Ⓐ を入れる3個の選び方は　　$_6C_3$ 通り　　Ⓐ○Ⓐ○Ⓐ○

[2]　残り3個の ○ から Ⓑ を入れる2個の選び方は　　$_3C_2$ 通り　　ⒶⒷⒶⒷⒶ○

[3]　最後に残った ○ に Ⓒ を入れる。選び方は自動的に定まる。　　ⒶⒷⒶⒷⒶⒸ

よって，順列の総数は，積の法則により　　$_6C_3 \times {}_3C_2 = \dfrac{6 \cdot 5 \cdot 4}{3 \cdot 2 \cdot 1} \times \dfrac{3 \cdot 2}{2 \cdot 1} = 60$（通り）

一般に，次が成り立つ。

> ◖ 同じものを含む順列の総数 ▸
>
> a が p 個，b が q 個，c が r 個あるとき，それら全部を1列に並べる順列の総数は
>
> $$_nC_p \times {}_{n-p}C_q = \dfrac{n!}{p!\,q!\,r!} \qquad ただし \quad p+q+r=n$$

◀ $_nC_r = \dfrac{n!}{r!(n-r)!}$ から

$_nC_p \times {}_{n-p}C_q$

$= \dfrac{n!}{p!(n-p)!}$
$\quad \times \dfrac{(n-p)!}{q!(n-p-q)!}$

$= \dfrac{n!}{p!\,q!\,r!}$

2種類の場合も同様に考えると，a が p 個，b が q 個あるとき，それら全部を1列に並べる順列の総数は

$$_nC_p = \dfrac{n!}{p!\,q!} \qquad （ただし \quad n=p+q）$$

次のページからは，具体的な問題を通して，組合せの総数を求めることを学習していきましょう。

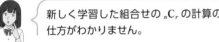

STEP *forward*

$_nC_r$ の計算をマスターしよう！

新しく学習した組合せの $_nC_r$ の計算の仕方がわかりません。

組合せの総数 $_nC_r$ の性質

$$_nC_r = \frac{n(n-1)\cdots\cdots(n-r+1)}{r(r-1)\cdots\cdots3\cdot2\cdot1}$$

$$_nC_r = {}_nC_{n-r}$$

では次の問題でコツをつかみましょう。

Get ready

次の □ を埋めてみよう。

$$_5C_3 = \frac{\square\times\square\times\square}{\square\times\square\times\square},\quad _8C_3 = \frac{\square\times\square\times\square}{\square\times\square\times\square},\quad _{12}C_3 = \frac{\square\times\square\times\square}{\square\times\square\times\square},\quad _{11}C_8 = {}_{11}C_\square$$

最初の 3 問はどの計算式も分母と分子が 3 つの数の積になっています。

memo

$$_nC_3 = \frac{\overset{\text{3個}}{n\times\square\times\square}}{\underset{\text{3個}}{3\times2\times1}}$$

$_nC_\triangle = {}_nC_\square$
足して n

よいことに気が付きました。例えば，$_nC_3$ の計算ではCの右下の数が 3 であることから，分母は $3\cdot2\cdot1$ となります。分子はCの左下の数 n から始めて，**分母と同じ個数だけ数を掛ければよい** のです。
4 問目は，例えば，11 人から 8 人を選ぶことは，選ばない 3 人を決めることと同じです。

あ！4 問目は $_{11}C_8 = {}_{11}C_3$ ですね。
□には **8 を足したら 11 になる数** が入るんですね。

その通りです。$_{11}C_8$ の値を求めたいときには，$_{11}C_8 = \dfrac{11\cdot10\cdot9\cdot8\cdot7\cdot6\cdot5\cdot4}{8\cdot7\cdot6\cdot5\cdot4\cdot3\cdot2\cdot1}$ ではなく，

$_{11}C_3 = \dfrac{11\cdot10\cdot9}{3\cdot2\cdot1}$ を計算すればよい，ということです。

まとめ

$_nC_r$ の計算…分母も分子も，r 個の数を掛け合わせる。

$$_nC_r = \frac{n\times(n-1)\times\cdots\times(n-r+1)}{r\times(r-1)\times\cdots\times3\times2\times1}$$

← 分子は分母と同じ個数を n から掛ける
← 分母は r から 1 まで掛ける

Get ready 答：$_5C_3 = \dfrac{5\times4\times3}{3\times2\times1}$，$_8C_3 = \dfrac{8\times7\times6}{3\times2\times1}$，$_{12}C_3 = \dfrac{12\times11\times10}{3\times2\times1}$，$_{11}C_8 = {}_{11}C_3$

基本 例題 16 組合せの基本

(1) $_6C_3$, $_7C_5$ の値をそれぞれ求めよ。

(2) 男子4人，女子5人の中から5人の委員を選ぶ。

(ア) 選び方は何通りあるか。

(イ) 特定の男子1人を含む選び方は何通りあるか。

(ウ) 男子の委員を2人，女子の委員を3人選ぶ選び方は何通りあるか。

CHART & GUIDE

異なる n 個から r 個取る組合せ

$$_nC_r = \frac{n(n-1)\cdots\cdots(n-r+1)}{r(r-1)\cdots\cdots3\cdot2\cdot1}$$

← 前ページのまとめを参照。

(2) (ウ) 男子4人から2人を選び，女子5人から3人を選ぶ。

解答

(1) $_6C_3 = \dfrac{6\cdot5\cdot4}{3\cdot2\cdot1} = 20$, $_7C_5 = {}_7C_{7-5} = {}_7C_2 = \dfrac{7\cdot6}{2\cdot1} = 21$

← $_nC_r = {}_nC_{n-r}$ を利用。

注意 男子4人，女子5人はそれぞれ区別する。

(2) (ア) $_9C_5 = {}_9C_4 = \dfrac{9\cdot8\cdot7\cdot6}{4\cdot3\cdot2\cdot1} = 126$（通り）

(ア) 男男男男女女女女女
　　　　5人選ぶ

(イ) 特定の1人を除いた8人から4人を選べばよいから

$$_8C_4 = \frac{8\cdot7\cdot6\cdot5}{4\cdot3\cdot2\cdot1} = 70 （通り）$$

(イ) 男　男男男女女女女女
　特定の男子　　4人選ぶ

(ウ) 男子2人の選び方は　$_4C_2$ 通り

そのどの場合に対しても，女子3人の選び方は　$_5C_3$ 通り

よって　$_4C_2 \times {}_5C_3 = {}_4C_2 \times {}_5C_2 = \dfrac{4\cdot3}{2\cdot1} \times \dfrac{5\cdot4}{2\cdot1} = 60$（通り）

← 積の法則

(ウ) 男男男男女女女女女
　　2人選ぶ　3人選ぶ

? 質問コーナー　順列と組合せの違いを教えてください。

順列と組合せの違いは，選ぶときに

　　順列　　→ 順序まで考える

　　組合せ　→ 順序は考えない

である。

例えば，a, b, c, d の4文字から3個を選ぶとき

　　順列は　$_4P_3$ …… 右の □ 内の24通り。

　　組合せは　$_4C_3$ …… ▨ 内を同じとみて4通り。

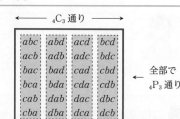

←── $_4C_3$ 通り ──→

abc	abd	acd	bcd
acb	adb	adc	bdc
bac	bad	cad	cbd
bca	bda	cda	cdb
cab	dab	dac	dbc
cba	dba	dca	dcb

← 全部で $_4P_3$ 通り

TRAINING　16 ②

(1) $_5C_1$, $_8C_3$, $_9C_7$ の値をそれぞれ求めよ。

(2) 男子6人，女子4人の中から4人を選ぶ。

(ア) 選び方は何通りあるか。　(イ) 特定の女子2人を含む選び方は何通りあるか。

(ウ) 男女2人ずつ選ぶ選び方は何通りあるか。

基本 例題
17 図形の個数と組合せ ◑◑

(1) 正五角形の 3 個の頂点を結んでできる三角形は何個あるか。また，そのう
ち正五角形と 2 辺を共有する三角形は何個あるか。
(2) 正五角形の 2 個の頂点を結んでできる線分は何本あるか。

CHART
& GUIDE

図形の個数
図形の決まり方に注目

このような図形の個数を考える場合，特に断りがなければ，できる図形が合同なものや長
さの等しい線分なども，頂点が異なれば「異なるもの」と考える。
(1) 三角形 ⟶ 一直線上にない 3 点が与えられると 1 つ決まる。…… ⚠
(2) 線分 ⟶ 異なる 2 点が与えられると 1 本決まる。…… ⚠

解答

(1) 正五角形のどの 3 個の頂点も一直線上にないから，3 個の
頂点を選ぶと 1 つの三角形が決まる。
よって，正五角形の 3 個の頂点を結んでできる三角形の個数
は $_5C_3 = {}_5C_2 = \dfrac{5 \cdot 4}{2 \cdot 1} = 10$（個）

また，正五角形と 2 辺を共有する三角形は，正五角形の 1 個
の頂点に対して 1 個決まるから，その個数は   **5 個**

(2) 正五角形の 5 個の頂点のうち，2 個の頂点を選ぶと 1 本の
線分が決まるから $_5C_2 = \dfrac{5 \cdot 4}{2 \cdot 1} = 10$（**本**）

(2)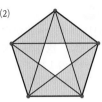

← 正五角形の 5 個の頂点は
すべて異なる。

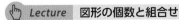 **Lecture** **図形の個数と組合せ**

三角形や直線（線分）の個数を求める問題では，次の事柄がよく使われる。
三 角 形 …… 一直線上にない 3 点が与えられると 1 つ決まる。
どの 3 点も一直線上にない n 個の点があるとき，できる三角形の
個数は $_nC_3$ 個
直 線 …… 異なる 2 点が与えられると 1 本引ける。
どの 3 点も一直線上にない n 個の点があるとき，引ける直線の本
数は $_nC_2$ 本

TRAINING 17 ②

正七角形がある。このとき，次の図形の個数をそれぞれ求めよ。
(1) 正七角形の 2 個の頂点を結んでできる線分。
(2) 正七角形の 3 個の頂点を結んでできる三角形。
(3) (2)で，三角形の 1 辺だけを正七角形の辺と共有するもの。

標準 例題 18 組分けの方法の数 ◇◇◇

色の異なる6枚の色紙を次のように分けるとき，分け方は何通りあるか。

(1) 3枚，2枚，1枚の3組に分ける。

(2) A，B，Cの3組に2枚ずつ分ける。　(3) 2枚ずつ3組に分ける。

CHART & GUIDE

組分けの問題
分けた組が区別できるかどうかに注意

(1) 3組は枚数の違いがあるから区別できる。

(2) 組に A，B，C の名称があるから区別できる。

(3) 3組は同じ枚数で名称もないから区別できない。
　　そこで，(2)において3つの組の区別をなくすと考える。…… !
　　── 3! 通りずつ同じ組分けができるから ÷3!

解答

(1) まず，6枚から3枚を選ぶ選び方は　　　$_6C_3$ 通り
　　次に，残りの3枚から2枚を選ぶ選び方は　$_3C_2$ 通り
　　残りの1枚は自動的に決まるから，求める分け方の総数は

$$_6C_3 \times _3C_2 = \frac{6\cdot5\cdot4}{3\cdot2\cdot1} \times \frac{3\cdot2}{2\cdot1} = 60 \,(通り)$$

◄ 3枚，2枚，1枚に分ける順序はどう変えてもよい。結果はすべて同じになる。

◄ 積の法則

(2) A組に入れる2枚を選ぶ選び方は，6枚から2枚を選んで
　　　　$_6C_2$ 通り
　　B組に入れる2枚を選ぶ選び方は，残り4枚から2枚を選んで
　　　　$_4C_2$ 通り
　　A組，B組が決まれば，残りのCの2枚は自動的に決まる。
　　よって，求める分け方の総数は

$$_6C_2 \times _4C_2 = \frac{6\cdot5}{2\cdot1} \times \frac{4\cdot3}{2\cdot1} = 90 \,(通り)$$

◄ A組に入れる2枚，B組に入れる2枚，C組に入れる2枚を区別して数えている。

◄ 積の法則

! (3) (2)の分け方で，同じ枚数の組の A，B，C の区別をなくすと，3! 通りずつ同じ組分けができるから，分け方の総数は

$$\frac{90}{3!} = \frac{90}{3\cdot2\cdot1} = 15 \,(通り)$$

◄ r個の組の区別をなくす
　　── r! で割る

TRAINING 18 ③

12人を次のように分けるとき，分け方は何通りあるか。

(1) 5人，4人，3人の3組に分ける。

(2) A，B，Cの3組に4人ずつ分ける。　(3) 4人ずつ3組に分ける。

ズーム
UP

組分けの問題 …区別がある・区別がない

● (3)で [(2)の数]÷3! とする理由

(2)と(3)の違いがよくわかりません。

(2)，(3)は，6枚を2枚ずつ3組に分けるということでは同じですが，
  (2)は　その3組にA，B，C の 区別がある
  (3)は　その3組に 区別がない
という違いがあります。

(2)と(3)の違いはわかりましたが，なぜ，(3)は 3! で割るのでしょうか。

では，6枚の色紙を1，2，3，4，5，6として，次のように考えてみましょう。

例えば，6枚の色紙を{1, 2}，{3, 4}，{5, 6}のように3組に分けた場合について考えてみる。

(2)では，この3組をA，B，Cのどの組にするか考えなければならない。その場合の数は，右のように3! 通りである。

一方，(3)では，A，B，Cのように組を区別しないから，右上で示した3! 通りはすべて同じ組分けとなる。このことは他の組，例えば{1, 4}，{2, 5}，{3, 6}についても同様であり，(2)と(3)の関係性は次のようになる。

$$\div 3! \left(\begin{array}{c} \text{(2)の答え} \\ \text{(3)の答え} \end{array} \right) \times 3!$$

よって，(2)の答えを3! で割ると，(3)の答えが得られる。

A : 1, 2	B : 3, 4	C : 5, 6
A : 1, 2	B : 5, 6	C : 3, 4
A : 3, 4	B : 1, 2	C : 5, 6
A : 3, 4	B : 5, 6	C : 1, 2
A : 5, 6	B : 1, 2	C : 3, 4
A : 5, 6	B : 3, 4	C : 1, 2

} 3! 通り

↓　区別をなくすと…

A : 1, 2	B : 3, 4	C : 5, 6
A : 1, 2	B : 5, 6	C : 3, 4
A : 3, 4	B : 1, 2	C : 5, 6
A : 3, 4	B : 5, 6	C : 1, 2
A : 5, 6	B : 1, 2	C : 3, 4
A : 5, 6	B : 3, 4	C : 1, 2

これらはすべて同じ組分け
{1, 2}　{3, 4}　{5, 6}

なるほど！組の区別がある場合とない場合で，このような違いがあるんですね。

同じものを含む順列

次の6個の数字をすべて使って6桁の整数を作るとき，整数は
何個できるか。

(1)　2, 2, 3, 3, 3, 3　　　　　　(2)　4, 4, 5, 5, 6, 6

CHART & GUIDE

同じものを含む順列

2種類なら	3種類なら
$\dfrac{n!}{p!q!}$ $(p+q=n)$	$\dfrac{n!}{p!q!r!}$ $(p+q+r=n)$

解答

(1)　2が2個，3が4個あり，これら6個を1列に並べるから

$$\frac{6!}{2!4!}=\frac{6\cdot5\cdot4\cdot3\cdot2\cdot1}{2\cdot1\times4\cdot3\cdot2\cdot1}=15\,(個)$$

　　$\leftarrow \dfrac{n!}{p!q!}$ $(p+q=n)$ で $p=2,\ q=4$ のとき。

[別解]　6つの位のうち2個の2の位置の決め方は
　　　　　$_6C_2$ 通り
　　4個の3は残りの位置におけばよい。

したがって　　$_6C_2=\dfrac{6\cdot5}{2\cdot1}=15\,(個)$

(2)　4が2個，5が2個，6が2個あり，これら6個を1列に
　　並べるから

$$\frac{6!}{2!2!2!}=\frac{6\cdot5\cdot4\cdot3\cdot2\cdot1}{2\cdot1\times2\cdot1\times2\cdot1}=90\,(個)$$

　　$\leftarrow \dfrac{n!}{p!q!r!}$ $(p+q+r=n)$ で $p=2,\ q=2,\ r=2$ のとき。

[別解]　6つの位のうち2個の4の位置の決め方は　$_6C_2$ 通り
　　残りの位について，2個の5の位置の決め方は　$_4C_2$ 通り
　　2個の6は残りの位置におけばよい。

したがって　　$_6C_2\times_4C_2=\dfrac{6\cdot5}{2\cdot1}\times\dfrac{4\cdot3}{2\cdot1}=90\,(個)$

　　$\leftarrow$ 積の法則

注意　並べるものの種類が4種類以上になっても同じである。
　　　例えば，Aが1個，Bが2個，Cが3個，Dが4個の合
　　　計10文字をすべて使って文字列を作るとき，その文字
　　　列の総数は

$$\frac{10!}{1!2!3!4!}$$

　　　で計算できる。

　　$\leftarrow$ 1! は書かなくてもよい。

TANABATA の8文字をすべて使って文字列を作るとき，文字列は何個作れるか。

標
準
例題
20 順序が定まった順列 ◇◇◇◇

10 個の文字, N, A, G, A, R, A, G, A, W, A を左から右へ横 1 列に並べる。
(1) 「NAGARA」という連続した 6 文字が現れるような並べ方は全部で何通りあるか。
(2) N, R, W の 3 文字が, この順に現れるような並べ方は全部で何通りあるか。ただし, N, R, W が連続しない場合も含める。 〔岐阜大〕

CHART
& GUIDE
順序が定まった順列
順序が定まったものは同じとみる
(1) 「NAGARA」をひとまとめにして 1 文字と考え, G, A, W, A と合わせた 5 文字の並べ方を考える。
(2) N, R, W がこの順に現れるということは
N, R, W の並び方は考えなくてよい
ということである。よって, N, R, W を同じ □ として, □ 3 個と A 5 個, G 2 個の並び方を考え, □ に N, R, W の順に入れると考える。 ……[!]

解答

(1) 「NAGARA」を X で表すと, X, G, A, W, A の 5 個の並べ方を考えればよい。A が 2 個あるから
$$\frac{5!}{2!}=60\text{(通り)}$$

← 「NAGARA」をひとまとめにして 1 文字とみる。
← 同じものを含む順列

[!] (2) □ 3 個, A 5 個, G 2 個を 1 列に並べ, 3 個の □ に左から順に N, R, W を入れると考えればよい。
よって, 求める並べ方の総数は
$$\frac{10!}{3!5!2!}=\frac{10\cdot9\cdot8\cdot7\cdot6\cdot5!}{3\cdot2\cdot1\times2\cdot1\times5!}$$
$$=\frac{10\cdot9\cdot8\cdot7\cdot6}{3\cdot2\cdot1\times2\cdot1}=2520\text{(通り)}$$

← 例えば,
□ AAG □ AGA □ A
に対し, 左の □ から順に N, R, W を入れると NAAGRAGAWA
← 分母にある 3!, 5!, 2! のうち 1 番大きいのは 5! であるから, 5! で約分しておく。

TRAINING **20** ③
addition という単語の 8 文字を横 1 列に並べるとき, 次のような並べ方は何通りあるか。
(1) すべての並べ方
(2) 「not」という連続した 3 文字が現れるような並べ方
(3) n の方が o より左に現れる並べ方

例題 **21** 最短の経路の数

右の図のように，道路が碁盤の目のようになった街がある。このとき，次のような最短の道順は何通りあるか。

(1) AからBまで行く

(2) AからCを通ってBへ行く

(3) AからCを通らずにBまで行く

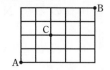

CHART & GUIDE

最短の道順の総数
同じものを含む順列に直して考える

右へ1区画進むことを→，上へ1区画進むことを↑で表すと，

例えば右の図で，

    ①は　↑↑→→，　②は　→↑→↑

すなわち，AからCへ行く最短の道順の総数は，

2個の→と2個の↑を1列に並べる順列の総数に等しい。…… !

(2) AからC，CからBの最短の道順の総数をそれぞれ求め，積の法則を利用。

(3) (A でない)＝(全体)−(A である) を利用。

解答

(1) 右へ1区画進むことを→，上へ1区画進むことを↑で表す。

  AからBへ行く最短の道順は，5個の→と4個の↑を1列に並べる順列で表される。

  よって，求める最短の道順の総数は

← 同じものを含む順列

! $$\frac{9!}{5!4!}=\frac{9\cdot8\cdot7\cdot6}{4\cdot3\cdot2\cdot1}=126（通り）$$

← $\dfrac{n!}{p!q!}$ $(p+q=n)$ で，$p=5$，$q=4$ のとき。

(2) AからCへ行く最短の道順の総数は

! $$\frac{4!}{2!2!}=\frac{4\cdot3}{2\cdot1}=6（通り）$$

← 2個の→と2個の↑を1列に並べる。

  その各々の道順に対して，CからBへ行く最短の道順の総数

! は　$$\frac{5!}{3!2!}=\frac{5\cdot4}{2\cdot1}=10（通り）$$

← 3個の→と2個の↑を1列に並べる。

  よって，求める最短の道順の総数は

    $6\times10=60（通り）$

← 積の法則

(3) AからBへ行く最短の道順の総数から，AからCを通ってBへ行く最短の道順の総数を引けばよいから，求める道順の総数は　$126-60=66（通り）$

← AからBへはCを通るか通らないかのいずれか。

← (A でない)＝(全体)−(A である)

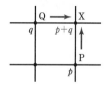

Lecture　最短経路の数を書き込んで求める

最短経路の総数を求める問題は，順列・組合せの公式を知らなく
ても求めることができる。

例えば，右の図のような街路で

Pまでの道順が p 通り

Qまでの道順が q 通り

あれば，**Xまでの道順は，(p+q) 通り** である。

このことを利用して例題 21 (1) について，次の手順に沿って考えて
みよう。

1　左端と下端の交差点に，すべて1を記入する（青い数字）。

2　上のように，各交差点について左と下の数を加えた数を次々
と記入する（赤い数字）。

3　Bのところに記入した数が答え。

(2) についても同様にして考えることができるが，「Cを通る」とい
う条件があるから，まずは，AからCへ行く最短経路の数を (1) と同
様にして求める。

次に，Cに記入した数を基準として，CからBへ行く最短経路の数
を記入していく。

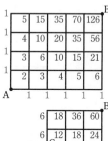

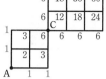

TRAINING　21　③

　右の図のように道路が碁盤の目のようになった町で，A地点
からB地点へ最短距離で行く。

(1)　すべての道順は何通りあるか。

(2)　(1) のうちで，C地点を通る道順は何通りあるか。

(3)　(1) のうちで，C地点を通らない道順は何通りあるか。

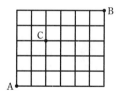

322

「順列」と「組合せ」のまとめ

順列と組合せのいろいろな考え方を学んだけれど，たくさんありすぎて…

では学習したことを整理してみてください。

これまでの例題を復習しながらまとめてみます！

6人から3人を選んで1列に並べる	$\longrightarrow$ ${}_6P_3$	順列 ${}_nP_r$	(例題9)

6人のうち，男子が2人，女子が4人のとき

男子2人が両端にくる　　　　$\longrightarrow$ $2!\times4!$　　男 女 女 女 女 男

男子2人が隣り合う　　　　$\longrightarrow$ $5!\times2!$　　女 男2人 女 女 女
　　　　　　　　　　　　　　　　　　　　　　└ 1人とみる　(例題10)

6人全員が丸いテーブルに座る　$\longrightarrow$ $(6-1)!$　円順列 $(n-1)!$ (例題13)

6個の異なる石で首飾りをつくる　$\longrightarrow$ $\dfrac{(6-1)!}{2}$　じゅず順列 $\dfrac{(n-1)!}{2!}$ (例題13)

6人全員でじゃんけんをするときの手　$\longrightarrow$ 3^6　重複順列 n^r (例題15)

6人から3人を選ぶ　$\longrightarrow$ ${}_6C_3$　組合せ ${}_nC_r$ (例題16)

6人を3人，2人，1人の3組に分ける　$\longrightarrow$ ${}_6C_3\times{}_3C_2$　組分け (例題18)

6人を2人ずつ3組に分ける　$\longrightarrow$ $\dfrac{{}_6C_2\times{}_4C_2}{3!}$　r個の組の区別がないとき $\div r!$ (例題18)

赤玉3個，白玉2個，青玉1個を1列に並べる　$\longrightarrow$ $\dfrac{6!}{3!2!1!}$　同じものを含む順列 $\dfrac{n!}{p!q!r!}$ $(p+q+r=n)$ (例題19)

注意 6人から，委員を3人選ぶ　── ${}_6C_3$ 区別なく選ぶとき ⎫ (例題9)
6人から，委員長，副委員長，書記を選ぶ ── ${}_6P_3$ 区別して選ぶとき ⎭

よくまとめられています。何回も繰り返し見て練習するとよいでしょう。ただ，なぜこのような計算になるのかを理解することが大切です。丸暗記をしただけでは応用ができませんから，注意してください。

発 展 学 習

≪≪ 基本例題 2

発展 例題 **22** 3つの集合の要素の個数

(1) 全体集合 U の部分集合 A, B, C について，次の等式を証明せよ。
$$n(A \cup B \cup C) = n(A) + n(B) + n(C)$$
$$- n(A \cap B) - n(B \cap C) - n(C \cap A) + n(A \cap B \cap C)$$

(2) 4 または 6 または 9 で割り切れる，1000 以下の自然数の個数を求めよ。

CHART & GUIDE

3つの集合の要素の個数
図（ベン図）をかいて調べる

(1) 下の解答の図のように，3つの集合 A, B, C によってできる 7 個の集合について，それぞれの要素の個数を $a \sim g$ とし，等式の両辺を $a \sim g$ で表して，それらが等しいことを示す。$n(A) = a + d + f + g$, $n(A \cap B) = d + g$ など。

(2) ○で割り切れる。 ── ○の倍数である。

解答

(1) 図のように，3つの集合 A, B, C によってできる 7 個の集合について，それぞれの要素の個数を $a \sim g$ とする。

$(左辺) = n(A \cup B \cup C)$
$\quad = a + b + c + d + e + f + g$

$(右辺) = n(A) + n(B) + n(C) - n(A \cap B) - n(B \cap C) - n(C \cap A)$
$\qquad + n(A \cap B \cap C)$
$\quad = (a + d + f + g) + (b + d + e + g) + (c + e + f + g)$
$\qquad - (d + g) - (e + g) - (f + g) + g$
$\quad = a + b + c + d + e + f + g$

よって，与えられた等式は成り立つ。

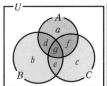

(1) これは，p.287 で学習した 2 つの集合の要素の個数に関する公式
$n(A \cup B)$
$= n(A) + n(B) - n(A \cap B)$
を発展させたものである。

(2) $A \cap B$ は 12 の倍数，$B \cap C$ は 18 の倍数，$C \cap A$ は 36 の倍数，$A \cap B \cap C$ は 36 の倍数の集合である。

(2) 1000 以下の自然数で，4 の倍数全体，6 の倍数全体，9 の倍数全体の集合をそれぞれ A, B, C とする。

$A = \{4 \cdot 1, \ 4 \cdot 2, \ \cdots\cdots, \ 4 \cdot 250\}$, $B = \{6 \cdot 1, \ 6 \cdot 2, \ \cdots\cdots, \ 6 \cdot 166\}$,
$C = \{9 \cdot 1, \ 9 \cdot 2, \ \cdots\cdots, \ 9 \cdot 111\}$,
$A \cap B = \{12 \cdot 1, \ 12 \cdot 2, \ \cdots\cdots, \ 12 \cdot 83\}$, $B \cap C = \{18 \cdot 1, \ 18 \cdot 2, \ \cdots\cdots, \ 18 \cdot 55\}$,
$C \cap A = \{36 \cdot 1, \ 36 \cdot 2, \ \cdots\cdots, \ 36 \cdot 27\}$, $A \cap B \cap C = \{36 \cdot 1, \ 36 \cdot 2, \ \cdots\cdots, \ 36 \cdot 27\}$

求める個数は $n(A \cup B \cup C)$ である。

よって，(1) から $\quad n(A \cup B \cup C) = 250 + 166 + 111 - 83 - 55 - 27 + 27 = \mathbf{389}$ **(個)**

TRAINING 22 ③

800 以下の自然数のうち，8 または 12 または 15 で割り切れる数の個数を求めよ。

発展 例題 23 順列の n 番目 〇〇〇〇

SHUDAI の 6 文字を全部使ってできる文字列（順列）をアルファベット順の辞書
式に並べる。ただし，ADHISU を 1 番目，ADHIUS を 2 番目，……，
USIHDA を最後の文字列とする。　　　　　　　　　　　　　　〔広島修道大〕

(1) 110 番目の文字列は何か。　　　　(2) 文字列 SHUDAI は何番目か。

CHART & GUIDE

順列の n 番目
順に並べ，タイプ別に分類して絞り込み

(1) A□□□□□ の形のものは　5!＝120(個)
110＜120 であるから，初めの文字はAと決まる。
AD□□□□ の形のものは　4!＝24(個) であるから，以下同様に AH□□□□，
AI□□□□，と絞り込んでいく。

(2) S で始まる文字列は　　SA□□□□，SD□□□□，SH□□□□，……
さらに SH で始まる文字列は　　SHA□□□，SHD□□□，SHI□□□，
SHU□□□，……と絞り込んでいく。

解答

6 文字のアルファベット順は A，D，H，I，S，U である。

(1) A□□□□□ の形の文字列は　　　5!＝5·4·3·2·1＝120(個)
AD□□□□，AH□□□□，AI□□□□，AS□□□□ の
形の文字列は　4!×4＝96(個) ある。
ゆえに，AUD□□□，AUH□□□ の形の文字列までは
96＋3!×2＝108(個) ある。
よって，109 番目は　AUIDHS，110 番目は　**AUIDSH**

◀ アルファベットの順に整理し，個数を数えていく。

◀ AD…
AH…
AI…
AS…｝4!×4＝96(個)
AUD…
AUH…｝3!×2＝12(個)
AUIDHS ← 109 番目
AUIDSH ←答

(2) A□□□□□，D□□□□□，H□□□□□，I□□□□□
の形の文字列は　　　5!×4＝480(個)
次に，SA□□□□，SD□□□□の形の文字列は
4!×2＝48(個)
また，SHA□□□，SHD□□□，SHI□□□ の形の文字列は
3!×3＝18(個)
さらに，SHUA□□ の形の文字列は　　2!＝2(個)
よって，SHUDAI は　　480＋48＋18＋2＋1＝**549(番目)**

◀ タイプ別に分類して，個数を積み上げていく。

TRAINING 23 ④ ★

C，O，M，P，U，T，E の 7 文字を全部使ってできる文字列を，アルファベット順の
辞書式に並べる。
(1) 最初の文字列は何か。また，全部で何通りの文字列があるか。
(2) COMPUTE は何番目にあるか。
(3) 200 番目の文字列は何か。　　　　　　　　　　　　　　　　　〔名城大〕

発展 例題 **24** グループ分けの方法の数 ◇◇◇◇

(1) 10人をAまたはBの2部屋に入れる方法は何通りあるか。ただし，全員を1つの部屋に入れてもよい。
(2) 10人を2つのグループA，Bに分ける方法は何通りあるか。
(3) 10人を2つのグループに分ける方法は何通りあるか。

CHART & GUIDE

グループ分けの問題
0(人)の場合，区別ある・なしに注意

(1) 10人のそれぞれについて，Aに入るかBに入るかの2通りがある
── 重複順列 n^r を利用
(2) (1)から，Aに全員が入る場合とBに全員が入る場合を除く。…… 〔!〕
(3) (2)において，A，Bの区別をなくす。…… 〔!〕

解答

(1) 10人のそれぞれについて，Aに入るか，Bに入るかの2通りの部屋の選び方があるから $2^{10}=1024$（通り）

← 重複順列 n^r

(2) (1)において，Aに全員が入る場合と，Bに全員が入る場合の，2通りを除いて
〔!〕 $1024-2=1022$（通り）

← どちらかに全員が入ると，グループが1つになってしまう。

(3) (2)において，グループA，Bの区別がないときを考えればよいから
〔!〕 $\dfrac{1022}{2!}=\dfrac{1022}{2\cdot1}=\textbf{511}$（通り）

← r個の組の区別をなくす ── $r!$ で割る

Lecture 組分けとグループ分け

上の例題24(2)と，例題18で学んだ組分けとの関連を見ておこう。

10人を2つのグループA，Bに分ける $=\begin{cases} A：1人，B：9人に組分け……{}_{10}C_1 通り \\ A：2人，B：8人に組分け……{}_{10}C_2 通り \\ A：3人，B：7人に組分け……{}_{10}C_3 通り \\ \vdots \\ A：9人，B：1人に組分け……{}_{10}C_9 通り \end{cases}$

このことから，(2)の答えは
$${}_{10}C_1+{}_{10}C_2+{}_{10}C_3+\cdots\cdots+{}_{10}C_9$$
を計算しても求められる。

TRAINING 24 ④

(1) 8本の異なるジュースをA，Bの2人に分ける方法は何通りあるか。ただし，A，Bとも少なくとも1本はもらうものとする。
(2) 8本の異なるジュースを2つのグループに分ける方法は何通りあるか。

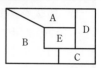

発展 例題 25 色の塗り分け（平面）

右の図の5つの領域 A，B，C，D，E を，隣り合う領域が異なる色になるように塗り分ける方法は何通りあるか。

(1) 赤，青，黄の3色をすべて使って塗る場合

(2) 赤，青，黄，緑，紫の5色のうち3色を使って塗る場合

CHART & GUIDE

塗り分けの問題（平面）
多くの領域と接する領域を先に塗る

(1) 4つの領域と接する領域Eから色を決めていく。
　E，A，B，C，D の順に，同じ色が隣り合わないように塗る。

(2) 先にどの3色を使うかを決め，(1)の結果を利用する。

解答

(1) Eに塗る色は赤，青，黄どれでもよいから，その選び方は
　　　　　3通り

　Aに塗る色はEに塗った色以外であるから，その選び方は
　　　　　2通り

　Bには残りの色，CにはAに塗った色，DにはBに塗った色を塗ればよいから，塗り分ける方法は全部で
　　　　　$3 \times 2 = 6$（通り）

◀例えばEに赤，Aに青を塗ると，下のようにBの色が黄色に決まる。

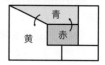

(2) 用いる3色の色の決め方は　$_5C_3 = {}_5C_2 = \dfrac{5 \cdot 4}{2 \cdot 1} = 10$（通り）

　そのどの場合に対しても，領域の塗り分け方は6通りずつある。

◀(1)の結果から3色の塗り方は6通り。

　したがって，塗り分ける方法は全部で　　$10 \times 6 = 60$（通り）

◀積の法則

Lecture 領域E以外から塗る場合

(1)で，領域 A，B，C，D，E の順に隣り合う色が異なるように塗っていくと，例えば，A：赤，B：青，C：黄，D：青と順に塗った場合，右のようになる。この場合，隣り合う領域が異なる色になるようにEを塗ることができない。このようなことが起こってしまうから，Eから色を決めていく。

TRAINING 25 ③ ★

右の図の A，B，C，D，E 各領域を色分けしたい。隣り合った領域には異なる色を用いて塗り分けるとき，塗り分け方はそれぞれ何通りか。

(1) 4色以内で塗り分ける。　　(2) 3色で塗り分ける。

［類 広島修道大］

| 発展 | 例題 **26** | 色の塗り分け（空間） |

立方体の各面に，隣り合った面の色は異なるように，色を塗りたい。ただし，立方体を回転させて一致する塗り方は同じとみなす。

(1) 異なる 6 色をすべて使って塗る方法は何通りあるか。

(2) 異なる 5 色をすべて使って塗る方法は何通りあるか。

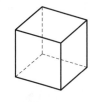

CHART & GUIDE

塗り分けの問題（空間）

「回転させて一致するものは同じ」であるから，**特定のものを固定する**。

(1) 例えば，上面を 1 つの色で固定すると，下面は上面を除いた 5 色の場合が考えられる。側面は，残りの 4 色で塗るが，上面を固定して立方体を回転させると，塗り方が一致する。したがって，側面の塗り方は<u>円順列</u>となる。…… ?

(2) 上面，下面を 1 つの色で固定すると，上下をひっくり返したとき塗り方が同じになるから，側面の塗り方は<u>じゅず順列</u>となる。…… ?

解答

(1) 上面の色を 1 つ固定する。

下面の色は残りの 5 色から選ぶから　　5 通り

そのどの場合に対しても，側面の塗り方は，

? 　異なる 4 色の円順列で　　$(4-1)!=3!=6$（通り）

よって，異なる 6 色をすべて使って塗る方法は

$$5 \times 6 = \mathbf{30}（通り）$$

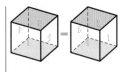

← 積の法則

(2) 6 面あるから，同じ色で塗る面が 1 組あり，その 1 組の面は向かい合っている。その 1 組の面を上面と下面になるように固定する。

このとき，その塗り方は　　5 通り

そのどの場合に対しても，側面の塗り方は，

? 　異なる 4 色のじゅず順列で　$\dfrac{(4-1)!}{2} = \dfrac{3!}{2} = 3$（通り）

よって，異なる 5 色をすべて使って塗る方法は

$$5 \times 3 = \mathbf{15}（通り）$$

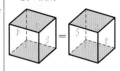

← 積の法則

TRAINING 26 ④

正四角錐の各面に，隣り合った面の色が異なるように，色を塗りたい。正四角錐を回転させて一致する塗り方は同じとみなすとき，次のような塗り方は何通りあるか。

(1) 赤，青，黄，緑，白の 5 色をすべて使って塗る場合

(2) 赤，青，黄，緑の 4 色をすべて使って塗る場合

発展 例題 **27** 同じものを含む円順列・じゅず順列 ⚙⚙⚙⚙⚙⚙

赤い玉が 4 個, 白い玉が 2 個, 青い玉が 1 個ある。

(1) 7 個すべての玉を円形に並べる方法は何通りあるか。

(2) 7 個すべての玉にひもを通し, 首飾りを作るとき, 何通りの首飾りができるか。

［西南学院大］

CHART & GUIDE

円形に並べるとき,

　　　1 つのものがあれば, それを固定する　　…… ?

と考えやすい。

ここでは, 1 個しかない青玉を固定する。

(1) 1 個しかない青玉を固定すると, 残りは「同じものを含む順列」と考えられる。

(2) 「首飾り」とあるから, すぐに「じゅず順列」としてはいけない。玉がすべて異なる場合は「じゅず順列」となるが, ここでは同じものを含むから, 図を用いて左右対称のものと, そうでないものに分けて考える。…… ?

解答

? (1) 青玉の位置を固定すると, 赤玉 4 個と白玉 2 個を並べる順列と考えることができる。 ← 1 つのものを固定する。

　　よって, 求める方法は　　$\dfrac{6!}{4!2!} = \dfrac{6 \cdot 5}{2 \cdot 1} = 15$ (通り) ← 同じものを含む順列

(2) 青玉の位置を固定すると, 円形に並べる方法は (1) から 15 通りある。

? このうち, 裏返して自分自身と一致するものは, 図の 3 通りである。

← 玉の並べ方には次の 2 つの場合がある。

[A] 左右対称
裏返すと自分自身になる ── 1 個と数える
[B] 左右対称でない
裏返すと同じになるペアがある ── ÷2

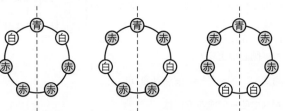

また, 残りの 15−3=12 通りの順列は, 裏返すと一致するものが他に必ず 1 つある。

このことから,
(首飾りの総数)
=[A]+([ ]−[A])÷2
　　　　↑
　　　 15
　　　 通り

よって, 求める首飾りの総数は　　$3 + \dfrac{12}{2} = 9$ (通り)

TRAINING　27 ⑤

赤玉 1 個, 青玉 2 個, 黄玉 2 個, 白玉 2 個がある。

(1) 7 個すべての玉を円形に並べる方法は何通りあるか。

(2) 7 個すべての玉に糸を通し, 腕輪を作るとき, 何通りの腕輪ができるか。

発展 例題 **28** 重複組合せ ⚪⚪⚪⚪⚪

かき，なし，もも，びわの 4 種類の果物が店頭にたくさんある。6 個の果物を買うとき，何通りの買い方があるか。ただし，含まれない果物があってもよいものとする。

CHART & GUIDE

重複を許して作る組合せ
○と仕切り | の順列と考える

4 種類の果物から，6 個を買うというだけで，それぞれの果物の個数に指定がない。このような場合は，次のように考える。

買物かごを用意し，その中に 3 個の仕切り（| で表す）を入れ，4 つの部分に分ける。その 4 つの部分に，順に かき，なし，もも，びわ を計 6 個入れる。

このとき，果物を○で表すと，例えば

$$○○ | ○ | ○○ | ○ \quad は \quad かき 2 | なし 1 | もも 2 | びわ 1$$
$$○ | ○○ | | ○○○ \quad は \quad かき 1 | なし 2 | もも 0 | びわ 3$$

を表す。このように，果物の買い方は **6 個の ○ と 3 個の|の並べ方の総数**に対応するから，同じものを含む順列を利用して求める。…… $!$

解答

例えば，かきを 1 個，なしを 1 個，ももを 3 個，びわを 1 個買うことを，6 個の ○ と 3 個の仕切り | を用いて

$$○ | ○ | ○○○ | ○$$

のように表すとする。

$!$ このように考えると，果物の買い方の総数は，6 個の ○ と 3 個の仕切り | を 1 列に並べる順列の総数に等しい。

よって，求める果物の買い方の総数は $\dfrac{9!}{6!3!} = 84$（通り）

◄ それぞれの果物を か，な，も，び で表すと，か1，な2，も2，び1 は ○|○○|○○|○ か0，な3，も1，び2 は |○○○|○|○○ で表される。

◄ 同じものを含む順列

👆 Lecture 重複組合せ

異なる n 個のものから 重複を許して r 個取って作る組合せの総数は，例題の解答と同様に考えて

| が $(n-1)$ 個，○ が r 個あるとき，それらを 1 列に並べる順列

の総数に等しいから，その数は $_{n-1+r}C_r$ である。

このような組合せを **重複組合せ** といい，その総数を $_nH_r$ で表す。

すなわち $\quad _nH_r = _{n+r-1}C_r \quad (r > n \text{ であってもよい})$

上の例題では，異なる 4 種類の果物から重複を許して 6 個の果物を取り出す組合せの総数を考えているから，その総数は $\quad _4H_6 = _{4+6-1}C_6 = _9C_6 = _9C_3 = \dfrac{9 \cdot 8 \cdot 7}{3 \cdot 2 \cdot 1} = 84$（通り）

TRAINING 28 ④

候補者が 3 人，投票する人が 10 人いる無記名投票で，1 人 1 票を投票するとき，票の分かれ方は何通りあるか。

EXERCISES

A

1② 1から100までの整数のうち，次のような数はいくつあるか。
(1) 3で割り切れない数
(2) 3でも8でも割り切れない数 ≪≪ 基本例題 **2**

2③ 大中小3個のさいころを同時に投げるとき，次の場合の数を求めよ。
(1) 出る3つの目の積が5の倍数となる場合
(2) 出る3つの目の積が4の倍数となる場合 〔(2) 東京女子大〕 ≪≪ 標準例題 **8**

3③ 5人の大人と3人の子どもが，円形のテーブルの周りに座る。子どもどうしが隣り合わない座り方は全部で□□通りある。ただし，回転して一致するものは同じ座り方とみなす。 〔立教大〕 ≪≪ 標準例題 **14**

4③ 10人の生徒をいくつかのグループに分ける。このとき
(1) 2人，3人，5人の3つのグループに分ける分け方は□□通りある。
(2) 3人，3人，4人の3つのグループに分ける分け方は□□通りある。
(3) 2人，2人，3人，3人の4つのグループに分ける分け方は□□通りある。 〔北里大〕 ≪≪ 標準例題 **18**

5③ ☆ 図のように，東西に走る道が4本，南北に走る道が4本ある。次のような最短の経路は何通りあるか。
(1) A地点からB地点に行く経路。
(2) A地点からC地点とD地点の両方を通ってB地点に行く経路。
(3) A地点からB地点に行く最短の経路のうち，C地点とD地点の少なくとも1つの地点を通るもの。
〔類 センター試験〕 ≪≪ 標準例題 **21**

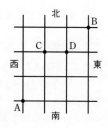

HINT

2 (1) 目の積が5の倍数とならない目の出方に注目。
(2) (1)と同様に，4の倍数でない場合を2通りに分けて考える。
3 大人5人を円形に並べてから，大人と大人の間に子どもを並べる。
4 (2) まずグループをA，B，Cと区別して組分けし，次に同じ人数の組の区別をなくす。
5 (3) 「CとDの少なくとも1つを通る」── 「Cを通る」または「Dを通る」

EXERCISES

B **6**③ 500 以下の自然数の中で，次の集合の要素の個数を求めよ。
(1) 3で割り切れる数の集合
(2) 3でも5でも7でも割り切れる数の集合
(3) 3で割り切れるが，5で割り切れない数の集合
(4) 3でも5でも割り切れない数の集合
(5) 3で割り切れるが，5でも7でも割り切れない数の集合
〔日本女子大〕 ≪ **発展例題 22**

7④ 1, 2, 3, 4, 5 の5個の数字をそれぞれ1回ずつ使って5桁の整数をつくる。このとき，次の問いに答えよ。
(1) 万の位が1である整数は何個あるか。
(2) 21534 は小さい方から何番目の整数か。
(3) 小さい方から100番目の整数を求めよ。
〔岡山理科大〕 ≪ **基本例題 11，発展例題 23**

8④ ★ 図のように，同じ大きさの5つの正方形を
1列に並べ，赤色，緑色，青色で隣り合う正
方形どうしが異なる色となるように塗り分け
る。ただし，2色で塗り分けることがあって
もよいものとする。
(1) 塗り方は全部で ア□□□ 通りあり，そのうち左右対称となるのは，イ□□□
通りある。
(2) 赤色に塗られる正方形が3つであるのは，□□□ 通りある。
(3) 赤色に塗られる正方形が1つであるのは，□□□ 通りある。
〔類 センター試験〕 ≪ **発展例題 25**

9④ 方程式 $x+y+z=10$ を満たす x, y, z の0以上の整数解の組の総数は
ア□□□ 組であり，正の整数解の組の総数は イ□□□ 組である。
〔類 北里大〕 ≪ **発展例題 28**

HINT

6 全体集合を U，その部分集合を A, B, C とし，次の関係を利用する。
$$n(A \cap \overline{B}) = n(A) - n(A \cap B),$$
$$n(A \cap \overline{B} \cap \overline{C}) = n(A) - n(A \cap B) - n(A \cap C) + n(A \cap B \cap C)$$

7 (2) 1○○○○ となる整数の個数は (1) で求めたから，213○○，214○○ となる整数の個数を求める。
(3) 万の位が1, 2, 3, 4 の整数の個数を考える。

8 (3) どこが赤に塗られるかで場合分けをする。

9 10個の○と2つの仕切り | の順列を考える。例えば，○○|○○○○○|○○○ は $(x, y, z) = (2, 5, 3)$ である。

数学の扉　5つの香のかおりをききわける源氏香

日本に古くから伝わる遊びに，香をたいてそのかおりをかぎわける
というものがあります。5つの香を順にかいで1，4番目が同じ，2，
3，5番目が同じという場合に右のような模様で表します。この模
様には「須磨」という名前が付いています。

5 4 3 2 1

須磨といえば、源氏物語の1つではないですか？

そうです。5つの香のかおりの区別を表す模様は全部で52通りあります。その一
つひとつに「桐壺」と「夢浮橋」を除いた源氏物語の巻の名前が付いていて，源
氏香の図といいます。須磨のような，香が2種類の場合の模様が何通りあるかは，
組分けの方法の数の考え方で求めることができますよ。

5本を3本と2本に分けると考えれば $_5C_3=_5C_2=10$ 通りです。4本と1本に分
ける場合も $_5C_4=_5C_1=5$ 通りあるから，合わせて15通りだわ。

正解です。その15通りは次の通りです。
5つの香をかぎ分けることを「ききわける」と言ったそうです。ききわけた結果
を，当時の人々はこれらの名前で答えていたのでしょうかね？

すえつむはな	うすぐも	うめがえ	はしひめ	やどりぎ	さかき	すま
末摘花	薄雲	梅枝	橋姫	宿木	賢木	須磨

たまかずら	こちょう	みゆき	わかなじょう	におうのみや	たけかわ	あげまき	かげろう
玉鬘	胡蝶	行幸	若菜上	匂宮	竹河	総角	蜻蛉

すごい！他の場合も考えてみます。

・香が1種類　　　1通り

・香が3種類

　　5本を3本，1本，1本に分ける場合

　　　　$_5C_3=_5C_2=10$

　　5本を2本，2本，1本に分ける場合

　　　　$_5C_2×_3C_2÷2!=15$

　よって，香が3種類の場合　　25通り

・香が4種類

　　5本を2本，1本，1本，1本に分ける

　　から　　$_5C_2=10$（通り）

・香が5種類　　　1通り

合計　　$1+15+25+10+1=52$（通り）

レベル ………… 各例題の難易度を表す 🧭 の個数（1〜5 の 5 段階）。

★印 ………… 大学入学共通テストの準備・対策向き。

◉，◎，○印 … 各項目で重要度の高い例題につけた（◉，◎，○の順に重要度が高い）。
時間の余裕がない場合は，◉，◎，○の例題を中心に勉強すると効果的である。
また，◉の例題には，解説動画がある。

5 事象と確率

> 私たちの身の回りには偶然に左右されて起こる事柄が多くあります。ここでは，ある事柄がどの程度起こりやすいのかを数学的に考えてみましょう。

■ 確率の意味

赤，青，黄，白の玉が1個ずつ，合計4個が入った袋から1個を取り出すとき，何色の玉が取り出されるかを前もって確実に知ることはできない。しかし，どの色の玉が取り出されることも同じ程度に期待されるから，例えば，赤玉を取り出す割合は $\frac{1}{4}$ であると考えられる。このように，ある事柄が起こることが期待される程度を表す数値を **確率** という。

■ 試行と事象

「1個のさいころを投げる」のように，同じ条件のもとで繰り返すことができ，その結果が偶然によって決まる実験や観測を **試行** という。また，試行の結果として起こる事柄を **事象** という。
また，1つの試行において，起こりうる結果全体を **全事象**，要素が1個の集合で表される事象を **根元事象** という。

例 ＿ の試行をSとし，Sにおいて，赤，青，黄，白の玉が取り出されることをそれぞれr, b, y, wで表すと，
「赤玉が出る」という事象Aは　A＝{r}
「白以外の玉が出る」という事象Bは　B＝{r, b, y}

◆ 事象はA, B, Cなどの文字で表す。また，事象は，**例** のように集合を用いて表すことが多い。

◆ 試行Sで，全事象 U は {r, b, y, w}
根元事象は
{r}, {b}, {y}, {w}
の4個。

■ 事象 A の確率 $P(A)$

一般に，ある試行において，どの根元事象が起こることも同程度に期待できるとき，これらの根元事象は **同様に確からしい** という。
このような試行で，起こりうるすべての場合の数を N，事象 A の起こる場合の数を a とするとき，事象 A の起こる確率 $P(A)$ は次のようになる。

◆ $P(A)$ の P は probability（確率）の頭文字である。

◆ 全事象を U とし，その根元事象の個数を $n(U)$ で表すとき

$$P(A)=\frac{n(A)}{n(U)}$$

上の **例** で

$$P(A)=\frac{1}{4},$$

$$P(B)=\frac{3}{4}$$

> **事象 A の起こる確率**
> $$P(A)=\frac{\text{事象 } A \text{ の起こる場合の数}}{\text{起こりうるすべての場合の数}}=\frac{a}{N}$$

注意 ある事象 A の起こる確率を，単に **事象 A の確率** ということがある。

基本 例題
29 場合の数と確率 ◎◎

(1) 大小2個のさいころを同時に投げるとき，目の和が4になる確率を求めよ。
(2) A，B，Cの3人がじゃんけんを1回行う。AとBの2人が勝つ確率を求めよ。

CHART & GUIDE

確率の計算

$$P(A) = \frac{事象 A の起こる場合の数}{起こりうるすべての場合の数} = \frac{a}{N}$$

(1) 目の出方の総数は 6^2 通り。
(2) 3人の手の出し方の総数は 3^3 通り。

解答

(1) 2個のさいころの目の出方は　　$6^2 = 36$（通り）
　　このうち，目の和が4になるのは
　　　　$(1, 3), (2, 2), (3, 1)$
　　の　3通り
　　よって，求める確率は　　$\dfrac{3}{36} = \dfrac{1}{12}$

(2) 1人の手の出し方は，グー，チョキ，パーの　3通り
　　よって，3人の手の出し方は　　$3^3 = 27$（通り）
　　3人の手の出し方について，例えば，Aがグー，Bがグー，Cがチョキを出すことを（グー，グー，チョキ）で表すと，AとBの2人が勝つ3人の手の出し方は
　　　　（グー，グー，チョキ），
　　　　（チョキ，チョキ，パー），
　　　　（パー，パー，グー）
　　の　3通り
　　したがって，求める確率は　　$\dfrac{3}{27} = \dfrac{1}{9}$

目の和

大＼小	1	2	3	4	5	6
1	2	3	4	5	6	7
2	3	4	5	6	7	8
3	4	5	6	7	8	9
4	5	6	7	8	9	10
5	6	7	8	9	10	11
6	7	8	9	10	11	12

◄A，Bの手が決まれば，Cの手は自動的に決まる。

◄$N = 27$，$a = 3$

TRAINING 29 ②

(1) 大小2個のさいころを同時に投げるとき，出る目の積が10の倍数となる確率を求めよ。
(2) 3人でじゃんけんを1回するとき，あいことなる確率を求めよ。

STEP *into* ▶ ここで**解説**

「同様に確からしい」について

確率は，根元事象が **同様に確からしい** とき正しい計算が可能になります。
これを満たすには **見た目がまったく同じものでも区別して考える** 必要があります。
このことを理解するために次の問題を考えてみてください。

> 問題：3枚の硬貨を同時に投げるとき，3枚とも表が出る確率を求めよ。

表裏の出方は
[1] 表が3枚　[2] 表2枚，裏1枚　[3] 表1枚，裏2枚　[4] 裏が3枚
の4通りです。このうち [1] の場合なので，求める確率は $\dfrac{1}{4}$ です。

同時に投げて3枚とも表になる確率はそんなに高い
かしら。3枚の硬貨を10円玉，50円玉，100円玉
だと考えて樹形図をかいてみると，右のように8通
りの出方があるわ。10円，50円，100円玉の順に
(表，表，裏)のように出方を表すと
　　[1] (表，表，表)
　　[2] (表，表，裏) (表，裏，表) (裏，表，表)
　　[3] (表，裏，裏) (裏，表，裏) (裏，裏，表)
　　[4] (裏，裏，裏)
だから，[2] や [3] は [1] や [4] の3倍も起こりや
すいみたい。

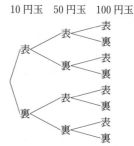

そうですね。このように，[1]〜[4] は同様に確からしくない ので，確率の計算に
使える根元事象にはなりません。

なるほど！樹形図の8通りが同様に確からしい根元事象なのですね。

たとえ3枚の硬貨がすべて10円玉で見た目の区別ができなくても，この3枚は
別々の硬貨なのだから区別して考えなくてはいけません。
見た目がまったく同じものでも区別することによって，正しい確率が計算できる
のです。では上の問題の正しい答えはいくつですか？

$\dfrac{1}{8}$ です！

正解です。最後に極端な例で実感しておきましょう。硬貨の枚数を10枚にしてみ
てください。10枚全部が表になることはめったに起こらないと想像できますが，
最初の考え方では，その確率は $\dfrac{1}{11}$ になってしまいます。正しくは1000回以上投
げてやっと1回起こる程度の確率になります。

基本 例題
30 順列と確率

男子2人と女子5人が，くじ引きで順番を決めて1列に並ぶとき，次の確率を求めよ。

(1) 男子のAさんが左端に並ぶ。　(2) 男子2人が隣り合う。

解説動画へGO!!

CHART & GUIDE

確率の計算
$$P(A)=\frac{\text{事象 }A\text{ の起こる場合の数}}{\text{起こりうるすべての場合の数}}=\frac{a}{N}$$

この例題では，場合の数 N や a の値を，順列の考え方で求める。

2章
5
事象と確率

解答

男子2人，女子5人の合計7人の並び方は　7! 通り

(1) 男子のAさんが左端に並ぶときの並び方は，残りの6人の並び方の総数と同じで　6! 通り

よって，求める確率は　$\dfrac{6!}{7!}=\dfrac{1}{7}$

◉○○○○○○
固定 ‾‾‾‾‾‾ 6!

← $N=7!$, $a=6!$

(2) 男子2人をひとまとめにする。

女子5人とひとまとめにした男子の並び方は　6! 通り

そのどの場合に対しても，ひとまとめにした男子2人の並び方は　2! 通り

よって，男子2人が隣り合う並び方は　6!×2! 通り

したがって，求める確率は　$\dfrac{6!\times2!}{7!}=\dfrac{2}{7}$

[女][女][男男][女][女][女]
←男子2人を1組と考えると6人の順列。

←積の法則

← $N=7!$, $a=6!\times2!$

Lecture　どの位置に並ぶ確率も同じ

上の例題の問題文にある「くじ引きで順番を決めて1列に並ぶ」ということは，7人のそれぞれについて，7か所のどの位置に並ぶかは同様に確からしいことを意味している。

実際，例題(1)の結果から，Aさんが左端に並ぶ確率は $\dfrac{1}{7}$ であり，同様に考えると，Aさんが他の6か所のどの位置に並ぶ確率も $\dfrac{1}{7}$ であることが求められる。

確率の問題では，問題文に

「くじ引きで」，「任意に」，「無作為に」，「でたらめに」

などの言葉が出てくることがあるが，これらは起こりうる場合のすべてが同様に確からしいことを意味している。

□□□□□□□
どの位置でも並ぶ確率は同じ

TRAINING 30 ②

DREAM の5文字を任意に1列に並べるとき，次の場合の確率を求めよ。

(1) 右端がEである。　(2) AとDが隣り合う。

◑◑

赤玉 4 個と白玉 3 個が入っている袋の中から，同時に 2 個の玉を取り出すとき，
次の確率を求めよ。

(1) 2 個とも赤玉が出る確率　　　(2) 異なる色の玉が出る確率

CHART & GUIDE

確率の計算

$$P(A) = \frac{\text{事象 } A \text{の起こる場合の数}}{\text{起こりうるすべての場合の数}} = \frac{a}{N}$$

この例題では，場合の数 N や a の値を，組合せの考え方で求める。
なお，7 個の玉 1 つ 1 つを区別して考えることに注意。

解答

赤玉 4 個，白玉 3 個の合計 7 個から 2 個取る組合せは

$$_7C_2 = \frac{7 \cdot 6}{2 \cdot 1} = 21 \text{（通り）}$$

← 同じ色の玉も区別して考える。
①②③④
①②③

(1) 赤玉 4 個から 2 個取る組合せは　　$_4C_2 = \frac{4 \cdot 3}{2 \cdot 1} = 6 \text{（通り）}$

　　よって，求める確率は　　$\dfrac{6}{21} = \dfrac{2}{7}$

(2) 異なる色になるのは，赤玉と白玉が 1 個ずつ出る場合である。

　　赤玉 4 個から 1 個，白玉 3 個から 1 個取る組合せは

　　　$_4C_1 \times _3C_1 = 4 \times 3 = 12 \text{（通り）}$

　　よって，求める確率は　　$\dfrac{12}{21} = \dfrac{4}{7}$

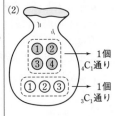

(2)
①② 　→ 1個
③④ 　$_4C_1$通り
①②③ 　→ 1個
　　　$_3C_1$通り

🖐 Lecture　場合の数の具体的なイメージをつかむ

(1)では，下のような場合の数を数えることをイメージできることが大切である。何を根元事象と
しているのか，どの場合の確率を求めているのか，しっかりおさえておこう。

```
┌──2 個とも赤玉の場合──┐
①② ①③ ①④ ②③ ②④ ③④  ①①
①② ①③ ②① ②② ②③ ③① ③②
③③ ④① ④② ④③ ①② ①③ ②③
└──7 個から 2 個を取り出すすべての場合──┘
```

TRAINING 31 ②

袋の中に白玉 3 個，黒玉 6 個が入っている。この袋の中から同時に 4 個の玉を取り出す
とき，次の場合が起こる確率を求めよ。

(1) 白玉が 1 個，黒玉が 3 個出る。　　(2) 4 個とも同じ色の玉が出る。

6 確率の基本性質

p.334 で学んだ通り，根元事象が同様に確からしいときの確率は集合の要素の個数を利用して表されます。第1章で学習したことを用いて，確率の基本性質を学んでいきましょう。

■ 積事象と和事象

番号のついた5個の玉 ①，②，③，④，⑤ を1つの袋に入れ，「この袋の中から玉を1個取り出す」という **試行S** において

「偶数の番号の玉が出る」という事象を A

「素数の番号の玉が出る」という事象を B

とすると $A = \{②, ④\}$, $B = \{②, ③, ⑤\}$

このとき，「偶数**かつ**素数の玉が出る」という事象は，A と B の**共通部分** $A \cap B$ で表され，$A \cap B = \{②\}$ である。

また，「偶数**または**素数の玉が出る」という事象は，A と B の**和集合** $A \cup B$ で表され，$A \cup B = \{②, ③, ④, ⑤\}$ である。

一般に，2つの事象 A, B について，次のように定める。

「A と B が**ともに**起こる」という事象を，A と B の **積事象** といい，$A \cap B$ で表す。

また，「A **または** B が起こる」という事象を，A と B の **和事象** といい，$A \cup B$ で表す。

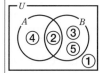

◀事象と集合を同じように考える。

///// $A \cap B$　■ $A \cup B$

■ 排反事象

上の 試行S において，事象 B を「③ の玉が出る」という事象に変えた場合，$A = \{②, ④\}$, $B = \{③\}$ であるから，事象 A と事象 B は決して同時には起こらない。

このように，2つの事象 A, B が決して同時には起こらない，すなわち $A \cap B = \varnothing$ であるとき，A, B は互いに **排反** であるという。また，A, B は互いに **排反事象** であるともいう。

空集合 $\varnothing$ で表される事象を **空事象** という。

■ 確率の基本性質

一般に，事象 A, B が互いに排反であるとき，$A \cap B = \varnothing$ であるから $n(A \cup B) = n(A) + n(B)$

全事象を U とし，両辺を $n(U)$ で割ると

$$\frac{n(A \cup B)}{n(U)} = \frac{n(A)}{n(U)} + \frac{n(B)}{n(U)}$$

A, B は互いに排反

$$\frac{n(A\cup B)}{n(U)}=P(A\cup B), \quad \frac{n(A)}{n(U)}=P(A), \quad \frac{n(B)}{n(U)}=P(B) \text{ である}$$

から $\qquad P(A\cup B)=P(A)+P(B)$

また，$0\leqq n(A)\leqq n(U)$ が成り立つから $\qquad 0\leqq\dfrac{n(A)}{n(U)}\leqq 1$

◀ $A\subset U$ であるから
$\qquad n(A)\leqq n(U)$

したがって $\qquad 0\leqq P(A)\leqq 1$

確率の基本性質

1　どのような事象 A についても $\qquad 0\leqq P(A)\leqq 1$

2　空事象 $\varnothing$ について $\qquad P(\varnothing)=0$

　　全事象 U について $\qquad P(U)=1$

3　事象 A，B が互いに排反であるとき
$$P(A\cup B)=P(A)+P(B)$$

◀ 3 を，確率の**加法定理**という。

3つ以上の事象について，どの2つの事象も互いに排反であるとき，これらは互いに排反であるという。

また，次のことが成り立つ。

　　3つの事象 A，B，C が互いに排反であるとき
$$P(A\cup B\cup C)=P(A)+P(B)+P(C)$$

A,B,Cは互いに排反

■ 余事象

事象 A に対して，「A が起こらない」という事象を，A の **余事象** といい，$\overline{A}$ で表す。

A と $\overline{A}$ は互いに排反であるから，確率の基本性質 3 により
$$P(A\cup\overline{A})=P(A)+P(\overline{A})$$
が成り立つ。

ここで，$A\cup\overline{A}=U$ であるから $\qquad P(A\cup\overline{A})=P(U)=1$

よって $\qquad 1=P(A)+P(\overline{A}) \qquad \cdots\cdots (*)$

余事象の確率

$$P(\overline{A})=1-P(A)$$

◀ $(*)$ を $P(\overline{A})=$ の形に変形した。

■ 余事象の確率の考え方

「少なくとも〜」で表される事象の確率は，余事象の確率を利用すると計算がらくになることが多い。ここでは，「大小2個のさいころを同時に投げる」という試行において，「少なくとも1つは6の目が出る」確率を考えてみよう。

[1]　大きいさいころだけ6の目が出る
[2]　小さいさいころだけ6の目が出る
[3]　大小2個とも6の目が出る

} 少なくとも
1つは6の目

[4]　大小2個とも6以外の目が出る … 2つとも6以外の目

互いに余事象
（確率は足して1）

このうち，少なくとも 1 つは 6 の目が出るのは [1] と [2] と [3] である。よって，その確率は次の 2 通りの方法で求められる。

① 「少なくとも 1 つは 6 の目が出る」という事象は，互いに排反な事象 [1]，[2]，[3] の和事象であり，加法定理によって求められる。

← [1] の場合，小さいさいころの目は 1 ～ 5 の 5 通りである。

　　目の出方の総数は　　$6 \times 6 = 36$（通り）

　　よって，「少なくとも 1 つは 6 の目が出る」確率は

$$\frac{5}{36} + \frac{5}{36} + \frac{1}{36} = \frac{11}{36}$$

← 3 つの場合の加法定理（前ページ参照）。
　[1] の確率
　+[2] の確率
　+[3] の確率

② 余事象の確率を用いて考える。「少なくとも 1 つは 6 の目が出る」という事象は，[4] の余事象である。

　　大小 2 個とも 6 以外の目が出る出方は　　$5 \times 5 = 25$（通り）

　　よって，「少なくとも 1 つは 6 の目が出る」確率は

$$1 - \frac{25}{36} = \frac{11}{36}$$

← 上の加法定理を利用する場合と比べると，計算がらくである。

このように，確率の問題を考えるとき，① のように加法定理によって求めるよりも，② のようにその余事象の確率を考えてから求める方が簡単な場合がある。

■ 一般の和事象の確率

一般の 2 つの事象 A，B について，和事象の確率 $P(A \cup B)$ を考えてみよう。

p.287 で学んだように，等式

$$n(A \cup B) = n(A) + n(B) - n(A \cap B)$$

が成り立つ。この等式の両辺を $n(U)$ ［U は全事象］で割ると

$$\frac{n(A \cup B)}{n(U)} = \frac{n(A)}{n(U)} + \frac{n(B)}{n(U)} - \frac{n(A \cap B)}{n(U)}$$

よって，次の等式が得られる。

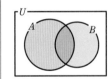

─ 和事象の確率 ─

$$P(A \cup B) = P(A) + P(B) - P(A \cap B)$$

3 つの事象 A，B，C については，一般に次の等式が成り立つ。

$$P(A \cup B \cup C) = P(A) + P(B) + P(C)$$
$$- P(A \cap B) - P(B \cap C) - P(C \cap A)$$
$$+ P(A \cap B \cap C)$$

← A，B が互いに排反であるときは前ページの確率の加法定理
　$P(A \cup B)$
　　$= P(A) + P(B)$
が成り立つ。

次ページからは，確率の基本性質などを利用して，いろいろな事象の確率を求めてみましょう。

2章
6
確率の基本性質

基本 例題
32 確率の加法定理の利用 ◔◔

袋の中に赤玉6個,白玉4個が入っている。この中から同時に3個を取り出すとき,赤玉,白玉がともに取り出される確率を求めよ。

CHART
& GUIDE

確率の加法定理
事象 A, B が互いに排反であるとき
$$P(A \cup B) = P(A) + P(B)$$

「赤玉と白玉がともに取り出される」という事象は,
  「赤玉1個と白玉2個を取り出す」という事象と
  「赤玉2個と白玉1個を取り出す」という事象
の,2つの互いに排反な事象の和事象である。
この2つの事象の確率をそれぞれ求め,最後に確率の加法定理を利用する。…… !

解答

「赤玉と白玉がともに取り出される」という事象は,
  「赤玉1個と白玉2個を取り出す」という事象 A と
  「赤玉2個と白玉1個を取り出す」という事象 B
の和事象 $A \cup B$ である。
玉の取り出し方の総数は $_{10}C_3$ 通りであるから

$$P(A) = \frac{_6C_1 \times _4C_2}{_{10}C_3} = \frac{3}{10}$$

$$P(B) = \frac{_6C_2 \times _4C_1}{_{10}C_3} = \frac{5}{10} \quad \cdots\cdots ①$$

! 事象 A, B は互いに排反であるから,求める確率 $P(A \cup B)$ は
$$P(A \cup B) = P(A) + P(B)$$
$$= \frac{3}{10} + \frac{5}{10} = \frac{8}{10} = \frac{4}{5}$$

← 確率の加法定理

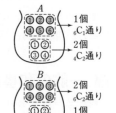

A と B は同時には起こらない(排反である)

🖐 *Lecture* **確率の計算の注意点**

① で $\frac{5}{10} = \frac{1}{2}$ と約分しないのは,最後に $P(A \cup B) = P(A) + P(B)$ の式に値を代入するときの計算をらくにするためである。
このように,確率の計算では,途中までは分母が同じになるようにしておき,最後に約分をするとよい。

TRAINING 32 ②

1から9までの番号を書いた札が1枚ずつ合計9枚ある。この中から同時に3枚取り出すとき,3枚の札の番号の和が奇数となる確率を求めよ。

基本 例題 **33** 余事象の確率

2個のさいころを同時に投げるとき，次の確率を求めよ。
(1) 同じ目が出ない確率
(2) 偶数の目が少なくとも1つ出る確率

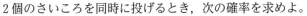

CHART & GUIDE

余事象の利用
～でない確率，少なくとも～である確率 には
余事象の確率が有効

余事象の確率 $P(\overline{A})=1-P(A)$ を利用する。 …… !
(1) 「同じ目が出ない」という事象は，「同じ目が出る」という事象の余事象。
(2) 「偶数の目が少なくとも1つ出る」という事象は，「2個とも奇数の目が出る」という
事象の余事象。

解答

2個のさいころの目の出方は $6^2=36$ (通り)　　　◀ 2個のさいころは区別して考える。

(1) 「同じ目が出ない」という事象は，「同じ目が出る」という
事象 A の余事象 $\overline{A}$ である。
同じ目が出るのは　6通り　　　◀ (1, 1), (2, 2), (3, 3), (4, 4), (5, 5), (6, 6) の6通り。

! よって，求める確率は　$P(\overline{A})=1-P(A)=1-\dfrac{6}{36}=\dfrac{5}{6}$

(2) 「偶数の目が少なくとも1つ出る」という事象は，「2個とも奇数の目が出る」という事象 A の余事象 $\overline{A}$ である。
2個とも奇数の目が出るのは　$3^2=9$ (通り)　　　◀ 2個のさいころのそれぞれについて，1, 3, 5 の3通り。

! よって，求める確率は　$P(\overline{A})=1-P(A)=1-\dfrac{9}{36}=\dfrac{3}{4}$

Lecture 「少なくとも」が出てきたら，余事象の確率を意識

上の例題(2)では，右のように3つの互い
に排反な事象 B, C, D を定め，加法定
理で $P(B\cup C\cup D)$ を求めてもよい。し
かし，上の解答のように，余事象の確率
を考えた方が計算がらくである。

B：偶 偶
C：偶 奇　少なくとも1つは偶数
D：奇 偶
A：奇 奇…　2つとも奇数

互いに余事象
（確率は足して1）

確率の問題では，「少なくとも」というキーワードが出てきたら，余事象の確率 を考えるとよい。

TRAINING 33 ②

3個のさいころを同時に投げるとき，次の確率を求めよ。
(1) 奇数の目が少なくとも1つ出る確率
(2) 3つの目の和が4にはならない確率

標準 例題 **34** 余事象を利用した確率（順列・組合せ利用）

≪≪ 基本例題 10, 16, 33 ★

(1) 5枚のカード a，b，c，d，e を横1列に並べるとき，b が a の隣にならない確率を求めよ。 〔類 九州産大〕

(2) 赤球4個と白球6個が入っている袋から同時に4個の球を取り出すとき，取り出した4個のうち少なくとも2個が赤球である確率を求めよ。 〔学習院大〕

CHART & GUIDE

余事象の利用

～でない，少なくとも～ には余事象の近道あり

求めるのは，(1) b が a の隣になる場合 (2) 赤球が0個または1個の場合 の余事象の確率である。

解答

(1) 5枚のカードの並べ方は 5! 通り

「b が a の隣にならない」という事象は「b が a の隣になる」という事象 A の余事象 $\overline{A}$ である。

a と b のカードをひとまとめにして，1枚のカードと考えると，これと残りの3枚との合計4枚の並べ方は 4! 通り

そのどの場合に対しても，ひとまとめにした2枚のカードの並べ方は 2! 通り

よって，求める確率は

$$P(\overline{A})=1-P(A)=1-\frac{4!\times 2!}{5!}=1-\frac{2\cdot 1}{5}=\frac{3}{5}$$

← 余事象の確率

4! 通り

a b □ □ □

2! 通り 残り3枚

(2) 球の取り出し方の総数は $_{10}C_4=\dfrac{10\cdot 9\cdot 8\cdot 7}{4\cdot 3\cdot 2\cdot 1}=210$（通り）

少なくとも2個赤

「少なくとも2個が赤球」という事象は「赤球が0個または1個」という事象 A の余事象 $\overline{A}$ である。

[1] 白球を4個取り出す場合 $_6C_4=_6C_2=15$（通り）

[2] 赤球を1個，白球を3個取り出す場合

$_4C_1\times _6C_3=80$（通り）

[1]，[2] は互いに排反であるから，赤球が0個または1個である場合の数は 15＋80＝95（通り）

よって，求める確率は $P(\overline{A})=1-P(A)=1-\dfrac{95}{210}=\dfrac{23}{42}$

← 余事象の確率

赤：4，白：0
赤：3，白：1
赤：2，白：2
}互いに
赤：1，白：3
赤：0，白：4
}余事象

TRAINING 34 ③ ★

(1) A，B，C，D，E，F の6人が輪の形に並ぶとき，A と B が隣り合わない確率を求めよ。 〔類 神奈川大〕

(2) 赤玉5個，白玉4個が入っている袋から，4個の玉を同時に取り出すとき，取り出した玉の色が2種類である確率を求めよ。

基本 例題 **35** 和事象の確率（一般の場合）

1 から 100 までの番号をつけた 100 枚の札の中から 1 枚を引くとき，その番号が 3 の倍数または 4 の倍数である確率を求めよ。

CHART & GUIDE

和事象の確率

$$P(A \cup B) = P(A) + P(B) - P(A \cap B)$$

100 枚の札の中から，「3 の倍数の番号の札を引く」という事象を A，「4 の倍数の番号の札を引く」という事象を B とすると，求める確率は $P(A \cup B)$

$A \cap B$ は「12 の倍数の番号の札を引く」という事象であり，$\{12, 24, \cdots\cdots\}$ であるから

$A \cap B \neq \varnothing$ （A，B は互いに排反でない）

解答

100 枚の札の中から，「3 の倍数の番号の札を引く」という事象を A，「4 の倍数の番号の札を引く」という事象を B とすると，求める確率は $P(A \cup B)$ である。

ここで，

$A = \{3 \cdot 1, \ 3 \cdot 2, \ \cdots\cdots, \ 3 \cdot 33\}, B = \{4 \cdot 1, \ 4 \cdot 2, \ \cdots\cdots, \ 4 \cdot 25\},$

$A \cap B = \{12 \cdot 1, \ 12 \cdot 2, \ \cdots\cdots, \ 12 \cdot 8\}$

であるから $n(A) = 33, \ n(B) = 25, \ n(A \cap B) = 8$

したがって，求める確率は

$$P(A \cup B) = P(A) + P(B) - P(A \cap B)$$
$$= \frac{33}{100} + \frac{25}{100} - \frac{8}{100} = \frac{1}{2}$$

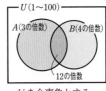

U を全事象とする。

Lecture 確率 $P(A \cup B)$

確率 $P(A \cup B)$ に関する 2 つの式について，整理しておこう。

[1] **確率の加法定理**

事象 A，B が互いに排反であるとき $P(A \cup B) = P(A) + P(B)$ （例題 32）

[2] **一般の和事象の確率** $P(A \cup B) = P(A) + P(B) - P(A \cap B)$ （例題 35）

[1] は [2] の特殊な場合（$A \cap B = \varnothing$，すなわち $P(A \cap B) = 0$ の場合）であるから，[1] は ＿＿ 部分がないと成り立たない。 ←「A，B が互いに排反」＝「$A \cap B = \varnothing$」

したがって，確率 $P(A \cup B)$ を考えるときは，A と B が互いに排反かどうか（$A \cap B = \varnothing$ か $A \cap B \neq \varnothing$ か）が 1 つのポイントとなる。

TRAINING 35 ①

1 から 6 までの番号をつけた赤玉 6 個と，1 から 5 までの番号をつけた青玉 5 個を入れた袋がある。この袋の中から玉を 1 個取り出すとき，その玉の番号が奇数または青玉である確率を求めよ。

STEP *into* ここで**整理**

確率とその基本性質

確率の求め方について，これまでに学んできたことをまとめておきましょう。

① **確率**

全事象 U の根元事象のどれが起こることも 同様に確からしい とき，ある事象 A が起こる確率 $P(A)$ は

$$P(A) = \frac{\text{事象 } A \text{ の起こる場合の数}}{\text{起こりうるすべての場合の数}} = \frac{n(A)}{n(U)}$$

② **確率の基本性質**

確率 $P(A)$ の値の範囲

$0 \leqq n(A) \leqq n(U)$

$\downarrow \div n(U)$

$0 \leqq P(A) \leqq 1$

特に $P(\varnothing)=0$, $P(U)=1$

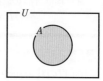

確率の加法定理

$A \cap B = \varnothing$ のとき

$n(A \cup B) = n(A) + n(B)$

$\downarrow \div n(U)$

A, B が互いに排反であるとき

$P(A \cup B) = P(A) + P(B)$

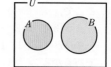

余事象の確率

$n(\overline{A}) = n(U) - n(A)$

$\downarrow \div n(U)$

$P(\overline{A}) = 1 - P(A)$

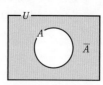

和事象の確率

$n(A \cup B) = n(A) + n(B) - n(A \cap B)$

$\downarrow \div n(U)$

$P(A \cup B) = P(A) + P(B) - P(A \cap B)$

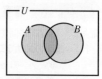

問題を解きながら，次のようなことも学習しました。

● 確率の値が，1 を超えたり，負になることはない ので，そのような答えが出たら誤りである。もう一度，解答を確かめる。

● 「……でない」，「少なくとも……」 や 「……以上」，「……以下」 というキーワードが出てきたら，余事象の確率 を考えてみる。

そうですね。計算がらくになるようにできないか考えることも大切です。

7 独立な試行と確率

これまでは，1つの試行における事象の確率を学んできました。ここでは，複数の試行を行うときの確率を考えていきましょう。

■ 独立な試行の確率

いくつかの試行において，どの試行の結果も他の試行の結果に影響を与えないとき，これらの試行は **独立** であるという。

例 「1個のさいころを投げる試行S」と「1枚の硬貨を投げる試行T」において，さいころの目の出方と硬貨の表・裏の出方は無関係であるから，試行Sと試行Tは独立である。

上の 例 の独立な試行SとTを行うとき，

「さいころは5以上の目が出て，硬貨は表が出る確率」

を求めてみよう。

2つの試行S，Tの結果は全部で　　　6×2 通り

このうち，条件を満たすものは　　　2×1 通り（表の✓印）

よって，求める確率は　　$\dfrac{2 \times 1}{6 \times 2}$ ←$\dfrac{a}{N}$

硬貨 さいころ	表	裏
1		
2		
3		
4		
5	✓	
6	✓	

これは，次のように表すことができる。

$$\frac{2 \times 1}{6 \times 2} = \boxed{\frac{2}{6}} \times \boxed{\frac{1}{2}}$$

試行Sで5以上の　　　試行Tで
目が出る確率　　　　表が出る確率

一般に，次のことが成り立つ。

┌─ **独立な試行の確率** ─────────────────────

2つの試行S，Tが独立であるとき，Sで事象 A が起こり，かつTで事象 B が起こる確率 p は

$$p = P(A) \times P(B)$$

└───────────────────────────────────

3つ以上の独立な試行に対しても，同様な式が成り立つ。

■ 反復試行の確率

さいころを何回か続けて投げる，硬貨を何回か続けて投げるなどのように，同じ条件のもとで1つの試行を繰り返すとき，1回ずつの試行は他の試行の結果に影響を与えないからそれぞれ独立である。

このような試行の繰り返しを **反復試行** という。

例　①，②，③，④，⑤ の5個の玉を袋に入れ，袋の中から玉を
1個取り出して，番号を確認してから袋に戻す。
この試行を繰り返し行うことは反復試行である。

上の 例 の反復試行において，玉の番号の確認を3回行うとき，①の玉がちょうど1回出る確率を求めてみよう。

この反復試行において，①の玉が1回だけ出る場合は

1回目	2回目	3回目		
①	×	×	……	[1]
×	①	×	……	[2]
×	×	①	……	[3]

の $_3C_1$ 通りある。

← 1回の試行で ① の玉が出る確率は $\dfrac{1}{5}$

① 以外の玉が出る確率は $1-\dfrac{1}{5}\left(=\dfrac{4}{5}\right)$（余事象の確率）

× は ① 以外の玉が出る

また，[1] の場合の確率は

$$\frac{1}{5}\times\left(1-\frac{1}{5}\right)\times\left(1-\frac{1}{5}\right)=\frac{1}{5}\times\left(1-\frac{1}{5}\right)^2$$

← 1個の ① の位置の選び方の総数とみて $_3C_1$ 通り

同様にして，[2]，[3] の場合の確率もそれぞれ $\dfrac{1}{5}\times\left(1-\dfrac{1}{5}\right)^2$ となる。よって，求める確率は　$_3C_1\times\dfrac{1}{5}\times\left(1-\dfrac{1}{5}\right)^2$

← [1]，[2]，[3] の事象は互いに排反である。

一般に，次のことが成り立つ。

> ─ 反復試行の確率 ▷───
>
> 1回の試行で事象 A の起こる確率を p とする。この試行を n 回行う反復試行で，A がちょうど r 回起こる確率は　$_nC_r p^r(1-p)^{n-r}$

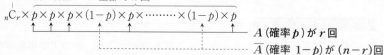

注意　$_nC_r p^r(1-p)^{n-r}$ において，$r=0$ のときの p^r，$n=r$ のときの $(1-p)^{n-r}$ はともに1と定める。一般に，$a>0$ のとき，$a^0=1$ と定める。

独立な試行の確率については理解できましたか？複数の試行を行うときの確率を具体的な問題で考えていきましょう。

基本 36 独立な試行の確率

(1) 1個のさいころと1枚の硬貨を同時に投げるとき，さいころは4以下の目が出て，硬貨は表が出る確率を求めよ。

(2) Aの袋には白玉6個，黒玉4個，また，Bの袋には白玉8個，黒玉2個が入っている。Aの袋から3個，Bの袋から2個の玉を同時に取り出すとき，全部白玉である確率を求めよ。

CHART & GUIDE　独立な試行の確率　独立なら確率と確率の掛け算

(1) さいころの目と硬貨の表裏は互いに影響を与えない (= 独立) から
(4以下の目が出る確率)×(表が出る確率)

(2) 袋Aから取り出す玉の色と袋Bから取り出す玉の色は互いに影響を与えない (= 独立) から　(Aから白玉3個を取り出す確率)×(Bから白玉2個を取り出す確率)

解答

(1) さいころを投げたとき4以下の目が出る確率は $\dfrac{4}{6}=\dfrac{2}{3}$

硬貨を投げたとき表が出る確率は $\dfrac{1}{2}$

1個のさいころを投げる試行と1枚の硬貨を投げる試行は独立であるから，求める確率は $\dfrac{2}{3}\times\dfrac{1}{2}=\dfrac{1}{3}$

(2) 取り出した玉が全部白玉になるのは，Aの袋から白玉を3個取り出し，Bの袋から白玉を2個取り出す場合である。

Aの袋から白玉を3個取り出す確率は $\dfrac{{}_6C_3}{{}_{10}C_3}=\dfrac{1}{6}$

Bの袋から白玉を2個取り出す確率は $\dfrac{{}_8C_2}{{}_{10}C_2}=\dfrac{28}{45}$

Aの袋から3個の玉を取り出す試行とBの袋から2個の玉を取り出す試行は独立であるから，求める確率は

$$\dfrac{1}{6}\times\dfrac{28}{45}=\dfrac{14}{135}$$

◀Aの袋には合計10個の玉が入っていて，その中から3個の玉を取り出す。
◀Bの袋にも合計10個の玉が入っていて，その中から2個の玉を取り出す。
◀2つの試行は独立であるから，確率と確率の掛け算。

TRAINING 36 ①

(1) 1個のさいころと1枚の硬貨を同時に投げるとき，さいころは奇数の目が出て，硬貨は裏が出る確率を求めよ。

(2) 赤玉4個，白玉2個が入っている袋から，1個取り出し色を見てもとに戻し，更に1個取り出して色を見る。次の確率を求めよ。
 (ア) 白玉，赤玉の順に取り出される確率
 (イ) 取り出した2個がともに赤玉となる確率

基本 **37** 独立な試行の確率と加法定理

Aには 4, 6, 6 の数字が書かれたカードを，Bには 1, 3, 5, 7, 7 の数字が書かれたカードを，それぞれ 1 枚ずつ配る。A，B が自分に配られたカードの中から無作為に 1 枚取り出すとき，取り出したカードに書かれている数字をそれぞれ a，b とする。a が b より小さい確率を求めよ。

CHART & GUIDE

独立な試行の確率
独立なら確率と確率の掛け算

[1] $a=4$ [2] $a=6$ の 2 つの場合に分けて，a が b より小さい確率を求める。
[1]，[2] の事象は互いに排反であるから，最後に加法定理を利用。

解答

「a が b より小さい」という事象は，次の [1]，[2] の和事象である。

[1] $a=4$ かつ $b=5$, 7

　この事象の確率は　$\dfrac{1}{3} \times \dfrac{3}{5} = \dfrac{3}{15}$

[2] $a=6$ かつ $b=7$

　この事象の確率は　$\dfrac{2}{3} \times \dfrac{2}{5} = \dfrac{4}{15}$

[1]，[2] の事象は互いに排反であるから，求める確率は

$$\dfrac{3}{15} + \dfrac{4}{15} = \dfrac{\mathbf{7}}{\mathbf{15}}$$

← Aがカードを 1 枚取り出す試行と，Bがカードを 1 枚取り出す試行は **独立** である。

← 約分できるが，分母を同じにするため，このままにしておく。

← 確率の加法定理

Lecture　和か積か

「a が b より小さい」という事象を，「かつ」と「または」を用いて言いかえると次のように表すことができる。
$\{(a$ が 4$)$ かつ $(b$ が 5, 7$)\}$ または $\{(a$ が 6$)$ かつ $(b$ が 7$)\}$
　　$\dfrac{1}{3}$　　$\times$　　$\dfrac{3}{5}$　　$+$　　$\dfrac{2}{3}$　　$\times$　　$\dfrac{2}{5}$

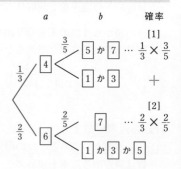

Aの袋には白玉 2 個，赤玉 3 個，Bの袋には白玉 5 個，赤玉 3 個が入っている。A，Bの袋から 1 個ずつ玉を取り出すとき，玉の色が異なる確率を求めよ。

基本 例題 **38** 確率が与えられた独立な試行⑴

A，Bの2人が問題を解く。Aが解ける確率が $\dfrac{4}{7}$，Bが解ける確率が $\dfrac{3}{5}$ であるとき，次の確率を求めよ。

(1) 2人とも解ける確率　　　　　(2) 1人だけ解ける確率

CHART & GUIDE

確率が与えられた独立な試行
独立なら確率と確率の掛け算

Aが問題を解く試行とBが問題を解く試行は独立である。

(2) [1] A：解ける，　B：解けない　　の2つの場合がある。
　　[2] A：解けない，B：解ける
　[1]，[2]の事象は互いに排反であるから，最後に加法定理を利用。

解答

(1) 求める確率は　　$\dfrac{4}{7} \times \dfrac{3}{5} = \dfrac{12}{35}$

(2) Aが解けない確率，Bが解けない確率はそれぞれ

$$1 - \dfrac{4}{7} = \dfrac{3}{7}, \quad 1 - \dfrac{3}{5} = \dfrac{2}{5}$$

「1人だけ解ける」という事象は，
[1] Aが解けてBが解けない　[2] Aが解けずにBが解ける
の和事象である。[1]，[2]の事象は互いに排反であるから，

求める確率は　　$\dfrac{4}{7} \times \dfrac{2}{5} + \dfrac{3}{7} \times \dfrac{3}{5} = \dfrac{17}{35}$

(2) 解けるを○，解けないを×で表すと，求めたい確率は
(A：○かつ B：×)
または
(A：×かつ B：○)
の確率である
(p.350 Lecture 参照)。

◀ 確率の加法定理

Lecture 確率を図で表す

上の例題で与えられる確率を図示すると，右のようになる。

　① …… Aが解ける かつ Bが解ける
　② …… Aが解ける かつ Bが解けない
　③ …… Aが解けない かつ Bが解ける
　④ …… Aが解けない かつ Bが解けない

上の例題の(1)で求める確率は ① であり，
(2)で求める確率は ② + ③ である。

$$\left(\dfrac{4}{7} + \dfrac{3}{5} \text{ などと計算しないように！} \right)$$

	Aが解ける	Aが解けない	
Bが解ける	① $\dfrac{4}{7} \times \dfrac{3}{5}$	③ $\left(1 - \dfrac{4}{7}\right) \times \dfrac{3}{5}$	$\dfrac{3}{5}$
Bが解けない	② $\dfrac{4}{7}\left(1 - \dfrac{3}{5}\right)$	④ $\left(1 - \dfrac{4}{7}\right)\left(1 - \dfrac{3}{5}\right)$	$1 - \dfrac{3}{5}$
	$\dfrac{4}{7}$	$1 - \dfrac{4}{7}$	

TRAINING 38 ②

A，Bの2人が検定試験を受けるとき，合格する確率はそれぞれ $\dfrac{2}{5}$，$\dfrac{3}{4}$ である。このとき，次の確率を求めよ。

(1) 2人とも合格しない確率　　　(2) 1人だけが合格する確率

基本 例題 39 反復試行の確率(1) …… 反復試行の確率の計算

(1) 1個のさいころを5回投げるとき，1の目が3回だけ出る確率を求めよ。

(2) 正しいものには〇印を，正しくないものには×印をつける，〇×形式の問題が8題ある。この問題において，〇印と×印をでたらめにつけるとき，2題だけ正解する確率を求めよ。

CHART & GUIDE

反復試行の確率

繰り返し，反復なら $\quad {}_nC_r\, p^r(1-p)^{n-r}$

p：事象 A が起こる確率，n：反復の回数，r：事象 A が起こる回数

(1) 1回投げるとき，1の目が出る確率は $\dfrac{1}{6}$ $\longrightarrow$ $p=\dfrac{1}{6}$

5回投げる $\longrightarrow$ $n=5$　　1の目が3回だけ出る $\longrightarrow$ $r=3$

(2) 1題で，〇印か×印をつけて正解になる確率は2つに1つ $\longrightarrow$ $p=\dfrac{1}{2}$

8題ある $\longrightarrow$ $n=8$　　2題だけ正解する $\longrightarrow$ $r=2$

解答

(1) さいころを1回投げるとき，1の目が出る確率は $\dfrac{1}{6}$

よって，5回のうち1の目が3回だけ出る確率は

$${}_5C_3\left(\dfrac{1}{6}\right)^3\left(1-\dfrac{1}{6}\right)^{5-3}=10\times\left(\dfrac{1}{6}\right)^3\times\left(\dfrac{5}{6}\right)^2=\dfrac{125}{3888}$$

← 1以外の目が出る確率は $1-\dfrac{1}{6}=\dfrac{5}{6}$

← ${}_5C_3={}_5C_2=\dfrac{5\cdot4}{2\cdot1}=10$

(2) 1題について，〇印か×印をつけて正解になる確率は $\dfrac{1}{2}$

よって，8題のうち2題だけ正解する確率は

$${}_8C_2\left(\dfrac{1}{2}\right)^2\left(1-\dfrac{1}{2}\right)^{8-2}=28\times\left(\dfrac{1}{2}\right)^2\times\left(\dfrac{1}{2}\right)^6=\dfrac{7}{64}$$

← 不正解になる確率は $1-\dfrac{1}{2}=\dfrac{1}{2}$

← ${}_8C_2=\dfrac{8\cdot7}{2\cdot1}=28$

Lecture 反復試行の確率

反復試行では，特定の事象 A が何回起こるかが問題になっている。公式 ${}_nC_r\, p^r(1-p)^{n-r}$ の意味を，右の図を参考にして理解しておこう。

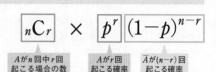

$\underbrace{{}_nC_r}_{\substack{A\,\text{が}\,n\,\text{回中}\,r\,\text{回}\\\text{起こる場合の数}}} \times \underbrace{p^r}_{\substack{A\,\text{が}\,r\,\text{回}\\\text{起こる確率}}} \underbrace{(1-p)^{n-r}}_{\substack{\overline{A}\,\text{が}\,(n-r)\,\text{回}\\\text{起こる確率}}}$

TRAINING 39 ①

(1) 1枚の硬貨を5回投げて，表がちょうど3回出る確率を求めよ。

(2) 10本のうち，当たりが2本入っているくじがある。くじを1本ずつ引いてはもとに戻すことにして4回引いたとき，当たりとはずれが同数になる確率を求めよ。

基本
例題
40 反復試行の確率 (2) …… 加法定理の利用

白玉 3 個と赤玉 6 個の入った袋から玉を 1 個取り出し，色を見てから袋に戻す。この試行を 4 回続けて行うとき，白玉が 3 回以上出る確率を求めよ。

解説動画へGO!!

CHART & GUIDE

反復試行の確率
繰り返し，反復なら $_nC_r\, p^r(1-p)^{n-r}$

4 回のうち，白玉が 3 回以上出るのは
 [1] 白玉が 3 回 [2] 白玉が 4 回
の 2 つの場合がある。[1]，[2] の事象は互いに排反であるから，最後に加法定理を利用。

解答

1 回の試行で，白玉が出る確率は $\dfrac{3}{9}=\dfrac{1}{3}$

[1] 4 回行って白玉が 3 回出る確率は

$$_4C_3\left(\dfrac{1}{3}\right)^3\left(1-\dfrac{1}{3}\right)^{4-3}=4\times\left(\dfrac{1}{3}\right)^3\times\dfrac{2}{3}=\dfrac{8}{81}$$

[2] 4 回行って白玉が 4 回出る確率は

$$\left(\dfrac{1}{3}\right)^4=\dfrac{1}{81}$$

[1]，[2] の事象は互いに排反であるから，求める確率は

$$\dfrac{8}{81}+\dfrac{1}{81}=\dfrac{9}{81}=\dfrac{1}{9}$$

← 1 回の試行で赤玉が出る（白玉が出ない）確率は
$1-\dfrac{1}{3}=\dfrac{2}{3}$
← $_4C_3={}_4C_1=4$

← 独立な試行の確率で計算。反復試行 $_4C_4\left(\dfrac{1}{3}\right)^4$ としてもよい。

← 確率の加法定理

Lecture 白玉が 3 回以上出る玉の出方と確率の図解

	1 回目	2 回目	3 回目	4 回目		確 率

白玉が 3 回
赤玉が 1 回

排反

白玉が 4 回

$$\dfrac{1}{3}\times\dfrac{1}{3}\times\dfrac{1}{3}\times\dfrac{2}{3}$$
$$\dfrac{1}{3}\times\dfrac{1}{3}\times\dfrac{2}{3}\times\dfrac{1}{3}$$
$$\dfrac{1}{3}\times\dfrac{2}{3}\times\dfrac{1}{3}\times\dfrac{1}{3}$$
$$\dfrac{2}{3}\times\dfrac{1}{3}\times\dfrac{1}{3}\times\dfrac{1}{3}$$

$$_4C_3\times\left(\dfrac{1}{3}\right)^3\left(\dfrac{2}{3}\right)^1$$

$+$

$$\dfrac{1}{3}\times\dfrac{1}{3}\times\dfrac{1}{3}\times\dfrac{1}{3}\ \cdots\cdots\cdots\ \left(\dfrac{1}{3}\right)^4$$

TRAINING 40 ②

1 枚の硬貨を 6 回投げたとき，次の確率を求めよ。
(1) 4 回以上表が出る確率 (2) 表が少なくとも 1 回出る確率

≪≪ 基本例題 39, 40

標準 例題
41 反復試行の確率(3) …… 繰り返しのゲームで勝つ確率 ◎◎◎

あるゲームでAがBに勝つ確率は $\dfrac{2}{3}$ であり，引き分けはないものとする。A，Bがゲームをし，先に4勝した方を優勝者とする。

(1) 5ゲーム目でAが優勝者となる確率を求めよ。
(2) 7ゲーム目で優勝者が決まる確率を求めよ。

CHART & GUIDE

n 回目で決まる反復試行の確率
$(n-1)$ 回目まで反復試行　n 回目に p

$(n-1)$ 回目まで反復試行を考え，n 回目の確率を掛け合わせる。

(1) Aが4ゲーム目までに3勝(1敗)し，5ゲーム目にAが勝つ場合である。
(2) 6ゲーム目まで3勝3敗で，7ゲーム目で　[1] Aが勝つ場合　　[2] Bが勝つ場合
　の確率をそれぞれ求める。[1] と [2] は互いに排反であるから，最後に加法定理を利用する。

引き分けがないので，Bが勝つ（Aが負ける）確率は　　$1-\dfrac{2}{3}$

解答

(1) 5ゲーム目でAが優勝者となるのは，4ゲーム目までにAが3勝し，5ゲーム目でAが勝つ場合である。

よって，求める確率は $\quad {}_4C_3\left(\dfrac{2}{3}\right)^3\left(1-\dfrac{2}{3}\right)^1\times\dfrac{2}{3}=4\times\dfrac{2^4}{3^5}=\dfrac{\mathbf{64}}{\mathbf{243}}$

(2) [1] 7ゲーム目でAが優勝者となる場合
6ゲーム目までにAが3勝し，7ゲーム目にAが勝つときであるから，その確率は

$$ {}_6C_3\left(\dfrac{2}{3}\right)^3\left(1-\dfrac{2}{3}\right)^3\times\dfrac{2}{3}=20\times\dfrac{2^4}{3^7} $$

[2] 7ゲーム目でBが優勝者となる場合
Bが勝つ（Aが負ける）確率は $\quad 1-\dfrac{2}{3}=\dfrac{1}{3}$

[1] と同様にして $\quad {}_6C_3\left(\dfrac{1}{3}\right)^3\left(1-\dfrac{1}{3}\right)^3\times\dfrac{1}{3}=20\times\dfrac{2^3}{3^7}$

[1]，[2] は互いに排反であるから，求める確率は

$$ 20\times\dfrac{2^4}{3^7}+20\times\dfrac{2^3}{3^7}=20\cdot\dfrac{2^3}{3^7}(2+1)=\dfrac{\mathbf{160}}{\mathbf{729}} $$

(1) Aの勝ちを○，負けを×で表すと

　○：$\dfrac{2}{3}$，　×：$\dfrac{1}{3}$

1	2	3	4	5
○	○	○	×	○
○	○	×	○	○
○	×	○	○	○
×	○	○	○	○

${}_4C_3$ 通り

← $p=\dfrac{1}{3}$

← 確率の加法定理

TRAINING 41 ③

黒玉2個，白玉4個が中の見えない袋に入っている。玉を1個だけ取り出し，色を確かめて袋に戻す。この作業を黒玉が3回出るまで繰り返す。4回目でこの作業が終わる確率を求めよ。

ズームUP

優勝者が決まるまでの勝敗

(1)も(2)も優勝者が決まるまでの勝敗をどうやって考えているのですか。

では，それぞれ詳しく考えてみましょう。

● **最後から考える。**

(1) 「5ゲーム目でAが優勝者となる」から，5ゲーム目にAが勝たなければならない。

さらに，Aは5ゲームのうち4ゲーム勝てばよいから，4ゲーム目までの勝敗は，3勝1敗となればよい。

	1	2	3	4	5
A					○

○：3個， ×：1個

(補足) 4ゲーム目までのAの勝敗の全パターンを考えてみる。

① 4勝

4ゲーム目でAが優勝者となってしまう。

	1	2	3	4	5
A	○	○	○	○	╱

② 3勝1敗

5ゲーム目でAが勝つと，4勝1敗となり，Aが優勝者となる。

	1	2	3	4	5
A	○	○	○	×	○

③ 2勝2敗

5ゲーム目でAが勝っても，3勝2敗なので，優勝者が決まらない。

	1	2	3	4	5
A	○	○	×	×	○

④ 1勝3敗

5ゲーム目でAが勝っても，2勝3敗なので，優勝者が決まらない。

	1	2	3	4	5
A	○	×	×	×	○

⑤ 4敗

4ゲーム目でBが優勝者となってしまう。

よって，②のときのみ考えればよい。

	1	2	3	4	5
A	×	×	×	×	╱

(2) (1)と同様に考えればよいが，AとBのどちらが優勝するかで場合分けする必要がある。

Aが7ゲーム目で優勝者となる場合，7ゲーム目にAが勝たなければならない。

さらに，Aは7ゲームのうち4ゲーム勝てばよいから，6ゲーム目までの勝敗は，3勝3敗となればよい。

Bが7ゲーム目で優勝者となる場合も同様である。

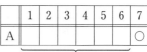

	1	2	3	4	5	6	7
A							○

○：3個， ×：3個

Let's Start

8 条件付き確率

ここでは，ある試行の結果が他の試行の結果に影響を及ぼすような場合，
つまり独立でない試行における事象の確率の問題を考えてみましょう。

■ 条件付き確率

一般に，1つの試行における2つの事象 A，B について，事象A
が起こったとして，そのときに事象Bの起こる確率を，Aが起こっ
たときのBが起こる **条件付き確率** といい，$P_A(B)$ で表す。

全事象を U とする。2つの事象 A，B について，条件付き確率
$P_A(B)$ は

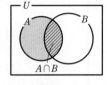

Aを全事象としたときに，事象Bの起こる確率

であり，次の式で定義される。ただし，$n(A) \neq 0$ とする。

$$P_A(B) = \frac{n(A \cap B)}{n(A)} \quad \longleftarrow \text{右の図の} \blacksquare$$

この式の右辺の分母・分子を $n(U)$ で割ると，次が成り立つ。

$$P_A(B) = \frac{P(A \cap B)}{P(A)} \quad \cdots\cdots ①$$

$\blacktriangleleft \dfrac{n(A \cap B)}{n(U)} = P(A \cap B),$

$\dfrac{n(A)}{n(U)} = P(A)$

■ 確率の乗法定理

① の分母を払うと，次の **乗法定理** が成り立つ。

┌─ **乗法定理** ─

$$P(A \cap B) = P(A)P_A(B)$$

なお，3つの事象 A，B，C の場合は
$P(A \cap B \cap C) = P(A)P_A(B)P_{A \cap B}(C)$ が成り立つ（4つ以上の事象
の場合も同様に考える）。

次ページからは，具体的な問題で条件付き確率を求めてみましょう。

STEP *forward*

条件付き確率を理解して，例題 **42** を攻略！

Get ready

ある学校の1年生320人で，勉強方法とテストの結果について調査したところ，右の表のようになった。

得点 ＼ 方法	A：教科書とチャートの両方で勉強した	$\overline{A}$：教科書だけで勉強した
B：80点以上	30人	90人
$\overline{B}$：80点未満	20人	180人

この結果からわかることを考えよ。

教科書だけで勉強した人の方が，教科書とチャートの両方で勉強した人より80点以上の人が圧倒的に多いわ。

教科書とチャートの両方で勉強した人の中では，80点未満の人より80点以上の人の方が多いよ。

どちらの勉強方法の方が高得点をとりやすいのかしら。

勉強方法別に80点以上の人の人数を見ると

両方で勉強 … 50人中30人
教科書だけ … 270人中90人

80点以上の人の割合は，両方で勉強した人の方が高そうだよ。

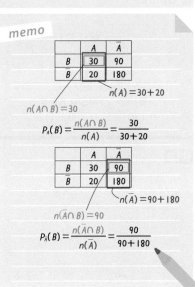

memo

	A	$\overline{A}$
B	30	90
$\overline{B}$	20	180

$n(A) = 30 + 20$

$n(A \cap B) = 30$

$$P_A(B) = \frac{n(A \cap B)}{n(A)} = \frac{30}{30+20}$$

	A	$\overline{A}$
B	30	90
$\overline{B}$	20	180

$n(\overline{A}) = 90 + 180$

$n(\overline{A} \cap B) = 90$

$$P_{\overline{A}}(B) = \frac{n(\overline{A} \cap B)}{n(\overline{A})} = \frac{90}{90+180}$$

そうね。うーん，何かうまく表現する方法はないかしら。

条件付き確率を使うとうまく表すことができます。
両方で勉強したとき，その人が80点以上をとった条件付き確率は

$$\frac{30}{30+20} = \frac{3}{5} \quad \longleftarrow P_A(B)$$

教科書だけで勉強したとき，その人が80点以上をとった条件付き確率は

$$\frac{90}{90+180} = \frac{1}{3} \quad \longleftarrow P_{\overline{A}}(B)$$

となります。

教科書とチャートの両方を使って勉強した方が80点以上をとる確率が高いですね。

基本 例題 42 条件付き確率

2個のさいころ X, Y を同時に1回投げるとき, 次の確率を求めよ。

(1) さいころ X の出た目が5以上のとき, 2個のさいころの出た目の和が8になる確率

(2) 2個のさいころの出た目の和が8のとき, さいころ X の出た目が5以上である確率

CHART & GUIDE

条件付き確率

$$P_A(B) = \begin{cases} \dfrac{n(A \cap B)}{n(A)} & \text{(個数による定義)} \\ \dfrac{P(A \cap B)}{P(A)} & \text{(確率による定義)} \end{cases}$$

「さいころ X の出た目が5以上である」という事象を A, 「2個のさいころの出た目の和が8である」という事象を B とすると, 求める確率は

(1) $P_A(B)$ (2) $P_B(A)$

解答

「さいころ X の出た目が5以上である」という事象を A, 「2個のさいころの出た目の和が8である」という事象を B とする。

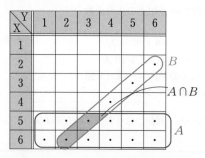

例えば, X が6, Y が4の目であることを (6, 4) で表すと

$$A = \{(5, 1), (5, 2), (5, 3), (5, 4), (5, 5), (5, 6),$$
$$(6, 1), (6, 2), (6, 3), (6, 4), (6, 5), (6, 6)\}$$
$$B = \{(2, 6), (3, 5), (4, 4), (5, 3), (6, 2)\}$$

よって $A \cap B = B \cap A = \{(5, 3), (6, 2)\}$

【個数による定義を用いた解答】

(1) 求める確率は $P_A(B)$ である。

$n(A)=12$, $n(A\cap B)=2$ であるから

$$P_A(B)=\frac{n(A\cap B)}{n(A)}=\frac{2}{12}=\frac{1}{6}$$

(2) 求める確率は $P_B(A)$ である。

$n(B)=5$, $n(B\cap A)=2$ であるから

$$P_B(A)=\frac{n(B\cap A)}{n(B)}=\frac{2}{5}$$

【確率による定義を用いた解答】

2個のさいころの目の出方は $6^2=36$(通り)

(1) $P(A)=\dfrac{12}{36}=\dfrac{1}{3}$, $P(A\cap B)=\dfrac{2}{36}=\dfrac{1}{18}$ であるから

$$P_A(B)=\frac{P(A\cap B)}{P(A)}=\frac{1}{18}\div\frac{1}{3}=\frac{1}{6}$$

← $\dfrac{1}{18}\div\dfrac{1}{3}=\dfrac{1}{18}\times\dfrac{3}{1}$

(2) $P(B)=\dfrac{5}{36}$, $P(B\cap A)=\dfrac{2}{36}=\dfrac{1}{18}$ であるから

$$P_B(A)=\frac{P(B\cap A)}{P(B)}=\frac{1}{18}\div\frac{5}{36}=\frac{2}{5}$$

← $\dfrac{1}{18}\div\dfrac{5}{36}=\dfrac{1}{18}\times\dfrac{36}{5}$

2章 8 条件付き確率

Lecture $P(A\cap B)$ と $P_A(B)$ の違い

この例題の場合,

$P(A\cap B)$ …… 「さいころXの出た目が5以上」かつ
「2個のさいころの出た目の和が8」となる確率

$P_A(B)$ …… さいころXの出た目が5以上のとき, 2個のさいころの出た目の和が8である確率

という違いがあり, 個数による式で表すと

$$P(A\cap B)=\frac{n(A\cap B)}{n(U)}\quad\left[\frac{\text{Xの出た目が5以上, かつ出た目の和が8の場合}}{\text{全体}}\right]$$

$$P_A(B)=\frac{n(A\cap B)}{n(A)}\quad\left[\frac{\text{Xの出た目が5以上, かつ出た目の和が8の場合}}{\text{Xの出た目が5以上の場合}}\right]$$

となる。

TRAINING 42 ②

袋の中に1から5までの番号が1つずつ書かれた5枚の札が入っている。この中から1枚を取り出し, 番号を確認してもとに戻すという試行を2回繰り返すとき, 次の確率を求めよ。

(1) 1回目に取り出した札に書かれた番号が偶数だったとき, 取り出した札に書かれた番号の和が6である確率

(2) 取り出した札に書かれた番号の和が6であるとき, 1回目に取り出した札に書かれた番号が偶数である確率

基本 例題 43 乗法定理(1)

当たりくじ 4 本を含む 12 本のくじを，A，B の 2 人がこの順に 1 本ずつ引く。ただし，引いたくじはもとに戻さない。このとき，次の確率を求めよ。

(1) A，B の 2 人が当たる確率　　　(2) B が当たる確率

CHART & GUIDE

確率の乗法定理

$$P(A \cap B) = P(A) P_A(B)$$

「A，B の順にくじを引き，引いたくじはもとに戻さない」から，A の結果が B の結果に影響を与える。A が当たるという事象を A，B が当たるという事象を B とすると

(1) 求める確率は $P(A \cap B)$

　　$\longrightarrow$ 乗法定理　$P(A \cap B) = P(A) P_A(B)$　を利用。　…… !

(2) 求める確率は $P(B)$ で　$P(B) = P(A \cap B) + P(\overline{A} \cap B)$　…… !

解答

A が当たるという事象を A，B が当たるという事象を B とする。当たることを ○，はずれることを × で表す。

(1) {A ○，B ○} の場合で，求める確率は $P(A \cap B)$

$P(A) = \dfrac{4}{12}$, $P_A(B) = \dfrac{3}{11}$ であるから

! $\qquad P(A \cap B) = P(A) P_A(B) = \dfrac{4}{12} \times \dfrac{3}{11} = \dfrac{1}{11}$

(2) B が当たるのは，{A ○，B ○}，{A ×，B ○} の場合で，これらの事象は互いに排反である。よって，求める確率は

! $\qquad P(B) = P(A \cap B) + P(\overline{A} \cap B)$
$\qquad\qquad = P(A) P_A(B) + P(\overline{A}) P_{\overline{A}}(B)$
$\qquad\qquad = \dfrac{4}{12} \times \dfrac{3}{11} + \dfrac{8}{12} \times \dfrac{4}{11} = \dfrac{1}{3}$

(参考) 上の例題で，A が当たる確率は $\dfrac{4}{12} = \dfrac{1}{3}$ で，(2)で求めた B が当たる確率と等しい。一般に，**当たりくじを引く確率は，何番目に引いても同じ** である。

(1) $P_A(B)$：A が当たったとき，B が当たる確率。

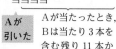

当当当当

A が引いた　A が当たったとき，B は当たり 3 本を含む残り 11 本から 1 本を引く。

TRAINING 43 ②

ジョーカーを含まない 1 組 52 枚のトランプから，A，B の 2 人がこの順に 1 枚ずつカードを取り出す。取り出したカードはもとに戻さないとき，次の確率を求めよ。

(1) A，B の 2 人がハートのカードを取り出す確率

(2) B がハートのカードを取り出す確率

標準 例題 **44** 乗法定理 (2)

袋の中に赤玉 3 個，白玉 7 個が入っている。A，B，C の 3 人がこの順に 1 個ずつ玉を取り出す。次の場合に，C だけが赤玉を取り出す確率を求めよ。

(1) 取り出した玉をもとに戻す　　(2) 取り出した玉をもとに戻さない

CHART & **GUIDE**

確率の乗法定理

$$P(A \cap B \cap C) = P(A)P_A(B)P_{A \cap B}(C)$$

3 つの事象に関しても，2 つの事象の場合と同様に考えればよい。

取り出した玉をもとに戻すか，戻さないかの違いに着目する。

(1) もとに戻す　　　→　状態に変化なし　　→　独立な事象の確率

(2) もとに戻さない　→　状態に変化あり　　→　確率の乗法定理

2章

8

条件付き確率

解答

(1) A，B，C がそれぞれ玉を取り出す試行は独立である。

A，B，C はそれぞれ赤玉 3 個と白玉 7 個の計 10 個から，A，B は白玉，C は赤玉を 1 個取り出すから，求める確率は

$$\frac{7}{10} \times \frac{7}{10} \times \frac{3}{10} = \frac{147}{1000}$$

(2) A が白玉を取り出した後，B は赤玉 3 個，白玉 6 個の計 9 個から白玉を 1 個取り出す。その後，C は赤玉 3 個，白玉 5 個の計 8 個から赤玉を 1 個取り出す。よって，求める確率は

$$\frac{7}{10} \times \frac{6}{9} \times \frac{3}{8} = \frac{7}{40}$$

事象 A：A が白玉を取る
事象 B：B が白玉を取る
事象 C：C が赤玉を取る
とすると，(1)，(2) とも求める確率は $P(A \cap B \cap C)$
(1) A，B，C は独立で $P(A)P(B)P(C)$ を計算。
(2) 条件付き確率で $P(A)P_A(B)P_{A \cap B}(C)$ を計算。

👆 *Lecture* **復元抽出と非復元抽出**

もとに戻す試行を **復元抽出**，もとに戻さない試行を **非復元抽出** という。2 つの違いを確認しておこう。

[復元抽出]

玉の個数に 変化なし

2 つの試行は独立 → 独立な事象の確率

[非復元抽出]

○を出す

玉の個数に 変化あり

次の試行に影響あり → 条件付き確率

TRAINING **44** ③

12 本のくじの中に当たりくじが 2 本ある。A，B，C の 3 人がこの順に 1 本ずつくじを引く。次の場合に，A と C だけが当たる確率を求めよ。

(1) 引いたくじを戻す　　　　(2) 引いたくじを戻さない

Let's Start

9 期 待 値

ここまで学んできた確率は，ある事柄の起こりやすさを表した数値でした。ここでは，ある試行の結果によって期待できる値について考えてみましょう。

■ 期待値

100 本のくじがあり，その賞金と本数は右の〔表1〕のようになっている。

このくじを1本引くとき，期待できる賞金の額を考えてみよう。

	1等	2等	3等	計
賞金	1000 円	500 円	100 円	
本数	10 本	20 本	70 本	100 本

〔表1〕

賞金の総額をくじの総数で割ると

$$\frac{1000(円) \times 10(本) + 500(円) \times 20(本) + 100(円) \times 70(本)}{100(本)} = 270(円) \quad \cdots\cdots ①$$

この値は，くじ1本あたりの賞金額の平均である。すなわち，くじ1本を引くときに期待できる賞金額は 270 円と考えられる。

また，〔表1〕を確率を示す表に書き換えると右の〔表2〕のようになる。

	1等	2等	3等	計
賞金	1000 円	500 円	100 円	
確率	$\dfrac{10}{100}$	$\dfrac{20}{100}$	$\dfrac{70}{100}$	1

〔表2〕

ここで，① を次のように変形してみよう。

$$\underset{1等}{\underline{1000(円) \times \frac{10}{100}}} + \underset{2等}{\underline{500(円) \times \frac{20}{100}}} + \underset{3等}{\underline{100(円) \times \frac{70}{100}}} = 270(円)$$

これは，「(各等の賞金額)×(それが当たる確率)」の和 になっている。

一般に，ある試行の結果に応じて，x_1, x_2, x_3, ……, x_n のどれか1つをとる数量Xがあり，各値をとる確率が p_1, p_2, p_3, ……, p_n （ただし，$p_1+p_2+p_3+\cdots\cdots+p_n=1$）であるとき $x_1p_1+x_2p_2+x_3p_3+\cdots\cdots+x_np_n$ を数量Xの **期待値** という。

> **期待値**
>
> Xのとる値と確率が右の表のようなとき，Xの期待値は，次の式で与えられる。
>
> $$x_1p_1+x_2p_2+x_3p_3+\cdots\cdots+x_np_n$$
>
> | X | x_1 x_2 x_3 …… x_n | 計 |
> |------|------|------|
> | 確率 | p_1 p_2 p_3 …… p_n | 1 |

基本 例題 45 期待値の計算

(1) さいころを1個投げ，出た目を得点とする。得点の期待値を求めよ。

(2) 2枚の10円硬貨を同時に1回投げ，表が出た硬貨をもらうとき，もらえる金額の期待値を求めよ。

CHART & GUIDE

期 待 値
数量 X のとる値と，その値をとる確率の積の和

■ 数量 X のとりうる値を求める。

■ 数量 X の各値に対応する確率を求める。

■ 数量 X と確率の表を作り，確率の和が1になることをチェックする。

■ 期待値(すなわち「値×確率」の和)を計算。

解答

(1) 1, 2, 3, 4, 5, 6 の目が出る確率は

いずれも $\dfrac{1}{6}$

よって，得点と確率は右の表のようになる。
したがって，求める期待値は

得点	1	2	3	4	5	6	計
確率	$\frac{1}{6}$	$\frac{1}{6}$	$\frac{1}{6}$	$\frac{1}{6}$	$\frac{1}{6}$	$\frac{1}{6}$	1

$$1\times\frac{1}{6}+2\times\frac{1}{6}+3\times\frac{1}{6}+4\times\frac{1}{6}+5\times\frac{1}{6}+6\times\frac{1}{6}=\frac{7}{2}(\text{点})$$

(2) 表が出る枚数は 0, 1, 2 のいずれかである。

表が出ない確率は $\dfrac{1}{2^2}=\dfrac{1}{4}$ ←(裏, 裏)

表が1枚出る確率は $\dfrac{2}{2^2}=\dfrac{2}{4}$ ←(表, 裏), (裏, 表)

表が2枚出る確率は $\dfrac{1}{2^2}=\dfrac{1}{4}$ ←(表, 表)

よって，もらえる金額と確率は右の表のようになる。

金額	0	10	20	計
確率	$\frac{1}{4}$	$\frac{2}{4}$	$\frac{1}{4}$	1

したがって，求める期待値は $0\times\dfrac{1}{4}+10\times\dfrac{2}{4}+20\times\dfrac{1}{4}=\mathbf{10}(\text{円})$

Lecture 期待値を求めるときのアドバイス

数量 X の各値に対応する確率を求めるときは，求めた確率を約分しない方がよい。最後に期待値を計算するときに，分母が等しい方が計算しやすいからである。また，数量 X と確率の表を作り，確率の和が1になることを計算してチェック することも有用である。

TRAINING 45 ①

(1) 大小2個のさいころを投げ，出た目が同じときは2個のさいころの目の和を得点とし，異なるときは0点とする。このとき，得点の期待値を求めよ。

(2) 6枚の硬貨を同時に投げるとき，表の出る枚数の期待値を求めよ。

基本 例題
46 期待値と有利・不利

解説動画へGO!!

1から6までの番号札がそれぞれ番号の数だけ用意されている。
この中から1枚を取り出すとき，次のどちらの場合の方が得か。
① 出た番号と同じ枚数の100円硬貨をもらう
② 偶数の番号が出たときだけ一律に700円をもらう 〔愛知大〕

CHART
& GUIDE

賞金と損・得
期待値を求め，その大小で判断

① の場合，② の場合の期待値をそれぞれ求め，期待値の大きい方を得とする。

解 答

$1+2+3+4+5+6=21$ であるから，番号札は全部で21枚ある。

また，1，2，……，6の番号札が出る
確率は，右の表のようになる。

よって，①，② の場合の期待値をそ
れぞれ E_1，E_2 とすると

札	1	2	3	4	5	6	計
確率	$\dfrac{1}{21}$	$\dfrac{2}{21}$	$\dfrac{3}{21}$	$\dfrac{4}{21}$	$\dfrac{5}{21}$	$\dfrac{6}{21}$	1

$$E_1 = 100 \times \frac{1}{21} + 200 \times \frac{2}{21} + 300 \times \frac{3}{21} + 400 \times \frac{4}{21} + 500 \times \frac{5}{21}$$
$$+ 600 \times \frac{6}{21}$$

$$= \frac{100}{21}(1+4+9+16+25+36) = \frac{100 \times 91}{21} = \frac{1300}{3}$$

$$= 433.3\cdots(円)$$

← 期待値は，数量のとる値
と，その値をとる確率の
積の和。

$$E_2 = 700 \times \frac{2}{21} + 700 \times \frac{4}{21} + 700 \times \frac{6}{21} = \frac{700}{21}(2+4+6)$$

$$= \frac{700 \times 12}{21} = 400(円)$$

← 1，3，5の札に対しても
らえる金額は0円である。

ゆえに $E_1 > E_2$
したがって，**① の場合の方が得** である。

TRAINING **46** ②

A，Bの2人が球の入った袋を持っている。Aの袋には1，3，5，7，9の数字が1つず
つ書かれた5個の球が入っており，Bの袋には2，4，6，8の数字が1つずつ書かれた
4個の球が入っている。

AとBが各自の袋から球を1個取り出し，書かれた数が大きい方の人を勝ちとする。ま
た，勝ったときには自分が出した数を得点とし，負けたときには得点は0とする。この
とき，A，Bのどちらの方が有利か。

数学の扉　プレゼント交換がうまくいく確率は？

プレゼントを持ち寄ってくじで交換しようと考えているんだけど，運悪く自分が用意したプレゼントに当たってしまう確率はどのくらいだろう。

「誰も自分が用意したプレゼントに当たらない」とき，「プレゼント交換がうまくいく」と呼ぶことにしましょう。

参加者を A，B，C，…，それぞれが用意したプレゼントを a，b，c，… として，プレゼント交換がうまくいく確率を調べてみましょう。まずは，3人のときを樹形図で調べてみてください。

参加者が3人のときを樹形図で調べると，右のように2通りだわ。3人のときの確率は $\dfrac{2}{3!}=\dfrac{1}{3}$ となったわ。

```
A   B   C
b — c — a
c — a — b
```

参加者が4人のときも樹形図で調べると，右のように9通りが考えられるよ。4人のときの確率は $\dfrac{9}{4!}=\dfrac{3}{8}$ だね。

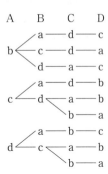

5人のときの樹形図をかくのは大変ですから，下のように考えてみましょう。

A が b をもらう場合を考える。
[1]　B が a をもらう場合
　C，D，E の3人で c，d，e を交換するから，参加者が3人のときと同様に　　2通り
[2]　B が a をもらわない場合
　B，C，D，E の4人で a，c，d，e を交換する。B は a 以外，C，D，E はそれぞれ c，d，e 以外をもらうから，このときの場合の数は，参加者が4人のときのプレゼント交換がうまくいく場合の数と同じである。よって　　9通り
[1]，[2] は 排反 であるから，A が b をもらうときの場合の数は　　2＋9＝11（通り）
A が c，d，e をもらう場合も同様に考えられるから，参加者が5人のときの場合の数は
　　　　11×4＝44（通り）

ということは，5人のときプレゼント交換がうまくいく確率は $\dfrac{44}{5!}=\dfrac{11}{30}$ だね。
誰かは自分のプレゼントに当たってしまいそうだ。

発展学習

発展 例題 47　さいころの目の最大値の確率

1個のさいころを繰り返し3回投げる。このとき，次の確率を求めよ。

(1) 出る目の最大値が5以下となる確率

(2) 出る目の最大値が5となる確率

[類 奈良産大]

CHART & GUIDE

さいころの目の最大値の確率
余事象の考え方が有効

(1) さいころを投げる3回の試行は独立である。
　　出る目の最大値が5以下となるのは，3回とも1, 2, 3,
　　4, 5のいずれかの目が出る場合。

(2) 出る目の最大値が5であるとは，「出る目がすべて
　　5以下で，かつ，少なくとも1回5が出る」ということ。
　　すなわち，事象：「すべて5以下」から
　　事象：「5が1回も出ない（＝すべて4以下）」を除いたもの
　　と考えることができる（図の赤い部分）。

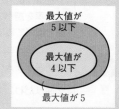

解答

さいころを投げる3回の試行は独立である。

(1) 3回とも5以下の目が出る場合で，その確率は

$$\left(\frac{5}{6}\right)^3 = \frac{125}{216}$$

◆3回とも出る目は1, 2, 3, 4, 5の5通り。

(2) 出る目の最大値が5であるという事象は，出る目がすべて5以下であるという事象から，出る目がすべて4以下であるという事象を除いたものである。

3回とも4以下の目が出る確率は

$$\left(\frac{4}{6}\right)^3 = \frac{64}{216}$$

よって，(1)より，求める確率は

$$\frac{125}{216} - \frac{64}{216} = \frac{61}{216}$$

◆(出る目の最大値5)
　＝(目が5以下)
　　　－(目が4以下)

最大が5以下

1, 2, 3, 4, 5, 6
　最大が　　最大
　4以下　　が5

◆余事象の考え方

注意 3回とも5の目が出る場合も，出る目の最大値は5と考える。

TRAINING 47 ④

3個のさいころを同時に投げるとき，次の確率を求めよ。

(1) どの目も3以上になる確率

(2) 出る目の最小値が3である確率

[類 滋賀大]

発展 例題 **48** 確率が与えられた独立な試行 (2)

当たりくじとはずれくじの入った 3 つの箱 A，B，C の中からくじを 1 本引くとき，当たりくじを引く確率はそれぞれ $\dfrac{1}{4}$，$\dfrac{2}{3}$，$\dfrac{1}{2}$ である。各箱の中からくじを 1 本ずつ引くとき，次の確率を求めよ。

(1) 当たりくじを 2 本引く確率
(2) 少なくとも 1 本当たりくじを引く確率

CHART & GUIDE

確率が与えられた独立な試行
A，B，C それぞれからくじを引く試行は独立と考える。

(1) はずれくじを引くのが，C からのみ，B からのみ，A からのみ の 3 つの事象に分けられる。これらは同時には起こらない，すなわち互いに排反な事象である。
(2) 「少なくとも 1 本当たりくじを引く」という事象は，「3 本ともはずれくじを引く」という事象の余事象である。

解答

(1) [1] A，B から当たりくじを引き，C からはずれくじを引く確率は
$$\frac{1}{4} \times \frac{2}{3} \times \left(1 - \frac{1}{2}\right) = \frac{2}{24}$$
← C からはずれくじを引く確率は $1 - \dfrac{1}{2}$

[2] A，C から当たりくじを引き，B からはずれくじを引く確率は
$$\frac{1}{4} \times \left(1 - \frac{2}{3}\right) \times \frac{1}{2} = \frac{1}{24}$$
← B からはずれくじを引く確率は $1 - \dfrac{2}{3}$

[3] B，C から当たりくじを引き，A からはずれくじを引く確率は
$$\left(1 - \frac{1}{4}\right) \times \frac{2}{3} \times \frac{1}{2} = \frac{6}{24}$$
← A からはずれくじを引く確率は $1 - \dfrac{1}{4}$

[1]，[2]，[3] の事象は互いに排反であるから，求める確率は
$$\frac{2}{24} + \frac{1}{24} + \frac{6}{24} = \frac{9}{24} = \frac{3}{8}$$
← 確率の加法定理

(2) 3 本ともはずれくじを引く確率は
$$\left(1 - \frac{1}{4}\right) \times \left(1 - \frac{2}{3}\right) \times \left(1 - \frac{1}{2}\right) = \frac{1}{8}$$

よって，求める確率は
$$1 - \frac{1}{8} = \frac{7}{8}$$
← 余事象の確率

TRAINING 48 ④

A，B，C の 3 人がある問題を正解する確率はそれぞれ $\dfrac{1}{2}$，$\dfrac{1}{3}$，$\dfrac{3}{4}$ である。A，B，C の 3 人が同時に問題を解くとき，次の確率を求めよ。

(1) 2 人だけが正解する確率
(2) 少なくとも 1 人が正解する確率

発展 例題 **49** 反復試行と点の移動 <<< 基本例題 **39** ★

原点Oから出発して数直線上を動く点がある。硬貨を投げて，表が出れば正の方向に1だけ進み，裏が出れば負の方向に1だけ進むものとする。
(1) 硬貨を4回投げたとき，原点に戻る確率を求めよ。
(2) 硬貨を5回投げたとき，原点に戻る確率を求めよ。 〔類 東北学院大〕

CHART & GUIDE

反復試行と点の移動
まず，事柄が起こる回数を決定

硬貨を何回か投げるとき，各回の試行は独立であるから，硬貨の表・裏によって点を動かすことは反復試行である。ここでは，表が出た回数を求める。…… ！

(1) 4回のうち，表が出た回数を r とすると，裏が出た回数は $4-r$
よって，4回投げたときの点の座標は $1 \cdot r + (-1) \cdot (4-r)$
このとき，r は負でない整数であることに注意すること。

解答

(1) 硬貨を4回投げたとき，表が出た回数を r とすると，点の座標は $1 \cdot r + (-1) \cdot (4-r) = 2r-4$

！ 原点に戻るとき $2r-4=0$ よって $r=2$
したがって，4回のうち2回だけ表が出れば原点に戻るから，求める確率は $_4C_2 \left(\dfrac{1}{2}\right)^2 \left(1-\dfrac{1}{2}\right)^{4-2} = \dfrac{3}{8}$

$\leftarrow r=0,\ 1,\ 2,\ 3,\ 4$

裏 -1 ┊ 表 $+1$
確率 $\dfrac{1}{2}$ ┊ 確率 $\dfrac{1}{2}$
O x

(2) 硬貨を5回投げたとき，表が出た回数を r とすると，点の座標は $1 \cdot r + (-1) \cdot (5-r) = 2r-5$
原点に戻るとき $2r-5=0$ …… ①

！ ここで，① を満たす整数 r は存在しない。
よって，求める確率は **0**

$\leftarrow r=0,\ 1,\ 2,\ 3,\ 4,\ 5$

$\leftarrow 2r-5=0$ を解くと $r=\dfrac{5}{2}$
r は負でない整数。

Lecture 確率が0

上の例題(2)で，r の値は 0，1，2，3，4，5 の6通りである。これらを $2r-5$ に代入し，それぞれの点の座標を求めると -5，-3，-1，1，3，5 となり，原点に戻ることはない。よって，原点に戻る確率は 0 となる。
同様に，座標が2である点に進む確率も 0 となる。

TRAINING 49 ④ ★

x 軸上に点Pがある。さいころを投げて，6の約数の目が出たときPは x 軸上の正の方向に1だけ進み，6の約数でない目が出たときPは x 軸上の負の方向に2だけ進むことにする。さいころを4回投げたとき，原点から出発した点Pが $x=-2$ の点にある確率は ア□，原点にある確率は イ□ である。 〔類 関西学院大〕

発展 例題 **50** 原因の確率 ◇◇◇◇

ある製品を製造するいくつかの機械があり，不良品が現れる確率は機械Aの場合は 4 ％，それ以外の機械では 7 ％である。機械Aで製造した製品が全体の 60 ％である大量の製品の中から 1 個を取り出すとき，次の確率を求めよ。

(1) 取り出した製品が不良品である確率

(2) 取り出した製品が不良品であったとき，それが機械Aの製品である確率

CHART & GUIDE

(1) 取り出した 1 個が，機械Aの製品である事象を A，不良品である事象を E とすると $P(A \cap E) = P(A)P_A(E)$

(2) 「不良品である」ということがわかっている条件のもとで，それが機械Aの製品である確率，すなわち条件付き確率 $P_E(A)$ を求める。

解答

取り出した 1 個が，機械Aの製品であるという事象を A，不良品であるという事象を E とすると

$$P(A) = \frac{60}{100} = \frac{3}{5}, \quad P(\overline{A}) = 1 - \frac{3}{5} = \frac{2}{5},$$

$$P_A(E) = \frac{4}{100}, \quad P_{\overline{A}}(E) = \frac{7}{100}$$

(1) 不良品には，[1] 機械Aで製造された不良品，[2] 機械A以外で製造された不良品の 2 つの場合があり，これらは互いに排反である。よって，求める確率 $P(E)$ は

$$P(E) = P(A \cap E) + P(\overline{A} \cap E)$$
$$= P(A)P_A(E) + P(\overline{A})P_{\overline{A}}(E)$$
$$= \frac{3}{5} \cdot \frac{4}{100} + \frac{2}{5} \cdot \frac{7}{100} = \frac{26}{500} = \boldsymbol{\frac{13}{250}}$$

次のように，具体的な数を当てはめて考えると，問題の意味がわかりやすい。

全部で 1000 個の製品を製造したと仮定すると

機械	製造数	不良品
A	600	24
A 以外	400	28
計	1000	52

(1)の確率は $\frac{52}{1000} = \frac{13}{250}$

(2)の確率は $\frac{24}{24+28} = \frac{6}{13}$

(2) 求める確率は $P_E(A)$ であるから

$$P_E(A) = \frac{P(E \cap A)}{P(E)} = \frac{P(A \cap E)}{P(E)} = \frac{P(A)P_A(E)}{P(E)} = \frac{12}{500} \div \frac{26}{500} = \boldsymbol{\frac{6}{13}}$$

(参考) (2)は，「不良品であった」という "結果" が条件として与えられ，「それが機械Aのものかどうか」という "原因" の確率を問題にしている。この意味から，(2)のような確率を **原因の確率** ということがある。

TRAINING 50 ④

ある製品を製造する 2 つの工場 A，Bがあり，A 工場の製品には 3 ％，B 工場の製品には 4 ％の割合で不良品が含まれる。A 工場の製品とB工場の製品を 3：2 の割合で混ぜた大量の製品の中から 1 個取り出すとき，次の確率を求めよ。

(1) 取り出した製品が不良品でない確率

(2) 取り出した製品が不良品でなかったときに，それがA工場の製品である確率

乗法定理(3) …… やや複雑な事象 $\textcircled{?}\textcircled{?}\textcircled{?}\textcircled{?}$

袋Aには赤玉3個，青玉2個，袋Bには赤玉2個，青玉1個が入っている。
袋Aから玉を同時に2個取り出し，それを袋Bに入れた後，袋Bから玉を同時
に2個取り出すとき，それが2個とも赤玉である確率を求めよ。

CHART & GUIDE

複雑な事象の確率
排反な事象に分けて考える

確率を求めるには，袋Bの中の赤玉と青玉の個数がわか
ればよい。袋Aから取り出される玉の色と個数は
　[1] 赤2個　[2] 赤1個，青1個　[3] 青2個
のどれかであり，これらの事象は互いに排反である。それ
ぞれの場合について，袋Bの中の玉の色と個数がどう
なっているのかを考える。

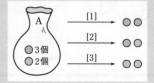

解答

袋Aから取り出した玉の色と個数について，
　　　　　[1] 赤2個　[2] 赤1個，青1個　[3] 青2個
のどれかが起こり，これらの事象は互いに排反である。
各場合の，袋Aから玉を2個取り出す確率はそれぞれ

$$[1]\ \frac{{}_3C_2}{{}_5C_2}\quad [2]\ \frac{{}_3C_1\cdot{}_2C_1}{{}_5C_2}\quad [3]\ \frac{{}_2C_2}{{}_5C_2}$$

[1]～[3] が起こったとき，袋Bの中の玉の色と個数はそれぞれ
次のようになる。
　　　[1] 赤4個，青1個　[2] 赤3個，青2個
　　　[3] 赤2個，青3個
袋Bから赤玉2個を取り出す確率はそれぞれ

$$[1]\ \frac{{}_4C_2}{{}_5C_2}\quad [2]\ \frac{{}_3C_2}{{}_5C_2}\quad [3]\ \frac{{}_2C_2}{{}_5C_2}$$

したがって，求める確率は

$$\frac{{}_3C_2}{{}_5C_2}\times\frac{{}_4C_2}{{}_5C_2}+\frac{{}_3C_1\cdot{}_2C_1}{{}_5C_2}\times\frac{{}_3C_2}{{}_5C_2}+\frac{{}_2C_2}{{}_5C_2}\times\frac{{}_2C_2}{{}_5C_2}$$

$$=\frac{3}{10}\times\frac{6}{10}+\frac{6}{10}\times\frac{3}{10}+\frac{1}{10}\times\frac{1}{10}=\frac{37}{100}$$

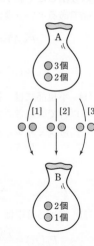

←それぞれに乗法定理を用
　いて，さらに加法定理を
　利用。

TRAINING 51 ④ ★

箱Aには赤玉2個，白玉4個，箱Bには赤玉3個，白玉1個が入っている。箱Aから玉
を同時に2個取り出し，それを箱Bに入れた後，箱Bから玉を同時に3個取り出すとき，
それが3個とも赤玉である確率を求めよ。

EXERCISES

A **10**② 袋の中に赤玉 5 個，黒玉 4 個が入っている。この袋の中から同時に 3 個の玉を取り出すとき，次の確率を求めよ。
 (1) 3 個とも同じ色である確率
 (2) 2 個だけが同じ色である確率 ≪≪ 基本例題 **32**

2章 発展学習

11③ ★ 3 人の女子と 10 人の男子が円卓に座るとき
 (1) 3 人の女子が連続して並ぶ確率を求めよ。
 (2) 少なくとも 2 人の女子が連続して並ぶ確率を求めよ。 〔西南学院大〕
              ≪≪ 基本例題 **33**，標準例題 **34**

12② 2 つの組 A，B があり，A 組は男子 2 人，女子 3 人，B 組は男子 4 人，女子 1 人からなる。この 2 つの組を合わせた合計 10 人の生徒から任意に 3 人の委員を選ぶとき，3 人の生徒が B 組の生徒だけになるか，または男子生徒だけになる確率を求めよ。 ≪≪ 基本例題 **35**

13③ ★ 次の確率を求めよ。
 (1) 1 枚の硬貨を 3 回投げたとき，表が 1 回だけ出る確率
 (2) 1 枚の硬貨を 3 回投げたとき，表が少なくとも 1 回出る確率
 (3) 1 枚の硬貨を 4 回投げたとき，表が続けて 2 回以上出る確率
 (4) 1 枚の硬貨を 5 回投げたとき，表が続けて 2 回以上出ることがない確率
        〔類 センター試験〕 ≪≪ 基本例題 **39**，**40**

14② 2 個のさいころを投げ，出た目を X，$Y(X \leqq Y)$ とする。$X=1$ である事象を A，$Y=5$ である事象を B とする。確率 $P(A \cap B)$，条件付き確率 $P_B(A)$ をそれぞれ求めよ。 〔鹿児島大〕 ≪≪ 基本例題 **42**

15③ ★ 10 本のくじの中に 3 本の当たりくじと 1 本のチャンスくじがある。チャンスくじを引いたときは引き続いてもう 1 回引くものとする。A，B の順にくじを引くとき，次の確率を求めよ。ただし，くじは 1 回に 1 本ずつ無作為に引き，もとに戻さないものとする。
 (1) A が当たる確率   (2) A が当たって，B も当たる確率
 (3) A が当たらなくて，B が当たる確率   〔明星大〕
              ≪≪ 基本例題 **43**，標準例題 **44**

HINT
----
 11 (1) まず 3 人の女子を 1 人とみる。 (2)「少なくとも～」は余事象の確率が有効。
 13 (4) 余事象の確率を利用。(3) と同様に考えて，まず表が続けて 2 回以上出る場合の確率を求める。
 15 (1) [1] 当たりくじを引く場合，[2] チャンス→当たりくじの順に引く場合の 2 通り。

B **16③** ★ 12本のくじがあり，その中に当たりくじが n 本（$0 \leqq n \leqq 12$）含まれている。このくじから1本を引くとき，得点として，当たりくじならば3点，はずれくじならば -1 点が与えられるものとする。
このとき，得点の期待値が1以上になるための n の値の範囲を求めよ。

[類 センター試験] ≪≪ **基本例題 45**

17④ 1個のさいころを4回投げるとき，次の確率を求めよ。
(1) 出る目の最小値が1である確率
(2) 出る目の最小値が1で，かつ最大値が6である確率 ≪≪ **発展例題 47**

18④ ゆがんださいころがあり，1，2，3，4，5，6 の出る確率がそれぞれ $\dfrac{1}{6}$，$\dfrac{1}{6}$，$\dfrac{1}{4}$，$\dfrac{1}{4}$，$\dfrac{1}{12}$，$\dfrac{1}{12}$ であるとする。このさいころを続けて3回投げるとき，出る目の和が6となる確率を求めよ。 [東京電機大] ≪≪ **発展例題 48**

19④ ★ 数直線上の2点 A，B は，最初Aが原点，Bが座標2の点にあり，次の法則で動くものとする。
硬貨を投げて表が出れば，Aは $+1$ だけ動き，Bはその場にとどまる。一方，裏が出れば，Aはその場にとどまり，Bは $+1$ だけ動く。
(1) 硬貨を4回投げた結果，Aが座標3の点にある確率を求めよ。
(2) 硬貨を5回投げた結果，AとBが同じ位置にある確率を求めよ。
(3) AがBより先に座標4の点に到着する確率を求めよ。 ≪≪ **発展例題 49**

20④ ★ 赤球4個，青球3個，白球5個，合計12個の球がある。これら12個の球を袋の中に入れ，この袋からAがまず1個取り出し，その球をもとに戻さずに続いてBが1個取り出す。
(1) Aが取り出した球が赤球であったとき，Bが取り出した球が白球である条件付き確率を求めよ。
(2) Aは1球取り出した後，その色を見ずにポケットの中にしまった。Bが取り出した球が白球であることがわかったとき，Aが取り出した球も白球であった条件付き確率を求めよ。 [類 センター試験] ≪≪ **発展例題 50**

HINT **19** (2) 表が r 回出たとして，AとBが同じ場所にいるときの整数 r を調べる。

Let's Start

10 三角形の辺の比, 外心・内心・重心

 三角形はいろいろな興味深い性質をもった図形です。ここでは，中学で学習した内容を振り返りながら，3辺の垂直二等分線や，3つの内角の二等分線などの性質について学んでいきましょう。

■ 線分の内分・外分

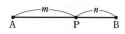
内分

m, n を正の数とする。線分 AB 上の点Pが

$$\mathrm{AP:PB}=m:n$$

を満たすとき，点Pは線分 AB を $m:n$ に **内分する** という。

← 「点Pは線分 BA を $n:m$ に内分する」と言いかえられる。

また，m, n を異なる正の数とする。線分 AB の延長上の点Qが

$$\mathrm{AQ:QB}=m:n$$

を満たすとき，点Qは線分 AB を $m:n$ に **外分する** という。

← 「点Qは線分 BA を $n:m$ に外分する」と言いかえられる。

外分　　　$m>n$ のとき　　　　　　　　　$m<n$ のとき

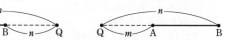

例　右の図で，線分 AB を6等分する点を，順に P, Q, R, S, T とする。このとき，点Pは線分 AB を 1:5 に内分する。また，点Aは線分 PB を 1:6 に外分する。

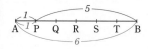

■ 三角形の角の二等分線と比

まず，中学で学んだことを復習しよう。

↩ Play Back 中学

■ 平行線の性質

平行な2直線に1つの直線が交わるとき，同位角は等しい。また，錯角も等しい。

錯角　　同位角

■ 三角形と比

△ABC の辺 AB, AC 上またはその延長上にそれぞれ点 P, Q があるとき，次のことが成り立つ。

1　$\mathrm{PQ /\!/ BC} \iff \mathrm{AP:PB=AQ:QC}$

2　$\mathrm{PQ /\!/ BC} \iff \mathrm{AP:AB=AQ:AC}$

3　$\mathrm{PQ /\!/ BC} \implies \mathrm{AP:AB=PQ:BC}$

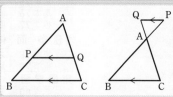

(補足) 3の逆「$\mathrm{AP:AB=PQ:BC}$ $\implies \mathrm{PQ /\!/ BC}$」は成り立たない。

(注意) 「p ならば q」を「$p \implies q$」と書き表す。また，「$p \implies q$ かつ $q \implies p$」を「$p \iff q$」と書き表す。

これらを用いると，次の定理が成り立つ。

三角形の内角の二等分線と比

定理1 △ABC の ∠A の二等分線と辺 BC との交点は，
辺 BC を AB：AC に内分する。

証明 ∠A の二等分線と辺 BC の交点を D とすると

$$\angle BAD = \angle DAC \qquad \cdots\cdots ①$$

点 C を通り AD に平行な直線と，直線 AB との交点を E とすると

$$\angle BAD = \angle AEC \ （同位角） \cdots\cdots ②$$

$$\angle DAC = \angle ACE \ （錯角） \cdots\cdots ③$$

①～③ から　　　$\angle AEC = \angle ACE$

よって　　　　　$AE = AC \cdots\cdots ④$

一方，AD∥EC から　　$BD : DC = BA : AE$

④ を代入して　　　　$BD : DC = BA : AC$

←$\angle AEC = \angle BAD$（②）
$= \angle DAC$（①）
$= \angle ACE$（③）

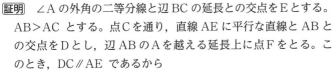

三角形の外角の二等分線と比

定理2 AB≠AC である △ABC の ∠A の外角の二等分線
と辺 BC の延長との交点は，辺 BC を AB：AC に
外分する。

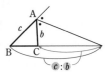

証明 ∠A の外角の二等分線と辺 BC の延長との交点を E とする。
AB＞AC とする。点 C を通り，直線 AE に平行な直線と AB との交点を D とし，辺 AB の A を越える延長上に点 F をとる。このとき，DC∥AE であるから

$$\angle ADC = \angle FAE \ （同位角） \cdots\cdots ①$$

$$\angle ACD = \angle CAE \ （錯角） \cdots\cdots ②$$

また　$\angle FAE = \angle CAE \qquad \cdots\cdots ③$

①～③ から　　$\angle ADC = \angle ACD$

よって　　$AD = AC \cdots\cdots ④$

一方，DC∥AE から　　$BE : EC = BA : AD$

④ を代入して　　　　$BE : EC = AB : AC$

AB＜AC のとき，点 E は辺 BC の B を越える延長上にあるが，同様に証明できる。

←$\angle ADC = \angle FAE$（①）
$= \angle CAE$（③）
$= \angle ACD$（②）

注意 △ABC で AB＝AC のときは，∠A の外角の二等分線と
BC は平行になり交わらない。そのため，定理2には
「AB≠AC」という条件がついている。

参考 定理1 の証明には，三角比を用いた証明もある（*p.*243）。

■ 三角形の外心 …… 三角形の辺の垂直二等分線の交点

↩ Play Back 中学

線分の垂直二等分線
　点Pが線分 AB
　の垂直二等分 ⟺ PA＝PB
　線上にある

← 左を言いかえると
「線分 AB の垂直二等
分線は，2点 A，B
から等しい距離にある
点の集合」ということ。

三角形の3辺の垂直二等分線に注目すると，次の性質がある。

> **定理3　三角形の3辺の垂直二等分線は1点で交わる。**

証明　△ABC において，辺 AB，AC の垂直二等分線の交点をO
とすると　　OA＝OB，OA＝OC
　　よって　　OB＝OC　　←── すなわち OA＝OB＝OC
　ゆえに，点Oは辺 BC の垂直二等分線上にもある。
　したがって，△ABC の3辺の垂直二等分線は1点Oで交わる。

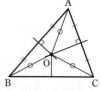

この三角形の3辺の垂直二等分線が交わる点を，
三角形の **外心** といい，外心を中心として3つ
の頂点を通る円を **外接円** という。

← 外心は3つの頂点から
等距離にあるから
　　OA＝OB＝OC
したがって，外心を中
心として3つの頂点を
通る円がかける。

■ 三角形の内心 …… 三角形の内角の二等分線の交点

↩ Play Back 中学

角の二等分線
　点Pが ∠ABC　　点Pが2直線
　の二等分線上 ⟺ BA，BC から
　にある　　　　　等距離にある

← 左を言いかえると
「∠ABC の二等分線
は，2直線 BA，BC か
ら等しい距離にある点
の集合」ということ。

三角形の3つの内角の二等分線に注目すると，次の性質がある。

> **定理4　三角形の3つの内角の二等分線は1点で交わる。**

証明　△ABC において，∠B の二等分線と∠C の二等分線の交点
をI とし，I から辺 BC，CA，AB に引いた垂線をそれぞれ IP，
IQ，IR とすると　　　IR＝IP，IP＝IQ
よって　　　IR＝IQ　　←── すなわち IP＝IQ＝IR
ゆえに，点I は∠A の二等分線上にもある。
　したがって，△ABC の 3 つの内角の二等分線は 1 点I で交わる。

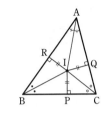

この三角形の 3 つの内角の二等分線が交わる点
を，三角形の **内心** といい，内心を中心として
3 辺に接する円を **内接円** という。

内接円　内心

←　内心は 3 つの辺から等
距離にあるから
　　IP＝IQ＝IR
　したがって，内心を中
心として 3 辺に接する
円がかける。

■ 三角形の重心 …… 三角形の中線の交点

⤺ Play Back 中学

中点連結定理
　△ABC において，辺 AB の中点を D，辺 AC の中点をE
とすると　　DE∥BC，　DE＝$\dfrac{1}{2}$BC

三角形の頂点と対辺の中点を結ぶ線分を，三角形の **中線** という。
三角形の 3 本の中線に注目すると，次の性質がある。

←三角形の頂点と向かい
合う辺を **対辺** という。

> 定理 5　三角形の 3 本の中線は 1 点で交わり，その点は各中
> 線を 2：1 に内分する。

証明　△ABC において，辺 BC，CA，AB の中点をそれぞれ L，
M，N とする。中点連結定理により　　ML∥AB，ML＝$\dfrac{1}{2}$AB
　ゆえに，中線 AL と中線 BM の交点を G とすると
　　　　　　　　AG：GL＝AB：ML＝2：1
　また，中線 AL と中線 CN の交点を G′ とすると，同様にして
　　　　　　　　AG′：G′L＝AC：NL＝2：1
　ゆえに，G と G′ はともに線分 AL を 2：1 に内分する点であ
る。
　線分 AL を 2：1 に内分する点は 1 つしか存在しないから，G
と G′ は一致する。
　したがって，3 本の中線は 1 点で交わる。
　同様にして，BG：GM＝CG：GN＝2：1 であるから，点 G
は各中線を 2：1 に内分する。
この三角形の 3 本の中線が交わる点を，三角形の **重心** という。

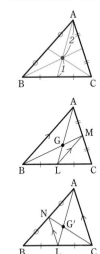

3章
10

三角形の辺の比・外心・内心・重心

例題
52 三角形の角の二等分線と比

AB=10，BC=5，CA=6 である △ABC におい
て，∠A およびその外角の二等分線が辺 BC また
はその延長と交わる点を，それぞれ D，E とする。
このとき，線分 DE の長さを求めよ。

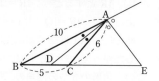

CHART
& GUIDE

三角形の角の二等分線と比
（線分比）＝（2 辺の比）

〔図 1〕 **AD は ∠A の二等分線**
→ 内角の二等分線の定理
BD：DC＝AB：AC …… $\boxed{!}$
〔図 2〕 **AE は ∠A の外角の二**
等分線 → 外角の二等分線の
定理
BE：EC＝AB：AC …… $\boxed{!}$
を利用する。

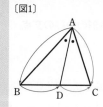
〔図1〕

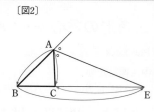
〔図2〕

内角では
AB：AC に内分

外角では
AB：AC に外分

解答

AD は ∠A の二等分線であるから

$\boxed{!}$ BD：DC＝AB：AC
ゆえに   BD：DC＝10：6＝5：3
よって $DC＝\dfrac{3}{5+3}BC＝\dfrac{3}{8}×5＝\dfrac{15}{8}$

また，AE は ∠A の外角の二等分線で

$\boxed{!}$ あるから   BE：EC＝AB：AC
ゆえに   BE：EC＝10：6＝5：3
よって   BC：CE＝(5－3)：3
      ＝2：3
ゆえに $CE＝\dfrac{3}{2}BC＝\dfrac{3}{2}×5＝\dfrac{15}{2}$
したがって   DE＝DC＋CE
      $＝\dfrac{15}{8}+\dfrac{15}{2}=\boldsymbol{\dfrac{75}{8}}$

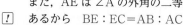

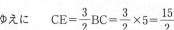

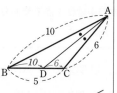

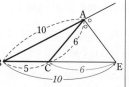

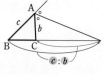

← 3BC＝2CE

TRAINING 52 ②

AB=4，BC=5，CA=6 である △ABC において，
∠A およびその外角の二等分線が直線 BC と交わる点を，
それぞれ D，E とする。線分 DE の長さを求めよ。

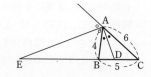

基本 例題 **53** 三角形の外心と角の大きさ ◑◑

右の図で，点Oは △ABC の外心である。α，β を求めよ。

(1)

(2)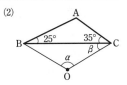

CHART & GUIDE

三角形の外心
等しい線分，（中心角）＝2×（円周角） に注目

外心は外接円の中心である。まず，外接円をかき，長さが等しい線分（＝半径）や角に印をつける。そして，円周角と中心角の関係を利用する。

解答

(1) 円周角の定理により
$$\angle BOC = 2\angle BAC$$
よって $\alpha = 2 \times 50° = \mathbf{100°}$
$OB = OC$ であるから
$$\angle OBC = \angle OCB$$
ゆえに $2\beta + 100° = 180°$
これを解いて $\beta = \mathbf{40°}$

(2) △ABC において
$$\angle BAC = 180° - (25° + 35°) = 120°$$
円周角の定理により
$$360° - \alpha = 2 \times 120°$$
これを解いて $\alpha = \mathbf{120°}$
$OB = OC$ であるから
$$\angle OBC = \angle OCB$$
ゆえに $2\beta + 120° = 180°$ これを解いて $\beta = \mathbf{30°}$

← 円周角の定理
（中心角）＝2×（円周角）

← OB，OC は外接円の半径。

← △OBCの内角の和は 180°

(2) **[別解]** $OA = OB = OC$
であるから
$\angle BAC$
$= \angle OAB + \angle OAC$
$= \angle OBA + \angle OCA$
$= (25° + \beta) + (35° + \beta)$
$= 2\beta + 60°$
よって $120° = 2\beta + 60°$
ゆえに $\beta = \mathbf{30°}$

TRAINING 53 ②

右の図で，点Oは △ABC の外心である。α，β を求めよ。

(1)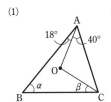

(2)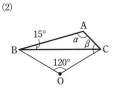

基本 例題
54 三角形の内心と角の大きさ，線分の比 ◑◑

右の図で，点 I は △ABC の内心
である。次のものを求めよ。

(1) α

(2) AI : ID

(1)

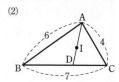
(2)

CHART
& GUIDE

三角形の内心
角の二等分線に注目

内心は内接円の中心である。

(2) AD は ∠A の二等分線であるから，内角の二等分線の定理を利用する。

解答

(1) BI，CI はそれぞれ ∠B，∠C の二等分線であるから

$$\angle B = 2\angle IBC, \quad \angle C = 2\angle ICB$$

△ABC において

$$70° + \angle B + \angle C = 180°$$

すなわち $70° + 2\angle IBC + 2\angle ICB = 180°$

ゆえに $2(\angle IBC + \angle ICB) = 110°$

よって $\angle IBC + \angle ICB = 55°$

$\angle CIB = 180° - (\angle IBC + \angle ICB)$ であるから

$$\alpha = 180° - 55° = \mathbf{125°}$$

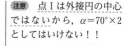

注意 点 I は外接円の中心
ではないから，$\alpha = 70° \times 2$
としてはいけない！！

◀三角形の内角の和
$\angle A + \angle B + \angle C = 180°$

(2) AD は ∠A の二等分線であるか

ら，△ABC において

$$BD : DC = AB : AC = 6 : 4 = 3 : 2$$

よって $BD = \dfrac{3}{3+2} BC$

$$= \dfrac{3}{5} \times 7 = \dfrac{21}{5}$$

また，BI は ∠B の二等分線であるから，△BDA において

$$AI : ID = BA : BD$$

$$= 6 : \dfrac{21}{5} = \mathbf{10 : 7}$$

◀内角の二等分線の定理

◀ $\left. \begin{array}{l} 6 : \dfrac{21}{5} \\ = 30 : 21 \\ = 10 : 7 \end{array} \right\} \begin{array}{l} \times 5 \\ \div 3 \end{array}$

TRAINING 54 ②

右の図で，点 I は △ABC の内心である。次のも
のを求めよ。

(1) α

(2) CI : ID

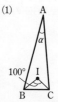
(1)

(2)

例題
55 三角形の重心と線分の長さ，面積比 ◐◐

△ABC の重心を G，直線 AG，BG と辺 BC，AC の交点をそれ
ぞれ D，E とする。また，点 E を通り BC に平行な直線と直線
AD の交点を F とする。

解説動画へGO!!

(1) AD＝a とおくとき，線分 AG，FG の長さを a を用い
   て表せ。
(2) 面積比 △GBD：△ABC を求めよ。

**CHART
& GUIDE**

三角形の重心
2：1 の比，辺の中点の活用

(1) (後半) 平行線と線分の比の関係により AF：FD を求める。E は辺 AC の中点であ
   ることに注意。 …… !

(2) △ABD と △ADC，△ABG と △GBD に分けると，それぞれ高さは共通で等しいか
   ら，面積比は底辺の長さの比に等しいことを利用する。

解答

(1) 点 G は △ABC の重心であるから　　AG：GD＝2：1

　　よって　　$AG = \dfrac{2}{2+1}AD = \dfrac{2}{3}a$

　　また，点 E は辺 AC の中点であり，FE∥DC であるから

!　　　　　　AF：FD＝AE：EC＝1：1　　　　　　◀ 平行線と線分の比の関係

　　ゆえに　　$AF = \dfrac{1}{2}AD = \dfrac{1}{2}a$

　　よって　　$FG = AG - AF$

　　　　　　　$= \dfrac{2}{3}a - \dfrac{1}{2}a = \dfrac{1}{6}a$

(2) 点 D は辺 BC の中点であるから

　　　　　　△ABC＝2△ABD

　　また，AD：GD＝3：1 であるから

　　　　　　△ABD＝3△GBD

　　よって　　△ABC＝6△GBD

　　したがって　　△GBD：△ABC＝1：6

◀ 高さが h で共通
　→△ABC：△ABD
　　＝BC：BD
◀ 高さが h' で共通
　→△ABD：△GBD
　　＝AD：GD

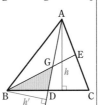

TRAINING 55 ②

右の図の △ABC で，点 D，E はそれぞれ辺 BC，AC の中点で
ある。また，AD と BE の交点を F，線分 AF の中点を G，CG
と BE の交点を H とする。

(1) BE＝6 のとき，線分 FE，FH の長さを求めよ。
(2) 面積比 △EHC：△ABC を求めよ。

標準 **56** 外心・内心・重心が一致する三角形（証明）

次の条件を満たす △ABC は正三角形であることを示せ。

(1) 重心と外心が一致する。　　　(2) 外心と内心が一致する。

CHART & GUIDE

△ABC が正三角形であることの証明

$AB=BC=CA$ または $∠A=∠B=∠C$ を示す

重心 …… 3 つの辺の中線の交点

外心 …… 3 つの辺の垂直二等分線の交点

内心 …… 3 つの角の二等分線の交点

これらの定義を利用する。

解答

(1) △ABC の重心と外心が一致すると
き，その点を G とする。

点 G は重心であるから，直線 AG は
辺 BC の中点 D を通る。…… ①

また，点 G は外心でもあるから，G は
線分 BC の垂直二等分線上にある。

よって　　GD⊥BC　……②

①，②から，直線 AD は辺 BC の垂直二等分線である。

ゆえに　　　　AB＝AC

同様にして　　BA＝BC

よって　　　　AB＝BC＝CA

したがって，△ABC は正三角形である。

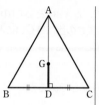

重心

(2) △ABC の外心と内心が一致するとき，その点を O とす
る。点 O は外心であるから　OB＝OC

ゆえに　　∠OBC＝∠OCB　……③

また，点 O は △ABC の内心でもあるから

　　　　∠B＝2∠OBC　……④

　　　　∠C＝2∠OCB　……⑤

③〜⑤から　∠B＝∠C

同様にして　∠A＝∠C

よって　　∠A＝∠B＝∠C

したがって，△ABC は正三角形である。

外心

内心

TRAINING 56 ③

△ABC の内心と重心が一致するとき，△ABC は正三角形であることを示せ。

例題 **57** 中線定理の利用

$AB=\sqrt{7}$, $BC=a$, $CA=\sqrt{5}$ である △ABC において，辺 BC，AC の中点を
それぞれ M，N とする。

(1) $AM=2$ のとき，a の値を求めよ。

(2) a が (1) の値のとき，線分 BN の長さを求めよ。

CHART & GUIDE

中線定理

△ABC の辺 BC の中点を M とすると

$$AB^2+AC^2=2(AM^2+BM^2)$$

3章
10

三角形の辺の比・外心・内心・重心

解答

(1) AM は △ABC の中線であるから，中線定理により
$$AB^2+AC^2=2(AM^2+BM^2)$$
よって $(\sqrt{7})^2+(\sqrt{5})^2=2\left\{2^2+\left(\dfrac{a}{2}\right)^2\right\}$

整理すると $a^2=8$ $a>0$ であるから $\boldsymbol{a=2\sqrt{2}}$

(2) BN は △ABC の中線であるから，中線定理により
$$BC^2+BA^2=2(BN^2+CN^2)$$
よって $(2\sqrt{2})^2+(\sqrt{7})^2=2\left\{BN^2+\left(\dfrac{\sqrt{5}}{2}\right)^2\right\}$

整理すると $BN^2=\dfrac{25}{4}$ $BN>0$ であるから $BN=\dfrac{5}{2}$

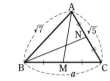

◀両辺を 2 で割って
$\dfrac{15}{2}=BN^2+\dfrac{5}{4}$
よって $BN^2=\dfrac{15}{2}-\dfrac{5}{4}$

Lecture 中線定理の証明

AB>AC とする。点Aから辺 BC またはその延長に下ろした垂線を
AH，辺 BC の中点を M とすると，三平方の定理により
$$AB^2+AC^2=(BM+MH)^2+AH^2+(MC-MH)^2+AH^2$$
$$=(BM+MH)^2+(BM-MH)^2+2AH^2$$
$$=2(BM^2+MH^2+AH^2)=2(AM^2+BM^2)$$
AB≦AC の場合も同様に成り立つ。

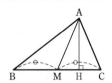

TRAINING 57 ③

$AB=6$, $BC=a$, $CA=4$ である △ABC において，辺 BC，CA の中点を
それぞれ M，N とする。

(1) $AM=\sqrt{10}$ のとき，a の値を求めよ。

(2) a が (1) の値のとき，線分 BN の長さを求めよ。

Let's Start

11 チェバの定理，メネラウスの定理

三角形と交わる直線や各頂点を通る直線についての線分の比に関する有名な2つの定理を学習しましょう。

■ チェバの定理

> チェバの定理

定理6　△ABC の内部に点Oがある。頂点 A，B，C とOを結ぶ直線が向かい合う辺と，それぞれ点 P，Q，R で交わるとき　$\dfrac{BP}{PC}\cdot\dfrac{CQ}{QA}\cdot\dfrac{AR}{RB}=1$

証明　右の図のように点 H，K をとると

$$\triangle OAB:\triangle OCA=BH:CK \quad \longleftarrow \text{底辺が共通であるから}$$
$$\text{（面積比）=（高さの比）}$$

BH∥CK であるから　　BH：CK＝BP：PC

よって　△OAB：△OCA＝BP：PC　すなわち　$\dfrac{BP}{PC}=\dfrac{\triangle OAB}{\triangle OCA}$

同様にして　$\dfrac{CQ}{QA}=\dfrac{\triangle OBC}{\triangle OAB}$，　$\dfrac{AR}{RB}=\dfrac{\triangle OCA}{\triangle OBC}$

したがって　$\dfrac{BP}{PC}\cdot\dfrac{CQ}{QA}\cdot\dfrac{AR}{RB}=\dfrac{\triangle OAB}{\triangle OCA}\cdot\dfrac{\triangle OBC}{\triangle OAB}\cdot\dfrac{\triangle OCA}{\triangle OBC}=1$

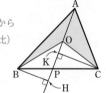

■ メネラウスの定理

> メネラウスの定理

定理7　△ABC の辺 BC，CA，AB またはその延長が，三角形の頂点を通らない直線 ℓ と，それぞれ点 P，Q，R で交わるとき　$\dfrac{BP}{PC}\cdot\dfrac{CQ}{QA}\cdot\dfrac{AR}{RB}=1$

Pが辺BCの延長上にある場合

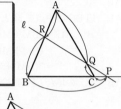

証明　△ABC の頂点 A を通り，直線 ℓ に平行な直線を引き，直線 BC との交点を D とする。

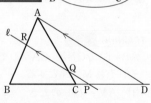

平行線と線分の比の関係から　$\dfrac{CQ}{QA}=\dfrac{CP}{PD}$，　$\dfrac{AR}{RB}=\dfrac{DP}{PB}$

よって　$\dfrac{BP}{PC}\cdot\dfrac{CQ}{QA}\cdot\dfrac{AR}{RB}=\dfrac{BP}{PC}\cdot\dfrac{CP}{PD}\cdot\dfrac{DP}{PB}=1$

例 題
58 チェバの定理 ◐

△ABC の辺 AB を 3:4 に内分する点を D，辺 AC を 5:6 に内分する点を E
とし，BE と CD の交点と点 A を結ぶ直線が BC と交わる点を F とするとき，
比 BF:FC を求めよ。

CHART
& GUIDE
チェバの定理の利用
3 頂点からの直線が 1 点で交わるならば チェバ

解 答

△ABC において，チェバの定理により

$$\frac{BF}{FC}\cdot\frac{CE}{EA}\cdot\frac{AD}{DB}=1$$

よって　$\dfrac{BF}{FC}\cdot\dfrac{6}{5}\cdot\dfrac{3}{4}=1$　　ゆえに　$\dfrac{BF}{FC}=\dfrac{10}{9}$

したがって　BF:FC=**10:9**

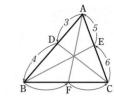

👆 *Lecture* **点Oが △ABC の外部にある場合**

右の図のように，△ABC とその外部にある点Oに対して，2 直線 AO
と BC，2 直線 BO と AC，2 直線 CO と AB の交点をそれぞれ P，Q，
R とする。
B，C から直線 AP に下ろした垂線をそれぞれ BH，CK とする。
このとき，BH∥CK であるから　　BP:CP=BH:CK
ここで △OAB:△OAC=BH:CK であるから

$$\triangle OAB:\triangle OAC=BP:CP\quad\text{すなわち}\quad\frac{BP}{PC}=\frac{\triangle OAB}{\triangle OAC}\ \cdots\cdots\ \text{①}$$

同様にして　$\dfrac{AR}{RB}=\dfrac{\triangle OCA}{\triangle OCB}$ …… ②　　また　$\dfrac{CQ}{QA}=\dfrac{\triangle OBC}{\triangle OAB}$ …… ③

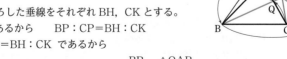

└─*p.*384 定理 6 の証明参照。

よって，①～③の辺々を掛け合わせて

$$\frac{BP}{PC}\cdot\frac{CQ}{QA}\cdot\frac{AR}{RB}=\frac{\triangle OAB}{\triangle OAC}\cdot\frac{\triangle OBC}{\triangle OAB}\cdot\frac{\triangle OCA}{\triangle OCB}=1$$

以上から，チェバの定理は，点Oが △ABC の内部・外部に関係なく成り立つ。ただし，△ABC
の頂点 A，B，C と 1 点Oを結ぶ各直線が，対辺またはその延長と交わる点をそれぞれ P，Q，R
とする。また，点Oは △ABC の辺上またはその延長上にはないものとする。

TRAINING 58 ①

△ABC の辺 AB を 3:2 に内分する点を D，辺 AC を 4:3 に内分する点を E とし，
BE と CD の交点と A を結ぶ直線が BC と交わる点を F とするとき，比 BF:FC を
求めよ。

STEP *forward*

メネラウスの定理をマスターして，例題 **59** を攻略！

 メネラウスの定理って，どの三角形とどの
直線に使ったらいいのかよくわかりません。

 図の向きが変わると難しいですね。次の問
題で練習しましょう。

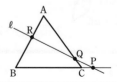

メネラウスの定理

$\triangle ABC$ と直線 ℓ について

$$\frac{BP}{PC} \cdot \frac{CQ}{QA} \cdot \frac{AR}{RB} = 1$$

Get ready

右の $\triangle ABC$ において，
  $AD : DB = 4 : 5$
  $AE : EC = 3 : 2$
のとき，$BF : FE$ を求めよ。

 辺 AB 上の比と辺 CA 上の比が与
えられていて，BE 上の比が知り
たいので，これらの線分を含む
$\triangle ABE$ の頂点に赤い丸をつけま
す。
次に，辺 AB 上の比と辺 CA 上の
比と辺 BE 上の比が関係する点で，
$\triangle ABE$ の頂点以外の点に青い四角
をつけてください。

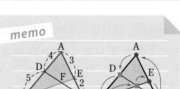

memo

解答

$\dfrac{AD}{DB} \cdot \dfrac{BF}{FE} \cdot \dfrac{EC}{CA} = 1$ から

$$\frac{4}{5} \cdot \frac{BF}{FE} \cdot \frac{2}{5} = 1$$

よって　$\dfrac{BF}{FE} = \dfrac{25}{8}$

すなわち　$BF : FE = 25 : 8$

 点 D，F，C の 3 点で，一直線上
にあります。

 立式するときは，頂点からスタートして，同一直線上にある赤い丸，青い四
角を交互にたどっていきましょう。なお，どの頂点からスタートしてもかま
いません。

まとめ

1 比が関係する線分を含む三角形を考える。

2 比が関係する点で，頂点以外の 3 点が通る直線を考える。

3 頂点（赤い丸），交点（青い四角）を交互に並べるようにして式を作る。

△ABC の辺 AB を 1：2 に内分する点を D，線分 BC を 4：3 に内分する点を E，
AE と CD の交点を F とするとき，次の比を求めよ。

(1) AF：FE

(2) DF：FC

CHART
& GUIDE

メネラウスの定理の利用
三角形と直線 1 本で　メネラウス

■ 比が関係する線分を含む三角形　(1) △ABE　(2) △DBC　を考える。
■ 比が関係する点で，頂点以外の 3 点 (1) C，F，D　(2) A，F，E が通る直線を考える。
■ 頂点，交点を交互に並べるようにして式を作る。

解答

(1)　△ABE と直線 CD について，メネラウスの定理により

$$\frac{BC}{CE} \cdot \frac{EF}{FA} \cdot \frac{AD}{DB} = 1$$

よって　　$\dfrac{7}{3} \cdot \dfrac{EF}{FA} \cdot \dfrac{1}{2} = 1$　すなわち　$\dfrac{FA}{EF} = \dfrac{7}{6}$

したがって　　**AF：FE＝7：6**

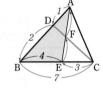

(2)　△DBC と直線 AE について，メネラウスの定理により

$$\frac{BE}{EC} \cdot \frac{CF}{FD} \cdot \frac{DA}{AB} = 1$$

よって　　$\dfrac{4}{3} \cdot \dfrac{CF}{FD} \cdot \dfrac{1}{3} = 1$　すなわち　$\dfrac{FD}{CF} = \dfrac{4}{9}$

したがって　　**DF：FC＝4：9**

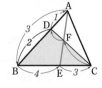

🖐 *Lecture*　**チェバの定理をメネラウスの定理で証明**

△ABP と直線 CR について，メネラウスの定理により

$$\frac{BC}{CP} \cdot \frac{PO}{OA} \cdot \frac{AR}{RB} = 1 \ \cdots\cdots ①$$

△APC と直線 BQ について，メネラウスの定理により

$$\frac{PB}{BC} \cdot \frac{CQ}{QA} \cdot \frac{AO}{OP} = 1 \ \cdots\cdots ②$$

①，② の辺々を掛けると　　$\dfrac{BC}{CP} \cdot \dfrac{OP}{OA} \cdot \dfrac{AR}{RB} \times \dfrac{BP}{BC} \cdot \dfrac{CQ}{QA} \cdot \dfrac{OA}{OP} = 1$

よって　　$\dfrac{BP}{PC} \cdot \dfrac{CQ}{QA} \cdot \dfrac{AR}{RB} = 1$

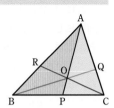

TRAINING　59 ①

△ABC の辺 AB の中点を D，線分 CD の中点を E，AE と BC との交点を F とする。
このとき，次の比を求めよ。

(1) BF：FC

(2) AE：EF

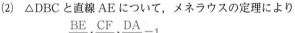
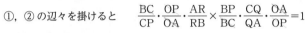

Let's Start

12 三角形の辺と角

注意 以下では，△ABC の ∠A，∠B，∠C に向かい合う辺 BC，CA，AB の長さを，それぞれ a，b，c で表す。

 ここでは，3辺の大小関係や辺と角の大小について学習していきましょう。

■ 三角形の辺の長さの関係，三角形の成立条件

三角形の辺の長さの関係について，次の定理が成り立つ。

> 定理8　1　2辺の長さの和は，他の1辺の長さよりも大きい。
> 　　　　2　2辺の長さの差は，他の1辺の長さよりも小さい。

証明　△ABC において，AB+CA>BC …… (☆) を証明する。

辺 AB の A を越える延長上に AD=CA
となるように点 D をとると
　　　BD=BA+AD=AB+CA …… ①
また，△ACD は二等辺三角形であるから
　　　∠ACD=∠ADC
点Aは線分 BD 上にあるから
　　　∠BCD>∠ACD
よって　　∠BCD>∠ADC=∠BDC　　ゆえに　　BD>BC　　◀次ページの 定理9 から。
これに ① を代入して　　AB+CA>BC
同様にして，AB+BC>CA，BC+CA>AB も成り立つ。　　◀1 が示された。
なお，2は，1で，例えば(☆)を BC−CA<AB のように変形することで証明できる。
また，正の数 a，b，c を3辺の長さとする三角形が存在するための条件は　　$a<b+c$ かつ $b<c+a$ かつ $c<a+b$ …… Ⓐ
これを1つの式にまとめると

$$|b-c|<a<b+c \quad \text{……} \quad Ⓑ$$

◀Ⓑ を 三角形の成立条件 という。

特に，a，b，c の中で，a が最大であれば，三角形が存在するための条件は　　$a<b+c$ …… Ⓒ

◀a，b，c のうちどれが最大かわかっていれば，Ⓐ のうちの1つだけを考えればよい。

補足　Ⓐ〜Ⓒ において，$a>0$，$b>0$，$c>0$（3辺が正）という条件は不要である（解答編 $p.210$ EXERCISES 24 補足 参照）。

■ 三角形の辺と角の大小

まず，中学で学んだ次のことを思い出してみよう。

二等辺三角形の 2 つの底角は等しい。また， 2 つの底角が等しい
三角形は二等辺三角形である。
すなわち，△ABC において　　$b=c \iff \angle B=\angle C$

さらに，三角形の辺と角の大小について，次の関係がある。
[1]　（大きい辺に向かい合う角）＞（小さい辺に向かい合う角）
[2]　（大きい角に向かい合う辺）＞（小さい角に向かい合う辺）
すなわち，三角形の辺の大小関係と角の大小関係は一致する。

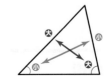

3章
12
三角形の辺と角

───三角形の辺と角の大小関係───

定理9　△ABC において
　　　　$b>c \iff \angle B>\angle C$,　　$b=c \iff \angle B=\angle C$,　　$b<c \iff \angle B<\angle C$

[$b>c \implies \angle B>\angle C$ の証明]

　$b>c$ のとき，辺 AC 上に　AB＝AD となる
　点Dをとると　　$\angle B>\angle ABD=\angle ADB$
　また　　　　$\angle ADB=\angle DBC+\angle C>\angle C$
　よって　　　$\angle B>\angle C$

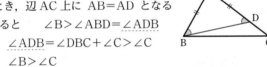

なお，$b<c \implies \angle B<\angle C$ についても，辺 AB 上に　AC＝AD
となる点 D をとることにより，同様に証明できる。

◀三角形の外角は，それ
と隣り合わない 2 つの
内角の和と等しい。

[$\angle B>\angle C \implies b>c$ の証明]

　$\angle B>\angle C$ のとき，辺 AC 上に
　$\angle ABD=\angle C$ となる点Dをとる。
　また，$\angle DBC$ の二等分線と辺 AC の交点を
　Eとすると
　　　　　$\angle AEB=\angle EBC+\angle C=\angle DBE+\angle ABD$
　　　　　　　　　$=\angle ABE$
　よって，△ABE は　AB＝AE の二等辺三角形である。
　ここで，AC＞AE であるから　　AC＞AB　すなわち　$b>c$

◀三角形の外角は，それ
と隣り合わない 2 つの
内角の和と等しい。

なお，$\angle B<\angle C \implies b<c$ についても，辺 AB 上に
$\angle ACD=\angle B$ となる点 D をとることにより，同様に証明できる。

次のページからは，実際に三角形が成立するのか調べる問題や，角や辺の大小に
ついての問題に取り組んでいきましょう。

基本 例題 60 三角形の成立条件

3辺の長さが次のような △ABC が存在するかどうかを調べよ。
(1) AB＝3，BC＝6，CA＝2
(2) AB＝8，BC＝10，CA＝17
(3) AB＝11，BC＝6，CA＝5

CHART & GUIDE

三角形の成立条件
$$a が最大のとき \quad a < b + c$$
最大辺と他の2辺の和を比べる。

解答

(1) 最大辺は BC であり
$$CA + AB = 5$$
よって $BC > CA + AB$
したがって，△ABC は **存在しない**。

← $2 < 3 < 6$

(2) 最大辺は CA であり
$$AB + BC = 18$$
よって $CA < AB + BC$
したがって，△ABC は **存在する**。

← $8 < 10 < 17$

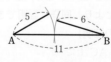

(3) 最大辺は AB であり
$$BC + CA = 11$$
よって $AB = BC + CA$
したがって，△ABC は **存在しない**。

← $5 < 6 < 11$
← $c < a + b$ の否定は $c \geqq a + b$ であるから $c = a + b$ のときも三角形は存在しない。

TRAINING 60 ②

次の長さの線分を3辺とする三角形が存在するかどうかを調べよ。
(1) 3，4，6
(2) 6，8，15

基本 例題
61 三角形の辺と角の大小

(1) AB＝2，BC＝4，CA＝3 である △ABC の3つの角の大小を調べよ。

(2) ∠A＝50°，∠B＝60° である △ABC の3つの辺の長さの大小を調べよ。

CHART
& GUIDE

三角形の辺と角の大小
（辺の大小）⟺（角の大小）

(1) △ABC の角の大小の代わりに，辺の長さの大小を調べる。

(2) まず，∠C の大きさを求め，△ABC の角の大小を調べる。

大小関係を調べるときは，対応する辺と角を間違えないように
注意。

角 対応 辺　　角 対応 辺　　角 対応 辺
∠A ⟷ BC　∠B ⟷ CA　∠C ⟷ AB
　A がない　　　B がない　　　C がない

3章
12
三角形の辺と角

解答

(1) AB＜CA＜BC であるから
　　　　　　∠C＜∠B＜∠A

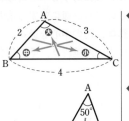

← 2＜3＜4

(2) ∠C＝180°－（∠A＋∠B）＝70°
　よって　　　∠A＜∠B＜∠C
　したがって　**BC＜CA＜AB**

← 三角形の内角の和は
　180° であるから，
　∠A＋∠B＋∠C＝180°

TRAINING 61 ②

(1) ∠A＝90°，AB＝2，BC＝3 である △ABC の3つの角の大小を調べよ。

(2) ∠A＝70°，∠B＝∠C である △ABC の3つの辺の長さの大小を調べよ。

13 円に内接する四角形

中学校では，円周角の定理やその逆について学習しました。ここでは，その内容を復習するとともに，さらに円に内接する四角形について調べてみましょう。

■ 円の弧と弦の性質

円の弧と弦については，次の性質がある。

┌─ 円の弧と弦の性質 ─┐

1　1つの円で，等しい中心角に対する弧の長さは等しい。　　**←弧 AB($\overarc{AB}$)**
　　逆に，長さの等しい弧に対する中心角は等しい。　　　　　　…AからBまで
2　1つの円で，長さの等しい弧に対する弦の長さは等しい。　　の円周の部分
3　弦の垂直二等分線は，円の中心を通る。　　　　　　　　**←弦 AB … 線分 AB**
4　円の中心から弦に引いた垂線は，その弦を2等分する。

1

2

3, 4

(2つある)

■ 円周角と弧の長さ

⤺ Play Back　中学

■　円周角の定理
　1つの弧に対する円周角の大きさは一定であり，その弧に対する中心角の半分である。すなわち，右の図で　$\angle APB = \dfrac{1}{2}\angle AOB$

特に，AB が直径のとき　$\angle APB = 90°$

←左の図で，∠APB を弧 AB に対する 円周角 という。

■　円周角の定理の逆
　4点 A，B，P，Q について，点 P，Q が直線 AB に関して同じ側にあって
　　　　　$\angle APB = \angle AQB$
ならば，4点 A，B，P，Q は1つの円周上にある。

■ 円周角と弧
1 等しい円周角に対する弧の長さは等しい。
2 長さの等しい弧に対する円周角の大きさは等しい。

■ 円の内部・周上・外部にある点と角の大小

円周上に 3 点 A, B, Q があり, 点 P が直線 AB に関して点 Q と同じ側にあるとき, 次が成り立つ。

> **定理 10**
> 1 **点 P が円の周上にある ⟹ ∠APB＝∠AQB**
> 2 **点 P が円の内部にある ⟹ ∠APB＞∠AQB**
> 3 **点 P が円の外部にある ⟹ ∠APB＜∠AQB**

3章
13
円に内接する四角形

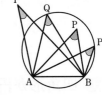

(補足) 1 は円周角の定理である。

証明 ［2 について］
　直線 AP と円の交点のうち, 点 A でない
　方を Q′ とすると, 円周角の定理から
$$∠AQB＝∠AQ′B$$
　△PBQ′ において
$$∠APB＝∠AQ′B＋∠PBQ′$$
　よって　　∠APB＞∠AQ′B
　ゆえに　　∠APB＞∠AQB

◀ 三角形の外角は, それと隣り合わない 2 つの内角の和と等しい。

［3 について］
　直線 BP と円の交点のうち, 点 B でない方
　を Q′ とすると, 円周角の定理から
$$∠AQB＝∠AQ′B$$
　△APQ′ において
$$∠AQ′B＝∠APB＋∠PAQ′$$
　よって　　∠APB＜∠AQ′B
　ゆえに　　∠APB＜∠AQB

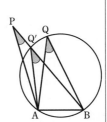

◀ 三角形の外角は, それと隣り合わない 2 つの内角の和と等しい。

■ 円に内接する四角形

一般に, 多角形のすべての頂点が 1 つの円周上にあるとき, この多角形は円に **内接する** といい, その円を多角形の **外接円** という。
円に内接する四角形について, 次の性質がある。

◀ **多角形** … 三角形, 四角形, 五角形, …… のように線分だけで囲まれた図形のこと。

┌─ 円に内接する四角形の性質 ─┐

定理11　円に内接する四角形について，次の1，2が成り立つ。

 1　対角の和は180°である。

 2　内角は，その対角の外角に等しい。

← 四角形において，1つの内角に向かい合う内角を，その対角という。

証明　四角形 ABCD が円 O に内接するとき，

∠BAD=α，∠BCD=β とする。

中心角と円周角の関係により

$$2α+2β=360°$$

よって　　$α+β=180°$ …… ①

← 1 が成り立つ。

また，∠BCD の外角の大きさは　　$180°-β$

ここで，① から　　$180°-β=α$

← 2 が成り立つ。

■ 四角形が円に内接するための条件

四角形は必ずしも円に内接するとは限らない。四角形が円に内接するかどうかを判断する方法として，次の 定理12 がある。

← 定理12 は定理11 の逆である。

┌─ 四角形が円に内接するための条件 ─┐

定理12　次の1または2が成り立つ四角形は，円に内接する。

 1　1組の対角の和が180°である。

 2　内角が，その対角の外角に等しい。

証明　1⟺2 が成り立つから，ここでは1について証明する。

四角形 ABCD において，∠ABC+∠ADC=180° …… ① とする。

右の図のように，△ABC の外接円 O の，B を含まない弧 AC 上に点 E をとると，四角形 ABCE は円 O に内接するから，定理11 1 により　　∠ABC+∠AEC=180° …… ②

①，② から　　∠ADC=∠AEC

よって，円周角の定理の逆により，4 点 A，C，E，D は1つの円周上にある。そして，その円は △AEC の外接円すなわち円 O である。点 B も円 O の周上にあるから，四角形 ABCD は円 O に内接する。

ここで学んだ円に関する性質を用いて，問題に取り組んでみましょう。

基本 例題
62 円に内接する四角形と角の大きさ ⊘

次の図において，x を求めよ。ただし，(3)の点 O は円の中心である。

(1)

(2)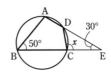

(3)

3章 13 円に内接する四角形

CHART & GUIDE

円に内接する四角形の性質

1 （対角の和）＝180°
2 （内角）＝（対角の外角）

いずれも四角形 ABCD が円に内接している。
(1) ∠A＋∠C＝180° に注目。
(2) ∠A＝∠DCE に注目。
(3) まず，∠A＋∠C＝180° に注目して ∠C を求める。次に，辺 BC が円 O の直径であることに注目。

解答

(1) △BCD において ∠C＝180°－(20°＋40°)＝120°
   よって $x＝180°－∠C＝180°－120°＝\mathbf{60°}$

(2) ∠A＝∠DCE＝x
   よって，△ABE において $x＝180°－(50°＋30°)＝\mathbf{100°}$
   [別解] ∠CDE＝∠B＝50°
   　　よって，△CED において $x＝180°－(50°＋30°)＝\mathbf{100°}$

(3) ∠C＝180°－∠A＝180°－120°＝60°
   また，辺 BC は円 O の直径であるから
   　　∠CDB＝90°
   よって，△BCD において
   　　$x＝180°－(60°＋90°)＝\mathbf{30°}$

(1)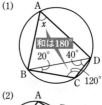

(2)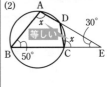

(3)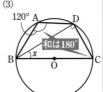

TRAINING 62 ①

次の図において，α を求めよ。ただし，(1)では BC＝DC，(3)の点 O は円の中心である。

(1)

(2)

(3)

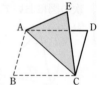

基本 例題 **63** 円周角の定理の逆の利用（証明）◎◎

AD>AB である平行四辺形 ABCD を対角線 AC で折り，点 B の移った点を E とする。このとき，4 点 A，C，D，E は 1 つの円周上にあることを証明せよ。

CHART & GUIDE

4 点が 1 つの円周上にあることの証明
[1] 円周角の定理の逆
[2] 四角形が円に内接するための条件

この例題では，[1] を利用する。2 点 D，E は AC に関して同じ側にあるから，∠D＝∠E を示す。平行四辺形の対角は等しいことを利用する。

解答

点 B の移った点が点 E であるから
　　　　∠B＝∠E …… ①
平行四辺形の対角は等しいから
　　　　∠B＝∠D …… ②
①，② から　　∠D＝∠E
よって，2 点 D，E は直線 AC に関して同じ側にあり，∠D＝∠E であるから，円周角の定理の逆により，4 点 A，C，D，E は 1 つの円周上にある。

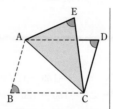

← AD>AB より，左のような図となる。

↩ **Play Back** 中学

■　平行四辺形の性質
1　2 組の対辺はそれぞれ等しい。
2　2 組の対角はそれぞれ等しい。
3　対角線はそれぞれの中点で交わる。

TRAINING **63** ②

∠B＝90° である △ABC の辺 BC 上に B，C と異なるように点 D をとる。次に，∠ADE＝90°，∠DAE＝∠BAC を満たす点 E を右の図のようにとる。このとき，4 点 A，C，D，E は 1 つの円周上にあることを証明せよ。

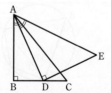

基本 例題
64 四角形が円に内接する条件を用いた証明

(1) 右の四角形
ABCD のうち円
に内接するものは
どれか。

①
②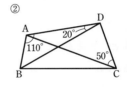

解説動画へGO!!

(2) 円に内接する四
角形 ABCD があり，辺 AD と平行な直線が辺 AB，DC とそれぞれ点 E，F
で交わる。このとき，四角形 BCFE は円に内接することを証明せよ。

CHART
& GUIDE

四角形が円に内接するための条件
1 （1 組の対角の和）＝180°　　2 （内角）＝（対角の外角）

(1) ② では円周角の定理の逆を利用。

解答

(1) ① ∠A＋∠C＝107°＋83°＝190°　　← 対角の和

1 組の対角の和が 180° でないから，四角形 ABCD は円に
内接しない。

② △ABD において　∠ABD＝180°－(110°＋20°)＝50°

2 点 B，C は直線 AD に関して同じ側にあり，

∠ABD＝∠ACD であるから，円周角の定理の逆により，

4 点 A，B，C，D は 1 つの円周上にある。

よって，四角形 ABCD は円に内接する。

以上から，求めるのは　　②

(2) AD∥EF であるから

∠DAB＝∠FEB …… ①　　← 平行線の同位角は等しい。

四角形 ABCD は円に内接するから

∠DAB＋∠FCB＝180°

① を代入して　　∠FEB＋∠FCB＝180°

よって，四角形 BCFE は円に内接する。

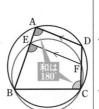

和は
180

← 和が 180° である 1 組の
対角が見つかった。

TRAINING 64 ②

(1) 右の四角形 ABCD のうち円に内接するも
のはどれか。

(2) 鋭角三角形 ABC の辺 BC 上に点 D(点 B，
C とは異なる)をとり，点 D から辺 AB，
AC にそれぞれ垂線 DE，DF を引く。この
とき，四角形 AEDF は円に内接することを証明せよ。

①
②

Let's Start

14 円と直線

円と直線の位置関係には，次の3つの場合がある。ただし，rは円の半径，dは円の中心と直線との距離である。

[1] 2点で交わる （共有点2個）	[2] 接する （共有点1個）	[3] 離れている （共有点はない）
$0 \leqq d < r$	$d = r$	$d > r$

[2]のように1点のみを共有するとき，円と直線は **接する** といい，この直線を **接線**，共有点を **接点** という。

 ここではまず，円の接線に関する性質を調べていきましょう。

■ 円の接線

🔄 Play Back 中学

円の接線の性質

① 直線 ℓ が点Aで円Oに接するとき
$$OA \perp \ell$$

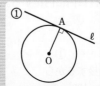

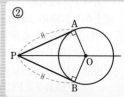

② 右上の図のように，点Pが円Oの外部にあるとき，点Pから円Oに2つの接線を引くことができる。図で点A，Bが接点のとき，線分PA または線分PB の長さを，Pから円Oに引いた接線の長さという。
また，円の外部の1点からその円に引いた2つの接線の長さは等しい。すなわち，
PA＝PB である。

■ 円の接線と弦の作る角

┌─ 円 の 接 線 と 弦 の 作 る 角（接弦定理）─

定理13 円の接線とその接点を通る弦の作る角は，その角の
内部にある弧に対する円周角に等しい。

定理 13 を言いかえると，前ページの図において，直線 ST が点 A で円に接するとき　　∠BAT＝∠ACB，∠CAS＝∠ABC

証明 ∠BAT＝∠ACB を証明する。

[1]　∠BAT が直角のとき

　　BA は円の直径となるから，∠ACB も直角である。

　　　よって　　∠BAT＝∠ACB

[2]　∠BAT が鋭角のとき

　　直径 AD を引く。∠DAT＝90° であるから

　　　　　∠BAT＝90°－∠BAD …… ①

◀前ページ Play Back 中学 ① より。

　　∠ACD＝90° であるから

　　　　　∠ACB＝90°－∠BCD …… ②

◀AD は直径である。

　　ここで，∠BAD，∠BCD はともに $\overset{\frown}{\mathrm{BD}}$ に対する円周角であるから　　∠BAD＝∠BCD …… ③

　　①～③ から　　∠BAT＝∠ACB

[3]　∠BAT が鈍角のとき

　　直径 AD を引く。∠DAT＝90° であるから

　　　　　∠BAT＝90°＋∠BAD …… ④

◀前ページ Play Back 中学 ① より。

　　∠ACD＝90° であるから

　　　　　∠ACB＝90°＋∠BCD …… ⑤

◀AD は直径である。

　　∠BAD，∠BCD はともに $\overset{\frown}{\mathrm{BD}}$ に対する円周角であるから

　　　　　∠BAD＝∠BCD …… ⑥

　　④～⑥ から　　∠BAT＝∠ACB

[1]～[3] から，∠BAT が直角，鋭角，鈍角のいずれのときも

　　　　　∠BAT＝∠ACB

なお，∠CAS＝∠ABC も同様にして証明できる。

また，接弦定理はその逆も成り立つことが知られている。

定理 14　**円 O の弧 AB と半直線 AT が直線 AB に関して同じ側にあるとき，∠ACB＝∠BAT ならば直線 AT は点 A で円 O に接する。**

証明　点 A を通る円 O の接線 AT′ を∠BAT′ が弧 AB を含むように引くと，接弦定理により　　∠ACB＝∠BAT′

一方，∠ACB＝∠BAT であるから

　　　　　∠BAT＝∠BAT′

よって，2 直線 AT，AT′ は一致する。

したがって，直線 AT は点 A で円 O に接する。

■ 方べきの定理

円と直線・接線について，次の **方べきの定理 I** が成り立つ。

┌─ **方べきの定理 I** ▶

定理 15 **円の2つの弦 AB，CD の交点，**
またはそれらの延長の交点をPと
すると

$$PA \cdot PB = PC \cdot PD$$

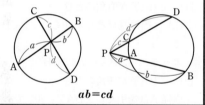

$$ab = cd$$

証明 △PAC と △PDB において

$$\angle APC = \angle DPB$$

$$\angle CAP = \angle BDP$$

よって，2組の角がそれぞれ等しいから

$$\triangle PAC \varpropto \triangle PDB$$

ゆえに，PA：PD＝PC：PB から

$$PA \cdot PB = PC \cdot PD$$

[1]

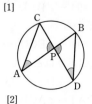

[2]

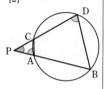

← [1] では対頂角，[2]
　では共通な角。

← [1] では円周角の定理，
　[2] では円に内接する
　四角形の性質。

また，次の **方べきの定理 II** も成り立つ。

┌─ **方べきの定理 II** ▶

定理 16 **円の外部の点Pから円に引いた接線の接点を**
Tとし，P を通りこの円と2点 A，B で交わ
る直線を引くと

$$PA \cdot PB = PT^2$$

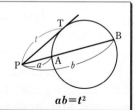

$$ab = t^2$$

証明 △PTA と △PBT において

$$\angle PTA = \angle PBT, \quad \angle TPA = \angle BPT$$

よって　　　$\triangle PTA \varpropto \triangle PBT$

ゆえに，PT：PB＝PA：PT から

$$PA \cdot PB = PT^2$$

方べきの定理についても，その逆が成り立つ。詳しくは例題 69 で
学習する。

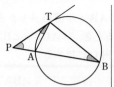

← 接弦定理，共通な角

← 2組の角がそれぞれ等
　しい。

次のページから，円と直線に関するさまざまな問題に取り組んでいきましょう。

例題
65 三角形の内接円と線分の長さ …… 接線の長さ

△ABC の内接円と辺 BC, CA, AB の接点を, それぞれ P, Q, R とする。

(1) AB=6, AC=7, AR=2 のとき, 線分 AQ, BC の長さを求めよ。

(2) AB=9, BC=11, CA=8 のとき, 線分 CQ の長さを求めよ。

解説動画へGO!!

円の接線の性質
接線 2 本で二等辺 …… $\boxed{!}$

円の外部の点からその円に引いた 2 本の接線の長さは
等しいことを利用する。

(2) CQ=x とおいて, 接線の長さについての関係式を作る。

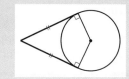

3章
14
円と直線

解答

$\boxed{!}$ (1) **AQ**=AR=**2**

$\boxed{!}$ また BP=BR=6−2=4,

$\boxed{!}$ CP=CQ=7−2=5

よって **BC**=BP+CP

$=4+5=$**9**

(2) CQ=x とする。

CA=8 から AQ=8−x

$\boxed{!}$ AR=AQ であるから AR=8−x

$\boxed{!}$ CP=CQ であるから CP=x

BC=11 から BP=11−x

$\boxed{!}$ BR=BP であるから BR=11−x

AB=AR+RB, AB=9 であるから

$(8-x)+(11-x)=9$

これを解いて $x=5$ すなわち CQ=**5**

◆ AR=AQ, BR=BP, CQ=CP
それぞれの線分の長さを
x で表し, 線分 AB について
の式を作る。

◆ 整理すると
$-2x=-10$

TRAINING 65 ② ★

△ABC の内接円が辺 BC, CA, AB と接する点を, それぞれ P, Q, R とする。

(1) AB=10, BP=4, PC=3 のとき, 線分 AC の長さを求めよ。

(2) AB=12, BC=5, CA=9 のとき, 線分 BP の長さを求めよ。

例題

66 接線と弦の作る角（角の大きさ）

次の図において，α，β を求めよ。ただし，ℓ は円 O の接線であり，点 A は接点である。また，(3) では PQ∥CB である。

(1) (2) (3)

CHART & GUIDE

接線と弦の作る角
接線と三角形に注目し　接弦定理

(2) ∠CAB の大きさは円周角の定理で求められる。

(3) PQ∥CB から　∠ABC＝∠BAQ

解答

(1) 直線 ℓ 上に点 D を右の図のようにとると

$$\angle BAD = \angle OAD - \angle OAB$$
$$= 90° - 20° = 70°$$

よって　$\alpha = \angle BAD = \mathbf{70°}$

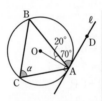

← OA⊥ℓ から
　∠OAD＝90°

(2) $\angle CAB = \dfrac{1}{2}\angle COB = \dfrac{1}{2} \times 100° = 50°$

また，直線 ℓ 上に点 D を右の図のようにとると　∠BAD＝∠BCA＝80°

よって　$\alpha = \angle CAB + \angle BAD$
$$= 50° + 80° = \mathbf{130°}$$

← 円周角の定理

← 接弦定理

(3) PQ∥CB から　$\alpha + \angle ABD = 75°$

また　∠ABD＝∠DAP＝40°

よって　$\alpha = 75° - 40° = \mathbf{35°}$

次に，四角形 ABCD は円に内接するから

$$\angle CDA = 180° - 75° = 105°$$

また　∠BDA＝∠BAQ＝75°

よって　$\beta = 105° - 75° = \mathbf{30°}$

← 錯角が等しい。

← 接弦定理

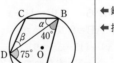

右の図において，x，y，z を求めよ。ただし，ℓ は円 O の接線であり，点 A は接点である。また，(2) では ∠ABD＝∠CBD である。

(1) 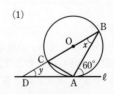 (2)

基本 例題
67 接線と弦の作る角（証明）

2点 P，Q で交わる 2 つの円 O，O′ がある。点 P を通る
直線が円 O，O′ と交わる点をそれぞれ A，B とし，2 点 A，
Q を通る直線が円 O′ と交わる点を C とする。点 A におけ
る円 O の接線を AD とすると，AD∥BC であることを証
明せよ。

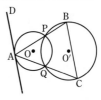

CHART
& GUIDE

2点で交わる2円
共通な弦に注目

P と Q を結ぶ。接弦定理と円に内接する四角形の性質を用いて，∠PAD に等しい同位角
または錯角を求める。

解答
P と Q を結ぶと，接弦定理により
　　　　∠PAD＝∠PQA …… ①
また，四角形 BPQC は円 O′ に内接
するから
　　　　∠PBC＝∠PQA …… ②
①，② から　　∠PAD＝∠PBC
よって，錯角が等しいから
　　　　AD∥BC

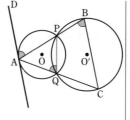

◀ 内角は，その対角の外角
に等しい（**定理 11 2**）。

TRAINING 67 ②

右の図のように，2 点 P，Q で交わる 2 つの円 O，O′ がある。
点 P における円 O の接線と円 O′ の交点を A，直線 AQ と円
O の交点を B，直線 BP と円 O′ の交点を C とする。このとき
AC＝AP であることを証明せよ。

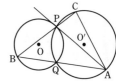

STEP *forward*

方べきの定理をマスターして，例題 **68** を攻略！

方べきの定理は形が何種類かあるから，式を立てるのが難しいです。

どの形でも同じ考え方で定理を使うことができます。

Get ready

下の図において，x の値を求めよ。（T は接点である。）

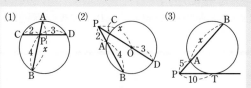

方べきの定理

$$ab = cd$$

$$ab = t^2$$

点 P を通る直線が 2 本引かれていることに注目します。(1)(2)では，それぞれの直線について
　（P から円との交点）×
　　　　　　（P から円との交点）
の式を作って等号で結んでください。

できました。(3)はどうしたらよいでしょう？

(3)では，接点 T で交点が重なったと考えます。

（P から A）×（P から B）と
（P から T）×（P から T）を等号で結びました。

よくできました。

memo

(1)，(2)　（P から A）×（P から B）と
　　　　　（P から C）×（P から D）を等号
　　　　　で結んで
　　　　　　　PA×PB＝PC×PD
　　　　　　　　　┗同じ┛
(3)　PA×PB＝PT×PT
　　すなわち　PA×PB＝PT²

解答

(1)　$(x-4) \times 4 = 2 \times 3$
　　　$4x - 16 = 6$
　　　よって　$x = \dfrac{11}{2}$

(2)　$2 \times (2+4) = (x-3) \times (x+3)$
　　　$12 = x^2 - 9$
　　　$x > 0$ であるから　$x = \sqrt{21}$

(3)　$5 \times (5+x) = 10^2$
　　　$25 + 5x = 100$
　　　よって　$x = 15$

まとめ

点 P を通る 2 直線のそれぞれについて
（P から円との交点までの長さの積）＝（P から円との交点までの長さの積）
で式を作る。点 P からの長さにすることがポイント。

基本 例題
68 方べきの定理（線分の長さ）

次の図において，x の値を求めよ。ただし，(3) の PT は円の接線で，T は接点である。

(1)

(2)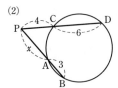

(3)

CHART
& GUIDE

方べきの定理
点Pを通る 2 直線のそれぞれについて
（P から円との交点までの長さの積）
＝（P から円との交点までの長さの積）

解答

(1) 方べきの定理により　　$PA \cdot PB = PC \cdot PD$
　　よって　　　$15 \cdot 6 = x \cdot 9$
　　ゆえに　　**$x = 10$**

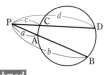

$ab = cd$

(2) 方べきの定理により　　$PA \cdot PB = PC \cdot PD$
　　よって　　　　$x \cdot (x+3) = 4 \cdot (4+6)$
　　整理すると　　$x^2 + 3x - 40 = 0$
　　ゆえに　　　　$(x-5)(x+8) = 0$
　　$x > 0$ であるから　　**$x = 5$**

(3) 方べきの定理により　　$PA \cdot PB = PT^2$
　　よって　　　　$x \cdot (x+5) = (\sqrt{6}\,)^2$
　　整理すると　　$x^2 + 5x - 6 = 0$
　　ゆえに　　　　$(x-1)(x+6) = 0$
　　$x > 0$ であるから　　**$x = 1$**

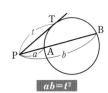

$ab = t^2$

TRAINING 68 ①

右の図において，x の値を求めよ。
ただし，(2) の PT は円の接線である。

(1)

(2)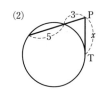

標準 例題 **69** 方べきの定理の逆（証明）

定理17 「2つの線分 AB と CD，または AB の延長と CD の延長の交点を P とするとき，PA·PB＝PC·PD が成り立てば，4点 A，B，C，D は1つの円周上にある。」（**方べきの定理の逆**）を証明せよ。

CHART & GUIDE

4点が1つの円周上にあることの証明
[1]　円周角の定理の逆
[2]　四角形が円に内接するための条件

これまでに学んだ [1] または [2] を利用して証明する。相似な図形に注目して，等しい角を見つける。…… ⚠

なお，この命題は，方べきの定理 I の逆である。この **方べきの定理の逆** は4点が1つの円周上にあることの証明の手段の1つとして利用できるので，覚えておくとよい。

解答

PA·PB＝PC·PD を変形すると
　　　　PA：PD＝PC：PB …… ①
[1]　点 P が線分 AB，CD の交点のとき
　　　　∠APC＝∠DPB　　…… ②

⚠　①，② から　　△PAC∽△PDB
　　よって　　　　∠ACD＝∠ABD
　2点 B，C は，直線 AD に関して同じ側にあるから，
　円周角の定理の逆により，4点 A，B，C，D は1つの円周上にある。

[2]　点 P が線分 AB の延長と線分 CD
　の延長の交点のとき
　　　　∠APC＝∠DPB …… ③

⚠　①，③ から　　△PAC∽△PDB
　　よって　　　　∠PCA＝∠PBD
　したがって，四角形の内角がその対角の外角に等しいから，
　4点 A，B，C，D は1つの円周上にある。

◀ $a:b=c:d$
　$\iff ad=bc$

◀ 対頂角は等しい。

◀ 2組の辺の比とその間の角がそれぞれ等しい。

◀ 共通な角。

◀ 2組の辺の比とその間の角がそれぞれ等しい。

TRAINING 69 ③

交わる2つの円 O，O′ において，共通な弦 AB 上の点 P を通る円 O の弦を CD，円 O′ の弦を EF とするとき，4点 C，D，E，F は1つの円周上にあることを証明せよ。ただし，4点 C，D，E，F は一直線上にないものとする。

STEP into ここで整理

4点が1つの円周上にあることの証明

4点が1つの円周上にある（あるいは，四角形が円に内接する）ことを証明する方法を表にまとめてみました。下の問題をいろいろな方法で証明してみましょう。

円周角の 定理の逆	定理12　四角形が円に内接する ための条件		方べきの定理の逆	
$\alpha=\beta$ ($p.392$)	1 $\alpha+\beta=180°$ ($p.394$)	2 $\alpha=\alpha'$ ($p.394$)	$ab=cd$ ($p.406$)	$ab=cd$ ($p.406$)

問題 鋭角三角形 ABC の頂点 A から辺 BC に垂線 AD を引き，D から辺 AB, AC にそれぞれ垂線 DE, DF を引く。このとき，4点 B, C, F, E は1つの円周上にあることを証明せよ。

僕は角に注目しました。

$\angle AED=\angle CFD=90°$
よって，定理12 2により，四角形 AEDF は円に内接する。
ゆえに $\angle EAD=\angle EFD$
また，$\triangle ABD$ は直角三角形であるから
$\angle EBD+\angle EAD=90°$
よって $\angle EBD+\angle EFD=90°$
ゆえに $\angle EBD+\angle EFC$
$=\angle EBD+(\angle EFD+90°)$
$=(\angle EBD+\angle EFD)+90°$
$=90°+90°=180°$
したがって，定理12 1により，4点 B, C, F, E は1つの円周上にある。

私は相似な三角形で考えます。

$\triangle ABD$ と $\triangle ADE$ において
$\angle DAB=\angle EAD$（共通な角）
$\angle ADB=\angle AED(=90°)$
よって $\triangle ABD \backsim \triangle ADE$
ゆえに $AB:AD=AD:AE$
よって $AB\cdot AE=AD^2$ …… ①
同様に，$\triangle ACD \backsim \triangle ADF$ であるから
$AC:AD=AD:AF$
ゆえに $AC\cdot AF=AD^2$ …… ②
①，②から $AB\cdot AE=AC\cdot AF$
したがって，定理17により，4点 B, C, F, E は1つの円周上にある。

Let's Start

15 2つの円の関係・共通接線

> 円と直線の位置関係には 3 つの場合がありましたね。 2 つの円の位置関係については，どのような場合があるのか考えてみましょう。

■ 2つの円の位置関係

半径が異なる 2 つの円 O，O′ の位置関係は次の 5 つの場合がある。ただし，円 O，O′ の半径をそれぞれ r，$r'(r>r')$，2 つの円の中心間の距離を d とする。

[1] 互いに外部にある	[2] 1 点を共有する	[3] 2 点で交わる	[4] 1 点を共有する	[5] 一方が他方の内部にある
	外接する		内接する	
$d>r+r'$	$d=r+r'$	$r-r'<d<r+r'$	$d=r-r'$	$d<r-r'$

注意 [3] の $r-r'<d<r+r'$ は，三角形の成立条件である（$p.388$ 参照）。

[2]，[4] のように 2 つの円がただ 1 点を共有するとき，2 つの円は **接する** といい，この共有点を **接点** という。

[2] のように接する場合，2 つの円は **外接する** という。

[4] のように接する場合，2 つの円は **内接する** という。

← 2 つの円が接するとき，接点は 2 つの円の中心を結ぶ直線上にある。

■ 2つの円の共通接線

2 つの円の両方に接している直線を，2 つの円の **共通接線** という。2 つの円の共通接線には，次のような場合がある。

[1] 外部にある	[2] 外接する	[3] 2 点で交わる	[4] 内接する	[5] 内部にある
共通接線は 4 本	共通接線は 3 本	共通接線は 2 本	共通接線は 1 本	共通接線はない

基本 **例題** **70** 2円の共通接線の接点間の距離 ★

右の図において，2円 O，O′ は外接しており，A，B はそれぞれ2円 O，O′ の共通接線と円 O，O′ との接点である。円 O，O′ の半径をそれぞれ6，4とするとき，線分 AB の長さを求めよ。

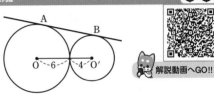

解説動画へGO!!

CHART & GUIDE

接点間の距離
円の中心と接点を結び，
かくれた直角三角形を見つける

O と A，O′ と B をそれぞれ結び，O′ から線分 OA に垂線 O′H を下ろす。
直角三角形 OO′H が出てくるので，三平方の定理を利用。…… [!]
また，2円の接点は，線分 OO′ 上にある。

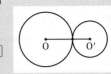

解答

O と A，O′ と B をそれぞれ結び，O′ から線分 OA に垂線 O′H を下ろす。
OA⊥AB，O′B⊥AB であるから
$$AH = O'B = 4$$
△OO′H は直角三角形であるから

[!] $$OH^2 + O'H^2 = OO'^2$$

← 四角形 AHO′B は長方形。

← 三平方の定理

ここで，2円の接点は，外接している2円の中心 O，O′ を結んだ線分上にあるから
$$OO' = 6 + 4 = 10,$$
また $$OH = OA - AH = 6 - 4 = 2$$
O′H > 0 であるから
$$O'H = \sqrt{OO'^2 - OH^2} = \sqrt{10^2 - 2^2} = \sqrt{96} = 4\sqrt{6}$$
AB = O′H であるから $$AB = 4\sqrt{6}$$

TRAINING 70 ② ★

右の図において，ℓ は2円 O，O′ の共通接線であり，A，B はそれぞれ円 O，O′ との接点である。円 O，O′ の半径がそれぞれ5，3で，O，O′ 間の距離が10のとき，線分 AB の長さを求めよ。

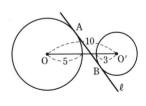

標準 例題
71 2円の共通接線（証明）

点 A で外接している 2 円 O, O′ がある。右の図のよ
うに円 O′ の周上の点 B における接線が円 O と 2 点 C,
D で交わるとき, AB は ∠CAD の外角を 2 等分する
ことを証明せよ。

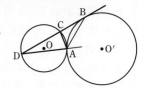

CHART
& GUIDE

接する2円
2円の接点を通る共通接線を引く

点 A における 2 円 O, O′ の共通接線 ℓ を引き, ℓ と BC の交点を E とすると, 次のこと
が見えてくる。

円 O と接線 ℓ に注目すると　　∠CAE＝∠BDA（接弦定理）　……[?]
円 O′ と接線 ℓ に注目すると　　EA＝EB（接線の長さが等しい）　……[?]

解答

点 A における 2 円 O, O′ の共通接
線 ℓ を引き, ℓ と BC の交点を E と
する。また, 線分 DA の A を越え
る延長上に点 F をとる。
円 O において, 接弦定理により

[?]　　　　∠CAE＝∠BDA …… ①
接線の長さは等しいから
[?]　　　　EA＝EB
よって　　∠EAB＝∠EBA …… ②
△ABD において, ∠DAB の外角が ∠BAF であるから
　　　　∠BAF＝∠BDA＋∠EBA …… ③
①, ② を ③ の右辺に代入して
　　　　∠BAF＝∠CAE＋∠EAB＝∠CAB
したがって, AB は ∠CAF すなわち ∠CAD の外角を 2 等分
する。

← ∠CAB＝∠BAF を示
せばよい。

←円の外部の 1 点からその
円に引いた 2 つの接線の
長さは等しい。

← ∠CAB
＝∠CAE＋∠EAB

TRAINING　71 ③

点 P で内接する 2 つの円がある。右の図のように, 点 P を通る 2 本
の直線と, 外側の円との交点を A, B, 内側の円との交点を C, D と
する。このとき, AB と CD は平行であることを証明せよ。

接線の長さ・接弦定理を振り返ろう！

問題文の図のまま考えていると，これまでに学んだ図形の性質をどこに使えばいいのかわかりません。

まず，点Aが2円O，O′ の接点ですから，点Aを通る2円の共通接線を引いてみましょう。そして，図の一部分に注目すると，使う性質が見えてきますよ。

● **例題 66 を振り返ろう！**

接線と三角形に注目 し，接弦定理を利用しましょう。不要な円や線分を消して図をかき直すと，右の図のようになります。

ℓ は点Aにおける共通接線であるから，点Aで円Oに接する。
この接線 ℓ と $\triangle ACD$ について，接弦定理から
$$\angle CAE = \angle CDA \quad すなわち \quad \angle CAE = \angle BDA$$

● **例題 65 を振り返ろう！**

円の外部の1点から引いた2本の 接線の長さは等しい ことを利用しましょう。
やはり，不要な図形を消してみます。

EB，EA は円 O′ の外部の点Eから円 O′ に引いた接線である。
接線の長さは等しいから
$$EA = EB$$

問題文の図のままではわかりづらかったのですが，定理を使うのに必要な部分だけを取りだして図をかき直すとわかりやすいことが実感できました。

Let's Start

16 作 図

作図では，定規とコンパスは次のことに用いる。

定　　規	[1]	与えられた2点を通る直線(線分)を引くこと
	[2]	線分を延長すること
コンパス	[1]	与えられた1点を中心として，円をかくこと
	[2]	直線上に与えられた線分の長さを移すこと

注意 三角定規の角を利用して 30°，45°，60°，90° などの角を作ったり，2 枚の三角定規を滑らせて平行線を引いたり，定規で長さを測ったりしてはいけない。

中学で学んだ基本的な作図方法を確認していきましょう。

■ 作図

↩ **Play Back** 中学

■ 線分 AB の垂直二等分線の作図
① 2点 A，B をそれぞれ中心として，等しい半径の円をかき，2つの円の交点を C，D とする。
② 直線 CD を引く。

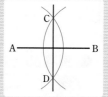

■ ∠AOB の二等分線の作図
① 点 O を中心とする適当な半径の円をかき，半直線 OA，OB との交点をそれぞれ C，D とする。
② 2点 C，D をそれぞれ中心として，等しい半径の円をかき，2つの円の交点の1つを E とする。
③ 半直線 OE を引く。

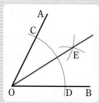

■ 垂線の作図
① 点 P を中心とする適当な半径の円をかき，直線 ℓ との交点を A，B とする。
② 2点 A，B をそれぞれ中心として，等しい半径の円をかき，その2つの円の交点の1つを Q とする。
③ 直線 PQ を引く。…… (*)

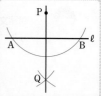

■ 平行線の作図
(*)のあとに PQ に対する垂線を作図することで，ℓ と平行な直線が作れる。

中学で学んだ基本の作図を思い出しましたか。では，ここまでに学んだ三角形や円の性質も利用していろいろな作図の問題に取り組んでいきましょう。

(1) 与えられた線分 AB を 1：4 に内分する点を作図せよ。
(2) 与えられた線分 AB を 5：1 に外分する点を作図せよ。

CHART & GUIDE

線分比と作図
平行線と線分の比の性質を利用

(1) 点Aを通り，直線 AB と異なる半直線 ℓ を引く。
この半直線上に AC：CD＝1：4 となる点C，D をとり，
CE∥DB となるように，直線 AB 上に点Eをとる。
平行線と線分の比の性質から，点Eが求める点となる。

(2) 線分 AB を 5：1 に外分する点をEとすると，
AE：EB＝5：1 から AB：BE＝4：1 と考える。

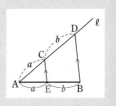

解答

(1) ① Aを通り，直線 AB と異なる
半直線 ℓ を引く。
② ℓ 上に，A から等間隔に点を
とり，1番目の点をC，5番目
の点をDとする。
このとき AC：CD＝1：4
③ Cを通り，直線 BD に平行な直線を引き，線分 AB と
の交点をEとする。
点Eが求める点である。

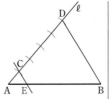

◀ 単位となる 1 の長さは適当にとる。

◀ BD∥EC から
AE：EB＝AC：CD
＝1：4

(2) ① Aを通り，直線 AB と異なる
半直線 ℓ を引く。
② ℓ 上に，A から等間隔に点を
とり，4番目の点をC，5番目の
点をDとする。
このとき AC：CD＝4：1
③ Dを通り，直線 BC に平行な直線を引き，直線 AB と
の交点をEとする。
点Eが求める点である。

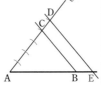

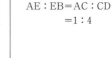

◀ BC∥ED から
AE：EB＝AD：DC
＝5：1

TRAINING 72 ②

(1) 与えられた線分 AB を 3：2 に内分する点を作図せよ。
(2) 与えられた線分 AB を 2：5 に外分する点を作図せよ。

長さが1の線分 AB と長さが a, b の線分が与えられたとき

(1) 長さが $\dfrac{a}{b}$ の線分を作図せよ。　(2) 長さが $2ab$ の線分を作図せよ。

CHART
& GUIDE

長さが比の値・積で表された線分の作図
平行線と線分の比の性質を利用

右の図のような △APQ を考える。
BC∥PQ とすると　AB：BP＝AC：CQ

(1) 1：BP＝b：a から　BP＝$\dfrac{a}{b}$

(2) 1：b＝$2a$：CQ から　CQ＝$2ab$

解答

(1) ① Aを通り, 直線 AB と異なる半
直線 ℓ を引く。

② ℓ 上に, AC＝b, CD＝a となる
点 C, D を右の図のようにとる。

③ Dを通り, 直線 BC に平行な直
線を引き, 半直線 AB との交点を
Eとする。
線分 BE が求める線分である。

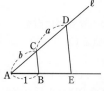

◀CB∥DE より
AB：BE＝AC：CD
であるから
$$BE=\frac{AB\cdot CD}{AC}=\frac{a}{b}$$

(2) ① Aを通り, 直線 AB と異なる半
直線 ℓ を引く。

② ℓ 上に, AC＝$2a$, 半直線 AB
上に BD＝b となる点 C, D を
右の図のようにとる。

③ Dを通り, 直線 BC に平行な直
線を引き, ℓ との交点をEとする。
線分 CE が求める線分である。

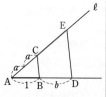

◀BC∥DE より
AB：BD＝AC：CE
であるから
$$CE=\frac{BD\cdot AC}{AB}=2ab$$

TRAINING 73 ②

長さが1の線分 AB と長さが a, b の線分が与えられたとき, 長さが $\dfrac{b}{3a}$ の線分を作図
せよ。

例題 **74** a, b に対して長さが $\sqrt{ab}$ の線分の作図 ✏✏✏

長さ a, b の 2 つの線分が与えられたとき，長さ $\sqrt{ab}$ の線分を作図せよ。

CHART & GUIDE

長さが $\sqrt{ab}$ の線分の作図
方べきの定理を利用

求める線分の長さを x とすると，$x^2=ab$ の関係式が現れる
ような平面図形の性質を考える。
そこで，定理 15 の方べきの定理 I において，$PA=a$，
$PB=b$，$PC=PD=x$ とすると，$x^2=ab$ となる。
よって，このときの線分 PC(PD) が求めるものである。

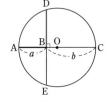

$ab=cd$

解答

① 長さが a の線分 AB を引き，線分
AB の B を越える延長上に BC$=b$
となる点 C をとる。

② 線分 AC の垂直二等分線と AC
の交点を O とし，O を中心として，
半径 OA の円をかく。

③ B を通り，直線 AB に垂直な直線を引き，円 O との交点
を D，E とする。

このとき，方べきの定理により　　BA・BC$=$BD・BE

すなわち　$a \times b=$BD^2

よって，線分 BD は長さ $\sqrt{ab}$ の線分である。

← 線分 BE でも正解。

👆 *Lecture* 長さが $\sqrt{n}$ の線分の作図

与えられた長さ 1 の線分を 1 辺とする正方形の作図をする。
この正方形の対角線の長さは $\sqrt{2}$ であるから，長さが $\sqrt{2}$ の線分
が作図できる。さらに，長さ $\sqrt{2}$ の線分を底辺とする直角三角形
を右の図のように作図すると，斜辺の長さは三平方の定理により
$\sqrt{3}$ となり，長さ $\sqrt{3}$ の線分も作図できる。
これを順次繰り返すことにより，自然数 n に対して長さ $\sqrt{n}$ の線
分が作図できる。

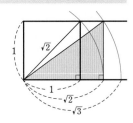

TRAINING 74 ③

長さ 1 の線分が与えられたとき，長さ $\sqrt{6}$ の線分を作図せよ。

Let's Start

17 空間における直線と平面

これまで学んださまざまな図形の性質は，すべて平面図形についてであった。ここからは，空間図形の性質について学ぶ。

例えば，「平行でない 2 直線は交わる」という平面図形では当たり前のことも，空間では成り立たない。空間図形の性質は慎重に調べていく必要がある。

 まずは，空間における直線や平面の位置関係について整理しましょう。

■ 2 直線の位置関係

(1) **2 直線の位置関係**

異なる 2 直線 $\ell,\ m$ の位置関係には，次の 3 つの場合がある。[1]，[2] の場合，2 直線 $\ell,\ m$ は 1 つの平面上にあり，[3] の場合，2 直線 $\ell,\ m$ は 1 つの平面上にない。

[1] 1 点で交わる

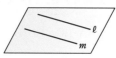
[2] 平行である

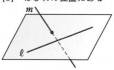
[3] ねじれの位置にある

2 直線 $\ell,\ m$ が平行であるとき，$\ell /\!/ m$ と書く。

異なる 3 直線 $\ell,\ m,\ n$ について，**$\ell /\!/ m,\ m /\!/ n$ ならば $\ell /\!/ n$** である。

(2) **2 直線のなす角**

2 直線 $\ell,\ m$ が平行でないとき，任意の 1 点 O を通り，ℓ，m に平行な直線を，それぞれ ℓ'，m' とすると，ℓ' と m' は同じ 1 つの平面上にある。このとき，ℓ' と m' のなす角は，点 O をどこにとっても，一定である。この角を **2 直線 $\ell,\ m$ のなす角** という。

2 直線 $\ell,\ m$ のなす角が直角のとき，ℓ と m は **垂直** であるといい，$\ell \perp m$ と書く。垂直な 2 直線 ℓ と m が交わるとき，ℓ と m は **直交** するという。

また，次のことが成り立つ。

> 平行な 2 直線の一方に垂直な直線は，他方にも垂直である。

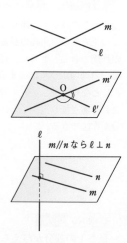

$m /\!/ n$ なら $\ell \perp n$

■ 直線と平面の位置関係

直線 ℓ と平面 α の位置関係には，次の 3 つの場合がある。

[1]　ℓ は α に含まれる
（ℓ は α 上にある）

[2]　1 点で交わる

[3]　平行である

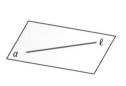

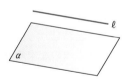

直線 ℓ と平面 α が平行であるとき，$\ell /\!/ \alpha$ と書く。
直線 ℓ が平面 α 上のすべての直線に垂直であるとき，ℓ は α に
垂直 である，または ℓ は α に **直交** するといい，$\ell \perp \alpha$ と書く。
このとき，ℓ を平面 α の **垂線** という。
また，次のことが成り立つ。

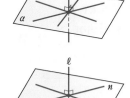

> **直線 ℓ が平面 α 上の交わる 2 直線 m，n に垂直ならば，**
> **直線 ℓ は平面 α に垂直である。**

■ 2 平面の位置関係

異なる 2 平面 α，β の位置関係には，次の 2 つの場合がある。

[1]　交わる

[2]　平行である

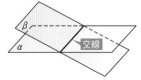
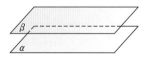

2 平面が交わるとき，その交わりは直線になり，その直線を
交線 という。

2 平面 α，β が平行であるとき $\alpha /\!/ \beta$ と書く。

交わる 2 平面の交線上の点から，各平面上で交線に垂直に引
いた 2 直線のなす角を **2 平面のなす角** という。

2 平面 α，β のなす角が直角のとき，α と β は **垂直** である，
または **直交** するといい，$\alpha \perp \beta$ と書く。

2 平面の垂直について，次のことが成り立つ。

> **平面 α に垂直な直線を含む平面は α に垂直である。**

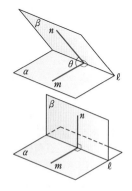

空間における直線や平面の位置関係は整理できましたか。それでは学んだ知識を
用いて問題に取り組んでいきましょう。

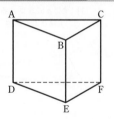

基本 例題 **75** 2直線の位置関係，2直線のなす角 ◑◑

右の図の三角柱 ABC−DEF において，AB＝AD，
∠BAC＝30°，∠ABC＝90° である。

(1) 辺 BC と垂直な辺をすべてあげよ。

(2) 辺 BC とねじれの位置にある辺をすべてあげよ。

(3) 次の2直線のなす角 θ を求めよ。ただし，
 $0°≦\theta≦90°$ とする。

　(ア) AC，BE 　(イ) AC，EF 　(ウ) AE，CF

CHART
& GUIDE
空間における2直線の関係
直線を平行に移動して，1つの平面上で考える

(2) 辺 BC とねじれの位置にある辺は，辺 BC と同じ平面上にない辺である。

(3) (ア) 2直線 AC，BE は1つの平面上にないから，BE を AD または CF に平行移動して考える。

解答

(1) **辺 AB，AD，BE，CF，DE**

(2) 辺 BC とねじれの位置にある辺は BC と同じ平面上にない
 辺であるから 　**辺 AD，DE，DF**

(3) (ア) 2直線 AC，BE のなす角は2直線 AC，AD のなす
 角と等しい。
 よって 　$\theta=\angle\mathrm{CAD}=\mathbf{90°}$

 (イ) 2直線 AC，EF のなす角は2直線 AC，BC のなす角
 と等しい。
 よって 　$\theta=\angle\mathrm{ACB}=180°-(30°+90°)=\mathbf{60°}$

 (ウ) 2直線 AE，CF のなす角は2直線 AE，AD のなす角
 と等しい。AB＝AD より，四角形 ADEB は正方形であ
 るから，△ADE は直角二等辺三角形である。
 よって 　$\theta=\angle\mathrm{DAE}=\mathbf{45°}$

TRAINING 75 ②

右の図の正五角柱 ABCDE−FGHIJ において，次の問いに答えよ。

(1) 辺 AB と垂直な辺をすべてあげよ。

(2) 辺 AF とねじれの位置にある辺をすべてあげよ。

(3) 次の2直線のなす角 θ を求めよ。ただし，$0°≦\theta≦90°$ とする。

　(ア) AE，DI 　(イ) AE，HI 　(ウ) AD，GJ

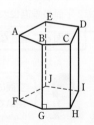

基本 例題 **76** 直線と平面の垂直・平行

$\ell,\ m,\ n$ を空間内の異なる直線, $\alpha,\ \beta,\ \gamma$ を空間内の異なる平面とする。

次の記述のうち, 常には正しくないものを3つ選び, 反例をあげよ。

解説動画へGO!!

① 「$\ell /\!/ m$ かつ $m /\!/ n$」ならば $\ell /\!/ n$ である。
② 「$\ell /\!/ m$ かつ $m \perp n$」ならば $\ell \perp n$ である。
③ 「$\ell \perp m$ かつ $m \perp n$」ならば $\ell /\!/ n$ である。
④ 「$\alpha /\!/ m$ かつ $\alpha /\!/ n$」ならば $m /\!/ n$ である。
⑤ 「$\alpha \perp \beta$ かつ $\alpha \perp \gamma$」ならば $\beta \perp \gamma$ である。
⑥ 「$\ell \perp \alpha$ かつ $\ell \perp \beta$」ならば $\alpha /\!/ \beta$ である。

CHART & GUIDE

空間の直線と平面の垂直・平行
立方体の辺や面を利用して考える

解答

常には正しくないのは, ③, ④, ⑤ である。反例は次の通り。

③ の反例
「$\ell \perp m$ かつ $m \perp n$」
だが, $\ell \perp n$ である。

④ の反例
「$\alpha /\!/ m$ かつ $\alpha /\!/ n$」
だが, $m \perp n$ である。

⑤ の反例
「$\alpha \perp \beta$ かつ $\alpha \perp \gamma$」
だが, $\beta /\!/ \gamma$ である。

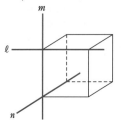

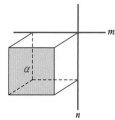

ただし, 図の立体はすべて立方体である。

TRAINING 76 ②

$\ell,\ m$ を空間内の異なる直線, $\alpha,\ \beta$ を空間内の異なる平面とする。

次の記述のうち, 常には正しくないものを2つ選び, 反例をあげよ。

① 「$\ell \perp m$ かつ $\alpha /\!/ \ell$」ならば $\alpha \perp m$ である。
② 「$\alpha \perp \ell$ かつ $\beta /\!/ \ell$」ならば $\alpha \perp \beta$ である。
③ 「$\alpha /\!/ \ell$ かつ $\ell /\!/ m$」ならば $\alpha \perp m$ である。

3章
17

空間における直線と平面

標準
例題
77 直線と平面の垂直，三垂線の定理 ◔◔◔

(1) すべての辺の長さが等しい正四角錐
A−BCDE において，辺 AD の中点を M とするとき，辺 AD は平面 MEC に垂直であることを証明せよ。

(2) 平面 α と α 上に直線 ℓ がある。α 上にない点 A，ℓ 上の点 B，および α 上にあるが ℓ 上にない点 O について，次が成り立つことを示せ。

$$\text{OB}\perp\ell, \quad \text{AB}\perp\ell, \quad \text{OA}\perp\text{OB} \quad \text{ならば} \quad \text{OA}\perp\alpha$$

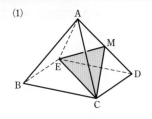
(1)

CHART & GUIDE

直線と平面の垂直
平面 α 上の交わる 2 直線に垂直な直線は α に垂直

(1) 直線 AD が直線 CM，EM の両方に垂直であることを示す。

(2) OB⊥ℓ，AB⊥ℓ から，(平面 OAB)⊥ℓ よって，OA⊥ℓ となる。

解答

(1) △ADC は正三角形であり，AM=DM から AD⊥CM
また，△ADE も正三角形であり，AM=DM から AD⊥EM
よって，辺 AD は平面 MEC 上の交わる 2 直線に垂直であるから，平面 MEC に垂直である。

(2) OB⊥ℓ，AB⊥ℓ より，直線 ℓ は 2 直線 OB，AB の定める平面 OAB に垂直であるから
　　　　(平面 OAB)⊥ℓ
直線 OA は平面 OAB 上にあるから OA⊥ℓ [(*)]
また，仮定により OA⊥OB
よって，直線 OA は平面 α 上の交わる 2 直線 ℓ，OB に垂直であるから，OA⊥α が成り立つ。

(*) (平面 OAB)⊥ℓ から，ℓ は平面 OAB 上のすべての直線と垂直である (垂直の定義)。
よって，平面 OAB 上の直線の 1 つである直線 OA とも垂直である。

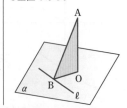

✋ *Lecture* **三垂線の定理**

例題の (2) を **三垂線の定理** といい，次の 1 と 2 の 2 つを含める場合がある。

　　　1 OA⊥α，OB⊥ℓ ならば AB⊥ℓ が成り立つ。
　　　2 OA⊥α，AB⊥ℓ ならば OB⊥ℓ が成り立つ。

TRAINING 77 ③

(1) 正四面体 ABCD において，次が成り立つことを証明せよ。
　　(ア) 辺 AD の中点を M とすると AD⊥(平面 MBC)　　(イ) AD⊥BC

(2) 上の Lecture 1 と 2 が成り立つことを証明せよ。

Let's Start

18 多 面 体

ここでは，平面だけで囲まれた立体について，調べていきましょう。

■ 多面体

三角錐や四角柱などのように，平面だけで囲まれた立体を **多面体** といい，へこみのない多面体を **凸多面体** という。

また，次の [1]，[2] を満たす凸多面体を **正多面体** という。

[1] 各面はすべて合同な正多角形である。

[2] 各頂点に集まる面の数はすべて等しい。

正多面体は，次の 5 種類しかないことが知られている。

正四面体   正六面体   正八面体   正十二面体   正二十面体

多面体の頂点の数と辺の数は，次の式で求められる。

　　頂点の数　（1面の頂点の数）×（面の数）÷（1頂点に集まる面の数）

　　辺 の 数　（1面の辺の数）×（面の数）÷2　　←── 各面の辺が 2 本ずつ重なっているから÷2

例　正四面体の各面は正三角形で，面の数は 4 である。

　　（頂点の数）　1つの面の頂点の数は 3，1つの頂点に集まる面の数は 3 であるから

　　　　　　　　　　$3 \times 4 \div 3 = 4$

　　（辺の数）　　1つの面の辺の数は 3 であるから

　　　　　　　　　　$3 \times 4 \div 2 = 6$

一般に，凸多面体の頂点の数を v，辺の数を e，面の数を f とすると

　　　　　　　　$v - e + f = 2$　　　　←──（頂点の数）−（辺の数）+（面の数）

が成り立つことが知られている。これを **オイラーの多面体定理** という。

次のページからは，多面体に関する問題に取り組んでいきましょう。

STEP *forward*

オイラーの多面体定理をマスターして，例題 **78** を攻略！

正多面体は 5 種類しかないことを
*p.*421 で学習しましたね。
その 5 種類の多面体についていろい
ろ調べてみましょう。

オイラーの多面体定理
凸多面体の頂点の数を v，辺の数を e，面の数を f とすると $$v-e+f=2$$

Get ready

次の表の (ア)〜(ク) に当てはまるものを答えよ。

正多面体	面の数	面の形	頂点の数	辺の数
正四面体	4	正三角形	4	6
正六面体	6	(ア)	(イ)	12
正八面体	8	(ウ)	6	(エ)
正十二面体	12	正五角形	(オ)	(カ)
正二十面体	20	正三角形	(キ)	(ク)

(イ) や (エ) は数えられるけど，正十二
面体や正二十面体の頂点や辺の数は
数えられません。

数えるのではなく，計算で求めてい
きましょう。辺の数は
　（1 面の辺の数）×（面の数）÷2
で求めることができます。÷2 とす
るのは，各面の辺が隣り合う面の辺
と重なっていて，2 回数えているか
らです。
頂点の数は，オイラーの定理を
$v=e-f+2$ と変形して使ってみ
ましょう。

正十二面体，正二十面体についても
できました。

> **memo**
>
> 解答
> ・正六面体
> 　(ア) 正方形
> 　(イ) $v=e-f+2=12-6+2=8$
> ・正八面体
> 　(ウ) 正三角形
> 　(エ) $3×8÷2=12$
> ・正十二面体
> 　(カ) $5×12÷2=30$
> 　(オ) $v=e-f+2=30-12+2=20$
> ・正二十面体
> 　(ク) $3×20÷2=30$
> 　(キ) $v=e-f+2=30-20+2=12$

基本 例題
78 オイラーの多面体定理 ◐◑／◑

次のような凸多面体の，面の数 f，辺の数 e，頂点の数
v を，それぞれ求めよ。

(1) 12 個の正五角形と 20 個の正六角形の面からなる凸
多面体

(2) 右の図のように，正四面体の各辺を 3 等分する点
を通る平面で，すべてのかどを切り取ってできる凸
多面体

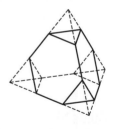

CHART
& GUIDE

オイラーの多面体定理
（頂点の数）−（辺の数）+（面の数）=2

多面体の頂点の数 v，辺の数 e，面の数 f の 3 つのうち，2 つがわかれば，残りの 1 つは
オイラーの多面体定理 $v-e+f=2$ から求められる。

解答

(1) 面の数は $\quad f=12+20=\textbf{32}$
辺の数は $\quad e=(5\times12+6\times20)\div2=\textbf{90}$
オイラーの多面体定理から $\quad v-90+32=2$
よって $\quad\quad v=\textbf{60}$

(2) 1 つのかどを切り取ると，新しい面として正三角形が 1 つ
できる。
正三角形は 4 個できるから，この数だけ正四面体より面の数
が増える。よって，面の数は $\quad f=4+4=\textbf{8}$
辺の数は $\quad e=(3\times4+6\times4)\div2=\textbf{18}$
オイラーの多面体定理から $\quad v-18+8=2$
よって $\quad\quad v=\textbf{12}$

(1)

これを切頂二十面体とい
う。この図形はサッカー
ボールに利用されている。

(2) 正三角形 4 個，正六角
形 4 個からなる多面体。

───────────────

TRAINING 78 ②

右の図のように，正八面体の各辺を 3 等分する点を通る平面で，
すべてのかどを切り取ってできる凸多面体の面の数 f，辺の数 e，
頂点の数 v を求めよ。

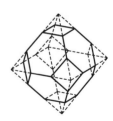

標準 例題 **79** 正多面体の体積 ◊◊◊◊

1辺の長さが6cmの立方体がある。この立方体の各面の対角線の交点6個を頂点とする立体 K は，正八面体である。K の体積を求めよ。

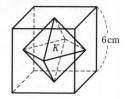
6cm

CHART & GUIDE

立体の問題
平面の問題に帰着させるのが原則

正八面体は，正四角錐を2つ合わせた図形であるから，求める体積は

    （正四角錐の体積）×2

なお，正四角錐の体積は $\dfrac{1}{3}×$（底面積）×（高さ）

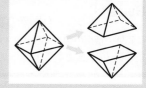

解答

右の図のように頂点 A~U を定める。
平面 RSTU で立方体を切ったときの立体 K の断面は下の図のようになり，四角形 RSTU は正方形である。
また，立体 K の体積は，正四角錐
P－RSTU の体積の2倍である。
正四角錐 P－RSTU の底面は，正方形
RSTU で，その面積は

$$\frac{1}{2}×6×6=18 \text{ (cm}^2)$$

また，正四角錐の高さは $6÷2=3$ (cm)
よって，立体 K の体積は

$$\left(\frac{1}{3}×18×3\right)×2=\mathbf{36 \ (cm^3)}$$

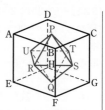

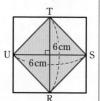

◆正方形 RSTU の面積は，正方形 ABCD の面積の半分。

◆高さは線分 AE の長さの半分。

◆正四角錐の体積は $\dfrac{1}{3}×$（底面積）×（高さ）

TRAINING 79 ③

正四面体 ABCD の頂点 A に集まる3つの辺 AB，AC，AD の各中点を通る平面で正四面体のかどを切り取る。さらに，頂点 B，C，D についても同じようにして，正四面体 ABCD の4つのかどを切り取って立体 K を作る。
このとき，立体 K は正八面体である。正四面体の1辺の長さが4であるとき，K の体積を求めよ。

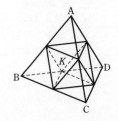

発展学習

≪≪ 基本例題 62, 64

発展 例題 80 三角形の垂心（証明）

鋭角三角形 ABC の頂点 B，C から対辺に下ろした垂線を
BE，CF とし，BE と CF の交点を H とする。直線 AH と
辺 BC の交点を D とするとき，AD⊥BC であることを証
明せよ。

3章

発展学習

CHART & GUIDE

直角であることの証明
円に内接する四角形の性質を利用

AD⊥BC を示すためには，∠BDH＝90° を示せばよい。そこで，四角形 BDHF に着目
する。∠BFH＝90° であるから，四角形 BDHF が円に内接することを示せば，対角の和
が 180° より ∠BDH＝90° を示すことができる。
⟶ （内角）＝（対角の外角）を利用。…… !

解答

∠BEC＝∠BFC＝90° であるから，四角形
BCEF は円に内接する。内角は，その対角の
[!] 外角に等しいから　∠ABD＝∠AEF …… ①
また　　　　∠AEB＝∠AFC＝90°
ゆえに，四角形 AFHE は円に内接する。
よって，円周角の定理により
　　　　　　∠AEF＝∠AHF …… ②
[!] ①，② から　　∠ABD＝∠AHF
したがって，四角形 BDHF は円に内接する。
ゆえに　　∠BDH＝180°−∠BFH＝90°
よって　　AD⊥BC

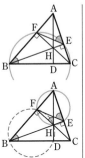

直角 2 つで円ができる。

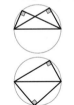

◀ 内角が，その対角の外角
に等しいから，円に内接
する。（定理 12 2）

Lecture　三角形の垂心

三角形の各頂点から対辺またはその延長に下ろした 3 つの垂線は 1 点で交
わり，その交点を，三角形の **垂心** という。
垂心の位置は，鋭角三角形の場合は三角形の内部に，鈍角三角形の場合は
三角形の外部にある（右の図参照）。直角三角形の垂心は直角の頂点と一致
する。

TRAINING 80 ④

鋭角三角形 PQR の辺 QR，RP，PQ の中点を，それぞれ A，B，C とするとき，
△ABC の垂心と △PQR の外心は一致することを証明せよ。

発展 例題 **81** 折れ線の長さの最小値 ◔◔◔◔

AB＝2，BC＝4 である長方形 ABCD において，辺 CD の中点を M とする。
辺 BC 上を点 P が動くとき，AP＋PM の最小値を求めよ。

CHART & GUIDE

折れ線の長さの最小値
折れ線は 1 本の線分にのばして考える
辺 BC に関して点 A と対称な点を A′ とすると　　　AP＝A′P
2 点間の最短の経路は，2 点を結ぶ線分であることを利用。……　**!**

解答

辺 BC に関して点 A，D と対称な点をそれぞれ A′，D′ とする。
このとき，AP＝A′P であるから
$$AP＋PM＝A′P＋PM≧A′M$$

!　よって，3 点 A′，P，M が一直線上にあるとき，AP＋PM は
最小となり，その最小値は線分 A′M の長さに等しい。
直角三角形 A′D′M において
$$A′M^2＝A′D′^2＋D′M^2＝4^2＋3^2＝25$$
A′M＞0 であるから　　A′M＝$\sqrt{25}$＝5
したがって，求める最小値は　**5**

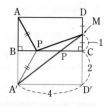

◀ 三平方の定理

 Lecture 2 点間の最短の経路

直線 ℓ と，ℓ 上にない 2 点 A，B がある。ℓ 上に点 P をとるとき，
AP＋PB が最小となる点 P の位置を調べよう。
2 点 A，B が ℓ に関して反対側にある場合は，線分 AB と ℓ の交点を
P とするとき，AP＋PB は最小となる。……（*）
一方，2 点 A，B が ℓ に関して同じ側にある場合は，（*）を利用するた
めに，次のような工夫をする。

ℓ に関してAと対称な点を A′ とすると　　　AP＝A′P
よって　　　AP＋PB＝A′P＋PB≧A′B
したがって，P を直線 A′B と ℓ の交点 Q の位置にとると，
AP＋PB は最小になる。また，最小値は A′B である。

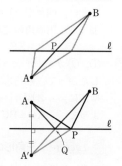

TRAINING 81 ④

右の図のように，直線 ℓ と 3 点 A，B，C がある。
ℓ 上に 2 点 P，Q をとり，L＝AP＋PB＋BQ＋QC と
するとき，L が最小となるのは，2 点 P，Q をどのよ
うにとったときか。

・C
A・
　・B
　　　　　　　　　　　　　　　　ℓ

発展
例題
82 チェバの定理の逆 🕐🕐🕐🕐🕐

△ABC の内接円と 3 辺 BC，CA，AB との接点を，それぞれ P，Q，R とするとき，3 直線 AP，BQ，CR は 1 点で交わる。このことを，チェバの定理の逆を用いて証明せよ。

CHART
& GUIDE

チェバの定理の逆

3 直線が 1 点で交わることを，次のチェバの定理の逆を用いて，証明する。

（チェバの定理の逆）

△ABC の辺 BC，CA，AB 上に，それぞれ点 P，Q，R があり

$$\frac{BP}{PC}\cdot\frac{CQ}{QA}\cdot\frac{AR}{RB}=1$$

が成り立つとき，3 直線 AP，BQ，CR は 1 点で交わる。

証明は，下の Lecture 参照。

解答

円外の点から，円に引いた接線の長さは等しいから

BP＝BR，CQ＝CP，AR＝AQ

よって $\dfrac{BP}{PC}\cdot\dfrac{CQ}{QA}\cdot\dfrac{AR}{RB}=\dfrac{BP}{PC}\cdot\dfrac{PC}{QA}\cdot\dfrac{QA}{BP}$

$=1$

よって，チェバの定理の逆により，3 直線 AP，BQ，CR は 1 点で交わる。

(参考) チェバの定理の逆は 3 直線の交点が外部にある場合でも成り立つ。

👆 *Lecture* **チェバの定理の逆の証明**

右の図のように，2 直線 BQ，CR の交点を O とし，直線 AO と辺 BC の交点を P′ とする。

チェバの定理により $\dfrac{BP'}{P'C}\cdot\dfrac{CQ}{QA}\cdot\dfrac{AR}{RB}=1$

仮定から $\dfrac{BP}{PC}\cdot\dfrac{CQ}{QA}\cdot\dfrac{AR}{RB}=1$

よって $\dfrac{BP'}{P'C}=\dfrac{BP}{PC}$

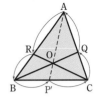

P，P′ はともに辺 BC 上にあるから，P′ は P に一致する。

したがって，3 直線 AP，BQ，CR は 1 点 O で交わる。

TRAINING 82 ④

次のことをチェバの定理の逆を用いて証明せよ。

(1) 三角形の 3 つの中線は 1 点で交わる。

(2) 三角形の 3 つの角の二等分線は 1 点で交わる。

発展 例題 **83** 相似を利用する作図 〇〇〇〇〇

右の図のような，鋭角三角形 ABC の内部に，
2PQ＝QR である長方形 PQRS を，辺 QR が辺 BC 上，
頂点Pが辺 AB 上，頂点Sが辺 CA 上にあるように作図
せよ(作図の方法だけ答えよ)。

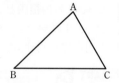

CHART
& GUIDE ▷

相似を利用する作図

■ 辺の比が 1：2 である小さい長方形を，辺 AB と辺 BC 上に 3 つの頂点
があるようにかく。

② ■ で作った長方形と相似な大きい長方形を，残りの頂点が辺 CA 上にあ
るようにかく。

解|答

① 辺 AB 上に点 P′ をとり，P′ から
辺 BC 上に垂線 P′Q′ を引く。
② 2P′Q′＝Q′R′ を満たす点 R′ を直
線 BC 上の点 Q′ の右側にとる。
③ 線分 P′Q′，Q′R′ を隣り合う 2 辺
とする長方形 P′Q′R′S′ を作る。
④ 直線 BS′ と辺 AC の交点をSとし，Sから辺 BC 上に垂
線 SR を引く。
⑤ 2SR＝QR を満たす点Qを辺 BC 上の点Rの左側にとる。
⑥ Qを通り，辺 BC に垂直な直線と辺 AB の交点をPとす
る。四角形 PQRS が求める長方形である。

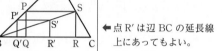

◀点 R′ は辺 BC の延長線
上にあってもよい。

[別解]　(①～④ は同じ)
⑤ Sから辺 BC に平行に
引いた直線と辺 AB の
交点をPとする。
⑥ Pから辺 BC に垂線
PQ を引く。

(参考)　四角形 PQRS と四角形 P′Q′R′S′ は相似である。このように相似を利用した作図
の方法を **相似法** ともいう。

TRAINING 83 ④

右の図のような，O を中心とする扇形 OAB の内部に正方形
PQRS を，辺 QR が線分 OA 上，頂点Pが線分 OB 上，頂点S
が弧 AB 上にあるように作図せよ(作図の方法だけ答えよ)。

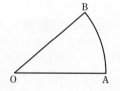

EXERCISES

A **21**② (1) 鋭角三角形 ABC の外心をOとする。∠BAO の二等分線が △ABC の外接円と交わる点をDとすると，AB∥OD であることを証明せよ。
(2) 鋭角三角形 ABC の内心を I とし，直線 BI，CI が辺 AC，AB と交わる点をそれぞれ E，D とする。DE∥BC ならば AB＝AC であることを証明せよ。 ≪≪ 基本例題 53，54

22② 三角形 ABC の重心をGとする。三角形 ABC の各頂点 A，B，C と点Gを結ぶ直線が辺 BC，CA，AB と交わる点を，それぞれ D，E，F とする。
(1) 三角形 EFG の面積をSとするとき，三角形 BCG と三角形 AFE の面積をそれぞれSを用いて表せ。
(2) 三角形 ABC の面積は，四角形 AFGE の何倍になるかを求めよ。
〔鳥取大〕 ≪≪ 基本例題 55

23③ △ABC の辺 BC を 3：2 に内分する点をD，辺 AB を 4：1 に内分する点をEとする。線分 AD と CE の交点をPとし，直線 BP と辺 CA との交点をFとする。
(1) 線分の比 AF：FC，AP：PD を求めよ。
(2) 面積の比 △APF：△ABC を求めよ。 ≪≪ 基本例題 58，59

24③ AB＝2，BC＝x，CA＝4－x であるような △ABC がある。このとき，x の値の範囲を求めよ。 ≪≪ 基本例題 60

25③ 右の図で，△ABC，△CDE はともに正三角形で，3つの頂点 B，C，D は一直線上にある。AD と BE との交点をFとするとき，4点 A，B，C，F は 1 つの円周上にあることを証明せよ。 ≪≪ 基本例題 63

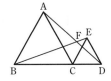

26② 右の図において，L，M，N は △ABC の辺と内接円との接点であり，∠C＝90°，AL＝3，BM＝10 である。
(1) 内接円の半径をrとするとき，AC，BC の長さをそれぞれrで表せ。
(2) rの値を求めよ。 ≪≪ 基本例題 65

23 (1) △ABC にチェバの定理を，△ABD と直線 EC にメネラウスの定理を適用する。
24 三角形の成立条件 $a+b>c$ かつ $b+c>a$ かつ $c+a>b$ を用いる。
26 (1) 内接円の中心を I とすると，四角形 IMCN は正方形である。
(2) 三平方の定理を利用。

A

27② △ABC とその外接円があり，辺 BC 上に点 D を ∠BAD＝∠CAD となるようにとる。また，点 A における円の接線と直線 BC との交点を P とする。このとき，PA＝PD であることを証明せよ。

<<< 基本例題 **67**

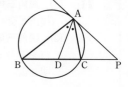

28③ 2 点 P，Q で交わる 2 つの円 O，O′ がある。右の図のように，線分 QP の P を越える延長上の 1 点 A から，円 O に接し円 O′ に交わる直線を引き，その接点を C，交点を B，D とする。AB＝a，BC＝b，CD＝c であるとき，c を a，b を用いて表せ。

<<< 基本例題 **68**

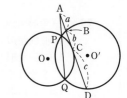

29② 右の図において，直線 AB は円 O，O′ にそれぞれ点 A，B に接している。円 O，O′ の半径をそれぞれ r，r' $(r<r')$，2 つの円の中心間の距離を d とするとき，AB＝$\sqrt{d^2-(r'-r)^2}$ であることを証明せよ。

<<< 基本例題 **70**

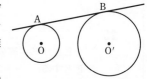

30③ 右の図のように，半径の異なる 2 つの円が点 A で接している。内側の円に点 D で接する直線を引き，外側の円との交点を B，C とする。このとき，AD は ∠BAC を 2 等分することを証明せよ。

<<< 標準例題 **71**

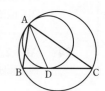

31② 正十二面体の各辺の中点を通る平面で，すべてのかどを切り取ってできる多面体の面の数 f，辺の数 e，頂点の数 v を，それぞれ求めよ。

<<< 基本例題 **78**

32③ 右の図の立方体 ABCD－EFGH から 4 つの正三角錐 A－BDE，C－DBG，F－BEG，H－DEG を切り取ってできる立体を K とする。

(1) 立体 K の名称を答えよ。

(2) 線分 BD の長さが a のとき，立体 K の体積を a で表せ。

<<< 標準例題 **79**

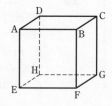

HINT

27 ∠ADP＝∠DAP を示す。△ABD について，∠ADP は ∠ADB の外角の 1 つ。

30 点 A における 2 円の共通接線を引き，∠ACD に等しい角を調べる。∠DAC＝∠BAD を示す。

32 (2) (立方体の体積)－(4 つの正三角錐の体積の和) として求める。

EXERCISES

B **33**④ AB=5，BC=6，CA=4 である △ABC において，∠B の外角の二等分線と∠C の外角の二等分線の交点を P とする。

(1) P から直線 AB に下ろした垂線を PD とするとき，線分 AD の長さを求めよ。

(2) 直線 AP は ∠A を 2 等分することを証明せよ。

34⑤ ∠XOY=30° の角の内側に OA=3 である点 A がある。OX，OY 上にそれぞれ点 P，Q をとるとき，AP+PQ+QA の最小値を求めよ。　≪≪ 発展例題 **81**

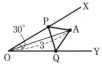

35④ ★ △ABC において，AB=AC=5，BC=$\sqrt{5}$ とする。辺 AC 上に点 D をAD=3 となるようにとり，辺 BC の B の側の延長と △ABD の外接円との交点で B と異なるものを E とする。　〔類 センター試験〕

(1) BE=ア□ である。また，△ACE の重心を G とすると，AG=イ□ である。

(2) AB と DE の交点を P とすると $\dfrac{DP}{EP}$=ウ□ である。

(3) DE=エ□，EP=オ□ である。　≪≪ 基本例題 **55**，**59**

36④ ★ 四角形 ABCD は円に内接し，AB=4，BC=2，DA=DC である。対角線 AC，BD の交点を E，線分 AD を 2：3 の比に内分する点を F，直線 FE，DC の交点を G とする。　〔類 センター試験〕

(1) AE：EC=ア□：イ□，GC：GD=ウ□：エ□ である。

(2) 直線 AB が点 G を通る場合について考える。

このとき，△AGD の辺 AG 上に点 B があるから，BG=オ□ である。また，直線 AB と直線 DC が点 G で交わり，4 点 A，B，C，D は同一円周上にあるから，DC=カ□ である。　≪≪ 基本例題 **58**，**59**，**68**

HINT

33 (1) P から直線 BC，AC に垂線を下ろし，それぞれの交点を E，F とする。△PBD≡△PBE，△PCE≡△PCF，△PAD≡△PAF を利用して，AD を AB，BC，CA を用いて表す。

数学の扉 ルーローの三角形

先生‼我が家でもお掃除ロボットを買ったんですけど，どうしてこんな形をしてるんですか？

これは『ルーローの三角形』という図形です。
「どの方向から測っても，幅が一定」という特徴があって，いろいろなところで応用されています。

幅が一定？どういうことですか？

では，『ルーローの三角形』について，詳しく説明します。

正三角形の各頂点を中心として，正三角形の1辺を半径とする円をそれぞれかいたとき，3つの円の内部にできる図形を**ルーローの三角形**といいます。

ルーローの三角形は，**定幅図形**とよばれる図形の1つです。
定幅図形とは，

  どの方向から測っても，幅が一定

である図形のことで，円も定幅図形の1つになります。
他にも，五角形，七角形，……とあり，一般に，奇数角形について存在します。

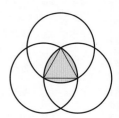

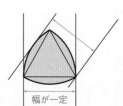

幅が一定

ルーローの五角形

ルーローの七角形

ルーローの三角形を，固定された正方形の中で回転させると，円よりも広く，ほぼ正方形全体を動くことができます。
この性質から，最近では掃除機の形として用いられることがあります。

レベル ………… 各例題の難易度を表す ⏱ の個数（1～5 の 5 段階）。

◉, ◎, ○印 … 各項目で重要度の高い例題につけた（◉, ◎, ○の順に重要度が高い）。
時間の余裕がない場合は，◉, ◎, ○の例題を中心に勉強すると効果的である。
また，◉の例題には，解説動画がある。

19 約数と倍数

 ここでは，中学でも学習した約数や倍数，素数について，基本的なこと
を復習するとともに，より発展的なことを学習していきましょう。

■ 約数と倍数

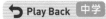 Play Back 　中学

自然数 1, 2, 3, …… に，0 と −1, −2, −3, …… とを合わせて整数という。

　　整数　……, −4, −3, −2, −1, 0, 1, 2, 3, 4, ……

　　　　　　　　　負の整数　　　　　　　正の整数（自然数）

2つの整数 a, b について，**ある整数 k を用いて $a=bk$
と表される** とき

　　　　　b は a の約数である，　a は b の倍数である

という。なお，これまでは自然数において約数や倍数を考え
ることが多かったが，これからは，0 や負の整数も含めた整
数全体で約数や倍数を考える。

　　　　　　　　　　　　　　　　　　　b は a の約数
　　　　　　　　　　　　　　　　　$a=bk$
　　　　　　　　　　　　　　　　　　　a は b の倍数

例　12=3·4 であるから

　　　3 は 12 の約数であり，12 は 3 の倍数である。

　　12=(−3)·(−4) でもあるから

　　　−3 も 12 の約数であり，12 は −3 の倍数でもある。

←・は積を表す記号。

← b が a の約数ならば
　 $−b$ も a の約数になる。

例　15 の約数は，±1, ±3, ±5, ±15 の8個ある。

　　5 の倍数は，次のように無数にある。

　　　　　　　0, ±5, ±10, ±15, ±20, ……

← 15=1·15, 15=3·5

← 0 を忘れずに！

注意　±1 はすべての整数の約数であり，0 はすべての整数の倍
　　数である。

■ 倍数の判定法

ある整数の倍数であるかどうかを調べるには，次のような判定法が
ある。

---

2 の倍数 …… 一の位が偶数（0, 2, 4, 6, 8）

3 の倍数 …… 各位の数の和が 3 の倍数

4 の倍数 …… 3 桁以上の場合，下 2 桁が 4 の倍数

5 の倍数 …… 一の位が 0 か 5

8 の倍数 …… 4 桁以上の場合，下 3 桁が 8 の倍数

9 の倍数 …… 各位の数の和が 9 の倍数

10 の倍数 …… 一の位が 0

← 0 も偶数である。
（偶数＝2 の倍数）

← 00 も含む。

← 000 も含む。

3, 4, 8, 9 の倍数について，上で示したようにして判定できる理由を，4 桁の自然数の場合で考えてみよう。

4 桁の自然数 N は，千の位を a，百の位を b，十の位を c，一の位を d とすると，$N=1000a+100b+10c+d$（a, b, c, d は 0 以上 9 以下の整数，$a \neq 0$）と表される。

[4 の倍数] $N=4(250a+25b)+10c+d$

と変形できる。

$4(250a+25b)$ は 4 の倍数であるから，N が 4 の倍数となるのは，$10c+d$ すなわち下 2 桁が 4 の倍数のときである。

[8 の倍数] $N=8 \cdot 125a+100b+10c+d$

と変形できる。

$8 \cdot 125a$ は 8 の倍数であるから，N が 8 の倍数となるのは，$100b+10c+d$ すなわち下 3 桁が 8 の倍数のときである。

[3, 9 の倍数] $N=(999+1)a+(99+1)b+(9+1)c+d$
$$=9(111a+11b+c)+a+b+c+d$$

と変形できる。

$9(111a+11b+c)$ は 3 の倍数であるから，N が 3 の倍数となるのは，$a+b+c+d$（各位の数の和）が 3 の倍数のときである。

また，$9(111a+11b+c)$ は 9 の倍数であるから，N が 9 の倍数となるのは，$a+b+c+d$（各位の数の和）が 9 の倍数のときである。

例 6540 については，次のことがわかる。

一の位に注目して　　2 の倍数（偶数）である。5 の倍数である。
　　　　　　　　　　　10 の倍数である。

下 2 桁に注目して　　4 の倍数である。

下 3 桁に注目して　　8 の倍数ではない。

6+5+4+0=15 に注目して　　3 の倍数である。
　　　　　　　　　　　　　9 の倍数ではない。

← 40=4·10

← 540=8·67+4

← 15 は 3 の倍数であるが，9 の倍数ではない。

■ 素数

2以上の自然数で，1とそれ自身以外に正の約数をもたない数を
素数 という。

2以上の自然数で，素数でない数を **合成数** という。

例　素数：2，3，5，7，……

合成数：4($=2×2$)，6($=2×3$)，8($=2^3$)，9($=3^2$)，……

注意　素数の中で，偶数は2だけであり，3以上の素数はすべて
奇数である。

■ 素因数分解

整数がいくつかの整数の積で表されるとき，積を作る整数をもとの
整数の **因数** という。　　　　　　　　　　　　　　　　　　　◀ 因数は負でもよい。

素数である因数を **素因数** という。　　　　　　　　　　　　　◀ 素数は自然数であるか
　　　　　　　　　　　　　　　　　　　　　　　　　　　　　　　　ら，素因数は正である。

自然数を素数だけの積の形に表すことを **素因数分解** するという。

なお，合成数は必ず素因数分解でき，1つの合成数の素因数分解は
積の順序を考えなければ1通りである。

これを **素因数分解の一意性** という。　　　　　　　　　　　　◀ 整数の重要な性質の1
　　　　　　　　　　　　　　　　　　　　　　　　　　　　　　　　つ。

素因数分解は，できるだけ小さい素数から順に，割り切れるだけ割
っていく。

例　132は，2で割って66，さらに2で割って33，　　　2) 132　　◀ できるだけ小さい素数
　　次は3で割って11　　　　　　　　　　　　　　　　2) 66　　　で割っていくから，2，
　　11は素数であるから，これで終了で，$132=2^2 \cdot 3 \cdot 11$　3) 33　　3，5，… で割り切れ
　　となる。　　　　　　　　　　　　　　　　　　　　　11　　　　ないか順に考えていく。

　　630は，2で割って315，3で割って105，さらに3で　2) 630
　　割って35，次は5で割って7　　　　　　　　　　　3) 315
　　7は素数であるから，これで終了で，$630=2 \cdot 3^2 \cdot 5 \cdot 7$　3) 105
　　となる。　　　　　　　　　　　　　　　　　　　　5) 35
　　　　　　　　　　　　　　　　　　　　　　　　　　　　7

次のページからは，これらの学んだことを用いて，問題を解いていきましょう。

基本 例題 84 倍数であることの証明

a, b は整数とする。次のことを証明せよ。
(1) a, b が 5 の倍数ならば，$a+b$，$2a-3b$ は 5 の倍数である。
(2) a, b が 3 の倍数ならば，a^2+b^2 は 9 の倍数である。
(3) a, $3a+b$ が 7 の倍数ならば，b は 7 の倍数である。

解説動画へGO!!

CHART & GUIDE

倍数であることの証明

● **の倍数なら ＝●k と表される（k は整数）**

k，l を整数として
(1) $a=5k$，$b=5l$　　(2) $a=3k$，$b=3l$　　(3) $a=7k$，$3a+b=7l$　と表される。
(3)は，$a=7k$，$3a+b=7l$ を a，b についての連立方程式と考え，b について解く。

19

4章

約数と倍数

解答

k，l は整数とする。

(1) $a=5k$，$b=5l$ と表されるから
$$a+b=5k+5l=5(k+l),$$
$$2a-3b=2\cdot5k-3\cdot5l=5(2k-3l)$$
$k+l$，$2k-3l$ は整数であるから，$a+b$，$2a-3b$ は 5 の倍数である。

(2) $a=3k$，$b=3l$ と表されるから
$$a^2+b^2=(3k)^2+(3l)^2=9k^2+9l^2=9(k^2+l^2)$$
k^2+l^2 は整数であるから，a^2+b^2 は 9 の倍数である。

(3) $a=7k$，$3a+b=7l$ と表されるから
$$b=7l-3a=7l-3\cdot7k=7(l-3k)$$
$l-3k$ は整数であるから，b は 7 の倍数である。

◆ この断りを書く。

◆ 整数の和，差，積は整数であるから，
$k+l$，
$2k$，$3l$，$2k-3l$
はすべて整数である。

◆ 整数の累乗は整数である。

? 質問コーナー (1)で，5 の倍数 a, b を $a=5k$，$b=5k$ と表してはいけないのですか？

ある整数 k を用いて a と b をともに $5k$ で表してしまうと，例えば $k=3$ のときには $a=5\times3$，$b=5\times3$ となり，a も b も 15 になってしまう。つまり，1 つの解答の中で，a と b はずっと同じ整数を表してしまう。よって，上の解答のように別々の整数 k と l を用いて $a=5k$，$b=5l$ と表さなくてはならない。

TRAINING 84 ②

a, b は整数とする。次のことを証明せよ。
(1) a, b が 6 の倍数ならば，$a-b$，$3a+8b$ は 6 の倍数である。
(2) a, b が -2 の倍数ならば，a^2-b^2 は 4 の倍数である。
(3) $5a-b$，a が 9 の倍数ならば，b は 9 の倍数である。

STEP *forward*

倍数の判定法をマスターして，例題 85 を攻略！

倍数の判定法はたくさんあって，整理できません。

では，具体的な問題を通して整理していきましょう。

倍 数 の 判 定 法

2 の倍数 ……	一の位が偶数
3 の倍数 ……	各位の数の和が 3 の倍数
4 の倍数 ……	下 2 桁が 4 の倍数
5 の倍数 ……	一の位が 0 か 5
9 の倍数 ……	各位の数の和が 9 の倍数

Get ready

次の数のうち，2，3，4，5，9 の倍数をそれぞれ選べ。
1012，1050，1521，2055，3224，21102

2，5 の倍数は一の位，3，9 の倍数は各位の数の和，4 の倍数は下2 桁に注目しましょう。表にまとめると考えやすいです。

まとめました。21102 の下 2 桁は「02」となってしまいます。どうしたらいいのですか。

そういう場合は「02」ではなく，「2」で考えます。

わかりました。表を利用して，それぞれの倍数となる数を選びました。

よくできました。

---

memo

	一の位	各位の和	下 2 桁
1012	2	4	12
1050	0	6	50
1521	1	9	21
2055	5	12	55
3224	4	11	24
21102	2	6	02

解答
2 の倍数：1012，1050，3224，21102
3 の倍数：1050，1521，2055，21102
4 の倍数：1012，3224
5 の倍数：1050，2055
9 の倍数：1521

まとめ

2，5 の倍数 …… 一の位
3，9 の倍数 …… 各位の数の和 } に注目する。
4 の倍数 …… 下 2 桁

基本 例題
85 倍数の条件から各位の数の決定 ◎◎◎

(1) 4桁の自然数 4□31 が 3 の倍数であるとき，百の位の数を求めよ。

(2) 3桁の自然数 □1□ は 4 の倍数であり，かつ 9 の倍数である。このような
整数のうち，最小のものを求めよ。

CHART & GUIDE

倍数の判定法の利用

3 (9) の倍数 ⟺ 各位の数の和が 3 (9) の倍数

4 の倍数 ⟺ 下 2 桁が 4 の倍数

(1) 百の位の数を a として，各位の数の和が 3 の倍数となるような a の値を求める。
  …… ?

(2) **1** 4 の倍数の判定法を利用して，一の位の数を求める。…… ?

  2 **1** で得られた 2 通りの一の位の数それぞれについて，各位の数の和が 9 の倍数と
  なるような，百の位の数を求める。

  3 **2** で求めた百の位の数のうち，小さい方が最小の整数となる。

各位の数は 0 以上 9 以下の整数である こと，最高位の数は 0 でない ことにも注意。

解答

(1) 百の位の数を a (a は整数，$0 \leqq a \leqq 9$) とすると，各位の数
  の和は $4+a+3+1=a+8$

? $a=0$, 1, 2, ……, 9 のうち，$a+8$ が 3 の倍数になるもの
  を選んで $a=\mathbf{1},\ \mathbf{4},\ \mathbf{7}$

← $1+8$ が 3 の倍数となる
  から，$(1+3)+8$，
  $(1+6)+8$ も 3 の倍数と
  なる。

(2) 4 の倍数であるから，下 2 桁は 4 の倍数である。

? よって，一の位の数は   2 または 6 $^{(*)}$

$(*)$ 1□ が 4 の倍数であ
  るのは　12 または 16

  百の位の数を a (a は整数，$1 \leqq a \leqq 9$) とする。

  [1] 一の位の数が 2 のとき，各位の数の和は
      $a+1+2=a+3$
    $a+3$ が 9 の倍数となるから $a=6$

  [2] 一の位の数が 6 のとき，各位の数の和は
      $a+1+6=a+7$
    $a+7$ が 9 の倍数となるから $a=2$

← $a=1$, 2, ……, 9 から
  選ぶ。なお，$a=0$ のと
  きは 3 桁の自然数となら
  ないから，適さない。

  [1], [2] のうち，a の値が小さい方が求める整数で   **216**

TRAINING 85 ②

(1) 4桁の整数 1□11 は 3 の倍数であるが，9 の倍数ではない。このとき，百の位の数
  を求めよ。

(2) 4桁の整数 □48□ は 5 の倍数であり，かつ 9 の倍数でもある。このような整数の
  うち，最大のものを求めよ。

基本 例題
86　自然数の正の約数の個数　⟨⟩⟨⟩

(1)　720 の正の約数の個数を求めよ。

(2)　自然数 N を素因数分解すると，素因数には 2 と 3 があり，それ以外の素因数はない。また，N の正の約数はちょうど 10 個あるという。このような自然数 N をすべて求めよ。

CHART
& GUIDE

正の約数の個数
N の素因数分解が　$N = p^a q^b r^c \cdots\cdots$ のとき，正の約数の個数は
$$(a+1)(b+1)(c+1)\cdots\cdots \quad \cdots\cdots \boxed{!}$$
(第 1 章の $p.297$ 例題 7 参照。)

(1)　720 を素因数分解し，上の $\boxed{!}$ を利用する。

(2)　条件から $N = 2^a \cdot 3^b$ (a, b は自然数) と表されるから，N の正の約数の個数は
$(a+1)(b+1)$
これが 10 になるように，自然数 a, b を定める。
—→ a, b が自然数であることを利用すると，$a+1$, $b+1$ の値の組が絞られてくる。

解答

(1)　$720 = 2^4 \cdot 3^2 \cdot 5$

であるから，求める正の約数の個数は

$\boxed{!}$　$(4+1)(2+1)(1+1) = \mathbf{30}$ （個）

$\begin{array}{r} 2)\,720 \\ 2)\,360 \\ 2)\,180 \\ 2)\,90 \\ 3)\,45 \\ 3)\,15 \\ \hline 5 \end{array}$

←(指数)＋1 とした数の積。

(2)　条件から，a, b を自然数として $N = 2^a \cdot 3^b$ と表され，N の正の約数が 10 個であることから

$\boxed{!}$　$(a+1)(b+1) = 10$

が成り立つ。

$a+1$, $b+1$ はともに 2 以上の自然数であり，10 を 2 以上の 2 つの整数の積で表すとすると $10 = 2\cdot5$ しかない。

ゆえに　$a+1=2$, $b+1=5$　または　$a+1=5$, $b+1=2$

よって　$a=1$, $b=4$　または　$a=4$, $b=1$

したがって，求める自然数 N は　$N = 2^1 \cdot 3^4$, $2^4 \cdot 3^1$

すなわち　$N = \mathbf{162}$, $\mathbf{48}$

←a, b は自然数であるから
$a \geqq 1$, $b \geqq 1$
よって
$a+1 \geqq 2$, $b+1 \geqq 2$

TRAINING　86 ②

(1)　1800 の正の約数の個数を求めよ。

(2)　自然数 N を素因数分解すると，素因数には 3 と 5 があり，それ以外の素因数はない。また，N の正の約数はちょうど 6 個あるという。このような自然数 N をすべて求めよ。

Let's Start

20 最大公約数・最小公倍数

 前の節では，整数の約数，倍数について学びましたね。ここでは，2つ以上の整数について，それらに共通する約数や倍数について学びましょう。

■ 最大公約数と最小公倍数

2つ以上の整数について

共通する約数をそれらの **公約数**，公約数のうち最大のものを **最大公約数**

共通する倍数をそれらの **公倍数**，正の公倍数のうち最小のものを **最小公倍数**

という。

■ 最大公約数と最小公倍数の求め方

① **約数や倍数を書き上げる方法**

例 8と12の最大公約数，最小公倍数を求める。

8の約数は $\pm 1, \pm 2, \pm 4, \pm 8$ ◀ ▓ が共通な約数。

12の約数は $\pm 1, \pm 2, \pm 3, \pm 4, \pm 6, \pm 12$

よって，8と12の公約数は $\pm 1, \pm 2, \pm 4$ で，このうち最 ◀ $\pm 1, \pm 2, \pm 4$ はどれ
大の公約数である4が8と12の最大公約数である。　　　　　も4の約数。

8の倍数は $0, \pm 8, \pm 16, \pm 24, \pm 32, \pm 40, \pm 48, \cdots$ ◀ ▓ が共通な倍数。

12の倍数は $0, \pm 12, \pm 24, \pm 36, \pm 48, \cdots\cdots$

よって，8と12の公倍数は $0, \pm 24, \pm 48, \cdots\cdots$ で，この ◀ $0, \pm 24, \pm 48, \cdots\cdots$
うち最小の正の公倍数である24が8と12の最小公倍数であ　　　はどれも24の倍数。
る。

上の 例 からもわかるが，0でない2つ以上の整数の最大公約数，最小公倍数は正の数である。また，公約数は最大公約数の約数，公倍数は最小公倍数の倍数 である。

② **素因数分解を利用する方法**

1 各数をそれぞれ素因数分解する。

2 最大公約数は，共通な素因数 に，最小の指数 をつけて，掛け合わせる。

最小公倍数は，すべての素因数 に，最大の指数 をつけて，掛け合わせる。

例 36と120の最大公約数，最小公倍数を求める。

各数を素因数分解すると $36 = 2^2 \cdot 3^2, \quad 120 = 2^3 \cdot 3 \cdot 5$

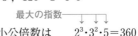

最小の指数　　　　　　　　　　　　　　　　最大の指数

最大公約数は $2^2 \cdot 3 = 12$ 　最小公倍数は $2^3 \cdot 3^2 \cdot 5 = 360$

共通な素因数　　　　　　　　　　　　　すべての素因数

③ 縦書きの計算による方法

例 36 と 120 の最大公約数，最小公倍数を求める。

$\boxed{1}$ 2 つに共通な素因数で割れるだけ割っていく。

$\boxed{2}$ 左側の素因数の積が最大公約数，最大公約数に一番下の 2 つの数を掛け合わせたものが最小公倍数である。

最大公約数は $2^2 \cdot 3 = 12$

最小公倍数は $12 \cdot 3 \cdot 10 = 360$

```
2) 36  120
2) 18   60
3)  9   30
    3   10
```

なお，3 つの数の場合，この縦書きの計算による方法は，次のようになる。

例 24，120，180 の最大公約数，最小公倍数を求める。

$\boxed{1}$ 3 つに共通な素因数で割れるだけ割っていく。

$\boxed{2}$ 左側の素因数の積が最大公約数，最大公約数に一番下の 3 つの数の最小公倍数を掛け合わせたものが最小公倍数である。

最大公約数は $2^2 \cdot 3 = 12$

下の 3 つの数 2，$10(=2 \cdot 5)$，$15(=3 \cdot 5)$ の最小公倍数は

$2 \cdot 3 \cdot 5 = \underset{\sim}{30}$ であるから，求める最小公倍数は $12 \cdot 30 = 360$

```
2) 24  120  180
2) 12   60   90
3)  6   30   45
    2   10   15
```

■ 互いに素，最大公約数・最小公倍数の性質

2 つの整数 a，b について，共通な素因数がないとき，a，b の最大公約数は 1 である。

2 つの整数 a，b の最大公約数が 1 であるとき，a と b は **互いに素** であるという。

互いに素に関しては，次のことが特に重要である。

> **互いに素な整数の性質**
>
> a，b，c は整数で，a，b は互いに素であるとする。
>
> 1　ac が b の倍数であるとき，c は b の倍数である。
>
> 2　a の倍数であり，b の倍数でもある整数は，ab の倍数である。

← a と b が互いに素でなければ，1，2 は成り立たない場合がある。

また，最大公約数・最小公倍数に関して，次のことが成り立つ。

> **最大公約数・最小公倍数の性質**
>
> 2 つの自然数 a，b の最大公約数を g，最小公倍数を l とする。$a = ga'$，$b = gb'$ であるとすると，次のことが成り立つ。
>
> 1　a'，b' は互いに素である。　　2　$l = ga'b'$
>
> 3　$ab = gl$

← 3 が成り立つことは，次の図式のようにしてみると理解しやすい。

$$a = a' \times g$$
$$b = \quad\ \ g \times b'$$
$$\overline{l = a' \times g \times b'}$$
$$lg = \underset{a}{\underline{a' \times g}} \times \underset{b}{\underline{b' \times g}}$$

次のページからは，学習したこれらのことを用いて，問題を解いていきましょう。

例題 87 最大公約数と最小公倍数

>>> 発展例題 96

次の整数の組について，最大公約数と最小公倍数を求めよ。

(1) 70, 525

(2) 90, 126, 180

解説動画へGO!!

CHART & GUIDE

最大公約数と最小公倍数
素因数分解をして，指数に注目

まず，各数を素因数分解する。そして，次の方針で求める。

最大公約数 ⟶ 共通な素因数に，最小の指数をつけて，掛け合わせる。

最小公倍数 ⟶ すべての素因数に，最大の指数をつけて，掛け合わせる。

（これは p.441 で説明した方法 ②。3 つの整数の場合でも，方針は同様である。）

4章 20 最大公約数・最小公倍数

解答

(1) 素因数分解すると

$70 = 2 \cdot 5 \cdot 7$

$525 = 3 \cdot 5^2 \cdot 7$

最大公約数は $5 \cdot 7 = 35$

最小公倍数は $2 \cdot 3 \cdot 5^2 \cdot 7 = 1050$

```
2)70      3)525
5)35      5)175
  7       5) 35
            7
```

← $2 \times 5 \times 7$
← $3 \times 5 \times 5 \times 7$
← 共通な素因数 ▨ の積。
← 各数に現れる素因数は 2, 3, 5, 7

(2) 素因数分解すると

$90 = 2 \cdot 3^2 \cdot 5$

$126 = 2 \cdot 3^2 \cdot 7$

$180 = 2^2 \cdot 3^2 \cdot 5$

最大公約数は $2 \cdot 3^2 = 18$

最小公倍数は $2^2 \cdot 3^2 \cdot 5 \cdot 7 = 1260$

```
2)90      2)126     2)180
3)45      3) 63     2) 90
3)15      3) 21     3) 45
  5          7      3) 15
                       5
```

← $2 \times 3 \times 3 \times 5$
← $2 \times 3 \times 3 \times 7$
← $2 \times 2 \times 3 \times 3 \times 5$
← 共通な素因数 ▨ の積。
← 各数に現れる素因数は 2, 3, 5, 7

[別解] 前ページで説明した，**縦書きの計算**（方法 ③）による。

(1) 70 と 525 に共通な素因数で割れるだけ割っていくと，右のようになる。

最大公約数は $5 \cdot 7 = 35$ ⟵ 赤い部分の数の積

最小公倍数は $35 \cdot 2 \cdot 15 = 1050$ ⟵ 赤い部分の数と青い部分の数の積

```
5)70  525
7)14  105
   2   15
```

(2) 90, 126, 180 に共通な素因数で割れるだけ割っていくと，右のようになる。**最大公約数は** $2 \cdot 3^2 = 18$ ⟵ 赤い部分の数の積

一番下の 3 数 5, 7, 10(=2·5) の最小公倍数は $2 \cdot 5 \cdot 7 = \underset{\sim}{70}$ であるから，求める **最小公倍数は**

$$18 \cdot \underset{\sim}{70} = 1260$$

```
2)90  126  180
3)45   63   90
3)15   21   30
   5    7   10
```

TRAINING 87 ①

次の整数の組について，最大公約数と最小公倍数を求めよ。

(1) 198, 264

(2) 84, 252, 315

標
準 例題
88 最大公約数, 最小公倍数と数の性質の利用 ◇◇◇

(1) 90 と自然数 n の最大公約数が 15, 最小公倍数が 3150 であるという。n の値を求めよ。

(2) 最大公約数が 3, 最小公倍数が 210, 和が 51 である 2 つの自然数を求めよ。

CHART & GUIDE

自然数 a, b の最大公約数 g, 最小公倍数 l の関係
$$a=ga', \quad b=gb' \quad とすると$$
$\boxed{1}$　a', b' は互いに素　　$\boxed{2}$　$l=ga'b'$　　$\boxed{3}$　$ab=gl$

(1) $\boxed{3}$ を利用する。

(2) $\boxed{1}$ により, 2 つの自然数は $3m$, $3n$ (m, n は互いに素な自然数) と表され, $\boxed{2}$ を利用すると　$210=3mn$　これと $3m+3n=51$ から m, n の値を決定する。

解答

(1) 条件から　　　$90n=15 \cdot 3150$　　　　　　　◆$ab=gl$ (GUIDE の $\boxed{3}$)

したがって　　$n=\dfrac{15 \cdot 3150}{90}=525$

(2) 求める 2 つの自然数を $3m$, $3n$ とする。　　　　◆GUIDE の $\boxed{1}$

ただし, m, n は互いに素な自然数で $m<n^{(*)}$ とする。

条件から　　$210=3mn$,　　$3m+3n=51$

すなわち　　$mn=70$ …… ①,　　$m+n=17$ …… ②

① および $m<n$ を満たす互いに素である m, n の組は　　◆① から, m, n は 70 の正の約数である。

$(m, n)=(1, 70), (2, 35), (5, 14), (7, 10)$

このうち, ② を満たすのは $(m, n)=(7, 10)$ のみである。

したがって, 求める 2 数は　　**21, 30**　　　　　◆$3m$, $3n$

[別解] ② から　　$n=17-m$　　　　　　　　◆①, ② を連立させて解く。

これを ① に代入して整理すると　　$m^2-17m+70=0$

よって　　$(m-7)(m-10)=0$　　ゆえに　　$m=7, 10$

よって　　$(m, n)=(7, 10), (10, 7)$　　　　◆$n=17-m$ から

$m<n$ であるから, $(m, n)=(7, 10)$ のみが適する。　　$m=7$ のとき　$n=10$

したがって, 求める 2 数は　　**21, 30**　　　　　$m=10$ のとき　$n=7$（7 と 10 は互いに素）

(補足) $(*)$ について

$m=n$ とすると　　$3m+3n=6n$ (偶数)

よって, 和が 51 にはならない。したがって, m と n は異なるから, 小さい方を $3m$, 大きい方を $3n$ とした。

TRAINING 88 ③

(1) 238 と自然数 n の最大公約数が 14, 最小公倍数が 1904 であるという。n を求めよ。

(2) 最大公約数が 11, 最小公倍数が 1320, 和が 253 である 2 つの自然数を求めよ。

標準 例題 **89** 最大公約数の応用問題（タイルの敷き詰め）

a は整数とする。縦 2 m 40 cm，横 3 m 72 cm の長方形の床に，1 辺の長さが a cm の大きさの正方形のタイルをすき間なく敷き詰めたい。このときの a の最大値を求めよ。また，このとき敷き詰められるタイルの枚数を求めよ。

CHART & GUIDE

最大公約数の応用問題
最大公約数を求めるには，まず素因数分解

縦 240 cm，横 372 cm であるから，条件より
$$240 = a \cdot (縦に並べる枚数), \quad 372 = a \cdot (横に並べる枚数)$$
枚数は整数であるから，a は 240 と 372 の公約数である。
そして，このような a の最大値は，240 と 372 の最大公約数である。…… ?

解答

　　2 m 40 cm = 240 cm，3 m 72 cm = 372 cm
1 辺の長さが a cm の正方形のタイルを，縦に m 枚，横に n 枚並べるとすると　　$240 = am$，$372 = an$ …… ①
a，m，n は自然数であるから，a は 240 と 372 の公約数である。

? ゆえに，a の最大値は 240 と 372 の最大公約数である。
　　　　$240 = 2^4 \cdot 3 \cdot 5$，　　$372 = 2^2 \cdot 3 \cdot 31$
であるから，240 と 372 の最大公約数は　　$2^2 \cdot 3 = 12$
よって，求める a の最大値は　　**12**
このとき，① から　　$m = 20$，$n = 31$
したがって，求めるタイルの枚数は　　$mn = 20 \cdot 31 = 620$（**枚**）

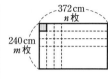

◀ 最大公約数は，共通な素因数に，最小の指数をつけて，掛け合わせる。

(参考) 240 と 372 の公約数は
　　　　　1, 2, 3, 4, 6, 12
であるから，1 辺の長さが 1 cm，2 cm，3 cm，4 cm，6 cm，12 cm の正方形のタイルであれば床を敷き詰めることができる。

TRAINING 89 ③

縦 3 m 24 cm，横 1 m 80 cm の長方形の壁に，1 辺の長さが整数で表される同じ大きさの正方形の紙をすき間なく貼りたい。貼る紙をできるだけ大きくするには 1 辺の長さを何 cm にすればよいか。また，そのときの紙の枚数を求めよ。

446

90 互いに素に関する性質の利用（証明）

a は自然数とする。$a+2$ が 7 の倍数であり，$a+3$ が 3 の倍数であるとき，
$a+9$ は 21 の倍数であることを証明せよ。

CHART
& GUIDE

互いに素な整数の性質
a, b, c は整数で，a, b は互いに素であるとする。
1 ac が b の倍数であるとき，c は b の倍数である。
2 a の倍数であり，b の倍数でもある整数は ab の倍数である。

1 k, l を自然数として $a+2=7k$, $a+3=3l$ と表すことからスタート。
2 $a+9$ を $a+9=(a+2)+7$, $a+9=(a+3)+6$ と 2 通りに表す。
3 $a+9$ は 7 かつ 3 の倍数となるから，2 を用いて 7・3 の倍数とする。

解答

$a+2$, $a+3$ は自然数 k, l を用いて
$$a+2=7k, \quad a+3=3l$$
と表される。
$$a+9=(a+2)+7=7k+7=7(k+1) \quad \cdots\cdots ①$$
また　　$a+9=(a+3)+6=3l+6=3(l+2) \quad \cdots\cdots ②$
よって，① から $a+9$ は 7 の倍数であり，② から $a+9$ は 3
の倍数でもある。
7 と 3 は互いに素であるから，$a+9$ は 7・3 の倍数すなわち
21 の倍数である。
[別解]　①，② を導くまでは同じ。
　①，② から　　$7(k+1)=3(l+2)$
　よって，$7(k+1)$ は 3 の倍数であるが，7 と 3 は互いに素で
あるから，$k+1$ は 3 の倍数である。
　ゆえに，$k+1=3m$（m は整数）と表される。
　よって　　$a+9=7・3m=21m$
　したがって，$a+9$ は 21 の倍数である。

◀「a は自然数」でなく
「a は整数」の場合も同
様に成り立つ。
● の倍数なら
=●k（k は整数）

◀ 2 を利用。

◀$a+9$ を消去。
◀ 1 を利用する方針。

TRAINING 90 ③
a は自然数とする。$a+4$ が 5 の倍数であり，$a+6$ が 8 の倍数であるとき，$a+14$ は 40
の倍数であることを証明せよ。

Let's Start

21 整数の割り算と商・余り

自然数 7 と 3 について，7 を 3 で割ると商が 2，余りが 1 であるから
$$7 = 3 \cdot 2 + 1 \quad \longleftarrow \text{(割られる数)} = \text{(割る数)} \times \text{(商)} + \text{(余り)}$$
が成り立つ。

整数を正の整数で割る割り算も，自然数の割り算と同様に考えられます。詳しく学んでいきましょう。

■ 整数の割り算における商と余り

┌─ 整数の割り算 ─┐
一般に，整数 a と正の整数 b について
$$a = bq + r, \quad 0 \leqq r < b$$
となる整数 q, r は 1 通りに定まる。

← a は負の整数でも構わないが，余り r は必ず 0 以上 b 未満の整数である。

このとき，q を，a を b で割ったときの **商**，r を，a を b で割ったときの **余り** という。また，$r = 0$ のとき a は b で **割り切れる** といい，$r \neq 0$ のとき a は b で **割り切れない** という。

例 $20 = 3 \cdot 6 + 2$ から，20 を 3 で割ったときの商は 6，余りは 2 である。

$-7 = 3 \cdot (-3) + 2$ から，-7 を 3 で割ったときの商は -3，余りは 2 である。

← $-7 = 3 \cdot (-2) - 1$ として，商 -2，余り -1 としては間違い！
0 ≦ (余り) < (割る数) を満たさない。

■ 余りによる整数の分類

m を 2 以上の自然数とすると，すべての整数は整数 k を用いて
$$mk, \quad mk+1, \quad mk+2, \quad \cdots\cdots, \quad mk+(m-1)$$
$$\text{余り 0} \quad \text{余り 1} \quad \text{余り 2} \quad \cdots\cdots \quad \text{余り } m-1$$
のいずれかの形で表される。

← m 通り。
← 整数を自然数 m で割ったときの余りは，0, 1, 2, ……，$m-1$ のいずれかである。

例 整数を 2 で割ると，余りは 0 か 1 であるから，すべての整数は，整数 k を用いて $2k$, $2k+1$ のいずれかの形で表される。

← 2 通り。

また，整数を 3 で割ると，余りは 0 か 1 か 2 であるから，すべての整数は，整数 k を用いて $3k$, $3k+1$, $3k+2$ のいずれかの形で表される。

← 3 通り。

■ 整数の和，差，積を割った余り

m, k を正の整数とする。2つの整数 a, b を m で割った余りをそれぞれ r, r' とすると，次の関係が成り立つ。

1　$a+b$ を m で割った余りは，$r+r'$ を m で割った余りに等しい。

2　$a-b$ を m で割った余りは，$r-r'$ を m で割った余りに等しい。

3　ab を m で割った余りは，rr' を m で割った余りに等しい。

4　a^k を m で割った余りは，r^k を m で割った余りに等しい。

証明　$a=mq+r$, $b=mq'+r'$ (q, q' は整数)と表される。

[1について]
$$a+b=(mq+r)+(mq'+r')=m(q+q')+r+r'$$
$q+q'$ は整数であるから，$m(q+q')$ は m の倍数である。よっ　　◀ 整数の和は整数。
て，$a+b$ を m で割った余りは $r+r'$ を m で割った余りに等
しい。

[2，3について]
　1と同様に考えると
$$a-b=(mq+r)-(mq'+r')=m(q-q')+r-r'$$
$$ab=(mq+r)(mq'+r')=m^2qq'+mqr'+rmq'+rr'$$
$$=m(mqq'+qr'+q'r)+rr'$$
$q-q'$, $mqq'+qr'+q'r$ は整数であるから，$m(q-q')$,　　◀ 整数の和，差，積は整
$m(mqq'+qr'+q'r)$ は m の倍数である。よって，$a-b$ を m　　数。
で割った余りは，$r-r'$ を m で割った余りに等しい。また，
ab を m で割った余りは，rr' を m で割った余りに等しい。

[4について]
$$a^2=(mq+r)^2=m(mq^2+2qr)+r^2$$
$$a^3=(mq+r)^3=m(m^2q^3+3mq^2r+3qr^2)+r^3$$
　　⋮　　　　　⋮　　　　　　　　　⋮
$$a^k=(mq+r)^k=m×(m, q, r の和と積のみで表される式)+r^k$$
m, q, r の和と積のみで表される式は整数であるから，　　◀ 整数の和，積は整数。
$m×(m, q, r の和と積のみで表される式)$ は m の倍数であ
る。よって，a^k を m で割った余りは r^k を m で割った余りに
等しい。

　次のページからは，問題を解くことで，整数の割り算について学んでいきましょ
う。

基本 例題
91 a, b の式を自然数で割った余りの決定

>>> 発展例題 100

a, b は整数とする。a を 8 で割ると 3 余り，b を 8 で割ると 6 余る。このとき，次の数を 8 で割った余りを求めよ。

(1) $a+b$　　(2) $a-b$　　(3) ab　　(4) a^2

解説動画へGO!!

CHART & GUIDE

余りの条件の利用
● で割った余りが r の数 $=●k+r$ （k は整数，$0 \leqq r < ●$）

1 整数 k, l を用いて $a=8k+3$, $b=8l+6$ と表す。
2 a, b で表された式に，1 の式を代入し，k, l の式に直す。
3 式を $8×(整数)+r$ の形に変形する。
　このとき，8 で割った余りであるから，$0 \leqq r < 8$ になるようにする。…… [!]
なお，前ページの性質 1～4 を利用すると，[別解]のような解答になる。

解答

a, b は整数 k, l を用いて $a=8k+3$, $b=8l+6$ と表される。

[!] (1) $a+b=(8k+3)+(8l+6)=8(k+l)+9$
　　　　　　$=8(k+l+1)+1$
　　よって，$a+b$ を 8 で割った余りは　**1**

[!] (2) $a-b=(8k+3)-(8l+6)=8(k-l)-3$
　　　　　　$=8(k-l-1)+5$
　　よって，$a-b$ を 8 で割った余りは　**5**

[!] (3) $ab=(8k+3)(8l+6)=8^2kl+8k·6+3·8l+3·6$
　　　　　$=8(8kl+6k+3l+2)+2$
　　よって，ab を 8 で割った余りは　**2**

[!] (4) $a^2=(8k+3)^2=8^2k^2+2·8k·3+3^2$
　　　　　$=8(8k^2+6k+1)+1$
　　よって，a^2 を 8 で割った余りは　**1**

[別解] (1) 求める余りは $3+6=9$ を 8 で割った余りと同じで　**1**
　　(2) 求める余りは $3-6=-3$ を 8 で割った余りと同じで　**5**
　　(3) 求める余りは $3·6=18$ を 8 で割った余りと同じで　**2**
　　(4) 求める余りは $3^2=9$ を 8 で割った余りと同じで　**1**

← $a+b=8(k+l)+9$ のままでは，9 が割る数の 8 より大きいからダメ！

← $a-b=8(k-l)-3$ のままでは，-3 が負だからダメ！
余りは
　$0 \leqq (余り) < (割る数)$
となるようにする。

← $9=8·1+1$
← $-3=8·(-1)+5$
← $18=8·2+2$
← $9=8·1+1$

TRAINING 91 ②

a, b は整数とする。a を 11 で割ると 7 余り，b を 11 で割ると 4 余る。このとき，次の数を 11 で割った余りを求めよ。

(1) $a+b$　　(2) $b-a$　　(3) ab　　(4) a^2-b^2

標準

例題

92 余りによる整数の分類の利用

n を整数とするとき，次のことを証明せよ。

(1) n^2+5n+1 を 2 で割った余りは 1 である。

(2) n^2+1 は 3 の倍数ではない。

CHART
& GUIDE

整数の分類

すべての整数は，整数 k を用いて

$$2k,\ 2k+1\ \ ;\ \ 3k,\ 3k+1,\ 3k+2$$

などの形で表される

(1) 2 で割るから，すべての整数 n を $2k$, $2k+1$（k は整数）に分類。

(2) 3 の倍数ではないことを示すから，すべての整数 n を $3k$, $3k+1$, $3k+2$（k は整数）に分類。

解答

(1) 整数 n は整数 k を用いて $2k$, $2k+1$ のいずれかの形に表される。

[1] $n=2k$ のとき

$$n^2+5n+1=(2k)^2+5\cdot2k+1=2(2k^2+5k)+1$$

← $2\times$(整数)$+r$
($0\leqq r<2$) の形に。

[2] $n=2k+1$ のとき

$$n^2+5n+1=(2k+1)^2+5(2k+1)+1$$
$$=4k^2+14k+7=2(2k^2+7k+3)+1$$

← $(2k+1)^2=4k^2+4k+1$

[1]，[2] から，n^2+5n+1 を 2 で割った余りは 1 である。

(2) 整数 n は整数 k を用いて $3k$, $3k+1$, $3k+2$ のいずれかの形に表される。

[1] $n=3k$ のとき

$$n^2+1=(3k)^2+1=3\cdot3k^2+1$$

← 3 で割った余りは 1

[2] $n=3k+1$ のとき

$$n^2+1=(3k+1)^2+1=9k^2+6k+2$$
$$=3(3k^2+2k)+2$$

← 3 で割った余りは 2

[3] $n=3k+2$ のとき

$$n^2+1=(3k+2)^2+1=9k^2+12k+5$$
$$=3(3k^2+4k+1)+2$$

← 3 で割った余りは 2

[1]～[3] から，n^2+1 を 3 で割った余りは 0 ではない。

よって，n^2+1 は 3 の倍数ではない。

TRAINING 92 ③

n を整数とするとき，次のことを証明せよ。

(1) n^2+3n+6 は偶数である。　　(2) $n(n+1)(5n+1)$ は 3 の倍数である。

余りによる整数の分類の利用

● 整数の分類と分類の仕方

なぜ，整数を分類するのですか。

例題 92 の(1)について考えてみましょう。
例えば，$n=3$ のとき，$n^2+5n+1=3^2+5\cdot3+1=25$ ですから，n^2+5n+1 を 2 で割った余りは 1 です。
このように，n が具体的な数のときは，実際に計算すればよいのです。
ですが，これだけでは「n が整数のとき，n^2+5n+1 を 2 で割った余りは 1 である」を証明したことにはなりません。
そこで，次のように整数が分類できることを利用します。

すべての整数 n は，ある自然数 m で割った余りによって，m 通りに分類できる。
例えば，k を整数とするとき，下のように，整数全体を分けることができる。

    2 で割った余りによる分類なら $2k,\ 2k+1$ ←──余りは 0 か 1

    3 で割った余りによる分類なら $3k,\ 3k+1,\ 3k+2$ ←──余りは 0 か 1 か 2

なるほど。では，この考え方を使うとき，どの数で割った余りで分類すればよいのでしょうか。

例えば，**整数全体を対象として，●で割ったときの余りを調べる問題や，●の倍数であることを証明する問題では，●で割った余りで分類**，と考えていくとよいです。

● 3 で割った余りによる分類の表現の工夫

3 で割った余りで分類するときは
    $3k,\ 3k+1,\ 3k+2$（k は整数）
の形に表すことが多いが，
$3k+2=3(k+1)-1$ であるから，

$\cdots,\ -3,\ 0,\ 3,\ 6,\ \cdots$	← $3k$
$\cdots,\ -2,\ 1,\ 4,\ 7,\ \cdots$	← $3k+1$
$\cdots,\ -1,\ 2,\ 5,\ 8,\ \cdots$	← $3k+2$ または $3k-1$

    $3k,\ 3k+1,\ 3k-1$ ←──3 で割った余りは順に 0, 1, 2

と表すこともできる。さらに，この場合は $3k,\ 3k\pm1$ と書くこともできる。
よって，例題 92(2)では，次のように分類の数を減らすこともできる。

    k は整数とする。
    [1] $n=3k$ のとき $n^2+1=(3k)^2+1=3\cdot3k^2+1$
    [2] $n=3k\pm1$ のとき
        $n^2+1=(3k\pm1)^2+1=9k^2\pm6k+1+1$
            $=3(3k^2\pm2k)+2$（複号同順）[*]

よって，n^2+1 は 3 の倍数ではない。

（*）**複号同順**とは，複号（$\pm,\ \mp$）がすべて上側または下側で適用されるという意味。左のような計算の際は必ず書いておく。

基本 例題
93 連続する整数の積の性質の利用 ◎◎

(1) 連続する2つの整数の積は2の倍数であることを証明せよ。

(2) 連続する3つの整数の積は6の倍数であることを証明せよ。

(3) n は整数とする。n^3-n は6の倍数であることを証明せよ。

CHART & GUIDE

連続する整数の積
2連続なら どちらかは偶数，
3連続なら そのうち1つは3の倍数

(1) 連続する2つの整数の一方は偶数，他方は奇数である。

(2) 連続する3つの整数のうち1つは必ず3の倍数である。

例えば，連続する3つの整数が3，4，5のときは，3が3の倍数である。7，8，9のときは，9が3の倍数である。

(3) n^3-n を因数分解して，(2)を利用することを考える。…… !

解答

(1) 連続する2つの整数の一方は偶数，他方は奇数で

　　　　　(偶数)×(奇数)＝(偶数)

　　よって，連続する2つの整数の積は2の倍数である。

◀ …，$\underline{-4}$，-3，$\underline{-2}$，-1，$\underline{0}$，1，$\underline{2}$，3，$\underline{4}$，… 偶数は1つおきに現れる。

(2) 連続する整数では3の倍数は2つおきに必ず現れるから，連続する3つの整数には3の倍数が必ず1つ存在する。

　　よって，連続する3つの整数の積は3の倍数である。 … ①

　　また，連続する3つの整数の積は連続する2つの整数の積を含んでいるから，(1)より2の倍数である。…… ②

◀ …，-4，$\underline{-3}$，-2，-1，$\underline{0}$，1，2，$\underline{3}$，4，… 3の倍数は2つおきに現れる。

　　①，②より，連続する3つの整数の積は <u>3の倍数かつ2の倍数</u>であるから，6の倍数である。

◀ 3と2は互いに素であるから $3 \cdot 2 = 6$ の倍数。

! (3) $n^3-n=n(n^2-1)=n(n+1)(n-1)=(n-1)n(n+1)$

　　$(n-1)n(n+1)$ は連続する3つの整数の積であるから，(2)より n^3-n は6の倍数である。

TRAINING 93 ②

n は整数とする。例題 93 (1)，(2) の結果を利用して，次のことを証明せよ。

(1) n が奇数のとき，n^2+2 を8で割った余りは3である。

(2) n^3-3n^2+2n は6の倍数である。

発展学習

発展 例題 **94** 正の約数が m 個である自然数

4 個の正の約数をもつ最小の自然数を求めよ。

CHART & GUIDE

正の約数の個数

N の素因数分解が $N = p^a q^b r^c \cdots\cdots$ のとき, 正の約数の個数は

$$(a+1)(b+1)(c+1)\cdots\cdots$$

4 個の正の約数をもつ自然数を N とする。

$(a+1)(b+1)(c+1)\cdots\cdots = 4$ となるような a, b, c, $\cdots\cdots$ を考える。

[1] $4 = 3+1$ から $N = p^3$ (p は素数)

[2] $4 = (1+1)(1+1)$ から $N = q^1 r^1$ (q, r は異なる素数)

と表される。

4章

発展学習

解答

$4 = 3+1$, $4 = (1+1)(1+1)$ であるから, 4 個の正の約数をもつ
自然数 N は

$\qquad N = p^3$ (p は素数)

または $N = qr$ (q, r は異なる素数)

と表される。

[1] $N = p^3$ のとき

N が最小となるのは $p = 2$ のときであり, そのときの N は

$\qquad N = 2^3 = 8$

[2] $N = qr$ のとき

N が最小となるのは $q = 2$, $r = 3$ のときであり, そのとき
の N は $\qquad N = 2 \cdot 3 = 6$

[1], [2] から, 4 個の正の約数をもつ最小の自然数は **6**

← $4 = 2 \cdot 2 = (1+1)(1+1)$

← N の正の約数の個数は
$3+1 = 4$(個)
$(1+1)(1+1) = 4$(個)
となり, 条件を満たす。

← 1 番小さい素数は 2

← 2 番目に小さい素数は
3

TRAINING 94 ④

自然数 n は, 1 と n 以外にちょうど 4 個の正の約数をもつとする。このような自然数 n
の中で, 最小の数は ア[ ] であり, 最小の奇数は イ[ ] である。 [類 慶応大]

例題 **95** n を含む数の平方根が自然数になる n 🕐🕐🕐🕐

(1) $\sqrt{600n}$ が自然数になるような最小の自然数 n を求めよ。

(2) $\sqrt{\dfrac{72}{n}}$ が自然数になるような自然数 n をすべて求めよ。

CHART & GUIDE

素因数分解の利用

$$\sqrt{N} \text{ が自然数} \iff N \text{ が（自然数）}^2 \text{ の形}$$

(1) $600n$ が（自然数）^{2} の形となるような n の値を求める。…… ❗

1 600 を素因数分解する。…… $600 = 2^3 \cdot 3 \cdot 5^2$

2 600 に $2^{\circ} \cdot 3^{\square} \cdot 5^{\triangle}$ の形の整数を掛けて，素因数の指数部分が すべて偶数になるようにする。⟶ 2^3 の指数 3 を 4 に，3 の指数 1 を 2 にすることを考える。

$\bullet^2 \, (\bullet \geqq 0)$ に対し $\sqrt{\bullet^2} = \bullet$ （$\sqrt{}$ がなくなる）

(2) 方針は(1)と同じで，**2** では割って素因数の指数を偶数にすることを考える。

解答

(1) $\sqrt{600n}$ が自然数になるのは，$600n$ が（自然数）^{2} の形になるときである。

❗ 600 を素因数分解すると $600 = 2^3 \cdot 3 \cdot 5^2$

600 に $2 \cdot 3$ を掛けると $2^4 \cdot 3^2 \cdot 5^2 = (2^2 \cdot 3 \cdot 5)^2$

よって，求める自然数 n は $n = 2 \cdot 3 = 6$

(補足) $\sqrt{600n}$ が自然数になる自然数 n は無数に存在 する。例えば，$n = 2^3 \cdot 3^3$ のときも $\sqrt{600n}$ は 自然数となる。

$$\begin{array}{r|r} 2 & 600 \\ \hline 2 & 300 \\ \hline 2 & 150 \\ \hline 3 & 75 \\ \hline 5 & 25 \\ \hline & 5 \end{array}$$

◀ 素因数 2 と 3 の指数が奇 数であるから，偶数にな るようにする。このとき， 求めるのは最小の自然数 n であるから，それぞれ 1 つずつ増やす。

(2) $\sqrt{\dfrac{72}{n}}$ が自然数になるのは，$\dfrac{72}{n}$ が（自然数）^{2} の 形になるときである。

72 を素因数分解すると $72 = 2^3 \cdot 3^2$

72 を $2^1 = 2$ で割ると $2^2 \cdot 3^2 = (2 \cdot 3)^2$

72 を $2^3 = 8$ で割ると 3^2

72 を $2^1 \cdot 3^2 = 18$ で割ると 2^2

72 を $2^3 \cdot 3^2 = 72$ で割ると $1 = 1^2$

よって，求める自然数 n は $n = 2, \ 8, \ 18, \ 72$

$$\begin{array}{r|r} 2 & 72 \\ \hline 2 & 36 \\ \hline 2 & 18 \\ \hline 3 & 9 \\ \hline & 3 \end{array}$$

(2) 72 の正の約数で，積 が 72 になる 2 数の組は $(①, 72), (2, ㊱), (3, 24),$ $(④, 18), (6, 12), (8, ⑨)$ 平方数 ● を含む組にあ る $\underset{\sim}{}$ の数で 72 を割ると 平方数となるから，求め る n は $n = 72, \ 2, \ 18, \ 8$

TRAINING 95 ④

(1) $\sqrt{756n}$ が自然数になるような最小の自然数 n を求めよ。

(2) $\sqrt{\dfrac{270}{n}}$ が自然数になるような自然数 n をすべて求めよ。

発展 例題 **96** 最小公倍数から未知の自然数を決定 〇〇〇〇〇

(1) n と 36 の最小公倍数が 720 となる自然数 n をすべて求めよ。

(2) n と 12 と 50 の最小公倍数が 1500 となる自然数 n をすべて求めよ。

CHART & GUIDE
最小公倍数からもとの自然数を決定する問題
与えられた整数を素因数分解し，指数部分に注目

最小公倍数は，すべての素因数に，最大の指数をつけて掛け合わせたもの。

(1) 36，720 を素因数分解すると $36=2^2 \cdot 3^2,\ 720=2^4 \cdot 3^2 \cdot 5$

素因数 2 について
720 は 4 個，36 は 2 個 ⟶ n は 4 個
素因数 3 について
720 は 2 個，36 も 2 個 ⟶ n は 0〜2 個
素因数 5 について
720 は 1 個，36 は 0 個 ⟶ n は 1 個

	2	3	5
720	4	2	1
36	2	2	0
n	4		1

(2) $12=2^2 \cdot 3,\ 50=2 \cdot 5^2,\ 1500=2^2 \cdot 3 \cdot 5^3$

(1)と同様に，各素因数の指数に注目する。

4章
発展学習

解答

(1) 36，720 を素因数分解すると
$$36=2^2 \cdot 3^2,\ 720=2^4 \cdot 3^2 \cdot 5$$
よって，36 との最小公倍数が 720 である自然数は
$$2^4 \cdot 3^a \cdot 5 \quad (a=0,\ 1,\ 2)$$
と表される。したがって，求める自然数 n は
$$n=2^4 \cdot 5,\ 2^4 \cdot 3^1 \cdot 5,\ 2^4 \cdot 3^2 \cdot 5$$
すなわち **$n=80,\ 240,\ 720$**

(2) 12，50，1500 を素因数分解すると
$$12=2^2 \cdot 3,\ 50=2 \cdot 5^2,\ 1500=2^2 \cdot 3 \cdot 5^3$$
よって，12，50 との最小公倍数が 1500 である自然数は
$$2^a \cdot 3^b \cdot 5^3 \quad (a=0,\ 1,\ 2;\ b=0,\ 1)$$
と表される。したがって，求める自然数 n は
$$n=5^3,\ 2^1 \cdot 5^3,\ 2^2 \cdot 5^3,\ 3^1 \cdot 5^3,\ 2^1 \cdot 3^1 \cdot 5^3,\ 2^2 \cdot 3^1 \cdot 5^3$$
すなわち **$n=125,\ 250,\ 500,\ 375,\ 750,\ 1500$**

```
2)36    2)720
2)18    2)360
3) 9    2)180
   3    2) 90
        3) 45
        3) 15
           5
```

```
2)12   2)50   2)1500
2) 6   5)25   2) 750
   3      5   3) 375
              5) 125
              5)  25
                   5
```

← 順に $(a,\ b)=(0,\ 0)$, $(1,\ 0)$, $(2,\ 0)$, $(0,\ 1)$, $(1,\ 1)$, $(2,\ 1)$ が対応。

TRAINING 96 ④

(1) n と 28 の最小公倍数が 980 となる自然数 n をすべて求めよ。

(2) n と 45 と 60 の最小公倍数が 360 となる自然数 n をすべて求めよ。

発展 例題 97 （ ）×（ ）＝（整数）の形の等式 🕐🕐🕐

次の等式を満たす整数 x, y の組をすべて求めよ。

(1) $(x+1)(y-2)=7$ 　　　　(2) $xy-3x-2y+2=0$

CHART & GUIDE

（ ）×（ ）＝（整数）の形の等式 （A, B, C は整数）

$AB=C$ ならば A, B は C の約数　を利用して値を絞る

(1) x, y は整数であるから, $x+1$, $y-2$ も整数である。

よって, 掛けて 7 になる, 7 の約数の組を考える。

$1\times7=7$, $7\times1=7$, $(-1)\times(-7)=7$, $(-7)\times(-1)=7$ に注意。

…… 負の約数もあることを忘れないように！

(2) $xy+ax+by=(x+b)(y+a)-ab$ …… 🔢 であることを利用して, 等式を

（ ）×（ ）＝（整数）の形に変形する。その後は, (1) と同じように処理する。

解答

(1) x, y は整数であるから, $x+1$, $y-2$ も整数である。

よって　　$(x+1,\ y-2)=(1,\ 7),\ (7,\ 1),$
$(-1,\ -7),\ (-7,\ -1)$

ゆえに　　$(\boldsymbol{x},\ \boldsymbol{y})=\boldsymbol{(0,\ 9),\ (6,\ 3),\ (-2,\ -5),\ (-8,\ 1)}$

◀このことを断る。

◀1 と 7 に対しては, $(1,\ 7)$ と $(7,\ 1)$ が考えられる。

◀$x+1=a$, $y-2=b$ のとき $x=a-1$, $y=b+2$

🔢 (2) $xy-3x-2y=x(y-3)-2(y-3)-6$
　　　　　$=(x-2)(y-3)-6$

よって, 等式は　　$(x-2)(y-3)-6+2=0$

すなわち　　　　　$(x-2)(y-3)=4$

x, y は整数であるから, $x-2$, $y-3$ も整数である。

ゆえに　$(x-2,\ y-3)=(1,\ 4),\ (2,\ 2),\ (4,\ 1),$
$(-1,\ -4),\ (-2,\ -2),\ (-4,\ -1)$

よって　　$(\boldsymbol{x},\ \boldsymbol{y})=\boldsymbol{(3,\ 7),\ (4,\ 5),\ (6,\ 4),}$
$\boldsymbol{(1,\ -1),\ (0,\ 1),\ (-2,\ 2)}$

◀$xy-3x=x(y-3)$ に注目し, ～～ の部分を作り出す。そして, $(-2)\cdot(-3)=6$ に注目して 6 を引く。

◀掛けて 4 になる 4 の約数の組。

◀$x-2=a$, $y-3=b$ のとき $x=a+2$, $y=b+3$

(参考) 次のように, 表を利用して値の組を考えてもよい。

(1)

$x+1$	1	7	-1	-7	①
$y-2$	7	1	-7	-1	②
x	0	6	-2	-8	①−1
y	9	3	-5	1	②+2

(2)

$x-2$	1	2	4	-1	-2	-4	③
$y-3$	4	2	1	-4	-2	-1	④
x	3	4	6	1	0	-2	③+2
y	7	5	4	-1	1	2	④+3

TRAINING　97 ③

次の等式を満たす整数 x, y の組をすべて求めよ。

(1) $(x+3)(y-4)=5$ 　　　　(2) $xy-6x+3y=20$

発展 例題 98 $n!$ に含まれる素因数の個数 ◆◆◆◆

(1) $10!=1\cdot2\cdot3\cdots\cdots10$ を計算した結果は，2 で最大何回割り切れるか。

(2) $10!$ を計算すると，末尾に 0 は連続して何個並ぶか。

CHART & GUIDE

$N!=1\cdot2\cdot3\cdots\cdots N$ が素数 k で割り切れる回数

1 から N までの k の倍数，k^2 の倍数，… の個数の合計

(1) $1\times2\times3\times\cdots\cdots\times10$ の中に素因数 2 が何個含まれるか，ということがポイントとなる。

10 以下の自然数のうち 2 の倍数，2^2 の倍数，2^3 の倍数は右の表のようになる。すなわち，2 の倍数の個数は 10 を 2 で割った商，2^2 の倍数の個数は 10 を 2^2 で割った商，2^3 の倍数の個数は 10 を 2^3 で割った商である。

	1 2 3 4 5 6 7 8 9 10
2 の倍数	○ ○ ○ ○ ○
2^2 の倍数	○ ○
2^3 の倍数	○

(2) 末尾に並ぶ 0 の個数は，$10!$ に含まれる因数 10 の個数に等しい。ここで，$10=2\times5$ であるから，$10!$ に含まれる素因数 2 の個数と素因数 5 の個数がカギとなる。

←── 1 個なら末尾は 0
2 個なら末尾は 00

解答

(1) $10!$ が 2 で割り切れる最大の回数は，$10!$ を素因数分解したときの素因数 2 の個数に一致する。

1 から 10 までの自然数のうち，

2 の倍数の個数は，10 を 2 で割った商で　5 個

2^2 の倍数の個数は，10 を 2^2 で割った商で　2 個

2^3 の倍数の個数は，10 を 2^3 で割った商で　1 個

よって，素因数 2 の個数は　$5+2+1=8$（個）

ゆえに，$10!$ は 2 で最大 **8 回** 割り切れる。

← 素因数 2 は 2 の倍数だけがもつ。

← 2^2 の倍数は素因数 2 を 2 個もつが，2 の倍数として 1 個，2^2 の倍数として 1 個数えればよい。

(2) 1 から 10 までの自然数のうち，5 の倍数の個数は，10 を 5 で割った商で　2 個

$10!$ を素因数分解したとき，素因数 5 の個数は素因数 2 の個数より少ないから，$10!$ を計算したときの末尾に並ぶ 0 の個数は，$10!$ を素因数分解したときの素因数 5 の個数に一致する。

よって，$10!$ を整数で表したとき，末尾に 0 は **2 個** 並ぶ。

← $10!$ を素因数分解したときの素因数 2 の個数は (1) から　8 個

補足 $10!=2^8\cdot5^2\cdots\cdots=(2\cdot5)^2\cdot2^6\cdots\cdots$
$=10^2\cdot2^6\cdots\cdots$

よって，$10!$ を計算すると，末尾に 0 が 2 個並ぶ。

TRAINING 98 ④

(1) $60!$ を計算した結果は，3 で最大何回割り切れるか。

(2) $50!$ を計算すると，末尾に 0 は連続して何個並ぶか。

〔(2) 慶応大〕

発
展 例題 **99** 素数の性質の利用 🕐🕐🕐🕐🕐

(1) n は整数とする。 $(n-4)(n+8)$ が素数となるような n をすべて求めよ。

(2) a, b は異なる自然数とするとき，$ab=p$ …… ①，$a+b=q$ …… ②
をともに満たす素数 p, q を求めよ。

CHART
& GUIDE

積が素数となる式の扱い
素数 p の正の約数は 1 と p のみ

(1) a, b を整数，p を素数とするとき

$0<a<b$, $ab=p$ ならば $a=1$, $b=p$ （小さい方が 1）
$a<b<0$, $ab=p$ ならば $a=-p$, $b=-1$ （大きい方が -1）⎫⎬⎭ …… 🔲

素数は正の整数であるから，積 $(n-4)(n+8)$ が素数のときは，$n-4$ と $n+8$ がともに正の場合と，ともに負の場合がある。

(2) 具体的な数値がまったく与えられていないが，上の 🔲 と偶数の素数は 2 だけであるという性質を利用することで解決できる。まず，① から a, b の値を決める。

解答

(1) $(n-4)(n+8)$ が素数となるとき，$n-4$ と $n+8$ の符号 ← $(n-4)(n+8)>0$
は一致する。また $n-4<n+8$
[1] $n-4>0$ かつ $n+8>0$ すなわち $n>4$ のとき   ← $n>4$ かつ $n>-8$
🔲 $n-4=1$ よって $n=5$ ← 小さい方は $n-4$
このとき，$(n-4)(n+8)=1\cdot13=13$ となり，適する。   ← 素数となることを確認。
[2] $n-4<0$ かつ $n+8<0$ すなわち $n<-8$ のとき   ← $n<4$ かつ $n<-8$
🔲 $n+8=-1$ よって $n=-9$ ← 大きい方は $n+8$
このとき，$(n-4)(n+8)=-13\cdot(-1)=13$ となり，適   ← 素数となることを確認。
する。
したがって，求める n の値は $\boldsymbol{n=5,\ -9}$

🔲 (2) $a<b$ とすると，① から $a=1$, $b=p$ ← p は素数であるから，
よって，② から $1+p=q$ ① より
ゆえに，$p<q$ で，p と q の一方は偶数，他方は奇数であ $a=1$ または $b=1$
るが，偶数の素数は 2 だけであるから
        $p=2$, $q=3$
$a>b$ のときも同様にして，$p=2$, $q=3$ が導かれる。   ← $a=p$, $b=1$ となり，
したがって $\boldsymbol{p=2,\ q=3}$ ② から $p+1=q$

TRAINING 99 ⑤

(1) n は自然数とする。次の式の値が素数になるような n をすべて求めよ。
  (ア) $n^2+6n-27$ (イ) $n^2-16n+39$

(2) a, b は自然数で，$p=a^2-a+2ab+b^2-b$ とする。p が素数となるような a, b
をすべて求めよ。
[(2) 鹿児島大]

素数の性質の利用

素数は「2以上の整数で，1とそれ自身以外に正の約数をもたない数」というシンプルな定義ですが，シンプルがゆえに，問題を解くうえで素数をどう活かせばよいか戸惑う人も多いかもしれません。素数に関する問題を解くいくつかのコツについてまとめておきましょう。

素数については，まず次の性質 ①，② をしっかり把握しておきたい。

> ① 素数 p の約数は ±1 と $\pm p$ （正の約数は 1 と p の 2 個）
> ② 素数は 2 以上で，偶数の素数は 2 だけである。また，3 以上の素数はすべて奇数である。

4章

発展学習

● 「素数 p の約数は ±1 と $\pm p$」の利用

この性質を利用すると，$(n-4)(n+8)$ が素数 p になるには，右の ①〜④ の 4 つの場合が考えられる。
ここで，$n-4<n+8$ と，$1<p$，$-p<-1$ という大小関係を利用すると，①〜④ のうち適するのは

	①	②	③	④
$n-4$	1	p	-1	$-p$
$n+8$	p	1	$-p$	-1
	○	×	×	○

　　　① $n-4=1$ 　と　 ④ $n+8=-1$

のみとなる。特に，＿＿（負の場合）は，$n-4=-1$ のような間違いをしやすいので注意したい。

● 「素数は 2 以上」，「偶数の素数は 2 だけ，3 以上の素数は奇数」の利用

4 以上の偶数は $2\times(2$ 以上の自然数$)$ と表されるから，素数ではない。
よって，**偶数の素数は 2 だけである** ことがわかる。
p，q $(p<q)$ を異なる素数とすると，$p\geqq2$，$q\geqq3$ であるから

　　　$p+q\geqq5$，$pq\geqq6$

といった不等式が成り立つ。
また $p\pm q=($奇数$)$ のときは，p，q の一方は偶数，他方は奇数であるが，偶数の素数は 2 だけであるから，$p=2$ と決めることができる。
素数の性質を利用することで，このような値の決め方ができる場合もある。

←　奇±偶＝奇
　　奇±奇＝偶
　　偶±偶＝偶

素数の性質を利用することで，値を決めていくことができるんですね！！

基本例題 91 >>> 発展例題 104

発展 例題 100 a^k を m で割った余り

(1) 7^2, 7^3, 7^4 を 5 で割った余りをそれぞれ求めよ。

(2) 7^{2017} を 5 で割った余りを求めよ。

CHART & GUIDE

a^k を自然数 m で割った余り

a^k を m で割った余りが 1 となる k を見つける

m, k を正の整数とする。2 つの整数 a, b を m で割った余りをそれぞれ r, r' とする。

③ ab を m で割った余りは，rr' を m で割った余りに等しい。

④ a^k を m で割った余りは，r^k を m で割った余りに等しい。

(1) ④ を利用する。

(2) (1) より，7^4 を 5 で割った余りは 1 となるから，これを利用する。 ········· $!$

$7^8 = (7^4)^2$, $7^{12} = (7^4)^3$, …… は 5 で割った余りが 1^2, 1^3, …… すなわち 1 となる。

（n が 4 の倍数のとき，7^n を 5 で割った余りは 1 となる。） このことを利用する。

解答

(1) 7 を 5 で割った余りは 2 である。 ← $7 = 5 \cdot 1 + 2$

7^2 を 5 で割った余りは，2^2 すなわち 4 を 5 で割った余りに等しい。 ← ④ を用いた。

よって，7^2 を 5 で割った余りは **4**

7^3 を 5 で割った余りは，2^3 すなわち 8 を 5 で割った余りに等しい。 ← ④ を用いた。

よって，7^3 を 5 で割った余りは **3** ← $8 = 5 \cdot 1 + 3$

7^4 を 5 で割った余りは，2^4 すなわち 16 を 5 で割った余りに等しい。 ← ④ を用いた。

よって，7^4 を 5 で割った余りは **1** ← $16 = 5 \cdot 3 + 1$

(2) $2017 = 4 \times 504 + 1$ から $7^{2017} = (7^4)^{504} \cdot 7$

$!$ ここで，$(7^4)^{504}$ を 5 で割った余りは 1^{504} を 5 で割った余りに等しく，1 である。 ← ④ を用いた。

よって，$7^{2017} = (7^4)^{504} \cdot 7$ を 5 で割った余りは $1 \cdot 2$ を 5 で割った余りに等しく，2 である。 ← ③ を用いた。 7 を 5 で割った余りは 2

TRAINING 100 ③

24^{32} を 5 で割った余りを求めよ。

発展 例題
101 互いに素であることの証明問題 (1)

自然数 a に対し，a と $a+1$ は互いに素であることを証明せよ。

CHART
& GUIDE

互いに素であることの証明
a と b が互いに素 $\Longleftrightarrow$ a と b の最大公約数が 1

a と $a+1$ の最大公約数を g として，$g=1$ となることを示す。
最大公約数は正であることに注意する。

解答

a と $a+1$ の最大公約数を g とすると
$$a=gk, \quad a+1=gl \quad (k,\ l \text{ は互いに素な自然数})$$
と表される。
$a=gk$ を $a+1=gl$ に代入すると
$$gk+1=gl$$
すなわち $g(l-k)=1$
$g,\ l-k$ は整数で，$g>0$ であるから
$$g=1, \quad l-k=1$$
よって，a と $a+1$ の最大公約数は 1 であるから，a と $a+1$
は互いに素である。

◄ 最大公約数・最小公倍数
の性質

◄ a を消去。

◄ 整数 A，B に対して
$AB=1$ ならば
$(A,\ B)$
$=(1,\ 1),\ (-1,\ -1)$

参考 上の例題で示したことから，「**連続する 2 つの自然数は互いに素である**」という
ことがわかる。

TRAINING 101 ④
$a,\ k$ は自然数とする。a と $ka+1$ は互いに素であることを証明せよ。

発 展 **102** 互いに素であることの証明問題 (2)

自然数 a, b に対して，a と b が互いに素ならば，$a+b$ と ab は互いに素である
ことを証明せよ。

CHART & GUIDE

互いに素であることの証明
[1] 背理法（間接証明法）の利用
[2] 最大公約数が 1 を導く

$a+b$ と ab の最大公約数が 1 となることを直接示すのは糸口を見つけにくい。
そこで，背理法(間接証明法)を利用する。——→ $a+b$ と ab が互いに素でない，すなわち
$a+b$ と ab は共通な素因数 p をもつ，と仮定して矛盾を導く。………… ⚠
なお，次の素数の性質も利用する。ただし，m, n は整数である。
    mn が素数 p の倍数であるとき，m または n は p の倍数である。

解答

$a+b$ と ab が互いに素でない，すなわち $a+b$ と ab は共通な
素因数 p をもつと仮定すると
    $a+b=pk$ …… ①，$ab=pl$ …… ② （k, l は自然数）
と表される。
② から，a または b は p の倍数である。
a が p の倍数であるとき，$a=pm$ となる自然数 m がある。
このとき，① から $b=pk-a=pk-pm=p(k-m)$ となり，
b も p の倍数である。
⚠ これは a と b が互いに素であることに矛盾している。
b が p の倍数であるときも，同様にして a は p の倍数であり，
a と b が互いに素であることに矛盾する。
したがって，$a+b$ と ab は互いに素である。

◀ m と n が互いに素でない
  ⟺ m と n が共通な素
  因数をもつ

◀ $k-m$ は整数。

◀ $a=pk-b$
  $=p(k-m')$
  （m' は整数）

TRAINING 102 ⑤

a, b は自然数とする。このとき，次のことを証明せよ。
(1) a と b が互いに素ならば，a^2 と b^2 は互いに素である。
(2) $a+b$ と ab が互いに素ならば，a と b は互いに素である。

発展 例題 **103** 等式 $a^2+b^2=c^2$ に関する証明問題 ◇◇◇◇◇◇◇

(1) n は整数とする。n^2 を 3 で割った余りを求めよ。

(2) 整数 a, b, c が $a^2+b^2=c^2$ を満たすとき，a, b のうち少なくとも 1 つは 3 の倍数であることを証明せよ。

CHART & GUIDE

「少なくとも……」を示す問題には
間接証明法が有効 (背理法 または 対偶 の利用)

(1) 3 で割った余りで分類する。

(2) 背理法を利用する。「a, b のうち少なくとも 1 つは 3 の倍数である」の否定は
「a, b はともに 3 の倍数でない」…… ⑦
⑦ の仮定をして，矛盾を導く。その際，(1) の結果も利用する。

4章

発展学習

解答

(1) 整数 n は整数 k を用いて $3k$, $3k+1$, $3k+2$ のいずれかの形に表される。

ここで
$(3k)^2=9k^2=3\cdot3k^2$,
$(3k+1)^2=9k^2+6k+1=3(3k^2+2k)+1$,
$(3k+2)^2=9k^2+12k+4=3(3k^2+4k+1)+1$

したがって，n^2 を 3 で割った余りは　**0 または 1**

(2) a, b はともに 3 の倍数でないと仮定する。

このとき，(1) から，a^2, b^2 を 3 で割ったときの余りはともに 1 である。

よって，a^2+b^2 を 3 で割った余りは 2 である。　…… ①

一方，c が 3 の倍数のとき，c^2 は 3 で割り切れ，c が 3 の倍数でないとき，c^2 を 3 で割った余りは 1 である。

すなわち，c^2 を 3 で割った余りは 0 か 1 である。…… ②

①，② は $a^2+b^2=c^2$ であることに矛盾する。

ゆえに，$a^2+b^2=c^2$ ならば，a, b のうち，少なくとも 1 つは 3 の倍数である。

参考 $3k+2$ の代わりに $3k-1$ と表し，$3k+1$ と合わせて
$(3k\pm1)^2$
$=3(3k^2\pm2k)+1$
(複号同順)
としてもよい($p.451$ ズーム UP 参照)。

← $(3k+1)^2$, $(3k+2)^2$ の式変形の部分参照。

← $(3K+1)+(3L+1)$
$=3(K+L)+2$
(K, L は整数)

← $A=B$ ならば，A を 3 で割った余りとBを 3 で割った余りは等しい。

参考 上の例題(1)の結果「**整数 n に対し，n^2 を 3 で割った余りは 0 か 1**」は，整数の問題を解くうえで役立つことがあるので，覚えておくとよい。

TRAINING 103 ⑤

a, b, c はどの 2 つも 1 以外の共通な約数をもたない自然数とする。a, b, c が $a^2+b^2=c^2$ を満たしているとき，次のことを証明せよ。

(1) a, b の一方は偶数で他方は奇数である。

(2) a が奇数のとき，b は 4 の倍数である。

STEP UP!

三角数

下の図のように小石を三角形状に並べると，図に含まれる小石の個数は順に 1，1+2，1+2+3，1+2+3+4 …… となります。このような数を **三角数** といいます。

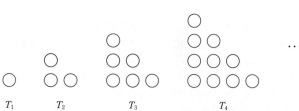

T_1　　T_2　　　T_3　　　　T_4

以下，上の図のように三角形状に並べた小石を「三角図」と呼ぶことにし，一番下の行の小石の個数が n である三角図を T_n，T_n に含まれる小石の個数を S_n とする。

n が大きくなると，三角数を計算するのは大変そうです。
例えば，S_{50} を求めるには，1 から 50 まで足すことになります。

和を計算すると大変ですが，三角図を組み合わせることによって，三角数を求めることができますよ。
右の図のように 2 つの三角図 T_{50} を並べると長方形ができます。このことから，S_{50} を求めてみましょう。

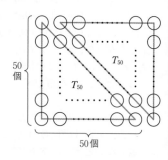

縦に 50 個，横に (50+1) 個の小石が並んでいるから

$$2S_{50} = 50 \cdot 51 \qquad よって \qquad S_{50} = 1275$$

この考え方を用いれば，大きな三角数も簡単に求めることができます。

そうですね。同じように考えれば

$$S_n = \frac{1}{2}n(n+1)$$

であることがわかります。

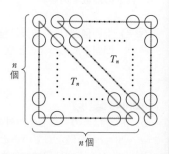

次は，三角図 T_n と T_{n+1} を右の図のように，正
方形となるように並べてみます。
この図から，連続する 2 つの三角数の和について，次のことがわかります。

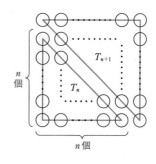

1 辺に $(n+1)$ 個の小石が並んでいるから
$$S_n + S_{n+1} = (n+1)^2$$
よって，連続する 2 つの三角数の和は自然数の 2 乗となる。

三角数には，このような性質があるんですね。

もちろん，前のページで求めた $S_n = \dfrac{1}{2}n(n+1)$ を用いて，

$$S_n + S_{n+1} = \frac{1}{2}n(n+1) + \frac{1}{2}(n+1)(n+2) = (n+1)^2 \quad \text{と導くこともできます。}$$

最後に，「3 以上の奇数の 2 乗を 8 で割ると 1 余る」ことを三角図を用いて示していきましょう。
まず，右の図のように三角図 T_n を 8 個並べてみます。

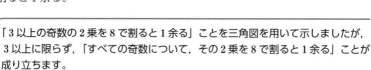

縦に $(2n+1)$ 個，横に $(2n+1)$ 個の小石が並んでいるから
$$8S_n + 1 = (2n+1)^2$$
よって，S_n は整数であるから，3 以上の奇数の 2 乗を 8 で割ると 1 余る。

「3 以上の奇数の 2 乗を 8 で割ると 1 余る」ことを三角図を用いて示しましたが，3 以上に限らず，「すべての奇数について，その 2 乗を 8 で割ると 1 余る」ことが成り立ちます。
このことは，例題 92 のように，奇数を $2k+1$（k は整数）と表して，証明することもできます。この方針でも証明してみてください。

STEP UP!

合同式 (補充事項)

ここで扱う合同式は，高校数学の範囲外の内容ですが，知っていると整数の問題を解くうえで役立つことがあります。興味のある人はぜひ取り組んでください。

● 合同式

以下では，a，b は整数，m は自然数とする（a，b は負の整数でもよい）。
$a-b$ が m の倍数であるとき，a と b は m を **法** として **合同** であるといい
$a \equiv b \pmod{m}$ と表す。そして，このような式を **合同式** という。ここで，一般に次のことが成り立つ。

> ### 合同式
>
> $$a \equiv b \pmod{m} \iff a-b \text{ が } m \text{ の倍数}$$
> $$\iff (a \text{ を } m \text{ で割った余り}) = (b \text{ を } m \text{ で割った余り})$$

例　9 と 2 に対し　　9−2＝7(7 の倍数)
　　よって　　　　　　$9 \equiv 2 \pmod{7}$
　　これは，$9 = 7 \cdot 1 + 2$, $2 = 7 \cdot 0 + 2$ であることからもわかる。

● 合同式の性質

合同式について，次のことが成り立つ。c, d は整数とする。

> ### 合同式の性質 I
>
> 1　$a \equiv a \pmod{m}$
> 2　$a \equiv b \pmod{m}$ のとき　　$b \equiv a \pmod{m}$
> 3　$a \equiv b \pmod{m}$, $b \equiv c \pmod{m}$ のとき
> 　　　　　$a \equiv c \pmod{m}$

← $a \equiv b \pmod{m}$,
　$b \equiv c \pmod{m}$
　のとき
　　$a \equiv b \equiv c \pmod{m}$
　と書いてよい。

> ### 合同式の性質 II
>
> $a \equiv b \pmod{m}$, $c \equiv d \pmod{m}$ のとき
> 1　$a+c \equiv b+d \pmod{m}$　　2　$a-c \equiv b-d \pmod{m}$
> 3　$ac \equiv bd \pmod{m}$
> 4　自然数 k に対し　$a^k \equiv b^k \pmod{m}$

証明 ［合同式の性質Ⅱの1，2］
  $a \equiv b \pmod{m}$，$c \equiv d \pmod{m}$ のとき，整数 k，l を用いて

$$a - b = mk \ \cdots\cdots \ ①, \quad c - d = ml \ \cdots\cdots \ ②$$

と表される。
①＋② から $(a+c)-(b+d)=m(k+l)$
①－② から $(a-c)-(b-d)=m(k-l)$
すなわち，$(a+c)-(b+d)$，$(a-c)-(b-d)$ は m の倍数であるから，1 および 2 が成り立つ。

例 $9 \equiv 2 \pmod 7$ と $10 \equiv 3 \pmod 7$ が成り立つことを利用すると， ←$10-3=7$（7の倍数）
  1 により，辺々を加えて $9+10 \equiv 2+3 \pmod 7$
         すなわち $19 \equiv 5 \pmod 7$ $\cdots\cdots$ ③
  3 により，辺々を掛けて $9 \cdot 10 \equiv 2 \cdot 3 \pmod 7$
         すなわち $90 \equiv 6 \pmod 7$ $\cdots\cdots$ ④
このような変形ができる。なお，③，④ は $19-5=14$，$90-6=84$ がいずれも 7 の倍数となることから，確かに正しいことがわかる。

では，合同式を用いて，$p.449$ の例題 91 を解いてみましょう。

$a \equiv 3 \pmod 8$，$b \equiv 6 \pmod 8$ と表される。
(1) $a+b \equiv 3+6 \equiv 9 \pmod 8$ ←性質Ⅱの1
  $9 \equiv 1 \pmod 8$ であるから $a+b \equiv 1 \pmod 8$ ←$9-1=8$（8の倍数）
  よって，$a+b$ を 8 で割った余りは **1**
(2) $a-b \equiv 3-6 \equiv -3 \pmod 8$ ←性質Ⅱの2
  $-3 \equiv 5 \pmod 8$ であるから $a-b \equiv 5 \pmod 8$ ←$-3-5=-8$（8の倍数）
  よって，$a-b$ を 8 で割った余りは **5**
(3) $ab \equiv 3 \cdot 6 \equiv 18 \pmod 8$ ←性質Ⅱの3
  $18 \equiv 2 \pmod 8$ であるから $ab \equiv 2 \pmod 8$ ←$18-2=16$（8の倍数）
  よって，ab を 8 で割った余りは **2**
(4) $a^2 \equiv 3^2 \equiv 9 \pmod 8$ ←性質Ⅱの4
  $9 \equiv 1 \pmod 8$ であるから $a^2 \equiv 1 \pmod 8$ ←$9-1=8$（8の倍数）
  よって，a^2 を 8 で割った余りは **1**

例題 100 についても，合同式を用いて解いてみましょう。

発展 例題 104 合同式の利用 ◇◇◇◇◇◇

(1) 合同式を利用して，次のものを求めよ。

　(ア) 7^{100} を 6 で割った余り　　　　(イ) 19^{19} の一の位の数

(2) 整数 n に対し n^6+1 は 3 で割り切れないことを，合同式を利用して証明せよ。

CHART & GUIDE

a^n を m で割った余り

$a^k \equiv 1 \pmod{m}$ となる k を見つける

(1) (ア) 6 で割った余りを考えるから，6 を法とする合同式を利用する。

$7 \equiv 1 \pmod 6$ であることに注目し，$p.466$ の合同式の性質Ⅱの 4 を利用。

なお，$a \equiv b \pmod m$ で $0 \le b < m$ なら，a を m で割った余りは b である。

(イ) 自然数 N の一の位の数は，N を 10 で割ったときの余りに等しい。

よって，10 を法とする合同式を利用する。$19 \equiv 9 \pmod{10}$ であることに注目し，まず，この式の両辺を 2 乗してみる。

(2) 3 を法とする合同式で考える。つまり，$n \equiv 0$ [余り 0]，$n \equiv 1$ [余り 1]，

$n \equiv 2$ [余り 2] の各場合について，$n^6+1 \equiv 0 \pmod 3$ とならないことを示す。

解答

(1) (ア) $7 \equiv 1 \pmod 6$ であるから
$$7^{100} \equiv 1^{100} \equiv 1 \pmod 6$$
したがって，7^{100} を 6 で割った余りは　**1**

　　← $7-1=6$ (6 の倍数)

　　← $1^{100}=1$ は，$\equiv$ を $=$ の代わりに使っている。

(イ) $19 \equiv 9 \pmod{10}$ であり　$19^2 \equiv 9^2 \equiv 81 \equiv 1 \pmod{10}$

$19=2 \cdot 9+1$ から　$19^{19} \equiv (19^2)^9 \cdot 19 \equiv 1^9 \cdot 9 \equiv 9 \pmod{10}$

したがって，19^{19} の一の位の数は　**9**

　　← $19-9=10$ (10 の倍数)，$81-1=80$ (10 の倍数)

　　← 10 で割った余りが 9

(2) 自然数 n に対して，$n \equiv 0 \pmod 3$，$n \equiv 1 \pmod 3$，

$n \equiv 2 \pmod 3$ のいずれかが成り立つ。

[1] $n \equiv 0 \pmod 3$ のとき　$n^6 \equiv 0^6 \equiv 0 \pmod 3$

よって　$n^6+1 \equiv 0+1 \equiv 1 \pmod 3$

[2] $n \equiv 1 \pmod 3$ のとき　$n^6 \equiv 1^6 \equiv 1 \pmod 3$

よって　$n^6+1 \equiv 1+1 \equiv 2 \pmod 3$

[3] $n \equiv 2 \pmod 3$ のとき　$n^6 \equiv 2^6 \equiv 64 \equiv 1 \pmod 3$

よって　$n^6+1 \equiv 1+1 \equiv 2 \pmod 3$

[1]~[3] のいずれの場合も n^6+1 を 3 で割った余りが 0 にならないから，n^6+1 は 3 で割り切れない。

　　(2) 例題 92 (2) のように，n を $3k$，$3k+1$，$3k+2$ (k は整数) に分類して示す方針の場合，$(3k+1)^6$ や $(3k+2)^6$ の計算が面倒になるが，合同式を利用すると，左のように解答が簡潔になる。なお，

　　● が m の倍数
　　$\iff$ ● $\equiv 0 \pmod m$

TRAINING 104 ⑤

(1) 合同式を利用して，次のものを求めよ。

　(ア) 12^{1000} を 11 で割った余り　　　　(イ) 13^{81} の一の位の数

(2) $p.463$ の例題 103 (2) を，合同式を利用して解け。

EXERCISES

A **37**② (1)　0 から 9 までの整数を 1 つずつ並べてできる 10 桁の自然数は 9 の倍数であることを示せ。　　　　　　　　　　　　　　　　　　　〔広島修道大〕

(2)　4 桁の自然数 176□ が 6 の倍数であるとき，一の位の数を求めよ。

≪≪ 基本例題 **85**

38③ (1)　10000 の約数の個数を求めよ。　　　　　　　　　　　〔類 立教大〕

(2)　12^n の正の約数の個数が 28 個となるような自然数 n を求めよ。

〔慶応大〕　≪≪ 基本例題 **86**

39③ (1)　最大公約数が 6，最小公倍数が 432 である 2 つの自然数を求めよ。

(2)　6 より大きい 2 つの自然数の最大公約数は 6，積は 4536 であるという。この 2 つの自然数を求めよ。　　　　　　　　　≪≪ 標準例題 **88**

40③　n 人の子どもに 180 個のみかんを a 個ずつ，252 個のキャンディーを b 個ずつ残さずすべて配りたい。n の最大値とそのときの a，b の値を求めよ。ただし，文字はすべて自然数を表す。　　　　　　　≪≪ 標準例題 **89**

41③　自然数 n を 9 で割った商が m で余りが 5 である。商 m が奇数のとき，n^2 を 18 で割った余りを求めよ。　　　　　　　≪≪ 基本例題 **91**，標準例題 **92**

42③ (1)　整数 n が 3 の倍数でないならば，n^2-1 は 3 の倍数であることを証明せよ。

(2)　どのような整数 n に対しても，n^2+n+1 は 5 で割り切れないことを証明せよ。　　　　　　　　　　　　　　〔(2) 学習院大〕　≪≪ 標準例題 **92**

43③　n は整数とする。連続する 3 つの整数の積は 6 の倍数であることを使って，$2n^3+3n^2+n$ は 6 の倍数であることを証明せよ。　　　≪≪ 基本例題 **93**

HINT

37　(2)　6 の倍数は，2 の倍数かつ 3 の倍数である。

38　(2)　n の方程式の問題に帰着される。

40　$180=na$，$252=nb$ から，n は 180 と 252 の公約数である。n を最大にするから，最大公約数について調べる。

42　すべての整数を　(1) $3k$，$3k+1$，$3k+2$　(2) $5k$，$5k+1$，$5k+2$，$5k+3$，$5k+4$
にそれぞれ場合分けをする。

43　$2n^3+3n^2+n$ をまず因数分解する。さらに，2 つの連続する 3 つの整数の積の和に変形。

EXERCISES

B **44**④ 2 つの自然数 a, b $(a<b)$ の差が 3, 最小公倍数が 126 のとき, $a=^ア\boxed{}$, $b=^イ\boxed{}$ である。 〔立教大〕 ≪ 標準例題 **88**

45④ n は整数とする。n^5-n は 30 の倍数であることを証明せよ。
≪ 標準例題 **92**, 基本例題 **93**

46③ 8 個の正の約数をもつ最小の自然数を求めよ。 ≪ 発展例題 **94**

47④ (1) 5390 を自然数 n で割って, 余りが 0 で, 商が自然数の平方になるようにしたい。そのような n の最小値を求めよ。
(2) 150 に 2 桁の自然数 n を掛け, ある自然数の平方になるようにしたい。そのような n の最大値を求めよ。 ≪ 発展例題 **95**

48④ 次の等式を満たす正の整数 a, b の組をすべて求めよ。

(1) $a^2-b^2=77$ (2) $\dfrac{2}{a}+\dfrac{1}{b}=\dfrac{1}{4}$

〔(1) 金沢工大 (2) 類 名古屋大〕 ≪ 発展例題 **97**

49④ n は自然数とする。x の 2 次方程式 $x^2+2nx-12=0$ …… ① について
(1) 方程式 ① を解け。
(2) 方程式 ① の解が整数であるとき, n の値とそのときの解を求めよ。
≪ 発展例題 **97**

50③ n を 2 以上の自然数とするとき, n^4+4 は素数にならないことを示せ。
〔宮崎大〕

51⑤ p, $2p+1$, $4p+1$ がいずれも素数であるような p をすべて求めよ。
〔類 一橋大〕 ≪ 標準例題 **92**

HINT -

45 まず, n^5-n を因数分解し, 連続する 3 つの整数の積を見つけ出す。
46 素因数分解したときの素因数の種類が 1 つ, 2 つ, …… で場合分け。
48 (2) 等式の両辺に $4ab$ を掛けて分母を払う。
49 (2) 解の $\sqrt{}$ 部分を m とおいて, $()\times()=(整数)$ の形に変形する。
50 まず, n^4+4 を因数分解。$n^4+4=(n^4+4n^2+4)-4n^2$
51 $p=2$, 3 で試してみる。$p\geqq5$ のときは適さないことを示す。

数学A

互除法，整数の性質の活用

5章

例題番号	例題のタイトル	レベル

22 ユークリッドの互除法

レベル ………… 各例題の難易度を表す ⏰ の個数 (1～5 の 5 段階)。

●, ◎, ○印 … 各項目で重要度の高い例題につけた (●, ◎, ○の順に重要度が高い)。
時間の余裕がない場合は，●, ◎, ○の例題を中心に勉強すると効果的である。
また，●の例題には，解説動画がある。

22 ユークリッドの互除法

> 2つの自然数の最大公約数を，素因数分解を利用して求める方法を *p.*441 で学びましたが，2数が大きい数の場合，素因数分解は簡単ではありません。そのようなときにも有効な，整数の割り算によって最大公約数を求める方法について学んでいきましょう。

■ ユークリッドの互除法

> 自然数 a, b について，a を b で割った余りを r とすると
> a と b の最大公約数は，b と r の最大公約数に等しい。

a と b の最大公約数
$$a = bq + r \quad \boxed{等しい}$$
b と r の最大公約数

このことを繰り返し利用すると，2つの自然数の最大公約数を求めることができる。これを，**ユークリッドの互除法**，または単に**互除法** という。

[例] **319 と 143 の最大公約数を求める**

319 を 143 で割った割り算の等式 $\underline{319 = 143 \cdot 2 + 33}$ に注目すると，定理により，319 と 143 の最大公約数を求める代わりに，割る数 143 と余り 33 の最大公約数を求めればよいことがわかる。

この操作を繰り返していくと，次のように出てくる余りは小さくなっていく。更に，余りは 0 以上であるから，いずれ余りは 0 になる。その 余りが 0 となるときの割る数 が，求める最大公約数である。

← $319 = 11 \cdot 29$,
$143 = 11 \cdot 13$
と素因数分解できるが，これは思いつきにくい。

① $319 = 143 \cdot 2 + 33$ から　　(319 と 143 の最大公約数)＝(143 と 33 の最大公約数)

② $143 = 33 \cdot 4 + 11$ から　　(143 と 33 の最大公約数)＝(33 と 11 の最大公約数)

③ $33 = 11 \cdot 3 + 0$ から　　(33 と 11 の最大公約数)＝11

よって，319 と 143 の最大公約数は　　**11**

■ 互除法の横書き計算法

互除法の計算を進めるには，次のように，割り算の筆算を左に書き足していくように書く方法もある。

[例] **319 と 143 の最大公約数を求める**

$$\begin{array}{ccccccc} & & 3 & & 4 & & 2 \\ \text{最大公約数} \rightarrow \boxed{11} &) & 33 &) & 143 &) & 319 \\ & & \underline{33} & & \underline{132} & & \underline{286} \\ & & 0 & & 11 & & 33 \end{array}$$

1 $319 \div 143$ の割り算をすると，余りが 33

2 $143 \div 33$ の割り算をすると，余りが 11

3 $33 \div 11$ の割り算をすると，割り切れて，終了。

■ 互除法の活用

互除法で求めた最大公約数 1 を，もとの 2 つの自然数で表すことを
考えてみよう。

例えば，互いに素^(*)である自然数 57 と 23 について

（＊）整数 a, b の最大公
約数が 1 のとき，a,
b は互いに素である。

── 互除法 ──		── 互除法の式の変形 ──
$57=23\cdot2+11$	移項すると	$\boxed{11}=57-23\cdot2$ …… ①
$23=11\cdot2+1$	移項すると	$\boxed{1}=23-11\cdot2$ …… ②

← $57=3\cdot19$ であり，23
は素数であるから，
57 と 23 は互いに素
である。

ここで，①，②の計算を逆にたどると，次のようになる。

②から $\qquad\boxed{1}=23-\boxed{11}\cdot2$

←11 と 1 の最大公約数
は 1

①を代入して $\qquad=23-(57-23\cdot2)\cdot2$

←1 を 23 と 11 の式で表
す。

$\qquad\qquad\qquad=57\cdot(-2)+23\cdot5$

←57, 23 について整理
する。

すなわち $\qquad 57\cdot(-2)+23\cdot5=1$

これは等式 $57x+23y=1$ を満たす整数 x, y の組の 1 つが，
$x=-2$, $y=5$ であることを意味している。

この例のように，次のことが成り立つ。

> 2 つの整数 a, b が互いに素であるとき，$ax+by=1$
> を満たす整数 x, y が存在する。

←次の節の内容を学ぶう
えで必要となる重要な
性質。

さらに，$ap+bq=1$ のとき両辺に整数 c を掛けると
$a(cp)+b(cq)=c$ である。よって，$ax+by=c$ を満たす整数 x,
y の組の 1 つは $x=cp$, $y=cq$ として得られる。

一般に，次のことが成り立つ。

> 2 つの整数 a, b が互いに素であるとき，どんな整数 c につい
> ても，$ax+by=c$ を満たす整数 x, y が存在する。

■ 1 次不定方程式と整数解

a, b, c は整数の定数で，$a\neq0$, $b\neq0$ とする。

x, y の 1 次方程式 $ax+by=c$ を成り立たせる整数 x, y の組を，
この方程式の **整数解** という。そして，この方程式の整数解を求め
ることを **1 次不定方程式** を解くという。

←例えば，方程式
$x+y=10$ の整数解は
$x=1$, $y=9$
$x=2$, $y=8$……
のように 1 つに定まら
ないから，不定方程式
とよばれる。

5章

22

ユークリッドの互除法

次のページからは，自分の手を動かして，最大公約数を求めたり，1 次不定方程
式を解いたりしてみましょう。

基本 例題 **105** 最大公約数（互除法の利用）

次の 2 つの整数の最大公約数を，互除法を用いて求めよ。

(1) 221, 91　　　　(2) 418, 247　　　　(3) 1501, 899

CHART & GUIDE

2 つの整数の最大公約数
簡単に素因数分解できないときは，互除法が有効

a を b で割った余りが r ならば，
次は b を r で割る。
これを繰り返して，$r=0$ とな
ったときの b が求める最大公約
数である。

$a=\underline{b}q_1+\underline{r_1}$　　a を b で割る　…… 余り r_1
$\underline{b}=\underset{\sim}{r_1}q_2+\underline{r_2}$　　b を r_1 で割る　…… 余り r_2
$\underset{\sim}{r_1}=\underset{\sim}{r_2}q_3+\underline{r_3}$　　r_1 を r_2 で割る　…… 余り r_3
　　　……
$r_{n-1}=r_nq_{n+1}$　←── 割り切れたところで終了
　　　　　　　　　　r_n が最大公約数

解答

(1)　$221=\underline{91}\cdot2+\underline{39}$
　　　$\underline{91}=\underset{\sim}{39}\cdot2+\underline{13}$
　　　$\underset{\sim}{39}=\underset{\sim}{13}\cdot3+0$　←割り切れたので，
　　　　　　　　　　　　　　　ここで終了。

　　よって，最大公約数は　　**13**

$$
\begin{array}{r}
3 \quad 2 \quad 2 \\
13\overline{)39}\,\overline{)91}\,\overline{)221} \\
\underline{39}\ \underline{78}\ \underline{182} \\
0\ \ ⑬\ \ ㊴
\end{array}
$$

(2)　$418=\underline{247}\cdot1+\underline{171}$
　　　$\underline{247}=\underset{\sim}{171}\cdot1+\underline{76}$
　　　$\underset{\sim}{171}=\underset{\sim}{76}\cdot2+\underline{19}$
　　　$\underset{\sim}{76}=\underline{19}\cdot4+0$

　　よって，最大公約数は　　**19**

$$
\begin{array}{r}
4 \quad 2 \quad 1 \quad 1 \\
19\overline{)76}\,\overline{)171}\,\overline{)247}\,\overline{)418} \\
\underline{76}\ \underline{152}\ \underline{171}\ \underline{247} \\
0\ \ ⑲\ \ ㊱\ \ ⑰①
\end{array}
$$

(3)　$1501=\underline{899}\cdot1+\underline{602}$
　　　$\underline{899}=\underset{\sim}{602}\cdot1+\underline{297}$
　　　$\underset{\sim}{602}=\underset{\sim}{297}\cdot2+\underline{8}$
　　　$\underset{\sim}{297}=\underset{\sim}{8}\cdot37+\underline{1}$　……（＊）
　　　$\underline{8}=①\cdot8+0$

　　よって，最大公約数は　　**1**

$$
\begin{array}{r}
8 \quad 37 \quad 2 \quad 1 \quad 1 \\
①8\overline{)297}\,\overline{)602}\,\overline{)899}\,\overline{)1501} \\
\underline{8}\ \underline{296}\ \underline{594}\ \underline{602}\ \underline{899} \\
0\ \ ①\ \ ⑧\ \ ㉗\ \ ⑥⓪②
\end{array}
$$

注意　(3)　最大公約数が 1 であるから，1501 と 899 は互いに素である。
　　　　なお，すべての整数 a に対し，a と 1 の最大公約数は 1 であるから，（＊）で計
　　　　算を終わりにし，最大公約数は 1 と求めてもよい。

TRAINING 105 ①

次の 2 つの整数の最大公約数を，互除法を用いて求めよ。

(1) 767, 221　　　　(2) 966, 667　　　　(3) 1679, 837

基本 例題
106 1次不定方程式の整数解(1)

(1) 等式 $31x+17y=1$ を満たす整数 x, y の組を1つ求めよ。

(2) 等式 $31x+17y=4$ を満たす整数 x, y の組を1つ求めよ。

CHART
& GUIDE
等式 $ax+by=1$ （a, b は互いに素）を満たす整数 x, y

互除法の計算を利用

a, b が互いに素のときは，$ax+by=1$ を満たす整数 x, y が必ず存在する。

(1) **1** 互除法の計算を，余りが1になるまで行う。　←── 31 と 17 は互いに素

　　2 **1** の計算を，(1)の解答のように逆にたどって，

　　1 を 31 と 17 を使って表すように式変形する。

(2) 31●$+17$■$=1$ ならば，両辺を4倍すると　　$31·4$●$+17·4$■$=4$

　　よって，(1)で求めた x, y の組に対して $4x$, $4y$ が求める組の1つである。

解答

(1)　$31=17·1+14$　　　移項すると　$\boxed{14}=31-17·1$ …… ①

　　　$17=14·1+3$　　　移項すると　$\boxed{3}=17-14·1$ …… ②

　　　$14=3·4+2$　　　移項すると　$\boxed{2}=14-3·4$ …… ③

　　　$3=2·1+1$　　　移項すると　$1=3-2·1$ …… ④

　　よって　　$1=3-\boxed{2}·1$

　　　　　　　$=3-(\underline{14-3·4})·1$

　　　　　　　$=\boxed{3}·5+14·(-1)$

　　　　　　　$=(\underline{17-14·1})·5+14·(-1)$

　　　　　　　$=17·5+\boxed{14}·(-6)$

　　　　　　　$=17·5+(\underline{31-17·1})·(-6)$

　　　　　　　$=31·(-6)+17·11$

　　したがって，$31·(-6)+17·11=1$ が成り立つから，求める

　　整数 x, y の組の1つは　　$\boldsymbol{x=-6}$, $\boldsymbol{y=11}$

(2)　(1)から，$31·(-6)+17·11=1$ が成り立つ。

　　この両辺を4倍して　　$31·(-24)+17·44=4$

　　よって，求める整数 x, y の組の1つは

　　　　　　　$\boldsymbol{x=-24}$, $\boldsymbol{y=44}$

	2	1	4	1	1
$1)$	2	3	14	17	31
	2	2	12	14	17
	0	1	2	3	14

(表の割り算部分: $1\overline{)2}$, $2\overline{)3}$, $14\overline{)14}$ など)

←④ の2に③を代入。

←3, 14 について整理。

←3に②を代入。

←17, 14 について整理。

←14に①を代入。

←31, 17 について整理。

←$-186+187=1$

←$-744+748=4$

(参考) (1)で求めた $x=-6$, $y=11$ 以外に，例えば $x=11$, $y=-20$ も等式

$31x+17y=1$ を満たす。

TRAINING 106 ②

(1) 等式 $53x+29y=1$ を満たす整数 x, y の組を1つ求めよ。

(2) 等式 $53x+29y=-3$ を満たす整数 x, y の組を1つ求めよ。

基本 例題 **107** 1次不定方程式の整数解 (2) (基本)

>>> 発展例題 **114**, **115**

次の方程式の整数解をすべて求めよ。

(1) $7x + 13y = 0$

(2) $5x + 9y = 1$

解説動画へGO!!

CHART & GUIDE

1次不定方程式

$a\ \bullet\ =b\ \blacksquare$ (a, b は互いに素) の形にもち込む

a, b, c は整数で, a, b は互いに素であるとき

ac が b の倍数ならば, c は b の倍数である。 …… $\boxed{!}$

(2) **1** x, y に適当な値を代入して, 整数解を1つ ($x=p$, $y=q$) 見つける。

2 $5x+9y=1$ と $5p+9q=1$ の辺々を引いて $5(x-p)+9(y-q)=0$

3 $\boxed{!}$ を利用して, $x-p$, $y-q$ を k の式で表す。

解答

(1) 方程式を変形すると $7x = -13y$ …… ①

$\boxed{!}$ $7x$ は13の倍数であるが, 7と13は互いに素であるから, x は13の倍数である。よって, k を整数として $x=13k$ と表される。

← a, b は互いに素で $a\bullet = b\blacksquare$ の形。

① に代入して $-13y = 7 \cdot 13k$

よって $y = -7k$

ゆえに, すべての整数解は

$$x = 13k,\ y = -7k\ (k\ は整数)$$

(2) $x=2$, $y=-1$ は $5x+9y=1$ …… ① の整数解の1つである。

よって $5 \cdot 2 + 9 \cdot (-1) = 1$ …… ②

①−② から $5(x-2) + 9(y+1) = 0$ …… ($*$)

すなわち $5(x-2) = -9(y+1)$ …… ③

← a, b は互いに素で $a\bullet = b\blacksquare$ の形。

$\boxed{!}$ 5と9は互いに素であるから, ③ より $x-2$ は9の倍数である。

ゆえに, k を整数として $x-2=9k$ と表される。

これを ③ に代入すると $y+1 = -5k$

← $5 \cdot 9k = -9(y+1)$ ゆえに $y+1 = -5k$

したがって, ① のすべての整数解は

$$x = 9k+2,\ y = -5k-1\ (k\ は整数)\ …… Ⓐ$$

(補足) ($*$) について, 筆算を用いて計算すると次のようになる。

$$\begin{array}{r} 5 \cdot x \quad + 9 \cdot y \quad = 1 \ …… ① \\ -)\ \underline{5 \cdot 2 \quad + 9 \cdot (-1) = 1\ …… ②} \\ 5(x-2) + 9(y+1) = 0 \end{array}$$

質問コーナー (2)で $x=2$, $y=-1$ 以外の解を見つけたのですが，答えの式が違います。間違いでしょうか。

(2)では，例えば $x=-7$, $y=4$ も ① を満たす。これを用いて考えてみる。

$x=-7$, $y=4$ は ① の整数解の 1 つである。

よって $\qquad 5\cdot(-7)+9\cdot4=1$ …… ②′

①−②′ から $\quad 5(x+7)+9(y-4)=0$

すなわち $\qquad 5(x+7)=-9(y-4)$ …… ③′

5 と 9 は互いに素であるから，③′ より $x+7$ は 9 の倍数である。

ゆえに，l を整数として，$x+7=9l$ と表される。

これを ③′ に代入すると $\qquad y-4=-5l$

したがって，① のすべての整数解は

$\qquad\qquad x=9l-7$, $y=-5l+4$ （l は整数）…… ⑧

⑧，⑧ は式が異なるが，k, l に具体的な値を代入してみると次の表のようになる。

k	⑧	⑧	l
⋮	⋮	⋮	⋮
-1	$x=-7$, $y=4$	$x=-7$, $y=4$	0
0	$x=2$, $y=-1$	$x=2$, $y=-1$	1
1	$x=11$, $y=-6$	$x=11$, $y=-6$	2
2	$x=20$, $y=-11$	$x=20$, $y=-11$	3
⋮	⋮	⋮	⋮

つまり，⑧，⑧ のどちらも同じ「すべての整数解」を表していて，正しい答えである。

5章 **22** ユークリッドの互除法

TRAINING 107 ①

次の方程式の整数解をすべて求めよ。

(1) $12x-11y=0$ $\qquad\qquad$ (2) $23x+8y=1$

基本
例題
108 1次不定方程式の整数解(3)(互除法の利用) ◎◎

(1) 方程式 $29x+12y=1$ …… ① の整数解をすべて求めよ。

(2) 方程式 $29x+12y=-2$ …… ② の整数解をすべて求めよ。

CHART
& GUIDE

1次不定方程式
整数解が簡単に見つからないときは，互除法の利用

(1) ① の整数解は簡単に見つからないので，29 と 12 についての互除法を利用する。
 互除法の計算を逆にたどり，$1=29p+12q$ となる p, q を求める。

(2) $29p+12q=1$ の両辺を -2 倍すると $29\cdot(-2p)+12\cdot(-2q)=-2$
 よって，② の整数解の1つは $x=-2p$, $y=-2q$ である。

解 答

(1) $29=12\cdot2+5$　 移項して　$5=29-12\cdot2$ …… Ⓐ

　　$12=5\cdot2+2$　 移項して　$2=12-5\cdot2$ …… Ⓑ

　　$5=2\cdot2+1$　 移項して　$1=5-2\cdot2$

　よって　 $1=5-2\cdot2=5-(12-5\cdot2)\cdot2=5\cdot5+12\cdot(-2)$

　　　　　　 $=(29-12\cdot2)\cdot5+12\cdot(-2)=29\cdot5+12\cdot(-12)$

　すなわち　$29\cdot5+12\cdot(-12)=1$ …… ③

　①－③ から　$29(x-5)+12(y+12)=0$

　すなわち　$29(x-5)=-12(y+12)$ …… ④

　29 と 12 は互いに素であるから，④ より $x-5$ は 12 の倍数である。

　ゆえに，k を整数として，$x-5=12k$ と表される。

　これを ④ に代入すると　$y+12=-29k$

　したがって，① のすべての整数解は

　　　　　$x=12k+5$, $y=-29k-12$ （k は整数）

(2) ③ の両辺を -2 倍して

　　　　　　 $29\cdot(-10)+12\cdot24=-2$ …… ⑤

　②－⑤ から　$29(x+10)+12(y-24)=0$

　すなわち　$29(x+10)=-12(y-24)$ …… ⑥

　29 と 12 は互いに素であるから，⑥ より $x+10$ は 12 の倍数である。

　ゆえに，k を整数として，$x+10=12k$ と表される。

　これを ⑥ に代入すると　$y-24=-29k$

　したがって，② のすべての整数解は

　　　　　$x=12k-10$, $y=-29k+24$ （k は整数）

← 29 と 12 の最大公約数は 1 であるから，互除法の計算の過程で余りが 1 になるときが必ずある。

← 1 を 29 と 12 で表すことができた。

← 整数解が1つ見つかったら，後は p.476 例題 107 (2)と方針は同じ。
a, b, c は整数で，a, b は互いに素であるとき，ac が b の倍数ならば c は b の倍数である。

TRAINING 108 ②

(1) 方程式 $55x-16y=1$ …… ① の整数解をすべて求めよ。

(2) 方程式 $55x-16y=2$ …… ② の整数解をすべて求めよ。

1次不定方程式の整数解の求め方を振り返ろう！

● 例題 106 を振り返ろう！

整数解が簡単に見つからないときは，互除法を利用しよう。互除法の計算を逆にたどって，整数解を見つけられます。

$$
\begin{aligned}
1 &= 5 - \boxed{2}\cdot 2 \\
&= 5 - (12 - 5\cdot 2)\cdot 2 &&\longleftarrow \text{Ⓑ を代入。}\\
&= \boxed{5}\cdot 5 + 12\cdot(-2) &&\longleftarrow 5,\ 12 \text{ について整理。}\\
&= (29 - 12\cdot 2)\cdot 5 + 12\cdot(-2) &&\longleftarrow \text{Ⓐ を代入。}\\
&= 29\cdot 5 + 12\cdot(-12) &&\longleftarrow 29,\ 12 \text{ について整理。}
\end{aligned}
$$

すなわち $29\cdot 5 + 12\cdot(-12) = 1$

したがって，$x=5,\ y=-12$ は ① の整数解の 1 つである。

● 例題 107 を振り返ろう！

例題 107 の CHART&GUIDE の手順を確認しましょう。

(1) $\quad 29\cdot 5 + 12\cdot(-12) = 1 \ \cdots\cdots$ ③ $\quad\longleftarrow$ **1** 整数解を 1 つ $(x=p,\ y=q)$ 見つける。

①－③ から $\quad 29(x-5) + 12(y+12) = 0 \quad\longleftarrow$ **2** ① と $29p+12q=1$ の辺々を引く。

すなわち $\quad 29(x-5) = -12(y+12) \ \cdots\cdots$ ④ $\quad\longleftarrow a\bullet = b\blacksquare\ (a,\ b \text{ は互いに素})$

29 と 12 は互いに素であるから，④ より $x-5$ は 12 の倍数である。

ゆえに，k を整数として，$x-5=12k$ と表される。

これを ④ に代入すると $\quad y+12 = -29k$

$\longleftarrow$ **3** 「$a,\ b,\ c$ は整数で，$a,\ b$ は互いに素であるとき，ac が b の倍数ならば，c は b の倍数である。」を利用して，$x-p,\ y-q$ を整数 k の式で表す。

(2) $\quad 29\cdot(-10) + 12\cdot 24 = -2 \ \cdots\cdots$ ⑤ $\quad\longleftarrow$ **1** 整数解を 1 つ $(x=p,\ y=q)$ 見つける。

②－⑤ から $\quad 29(x+10) + 12(y-24) = 0 \quad\longleftarrow$ **2** ② と $29p+12q=-2$ の辺々を引く。

すなわち $\quad 29(x+10) = -12(y-24) \ \cdots\cdots$ ⑥ $\quad\longleftarrow a\bullet = b\blacksquare\ (a,\ b \text{ は互いに素})$

29 と 12 は互いに素であるから，⑥ より $x+10$ は 12 の倍数である。

ゆえに，k を整数として，$x+10=12k$ と表される。

これを ⑥ に代入すると $\quad y-24 = -29k$

$\longleftarrow$ **3** 「$a,\ b,\ c$ は整数で，$a,\ b$ は互いに素であるとき，ac が b の倍数ならば，c は b の倍数である。」を利用して，$x-p,\ y-q$ を整数 k の式で表す。

標準 例題
109 1次不定方程式の整数解の利用 〇〇〇

14で割ると5余り，9で割ると7余る自然数 n のうち，3桁で最大のものを求めよ。

CHART
& GUIDE

1次不定方程式の整数解の利用

条件から $ax+by=c$ の形を導く

1 条件から x, y を整数として，n は $14x+5$, $9y+7$ と2通りに表され，

$14x+5=9y+7$ から $14x-9y=2$

2 14と9は互いに素であるから，$14x-9y=2$ の整数解が求められる。

…… 解は整数 k を用いて表される。

3 解が求められたら，不等式 $n<1000$ を満たす最大の整数 k の値を調べる。…… !

解答

n は整数 x, y を用いて

$$n=14x+5, \quad n=9y+7$$

と表される。

よって $14x+5=9y+7$

すなわち $14x-9y=2$ …… ①

ここで，$14x-9y=1$ について考える。

$x=2$, $y=3$ は $14x-9y=1$ の整数解の1つであるから

$$14\cdot2-9\cdot3=1$$

この両辺を2倍して $14\cdot4-9\cdot6=2$ …… ②

①−② から $14(x-4)-9(y-6)=0$

すなわち $14(x-4)=9(y-6)$ …… ③

14と9は互いに素であるから，③ より $x-4$ は9の倍数である。

ゆえに，k を整数として，$x-4=9k$ と表される。

よって，$x=9k+4$ であるから

$$n=14x+5=14(9k+4)+5=126k+61 \quad \cdots\cdots (*)$$

! $n<1000$ とすると $126k+61<1000$

よって $k<\dfrac{313}{42}$ …… ④

④ を満たす最大の整数 k は $k=7$

ゆえに，求める n は $n=126\cdot7+61=\textbf{943}$

◀ a を b で割った商を q, 余りを r とすると
$a=bq+r$

◀ $126k<939$

◀ $\dfrac{313}{42}=7.4\cdots$

◀ k が最大のとき，n も最大となる。

（補足）**1.** $14x-9y=1$ の整数解の 1 つがすぐに求められない
ときは，互除法を利用して求める。

$14=9\cdot1+5$ 　　移項すると　　$5=14-9\cdot1$ … Ⓐ

$9=5\cdot1+4$ 　　移項すると　　$4=9-5\cdot1$ … Ⓑ

$5=4\cdot1+1$ 　　移項すると　　$1=5-4\cdot1$

よって　　$1=5-4\cdot1$

$\qquad =5-(9-5\cdot1)\cdot1$ 　　←Ⓑ を代入。

$\qquad =5\cdot2-9\cdot1$ 　　←5, 9 について整理。

$\qquad =(14-9\cdot1)\cdot2-9\cdot1$ 　　←Ⓐ を代入。

$\qquad =14\cdot2-9\cdot3$ 　　←14, 9 について整理。

すなわち　$14\cdot2-9\cdot3=1$

2. ③ のあと，次のように（＊）を求めてもよい。

14 と 9 は互いに素であるから，③ より $y-6$ は 14 の
倍数である。

ゆえに，k を整数として，$y-6=14k$ と表される。

よって，$y=14k+6$ であるから

$\qquad n=9y+7=9(14k+6)+7=126k+61$

（参考）14 で割ると 5 余る自然数は　　5, 19, 33, 47, 61, 75, ……

9 で割ると 7 余る自然数は　　7, 16, 25, 34, 43, 52, 61, 70, ……

よって，n の最小値は 61 で，14 と 9 の最小公倍数は $14\cdot9=126$ であるから

$\qquad n=61,\ 61+126\cdot1,\ 61+126\cdot2,\ ……$

すなわち　$n=61+126k$（n は自然数であるから，k は 0 以上の整数）

このようにして n を k の式で表すこともできる。

5章
22
ユークリッドの互除法

TRAINING 109 ③

23 で割ると 8 余り，15 で割ると 5 余る自然数のうち，4 桁で最小のものを求めよ。

STEP UP!

係数を小さくして整数解の1つを見つける方法

 1次不定方程式を解くには，次のように，割り算の等式を利用して係数を小さくすることにより，整数解の1つを見つけやすくする方法もあります。詳しくみていきましょう。

方程式 $37x+22y=2$ …… ① について ← 係数は 37 と 22

$37=22\cdot1+15$ から $\qquad(22\cdot1+15)x+22y=2$

すなわち $\qquad\qquad 22(x+y)+15x=2$ ⎫ 係数下げ
（1回目）

$\underline{x+y=s \text{ とおくと}}$ $\qquad 22s+15x=2$ ← 係数は 22 と 15

（この方程式は整数解が簡単に見つからないので，さらに係数を下げる。）

$22=15\cdot1+7$ から $\qquad(15\cdot1+7)s+15x=2$ ⎫ 係数下げ
（2回目）

すなわち $\qquad\qquad 15(s+x)+7s=2$

$\underline{s+x=t \text{ とおくと}}$ $\qquad 15t+7s=2$ …… ⑦ ← 係数は 15 と 7

ここで，⑦ の整数解の1つは $t=2$，$s=-4$ である ← 例えば，$7s=2-15t$ とし，

から $\qquad\qquad x=t-s=2-(-4)=6,$ $2-15t$ が 7 の倍数になる t の値

$\qquad\qquad\qquad y=s-x=-4-6=-10$ をさがす。

よって，$x=6$，$y=-10$ が ① の整数解の1つで

$\qquad\qquad 37\cdot6+22\cdot(-10)=2$ …… ② ← $222-220=2$

①－② から $\qquad 37(x-6)+22(y+10)=0$ ← 以後の方針は，例題107，108

すなわち $\qquad 37(x-6)=-22(y+10)$ などと同様。

$\underline{37 \text{ と } 22 \text{ は互いに素であるから}}$ $\qquad x-6=22k$，$y+10=-37k$（k は整数）

よって，① のすべての整数解は $\qquad\boldsymbol{x=22k+6,\ y=-37k-10}$（$k$ は整数）…… Ⓐ

 上の ① では，⑦ の段階で整数解の1つを見つけましたが，ここで整数解の1つをさがさずに，⑦ からさらに係数を小さくして，次のように解くこともできます。

$15=7\cdot2+1$ から $\qquad(7\cdot2+1)t+7s=2$

すなわち $\qquad\qquad 7(2t+s)+t=2$ ← 係数1の項が現れた。

$\underline{2t+s=k \text{ とおくと}}$ $\qquad 7k+t=2$ …… ④

よって $\qquad\qquad t=2-7k$ ← $t\to s\to x\to y$ の順に k で表す。

$\underline{2t+s=k}$ から $\qquad s=k-2t=k-2(2-7k)=15k-4$

$\underline{s+x=t}$ から $\qquad x=t-s=(2-7k)-(15k-4)=-22k+6$

$\underline{x+y=s}$ から $\qquad y=s-x=(15k-4)-(-22k+6)=37k-10$

ゆえに，① のすべての整数解は $\qquad\boldsymbol{x=-22k+6,\ y=37k-10}$（$k$ は整数）…… Ⓑ

 ④ のように，1となる係数が現れるまで係数を小さくすれば，整数解の1つを見つけることなくすべての整数解を求めることができます。

なお，答え Ⓐ と Ⓑ は式の形が異なっていますが，Ⓑ は Ⓐ の k を $-k$ でおき換えると得られます。

Let's Start

23　n 進 法

私たちは，413，5025 のように，0，1，2，3，4，5，6，7，8，9 の 10 個の数字を用いて数を表しています。このような数の表し方について，学習していきましょう。

■ n 進法

3 桁の数 305 は位取りの基礎を 10 とする表記法で，これを **10 進法** という。10 進法では，位として

10^0 の位^(*)，10^1 の位，10^2 の位，10^3 の位，……

を用い，各位の数字は，上の位から順に左から右へと並べている。

各位の数字は 0，1，2，3，……，9 で，これらは 10 で割った余りの種類と同じである。

10 進法のように，各位の数字を上の位から並べて数を表す方法を **位取り記数法** という。また，位取りの基礎となる数を **底** という。

10 進法と同様に，底を 2 とする表記法を **2 進法** という。2 進法では，位として

2^0 の位，2^1 の位，2^2 の位，2^3 の位，……

を用い，各位の数字は 0 または 1 で，整数を 2 で割った余りの種類と同じである。

一般に，底を n として数を表す方法を **n 進法** といい，n 進法で表された数を **n 進数** という。ただし，n は 2 以上の自然数で，n 進数は右下に $_{(n)}$ をつけて表すことにする。

ただし，10 進数は普通，右下に $_{(10)}$ は書かない。

例　2 進数 101 は $101_{(2)}$ と書き，10 進法では $1 \cdot 2^2 + 0 \cdot 2^1 + 1 \cdot 2^0 = 5$ となる。

10¹ の位

10² の位 ── ↓ ── 10⁰ の位

305

$= 3 \cdot 10^2 + 0 \cdot 10^1 + 5 \cdot 10^0$

5章
23

n

進

法

（＊）$10^0 = 1$

◀ $101_{(2)}$ や $1423_{(5)}$ のように表記する。

n 進法について，理解できたでしょうか。問題を解いて，確認していきましょう。

>>> 発展例題 118～120

基本 110 n 進数の底 n の変換

(1) 次の数を 10 進法で表せ。

　(ア) $10011_{(2)}$　　　　(イ) $1234_{(5)}$　　　　(ウ) $634_{(7)}$

(2) 次の 10 進数を [ ] 内の表し方で表せ。

　(ア) 39 [2 進法]　(イ) 33 [3 進法]　(ウ) 366 [5 進法]

解説動画へGO!!

CHART & GUIDE

n 進数の底 n の変換

(1) **n 進数 ⟶ 10 進数 の場合**

$abc\cdots_{(n)}$ で m 桁なら $a\cdot n^{m-1}+b\cdot n^{m-2}+c\cdot n^{m-3}+\cdots$

(ア)は, 5 桁の 2 進数であるから, 2^4 の位から始まる。

(2) **10 進数 ⟶ n 進数 の場合**

n で割っていき, 余りを下から順に並べる

次 (14 を 2 進数で表す) のような, 縦書きの計算をするとよい。

```
2)14    余り              商 → 余り
2) 7 … 0↑   ⟺   14=2·7+0
2) 3 … 1    ⟺    7=2·3+1
2) 1 … 1    ⟺    3=2·1+1
   0 … 1    ⟺    1=2·0+1
```

よって, 14 の 2 進数表示は $1110_{(2)}$

右のように, 商が割る数より小さくなったら割り算をやめ, 最後の商を先頭にして, 余りを下から順に並べる方法もある。

```
2)14    余り
2) 7 … 0
2) 3 … 1
   1 … 1
   商
```

解答

(1) (ア) $1\cdot2^4+0\cdot2^3+0\cdot2^2+1\cdot2^1+1\cdot2^0=16+2+1=\mathbf{19}$　　← $2^0=1$

　(イ) $1\cdot5^3+2\cdot5^2+3\cdot5^1+4\cdot5^0=125+50+15+4=\mathbf{194}$　　← $5^0=1$

　(ウ) $6\cdot7^2+3\cdot7^1+4\cdot7^0=294+21+4=\mathbf{319}$　　← $7^0=1$

(2) それぞれ下の計算から

(ア) $\mathbf{100111_{(2)}}$

```
2)39    余り
2)19 … 1
2) 9 … 1
2) 4 … 1
2) 2 … 0
2) 1 … 0
   0 … 1
```

(イ) $\mathbf{1020_{(3)}}$

```
3)33    余り
3)11 … 0↑
3) 3 … 2
3) 1 … 0
   0 … 1
```

(ウ) $\mathbf{2431_{(5)}}$

```
5)366    余り
5) 73 … 1↑
5) 14 … 3
5)  2 … 4
    0 … 2
```

(2) 例えば, (イ) では,

$33=3\cdot11+0$
$11=3\cdot3+2$
$3=3\cdot1+0$
$1=3\cdot0+1$

を縦書きの割り算で行っている。

TRAINING 110 ①

(1) 次の数を 10 進法で表せ。

　(ア) $1010101_{(2)}$　　　　(イ) $333_{(4)}$　　　　(ウ) $175_{(8)}$

(2) 次の 10 進数を [ ] 内の表し方で表せ。

　(ア) 54 [2 進法]　(イ) 1000 [5 進法]　(ウ) 3776 [7 進法]

標準 例題
111 n 進法の小数

(1) $0.1011_{(2)}$ を 10 進法の小数で表せ。

(2) 10 進数 0.375 を (ア) 2 進法 (イ) 5 進法 で表せ。

CHART & GUIDE

(1) 例えば、n 進法で $0.abc_{(n)}$ (a, b, c は 0 以上 $n-1$ 以下の整数) と書き表された数を 10 進数に直すと、$\dfrac{a}{n^1} + \dfrac{b}{n^2} + \dfrac{c}{n^3}$ となる。

(2) 一般に、10 進法の小数を n 進法の小数で表すには、まず、もとの小数に n を掛け、小数部分に n を掛けることを繰り返し、出てきた整数部分を順に並べていく。

そして、小数部分が 0 になれば計算は終了（有限小数となる）。しかし、小数部分が 0 にならない場合は、循環小数となる。

解答

(1) $0.1011_{(2)} = \dfrac{1}{2} + \dfrac{0}{2^2} + \dfrac{1}{2^3} + \dfrac{1}{2^4} = \dfrac{2^3 + 2 + 1}{2^4} = \dfrac{11}{16} = \mathbf{0.6875}$

(2) (ア) 0.375 に 2 を掛け、小数部分に 2 を掛けることを繰り返すと、右のようになる。出てきた整数部分は順に 0, 1, 1 であるから

$$\mathbf{0.011_{(2)}}$$

$$
\begin{array}{r}
0.375 \\
\times\ \ 2 \\
\hline
\underline{0}.75 \\
\times\ \ 2 \\
\hline
\underline{1}.5 \\
\times\ \ 2 \\
\hline
\underline{1}.0
\end{array}
$$

小数部分が 0 ←

(イ) 0.375 に 5 を掛け、小数部分に 5 を掛けることを繰り返すと、右のようになって、同じ計算が繰り返される。

よって $\mathbf{0.1\dot{4}_{(5)}}$

$$
\begin{array}{r}
0.375 \\
\times\ \ 5 \\
\hline
\underline{1}.875 \\
\times\ \ 5 \\
\hline
\underline{4}.375 \\
\times\ \ 5 \\
\hline
\underline{1}.875 \\
\times\ \ 5 \\
\hline
\underline{4}.375 \\
\times\ \ 5 \\
\hline
\cdots\cdots
\end{array}
$$

5章
23

n
進
法

Lecture (2)(イ) に関して、解答の方法で 5 進法で表すことができる理由

$0.375 = 0.abcd\cdots\cdots_{(5)}$ で表されるとすると

$$0.375 = \frac{a}{5} + \frac{b}{5^2} + \frac{c}{5^3} + \frac{d}{5^4} + \cdots\cdots \qquad \cdots\cdots ①$$

←— a, b, c, d, $\cdots\cdots$ は 0 以上 4 以下の整数。

[1] $0.375 \times 5 = a + \dfrac{b}{5} + \dfrac{c}{5^2} + \dfrac{d}{5^3} + \cdots\cdots \qquad \cdots\cdots ②$

←— ① の両辺に 5 を掛ける。$0.375 \times 5 = 1.875$

a はこの数の整数部分であるから $a = 1$

[2] b は、$(1.875 - 1) \times 5 = b + \dfrac{c}{5} + \dfrac{d}{5^2} + \cdots\cdots$ の整数部分で 4

$b = 4$ を代入して移項すると $4.375 - 4 = \dfrac{c}{5} + \dfrac{d}{5^2} + \cdots\cdots$

←— ② に $a = 1$ を代入し移項し、両辺に 5 を掛ける。$0.875 \times 5 = 4.375$

これは、① と同じ形であるから $c = a$ 以後、$d = b$, $\cdots\cdots$ となる。

したがって、$0.375 = 0.1\dot{4}_{(5)}$ が得られる。これを簡単にしたのが、上の解答の計算である。

TRAINING 111 ③

(1) (ア) $0.1001_{(2)}$ (イ) $0.43_{(5)}$ を 10 進法の小数で表せ。

(2) 10 進数 0.75 を (ア) 2 進法 (イ) 3 進法 で表せ。

数学の扉　誕生日当てカードを作ろう！

カードA	カードB	カードC	カードD	カードE
16 17 18 19 20 21 22 23 24 25 26 27 28 29 30 31	8　9 10 11 12 13 14 15 24 25 26 27 28 29 30 31	4　5　6　7 12 13 14 15 20 21 22 23 28 29 30 31	2　3　6　7 10 11 14 15 18 19 22 23 26 27 30 31	1　3　5　7 9 11 13 15 17 19 21 23 25 27 29 31

上の 5 枚のカードを見てください。そして各カードの中にあなたの誕生日があるかないかを答えてください。それだけで誕生日を直ちに当てることができます。
もしあなたが「僕の誕生日はAとBとEのカードにあります」と答えたら，AとBとEのカードの左上の数を加えて（16＋8＋1＝25），すぐに「誕生日は 25 日でしょう」と当てることができます。1～31 のどの数でも同じように当てることができますから，このカードを作って試してみてください。

本当に当たっています。どうして当たるのでしょうか。

それはカードの作り方が関係しています。

このカードは，右の表をもとに作られている。
この表は，0～31 の各数を　16，8，4，2，1　の和で表すとどうなるかをまとめたものである。ただし，同じ数を 2 回以上使うことはできない。
例えば，25 は
$$25＝16＋8＋1$$
であるから，16 と 8 と 1 の列に ○ が付いている。
そして，この表を縦に見ると

　　16 の列に ○ 印が付いている数がカードAに
　　　8 の列に ○ 印が付いている数がカードBに
　　　4 の列に ○ 印が付いている数がカードCに
　　　2 の列に ○ 印が付いている数がカードDに
　　　1 の列に ○ 印が付いている数がカードEに
書き並べられている。

	16	8	4	2	1
0					
1					○
2				○	
3				○	○
4			○		
5			○		○
6			○	○	
7			○	○	○
8		○			
9		○			○
10		○		○	
11		○		○	○
12		○	○		
13		○	○		○
14		○	○	○	
15		○	○	○	○
16	○				
17	○				○
18	○			○	
19	○			○	○
20	○		○		
21	○		○		○
22	○		○	○	
23	○		○	○	○
24	○	○			
25	○	○			○
26	○	○		○	
27	○	○		○	○
28	○	○	○		
29	○	○	○		○
30	○	○	○	○	
31	○	○	○	○	○
	A	B	C	D	E

したがって,「誕生日が A, B, E のカードにある」ということは, その誕生日が
        「16 と 8 と 1 の和で表される」
ことを意味する。この 16, 8, 1 はカードの左上に書いてあるから, これを足すだけですぐに当てることができるというわけである。

他に 13 の場合も考えてみる。
13 は B, C, E のカードにある。
「誕生日が B, C, E のカードにある」ということは, その誕生日が「8 と 4 と 1 の和で表される」ことを意味するから, $8+4+1=13$ より, 13 日であることがわかる。

なるほど。だから, 誕生日が当てられるんですね。

ところで, すでに気付いた人もいるかもしれませんが, この表の作り方の原理は, 2 進法と密接に関連しています。

例えば, 25 の場合
$$25=16+8+1$$
$$=1\cdot2^4+1\cdot2^3+0\cdot2^2+0\cdot2^1+1\cdot2^0$$
$$=1\,1\,0\,0\,1_{(2)}$$
    A B C D E
となる。つまり, 各カードと 2 進数は
    Aにある:2^4 の位が 1, Bにある:2^3 の位が 1, Cにある:2^2 の位が 1,
    Dにある:2^1 の位が 1, Eにある:2^0 の位が 1
と対応している。
左ページのカードでは, 16, 8, 4, 2, 1 が各カードにおいて左上にくるように(小さい順に)並べたが, そうではなく, 5 枚のカードそれぞれにおいて各数を適当(ランダム)に並べた場合は, 5 桁の 2 進数を考え, それを 10 進数に変換することで, 誕生日を当てることができる。

例 B, D, E にある $\longrightarrow$ $01011_{(2)}=0\cdot2^4+1\cdot2^3+0\cdot2^2+1\cdot2^1+1\cdot2^0=11$
    A, E にある $\longrightarrow$ $10001_{(2)}=1\cdot2^4+0\cdot2^3+0\cdot2^2+0\cdot2^1+1\cdot2^0=17$

さっそくランダムに並べたカードを作って, いろいろな人に試してみます。

24 座標の考え方

ここでは，平面上の点の位置と空間の点の位置を表す方法について考えていきましょう。

■ 平面上の点の位置

⤺ Play Back 中学

平面上に点Oをとり，Oで互いに直交する2本の数直線を，右の図のように定める。これらをそれぞれ x 軸，y 軸といい，まとめて座標軸という。また，点Oを原点という。

平面上の座標軸を定めると，その平面上の点Pの位置は，右の図のように2つの実数の組 $(a,\ b)$ で表される。この組 $(a,\ b)$ を点Pの座標といい，このような点PをP$(a,\ b)$ と書く。原点Oの座標は $(0,\ 0)$ である。

また，座標の定められた平面を座標平面という。

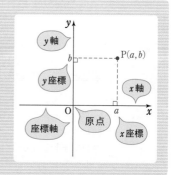

■ 空間の点の位置

平面上の点の位置を座標平面上で2つの実数の組で示したように，空間の点についても座標というものを考えると，空間における点の位置を3つの実数の組で表すことができる。

空間に点Oをとり，Oで互いに直交する3本の数直線を，右の図のように定める。これらを，それぞれ x 軸，y 軸，z 軸といい，まとめて座標軸という。また，点Oを原点という。さらに

x 軸と y 軸で定まる平面を xy 平面，
y 軸と z 軸で定まる平面を yz 平面，
z 軸と x 軸で定まる平面を zx 平面といい，これらをまとめて座標平面という。

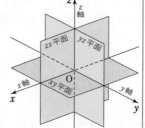

◂ 座標平面では，
　　 x 軸（横方向）
　　 y 軸（縦方向）
　 の2つの軸があったが，座標空間では，これに
　 z 軸（高さ）が加わる。

◂ $(xy$平面$) \perp (z$軸$)$
　 $(yz$ 平面$) \perp (x$軸$)$
　 $(zx$ 平面$) \perp (y$軸$)$

空間の点 P に対して，P を通り，各座標軸に垂直な平面が，x 軸，y 軸，z 軸と交わる点を，それぞれ A，B，C とする。A，B，C の各座標軸上での座標が，それぞれ a，b，c のとき，3 つの実数の組 $(\boldsymbol{a}, \boldsymbol{b}, \boldsymbol{c})$ を，点 P の **座標** といい，a，b，c をそれぞれ点 P の $\boldsymbol{x}$ **座標**，$\boldsymbol{y}$ **座標**，$\boldsymbol{z}$ **座標** という。点 P の座標が (a, b, c) のとき，これを $\mathrm{P}(\boldsymbol{a}, \boldsymbol{b}, \boldsymbol{c})$ と表す。

また，座標の定められた空間を **座標空間** という。

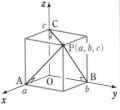

← 原点 O と左の図の点 A，B，C の座標は
　O$(0, 0, 0)$
　A$(a, 0, 0)$
　B$(0, b, 0)$
　C$(0, 0, c)$
である。

(参考) $(xy$ 平面$)\perp(z$ 軸$)$ から，z 軸は xy 平面上のすべての直線と垂直である。
同様に，$(yz$ 平面$)\perp(x$ 軸$)$ から，x 軸は yz 平面上のすべての直線と垂直である。
また，$(zx$ 平面$)\perp(y$ 軸$)$ から，y 軸は zx 平面上のすべての直線と垂直である。

■ 原点 O と点 P の距離

まず，座標平面における，原点 O と点 P(a, b) の距離を，三平方の定理を利用して考えてみよう。

右の図の直角三角形 OAP において
$$\mathrm{OP}^2 = \mathrm{OA}^2 + \mathrm{AP}^2$$
$$= a^2 + b^2$$

OP$\geqq 0$ であるから，座標平面における原点 O と点 P(a, b) の距離は
$$\mathrm{OP} = \sqrt{a^2 + b^2}$$

← OA$\perp$AP

← OA$=|a|$，OB$=|b|$ から
OA$^2 = |a|^2 = a^2$
OB$^2 = |b|^2 = b^2$

同じようにして，座標空間における，原点 O と点 P(a, b, c) の距離を，三平方の定理を利用して考えてみよう。

右の図の直角三角形 OAQ において
$$\mathrm{OQ}^2 = \mathrm{OA}^2 + \mathrm{AQ}^2$$
$$= \mathrm{OA}^2 + \mathrm{OB}^2$$
$$= a^2 + b^2$$

直角三角形 OPQ において
$$\mathrm{OP}^2 = \mathrm{OQ}^2 + \mathrm{PQ}^2 = \mathrm{OQ}^2 + \mathrm{OC}^2$$
$$= (a^2 + b^2) + c^2 = a^2 + b^2 + c^2$$

OP$\geqq 0$ であるから，次のことが成り立つ。

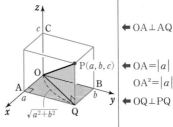

← OA$\perp$AQ

← OA$=|a|$ から
OA$^2 = |a|^2 = a^2$

← OQ$\perp$PQ

> 原点 O と点 P(a, b, c) の距離は　$\mathbf{OP} = \sqrt{a^2 + b^2 + c^2}$

座標を用いて考える問題に取り組んでいきましょう。

基本 例題
112 平面上の点の座標と距離

平らな広場の地点Oを原点とし，東の方向を x 軸の正の向き，北の方向を y 軸の正の向きとする座標平面を考える。

aさんの家は，点Oから東の方向に 17 進んだ地点Aにある。そして，2 点O，A を結んだ線より北側の地点Pにバス停がある。

地点Pは，Oからの距離が 25，Aからの距離が 26 である。

(1) 地点Aの座標を求めよ。
(2) 地点Pの座標を求めよ。

CHART
& GUIDE

距離の条件
三平方の定理の利用
(2) 点Pの座標を (x, y) として，三平方の定理を利用する。

解答

(1) 地点Aは，地点Oから東の方向に 17 進んだ位置にあるから，Aの座標は　　**(17, 0)**

(2) Pの座標を (x, y) とする。ただし，$y>0$ とする。
右の図において，△OPQ，△APQ
は直角三角形であるから，それぞれ
に三平方の定理を用いると

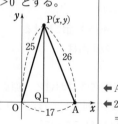

$$x^2+y^2=25^2 \quad \cdots\cdots ①$$
$$(x-17)^2+y^2=26^2 \quad \cdots\cdots ②$$

②−① から　$(x-17)^2-x^2=26^2-25^2$

よって　　$x^2-34x+289-x^2=51$

整理して　　$34x=238$　　ゆえに　　$x=7$

これを ① に代入して　　$7^2+y^2=25^2$

よって　　$y^2=25^2-7^2=(25+7)(25-7)=32\cdot18=24^2$

$y>0$ であるから　　$y=24$

したがって，Pの座標は　　**(7, 24)**

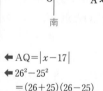

←AQ$=|x-17|$

←26^2-25^2
$=(26+25)(26-25)$
$=51\cdot1=51$

←$32\cdot18=2^5\times2\cdot3^2$
$=(2^3\cdot3)^2$
$=24^2$

TRAINING 112 ①

平らな広場の地点Oを原点とし，東の方向を x 軸の正の向き，北の方向を y 軸の正の向きとする座標平面を考える。

地点Aは，点Oから東の方向に 28 進んだ位置にある。そして，2 点O，A を結んだ線より南側に地点Pがある。

地点Pは，Oからの距離が 25，Aからの距離が 17 である。

(1) 地点Aの座標を求めよ。
(2) 地点Pの座標を求めよ。

基本 例題 **113** 空間の点の座標, 原点 O との距離 ◑◑

(1) 点 P(2, 3, 1) から xy 平面, yz 平面, zx 平面にそれぞれ垂線 PA, PB, PC を下ろす。3 点 A, B, C の座標を求めよ。

(2) 点 P(2, 3, 1) と xy 平面, yz 平面, zx 平面に関して対称な点をそれぞれ D, E, F とする。3 点 D, E, F の座標を求めよ。

(3) 原点 O と点 P(2, 3, 1) の距離を求めよ。

CHART & GUIDE

(1), (2)　座標の符号の変化に注意。
　　点 P を通り, 各座標軸に垂直な 3 つの平面と 3 つの座標平面で作られる
　　直方体をかいて考えるとよい。

(3)　原点 O と P(a, b, c) の距離　$OP=\sqrt{a^2+b^2+c^2}$

解答

(1)　A(2, 3, 0)
　　B(0, 3, 1)
　　C(2, 0, 1)

(2)　D(2, 3, −1)
　　E(−2, 3, 1)
　　F(2, −3, 1)

(3)　$OP=\sqrt{2^2+3^2+1^2}$
　　　$=\sqrt{14}$

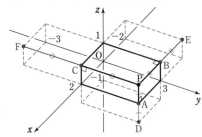

座標平面上の点の座標
xy 平面上 → (a, b, 0)
yz 平面上 → (0, b, c)
zx 平面上 → (a, 0, c)
●▲平面上
→●, ▲座標以外は 0
座標軸上の点の座標
x 軸上 → (a, 0, 0)
y 軸上 → (0, b, 0)
z 軸上 → (0, 0, c)
●軸上 → ●座標以外は 0

5章
24
座標の考え方

🖐 **Lecture　空間の点の座標**

座標空間は 3 つの座標平面で 8 つの部分に分けられる。そして, 点 P(a, b, c) がどの部分に存在するかは, a, b, c の符号によって定まる。

また, 点 P(a, b, c) と, 各座標平面, 各座標軸に関して対称な点の座標は

　　xy 平面に関して対称な点 (a, b, −c)　　　　x 軸に関して対称な点 (a, −b, −c)

　　yz 平面に関して対称な点 (−a, b, c)　　　　y 軸に関して対称な点 (−a, b, −c)

　　zx 平面に関して対称な点 (a, −b, c)　　　　z 軸に関して対称な点 (−a, −b, c)

となり, ……部分の符号が変わっている。

TRAINING 113 ②

(1)　点 P(−2, 4, 3) から xy 平面, yz 平面, zx 平面にそれぞれ垂線 PA, PB, PC を下ろす。3 点 A, B, C の座標を求めよ。

(2)　点 P(−2, 4, 3) と xy 平面, yz 平面, zx 平面に関して対称な点をそれぞれ D, E, F とする。3 点 D, E, F の座標を求めよ。

(3)　原点 O と点 P(−2, 4, 3) の距離を求めよ。

発 展 学 習

≪≪ 基本例題 **107**

114 1次不定方程式の整数解の応用問題

1個 210 円の商品Ａと，1個 170 円の商品Ｂをそれぞれいくつか買ったら，代金が 4400 円になった。購入した商品 A，B の個数を求めよ。

CHART
& GUIDE

1次不定方程式の整数解の応用
個数などの条件を利用し，不等式で解を絞り込む

商品Aを x 個，商品Bを y 個買ったとして，1次不定方程式を作る。…… 1

それを解くには，$a \bullet = b \blacksquare$（$a$ と b は互いに素）の形を作り出すことがポイント。

なお，問題文から，商品は A，B とも 1 個以上ずつ買ったと考えてよい。

したがって，$x \geqq 1$，$y \geqq 1$ を満たすような解を求める。

解 答

商品Aを x 個，商品Bを y 個買ったとすると

$$x \geqq 1, \quad y \geqq 1 \quad \cdots\cdots ①$$

条件から $210x + 170y = 4400$

1 両辺を 10 で割って $21x + 17y = 440 \quad \cdots\cdots ⑦$

$21 = 17 \cdot 1 + 4$ であるから

$$(17 \cdot 1 + 4)x + 17y = 440$$

よって $17(x + y) = 4(110 - x)$

<u>17 と 4 は互いに素</u>であるから，k を整数とすると

$$x + y = 4k, \quad 110 - x = 17k$$

ゆえに $x = 110 - 17k$，

$$y = 4k - x = 4k - (110 - 17k) = 21k - 110$$

① から $110 - 17k \geqq 1 \quad \cdots\cdots ②$，$21k - 110 \geqq 1 \quad \cdots\cdots ③$

② から $k \leqq \dfrac{109}{17} = 6.4\cdots$ ③ から $k \geqq \dfrac{111}{21} = 5.2\cdots$

よって，②，③ をともに満たす k は $k = 6$

このとき $x = 110 - 17 \cdot 6 = 8$，$y = 21 \cdot 6 - 110 = 16$

したがって，購入した個数は

商品Aが 8 個，商品Bが 16 個

◀ $p.482$ で紹介した，係数を小さくする 方針。

なお，互除法を利用して整数解を 1 つ見つける方針の場合は

$21 = 17 \cdot 1 + 4,$
$17 = 4 \cdot 4 + 1$ から
$1 = 17 - 4 \cdot 4$
$\quad = 17 - (21 - 17 \cdot 1) \cdot 4$
$\quad = 21 \cdot (-4) + 17 \cdot 5$

よって，$x = -4 \cdot 440$，$y = 5 \cdot 440$ が ⑦ の 1 つの解。

TRAINING 114 ④

4 人の生徒に 1 本 50 円の鉛筆と 1 冊 70 円のノートを買って配りたい。鉛筆が 1 人 1 人の生徒に同じ本数ずつ渡るように，また，ノートも 1 人 1 人の生徒に同じ冊数ずつ渡るように買ったところ，代金の合計が 1640 円になった。買った鉛筆の本数とノートの冊数をそれぞれ求めよ。

発展 例題 **115** 1次不定方程式の自然数解 🕐🕐🕐🕐

(1) 方程式 $2x+7y=27$ を満たす自然数 x, y の組をすべて求めよ。

(2) 方程式 $x+y+7z=16$ を満たす自然数 x, y, z の組の数を求めよ。

CHART & GUIDE

方程式の自然数解
● が自然数なら，不等式 ●＞0 や ●≧1 で値を絞る

(1) 1次不定方程式であるから，$p.476$ 例題 107 (2) と同様にしてすべての解を求めることもできる。しかし，自然数の解を求めるから，$x≧1$ や $y≧1$ を利用して x, y の一方の値の範囲を絞ると早い。

(2) 係数の大きい z の値を絞るとよい。すなわち，$x+y=16-7z$ として，$x+y≧1+1=2$ から $16-7z≧2$ とするとよい。

…… 方程式から $x≦16$, $y≦16$, $7z≦16$ であるが，$7z≦16$ を満たす z は $z=1$, 2 だけである。これが最初に z の値を絞るとよい理由である。…… !

5章 発展学習

解答

(1) 方程式から $2x=27-7y$ …… ①

$x≧1$ であるから $2x≧2·1=2$ よって $27-7y≧2$

ゆえに $y≦\dfrac{25}{7}=3.5\cdots$ したがって $y=1$, 2, 3

[1] $y=1$ のとき，① から $2x=20$ よって $x=10$

[2] $y=2$ のとき，① から $2x=13$ よって $x=\dfrac{13}{2}$（不適）

[3] $y=3$ のとき，① から $2x=6$ よって $x=3$

ゆえに，求める x, y の組は $(x, y)=(10, 1), (3, 3)$

◀① より，$27-7y$ は偶数でなければならないから，$y=1$, 2, 3 のうち奇数のものだけが適するとしてもよい。

[別解] (1) 方程式の解の1つは $x=3$, $y=3$ であるから，すべての整数解は
$x=7k+3$, $y=-2k+3$
（k は整数）
$x≧1$, $y≧1$ から，
$7k+3≧1$ かつ
$-2k+3≧1$ とすると
$-\dfrac{2}{7}≦k≦1$
よって $k=0$, 1
ゆえに
$(x, y)=(3, 3), (10, 1)$

! (2) 方程式から $x+y=16-7z$ …… ②

$x≧1$, $y≧1$ であるから $x+y≧1+1=2$

よって $16-7z≧2$

ゆえに $z≦2$ すなわち $z=1$, 2

[1] $z=1$ のとき，② から $x+y=9$

この方程式を満たす自然数 x, y の組は
$(x, y)=(1, 8), (2, 7), (3, 6), \cdots\cdots, (8, 1)$ の 8 組。

[2] $z=2$ のとき，② から $x+y=2$

この方程式を満たす自然数 x, y の組は $(x, y)=(1, 1)$ の 1 組。

以上から，求める x, y, z の組の数は $8+1=$**9（組）**

◀和の法則

TRAINING 115 ④

(1) 方程式 $5x+3y=23$ を満たす自然数 x, y の組をすべて求めよ。

(2) 方程式 $x+3y+z=10$ を満たす自然数 x, y, z の組の数を求めよ。

発展 例題 **116** 不定方程式の自然数解 〇〇〇〇

方程式 $2xy=3x+y$ を満たす自然数 x, y の組をすべて求めよ。ただし，$x \leqq y$ とする。

CHART & GUIDE

方程式の自然数解　不等式で範囲を絞り込む

$x \leqq y$ という条件があるから，これを値の絞り込みに利用する。…… $!$
$x \leqq y$ であるから　$3x+y \leqq 3y+y$
よって　$2xy \leqq 4y$　⟶　y は正の数であるから，両辺を $2y$ で割ることができ，x の値が絞られる。

解 答

$!$　$x \leqq y$ であるから　　$3\underline{x}+y \leqq 3\underline{y}+y$
　　これと $2xy=3x+y$ から　　$2xy \leqq 4y$
　　よって　　$x \leqq 2$　　ゆえに　　$x=1$, 2
　　[1]　$x=1$ のとき
　　　　方程式は　　$2y=3+y$　　よって　　$y=3$
　　[2]　$x=2$ のとき
　　　　方程式は　　$4y=6+y$　　よって　　$y=2$
　　以上から，求める x, y の組は　　$(x, y)=(1, 3)$, $(2, 2)$

← 下線部分に $x \leqq y$ の関係を適用した。

← y は正の数であるから，$2xy \leqq 4y$ の両辺を $2y$ で割ることができる（不等号の向きは不変）。

　[別解]　$2xy-3x-y=0$

$$2xy-3x-y=2\left(xy-\frac{3}{2}x-\frac{1}{2}y\right)$$
$$=2\left\{x\left(y-\frac{3}{2}\right)-\frac{1}{2}\left(y-\frac{3}{2}\right)-\frac{3}{4}\right\}$$
$$=2\left(x-\frac{1}{2}\right)\left(y-\frac{3}{2}\right)-\frac{3}{2}$$

　　よって，方程式は　　$2\left(x-\frac{1}{2}\right)\left(y-\frac{3}{2}\right)-\frac{3}{2}=0$
　　両辺を 2 倍して整理すると　　$(2x-1)(2y-3)=3$
　　x, y は自然数であるから，$2x-1$, $2y-3$ は整数であり
　　　　$2x-1 \geqq 1$, $2y-3 \geqq -1$
　　ゆえに　　$(2x-1, 2y-3)=(1, 3)$, $(3, 1)$
　　よって　　$(x, y)=(1, 3)$, $(2, 2)$
　　これらは，$x \leqq y$ を満たす。
　　したがって　　$(x, y)=(1, 3)$, $(2, 2)$

← $xy-\dfrac{3}{2}x=x\left(y-\dfrac{3}{2}\right)$ に注目し，の部分を作り出す。そして，$\left(-\dfrac{1}{2}\right)\cdot\left(-\dfrac{3}{2}\right)=\dfrac{3}{4}$ に注目して，$\dfrac{3}{4}$ を引く。

← 掛けて 3 になる，3 の正の約数の組。

TRAINING　116 ④

方程式 $3xy=4x+2y$ を満たす自然数 x, y の組をすべて求めよ。ただし，$x \leqq y$ とする。

発展 例題 **117** 分数方程式の自然数解 ◐◐◐◐

方程式 $\dfrac{1}{x}+\dfrac{1}{y}=\dfrac{2}{3}$ を満たす自然数 x, y の組をすべて求めよ。ただし，$x \le y$ とする。

CHART & GUIDE

方程式の自然数解
不等式で範囲を絞り込む

$x \le y$ という条件があるから，これを値の絞り込みに利用する。…… ☝

両辺に $3xy$ を掛けて，例題 116 と同様の形にして進めることもできるが，分数のまま値の範囲を絞る方法で取り組んでみよう。

$0<x \le y$ のとき，分数の大小関係は $\dfrac{1}{y} \le \dfrac{1}{x}$ となることを利用する。

解答

5章

発展学習

☝ $0<x \le y$ から $\dfrac{1}{y} \le \dfrac{1}{x}$ よって $\dfrac{1}{x}+\dfrac{1}{y} \le \dfrac{1}{x}+\dfrac{1}{x}$

これと $\dfrac{1}{x}+\dfrac{1}{y}=\dfrac{2}{3}$ から $\dfrac{2}{3} \le \dfrac{2}{x}$

よって $x \le 3$ すなわち $x=1$, 2, 3

◀ 両辺に x（>0）を掛けて

$\dfrac{2}{3}x \le 2$

よって $x \le 3$

[1] $x=1$ のとき

方程式は $1+\dfrac{1}{y}=\dfrac{2}{3}$ ゆえに $\dfrac{1}{y}=-\dfrac{1}{3}$

よって $y=-3$

これは自然数でないから，不適。

[2] $x=2$ のとき

方程式は $\dfrac{1}{2}+\dfrac{1}{y}=\dfrac{2}{3}$ ゆえに $\dfrac{1}{y}=\dfrac{1}{6}$

よって $y=6$

注意 両辺に $3xy$ を掛けることにより

$axy+bx+cy=0$ の形になる。これは p.456 例題 97 (2)のように，

( )×( )＝(整数) の形に変形して解くこともできる。

[3] $x=3$ のとき

方程式は $\dfrac{1}{3}+\dfrac{1}{y}=\dfrac{2}{3}$ ゆえに $\dfrac{1}{y}=\dfrac{1}{3}$

よって $y=3$

以上から，求める x, y の組は $(x, y)=(2, 6)$, $(3, 3)$

TRAINING 117 ④

方程式 $\dfrac{1}{x}+\dfrac{1}{y}=\dfrac{1}{2}$ を満たす自然数 x, y の組をすべて求めよ。ただし，$x \le y$ とする。

発展 例題 **118** 2進数の足し算・引き算 🕐🕐🕐

次の計算を，Lecture を参考にして 2 進数のまま行い，結果も 2 進法で表せ。

(1) $1110_{(2)}+1011_{(2)}$　　　　　(2) $11001_{(2)}-1010_{(2)}$

CHART & GUIDE

n 進法の足し算・引き算
数字 n は使えない。繰り上げ，繰り下げに注意

解答

(1) $1110_{(2)}+1011_{(2)}=\mathbf{11001}_{(2)}$

```
    1 1 1
    1 1 1 0   ←2¹ の位以降は，
 +    1 0 1 1   1+1=2=10₍₂₎ に注
  1 1 0 0 1   意し，上の位に1を
              繰り上げていく。
```

(2) $11001_{(2)}-1010_{(2)}=\mathbf{1111}_{(2)}$

```
         1
      0 10 10
    1 1 0 0 1  ←2³ の位の1を2² の位に，そして，
 -    1 0 1 0   2² の位の10を1+1として，1
      1 1 1 1   を1つ2¹ の位に繰り下げ。
```

(参考) 10 進法に直して和・差を計算し，その結果を 2 進法に直す方針で計算すると，右のようになる。

(1)	14	$=1110_{(2)}$	(2)	25	$=11001_{(2)}$
$+$	11	$=1011_{(2)}$	$-$	10	$=1010_{(2)}$
	25	$=\mathbf{11001}_{(2)}$		15	$=\mathbf{1111}_{(2)}$

👆 *Lecture*　**2 進法のまま和・差を計算する方法**

小数でない 2 進数の各位の数字は，最高位が 1 で，他は 0 か 1 である。
2 進法で 0 と 0 の和・差，0 と 1 の和・差，1 と 1 の差は，10 進法での計算と同じで

$$0_{(2)}+0_{(2)}=0_{(2)},\ \ 0_{(2)}-0_{(2)}=0_{(2)},\ \ 0_{(2)}+1_{(2)}=1_{(2)},\ \ 1_{(2)}+0_{(2)}=1_{(2)},$$
$$1_{(2)}-0_{(2)}=1_{(2)},\ \ 1_{(2)}-1_{(2)}=0_{(2)}$$

であるが，2 進法で 1 と 1 の和は 10 進法で 2 となるから，2 進法では 10 と位が上がる。
このようなことに注意すれば，2 進数どうしの和・差を 2 進法のまま計算することができる。

例　① **和 $111_{(2)}+110_{(2)}$ の計算**　⟶　答えは $1101_{(2)}$

2^0 の位の和は	$1_{(2)}+0_{(2)}=1_{(2)}$	
2^1 の位の和は	$1_{(2)}+1_{(2)}=10_{(2)}$	⟶ 2^2 の位に 1 を繰り上げ
2^2 の位の和は	$1_{(2)}+1_{(2)}+1_{(2)}=11_{(2)}$	⟶ 2^3 の位に 1 を繰り上げ

```
      1 1
      1 1 1
 +    1 1 0
    1 1 0 1
```

② **差 $1101_{(2)}-110_{(2)}$ の計算**　⟶　答えは $111_{(2)}$

2^0 の位の差は	$1_{(2)}-0_{(2)}=1_{(2)}$	
2^1 の位の差は	$10_{(2)}-1_{(2)}=1_{(2)}$	⟵ 2^2 の位の 1 を 2^1 の位に繰り下げ
2^2 の位の差は	$10_{(2)}-1_{(2)}=1_{(2)}$	⟵ 2^3 の位の 1 を 2^2 の位に繰り下げ

```
      0 10
    1 1 0 1
 -    1 1 0
      1 1 1
```

2 進法以外でも方法は同様である。足し算では繰り上げ，引き算では繰り下げに注意する。

TRAINING 118 ③

次の足し算・引き算を，[ ]内の表し方で表せ。

(1) $10101_{(2)}+1101_{(2)}$ 　[2 進法]　　(2) $11100_{(2)}-1011_{(2)}$ 　[2 進法]

(3) $1343_{(5)}+234_{(5)}$ 　[5 進法]　　(4) $302_{(4)}-133_{(4)}$ 　[4 進法]

発展 例題 **119** n 進数の各位の数と記数法の決定 ◆◆◆◆◆

(1) 自然数 N を 7 進法と 5 進法で表すと，ともに 3 桁の数であり，各位の数の並びが逆になるという。N を 10 進法で表せ。

(2) n は 3 以上の自然数とする。2 進数 $11010_{(2)}$ を n 進法で表すと $222_{(n)}$ となるような n の値を求めよ。

CHART & GUIDE

n 進法の扱い

10 進法で考える。$abc_{(n)}$ は 10 進法で $an^2 + bn + c$

記数法の底が混在しているから，<u>10 進数に直して処理する（底の統一）</u>。…… !

(1) $N = abc_{(7)}$ とすると，$N = cba_{(5)}$ でもあるから，$abc_{(7)} = cba_{(5)}$ として a，b，c の値を求める。最高位の数は 0 でないこと，n 進法における各位の数は 0 以上 $n-1$ 以下の整数であることが値を求めるうえでのポイントとなる。

(2) $11010_{(2)}$ と $222_{(n)}$ を 10 進法で表し，n の方程式を作る。

解答

(1) $N = abc_{(7)}$ とすると，条件から $N = cba_{(5)}$
  ゆえに $abc_{(7)} = cba_{(5)}$ …… ①
  ここで，$a \neq 0$，$c \neq 0$ であるから
      $1 \leqq a \leqq 4$，$0 \leqq b \leqq 4$，$1 \leqq c \leqq 4$ …… ②

! ① から $a \cdot 7^2 + b \cdot 7 + c = c \cdot 5^2 + b \cdot 5 + a$
  よって $48a + 2b - 24c = 0$ ゆえに $b = 12(c - 2a)$
  よって，b は 12 の倍数であるから，② より $b = 0$
  ゆえに $0 = 12(c - 2a)$ よって $c = 2a$ …… ③
  ② の範囲で ③ を満たす a，c の組は
      $(a, c) = (1, 2)$，$(2, 4)$
  $(a, c) = (1, 2)$ のとき $N = 1 \cdot 7^2 + 0 \cdot 7^1 + 2 \cdot 7^0 = 51$
  $(a, c) = (2, 4)$ のとき $N = 2 \cdot 7^2 + 0 \cdot 7^1 + 4 \cdot 7^0 = 102$
  したがって $N = 51$，102

! (2) $11010_{(2)} = 1 \cdot 2^4 + 1 \cdot 2^3 + 0 \cdot 2^2 + 1 \cdot 2^1 + 0 \cdot 2^0 = 26$
    $222_{(n)} = 2 \cdot n^2 + 2 \cdot n^1 + 2 \cdot n^0 = 2n^2 + 2n + 2$
  ゆえに $26 = 2n^2 + 2n + 2$ すなわち $n^2 + n - 12 = 0$
  よって $(n - 3)(n + 4) = 0$
  n は 3 以上の自然数であるから $n = 3$

◀ 各位の数の並びが逆。

◀ 最高位の数 a，c は 0 ではない。7 より 5 の方が小さいから，底 5 についてのみ各位の数の範囲を考えればよい。

◀ $1 \leqq 2a \leqq 4$ から $a = 1$，2

◀ $N = abc_{(7)}$ に代入した。$N = cba_{(5)}$ に代入してもよい。

◀ n の 2 次方程式。

◀ 解は $n = 3$，-4

5章

発展学習

TRAINING 119 ④

(1) 自然数 N を 9 進法と 7 進法で表すと，ともに 3 桁の数であり，各位の数の並びが逆になるという。N を 10 進法で表せ。

(2) n は 3 以上の自然数とする。2 進数 $11111_{(2)}$ を n 進法で表すと $111_{(n)}$ となるような n の値を求めよ。

発展 例題 120 n 進数の桁数

(1) 2進法で表すと7桁となるような自然数 N は何個あるか。

(2) 8進法で表すと5桁となる自然数 N を2進法で表すと，何桁の数になるか。

CHART & GUIDE

n 進法で a 桁の自然数 N

$$n^{a-1} \leqq N < n^a \quad \cdots\cdots \boxed{!} \quad (\text{Lecture 参照})$$

(1) 不等式 $2^{7-1} \leqq N < 2^7$ を満たす自然数 N の個数を求める。なお，整数 m, n に対し，$m \leqq k < n$ を満たす整数 k は $n-m$ 個

(2) 条件から $8^{5-1} \leqq N < 8^5$ この不等式から，指数の底が2のものを導く。
$8 = 2^3$ に着目し，指数法則 $(a^m)^n = a^{mn}$ を利用して変形する。

解答

(1) N は2進法で表すと7桁となる自然数であるから

$\boxed{!}$ $\qquad 2^{7-1} \leqq N < 2^7$ すなわち $2^6 \leqq N < 2^7$

←$2^7 \leqq N < 2^{7+1}$ は誤り！

この不等式を満たす自然数 N の個数は

$\qquad 2^7 - 2^6 = 2^6(2-1) = 2^6 = \mathbf{64} \textbf{(個)}$

←$2^6 \leqq N \leqq 2^7-1$ と考えて，$(2^7-1)-2^6+1$ として求めてもよい。

[別解] 2進法で表すと，7桁となる数は，

$1\square\square\square\square\square\square_{(2)}$ の $\square$ に0または1を入れた数であるから，この場合の数を考えて $2^6 = \mathbf{64} \textbf{(個)}$

←重複順列。$\square$ は6個。

(2) N は8進法で表すと5桁となる自然数であるから

$\boxed{!}$ $\qquad 8^{5-1} \leqq N < 8^5$ すなわち $8^4 \leqq N < 8^5$

よって $(2^3)^4 \leqq N < (2^3)^5$ ゆえに $2^{12} \leqq N < 2^{15}$

この不等式を満たす N は

$\qquad 2^{12} \leqq N < 2^{13}$ のとき **13桁**，

$\qquad 2^{13} \leqq N < 2^{14}$ のとき **14桁**，

$\qquad 2^{14} \leqq N < 2^{15}$ のとき **15桁**

←$8 = 2^3$ また，指数法則により $(2^3)^4 = 2^{3 \times 4} = 2^{12}$，$(2^3)^5 = 2^{3 \times 5} = 2^{15}$

←3通りの答え。

Lecture n 進法で a 桁の自然数 N(CHART&GUIDE の $\boxed{!}$)

例えば，10進法で3桁の自然数 A は，100以上1000未満の数であり，$100 = 10^2$, $1000 = 10^3$ であるから，不等式 $10^2 \leqq A < 10^3$ を満たす。

また，2進法で3桁の自然数 B は，$100_{(2)}$ 以上 $1000_{(2)}$ 未満の数であり，$100_{(2)} = 2^2$, $1000_{(2)} = 2^3$ であるから，不等式 $2^2 \leqq B < 2^3$ を満たす。

同様に考えると，**n 進法で a 桁の自然数 N** は，不等式 $n^{a-1} \leqq N < n^a$ を満たす。

TRAINING 120 ④

(1) 5進法で表すと3桁となるような自然数 N は何個あるか。

(2) 4進法で表すと10桁となる自然数 N を2進法で表すと，何桁の数になるか。

EXERCISES

A

52① 次の方程式の整数解をすべて求めよ。
(1) $17x+18y=1$　　　　　　(2) $37x-19y=1$
(3) $12x+7y=19$　　　　　　　　　　　《《 基本例題 **107**

53② 次の方程式の整数解をすべて求めよ。
(1) $37x+32y=1$　〔類 鹿児島大〕 (2) $138x-91y=3$
(3) $97x+68y=12$　　　　　　　　　　《《 基本例題 **108**

54② $3x+5y=7$ を満たす整数 x, y で，$100\leqq x+y\leqq 200$ となる (x, y) の個数は
□個である。　　　　　　　　　　〔関西大〕 《《 標準例題 **109**

55③ $n+2016$ が 5 の倍数で，$n+2017$ が 12 の倍数であるような自然数 n のうち，
3 桁で最大のものを求めよ。　　　　　　　　　　《《 標準例題 **109**

56② (1) $21201_{(3)}+623_{(7)}$ を計算し，その結果を 5 進法で表せ。　　〔広島修道大〕
(2) $11011_{(2)}$ を 4 進法で表せ。　〔類 センター試験〕 《《 基本例題 **110**

57③ 自然数 N を 5 進法と 7 進法で表すと，ともに 2 桁の数であり，各位の数の並
びが逆になるという。N を 10 進法で表せ。　　　　　　　　《《 基本例題 **110**

58③ 10 進数 2.875 を 2 進法で表せ。　　　　　　　　　《《 標準例題 **111**

5章

発展学習

HINT

52 値を適当に代入する試行錯誤をして，整数解の 1 つを見つける。
53 互除法を利用して，整数解を 1 つ見つける。
55 条件から x, y を整数として $n+2016=5x$, $n+2017=12y$ と表される。まず，この 2
式から x, y の 1 次不定方程式を導く。
56 (1) $21201_{(3)}$, $623_{(7)}$ をそれぞれ 10 進法で表して，和を計算。
57 $ab_{(5)}=ba_{(7)}$ とすると，a, b の等式が導かれる。a, b のとりうる値の範囲に注意する。
58 $2.875=2+0.875$ と分解して，2，0.875 をそれぞれ 2 進法で表す。

EXERCISES

B **59**③ 整数 a, b が $2a+3b=42$ を満たすとき，ab の最大値を求めよ。　〔早稲田大〕
<<< 基本例題 **107**

60④ ある工場で作る部品 A，B，C はネジをそれぞれ 7 個，9 個，12 個使ってい
る。出荷後に残ったこれらの部品のネジをすべて外したところ，ネジが全部
で 35 個あった。残った部品 A，B，C の個数をそれぞれ l，m，n として，
可能性のある組 (l, m, n) をすべて求めよ。
〔類 東北大〕　<<< 発展例題 **114**，**115**

61④ (1) $x^2+3y^2=36$ を満たす整数 x，y の組をすべて求めよ。
(2) $x^2+xy+y^2=19$ を満たす自然数 x，y の組をすべて求めよ。
〔(2) 類 立教大〕　<<< 発展例題 **116**

62④ l，m，n を自然数とする。

(1) $l \leqq m \leqq n$ のとき，$\dfrac{1}{l}+\dfrac{1}{m}+\dfrac{1}{n}$ と $\dfrac{3}{l}$ の大小を比較せよ。

(2) $l \leqq m \leqq n$ のとき，$\dfrac{1}{l}+\dfrac{1}{m}+\dfrac{1}{n}=\dfrac{3}{2}$ を満たす組 (l, m, n) をすべて求
めよ。
<<< 発展例題 **117**

63④ n 進法で表された 3 桁の数 $abc_{(n)}$ があり，$c \neq 0$，$a > c$ とする。$abc_{(n)}$ と
$cba_{(n)}$ の差が 10 進法で 15 になるように n を定め，$abc_{(n)}$ を 10 進法で表せ。
<<< 発展例題 **119**

HINT
----

59 a，b を整数 k で表し，ab を計算すると，k の 2 次式 $\longrightarrow$ **基本形 $p(k-q)^2+r$ に。**

60 l，m，n の 1 次不定方程式を作り，$l \geqq 0$，$m \geqq 0$，$n \geqq 0$ に注意して解く。

61 (1) **(実数)$^2 \geqq 0$** であることを値の絞り込みに利用する。
(2) 左辺は x，y の対称式であるから，初めに $x \leqq y$ として解を求め，その後に $x \leqq y$
の制限をはずす，という進め方でもよい。

62 (2) (1)から $\dfrac{3}{2}$ と $\dfrac{3}{l}$ の大小関係に着目して，まず自然数 l の値を絞り込む。

63 最高位の数は 1 以上であり，n 進数の各位の数は 0 以上 $n-1$ 以下であることに注意
する。

実 践 編

ここでは，大学入学共通テストを見据えた実践形式の問題を扱っています。
長文問題や思考力・判断力・表現力を問う問題など，見慣れない形式に初
めは戸惑うかもしれませんが，

　　これまで学んだ内容を駆使して，試行錯誤しながら問題に取り組むこと
が何より大切なことです。
繰り返し演習して，応用力を身につけましょう。

● 解答上の注意

1.　問題の文中の　ア　，　イウ　などには，特に指示がない限り，符号
　（－，±）または数字(0～9)が入ります。ア，イ，ウ，……の1つ1つは，
　これらのいずれか1つに対応します。

　　なお，同一の問題文中に　ア　，　イウ　などが2度以上現れる場合，
　原則として，2度目以降は，　ア　，　イウ　のように細字で表記します。

2.　分数形で解答する場合，分数の符号は分子につけ，分母につけてはい
　けません。

　　例えば，$\dfrac{エオ}{カ}$ に $-\dfrac{4}{5}$ と答えたいときは，$\dfrac{-4}{5}$ として答えなさい。

　　また，それ以上約分できない形で答えなさい。

3.　「解答群」があるものは，その中の選択肢から1つを選んで答えなさい。

実践 例題 1 絶対値を含む不等式とグラフ　　数学Ⅰ

不等式 $|2x-6| < x$ …… ① について考える。

(1) $x = \sqrt{5}$ が不等式 ① の解であるかどうかを調べてみよう。

①の左辺に $x = \sqrt{5}$ を代入すると，その値は ア である。

したがって，$x = \sqrt{5}$ は不等式 ① の イ 。

ア の解答群

⓪ $2\sqrt{5} - 6$ 　① $2\sqrt{5} + 6$ 　② $6 - 2\sqrt{5}$ 　③ $-6 - 2\sqrt{5}$

イ の解答群

⓪ 解である　　① 解でない

(2) 不等式 ① の解は，$y = |2x-6| - x$ …… ② のグラフの $y < 0$ となる x の

値の範囲である。②のグラフを利用して，①の解を求めてみよう。

(ⅰ) $2x-6 \geqq 0$ を解くと $x \geqq$ ウ ，$2x-6 < 0$ を解くと $x <$ ウ

よって，$x \geqq$ ウ のとき，② は $y =$ エ ，

　　　　$x <$ ウ のとき，② は $y =$ オ である。

エ ，オ の解答群

⓪ $x-6$ 　① $x+6$ 　② $-3x-6$ 　③ $-3x+6$

(ⅱ) (ⅰ)より，下の図の⓪～③のうち，②のグラフとして最も適当なものは

カ である。

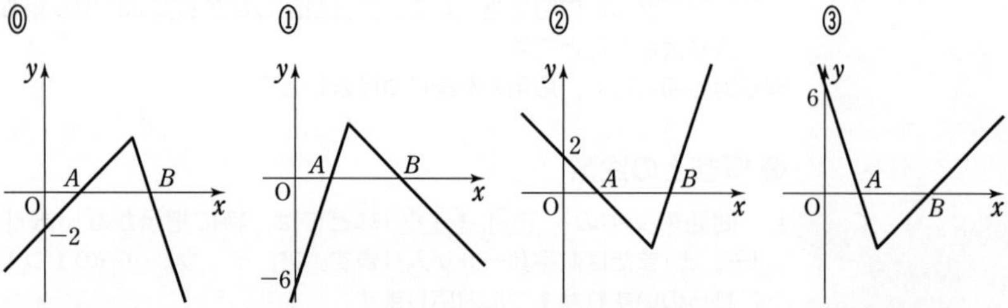

⓪　　　　　　　① 　　　　　　② 　　　　　　③

ただし，図の A，B はグラフと x 軸の交点の x 座標を表し，$A =$ キ ，

$B =$ ク である。

(ⅲ) (ⅱ)より，①の解は ケ である。

ケ の解答群

⓪ キ $< x <$ ク 　　　　　　① $x <$ キ ，ク $< x$

CHART & GUIDE

絶対値 $|a|$ のはずし方

$a \geqq 0$ のとき $|a|=a$, $a<0$ のとき $|a|=-a$

不等式 $f(x)<g(x)$ の解 $\Longleftrightarrow$ $y=f(x)$ のグラフが $y=g(x)$ のグラフより下側にある x の値の範囲

$\Longleftrightarrow$ $y=f(x)-g(x)$ のグラフの $y<0$ となる x の値の範囲

解答

(1) ① の左辺に $x=\sqrt{5}$ を代入すると, 値は $|2\sqrt{5}-6|$

ここで, $(2\sqrt{5})^2<6^2$ から $2\sqrt{5}<6$

よって $2\sqrt{5}-6<0$

したがって $|2\sqrt{5}-6|=-(2\sqrt{5}-6)=6-2\sqrt{5}$ $(^{\mathcal{P}}②)$

$x=\sqrt{5}$ のとき, ① の左辺は $6-2\sqrt{5}$, 右辺は $\sqrt{5}$ である。

ここで, $2<\sqrt{5}<3$ …… Ⓐ から $-6<-2\sqrt{5}<-4$

ゆえに $0<6-2\sqrt{5}<2$ …… Ⓑ

Ⓐ, Ⓑ から $6-2\sqrt{5}<\sqrt{5}$

よって, $x=\sqrt{5}$ は不等式 ① の解である。$(^{\mathcal{イ}}⓪)$

← $0<a<b$ のとき
$\sqrt{a}<\sqrt{b}$

← $a<0$ のとき
$|a|=-a$

← 不等式の性質。
p.61 参照。

← $x=\sqrt{5}$ のとき ① は成り立つから, $x=\sqrt{5}$ は, この不等式の解。

(2) (i) $2x-6\geqq 0$ を解くと, $2x\geqq 6$ から $x\geqq {}^{\mathcal{ウ}}3$

$2x-6<0$ を解くと, $2x<6$ から $x<3$

よって, ② は

$x\geqq 3$ のとき $y=(2x-6)-x=x-6$ $(^{\mathcal{エ}}⓪)$

$x<3$ のとき $y=-(2x-6)-x=-3x+6$ $(^{\mathcal{オ}}③)$

(ii) (i) から, ② について,

$x\geqq 3$ のとき $y=x-6$

$x<3$ のとき $y=-3x+6$

よって, ② のグラフは, 右の図の実線部分のようになる。$(^{\mathcal{カ}}③)$

また, グラフと x 軸との交点について $A={}^{\mathcal{キ}}2$, $B={}^{\mathcal{ク}}6$

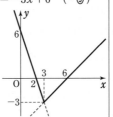

← 数学Ⅰ例題 78 参照。

(iii) 不等式 ① の解は, ② のグラフの $y<0$ となる x の値の範囲であるから $2<x<6$ $(^{\mathcal{ケ}}⓪)$

← $y=-3x+6$ に $y=0$ を代入すると $x=2$
$y=x-6$ に $y=0$ を代入すると $x=6$

TRAINING 実践 ⟩ 1 ④

不等式 $|x|+1>2x$ の解は ア である。

ア の解答群

⓪ $x>0$ ① $x>1$ ② $x>2$ ③ $x<0$ ④ $x<1$ ⑤ $x<2$

⑥ $0<x<1$ ⑦ $1<x<2$

実践 例題 2 2次関数の最大・最小の考察 　　　　　数学Ⅰ

> **問題** 定義域が $0 \leqq x \leqq 3$ である関数 $y = ax^2 + 2ax + b$ の最大値が3，最小値が -5 のとき，定数 a，b の値を求めよ。ただし，$a \neq 0$ とする。

太郎さんと花子さんは，この問題について考察している。

> 太郎：$a \neq 0$ だから，この関数は2次関数だね。この2次関数のグラフの軸は直線 $x = \boxed{\text{アイ}}$ だから，グラフをかいて調べると，$x = 3$ で最大値，$x = 0$ で最小値をとることがわかるよ。
>
> 花子：でも，それは $\boxed{\text{ウ}}$ のときだから，$\boxed{\text{エ}}$ のときも考える必要があるんじゃないかな。

(1) $\boxed{\text{アイ}}$ に当てはまる数を答えよ。また，$\boxed{\text{ウ}}$，$\boxed{\text{エ}}$ に当てはまるものを，次の ⓪ ～ ③ のうちから1つずつ選べ。

　⓪　グラフの傾きが正　　　①　グラフの傾きが負

　②　グラフが下に凸　　　　③　グラフが上に凸

(2) $\boxed{\text{ウ}}$ のとき　$a = \dfrac{\boxed{\text{オ}}}{\boxed{\text{カキ}}}$，$b = \boxed{\text{クケ}}$

　　$\boxed{\text{エ}}$ のとき　$a = \dfrac{\boxed{\text{コサ}}}{\boxed{\text{シス}}}$，$b = \boxed{\text{セ}}$　である。

> 太郎：関数の式を $y = a(x^2 + 2x) + b$ と考えると，$X = x^2 + 2x$ … ① とおくことによって，X の1次関数 $y = aX + b$ … ② に帰着できるよ。
>
> 花子：X の1次関数②の $\boxed{\text{ソ}}$ は，x の2次関数①の $0 \leqq x \leqq 3$ における $\boxed{\text{タ}}$ ね。②で考えてもさっきと同じ結果が得られるはずね。

(3) $\boxed{\text{ソ}}$，$\boxed{\text{タ}}$ に当てはまるものを，次の ⓪ ～ ③ のうちから1つずつ選べ。

　⓪　定義域　　①　値域　　②　最大値　　③　最小値

(4) $a > 0$ のとき，1次関数②のグラフは $\boxed{\text{チ}}$ の実線部分である。

　　$a < 0$ のとき，1次関数②のグラフは $\boxed{\text{ツ}}$ の実線部分である。

　$\boxed{\text{チ}}$，$\boxed{\text{ツ}}$ について，最も適当なものを，次の ⓪ ～ ③ のうちから1つずつ選べ。

⓪ 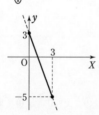　　①　②　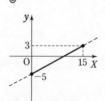　　③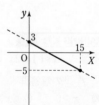

CHART & GUIDE

2次関数の最大・最小を2通りの解法で求めようとしている。
どちらの解法もグラフをイメージして考える。
2次関数の最大・最小 → 頂点と定義域の端点に注目
1次関数の最大・最小 → 定義域の端点に注目

実践編

解答

(1) 2次関数 $y=ax^2+2ax+b$ のグラフの軸は

$$直線 \quad x=-\frac{2a}{2a}={}^{\text{アイ}}-1$$

よって，軸は定義域の左外にあるから，$x=3$ で最大値，
$x=0$ で最小値をとるのは，$a>0$ のとき，すなわちグラフ
が下に凸のときである。($^{\text{ウ}}②$)
したがって，$a<0$ のとき，すなわちグラフが上に凸のとき
も考える必要がある。($^{\text{エ}}③$)

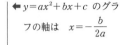
← $y=ax^2+bx+c$ のグラフの軸は $x=-\dfrac{b}{2a}$

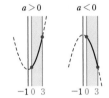

(2) $f(x)=ax^2+2ax+b$ とすると $f(3)=15a+b$, $f(0)=b$
よって，グラフが下に凸($a>0$)のとき，$x=3$ で最大値 3，
$x=0$ で最小値 -5 をとるから $15a+b=3$, $b=-5$

これを解くと $a=\dfrac{{}^{\text{オ}}8}{{}^{\text{カキ}}15}$, $b={}^{\text{クケ}}-5$

← $a>0$ を満たす。

また，グラフが上に凸($a<0$)のとき，$x=3$ で最小値 -5，
$x=0$ で最大値 3 をとるから $15a+b=-5$, $b=3$

これを解くと $a=\dfrac{{}^{\text{コサ}}-8}{{}^{\text{シス}}15}$, $b={}^{\text{セ}}3$

← $a<0$ を満たす。

(3) 1次関数② の定義域は，X のとりうる値の範囲で，① の
$0\leqq x\leqq 3$ における値域である。よって $^{\text{ソ}}⓪$, $^{\text{タ}}①$

(4) $X=(x+1)^2-1$ であるから，$0\leqq x\leqq 3$ のとき $0\leqq X\leqq 15$
$a>0$ のとき，1次関数② のグラフは右上がりの直線である
から，$X=0$ で最小値 -5，$X=15$ で最大値 3 をとる。
これを満たすグラフは $^{\text{チ}}②$
$a<0$ のとき，1次関数② のグラフは右下がりの直線である
から，$X=0$ で最大値 3，$X=15$ で最小値 -5 をとる。
これを満たすグラフは $^{\text{ツ}}③$

参考 ② は $X=0$ のとき $y=b$, $X=15$ のとき $y=15a+b$
よって，$a>0$ のとき $b=-5$, $15a+b=3$
$a<0$ のとき $b=3$, $15a+b=-5$ となる。

(4)
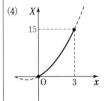

← (2)と同じ結果が得られる。

TRAINING 実践 2 ④

定義域を $0\leqq x\leqq 3$ とする関数 $f(x)=ax^2-2ax+b$ の最大値が 9，最小値が 1 のとき，
$a=\boxed{\text{ア}}$，$b=\boxed{\text{イ}}$ または $a=\boxed{\text{ウエ}}$，$b=\boxed{\text{オ}}$ である。ただし，$a\neq 0$ とする。

実践 例題 **3** 連立2次不等式の応用 　　　　　　　　　数学Ⅰ ◯◯◯◯

k を定数とし，2つの2次不等式

$$x^2-7x+12<0 \quad \cdots\cdots ①, \quad x^2-3kx+2k^2<0 \quad \cdots\cdots ②$$

を考える。

(1) 不等式 ① の解は 　　$\boxed{ア}<x<\boxed{イ}$

　　不等式 ② の解は

　　　$k>0$ のとき $\boxed{ウ}$，　$k<0$ のとき $\boxed{エ}$，　$k=0$ のとき $\boxed{オ}$

　　である。

　　$\boxed{ウ} \sim \boxed{オ}$ の解答群

　　⓪ $k<x<2k$ 　　　① $2k<x<k$ 　　　② $-k<x<-2k$

　　③ $-2k<x<-k$ 　　④ 解なし 　　　　⑤ すべての実数

(2) $k>0$ とする。

　(ⅰ) $0<k<\boxed{ア}$ のとき，①，② を同時に満たす実数 x が存在するための

　　　条件は $\dfrac{\boxed{カ}}{\boxed{キ}}<k<\boxed{ク}$ である。

　　　$\boxed{ア}\leqq k<\boxed{イ}$ のとき，①，② を同時に満たす実数 x は必ず存在する。

　　　$\boxed{イ}\leqq k$ のとき，①，② を同時に満たす実数 x は存在しない。

　　　以上から，①，② を同時に満たす実数 x が存在するための条件は

　　　$\dfrac{\boxed{ケ}}{\boxed{コ}}<k<\boxed{サ}$ である。

　(ⅱ) 実数 x に関する条件 p，q を

　　　　　$p:x^2-7x+12<0$ 　　　$q:x^2-3kx+2k^2<0$

　　　とする。

　　　p が q であるための十分条件となるような k の値の範囲は $\boxed{シ}$

　　　p が q であるための必要条件となるような k の値の範囲は $\boxed{ス}$

　　　$\boxed{シ}$，$\boxed{ス}$ の解答群

　　　⓪ $k<2,\ 3<k$ 　　① $2\leqq k\leqq3$ 　　② 存在しない 　　③ すべての実数

CHART & GUIDE ▷

　連立2次不等式

　　1 それぞれの不等式を解く 　**2** それらの解の共通範囲を求める

　不等式 ①，② を同時に満たす実数 x が存在するのは，① の解と ② の解の共通範囲が存在するときである。

　(2)(ⅱ) p が q であるための十分条件

　　　　　$\cdots\cdots$ p を満たすすべての x について q が成り立つ。

解答

(1) ① から $(x-3)(x-4)<0$

よって，① の解は $^{ア}3<x<^{イ}4$

また，② から $(x-k)(x-2k)<0$

よって，$k>0$ のとき $k<x<2k$ $(^{ウ}⓪)$

$k<0$ のとき $2k<x<k$ $(^{エ}①)$

$k=0$ のとき 解なし $(^{オ}④)$

← $k>0$ のとき $k<2k$
　$k<0$ のとき $2k<k$

← $k=0$ のとき $x^2<0$
　2乗して負になる実数は
　存在しない。

(2) $3<x<4$ …… ③，$k<x<2k$ …… ④ とする。

①，② を同時に満たす実数 x が存在するのは，③ と ④ の共通範囲が存在するときである。

(i) $0<k<3$ のとき

③ と ④ の共通範囲が存在するための条件は

$3<2k$ すなわち $\dfrac{3}{2}<k$

$0<k<3$ から $\dfrac{^{カ}3}{^{キ}2}<k<^{ク}3$

← $3\leqq 2k$ ではないことに注意。$3=2k$ のとき $3<x<4$ と $k<x<2k$ に共通範囲はない。

$3\leqq k<4$ のとき

③ と ④ の共通範囲は必ず存在する。

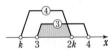

$4\leqq k$ のとき

③ と ④ の共通範囲は存在しない。

以上から，③ と ④ の共通範囲が存在するための条件は

$\dfrac{^{ケ}3}{^{コ}2}<k<^{サ}4$

← $3\leqq k<4$ のとき，$6\leqq 2k<8$ であり，③ と ④ の共通範囲は $k<x<4$ で常に存在。

← 共通範囲がない。

← $\dfrac{3}{2}<k<3$ または $3\leqq k<4$

(ii) p が q であるための十分条件となるのは，$3<x<4$ を満たすすべての x について，$k<x<2k$ が成り立つときである。

よって，$k\leqq 3$ かつ $4\leqq 2k$ から $2\leqq k\leqq 3$ $(^{シ}①)$

また，p が q であるための必要条件となるのは，$k<x<2k$ を満たすすべての x について，$3<x<4$ が成り立つときである。よって $3\leqq k$ かつ $2k\leqq 4$

これを満たす k の値の範囲は存在しない。$(^{ス}②)$

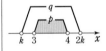

← $3\leqq k$ かつ $k\leqq 2$

TRAINING 実践 3 ④

2次不等式 $(x-2)(x-a)<0$ を満たす整数 x がちょうど3個となるのは $-2\boxed{}a\boxed{}-1,\ 5\boxed{}a\boxed{}6$ のときである。

$\boxed{}$ ～ $\boxed{}$ の解答群 （同じものを繰り返し選んでもよい。）

⓪ $<$ 　　　　① $\leqq$

実践編

実践 例題 4 線分の長さの平方の和　　　　　　　　　数学Ⅰ

(1) 　1辺の長さが1の正三角形 ABC がある。

その外接円の頂点Aを含まない弧 BC 上に点Pをとり，
PA＝a，PB＝b，PC＝c（$b>c$）とする。
$a^2+b^2+c^2$ の値を計算してみよう。

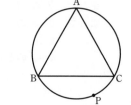

　∠APB＝∠APC＝$\boxed{\text{アイ}}$° であるから，

　　△ABP に余弦定理を用いると
$$a^2+b^2\boxed{\text{ウ}}ab=1 \ \cdots\cdots ①$$
　　△ACP に余弦定理を用いると
$$a^2+c^2\boxed{\text{エ}}ac=1 \ \cdots\cdots ②$$
　　△BPC に余弦定理を用いると
$$b^2+c^2\boxed{\text{オ}}bc=1 \ \cdots\cdots ③$$

がそれぞれ成り立つ。

①，②から a^2 を消去すると，$a=\boxed{\text{カ}}$ $\cdots\cdots$ ④ が得られるから，③，④
より，$a^2+b^2+c^2=\boxed{\text{キ}}$ が得られる。

$\boxed{\text{ウ}}$～$\boxed{\text{オ}}$ の解答群　（同じものを繰り返し選んでもよい。）

　⓪　$-\sqrt{3}$　　①　-2　　②　$-$　　③　$+$　　④　$+2$　　⑤　$+\sqrt{3}$

$\boxed{\text{カ}}$ の解答群

　⓪　$b+c$　　①　bc　　②　b^2+c^2　　③　b^2-c^2

(2) 　1辺の長さが $\sqrt{2}$ の正方形 ABCD がある。

その外接円の頂点 B，C を含まない弧 AD 上に点Pを
とり，PA＝a，PB＝b，PC＝c，PD＝d とする。
∠PAD＝α，∠PDA＝β とおいて，$a^2+b^2+c^2+d^2$
の値を計算してみよう。ただし，必要があれば，次の
公式を証明なしに利用してよい。

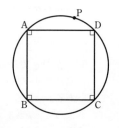

$$\sin(90°+\theta)=\cos\theta, \ \cos(90°+\theta)=-\sin\theta$$

△ABP および △DCP の外接円の半径は，いずれも $\boxed{\text{ク}}$ である。

△ABP に正弦定理を用いると　　$a=2\boxed{\text{ケ}}$，$b=2\boxed{\text{コ}}$ $\cdots\cdots$ ⑤
△DCP に正弦定理を用いると　　$c=2\boxed{\text{サ}}$，$d=2\boxed{\text{シ}}$ $\cdots\cdots$ ⑥
よって，⑤，⑥より，$a^2+b^2+c^2+d^2=\boxed{\text{ス}}$ が得られる。

$\boxed{\text{ケ}}$～$\boxed{\text{シ}}$ の解答群　（同じものを繰り返し選んでもよい。）

　⓪　$\sin\alpha$　　①　$\sin\beta$　　②　$\cos\alpha$　　③　$\cos\beta$　　④　$\tan\alpha$　　⑤　$\tan\beta$

CHART & GUIDE 円周角の定理を利用して，各三角形の内角を導き出し，余弦定理・正弦定理を用いる。

解答

(1) 円周角の定理から $\angle APB = \angle ACB = {}^{\text{アイ}}60°$

同様に $\angle APC = \angle ABC = 60°$

したがって，

△ABP に余弦定理を用いると $1^2 = a^2 + b^2 - 2ab\cos 60°$

よって $a^2 + b^2 - ab = 1$ …… ① $({}^{\text{ウ}}②)$

△ACP に余弦定理を用いると $1^2 = a^2 + c^2 - 2ac\cos 60°$

よって $a^2 + c^2 - ac = 1$ …… ② $({}^{\text{エ}}②)$

△BPC に余弦定理を用いると $1^2 = b^2 + c^2 - 2bc\cos 120°$

よって $b^2 + c^2 + bc = 1$ …… ③ $({}^{\text{オ}}③)$

① − ② から $b^2 - c^2 - ab + ac = 0$

$(b+c)(b-c) - a(b-c) = 0$

$(b-c)(b+c-a) = 0$

$b \neq c$ より $b + c - a = 0$ すなわち $a = b + c$ $({}^{\text{カ}}⓪)$ … ④

③，④ から $a^2 + b^2 + c^2 = (b+c)^2 + b^2 + c^2$

$= 2\underbrace{(b^2 + bc + c^2)}_{1} = {}^{\text{キ}}2$

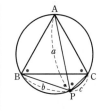

← $\angle BPC$
$= \angle APB + \angle APC$
$= 60° + 60° = 120°$

(2) △ABP，△DCP の外接円は，正方形 ABCD の外接円と同じである。正方形 ABCD の対角線の長さは $\sqrt{2} \times \sqrt{2} = 2$ であるから，外接円の半径はその半分で ${}^{\text{ク}}1$

ここで $\angle PAB = 90° + \alpha$，$\angle PDC = 90° + \beta$

また，円周角の定理より

$\angle PCD = \angle PAD = \alpha$，$\angle PBA = \angle PDA = \beta$

よって，△ABP に正弦定理を用いると

$a = 2\sin\beta$ $({}^{\text{ケ}}①)$，$b = 2\sin(90° + \alpha) = 2\cos\alpha$ $({}^{\text{コ}}②)$

同様に，△DCP に正弦定理を用いると

$c = 2\sin(90° + \beta) = 2\cos\beta$ $({}^{\text{サ}}③)$，$d = 2\sin\alpha$ $({}^{\text{シ}}⓪)$

したがって $a^2 + b^2 + c^2 + d^2$

$= 4\sin^2\beta + 4\cos^2\alpha + 4\cos^2\beta + 4\sin^2\alpha$

$= 4(\underbrace{\sin^2\alpha + \cos^2\alpha}_{1} + \underbrace{\sin^2\beta + \cos^2\beta}_{1}) = {}^{\text{ス}}8$

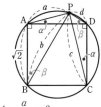

← $\dfrac{a}{\sin\beta} = 2$,

$\dfrac{b}{\sin(90° + \alpha)} = 2$

← $\dfrac{c}{\sin(90° + \beta)} = 2$,

$\dfrac{d}{\sin\alpha} = 2$

TRAINING 実践 4 ③

△ABC において，BC $= a$，CA $= b$，AB $= c$，外接円の半径を 3，面積を S とする。

このとき，$S = \boxed{\text{ア}}\,abc$ である。

$\boxed{\text{ア}}$ の解答群

⓪ $\dfrac{1}{2}$ ① $\dfrac{1}{3}$ ② $\dfrac{1}{6}$ ③ $\dfrac{1}{8}$ ④ $\dfrac{1}{12}$

右の図において，△ABC は鋭角三角形，
四角形 ADEB，BFGC，CHIA は正方形であり，
　　BC$=a$，CA$=b$，AB$=c$，
　　　∠CAB$=A$，∠ABC$=B$，∠BCA$=C$
とする。

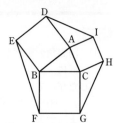

(1) △ABC，△AID，△BEF，△CGH の面積をそれぞれ
　　T，T_1，T_2，T_3 とする。
　　$A+∠$DAI$=$ ア イ ウ °である。$B+∠$EBF，$C+∠$GCH も同様に，
　　アイウ °であるから，T_1 と T，T_2 と T，T_3 と T の大小をそれぞれ比較す
　　ると，T_1，T_2，T_3 の大小関係は エ であることがわかる。

　　エ の解答群
　　⓪　$a<b<c$ ならば　$T_1>T_2>T_3$
　　①　$a<b<c$ ならば　$T_1<T_2<T_3$
　　②　常に　$T_1=T_2=T_3$

(2) $\cos A$ オ 0，$\cos∠$DAI カ 0 であるから，余弦定理により
　　　　　ID^2 キ b^2+c^2，　　BC^2 ク b^2+c^2
　　である。よって，ID ケ BC である。

　　オ ～ ケ の解答群　（同じものを繰り返し選んでもよい。）
　　⓪　$<$　　　　①　$=$　　　　②　$>$

(3) △ABC，△AID，△BEF，△CGH のうち，
　　・周の長さ（三角形の 3 辺の長さの和）が最も小さい三角形は コ である。
　　・内接円の半径が最も大きい三角形は サ である。

　　コ，サ の解答群　（同じものを繰り返し選んでもよい）
　　⓪　△ABC　　①　△AID　　②　△BEF　　③　△CGH　　［類 共通テスト］

CHART & GUIDE　これまで学んだ定理，公式を組み合わせて考える。
　　△ABC の内接円の半径を r とすると，△ABC の面積は
$$\frac{1}{2}bc\sin A=\frac{1}{2}ca\sin B=\frac{1}{2}ab\sin C=\frac{1}{2}r(a+b+c)$$
　　また，$\sin(180°-\theta)=\sin\theta$
　　　　　$0°<\theta<90°$ のとき　$\cos\theta>0$，　　$90°<\theta<180°$ のとき　$\cos\theta<0$
　　などにも注意する。

解答

(1) ∠DAB=∠IAC=90° であるから

$$A + \angle DAI = 360° - 90° \times 2$$
$$= ^{アイウ}180°$$

同様にして $B + \angle EBF = C + \angle GCH = 180°$

$AI = AC = b$, $AD = AB = c$ であるから

$$T_1 = \frac{1}{2}bc\sin(180°-A) = \frac{1}{2}bc\sin A = T$$

$\Leftarrow \frac{1}{2}AI \cdot AD\sin\angle DAI$

同様に $\quad T_2 = \frac{1}{2}ca\sin(180°-B) = \frac{1}{2}ca\sin B = T,$

$\Leftarrow T = \frac{1}{2}bc\sin A$

$$T_3 = \frac{1}{2}ab\sin(180°-C) = \frac{1}{2}ab\sin C = T$$

$\quad = \frac{1}{2}ca\sin B$

$\quad = \frac{1}{2}ab\sin C$

よって，T_1, T_2, T_3 の大小関係は常に $\quad T_1 = T_2 = T_3$ $(^{エ}②)$

(2) A は鋭角，∠DAI は鈍角であるから

$$\cos A > 0, \quad \cos\angle DAI < 0 \quad (^{オ}②, ^{カ}⓪) \quad \cdots\cdots ①$$

余弦定理により $\quad ID^2 = b^2 + c^2 - 2bc\cos\angle DAI \oplus$

$$BC^2 = b^2 + c^2 - 2bc\cos A \ominus$$

よって，① より $\quad ID^2 > b^2 + c^2 \quad (^{キ}②),$

$$BC^2 < b^2 + c^2 \quad (^{ク}⓪)$$

ゆえに，$ID^2 > BC^2$ となるから $\quad ID > BC \quad (^{ケ}②)$

$\Leftarrow ID > 0$, $BC > 0$

(3) △ABC，△AID，△BEF，△CGH の周の長さをそれぞ

れ L, L_1, L_2, L_3 とすると

$$L = a + b + c, \qquad L_1 = ID + b + c,$$
$$L_2 = EF + c + a, \qquad L_3 = GH + a + b$$

(2)より，$ID > a$ であるから $\quad L_1 > L$

また，B, C は鋭角，∠EBF，∠GCH は鈍角であるから，

$ID > BC$ を導いたのと同様にして

$$EF > b, \quad GH > c \qquad \text{よって} \qquad L_2 > L, \quad L_3 > L$$

$\Leftarrow EF > CA$, $GH > AB$

以上から，△ABC の周の長さが最も小さい。$(^{コ}⓪)$

$\Leftarrow L$ が最も小さい。

また，△ABC，△AID，△BEF，△CGH の内接円の半径

をそれぞれ r, r_1, r_2, r_3 とすると

$$T = \frac{1}{2}rL, \quad T_1 = \frac{1}{2}r_1L_1, \quad T_2 = \frac{1}{2}r_2L_2, \quad T_3 = \frac{1}{2}r_3L_3$$

$\Leftarrow T = \frac{1}{2}r(a+b+c)$

$T = T_1 = T_2 = T_3$, $L < L_1$, $L < L_2$, $L < L_3$ であるから，

r すなわち △ABC の内接円の半径が最も大きい。$(^{サ}⓪)$

$\Leftarrow L$ が最も小さいから r が最も大きい。

実
践
編

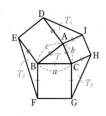

TRAINING 実践 **5** ④

実践例題5の図において，△ABC，△AID，△BEF，△CGH のうち，外接円の半径

が最も小さい三角形は ア である。ただし，必要があれば $ID > BC$, $EF > CA$,

$GH > AB$ であることを証明なしに用いてよい。

ア の解答群

⓪ △ABC ① △AID ② △BEF ③ △CGH

実践 例題 **6** データの読み取りの応用 　　数学Ⅰ ●●●

図1は，各都道府県の男女別の就業者数をもとに作成した，2015年度における都道府県別の第1次産業（農業，林業と漁業）の就業者数割合（横軸）と，男性の就業者数割合（縦軸）の散布図である。

ここで，「男性の就業者数割合」，「女性の就業者数割合」とは，就業者数全体に対する男性・女性の就業者数の割合のことである。

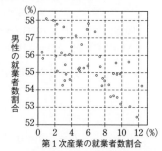

図1　都道府県別の，第1次産業の就業者数割合と，男性の就業者数割合の散布図
（出典：総務省のWebページにより作成）

(1) 男性の就業者数割合が r (%)の都道府県では，女性の就業者数割合は __ア__ $-r$ (%)となる。

　__ア__ の解答群

　⓪ 6　　① 10　　② 50　　③ 55　　④ 100

(2) 2015年度における都道府県別の第1次産業の就業者数割合（横軸）と，女性の就業者数割合（縦軸）の散布図は，__イ__ である。

　__イ__ について，最も適当なものを，下の⓪～③のうちから1つ選べ。

　なお，各散布図の横軸と縦軸の目盛りは省略しているが，横軸は右方向，縦軸は上方向がそれぞれ正の方向である。

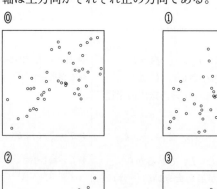

⓪　　　　　　　　　①

②　　　　　　　　　③

[類 共通テスト]

就業者数について，(男性の就業者数)＋(女性の就業者数)＝(就業者数全体)であることに注意する。
例えば，男性の就業者数割合が 60 ％であれば，女性の就業者数割合は 40 ％である。

実践編

解答

(1) 各都道府県において，男性の就業者数と女性の就業者数の合計が就業者数の全体になる。

　よって，男性の就業者数割合が r (％)の都道府県では，女性の就業者数割合は $100-r$ (％)となる。(ア④)

(2) (1)から，散布図において，各都道府県の女性の就業者数割合の点は，縦軸の 50 ％を表す左右方向の直線に関して，男性の就業者数割合の点と対称な位置にある。

したがって，第 1 次産業の就業者数割合と，女性の就業者数割合の散布図は，図 1 の散布図を，縦軸の 50 ％を表す左右方向の直線に関して上下反転させたものとなる。

よって　イ②

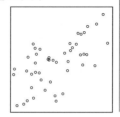

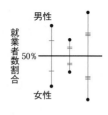

TRAINING 実践　6 ③

下の[図 1]～[図 3]は，1955 年，1985 年，2015 年の 3 つの年について，東京における 8 月の日最高気温(各日における最高気温)をヒストグラムにしたものである。

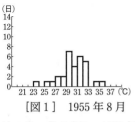

[図 1]　1955 年 8 月

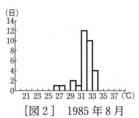

[図 2]　1985 年 8 月

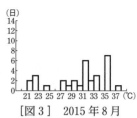

[図 3]　2015 年 8 月

次の ⓪ ～ ⑥ の中に，1955 年，1985 年，2015 年のデータの分散が含まれているとする。このとき，1955 年のデータの分散は ア ，1985 年のデータの分散は イ ，2015 年のデータの分散は ウ となる。

ア ， イ ， ウ に当てはまるものを，次の ⓪ ～ ⑥ のうちから 1 つずつ選べ。

⓪ -22.1 　　　① -6.12 　　　② -2.10 　　　③ 0

④ 2.10 　　　⑤ 6.12 　　　⑥ 22.1

5個の数字1, 2, 3, 4, 5を左から右に1列に並べた順列 …… (＊)を考える。
順列(＊)は全部で $\boxed{ア}$! 個ある。
並べた数字を左から a_1, a_2, a_3, a_4, a_5 とする。
例えば，順列51324では，$a_1=5$, $a_2=1$, $a_3=3$ である。

(1) (i) 順列(＊)のうち，31542のように
「数字1と2が1，2の順に並んでいる順列」…… ①
がいくつあるかを考えよう。
順列(＊)のうち，31542のように「$a_2=1$ かつ $a_5=2$ である順列」…… ②
は $\boxed{イ}$! 個ある。数字1と2がこの順で他の位置に並ぶ順列も，それぞ
れ $\boxed{イ}$! 個ずつあるから，順列 ① は $\boxed{ウ}$ 個ある。

$\boxed{ウ}$ の解答群

⓪ $\boxed{イ}\,!\times {}_5\mathrm{P}_2$ ① $\boxed{イ}\,!\times {}_5\mathrm{C}_2$ ② $\dfrac{\boxed{イ}\,!\times {}_5\mathrm{C}_2}{2}$

(ii) (i)について，次のように考えることもできる。
順列(＊)のうち，「数字1と2が2，1の順に並んでいる順列」…… ③ は，
順列 ① と同じ個数だけあるから，順列 ① の総数は $\boxed{エ}$ と表すこともで
きる。また，これと同じように考えると，順列(＊)のうち，
「数字1，2，3がこの順に並んでいる順列」…… ④
の総数は $\boxed{オ}$ と表すことができる。

$\boxed{エ}$, $\boxed{オ}$ の解答群

⓪ $\dfrac{\boxed{ア}\,!}{2}$ ① $\dfrac{\boxed{ア}\,!}{3}$ ② $\dfrac{\boxed{ア}\,!}{4}$ ③ $\dfrac{\boxed{ア}\,!}{6}$

(2) 順列(＊)のうち，51234のように
「$a_1 \neq 1$ かつ $a_2 \neq 2$ である順列」…… ⑤
がいくつあるかを，集合を利用して考えてみよう。
順列(＊)の集合を全体集合 U とし，部分集合として「$a_1=1$ である順列」の
集合を A，「$a_2=2$ である順列」の集合を B とする。
このとき，

$n(U)=\boxed{ア}\,!$, $n(A)=n(B)=\boxed{カ}\,!$, $n(A\cap B)=\boxed{キ}\,!$

であるから，$n(A\cup B)=\boxed{クケ}$ となり，順列 ⑤ は $\boxed{コサ}$ 個あることがわ
かる。

CHART & GUIDE

(2) 順列 ⑤ の総数は $n(\overline{A} \cap \overline{B}) = n(\overline{A \cup B})$

また $n(A \cup B) = n(A) + n(B) - n(A \cap B)$,

$n(\overline{A \cup B}) = n(U) - n(A \cup B)$

解答

5個の数字を1列に並べるから,順列($*$)は全部で $^{\mathcal{T}}$**5!** 個ある。

(1) (i) 順列 ② は,a_1, a_3, a_4 について,3,4,5を並べる
順列であるから,$^{\mathcal{A}}$**3!** 個ある。

1と2がこの順で他の位置に並ぶときも同様に 3! 個ずつ
あり,1と2は $a_1 \sim a_5$ の5個から2個を選んで順に 1,2
とすればよいから,順列 ① は $3! \times {}_5C_2$ (個)ある。($^{\dot{\mathcal{D}}}$**⓪**)

    ◀ 数学A例題20参照。

(ii) 順列 ③ は順列 ① と同じように考えることができるから,
順列($*$)のうち,順列 ① と順列 ③ は同じ個数だけある。

    ◀(i)と同じ手順を踏むことができる。

また,順列($*$)は「1,2の順に並ぶ順列」と「2,1の順
に並ぶ順列」のどちらかしかない。

よって,順列 ① の総数は $\dfrac{5!}{2}$ と表すこともできる。($^{\mathcal{エ}}$**⓪**)

同様に,数字1,2,3については,次の順に並ぶ順列が同
じ個数だけあり,順列($*$)は,これらの順に並ぶ順列のい
ずれかである。

    ◀ 数字1,2,3の並び方は 3!=6 (通り)

「1,2,3」,「1,3,2」,「2,1,3」,「2,3,1」,

「3,1,2」,「3,2,1」

ゆえに,順列 ④ の総数は $\dfrac{5!}{6}$ と表すことができる。($^{\mathcal{オ}}$**③**)

    ◀ $\dfrac{5!}{3!}$

(2) 順列 ⑤ の集合は $\overline{A} \cap \overline{B}$,すなわち $\overline{A \cup B}$ である。

「$a_1 = 1$ である順列」は,$a_2 \sim a_5$ について,2~5を並べる
順列であるから,4! 個ある。

    (参考) 1~n の数字を1列に並べた順列のうち,どの k 番目の数も k でないものを**完全順列**という。

「$a_2 = 2$ である順列」も同じ個数だけあるから

$$n(A) = n(B) = {}^{\mathcal{カ}}\textbf{4!}$$

$A \cap B$ は「$a_1 = 1$ かつ $a_2 = 2$ である順列」の集合であるから

$$n(A \cap B) = {}^{\mathcal{キ}}\textbf{3!}$$

    ◀ 順列 ② の個数と同じ。

よって $n(A \cup B) = n(A) + n(B) - n(A \cap B)$

$$= 4! + 4! - 3! = {}^{\mathcal{クケ}}\textbf{42}$$

したがって,順列 ⑤ の総数は

$$n(\overline{A \cup B}) = n(U) - n(A \cup B) = 5! - 42 = {}^{\mathcal{コサ}}\textbf{78} \ (個)$$

    ◀ 5!=120

TRAINING 実践 1 ④

実践例題1において,順列($*$)のうち,「$a_1 \neq 1$ かつ $a_2 \neq 2$ かつ $a_3 \neq 3$ である順列」
は ☐**アイ**☐ 個ある。

実践 例題 2 当選の可能性が高い会場の考察 　　数学A ⭐⭐⭐⭐⭐

3個のさいころを同時に1回だけ投げる抽選会がある。

抽選を行う会場は複数あり，当選する条件がそれぞれ異なっている。

(1) 「1の目が少なくとも1個出ること」が当選条件の会場Aと，「1の目がちょうど1個出ること」が当選条件の会場Bの2つの会場の場合を考える。

　(i) 会場Aの当選確率は $\dfrac{\boxed{\text{アイ}}}{\boxed{\text{ウエオ}}}$ … ①，

　　会場Bの当選確率は $\dfrac{\boxed{\text{カキ}}}{\boxed{\text{クケ}}}$ … ② である。

　(ii) 会場A，Bを無作為に選んで抽選を行う。会場A，Bを選ぶ事象をそれぞれ A，B，当選する事象を W とすると

$$P(A \cap W) = \frac{1}{2} \times \frac{\boxed{\text{アイ}}}{\boxed{\text{ウエオ}}}, \quad P(B \cap W) = \frac{1}{2} \times \frac{\boxed{\text{カキ}}}{\boxed{\text{クケ}}} \quad \text{である。}$$

$P(W) = P(A \cap W) + P(B \cap W)$ であるから，当選したとき，選んだ会場がAである条件付き確率 $P_W(A)$，Bである条件付き確率 $P_W(B)$ はそれぞれ $P_W(A) = \dfrac{\boxed{\text{コサ}}}{\boxed{\text{シスセ}}}$，$P_W(B) = \dfrac{\boxed{\text{ソタ}}}{\boxed{\text{シスセ}}}$ である。この2つの条件付き確率については，次の事実(∗)が成り立つ。

> ── 事実(∗) ──
> $P_W(A)$ と $P_W(B)$ の $\boxed{\text{チ}}$ は，①の確率と②の確率の $\boxed{\text{チ}}$ に等しい。

$\boxed{\text{チ}}$ の解答群

⓪ 和　　① 2乗の和　　② 3乗の和　　③ 比　　④ 積

以下，会場を無作為に選ぶとき，会場が3つの場合や4つの場合にも，事実(∗)と同様のことが成り立つことを利用してよい。

(2) 会場Aと，当選条件が「出た目の最大値が5」である会場C，当選条件が「3個とも異なる目が出ること」である会場Dの3つの会場の場合を考える。会場A，C，Dを無作為に選んで抽選を行う。当選したとき，選んだ会場がDである条件付き確率は $\dfrac{\boxed{\text{ツテ}}}{\boxed{\text{トナ}}}$ である。

(3) 会場A，B，C，Dの4つの会場の場合を考える。会場A，B，C，Dを無作為に選んで抽選を行い，当選した。このとき，どの会場で抽選をした可能性が高いかを考える。可能性が高い方から順に並べると $\boxed{\text{ニ}}$ となる。

$\boxed{\text{ニ}}$ の解答群

⓪ A，B，C，D　　① B，C，D，A　　② C，A，B，D

③ D，A，B，C　　④ C，B，A，D　　⑤ D，C，B，A 〔類 共通テスト〕

CHART & GUIDE

どの会場で抽選を行うのが一番当選しやすいのかを考えながら進めるとよい。

少なくとも～である確率
さいころの目の最大値の確率 ...... 余事象の考え方が有効

解答

(1) (i) 会場Aで当選する確率は $1-\left(\dfrac{5}{6}\right)^3=\dfrac{{}^{アイ}91}{{}^{ウエオ}216}$ ... ①　←数学A例題33

会場Bで当選する確率は

$${}_3C_1\left(\dfrac{1}{6}\right)^1\left(\dfrac{5}{6}\right)^{3-1}=\dfrac{75}{216}=\dfrac{{}^{カキ}25}{{}^{クケ}72}\quad\cdots\cdots ②$$

←数学A例題39
1個のさいころを3回投げるのと同様。

(ii) $P(A\cap W)=\dfrac{91}{432}$, $P(B\cap W)=\dfrac{75}{432}$ であるから

←$P(A\cap W)=\dfrac{1}{2}\times\dfrac{91}{216}$
$P(B\cap W)=\dfrac{1}{2}\times\dfrac{75}{216}$

$$P(W)=P(A\cap W)+P(B\cap W)=\dfrac{91}{432}+\dfrac{75}{432}=\dfrac{166}{432}$$

よって $P_W(A)=\dfrac{P(A\cap W)}{P(W)}=\dfrac{91}{432}\div\dfrac{166}{432}=\dfrac{{}^{コサ}91}{{}^{シスセ}166}$　←数学A例題42

また $P_W(B)=\dfrac{P(B\cap W)}{P(W)}=\dfrac{75}{432}\div\dfrac{166}{432}=\dfrac{{}^{ソタ}75}{166}$

$P_W(A):P_W(B)=91:75$,
(①の確率):(②の確率)=91:75 より, $P_W(A)$ と
$P_W(B)$ の比は, ①の確率と②の確率の比に等しい。$({}^{チ}③)$

←$\dfrac{91}{166}:\dfrac{75}{166}$
$=\dfrac{91}{216}:\dfrac{75}{216}$

(2) 会場Cで当選する確率は $\dfrac{5^3-4^3}{6^3}=\dfrac{61}{216}$ $\cdots\cdots ③$,　←数学A例題47

会場Dで当選する確率は $\dfrac{6\times5\times4}{6^3}=\dfrac{120}{216}$ $\cdots\cdots ④$

会場Cを選ぶ事象をC, 会場Dを選ぶ事象をDとすると,
事実(＊)から $P_W(A):P_W(C):P_W(D)=91:61:120$
$P_W(A)+P_W(C)+P_W(D)=1$ であるから, 求める確率は

$$P_W(D)=\dfrac{120}{91+61+120}=\dfrac{{}^{ツテ}15}{{}^{トナ}34}$$

(3) ①～④の確率の大小を比較したとき, その確率が大きい
会場ほど, その会場で抽選した可能性が高い。
よって, 可能性が高い方から順に D, A, B, C $({}^{=}③)$

$\dfrac{120}{216}>\dfrac{91}{216}>\dfrac{75}{216}>\dfrac{61}{216}$

TRAINING 実践 2 ④

10本のくじの中に当たりくじが4本ある。引いたくじは, もとに戻さないものとして,
A, B, Cの3人がこの順に1本ずつ引く。

(1) Cがはずれたとき, Aが当たっている条件付き確率は $\dfrac{ア}{イ}$ である。

(2) BもCもはずれたとき, Aが当たっている条件付き確率は $\dfrac{ウ}{エ}$ である。

実践 例題 3 三角形の内心・外心・重心　　　数学A ○○○○○

花子さんと太郎さんは，次の **問題** について考えている。 **アイ** ， **クケ** に当てはまる数を答えよ。また， **ウ** ～ **キ** ， **コ** ， **サ** については，当てはまるものを各解答群からそれぞれ1つずつ選べ。

> **問題** 四角形 ABCD について，対角線を引いたところ，辺となす角度がそれぞれ右の図のようになった。このとき，∠ADB を求めよ。
> （ヒント）∠ACD の二等分線 または △ACD の
> 　　　　　外接円を利用する。

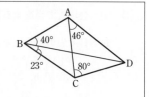

花子：このままでは，∠ADC＝ **アイ** °しかわからないわ。

太郎：ヒントを利用しよう。∠ACD の二等分線と対角線 BD の交点を E とすると，∠ACE＝∠ **ウ** だから，点 E は △ **エ** の外接円の周上にあることがわかるよ。

花子：そうか。そうすると今度は ∠CAE＝∠ **オ** がいえるわ。
　　　だから，線分 AE は ∠ **カ** の二等分線ね。

太郎：点 E は △ACD の **キ** だとわかるから，∠ADB＝ **クケ** °だ！

花子：答えが出たね！　でも，もう1つのヒントに「△ACD の外接円」とあるけど，最初に △ACD の外接円をかいてみたらどうなるかな。

太郎：△ACD の外接円と対角線 BD の D 以外の交点を F として，A と F，C と F を結ぶと，点 F は △ABC の **コ** だね。

花子：そうすると，∠ADF＝∠ **サ** となって，やっぱり
　　　∠ADB＝ **クケ** °となるわ。

- -

ウ ， **オ** ， **カ** の解答群

⓪ CBE　　① CAD　　② ABE　　③ AED　　④ ABC

エ の解答群

⓪ ABD　　① ABC　　② BCD　　③ ACD

キ ， **コ** の解答群　（同じものを繰り返し用いてもよい。）

⓪ 内心　　① 外心　　② 重心　　③ 垂心

注：三角形の各頂点から対辺またはその延長に下ろした垂線は1点で交わり，その交点を垂心という。

サ の解答群

⓪ AFD　　① DFC　　② FCD　　③ FDC

CHART & GUIDE

円周角の定理，円周角の定理の逆をうまく利用していく。
外心：三角形の3辺の垂直二等分線の交点（外接円の中心）
　　…… △ABCの外心をOとすると　OA＝OB＝OC
内心：三角形の3つの内角の二等分線の交点（内接円の中心）
重心：三角形の3本の中線の交点

解答

△ACD において　　∠ADC＝180°−(46°＋80°)＝^{アイ}**54**°

∠ACD の二等分線と対角線 BD の交点をEとすると

　　　　∠ACE＝40°

このとき，∠ACE＝∠ABE（^{ウ}**②**）となるから，円周角の定理の逆により，4点 A，B，C，E は1つの円周上にある。

すなわち，点Eは △ABC の外接円の周上にある。（^{エ}**⓪**）

さらに，円周角の定理から　　∠CAE＝∠CBE＝23°（^{オ}**⓪**）

よって，線分 AE は ∠CAD の二等分線である。（^{カ}**①**）

したがって，点Eは △ACD の内心である。（^{キ}**⓪**）

ゆえに，線分 DE は ∠ADC の二等分線であるから

　　　　∠ADB＝54°÷2＝^{クケ}**27**°

次に，△ACD の外接円と対角線 BD の D 以外の交点をFとすると，円周角の定理から

　　　　∠AFD＝∠ACD＝80°，∠CFD＝∠CAD＝46°

ゆえに　　∠FAB＝∠AFD−∠ABF＝40°，

　　　　∠FCB＝∠CFD−∠CBF＝23°

よって，△FAB は FA＝FB の二等辺三角形であり，△FBC は FB＝FC の二等辺三角形である。

FA＝FB＝FC から，点Fは △ABC の外心である。（^{コ}**①**）

△ACD の外接円において，FA＝FC より $\overparen{FA}＝\overparen{FC}$ である
から　　∠ADF＝∠FDC（^{サ}**③**）

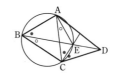

◆ 三角形の内角の二等分線の交点は内心である。

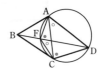

◆ 三角形の内角と外角の性質。

◆ ∠FAB＝∠FBA，∠FCB＝∠FBC

◆ $\overparen{FA}＝\overparen{FC}$ より，円周角は等しい。

TRAINING 実践 3 ④

右の図において，∠CAD＝∠EBC であるから，四角形 ABDE は円に内接する。よって，円周角の定理により，∠ADE＝**アイ**°である。また，∠BEC＝**ウエ**°，∠ADC＝**オカ**°であるから，四角形 CEHD は円に内接する。よって，円周角の定理により，∠HCE＝**キク**°であるから，∠AFC＝**ケコ**°である。

したがって，∠HFE＝**サシ**°，∠HDF＝**スセ**°などがわかるから，点Hは △DEF の **ソ** である。

ソ の解答群

⓪ 内心　　**①** 外心　　**②** 重心

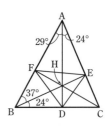

答 の 部

答の部（数学Ⅰ）

・TRAINING，EXERCISES について，答えの数値のみをあげている。なお，図・証明は省略した。

＜第1章＞　式 の 計 算
● TRAINING の解答

1 (1) 次数 3，係数 2 ；　a：次数 1，係数 $2x^2$

(2) 次数 17，係数 $-\dfrac{1}{3}$ ；

y：次数 7，係数 $-\dfrac{1}{3}ab^7x^2$ ；

a と b：次数 8，係数 $-\dfrac{1}{3}x^2y^7$

2 (1) 5 次式

(2) (ア) 2 次式，定数項 $2y^2+5y-12$

(イ) 2 次式，定数項 $6x^2-6x-12$

(ウ) 2 次式，定数項 -12

3 (1) $7x^2+4x-17$　(2) $x^2-(2a-b)x-a$

(3) $-a^2-2(7b-2)a+2b^2+2b-5$

4 $A+B$，$A-B$ の順に

(1) $13x+8y+12$，$x-18y+22$

(2) $4x^3+4x^2+4x-16$，$10x^3-10x^2-4x-16$

(3) $a^2-2ab+9b^2$，$5a^2-5b^2$

(4) $10x^2y-27xy^2-22xy-3y^2$，
$6x^2y-9xy^2+8xy+9y^2$

5 (1) $4x+7y+9z$　(2) $-x-y$

6 (1) x^7　(2) x^{10}　(3) $x^8y^4z^7$　(4) $-72a^7b^8x^9$

(5) $-6x^6y^6$

7 (1) $4a^4b-2a^3b^2-3a^2b^3$　(2) $6a^2-23a+20$

(3) $2x^4-3x^3-23x^2-3x+20$

(4) $x^5-3x^4-5x^3+10x^2+6x-3$

8 (1) $9a^2+12a+4$　(2) $25x^2-20xy+4y^2$

(3) $16x^2-9$　(4) $-a^2+4b^2$　(5) $x^2+13x+42$

(6) $4t^2-16t+15$　(7) $12x^2-5x-2$

(8) $6a^2+19ab+15b^2$　(9) $-14x^2+27x-9$

9 (1) $9a^2-6ab+b^2+3a-b-2$

(2) $x^2+4y^2+9z^2-4xy-12yz+6zx$

(3) $a^2-b^2+6bc-9c^2$　(4) x^4+4

10 (1) $16a^4-8a^2b^2+b^4$　(2) x^4-81

(3) $x^8-2x^4y^4+y^8$

11 (1) $b(2a-3c)$　(2) $xy(x-3y)$

(3) $3a^2b(3a+5b-1)$　(4) $(x-2)(a-1)$

(5) $x(a-b)(x-y)$

12 (1) $(x+1)^2$　(2) $(2x+y)^2$　(3) $(x-5)^2$

(4) $(3a-2b)^2$　(5) $(x+7)(x-7)$

(6) $2(2a+5)(2a-5)$　(7) $(4x+3y)^2$

(8) $2a(2x-5)^2$　(9) $5a(a+2b)(a-2b)$

13 (1) $(x+2)(x+12)$　(2) $(a-8)(a-9)$

(3) $(x-4y)(x+8y)$　(4) $(x+2)(x-8)$

(5) $(a-3b)(a+6b)$　(6) $(x+2y)(x-9y)$

14 (1) $(2x+3)(3x+2)$

(2) $(a-3)(3a-2)$　(3) $(3x+2)(4x-1)$

(4) $(2x+1)(3x-4)$　(5) $(2x+3)(2x-5)$

(6) $(2a+3b)(3a+4b)$　(7) $(2x-3y)(3x+7y)$

(8) $(2x-3y)(6x+5y)$　(9) $(x-3y)(4x+9y)$

15 (1) $(x+4)(x-5)$　(2) $(4x+3)^2$

(3) $(x+y-2)(2x+2y-3)$

(4) $(2x+y+1)(2x-y+1)$

(5) $(5x+a-4)(5x-a+4)$

(6) $(x+y+18)(x+y)$

16 (1) $(x^2+9)(x+3)(x-3)$

(2) $(4a^2+b^2)(2a+b)(2a-b)$

(3) $(x+1)(x-1)(x+2)(x-2)$

(4) $(x+2y)(x-2y)(4x^2+y^2)$

17 (1) $(a+1)(b+1)$　(2) $(x+1)(x+y+1)$

(3) $(b-2)(2ab+a+1)$

(4) $(x+1)(x-3)(x+a)$

18 (1) $(x+y+1)(x+3y+1)$

(2) $(x-y+1)(x-y+3)$

(3) $(x+y+2)(2x+y-1)$

(4) $(x+2y-1)(3x-y+2)$

19 (1) $x^3+12x^2+48x+64$

(2) $27a^3-54a^2b+36ab^2-8b^3$

(3) $-8a^3+12a^2b-6ab^2+b^3$

(4) a^3+27　(5) $64x^3-27y^3$　(6) $125a^3-27b^3$

20 (1) $x^4+10x^3+35x^2+50x+24$

(2) $x^4+6x^3+5x^2-12x$

21 (1) $(2x+1)(4x^2-2x+1)$

(2) $(4a-5b)(16a^2+20ab+25b^2)$

(3) $4(3a-b)(9a^2+3ab+b^2)$

22 (1) $(x-5)(x+2)(x-2)$

(2) $(2a-b)(a+b)(4a+b)$

(3) $(2x+1)(4x^2+x+1)$　(4) $(x-3)^3$

23 (1) $(x+1)^2(x-1)(x+3)$

(2) $(x^2+x+6)(x-4)(x+5)$

(3) $(x^2+5x+3)(x^2+5x+7)$

522

24 (1) $(x^2+x+3)(x^2-x+3)$

(2) $(x^2+2xy-4y^2)(x^2-2xy-4y^2)$

25 (1) $(a+1)(b+1)(c+1)$

(2) $(a+b+c)(ab+bc+ca)$

(3) $(a+b)(b+c)(c+a)$

● **EXERCISES の解答**

1 (ア) $4x^2+x-1$ (イ) $-3x^2-x+1$

2 (1) $-3x^3y+4x^2y^2-18xy^3$

(2) $4a^2-12ab+9b^2$ (3) $-4a^2+25b^2$

(4) $6x^2+5xy-6y^2$ (5) $18a^2+3ab-10b^2$

3 (1) $-2x^5y^{11}$ (2) $8x^6y^4z^6$

(3) $2a^2+2b^2$ (4) $4ab$

(5) $2a^2+2b^2+2c^2-2ab-2bc-2ca$

4 (1) $x^8-32x^4y^4+256y^8$

(2) $a^4+6a^2b^2+b^4+4a^3b+4ab^3-2a^2c^2-4abc^2$
$-2b^2c^2+c^4$ (3) x^8-1 (4) x^4-5x^2+4

5 (1) $\left(x+\dfrac{1}{2}\right)^2$ $\left[\dfrac{1}{4}(2x+1)^2\right]$

(2) $(2x+5y)(3x-7y)$

(3) $(2a+5b)(4a-3b)$

(4) $(x+y-3)(4x+4y+1)$

(5) $(a+2b+1)(a+1)$

(6) $(a+b+c-d)(a+b-c+d)$

(7) $(x+y)(x-y)(2x+3y)(2x-3y)$

(8) $(a^4+1)(a^2+1)(a+1)(a-1)$

(9) $(x+y+1)(x+y-1)(x^2+2xy+y^2+2)$

(10) $(x+1)(x-3)(x+2)(x-4)$

6 (1) $(x-z)(x+y)^2$

(2) $(x+y)(x+2y)(x+z)$

7 $5x^2-3xy+3y^2$

8 (ア) 47 (イ) -52

9 (1) $27x^3-27x^2+9x-1$ (2) $27x^6-a^3$

(3) x^6-1 (4) $x^4-2x^3-25x^2+26x+120$

(5) $x^6-3x^4+3x^2-1$

10 (1) $(5a+4b)(25a^2-20ab+16b^2)$

(2) $x(3x-2yz)(9x^2+6xyz+4y^2z^2)$

(3) $(x+2)(x+3)(x-3)$ (4) $(2x-3y)^3$

(5) $(x-3y+1)(x^2+3xy+9y^2)$

11 (1) $(x^2+3x+1)(x^2-3x+1)$

(2) $(a^2+ab-b^2)(a^2-ab-b^2)$

(3) $(a-1)(a+3)(a^2+a+1)(a^2-3a+9)$

(4) $(a+b)(a-b)(a^2+ab+b^2)(a^2-ab+b^2)$

(5) $(x^2-8x+10)(x-2)(x-6)$

12 (1) $(a+b+1)(a+c+1)$

(2) $(xy+x+1)(xy+y+1)$

(3) $(2a-3b+c)(2a-c)$

13 (1) $(x+y-1)(x^2+y^2-xy+x+y+1)$

(2) $(a-2b+1)(a^2+4b^2+2ab-a+2b+1)$

- 右列 -

<第2章> 実数，1次不等式

● **TRAINING の解答**

26 (1) $0.\dot{2}=\dfrac{2}{9}$, $1.\dot{2}\dot{1}=\dfrac{40}{33}$, $0.1\dot{3}=\dfrac{2}{15}$

(2) (ア) 3 (イ) 3

27 (1) ②, ③

(2) $(\sqrt{3})^2=3$, $\left(-\sqrt{\dfrac{3}{2}}\right)^2=\dfrac{3}{2}$,

$\sqrt{(-7)^2}=7$, $-\sqrt{(-9)^2}=-9$

28 (1) $2\sqrt{3}$ (2) $7\sqrt{2}$ (3) $25+\sqrt{6}-\sqrt{3}$

(4) $8+2\sqrt{15}$ (5) $21-6\sqrt{6}$ (6) 4

(7) $1-5\sqrt{15}$ (8) $\sqrt{2}$

29 (1) $2\sqrt{5}$ (2) $\dfrac{3\sqrt{2}}{4}$ (3) $\sqrt{2}-1$

(4) $7+4\sqrt{3}$

30 (1) $\dfrac{5\sqrt{6}}{12}$ (2) 10 (3) $\dfrac{3-\sqrt{5}}{2}$ (4) 10

31 (1) $x+y=14$, $xy=1$ (2) 194 (3) 14

(4) 2702

32 (1) $<$ (2) $<$ (3) $>$ (4) $<$ (5) $>$

(6) $<$

33 (1) $-3<x-5<0$ (2) $-3<3y<9$

(3) $1<x+y<8$ (4) $-4<x-2y<7$

34 (1) $x>-7$ (2) $x\leqq -7$ (3) $x>-2$

(4) $x\leqq \dfrac{5}{13}$ (5) $x\leqq 8$

35 (1) $2<x<6$ (2) $x\leqq -1$

(3) $-\dfrac{3}{2}<x\leqq 5$

36 (1) $n=5$ (2) $x=-3, -2, -1, 0, 1, 2$

37 434 枚

38 (1) $x=4, -3$ (2) $-\dfrac{7}{2}\leqq x\leqq -\dfrac{3}{2}$

(3) $x<-1, 7<x$

39 (1) $x\geqq -\dfrac{1}{3}$ のとき $3x+1$,

$x<-\dfrac{1}{3}$ のとき $-3x-1$

(2) $x=-\dfrac{1}{4}$

40 (ア) -3 (イ) $-2x-1$

41 (1) $2\sqrt{6}$ (2) $\dfrac{2\sqrt{3}+3\sqrt{2}+\sqrt{30}}{12}$

42 $35-4\sqrt{6}$

43 (1) $\sqrt{3}+1$ (2) $\sqrt{5}-2$

(3) $2\sqrt{2}+\sqrt{3}$ (4) $\dfrac{\sqrt{10}-\sqrt{6}}{2}$

44 $x\leqq -2, 1\leqq x$

45 (1) $x=-\dfrac{2}{3}$, 2

(2) $-3<x<\dfrac{11}{3}$

46 (1) $a>-4$ (2) $-2<a\leqq-1$

● **EXERCISES の解答**

14 7

15 (1) $x=\dfrac{2+\sqrt{14}}{5}$, $-\dfrac{6+3\sqrt{14}}{5}$

(2) $-\dfrac{1}{3}\leqq x\leqq\dfrac{7}{3}$ (3) $x=\dfrac{5}{4}$, $-\dfrac{1}{2}$

16 (1) 0 (2) $9-4\sqrt{5}$

17 $p>2$ のとき $x\geqq-\dfrac{3}{p-2}$, $p<2$ のとき

$x\leqq-\dfrac{3}{p-2}$, $p=2$ のとき すべての実数

18 (1) $\dfrac{4(\sqrt{7}-1)}{3}$ (2) -4 (3) $\dfrac{110-32\sqrt{7}}{9}$

19 (1) 3 (2) $x=22$

20 (1) $a\geqq\dfrac{7}{12}$ (2) $a<\dfrac{1}{3}$

(3) $-\dfrac{2}{3}\leqq a<-\dfrac{1}{3}$

〈第3章〉 集 合 と 命 題

● **TRAINING の解答**

47 (1) (ア) ∈ (イ) ⊄ (ウ) ⊄ (2) $B\subset A$

48 (1) ⊃

(2) ∅, {0}, {1}, {2}, {3}, {0, 1}, {0, 2}, {0, 3}, {1, 2}, {1, 3}, {2, 3}, {0, 1, 2}, {0, 1, 3}, {0, 2, 3}, {1, 2, 3}, {0, 1, 2, 3}

49 (1) (ア) {3, 6, 8}
(イ) {1, 2, 3, 6, 8, 9, 10}
(ウ) {2, 4, 5, 7, 9} (エ) {1, 10}

(2) $\overline{A}=\{x\,|\,x<-1,\ 2<x,\ x$ は実数$\}$,
$\overline{A}\cap B=\{x\,|\,2<x<3,\ x$ は実数$\}$

50 略

51 (1) {1, 2, 3, 4, 5, 6, 7, 9, 12, 18}

(2) {1, 2, 3, 6}

52 (1) 偽 (2) 真 (3) 偽 (4) 偽

53 (1) 真 (2) 偽

54 (1) ② (2) ③ (3) ①

55 (1) x は正の数でない
(x は 0 以下の数である)

(2) $x=0$ かつ $y\neq0$ (3) $x<0$ または $x\geqq1$

(4) $x,\ y$ はともに無理数でない
($x,\ y$ はともに有理数である)

(5) $m,\ n$ のうち少なくとも一方は 0 以下の数である
($m\leqq0$ または $n\leqq0$)

56 (1) 逆：$x\neq-1\Longrightarrow x^2\neq-x$, 偽
対偶：$x=-1\Longrightarrow x^2=-x$, 真
裏：$x^2=-x\Longrightarrow x=-1$, 偽

(2) 逆：x または y は有理数
$\Longrightarrow x+y$ は有理数, 偽
対偶：$x,\ y$ はともに無理数
$\Longrightarrow x+y$ は無理数, 偽
裏：$x+y$ は無理数
$\Longrightarrow x,\ y$ はともに無理数, 偽

57~59 略

60 $a=2$

61 (1) ある自然数 n について，$\sqrt{n}$ は有理数である, 真

(2) すべての実数 x について，$x^2\neq x+2$ である, 偽

62 (1) 略 (2) $x=1,\ y=-2$

答の部（数学Ⅰ）

● **EXERCISES の解答**

21 $A=\{3,\ 6,\ 9\}$, $B=\{3,\ 4,\ 7,\ 10\}$,
$A\cap\overline{B}=\{6,\ 9\}$

22 $A\cap B:$ ①, $A\cup B:$ ②, $A\cap\overline{B}:$ ③

23 $A\cap B\cap C=\{x|2<x<3\}$,
$(\overline{A}\cap B)\cup C=\{x|x\leqq1,\ 2<x\}$

24 (1) 逆：x, y の少なくとも一方が負の数ならば $x+y=-3$ である，偽
対偶：$x\geqq0$ かつ $y\geqq0$ ならば $x+y\neq-3$ である，真
裏：$x+y\neq-3$ ならば $x\geqq0$ かつ $y\geqq0$ である
(2) 逆：n が奇数 $\Longrightarrow$ n^2+1 は偶数，真
対偶：n が偶数 $\Longrightarrow$ n^2+1 は奇数，真
裏：n^2+1 が奇数 $\Longrightarrow$ n は偶数
(3) 逆：$x^2-6x-7=0$ $\Longrightarrow$ $3x+5>0$，真
対偶：$x^2-6x-7\neq0$ $\Longrightarrow$ $3x+5\leqq0$，偽
裏：$3x+5\leqq0$ $\Longrightarrow$ $x^2-6x-7\neq0$

25 (1) (ア) -4 (イ) 6 (ウ) 0 (エ) 2
(2) (オ) 3

26 (ア) ③ (イ) ①

27 略

28 (1) $x+y=4$, $x-y=2\sqrt{3}$
(2) $a=-45$, $b=11$

＜第 4 章＞ 2 次 関 数

● **TRAINING の解答**

63 (1) $f(0)=3$, $f(3)=-3$, $f(-2)=7$,
$f(a-2)=-2a+7$
(2) $g(\sqrt{2})=7-4\sqrt{2}$, $g(-3)=33$, $g\left(\dfrac{1}{2}\right)=\dfrac{3}{2}$,
$g(1-a)=2a^2+1$

64 (1) 値域は $-5\leqq y\leqq4$, $x=-1$ のとき最大値 4, $x=2$ のとき最小値 -5
(2) 値域は $1<y\leqq4$, $x=4$ のとき最大値 4, 最小値はない
(3) 値域は $-2<y\leqq0$, $x=0$ のとき最大値 0, 最小値はない

65 (1) $a=-\dfrac{1}{2}$, $b=1$ (2) $a=1$, $b=2$

66 図略；頂点，軸の順に
(1) 点 $(-1,\ 0)$, 直線 $x=-1$
(2) 点 $(1,\ 1)$, 直線 $x=1$

67 図略；頂点，軸の順に
(1) 点 $(2,\ -1)$, 直線 $x=2$
(2) 点 $(-2,\ -3)$, 直線 $x=-2$
(3) 点 $(1,\ 1)$, 直線 $x=1$

68 図略；頂点，軸の順に
(1) 点 $\left(-\dfrac{3}{10},\ \dfrac{71}{20}\right)$, 直線 $x=-\dfrac{3}{10}$
(2) 点 $\left(\dfrac{3}{2},\ \dfrac{5}{4}\right)$, 直線 $x=\dfrac{3}{2}$

69 (1) x 軸方向に $\dfrac{3}{2}$, y 軸方向に $\dfrac{5}{4}$
(2) x 軸方向に -2, y 軸方向に -3

70 順に $\left(\dfrac{3}{4},\ \dfrac{7}{8}\right)$, $y=2x^2-7x+3$

71 (1) $x=0$ で最小値 -1, 最大値はない
(2) $x=-1$ で最大値 5, 最小値はない
(3) $x=\dfrac{3}{2}$ で最小値 $\dfrac{3}{2}$, 最大値はない
(4) $x=\dfrac{5}{2}$ で最大値 $\dfrac{17}{4}$, 最小値はない

72 (1) $x=-4$ で最大値 21, $x=0$ で最小値 -3
(2) $x=3$ で最大値 0, $x=1$ で最小値 -8
(3) $x=0$ で最大値 1, $x=2$ で最小値 -11
(4) $x=2$ で最小値 -1, 最大値はない

73 $c=-18$

74 直角二等辺三角形, 最大値は 32

75 (1) $y=2(x-2)^2-3$ $[y=2x^2-8x+5]$

(2) $y=(x-4)^2-3$ $[y=x^2-8x+13]$

76 (1) $y=-\dfrac{1}{2}(x-3)^2+1$ $\left[y=-\dfrac{1}{2}x^2+3x-\dfrac{7}{2}\right]$

(2) $y=3(x+2)^2-1$ $[y=3x^2+12x+11]$

77 (1) $y=3x^2-6x-2$ (2) $y=-2x^2+4x+6$

78 図略 (1) $y\geqq0$ (2) $y\leqq0$

(3) $0\leqq y\leqq6$ (4) $-1\leqq y<1$

79 (1) $y=-x^2+2x+1$ (2) $y=x^2-3x+1$

80 (1) $y=(x-1)^2-2$ $[y=x^2-2x-1]$

(2) $y=-(x-1)^2+2$ $[y=-x^2+2x+1]$

81 (1) $\dfrac{25}{2}$ cm^2 (2) $10\sqrt{2}$ cm

82 (1) $x=a$ で最大値 $-(a-3)^2$,

$x=1$ で最小値 -4

(2) $x=3$ で最大値 0, $x=1$ で最小値 -4

(3) $x=3$ で最大値 0；$x=1$, 5 で最小値 -4

(4) $x=3$ で最大値 0, $x=a$ で最小値 $-(a-3)^2$

83 (1) $x=2$ で最大値 $4-3a$,

$x=1$ で最小値 $1-a$

(2) $x=2$ で最大値 $4-3a$,

$x=a$ で最小値 $-a^2+a$

(3) $x=1$, 2 で最大値 $-\dfrac{1}{2}$；

$x=\dfrac{3}{2}$ で最小値 $-\dfrac{3}{4}$

(4) $x=1$ で最大値 $1-a$,

$x=a$ で最小値 $-a^2+a$

(5) $x=1$ で最大値 $1-a$, $x=2$ で最小値 $4-3a$

84 (1) $a<0$ のとき $x=a$ で最大値 a^2-2a+2；

$a=0$ のとき $x=0$, 2 で最大値 2；

$0<a$ のとき $x=a+2$ で最大値 a^2+2a+2

(2) $a<-1$ のとき $x=a+2$ で最小値

a^2+2a+2,

$-1\leqq a\leqq1$ のとき $x=1$ で最小値 1,

$1<a$ のとき $x=a$ で最小値 a^2-2a+2

85 (1) $x=2$, $y=2$ のとき最大値 4

(2) $(x, y)=(0, 2)$, $(2, 0)$ のとき最大値 4

$(x, y)=(1, 1)$ のとき最小値 2

● **EXERCISES の解答**

29 $-1\leqq x\leqq4$

30 (1) $(x-5)^2-25$ (2) $-(x-3)^2+7$

(3) $3(x+1)^2-1$ (4) $-2(x-1)^2+3$

(5) $2\left(x+\dfrac{3}{4}\right)^2-\dfrac{1}{8}$ (6) $-2\left(x-\dfrac{5}{4}\right)^2+\dfrac{9}{8}$

(7) $\dfrac{1}{3}(x-2)^2+\dfrac{2}{3}$ (8) $-\dfrac{1}{2}(x+1)^2+\dfrac{3}{2}$

31 図略；頂点，軸の順に

(1) 点 $(3, 0)$, 直線 $x=3$

(2) 点 $(-2, -2)$, 直線 $x=-2$

(3) 点 $\left(\dfrac{3}{2}, -\dfrac{1}{4}\right)$, 直線 $x=\dfrac{3}{2}$

(4) 点 $\left(-\dfrac{1}{2}, -\dfrac{25}{4}\right)$, 直線 $x=-\dfrac{1}{2}$

(5) 点 $\left(\dfrac{5}{4}, -\dfrac{49}{8}\right)$, 直線 $x=\dfrac{5}{4}$

32 $a=2$

33 $a=-2$, $b=-8$, $c=-4$

34 (1) $x=\dfrac{3}{2}$ で最小値 $-\dfrac{1}{4}$, 最大値はない

(2) $x=\dfrac{5}{2}$ で最大値 $\dfrac{37}{4}$, 最小値はない

(3) $x=3$ で最大値 -3, 最小値はない

(4) $x=-\dfrac{5}{2}$ で最小値 $-\dfrac{9}{4}$, 最大値はない

35 (1) $-\dfrac{a^2}{3}+5a-12$ (2) $a=6$, 9

36 単価が 15 円のとき売上金額の最大値 1125 円

37 $y=-(x-1)^2+1$, $y=-(x-2)^2+2$

$[y=-x^2+2x, \ y=-x^2+4x-2]$

38 $y=-4.9(t-6)^2+176.4$ $[y=-4.9t^2+58.8t]$

39 (ア) 3 (イ) 1 (ウ) $2a+1$ (エ) $-a+2$

40 $a=-1$, $b=1$

41 (1) $m=-b^2+2b+6$

(2) $b=1$ のとき最大値 7

42 (ア) $-x^2+8x$ (イ) $-x^2+16$ (ウ) 2

(エ) 24

43 $x=-\dfrac{1}{2}$ で最大値 $\dfrac{9}{4}$

44 (1) $b=-6a^2+11a+10$

(2) $a=\dfrac{17}{12}$；$x=-2$, 3 で最大値 36,

$x=\dfrac{1}{2}$ で最小値 $-\dfrac{3}{2}$

45 (1) $y=2x^2-36x+168$

(2) (ア) -2 (イ) 10

526

46 $a>0$ のとき $m=b$,

$-2 \leqq a \leqq 0$ のとき $m=-\dfrac{a^2}{4}+b$,

$a<-2$ のとき $m=a+b+1$

47 (1) (ア) 2 (イ) $-a^2+4a-2$ (ウ) 3

(エ) 2 (オ) $-a^2+6a-7$

(2) 略

48 (1) $x=\dfrac{6}{5}$, $y=\dfrac{3}{5}$ のとき最小値 $\dfrac{9}{5}$

(2) $x=0$, $y=\dfrac{1}{2}$ のとき最大値 1,

$x=\dfrac{1}{4}$, $y=\dfrac{1}{8}$ のとき最小値 $\dfrac{1}{4}$

49 (ア) 4 (イ) 6 (ウ) -1 (エ) 3

<第5章> 2次方程式と2次不等式

● **TRAINING の解答**

86 (1) $x=0$, -10 (2) $x=7$, -8

(3) $x=-\dfrac{1}{3}$ (4) $x=\dfrac{3}{2}$, $-\dfrac{7}{2}$

(5) $x=-2$, $\dfrac{1}{3}$ (6) $x=\dfrac{3}{2}$, $-\dfrac{1}{3}$

87 (1) $x=\dfrac{-1\pm3\sqrt{5}}{2}$ (2) $x=\dfrac{5\pm\sqrt{13}}{6}$

(3) $x=-3\pm\sqrt{5}$ (4) $x=\dfrac{2\pm\sqrt{19}}{3}$

(5) $x=\dfrac{2}{3}$ (6) $x=\dfrac{1}{4}$, $-\dfrac{1}{2}$

88 (1) $m>\dfrac{13}{4}$

(2) $m=-2$ のとき $x=-2$, $m=4$ のとき $x=4$

89 (1) $(2, 0)$, $(-9, 0)$

(2) $\left(\dfrac{-4+\sqrt{10}}{3}, 0\right)$, $\left(\dfrac{-4-\sqrt{10}}{3}, 0\right)$

(3) $(3+\sqrt{7}, 0)$, $(3-\sqrt{7}, 0)$

(4) $\left(-\dfrac{3}{2}, 0\right)$, $\left(\dfrac{2}{3}, 0\right)$ (5) $\left(\dfrac{4}{3}, 0\right)$

90 (1) 2個 (2) 0個 (3) 1個

91 (1) $k>2$ (2) $k=2$, $(-1, 0)$

92 (1) (ア) $\sqrt{46}$ (イ) 1 (2) $k=1$, -4

93 (1) $-3<x<-2$ (2) $x<-\dfrac{1}{2}$, $\dfrac{5}{3}<x$

(3) $0<x<2$ (4) $x\leqq-4$, $-2\leqq x$

(5) $x<-3$, $3<x$ (6) $-3\leqq x\leqq2$

94 (1) $x<-4$, $\dfrac{2}{3}<x$ (2) $-\dfrac{3}{2}\leqq x\leqq\dfrac{4}{3}$

(3) $x\leqq\dfrac{-3-\sqrt{14}}{5}$, $\dfrac{-3+\sqrt{14}}{5}\leqq x$

(4) $1-\sqrt{10}\leqq x\leqq1+\sqrt{10}$

(5) $\dfrac{3-\sqrt{17}}{2}<x<\dfrac{3+\sqrt{17}}{2}$

95 (1) -1 以外のすべての実数

(2) すべての実数 (3) 解はない (4) $x=\dfrac{2}{3}$

96 (1) 解はない (2) すべての実数

(3) 解はない (4) すべての実数

97 (1) $m<-6$, $6<m$

(2) $m\leqq-6$, $6\leqq m$ (3) $-6<m<6$

98 (1) $m<-1$, $3<m$ (2) $-\dfrac{4}{5}<m<0$

99 (1) $-2<x<-1,\ 2<x<4$

(2) $-2<x<-1,\ -1<x<3$

(3) $-3\leqq x<\dfrac{1}{3}$ (4) $1<x<\dfrac{1+\sqrt{13}}{2}$

100 $1\leqq x\leqq 4-\sqrt{3},\ 4+\sqrt{3}\leqq x\leqq 7$

101 (1) $a<0$ (2) $-\dfrac{b}{2a}>0$ (3) $b>0$

(4) $c<0$ (5) $b^2-4ac=0$

102 $m=-\dfrac{7}{2}$, 共通解 $x=2$

103 (1) $a\neq\pm1$ のとき $x=-\dfrac{1}{a+1}$,

$-\dfrac{1}{a-1}$; $a=-1$ のとき $x=\dfrac{1}{2}$;

$a=1$ のとき $x=-\dfrac{1}{2}$

(2) $a>0$ のとき $-a<x<3a$,

$a=0$ のとき 解はない,

$a<0$ のとき $3a<x<-a$

104 (1) $a=-\dfrac{5}{2},\ b=-\dfrac{3}{2}$

(2) $a=-1,\ b=2$

105 (ア) -3 (イ) 2 (ウ) -7 (エ) $\dfrac{7}{3}$

106 (1) $1<a<2$ (2) $a<1$

107 (1) $(-2,\ -1),\ (3,\ 14)$

(2) $(3,\ -3)$ (3) 共有点はない

108 $x=0,\ y=5$ のとき最大値75

$x=0,\ y=-1$ のとき最小値3

109 略

110 (1) $-5<x<4$ (2) $x\leqq 5,\ 9\leqq x$

● **EXERCISES の解答**

50 $(2a,\ -4a-3b+9)$, $a=1,\ b=1$

51 (1) $a=4,\ 20$ (2) 5個

52 $a=-1$

53 (1) $-1\leqq m\leqq\dfrac{1}{3}$

(2) $m<2-2\sqrt{3}$, $2+2\sqrt{3}<m$

(3) $m>\dfrac{3}{2}$ (4) $m<-2,\ 3<m$

54 $k\geqq\dfrac{-2+\sqrt{13}}{2}$

55 (1) $3-\sqrt{2}\leqq x<2,\ 4<x\leqq 3+\sqrt{2}$

(2) $-\dfrac{5}{2}<x<-1$ (3) $x=0,\ 3$

56 (1) 略 (2) $-2<a<6$

57 (1) $0<a<6$ (2) $-2<a\leqq 0,\ 6\leqq a<8$

58 ②, ④

59 (1) $x=1$ (2) $b=-a-1,\ a\neq-\dfrac{1}{2}$

(3) 略

60 $-8\leqq a<-7,\ 6<a\leqq 7$

61 (1) $-2<a<2$

(2) $-\sqrt{5}<a<\sqrt{5}$

(3) $a\leqq-\dfrac{5}{2}$

62 (ア) -1 (イ) 7 (ウ) $\dfrac{7}{2}$ (エ) 7

63 (1) $b\geqq-4$

(2) $b=-4$, 接点の座標は $(3,\ 2)$

<第6章> 三 角 比

● **TRAINING の解答**

111 $\sin\alpha=\dfrac{12}{13}$, $\cos\alpha=\dfrac{5}{13}$, $\tan\alpha=\dfrac{12}{5}$

$\sin\beta=\dfrac{5}{13}$, $\cos\beta=\dfrac{12}{13}$, $\tan\beta=\dfrac{5}{12}$

112 (ア) $\dfrac{1}{2}$ (イ) $\dfrac{\sqrt{3}}{2}$ (ウ), (エ) $\dfrac{1}{\sqrt{2}}$

$\sin30°=\dfrac{1}{2}$, $\cos30°=\dfrac{\sqrt{3}}{2}$, $\tan30°=\dfrac{1}{\sqrt{3}}$

$\sin60°=\dfrac{\sqrt{3}}{2}$, $\cos60°=\dfrac{1}{2}$, $\tan60°=\sqrt{3}$

$\sin45°=\dfrac{1}{\sqrt{2}}$, $\cos45°=\dfrac{1}{\sqrt{2}}$, $\tan45°=1$

113 (1) 順に 0.2588, 0.2924, 0.4663

(2) $\alpha=25°$, $\beta=43°$, $\gamma=83°$

(3) (ア) $x=11.8$ (イ) $\theta\fallingdotseq53°$

114 (1) 8.7 m

(2) 水平方向に 79.2 m, 鉛直方向に 11.1 m

115 (1) $\cos\theta=\dfrac{3}{5}$, $\tan\theta=\dfrac{4}{3}$

(2) $\sin\theta=\dfrac{12}{13}$, $\tan\theta=\dfrac{12}{5}$

(3) $\cos\theta=\dfrac{2}{\sqrt{5}}$, $\sin\theta=\dfrac{1}{\sqrt{5}}$

116 順に $\cos20°$, $\sin10°$, $\dfrac{1}{\tan35°}$

117 $\sin\theta=\dfrac{2}{\sqrt{5}}$, $\cos\theta=-\dfrac{1}{\sqrt{5}}$, $\tan\theta=-2$

118 (1) 順に 0.7880, -0.6157, -1.2799

(2) $-a$

119 (1) $\theta=30°$, $150°$ (2) $\theta=45°$

(3) $\theta=120°$

120 (1) $\sin\theta=\dfrac{\sqrt{7}}{4}$, $\tan\theta=-\dfrac{\sqrt{7}}{3}$

(2) $\sin\theta=\dfrac{12}{13}$, $\cos\theta=-\dfrac{5}{13}$

121 100 m

122 60°

123 $\sin15°=\dfrac{\sqrt{6}-\sqrt{2}}{4}$, $\cos15°=\dfrac{\sqrt{6}+\sqrt{2}}{4}$,

$\tan15°=2-\sqrt{3}$

124 (1) $-\dfrac{3}{8}$ (2) $-\dfrac{11}{16}$

125 略

● **EXERCISES の解答**

64 (1) $a\sin\theta$ (2) $a\tan\theta$ (3) $\dfrac{a}{\cos\theta}$

(4) $a\sin\theta\tan\theta$

65 $AB=2r\sin\theta$, $OH=r\cos\theta$

66 順に (1) 11.8, 8.1 (2) 6.2, 9.5

67 順に 10°, 123.1 m

68 (1) 0 (2) 1

69 (1) $\dfrac{3}{10}$ (2) 10

70 $y=\dfrac{1}{\sqrt{3}}x$, $y=\sqrt{3}\,x$

71 (1) 72° (2) $\dfrac{\sqrt{5}-1}{2}$ (3) $\dfrac{\sqrt{5}+1}{4}$

72 (ア) $\dfrac{1}{4}$ (イ) $\dfrac{\sqrt{6}}{2}$ (ウ) $\dfrac{3\sqrt{6}}{8}$

(エ) $\dfrac{7}{8}$ (オ) 224

73 (1) $2x^2+x-1=0$ (2) $x=-1$, $\dfrac{1}{2}$

(3) $\theta=60°$, $180°$

＜第7章＞ 三角形への応用

● TRAINING の解答

126 (1) $C=105°$, $b=10\sqrt{2}$, $R=10$

(2) $A=45°$, $a=\sqrt{6}$, $R=\sqrt{3}$

(3) $C=45°$, $135°$

127 (1) $b=2\sqrt{7}$ (2) $C=135°$

(3) $a=1+\sqrt{3}$

128 $c=2\sqrt{2}$, $A=105°$, $B=30°$

129 $a=\sqrt{3}+1$, $A=75°$, $C=60°$ または

$a=\sqrt{3}-1$, $A=15°$, $C=120°$

130 (1) (ア) 鋭角 (イ) 鈍角 (2) 鈍角三角形

131 $150°$

132 (1) 3 (2) 2 (3) $\dfrac{3\sqrt{33}}{11}$

133 (1) $50\sqrt{2}$ m (2) $50\sqrt{6}$ m

134 (1) 45 (2) 4 (3) $\dfrac{9\sqrt{3}}{4}$ (4) $\dfrac{3\sqrt{15}}{4}$

135 (1) $24\sqrt{3}$ (2) 108

136 (1) $-\dfrac{1}{7}$ (2) $6\sqrt{3}$ (3) $\dfrac{2\sqrt{3}}{3}$

137 (1) 2 (2) $\dfrac{\sqrt{105}}{2}$

138 $20\sqrt{6}$ m

139 (1) $\sqrt{7}$ (2) $\dfrac{5}{14}$ (3) $\dfrac{3\sqrt{19}}{4}$

140 (1) $\dfrac{7\sqrt{6}}{3}$ (2) $\dfrac{70\sqrt{2}}{3}$

141 (1) $\dfrac{1}{2}$ (2) $\sqrt{21}$ (3) $5\sqrt{3}$

142 (1) $3\sqrt{2}$ (2) $r=1$

143 (1) $AC=BC$ の二等辺三角形

(2) $\angle C=90°$ の直角三角形

● EXERCISES の解答

74 (1) (ア) 5 (イ) $\dfrac{5\sqrt{2}}{2}$ (2) (ウ) 45

(エ) $3\sqrt{5}$

75 (1) $b=\sqrt{2}$ (2) $c=\dfrac{\sqrt{6}-\sqrt{2}}{2}$

(3) $\dfrac{\sqrt{6}+\sqrt{2}}{4}$

76 (1) $a=13$, $b=7$

(2) $\sin A=\dfrac{\sqrt{5}}{3}$, $a=\sqrt{5}$

(3) $S=84$, $h=\dfrac{168}{13}$

77 $\dfrac{15\sqrt{3}}{4}+6\sqrt{6}$

78 (1) $DE=5$, $EC=4$ (2) $\dfrac{1}{8}$ (3) $\dfrac{75\sqrt{7}}{8}$

79 (1) 8 (2) 14 (3) $\dfrac{12}{7}$

80 (ア) 7 (1) (イ) $3\sqrt{21}$ (2) (ウ) $7\sqrt{3}$

(3) (エ) 14 (オ) $\dfrac{49\sqrt{3}}{2}$

81 (ア) $\dfrac{15\sqrt{3}}{4}$ (イ) 7 (ウ) $\dfrac{15\sqrt{3}}{14}$ (エ) $\dfrac{11}{14}$

(オ) $\dfrac{15}{56}$

82 (1) 7 (2) 7 (3) $\sqrt{22}-3$

(4) $\dfrac{31\sqrt{3}+6\sqrt{66}}{4}$

83 $BC=CA$ の二等辺三角形, または

$\angle C=90°$ の直角三角形

＜第8章＞ データの分析

● TRAINING の解答

144 (1)

階級（画）	度数
5 以上 10 未満	6
10 ～ 15	9
15 ～ 20	10
20 ～ 25	2
25 ～ 30	2
30 ～ 35	1
計	30

(2) 略 (3) 25 人

145 (1) 9 (2) $a=16$

146 19 ℃

147 (1) 410 分 (2) 415 分

148 (1) 第 1 四分位数 5 cm，

第 2 四分位数 9 cm，第 3 四分位数 18 cm

(2) 四分位範囲 13 cm，四分位偏差 6.5 cm

(3) B 市のデータの方が散らばりの度合いが大きい

149 ③

150 ③

151 分散 2，標準偏差 1.4 時間

152 12.1

153 図略，負の相関がある

154 (1) 0.36 (2) −0.83

155 「B の方が書きやすい」と評価されているとは判断できない

156 21 通り

157 (1) 11 分

(2) 平均値は修正前と一致する，中央値は修正前より増加する，分散は修正前と一致する

158 (ア) 9.5 (イ) 28.25

159 (1) 825 (2) $s_x{}^2=225$，$s_x=15$

● EXERCISES の解答

84 (1) 最頻値 5 日，中央値 2 日 (2) 3 日

85 ③，⑤

86 (1) 平均値 30 点，中央値 31 点

(2) 修正前 17.5 点，修正後 22.5 点 (3) ①

87 (ア) 9 (イ) 17

88 (1) $x+y+z=0$，$x^2+y^2+z^2=26$

(2) $a=47$，$b=42$，$c=40$

89 (ア) ② (イ) ① (ウ) ⓪

答の部（数学 A）

・TRAINING，EXERCISES について，答えの数値のみをあげている。なお，図・証明は省略した。

＜第1章＞ 場合の数

● TRAINING の解答

1 (1) 48 (2) 44 (3) 56 (4) 32 (5) 68

2 (1) 100 (2) 300 (3) 20 (4) 120

3 (ア) 6 (イ) 4

4 (1) 15 通り (2) 20 通り

5 7 通り

6 (1) 27 通り (2) 12 個

7 20 個，1815

8 775 個

9 (1) $_{12}P_3 = 1320$，$_7P_7 = 5040$
(2) 3024 通り (3) 24 通り (4) 210 通り

10 (1) 1440 通り (2) 720 通り (3) 1440 通り

11 (1) 36 個 (2) 36 個

12 (1) 300 個 (2) 156 個

13 (1) 720 通り (2) 60 通り

14 (1) 144 通り (2) 720 通り (3) 1440 通り

15 (1) 243 個 (2) 729 通り

16 (1) $_5C_1 = 5$，$_8C_3 = 56$，$_9C_7 = 36$
(2) (ア) 210 通り (イ) 28 通り (ウ) 90 通り

17 (1) 21 本 (2) 35 個 (3) 21 個

18 (1) 27720 通り (2) 34650 通り
(3) 5775 通り

19 840 個

20 (1) 10080 通り (2) 180 通り
(3) 5040 通り

21 (1) 462 通り (2) 150 通り (3) 312 通り

22 173 個

23 (1) CEMOPTU，5040 通り (2) 276 番目
(3) CMTOEUP

24 (1) 254 通り (2) 127 通り

25 (1) 96 通り (2) 6 通り

26 (1) 30 通り (2) 12 通り

27 (1) 90 通り (2) 48 通り

28 66 通り

● EXERCISES の解答

1 (1) 67 個 (2) 59 個

2 (1) 91 通り (2) 135 通り

3 1440

4 (1) 2520 (2) 2100 (3) 6300

5 (1) 20 通り (2) 6 通り (3) 15 通り

6 (1) 166 (2) 4 (3) 133 (4) 267
(5) 114

7 (1) 24 個 (2) 29 番目
(3) 51342

8 (1) (ア) 48 (イ) 12 (2) 4 (3) 16

9 (ア) 66 (イ) 36

532

<第2章> 確　率

● **TRAINING の解答**

29 (1) $\dfrac{1}{6}$ (2) $\dfrac{1}{3}$

30 (1) $\dfrac{1}{5}$ (2) $\dfrac{2}{5}$

31 (1) $\dfrac{10}{21}$ (2) $\dfrac{5}{42}$

32 $\dfrac{10}{21}$

33 (1) $\dfrac{7}{8}$ (2) $\dfrac{71}{72}$

34 (1) $\dfrac{3}{5}$ (2) $\dfrac{20}{21}$

35 $\dfrac{8}{11}$

36 (1) $\dfrac{1}{4}$ (2) (ア) $\dfrac{2}{9}$ (イ) $\dfrac{4}{9}$

37 $\dfrac{21}{40}$

38 (1) $\dfrac{3}{20}$ (2) $\dfrac{11}{20}$

39 (1) $\dfrac{5}{16}$ (2) $\dfrac{96}{625}$

40 (1) $\dfrac{11}{32}$ (2) $\dfrac{63}{64}$

41 $\dfrac{2}{27}$

42 (1) $\dfrac{1}{5}$ (2) $\dfrac{2}{5}$

43 (1) $\dfrac{1}{17}$ (2) $\dfrac{1}{4}$

44 (1) $\dfrac{5}{216}$ (2) $\dfrac{1}{66}$

45 (1) $\dfrac{7}{6}$ 点 (2) 3 枚

46 A の方が有利

47 (1) $\dfrac{8}{27}$ (2) $\dfrac{37}{216}$

48 (1) $\dfrac{5}{12}$ (2) $\dfrac{11}{12}$

49 (ア) $\dfrac{8}{27}$ (イ) 0

50 (1) $\dfrac{483}{500}$ (2) $\dfrac{97}{161}$

51 $\dfrac{4}{25}$

● **EXERCISES の解答**

10 (1) $\dfrac{1}{6}$ (2) $\dfrac{5}{6}$

11 (1) $\dfrac{1}{22}$ (2) $\dfrac{5}{11}$

12 $\dfrac{13}{60}$

13 (1) $\dfrac{3}{8}$ (2) $\dfrac{7}{8}$ (3) $\dfrac{1}{2}$ (4) $\dfrac{13}{32}$

14 $P(A \cap B) = \dfrac{1}{18}$, $P_B(A) = \dfrac{2}{9}$

15 (1) $\dfrac{1}{3}$ (2) $\dfrac{1}{12}$ (3) $\dfrac{1}{4}$

16 $n \geqq 6$

17 (1) $\dfrac{671}{1296}$ (2) $\dfrac{151}{648}$

18 $\dfrac{29}{432}$

19 (1) $\dfrac{1}{4}$ (2) 0 (3) $\dfrac{3}{16}$

20 (1) $\dfrac{5}{11}$ (2) $\dfrac{4}{11}$

<第3章> 図形の性質

● TRAINING の解答

52 12

53 (1) $\alpha=50°$, $\beta=32°$ (2) $\alpha=120°$, $\beta=75°$

54 (1) 20° (2) 12:7

55 (1) FE=2, FH=$\dfrac{4}{3}$ (2) 1:18

56 略

57 (1) $a=8$ (2) $\sqrt{46}$

58 8:9

59 (1) 2:1 (2) 3:1

60 (1) 存在する (2) 存在しない

61 (1) ∠C<∠B<∠A (2) CA=AB<BC

62 (1) 60° (2) 50° (3) 140°

63 略

64 (1) ①, ② (2) 略

65 (1) 9 (2) 4

66 (1) $x=30°$, $y=30°$ (2) $z=52°$

67 略

68 (1) $x=18$ (2) $x=2\sqrt{6}$

69 略

70 6

71～74 略

75 (1) 辺 AF, BG, CH, DI, EJ
(2) 辺 BC, CD, DE, GH, HI, IJ
(3) (ア) 90° (イ) 36° (ウ) 72°

76 ① 反例：$\ell\perp m$ かつ $\alpha /\!/ \ell$ だが $\alpha /\!/ m$ の場合がある
③ 反例：$\alpha /\!/ \ell$ かつ $\ell /\!/ m$ だが $\alpha /\!/ m$ の場合がある

77 略

78 $f=14$, $e=36$, $v=24$

79 $\dfrac{8\sqrt{2}}{3}$

80 略

81 直線 ℓ に関して，A，C と対称な点をそれぞれ A′，C′ とすると，ℓ と A′B の交点を P，ℓ と BC′ の交点を Q としたとき

82, 83 略

● EXERCISES の解答

21 略

22 (1) △BCG=4S, △AFE=3S
(2) 3倍

23 (1) AF:FC=6:1, AP:PD=10:1
(2) 24:77

24 1<x<3

25 略

26 (1) AC=3+r, BC=10+r
(2) $r=2$

27 略

28 $c=\dfrac{b(a+b)}{a}$

29, 30 略

31 $f=32$, $e=60$, $v=30$

32 (1) 正四面体 (2) $\dfrac{\sqrt{2}}{12}a^3$

33 (1) $\dfrac{15}{2}$ (2) 略

34 3

35 (1) (ア) $\sqrt{5}$ (イ) $\dfrac{10}{3}$ (2) (ウ) $\dfrac{3}{5}$
(3) (エ) $2\sqrt{5}$ (オ) $\dfrac{5\sqrt{5}}{4}$

36 (1) (ア) 2 (イ) 1 (ウ) 1 (エ) 3
(2) (オ) 3 (カ) $2\sqrt{7}$

＜第4章＞ 約数と倍数

● TRAINING の解答

84 略

85 (1) 0, 3, 9 (2) 6480

86 (1) 36 個 (2) $N=75$, 45

87 (1) 最大公約数 66，最小公倍数 792

  (2) 最大公約数 21，最小公倍数 1260

88 (1) $n=112$ (2) 88, 165

89 順に 36 cm, 45 枚

90 略

91 (1) 0 (2) 8 (3) 6 (4) 0

92, 93 略

94 (ア) 12 (イ) 45

95 (1) $n=21$ (2) $n=30$, 270

96 (1) $n=245$, 490, 980

  (2) $n=8$, 24, 72, 40, 120, 360

97 (1) $(x, y)=(-2, 9)$, $(2, 5)$, $(-4, -1)$,

                  $(-8, 3)$

  (2) $(x, y)=(-2, 8)$, $(-1, 7)$, $(-4, 4)$,

                  $(-5, 5)$

98 (1) 28 回 (2) 12 個

99 (1) (ア) $n=4$ (イ) $n=2$, 14

  (2) $a=1$, $b=1$

100 1

101～103 略

104 (1) (ア) 1 (イ) 3 (2) 略

● EXERCISES の解答

37 (1) 略 (2) 4

38 (1) 50 個 (2) $n=3$

39 (1) 6, 432 ; 48, 54

  (2) 12, 378 ; 42, 108 ; 54, 84

40 $n=36$, $a=5$, $b=7$

41 16

42, 43 略

44 (ア) 18 (イ) 21

45 略

46 24

47 (1) $n=110$ (2) $n=96$

48 (1) $(a, b)=(9, 2)$, $(39, 38)$

  (2) $(a, b)=(9, 36)$, $(10, 20)$, $(12, 12)$,

          $(16, 8)$, $(24, 6)$, $(40, 5)$

49 (1) $-n \pm \sqrt{n^2+12}$

  (2) $n=2$; $x=2$, -6

50 略

51 $p=3$

<第5章> 互除法，整数の性質の活用

● TRAINING の解答

105 (1) 13 (2) 23 (3) 1

106 (1) $x=-6$, $y=11$ (2) $x=18$, $y=-33$

107 (1) $x=11k$, $y=12k$ （k は整数）
(2) $x=8k-1$, $y=-23k+3$ （k は整数）

108 (1) $x=16k+7$, $y=55k+24$ （k は整数）
(2) $x=16k+14$, $y=55k+48$ （k は整数）

109 1250

110 (1) (ア) 85 (イ) 63 (ウ) 125
(2) (ア) $110110_{(2)}$ (イ) $13000_{(5)}$ (ウ) $14003_{(7)}$

111 (1) (ア) 0.5625 (イ) 0.92
(2) (ア) $0.11_{(2)}$ (イ) $0.\dot{2}\dot{0}_{(3)}$

112 (1) $(28, 0)$ (2) $(20, -15)$

113 (1) A$(-2, 4, 0)$, B$(0, 4, 3)$,
C$(-2, 0, 3)$
(2) D$(-2, 4, -3)$, E$(2, 4, 3)$,
F$(-2, -4, 3)$
(3) $\sqrt{29}$

114 鉛筆の本数は 16 本，ノートの冊数は 12 冊

115 (1) $(x, y)=(1, 6)$, $(4, 1)$ (2) 9 組

116 $(x, y)=(1, 4)$, $(2, 2)$

117 $(x, y)=(3, 6)$, $(4, 4)$

118 (1) $100010_{(2)}$ (2) $10001_{(2)}$ (3) $2132_{(5)}$
(4) $103_{(4)}$

119 (1) $N=248$ (2) $n=5$

120 (1) 100 個
(2) $2^{18} \leqq N < 2^{19}$ のとき 19 桁，
$2^{19} \leqq N < 2^{20}$ のとき 20 桁

● EXERCISES の解答

52 (1) $x=18k-1$, $y=-17k+1$ （k は整数）
(2) $x=19k-1$, $y=37k-2$ （k は整数）
(3) $x=7k+1$, $y=-12k+1$ （k は整数）

53 (1) $x=32k+13$, $y=-37k-15$ （k は整数）
(2) $x=91k+2$, $y=138k+3$ （k は整数）
(3) $x=68k-84$, $y=-97k+120$ （k は整数）

54 50

55 959

56 (1) $4034_{(5)}$ (2) $123_{(4)}$

57 $N=17$

58 $10.111_{(2)}$

59 $(a, b)=(9, 8)$, $(12, 6)$ のとき最大値 72

60 $(l, m, n)=(5, 0, 0)$, $(2, 1, 1)$

61 (1) $(x, y)=(6, 0)$, $(-6, 0)$, $(3, 3)$,
$(3, -3)$, $(-3, 3)$, $(-3, -3)$
(2) $(x, y)=(2, 3)$, $(3, 2)$

62 (1) $\dfrac{1}{l}+\dfrac{1}{m}+\dfrac{1}{n} \leqq \dfrac{3}{l}$
(2) $(l, m, n)=(1, 3, 6)$, $(1, 4, 4)$,
$(2, 2, 2)$

63 $n=4$,
10 進法で 33, 37, 41, 45, 50, 54, 58, 62

答の部（実践編）

● **TRAINING 実践**

<数学Ⅰ>

1 （ア）④

2 （ア）2 （イ）3 （ウエ）−2 （オ）7

3 （ア）⓪ （イ）⓪ （ウ）⓪ （エ）①

4 （ア）④

5 （ア）⓪

6 （ア）⑤ （イ）④ （ウ）⑥

<数学A>

1 （アイ）64

2 $\dfrac{（ア）}{（イ）}$ $\dfrac{4}{9}$ $\dfrac{（ウ）}{（エ）}$ $\dfrac{1}{2}$

3 （アイ）37 （ウエ）90 （オカ）90
（キク）37 （ケコ）90 （サシ）24
（スセ）37 （ソ）⓪

索引

索　引

主に，用語・記号の初出のページを示した。なお，初出でなくても重点的に扱われるページを示したものもある。

索
引

平方・立方・平方根の表

n	n^2	n^3	$\sqrt{n}$	$\sqrt{10n}$	n	n^2	n^3	$\sqrt{n}$	$\sqrt{10n}$
1	1	1	1.0000	3.1623	51	2601	132651	7.1414	22.5832
2	4	8	1.4142	4.4721	52	2704	140608	7.2111	22.8035
3	9	27	1.7321	5.4772	53	2809	148877	7.2801	23.0217
4	16	64	2.0000	6.3246	54	2916	157464	7.3485	23.2379
5	25	125	2.2361	7.0711	55	3025	166375	7.4162	23.4521
6	36	216	2.4495	7.7460	56	3136	175616	7.4833	23.6643
7	49	343	2.6458	8.3666	57	3249	185193	7.5498	23.8747
8	64	512	2.8284	8.9443	58	3364	195112	7.6158	24.0832
9	81	729	3.0000	9.4868	59	3481	205379	7.6811	24.2899
10	100	1000	3.1623	10.0000	60	3600	216000	7.7460	24.4949
11	121	1331	3.3166	10.4881	61	3721	226981	7.8102	24.6982
12	144	1728	3.4641	10.9545	62	3844	238328	7.8740	24.8998
13	169	2197	3.6056	11.4018	63	3969	250047	7.9373	25.0998
14	196	2744	3.7417	11.8322	64	4096	262144	8.0000	25.2982
15	225	3375	3.8730	12.2474	65	4225	274625	8.0623	25.4951
16	256	4096	4.0000	12.6491	66	4356	287496	8.1240	25.6905
17	289	4913	4.1231	13.0384	67	4489	300763	8.1854	25.8844
18	324	5832	4.2426	13.4164	68	4624	314432	8.2462	26.0768
19	361	6859	4.3589	13.7840	69	4761	328509	8.3066	26.2679
20	400	8000	4.4721	14.1421	70	4900	343000	8.3666	26.4575
21	441	9261	4.5826	14.4914	71	5041	357911	8.4261	26.6458
22	484	10648	4.6904	14.8324	72	5184	373248	8.4853	26.8328
23	529	12167	4.7958	15.1658	73	5329	389017	8.5440	27.0185
24	576	13824	4.8990	15.4919	74	5476	405224	8.6023	27.2029
25	625	15625	5.0000	15.8114	75	5625	421875	8.6603	27.3861
26	676	17576	5.0990	16.1245	76	5776	438976	8.7178	27.5681
27	729	19683	5.1962	16.4317	77	5929	456533	8.7750	27.7489
28	784	21952	5.2915	16.7332	78	6084	474552	8.8318	27.9285
29	841	24389	5.3852	17.0294	79	6241	493039	8.8882	28.1069
30	900	27000	5.4772	17.3205	80	6400	512000	8.9443	28.2843
31	961	29791	5.5678	17.6068	81	6561	531441	9.0000	28.4605
32	1024	32768	5.6569	17.8885	82	6724	551368	9.0554	28.6356
33	1089	35937	5.7446	18.1659	83	6889	571787	9.1104	28.8097
34	1156	39304	5.8310	18.4391	84	7056	592704	9.1652	28.9828
35	1225	42875	5.9161	18.7083	85	7225	614125	9.2195	29.1548
36	1296	46656	6.0000	18.9737	86	7396	636056	9.2736	29.3258
37	1369	50653	6.0828	19.2354	87	7569	658503	9.3274	29.4958
38	1444	54872	6.1644	19.4936	88	7744	681472	9.3808	29.6648
39	1521	59319	6.2450	19.7484	89	7921	704969	9.4340	29.8329
40	1600	64000	6.3246	20.0000	90	8100	729000	9.4868	30.0000
41	1681	68921	6.4031	20.2485	91	8281	753571	9.5394	30.1662
42	1764	74088	6.4807	20.4939	92	8464	778688	9.5917	30.3315
43	1849	79507	6.5574	20.7364	93	8649	804357	9.6437	30.4959
44	1936	85184	6.6332	20.9762	94	8836	830584	9.6954	30.6594
45	2025	91125	6.7082	21.2132	95	9025	857375	9.7468	30.8221
46	2116	97336	6.7823	21.4476	96	9216	884736	9.7980	30.9839
47	2209	103823	6.8557	21.6795	97	9409	912673	9.8489	31.1448
48	2304	110592	6.9282	21.9089	98	9604	941192	9.8995	31.3050
49	2401	117649	7.0000	22.1359	99	9801	970299	9.9499	31.4643
50	2500	125000	7.0711	22.3607	100	10000	1000000	10.0000	31.6228

三 角 比 の 表

θ	$\sin\theta$	$\cos\theta$	$\tan\theta$	θ	$\sin\theta$	$\cos\theta$	$\tan\theta$
0°	0.0000	1.0000	0.0000	45°	0.7071	0.7071	1.0000
1°	0.0175	0.9998	0.0175	46°	0.7193	0.6947	1.0355
2°	0.0349	0.9994	0.0349	47°	0.7314	0.6820	1.0724
3°	0.0523	0.9986	0.0524	48°	0.7431	0.6691	1.1106
4°	0.0698	0.9976	0.0699	49°	0.7547	0.6561	1.1504
5°	0.0872	0.9962	0.0875	50°	0.7660	0.6428	1.1918
6°	0.1045	0.9945	0.1051	51°	0.7771	0.6293	1.2349
7°	0.1219	0.9925	0.1228	52°	0.7880	0.6157	1.2799
8°	0.1392	0.9903	0.1405	53°	0.7986	0.6018	1.3270
9°	0.1564	0.9877	0.1584	54°	0.8090	0.5878	1.3764
10°	0.1736	0.9848	0.1763	55°	0.8192	0.5736	1.4281
11°	0.1908	0.9816	0.1944	56°	0.8290	0.5592	1.4826
12°	0.2079	0.9781	0.2126	57°	0.8387	0.5446	1.5399
13°	0.2250	0.9744	0.2309	58°	0.8480	0.5299	1.6003
14°	0.2419	0.9703	0.2493	59°	0.8572	0.5150	1.6643
15°	0.2588	0.9659	0.2679	60°	0.8660	0.5000	1.7321
16°	0.2756	0.9613	0.2867	61°	0.8746	0.4848	1.8040
17°	0.2924	0.9563	0.3057	62°	0.8829	0.4695	1.8807
18°	0.3090	0.9511	0.3249	63°	0.8910	0.4540	1.9626
19°	0.3256	0.9455	0.3443	64°	0.8988	0.4384	2.0503
20°	0.3420	0.9397	0.3640	65°	0.9063	0.4226	2.1445
21°	0.3584	0.9336	0.3839	66°	0.9135	0.4067	2.2460
22°	0.3746	0.9272	0.4040	67°	0.9205	0.3907	2.3559
23°	0.3907	0.9205	0.4245	68°	0.9272	0.3746	2.4751
24°	0.4067	0.9135	0.4452	69°	0.9336	0.3584	2.6051
25°	0.4226	0.9063	0.4663	70°	0.9397	0.3420	2.7475
26°	0.4384	0.8988	0.4877	71°	0.9455	0.3256	2.9042
27°	0.4540	0.8910	0.5095	72°	0.9511	0.3090	3.0777
28°	0.4695	0.8829	0.5317	73°	0.9563	0.2924	3.2709
29°	0.4848	0.8746	0.5543	74°	0.9613	0.2756	3.4874
30°	0.5000	0.8660	0.5774	75°	0.9659	0.2588	3.7321
31°	0.5150	0.8572	0.6009	76°	0.9703	0.2419	4.0108
32°	0.5299	0.8480	0.6249	77°	0.9744	0.2250	4.3315
33°	0.5446	0.8387	0.6494	78°	0.9781	0.2079	4.7046
34°	0.5592	0.8290	0.6745	79°	0.9816	0.1908	5.1446
35°	0.5736	0.8192	0.7002	80°	0.9848	0.1736	5.6713
36°	0.5878	0.8090	0.7265	81°	0.9877	0.1564	6.3138
37°	0.6018	0.7986	0.7536	82°	0.9903	0.1392	7.1154
38°	0.6157	0.7880	0.7813	83°	0.9925	0.1219	8.1443
39°	0.6293	0.7771	0.8098	84°	0.9945	0.1045	9.5144
40°	0.6428	0.7660	0.8391	85°	0.9962	0.0872	11.4301
41°	0.6561	0.7547	0.8693	86°	0.9976	0.0698	14.3007
42°	0.6691	0.7431	0.9004	87°	0.9986	0.0523	19.0811
43°	0.6820	0.7314	0.9325	88°	0.9994	0.0349	28.6363
44°	0.6947	0.7193	0.9657	89°	0.9998	0.0175	57.2900
45°	0.7071	0.7071	1.0000	90°	1.0000	0.0000	な し

●編著者

　チャート研究所

●表紙・カバー・本文デザイン

　有限会社アーク・ビジュアル・ワークス

●イラスト(先生，生徒)

　有限会社アラカグラフィス

●手書き文字(はなぞめフォント)作成

　さつやこ

───────────────

編集・制作　　チャート研究所
発行者　　　　星野　泰也

初版
第 1 刷　1995 年 2 月 1 日　発行
改訂版
第 1 刷　1998 年 2 月 1 日　発行
三訂新版
第 1 刷　2000 年12月 1 日　発行
新課程
第 1 刷　2003 年 2 月 1 日　発行
改訂版
第 1 刷　2006 年 9 月 1 日　発行
新課程
第 1 刷　2011 年 9 月 1 日　発行
改訂版
第 1 刷　2016 年11月 1 日　発行
増補改訂版
第 1 刷　2018 年10月 1 日　発行
新課程
第 1 刷　2021 年11月 1 日　発行
第 2 刷　2022 年 2 月 1 日　発行
第 3 刷　2022 年 2 月10日　発行
第 4 刷　2022 年 3 月 1 日　発行
第 5 刷　2022 年 3 月10日　発行

ISBN978-4-410-10207-3

チャート式® 基礎と演習　数学 I＋A

発行所　数研出版株式会社

〒101-0052 東京都千代田区神田小川町 2 丁目 3 番地 3
　　　　　〔振替〕　00140-4-118431
〒604-0861 京都市中京区烏丸通竹屋町上る大倉町 205 番地
〔電話〕代表 (075)231-0161
ホームページ　https://www.chart.co.jp
印刷　岩岡印刷株式会社
乱丁本・落丁本はお取り替えいたします。　　220205

「チャート式」は，登録商標です。

□ **データの散らばりと四分位数**

⇒ **四分位数**

データを大きさの順に並べたとき，4等分する位置の値。小さい方から順に，第1四分位数，第2四分位数，第3四分位数という。

⇒ **四分位範囲** 第3四分位数と第1四分位数の差

⇒ **四分位偏差** 四分位範囲の半分の値

⇒ **外れ値** データの中の，他の値から極端に離れた値。外れ値の基準は

{(第1四分位数)$-1.5 \times$(四分位範囲)} 以下の値

{(第3四分位数)$+1.5 \times$(四分位範囲)} 以上の値

□ **分散と標準偏差，データの相関**

⇒ **偏差**

変量 x の各値と平均値との差

$$x_1 - \overline{x},\ x_2 - \overline{x},\ \cdots\cdots,\ x_n - \overline{x}$$

⇒ **分散**

偏差の2乗の平均値

$$s^2 = \frac{1}{n}\{(x_1 - \overline{x})^2 + (x_2 - \overline{x})^2 + \cdots\cdots + (x_n - \overline{x})^2\}$$

⇒ **標準偏差**

分散の正の平方根 $s = \sqrt{\text{分散}}$

⇒ **分散と平均値の関係式** $s^2 = \overline{x^2} - (\overline{x})^2$

⇒ **散布図**

2つの変量からなるデータを平面上に図示したもの。

⇒ **相関関係**

2つの変量からなるデータにおいて

① 一方が増加すると他方も増加する傾向がみられる $\longrightarrow$ 正の相関がある

② 一方が増加すると他方が減少する傾向がみられる $\longrightarrow$ 負の相関がある

③ どちらの傾向もみられない

$\longrightarrow$ 相関がない（相関関係がない）

⇒ **相関係数** 変量 x, y の標準偏差をそれぞれ s_x, s_y とし，x と y の共分散を s_{xy} とすると，相関係数 r は $\quad r = \dfrac{s_{xy}}{s_x s_y}\ (-1 \leqq r \leqq 1)$

場 合 の 数

□ **集合の要素の個数** U を全体集合とし，A, B をその部分集合とする。

⇒ **和集合，補集合の要素の個数**

$n(A \cup B) = n(A) + n(B) - n(A \cap B)$

$A \cap B = \varnothing$ のとき $n(A \cup B) = n(A) + n(B)$

$n(\overline{A}) = n(U) - n(A)$

□ **場合の数**

⇒ **和の法則** 2つの事柄 A，B が同時に起こらないとき，A の起こり方が a 通り，B の起こり方が b 通りあれば，A または B が起こる場合の数は $\quad a+b$ 通り

⇒ **積の法則** 事柄 A の起こり方が a 通りあり，そのどの場合に対しても事柄 B の起こり方が b 通りあれば，A が起こり，そして B が起こる場合の数は $\quad a \times b$ 通り

□ **順 列**

⇒ **順列の総数** $_n\mathrm{P}_r$

$_n\mathrm{P}_r = n(n-1)(n-2)\cdots\cdots(n-r+1)$

⇒ **n の階乗**

$n! = n(n-1)(n-2)\cdots\cdots 3 \cdot 2 \cdot 1$

また $_n\mathrm{P}_r = \dfrac{n!}{(n-r)!}\quad (0! = 1,\ _n\mathrm{P}_0 = 1)$

⇒ **円順列**

異なる n 個の円順列の総数は

$(n-1)!$ 通り

⇒ **じゅず順列**

異なる n 個のじゅず順列の総数は

$\dfrac{(n-1)!}{2}$ 通り

⇒ **重複順列**

n 個から r 個取る重複順列の総数は

n^r 通り

□ **組合せ**

⇒ **組合せの総数** $_n\mathrm{C}_r$

$_n\mathrm{C}_r = \dfrac{_n\mathrm{P}_r}{r!} = \dfrac{n(n-1)(n-2)\cdots\cdots(n-r+1)}{r(r-1)\cdots\cdots 3 \cdot 2 \cdot 1}$

また $\quad _n\mathrm{C}_r = \dfrac{n!}{r!(n-r)!}\quad (0! = 1,\ _n\mathrm{C}_0 = 1)$

⇒ **$_n\mathrm{C}_r$ の性質**

$_n\mathrm{C}_r = {}_n\mathrm{C}_{n-r}\quad (0 \leqq r \leqq n)$

⇒ **同じものを含む順列**

a が p 個，b が q 個，c が r 個あるとき，それら全部を1列に並べる順列の総数は

$_n\mathrm{C}_p \times {}_{n-p}\mathrm{C}_q = \dfrac{n!}{p!q!r!}$

ただし $p+q+r = n$

□ 事象と確率 □ 確率の基本性質

⇒ **事象 A の起こる確率 $P(A)$**

$$P(A)=\frac{事象Aの起こる場合の数}{起こりうるすべての場合の数}=\frac{a}{N}$$

⇒ **事象 A, B の積事象 $(A\cap B)$**

A と B がともに起こる事象

⇒ **事象 A, B の和事象 $(A\cup B)$**

A または B が起こる事象

⇒ **排反・排反事象**

事象 A, B が決して同時には起こらないとき, A, B は互いに **排反** であるという。また, A, B は互いに **排反事象** であるともいう。

⇒ **確率の基本性質**

① どんな事象 A についても $0\leqq P(A)\leqq 1$

特に $P(\varnothing)=0$, $P(U)=1$ $(U:$ 全事象$)$

② 事象 A, B が互いに排反であるとき

$P(A\cup B)=P(A)+P(B)$ [加法定理]

⇒ **余事象の確率** $P(\overline{A})=1-P(A)$

□ **独立な試行と確率** 2つの試行 S, T が独立であるとき, S で事象 A が起こり, かつ T で事象 B が起こる確率は $P(A)\times P(B)$

⇒ **反復試行の確率**

1回の試行で事象 A の起こる確率を p とする。この試行を n 回行う反復試行で, A がちょうど r 回起こる確率は $\quad {}_n C_r p^r (1-p)^{n-r}$

□ **条件付き確率**

事象 A が起こったときの事象 B が起こる条件付き確率 $P_A(B)$ は

$$P_A(B)=\frac{P(A\cap B)}{P(A)} \quad (ただし\ P(A)\neq 0)$$

⇒ **乗法定理** $P(A\cap B)=P(A)P_A(B)$

□ **期待値**

X のとる値と確率が右の表のようなとき, X の期待値は

X	x_1	x_2	$\cdots$	x_n	計
確率	p_1	p_2	$\cdots$	p_n	1

$x_1 p_1 + x_2 p_2 + x_3 p_3 + \cdots\cdots + x_n p_n$

□ 三角形の辺の比, 外心・内心・重心

⇒ **三角形の角の二等分線と比**

① $\triangle ABC$ の $\angle A$ の二等分線と辺 BC との交点 P は, 辺 BC を AB：AC に内分する。

② $AB\neq AC$ である $\triangle ABC$ の $\angle A$ の外角の二等分線と辺 BC の延長との交点 Q は, 辺 BC を AB：AC に外分する。

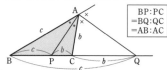

BP:PC
=BQ:QC
=AB:AC

⇒ **三角形の外心・内心・重心**

① **外心** …… 3辺の垂直二等分線の交点

② **内心** …… 3つの内角の二等分線の交点

③ **重心** …… 3本の中線の交点。重心は各中線を 2：1 に内分する。

□ チェバの定理, メネラウスの定理

⇒ **チェバの定理**

$\triangle ABC$ の内部に点 O がある。頂点 A, B, C と O を結ぶ直線が向かい合う辺と, それぞれ点 P, Q, R で交わるとき

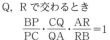

$$\frac{BP}{PC}\cdot\frac{CQ}{QA}\cdot\frac{AR}{RB}=1$$

⇒ **メネラウスの定理**

$\triangle ABC$ の 辺 BC, CA, AB またはその延長が, 三角形の頂点を通らない直線 ℓ と, それぞれ点 P, Q, R で交わるとき

$$\frac{BP}{PC}\cdot\frac{CQ}{QA}\cdot\frac{AR}{RB}=1$$

P が辺 BC の延長上にある場合

□ **三角形の辺と角**

⇒ **三角形の3辺の長さの関係**

1つの三角形において

① （2辺の長さの和）＞（他の1辺の長さ）

② （2辺の長さの差）＜（他の1辺の長さ）

⇒ **三角形の辺と角の大小**

1つの三角形において

① （大きい辺に対する角）＞（小さい辺に対する角）

② （大きい角に対する辺）＞（小さい角に対する辺）

□ **円に内接する四角形**

四角形が円に内接するとき

① 対角の和は $180°$ である。

② 内角は, その対角の外角に等しい。

注意 逆に, ① または ② が成り立つ四角形は, 円に内接する。

数学Ⅰ　TRAINING, EXERCISES の解答

注意　・章ごとに，TRAINING，EXERCISES の問題と解答をまとめて扱った。
　　　・主に本冊の CHART & GUIDE に対応した箇所を赤字で示した。
　　　・問題番号の左上の数字は，難易度を表したものである。

TR
①1　次の単項式の次数と係数をいえ。また，[　]内の文字に着目するとき，その次数と係数をいえ。

(1) $2ax^2$ [a]　　　　　　(2) $-\dfrac{1}{3}ab^7x^2y^7$ [y]，[a と b]

(1) $2ax^2 = 2 \times a^1x^2$

$1+2=3$ であるから　**次数は　3，係数は　2**

a に着目すると　　$2ax^2 = 2x^2 \times a^1$

したがって，　**次数は　1，係数は　$2x^2$**

(2) $-\dfrac{1}{3}ab^7x^2y^7 = -\dfrac{1}{3} \times a^1b^7x^2y^7$

$1+7+2+7=17$ であるから　**次数は　17，係数は　$-\dfrac{1}{3}$**

y に着目すると　　$-\dfrac{1}{3}ab^7x^2y^7 = -\dfrac{1}{3}ab^7x^2 \times y^7$

したがって，　**次数は　7，係数は　$-\dfrac{1}{3}ab^7x^2$**

a と b に着目すると　　$-\dfrac{1}{3}ab^7x^2y^7 = -\dfrac{1}{3}x^2y^7 \times a^1b^7$

$1+7=8$ であるから　**次数は　8，係数は　$-\dfrac{1}{3}x^2y^7$**

CHART
次数は 文字の指数の和
係数は 数の部分
← a 以外の文字 x は数
として扱う。

← $-\dfrac{1}{3}$ と文字 17 個の積。

← y 以外の文字 a，b，
x は数として扱う。

← a と b 以外の文字 x，
y は数として扱う。

TR
①2　(1) 多項式 $5a^2-2-4a^5-3a^3+a$ は何次式か。
　　　(2) $6x^2-7xy+2y^2-6x+5y-12$ は次の文字に着目すると何次式か。また，そのときの定数項は何か。
　　　(ア) x　　　　　　(イ) y　　　　　　(ウ) x と y

(1) $5a^2-2-4a^5-3a^3+a$ の項のうち，最も次数の高い項は
　$-4a^5$ で，その次数は5であるから，この式は**5次式**である。
(2) (ア) x に着目すると，各項の次数は

項	$6x^2$	$-7yx$	$2y^2$	$-6x$	$5y$	-12
次数	2	1	0	1	0	0

したがって，**2次式**で，**定数項は　$2y^2+5y-12$**
(イ) y に着目すると，各項の次数は

項	$6x^2$	$-7xy$	$2y^2$	$-6x$	$5y$	-12
次数	0	1	2	0	1	0

CHART
多項式の次数
各項の次数を調べて，最
も高いものを選ぶ
← x 以外の文字は数と
して扱う。

← x を含まない項の次
数は0と考える。定数
項は次数0の項（の和）。

← y 以外の文字は数と
して扱う。

したがって，**2 次式** で，**定数項は** $6x^2-6x-12$

(ウ) x と y に着目すると，各項の次数は

項	$6x^2$	$-7xy$	$2y^2$	$-6x$	$5y$	-12
次数	2	2	2	1	1	0

したがって，**2 次式** で，**定数項は** -12

TR ①3 次の (1), (2) は x について，(3) は a について降べきの順に整理せよ。
(1) $-3x^2+12x-17+10x^2-8x$　　　　　(2) $-2ax+x^2-a+bx$
(3) $2a^2-3b^2-8ab+5b^2-3a^2-6ab+4a+2b-5$

(1) $-3x^2+12x-17+10x^2-8x=-3x^2+10x^2+12x-8x-17$
$$=(-3+10)x^2+(12-8)x-17$$
$$=\boldsymbol{7x^2+4x-17}$$

(2) $-2ax+x^2-a+bx=x^2-2ax+bx-a$
$$=\boldsymbol{x^2-(2a-b)x-a}$$

(3) $2a^2-3b^2-8ab+5b^2-3a^2-6ab+4a+2b-5$
$$=2a^2-3a^2-8ab-6ab+4a-3b^2+5b^2+2b-5$$
$$=(2-3)a^2+(-8b-6b+4)a+(-3+5)b^2+2b-5$$
$$=-a^2+(-14b+4)a+2b^2+2b-5$$
$$=\boldsymbol{-a^2-2(7b-2)a+2b^2+2b-5}$$

CHART
　降べきの順に整理
次数が低くなる順に並べる
同類項があればまとめる。

⬅ 同類項をまとめ，
○a^2+□$a+$△ の形に
整理する。○，□，△
の部分も，b について
の降べきの順に整理。

TR ①4 次の多項式 A, B について，$A+B$ と $A-B$ をそれぞれ計算せよ。
(1) $A=7x-5y+17$, $B=6x+13y-5$
(2) $A=7x^3-3x^2-16$, $B=7x^2+4x-3x^3$
(3) $A=3a^2-ab+2b^2$, $B=-2a^2-ab+7b^2$
(4) $A=8x^2y-18xy^2-7xy+3y^2$, $B=2x^2y-9xy^2-15xy-6y^2$

(1) $A+B=(7x-5y+17)+(6x+13y-5)$
$$=7x-5y+17+6x+13y-5$$
$$=(7+6)x+(-5+13)y+17-5=\boldsymbol{13x+8y+12}$$
$A-B=(7x-5y+17)-(6x+13y-5)$
$$=7x-5y+17-6x-13y+5$$
$$=(7-6)x+(-5-13)y+17+5$$
$$=\boldsymbol{x-18y+22}$$

⬅ $+(\ )$ はそのまま
$(\ )$ をとる

⬅ $-(\ )$ は符号を変え
て $(\ )$ をとる

$$
\begin{array}{r}
7x-\ 5y+17 \\
+)\ 6x+13y-\ 5 \\
\hline
13x+\ 8y+12
\end{array}
\qquad
\begin{array}{r}
7x-\ 5y+17 \\
-)\ 6x+13y-\ 5 \\
\hline
x-18y+22
\end{array}
$$

⬅ 縦書きの計算。

(2) $A+B=(7x^3-3x^2-16)+(-3x^3+7x^2+4x)$
$$=7x^3-3x^2-16-3x^3+7x^2+4x$$
$$=(7-3)x^3+(-3+7)x^2+4x-16$$
$$=\boldsymbol{4x^3+4x^2+4x-16}$$
$A-B=(7x^3-3x^2-16)-(-3x^3+7x^2+4x)$
$$=7x^3-3x^2-16+3x^3-7x^2-4x$$
$$=(7+3)x^3+(-3-7)x^2-4x-16$$
$$=\boldsymbol{10x^3-10x^2-4x-16}$$

⬅ まず，B の式を降べ
きの順に整理する。

$$7x^3 - 3x^2 \boxed{} - 16$$
$$+)\ -3x^3 + 7x^2 + 4x$$
$$\overline{\qquad 4x^3 + 4x^2 + 4x - 16}$$

$$7x^3 - 3x^2 \boxed{} - 16$$
$$-)\ -3x^3 + 7x^2 + 4x$$
$$\overline{\qquad 10x^3 - 10x^2 - 4x - 16}$$

← 縦書きの計算。
欠けている次数の項は
あけておく。

1章

TR

(3) $A + B = (3a^2 - ab + 2b^2) + (-2a^2 - ab + 7b^2)$
$$= 3a^2 - ab + 2b^2 - 2a^2 - ab + 7b^2$$
$$= (3-2)a^2 + (-1-1)ab + (2+7)b^2$$
$$= a^2 - 2ab + 9b^2$$

$A - B = (3a^2 - ab + 2b^2) - (-2a^2 - ab + 7b^2)$
$$= 3a^2 - ab + 2b^2 + 2a^2 + ab - 7b^2$$
$$= (3+2)a^2 + (-1+1)ab + (2-7)b^2$$
$$= 5a^2 - 5b^2$$

$$3a^2 - ab + 2b^2$$
$$+)\ -2a^2 - ab + 7b^2$$
$$\overline{\quad a^2 - 2ab + 9b^2}$$

$$3a^2 - ab + 2b^2$$
$$-)\ -2a^2 - ab + 7b^2$$
$$\overline{\quad 5a^2 \qquad -5b^2}$$

← 縦書きの計算。

(4) $A + B = (8x^2y - 18xy^2 - 7xy + 3y^2) + (2x^2y - 9xy^2 - 15xy - 6y^2)$
$$= 8x^2y - 18xy^2 - 7xy + 3y^2 + 2x^2y - 9xy^2 - 15xy - 6y^2$$
$$= (8+2)x^2y + (-18-9)xy^2 + (-7-15)xy + (3-6)y^2$$
$$= 10x^2y - 27xy^2 - 22xy - 3y^2$$

$A - B = (8x^2y - 18xy^2 - 7xy + 3y^2) - (2x^2y - 9xy^2 - 15xy - 6y^2)$
$$= 8x^2y - 18xy^2 - 7xy + 3y^2 - 2x^2y + 9xy^2 + 15xy + 6y^2$$
$$= (8-2)x^2y + (-18+9)xy^2 + (-7+15)xy + (3+6)y^2$$
$$= 6x^2y - 9xy^2 + 8xy + 9y^2$$

$$8x^2y - 18xy^2 - 7xy + 3y^2$$
$$+)\ 2x^2y - 9xy^2 - 15xy - 6y^2$$
$$\overline{\quad 10x^2y - 27xy^2 - 22xy - 3y^2}$$

$$8x^2y - 18xy^2 - 7xy + 3y^2$$
$$-)\ 2x^2y - 9xy^2 - 15xy - 6y^2$$
$$\overline{\quad 6x^2y - 9xy^2 + 8xy + 9y^2}$$

← 縦書きの計算。

TR
③5 $A = 2x + y + z,\ B = x + 2y + 2z,\ C = x - 2y - 3z$ であるとき，次の式を計算せよ。
(1) $3A - 2C$ (2) $A - 2(B - C) - 3C$

(1) $3A - 2C = 3(2x + y + z) - 2(x - 2y - 3z)$
$$= 6x + 3y + 3z - 2x + 4y + 6z$$
$$= (6-2)x + (3+4)y + (3+6)z$$
$$= 4x + 7y + 9z$$

(2) $A - 2(B - C) - 3C$
$$= A - 2B + 2C - 3C$$
$$= A - 2B - C$$
$$= (2x + y + z) - 2(x + 2y + 2z) - (x - 2y - 3z)$$
$$= 2x + y + z - 2x - 4y - 4z - x + 2y + 3z$$
$$= (2 - 2 - 1)x + (1 - 4 + 2)y + (1 - 4 + 3)z$$
$$= -x - y$$

別解 $A - 2B - C$ と整理した
後，縦書きの方法で計算する
と，右のようになる。

CHART
かっこの扱い方
⓪ 代入する式は，かっ
こをつけて代入する
① 内側から $(\ )$, $\{\ \}$,
$[\ ]$ の順にはずす
② $-(\ )$ は，かっこ内
の式の符号が変わる

← ここで，A, B, C の
式を代入する。

$$A = \quad 2x + \ y + \ z$$
$$-2B = -2x - 4y - 4z$$
$$+)\ -C = -\ x + 2y + 3z$$
$$\overline{\quad -\ x - \ y}$$

TR ①6 次の計算をせよ。
(1) $x^2 \times x^5$ (2) $(x^5)^2$ (3) $(-x^2yz)^4$
(4) $(-2ab^2x^3)^3 \times (-3a^2b)^2$ (5) $(-xy^2)^2 \times (-2x^3y) \times 3xy$

(1) $x^2 \times x^5 = x^{2+5} = \boldsymbol{x^7}$

(2) $(x^5)^2 = x^{5 \times 2} = \boldsymbol{x^{10}}$

(3) $(-x^2yz)^4 = (-1)^4 \times (x^2)^4 \times y^4 \times z^4$
           $= 1 \times x^{2 \times 4}y^4z^4 = \boldsymbol{x^8y^4z^4}$ ← $(-1)^{偶数} = 1$

(4) $(-2ab^2x^3)^3 \times (-3a^2b)^2 = (-2)^3a^3(b^2)^3(x^3)^3 \times (-3)^2(a^2)^2b^2$
                        $= (-8)a^3b^{2 \times 3}x^{3 \times 3} \times 9a^{2 \times 2}b^2$
                        $= (-8)a^3b^6x^9 \times 9a^4b^2$
                        $= (-8) \times 9 \times a^3b^6x^9 \times a^4b^2$
                        $= -72a^{3+4}b^{6+2}x^9$
                        $= \boldsymbol{-72a^7b^8x^9}$

(5) $(-xy^2)^2 \times (-2x^3y) \times 3xy = (-1)^2x^2(y^2)^2 \times (-2x^3y) \times 3xy$
                             $= x^2y^4 \times (-2x^3y) \times 3xy$
                             $= (-2) \times 3 \times x^2y^4 \times x^3y \times xy$
                             $= -6x^{2+3+1}y^{4+1+1}$
                             $= \boldsymbol{-6x^6y^6}$

CHART
単項式の乗法
  係数は係数どうし，
  文字は文字どうし
を別々に計算

← $(-2)^3$
  $= (-2) \times (-2) \times (-2)$
  $= -8$
  $(-3)^2 = (-3) \times (-3)$
          $= 9$

← $(-1)^2 = (-1) \times (-1)$
        $= 1$

TR ①7 次の式を展開せよ。
(1) $12a^2b\left(\dfrac{a^2}{3} - \dfrac{ab}{6} - \dfrac{b^2}{4}\right)$ (2) $(3a-4)(2a-5)$
(3) $(3x+2x^2-4)(x^2-5-3x)$ (4) $(x^3-3x^2-2x+1)(x^2-3)$

(1) $12a^2b\left(\dfrac{a^2}{3} - \dfrac{ab}{6} - \dfrac{b^2}{4}\right)$

$= 12a^2b \times \dfrac{a^2}{3} + 12a^2b \times \left(-\dfrac{ab}{6}\right) + 12a^2b \times \left(-\dfrac{b^2}{4}\right)$

$= \boldsymbol{4a^4b - 2a^3b^2 - 3a^2b^3}$

(2) $(3a-4)(2a-5) = 3a(2a-5) - 4(2a-5)$
                  $= 6a^2 - 15a - 8a + 20$
                  $= \boldsymbol{6a^2 - 23a + 20}$

(参考) $(a+b)(c+d) = ac+ad+bc+bd$ を利用すると，次のようになる。
$(3a-4)(2a-5) = 3a \cdot 2a + 3a \cdot (-5) + (-4) \cdot 2a + (-4) \cdot (-5)$
                  $= 6a^2 - 15a - 8a + 20$
                  $= \boldsymbol{6a^2 - 23a + 20}$

(3) $(3x+2x^2-4)(x^2-5-3x)$
$= (2x^2+3x-4)(x^2-3x-5)$
$= 2x^2(x^2-3x-5) + 3x(x^2-3x-5) - 4(x^2-3x-5)$
$= 2x^4 - 6x^3 - 10x^2 + 3x^3 - 9x^2 - 15x - 4x^2 + 12x + 20$
$= 2x^4 - 6x^3 + 3x^3 - 10x^2 - 9x^2 - 4x^2 - 15x + 12x + 20$

CHART
    式の展開
分配法則を繰り返し利用

← まず，( )内の式を
x について降べきの順
に整理する。

$$= 2x^4 + (-6+3)x^3 + (-10-9-4)x^2 + (-15+12)x + 20$$
$$= \boldsymbol{2x^4 - 3x^3 - 23x^2 - 3x + 20}$$

(4) $(x^3 - 3x^2 - 2x + 1)(x^2 - 3)$

$$= x^3(x^2-3) - 3x^2(x^2-3) - 2x(x^2-3) + 1 \cdot (x^2-3)$$
$$= x^5 - 3x^3 - 3x^4 + 9x^2 - 2x^3 + 6x + x^2 - 3$$
$$= x^5 - 3x^4 - 3x^3 - 2x^3 + 9x^2 + x^2 + 6x - 3$$
$$= x^5 - 3x^4 + (-3-2)x^3 + (9+1)x^2 + 6x - 3$$
$$= \boldsymbol{x^5 - 3x^4 - 5x^3 + 10x^2 + 6x - 3}$$

別解 縦書きの計算 欠けている次数の項はあけておく。

(3)
$$\begin{array}{r}
2x^2 + 3x - 4 \\
\times)\ x^2 - 3x - 5 \\
\hline
2x^4 + 3x^3 - 4x^2 \\
-6x^3 - 9x^2 + 12x \\
-10x^2 - 15x + 20 \\
\hline
\boldsymbol{2x^4 - 3x^3 - 23x^2 - 3x + 20}
\end{array}$$

(4)
$$\begin{array}{r}
x^3 - 3x^2 - 2x + 1 \\
\times)\ x^2 \qquad - 3 \\
\hline
x^5 - 3x^4 - 2x^3 + x^2 \\
-3x^3 + 9x^2 + 6x - 3 \\
\hline
\boldsymbol{x^5 - 3x^4 - 5x^3 + 10x^2 + 6x - 3}
\end{array}$$

TR
①**8** 次の式を展開せよ。

(1) $(3a+2)^2$ (2) $(5x-2y)^2$ (3) $(4x+3)(4x-3)$

(4) $(-2b-a)(a-2b)$ (5) $(x+6)(x+7)$ (6) $(2t-3)(2t-5)$

(7) $(4x+1)(3x-2)$ (8) $(2a+3b)(3a+5b)$ (9) $(7x-3)(-2x+3)$

(1) $(3a+2)^2 = (3a)^2 + 2 \cdot 3a \cdot 2 + 2^2$
$$= \boldsymbol{9a^2 + 12a + 4}$$

(2) $(5x-2y)^2 = (5x)^2 - 2 \cdot 5x \cdot 2y + (2y)^2$
$$= \boldsymbol{25x^2 - 20xy + 4y^2}$$

(3) $(4x+3)(4x-3) = (4x)^2 - 3^2$
$$= \boldsymbol{16x^2 - 9}$$

(4) $(-2b-a)(a-2b) = -(a+2b)(a-2b)$
$$= -\{a^2 - (2b)^2\}$$
$$= -(a^2 - 4b^2)$$
$$= \boldsymbol{-a^2 + 4b^2}$$

(5) $(x+6)(x+7) = x^2 + (6+7)x + 6 \cdot 7$
$$= \boldsymbol{x^2 + 13x + 42}$$

(6) $(2t-3)(2t-5) = (2t)^2 + \{(-3)+(-5)\} \cdot 2t + (-3) \cdot (-5)$
$$= \boldsymbol{4t^2 - 16t + 15}$$

(7) $(4x+1)(3x-2) = 4 \cdot 3x^2 + \{4 \cdot (-2) + 1 \cdot 3\}x + 1 \cdot (-2)$
$$= \boldsymbol{12x^2 - 5x - 2}$$

(8) $(2a+3b)(3a+5b) = 2 \cdot 3a^2 + \{2 \cdot (5b) + (3b) \cdot 3\}a + 3b \cdot 5b$
$$= \boldsymbol{6a^2 + 19ab + 15b^2}$$

(9) $(7x-3)(-2x+3)$
$$= 7 \cdot (-2)x^2 + \{7 \cdot 3 + (-3) \cdot (-2)\}x + (-3) \cdot 3$$
$$= \boldsymbol{-14x^2 + 27x - 9}$$

◀ $(\bigcirc + \triangle)^2$
$= \bigcirc^2 + 2\bigcirc\triangle + \triangle^2$

◀ $(\bigcirc - \triangle)^2$
$= \bigcirc^2 - 2\bigcirc\triangle + \triangle^2$

◀ $(\bigcirc + \triangle)(\bigcirc - \triangle)$
$= \bigcirc^2 - \triangle^2$

◀公式が使える形にするために，項を並び替える。

(5), (6) 公式
$(x+a)(x+b)$
$= x^2 + (a+b)x + ab$
の利用。
(6)では $2t$ を x とみる。

(7)〜(9) 公式
$(ax+b)(cx+d)$
$= acx^2 + (ad+bc)x + bd$ の利用。

TR
②**9** 次の式を展開せよ。
(1) $(3a-b+2)(3a-b-1)$ (2) $(x-2y+3z)^2$
(3) $(a+b-3c)(a-b+3c)$ (4) $(x^2+2x+2)(x^2-2x+2)$

(1) $3a-b=t$ とおくと
$$(3a-b+2)(3a-b-1)=(t+2)(t-1)=t^2+t-2$$
$$=(3a-b)^2+(3a-b)-2$$
$$=9a^2-6ab+b^2+3a-b-2$$

⬅ t を $3a-b$ に戻す。
おき換えたとき，もとの式に戻すのを忘れないように。

(2) $x-2y=t$ とおくと
$$(x-2y+3z)^2=(t+3z)^2=t^2+2t\cdot 3z+(3z)^2$$
$$=(x-2y)^2+6z(x-2y)+9z^2$$
$$=x^2-4xy+4y^2+6zx-12yz+9z^2$$
$$=x^2+4y^2+9z^2-4xy-12yz+6zx$$

⬅ t を $x-2y$ に戻す。

⬅輪環の順に整理。

別解 $(a+b+c)^2=a^2+b^2+c^2+2ab+2bc+2ca$ の利用
$$(x-2y+3z)^2=\{x+(-2y)+3z\}^2$$
$$=x^2+(-2y)^2+(3z)^2+2x(-2y)+2(-2y)(3z)+2(3z)x$$
$$=x^2+4y^2+9z^2-4xy-12yz+6zx$$

(3) $b-3c=t$ とおくと
$$(a+b-3c)(a-b+3c)=\{a+(b-3c)\}\{a-(b-3c)\}$$
$$=(a+t)(a-t)=a^2-t^2$$
$$=a^2-(b-3c)^2=a^2-(b^2-6bc+9c^2)$$
$$=a^2-b^2+6bc-9c^2$$

⬅ t を $b-3c$ に戻す。

(4) $x^2+2=t$ とおくと
$$(x^2+2x+2)(x^2-2x+2)=(t+2x)(t-2x)=t^2-(2x)^2$$
$$=(x^2+2)^2-4x^2=(x^2)^2+4x^2+4-4x^2$$
$$=x^4+4$$

注意 (4)で，$2x+2=t$ とおいて $(x^2+t)(x^2-t)$ とするのは **誤り** である。2つ目のかっこ内の式 x^2-2x+2 は $x^2-(2x-2)$ であり，$x^2-(2x+2)$ ではない。
似たような式が現れたとき，その式の前に－の符号がついていたら注意しよう。

⬅ $x^2-(2x+2)$
$=x^2-2x-2$ である。

TR
②**10** 次の式を展開せよ。
(1) $(2a+b)^2(2a-b)^2$ (2) $(x^2+9)(x+3)(x-3)$ (3) $(x-y)^2(x+y)^2(x^2+y^2)^2$

(1) $(2a+b)^2(2a-b)^2=\{(2a+b)(2a-b)\}^2$
$$=\{(2a)^2-b^2\}^2=(4a^2-b^2)^2$$
$$=(4a^2)^2-2\cdot 4a^2\cdot b^2+(b^2)^2$$
$$=16a^4-8a^2b^2+b^4$$

⬅ $A^2B^2=(AB)^2$

CHART
掛ける順序，掛ける組み合わせ を工夫

(2) $(x^2+9)(x+3)(x-3)=(x^2+9)\{(x+3)(x-3)\}$
$$=(x^2+9)(x^2-9)=(x^2)^2-9^2$$
$$=x^4-81$$

⬅ $(x+3)(x-3)$ を先に計算する。

(3) $(x-y)^2(x+y)^2(x^2+y^2)^2=\{(x-y)(x+y)\}^2(x^2+y^2)^2$
$$=(x^2-y^2)^2(x^2+y^2)^2$$

⬅ $A^2B^2C^2=(AB)^2C^2$

$$= \{(x^2-y^2)(x^2+y^2)\}^2$$
$$= (x^4-y^4)^2$$
$$= (x^4)^2-2x^4 \cdot y^4+(y^4)^2$$
$$= \boldsymbol{x^8-2x^4y^4+y^8}$$

⇐ $D^2C^2=(DC)^2$

TR ②11 次の式を因数分解せよ。

(1) $2ab-3bc$ (2) x^2y-3xy^2 (3) $9a^3b+15a^2b^2-3a^2b$

(4) $a(x-2)-(x-2)$ (5) $(a-b)x^2+(b-a)xy$

(1) $2ab-3bc=\underline{b}\cdot 2a-\underline{b}\cdot 3c=\boldsymbol{b(2a-3c)}$ ⇐ b が共通因数。

(2) $x^2y-3xy^2=\underline{xy}\cdot x-\underline{xy}\cdot 3y=\boldsymbol{xy(x-3y)}$ ⇐ xy が共通因数。

(3) $9a^3b+15a^2b^2-3a^2b=\underline{3a^2b}\cdot 3a+\underline{3a^2b}\cdot 5b-\underline{3a^2b}\cdot 1$ ⇐ $3a^2b$ が共通因数。
$$=\boldsymbol{3a^2b(3a+5b-1)}$$

(4) $a(x-2)-(x-2)=a\underline{(x-2)}-1\cdot\underline{(x-2)}$ ⇐ $x-2$ が共通因数。
$$=\boldsymbol{(x-2)(a-1)}$$

(5) $(a-b)x^2+(b-a)xy=(a-b)x^2-(a-b)xy$ ⇐ $b-a=-(a-b)$ と変形すると、共通因数が見えてくる。
$$=(a-b)x\cdot x-(a-b)x\cdot y$$
$$=(a-b)x(x-y)$$
$$=\boldsymbol{x(a-b)(x-y)}$$

TR ①12 次の式を因数分解せよ。

(1) x^2+2x+1 (2) $4x^2+4xy+y^2$ (3) $x^2-10x+25$ (4) $9a^2-12ab+4b^2$ (5) x^2-49

(6) $8a^2-50$ (7) $16x^2+24xy+9y^2$ (8) $8ax^2-40ax+50a$ (9) $5a^3-20ab^2$

(1) $x^2+2x+1=x^2+2\cdot x\cdot 1+1^2=\boldsymbol{(x+1)^2}$

(2) $4x^2+4xy+y^2=(2x)^2+2\cdot 2x\cdot y+y^2=\boldsymbol{(2x+y)^2}$

(3) $x^2-10x+25=x^2-2\cdot x\cdot 5+5^2=\boldsymbol{(x-5)^2}$

(4) $9a^2-12ab+4b^2=(3a)^2-2\cdot 3a\cdot 2b+(2b)^2$
$$=\boldsymbol{(3a-2b)^2}$$

(5) $x^2-49=x^2-7^2=\boldsymbol{(x+7)(x-7)}$

(6) $8a^2-50=2(4a^2-25)=2\{(2a)^2-5^2\}=\boldsymbol{2(2a+5)(2a-5)}$

(7) $16x^2+24xy+9y^2=(4x)^2+2\cdot 4x\cdot 3y+(3y)^2$
$$=\boldsymbol{(4x+3y)^2}$$

(8) $8ax^2-40ax+50a=2a(4x^2-20x+25)$
$$=2a\{(2x)^2-2\cdot 2x\cdot 5+5^2\}$$
$$=\boldsymbol{2a(2x-5)^2}$$

(9) $5a^3-20ab^2=5a(a^2-4b^2)=5a\{a^2-(2b)^2\}$
$$=\boldsymbol{5a(a+2b)(a-2b)}$$

CHART 因数分解
まず，共通因数をくくり
出す ⟶ (6), (8), (9)

⇐ $\bigcirc^2-2\bigcirc\triangle+\triangle^2$ の形。
$\bigcirc=3a$, $\triangle=2b$

⇐ 2 が共通因数。

⇐ $\bigcirc^2+2\bigcirc\triangle+\triangle^2$ の形。
$\bigcirc=4x$, $\triangle=3y$

⇐ $2a$ が共通因数。

⇐ $5a$ が共通因数。

TR ①13 次の式を因数分解せよ。

(1) $x^2+14x+24$ (2) $a^2-17a+72$ (3) $x^2+4xy-32y^2$

(4) $x^2-6x-16$ (5) $a^2+3ab-18b^2$ (6) $x^2-7xy-18y^2$

(1) $x^2+14x+24=x^2+(2+12)x+2\cdot 12$
$$=\boldsymbol{(x+2)(x+12)}$$

(2) $a^2-17a+72=a^2+(-8-9)a+(-8)\cdot(-9)$
$$=\boldsymbol{(a-8)(a-9)}$$

CHART
x^2+px+q の因数分解
掛けて q，加えて p となる 2 数を見つける

(3) $x^2+4xy-32y^2=x^2+(-4y+8y)x+(-4y)\cdot 8y$
$\qquad\qquad\qquad =(x-4y)(x+8y)$

$\Leftarrow x^2+4x-32$
$=(x-4)(x+8)$
としてから，yをつけ
加えてもよい。
(5)，(6) も同様。

(4) $x^2-6x-16=x^2+\{2+(-8)\}x+2\cdot(-8)$
$\qquad\qquad\quad =(x+2)(x-8)$

(5) $a^2+3ab-18b^2=a^2+(-3b+6b)a+(-3b)\cdot 6b$
$\qquad\qquad\qquad =(a-3b)(a+6b)$

(6) $x^2-7xy-18y^2=x^2+\{2y+(-9y)\}x+2y\cdot(-9y)$
$\qquad\qquad\qquad =(x+2y)(x-9y)$

TR
②**14** 次の式を因数分解せよ。
(1) $6x^2+13x+6$ (2) $3a^2-11a+6$ (3) $12x^2+5x-2$ (4) $6x^2-5x-4$ (5) $4x^2-4x-15$
(6) $6a^2+17ab+12b^2$ (7) $6x^2+5xy-21y^2$ (8) $12x^2-8xy-15y^2$ (9) $4x^2-3xy-27y^2$

(1) $6x^2+13x+6$
$=(2x+3)(3x+2)$

$\begin{array}{ccc} 2 & \diagdown \quad 3 & \longrightarrow \quad 9 \\ 3 & \diagup \quad 2 & \longrightarrow \quad 4 \\ \hline 6 & 6 & 13 \end{array}$

(2) $3a^2-11a+6$
$=(a-3)(3a-2)$

$\begin{array}{ccc} 1 & \diagdown \quad -3 & \longrightarrow \quad -9 \\ 3 & \diagup \quad -2 & \longrightarrow \quad -2 \\ \hline 3 & 6 & -11 \end{array}$

(2) $6=(-3)(-2)$ と分
解する。負の数の約数
も考える。

(3) $12x^2+5x-2$
$=(3x+2)(4x-1)$

$\begin{array}{ccc} 3 & \diagdown \quad 2 & \longrightarrow \quad 8 \\ 4 & \diagup \quad -1 & \longrightarrow \quad -3 \\ \hline 12 & -2 & 5 \end{array}$

(4) $6x^2-5x-4$
$=(2x+1)(3x-4)$

$\begin{array}{ccc} 2 & \diagdown \quad 1 & \longrightarrow \quad 3 \\ 3 & \diagup \quad -4 & \longrightarrow \quad -8 \\ \hline 6 & -4 & -5 \end{array}$

(5) $4x^2-4x-15$
$=(2x+3)(2x-5)$

$\begin{array}{ccc} 2 & \diagdown \quad 3 & \longrightarrow \quad 6 \\ 2 & \diagup \quad -5 & \longrightarrow \quad -10 \\ \hline 4 & -15 & -4 \end{array}$

(6) $6a^2+17ab+12b^2$
$=(2a+3b)(3a+4b)$

$\begin{array}{ccc} 2 & \diagdown \quad 3b & \longrightarrow \quad 9b \\ 3 & \diagup \quad 4b & \longrightarrow \quad 8b \\ \hline 6 & 12b^2 & 17b \end{array}$

(6) a の2次式とみる。
b は数と考える。

(7) $6x^2+5xy-21y^2$
$=(2x-3y)(3x+7y)$

$\begin{array}{ccc} 2 & \diagdown \quad -3y & \longrightarrow \quad -9y \\ 3 & \diagup \quad 7y & \longrightarrow \quad 14y \\ \hline 6 & -21y^2 & 5y \end{array}$

(8) $12x^2-8xy-15y^2$
$=(2x-3y)(6x+5y)$

$\begin{array}{ccc} 2 & \diagdown \quad -3y & \longrightarrow \quad -18y \\ 6 & \diagup \quad 5y & \longrightarrow \quad 10y \\ \hline 12 & -15y^2 & -8y \end{array}$

(7)～(9) x の2次式と
みる。y は数と考える。

(9) $4x^2-3xy-27y^2$
$=(x-3y)(4x+9y)$

$\begin{array}{ccc} 1 & \diagdown \quad -3y & \longrightarrow \quad -12y \\ 4 & \diagup \quad 9y & \longrightarrow \quad 9y \\ \hline 4 & -27y^2 & -3y \end{array}$

TR
③**15** 次の式を因数分解せよ。
(1) $(x+2)^2-5(x+2)-14$ (2) $16(x+1)^2-8(x+1)+1$ (3) $2(x+y)^2-7(x+y)+6$
(4) $4x^2+4x+1-y^2$ (5) $25x^2-a^2+8a-16$ (6) $(x+y+9)^2-81$

(1) $x+2=X$ とおくと
$\quad (x+2)^2-5(x+2)-14=X^2-5X-14=(X+2)(X-7)$
$\qquad\qquad\qquad\qquad\qquad\quad =\{(x+2)+2\}\{(x+2)-7\}$
$\qquad\qquad\qquad\qquad\qquad\quad =(x+4)(x-5)$

CHART
同じ式やまとまった式は
1つの文字でおき換える

(2)　$x+1=X$ とおくと
$$16(x+1)^2-8(x+1)+1=16X^2-8X+1$$
$$=(4X-1)^2=\{4(x+1)-1\}^2$$
$$=\boldsymbol{(4x+3)^2}$$

← $(4X)^2-2\cdot4X\cdot1+1^2$

(3)　$x+y=X$ とおくと
$$2(x+y)^2-7(x+y)+6=2X^2-7X+6$$
$$=(X-2)(2X-3)$$
$$=\{(x+y)-2\}\{2(x+y)-3\}$$
$$=\boldsymbol{(x+y-2)(2x+2y-3)}$$

← たすきがけ

$$\begin{array}{ccc} 1 & -2 & \longrightarrow -4 \\ 2 & -3 & \longrightarrow -3 \\ \hline 2 & 6 & -7 \end{array}$$

(4)　$4x^2+4x+1-y^2=(2x+1)^2-y^2$
　　　ここで，$2x+1=X$ とおくと
$$(2x+1)^2-y^2=X^2-y^2=(X+y)(X-y)$$
$$=\{(2x+1)+y\}\{(2x+1)-y\}$$
$$=\boldsymbol{(2x+y+1)(2x-y+1)}$$

← Xを $2x+1$ に戻す。

(5)　$25x^2-a^2+8a-16=25x^2-(a^2-8a+16)$
$$=25x^2-(a-4)^2$$
　　　ここで，$a-4=A$ とおくと
$$25x^2-(a-4)^2=(5x)^2-A^2$$
$$=(5x+A)(5x-A)$$
$$=\{5x+(a-4)\}\{5x-(a-4)\}$$
$$=\boldsymbol{(5x+a-4)(5x-a+4)}$$

← Aを $a-4$ に戻す。

(6)　$x+y+9=X$ とおくと
$$(x+y+9)^2-81=X^2-9^2=(X+9)(X-9)$$
$$=\{(x+y+9)+9\}\{(x+y+9)-9\}$$
$$=\boldsymbol{(x+y+18)(x+y)}$$

← Xを $x+y+9$ に戻す。

TR　次の式を因数分解せよ。
③**16**　(1)　x^4-81　　　(2)　$16a^4-b^4$　　　(3)　x^4-5x^2+4　　　(4)　$4x^4-15x^2y^2-4y^4$

(1)　$x^2=t$ とおくと
$$x^4-81=(x^2)^2-81=t^2-9^2$$
$$=(t+9)(t-9)=(x^2+9)(x^2-9)$$
$$=\boldsymbol{(x^2+9)(x+3)(x-3)}$$

CHART
次数が高い式の因数分解
おき換えで次数を下げる

← x^2+9 は，これ以上因
　数分解できない。

(2)　$a^2=x$，$b^2=y$ とおくと
$$16a^4-b^4=16x^2-y^2$$
$$=(4x+y)(4x-y)$$
$$=(4a^2+b^2)(4a^2-b^2)$$
$$=\boldsymbol{(4a^2+b^2)(2a+b)(2a-b)}$$

← $○^2-△^2$
　$=(○+△)(○-△)$

← xを a^2，yを b^2 に戻す。

← $○^2-△^2$
　$=(○+△)(○-△)$

(3)　$x^2=t$ とおくと
$$x^4-5x^2+4=(x^2)^2-5x^2+4=t^2-5t+4$$
$$=(t-1)(t-4)$$
$$=(x^2-1)(x^2-4)$$
$$=\boldsymbol{(x+1)(x-1)(x+2)(x-2)}$$

← 掛けて 4，加えて -5
　となる2数は
　　　-1 と -4

← できるところまで分解。

(4) $x^2=a,\ y^2=b$ とおくと

$$4x^4-15x^2y^2-4y^4=4(x^2)^2-15x^2y^2-4(y^2)^2$$
$$=4a^2-15ab-4b^2$$
$$=(a-4b)(4a+b)=(x^2-4y^2)(4x^2+y^2)$$
$$=\boldsymbol{(x+2y)(x-2y)(4x^2+y^2)}$$

← たすきがけ

$$\begin{array}{ccc} 1 & \diagdown & -4b \longrightarrow -16b \\ 4 & \diagup & b \longrightarrow b \\ \hline 4 & -4b^2 & -15b \end{array}$$

TR
③**17** 次の式を因数分解せよ。

(1) $ab+a+b+1$ (2) $x^2+xy+2x+y+1$

(3) $2ab^2-3ab-2a+b-2$ (4) $x^3+(a-2)x^2-(2a+3)x-3a$

(1) a について整理すると

$$ab+a+b+1=\underline{(b+1)}a+\underline{(b+1)}=\boldsymbol{(a+1)(b+1)}$$

CHART 次数が最低の文字について整理

(2) y について整理すると

$$x^2+xy+2x+y+1=\underline{(x+1)}y+(x^2+2x+1)$$
$$=\underline{(x+1)}y+\underline{(x+1)}^2$$
$$=(x+1)\{y+(x+1)\}$$
$$=\boldsymbol{(x+1)(x+y+1)}$$

← x について 2 次,y について 1 次。

← $x+1$ が共通因数。
$(x+1)^2=(x+1)(x+1)$

(3) a について整理すると

$$2ab^2-3ab-2a+b-2=(2b^2-3b-2)a+(b-2)$$
$$=\underline{(b-2)}(2b+1)a+\underline{(b-2)}$$
$$=(b-2)\{(2b+1)a+1\}$$
$$=\boldsymbol{(b-2)(2ab+a+1)}$$

← a について 1 次。

← $2b^2-3b-2$ の因数分解は たすきがけ

$$\begin{array}{ccc} 1 & \diagdown & -2 \longrightarrow -4 \\ 2 & \diagup & 1 \longrightarrow 1 \\ \hline 2 & -2 & -3 \end{array}$$

(4) a について整理すると

$$x^3+(a-2)x^2-(2a+3)x-3a$$
$$=x^3+ax^2-2x^2-2ax-3x-3a$$
$$=(x^2-2x-3)a+(x^3-2x^2-3x)$$
$$=\underline{(x^2-2x-3)}a+x\underline{(x^2-2x-3)}$$
$$=(x^2-2x-3)(a+x)$$
$$=\boldsymbol{(x+1)(x-3)(x+a)}$$

← x^2-2x-3 が共通因数。

← x^2-2x-3 は,さらに因数分解できる。

TR
③**18** ★ 次の式を因数分解せよ。   [(3) 東京電機大, (4) 京都産大]

(1) $x^2+4xy+3y^2+2x+4y+1$ (2) $x^2-2xy+4x+y^2-4y+3$

(3) $2x^2+3xy+y^2+3x+y-2$ (4) $3x^2+5xy-2y^2-x+5y-2$

(1) $x^2+4xy+3y^2+2x+4y+1$

$$=x^2+(4y+2)x+(3y^2+4y+1)$$
$$=x^2+(4y+2)x+\underline{(y+1)(3y+1)}^\text{Ⓐ}$$
$$=\{x+\underline{(y+1)}\}\{x+\underline{(3y+1)}\}^\text{Ⓑ}$$
$$=\boldsymbol{(x+y+1)(x+3y+1)}$$

← x について整理。

← たすきがけⒶ

← たすきがけⒷ

Ⓐ
$$\begin{array}{ccc} 1 & \diagdown & 1 \longrightarrow 3 \\ 3 & \diagup & 1 \longrightarrow 1 \\ \hline 3 & 1 & 4 \end{array}$$

Ⓑ
$$\begin{array}{ccc} 1 & \diagdown & y+1 \longrightarrow y+1 \\ 1 & \diagup & 3y+1 \longrightarrow 3y+1 \\ \hline 1 & & 4y+2 \end{array}$$

(2) $x^2-2xy+4x+y^2-4y+3$

$$=x^2-(2y-4)x+(y^2-4y+3)$$
$$=x^2-(2y-4)x+\underline{(y-1)(y-3)}$$

← y^2 の係数も 1 であるから,y について整理してもよい。

$$= \{x-(y-1)\}\{x-(y-3)\} \text{Ⓐ}$$
$$= (x-y+1)(x-y+3)$$

Ⓐ
$$\begin{array}{ccc} 1 & \diagdown & -(y-1) \longrightarrow -y+1 \\ 1 & \diagup & -(y-3) \longrightarrow -y+3 \\ \hline 1 & & -2y+4 \end{array}$$

別解 $x^2-2xy+4x+y^2-4y+3$
$$= (x^2-2xy+y^2)+4(x-y)+3$$
$$= (x-y)^2+4(x-y)+3 = (x-y+1)(x-y+3)$$

(3) $2x^2+3xy+y^2+3x+y-2$
$$= y^2+(3x+1)y+(2x^2+3x-2)$$
$$= y^2+(3x+1)y+(x+2)(2x-1) \text{Ⓐ}$$
$$= \{y+(x+2)\}\{y+(2x-1)\} \text{Ⓑ}$$
$$= (x+y+2)(2x+y-1)$$

←x^2 の係数は 2，y^2 の
係数は 1 であるから，
y について整理する。

Ⓐ
$$\begin{array}{ccc} 1 & \diagdown & 2 \longrightarrow 4 \\ 2 & \diagup & -1 \longrightarrow -1 \\ \hline 2 & -2 & 3 \end{array}$$
Ⓑ
$$\begin{array}{ccc} 1 & \diagdown & x+2 \longrightarrow x+2 \\ 1 & \diagup & 2x-1 \longrightarrow 2x-1 \\ \hline 1 & & 3x+1 \end{array}$$

(4) $3x^2+5xy-2y^2-x+5y-2$
$$= 3x^2+(5y-1)x-(2y^2-5y+2)$$
$$= 3x^2+(5y-1)x-(y-2)(2y-1) \text{Ⓐ}$$
$$= \{x+(2y-1)\}\{3x-(y-2)\} \text{Ⓑ}$$
$$= (x+2y-1)(3x-y+2)$$

←x^2 の係数は 3，y^2 の
係数は -2 であるから，
係数が正である x につ
いて整理する。

Ⓐ
$$\begin{array}{ccc} 1 & \diagdown & -2 \longrightarrow -4 \\ 2 & \diagup & -1 \longrightarrow -1 \\ \hline 2 & 2 & -5 \end{array}$$
Ⓑ
$$\begin{array}{ccc} 1 & \diagdown & 2y-1 \longrightarrow 6y-3 \\ 3 & \diagup & -(y-2) \longrightarrow -y+2 \\ \hline 3 & & 5y-1 \end{array}$$

TR
③**19** 次の式を展開せよ。
(1) $(x+4)^3$　　　(2) $(3a-2b)^3$　　　(3) $(-2a+b)^3$
(4) $(a+3)(a^2-3a+9)$　(5) $(4x-3y)(16x^2+12xy+9y^2)$　(6) $(5a-3b)(25a^2+15ab+9b^2)$

(1) $(x+4)^3 = x^3+3x^2\cdot4+3x\cdot4^2+4^3$
$$= x^3+12x^2+48x+64$$

←$(A+B)^3$
$= A^3+3A^2B+3AB^2+B^3$

(2) $(3a-2b)^3 = (3a)^3-3(3a)^2\cdot2b+3\cdot3a(2b)^2-(2b)^3$
$$= 27a^3-54a^2b+36ab^2-8b^3$$

←$(A-B)^3$
$= A^3-3A^2B+3AB^2-B^3$

(3) $(-2a+b)^3 = (-2a)^3+3(-2a)^2b+3(-2a)b^2+b^3$
$$= -8a^3+12a^2b-6ab^2+b^3$$

←$(A+B)^3$ の公式で
$A=-2a$, $B=b$

(4) $(a+3)(a^2-3a+9) = (a+3)(a^2-a\cdot3+3^2) = a^3+3^3$
$$= a^3+27$$

←$(A+B)(A^2-AB+B^2)$
$= A^3+B^3$

(5) $(4x-3y)(16x^2+12xy+9y^2)$
$$= (4x-3y)\{(4x)^2+4x\cdot3y+(3y)^2\} = (4x)^3-(3y)^3$$
$$= 64x^3-27y^3$$

←$(A-B)(A^2+AB+B^2)$
$= A^3-B^3$
$A=4x$, $B=3y$

(6) $(5a-3b)(25a^2+15ab+9b^2)$
$$= (5a-3b)\{(5a)^2+5a\cdot3b+(3b)^2\} = (5a)^3-(3b)^3$$
$$= 125a^3-27b^3$$

←(5)で利用した公式で
$A=5a$, $B=3b$

TR
④**20** 次の式を展開せよ。
(1) $(x+1)(x+2)(x+3)(x+4)$　　　　(2) $x(x-1)(x+3)(x+4)$

(1) （与式）$=\{(x+1)(x+4)\}\times\{(x+2)(x+3)\}$
　　　　$=(x^2+5x+4)(x^2+5x+6)$
　ここで，$x^2+5x=t$ とおくと
　　（与式）$=(t+4)(t+6)=t^2+10t+24$
　　　　　　$=(x^2+5x)^2+10(x^2+5x)+24$
　　　　　　$=x^4+10x^3+25x^2+10x^2+50x+24$
　　　　　　$\boldsymbol{=x^4+10x^3+35x^2+50x+24}$

← 4つの1次式の定数
　項に注目すると
　　$1+4=5,\ 2+3=5$
　したがって，
　　$x+1$ と $x+4$，
　　$x+2$ と $x+3$
　を組み合わせる。

(2) （与式）$=\{x(x+3)\}\times\{(x-1)(x+4)\}$
　　　　$=(x^2+3x)(x^2+3x-4)$
　ここで，$x^2+3x=t$ とおくと
　　（与式）$=t(t-4)=t^2-4t$
　　　　　　$=(x^2+3x)^2-4(x^2+3x)$
　　　　　　$=x^4+6x^3+9x^2-4x^2-12x$
　　　　　　$\boldsymbol{=x^4+6x^3+5x^2-12x}$

← 4つの1次式の定数
　項に注目すると
　　$0+3=3,\ -1+4=3$
　したがって，
　　x と $x+3$，
　　$x-1$ と $x+4$
　を組み合わせる。

TR
③**21** 次の式を因数分解せよ。
(1) $8x^3+1$　　　　(2) $64a^3-125b^3$　　　　(3) $108a^3-4b^3$

(1) $8x^3+1=(2x)^3+1^3=(2x+1)\{(2x)^2-2x\cdot1+1^2\}$
　　　　$\boldsymbol{=(2x+1)(4x^2-2x+1)}$

← $○^3+△^3=$
　$(○+△)(○^2-○△+△^2)$
　$○=2x,\ △=1$

(2) $64a^3-125b^3=(4a)^3-(5b)^3$
　　　　　　　　$=(4a-5b)\{(4a)^2+4a\cdot5b+(5b)^2\}$
　　　　　　　　$\boldsymbol{=(4a-5b)(16a^2+20ab+25b^2)}$

← $○^3-△^3=$
　$(○-△)(○^2+○△+△^2)$
　$○=4a,\ △=5b$

(3) $108a^3-4b^3=4(27a^3-b^3)=4\{(3a)^3-b^3\}$
　　　　　　　$=4(3a-b)\{(3a)^2+3a\cdot b+b^2\}$
　　　　　　　$\boldsymbol{=4(3a-b)(9a^2+3ab+b^2)}$

← まず，共通因数4で
　くくる。（ ）内は，上
　の公式で ○$=3a$，△$=b$

TR
④**22** 次の式を因数分解せよ。
(1) $x^3-5x^2-4x+20$　　　　　　(2) $8a^3-b^3+3ab(2a-b)$
(3) $8x^3+1+6x^2+3x$　　　　　　(4) $x^3-9x^2+27x-27$

(1) $x^3-5x^2-4x+20=(x^3-5x^2)-(4x-20)$
　　　　　　　　　$=x^2(x-5)-4(x-5)$
　　　　　　　　　$=(x-5)(x^2-4)$
　　　　　　　　　$\boldsymbol{=(x-5)(x+2)(x-2)}$

CHART
　多くの項を含む式
項を組み合わせて，共通
因数を作り出す

(2) $8a^3-b^3+3ab(2a-b)=(2a)^3-b^3+3ab(2a-b)$
　　　　　　　　　　$=(2a-b)\{(2a)^2+2a\cdot b+b^2\}+3ab(2a-b)$
　　　　　　　　　　$=(2a-b)\{(4a^2+2ab+b^2)+3ab\}$
　　　　　　　　　　$=(2a-b)(4a^2+5ab+b^2)$
　　　　　　　　　　$=(2a-b)(b^2+5ab+4a^2)$
　　　　　　　　　　$=(2a-b)(b+a)(b+4a)$
　　　　　　　　　　$\boldsymbol{=(2a-b)(a+b)(4a+b)}$

← $8a^3-b^3$ は $○^3-△^3$ の
　形。共通因数
　$2a-b$ が現れる。

← $4a^2+5ab+b^2$ は，b^2
　の係数が1であるから，
　b について整理。

(3) $8x^3+1+6x^2+3x=(8x^3+1)+(6x^2+3x)$
$\qquad\qquad\qquad\quad =\{(2x)^3+1^3\}+3x(2x+1)$
$\qquad\qquad\qquad\quad =(2x+1)\{(2x)^2-2x\cdot1+1^2\}+3x(2x+1)$
$\qquad\qquad\qquad\quad =(2x+1)\{(4x^2-2x+1)+3x\}$
$\qquad\qquad\qquad\quad =\boldsymbol{(2x+1)(4x^2+x+1)}$

$\Leftarrow 8x^3+1$ は $\bigcirc^3+\triangle^3$ の形。共通因数 $2x+1$ が現れる。

(4) $x^3-9x^2+27x-27=(x^3-27)-(9x^2-27x)$
$\qquad\qquad\qquad\qquad\quad =(x-3)(x^2+3x+9)-9x(x-3)$
$\qquad\qquad\qquad\qquad\quad =(x-3)\{(x^2+3x+9)-9x\}$
$\qquad\qquad\qquad\qquad\quad =(x-3)(x^2-6x+9)$
$\qquad\qquad\qquad\qquad\quad =\boldsymbol{(x-3)^3}$

$\Leftarrow 4x^2+x+1$ は，これ以上因数分解できない。

$\Leftarrow x^2-6x+9=(x-3)^2$

TR
④**23** 次の式を因数分解せよ。
(1) $(x^2+2x)^2-2(x^2+2x)-3$
(2) $(x^2+x-2)(x^2+x-12)-144$
(3) $(x+1)(x+2)(x+3)(x+4)-3$

(1) $x^2+2x=t$ とおくと
$\qquad$(与式)$=t^2-2t-3=(t+1)(t-3)$
$\qquad\qquad\quad =(x^2+2x+1)(x^2+2x-3)$
$\qquad\qquad\quad =\boldsymbol{(x+1)^2(x-1)(x+3)}$

(2) $x^2+x=t$ とおくと
$\qquad$(与式)$=(t-2)(t-12)-144=t^2-14t-120$
$\qquad\qquad\quad =(t+6)(t-20)$
$\qquad\qquad\quad =(x^2+x+6)(x^2+x-20)$
$\qquad\qquad\quad =\boldsymbol{(x^2+x+6)(x-4)(x+5)}$

(3) (与式)$=(x+1)(x+4)\times(x+2)(x+3)-3$
$\qquad\qquad =(x^2+5x+4)(x^2+5x+6)-3$
$\qquad$ここで，$x^2+5x=t$ とおくと
$\qquad$(与式)$=(t+4)(t+6)-3=t^2+10t+21$
$\qquad\qquad\quad =(t+3)(t+7)$
$\qquad\qquad\quad =\boldsymbol{(x^2+5x+3)(x^2+5x+7)}$

CHART
同じ式は，1 つの文字でおき換える $\longrightarrow$ (1)，(2)
多くの式の積は，組み合わせに注意 $\longrightarrow$ (3)

$\Leftarrow$ 一度，展開してから整理する。

$\Leftarrow x^2+x+6$ は，これ以上因数分解できない。

$\Leftarrow 1+4=2+3=5$ となるように組み合わせる。

$\Leftarrow$ これ以上因数分解できない。

TR
⑤**24** 次の式を因数分解せよ。
(1) x^4+5x^2+9
(2) $x^4-12x^2y^2+16y^4$

(1) $x^4+5x^2+9=(x^4+6x^2+9)-x^2$
$\qquad\qquad\qquad =(x^2+3)^2-x^2$
$\qquad\qquad\qquad =\{(x^2+3)+x\}\{(x^2+3)-x\}$
$\qquad\qquad\qquad =\boldsymbol{(x^2+x+3)(x^2-x+3)}$

(2) $x^4-12x^2y^2+16y^4=(x^4-8x^2y^2+16y^4)-4x^2y^2$
$\qquad\qquad\qquad\qquad\quad =(x^2-4y^2)^2-(2xy)^2$
$\qquad\qquad\qquad\qquad\quad =\{(x^2-4y^2)+2xy\}\{(x^2-4y^2)-2xy\}$
$\qquad\qquad\qquad\qquad\quad =\boldsymbol{(x^2+2xy-4y^2)(x^2-2xy-4y^2)}$

CHART
複雑な式の因数分解
公式が使える形を導き出す
(1)，(2) 複 2 次式であるが，$x^2=t$ などとおいても因数分解できない。
$\rightarrow$ 平方の差の形を作る。

TR
⑤**25** 次の式を因数分解せよ。
   (1) $abc+ab+bc+ca+a+b+c+1$ (2) $(a+b)(b+c)(c+a)+abc$
   (3) $a(b+c)^2+b(c+a)^2+c(a+b)^2-4abc$

(1) a について整理すると

  (与式)$=(bc+b+c+1)a+(bc+b+c+1)$

       $=(a+1)(bc+b+c+1)=(a+1)\{(c+1)b+(c+1)\}$

       $=\boldsymbol{(a+1)(b+1)(c+1)}$

(2) a について整理すると

  (与式)$=(b+c)(a+b)(a+c)+bca$

       $=(b+c)\{a^2+(b+c)a+bc\}+bca$

       $=(b+c)a^2+\{(b+c)^2+bc\}a+bc(b+c)$ ——

       $=\{a+(b+c)\}\{(b+c)a+bc\}$ ←Ⓐ

       $=\boldsymbol{(a+b+c)(ab+bc+ca)}$

Ⓐ

$$\begin{array}{ccc} 1 & \diagdown & (b+c) \longrightarrow (b+c)^2 \\ (b+c) & \diagup & bc \longrightarrow bc \\ \hline (b+c) & bc(b+c) & (b+c)^2+bc \end{array}$$

(3) a について整理すると

  (与式)$=(b+c)^2a+b(a^2+2ca+c^2)+c(a^2+2ba+b^2)-4bca$

       $=(b+c)a^2+(b+c)^2a+bc^2+b^2c$

       $=(b+c)a^2+(b+c)^2a+bc(b+c)$

       $=(b+c)\{a^2+(b+c)a+bc\}$

       $=(b+c)(a+b)(a+c)$

       $=\boldsymbol{(a+b)(b+c)(c+a)}$

CHART
次数が同じ場合　まず，
1 つの文字について整理
⟵ b について整理。

⟵ どの文字についても
　2 次式。

⟵ 輪環の順に整理。

⟵ abc の項は消える。

⟵ $b+c$ が共通因数。

⟵ 輪環の順に整理。

EX
③**1**
$A=x^2+3x-2$, $B=3x^2-2x+1$ とするとき，$A+B$ を計算すると $^{\mathcal{P}}\boxed{}$ であり，$A+B+C=x^2$ となる C は $^{\mathcal{f}}\boxed{}$ である。

(ア) $A+B=(x^2+3x-2)+(3x^2-2x+1)$

$\qquad = (1+3)x^2+(3-2)x-2+1$

$\qquad = \boldsymbol{4x^2+x-1}$

(イ) $A+B+C=x^2$ から $\qquad C=x^2-(A+B)$

$\quad$ (ア) の結果を利用して

$\qquad C=x^2-(4x^2+x-1)=x^2-4x^2-x+1=(1-4)x^2-x+1$

$\qquad = \boldsymbol{-3x^2-x+1}$

> **注意** $P+Q=R$ ならば
> $\qquad P=R-Q$
> $P-Q=R$ ならば
> $\qquad P=R+Q$

EX
①**2**
次の式を展開せよ。

(1) $\left(\dfrac{3}{4}x^2-xy+\dfrac{9}{2}y^2\right)\times(-4xy)$ 　　(2) $(-2a+3b)^2$

(3) $(2a-5b)(-5b-2a)$ 　　(4) $(2x+3y)(3x-2y)$

(5) $(6a+5b)(3a-2b)$

(1) $\left(\dfrac{3}{4}x^2-xy+\dfrac{9}{2}y^2\right)\times(-4xy)$

$\qquad = \dfrac{3}{4}x^2\times(-4xy)-xy\times(-4xy)+\dfrac{9}{2}y^2\times(-4xy)$

$\qquad = \boldsymbol{-3x^3y+4x^2y^2-18xy^3}$

$\Leftarrow$ 分配法則

(2) $(-2a+3b)^2=(-2a)^2+2(-2a)(3b)+(3b)^2$

$\qquad\qquad = \boldsymbol{4a^2-12ab+9b^2}$

$\Leftarrow (2a-3b)^2$ として，展開してもよい。$(-A)^2=A^2$

(3) $(2a-5b)(-5b-2a)=-(2a-5b)(2a+5b)$

$\qquad\qquad\qquad = -\{(2a)^2-(5b)^2\}$

$\qquad\qquad\qquad = \boldsymbol{-4a^2+25b^2}$

$\Leftarrow$ 公式が使えるように，$-5b-2a$
$=-(2a+5b)$
と変形する。

(4) $(2x+3y)(3x-2y)=2\cdot3x^2+\{2(-2y)+3y\cdot3\}x+3y(-2y)$

$\qquad\qquad\qquad = \boldsymbol{6x^2+5xy-6y^2}$

(5) $(6a+5b)(3a-2b)=6\cdot3a^2+\{6(-2b)+5b\cdot3\}a+5b(-2b)$

$\qquad\qquad\qquad = \boldsymbol{18a^2+3ab-10b^2}$

EX
①**3**
次の式を計算せよ。

(1) $-\dfrac{1}{4}x^2y^2\times(2xy^3)^3$ 　　(2) $500xz^3\times\left(-\dfrac{1}{2}xy^2\right)^2\times\left(\dfrac{2}{5}xz\right)^3$

(3) $(a+b)^2+(a-b)^2$ (4) $(a+b)^2-(a-b)^2$ (5) $(a-b)^2+(b-c)^2+(c-a)^2$

(1) $-\dfrac{1}{4}x^2y^2\times(2xy^3)^3=-\dfrac{1}{4}x^2y^2\times2^3x^3(y^3)^3$

$\qquad\qquad\qquad = -\dfrac{1}{4}x^2y^2\times8x^3y^9$

$\qquad\qquad\qquad = -\dfrac{1}{4}\times8\times x^{2+3}y^{2+9}=\boldsymbol{-2x^5y^{11}}$

$\Leftarrow (y^3)^3=y^{3\times3}=y^9$

$\Leftarrow x^2\times x^3=x^{2+3}=x^5$
$y^2\times y^9=y^{2+9}=y^{11}$

(2) $500xz^3\times\left(-\dfrac{1}{2}xy^2\right)^2\times\left(\dfrac{2}{5}xz\right)^3$

$\qquad = 500xz^3\times\left(-\dfrac{1}{2}\right)^2x^2(y^2)^2\times\left(\dfrac{2}{5}\right)^3x^3z^3$

$$=500xz^3\times\frac{1}{4}x^2y^4\times\frac{8}{125}x^3z^3$$

$$=500\times\frac{1}{4}\times\frac{8}{125}\times x^{1+2+3}\times y^4\times z^{3+3}$$

$$=\boldsymbol{8x^6y^4z^6}$$

$\Leftarrow\left(\dfrac{2}{5}\right)^3=\dfrac{2^3}{5^3}=\dfrac{8}{125}$

$\dfrac{2^3}{5}=\dfrac{8}{5}$ と区別を！

(3) $(a+b)^2+(a-b)^2=(a^2+2ab+b^2)+(a^2-2ab+b^2)$
$$=\boldsymbol{2a^2+2b^2}$$

(4) $(a+b)^2-(a-b)^2=(a^2+2ab+b^2)-(a^2-2ab+b^2)$
$$=a^2+2ab+b^2-a^2+2ab-b^2$$
$$=\boldsymbol{4ab}$$

CHART
$-(\ \ )$ は，$(\ \ )$ 内の式
の符号が変わる

(5) $(a-b)^2+(b-c)^2+(c-a)^2$
$$=(a^2-2ab+b^2)+(b^2-2bc+c^2)+(c^2-2ca+a^2)$$
$$=\boldsymbol{2a^2+2b^2+2c^2-2ab-2bc-2ca}$$

$\Leftarrow$ 輪環の順に整理。

EX
③**4** 次の式を展開せよ。
(1) $(x+2y)^2(x^2+4y^2)^2(x-2y)^2$ （2） $(a+b+c)^2(a+b-c)^2$
(3) $(x-1)(x+1)(x^2+1)(x^4+1)$ （4） $(x+1)(x+2)(x-1)(x-2)$

(1) $(x+2y)^2(x^2+4y^2)^2(x-2y)^2$
$$=\{(x+2y)(x-2y)(x^2+4y^2)\}^2$$
$$=\{(x^2-4y^2)(x^2+4y^2)\}^2=\{(x^2)^2-(4y^2)^2\}^2$$
$$=(x^4-16y^4)^2=(x^4)^2-2x^4\cdot16y^4+(16y^4)^2$$
$$=\boldsymbol{x^8-32x^4y^4+256y^8}$$

$\Leftarrow A^2B^2C^2=(ABC)^2$

$\Leftarrow (a+b)(a-b)$
$\quad =a^2-b^2$

(2) $a+b=t$ とおくと
$(a+b+c)^2(a+b-c)^2$
$$=(t+c)^2(t-c)^2=\{(t+c)(t-c)\}^2=(t^2-c^2)^2$$
$$=(t^2)^2-2t^2c^2+(c^2)^2=\{(a+b)^2\}^2-2c^2(a+b)^2+c^4$$
$$=(a^2+2ab+b^2)^2-2c^2(a^2+2ab+b^2)+c^4$$
$$=a^4+4a^2b^2+b^4+4a^3b+4ab^3+2a^2b^2$$
$$\quad -2a^2c^2-4abc^2-2b^2c^2+c^4$$
$$=a^4+(4+2)a^2b^2+b^4+4a^3b+4ab^3$$
$$\quad -2a^2c^2-4abc^2-2b^2c^2+c^4$$
$$=\boldsymbol{a^4+6a^2b^2+b^4+4a^3b+4ab^3}$$
$$\boldsymbol{-2a^2c^2-4abc^2-2b^2c^2+c^4}$$

$\Leftarrow A^2B^2=(AB)^2$
$\Leftarrow t$ を $a+b$ に戻す。

$\Leftarrow (x+y+z)^2$
$\quad =x^2+y^2+z^2+2xy$
$\qquad +2yz+2zx$
の公式を利用。

(3) $(x-1)(x+1)(x^2+1)(x^4+1)$
$$=\{(x-1)(x+1)\}(x^2+1)(x^4+1)$$
$$=(x^2-1)(x^2+1)(x^4+1)$$
$$=(x^4-1)(x^4+1)=(x^4)^2-1$$
$$=\boldsymbol{x^8-1}$$

$\Leftarrow$ 前から順に計算する
と，和と差の積の公式
が3度使える。

(4) $(x+1)(x+2)(x-1)(x-2)=(x+1)(x-1)\times(x+2)(x-2)$
$$=(x^2-1)(x^2-4)$$
$$=(x^2)^2-5x^2+4$$
$$=\boldsymbol{x^4-5x^2+4}$$

$\Leftarrow$ 掛ける組み合わせを
工夫。

EX ③ 5 次の式を因数分解せよ。

(1) $x^2+x+\dfrac{1}{4}$

(2) $6x^2+xy-35y^2$

(3) $8a^2+14ab-15b^2$

(4) $4(x+y)^2-11(x+y)-3$

(5) $(a+b+1)^2-b^2$

(6) $(a+b)^2-(c-d)^2$

(7) $4x^4-13x^2y^2+9y^4$

(8) a^8-1

(9) $(x+y)^4+(x+y)^2-2$

(10) $(x^2-2x)^2-11(x^2-2x)+24$

[(10) 京都産大]

---

(1) $x^2+x+\dfrac{1}{4}=x^2+2\cdot x\cdot\dfrac{1}{2}+\left(\dfrac{1}{2}\right)^2=\left(x+\dfrac{1}{2}\right)^2$

$\boxed{別解}$ $x^2+x+\dfrac{1}{4}=\dfrac{1}{4}(4x^2+4x+1)$

$=\dfrac{1}{4}\{(2x)^2+2\cdot 2x\cdot 1+1^2\}$

$=\dfrac{1}{4}(2x+1)^2$

(2) $6x^2+xy-35y^2$
$=(2x+5y)(3x-7y)$

$$
\begin{array}{ccc}
2 & 5y \longrightarrow & 15y \\
3 & -7y \longrightarrow & -14y \\
\hline
6 & -35y^2 & y
\end{array}
$$

⇐ y は数と考える。

(3) $8a^2+14ab-15b^2$
$=(2a+5b)(4a-3b)$

$$
\begin{array}{ccc}
2 & 5b \longrightarrow & 20b \\
4 & -3b \longrightarrow & -6b \\
\hline
8 & -15b^2 & 14b
\end{array}
$$

⇐ b は数と考える。

(4) $x+y=X$ とおくと
$4(x+y)^2-11(x+y)-3=4X^2-11X-3$
$=(X-3)(4X+1)$
$=\{(x+y)-3\}\{4(x+y)+1\}$
$=(x+y-3)(4x+4y+1)$

⇐ たすきがけ

$$
\begin{array}{ccc}
1 & -3 \longrightarrow & -12 \\
4 & 1 \longrightarrow & 1 \\
\hline
4 & -3 & -11
\end{array}
$$

(5) $a+b+1=A$ とおくと
$(a+b+1)^2-b^2=A^2-b^2$
$=(A+b)(A-b)$
$=\{(a+b+1)+b\}\{(a+b+1)-b\}$
$=(a+2b+1)(a+1)$

⇐ $○^2-△^2$
$=(○+△)(○-△)$

⇐ A を $a+b+1$ に戻す。

(6) $a+b=A$, $c-d=C$ とおくと
$(a+b)^2-(c-d)^2=A^2-C^2$
$=(A+C)(A-C)$
$=\{(a+b)+(c-d)\}\{(a+b)-(c-d)\}$
$=(a+b+c-d)(a+b-c+d)$

⇐ $○^2-△^2$
$=(○+△)(○-△)$

⇐ A を $a+b$ に, C を $c-d$ に戻す。

(7) $x^2=X$, $y^2=Y$ とおくと
$4x^4-13x^2y^2+9y^4=4(x^2)^2-13x^2y^2+9(y^2)^2$
$=4X^2-13XY+9Y^2$
$=(X-Y)(4X-9Y)=(x^2-y^2)(4x^2-9y^2)$
$=(x+y)(x-y)(2x+3y)(2x-3y)$

⇐ たすきがけ

$$
\begin{array}{ccc}
1 & -Y \longrightarrow & -4Y \\
4 & -9Y \longrightarrow & -9Y \\
\hline
4 & 9Y^2 & -13Y
\end{array}
$$

(8) $\quad a^8-1=(a^4)^2-1^2=(a^4+1)(a^4-1)$
$\qquad\qquad =(a^4+1)\{(a^2)^2-1\}$
$\qquad\qquad =(a^4+1)(a^2+1)(a^2-1)$
$\qquad\qquad =\boldsymbol{(a^4+1)(a^2+1)(a+1)(a-1)}$

← $a^8=(a^4)^2$ として平方の差の形を作る。$a^4=A$ とおいてもよい。

(9) $\quad (x+y)^2=t$ とおくと
$\quad (x+y)^4+(x+y)^2-2$
$\qquad\qquad =\{(x+y)^2\}^2+(x+y)^2-2$
$\qquad\qquad =t^2+t-2$
$\qquad\qquad =(t-1)(t+2)$
$\qquad\qquad =\{(x+y)^2-1\}\{(x+y)^2+2\}$
$\qquad\qquad =\{(x+y)+1\}\{(x+y)-1\}(x^2+2xy+y^2+2)$
$\qquad\qquad =\boldsymbol{(x+y+1)(x+y-1)(x^2+2xy+y^2+2)}$

← $(x+y)^2-1$ は因数分解できる。

(10) $\quad x^2-2x=t$ とおくと
$\quad (x^2-2x)^2-11(x^2-2x)+24=t^2-11t+24$
$\qquad\qquad =(t-3)(t-8)$
$\qquad\qquad =(x^2-2x-3)(x^2-2x-8)$
$\qquad\qquad =\boldsymbol{(x+1)(x-3)(x+2)(x-4)}$

← x^2-2x-3, x^2-2x-8 ともに因数分解できる。

EX ③6

次の式を因数分解せよ。
(1) $x^3+2x^2y-x^2z+xy^2-2xyz-y^2z$
(2) $x^3+3x^2y+zx^2+2xy^2+3xyz+2zy^2$

(1) $\quad z$ について整理すると
$\quad x^3+2x^2y-x^2z+xy^2-2xyz-y^2z$
$\qquad\qquad =(-x^2-2xy-y^2)z+x(x^2+2xy+y^2)$
$\qquad\qquad =-(x+y)^2z+x(x+y)^2$
$\qquad\qquad =\boldsymbol{(x-z)(x+y)^2}$

← 次数が最低の文字について整理する。
(1) x について 3 次，y について 2 次，z について 1 次。

(2) $\quad z$ について整理すると
$\quad x^3+3x^2y+zx^2+2xy^2+3xyz+2zy^2$
$\qquad\qquad =(x^2+3xy+2y^2)z+x(x^2+3xy+2y^2)$
$\qquad\qquad =(x^2+3xy+2y^2)(z+x)$
$\qquad\qquad =\boldsymbol{(x+y)(x+2y)(x+z)}$

(2) x について 3 次，y について 2 次，z について 1 次。

← $x^2+3xy+2y^2$ は因数分解できる。

EX ③7

式 A に式 $B=2x^2-2xy+y^2$ を加えるところを，誤って式 B を引いてしまったので，間違った答え x^2+xy+y^2 を得た。正しい答えを求めよ。　　　　　　　［大阪経大］

条件から　　　$A-B=x^2+xy+y^2$
よって　　　　$A=x^2+xy+y^2+B$
$\qquad\qquad =x^2+xy+y^2+(2x^2-2xy+y^2)$
$\qquad\qquad =(1+2)x^2+(1-2)xy+(1+1)y^2$
$\qquad\qquad =3x^2-xy+2y^2$
したがって，正しい答えは
$\qquad A+B=(3x^2-xy+2y^2)+(2x^2-2xy+y^2)$
$\qquad\qquad =(3+2)x^2+(-1-2)xy+(2+1)y^2$
$\qquad\qquad =\boldsymbol{5x^2-3xy+3y^2}$

← B を移項。

← ここで，$B=2x^2-2xy+y^2$ を代入。

1章

EX

別解 条件から，正しい答えは，間違った答えにBの2倍を
加えたものである。すなわち

$$x^2+xy+y^2+2(2x^2-2xy+y^2)$$
$$=x^2+xy+y^2+4x^2-4xy+2y^2$$
$$=(1+4)x^2+(1-4)xy+(1+2)y^2$$
$$=\boldsymbol{5x^2-3xy+3y^2}$$

$A+B$ … 正しい答え
↑ $+B$
A
↓ $-B$
x^2+xy+y^2 … 間違った答え

EX ③8 $(7x^3+12x^2-4x-3)(x^5+3x^3+2x^2-5)$ の展開式で，x^5 の係数は $^{ア}\boxed{}$，x^3 の係数は $^{イ}\boxed{}$ である。　　　〔創価大〕

x^5 の項は　　$7x^3×2x^2+12x^2×3x^3+(-3)×x^5$

よって，係数は　$7×2+12×3+(-3)=^{ア}\boldsymbol{47}$

x^3 の項は　　$7x^3×(-5)+(-4x)×2x^2+(-3)×3x^3$

よって，係数は　$7×(-5)+(-4)×2+(-3)×3=^{イ}\boldsymbol{-52}$

⬅ $x^3×x^2=x^2×x^3=x^5$

⬅ $x×x^2=x^{1+2}=x^3$

EX ④9 次の式を展開せよ。
(1) $(3x-1)^3$
(2) $(3x^2-a)(9x^4+3ax^2+a^2)$
(3) $(x-1)(x+1)(x^2+x+1)(x^2-x+1)$
(4) $(x+2)(x+4)(x-3)(x-5)$
(5) $(x+1)^3(x-1)^3$

(1) $(3x-1)^3=(3x)^3-3(3x)^2·1+3·3x·1^2-1^3$
$$=\boldsymbol{27x^3-27x^2+9x-1}$$

(2) $(3x^2-a)(9x^4+3ax^2+a^2)=(3x^2-a)\{(3x^2)^2+3x^2·a+a^2\}$
$$=(3x^2)^3-a^3$$
$$=\boldsymbol{27x^6-a^3}$$

(3) $(x-1)(x+1)(x^2+x+1)(x^2-x+1)$
$$=(x-1)(x^2+x+1)×(x+1)(x^2-x+1)$$
$$=(x^3-1)(x^3+1)$$
$$=(x^3)^2-1^2$$
$$=\boldsymbol{x^6-1}$$

(4) $(x+2)(x+4)(x-3)(x-5)$
$$=(x+2)(x-3)×(x+4)(x-5)$$
$$=(x^2-x-6)(x^2-x-20)$$
ここで，$x^2-x=t$ とおくと
$$(与式)=(t-6)(t-20)$$
$$=t^2-26t+120$$
$$=(x^2-x)^2-26(x^2-x)+120$$
$$=x^4-2x^3+x^2-26x^2+26x+120$$
$$=\boldsymbol{x^4-2x^3-25x^2+26x+120}$$

(5) $(x+1)^3(x-1)^3=\{(x+1)(x-1)\}^3$
$$=(x^2-1)^3$$
$$=(x^2)^3-3(x^2)^2·1+3x^2·1^2-1^3$$
$$=\boldsymbol{x^6-3x^4+3x^2-1}$$

⬅ $(a-b)^3=a^3-3a^2b+3ab^2-b^3$

⬅ $(a-b)(a^2+ab+b^2)=a^3-b^3$

⬅ $(a+b)(a^2-ab+b^2)=a^3+b^3$
$(a-b)(a^2+ab+b^2)=a^3-b^3$

⬅ $2+(-3)=-1,$ $4+(-5)=-1$ に注目して，式を組み合わせる。

⬅ $A^3B^3=(AB)^3$

⬅ $(a-b)^3=a^3-3a^2b+3ab^2-b^3$

EX
④**10** 次の式を因数分解せよ。

(1) $125a^3+64b^3$ (2) $27x^4-8xy^3z^3$ (3) $x^3+2x^2-9x-18$

(4) $8x^3-36x^2y+54xy^2-27y^3$ (5) $x^3+x^2+3xy-27y^3+9y^2$ [(5) 類 西南学院大]

(1) $125a^3+64b^3=(5a)^3+(4b)^3$
$\qquad\qquad\quad =(5a+4b)\{(5a)^2-5a\cdot 4b+(4b)^2\}$
$\qquad\qquad\quad =\boldsymbol{(5a+4b)(25a^2-20ab+16b^2)}$

← ○³+△³
$=(○+△)(○^2-○△+△^2)$
　○=5a, △=4b

(2) $27x^4-8xy^3z^3=x(27x^3-8y^3z^3)$
$\qquad\qquad\qquad =x\{(3x)^3-(2yz)^3\}$
$\qquad\qquad\qquad =x(3x-2yz)\{(3x)^2+3x\cdot 2yz+(2yz)^2\}$
$\qquad\qquad\qquad =\boldsymbol{x(3x-2yz)(9x^2+6xyz+4y^2z^2)}$

← x が共通因数。
← ○³−△³
$=(○-△)(○^2+○△+△^2)$
　○=3x, △=2yz

(3) $x^3+2x^2-9x-18=(x^3+2x^2)-(9x+18)$
$\qquad\qquad\qquad\quad =x^2(x+2)-9(x+2)$
$\qquad\qquad\qquad\quad =(x+2)(x^2-9)$
$\qquad\qquad\qquad\quad =\boldsymbol{(x+2)(x+3)(x-3)}$

← $(x^3-9x)+(2x^2-18)$
　と組み合わせてもよい。
← $x+2$ が共通因数。

(4) （与式）$=(8x^3-27y^3)-36x^2y+54xy^2$
$\qquad\quad =\{(2x)^3-(3y)^3\}-18xy(2x-3y)$
$\qquad\quad =(2x-3y)\{(2x)^2+2x\cdot 3y+(3y)^2\}-18xy(2x-3y)$
$\qquad\quad =(2x-3y)(4x^2+6xy+9y^2)-18xy(2x-3y)$
$\qquad\quad =(2x-3y)\{(4x^2+6xy+9y^2)-18xy\}$
$\qquad\quad =(2x-3y)(4x^2-12xy+9y^2)$
$\qquad\quad =(2x-3y)(2x-3y)^2$
$\qquad\quad =\boldsymbol{(2x-3y)^3}$

← ○³−△³
$=(○-△)(○^2+○△+△^2)$

← $2x-3y$ が共通因数。

注意 （与式）
$=(2x)^3-3\cdot(2x)^2\cdot 3y$
　　$+3\cdot 2x\cdot(3y)^2-(3y)^3$
$=(2x-3y)^3$
としてもよい。

(5) （与式）$=(x^3-27y^3)+(x^2+3xy+9y^2)$
$\qquad\quad =\{x^3-(3y)^3\}+(x^2+3xy+9y^2)$
$\qquad\quad =(x-3y)\{x^2+x\cdot 3y+(3y)^2\}+(x^2+3xy+9y^2)$
$\qquad\quad =(x-3y)(x^2+3xy+9y^2)+(x^2+3xy+9y^2)$
$\qquad\quad =\boldsymbol{(x-3y+1)(x^2+3xy+9y^2)}$

← ○³−△³
$=(○-△)(○^2+○△+△^2)$

← $x^2+3xy+9y^2$ が共通因数。

EX
⑤**11** 次の式を因数分解せよ。

(1) x^4-7x^2+1 (2) $a^4-3a^2b^2+b^4$ (3) a^6+26a^3-27

(4) a^6-b^6 (5) $(x-1)(x-3)(x-5)(x-7)+15$ [(5) 旭川大]

(1) $x^4-7x^2+1=(x^4+2x^2+1)-9x^2=(x^2+1)^2-(3x)^2$
$\qquad\qquad\quad =\{(x^2+1)+3x\}\{(x^2+1)-3x\}$
$\qquad\qquad\quad =\boldsymbol{(x^2+3x+1)(x^2-3x+1)}$

(1), (2) 複 2 次式で、
　$x^2=t$ などとおいても
　うまくいかないときは、
　平方の差の形を作る。

(2) $a^4-3a^2b^2+b^4=(a^4-2a^2b^2+b^4)-a^2b^2$
$\qquad\qquad\qquad =(a^2-b^2)^2-(ab)^2$
$\qquad\qquad\qquad =\{(a^2-b^2)+ab\}\{(a^2-b^2)-ab\}$
$\qquad\qquad\qquad =\boldsymbol{(a^2+ab-b^2)(a^2-ab-b^2)}$

(3) $a^3=t$ とおくと
$\quad a^6+26a^3-27=(a^3)^2+26a^3-27=t^2+26t-27$
$\qquad\qquad\qquad\quad =(t-1)(t+27)$

$$= (a^3-1^3)(a^3+3^3)$$
$$= (a-1)(a^2+a \cdot 1+1^2)(a+3)(a^2-a \cdot 3+3^2)$$
$$\boldsymbol{= (a-1)(a+3)(a^2+a+1)(a^2-3a+9)}$$

⟸ $\bigcirc^3-\triangle^3$
$= (\bigcirc-\triangle)(\bigcirc^2+\bigcirc\triangle+\triangle^2)$
$\bigcirc^3+\triangle^3$
$= (\bigcirc+\triangle)(\bigcirc^2-\bigcirc\triangle+\triangle^2)$

(4) $a^3=A$, $b^3=B$ とおくと
$$a^6-b^6 = (a^3)^2-(b^3)^2 = A^2-B^2$$
$$= (A+B)(A-B) = (a^3+b^3)(a^3-b^3)$$
$$= (a+b)(a^2-ab+b^2)(a-b)(a^2+ab+b^2)$$
$$\boldsymbol{= (a+b)(a-b)(a^2+ab+b^2)(a^2-ab+b^2)}$$

(4) $a^2=A$, $b^2=B$ と おいてもよいが, 左の 計算よりもやや手間が かかる。

(5) (与式)$= (x-1)(x-7) \times (x-3)(x-5)+15$
$$= (x^2-8x+7)(x^2-8x+15)+15$$
ここで, $x^2-8x=t$ とおくと
(与式)$= (t+7)(t+15)+15 = t^2+22t+120$
$$= (t+10)(t+12)$$
$$= (x^2-8x+10)(x^2-8x+12)$$
$$\boldsymbol{= (x^2-8x+10)(x-2)(x-6)}$$

⟸ $-1-7=-8$,
$-3-5=-8$ に着目
して $x-1$ と $x-7$,
$x-3$ と $x-5$
を組み合わせる。

⟸ $x^2-8x+10$ はこれ以
上因数分解できない。

EX
⑤ **12** 次の式を因数分解せよ。
(1) $(a+b+c+1)(a+1)+bc$　　　　(2) $xy+(x+1)(y+1)(xy+1)$
(3) $4(a-b)^2+2b(a-b)-b(b-c)-(b-c)^2$　　　　[(1) 松山大, (3) 実践女子大]

(1) c について整理すると
(与式)$= (a+1)(c+a+b+1)+bc$
$$= (a+1+b)c+(a+1)(a+b+1)$$
$$= (a+b+1)(c+a+1)$$
$$\boldsymbol{= (a+b+1)(a+c+1)}$$

⟸ b についても 1 次で
あるから, b について
整理してもよい。

⟸ アルファベット順に
整理。

(2) x について整理すると
(与式)$= (y+1)(x+1)(yx+1)+yx$
$$= (y+1)\{yx^2+(y+1)x+1\}+yx$$
$$= y(y+1)x^2+\{(y+1)^2+y\}x+(y+1)$$
$$= \{(y+1)x+1\}\{yx+(y+1)\}$$
$$\boldsymbol{= (xy+x+1)(xy+y+1)}$$

Ⓐ たすきがけ

y		$y+1$	$\longrightarrow$	$(y+1)^2$
$y+1$		1	$\longrightarrow$	y
$y(y+1)$		$y+1$		$(y+1)^2+y$

(3) (与式)$= 4(a-b)^2-(b-c)^2+2b(a-b)-b(b-c)$
$$= \{2(a-b)+(b-c)\}\{2(a-b)-(b-c)\}$$
$$\qquad\qquad +b\{2(a-b)-(b-c)\}$$
$$= \{2(a-b)-(b-c)\}\{2(a-b)+(b-c)+b\}$$
$$\boldsymbol{= (2a-3b+c)(2a-c)}$$

⟸ 第 1 項と第 4 項, 第
2 項と第 3 項を組み合
わせると, 共通因数
$2(a-b)-(b-c)$
が見つかる。
黒い部分は
$A^2-B^2=(A+B)(A-B)$
の形。

別解　与式を展開して, 次数が最低の b で整理すると
(与式)$= 4a^2-6ab+3bc-c^2$
$$= 3(-2a+c)b+4a^2-c^2$$
$$= -3(2a-c)b+(2a+c)(2a-c)$$
$$= (2a-c)(-3b+2a+c)$$
$$\boldsymbol{= (2a-c)(2a-3b+c)}$$

⟸ $2a-c$ が共通因数。

⟸ アルファベット順に。

EX
⑤**13** 等式 $a^3+b^3=(a+b)^3-3ab(a+b)$ を利用し，共通因数を見つけて等式
$$a^3+b^3+c^3-3abc=(a+b+c)(a^2+b^2+c^2-ab-bc-ca) \quad \cdots\cdots (*)$$
を導け。また，この結果を用いて，次の式を因数分解せよ。
(1) $x^3+y^3+3xy-1$ (2) $a^3-8b^3+6ab+1$

$a^3+b^3+c^3-3abc$
$\quad =(a^3+b^3)+c^3-3abc$
$\quad =(a+b)^3-3ab(a+b)+c^3-3abc$
$\quad =\{(a+b)^3+c^3\}-3ab(a+b)-3abc$
$\quad =\{(a+b)+c\}\{(a+b)^2-(a+b)c+c^2\}-3ab(a+b+c)$
$\quad =(a+b+c)(a^2+2ab+b^2-ac-bc+c^2-3ab)$
$\quad =(a+b+c)(a^2+b^2+c^2-ab-bc-ca)$

⟸ 等式を利用。

⟸ $a+b=t$ とおくと
$\quad t^3+c^3$
$\quad =(t+c)(t^2-tc+c^2)$

⟸ 共通因数 $a+b+c$ で
くくる。

(1) （与式）$=x^3+y^3+(-1)^3-3xy(-1)$
$\qquad =(x+y-1)\{x^2+y^2+(-1)^2-xy-y(-1)-(-1)x\}$
$\qquad \boldsymbol{=(x+y-1)(x^2+y^2-xy+x+y+1)}$

⟸ 等式において
$a=x,\ b=y,\ c=-1$

(2) （与式）$=a^3+(-2b)^3+1^3-3a(-2b)\cdot 1$
$\qquad =(a-2b+1)\{a^2+(-2b)^2+1^2-a(-2b)-(-2b)\cdot 1-1\cdot a\}$
$\qquad \boldsymbol{=(a-2b+1)(a^2+4b^2+2ab-a+2b+1)}$

⟸ 等式において
b を $-2b$，c を 1
とみる。

参考 問題文の等式($*$)は，公式として覚えておくと，役に立つことがある。

TR **②26**

(1) 循環小数 $0.\dot{2}$, $1.\dot{2}\dot{1}$, $0.1\dot{3}$ をそれぞれ分数で表せ。

(2) (ア) $\dfrac{5}{37}$　(イ) $\dfrac{1}{26}$ を小数で表したとき，小数第 200 位の数字を求めよ。

(1) $x=0.\dot{2}$ とおくと　　$x=0.222\cdots$

両辺を 10 倍して　$10x=2.222\cdots$

よって　　$10x-x=2$

ゆえに　　$x=\dfrac{2}{9}$

$$10x=2.222\cdots$$
$$-)\ x=0.222\cdots$$
$$\overline{9x=2}$$

◀ 循環部分が 1 桁のとき，両辺を $10 (=10^1)$ 倍。

$y=1.\dot{2}\dot{1}$ とおくと　　$y=1.2121\cdots$

両辺を 100 倍して　$100y=121.2121\cdots$

よって　　$100y-y=120$

ゆえに　　$y=\dfrac{120}{99}=\dfrac{40}{33}$

$$100y=121.2121\cdots$$
$$-)\ y=1.2121\cdots$$
$$\overline{99y=120}$$

◀ 循環部分が 2 桁のとき，両辺を $100 (=10^2)$ 倍。

$z=0.1\dot{3}$ とおくと　　$z=0.1333\cdots$

両辺を 10 倍して　$10z=1.333\cdots$

さらに両辺を 10 倍して　$100z=13.333\cdots$

よって　　$100z-10z=12$

ゆえに　　$z=\dfrac{12}{90}=\dfrac{2}{15}$

$$100z=13.333\cdots$$
$$-)\ 10z=1.333\cdots$$
$$\overline{90z=12}$$

◀ まず，循環部分が小数第 1 位から始まるように，10 倍する。そして，循環部分が 1 桁であるから，さらに両辺を 10 倍する。

(2) (ア) $\dfrac{5}{37}=0.1351351\cdots=0.\dot{1}3\dot{5}$

小数第 1 位から 135 の 3 個の数字の並びが繰り返される。

$200=3\cdot66+2$ であるから，小数第 200 位の数字は 135 の 2 番目の数字で　　**3**

小数第 1 位
↓
◀ $\underbrace{135\ \ \ 135\ \ \ 135\ \cdots\cdots}_{3個}$

(イ) $\dfrac{1}{26}=0.038461538\cdots=0.0\dot{3}8461\dot{5}$

小数第 2 位から 384615 の 6 個の数字の並びが繰り返される。

小数第 200 位の数字は $38461538\cdots$ の 199 番目の数字と同じである。

$199=6\cdot33+1$ であるから，求める小数第 200 位の数字は 384615 の 1 番目の数字で　　**3**

小数第 2 位
↓
◀ $\underbrace{384615\ \ \ 384615\ \cdots\cdots}_{6個}$

TR **①27**

(1) 次の①～④のうち，正しいものをすべて選べ。

① $\sqrt{0.25}=\pm0.5$ である。　　② $\sqrt{0.25}=0.5$ である。

③ $\dfrac{49}{64}$ の平方根は $\pm\dfrac{7}{8}$ である。　　④ $\dfrac{49}{64}$ の平方根は $\dfrac{7}{8}$ のみである。

(2) $(\sqrt{3})^2$, $\left(-\sqrt{\dfrac{3}{2}}\right)^2$, $\sqrt{(-7)^2}$, $-\sqrt{(-9)^2}$ の値をそれぞれ求めよ。

(1) $\sqrt{0.25}=\sqrt{\dfrac{25}{100}}=\sqrt{\left(\dfrac{5}{10}\right)^2}=\sqrt{(0.5)^2}=0.5$

$\dfrac{49}{64}$ の平方根は　　$\pm\sqrt{\dfrac{49}{64}}=\pm\sqrt{\left(\dfrac{7}{8}\right)^2}=\pm\dfrac{7}{8}$

よって，正しいものは　　②，③

(2) $\sqrt{3}$ は2乗して3になる正の数であるから $(\sqrt{3})^2=\textbf{3}$

$-\sqrt{\dfrac{3}{2}}$ は2乗して $\dfrac{3}{2}$ になる負の数であるから

$$\left(-\sqrt{\dfrac{3}{2}}\right)^2=\dfrac{\textbf{3}}{\textbf{2}}$$

$$\sqrt{(-7)^2}=\sqrt{7^2}=\textbf{7}$$

$$-\sqrt{(-9)^2}=-\sqrt{9^2}=\textbf{-9}$$

← $\sqrt{(-7)^2}=-7$ ではない。

TR 次の式を計算せよ。
②**28**
(1) $3\sqrt{3}-6\sqrt{3}+5\sqrt{3}$ 　　　　(2) $2\sqrt{50}-5\sqrt{18}+3\sqrt{32}$
(3) $\sqrt{2}(\sqrt{3}+\sqrt{50})-\sqrt{3}(1-\sqrt{75})$ 　　(4) $(\sqrt{3}+\sqrt{5})^2$
(5) $(3\sqrt{2}-\sqrt{3})^2$ 　　　　　(6) $(4+2\sqrt{3})(4-2\sqrt{3})$
(7) $(\sqrt{20}+\sqrt{3})(\sqrt{5}-\sqrt{27})$ 　　(8) $(\sqrt{6}+2)(\sqrt{3}-\sqrt{2})$

(1) $3\sqrt{3}-6\sqrt{3}+5\sqrt{3}=(3-6+5)\sqrt{3}=\textbf{2}\sqrt{\textbf{3}}$

← $3a-6a+5a$ と同じ。

(2) $2\sqrt{50}-5\sqrt{18}+3\sqrt{32}=2\sqrt{5^2\cdot2}-5\sqrt{3^2\cdot2}+3\sqrt{4^2\cdot2}$

← $\sqrt{}$ の中を小さい数にする。

$$=2\cdot5\sqrt{2}-5\cdot3\sqrt{2}+3\cdot4\sqrt{2}$$

$$=(10-15+12)\sqrt{2}=\textbf{7}\sqrt{\textbf{2}}$$

← $10a-15a+12a$ と同じ。

(3) $\sqrt{2}(\sqrt{3}+\sqrt{50})-\sqrt{3}(1-\sqrt{75})$

$$=\sqrt{2}(\sqrt{3}+\sqrt{5^2\cdot2})-\sqrt{3}(1-\sqrt{5^2\cdot3})$$

← $\sqrt{}$ の中を小さい数にする。

$$=\sqrt{2}(\sqrt{3}+5\sqrt{2})-\sqrt{3}(1-5\sqrt{3})$$

$$=\sqrt{2}\sqrt{3}+5(\sqrt{2})^2-\sqrt{3}+5(\sqrt{3})^2$$

$$=\sqrt{6}+10-\sqrt{3}+15$$

$$=\textbf{25}+\sqrt{\textbf{6}}-\sqrt{\textbf{3}}$$

← 答えはこれ以上整理できない。

(4) $(\sqrt{3}+\sqrt{5})^2=(\sqrt{3})^2+2\sqrt{3}\sqrt{5}+(\sqrt{5})^2$

← $(a+b)^2=a^2+2ab+b^2$

$$=3+2\sqrt{3\cdot5}+5=\textbf{8}+\textbf{2}\sqrt{\textbf{15}}$$

(5) $(3\sqrt{2}-\sqrt{3})^2=(3\sqrt{2})^2-2\cdot3\sqrt{2}\sqrt{3}+(\sqrt{3})^2$

← $(a-b)^2=a^2-2ab+b^2$

$$=9\cdot2-6\sqrt{2\cdot3}+3=\textbf{21}-\textbf{6}\sqrt{\textbf{6}}$$

(6) $(4+2\sqrt{3})(4-2\sqrt{3})=4^2-(2\sqrt{3})^2=16-4\cdot3=\textbf{4}$

← $(a+b)(a-b)=a^2-b^2$

(7) $(\sqrt{20}+\sqrt{3})(\sqrt{5}-\sqrt{27})=(2\sqrt{5}+\sqrt{3})(\sqrt{5}-3\sqrt{3})$

← $\sqrt{}$ の中を小さい数にする。

$$=2\sqrt{5}(\sqrt{5}-3\sqrt{3})+\sqrt{3}(\sqrt{5}-3\sqrt{3})$$

$$=2(\sqrt{5})^2-6\sqrt{5}\sqrt{3}+\sqrt{3}\sqrt{5}-3(\sqrt{3})^2$$

$$=2\cdot5-5\sqrt{15}-3\cdot3=\textbf{1}-\textbf{5}\sqrt{\textbf{15}}$$

(8) $(\sqrt{6}+2)(\sqrt{3}-\sqrt{2})=\sqrt{6}(\sqrt{3}-\sqrt{2})+2(\sqrt{3}-\sqrt{2})$

$$=\sqrt{18}-\sqrt{12}+2\sqrt{3}-2\sqrt{2}$$

$$=\sqrt{3^2\cdot2}-\sqrt{2^2\cdot3}+2\sqrt{3}-2\sqrt{2}$$

$$=3\sqrt{2}-2\sqrt{3}+2\sqrt{3}-2\sqrt{2}=\sqrt{\textbf{2}}$$

別解 $(\sqrt{6}+2)(\sqrt{3}-\sqrt{2})=(\sqrt{2}\sqrt{3}+\sqrt{2}\sqrt{2})(\sqrt{3}-\sqrt{2})$

$$=\sqrt{2}(\sqrt{3}+\sqrt{2})(\sqrt{3}-\sqrt{2})$$

← $\sqrt{2}$ をくくり出すと $(a+b)(a-b)$ の形を作ることができる。

$$=\sqrt{2}\{(\sqrt{3})^2-(\sqrt{2})^2\}$$

$$=\sqrt{2}(3-2)=\sqrt{\textbf{2}}$$

TR ②**29** 次の式の分母を有理化せよ。

(1) $\dfrac{10}{\sqrt{5}}$ 　　(2) $\dfrac{\sqrt{9}}{\sqrt{8}}$ 　　(3) $\dfrac{1}{\sqrt{2}+1}$ 　　(4) $\dfrac{2+\sqrt{3}}{2-\sqrt{3}}$

(1) $\dfrac{10}{\sqrt{5}}=\dfrac{10\times\sqrt{5}}{\sqrt{5}\times\sqrt{5}}=\dfrac{10\sqrt{5}}{5}=2\sqrt{5}$

　　⬅ 分母・分子に $\sqrt{5}$ を掛ける。

　　⬅ $10=2\times5$ に注目。

$\boxed{\text{別解}}$ 　$\dfrac{10}{\sqrt{5}}=\dfrac{2\cdot5}{\sqrt{5}}=\dfrac{2(\sqrt{5})^2}{\sqrt{5}}=2\sqrt{5}$

(2) $\dfrac{\sqrt{9}}{\sqrt{8}}=\dfrac{\sqrt{3^2}}{\sqrt{2^2\cdot2}}=\dfrac{3}{2\sqrt{2}}=\dfrac{3\times\sqrt{2}}{2\sqrt{2}\times\sqrt{2}}=\dfrac{3\sqrt{2}}{4}$

　　⬅ まず，$\sqrt{\ }$ の中を小さい数にする。

(3) $\dfrac{1}{\sqrt{2}+1}=\dfrac{\sqrt{2}-1}{(\sqrt{2}+1)(\sqrt{2}-1)}=\dfrac{\sqrt{2}-1}{2-1}=\sqrt{2}-1$

　　⬅ $\sqrt{2}+1$ には $\sqrt{2}-1$ を掛ける。

(4) $\dfrac{2+\sqrt{3}}{2-\sqrt{3}}=\dfrac{(2+\sqrt{3})^2}{(2-\sqrt{3})(2+\sqrt{3})}=\dfrac{2^2+2\cdot2\cdot\sqrt{3}+(\sqrt{3})^2}{4-3}$

$=4+4\sqrt{3}+3=7+4\sqrt{3}$

　　⬅ $2-\sqrt{3}$ には $2+\sqrt{3}$ を掛ける。分子は $(a+b)^2$ の形。

TR ③**30** ★ 次の式を計算せよ。

(1) $\dfrac{3\sqrt{2}}{2\sqrt{3}}-\dfrac{\sqrt{3}}{3\sqrt{2}}+\dfrac{1}{2\sqrt{6}}$ 　　(2) $\dfrac{8}{3-\sqrt{5}}-\dfrac{2}{2+\sqrt{5}}$

(3) $\dfrac{\sqrt{5}}{\sqrt{3}+1}-\dfrac{\sqrt{3}}{\sqrt{5}+\sqrt{3}}$ 　　(4) $\dfrac{\sqrt{3}-\sqrt{2}}{\sqrt{3}+\sqrt{2}}+\dfrac{\sqrt{3}+\sqrt{2}}{\sqrt{3}-\sqrt{2}}$

[(4) 法政大]

(1) $\dfrac{3\sqrt{2}}{2\sqrt{3}}-\dfrac{\sqrt{3}}{3\sqrt{2}}+\dfrac{1}{2\sqrt{6}}=\dfrac{3\sqrt{2}\sqrt{3}}{2\sqrt{3}\sqrt{3}}-\dfrac{\sqrt{3}\sqrt{2}}{3\sqrt{2}\sqrt{2}}+\dfrac{\sqrt{6}}{2\sqrt{6}\sqrt{6}}$

$=\dfrac{3\sqrt{6}}{2\cdot3}-\dfrac{\sqrt{6}}{3\cdot2}+\dfrac{\sqrt{6}}{2\cdot6}$

$=\dfrac{(6-2+1)\sqrt{6}}{12}=\dfrac{5\sqrt{6}}{12}$

　　⬅ まず，**分母を有理化**。$\sqrt{3}$ には $\sqrt{3}$ を，$\sqrt{2}$ には $\sqrt{2}$ を，$\sqrt{6}$ には $\sqrt{6}$ を分母・分子に掛ける。

(2) $\dfrac{8}{3-\sqrt{5}}-\dfrac{2}{2+\sqrt{5}}$

$=\dfrac{8(3+\sqrt{5})}{(3-\sqrt{5})(3+\sqrt{5})}-\dfrac{2(\sqrt{5}-2)}{(\sqrt{5}+2)(\sqrt{5}-2)}$

$=\dfrac{8(3+\sqrt{5})}{9-5}-\dfrac{2(\sqrt{5}-2)}{5-4}=2(3+\sqrt{5})-2(\sqrt{5}-2)=10$

　　⬅ $3-\sqrt{5}$ には $3+\sqrt{5}$ を掛ける。$2+\sqrt{5}$ は $\sqrt{5}+2$ として，$\sqrt{5}-2$ を分母・分子に掛けると，分母が正になる。

(3) $\dfrac{\sqrt{5}}{\sqrt{3}+1}-\dfrac{\sqrt{3}}{\sqrt{5}+\sqrt{3}}$

$=\dfrac{\sqrt{5}(\sqrt{3}-1)}{(\sqrt{3}+1)(\sqrt{3}-1)}-\dfrac{\sqrt{3}(\sqrt{5}-\sqrt{3})}{(\sqrt{5}+\sqrt{3})(\sqrt{5}-\sqrt{3})}$

$=\dfrac{\sqrt{15}-\sqrt{5}}{3-1}-\dfrac{\sqrt{15}-3}{5-3}$

$=\dfrac{\sqrt{15}-\sqrt{5}-\sqrt{15}+3}{2}=\dfrac{3-\sqrt{5}}{2}$

　　⬅ $\sqrt{3}+1$ には $\sqrt{3}-1$ を，$\sqrt{5}+\sqrt{3}$ には $\sqrt{5}-\sqrt{3}$ を分母・分子に掛ける。

(4) $\dfrac{\sqrt{3}-\sqrt{2}}{\sqrt{3}+\sqrt{2}}+\dfrac{\sqrt{3}+\sqrt{2}}{\sqrt{3}-\sqrt{2}}$

$$=\frac{(\sqrt{3}-\sqrt{2})^2}{(\sqrt{3}+\sqrt{2})(\sqrt{3}-\sqrt{2})}+\frac{(\sqrt{3}+\sqrt{2})^2}{(\sqrt{3}-\sqrt{2})(\sqrt{3}+\sqrt{2})}$$

$$=\frac{3-2\sqrt{3}\sqrt{2}+2}{3-2}+\frac{3+2\sqrt{3}\sqrt{2}+2}{3-2}$$

$$=5-2\sqrt{6}+5+2\sqrt{6}=10$$

⬅ 第 1 項の分子は
$(a-b)^2=a^2-2ab+b^2$
第 2 項の分子は
$(a+b)^2=a^2+2ab+b^2$
を利用して計算。

注意 通分と同時に，分母が有理化される(本冊 $p.59$ ズーム UP 参照)。

TR
③**31** ★ $x=\dfrac{2+\sqrt{3}}{2-\sqrt{3}}$, $y=\dfrac{2-\sqrt{3}}{2+\sqrt{3}}$ のとき，次の式の値を求めよ。

    (1) $x+y$, xy　　　(2) x^2+y^2　　　(3) $x^4y^3+x^3y^4$　　　(4) x^3+y^3

(1) $\boldsymbol{x+y}=\dfrac{2+\sqrt{3}}{2-\sqrt{3}}+\dfrac{2-\sqrt{3}}{2+\sqrt{3}}=\dfrac{(2+\sqrt{3})^2+(2-\sqrt{3})^2}{(2-\sqrt{3})(2+\sqrt{3})}$

$$=\dfrac{(4+4\sqrt{3}+3)+(4-4\sqrt{3}+3)}{4-3}=\boldsymbol{14}$$

$$\boldsymbol{xy}=\dfrac{2+\sqrt{3}}{2-\sqrt{3}}\cdot\dfrac{2-\sqrt{3}}{2+\sqrt{3}}=\boldsymbol{1}$$

⬅ 分母が $2-\sqrt{3}$ と $2+\sqrt{3}$ であるから，通分と同時に分母が有理化される。

⬅ x, y は互いに他の逆数。

CHART
x, y の対称式
$x+y$, xy で表す

(2) $x^2+y^2=(x+y)^2-2xy$
               $=14^2-2\cdot1=\boldsymbol{194}$

(3) $x^4y^3+x^3y^4=x^3y^3(x+y)=(xy)^3(x+y)=1^3\cdot14=\boldsymbol{14}$

(4) $x^3+y^3=(x+y)^3-3xy(x+y)=14^3-3\cdot1\cdot14=\boldsymbol{2702}$

別解 $x^3+y^3=(x+y)(x^2-xy+y^2)=14(194-1)=\boldsymbol{2702}$

⬅ $14^3-3\cdot1\cdot14$
$=14(14^2-3)=14\cdot193$

TR
①**32** $a<b$ のとき，次の $\boxed{}$ に不等号 > または < を入れ，正しい不等式にせよ。

  (1) $a+3\ \boxed{}\ b+3$　　　(2) $0.3a\ \boxed{}\ 0.3b$　　　(3) $-\dfrac{2}{5}a\ \boxed{}\ -\dfrac{2}{5}b$

  (4) $2a-3\ \boxed{}\ 2b-3$　　　(5) $6-a\ \boxed{}\ 6-b$　　　(6) $\dfrac{a+5}{3}\ \boxed{}\ \dfrac{b+5}{3}$

(1) $a<b$ の両辺に 3 を加えて　　　$a+3<b+3$

(2) $a<b$ の両辺に 0.3 を掛けて　　　$0.3a<0.3b$

(3) $a<b$ の両辺に $-\dfrac{2}{5}$ を掛けて　　　$-\dfrac{2}{5}a>-\dfrac{2}{5}b$

(4) $a<b$ の両辺に 2 を掛けて　　　$2a<2b$
    $2a<2b$ の両辺から 3 を引いて　　　$2a-3<2b-3$

(5) $a<b$ の両辺に -1 を掛けて　　　$-a>-b$
    $-a>-b$ の両辺に 6 を加えて　　　$6-a>6-b$

(6) $a<b$ の両辺に 5 を加えて　　　$a+5<b+5$
    $a+5<b+5$ の両辺を 3 で割って　　　$\dfrac{a+5}{3}<\dfrac{b+5}{3}$

⬅ 不等号の向きは変わらない。

CHART
不等号の性質
負の数の乗除で，不等号の向きが変わる

⬅ 不等号の向きが変わる。

TR
③**33** $2<x<5$, $-1<y<3$ のとき，次の式のとりうる値の範囲を求めよ。

  (1) $x-5$　　　(2) $3y$　　　(3) $x+y$　　　(4) $x-2y$

(1) $2<x<5$ の各辺から 5 を引いて　　$2-5<x-5<5-5$
    すなわち　　$\boldsymbol{-3<x-5<0}$

⬅ $A<B<C$ のとき
$A-D<B-D<C-D$

(2)　$-1<y<3$ の各辺に 3 を掛けて　$-1\cdot3<y\cdot3<3\cdot3$

　　すなわち　　$-3<3y<9$

$\Leftarrow A<B<C,\ D>0$ の
とき　$AD<BD<CD$

(3)　$2<x$ かつ $-1<y$ から　$2-1<x+y$

　　すなわち　　$1<x+y$　……①

　　$x<5$ かつ $y<3$ から　　$x+y<5+3$

　　すなわち　　$x+y<8$　……②

　　①，②から　　$1<x+y<8$

　$\boxed{別解}$　$2<x<5$，$-1<y<3$ の各辺を加えて

　　　　$2-1<x+y<5+3$　すなわち　$1<x+y<8$

(4)　$-1<y<3$ の各辺に -2 を掛けて

　　　　　　$-1\cdot(-2)>y\cdot(-2)>3\cdot(-2)$

　　すなわち　　$-6<-2y<2$ ……③

　　$2<x<5$ と③の各辺を加えて

　　　　　$2-6<x-2y<5+2$

　　すなわち　　$-4<x-2y<7$

$\Leftarrow \begin{array}{l}2<x<5 \text{ かつ}\\ -1<y<3\end{array}$

$\Leftarrow \begin{array}{l}2<x<5 \text{ かつ}\\ -1<y<3\end{array}$

$\Leftarrow$ このように簡単に書いてもよい。

$\Leftarrow$ $2<x<5$ と $-2<2y<6$ の各辺を引いて $2-(-2)<x-2y<5-6$ とするのは誤り！

TR
②**34**　次の不等式を解け。

　(1)　$8x+13>5x-8$　　　(2)　$3(x-3)\geqq5(x+1)$　　　(3)　$\dfrac{4-x}{2}<7+2x$

　(4)　$\dfrac{1}{2}(1-3x)\geqq\dfrac{2}{3}(x+7)-5$　　　　　(5)　$0.2x-7.1\leqq-0.5(x+3)$

(1)　移項して　　　　　　　$8x-5x>-8-13$

　　整理して　　　　　　　$3x>-21$

　　両辺を 3 で割って　　　$x>-7$

(2)　かっこをはずして　　　$3x-9\geqq5x+5$

　　移項して　　　　　　　$3x-5x\geqq5+9$

　　整理して　　　　　　　$-2x\geqq14$

　　両辺を -2 で割って　　$x\leqq-7$

(3)　両辺に 2 を掛けて　　　$4-x<2(7+2x)$

　　かっこをはずして　　　$4-x<14+4x$

　　移項して　　　　　　　$-x-4x<14-4$

　　整理して　　　　　　　$-5x<10$

　　両辺を -5 で割って　　$x>-2$

(4)　両辺に 6 を掛けて　　　$3(1-3x)\geqq4(x+7)-30$

　　かっこをはずして　　　$3-9x\geqq4x-2$

　　移項して　　　　　　　$-9x-4x\geqq-2-3$

　　整理して　　　　　　　$-13x\geqq-5$

　　両辺を -13 で割って　　$x\leqq\dfrac{5}{13}$

(5)　両辺を 10 倍して　　　$2x-71\leqq-5(x+3)$

　　かっこをはずして　　　$2x-71\leqq-5x-15$

　　移項して　　　　　　　$2x+5x\leqq-15+71$

　　整理して　　　　　　　$7x\leqq56$

　　両辺を 7 で割って　　　$x\leqq8$

1 次不等式の解法

$\boxed{1}$　x を含む項を左辺に，数を右辺に移項する。

$\boxed{2}$　$ax>b$，$ax\leqq b$ などの形に整理する。

$\boxed{3}$　両辺を x の係数 a で割る。a の符号に注意。

$\Leftarrow$ 不等号の向きが変わる。

$\Leftarrow$ 係数を整数にする。

$\Leftarrow$ 不等号の向きが変わる。

$\Leftarrow$ 係数を整数にする。

$\Leftarrow$ 不等号の向きが変わる。

$\Leftarrow$ 係数の小数が小数点以下第 1 位であるから，両辺を 10 倍する。

TR
②**35**　次の不等式を解け。

(1) $\begin{cases} 4x-1<3x+5 \\ 5-3x<1-x \end{cases}$ 　　(2) $\begin{cases} 3x-5<1 \\ \dfrac{3x}{2}-\dfrac{x-4}{3}\leqq\dfrac{1}{6} \end{cases}$ 　　(3) $\dfrac{2x+5}{4}<x+2\leqq17-2x$

(1)　$4x-1<3x+5$ から

$$4x-3x<5+1$$

よって　$x<6$ …… ①

$5-3x<1-x$ から

$$-3x+x<1-5$$

整理して　$-2x<-4$

よって　$x>2$ …… ②

①，②の共通範囲を求めて

$$\boldsymbol{2<x<6}$$

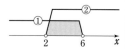

(2)　$3x-5<1$ から　　$3x<6$

よって　　$x<2$ …… ①

$\dfrac{3x}{2}-\dfrac{x-4}{3}\leqq\dfrac{1}{6}$ の両辺に 6 を掛けて

$$9x-2(x-4)\leqq1$$

整理して　$7x\leqq-7$

よって　　$x\leqq-1$ …… ②

①，②の共通範囲を求めて

$$\boldsymbol{x\leqq-1}$$

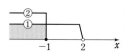

(3)　$\dfrac{2x+5}{4}<x+2$ の両辺に 4 を掛けて

$$2x+5<4x+8$$

移項して整理すると　　$-2x<3$

よって　　$x>-\dfrac{3}{2}$ …… ①

$x+2\leqq17-2x$ から　　$3x\leqq15$

よって　　$x\leqq5$ …… ②

①，②の共通範囲を求めて

$$-\dfrac{3}{2}<\boldsymbol{x}\leqq\boldsymbol{5}$$

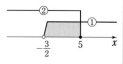

連立不等式の解法
1　それぞれの不等式を解く。
2　不等式の解を数直線上に図示する。
3　解の共通範囲を求める。

◀ 分母 2，3，6 の最小公倍数 6 を両辺に掛けて分母を払う。

(3)　$A<B\leqq C$ は $A<B$ と $B\leqq C$ が同時に成り立つことである。

◀ 不等号の向きが変わる。

TR
③**36**　★ (1)　不等式 $\dfrac{n+1}{7}+n\leqq\dfrac{3(n-1)}{2}$ を満たす最小の自然数 n の値を求めよ。

(2)　連立不等式 $\begin{cases} 2x-1<3(x+1) \\ x-4\leqq-2x+3 \end{cases}$ を満たす整数 x の値をすべて求めよ。

(1)　両辺を 14 倍すると　　$2(n+1)+14n\leqq21(n-1)$

よって　　　　　　　　　$2n+2+14n\leqq21n-21$

整理すると　　　　　　　　　　　$-5n\leqq-23$

ゆえに　　　　　　　　　　　　　　$n\geqq\dfrac{23}{5}$

◀ まず，係数を整数にする。

◀ 不等号の向きが変わる。

$\dfrac{23}{5} = 4.6$ である。不等式を満たす最小の自然数 n の値は，

$\qquad$ ← 小数に直すと，わかりやすい。

$n \geqq \dfrac{23}{5}$ を満たす最小の自然数 n の値を求めて $\qquad$ **$n = 5$**

2章

TR

(2) $2x - 1 < 3(x+1)$ から $\qquad -x < 4$

$\qquad$ よって $\qquad x > -4$ ……①

← 不等号の向きが変わる。

$\qquad x - 4 \leqq -2x + 3$ から $\qquad 3x \leqq 7$

$\qquad$ よって $\qquad x \leqq \dfrac{7}{3}$ ……②

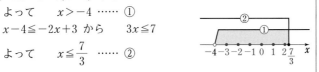

①，②の共通範囲を求めて $\qquad -4 < x \leqq \dfrac{7}{3}$

$\dfrac{7}{3} = 2.3\cdots$ である。連立不等式を満たす整数 x の値は，

← 数直線で解を判断。

$\qquad -4 < x \leqq \dfrac{7}{3}$ を満たす整数 x の値を求めて

$\qquad\qquad$ **$x = -3,\ -2,\ -1,\ 0,\ 1,\ 2$**

TR
③**37** ある学校で学校祭のパンフレットを作ることになった。印刷の費用は 100 枚までは 4000 円であるが，100 枚を超えた分については，1 枚につき 27 円かかるという。1 枚あたりの印刷の費用を 30 円以下にするためには，少なくとも何枚印刷すればよいか。ただし，消費税は考えない。

パンフレットを x 枚印刷するとする。

← 変数 x を決める。

100 枚印刷したときの単価は $\dfrac{4000}{100} = 40$（円）であるから，1 枚

← （単価）$= \dfrac{（代金）}{（個数）}$

あたりの費用を 30 円以下にするには，101 以上印刷する必要がある。

したがって $\qquad x \geqq 101$ ……①

← 問題に合う x の条件を調べていく。

x 枚印刷するときの 100 枚までの印刷代は $\qquad$ 4000 円

100 枚を超えた分については $\qquad 27(x - 100)$ 円

よって，費用の合計 $\qquad 4000 + 27(x - 100)$（円）

問題の条件を不等式で表すと

$\qquad\qquad 4000 + 27(x - 100) \leqq 30x$ ……②

← 1 枚あたりの費用を 30 円以下にするから，合計が $30x$ 円以下である。

ゆえに $\qquad 4000 + 27x - 2700 \leqq 30x$

整理して $\qquad\qquad\qquad -3x \leqq -1300$

両辺を -3 で割って $\qquad\qquad x \geqq \dfrac{1300}{3}$

← 不等式を解く。

$\dfrac{1300}{3} = 433.3\cdots$ である。不等式 ② を満たす最小の整数 x の値

← 問題に合った最適な x を選ぶ。

は，$x \geqq \dfrac{1300}{3}$ を満たす最小の整数 x の値を求めて

$\qquad\qquad x = 434$ $\qquad$ これは ① を満たしている。

したがって，少なくとも **434 枚** 印刷すればよい。

TR ② **38** ☆ 次の方程式，不等式を解け。
(1) $|2x-1|=7$ (2) $|2x+5|\leqq 2$ (3) $|3-x|>4$

(1) $|2x-1|=7$ から $2x-1=\pm 7$

    $2x-1=7$ から $2x=8$ よって $x=4$

    $2x-1=-7$ から $2x=-6$ よって $x=-3$

    したがって $\boldsymbol{x=4,\ -3}$

⬅ $2x-1=X$ とおくと $|X|=7$ の形。

(2) $|2x+5|\leqq 2$ から $-2\leqq 2x+5\leqq 2$

    各辺から 5 を引いて $-7\leqq 2x\leqq -3$

    各辺を 2 で割って $-\dfrac{7}{2}\leqq x\leqq -\dfrac{3}{2}$

⬅ $2x+5=X$ とおくと $|X|\leqq 2$ の形。

(3) $|3-x|>4$ から $3-x<-4,\ 4<3-x$

    $3-x<-4$ から $x>7$

    $4<3-x$ から $x<-1$

    したがって $\boldsymbol{x<-1,\ 7<x}$

⬅ $3-x=X$ とおくと $|X|>4$ の形。

⬅ $x<-1$ と $x>7$ を合わせた範囲。

TR ③ **39** ☆ (1) $|3x+1|$ の絶対値記号をはずせ。
(2) 方程式 $|x-1|=3x+2$ を解け。

(1) ［1］ $3x+1\geqq 0$ すなわち $x\geqq -\dfrac{1}{3}$ のとき

        $|3x+1|=\boldsymbol{3x+1}$

  ［2］ $3x+1<0$ すなわち $x<-\dfrac{1}{3}$ のとき

        $|3x+1|=-(3x+1)=\boldsymbol{-3x-1}$

CHART

絶対値は 場合分け

$|a|=\begin{cases} a & (a\geqq 0 \text{ のとき}) \\ -a & (a<0 \text{ のとき}) \end{cases}$

⬅ ー をつけて｜ ｜をはずす。

(2) ［1］ $x-1\geqq 0$ すなわち $x\geqq 1$ のとき

    $|x-1|=x-1$ であるから，方程式
    は $x-1=3x+2$

    これを解いて $x=-\dfrac{3}{2}$

    これは $x\geqq 1$ を満たさない。

  ［2］ $x-1<0$ すなわち $x<1$ のとき

    $|x-1|=-(x-1)$ であるから，方程
    式は $-(x-1)=3x+2$

    これを解いて $x=-\dfrac{1}{4}$ これは $x<1$ を満たす。

  ［1］，［2］から，求める解は $\boldsymbol{x=-\dfrac{1}{4}}$

⬅｜ ｜をとるだけ。

⬅ この確認を忘れずに！

⬅ ー をつけて｜ ｜をはずす。

⬅ この確認を忘れずに！

⬅ ［2］の場合の解のみが方程式の解となる。

TR
④**40**　$\sqrt{x^2-2x+1}-\sqrt{x^2+4x+4}$ を簡単にすると，$x>1$ のとき，$^{\mathcal{P}}\boxed{}$ で，$-2<x<1$ のとき，$^{\mathcal{I}}\boxed{}$ である。 　　　　　　　　　　　　［福岡工大］

$$\sqrt{x^2-2x+1}=\sqrt{(x-1)^2}=|x-1|$$
$$\sqrt{x^2+4x+4}=\sqrt{(x+2)^2}=|x+2|$$

よって　$\sqrt{x^2-2x+1}-\sqrt{x^2+4x+4}=|x-1|-|x+2|$

$\Leftarrow \sqrt{a^2}=|a|$

(ア)　$x>1$ のとき，$x-1>0$，$x+2>0$ であるから
$$|x-1|=x-1, \quad |x+2|=x+2$$
ゆえに　$|x-1|-|x+2|=x-1-(x+2)=\boldsymbol{-3}$

$\Leftarrow a\geqq0$ のとき
$|a|=a$
$a<0$ のとき
$|a|=-a$

(イ)　$-2<x<1$ のとき，$x-1<0$，$x+2>0$ であるから
$$|x-1|=-(x-1), \quad |x+2|=x+2$$
よって　$|x-1|-|x+2|=-(x-1)-(x+2)=\boldsymbol{-2x-1}$

TR
④**41**　★　(1)　$(\sqrt{2}+\sqrt{3}-\sqrt{5})(\sqrt{2}+\sqrt{3}+\sqrt{5})$ を計算せよ。

(2)　$\dfrac{1}{\sqrt{2}+\sqrt{3}-\sqrt{5}}$ の分母を有理化せよ。

(1)　$(\sqrt{2}+\sqrt{3}-\sqrt{5})(\sqrt{2}+\sqrt{3}+\sqrt{5})$
$$=\{(\sqrt{2}+\sqrt{3})-\sqrt{5}\}\{(\sqrt{2}+\sqrt{3})+\sqrt{5}\}$$
$$=(\sqrt{2}+\sqrt{3})^2-(\sqrt{5})^2$$
$$=2+2\sqrt{6}+3-5=\boldsymbol{2\sqrt{6}}$$

$\Leftarrow \sqrt{2}+\sqrt{3}=A$ とおく
と　$(A-\sqrt{5})(A+\sqrt{5})$
$=A^2-(\sqrt{5})^2$

(2)　$\dfrac{1}{\sqrt{2}+\sqrt{3}-\sqrt{5}}=\dfrac{1}{(\sqrt{2}+\sqrt{3})-\sqrt{5}}$
$$=\dfrac{\sqrt{2}+\sqrt{3}+\sqrt{5}}{\{(\sqrt{2}+\sqrt{3})-\sqrt{5}\}\{(\sqrt{2}+\sqrt{3})+\sqrt{5}\}}$$
$$=\dfrac{\sqrt{2}+\sqrt{3}+\sqrt{5}}{(\sqrt{2}+\sqrt{3})^2-(\sqrt{5})^2}=\dfrac{\sqrt{2}+\sqrt{3}+\sqrt{5}}{2\sqrt{6}}$$
$$=\dfrac{(\sqrt{2}+\sqrt{3}+\sqrt{5})\sqrt{6}}{2\sqrt{6}\sqrt{6}}$$
$$=\dfrac{2\sqrt{3}+3\sqrt{2}+\sqrt{30}}{12}$$

$\Leftarrow$ (1)の結果を利用して，分母の $\sqrt{}$ を1個に減らす。

$\Leftarrow$ 分母を有理化。

TR
④**42**　$\sqrt{6}+3$ の整数部分を a，小数部分を b とするとき，a^2+b^2 の値は $\boxed{}$ である。 　　［立教大］

$2^2<6<3^2$ から　$2<\sqrt{6}<3$
よって　　$5<\sqrt{6}+3<6$
ゆえに　　$a=5$
よって　　$b=(\sqrt{6}+3)-5=\sqrt{6}-2$
ゆえに　　$a^2+b^2=5^2+(\sqrt{6}-2)^2=25+6-4\sqrt{6}+4$
$$=35-4\sqrt{6}$$

$\Leftarrow n\leqq\sqrt{6}<n+1$ を満たす整数 n を求めるために，$n^2\leqq6<(n+1)^2$ となる整数 n について考えている。

TR ④43 次の式の 2 重根号をはずせ。
(1) $\sqrt{4+2\sqrt{3}}$　　(2) $\sqrt{9-2\sqrt{20}}$　　(3) $\sqrt{11+4\sqrt{6}}$　　(4) $\sqrt{4-\sqrt{15}}$　　[(3) 東京海洋大]

(1) $\sqrt{4+2\sqrt{3}} = \sqrt{(3+1)+2\sqrt{3\cdot 1}} = \sqrt{3}+1$

(2) $\sqrt{9-2\sqrt{20}} = \sqrt{(5+4)-2\sqrt{5\cdot 4}} = \sqrt{5}-\sqrt{4} = \sqrt{5}-2$

← $\sqrt{4}-\sqrt{5}$ ではない！

(3) $\sqrt{11+4\sqrt{6}} = \sqrt{11+2\sqrt{2^2\cdot 6}} = \sqrt{(8+3)+2\sqrt{8\cdot 3}}$
　　　　　　　　$= \sqrt{8}+\sqrt{3} = 2\sqrt{2}+\sqrt{3}$

← 中の $\sqrt{}$ の前の係数が 2 となるように変形。

(4) $\sqrt{4-\sqrt{15}} = \sqrt{\dfrac{8-2\sqrt{15}}{2}} = \dfrac{\sqrt{(5+3)-2\sqrt{5\cdot 3}}}{\sqrt{2}}$

← 分母・分子に 2 を掛けて $2\sqrt{15}$ を作る。

$= \dfrac{\sqrt{5}-\sqrt{3}}{\sqrt{2}} = \dfrac{(\sqrt{5}-\sqrt{3})\sqrt{2}}{\sqrt{2}\sqrt{2}} = \dfrac{\sqrt{10}-\sqrt{6}}{2}$

← 分母の有理化。

TR ④44 ★ 不等式 $3|x+1| \geqq x+5$ を解け。

[1] $x+1 \geqq 0$ すなわち $x \geqq -1$ のとき
　　不等式は　　$3(x+1) \geqq x+5$　　　　← $|x+1| = x+1$
　　整理して　　$2x \geqq 2$　　よって　　$x \geqq 1$
　　$x \geqq -1$ との共通範囲は　　$x \geqq 1$ …… ①

[2] $x+1 < 0$ すなわち $x < -1$ のとき
　　不等式は　　$-3(x+1) \geqq x+5$　　　　← $|x+1| = -(x+1)$
　　整理して　　$-4x \geqq 8$　　よって　　$x \leqq -2$
　　$x < -1$ との共通範囲は　　$x \leqq -2$ …… ②
求める解は ① と ② を合わせた範囲で
　　　　$x \leqq -2,\ 1 \leqq x$

[1]

[2]

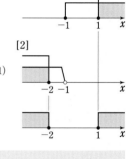

TR ⑤45 ★ 次の方程式・不等式を解け。
(1) $|x+4|-2|x| = 2$　　　　(2) $|x+2|+|2x-3| < 10$　　　[(2) 國學院大]

(1) [1] $x < -4$ のとき
　　方程式は　　$-(x+4)+2x = 2$　　　← $|x+4| = -(x+4)$,
　　これを解いて　　$x = 6$　　　　　　　$|x| = -x$
　　これは $x < -4$ を満たさない。

場合の分かれ目

[2] $-4 \leqq x < 0$ のとき
　　方程式は　　$(x+4)+2x = 2$　　　← $|x+4| = x+4$,
　　これを解いて　　$x = -\dfrac{2}{3}$　　　$|x| = -x$
　　これは $-4 \leqq x < 0$ を満たす。

[1]

[3] $x \geqq 0$ のとき
　　方程式は　　$(x+4)-2x = 2$　　　← $|x+4| = x+4$,
　　これを解いて　　$x = 2$　　　　　　　$|x| = x$
　　これは $x \geqq 0$ を満たす。

[2]

[1]～[3] から，求める解は　　$x = -\dfrac{2}{3},\ 2$

[3]

(2) [1]　$x<-2$ のとき

不等式は　$-(x+2)-(2x-3)<10$　　←$|x+2|=-(x+2)$,

整理して　$-3x<9$　　　　　　　　　　　$|2x-3|=-(2x-3)$

よって　$x>-3$

<u>$x<-2$ との共通範囲は　　$-3<x<-2$　……①</u>

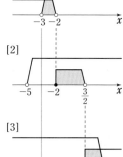

場合の分かれ目

[2]　$-2≦x<\dfrac{3}{2}$ のとき

不等式は　$(x+2)-(2x-3)<10$　　←$|x+2|=x+2$,

整理して　$-x<5$　　　　　　　　　　　$|2x-3|=-(2x-3)$

よって　　$x>-5$

<u>$-2≦x<\dfrac{3}{2}$ との共通範囲は　　$-2≦x<\dfrac{3}{2}$ ……②</u>

[3]　$x≧\dfrac{3}{2}$ のとき

不等式は　　$(x+2)+(2x-3)<10$　　←$|x+2|=x+2$,

整理して　　$3x<11$　　　　　　　　　　$|2x-3|=2x-3$

よって　　$x<\dfrac{11}{3}$

<u>$x≧\dfrac{3}{2}$ との共通範囲は　　$\dfrac{3}{2}≦x<\dfrac{11}{3}$　　……③</u>

求める解は ① ～ ③ を合わせた範囲で

$$-3<x<\dfrac{11}{3}$$

TR
⑤**46**　★　連立不等式 $\begin{cases} 3x-7≦5x-3 \\ 2x-6<3a-x \end{cases}$ の解について，次の条件を満たす定数 a の値の範囲を求めよ。

(1) 解をもつ。　　　　　　　　　(2) 解に整数がちょうど3個含まれる。

$3x-7≦5x-3$ から　　$-2x≦4$　　　　　　　　　←まず，各不等式を解

よって　　　　$x≧-2$　……①　　　　　　　　　　く。

$2x-6<3a-x$ から　　$3x<3a+6$

よって　　　　$x<a+2$ ……②

(1)　①，② を同時に満たす x が存在することが条件であるから

$$-2<a+2　　　よって　　a>-4$$

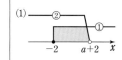

(2)　$a>-4$ のとき，①，② の共通範囲は

$$-2≦x<a+2$$

これを満たす整数 x がちょうど3個あるとき，その値は

$x=-2$，-1，0 であるから，$a+2$ が満たす条件は

$$0<a+2≦1$$

各辺から 2 を引いて　　$-2<a≦-1$

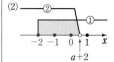

EX
③**14**　★ 不等式 $-\sqrt{10}<x-5<\sqrt{10}$ を満たす整数 x の個数は ☐ 個である。

不等式の各辺に 5 を加えて　$5-\sqrt{10}<x<5+\sqrt{10}$ …… ①
ここで，$3^2<10<4^2$ から　　$3<\sqrt{10}<4$ …… ②
② の各辺に 5 を加えて
$$8<5+\sqrt{10}<9$$
② の各辺に -1 を掛けて　　$3\cdot(-1)>-\sqrt{10}>4\cdot(-1)$
すなわち　　$-4<-\sqrt{10}<-3$
各辺に 5 を加えて　$1<5-\sqrt{10}<2$
よって，① を満たす整数 x は
$x=2,\ 3,\ 4,\ 5,\ 6,\ 7,\ 8$ の **7** 個。

← $\sqrt{10}=3.162\cdots\cdots$

← $5-\sqrt{10}$, $5+\sqrt{10}$ のおおよその値を調べる。

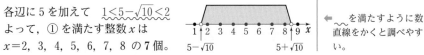

← ～～ を満たすように数直線をかくと調べやすい。

EX
③**15**　★ 次の方程式，不等式を解け。
　(1) $\left|(\sqrt{14}-2)x+2\right|=4$　　(2) $3|x-1|\leqq 4$　　(3) $x+|3x-2|=3$
[(1) センター試験]

(1) $\left|(\sqrt{14}-2)x+2\right|=4$ から　　$(\sqrt{14}-2)x+2=\pm 4$
$(\sqrt{14}-2)x+2=4$ から　　$(\sqrt{14}-2)x=2$　　よって
$$x=\frac{2}{\sqrt{14}-2}=\frac{2(\sqrt{14}+2)}{(\sqrt{14}-2)(\sqrt{14}+2)}=\frac{2(\sqrt{14}+2)}{14-4}=\frac{2+\sqrt{14}}{5}$$
$(\sqrt{14}-2)x+2=-4$ から　　$(\sqrt{14}-2)x=-6$
よって　　$x=-\dfrac{6}{\sqrt{14}-2}=-\dfrac{6(\sqrt{14}+2)}{(\sqrt{14}-2)(\sqrt{14}+2)}$
$$=-\frac{6(\sqrt{14}+2)}{14-4}=-\frac{6+3\sqrt{14}}{5}$$
したがって　　$x=\dfrac{2+\sqrt{14}}{5},\ -\dfrac{6+3\sqrt{14}}{5}$

← $c>0$ のとき $|x|=c$ の解は $x=\pm c$

(参考)　$(\sqrt{14}-2)x=2$, $(\sqrt{14}-2)x=-6$ の両辺に $\sqrt{14}+2$ を掛けて $(14-4)x=2(\sqrt{14}+2)$, $(14-4)x=-6(\sqrt{14}+2)$ これらから x を求めてもよい。

(参考)　方程式の両辺に $\sqrt{14}+2$ を掛けて
$$\left|10x+2(\sqrt{14}+2)\right|=4(\sqrt{14}+2)$$
よって　$\left|5x+2+\sqrt{14}\right|=2(2+\sqrt{14})$
このように変形してから絶対値記号をはずすと，分母の有理化をしなくてすむ。

← $(\sqrt{14}-2)(\sqrt{14}+2)=10$

← $k>0$ のとき $k|a|=|ka|$

(2) $3|x-1|\leqq 4$ から　　$|x-1|\leqq\dfrac{4}{3}$

ゆえに　　　　　　　$-\dfrac{4}{3}\leqq x-1\leqq\dfrac{4}{3}$ …… (*)

$-\dfrac{4}{3}\leqq x-1$ から　　$-x\leqq\dfrac{1}{3}$　　よって　　$x\geqq-\dfrac{1}{3}$

$x-1\leqq\dfrac{4}{3}$ から　　　　$x\leqq\dfrac{7}{3}$

したがって　　　　　$-\dfrac{1}{3}\leqq x\leqq\dfrac{7}{3}$

← 両辺を 3 で割って，$|\ \ |\leqq$(定数) の形にする。
$c>0$ のとき $|x|<c$ の解は $-c<x<c$

[別解]
(*)の各辺に 1 を加えて $-\dfrac{1}{3}\leqq x\leqq\dfrac{7}{3}$

(3) [1]　$3x-2 \geqq 0$　すなわち $x \geqq \dfrac{2}{3}$　のとき

$|3x-2|=3x-2$ であるから，方程

式は　　$x+3x-2=3$

これを解いて　　$x=\dfrac{5}{4}$

これは $x \geqq \dfrac{2}{3}$ を満たす。

[2]　$3x-2<0$　すなわち $x<\dfrac{2}{3}$　のとき

$|3x-2|=-(3x-2)$ であるから，方

程式は　　$x-(3x-2)=3$

これを解いて　　$x=-\dfrac{1}{2}$

これは $x<\dfrac{2}{3}$ を満たす。

[1]，[2] から，求める解は　　$x=\dfrac{5}{4},\ -\dfrac{1}{2}$

[1]

[2]

← $|\ |$ の中の式が $=0$ となる x の値に注目して，場合分けをする。

← この確認を忘れずに。

← $|\ |$ の中の式が負のとき，$-$ をつけて $|\ |$ をはずす。

← この確認を忘れずに。

← 解をまとめる。

EX
⑤**16**　$a=\dfrac{1-\sqrt{5}}{2}$ のとき，次の式の値を求めよ。

(1) a^2-a-1 　　　　　　　　　(2) a^6 　　　　　　　　[類 倉敷芸科大]

(1)　$a^2-a-1=\left(\dfrac{1-\sqrt{5}}{2}\right)^2-\dfrac{1-\sqrt{5}}{2}-1$

$=\dfrac{6-2\sqrt{5}}{4}-\dfrac{1-\sqrt{5}}{2}-1$

$=\dfrac{3-\sqrt{5}-(1-\sqrt{5})-2}{2}$

$=\boldsymbol{0}$

$\boxed{\text{別解}}$　$a=\dfrac{1-\sqrt{5}}{2}$ から　　$2a-1=-\sqrt{5}$

両辺を 2 乗して　　$(2a-1)^2=(-\sqrt{5})^2$

よって　　$4a^2-4a+1=5$　　ゆえに　　$4(a^2-a-1)=0$

したがって　　$a^2-a-1=\boldsymbol{0}$

(2)　(1) から　　$a^2=a+1$

よって　　$a^3=a \cdot a^2=a(a+1)=a^2+a=(a+1)+a$

$=2a+1$

ゆえに　　$a^6=(a^3)^2=(2a+1)^2=4a^2+4a+1$

$=4(a+1)+4a+1=8a+5$

$=8 \cdot \dfrac{1-\sqrt{5}}{2}+5=4-4\sqrt{5}+5$

$=\boldsymbol{9-4\sqrt{5}}$

← $\left(\dfrac{1-\sqrt{5}}{2}\right)^2$

$=\dfrac{1-2\sqrt{5}+5}{4}$

$=\dfrac{6-2\sqrt{5}}{4}$

← $2a=1-\sqrt{5}$

← $a^2=a+1$ を繰り返し代入し，a の 1 次式に直す。

← ここで，$a=\dfrac{1-\sqrt{5}}{2}$ を代入。

EX
④**17** p を定数とするとき，x の不等式 $px \geqq 2x-3$ を解け。

不等式を変形して $\quad (p-2)x \geqq -3$ …… ①

[1] $p-2>0$ すなわち $p>2$ のとき

$\quad$ ① の両辺を $p-2$ で割って $\quad x \geqq -\dfrac{3}{p-2}$ $\qquad\qquad$ ⬅不等号の向きは不変。

[2] $p-2<0$ すなわち $p<2$ のとき

$\quad$ ① の両辺を $p-2$ で割って $\quad x \leqq -\dfrac{3}{p-2}$ $\qquad\qquad$ ⬅不等号の向きが変わる。

[3] $p-2=0$ すなわち $p=2$ のとき，① は $\quad 0 \cdot x \geqq -3$

$\quad$ この不等式は常に成り立つから，解は $\quad$ **すべての実数** $\qquad$ ⬅x がどんな数でも

$\qquad\qquad\qquad\qquad\qquad\qquad\qquad\qquad\qquad\qquad\qquad 0 \cdot x=0$ で $\quad 0 \geqq -3$

EX
④**18** ★ $\sqrt{7}$ の小数部分を a とするとき，次の式の値を求めよ。

$\quad$ (1) $a+\dfrac{1}{a}$ $\qquad\qquad$ (2) a^2+4a-7 $\qquad\qquad$ (3) $a^2+\dfrac{1}{a^2}$ $\qquad\qquad$ [類 近畿大]

$2^2<7<3^2$ から $\quad 2<\sqrt{7}<3$ $\qquad\qquad\qquad\qquad\qquad$ ⬅$0<p<q$ のとき

よって，$\sqrt{7}$ の整数部分は 2 であるから，小数部分 a は $\qquad\qquad \sqrt{p}<\sqrt{q}$

$\qquad a=\sqrt{7}-2$ $\qquad\qquad\qquad\qquad\qquad\qquad\qquad\qquad\qquad$ ⬅（小数部分）

$\qquad\qquad\qquad\qquad\qquad\qquad\qquad\qquad\qquad\qquad\qquad\quad$ ＝（実数）－（整数部分）

(1) $a+\dfrac{1}{a}=\sqrt{7}-2+\dfrac{1}{\sqrt{7}-2}$

$\qquad\qquad =\sqrt{7}-2+\dfrac{\sqrt{7}+2}{(\sqrt{7}-2)(\sqrt{7}+2)}$

$\qquad\qquad =\sqrt{7}-2+\dfrac{\sqrt{7}+2}{7-4}$

$\qquad\qquad =\dfrac{4(\sqrt{7}-1)}{3}$

(2) $a^2+4a-7=a(a+4)-7=(\sqrt{7}-2)(\sqrt{7}+2)-7$

$\qquad\qquad\quad =(7-4)-7=-4$

$\boxed{別解}$ $a+2=\sqrt{7}$ の両辺を 2 乗すると $\qquad\qquad\qquad\qquad$ ⬅$a=\sqrt{7}-2$ を解にも

$\qquad\qquad (a+2)^2=(\sqrt{7})^2$ すなわち $\quad a^2+4a+4=7$ $\qquad$ つ 2 次方程式の 1 つ。

よって $\quad a^2+4a-7=-4$

(3) $a^2+\dfrac{1}{a^2}=\left(a+\dfrac{1}{a}\right)^2-2 \cdot a \cdot \dfrac{1}{a}=\left\{\dfrac{4(\sqrt{7}-1)}{3}\right\}^2-2$ $\qquad$ ⬅$x^2+y^2=(x+y)^2-2xy$

$\qquad\qquad =\dfrac{16(7-2\sqrt{7}+1)}{9}-2=\dfrac{16(8-2\sqrt{7})}{9}-2$ $\qquad$ で $\quad x=a,\ y=\dfrac{1}{a}$

$\qquad\qquad =\dfrac{128-32\sqrt{7}-18}{9}$

$\qquad\qquad =\dfrac{110-32\sqrt{7}}{9}$

EX
④**19**
(1) 2 つの実数 a, b が $\sqrt{a}+\sqrt{b}=\sqrt{11+4\sqrt{7}}$, $\sqrt{a}-\sqrt{b}=\sqrt{11-4\sqrt{7}}$ を満たすとき，$a-b=\boxed{}$ である。　　〔立教大〕

(2) $\sqrt{x}=\sqrt{17+\sqrt{253}}-\sqrt{17-\sqrt{253}}$ が成り立つような整数 x を求めよ。　〔東京電機大〕

(1)　$a-b=(\sqrt{a}+\sqrt{b})(\sqrt{a}-\sqrt{b})$

$\qquad\quad=\sqrt{11+4\sqrt{7}}\,\sqrt{11-4\sqrt{7}}$

$\qquad\quad=\sqrt{11^2-(4\sqrt{7})^2}=\sqrt{9}=3$

(参考)　$\sqrt{11+4\sqrt{7}}=\sqrt{11+2\sqrt{28}}=\sqrt{(7+4)+2\sqrt{7\cdot4}}$

$\qquad\qquad\qquad\quad=\sqrt{7}+2$

同様にして，$\sqrt{11-4\sqrt{7}}=\sqrt{7}-2$ であるから

$\qquad\qquad\sqrt{a}+\sqrt{b}=\sqrt{7}+2,\quad \sqrt{a}-\sqrt{b}=\sqrt{7}-2$

よって　　　$\sqrt{a}=\sqrt{7}$,　$\sqrt{b}=2$

ゆえに　　　$a-b=(\sqrt{7})^2-2^2=3$

$\Leftarrow a>0$, $b>0$ のとき

$\sqrt{(a+b)+2\sqrt{ab}}$

$=\sqrt{a}+\sqrt{b}$

(2)　$\sqrt{17+\sqrt{253}}-\sqrt{17-\sqrt{253}}>0$ であるから，

$\sqrt{x}=\sqrt{17+\sqrt{253}}-\sqrt{17-\sqrt{253}}$ の両辺を 2 乗すると

$\qquad\qquad x=(\sqrt{17+\sqrt{253}}-\sqrt{17-\sqrt{253}})^2$

よって

$\quad x=17+\sqrt{253}+17-\sqrt{253}-2\sqrt{(17+\sqrt{253})(17-\sqrt{253})}$

$\qquad=34-2\sqrt{289-253}=22$

$\Leftarrow (a-b)^2$

$=a^2+b^2-2ab$

(参考)　$\sqrt{17+\sqrt{253}}=\sqrt{\dfrac{34+2\sqrt{253}}{2}}=\dfrac{\sqrt{34+2\sqrt{253}}}{\sqrt{2}}$

$\qquad\qquad\qquad\quad=\dfrac{\sqrt{(23+11)+2\sqrt{23\cdot11}}}{\sqrt{2}}$

$\qquad\qquad\qquad\quad=\dfrac{\sqrt{23}+\sqrt{11}}{\sqrt{2}}=\dfrac{\sqrt{46}+\sqrt{22}}{2}$

$\Leftarrow 17+\sqrt{253}$

$=\dfrac{17+\sqrt{253}}{1}$

$=\dfrac{34+2\sqrt{253}}{2}$

同様にして，$\sqrt{17-\sqrt{253}}=\dfrac{\sqrt{46}-\sqrt{22}}{2}$ であるから

$\qquad\qquad \sqrt{x}=\dfrac{\sqrt{46}+\sqrt{22}}{2}-\dfrac{\sqrt{46}-\sqrt{22}}{2}$

よって　　$\sqrt{x}=\sqrt{22}$　　　ゆえに　　$x=22$

EX
⑤**20**
★　連立不等式 $\begin{cases} x>3a+1 \\ 2x-1>6(x-2) \end{cases}$ の解について，次の条件を満たす定数 a の値の範囲を求めよ。

(1) 解が存在しない。　　　　　　　　(2) 解に 2 が含まれる。

(3) 解に含まれる整数が 3 つだけとなる。　　　　　　　　〔神戸学院大〕

$x>3a+1$ …… ① とする。

$2x-1>6(x-2)$ から　　$2x-1>6x-12$

よって　　$x<\dfrac{11}{4}$ …… ②

$\Leftarrow -4x>-11$

(1) ①，②を同時に満たす x が存在しないための条件は

$$\frac{11}{4} \leqq 3a+1 \qquad \text{ゆえに} \qquad 11 \leqq 12a+4$$

よって $\quad a \geqq \dfrac{7}{12}$

(2) $x=2$ は②に含まれるから，$x=2$ が①の解に含まれることが条件である。

ゆえに $\quad 3a+1 < 2$

よって $\quad a < \dfrac{1}{3}$

(3) ②を満たす整数は $x \leqq 2$ であるから，①，②を同時に満たす整数が $x=0$，1，2 となることが条件である。

よって $\quad -1 \leqq 3a+1 < 0 \qquad$ ゆえに $\quad -2 \leqq 3a < -1$

よって $\quad -\dfrac{2}{3} \leqq a < -\dfrac{1}{3}$

TR **★** (1) 3の正の倍数のうち，20以下のもの全体の集合をAとするとき，次の□に適する記
①47 　号∈または∉を入れよ。
　　(ア) 9□A　　　　　(イ) 14□A　　　　　(ウ) 0□A
　(2) 次の2つの集合A，Bの間に成り立つ関係を，記号⊂，＝を用いて表せ。
　　　　　$A=\{n\,|\,n$ は7以下の素数$\}$，$B=\{2n-1\,|\,n=2,\ 3,\ 4\}$

(1)　$A=\{3,\ 6,\ 9,\ 12,\ 15,\ 18\}$ であるから
　(ア) $9\in A$　　　(イ) $14\notin A$　　　(ウ) $0\notin A$
(2)　7以下の素数は　　　2，3，5，7
　よって　　　　$A=\{2,\ 3,\ 5,\ 7\}$ …… ①
　また　　　　$2\times2-1=3,\ 2\times3-1=5,$
　　　　　　　$2\times4-1=7$
　ゆえに　　　$B=\{3,\ 5,\ 7\}$　……②
　①，②から　　**$B\subset A$**

← 9は集合Aに属する
が，14，0は属さない。

← **素数** とは，1より大き
い整数で，1とそれ自
身以外に約数をもたな
い数のこと。1は素数
ではないことに注意。

3章

T R

TR **★** (1) Aを有理数全体の集合とするとき，A□$\{0\}$ である。□に適する記号を∈，∋，
①48 　⊂，⊃の中から1つ選べ。
　(2) 集合 $A=\{0,\ 1,\ 2,\ 3\}$ の部分集合をすべてあげよ。

(1)　$\{0\}$ は，0のみを要素にもつ集合である。
　0は有理数であるから，$\{0\}$ は集合Aの部分集合である。
　よって　　$A\supset\{0\}$
(2)　要素が0個，1個，2個，3個，4個の部分集合の順に
　　　∅，
　　　$\{0\}$，$\{1\}$，$\{2\}$，$\{3\}$，
　　　$\{0,\ 1\}$，$\{0,\ 2\}$，$\{0,\ 3\}$，$\{1,\ 2\}$，$\{1,\ 3\}$，$\{2,\ 3\}$，
　　　$\{0,\ 1,\ 2\}$，$\{0,\ 1,\ 3\}$，$\{0,\ 2,\ 3\}$，$\{1,\ 2,\ 3\}$，
　　　$\{0,\ 1,\ 2,\ 3\}$

(参考)　一般に，要素の
個数がn個の集合の部分
集合は，全部で 2^n 個あ
る。A には4個の要素
があるから，部分集合は
全部で $2^4=16$ 個ある。

TR (1) 10以下の正の整数全体の集合を全体集合Uとし，Uの部分集合A，Bを
①49 　$A=\{1,\ 3,\ 6,\ 8,\ 10\}$，$B=\{2,\ 3,\ 6,\ 8,\ 9\}$ とするとき，次の集合を求めよ。
　　(ア) $A\cap B$　　　　(イ) $A\cup B$　　　　(ウ) $\overline{A}$　　　　(エ) $A\cap\overline{B}$
　(2) 実数全体を全体集合とし，その部分集合A，Bを $A=\{x\,|\,-1\leqq x\leqq2,\ x$ は実数$\}$，
　　$B=\{x\,|\,0<x<3,\ x$ は実数$\}$ とするとき，集合$\overline{A}$，$\overline{A}\cap B$をそれぞれ求めよ。

(1)　与えられた条件を図に表すと，右の
　　ようになるから
　(ア) $A\cap B=\{3,\ 6,\ 8\}$
　(イ) $A\cup B=\{1,\ 2,\ 3,\ 6,\ 8,\ 9,\ 10\}$
　(ウ) $\overline{A}=\{2,\ 4,\ 5,\ 7,\ 9\}$
　(エ) $\overline{B}=\{1,\ 4,\ 5,\ 7,\ 10\}$ であるから
　　　　　$A\cap\overline{B}=\{1,\ 10\}$
(2)　右の数直線の図から
　　　　$\overline{A}=\{x\,|\,x<-1,\ 2<x,\ x$ は実数$\}$
　　　　$\overline{A}\cap B=\{x\,|\,2<x<3,\ x$ は実数$\}$

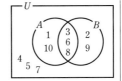

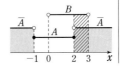

CHART
集合　図に表す
← ベン図をかくとき，4，
5，7を書き込むのを
忘れずに。

← $A\cap\overline{B}$ はAと$\overline{B}$の共
通部分。

← ● は端点を含み，○
は端点を含まないこ
とを意味する。

TR
①50 全体集合 U の部分集合 A, B について，次の等式が成り立つことを，図を用いて確かめよ。
$$\overline{(\overline{A} \cap B)} = A \cup \overline{B}$$

$\overline{A} \cap B$ は，〔図1〕の斜線部分であるから，$\overline{(\overline{A} \cap B)}$ は〔図2〕の斜線部分である。これは $A \cup \overline{B}$ と一致するから
$$\overline{(\overline{A} \cap B)} = A \cup \overline{B}$$

CHART
集合　図に表す

◆図をかいて，$\overline{(\overline{A} \cap B)}$ が表す部分と $A \cup \overline{B}$ が表す部分が一致することを確かめる。

〔図1〕　　〔図2〕

(参考) ド・モルガンの法則から　$\overline{(\overline{A} \cap B)} = \overline{(\overline{A})} \cup \overline{B} = A \cup \overline{B}$ ◆$\overline{(\overline{A})} = A$

TR
③51 $A = \{n \mid n$ は 12 の正の約数$\}$，$B = \{n \mid n$ は 18 の正の約数$\}$，$C = \{n \mid n$ は 7 以下の自然数$\}$ とするとき，次の集合を求めよ。
(1) $A \cup B \cup C$　　　　　　　　　(2) $A \cap B \cap C$

$A = \{1, 2, 3, 4, 6, 12\}$，$B = \{1, 2, 3, 6, 9, 18\}$，
$C = \{1, 2, 3, 4, 5, 6, 7\}$ である。
集合 A, B, C を図に表すと，右のようになるから
(1) $A \cup B \cup C$
　$= \{1, 2, 3, 4, 5, 6, 7, 9, 12, 18\}$
(2) $A \cap B \cap C = \{1, 2, 3, 6\}$

CHART
集合　図に表す

…… $A \cup B \cup C$
…… $A \cap B \cap C$

TR
①52 次の命題の真偽を調べよ。ただし，x, y は実数，m, n は自然数とする。
(1) $|x| = |y|$ ならば $x = y$ である　　　　　(2) $x = 2$ ならば $x^2 - 5x + 6 = 0$ である
(3) m, n がともに素数 ならば $m + n$ は偶数 である
(4) n が 3 の倍数 ならば n は 9 の倍数 である

(1) $x = 1$，$y = -1$ とすると，$|x| = 1$，$|y| = 1$ であるから
$$|x| = |y| \text{ を満たすが } x \neq y$$
よって，命題「$|x| = |y|$ ならば $x = y$ である」は**偽**である。

(2) $x = 2$ のとき　$2^2 - 5 \cdot 2 + 6 = 0$
よって，命題「$x = 2$ ならば $x^2 - 5x + 6 = 0$ である」は**真**である。

(3) $m = 2$，$n = 3$ とすると，m, n はともに素数であるが
$$m + n = 5 \quad (奇数)$$
よって，命題「m, n がともに素数ならば $m + n$ は偶数である」は**偽**である。

(4) $n = 3$ とすると，n は 3 の倍数であるが，9 の倍数でない。
よって，命題「n が 3 の倍数ならば n は 9 の倍数である」は**偽**である。

CHART 命題の真偽
① 真をいうなら 証明
② 偽をいうなら 反例
(1) 反例の 1 つは $x = 1$，$y = -1$

◆素数とは，1 より大きい整数で，1 とそれ自身以外に約数をもたない数のこと。

◆$n = 6$ を反例としてあげてもよい。

TR
①53 x は実数とする。集合を用いて，次の命題の真偽を調べよ。
(1) $-1 < x < 1 \implies 2x - 2 < 0$　　　(2) $|x| > 2 \implies 3x + 1 \leq 0$

(1) $2x - 2 < 0$ を解くと　　$x < 1$

よって，$P = \{x \mid -1 < x < 1\}$, $Q = \{x \mid 2x - 2 < 0\}$ とすると

$$Q = \{x \mid x < 1\}$$

右の図より，$P \subset Q$ が成り立つから，与えられた命題は **真** である。

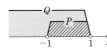

CHART
命題の真偽
1 含む なら 真
2 はみ出し なら 偽

(2) $|x| > 2$ を解くと　　$x < -2$, $2 < x$

また，$3x + 1 \leq 0$ から　　$3x \leq -1$　　ゆえに　　$x \leq -\dfrac{1}{3}$

よって，$P = \{x \mid |x| > 2\}$, $Q = \{x \mid 3x + 1 \leq 0\}$ とすると

$$P = \{x \mid x < -2, \ 2 < x\}$$

$$Q = \left\{x \,\middle|\, x \leq -\frac{1}{3}\right\}$$

◀ $|x| > c$ $(c > 0)$ の解は
$\quad x < -c, \ c < x$

右の図より，$P \subset Q$ は成り立たないから，与えられた命題は **偽** である。

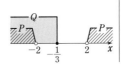

◀ 反例の1つは　$x = 3$

TR
①54 ★ x, y は実数とする。次の ☐ に適するものを，下の ①〜③ から選べ。
(1) $xy = 1$ は，$x = 1$ かつ $y = 1$ であるための ☐。
(2) $x > 0$ かつ $y > 0$ は，$xy > 0$ であるための ☐。
(3) $\triangle ABC$ で，$AB = BC = CA$ は $\angle A = \angle B = \angle C$ であるための ☐。
① 必要十分条件である　　② 必要条件であるが，十分条件ではない
③ 十分条件であるが，必要条件ではない

前者の条件を p，後者の条件を q とする。
(1) $x = -1$, $y = -1$ とすると，$xy = 1$ を満たすが，「$x = 1$ かつ $y = 1$」を満たさない。
　　よって，$p \implies q$ は偽である。
　　一方，$x = 1$ かつ $y = 1$ ならば　　$xy = 1$
　　ゆえに，$q \implies p$ は真である。
　　したがって，p は q であるための必要条件であるが，十分条件ではない（②）。

(2) $x > 0$ かつ $y > 0$ ならば　　$xy > 0$
　　よって，$p \implies q$ は真である。
　　一方，$x = -1$, $y = -1$ とすると，$xy = 1$ となり，$xy > 0$ を満たすが，「$x > 0$ かつ $y > 0$」を満たさない。
　　ゆえに，$q \implies p$ は偽である。
　　したがって，p は q であるための十分条件であるが，必要条件ではない（③）。

(3) $p \implies q$ について
　　$AB = BC = CA$ ならば，$\triangle ABC$ は正三角形であるから
$$\angle A = \angle B = \angle C \ (= 60°)$$

$p \implies q$ の真偽と
$q \implies p$ の真偽を調べる。

◀ 反例：$x = -1$, $y = -1$

(1) $p \underset{\text{真}}{\overset{\text{偽}}{\rightleftarrows}} q$

◀ (正の数)×(正の数)
　 =(正の数)

◀ 反例：$x = -1$, $y = -1$

(2) $p \underset{\text{偽}}{\overset{\text{真}}{\rightleftarrows}} q$

(3) $p \underset{\text{真}}{\overset{\text{真}}{\rightleftarrows}} q$

よって，$p \Longrightarrow q$ は真である。
一方，$q \Longrightarrow p$ について
∠A＝∠B＝∠C ならば，△ABC は正三角形であるから
$$AB＝BC＝CA$$
ゆえに，$q \Longrightarrow p$ は真である。
したがって，p は q であるための必要十分条件である（①）。

参考 △ABC が正三角形であることは，次の [1]，[2] どちらとも同値。
[1] AB＝BC＝CA
[2] ∠A＝∠B＝∠C

TR
①55 次の条件の否定を述べよ。ただし，x, y, m, n は実数とする。
(1) x は正の数である   (2) $x ≠ 0$ または $y=0$ (3) $0 ≤ x < 1$
(4) x, y の少なくとも一方は無理数である   (5) m, n はともに正の数である

(1) 否定は   **「x は正の数でない」**
　　すなわち   **「x は 0 以下の数である」**

(1) 「x は負の数」としては **誤り**！

(2) $x ≠ 0$ の否定は $x = 0$
　　$y = 0$ の否定は $y ≠ 0$
　　よって，「$x ≠ 0$ または $y = 0$」の否定は   **$x = 0$ かつ $y ≠ 0$**

(3) $0 ≤ x < 1$ は「$x ≥ 0$ かつ $x < 1$」と同じである。
　　$x ≥ 0$ の否定は $x < 0$
　　$x < 1$ の否定は $x ≥ 1$
　　よって，「$0 ≤ x < 1$」の否定は   **$x < 0$ または $x ≥ 1$**

CHART
条件の否定
　「である」と「でない」
　「かつ」と「または」
が入れ替わる

(4) 否定は   **「x, y はともに無理数でない」**
　　すなわち   **「x, y はともに有理数である」**
参考 x は無理数である   の否定は x は有理数である
　　　　y は無理数である   の否定は y は有理数である
　　　　よって，「x, y の少なくとも一方は無理数である」の否定は
　　　　　　x は有理数であり，かつ y は有理数である

「x, y の少なくとも一方は無理数である」を「x または y は無理数である」と言いかえて考えてもよい。

(5) 否定は   **m, n のうち少なくとも一方は 0 以下の数である**
参考 m は正の数   の否定は $m ≤ 0$
　　　　n は正の数   の否定は $n ≤ 0$
　　　　よって，「m, n はともに正の数である」の否定は
　　　　　　$m ≤ 0$ または $n ≤ 0$

「m, n はともに正の数である」を「m は正の数であり，かつ n は正の数である」と言いかえて考えてもよい。

TR
①56 x, y は実数とする。次の命題の逆・対偶・裏を述べ，それらの真偽を調べよ。
(1) $x^2 ≠ -x \Longrightarrow x ≠ -1$ (2) $x+y$ は有理数 $\Longrightarrow x$ または y は有理数

(1) 逆は   **$x ≠ -1 \Longrightarrow x^2 ≠ -x$**
　　これは **偽** である。（反例：$x = 0$）
　　また，$x^2 ≠ -x$ の否定は $x^2 = -x$
　　　　$x ≠ -1$ の否定は $x = -1$
　　よって，**対偶** は   **$x = -1 \Longrightarrow x^2 = -x$**
　　$x = -1$ であるとき $x^2 = (-1)^2 = 1$，$-x = -(-1) = 1$
　　ゆえに $x^2 = -x$
　　したがって，対偶は **真** である。
　　さらに，裏は   **$x^2 = -x \Longrightarrow x = -1$**
　　これは **偽** である。（反例：$x = 0$）

⇐ $p \Longrightarrow q$ の逆は
$q \Longrightarrow p$

⇐ $a ≠ b$ の否定は $a = b$

⇐ $p \Longrightarrow q$ の対偶は
$\bar{q} \Longrightarrow \bar{p}$

⇐ $p \Longrightarrow q$ の裏は
$\bar{p} \Longrightarrow \bar{q}$

(2) 逆は　**x または y は有理数　$\Longrightarrow$　x+y は有理数**

これは **偽** である。（反例：$x=\sqrt{2}$, $y=0$）

また，**x+y は有理数** の否定は　**x+y は無理数**

　　x または y は有理数 の否定は　**x, y はともに無理数**

よって，対偶は　**x, y はともに無理数　$\Longrightarrow$　x+y は無理数**

これは **偽** である。（反例：$x=\sqrt{2}$, $y=-\sqrt{2}$）

さらに，裏は　**x+y は無理数　$\Longrightarrow$　x, y はともに無理数**

これは **偽** である。（反例：$x=\sqrt{2}$, $y=0$）

$\leftarrow \sqrt{2}$ は無理数。

$\leftarrow$「p または q」の否定は「$\bar{p}$ かつ $\bar{q}$」

TR
②**57** m, n を整数とするとき，対偶を利用して，次の命題を証明せよ。
　(1) n^2 が3の倍数ならば，n は3の倍数である。　　　　　　　　[類 獨協大, 富山県大]
　(2) mn が奇数ならば，m, n はともに奇数である。

(1) 対偶は 「n が3の倍数でなければ，n^2 は3の倍数でない」
n が3の倍数でないとき
　$n=3k+1$　または　$n=3k+2$（k は整数）　と表される。
$n=3k+1$ のとき
$$n^2=(3k+1)^2=9k^2+6k+1$$
$$=3(3k^2+2k)+1$$
$n=3k+2$ のとき
$$n^2=(3k+2)^2=9k^2+12k+4$$
$$=9k^2+12k+3+1$$
$$=3(3k^2+4k+1)+1$$
$\underline{3k^2+2k}$, $\underline{3k^2+4k+1}$ はともに整数であるから，どちらの場合
も，n^2 は3の倍数でない。よって，対偶は真である。
したがって，もとの命題も真である。

(2) 対偶は 「m または n が偶数ならば，mn は偶数である」
m が偶数のとき，　$m=2k$（k は整数）　と表され
$$mn=2k \cdot n=2 \cdot kn$$
$\underline{kn}$ は整数であるから，mn は偶数である。
n が偶数のときも，同様にして mn が偶数であることが示され
る。よって，対偶は真である。
したがって，もとの命題も真である。

$\leftarrow p \Longrightarrow q$ の **対偶** は $\bar{q} \Longrightarrow \bar{p}$

（参考）すべての整数は k を整数として，次の①や②などで表される。
① $2k$, $2k+1$ 〔偶数, 奇数〕
② $3k$, $3k+1$, $3k+2$ 〔3で割って余り0, 1, 2〕

$\leftarrow$ 工夫して変形。
$\leftarrow$ ＿＿ の断りは大切。

$\leftarrow 2 \times$（整数）の形。

$\leftarrow n=2l$（l は整数）と表され
$$mn=m \cdot 2l=2 \cdot lm$$

TR
②**58** $\sqrt{6}$ が無理数であることを用いて，次の数が無理数であることを証明せよ。
　(1) $1-\sqrt{24}$　　　　　　　　　(2) $\sqrt{2}+\sqrt{3}$　　　　　　　　[(2) 北海道大]

(1) $1-\sqrt{24}$ が無理数でない，すなわち有理数であると仮定する
　と　　$1-\sqrt{24}=r$（r は有理数）…… ①　　とおける。

①を変形すると　　$\sqrt{6}=\dfrac{1-r}{2}$ …… ②

ここで，r は有理数であるから，$\dfrac{1-r}{2}$ は有理数である。
よって，②は $\sqrt{6}$ が無理数であることに矛盾する。
したがって，$1-\sqrt{24}$ は無理数である。

$\leftarrow \sqrt{24}=2\sqrt{6}$

$\leftarrow$ 有理数の和・差・積・商（0で割らない）は有理数である。

(2) $\sqrt{2}+\sqrt{3}$ が無理数でない，すなわち有理数であると仮定すると　$\sqrt{2}+\sqrt{3}=r$（r は有理数）…… ①　とおける。

①の両辺を2乗すると　$2+2\sqrt{6}+3=r^2$

よって　$\sqrt{6}=\dfrac{r^2-5}{2}$ …… ②

ここで，r は有理数であるから，$\dfrac{r^2-5}{2}$ は有理数である。

ゆえに，②は $\sqrt{6}$ が無理数であることに矛盾する。

したがって，$\sqrt{2}+\sqrt{3}$ は無理数である。

← $\sqrt{6}$ を作り出すために，両辺を2乗する。

TR
③**59** $\sqrt{3}$ は無理数であることを証明せよ。ただし，整数 n について，n^2 が3の倍数ならば n は3の倍数であることを用いてよい。　〔類 富山県大，北星学園大〕

$\sqrt{3}$ が無理数でない，すなわち有理数であると仮定する。

このとき，$\sqrt{3}$ は，1以外の正の公約数をもたない2つの自然数(*)m，n を用いて　$\sqrt{3}=\dfrac{m}{n}$ …… ①　と表される。

①から　　　　　　　　$m=\sqrt{3}\,n$
両辺を2乗すると　　$m^2=3n^2$ …… ②
ゆえに，m^2 が3の倍数であるから，m は3の倍数である。
よって，自然数 k を用いて　$m=3k$ …… ③　と表される。
③を②に代入すると　　$9k^2=3n^2$　　ゆえに　　$n^2=3k^2$
k^2 は自然数であるから，n^2 は3の倍数であり，n は3の倍数である。

m，n がともに3の倍数となることは，m と n が1以外の正の公約数をもたないことに矛盾する。

したがって，$\sqrt{3}$ は無理数である。

CHART
証明の問題
直接も対偶利用もだめなら　**背理法**
(*)$\sqrt{3}>0$ であるから，m，n は自然数とした。

(参考) 整数 m，$n(n\neq0)$ が1以外に正の公約数をもたないとき，$\dfrac{m}{n}$ は **既約分数** であるという。

← m，n が3を公約数としてもつことになる。

TR
④**60** $U=\{x\,|\,x\text{ は実数}\}$ を全体集合とする。U の部分集合 $A=\{2,\ 4,\ a^2+1\}$，$B=\{4,\ a+7,\ a^2-4a+5\}$ について，$A\cap\overline{B}=\{2,\ 5\}$ となるとき，定数 a の値を求めよ。
〔富山県大〕

$A\cap\overline{B}=\{2,\ 5\}$ であるから　　　　$5\in A$
よって　$a^2+1=5$　　　ゆえに　　$a^2=4$
したがって　$a=\pm2$
[1]　$a=2$ のとき
　　　　　$a+7=9,\ a^2-4a+5=1$
　よって　$A=\{2,\ 4,\ 5\},\ B=\{4,\ 9,\ 1\}$
　このとき，$A\cap\overline{B}=\{2,\ 5\}$ となり，条件に適する。
[2]　$a=-2$ のとき
　　　　　$a+7=5,\ a^2-4a+5=17$
　よって　$A=\{2,\ 4,\ 5\},\ B=\{4,\ 5,\ 17\}$
　このとき，$A\cap\overline{B}=\{2\}$ となり，条件に適さない。
[1]，[2]から，求める a の値は　　　$a=2$

← $A\cap\overline{B}\subset A$

← A の要素 a^2+1 が5に一致する。

[1]
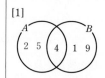

[2]
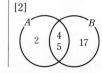

TR
③**61** 次の命題の否定を述べよ。また，その真偽を調べよ。
(1) すべての自然数nについて，$\sqrt{n}$ は無理数である。
(2) ある実数xについて，$x^2=x+2$ である。

(1) 否定は **ある自然数nについて，$\sqrt{n}$ は有理数である。**
$n=1$ のとき，$\sqrt{n}=\sqrt{1}=1$ は有理数であるから **真**
(2) 否定は **すべての実数xについて，$x^2\ne x+2$ である。**
$x^2=x+2$ とすると $x^2-x-2=0$
よって $(x+1)(x-2)=0$
ゆえに $x=-1,\ 2$
すなわち，$x=-1,\ 2$ のとき $x^2=x+2$ となるから **偽**

CHART
命題「すべての～」「ある～」の否定
すべて と ある を入れ替えて，結論を否定

3章

TR

TR
④**62** (1) $a,\ b,\ c,\ d$ は有理数，$\sqrt{l}$ は無理数であるとする。$a+b\sqrt{l}=c+d\sqrt{l}$ のとき，$b=d$ が成り立つことを証明せよ。また，このとき $a=c$ も成り立つことを証明せよ。
(2) $(1+3\sqrt{2})x+(3+2\sqrt{2})y=-5-\sqrt{2}$ を満たす有理数$x,\ y$の値を求めよ。

(1) $b\ne d$ と仮定する。
$a+b\sqrt{l}=c+d\sqrt{l}$ から $(b-d)\sqrt{l}=c-a$
$b\ne d$ より $b-d\ne0$ であるから $\sqrt{l}=\dfrac{c-a}{b-d}$
$a,\ b,\ c,\ d$ は有理数であるから，$\dfrac{c-a}{b-d}$ は有理数である。
このことは，$\sqrt{l}$ が無理数であることに矛盾する。
したがって $b=d$
また，このとき $a+b\sqrt{l}=c+d\sqrt{l}$ に $b=d$ を代入すると
$a=c$
(2) 等式を変形すると
$(x+3y)+(3x+2y)\sqrt{2}=-5-\sqrt{2}$
$x,\ y$ が有理数のとき，$x+3y,\ 3x+2y$ も有理数であり，$\sqrt{2}$ は無理数であるから，(1) により
$x+3y=-5$ …… ①, $3x+2y=-1$ …… ②
①×3−② から $7y=-14$ ゆえに $y=-2$
このとき，① から $x=-3(-2)-5=1$
($x=1,\ y=-2$ のとき
$(x+3y)+(3x+2y)\sqrt{2}=-5-\sqrt{2}$)

⟵ 仮定 $b\ne d$ を利用して，$\sqrt{l}=●$ の形を作る。

⟵ $a+b\sqrt{l}=c+b\sqrt{l}$

⟵ $a+b\sqrt{2}=c+d\sqrt{2}$ の形に。
⟵ の断りは重要。

⟵ $x=-3y-5$

EX ②21 集合 $U=\{1, 2, 3, 4, 5, 6, 7, 8, 9, 10\}$ の部分集合 A, B について
$\overline{A}\cap\overline{B}=\{1, 2, 5, 8\}$, $A\cap B=\{3\}$, $\overline{A}\cap B=\{4, 7, 10\}$
がわかっている。このとき, A, B, $A\cap\overline{B}$ を求めよ。 〔昭和薬大〕

与えられた条件を図に表すと, 右のようになるから
$$A=\{3, 6, 9\}$$
$$B=\{3, 4, 7, 10\}$$
$$A\cap\overline{B}=\{6, 9\}$$

◀ □ …… $\overline{A}\cap\overline{B}$
◀ □ …… $A\cap B$
◀ ▨ …… $\overline{A}\cap B$
図に要素を書き込む。

EX ②22 全体集合を U, その部分集合を A, B とする。$A\subset B$ であるとき, $A\cap B$, $A\cup B$, $A\cap\overline{B}$ は, それぞれ次の ①~③ のどの集合と一致するか。
① A ② B ③ $\varnothing$

$A\subset B$ であるから, 集合 A, B, $\overline{B}$ を図に表すと右のようになる。
よって $A\cap B=A$ すなわち ①
$A\cup B=B$ すなわち ②
$A\cap\overline{B}=\varnothing$ すなわち ③

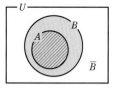

CHART
集合 図に表す
◀ ▨ …… $A\cap B$
◀ □ …… $A\cup B$

EX ③23 実数全体を全体集合とし, その部分集合 A, B, C を $A=\{x|1<x<5\}$, $B=\{x|x<3\}$, $C=\{x|x>2\}$ とするとき, $A\cap B\cap C$, $(\overline{A}\cap B)\cup C$ をそれぞれ求めよ。 〔類 大阪薬大〕

集合 A, $\overline{A}$, B, C を数直線上に表すと, 右のようになる。
したがって
$$A\cap B\cap C=\{x|2<x<3\}$$
また, $\overline{A}\cap B=\{x|x\leqq1\}$ であるから
$$(\overline{A}\cap B)\cup C=\{x|x\leqq1, 2<x\}$$

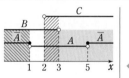

◀ ▨ ⋯ $A\cap B\cap C$
◀ ▨ ⋯ $\overline{A}\cap B$
◀ ▬ ⋯ $(\overline{A}\cap B)\cup C$

EX ②24 次の命題 P の逆と対偶を述べ, それらの真偽を調べよ。また, 命題 P の裏を述べよ。ただし, x, y は実数, n は整数とする。
(1) P:「$x+y=-3$ ならば x, y の少なくとも一方は負の数である。」
(2) P:「n^2+1 が偶数 $\Longrightarrow n$ は奇数」 (3) P:「$3x+5>0 \Longrightarrow x^2-6x-7=0$」

(1) P の逆は x, y の少なくとも一方が負の数ならば $x+y=-3$ である。
$x=-1$, $y=2$ のとき $x+y=1(\neq-3)$
よって, P の逆は偽 である。
また, $x+y=-3$ の否定は $x+y\neq-3$
x, y の少なくとも一方は負の数である の否定は $x\geqq0$ かつ $y\geqq0$
ゆえに, P の対偶は $x\geqq0$ かつ $y\geqq0$ ならば $x+y\neq-3$ である。
$x\geqq0$ かつ $y\geqq0$ のとき $x+y\geqq0$ ゆえに $x+y\neq-3$
よって, P の対偶は真 である。
また, P の裏は $x+y\neq-3$ ならば $x\geqq0$ かつ $y\geqq0$ である。

HINT
命題 $p \Longrightarrow q$ の
逆は $q \Longrightarrow p$
対偶は $\overline{q} \Longrightarrow \overline{p}$
裏は $\overline{p} \Longrightarrow \overline{q}$

◀ x, y の少なくとも一方は負の数 $\Longleftrightarrow$ $x<0$ または $y<0$

(2) P の逆は　n が奇数 $\Longrightarrow$ n^2+1 は偶数

　　n が奇数のとき，n^2 は奇数であるから，n^2+1 は偶数である。　←(奇数)×(奇数)=(奇数)

　　よって，P の逆は真 である。

　また，n^2+1 は偶数 の否定は　n^2+1 は奇数

　　　　n は奇数 の否定は　　　n は偶数

　ゆえに，P の対偶は　n が偶数 $\Longrightarrow$ n^2+1 は奇数

　　n が偶数のとき，n^2 は偶数であるから，n^2+1 は奇数である。　←(偶数)×(偶数)=(偶数)

　　よって，P の対偶は真 である。

　また，P の裏は　n^2+1 が奇数 $\Longrightarrow$ n は偶数

(3) P の逆は　$x^2-6x-7=0 \Longrightarrow 3x+5>0$

　　$x^2-6x-7=0$ のとき　　$(x+1)(x-7)=0$

　ゆえに　　$x=-1,\ 7$

　$3x+5>0$ を解くと　　$x>-\dfrac{5}{3}$

　$A=\{x\,|\,x^2-6x-7=0\}$,

　$B=\{x\,|\,3x+5>0\}$ とすると　$A\subset B$

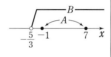
　←集合を利用すると考えやすい。

　　よって，P の逆は真 である。

　また，$3x+5>0$ の否定は　　$3x+5\leqq0$

　　　　$x^2-6x-7=0$ の否定は　$x^2-6x-7\neq0$

　ゆえに，P の対偶は　$x^2-6x-7\neq0 \Longrightarrow 3x+5\leqq0$

　　$x=0$ のとき，$x^2-6x-7\neq0$ であるが　$3x+5>0$

　　よって，P の対偶は偽 である。

　また，P の裏は　$3x+5\leqq0 \Longrightarrow x^2-6x-7\neq0$

EX
④**25**

★　a を定数とする。実数 x に関する 2 つの条件 p, q を次のように定める。

$$p:-1\leqq x\leqq3 \qquad q:|x-a|>3$$

条件 p, q の否定をそれぞれ $\bar{p}$, $\bar{q}$ で表す。

(1) 命題「$p \Longrightarrow q$」が真であるような a の値の範囲は $a<$ ⁷□，ᶦ□$<a$ である。また，命題「$p \Longrightarrow \bar{q}$」が真であるような a の値の範囲は ᵍ□$\leqq a\leqq$ ᵉ□ である。

(2) $a=$ ⁱ□ のとき，$x=$ ᵗ□ は命題「$p \Longrightarrow q$」の反例である。　[センター試験]

q について

　　$x-a<-3,\ 3<x-a \Longleftrightarrow x<-3+a,\ 3+a<x$

　←$c>0$ のとき
　$|x|>c$ の解は
　　$x<-c,\ c<x$

(1) 命題「$p \Longrightarrow q$」が真であるとき，右の図 [1], [2] の場合がある。

　[1] のとき

　　　$3+a<-1$ すなわち　$a<-4$

　[2] のとき

　　　$3<-3+a$ すなわち　$6<a$

よって，命題「$p \Longrightarrow q$」が真であるような a の値の範囲は

　　　$a<$ ⁷-4，ᶦ$6<a$

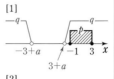
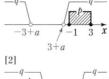

　←$-3+a$ と $3+a$ の大小関係は，a の値に関わらず常に
　　$-3+a<3+a$

また $\overline{q}:-3+a\leqq x\leqq 3+a$

ゆえに，命題「$p\Longrightarrow\overline{q}$」が真である

ようなaの値の範囲は

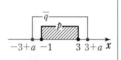

$-3+a\leqq-1$ かつ $3\leqq 3+a$

$-3+a\leqq-1$ から　　$a\leqq 2$

$3\leqq 3+a$ から　　$0\leqq a$

よって　　$^{ウ}\mathbf{0}\leqq a\leqq {}^{エ}\mathbf{2}$

(2) $a=6$ のとき　　$q:x<3,\ 9<x$

命題「$p\Longrightarrow q$」の反例は，条件 p を満たすが，条件 q を満

たさないものであるから　　$x={}^{オ}\mathbf{3}$

> (2) $x=2$ などは，条件
> $p,\ q$ をともに満たすた
> め，命題「$p\Longrightarrow q$」
> の反例ではない。

EX ④26

★ 実数 x に関する次の条件 $p,\ q,\ r,\ s$ を考える。

　　$p:|x-2|>2$,　　$q:x<0$,　　$r:x>4$,　　$s:\sqrt{x^2}>4$

次の $^{ア}\square$，$^{イ}\square$ に当てはまるものを，下の ①〜④ のうちからそれぞれ 1 つ選べ。ただし，

同じものを繰り返し選んでもよい。

　q または r であることは，p であるための $^{ア}\square$。また，s は r であるための $^{イ}\square$。

① 必要条件であるが，十分条件ではない

② 十分条件であるが，必要条件ではない

③ 必要十分条件である　　④ 必要条件でも十分条件でもない

[センター試験]

$|x-2|>2$ から　　$x-2<-2,\ 2<x-2$

すなわち　　　　　　$x<0,\ 4<x$

よって，条件 p は　$x<0,\ 4<x$

$\sqrt{x^2}>4$ から　　　$|x|>4$

すなわち　　　　　　$x<-4,\ 4<x$

ゆえに，条件 s は　$x<-4,\ 4<x$

よって，条件 $p,\ q,\ r,\ s$ が表す範囲

を数直線上に図示すると，右のように

なる。

図より，条件(q または r)は，条件 p

に等しいから，q または r であること

は，p であるための必要十分条件である。　(^{ア}③)

また，条件 r は条件 s の一部であるから，命題「$s\Longrightarrow r$」

は偽，命題「$r\Longrightarrow s$」は真である。

ゆえに，s は r であるための必要条件であるが，十分条件では

ない。　(^{イ}①)

> ⬅ $c>0$ のとき
> $|x|>c$ の解は
> $x<-c,\ c<x$

> ⬅ $\sqrt{x^2}=|x|$

> ⬅ 条件(q または r)は
> $x<0$ または $x>4$

EX ③27

x は無理数とする。次の命題を背理法を用いて証明せよ。

　　x^2 と x^3 の少なくとも一方は無理数である。

[類 東北学院大]

x は無理数であるから　　$x\neq 0$

x^2 と x^3 がともに有理数であると仮定すると，$\dfrac{x^3}{x^2}$ は有理数で

ある。

> ⬅ (有理数)÷(有理数)
> ＝(有理数)

ここで，$\dfrac{x^3}{x^2}=x$ であるから，これは x が無理数であることに
矛盾する。

よって，x^2 と x^3 の少なくとも一方は無理数である。

EX
④**28**
x，y についての多項式 $P=3x^3-3xy^2+x^2-y^2+ax+by$ がある。ただし，a，b は有理数の定数とする。

3章

EX

(1) $x=\dfrac{1}{2-\sqrt{3}}$，$y=\dfrac{1}{2+\sqrt{3}}$ のとき，$x+y$ と $x-y$ の値を求めよ。

(2) (1)の x，y の値に対して $P=4$ となるとき，a，b の値を求めよ。

(1) $x=\dfrac{2+\sqrt{3}}{(2-\sqrt{3})(2+\sqrt{3})}=\dfrac{2+\sqrt{3}}{4-3}=2+\sqrt{3}$，

$\qquad y=\dfrac{2-\sqrt{3}}{(2+\sqrt{3})(2-\sqrt{3})}=\dfrac{2-\sqrt{3}}{4-3}=2-\sqrt{3}$

◀ x，y の分母をそれぞれ有理化。

$\qquad$ よって　$\boldsymbol{x+y}=(2+\sqrt{3})+(2-\sqrt{3})=\boldsymbol{4}$，

$\qquad\qquad \boldsymbol{x-y}=(2+\sqrt{3})-(2-\sqrt{3})=\boldsymbol{2\sqrt{3}}$

注意　例題 31 のように，直ちに $x+y$，$x-y$ を計算してもよいが，(2)で x，y の値を代入するとき，x，y の分母をそれぞれ有理化しておいた方が計算がらくになる。

◀ 分母が $2-\sqrt{3}$ と $2+\sqrt{3}$ であるから，通分と同時に分母が有理化される。

(2) $P=3x^3-3xy^2+x^2-y^2+ax+by$

$\qquad =3x(x^2-y^2)+(x^2-y^2)+ax+by$

$\qquad =(x^2-y^2)(3x+1)+ax+by$

$\qquad =(x+y)(x-y)(3x+1)+ax+by$

$\qquad =4\cdot 2\sqrt{3}\cdot\{3(2+\sqrt{3})+1\}+a(2+\sqrt{3})+b(2-\sqrt{3})$

$\qquad =8\sqrt{3}(7+3\sqrt{3})+a(2+\sqrt{3})+b(2-\sqrt{3})$

$\qquad =2a+2b+72+(a-b+56)\sqrt{3}$

◀ $3x^3-3xy^2+x^2-y^2$ を因数分解。

◀ $x+y$，$x-y$，x，y の値を代入。

◀ $P=\bullet+\blacksquare\sqrt{3}$ の形に。

$\quad P=4$ のとき

$\qquad\qquad 2a+2b+72+(a-b+56)\sqrt{3}=4$

$\quad$ すなわち　$(2a+2b+68)+(a-b+56)\sqrt{3}=0$ …… ①

$\quad$ ここで，$a-b+56\neq 0$ と仮定すると

$\qquad\qquad \sqrt{3}=-\dfrac{2a+2b+68}{a-b+56}$ …… ②

◀ $a-b+56=0$ であることを証明する。

a，b が有理数のとき，$2a+2b+68$，$a-b+56$ も有理数であるから，② の右辺は有理数である。

ところが，② の左辺は無理数であるから，これは矛盾である。

したがって　$a-b+56=0$ …… ③

これを ① に代入して　$2a+2b+68=0$

すなわち　$a+b+34=0$ …… ④

③，④ を解いて　$\boldsymbol{a=-45}$，$\boldsymbol{b=11}$

◀ ＿＿ の断りは大切。

TR
①63 $f(x)=-2x+3$, $g(x)=2x^2-4x+3$ のとき，次の値を求めよ。

(1) $f(0)$, $f(3)$, $f(-2)$, $f(a-2)$　　　(2) $g(\sqrt{2})$, $g(-3)$, $g\left(\dfrac{1}{2}\right)$, $g(1-a)$

(1)　$f(0)=-2\cdot0+3=\mathbf{3}$　　　$f(3)=-2\cdot3+3=-6+3=\mathbf{-3}$

　　$f(-2)=-2\cdot(-2)+3=4+3=\mathbf{7}$

　　$f(a-2)=-2(a-2)+3=-2a+4+3=\mathbf{-2a+7}$

(2)　$g(\sqrt{2})=2\cdot(\sqrt{2})^2-4\cdot\sqrt{2}+3=4-4\sqrt{2}+3=\mathbf{7-4\sqrt{2}}$

　　$g(-3)=2\cdot(-3)^2-4\cdot(-3)+3=18+12+3=\mathbf{33}$

　　$g\left(\dfrac{1}{2}\right)=2\cdot\left(\dfrac{1}{2}\right)^2-4\cdot\dfrac{1}{2}+3=\dfrac{1}{2}-2+3=\mathbf{\dfrac{3}{2}}$

　　$g(1-a)=2(1-a)^2-4(1-a)+3=2(1-2a+a^2)-4+4a+3$

　　　　　　$=\mathbf{2a^2+1}$

> ⟵ $x=●$ なら
> $f(●)=-2\times●+3$
> … $f(x)$ の式で x に● を代入。
> ⟵ $x=■$ なら
> $g(■)$
> $=2\times■^2-4\times■+3$

TR
②64 次の関数の値域を求めよ。また，関数の最大値，最小値も求めよ。

(1) $y=-3x+1$　$(-1\leqq x\leqq2)$　　　　(2) $y=\dfrac{1}{2}x+2$　$(-2<x\leqq4)$

(3) $y=-2x^2$　$(-1<x<1)$

(1)　1次関数 $y=-3x+1$ のグラフは，

　　傾きが -3，y 切片が1の直線で

　　　　$x=-1$ のとき　$y=4$

　　　　$x=2$　のとき　$y=-5$

　　よって，この関数のグラフは，図の

　　実線部分のようになるから，値域は

　　　　　　$\mathbf{-5\leqq y\leqq4}$

　　また　$x=-1$ のとき最大値 4，$x=2$ のとき最小値 -5

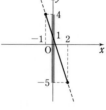

> **CHART**
> 関数の値域，
> 最大値・最小値
> グラフをかいて，y の値の範囲を読みとる

(2)　1次関数 $y=\dfrac{1}{2}x+2$ のグラフは，

　　傾きが $\dfrac{1}{2}$，y 切片が2の直線で

　　　　$x=-2$ のとき　$y=1$

　　　　$x=4$　のとき　$y=4$

　　よって，この関数のグラフは，図の

　　実線部分のようになるから，値域は

　　　　　　$\mathbf{1<y\leqq4}$

　　また　$x=4$ のとき最大値 4，最小値はない。

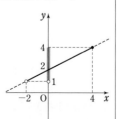

> ⟵左端の点 $(-2,\ 1)$ を含まないことに注意。

(3)　2次関数 $y=-2x^2$ のグラフは，

　　原点を頂点とする下に開いた放物線

　　で　　$x=-1$ のとき　$y=-2$

　　　　$x=1$　のとき　$y=-2$

　　よって，この関数のグラフは，図の

　　実線部分のようになるから，値域は

　　　　　　$\mathbf{-2<y\leqq0}$

　　また　$x=0$ のとき最大値 0，最小値はない。

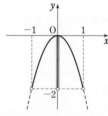

> ⟵両端の点 $(-1,\ -2)$，$(1,\ -2)$ を含まないことに注意。

TR
③**65** 次の条件を満たすように，定数 a, b の値を定めよ。
(1) 1次関数 $y=ax+b$ のグラフが2点 $(-2, 2)$, $(4, -1)$ を通る。
(2) 1次関数 $y=ax+b$ の定義域が $-3 \leqq x \leqq 1$ のとき，値域が $-1 \leqq y \leqq 3$ である。ただし，$a>0$ とする。

(1) グラフが2点 $(-2, 2)$, $(4, -1)$ を通るから
$$-2a+b=2 \cdots\cdots ①, \quad 4a+b=-1 \cdots\cdots ②$$

①－② から　　$-6a=3$

よって　　　　　$a=-\dfrac{1}{2}$

$a=-\dfrac{1}{2}$ を ① に代入して　　$-2\left(-\dfrac{1}{2}\right)+b=2$

これを解いて　　$b=1$

◀ グラフが点 $(-2, 2)$ を通る $\longrightarrow$ $y=ax+b$ に $x=-2$, $y=2$ を代入すると成り立つ。

(2) $a>0$ であるから，この関数は x の値が増加すると，y の値は増加する。

よって　　$x=-3$ のとき　$y=-1$,
　　　　　$x=1$ 　のとき　$y=3$

ゆえに　　$-3a+b=-1 \cdots\cdots ①$,
　　　　　$a+b=3$ 　　　$\cdots\cdots ②$

①－② から　　$-4a=-4$

よって　　　　$a=1$　　　これは $a>0$ を満たす。

$a=1$ を ② に代入して　　$1+b=3$

よって　　　　$b=2$

◀ a の符号に注意。

◀ この確認を忘れずに。

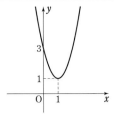

TR
①**66** 次の2次関数のグラフをかけ。また，その頂点と軸を求めよ。
(1) $y=-(x+1)^2$
(2) $y=2(x-1)^2+1$

(1)

頂点は　点 $(-1, 0)$
軸は　直線 $x=-1$

(2)

頂点は　点 $(1, 1)$
軸は　直線 $x=1$

TR
②**67** 次の2次関数のグラフをかけ。また，その頂点と軸を求めよ。
(1) $y=x^2-4x+3$
(2) $y=2x^2+8x+5$
(3) $y=-3x^2+6x-2$

(1) $y=x^2-4x+3$
$\quad =x^2-4x+2^2-2^2+3$
$\quad =(x-2)^2-1$

よって，グラフは図のような下に凸の放物線である。

また，頂点は　点 $(2, -1)$
　　　　軸は　直線 $x=2$

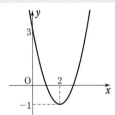

◀ 2^2 を加えて，引く。

◀ 平方完成。

◀ 頂点 $(2, -1)$ を原点とみて，$y=x^2$ のグラフをかく。

(2) $y=2(x^2+4x)+5$

$\quad=2(x^2+4x+2^2-2^2)+5$

$\quad=2(x^2+4x+2^2)-2\cdot2^2+5$

$\quad=2(x+2)^2-3$

よって，グラフは 図 のような下に凸
の放物線である。

また，頂点は 点 $(-2,\ -3)$

$\qquad$軸は 直線 $x=-2$

← 2 でくくる。

← 2^2 を加えて，引く。

← -2^2 を（ ）の外に。

← 平方完成。

← 頂点 $(-2,\ -3)$ を原点とみて，$y=2x^2$ のグラフをかく。

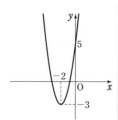

(3) $y=-3(x^2-2x)-2$

$\quad=-3(x^2-2x+1^2-1^2)-2$

$\quad=-3(x^2-2x+1^2)+3\cdot1^2-2$

$\quad=-3(x-1)^2+1$

よって，グラフは 図 のような上に凸
の放物線である。また，

頂点は 点 $(1,\ 1)$，軸は 直線 $x=1$

← -3 でくくる。

← 1^2 を加えて，引く。

← -1^2 を（ ）の外に。

← 平方完成。

← 頂点 $(1,\ 1)$ を原点とみて，$y=-3x^2$ のグラフをかく。

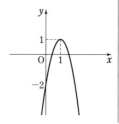

TR
②**68** 次の 2 次関数のグラフをかけ。また，その頂点と軸を求めよ。

$\quad$(1) $y=5x^2+3x+4$ $\qquad$ (2) $y=-x^2+3x-1$

(1) $y=5\left(x^2+\dfrac{3}{5}x\right)+4$

$\quad=5\left\{x^2+\dfrac{3}{5}x+\left(\dfrac{3}{10}\right)^2-\left(\dfrac{3}{10}\right)^2\right\}+4$

$\quad=5\left\{x^2+\dfrac{3}{5}x+\left(\dfrac{3}{10}\right)^2\right\}-5\left(\dfrac{3}{10}\right)^2+4$

$\quad=5\left(x+\dfrac{3}{10}\right)^2+\dfrac{71}{20}$

← 5 でくくる。

← $\left(\dfrac{3}{10}\right)^2$ を加えて，引く。

← $-\left(\dfrac{3}{10}\right)^2$ を { } の外に。

← 平方完成。

よって，グラフは 図 のような下に凸
の放物線である。

また，頂点は 点 $\left(-\dfrac{3}{10},\ \dfrac{71}{20}\right)$，軸は 直線 $x=-\dfrac{3}{10}$

(2) $y=-(x^2-3x)-1$

$\quad=-\left\{x^2-3x+\left(\dfrac{3}{2}\right)^2-\left(\dfrac{3}{2}\right)^2\right\}-1$

$\quad=-\left\{x^2-3x+\left(\dfrac{3}{2}\right)^2\right\}+\left(\dfrac{3}{2}\right)^2-1$

$\quad=-\left(x-\dfrac{3}{2}\right)^2+\dfrac{5}{4}$

← -1 でくくる。

← $\left(\dfrac{3}{2}\right)^2$ を加えて，引く。

← $-\left(\dfrac{3}{2}\right)^2$ を { } の外に。

← 平方完成。

よって，グラフは 図 のような上に凸
の放物線である。

また，頂点は 点 $\left(\dfrac{3}{2},\ \dfrac{5}{4}\right)$，軸は 直線 $x=\dfrac{3}{2}$

TR
③**69** 放物線 $y=-x^2+2x$ を平行移動して，次の放物線に重ねるには，どのように平行移動すればよいか。

$\quad$(1) $y=-x^2+5x-4$ $\qquad$ (2) $y=-x^2-2x-3$

$y = -x^2 + 2x$ を変形すると

$$y = -(x^2 - 2x) = -(x^2 - 2x + 1^2 - 1^2)$$
$$= -(x^2 - 2x + 1^2) + 1^2 = -(x-1)^2 + 1$$

よって，移動前の放物線 $y = -x^2 + 2x$ の頂点は　点 $(1, 1)$

CHART

x^2 の係数が同じ放物線
頂点と頂点を重ねると，
放物線も重なる

(1)　$y = -x^2 + 5x - 4$ を変形すると

$$y = -(x^2 - 5x) - 4$$

← -1 でくくる。

$$= -\left\{ x^2 - 5x + \left(\frac{5}{2}\right)^2 - \left(\frac{5}{2}\right)^2 \right\} - 4$$

← $\left(\frac{5}{2}\right)^2$ を加えて，引く。

$$= -\left\{ x^2 - 5x + \left(\frac{5}{2}\right)^2 \right\} + \left(\frac{5}{2}\right)^2 - 4$$

← $-\left(\frac{5}{2}\right)^2$ を { } の外に。

$$= -\left(x - \frac{5}{2} \right)^2 + \frac{9}{4}$$

← 平方完成。

4章

TR

よって，点 $(1, 1)$ が点 $\left(\frac{5}{2}, \frac{9}{4} \right)$ に重なるように移ると，2 つ

の放物線は重なる。

$\dfrac{5}{2} - 1 = \dfrac{3}{2}$，$\dfrac{9}{4} - 1 = \dfrac{5}{4}$ であるから，x 軸方向に $\dfrac{3}{2}$，y 軸方

向に $\dfrac{5}{4}$ だけ**平行移動** すればよい。

← (移動後の頂点)
　 $-$(移動前の頂点)

(2)　$y = -x^2 - 2x - 3$ を変形すると

$$y = -(x^2 + 2x) - 3$$

← -1 でくくる。

$$= -(x^2 + 2x + 1^2 - 1^2) - 3$$

← 1^2 を加えて，引く。

$$= -(x^2 + 2x + 1^2) + 1^2 - 3$$

← -1^2 を ( ) の外に。

$$= -(x+1)^2 - 2$$

← 平方完成。

よって，点 $(1, 1)$ が点 $(-1, -2)$
に重なるように移ると，2 つの放物線
は重なる。

$-1 - 1 = -2$，$-2 - 1 = -3$ であるから，
x 軸方向に -2，y 軸方向に -3 だけ平
行移動 すればよい。

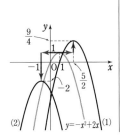

← (移動後の頂点)
　 $-$(移動前の頂点)

TR
③**70**　★ 放物線 $y = 2x^2 - 3x + 2$ …… ① の頂点の座標を求めよ。また，放物線 ① を x 軸方向に 1，
　y 軸方向に -4 だけ平行移動したとき，移動後の放物線の方程式を $y = ax^2 + bx + c$ の形で表せ。

[センター試験]

$$y = 2x^2 - 3x + 2 = 2\left(x^2 - \frac{3}{2}x \right) + 2$$

$$= 2\left\{ x^2 - \frac{3}{2}x + \left(\frac{3}{4}\right)^2 - \left(\frac{3}{4}\right)^2 \right\} + 2$$

$$= 2\left\{ x^2 - \frac{3}{2}x + \left(\frac{3}{4}\right)^2 \right\} - 2 \cdot \frac{9}{16} + 2$$

$$= 2\left(x - \frac{3}{4} \right)^2 + \frac{7}{8}$$

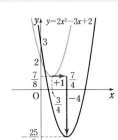

← 放物線 $y = 2x^2 - 3x + 2$
の頂点を求めるために，
平方完成する。

よって，放物線 $y=2x^2-3x+2$ の頂点の座標は $\left(\dfrac{3}{4},\ \dfrac{7}{8}\right)$ である。

平行移動により，この点は　点 $\left(\dfrac{3}{4}+1,\ \dfrac{7}{8}-4\right)$

すなわち，点 $\left(\dfrac{7}{4},\ -\dfrac{25}{8}\right)$ に移動するから，求める方程式は

$$y=2\left(x-\dfrac{7}{4}\right)^2-\dfrac{25}{8} \quad \text{すなわち} \quad \boldsymbol{y=2x^2-7x+3}$$

別解　$y=2x^2-3x+2$ の x を $x-1$，y を $y-(-4)$ でおき換
えて　　　　　$y-(-4)=2(x-1)^2-3(x-1)+2$
したがって　　　$\boldsymbol{y=2x^2-7x+3}$

CHART
放物線の平行移動
頂点の移動先を考える

← x^2 の係数 2 は変わらない。

← $y-q=f(x-p)$

TR ②**71** 次の 2 次関数に最大値，最小値があれば，それを求めよ。
(1) $y=2x^2-1$　　(2) $y=-2(x+1)^2+5$　　(3) $y=2x^2-6x+6$　　(4) $y=-x^2+5x-2$

(1) グラフは，図のようになる。
　　　よって，y は $\boldsymbol{x=0}$ で**最小値 -1** をとる。**最大値はない。**
(2) グラフは，図のようになる。
　　　よって，y は $\boldsymbol{x=-1}$ で**最大値 5** をとる。**最小値はない。**

CHART
2 次関数の最大・最小
① 基本形
　　$y=a(x-p)^2+q$
に直してグラフをかく。
② 定義域を確認
　⟶ この問題では，
　　　断りがないから
　　　実数全体
③ 下に凸の放物線
　⟶ 頂点で最小，
　　　最大値はない。
　　　上に凸の放物線
　⟶ 頂点で最大，
　　　最小値はない。

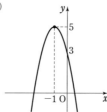

(3) $y=2x^2-6x+6=2(x^2-3x)+6$

$$=2\left\{x^2-3x+\left(\dfrac{3}{2}\right)^2-\left(\dfrac{3}{2}\right)^2\right\}+6$$

$$=2\left\{x^2-3x+\left(\dfrac{3}{2}\right)^2\right\}-2\left(\dfrac{3}{2}\right)^2+6$$

$$=2\left(x-\dfrac{3}{2}\right)^2+\dfrac{3}{2}$$

ゆえに，グラフは右図のようになる。

よって，y は $\boldsymbol{x=\dfrac{3}{2}}$ で**最小値 $\dfrac{3}{2}$** をとる。**最大値はない。**

← $-2\left(\dfrac{3}{2}\right)^2+6$

$=-2\cdot\dfrac{9}{4}+6=-\dfrac{9}{2}+6$

$=\dfrac{-9+2\cdot6}{2}=\dfrac{3}{2}$

(4) $y=-x^2+5x-2=-(x^2-5x)-2$

$$=-\left\{x^2-5x+\left(\dfrac{5}{2}\right)^2-\left(\dfrac{5}{2}\right)^2\right\}-2$$

$$=-\left\{x^2-5x+\left(\dfrac{5}{2}\right)^2\right\}+\left(\dfrac{5}{2}\right)^2-2$$

$$=-\left(x-\dfrac{5}{2}\right)^2+\dfrac{17}{4}$$

ゆえに，グラフは右図のようになる。

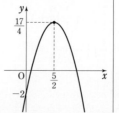

← $\left(\dfrac{5}{2}\right)^2-2$

$=\dfrac{25}{4}-2=\dfrac{25-4\cdot2}{4}$

$=\dfrac{17}{4}$

よって，y は $x=\dfrac{5}{2}$ で最大値 $\dfrac{17}{4}$ をとる。最小値はない。

TR
②72 次の関数に最大値，最小値があれば，それを求めよ。
 (1) $y=x^2-2x-3$ $(-4\leqq x\leqq 0)$ (2) $y=2x^2-4x-6$ $(0\leqq x\leqq 3)$
 (3) $y=-x^2-4x+1$ $(0\leqq x\leqq 2)$ (4) $y=x^2-4x+3$ $(0<x<3)$

(1) $\begin{aligned}y&=x^2-2x-3\\&=(x^2-2x)-3\\&=(x^2-2x+1^2-1^2)-3\\&=(x^2-2x+1^2)-1^2-3\\&=(x-1)^2-4\end{aligned}$

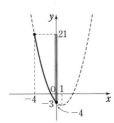

この関数のグラフは，右の図の実線
部分である。
 よって，値域は $-3\leqq y\leqq 21$
 したがって **$x=-4$ で最大値 21，$x=0$ で最小値 -3**

CHART
2次関数の最大・最小
グラフをかき，頂点と定
義域の端の点に注目

⬅ 軸（頂点）は定義域の
右外にある。

(2) $\begin{aligned}y&=2x^2-4x-6\\&=2(x^2-2x)-6\\&=2(x^2-2x+1^2-1^2)-6\\&=2(x^2-2x+1^2)-2\cdot 1^2-6\\&=2(x-1)^2-8\end{aligned}$

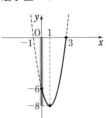

この関数のグラフは，右の図の実線
部分である。
 よって，値域は $-8\leqq y\leqq 0$
 したがって **$x=3$ で最大値 0，$x=1$ で最小値 -8**

⬅ 軸（頂点）は定義域の
内部にある。

(3) $\begin{aligned}y&=-x^2-4x+1=-(x^2+4x)+1\\&=-(x^2+4x+2^2-2^2)+1\\&=-(x^2+4x+2^2)+2^2+1\\&=-(x+2)^2+5\end{aligned}$

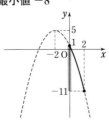

この関数のグラフは，右の図の実線
部分である。
 よって，値域は $-11\leqq y\leqq 1$
 したがって **$x=0$ で最大値 1，$x=2$ で最小値 -11**

⬅ 軸（頂点）は定義域の
左外にある。

(4) $\begin{aligned}y&=x^2-4x+3\\&=(x^2-4x)+3\\&=(x^2-4x+2^2-2^2)+3\\&=(x^2-4x+2^2)-2^2+3\\&=(x-2)^2-1\end{aligned}$

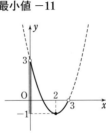

この関数のグラフは，右の図の実線
部分である。
 よって，値域は $-1\leqq y<3$
 したがって **$x=2$ で最小値 -1，最大値はない**

(4) 定義域に両端の点が
入っていないことに注
意。

⬅ 軸（頂点）は定義域の内
部にある。

⬅ 最大値に注意。

TR
③**73** ☆ 関数 $f(x)=-x^2+4x+c$ $(-4 \leqq x \leqq 4)$ の最小値が -50 であるように，定数 c の値を定めよ。　　　　　　　　　　　　　　　　　　　　　　　　　　　　　　　〔類 金沢工大〕

$$f(x)=-(x^2-4x)+c$$
$$=-(x^2-4x+2^2-2^2)+c$$
$$=-(x-2)^2+c+4$$

よって，$-4 \leqq x \leqq 4$ の範囲において，
関数 $f(x)$ は
　　$x=-4$ で最小値
　　$f(-4)=-(-4)^2+4(-4)+c$
　　　　　　$=c-32$ 　をとる。
最小値が -50 となるための条件は　　$c-32=-50$
よって　　**$c=-18$**

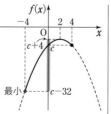

CHART
最大・最小の問題
まず，平方完成する

◆定義域の中で，軸 $x=2$ から遠くにある x の値 $x=-4$ で最小値をとる。

TR
③**74** 直角を挟む 2 辺の長さの和が 16 である直角三角形の面積が最大になるのはどんな形のときか。また，その最大値を求めよ。

直角を挟む 2 辺のうち一方の長さを x とすると，他方の長さは $16-x$ で表される。
辺の長さは正の数であるから
　　　　　$x>0$ かつ $16-x>0$
すなわち　　$0<x<16$
直角三角形の面積を S とすると

$$S=\frac{1}{2}x(16-x)=-\frac{1}{2}(x^2-16x)$$
$$=-\frac{1}{2}(x^2-16x+8^2-8^2)$$
$$=-\frac{1}{2}(x^2-16x+8^2)+\frac{1}{2}\cdot64$$
$$=-\frac{1}{2}(x-8)^2+32$$

$0<x<16$ の範囲において，S は
$x=8$ で最大値 32 をとる。
このとき，他の辺の長さ $16-x$ も
8 である。よって，**直角二等辺三角形のとき，面積は最大**となり，その**最大値は 32** である。

◆変数 x を決める。

◆x の変域を調べる。

◆直角三角形の面積 S を x の式で表す。

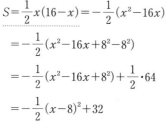

◆S の最大値を求める。

TR
②**75** そのグラフが，次のような放物線となる 2 次関数を求めよ。
(1) 頂点が点 $(2, -3)$ で，点 $(3, -1)$ を通る放物線
(2) 軸が直線 $x=4$ で，2 点 $(2, 1)$，$(5, -2)$ を通る放物線

(1) 頂点が点 $(2, -3)$ であるから，求める 2 次関数は
　　　　　$y=a(x-2)^2-3$ 　とおける。
このグラフが点 $(3, -1)$ を通るから　　$-1=a(3-2)^2-3$
したがって　　$a=2$

◆頂点や軸が条件 ⟶
基本形
$y=a(x-p)^2+q$ で
スタート

◆$x=3$ のとき $y=-1$

よって，求める2次関数は
$$y=2(x-2)^2-3 \quad [y=2x^2-8x+5 \text{ でもよい}]$$

(2) 軸が直線 $x=4$ であるから，求める2次関数は
$$y=a(x-4)^2+q \quad \text{とおける。}$$
このグラフが2点 $(2,\ 1)$，$(5,\ -2)$ を通るから
$$1=a(2-4)^2+q, \qquad -2=a(5-4)^2+q$$

← $x=2$ のとき $y=1$，
$x=5$ のとき $y=-2$

整理して　　$4a+q=1$ …… ①，　　$a+q=-2$ …… ②
①−② から　　　　　　　$3a=3$　　　よって　　　$a=1$
$a=1$ を ② に代入して　　$1+q=-2$　　よって　　$q=-3$
したがって，求める2次関数は
$$y=(x-4)^2-3 \quad [y=x^2-8x+13 \text{ でもよい}]$$

4章

TR

TR
②**76**　次の条件を満たす2次関数を求めよ。
　(1)　$x=3$ で最大値1をとり，$x=5$ のとき $y=-1$ となる。
　(2)　$x=-2$ で最小となり，そのグラフが2点 $(-1,\ 2)$，$(0,\ 11)$ を通る。

(1)　$x=3$ で最大値1をとるから，
　　求める2次関数は
$$y=a(x-3)^2+1 \ (a<0) \ \cdots \ (*)$$
　　とおける。
　　$x=5$ のとき $y=-1$ であるから
$$-1=a(5-3)^2+1$$
　　したがって　　$a=-\dfrac{1}{2}$
　　これは $a<0$ を満たす。
　　よって，求める2次関数は
$$y=-\frac{1}{2}(x-3)^2+1 \quad \left[y=-\frac{1}{2}x^2+3x-\frac{7}{2} \text{ でもよい}\right]$$

←**最大値・最小値が条件**
── 基本形
$$y=a(x-p)^2+q \text{ で}$$
スタート
$(*)$最大値をとるから，
上に凸の放物線。
ゆえに　$a<0$

(2)　$x=-2$ で最小となるから，
　　求める2次関数は
$$y=a(x+2)^2+q \ (a>0)$$
　　とおける。このグラフが
　　2点 $(-1,\ 2)$，$(0,\ 11)$ を通るから
$$2=a(-1+2)^2+q,$$
$$11=a(0+2)^2+q$$
　　整理すると　　$a+q=2$　　…… ①
　　　　　　　　　$4a+q=11$ …… ②
　　②−① から　　$3a=9$　　　よって　　$a=3$
　　これは $a>0$ を満たす。
　　$a=3$ を ① に代入して　　$3+q=2$　　よって　　$q=-1$
　　よって，求める2次関数は
$$y=3(x+2)^2-1 \quad [y=3x^2+12x+11 \text{ でもよい}]$$

← 頂点の x 座標が -2
である。

← 最小値をとるから，
下に凸の放物線。
ゆえに　$a>0$

← $x=-1$ のとき $y=2$，
$x=0$ のとき $y=11$

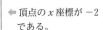

TR
②**77** グラフが次の 3 点を通るような 2 次関数を求めよ。
(1) $(-1, 7)$, $(0, -2)$, $(1, -5)$　　　　(2) $(-1, 0)$, $(3, 0)$, $(1, 8)$

(1) 求める 2 次関数を $y=ax^2+bx+c$ とする。

このグラフは 3 点 $(-1, 7)$, $(0, -2)$, $(1, -5)$ を通るから

$$\begin{cases} 7=a(-1)^2+b(-1)+c \\ -2=a\cdot 0^2+b\cdot 0+c \\ -5=a\cdot 1^2+b\cdot 1+c \end{cases} \quad \text{ゆえに} \quad \begin{cases} a-b+c=7 & \cdots\cdots ① \\ c=-2 & \cdots\cdots ② \\ a+b+c=-5 & \cdots\cdots ③ \end{cases}$$

② を ①, ③ に代入して　$a-b-2=7$, $a+b-2=-5$

すなわち　　$a-b=9$ …… ④, $a+b=-3$ …… ⑤

④+⑤ から　　$2a=6$　　　　よって　　$a=3$

⑤-④ から　　$2b=-12$　　　よって　　$b=-6$

したがって，求める 2 次関数は　　$\boldsymbol{y=3x^2-6x-2}$

⇐ 通る 3 点が条件
⟶ 一般形
$\boldsymbol{y=ax^2+bx+c}$ で**スタート**

⇐ c の値が求められているから，これを使って残り 2 文字の連立方程式を作る。

(2) 求める 2 次関数を $y=ax^2+bx+c$ とする。

このグラフは 3 点 $(-1, 0)$, $(3, 0)$, $(1, 8)$ を通るから

$$\begin{cases} 0=a(-1)^2+b(-1)+c \\ 0=a\cdot 3^2+b\cdot 3+c \\ 8=a\cdot 1^2+b\cdot 1+c \end{cases} \quad \text{ゆえに} \quad \begin{cases} a-b+c=0 & \cdots\cdots ① \\ 9a+3b+c=0 & \cdots\cdots ② \\ a+b+c=8 & \cdots\cdots ③ \end{cases}$$

③-① から　　$2b=8$　　　よって　　$b=4$

$b=4$ を ①, ② に代入して

$$a-4+c=0, \quad 9a+3\cdot 4+c=0$$

すなわち　　$a+c=4$ …… ④, $9a+c=-12$ …… ⑤

⑤-④ から　　$8a=-16$　　　よって　　$a=-2$

$a=-2$ を ④ に代入して　　$-2+c=4$

これを解いて　　　　　　$c=6$

したがって，求める 2 次関数は　　$\boldsymbol{y=-2x^2+4x+6}$

⇐ $x=-1$ のとき $y=0$
⇐ $x=3$ のとき $y=0$
⇐ $x=1$ のとき $y=8$

⇐ ①, ③ から b の値が求められるので，これを使って残りの 2 文字の連立方程式を作る。

Lecture　一般に，グラフと x 軸との 2 つの交点の座標が $(\alpha, 0)$, $(\beta, 0)$ である 2 次関数は

$$\boldsymbol{y=a(x-\alpha)(x-\beta)}$$

とおける(この形を **因数分解形** とよぶことにする)。この形を利用すると，(2) は次のように解くこともできる。

別解　グラフが x 軸と 2 点 $(-1, 0)$, $(3, 0)$ で交わるから，求める 2 次関数は　$y=a(x+1)(x-3)$ とおける。

このグラフが点 $(1, 8)$ を通るから　$8=a(1+1)(1-3)$

ゆえに　　$-4a=8$　　　よって　　$a=-2$

したがって，求める 2 次関数は

$$\boldsymbol{y=-2(x+1)(x-3)} \quad [y=-2x^2+4x+6 \text{ でもよい}]$$

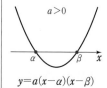

$a>0$

$y=a(x-\alpha)(x-\beta)$

⇐ $x=1$ のとき $y=8$
⇐ a の 1 次方程式を解くことになる。

TR
③**78** 次の関数のグラフをかけ。また，その値域を求めよ。
(1) $y=|3x|$　(2) $y=-|2x-1|$　(3) $y=|2x+6|$　$(-4<x\le 0)$　(4) $y=|x|-1$　$(-2<x<2)$

(1) $3x \geqq 0$ すなわち $x \geqq 0$ のとき
$$y = 3x$$
$3x < 0$ すなわち $x < 0$ のとき
$$y = -3x$$
グラフは **右の図の実線部分** である。
また，値域は
$y \geqq 0$

(2) $2x-1 \geqq 0$ すなわち $x \geqq \dfrac{1}{2}$ のとき
$$y = -(2x-1) = -2x+1$$
$2x-1 < 0$ すなわち $x < \dfrac{1}{2}$ のとき
$$y = -\{-(2x-1)\} = 2x-1$$
グラフは **右の図の実線部分** である。
また，値域は　**$y \leqq 0$**

(3) $2x+6 \geqq 0$ すなわち $x \geqq -3$ のとき
$$y = 2x+6$$
$2x+6 < 0$ すなわち $x < -3$ のとき
$$\begin{aligned} y &= -(2x+6) \\ &= -2x-6 \end{aligned}$$
グラフは **右の図の実線部分** である。
また，値域は　**$0 \leqq y \leqq 6$**

(4) $x \geqq 0$ のとき
$$y = x-1$$
$x < 0$ のとき
$$y = -x-1$$
グラフは **右の図の実線部分** である。
また，値域は　**$-1 \leqq y < 1$**

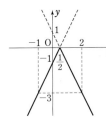

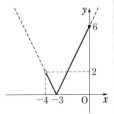

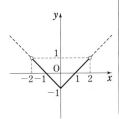

CHART
絶対値　場合に分ける
$$|A| = \begin{cases} A & (A \geqq 0 \text{ のとき}) \\ -A & (A < 0 \text{ のとき}) \end{cases}$$

⟸ 直線 $x=0$ すなわち，y 軸に関して対称なグラフとなる。

(参考) $y = -|f(x)|$ のグラフは，$y = |f(x)|$ のグラフを x 軸に関して対称に折り返したものである。

⟸ 直線 $x = \dfrac{1}{2}$ に関して対称なグラフとなる。

⟸ 右端の点は含まれるが，左端の点は含まれないことに注意。

⟸ 両端の点は含まれないことに注意。

TR
④**79**
★ グラフが次の条件を満たすような 2 次関数を，それぞれ求めよ。
(1) 放物線 $y = -x^2 - 2x$ を平行移動した曲線で，2 点 $(-1, -2)$, $(2, 1)$ を通る。
(2) x 軸方向に 2，y 軸方向に -3 だけ平行移動すると，3 点 $(1, 2)$, $(2, -2)$, $(3, -4)$ を通る。

(1) 求める 2 次関数は，そのグラフが放物線 $y = -x^2 - 2x$ を平行移動したものであるから，$y = -x^2 + bx + c$ とおける。
このグラフが 2 点 $(-1, -2)$, $(2, 1)$ を通るから
$$\begin{cases} -2 = -(-1)^2 + b(-1) + c \\ 1 = -2^2 + b \cdot 2 + c \end{cases}$$
ゆえに　$\begin{cases} b - c = 1 & \cdots\cdots ① \\ 2b + c = 5 & \cdots\cdots ② \end{cases}$
①＋② から　　$3b = 6$　　　よって　　$b = 2$
$b = 2$ を ① に代入して　　$2 - c = 1$　　ゆえに　　$c = 1$
したがって　　　　**$y = -x^2 + 2x + 1$**

CHART
放物線の平行移動
平行移動で x^2 の係数は変わらない

(2) 求める 2 次関数を $y=ax^2+bx+c$ とする。

このグラフは，3 点 $(1, 2)$，$(2, -2)$，$(3, -4)$ を x 軸方向に -2，y 軸方向に 3 だけ平行移動した点

$$(1-2, 2+3), (2-2, -2+3), (3-2, -4+3)$$

すなわち $(-1, 5)$，$(0, 1)$，$(1, -1)$ を通るから

$$\begin{cases} 5=a(-1)^2+b(-1)+c \\ 1=a\cdot 0^2+b\cdot 0+c \\ -1=a\cdot 1^2+b\cdot 1+c \end{cases}$$

ゆえに $\begin{cases} a-b+c=5 & \cdots\cdots ① \\ c=1 & \cdots\cdots ② \\ a+b+c=-1 & \cdots\cdots ③ \end{cases}$

② を ①，③ に代入して

$$a-b+1=5, \quad a+b+1=-1$$

すなわち $a-b=4$ …… ④，$a+b=-2$ …… ⑤

④＋⑤ から $2a=2$ よって $a=1$

$a=1$ を ⑤ に代入して $1+b=-2$ よって $b=-3$

したがって $\boldsymbol{y=x^2-3x+1}$

→ 逆の平行移動を考える。
与えられた 3 点を x 軸方向に -2，y 軸方向に $-(-3)=3$ だけ平行移動して，グラフがその移動後の 3 点を通る 2 次関数を求めればよい。

TR ④80 放物線 $y=x^2+2x-1$ …… ① の頂点を P とする。① の放物線を (1) y 軸 (2) 原点 に関して対称に移動したときの放物線の方程式をそれぞれ求めよ。

$y=(x+1)^2-2$ であるから，放物線の頂点 P の座標は

$$(-1, -2)$$

(1) y 軸に関して点 P と対称な点の座標は $(1, -2)$

頂点は，点 $(1, -2)$ に移動し，放物線の開く方向は変わらないから，x^2 の係数は 1 である。

よって，求める方程式は

$$\boldsymbol{y=(x-1)^2-2}$$

$[y=x^2-2x-1$ でもよい$]$

(2) 原点に関して点 P と対称な点の座標は $(1, 2)$

頂点は，点 $(1, 2)$ に移動し，上に凸の放物線になるから，x^2 の係数は -1 である。

よって，求める方程式は

$$\boldsymbol{y=-(x-1)^2+2}$$

$[y=-x^2+2x+1$ でもよい$]$

CHART
放物線の対称移動
開き方，頂点に注目

⇐ 点 (x, y) と y 軸に関して対称な点の座標は $(-x, y)$

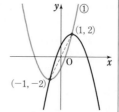

⇐ 点 (x, y) と原点に関して対称な点の座標は $(-x, -y)$

⇐ 上に凸の放物線となるから，x^2 の係数の符号が変わる。

別解 (1) y 軸に関して対称に移動した放物線の方程式は，x，yをそれぞれ $-x$，y でおき換えて
$$y=(-x)^2+2(-x)-1$$
すなわち $y=x^2-2x-1$

(2) 原点に関して対称に移動した放物線の方程式は，x，y をそれぞれ $-x$，$-y$ でおき換えて
$$-y=(-x)^2+2(-x)-1$$
すなわち $y=-x^2+2x+1$

参考 関数 $y=f(x)$ のグラフを，x 軸，y 軸，原点に関して対称移動したときのグラフを表す関数は，それぞれ次のようになる。
x 軸：$y=-f(x)$
y 軸：$y=f(-x)$
原点：$y=-f(-x)$

4章 TR

研究 右上の 参考 $y=f(x) \xrightarrow{\ x\text{軸に関して対称}\ } y=-f(x)$ となる理由を考えてみよう。

2 次関数 $y=f(x)$ のグラフ F を x 軸に関して対称移動したグラフを G とする。

F 上に点 $P(s,\ t)$ をとり，x 軸に関する対称移動によって点 P が点 $Q(x,\ y)$ に移るとすると
$$x=s,\quad y=-t$$
よって $s=x,\quad t=-y$ …… ①
ここで $t=f(s)$ ←点PはF上にある。
① を代入して $-y=f(x)$
ゆえに $y=-f(x)$
よって，G を表す関数は $y=-f(x)$

y 軸，原点に関する対称移動についても，同様に考えられる。

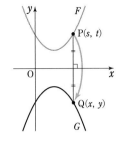

TR
④**81** 対角線の長さの和が $10\ \text{cm}$ のひし形について
(1) 面積の最大値を求めよ。　　　　(2) 周の長さの最小値を求めよ。

対角線の一方の長さを $x\ \text{cm}$ とすると，他方の対角線の長さは $(10-x)\ \text{cm}$ で表される。
また，$x>0$ かつ $10-x>0$ であるから，共通範囲をとって
$$0<x<10 \ \cdots\cdots\ ①$$

← 変数 x を決める。

← $10-x>0$ から $x<10$

← x の変域を調べる。
ひし形の対角線は直交し，互いに他を 2 等分する。

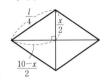

(1) ひし形の面積を $y\ \text{cm}^2$ とすると
$$y=4\times\frac{1}{2}\cdot\frac{10-x}{2}\cdot\frac{x}{2}$$
$$=\frac{1}{2}x(10-x)$$
$$=-\frac{1}{2}(x^2-10x)$$
$$=-\frac{1}{2}(x^2-10x+5^2-5^2)$$
$$=-\frac{1}{2}(x-5)^2+\frac{25}{2}$$

① の範囲において，y は $x=5\ \text{cm}$ のとき最大値 $\dfrac{25}{2}\ \text{cm}^2$ をとる。

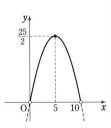

(2) ひし形の周の長さを l cm とすると

$$\left(\frac{l}{4}\right)^2=\left(\frac{x}{2}\right)^2+\left(\frac{10-x}{2}\right)^2 \text{ であるから}$$

⬅三平方の定理。

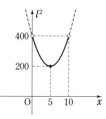

$$\begin{aligned}l^2&=4\{x^2+(10-x)^2\}\\&=8(x^2-10x+50)\\&=8(x^2-10x+5^2-5^2)+8\cdot50\\&=8(x^2-10x+5^2)-8\cdot5^2+400\\&=8(x-5)^2+200\end{aligned}$$

① の範囲において，l^2 は，$x=5$ のとき最小値 200 をとる。

$l>0$ であるから，l^2 が最小のとき，l も最小となる。

⬅この断り書きは重要。

よって，l は $x=5$ cm のとき最小値 $\sqrt{200}=10\sqrt{2}$ **(cm)** をとる。

TR
③**82** 定義域が $1\le x\le a$ である関数 $f(x)=-(x-3)^2$ の最大値および最小値を，次の各場合について求めよ。ただし，a は $a>1$ を満たす定数とする。
(1) $1<a<3$　　　(2) $3\le a<5$　　　(3) $a=5$　　　(4) $5<a$

関数 $y=f(x)$ のグラフは，上に凸の放物線で，その頂点は点 $(3,\ 0)$，軸は直線 $x=3$ である。

(1) $1<a<3$ のとき　グラフは図 [1] のようになる。

$$f(a)=-(a-3)^2,\quad f(1)=-4$$

⬅軸が定義域の右外。

よって　**$x=a$ で最大値 $-(a-3)^2$，$x=1$ で最小値 -4**

(2) $3\le a<5$ のとき　グラフは図 [2] のようになる。

$$f(3)=0$$

⬅軸が定義域内の右寄り。

よって　**$x=3$ で最大値 0，$x=1$ で最小値 -4**

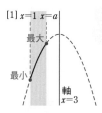
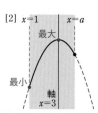

(3) $a=5$ のとき　グラフは図 [3] のようになる。

よって　**$x=3$ で最大値 0，$x=1,\ 5$ で最小値 -4**

⬅軸が定義域内の中央。
⬅$f(5)=-(5-3)^2=-4$

(4) $5<a$ のとき　グラフは図 [4] のようになる。

よって　**$x=3$ で最大値 0，$x=a$ で最小値 $-(a-3)^2$**

⬅軸が定義域内の左寄り。

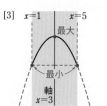
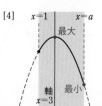

TR ④83

★ 2次関数 $y=x^2-2ax+a$ の $1 \leqq x \leqq 2$ における最大値および最小値を，次の(1)〜(5)の場合について求めよ。ただし，a は定数とする。

(1) $a<1$　　(2) $1 \leqq a < \dfrac{3}{2}$　　(3) $a=\dfrac{3}{2}$　　(4) $\dfrac{3}{2}<a \leqq 2$　　(5) $2<a$

$f(x)=x^2-2ax+a$ とする。

$\begin{aligned} f(x) &= x^2-2ax+a \\ &= (x^2-2ax+a^2)-a^2+a \\ &= (x-a)^2-a^2+a \end{aligned}$

← まず，平方完成。

よって，関数 $y=f(x)$ のグラフは下に凸の放物線で，その頂点は点 $(a, -a^2+a)$，軸は直線 $x=a$ である。

また　$f(1)=1-a$,　$f(2)=4-3a$,

← 定義域の両端の値。

$f(a)=-a^2+a$

← 頂点の y 座標。

定義域 $1 \leqq x \leqq 2$ の中央の値は $\dfrac{3}{2}$

← $\dfrac{1+2}{2}=\dfrac{3}{2}$

(1) $a<1$ のとき

← 軸が定義域の左外。

右のグラフから，$x=2$ で最大，$x=1$ で最小となる。
よって
　$x=2$ で最大値 $4-3a$,
　$x=1$ で最小値 $1-a$
をとる。

← 右端で最大，左端で最小となる。

(2) $1 \leqq a < \dfrac{3}{2}$ のとき

← 軸が定義域内の左寄り。

右のグラフから，$x=2$ で最大，$x=a$ で最小となる。
よって
　$x=2$ で最大値 $4-3a$,
　$x=a$ で最小値 $-a^2+a$
をとる。

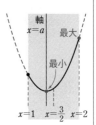

← 右端で最大，頂点で最小となる。

(3) $a=\dfrac{3}{2}$ のとき

← 軸が定義域内の中央。

右のグラフから，$x=1$, 2 で最大，$x=a$ で最小となる。
よって
　$x=1$, 2 で最大値 $-\dfrac{1}{2}$,
　$x=\dfrac{3}{2}$ で最小値 $-\dfrac{3}{4}$
をとる。

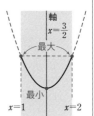

← 両端で最大，頂点で最小となる。

4章

TR

(4) $\dfrac{3}{2}<a\leqq 2$ のとき

右のグラフから，$x=1$ で最大，$x=a$ で最小となる。よって
$x=1$ で最大値 $1-a$，
$x=a$ で最小値 $-a^2+a$
をとる。

← 軸が定義域内の右寄り。

← 左端で最大，頂点で最小となる。

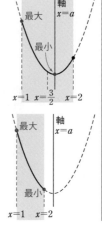

(5) $2<a$ のとき

右のグラフから，$x=1$ で最大，$x=2$ で最小となる。よって
$x=1$ で最大値 $1-a$，
$x=2$ で最小値 $4-3a$
をとる。

← 軸が定義域の右外。

← 左端で最大，右端で最小となる。

TR ④84 ☆ a を定数とする。$a\leqq x\leqq a+2$ における関数 $f(x)=x^2-2x+2$ について，次の問いに答えよ。
  (1) 最大値を求めよ。 (2) 最小値を求めよ。

$$f(x)=x^2-2x+2$$
$$=(x^2-2x+1^2)-1^2+2$$
$$=(x-1)^2+1$$

よって，関数 $y=f(x)$ のグラフは，下に凸の放物線で，その頂点は点 $(1,\ 1)$，軸は直線 $x=1$ である。

また　$f(a)=a^2-2a+2$，
$$f(a+2)=(a+2-1)^2+1=(a+1)^2+1=a^2+2a+2$$

CHART
グラフをかき，頂点と定義域の端の点に注目

← $f(a+2)$ は平方完成した式で考えると計算がらく。

(1) 定義域 $a\leqq x\leqq a+2$ の中央の値は

$$\frac{a+(a+2)}{2}=a+1$$

[1] $a+1<1$ すなわち $a<0$ のとき

グラフの軸は，定義域の中央より右にある。
したがって，$x=a$ で最大値
a^2-2a+2 をとる。

← 軸から遠い左端で最大となる。

[2] $a+1=1$ すなわち $a=0$ のとき

定義域の中央とグラフの軸が $x=1$ で一致する。
したがって，$x=0,\ 2$ で最大値 2 をとる。

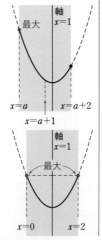

[3] $1<a+1$ すなわち $0<a$ のとき
　グラフの軸は，定義域の中央より左に
　ある。
　　したがって，$x=a+2$ で最大値
　a^2+2a+2 をとる。

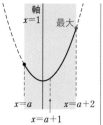

←軸から遠い右端で最
　大となる。

以上から　　$a<0$ のとき　$x=a$ で最大値 a^2-2a+2
　　　　　　$a=0$ のとき　$x=0,\ 2$ で最大値 2
　　　　　　$0<a$ のとき　$x=a+2$ で最大値 a^2+2a+2

(2) [4] $a+2<1$ すなわち $a<-1$ の
　　とき
　　グラフの軸は，定義域の右外にあり
　　　　　　$f(a)>f(a+2)$
　　したがって，$x=a+2$ で最小値
　　a^2+2a+2 をとる。

←グラフの軸が定義域の
　右外にあるから，右端
　で最小となる。

[5] $a\leqq1$ かつ $1\leqq a+2$
　　すなわち　$-1\leqq a\leqq1$ のとき
　　グラフの軸は，定義域の内部にある。
　　したがって，$x=1$ で最小値 1 をと
　　る。

←$a\leqq1$ かつ $-1\leqq a$

←グラフの軸が定義域の
　内部にあるから，頂点
　で最小となる。

[6] $1<a$ のとき
　　グラフの軸は，定義域の左外にあり
　　　　　　$f(a)<f(a+2)$
　　したがって，$x=a$ で最小値
　　a^2-2a+2 をとる。

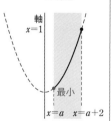

←グラフの軸が定義域の
　左外にあるから，左端
　で最小となる。

以上から　　$a<-1$ のとき　$x=a+2$ で最小値 a^2+2a+2
　　　　　　$-1\leqq a\leqq1$ のとき　$x=1$ で最小値 1
　　　　　　$1<a$ のとき　$x=a$ で最小値 a^2-2a+2

(参考) 最大値・最小値をまとめると，次のようになる。
　$a<-1$ のとき　　　　$x=a$ で最大値 a^2-2a+2, $x=a+2$ で最小値 a^2+2a+2
　$-1\leqq a<0$ のとき　$x=a$ で最大値 a^2-2a+2, $x=1$ で最小値 1
　$a=0$ のとき　　　　　$x=0,\ 2$ で最大値 2, $x=1$ で最小値 1
　$0<a\leqq1$ のとき　　$x=a+2$ で最大値 a^2+2a+2, $x=1$ で最小値 1
　$1<a$ のとき　　　　　$x=a+2$ で最大値 a^2+2a+2, $x=a$ で最小値 a^2-2a+2

4章

TR

TR
④**85**

(1) $x+y=4$ のとき，xy の最大値を求めよ。
(2) $x\geqq0$，$y\geqq0$，$x+y=2$ のとき，x^2+y^2 の最大値と最小値を求めよ。

(1) $x+y=4$ から　　$y=4-x$ …… ①
これを xy に代入すると
$$xy=x(4-x)=-x^2+4x=-(x^2-4x)$$
$$=-(x^2-4x+2^2)+2^2$$
$$=-(x-2)^2+4$$
よって，xy は $x=2$ のとき最大値 4 をとる。
$x=2$ のとき，① から　　$y=2$
したがって　　**$x=2$，$y=2$ のとき最大値 4**

(2) $x+y=2$ から　　$y=2-x$ …… ①
$y\geqq0$ であるから　　$2-x\geqq0$　　　　よって　　$x\leqq2$
$x\geqq0$ との共通範囲をとって　　$0\leqq x\leqq2$ …… ②
① を x^2+y^2 に代入すると
$$x^2+y^2=x^2+(2-x)^2=2x^2-4x+4$$
$$=2(x^2-2x)+4=2(x^2-2x+1^2)-2\cdot1^2+4$$
$$=2(x-1)^2+2$$
② の範囲において，x^2+y^2 は $x=0$，2 のとき最大値 4 をとり，$x=1$ のとき最小値 2 をとる。
ここで，① から　$x=0$ のとき　$y=2$，$x=1$ のとき　$y=1$，
　　　　　　　　$x=2$ のとき　$y=0$
よって　　**$(x,\ y)=(0,\ 2)$，$(2,\ 0)$ のとき最大値 4**
　　　　　$(x,\ y)=(1,\ 1)$　　　　　のとき最小値 2

CHART
文字を減らす方針で
$f(x)=-(x-2)^2+4$

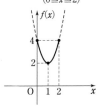

⇐ x の変域(②)に注意。
$f(x)=2(x-1)^2+2$
$(0\leqq x\leqq2)$

⇐$x=a$ かつ $y=b$ であることを
$(x,\ y)=(a,\ b)$ と表す。

EX
③**29**　関数 $y=-2x+5$ の値域が $-3\leqq y\leqq 7$ であるとき，その定義域をいえ。

$y=-3$ とすると　　$-3=-2x+5$
これを解いて　　　　$x=4$
$y=7$ とすると　　　$7=-2x+5$
これを解いて　　　　$x=-1$
関数 $y=-2x+5$ は，x の係数が -2 で負であるから x の値
が増加すると y の値は減少する。
よって，値域が $-3\leqq y\leqq 7$ であるとき，その定義域は
　　　　　　$-1\leqq x\leqq 4$

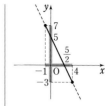

EX
②**30**　次の 2 次式を平方完成せよ。

(1) x^2-10x　　　(2) $-x^2+6x-2$　　　(3) $3x^2+6x+2$　　　(4) $-2x^2+4x+1$

(5) $2x^2+3x+1$　　(6) $-2x^2+5x-2$　　(7) $\dfrac{1}{3}x^2-\dfrac{4}{3}x+2$　　(8) $-\dfrac{1}{2}x^2-x+1$

(1)　$x^2-10x=x^2-10x+5^2-5^2=(x-5)^2-25$

(2)　$-x^2+6x-2=-(x^2-6x)-2=-(x^2-6x+3^2-3^2)-2$
　　　　　　　　　$=-(x^2-6x+3^2)+3^2-2=-(x-3)^2+7$

(3)　$3x^2+6x+2=3(x^2+2x)+2=3(x^2+2x+1^2-1^2)+2$
　　　　　　　　$=3(x^2+2x+1^2)-3\cdot1^2+2$
　　　　　　　　$=3(x+1)^2-1$

(4)　$-2x^2+4x+1=-2(x^2-2x)+1=-2(x^2-2x+1^2-1^2)+1$
　　　　　　　　$=-2(x^2-2x+1^2)+2\cdot1^2+1$
　　　　　　　　$=-2(x-1)^2+3$

(5)　$2x^2+3x+1=2\left(x^2+\dfrac{3}{2}x\right)+1$
　　　　　　　$=2\left\{x^2+\dfrac{3}{2}x+\left(\dfrac{3}{4}\right)^2-\left(\dfrac{3}{4}\right)^2\right\}+1$
　　　　　　　$=2\left\{x^2+\dfrac{3}{2}x+\left(\dfrac{3}{4}\right)^2\right\}-2\cdot\left(\dfrac{3}{4}\right)^2+1$
　　　　　　　$=2\left(x+\dfrac{3}{4}\right)^2-\dfrac{1}{8}$

(6)　$-2x^2+5x-2=-2\left(x^2-\dfrac{5}{2}x\right)-2$
　　　　　　　$=-2\left\{x^2-\dfrac{5}{2}x+\left(\dfrac{5}{4}\right)^2-\left(\dfrac{5}{4}\right)^2\right\}-2$
　　　　　　　$=-2\left\{x^2-\dfrac{5}{2}x+\left(\dfrac{5}{4}\right)^2\right\}+2\cdot\left(\dfrac{5}{4}\right)^2-2$
　　　　　　　$=-2\left(x-\dfrac{5}{4}\right)^2+\dfrac{9}{8}$

(7)　$\dfrac{1}{3}x^2-\dfrac{4}{3}x+2=\dfrac{1}{3}(x^2-4x)+2$
　　　　　　　　$=\dfrac{1}{3}(x^2-4x+2^2-2^2)+2$

平方完成のポイント
$x^2+\square x$ を作り，半分の
平方 $\triangle^2$ を加えて，引く。
$a(x^2+\square x)$
$=a(x^2+\square x+\triangle^2-\triangle^2)$
$=a(x+\triangle)^2-a\triangle^2$
$\triangle^2$ を（ ）の外に出すと
きには，a を掛け忘れな
いように注意する。

$\Leftarrow -2\cdot\left(\dfrac{3}{4}\right)^2+1$
$=-2\cdot\dfrac{9}{16}+1$
$=-\dfrac{9}{8}+1$
$=\dfrac{-9+8\cdot1}{8}=-\dfrac{1}{8}$

$\Leftarrow 2\cdot\left(\dfrac{5}{4}\right)^2-2$
$=2\cdot\dfrac{25}{16}-2=\dfrac{25}{8}-2$
$=\dfrac{25-2\cdot8}{8}=\dfrac{9}{8}$

$$= \frac{1}{3}(x^2-4x+2^2) - \frac{1}{3} \cdot 2^2 + 2$$

$$= \frac{1}{3}(x-2)^2 + \frac{2}{3}$$

$\Leftarrow -\dfrac{1}{3} \cdot 2^2 + 2 = -\dfrac{4}{3} + 2$

$ = \dfrac{-4+3 \cdot 2}{3} = \dfrac{2}{3}$

(8) $\quad -\dfrac{1}{2}x^2 - x + 1 = -\dfrac{1}{2}(x^2 + 2x) + 1$

$$= -\frac{1}{2}(x^2 + 2x + 1^2 - 1^2) + 1$$

$$= -\frac{1}{2}(x^2 + 2x + 1^2) + \frac{1}{2} \cdot 1^2 + 1$$

$$= -\frac{1}{2}(x+1)^2 + \frac{3}{2}$$

EX
②**31** 次の 2 次関数のグラフをかけ。また，その頂点と軸を求めよ。

(1) $y = -x^2 + 6x - 9$ (2) $y = \dfrac{1}{2}x^2 + 2x$ (3) $y = x^2 - 3x + 2$

(4) $y = (x-2)(x+3)$ (5) $y = (2x+1)(x-3)$

(1) $\quad y = -(x^2-6x) - 9 = -(x^2-6x+3^2-3^2) - 9$

$ \quad = -(x^2-6x+3^2) + 3^2 - 9$

$ \quad = -(x-3)^2$

よって，グラフは 図 のような上に凸の放物線である。

また，頂点は　点 $(3, 0)$，軸は　直線 $x=3$

$\Leftarrow$ まず，平方完成して，基本形に。

(1) 右辺全体を -1 でくくり，
$-(x^2-6x+9)$
$= -(x-3)^2$
としてもよい。

(2) $\quad y = \dfrac{1}{2}(x^2+4x) = \dfrac{1}{2}(x^2+4x+2^2-2^2)$

$ \quad = \dfrac{1}{2}(x^2+4x+2^2) - \dfrac{1}{2} \cdot 2^2$

$ \quad = \dfrac{1}{2}(x+2)^2 - 2$

よって，グラフは 図 のような下に凸の放物線である。

また，頂点は　点 $(-2, -2)$，軸は　直線 $x=-2$

$y = a(x-p)^2 + q$ のグラフのかき方
[1] まず，頂点 (p, q) をとる。
[2] 頂点を原点とみて，$y = ax^2$ のグラフをかく。
[3] 頂点，y 軸との交点など，点の座標を入れる。

(1)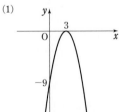

(2)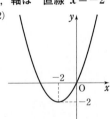

(3) $\quad y = (x^2-3x) + 2 = \left\{ x^2 - 3x + \left(\dfrac{3}{2}\right)^2 - \left(\dfrac{3}{2}\right)^2 \right\} + 2$

$ \quad = \left\{ x^2 - 3x + \left(\dfrac{3}{2}\right)^2 \right\} - \left(\dfrac{3}{2}\right)^2 + 2$

$ \quad = \left(x - \dfrac{3}{2} \right)^2 - \dfrac{1}{4}$

$\Leftarrow -\left(\dfrac{3}{2}\right)^2 + 2 = -\dfrac{9}{4} + 2$

$ = \dfrac{-9+4 \cdot 2}{4} = -\dfrac{1}{4}$

よって，グラフは図のような下に凸の放物線である。

また，頂点は 点 $\left(\dfrac{3}{2},\ -\dfrac{1}{4}\right)$，軸は 直線 $x=\dfrac{3}{2}$

(4) $y=(x-2)(x+3)=x^2+x-6=(x^2+x)-6$

$\quad=\left\{x^2+x+\left(\dfrac{1}{2}\right)^2-\left(\dfrac{1}{2}\right)^2\right\}-6$

$\quad=\left\{x^2+x+\left(\dfrac{1}{2}\right)^2\right\}-\left(\dfrac{1}{2}\right)^2-6$

$\quad=\left(x+\dfrac{1}{2}\right)^2-\dfrac{25}{4}$

よって，グラフは図のような下に凸の放物線である。

また，頂点は 点 $\left(-\dfrac{1}{2},\ -\dfrac{25}{4}\right)$，軸は 直線 $x=-\dfrac{1}{2}$

(5) $y=(2x+1)(x-3)=2x^2-5x-3=2\left(x^2-\dfrac{5}{2}x\right)-3$

$\quad=2\left\{x^2-\dfrac{5}{2}x+\left(\dfrac{5}{4}\right)^2-\left(\dfrac{5}{4}\right)^2\right\}-3$

$\quad=2\left\{x^2-\dfrac{5}{2}x+\left(\dfrac{5}{4}\right)^2\right\}-2\cdot\left(\dfrac{5}{4}\right)^2-3=2\left(x-\dfrac{5}{4}\right)^2-\dfrac{49}{8}$

よって，グラフは図のような下に凸の放物線である。

また，頂点は 点 $\left(\dfrac{5}{4},\ -\dfrac{49}{8}\right)$，軸は 直線 $x=\dfrac{5}{4}$

(4) $x=2,\ -3$ を代入すると $y=0$
よって，グラフはx軸と2点$(-3,\ 0)$，$(2,\ 0)$で交わる。

(5) $x=-\dfrac{1}{2},\ 3$ を代入すると $y=0$
よって，グラフはx軸と2点$\left(-\dfrac{1}{2},\ 0\right)$，$(3,\ 0)$で交わる。

4章

EX

(3) 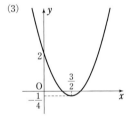 (4) 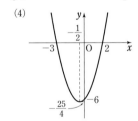 (5)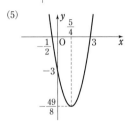

EX
③**32** 放物線 $y=x^2+ax-2$ の頂点が直線 $y=2x-1$ 上にあるとき，定数 a の値を求めよ。

[慶応大]

$\quad y=x^2+ax-2=x^2+ax+\left(\dfrac{a}{2}\right)^2-\left(\dfrac{a}{2}\right)^2-2$

$\qquad\qquad\qquad=\left(x+\dfrac{a}{2}\right)^2-\dfrac{a^2}{4}-2$

よって，放物線の頂点は 点 $\left(-\dfrac{a}{2},\ -\dfrac{a^2}{4}-2\right)$

頂点が直線 $y=2x-1$ 上にあるから $\quad -\dfrac{a^2}{4}-2=2\left(-\dfrac{a}{2}\right)-1$

整理すると $\quad a^2-4a+4=0 \qquad$ ゆえに $\quad (a-2)^2=0$
したがって $\quad \boldsymbol{a=2}$

⟸ 点 (●，■) が直線 $y=2x-1$ 上にある
⟶ ■$=2\times$●-1 が成り立つ。

EX
③33　★　放物線 $y=ax^2+bx+c$ を x 軸方向に 2，y 軸方向に -1 だけ平行移動すると，放物線 $y=-2x^2+3$ になる。係数 a，b，c の値を求めよ。

放物線 $y=-2x^2+3$ の頂点は　点 $(0,\ 3)$

放物線 $y=-2x^2+3$ を x 軸方向に -2，y 軸方向に 1 だけ平行移動すると，頂点は点 $(0-2,\ 3+1)$，すなわち点 $(-2,\ 4)$ に移動する。

このとき，放物線の式は　　$y=-2(x+2)^2+4$

すなわち　　　　　　　　　$y=-2x^2-8x-4$

これが $y=ax^2+bx+c$ と一致するから

$$a=-2,\ b=-8,\ c=-4$$

別解　放物線 $y=-2x^2+3$ を x 軸方向に -2，y 軸方向に 1

だけ平行移動すると　$y-1=-2\{x-(-2)\}^2+3$

すなわち　　　　　　　$y-1=-2(x+2)^2+3$

　　　　　　　　　　　$y-1=-2(x^2+4x+4)+3$

したがって　　　　　　$y=-2x^2-8x-4$

これが $y=ax^2+bx+c$ と一致するから

$$a=-2,\ b=-8,\ c=-4$$

CHART

放物線の平行移動
頂点の移動先を考える

← x^2 の係数 -2 は変わらない。

← $y=-2x^2+3$ において，x を $x-(-2)$，y を $y-1$ でおき換える。

EX
②34　次の 2 次関数に最大値，最小値があればそれを求めよ。

(1) $y=x^2-3x+2$　　(2) $y=-x^2+5x+3$　　(3) $y=-\dfrac{1}{3}x^2+2x-6$　　(4) $y=(x+1)(x+4)$

(1)　$y=x^2-3x+2=(x^2-3x)+2$

$\quad =\left\{x^2-3x+\left(\dfrac{3}{2}\right)^2-\left(\dfrac{3}{2}\right)^2\right\}+2$

$\quad =\left\{x^2-3x+\left(\dfrac{3}{2}\right)^2\right\}-\left(\dfrac{3}{2}\right)^2+2$

$\quad =\left(x-\dfrac{3}{2}\right)^2-\dfrac{1}{4}$

ゆえに，グラフは右図のようになる。

よって，$x=\dfrac{3}{2}$ で最小値 $-\dfrac{1}{4}$ をとる。**最大値はない。**

(2)　$y=-x^2+5x+3=-(x^2-5x)+3$

$\quad =-\left\{x^2-5x+\left(\dfrac{5}{2}\right)^2-\left(\dfrac{5}{2}\right)^2\right\}+3$

$\quad =-\left\{x^2-5x+\left(\dfrac{5}{2}\right)^2\right\}+\left(\dfrac{5}{2}\right)^2+3$

$\quad =-\left(x-\dfrac{5}{2}\right)^2+\dfrac{37}{4}$

ゆえに，グラフは右図のようになる。

よって，$x=\dfrac{5}{2}$ で最大値 $\dfrac{37}{4}$ をとる。**最小値はない。**

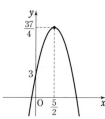

CHART

2 次関数の最大・最小
① 基本形
$\quad y=a(x-p)^2+q$
に直してグラフをかく。
② 定義域を確認
　本問は，実数全体
③ 下に凸の放物線
　⟶ 頂点で最小，
　　　最大値はない。
　上に凸の放物線
　⟶ 頂点で最大，
　　　最小値はない。
定義域が実数全体であれば，必ずしもグラフをかく必要はない。慣れてきたら，① の段階で答えを出してもよい。
ただし，x^2 の係数 a の符号には十分注意する。

(3) $y=-\dfrac{1}{3}x^2+2x-6=-\dfrac{1}{3}(x^2-6x)-6$

$\qquad\qquad =-\dfrac{1}{3}(x^2-6x+3^2-3^2)-6$

$\qquad\qquad =-\dfrac{1}{3}(x^2-6x+3^2)+\dfrac{1}{3}\cdot 3^2-6$

$\qquad\qquad =-\dfrac{1}{3}(x-3)^2-3$

ゆえに, グラフは右図のようになる。

よって, $x=3$ で最大値 -3 をとる。

　　　　最小値はない。

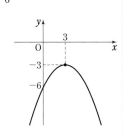

← $-\dfrac{1}{3}$ でくくる。

← 3^2 を加えて, 引く。

← -3^2 を ( ) の外に。

(4) $y=(x+1)(x+4)=x^2+5x+4$

$\qquad =(x^2+5x)+4$

$\qquad =\left\{x^2+5x+\left(\dfrac{5}{2}\right)^2-\left(\dfrac{5}{2}\right)^2\right\}+4$

$\qquad =\left\{x^2+5x+\left(\dfrac{5}{2}\right)^2\right\}-\left(\dfrac{5}{2}\right)^2+4$

$\qquad =\left(x+\dfrac{5}{2}\right)^2-\dfrac{9}{4}$

ゆえに, グラフは右図のようになる。

よって, $x=-\dfrac{5}{2}$ で最小値 $-\dfrac{9}{4}$ をとる。**最大値はない。**

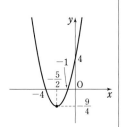

(4) $x=-1$, -4 を代入すると $y=0$

よって, グラフは x 軸と 2 点 $(-1,\ 0)$, $(-4,\ 0)$ で交わる。

4章
EX

EX
③**35** ★ a は定数とする。2 次関数 $f(x)=3x^2+2ax+5a-12$ について
　　(1) 関数 $f(x)$ の最小値を a の式で表せ。
　　(2) 関数 $f(x)$ の最小値が 6 であるとき, a の値を求めよ。　　　　［類 愛知工大］

(1) $f(x)=3x^2+2ax+5a-12$

$\qquad =3\left(x^2+\dfrac{2a}{3}x\right)+5a-12$

$\qquad =3\left\{x^2+\dfrac{2a}{3}x+\left(\dfrac{a}{3}\right)^2-\left(\dfrac{a}{3}\right)^2\right\}+5a-12$

$\qquad =3\left\{x^2+\dfrac{2a}{3}x+\left(\dfrac{a}{3}\right)^2\right\}-3\left(\dfrac{a}{3}\right)^2+5a-12$

$\qquad =3\left(x+\dfrac{a}{3}\right)^2-\dfrac{a^2}{3}+5a-12$

よって, $f(x)$ は $x=-\dfrac{a}{3}$ のとき最小値 $-\dfrac{a^2}{3}+5a-12$ をとる。

← まず, 平方完成して, 基本形に直す。

← グラフが下に凸である 2 次関数は, 頂点で最小値をとる。

(2) $f(x)$ の最小値が 6 であるから $\qquad -\dfrac{a^2}{3}+5a-12=6$

よって $\quad a^2-15a+54=0$ 　　　ゆえに $\quad (a-6)(a-9)=0$

したがって $\quad$**$a=6,\ 9$**

← a の 2 次方程式の問題になる。

EX
③**36**
ある商品は，単価が 10 円のとき 1 日 100 個売れる。単価を 1 円上げるごとに，1 日の売り上げは 5 個ずつ減り，単価を 1 円下げるごとに，1 日の売り上げは 5 個ずつ増える。単価をいくらにすると 1 日の売上金額が最大になるか。売上金額の最大値とそのときの単価を求めよ。ただし，消費税は考えない。　　　　　　　　　　　　　　[共愛学園前橋国際大]

商品の単価を x 円上げるとすると，商品の単価は $(10+x)$ 円となり，1 日の売り上げは $(100-5x)$ 個となる。

ここで，$10+x>0$ かつ $100-5x>0$ とすると
　　　$x>-10$ かつ $x<20$　　すなわち　$-10<x<20$

このとき，1 日の売上金額を y 円とすると

$$y=(10+x)(100-5x)$$
$$=-5x^2+50x+1000$$
$$=-5(x^2-10x)+1000$$
$$=-5(x^2-10x+5^2-5^2)+1000$$
$$=-5(x-5)^2+1125$$

$-10<x<20$ の範囲において，
y は $x=5$ のとき最大値 1125 をとる。

よって，**単価が 15 円のとき 売上金額は最大（1125 円）になる。**

[HINT] 単価を x 円上げたときの売上金額 y（円）を x で表す。

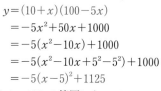

← (売上金額)
　=(単価)×(売り上げた個数)

← 平方完成してグラフをかく。グラフは上に凸の放物線。

← 頂点で最大。

EX
③**37**
x^2 の係数が -1 で，グラフが点 $(1,\ 1)$ を通り，頂点が直線 $y=x$ 上にある 2 次関数を求めよ。

頂点が直線 $y=x$ 上にあるから，頂点の座標を $(p,\ q)$ とすると　　　　　　　　$q=p$

また，x^2 の係数が -1 であるから，求める 2 次関数は
　　　　　$y=-(x-p)^2+p$　　とおける。

このグラフが点 $(1,\ 1)$ を通るから　　$-(1-p)^2+p=1$
整理すると　$p^2-3p+2=0$　　ゆえに　$(p-1)(p-2)=0$
よって　　　$p=1,\ 2$
したがって，求める 2 次関数は
$p=1$ のとき　$y=-(x-1)^2+1$　$[y=-x^2+2x$ でもよい$]$
$p=2$ のとき　$y=-(x-2)^2+2$　$[y=-x^2+4x-2$ でもよい$]$

← 直線 $y=x$ 上の点は，x 座標と y 座標が等しい。

← 頂点の条件が与えられたと考えられるから，基本形でスタートする。

← 答えは 2 通り。

EX
③**38**
ボールを地上から真上に打ち上げて，t 秒後の高さを y m とするとき，y は t の 2 次関数になるという。打ち上げてから 6 秒後にボールの高さが最高 176.4 m になるとき，y は t のどのような式で表されるか。

y は $t=6$ で最大値 176.4 をとるから
　　　$y=a(t-6)^2+176.4$ $(a<0)$
とおける。
$t=0$ のとき $y=0$ であるから
　　　　　$0=a(0-6)^2+176.4$
ゆえに　$36a+176.4=0$
よって　$a=-4.9$
これは $a<0$ を満たす。したがって
　　　$y=-4.9(t-6)^2+176.4$ $[y=-4.9t^2+58.8t$ でもよい$]$

← この条件に注目して，y を基本形で表す。

← 打ち上げる瞬間の地上からの高さは 0

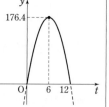

注意 $y=0$ とすると $-4.9t^2+58.8t=0$ $\cdots\cdots$ (*)

このtの2次方程式を解くと $t=0,\ 12$

したがって，ボールが地上に落下するのは，12秒後である

ことがわかる。また，この関数の定義域は $0\leqq t\leqq 12$ である。

← (*)から $t^2-12t=0$
よって $t(t-12)=0$

EX
③**39**
★ a を定数とし，x の関数 $f(x)=(1+2a)(1-x)+(2-a)x$ を考える。
$f(x)=(-^{ア}\boxed{}a+^{イ}\boxed{})x+2a+1$ であるから，$0\leqq x\leqq 1$ における $f(x)$ の最小値 $m(a)$ は次
のようになる。
$a<\dfrac{^{イ}\boxed{}}{^{ア}\boxed{}}$ のとき $m(a)=^{ウ}\boxed{}$，$a>\dfrac{^{イ}\boxed{}}{^{ア}\boxed{}}$ のとき $m(a)=^{エ}\boxed{}$ [類 センター試験]

$$f(x)=(1+2a)(1-x)+(2-a)x$$
$$=(1+2a)-(1+2a)x+(2-a)x$$
$$=(-1-2a+2-a)x+2a+1$$
$$=(-^{ア}3a+^{イ}1)x+2a+1$$

← x について降べきの
順に整理すると，$f(x)$
は1次関数。

$a<\dfrac{1}{3}$ のとき，x の係数 $-3a+1$ は正であるから，x の値が

増加すると，$f(x)$ の値は増加する。

したがって，$f(x)$ は $0\leqq x\leqq 1$ において $x=0$ で最小値をと

り，その値は

$$m(a)=f(0)=^{ウ}2a+1$$

← $y=f(x)$ のグラフは
右上がりの直線。

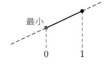

最小

$a>\dfrac{1}{3}$ のとき，x の係数 $-3a+1$ は負であるから，x の値が

増加すると，$f(x)$ の値は減少する。

したがって，$f(x)$ は $0\leqq x\leqq 1$ において $x=1$ で最小値をと

り，その値は

$$m(a)=f(1)=(1+2a)(1-1)+(2-a)\cdot 1=^{エ}-a+2$$

← $y=f(x)$ のグラフは
右下がりの直線。

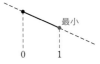

最小

EX
③**40**
★ $a,\ b$ を実数とし，2次関数 $y=4x^2-8x+5$，$y=-2(x+a)^2+b$ の表す放物線のそれぞれの
頂点が一致するとき，定数 $a,\ b$ の値を求めよ。 [センター試験]

$$y=4x^2-8x+5=4(x^2-2x)+5$$
$$=4(x^2-2x+1^2)-4\cdot 1^2+5=4(x-1)^2+1$$

よって，放物線 $y=4x^2-8x+5$ の頂点は 点 $(1,\ 1)$

また，放物線 $y=-2(x+a)^2+b$ の頂点は 点 $(-a,\ b)$

2つの頂点が一致するための条件は $1=-a,\ 1=b$

ゆえに $a=-1,\ b=1$

← 放物線の頂点を求め
るために，まず平方完
成する。

← 2つの頂点の x 座標
どうし，y 座標どうし
が等しい。

EX
③**41**
x の2次関数 $y=x^2+2bx+6+2b$ の最小値を m とする。
(1) m を b の式で表せ。
(2) b を変化させるとき，m の最大値とそのときの b の値を求めよ。 [類 東京経大]

(1)
$$y=x^2+2bx+6+2b=(x^2+2bx)+2b+6$$
$$=(x^2+2bx+b^2)-b^2+2b+6$$
$$=(x+b)^2-b^2+2b+6$$

よって，y は，$x=-b$ のとき最小値 $-b^2+2b+6$ をとる。

したがって $m=-b^2+2b+6$

CHART

2次関数の最大・最小
まず，平方完成する

← グラフは，下に凸の放
物線であるから，頂点
で最小となる。

(2)　　　　　$m = -b^2 + 2b + 6$

　　　　　　　$= -(b^2 - 2b) + 6$

　　　　　　　$= -(b^2 - 2b + 1^2) + 1^2 + 6$

　　　　　　　$= -(b-1)^2 + 7$

よって，m は，$b=1$ のとき最大値 7 をとる。

← m は b の 2 次関数 —→ まず，平方完成。

← グラフは，上に凸の放物線であるから，頂点で最大となる。

EX ④**42** 1 辺の長さが 8 の正方形 ABCD の辺 AB，BC，CD 上にそれぞれ点 P，Q，R を，AP=x，BQ=$2x$，CR=$x+4$ （$0<x<4$）であるようにとる。△PBQ，△QCR の面積を x で表すとそれぞれ ア□，イ□ であるから，△PQR の面積は $x=$ ウ□ のとき最小値 エ□ をとる。

〔千葉工大〕

BP=$8-x$，CQ=$8-2x$ であるから

$$\triangle PBQ = \frac{1}{2}BP \cdot BQ = \frac{1}{2}(8-x) \cdot 2x$$

$$= {}^{ア}-x^2 + 8x$$

$$\triangle QCR = \frac{1}{2}CQ \cdot CR$$

$$= \frac{1}{2}(8-2x)(x+4)$$

$$= (4-x)(x+4) = {}^{イ}-x^2 + 16$$

また，台形 PBCR の面積は

$$\frac{1}{2}(BP+CR) \cdot BC = \frac{1}{2}\{(8-x)+(x+4)\} \cdot 8 = 48$$

よって，△PQR の面積を S とすると

$$S = (\text{台形 PBCR}) - (\triangle PBQ + \triangle QCR)$$

$$= 48 - \{(-x^2 + 8x) + (-x^2 + 16)\}$$

$$= 2x^2 - 8x + 32 = 2(x^2 - 4x) + 32$$

$$= 2(x^2 - 4x + 2^2) - 2 \cdot 2^2 + 32$$

$$= 2(x-2)^2 + 24$$

$0<x<4$ の範囲において，S は $x = {}^{ウ}2$ のとき最小値 エ**24** をとる。

← まず，図をかいて，線分の長さを書き込んでいく。

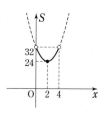

EX ④**43** $-\dfrac{5}{2} \leqq x \leqq 2$ のとき，関数 $f(x) = (1-x)|x+2|$ の最大値を求めよ。 〔福井大〕

[1] $x<-2$ のとき

$|x+2| = -(x+2)$ であるから

$$f(x) = (1-x)\{-(x+2)\} = (x-1)(x+2)$$

$$= x^2 + x - 2 = x^2 + x + \left(\frac{1}{2}\right)^2 - \left(\frac{1}{2}\right)^2 - 2$$

$$= \left(x + \frac{1}{2}\right)^2 - \frac{9}{4}$$

CHART

絶対値　場合に分ける

$$|A| = \begin{cases} A & (A \geqq 0 \text{ のとき}) \\ -A & (A < 0 \text{ のとき}) \end{cases}$$

[2]　$x \geqq -2$ のとき

$|x+2| = x+2$ であるから
$$f(x) = (1-x)(x+2) = -\left(x+\frac{1}{2}\right)^2 + \frac{9}{4}$$

よって，$-\dfrac{5}{2} \leqq x \leqq 2$ における関数

$y = f(x)$ のグラフは右の図の実線部分
のようになる。

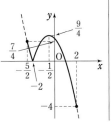

ゆえに，$-\dfrac{5}{2} \leqq x \leqq 2$ のとき，関数

$f(x)$ は $\boldsymbol{x = -\dfrac{1}{2}}$ で最大値 $\dfrac{9}{4}$ をとる。

⟸ グラフから判断する。

EX
④ **44**　☆　2 次関数 $y = 6x^2 + 11x - 10$ のグラフを x 軸方向に a，y 軸方向に b だけ平行移動して得られるグラフを F とする。F が原点 $(0, 0)$ を通るとき，次の問いに答えよ。
　(1)　b を a で表せ。
　(2)　F を表す 2 次関数 $f(x)$ が $x = -2$ と $x = 3$ で同じ値をとるときの a の値と，$-2 \leqq x \leqq 3$ における $f(x)$ の最大値・最小値を求めよ。　　　　　　　［類 センター試験］

(1)　$y = 6x^2 + 11x - 10$ の x を $x-a$，y を $y-b$ でおき換えて
$$y - b = 6(x-a)^2 + 11(x-a) - 10 \quad \cdots\cdots ①$$
　①が F を表す 2 次関数で，F が原点 $(0, 0)$ を通るとき
$$0 - b = 6(0-a)^2 + 11(0-a) - 10$$
　ゆえに　　$\boldsymbol{b = -6a^2 + 11a + 10}$

⟸ $y - b = f(x-a)$

(2)　(1)の結果と①から
$$y - (-6a^2 + 11a + 10) = 6(x-a)^2 + 11(x-a) - 10$$
　整理すると
$$y = 6x^2 - 12ax + 6a^2 + 11x - 11a - 10 - 6a^2 + 11a + 10$$
$$= 6x^2 + (11-12a)x$$
　よって　　$f(x) = 6x^2 + (11-12a)x \quad \cdots\cdots ②$
　条件より，$f(-2) = f(3)$ であるから
$$6 \cdot (-2)^2 + (11-12a) \cdot (-2) = 6 \cdot 3^2 + (11-12a) \cdot 3$$
　ゆえに　　$24a + 2 = -36a + 87$
　よって　　$\boldsymbol{a = \dfrac{85}{60} = \dfrac{17}{12}}$

　このとき，②から
$$f(x) = 6x^2 - 6x = 6(x^2 - x)$$
$$= 6\left\{x^2 - x + \left(\frac{1}{2}\right)^2\right\} - 6\left(\frac{1}{2}\right)^2$$
$$= 6\left(x - \frac{1}{2}\right)^2 - \frac{3}{2} \quad \cdots\cdots (*)$$
　したがって，$-2 \leqq x \leqq 3$ において，$f(x)$ は

$\boldsymbol{x = -2, 3}$ で最大値 $\boldsymbol{36}$；$\boldsymbol{x = \dfrac{1}{2}}$ で最小値 $-\dfrac{3}{2}$

をとる。

$(*)$ から，$y = f(x)$ のグラフの軸は直線 $x = \dfrac{1}{2}$
で，これは範囲 $-2 \leqq x \leqq 3$ の中央にある。

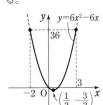

参考 放物線は軸に関して対称であるから，(2) では
$f(-2)=f(3)$ という条件に注目すると，軸は直線
$x=\dfrac{-2+3}{2}$ すなわち直線 $x=\dfrac{1}{2}$ であることがわかり，F
が下に凸の放物線であることから，$f(x)$ は $-2 \leqq x \leqq 3$ にお
いて，$x=-2,\ 3$ で最大，$x=\dfrac{1}{2}$（軸）で最小となることもわ
かる。

もとの 2 次関数 $y=6x^2+11x-10$ のグラフの軸は

$$x=-\frac{11}{2\cdot6}=-\frac{11}{12}$$

このグラフを x 軸方向に a だけ平行移動したときのグラフの
軸が直線 $x=\dfrac{1}{2}$ であるから

$$-\frac{11}{12}+a=\frac{1}{2} \qquad \text{よって} \qquad \boldsymbol{a=\frac{17}{12}}$$

このとき，グラフ F の方程式は，② から　$f(x)=6x^2-6x$
最大値は $x=-2,\ 3$ のときで

$$f(3)=6\cdot3^2-6\cdot3=36$$

最小値は $x=\dfrac{1}{2}$ のときで

$$f\left(\frac{1}{2}\right)=6\left(\frac{1}{2}\right)^2-6\left(\frac{1}{2}\right)=-\frac{3}{2}$$

⇐ 放物線　$y=ax^2+bx+c$
　の軸は　$x=-\dfrac{b}{2a}$

⇐軸についての等式。

⇐最小値は平方完成を
　して求めてもよい。

EX ④45

■ (1) 放物線 $y=-2x^2+4x-4$ を x 軸に関して対称移動し，さらに x 軸方向に 8，y 軸方向
に 4 だけ平行移動して得られる放物線の方程式を求めよ。　　　　　　[慶応大]

(2) 放物線 $y=x^2+ax+b$ を原点に関して対称移動し，さらに x 軸方向に 3，y 軸方向に 6 だ
け平行移動すると，放物線 $y=-x^2+4x-7$ が得られるという。このとき，$a={}^{7}\boxed{}$，
$b={}^{4}\boxed{}$ となる。　　　　　　[名城大]

(1) 放物線 $y=-2x^2+4x-4$ を x 軸に関して対称移動した放物
線の方程式は，$x,\ y$ をそれぞれ $x,\ -y$ におき換えて

$$-y=-2x^2+4x-4$$

すなわち　$y=2x^2-4x+4$
放物線 $y=2x^2-4x+4$ を x 軸方向に 8，y 軸方向に 4 だけ平
行移動した放物線の方程式は

$$y-4=2(x-8)^2-4(x-8)+4$$

すなわち　$\boldsymbol{y=2x^2-36x+168}$

(2) $y=x^2+ax+b$ …… ①，$y=-x^2+4x-7$ …… ② とする。

$$-x^2+4x-7=-(x^2-4x+2^2-2^2)-7$$
$$=-(x-2)^2-3$$

であるから，放物線 ② の頂点は　点 $(2,\ -3)$

参考 関数 $y=f(x)$ の
グラフを x 軸に関して対
称移動したときのグラフ
を表す関数は
$$y=-f(x)$$

(2) 逆の移動を考える。

放物線 ② を x 軸方向に -3, y 軸方向に -6 だけ平行移動し，さらに原点に関して対称移動すると，放物線 ① にもどる。

このように移動するとき，
頂点 $(2, -3)$ は平行移動によって，
点 $(2-3, -3-6)$ すなわち
点 $(-1, -9)$ に移動し，さらに原点に関する対称移動によって，点 $(1, 9)$ に移動する。

よって，① の方程式は，$y=(x-1)^2+9$ すなわち
$y=x^2-2x+10$ と一致する。
ゆえに　　$a={}^{ア}\boldsymbol{-2}$, $b={}^{イ}\boldsymbol{10}$

別解　放物線 $y=x^2+ax+b$ を原点に関して対称移動した放物線の方程式は，x, y をそれぞれ $-x$, $-y$ におき換えて
$$-y=(-x)^2+a(-x)+b$$
すなわち　$y=-x^2+ax-b$
放物線 $y=-x^2+ax-b$ を x 軸方向に 3, y 軸方向に 6 だけ平行移動した放物線の方程式は
$$y-6=-(x-3)^2+a(x-3)-b$$
すなわち　$y=-x^2+(a+6)x-3a-b-3$
これが $y=-x^2+4x-7$ に一致するから
$$a+6=4, \quad -3a-b-3=-7$$
これを解いて　　$a={}^{ア}\boldsymbol{-2}$, $b={}^{イ}\boldsymbol{10}$

← 原点に関する対称移動によって，上に凸のグラフは下に凸のグラフに移動する。よって，方程式の x^2 の係数は符号が変わる。

4章
EX

(参考)　関数 $y=f(x)$ のグラフを原点に関して対称移動したときのグラフを表す関数は
$$y=-f(-x)$$

EX
④46　a と b は実数とし，関数 $f(x)=x^2+ax+b$ の $0 \leqq x \leqq 1$ における最小値を m とするとき，m を a と b で表せ。　　　　　　　　［北海道大］

$$f(x)=x^2+ax+\left(\frac{a}{2}\right)^2-\left(\frac{a}{2}\right)^2+b$$
$$=\left(x+\frac{a}{2}\right)^2-\frac{a^2}{4}+b$$

よって，$y=f(x)$ のグラフは下に凸の放物線で，

　　　　軸は直線 $x=-\dfrac{a}{2}$,

　　　　頂点は点 $\left(-\dfrac{a}{2}, -\dfrac{a^2}{4}+b\right)$

である。

[1]　$-\dfrac{a}{2}<0$ すなわち $a>0$ のとき
　　グラフの軸は，定義域の左外にある。
　　よって　　$m=f(0)=b$

← 定義域の左端で最小となる。

[2] $0 \leqq -\dfrac{a}{2} \leqq 1$ すなわち $-2 \leqq a \leqq 0$ の

とき

グラフの軸は，定義域の内部にある。

よって

$$m = f\left(-\dfrac{a}{2}\right) = -\dfrac{a^2}{4} + b$$

← 頂点で最小となる。
最小値は頂点の y 座標。

[3] $1 < -\dfrac{a}{2}$ すなわち $a < -2$ のとき

グラフの軸は，定義域の右外にある。

よって $m = f(1) = a + b + 1$

以上から

$a > 0$ のとき $m = b$

$-2 \leqq a \leqq 0$ のとき $m = -\dfrac{a^2}{4} + b$

$a < -2$ のとき $m = a + b + 1$

← 定義域の右端で最小
となる。

EX⑤47 a を定数とし，2次関数 $f(x) = -x^2 + 6x - 7$ の $a \leqq x \leqq a+1$ における最大値を $M(a)$ とする。

(1) $a <$ ⁷□ のとき $M(a) =$ ⁱ□
 　ᵂ□ $\leqq a \leqq$ ⁷□ のとき $M(a) =$ ᵀ□
 　ᵂ□ $< a$ 　　　のとき $M(a) =$ ᵗ□

(2) 関数 $y = M(a)$ のグラフをかけ。

$$\begin{aligned}
f(x) &= -x^2 + 6x - 7 \\
&= -(x^2 - 6x + 3^2) + 3^2 - 7 \\
&= -(x-3)^2 + 2
\end{aligned}$$

← 平方完成。

よって，2次関数 $f(x)$ のグラフは，上に凸の放物線で，その
頂点は点 $(3, 2)$，軸は直線 $x = 3$ である。

(1) [1] $a + 1 < 3$

　　すなわち $a <$ ⁷$\mathbf{2}$ のとき

　　グラフの軸は定義域の右外にあり

　　　　$f(a) < f(a+1)$

　　よって，$x = a+1$ のとき最大値をと
　　り，その値は

$$\begin{aligned}
M(a) &= f(a+1) \\
&= -(a+1-3)^2 + 2 \\
&= -(a-2)^2 + 2 \\
&= {}^{ⁱ} -a^2 + 4a - 2
\end{aligned}$$

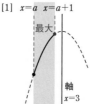

← グラフの軸が定義域
の右外にあるから，右
端で最大となる。

[2] $a \leqq 3$ かつ $3 \leqq a+1$

　　すなわち ⁷$2 \leqq a \leqq$ ᵂ3 のとき

　　グラフの軸は定義域の内部にある。

　　よって，$x = 3$ のとき最大値 2 をと
　　るから $M(a) =$ ᵀ$\mathbf{2}$

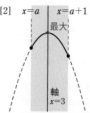

← グラフの軸が定義域
の内部にあるから，頂
点で最大となる。

[3] ${}^{ウ}3<a$ のとき

　グラフの軸は定義域の左外にあり
$$f(a)>f(a+1)$$
　よって，$x=a$ のとき最大値をとり，
　その値は
$$M(a)=f(a)$$
$$={}^{オ}-a^2+6a-7$$

(2) $a<2$ のとき
$$M(a)=-a^2+4a-2$$
$$=-(a-2)^2+2$$
　$2\leqq a\leqq 3$ のとき
$$M(a)=2$$
　$3<a$ のとき
$$M(a)=-a^2+6a-7$$
$$=-(a-3)^2+2$$
　よって，関数 $y=M(a)$ のグラフは，
　図の実線部分 のようになる。

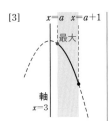

⟸ グラフの軸が定義域
　の左外にあるから，左
　端で最大となる。

⟸ (1) の $M(a)=f(a+1)$
　の計算を利用。

4章

E X

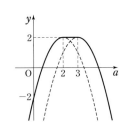

EX
④**48**

(1) $2x+y=3$ のとき x^2+y^2 の最小値を求めよ。

(2) $x\geqq 0$，$y\geqq 0$，$3x+2y=1$ のとき，$3x^2+4y^2$ の最大値と最小値を求めよ。　〔(2) 阪南大〕

(1) $2x+y=3$ から　　$y=-2x+3$ …… ①

　これを x^2+y^2 に代入すると
$$x^2+y^2=x^2+(-2x+3)^2$$
$$=x^2+4x^2-12x+9$$
$$=5x^2-12x+9=5\left(x^2-\frac{12}{5}x\right)+9$$
$$=5\left\{x^2-\frac{12}{5}x+\left(\frac{6}{5}\right)^2-\left(\frac{6}{5}\right)^2\right\}+9$$
$$=5\left\{x^2-\frac{12}{5}x+\left(\frac{6}{5}\right)^2\right\}-5\left(\frac{6}{5}\right)^2+9$$
$$=5\left(x-\frac{6}{5}\right)^2+\frac{9}{5}$$

　よって，x^2+y^2 は $x=\dfrac{6}{5}$ のとき最小となる。

　$x=\dfrac{6}{5}$ のとき，① から　　$y=-2\cdot\dfrac{6}{5}+3=\dfrac{3}{5}$

　したがって，$\boldsymbol{x=\dfrac{6}{5}}$，$\boldsymbol{y=\dfrac{3}{5}}$ のとき最小値 $\dfrac{9}{5}$ をとる。

(2) $3x+2y=1$ から　　$2y=1-3x$ …… ①

　$y\geqq 0$ であるから　　$1-3x\geqq 0$　　ゆえに　　$x\leqq\dfrac{1}{3}$

　$x\geqq 0$ との共通範囲をとって　　$0\leqq x\leqq\dfrac{1}{3}$ …… ②

CHART

文字を減らす方針でいく
変域にも注意

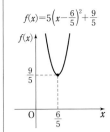

$f(x)=5\left(x-\dfrac{6}{5}\right)^2+\dfrac{9}{5}$

① を $3x^2+4y^2$ に代入すると

$$3x^2+4y^2=3x^2+(2y)^2=3x^2+(1-3x)^2$$
$$=3x^2+1-6x+9x^2=12x^2-6x+1$$
$$=12\left(x^2-\frac{1}{2}x\right)+1$$
$$=12\left\{x^2-\frac{1}{2}x+\left(\frac{1}{4}\right)^2-\left(\frac{1}{4}\right)^2\right\}+1$$
$$=12\left\{x^2-\frac{1}{2}x+\left(\frac{1}{4}\right)^2\right\}-12\left(\frac{1}{4}\right)^2+1$$
$$=12\left(x-\frac{1}{4}\right)^2+\frac{1}{4}$$

② の範囲において，$3x^2+4y^2$ は $x=0$ のとき最大値 1 をとり，

$x=\dfrac{1}{4}$ のとき最小値 $\dfrac{1}{4}$ をとる。

① から　　$x=0$ のとき　$2y=1$　　ゆえに　$y=\dfrac{1}{2}$

　　　　　$x=\dfrac{1}{4}$ のとき　$2y=\dfrac{1}{4}$　　ゆえに　$y=\dfrac{1}{8}$

よって　　**$x=0$, $y=\dfrac{1}{2}$ のとき最大値 1,**

　　　　　$x=\dfrac{1}{4}$, $y=\dfrac{1}{8}$ のとき最小値 $\dfrac{1}{4}$

⬅ $3x+2y=1$ を y について解くと
$$y=\frac{1-3x}{2}$$
これを $3x^2+4y^2$ に代入してもよいが，$4y^2=(2y)^2$ に着目し，① のように $2y$ について解くと，分数の計算が少なくてすむ。
$$f(x)=12\left(x-\frac{1}{4}\right)^2+\frac{1}{4}$$
$$\left(0\le x\le\frac{1}{3}\right)$$

EX ⑤49　x を実数とするとき，$y=(x^2+2x)^2+8(x^2+2x)+10$ とする。$t=x^2+2x$ とおくと，$y=(t+^{ア}\boxed{})^2-^{イ}\boxed{}$ となる。したがって，y は $x=^{ウ}\boxed{}$ で最小値 $^{エ}\boxed{}$ をとる。　[近畿大]

$$y=(x^2+2x)^2+8(x^2+2x)+10=t^2+8t+10$$
$$=(t^2+8t+4^2-4^2)+10$$
$$=(t+^{ア}4)^2-^{イ}6$$

$x^2+2x=(x+1)^2-1$ から，t のとりうる値の範囲は
$$t\ge-1$$
$y=(t+4)^2-6$ のグラフの軸は直線
$t=-4$ である。
よって，$t\ge-1$ において y は $t=-1$
で最小値 $(-1+4)^2-6=3$ をとる。
$t=-1$ から　$x^2+2x=-1$
すなわち　　$x^2+2x+1=0$
これを解いて　$x=-1$
以上から，y は $x=^{ウ}-1$ で最小値 $^{エ}3$ をとる。

⬅ $=t$ とおくから，t の変域について求める。

⬅ $t\ge-1$ という変域に注意して，最小値を求める。

TR
①86 次の 2 次方程式を解け。

(1) $x^2+10x=0$　　(2) $x^2+x-56=0$　　(3) $9x^2+6x+1=0$

(4) $4x^2+8x-21=0$　　(5) $3x^2+5x-2=0$　　(6) $6x^2-7x-3=0$

(1) 左辺を因数分解して　　$x(x+10)=0$
よって　　　　　　　　　$x=0$　または　$x+10=0$
したがって　　　　　　　**$x=0,\ -10$**

◀ 共通因数の x でくくる。両辺を x で割ってはいけない。

(2) 左辺を因数分解して　　$(x-7)(x+8)=0$
よって　　　　　　　　　$x-7=0$　または　$x+8=0$
したがって　　　　　　　**$x=7,\ -8$**

◀ 掛けて -56, 加えて 1 となる 2 数は -7 と 8

(3) 左辺を因数分解して　　$(3x+1)^2=0$
よって　　　　　　　　　$3x+1=0$

したがって　　　　　　　**$x=-\dfrac{1}{3}$**

◀ $(3x)^2+2\cdot3x\cdot1+1^2$

◀ 重解。

(4) 左辺を因数分解して　　$(2x-3)(2x+7)=0$
よって　　　　　　　　　$2x-3=0$　または　$2x+7=0$

したがって　　　　　　　**$x=\dfrac{3}{2},\ -\dfrac{7}{2}$**

◀ $\begin{array}{ccr} 2 & -3 & \longrightarrow -6 \\ 2 & 7 & \longrightarrow 14 \\ \hline 4 & -21 & 8 \end{array}$

(5) 左辺を因数分解して　　$(x+2)(3x-1)=0$
よって　　　　　　　　　$x+2=0$　または　$3x-1=0$

したがって　　　　　　　**$x=-2,\ \dfrac{1}{3}$**

◀ $\begin{array}{ccr} 1 & 2 & \longrightarrow 6 \\ 3 & -1 & \longrightarrow -1 \\ \hline 3 & -2 & 5 \end{array}$

(6) 左辺を因数分解して　　$(2x-3)(3x+1)=0$
よって　　　　　　　　　$2x-3=0$　または　$3x+1=0$

したがって　　　　　　　**$x=\dfrac{3}{2},\ -\dfrac{1}{3}$**

◀ $\begin{array}{ccr} 2 & -3 & \longrightarrow -9 \\ 3 & 1 & \longrightarrow 2 \\ \hline 6 & -3 & -7 \end{array}$

TR
①87 解の公式を用いて，次の 2 次方程式を解け。

(1) $x^2+x-11=0$　　(2) $3x^2-5x+1=0$　　(3) $x^2+6x+4=0$

(4) $3x^2-4x-5=0$　　(5) $9x^2-12x+4=0$　　(6) $x^2+\dfrac{1}{4}x-\dfrac{1}{8}=0$

(1) $x=\dfrac{-1\pm\sqrt{1^2-4\cdot1\cdot(-11)}}{2\cdot1}=\dfrac{-1\pm\sqrt{45}}{2}=\dfrac{-1\pm3\sqrt{5}}{2}$

(2) $x=\dfrac{-(-5)\pm\sqrt{(-5)^2-4\cdot3\cdot1}}{2\cdot3}=\dfrac{5\pm\sqrt{13}}{6}$

(3) $x^2+2\cdot3x+4=0$ であるから
$x=\dfrac{-3\pm\sqrt{3^2-1\cdot4}}{1}=-3\pm\sqrt{5}$

(4) $3x^2+2\cdot(-2)x-5=0$ であるから
$x=\dfrac{-(-2)\pm\sqrt{(-2)^2-3\cdot(-5)}}{3}=\dfrac{2\pm\sqrt{19}}{3}$

(5) $9x^2+2\cdot(-6)x+4=0$ であるから
$x=\dfrac{-(-6)\pm\sqrt{(-6)^2-9\cdot4}}{9}=\dfrac{6\pm\sqrt{0}}{9}=\dfrac{2}{3}$

CHART 解の公式
$$x=\dfrac{-b\pm\sqrt{b^2-4ac}}{2a}$$
(1) $a=1,\ b=1,\ c=-11$
(2) $a=3,\ b=-5,\ c=1$
(3)〜(6) x の係数が $b=2b'$（ 2 の倍数）のときは，
$$x=\dfrac{-b'\pm\sqrt{b'^2-ac}}{a}$$
を使うとよい。
(3) $a=1,\ b'=3,\ c=4$
(4) $a=3,\ b'=-2,$
　　$c=-5$
(5) $a=9,\ b'=-6,\ c=4$

5章
TR

(6) 方程式の両辺に 8 を掛けて　　$8x^2+2x-1=0$

$8x^2+2\cdot1\cdot x-1=0$ であるから

$$x=\frac{-1\pm\sqrt{1^2-8\cdot(-1)}}{8}=\frac{-1\pm\sqrt{9}}{8}=\frac{-1\pm3}{8}$$

したがって　　$x=\dfrac{-1+3}{8}$　または　$x=\dfrac{-1-3}{8}$

すなわち　　$\boldsymbol{x=\dfrac{1}{4},\ -\dfrac{1}{2}}$

(参考)　(5) 解の公式において，根号の中の式 b^2-4ac

または b'^2-ac が 0 のとき，解は 1 つ(**重解** という)になる。

なお，(5)，(6)は因数分解を利用しても解ける。

(5)　$9x^2-12x+4=(3x)^2-2\cdot3x\cdot2+2^2=(3x-2)^2$

であるから，$(3x-2)^2=0$ より　　$x=\dfrac{2}{3}$

$\Leftarrow \bigcirc^2-2\bigcirc\triangle+\triangle^2$
$\quad=(\bigcirc-\triangle)^2$

(6)　$8x^2+2x-1$
　$=(2x+1)(4x-1)$
であるから，
　$(2x+1)(4x-1)=0$ より

$$x=-\frac{1}{2},\ \frac{1}{4}$$

$\begin{array}{ccc} 2 & 1 & \longrightarrow & 4 \\ 4 & -1 & \longrightarrow & -2 \\ \hline 8 & -1 & & 2 \end{array}$

$\Leftarrow$ たすきがけ。

TR
②**88**

■ (1)　2 次方程式 $x^2+3x+m-1=0$ が実数解をもたないとき，定数 m の値の範囲を求めよ。

(2)　2 次方程式 $x^2-2mx+2(m+4)=0$ が重解をもつとき，定数 m の値とそのときの重解を求めよ。

(1)　与えられた 2 次方程式の判別式を D とすると

$$D=3^2-4\cdot1\cdot(m-1)=-4m+13$$

実数解をもたないための条件は　　$D<0$

よって　　$-4m+13<0$　　ゆえに　　$\boldsymbol{m>\dfrac{13}{4}}$

(2)　与えられた 2 次方程式の判別式を D とすると

$$D=(-2m)^2-4\cdot1\cdot2(m+4)=4m^2-8m-32$$
$$=4(m^2-2m-8)=4(m+2)(m-4)$$

重解をもつための条件は　　$D=0$

よって　　$(m+2)(m-4)=0$

ゆえに　　$m=-2,\ 4$

[1]　$m=-2$ のとき，方程式は　　$x^2+4x+4=0$

　　ゆえに　　$(x+2)^2=0$　　重解は　　$x=-2$

[2]　$m=4$ のとき，方程式は　　$x^2-8x+16=0$

　　ゆえに　　$(x-4)^2=0$　　重解は　　$x=4$

よって　　$\boldsymbol{m=-2}$ のとき $\boldsymbol{x=-2}$，$\boldsymbol{m=4}$ のとき $\boldsymbol{x=4}$

(参考)　2 次方程式 $ax^2+bx+c=0$ が重解をもつとき，重解は

$$x=-\frac{b}{2a}$$

CHART
2 次方程式
$ax^2+bx+c=0$
の解の分類
判別式 $D=b^2-4ac$ の
符号を調べる

(参考)　x の係数が 2 の
倍数 $2b'$ のとき，
$\dfrac{D}{4}=b'^2-ac$ の符号を
調べてもよい。
(2)の場合，
$\dfrac{D}{4}$
$=(-m)^2-1\cdot2(m+4)$
$=m^2-2m-8$
となる。

これを利用すると

$m=-2$ のとき，重解は $\quad x=-\dfrac{-2\cdot(-2)}{2\cdot1}=-2$ $\qquad\Leftarrow x=-\dfrac{-2m}{2\cdot1}$

$m=4$ のとき，重解は $\quad x=-\dfrac{-2\cdot4}{2\cdot1}=4$ $\qquad\Leftarrow x=-\dfrac{-2m}{2\cdot1}$

TR
①89 次の2次関数のグラフと x 軸の共有点の座標を求めよ。
(1) $y=x^2+7x-18$ (2) $y=3x^2+8x+2$ (3) $y=x^2-6x+2$
(4) $y=-6x^2-5x+6$ (5) $y=9x^2-24x+16$

(1) $y=0$ とおくと $\qquad x^2+7x-18=0$
左辺を因数分解して $\quad (x-2)(x+9)=0$
したがって $\qquad x=2,\ -9$
共有点の座標は $\quad \mathbf{(2,\ 0),\ (-9,\ 0)}$

(2) $y=0$ とおくと $\qquad 3x^2+8x+2=0$

これを解いて $\qquad x=\dfrac{-4\pm\sqrt{4^2-3\cdot2}}{3}=\dfrac{-4\pm\sqrt{10}}{3}$

共有点の座標は $\quad \left(\dfrac{-4+\sqrt{10}}{3},\ 0\right),\ \left(\dfrac{-4-\sqrt{10}}{3},\ 0\right)$

(3) $y=0$ とおくと $\qquad x^2-6x+2=0$

これを解いて $\qquad x=\dfrac{-(-3)\pm\sqrt{(-3)^2-1\cdot2}}{1}=3\pm\sqrt{7}$

共有点の座標は $\quad \mathbf{(3+\sqrt{7},\ 0),\ (3-\sqrt{7},\ 0)}$

(4) $y=0$ とおくと $\qquad -6x^2-5x+6=0$
両辺に -1 を掛けて $\quad 6x^2+5x-6=0$
左辺を因数分解して $\quad (2x+3)(3x-2)=0$

したがって $\qquad x=-\dfrac{3}{2},\ \dfrac{2}{3}$

共有点の座標は $\quad \left(-\dfrac{3}{2},\ 0\right),\ \left(\dfrac{2}{3},\ 0\right)$

(5) $y=0$ とおくと $\qquad 9x^2-24x+16=0$
左辺を因数分解して $\quad (3x-4)^2=0$

したがって $\qquad x=\dfrac{4}{3}$

共有点の座標は $\quad \left(\dfrac{4}{3},\ 0\right)$

◀放物線
$y=ax^2+bx+c$ と x 軸の
共有点の x 座標は，2次
方程式 $ax^2+bx+c=0$
の実数解 である。

(2), (3) x の係数が2の
倍数であるから，

$x=\dfrac{-b'\pm\sqrt{b'^2-ac}}{a}$

を用いる。
(2) $a=3,\ b'=4,$
$c=2$
(3) $a=1,\ b'=-3,$
$c=2$

◀両辺に -1 を掛けて，
x^2 の係数を正にする。

◀たすきがけ

$\begin{array}{ccc} 2 & \diagdown & 3 \longrightarrow 9 \\ 3 & \diagup & -2 \longrightarrow -4 \\ \hline 6 & -6 & 5 \end{array}$

◀$\bigcirc^2-2\bigcirc\triangle+\triangle^2$
$=(\bigcirc-\triangle)^2$
◀重解，グラフは x 軸
に $x=\dfrac{4}{3}$ で接する。

5章

TR

TR
①90 次の2次関数のグラフと x 軸の共有点の個数を求めよ。
(1) $y=3x^2+x-2$ (2) $y=-5x^2+3x-1$ (3) $y=2x^2-16x+32$

(1) 2次方程式 $3x^2+x-2=0$ の判別式を D とすると
$\qquad D=1^2-4\cdot3\cdot(-2)=25>0$
よって，グラフと x 軸の共有点の個数は **2個**

CHART
x 軸との共有点の個数
＝実数解の個数
$D=b^2-4ac$ の符号を
調べる
(1) $a=3,\ b=1,\ c=-2$

(2) 2次方程式 $-5x^2+3x-1=0$ の判別式を D とすると
$$D=3^2-4\cdot(-5)\cdot(-1)=-11<0$$
よって，グラフと x 軸の共有点の個数は **0個**

$\Leftarrow$ (2) $a=-5$, $b=3$, $c=-1$

(3) 2次方程式 $2x^2-16x+32=0$ の判別式を D とすると
$$D=(-16)^2-4\cdot2\cdot32=256-256=0$$
よって，グラフと x 軸の共有点の個数は **1個**

$\Leftarrow$ (3) $a=2$, $b=-16$, $c=32$

(参考) (3)では，x の係数が 2 の倍数 $[2\cdot(-8)]$ であることに

注目すると $\dfrac{D}{4}=(-8)^2-2\cdot32=0$

よって，グラフと x 軸の共有点の個数は **1個**

$\Leftarrow$ x の係数が 2 の倍数 $2b'$ のときは，$\dfrac{D}{4}=b'^2-ac$ の符号を調べてもよい。

TR
②**91** ★ 2次関数 $y=x^2+2(k-1)x+k^2-3$ のグラフについて，次の問いに答えよ。
(1) x 軸と共有点をもたないとき，定数 k の値の範囲を求めよ。
(2) x 軸に接するとき，定数 k の値とそのときの接点の座標を求めよ。

2次方程式 $x^2+2(k-1)x+k^2-3=0$ の判別式を D とすると
$$D=\{2(k-1)\}^2-4\cdot1\cdot(k^2-3)=-8k+16=-8(k-2)$$

(1) グラフが x 軸と共有点をもたないための条件は $D<0$
よって $-8(k-2)<0$ したがって $\boldsymbol{k>2}$

(2) グラフが x 軸と接するための条件は $D=0$
よって $-8(k-2)=0$ したがって $\boldsymbol{k=2}$
このとき，接点の x 座標は
$$x=-\frac{2(k-1)}{2\cdot1}=-k+1=-1$$
ゆえに，接点の座標は $\boldsymbol{(-1,\ 0)}$

$\Leftarrow$ x の係数が $2\times\bullet$ の形であるから，$b=2b'$ として $\dfrac{D}{4}=b'^2-ac$
$=(k-1)^2-1\cdot(k^2-3)$
$=-2(k-2)$
を利用してもよい。

$\Leftarrow$ $k=2$ のとき
$y=x^2+2x+1$
$=(x+1)^2$

TR
③**92** (1) 次の2次関数のグラフが x 軸から切り取る線分の長さを求めよ。
(ア) $y=2x^2-8x-15$ (イ) $y=x^2-(2a+1)x+a(a+1)$ (a は定数)
(2) 放物線 $y=x^2+(2k-3)x-6k$ が x 軸から切り取る線分の長さが 5 であるとき，定数 k の値を求めよ。

(1) (ア) $2x^2-8x-15=0$ の解は
$$x=\frac{-(-4)\pm\sqrt{(-4)^2-2\cdot(-15)}}{2}=\frac{4\pm\sqrt{46}}{2}$$
これがグラフと x 軸の交点の x 座標であるから，求める線分の長さは
$$\frac{4+\sqrt{46}}{2}-\frac{4-\sqrt{46}}{2}=\boldsymbol{\sqrt{46}}$$

(イ) $x^2-(2a+1)x+a(a+1)=0$ とすると
$$(x-a)\{x-(a+1)\}=0$$
ゆえに $x=a,\ a+1$
これがグラフと x 軸の交点の x 座標であるから，求める線分の長さは $(a+1)-a=\boldsymbol{1}$

(2) $x^2+(2k-3)x-6k=0$ とすると $(x-3)(x+2k)=0$
よって $x=3,\ -2k$

CHART
2次関数のグラフが x 軸から切り取る線分の長さ
まず，$y=0$ とおいた2次方程式を解く

$\Leftarrow$ $a<a+1$

これがグラフとx軸の交点のx座標であるから，放物線がx軸から切り取る線分の長さは

$$|3-(-2k)|=|2k+3|$$

よって　　$|2k+3|=5$　　ゆえに　　$2k+3=\pm5$

$2k+3=5$ から　　　$k=1$

$2k+3=-5$ から　　　$k=-4$　　　したがって　　$\boldsymbol{k=1,\ -4}$

⟸ 3 と $-2k$ の大小関係が不明なので，絶対値を用いて表す。

TR
①**93**　次の2次不等式を解け。

(1)　$(x+2)(x+3)<0$　　(2)　$(2x+1)(3x-5)>0$　　(3)　$x^2-2x<0$

(4)　$x^2+6x+8\geqq0$　　(5)　$x^2>9$　　(6)　$x^2+x\leqq6$

(1)　$(x+2)(x+3)=0$ を解くと
　　　　$x=-2,\ -3$
　　$y=(x+2)(x+3)$ のグラフで $y<0$
　　となるxの値の範囲を求めて
　　　　　$\boldsymbol{-3<x<-2}$

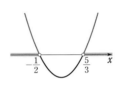

(2)　$(2x+1)(3x-5)=0$ を解くと
　　　　$x=-\dfrac{1}{2},\ \dfrac{5}{3}$
　　$y=(2x+1)(3x-5)$ のグラフで $y>0$
　　となるxの値の範囲を求めて
　　　　$\boldsymbol{x<-\dfrac{1}{2},\ \dfrac{5}{3}<x}$

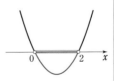

(3)　左辺を因数分解して
　　　　　$x(x-2)<0$
　　$x(x-2)=0$ を解くと　　$x=0,\ 2$
　　$y=x(x-2)$ のグラフで $y<0$ となるxの値の範囲を求めて
　　　　　$\boldsymbol{0<x<2}$

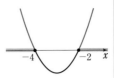

⟸ 両辺をxで割って，不等式を $x-2<0$ としてはいけない。

(4)　左辺を因数分解して
　　　　　$(x+4)(x+2)\geqq0$
　　$(x+4)(x+2)=0$ を解くと
　　　　　$x=-4,\ -2$
　　$y=(x+4)(x+2)$ のグラフで $y\geqq0$
　　となるxの値の範囲を求めて
　　　　$\boldsymbol{x\leqq-4,\ -2\leqq x}$

(5)　移項して　　$x^2-9>0$
　　左辺を因数分解して
　　　　　$(x+3)(x-3)>0$
　　$(x+3)(x-3)=0$ を解くと　$x=\pm3$
　　$y=(x+3)(x-3)$ のグラフで $y>0$ となるxの値の範囲を求めて
　　　　　$\boldsymbol{x<-3,\ 3<x}$

CHART
2次不等式
大まかなグラフをかいて判断するのが基本
$\alpha<\beta$ のとき
$(x-\alpha)(x-\beta)>0$ の解
は　$x<\alpha,\ \beta<x$
$(x-\alpha)(x-\beta)<0$ の解
は　$\alpha<x<\beta$

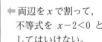

5章

TR

注意　$x^2>9$ から $x>\pm3$ などとしないように。このような答え方はない！

(6) 移項して $x^2+x-6\leqq0$
左辺を因数分解して
$$(x+3)(x-2)\leqq0$$
$(x+3)(x-2)=0$ を解くと
$$x=-3,\ 2$$
$y=(x+3)(x-2)$ のグラフで $y\leqq0$
となる x の値の範囲を求めて $-3\leqq x\leqq2$

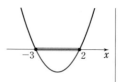

TR
②**94** 次の 2 次不等式を解け。
(1) $3x^2+10x-8>0$ (2) $6x^2+x-12\leqq0$ (3) $5x^2+6x-1\geqq0$
(4) $2(x+2)(x-2)\leqq(x+1)^2$ (5) $-x^2+3x+2>0$

(1) $3x^2+10x-8=0$ を解くと
左辺を因数分解して
$$(x+4)(3x-2)=0\ \cdots\cdots\ (*)$$
したがって $x=-4,\ \dfrac{2}{3}$
よって，不等式の解は
$$x<-4,\ \dfrac{2}{3}<x$$

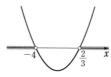

CHART

2 次不等式
不等号を等号におき換え
た 2 次方程式を解く
（ * ）たすきがけ

(2) $6x^2+x-12=0$ を解くと
左辺を因数分解して
$$(2x+3)(3x-4)=0$$
したがって $x=-\dfrac{3}{2},\ \dfrac{4}{3}$
よって，不等式の解は $-\dfrac{3}{2}\leqq x\leqq\dfrac{4}{3}$

$\Leftarrow$ たすきがけ

(3) $5x^2+6x-1=0$ を解くと
$$x=\dfrac{-3\pm\sqrt{3^2-5\cdot(-1)}}{5}$$
$$=\dfrac{-3\pm\sqrt{14}}{5}$$
よって，不等式の解は
$$x\leqq\dfrac{-3-\sqrt{14}}{5},\ \dfrac{-3+\sqrt{14}}{5}\leqq x$$

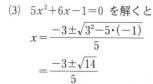

(3), (4) 2 次方程式
$ax^2+2b'x+c=0$
の解の公式
$$x=\dfrac{-b'\pm\sqrt{b'^2-ac}}{a}$$
を利用。
(3) $a=5,\ b'=3,$
$c=-1$
(4) $a=1,\ b'=-1,$
$c=-9$

(4) 両辺を展開して $2x^2-8\leqq x^2+2x+1$
整理すると $x^2-2x-9\leqq0$
$x^2-2x-9=0$ を解くと
$$x=\dfrac{-(-1)\pm\sqrt{(-1)^2-1\cdot(-9)}}{1}$$
$$=1\pm\sqrt{10}$$
よって，不等式の解は $1-\sqrt{10}\leqq x\leqq1+\sqrt{10}$

(5) 両辺に -1 を掛けて　$x^2-3x-2<0$

$x^2-3x-2=0$ を解くと

$$x=\frac{-(-3)\pm\sqrt{(-3)^2-4\cdot1\cdot(-2)}}{2\cdot1}$$

$$=\frac{3\pm\sqrt{17}}{2}$$

よって，不等式の解は

$$\frac{3-\sqrt{17}}{2}<x<\frac{3+\sqrt{17}}{2}$$

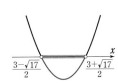

⇐ x^2 の係数が負の場合は，両辺に -1 を掛けて係数を正にする。このとき，不等号の向きが変わることに注意。

CHART
2次不等式
x^2 の係数を正にしてから解く

TR ②**95** 次の2次不等式を解け。

(1)　$x^2+2x+1>0$

(2)　$x^2+4x+4\geqq0$

(3)　$\dfrac{1}{4}x^2-x+1<0$

(4)　$-9x^2+12x-4\geqq0$

(1)　2次方程式 $x^2+2x+1=0$ の判別式をDとすると

$$D=2^2-4\cdot1\cdot1=0$$

よって，$y=x^2+2x+1$ のグラフはx軸に接する。

$x^2+2x+1=0$ を解くと，$(x+1)^2=0$ から　$x=-1$

$y=(x+1)^2$ のグラフで $y>0$ となる x の値の範囲を求めて，解は

　　-1 以外のすべての実数

⇐ まずDの値を計算し，グラフとx軸の位置関係を調べる。
$D=0$
　⟺　x軸と接する

(2)　2次方程式 $x^2+4x+4=0$ の判別式をDとすると

$$D=4^2-4\cdot1\cdot4=0$$

よって，$y=x^2+4x+4$ のグラフはx軸に接する。

$x^2+4x+4=0$ を解くと，$(x+2)^2=0$ から　$x=-2$

$y=(x+2)^2$ のグラフで $y\geqq0$ となる x の値の範囲を求めて，解は

　　すべての実数

⇐ $y\geqq0$ とは，
　$y>0$ または $y=0$
のことである。

(3)　2次方程式 $\dfrac{1}{4}x^2-x+1=0$ の判別式をDとすると

$$D=(-1)^2-4\cdot\frac{1}{4}\cdot1=0$$

よって，$y=\dfrac{1}{4}x^2-x+1$ のグラフはx軸に接する。

$\dfrac{1}{4}x^2-x+1=0$ を解くと，$\left(\dfrac{1}{2}x-1\right)^2=0$

から　$x=2$

$y=\left(\dfrac{1}{2}x-1\right)^2$ のグラフで $y<0$ となるxの値の範囲を考えて　**解はない**

⇐ グラフは x 軸の下側にはない。

(4) 不等式の両辺を (-1) 倍して　　$9x^2-12x+4 \leqq 0$

2次方程式 $9x^2-12x+4=0$ の判別式を D とすると

$$D=(-12)^2-4 \cdot 9 \cdot 4=0$$

よって，$y=9x^2-12x+4$ のグラフは x 軸に接する。

$9x^2-12x+4=0$ を解くと，$(3x-2)^2=0$

から　　$x=\dfrac{2}{3}$

$y=(3x-2)^2$ のグラフで $y \leqq 0$ となる
x の値の範囲を求めて，解は

$$\boldsymbol{x=\dfrac{2}{3}}$$

⟸$y \leqq 0$ とは，
　$y<0$ または $y=0$
のことである。

TR
②**96**　次の2次不等式を解け。
(1) $x^2-4x+5<0$ 　　　　　(2) $2x^2-8x+13>0$
(3) $3x^2-6x+6 \leqq 0$ 　　　　(4) $x^2+3 \geqq 0$

(1)　2次方程式 $x^2-4x+5=0$ の判別式を D とすると

$$D=(-4)^2-4 \cdot 1 \cdot 5<0$$

よって，$y=x^2-4x+5$ のグラフは x 軸と共有点をもたない。
$y=x^2-4x+5$ のグラフで，$y<0$ となる x の値の範囲を考え
て　　**解はない**

(2)　2次方程式 $2x^2-8x+13=0$ の判別式を D とすると

$$D=(-8)^2-4 \cdot 2 \cdot 13<0$$

よって，$y=2x^2-8x+13$ のグラフは x 軸と共有点をもたない。
$y=2x^2-8x+13$ のグラフで，$y>0$ となる x の値の範囲を求
めて，解は　　**すべての実数**

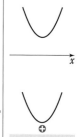

(3)　不等式の両辺を 3 で割って　　$x^2-2x+2 \leqq 0$

2次方程式 $x^2-2x+2=0$ の判別式を D とすると

$$D=(-2)^2-4 \cdot 1 \cdot 2<0$$

よって，$y=x^2-2x+2$ のグラフは x 軸と共有点をもたない。
$y=x^2-2x+2$ のグラフで，$y \leqq 0$ となる x の値の範囲を考え
て　　**解はない**

(4)　2次方程式 $x^2+3=0$ の判別式を D とすると

$$D=0^2-4 \cdot 1 \cdot 3<0$$

よって，$y=x^2+3$ のグラフは x 軸と共有点をもたない。
$y=x^2+3$ のグラフで，$y \geqq 0$ となる x の値の範囲を求めて，
解は　　**すべての実数**

TR
③97　2 次方程式 $x^2+mx+9=0$ の解が次のようなとき，定数 m の値の範囲を求めよ。
　　(1) 異なる 2 つの実数解をもつ。　　(2) 実数解をもつ。　　(3) 実数解をもたない。

与えられた 2 次方程式の判別式を D とすると
$$D=m^2-4\cdot1\cdot9=m^2-36=(m+6)(m-6)$$

(1) 異なる 2 つの実数解をもつための条件は　　$D>0$
　ゆえに　　$(m+6)(m-6)>0$
　よって　　$\boldsymbol{m<-6,\ 6<m}$

(2) 実数解をもつための条件は　　$D\geqq0$ ${}^{(*)}$
　ゆえに　　$(m+6)(m-6)\geqq0$
　よって　　$\boldsymbol{m\leqq-6,\ 6\leqq m}$

(3) 実数解をもたないための条件は　　$D<0$
　ゆえに　　$(m+6)(m-6)<0$
　よって　　$\boldsymbol{-6<m<6}$

CHART
判別式 $D=b^2-4ac$
の符号を調べる

$(*)=$ を忘れないように。

5章
TR

TR
③98　★　次の 2 次不等式が，常に成り立つような定数 m の値の範囲を求めよ。
　　(1) $x^2+2(m+1)x+2(m^2-1)>0$　　　　(2) $mx^2+3mx+m-1<0$

(1) $y=x^2+2(m+1)x+2(m^2-1)$ …… ① とする。
　x^2 の係数は正であるから，① のグラフは下に凸の放物線である。
　すべての実数 x について，与えられた不等式が成り立つための条件は，① のグラフが常に x 軸より上側にあることである。
　ゆえに，2 次方程式 $x^2+2(m+1)x+2(m^2-1)=0$ の判別式を D とすると　　$D<0$
　ここで　　$D=\{2(m+1)\}^2-4\cdot1\cdot2(m^2-1)$
　　　　　　　　$=-4(m^2-2m-3)$
　　　　　　　　$=-4(m+1)(m-3)$
　ゆえに　　$-4(m+1)(m-3)<0$
　よって　　$(m+1)(m-3)>0$
　ゆえに　　$\boldsymbol{m<-1,\ 3<m}$

(2) $y=mx^2+3mx+m-1$ …… ② とする。
　すべての実数 x について，与えられた不等式が成り立つための条件は，② のグラフが常に x 軸より下側にあることである。
　ゆえに，2 次方程式 $mx^2+3mx+m-1=0$ の判別式を D とすると　　$m<0$　かつ　$D<0$
　$D=(3m)^2-4\cdot m(m-1)=5m^2+4m=m(5m+4)$ であるから
　　　　　　$m(5m+4)<0$
　これを解いて　　$-\dfrac{4}{5}<m<0$

　これと　$m<0$ の共通範囲を求めて　　$\boldsymbol{-\dfrac{4}{5}<m<0}$

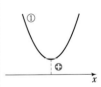

$\Leftarrow \dfrac{D}{4}=(m+1)^2-2(m^2-1)$
を利用してもよい。

$\Leftarrow$ 不等号の向きが変わる。

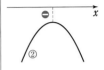

TR
③**99** 次の不等式を解け。

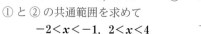

(1) $\begin{cases} x^2-2x-8<0 \\ x^2-x-2>0 \end{cases}$ 　(2) $\begin{cases} x^2+2x+1>0 \\ x^2-x-6<0 \end{cases}$ 　(3) $\begin{cases} 2x^2+5x\leqq3 \\ 3(x^2-1)<1-11x \end{cases}$ 　(4) $2-x<x^2<x+3$

(1) $x^2-2x-8<0$ から　　$(x+2)(x-4)<0$
　　よって　　$-2<x<4$　　…… ①
　$x^2-x-2>0$ から　　$(x+1)(x-2)>0$
　　よって　　$x<-1,\ 2<x$ … ②
　① と ② の共通範囲を求めて
　　　$\boldsymbol{-2<x<-1,\ 2<x<4}$

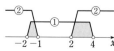

(2) $x^2+2x+1>0$ から　$(x+1)^2>0$
　この不等式の解は　-1 以外のすべての実数
　　すなわち　　　$x<-1,\ -1<x$ …… ①
　$x^2-x-6<0$ から　$(x+2)(x-3)<0$
　　よって　　$-2<x<3$ …… ②
　① と ② の共通範囲を求めて
　　　$\boldsymbol{-2<x<-1,\ -1<x<3}$

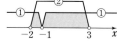

(3) $2x^2+5x\leqq3$ から　　$2x^2+5x-3\leqq0$
　　よって　$(x+3)(2x-1)\leqq0$　すなわち　$2(x+3)\left(x-\dfrac{1}{2}\right)\leqq0$
　ゆえに, $(x+3)\left(x-\dfrac{1}{2}\right)\leqq0$ から　　$-3\leqq x\leqq\dfrac{1}{2}$ …… ①
　$3(x^2-1)<1-11x$ から　　$3x^2+11x-4<0$
　　ゆえに　$(x+4)(3x-1)<0$　すなわち　$3(x+4)\left(x-\dfrac{1}{3}\right)<0$
　　よって　　$(x+4)\left(x-\dfrac{1}{3}\right)<0$
　　ゆえに　　$-4<x<\dfrac{1}{3}$ …… ②
　① と ② の共通範囲を求めて
　　　　$\boldsymbol{-3\leqq x<\dfrac{1}{3}}$

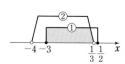

(4) $2-x<x^2$ から　$x^2+x-2>0$
　　ゆえに　　$(x+2)(x-1)>0$
　　よって　　$x<-2,\ 1<x$ …… ①
　$x^2<x+3$ から　$x^2-x-3<0$　　$x^2-x-3=0$ を解くと
　　　$x=\dfrac{-(-1)\pm\sqrt{(-1)^2-4\cdot1\cdot(-3)}}{2\cdot1}=\dfrac{1\pm\sqrt{13}}{2}$
　　よって, $x^2-x-3<0$ の解は　$\dfrac{1-\sqrt{13}}{2}<x<\dfrac{1+\sqrt{13}}{2}$ … ②
　① と ② の共通範囲を求めると,
　$-2<\dfrac{1-\sqrt{13}}{2},\ 1<\dfrac{1+\sqrt{13}}{2}$ から
　　　　$\boldsymbol{1<x<\dfrac{1+\sqrt{13}}{2}}$

CHART

　連立 2 次不等式
1 まず, それぞれの不等式を解く。
2 それらの解の共通範囲を求める。
　⟶ 数直線を利用

(2)

$x=-1$ 以外のすべての実数
$\iff x<-1,\ -1<x$

←たすきがけ

$\begin{array}{cccc} 1 & \diagdown & 3 & \longrightarrow & 6 \\ 2 & \diagup & -1 & \longrightarrow & -1 \\ \hline 2 & & -3 & & 5 \end{array}$

←たすきがけ

$\begin{array}{cccc} 1 & \diagdown & 4 & \longrightarrow & 12 \\ 3 & \diagup & -1 & \longrightarrow & -1 \\ \hline 3 & & -4 & & 11 \end{array}$

(4) $A<B<C \iff$
　$A<B$ かつ $B<C$

←$\sqrt{9}<\sqrt{13}<\sqrt{16}$ から
　$3<\sqrt{13}<4$　よって
　$-4+1<-\sqrt{13}+1<-3+1$
　ゆえに
　$-\dfrac{3}{2}<\dfrac{1-\sqrt{13}}{2}<-1$
　また
　$\dfrac{1+\sqrt{13}}{2}>\dfrac{1+3}{2}=2$

TR
③**100** ★ ある速さで真上に打ち上げたボールの，打ち上げてから x 秒後の地上からの高さを h m とする。h の値が $h=-5x^2+40x$ で与えられるとき，ボールが地上から 35 m 以上 65 m 以下の高さにあるのは，x の値がどのような範囲にあるときか。

ボールが地上から 35 m 以上 65 m 以下の高さにあることから
$$35 \leqq -5x^2+40x \leqq 65$$
すなわち $\begin{cases} -5x^2+40x \geqq 35 & \cdots\cdots ① \\ -5x^2+40x \leqq 65 & \cdots\cdots ② \end{cases}$

① から　$x^2-8x+7 \leqq 0$　　よって　$(x-1)(x-7) \leqq 0$
したがって　$1 \leqq x \leqq 7$　　……③
また，② から　$x^2-8x+13 \geqq 0$
2次方程式 $x^2-8x+13=0$ を解くと　$x=4\pm\sqrt{3}$
ゆえに，② の解は
$$x \leqq 4-\sqrt{3}, \quad 4+\sqrt{3} \leqq x \cdots\cdots ④$$
求める x の値の範囲は，③ と ④
の共通範囲であるから
$$1 \leqq x \leqq 4-\sqrt{3}, \quad 4+\sqrt{3} \leqq x \leqq 7$$

$\Leftarrow A \leqq B \leqq C \Longleftrightarrow$
$A \leqq B$ かつ $B \leqq C$

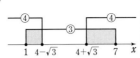

TR
③**101** ★ 2次関数 $y=ax^2+bx+c$ のグラフが，右の図のようになるとき，次の値の符号を調べよ。

(1) a　　(2) $-\dfrac{b}{2a}$　　(3) b　　(4) c　　(5) b^2-4ac

$y=ax^2+bx+c=a\left(x+\dfrac{b}{2a}\right)^2-\dfrac{b^2-4ac}{4a}$ であるから，放物線

$y=ax^2+bx+c$ の軸は直線 $x=-\dfrac{b}{2a}$ である。

(1) グラフは上に凸であるから　　$a<0$

(2) 軸が $x>0$ の範囲にあるから　　$-\dfrac{b}{2a}>0$

(3) (1)と(2)から　　$b>0$

(4) $y=ax^2+bx+c$ で $x=0$ とすると　　$y=c$
　　グラフは y 軸と負の部分で交わっているから　　$c<0$

(5) グラフは x 軸と接しているから　　$b^2-4ac=0$

(3) $-\dfrac{b}{2a}>0$ の両辺に
負の数 $2a$ を掛けて
$-b<0$
よって　$b>0$
(4) $x=0$ のときの y は
グラフと y 軸との交点
の y 座標。

TR
④**102** 2つの2次方程式 $x^2+2mx+10=0$，$x^2+5x+4m=0$ の共通な実数解が1つだけあるとき，定数 m の値とその共通解を求めよ。　　　［類 立教大］

共通な実数解を α とすると　　$\alpha^2+2m\alpha+10=0 \cdots\cdots ①$，
　　　　　　　　　　　　　　　　$\alpha^2+5\alpha+4m=0 \cdots\cdots ②$
①－② から　　$(2m-5)\alpha+10-4m=0$

$\Leftarrow$ 2つの方程式の x に，α を代入。

$\Leftarrow \alpha^2$ を消去する。

よって　　　　　　$(2m-5)(\alpha-2)=0$　　　　　　　◀ $(2m-5)\alpha-2(2m-5)=0$

ゆえに　　　　　　$m=\dfrac{5}{2}$　または　$\alpha=2$　　　　◀ 求めた m, α が, 「共通な実数解が 1 つだけある」という条件に適するかどうかを次に調べる。

[1]　$m=\dfrac{5}{2}$ のとき

　　2 つの 2 次方程式はともに $x^2+5x+10=0$ となる。
　　この判別式を D とすると　　$D=5^2-4\cdot1\cdot10=-15$　　　◀ $D=b^2-4ac$
　　$D<0$ であるから, この 2 次方程式は実数解をもたない。　　◀ 問題の条件を満たさない。
　　よって, この場合は不適。

[2]　$\alpha=2$ のとき　　① に代入して　　$2^2+2m\cdot2+10=0$　　◀ ② に代入しても $2^2+5\cdot2+4m=0$ から $m=-\dfrac{7}{2}$

　　ゆえに　　　　　$m=-\dfrac{7}{2}$

　　このとき, 2 つの 2 次方程式は
　　　　　　　　　$x^2-7x+10=0$, $x^2+5x-14=0$
　　すなわち　　　$(x-2)(x-5)=0$, $(x-2)(x+7)=0$
　　よって, 2 つの方程式の共通な実数解は 1 つ($x=2$)だけである。　　◀ 問題の条件を満たし, OK。

[1], [2] から　　**$m=-\dfrac{7}{2}$,　共通解は　$x=2$**

TR
④**103**　a は定数とする。次の x についての方程式, 不等式を解け。
　　　　(1)　$(a^2-1)x^2+2ax+1=0$　　　　　　　(2)　$x^2-2ax-3a^2<0$

(1)　$a^2-1=0$ を解くと, $(a+1)(a-1)=0$ から　　$a=\pm1$　　◀ このとき, x^2 の係数は 0 となり, 方程式は 2 次方程式ではなくなる。

　　$a=-1$ のとき, 方程式は　$-2x+1=0$　よって　$x=\dfrac{1}{2}$

　　$a=1$ のとき, 方程式は　$2x+1=0$　よって　　$x=-\dfrac{1}{2}$

　　$a\neq\pm1$ のとき, 方程式を変形すると　　　　　　　　　　◀ 2 次方程式のとき。
　　　　　　　　$\{(a+1)x+1\}\{(a-1)x+1\}=0$　　　　　　　　◀ たすきがけ

　　$a+1\neq0$, $a-1\neq0$ であるから　　$x=-\dfrac{1}{a+1}$, $-\dfrac{1}{a-1}$

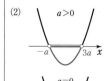

　　以上から　　$a\neq\pm1$ のとき　$x=-\dfrac{1}{a+1}$, $-\dfrac{1}{a-1}$;

　　　　　　　　$a=-1$ のとき $x=\dfrac{1}{2}$; $a=1$ のとき $x=-\dfrac{1}{2}$

(2)　左辺を因数分解して　　$(x+a)(x-3a)<0$

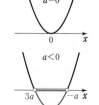

　　$-a<3a$ すなわち $a>0$ のとき, 解は　　$-a<x<3a$
　　$-a=3a$ すなわち $a=0$ のとき, 不等式は $x^2<0$ となる。
　　　　　　　　したがって, 解は　　ない
　　$-a>3a$ すなわち $a<0$ のとき, 解は　　$3a<x<-a$

　　以上から　　**$a>0$ のとき　$-a<x<3a$;**

　　　　　　　　$a=0$ のとき　解はない;

　　　　　　　　$a<0$ のとき　$3a<x<-a$

TR
④**104**　次の条件を満たすように，定数 a, b の値を定めよ。

(1)　2 次不等式 $x^2+ax+b<0$ の解が $-\dfrac{1}{2}<x<3$ である。

(2)　2 次不等式 $ax^2+x+b\leqq0$ の解が $x\leqq-1$, $2\leqq x$ である。

(1)　題意を満たすための条件は，2 次関数 $y=x^2+ax+b$ のグ

ラフが，$-\dfrac{1}{2}<x<3$ の範囲でのみ x 軸より下側にあることで

ある。すなわち，このグラフが下に凸の放物線で，2 点

$\left(-\dfrac{1}{2},\ 0\right)$, $(3,\ 0)$ を通ることである。

よって　　　$\left(-\dfrac{1}{2}\right)^2+a\left(-\dfrac{1}{2}\right)+b=0$, $\ 3^2+a\cdot3+b=0$

整理して　　$-2a+4b+1=0$, $\ 3a+b+9=0$

この 2 式を連立して解くと　　$a=-\dfrac{5}{2}$, $\ b=-\dfrac{3}{2}$

別解　解が $-\dfrac{1}{2}<x<3$ である 2 次不等式は

$\left(x+\dfrac{1}{2}\right)(x-3)<0$　　すなわち　　$x^2-\dfrac{5}{2}x-\dfrac{3}{2}<0$

$x^2+ax+b<0$ と比較して　　$a=-\dfrac{5}{2}$, $\ b=-\dfrac{3}{2}$

⟵ $\alpha<\beta$ のとき
$(x-\alpha)(x-\beta)<0$
$\Longleftrightarrow\ \alpha<x<\beta$

(2)　題意を満たすための条件は，2 次関数 $y=ax^2+x+b$ のグラフが，$x<-1$, $2<x$ の範囲でのみ x 軸より下側にあることである。

すなわち，このグラフが上に凸の放物線で，2 点 $(-1,\ 0)$, $(2,\ 0)$ を通ることである。

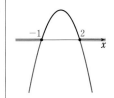

したがって　　$a<0$　　　　　　　……　①

　　　　　　　$a(-1)^2+(-1)+b=0$ ……　②

　　　　　　　$a\cdot2^2+2+b=0$　　 ……　③

② から　　$a+b-1=0$

③ から　　$4a+b+2=0$

この 2 式を連立して解くと　　$a=-1$, $b=2$

これは ① を満たす。

別解　解が $x\leqq-1$, $2\leqq x$ である 2 次不等式は

　　　　　　　$(x+1)(x-2)\geqq0$

左辺を展開して　　　$x^2-x-2\geqq0$

両辺に -1 を掛けて　　$-x^2+x+2\leqq0$

$ax^2+x+b\leqq0$ と比較して

　　　$a=-1$, $b=2$

⟵ $\alpha<\beta$ のとき
$(x-\alpha)(x-\beta)\geqq0$
$\Longleftrightarrow\ x\leqq\alpha$, $\beta\leqq x$

5 章

TR

$f(x)=x^2-2ax-a+6$ について，すべての実数 x に対して $f(x)>0$ となる定数 a の値の範囲は $^{ア}\boxed{}<a<^{イ}\boxed{}$ である。また，$-1\leqq x\leqq 1$ で常に $f(x)\geqq 0$ となる a の値の範囲は $^{ウ}\boxed{}\leqq a\leqq^{エ}\boxed{}$ である。

$$f(x)=x^2-2ax-a+6=(x-a)^2-a^2-a+6$$

よって，関数 $y=f(x)$ のグラフは，下に凸の放物線で，頂点の座標は $(a,\ -a^2-a+6)$

（前半）　すべての実数 x に対して $f(x)>0$ となるための条件は

$$-a^2-a+6>0$$

すなわち　　$a^2+a-6<0$

ゆえに　　$(a+3)(a-2)<0$

よって　　$^{ア}\mathbf{-3}<a<^{イ}\mathbf{2}$

◆ 下に凸の放物線の場合
すべての実数 x に対して $f(x)>0$
$\iff y=f(x)$ のグラフの頂点の y 座標が正。

（後半）　$-1\leqq x\leqq 1$ で常に $f(x)\geqq 0$ となるための条件は，この範囲における $f(x)$ の最小値が 0 以上であることである。

[1]　$a<-1$ のとき

$f(x)$ は $x=-1$ で最小となる。

ゆえに　　$f(-1)\geqq 0$

$$f(-1)=(-1)^2-2a(-1)-a+6$$
$$=a+7$$

よって　　$a+7\geqq 0$

ゆえに　　$a\geqq -7$

これと $a<-1$ の共通範囲は

$$-7\leqq a<-1 \ \cdots\cdots ①$$

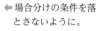

[1]　頂点が $-1\leqq x\leqq 1$ の左外にある場合。変域の左端で最小となる。

◆ 場合分けの条件を落とさないように。

[2]　$-1\leqq a\leqq 1$ のとき

$f(x)$ は $x=a$ で最小となる。

ゆえに　　$f(a)\geqq 0$

$$f(a)=-a^2-a+6$$

よって　　$-a^2-a+6\geqq 0$

両辺に -1 を掛けて

$$a^2+a-6\leqq 0$$

ゆえに　　$(a+3)(a-2)\leqq 0$

よって　　$-3\leqq a\leqq 2$

これと $-1\leqq a\leqq 1$ の共通範囲は　　$-1\leqq a\leqq 1 \ \cdots\cdots ②$

[2]　頂点が $-1\leqq x\leqq 1$ の内部にある場合。頂点で最小となる。$f(a)$ は頂点の y 座標。

◆ 場合分けの条件。

[3]　$1<a$ のとき

$f(x)$ は $x=1$ で最小となる。

ゆえに　　$f(1)\geqq 0$

$$f(1)=1^2-2a\cdot 1-a+6=-3a+7$$

よって　　$-3a+7\geqq 0$

ゆえに　　$a\leqq\dfrac{7}{3}$

[3]　頂点が $-1\leqq x\leqq 1$ の右外にある場合。変域の右端で最小となる。

これと $1<a$ の共通範囲は　　$1<a\leqq\dfrac{7}{3} \ \cdots\cdots ③$

◆ 場合分けの条件。

求める a の値の範囲は，① または ② または ③ であるから

$$^{ウ}-7 \leqq a \leqq {}^{エ}\frac{7}{3}$$

TR ④**106**

★ 2次方程式 $x^2-(a-4)x+a-1=0$ が次の条件を満たすように，定数 a の値の範囲を定めよ。

(1) 異なる2つの負の解をもつ。　　(2) 正の解と負の解をもつ。

$f(x)=x^2-(a-4)x+a-1$ とする。

関数 $y=f(x)$ のグラフは下に凸の放物線で，軸は直線

$x=\dfrac{a-4}{2}$ である。

また，与えられた2次方程式の判別式を D とすると

$$\begin{aligned}
D&=\{-(a-4)\}^2-4\cdot1\cdot(a-1)\\
&=a^2-8a+16-4a+4\\
&=a^2-12a+20=(a-2)(a-10)
\end{aligned}$$

(1) 方程式 $f(x)=0$ が異なる2つの負の解をもつことは，関数 $y=f(x)$ のグラフが x 軸の負の部分と，異なる2点で交わることと同じである。よって，条件は次の [1]，[2]，[3] が同時に成り立つことである。

[1] $f(0)>0$　　[2] $D>0$　　[3] 軸が $x<0$ の範囲にある

[1] $f(0)>0$ から　　$a-1>0$

よって　　$a>1$ …… ①

[2] $D>0$ から　　$(a-2)(a-10)>0$

よって　　$a<2,\ 10<a$ …… ②

[3] $\dfrac{a-4}{2}<0$ から　　$a-4<0$

よって　　$a<4$ …… ③

①，②，③ の共通範囲を求めて

$$\boldsymbol{1<a<2}$$

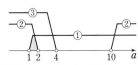

(2) 方程式 $f(x)=0$ が正の解と負の解をもつことは，関数 $y=f(x)$ のグラフが x 軸の正の部分と負の部分で交わることと同じである。

そのための条件は　　$f(0)<0$　　すなわち　　$a-1<0$

したがって　　$\boldsymbol{a<1}$

Lecture　右上のグラフを見るとわかるように，下に凸の放物線では，y 軸と負の部分で交われば，必ず x 軸と異なる2点で交わる。したがって，(2)では $D>0$ を条件として加える必要はない。

また，軸の位置については，y 軸より右側にあっても左側にあっても条件を満たすので，軸に関する条件も加える必要はない。

HINT　2次関数のグラフの問題におき換えて考える。

⟸ 軸は $x=-\dfrac{-(a-4)}{2\cdot1}$

5章

TR

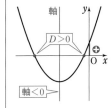

[1] y 軸の正の部分で交わる条件

[2] x 軸と異なる2点で交わる条件

[3] 放物線の軸が y 軸より左側にある条件

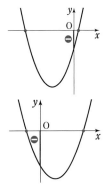

軸が $x>0$ の部分にあっても同じである。

TR
④**107** 次の放物線と直線の共有点の座標を求めよ。
(1) $y=x^2+2x-1$, $y=3x+5$　　　(2) $y=x^2-4x$, $y=2x-9$
(3) $y=-3x^2+x-4$, $y=-x+2$

(1) $\begin{cases} y=x^2+2x-1 & \cdots\cdots ① \\ y=3x+5 & \cdots\cdots ② \end{cases}$ とする。

①, ②から y を消去すると　$x^2+2x-1=3x+5$
整理すると　　　　　　　　　$x^2-x-6=0$
よって　　　　　　　　　　　$(x+2)(x-3)=0$
したがって　　　　　　　　　$x=-2,\ 3$
②から　　$x=-2$ のとき $y=-1$, $x=3$ のとき　$y=14$
ゆえに, 共有点の座標は　　**$(-2,\ -1)$, $(3,\ 14)$**

←放物線
　$y=ax^2+bx+c\cdots$Ⓐ
と直線 $y=mx+n$
$\cdots\cdots$Ⓑ の共有点の座標は, 連立方程式Ⓐ, Ⓑ の実数解で与えられる。

←放物線①と直線②は, 異なる2点で交わる。

(2) $\begin{cases} y=x^2-4x & \cdots\cdots ① \\ y=2x-9 & \cdots\cdots ② \end{cases}$ とする。

①, ②から y を消去すると　　$x^2-4x=2x-9$
整理すると　　$x^2-6x+9=0$
よって　$(x-3)^2=0$　　　したがって　　$x=3$
$x=3$ を②に代入すると　　$y=-3$
ゆえに, 共有点の座標は　　**$(3,\ -3)$**

←放物線①と直線②は, 点 $(3,\ -3)$ で接する。

(3) $\begin{cases} y=-3x^2+x-4 & \cdots\cdots ① \\ y=-x+2 & \cdots\cdots ② \end{cases}$ とする。

①, ②から y を消去すると　$-3x^2+x-4=-x+2$
整理すると　　　　　　　　$3x^2-2x+6=0$
ここで, この2次方程式の判別式を D とすると
　　　　$D=(-2)^2-4\cdot3\cdot6=4-72=-68$
$D<0$ であるから, $3x^2-2x+6=0$ は実数解をもたない。
したがって, 放物線①と直線②の**共有点はない。**

TR
⑤**108** $x^2+2(y-2)^2=18$ のとき, $2x^2+3y^2$ の最大値と最小値を求めよ。また, そのときの x, y の値も求めよ。　　　　　　　　　　　　　　　　　　　　　　　　　　　　　　　　　　　〔芝浦工大〕

$x^2+2(y-2)^2=18$ から　$x^2=18-2(y-2)^2\ \cdots\cdots ①$
$x^2\geqq0$ であるから　　　　$18-2(y-2)^2\geqq0$
両辺を -2 で割って　　　　$(y-2)^2-9\leqq0$
ゆえに　　　　　　　　　　$\{(y-2)+3\}\{(y-2)-3\}\leqq0$
よって　　　　　　　　　　$(y+1)(y-5)\leqq0$
したがって　　　　　　　　$-1\leqq y\leqq5\ \cdots\cdots ②$
$P=2x^2+3y^2$ として, ①を P に代入すると　$P=2\{18-2(y-2)^2\}+3y^2$
　　　　$=36-4(y^2-4y+4)+3y^2$
　　　　$=-y^2+16y+20$
　　　　$=-(y^2-16y)+20$
　　　　$=-(y^2-16y+8^2)+8^2+20$
　　　　$=-(y-8)^2+84$

←(実数)$^2\geqq0$ であるから　$x^2\geqq0$

←a^2-b^2
　$=(a+b)(a-b)$

←消去する文字 x^2 の条件を, y の条件 $(-1\leqq y\leqq5)$ に変えておく。

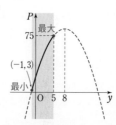

② の範囲において，P は

$$y=5 \text{ で最大，} y=-1 \text{ で最小}$$

となる。

　$y=5$　のとき，① から　　$x^2=0$　　ゆえに　　$x=0$

　$y=-1$　のとき，① から　　$x^2=0$　　ゆえに　　$x=0$

よって　　**$x=0,\ y=5$　のとき　最大値 75**

　　　　　$x=0,\ y=-1$　のとき　最小値 3

◆ 頂点は変域の右外にあるから，変域の右端で最大，左端で最小となる。

TR
④109 次の関数のグラフをかけ。

(1) $y=2x^2+6|x|-1$ 　　　　　　　　(2) $y=|x^2-4x+3|$

(1)　$x\geqq 0$ のとき　$y=2x^2+6x-1=2(x^2+3x)-1$

$$=2\left\{x^2+3x+\left(\frac{3}{2}\right)^2-\left(\frac{3}{2}\right)^2\right\}-1$$

$$=2\left(x+\frac{3}{2}\right)^2-2\cdot\frac{9}{4}-1=2\left(x+\frac{3}{2}\right)^2-\frac{11}{2}$$

　$x<0$ のとき　$y=2x^2-6x-1=2(x^2-3x)-1$

$$=2\left\{x^2-3x+\left(\frac{3}{2}\right)^2-\left(\frac{3}{2}\right)^2\right\}-1$$

$$=2\left(x-\frac{3}{2}\right)^2-2\cdot\frac{9}{4}-1=2\left(x-\frac{3}{2}\right)^2-\frac{11}{2}$$

よって，グラフは **図(1)の実線部分** のようになる。

(2)　$x^2-4x+3=(x-1)(x-3)$ であるから

　$x^2-4x+3\geqq 0$ の解は　　$x\leqq 1,\ 3\leqq x$

　$x^2-4x+3<0$ の解は　　$1<x<3$

ゆえに，$x\leqq 1,\ 3\leqq x$ のとき

$$y=x^2-4x+3=(x^2-4x+2^2-2^2)+3$$

$$=(x-2)^2-2^2+3=(x-2)^2-1$$

　$1<x<3$ のとき

$$y=-(x^2-4x+3)=-(x^2-4x+2^2-2^2)-3$$

$$=-(x-2)^2+2^2-3=-(x-2)^2+1$$

よって，グラフは **図(2)の実線部分** のようになる。

CHART
絶対値　場合に分ける

5章

TR

◆ $y=2x^2+6(-x)-1$

◆ まず，$|\ |$内の式が $\geqq 0,\ <0$ となる範囲をそれぞれ調べる。

(1)
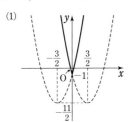

(2)
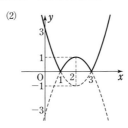

TR ⑤ 110 次の不等式を ㋐ 場合分けをして，絶対値記号をはずして解く方法 ㋑ グラフを利用して解く方法 の 2 通りで解け。

(1) $x^2-7<3|x-1|$ (2) $|x^2-6x-7|\geqq 2x+2$

(1) ㋐ [1] $x\geqq 1$ のとき，不等式は
$$x^2-7<3(x-1)$$
整理して $x^2-3x-4<0$
よって $(x+1)(x-4)<0$
ゆえに $-1<x<4$
$x\geqq 1$ との共通範囲は $1\leqq x<4$ …… ①

[2] $x<1$ のとき，不等式は
$$x^2-7<-3(x-1)$$
整理して $x^2+3x-10<0$
よって $(x+5)(x-2)<0$
ゆえに $-5<x<2$
$x<1$ との共通範囲は $-5<x<1$ …… ②

求める解は，① と ② を合わせた範囲で $-5<x<4$

[1]

[2]

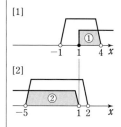

㋑ $y=3|x-1|$ は
$x\geqq 1$ のとき
$$y=3(x-1)=3x-3$$
$x<1$ のとき
$$y=-3(x-1)=-3x+3$$

◆$y=3|x-1|$ のグラフをかくために場合分け。

よって，$y=3|x-1|$ のグラフと $y=x^2-7$ のグラフは右図のようになる。ここで，2 つのグラフの交点の x 座標を求める。

$x\geqq 1$ のとき，$x^2-7=3x-3$ とすると $x^2-3x-4=0$
よって $(x+1)(x-4)=0$
$x\geqq 1$ であるものは $x=4$

◆グラフの交点の x 座標を求めるときも，場合分けして考える。

◆図の点 P の x 座標。

$x<1$ のとき，$x^2-7=-3x+3$ とすると
$$x^2+3x-10=0$$
よって $(x-2)(x+5)=0$
$x<1$ であるものは $x=-5$

◆図の点 Q の x 座標。

ゆえに，図の交点 P，Q の x 座標は，それぞれ 4，-5
求める解は，$y=x^2-7$ のグラフが $y=3|x-1|$ のグラフより下側にある x の値の範囲であるから，図より
$$-5<x<4$$

◆2 つのグラフの上下関係 に注目。

(2) $x^2-6x-7=(x+1)(x-7)$ であるから
$x^2-6x-7\geqq 0$ の解は $x\leqq -1,\ 7\leqq x$
$x^2-6x-7<0$ の解は $-1<x<7$

(ア) [1] $x \leqq -1$, $7 \leqq x$ のとき，不等式は
$$x^2 - 6x - 7 \geqq 2x + 2$$
整理して　$x^2 - 8x - 9 \geqq 0$
よって　$(x+1)(x-9) \geqq 0$
ゆえに　$x \leqq -1$, $9 \leqq x$
$x \leqq -1$, $7 \leqq x$ との共通範囲は
$$x \leqq -1, \ 9 \leqq x \ \cdots\cdots \ ①$$

[2] $-1 < x < 7$ のとき，不等式は
$$-(x^2 - 6x - 7) \geqq 2x + 2$$
整理して　$x^2 - 4x - 5 \leqq 0$
よって　$(x+1)(x-5) \leqq 0$
ゆえに　$-1 \leqq x \leqq 5$
$-1 < x < 7$ との共通範囲は
$$-1 < x \leqq 5 \ \cdots\cdots \ ②$$
求める解は，① と ② を合わせた範囲で
$$x \leqq 5, \ 9 \leqq x$$

(イ) $y = |x^2 - 6x - 7|$ は
$x \leqq -1$, $7 \leqq x$ のとき
$$y = x^2 - 6x - 7 = (x^2 - 6x + 3^2 - 3^2) - 7$$
$$= (x-3)^2 - 3^2 - 7 = (x-3)^2 - 16$$
$-1 < x < 7$ のとき
$$y = -(x^2 - 6x - 7) = -(x^2 - 6x + 3^2 - 3^2) + 7$$
$$= -(x-3)^2 + 3^2 + 7 = -(x-3)^2 + 16$$

よって，$y = |x^2 - 6x - 7|$ のグラフ
と，$y = 2x + 2$ のグラフは右図のよ
うになる。ここで，2つのグラフの
交点の1つは　点 $(-1, \ 0)$
$x > 7$ のとき，$x^2 - 6x - 7 = 2x + 2$ と
すると　$x^2 - 8x - 9 = 0$
よって　$(x+1)(x-9) = 0$
$x > 7$ であるものは　$x = 9$
また，$-1 < x < 7$ のとき，$-(x^2 - 6x - 7) = 2x + 2$ とすると
$$x^2 - 4x - 5 = 0$$
よって　$(x+1)(x-5) = 0$
$-1 < x < 7$ であるものは　$x = 5$
ゆえに，図の交点 P，Q の x 座標は，それぞれ　9，5
求める解は，$y = |x^2 - 6x - 7|$ のグラフが $y = 2x + 2$ のグラ
フ上にある，または上側にある x の値の範囲であるから，図
より　　　　　　　$x \leqq 5, \ 9 \leqq x$

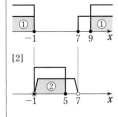

5章
T R

← $y = |x^2 - 6x - 7|$ のグラフをかくために場合分け。

← 図からすぐわかる。
← 他の2つの交点 P，Q の x 座標を求める。

← 点 P の x 座標。

← 点 Q の x 座標。

← ＝ を含む不等号であることに注意。

EX
③**50** ★ 放物線 $y=x^2-4ax+4a^2-4a-3b+9$ の頂点の座標を求めよ。また，この放物線が x 軸と共有点をもたないような自然数 a, b を求めよ。　　　　　　　　　［類 センター試験］

$$y=x^2-4ax+4a^2-4a-3b+9$$
$$=(x-2a)^2-4a-3b+9$$

であるから，放物線の頂点の座標は　　$(2a, \ -4a-3b+9)$
この放物線は下に凸であるから，x 軸と共有点をもたない条件
は　　　　　　　　　（頂点の y 座標）>0
よって　　　　　　　$-4a-3b+9>0$
したがって　　$4a+3b<9$ …… ①
① を満たす自然数 a, b は　　$a=1$, $b=1$

(参考)　基本例題 91 で，グラフが x 軸と共有点をもたない条件
は $D<0$ であることを学んだ。$D<0$ からも ① は得られるが，
頂点の座標をすでに求めているので，ここでは頂点の y 座標
を利用して考えた（本冊 $p.181$ Lecture 参照）。

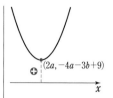

←a, b は自然数であるから，$a \geqq 2$, $b \geqq 2$ は① を満たさない。

EX
③**51** ★ (1)　2 次関数 $y=-2x^2+ax+b$ のグラフが点 $(3, \ -8)$ を通るとする。このグラフが x 軸と接するとき，定数 a の値を求めよ。
(2)　放物線 $y=x^2+ax+3$ が x 軸と異なる 2 点で交わるような自然数 a の値の中で，$a<9$ を満たすものは何個あるか。　　　　　　　　　　　　　　　　［類 センター試験］

(1)　2 次関数 $y=-2x^2+ax+b$ のグラフが点 $(3, \ -8)$ を通る
から　　　　$-8=-2 \cdot 3^2+a \cdot 3+b$
よって　　　$b=-3a+10$ …… ①
2 次方程式 $-2x^2+ax+b=0$ の判別式を D とすると
$$D=a^2-4 \cdot (-2) \cdot b=a^2+8b$$
これに ① を代入して
$$D=a^2+8(-3a+10)=a^2-24a+80=(a-4)(a-20)$$
2 次関数 $y=-2x^2+ax+b$ のグラフが x 軸と接するための
条件は　　$D=0$
よって　　　$(a-4)(a-20)=0$
したがって　　$a=4, \ 20$

←関数 $y=f(x)$ のグラフが点 $(\alpha, \ \beta)$ を通る $\longrightarrow \beta=f(\alpha)$ が成り立つ。

(2)　2 次方程式 $x^2+ax+3=0$ の判別式を D とすると
$$D=a^2-4 \cdot 1 \cdot 3=a^2-12$$
放物線が x 軸と異なる 2 点で交わるための条件は
$$D>0 \quad すなわち \quad a^2>12 …… ①$$
① と $a<9$ を満たす自然数 a は 4，5，6，7，8 の **5 個**。(*)

(*) $a=1$, 2, 3 のとき $a^2 \leqq 3^2=9<12$，$a=4$, 5, 6, 7, 8 のとき $a^2 \geqq 4^2=16>12$

EX
③**52** ★ 2 次関数 $y=ax^2+2ax+a+6$ $(a \neq 0)$ のグラフが x 軸と 2 点 P，Q で交わり，線分 PQ の長さが $2\sqrt{6}$ になるように，定数 a の値を定めよ。　　　　　　　　　　［センター試験］

2 次方程式 $ax^2+2ax+a+6=0$ の判別式を D とすると
$$D=(2a)^2-4 \cdot a \cdot (a+6)=-24a$$
2 次関数のグラフが x 軸と 2 点 P，Q で交わるから
$$D>0$$
よって　　　$-24a>0$　　　ゆえに　　$a<0$

←$\dfrac{D}{4}=a^2-a(a+6)$ を利用してもよい。

このとき，2次方程式 $ax^2+2ax+a+6=0$ の解は

$$x=\frac{-a\pm\sqrt{-6a}}{a}$$

$$\Leftarrow x=\frac{-a\pm\sqrt{\dfrac{D}{4}}}{a}$$

これが点P，Qの x 座標である。

$a<0$ であるから，線分PQの長さは

$$PQ=\frac{-a-\sqrt{-6a}}{a}-\frac{-a+\sqrt{-6a}}{a}=-\frac{2\sqrt{-6a}}{a}$$

$\Leftarrow a<0$ であるから

$$\frac{-a-\sqrt{-6a}}{a}$$
$$>\frac{-a+\sqrt{-6a}}{a}$$

$PQ=2\sqrt{6}$ とすると $\quad -\dfrac{2\sqrt{-6a}}{a}=2\sqrt{6}$

両辺に $\dfrac{a}{2}$ を掛けて $\quad -\sqrt{-6a}=\sqrt{6}\,a$ …… ①

両辺を2乗すると $\quad -6a=6a^2$

$\Leftarrow (-\sqrt{-6a})^2$
$=(\sqrt{-6a})^2=-6a$

ゆえに $\quad a(a+1)=0$

$a<0$ であるから $\quad \boldsymbol{a=-1}$ $\quad$ これは①を満たす。

EX
③**53** 次の条件を満たすような定数 m の値の範囲を，それぞれ求めよ。
(1) 2次方程式 $x^2-(m-1)x+m^2=0$ が実数解をもつ
(2) 2次不等式 $x^2+mx+m+2<0$ が解をもつ
(3) 2次関数 $y=mx^2+3x+m$ のグラフが常に x 軸より上側にある
(4) 2次関数 $y=-x^2+2mx-2m^2+m+6$ が負の値しかとらない

(1) 2次方程式の判別式を D とすると，実数解をもつための条件
は $\quad D\geqq 0$
ここで $\quad D=\{-(m-1)\}^2-4\cdot1\cdot m^2=-3m^2-2m+1$
$\qquad\qquad =-(3m^2+2m-1)=-(m+1)(3m-1)$
よって $\quad -(m+1)(3m-1)\geqq 0$
すなわち $\quad (m+1)(3m-1)\leqq 0$

したがって $\quad \boldsymbol{-1\leqq m\leqq\dfrac{1}{3}}$

$\Leftarrow$ たすきがけ

$$\begin{array}{ccc} 1 & 1 \longrightarrow & 3 \\ 3 & -1 \longrightarrow & -1 \\ \hline 3 & -1 & 2 \end{array}$$

(2) $y=x^2+mx+m+2$ とする。
題意は，$y<0$ となる実数 x が存在することと同じである。
すなわち，$y=x^2+mx+m+2$ のグラフが x 軸と異なる2点
で交わることである。
よって，2次方程式 $x^2+mx+m+2=0$ の判別式を D とする
と $\quad D>0$
$D=m^2-4\cdot1\cdot(m+2)=m^2-4m-8$ であるから
$\qquad\qquad m^2-4m-8>0$
$m^2-4m-8=0$ を解くと
$$m=\frac{-(-2)\pm\sqrt{(-2)^2-1\cdot(-8)}}{1}$$
$$=2\pm\sqrt{12}=2\pm2\sqrt{3}$$
よって，求める m の値の範囲は
$$\boldsymbol{m<2-2\sqrt{3}\ ,\ 2+2\sqrt{3}<m}$$

$\Leftarrow$ 2次関数のグラフを
利用する。
$y=x^2+mx+m+2$

$\Leftarrow$ 2次方程式
$ax^2+2b'x+c=0$
の解の公式

$$x=\frac{-b'\pm\sqrt{b'^2-ac}}{a}$$

(3) グラフが常に x 軸より上側にある条件は，グラフが下に凸の
放物線で，かつ，x 軸と共有点をもたないことである。
よって，2 次方程式 $mx^2+3x+m=0$ の判別式を D とすると
$$m>0 \quad かつ \quad D<0$$
$$D=3^2-4 \cdot m \cdot m=9-4m^2=-(4m^2-9)=-(2m+3)(2m-3)$$
であるから
$$-(2m+3)(2m-3)<0 \quad すなわち \quad (2m+3)(2m-3)>0$$
よって $\qquad m<-\dfrac{3}{2}, \ \dfrac{3}{2}<m$

これと $m>0$ の共通範囲を求めて $\qquad \boldsymbol{m>\dfrac{3}{2}}$

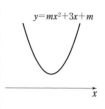

(4) この関数が負の値しかとらないということは，関数のグラフ
が常に x 軸より下側にあることと同じである。
2 次方程式 $-x^2+2mx-2m^2+m+6=0$ の判別式を D とす
ると，$\underline{x^2}$ の係数は負であるから，このグラフは上に凸の放物
線で，グラフが常に x 軸より下側にある条件は $\qquad D<0$
ここで $\qquad D=(2m)^2-4 \cdot (-1) \cdot (-2m^2+m+6)$
$$\qquad\qquad =-4(m^2-m-6)=-4(m+2)(m-3)$$
ゆえに $\qquad -4(m+2)(m-3)<0$
よって $\qquad (m+2)(m-3)>0$
したがって $\qquad \boldsymbol{m<-2, \ 3<m}$

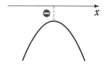

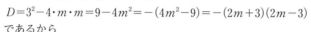

EX
③
54

★ k は 0 でない定数とする。不等式 $kx^2+(2k-3)x+2k-1 \geqq 0$ がすべての実数 x に対して成
り立つような k の値の範囲を求めよ。 [類 岡山県大]

$y=kx^2+(2k-3)x+2k-1$ ……① とする。
また，2 次方程式 $kx^2+(2k-3)x+2k-1=0$ の判別式を D
とすると
$$D=(2k-3)^2-4 \cdot k \cdot (2k-1)=4k^2-12k+9-8k^2+4k$$
$$\qquad =-4k^2-8k+9$$
$k \neq 0$ であるから，不等式 $kx^2+(2k-3)x+2k-1 \geqq 0$ がすべ
ての実数 x に対して成り立つための条件は
$$k>0 \quad かつ \quad D \leqq 0 \ \cdots\cdots ②$$
② から $\qquad -4k^2-8k+9 \leqq 0$
よって $\qquad 4k^2+8k-9 \geqq 0 \ \cdots\cdots ③$
$4k^2+8k-9=0$ を解くと
$$k=\dfrac{-4 \pm \sqrt{4^2-4 \cdot (-9)}}{4}=\dfrac{-4 \pm 2\sqrt{13}}{4}=\dfrac{-2 \pm \sqrt{13}}{2}$$
ゆえに，③ の解は $\qquad k \leqq \dfrac{-2-\sqrt{13}}{2}, \ \dfrac{-2+\sqrt{13}}{2} \leqq k$

これと $k>0$ の共通範囲を求めて $\qquad \boldsymbol{k \geqq \dfrac{-2+\sqrt{13}}{2}}$

◀問題文で「k は 0 で
ない定数」とある。

◀2 次関数 ① のグラフ
が x 軸より上側にある
か，x 軸に接すること
が条件。

◀$3<\sqrt{13}<4$ から
$\dfrac{-2-\sqrt{13}}{2}<0<\dfrac{-2+\sqrt{13}}{2}$

EX
③**55**

★ (1) 不等式 $-1<x^2-6x+7\leqq0$ を解け。　　　　　　　　　　　［愛知工大］

(2) 連立不等式 $\begin{cases} |x+1|<\dfrac{3}{2} \\ x^2-2x-3>0 \end{cases}$ を解け。　　　　　　　　　　［センター試験］

(3) 連立不等式 $\begin{cases} 2x^2<7x+4 \\ x^2+1\geqq3x \end{cases}$ を満たす整数 x をすべて求めよ。

(1)　$-1<x^2-6x+7$ から　　$x^2-6x+8>0$

すなわち　　$(x-2)(x-4)>0$

よって　　　$x<2,\ 4<x$ ……①

また，$x^2-6x+7\leqq0$ について，$x^2-6x+7=0$ を解くと

$$x=\frac{-(-3)\pm\sqrt{(-3)^2-1\cdot7}}{1}=3\pm\sqrt{2}$$

よって，$x^2-6x+7\leqq0$ の解は

$3-\sqrt{2}\leqq x\leqq3+\sqrt{2}$ ……②

①，②の共通範囲を求めて

$\boldsymbol{3-\sqrt{2}\leqq x<2,\ 4<x\leqq3+\sqrt{2}}$

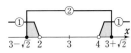

←$A<B\leqq C\iff$
　$A<B$ かつ $B\leqq C$

←$1<\sqrt{2}<2$ から
　$3-\sqrt{2}<2,\ 4<3+\sqrt{2}$

(2)　$|x+1|<\dfrac{3}{2}$ から　　$-\dfrac{3}{2}<x+1<\dfrac{3}{2}$

ゆえに　　$-\dfrac{5}{2}<x<\dfrac{1}{2}$ ……①

また，$x^2-2x-3>0$ から　　$(x+1)(x-3)>0$

ゆえに　　$x<-1,\ 3<x$ ……②

①，②の共通範囲を求めて　　$\boldsymbol{-\dfrac{5}{2}<x<-1}$

←$c>0$ のとき，
　$x+1=X$ とおくと
　$|X|<c$ の解は
　　$-c<X<c$

(3)　$2x^2<7x+4$ から　　$2x^2-7x-4<0$

ゆえに　　$(2x+1)(x-4)<0$

すなわち　　$2\left(x+\dfrac{1}{2}\right)(x-4)<0$

よって　　　$-\dfrac{1}{2}<x<4$ ……①

$x^2+1\geqq3x$ から　　$x^2-3x+1\geqq0$

$x^2-3x+1=0$ を解くと

$$x=\frac{-(-3)\pm\sqrt{(-3)^2-4\cdot1\cdot1}}{2\cdot1}=\frac{3\pm\sqrt{5}}{2}$$

よって，$x^2-3x+1\geqq0$ の解は

$x\leqq\dfrac{3-\sqrt{5}}{2},\ \dfrac{3+\sqrt{5}}{2}\leqq x$ ……②

①，②の共通範囲を求めて$^{(*)}$

$-\dfrac{1}{2}<x\leqq\dfrac{3-\sqrt{5}}{2},\ \dfrac{3+\sqrt{5}}{2}\leqq x<4$

x は整数であるから　　$\boldsymbol{x=0,\ 3}$

←たすきがけ

$$\begin{array}{ccc} 2 & 1 \longrightarrow & 1 \\ 1 & -4 \longrightarrow & -8 \\ \hline 2 & -4 & -7 \end{array}$$

（*）$2<\sqrt{5}<3$ から
　$0<\dfrac{3-\sqrt{5}}{2}<\dfrac{1}{2}$,
　$\dfrac{5}{2}<\dfrac{3+\sqrt{5}}{2}<3$

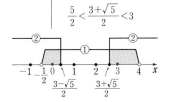

5章
EX

EX ③56　a を実数とするとき，放物線 $y=x^2+ax+a-4$ …… ① について

(1)　放物線 ① は，定数 a の値に関係なく常に x 軸と異なる 2 つの共有点をもつことを示せ。

(2)　★ (1) の共有点の x 座標を α，β とするとき，$(\alpha-\beta)^2<28$ が成り立つような定数 a の値の範囲を求めよ。　　　　　［類 センター試験］

(1)　2 次方程式 $x^2+ax+a-4=0$ の判別式を D とすると
$$D=a^2-4\cdot1\cdot(a-4)=a^2-4a+16$$
ゆえに　　　$D=(a-2)^2+12$

よって，すべての実数 a に関して $D>0$ が成り立つから，放物線 ① のグラフは常に x 軸と異なる 2 つの共有点をもつ。

← a にどのような値を入れても $D>0$ となる。

(2)　$x^2+ax+a-4=0$ を解くと
$$x=\frac{-a\pm\sqrt{a^2-4\cdot1\cdot(a-4)}}{2\cdot1}$$
$$=\frac{-a\pm\sqrt{a^2-4a+16}}{2}$$
ゆえに　　$(\alpha-\beta)^2=(\sqrt{a^2-4a+16})^2$
$$=a^2-4a+16^{(*)}$$
よって，$(\alpha-\beta)^2<28$ とすると　　$a^2-4a+16<28$
ゆえに　　$a^2-4a-12<0$
よって　　$(a+2)(a-6)<0$
したがって　　$-2<a<6$

$(*)$ $\alpha=\dfrac{-a+\sqrt{D}}{2}$,

$\beta=\dfrac{-a-\sqrt{D}}{2}$ のとき

$\alpha-\beta=\sqrt{D}$

$\alpha=\dfrac{-a-\sqrt{D}}{2}$,

$\beta=\dfrac{-a+\sqrt{D}}{2}$ のとき

$\alpha-\beta=-\sqrt{D}$

どちらの場合も
$(\alpha-\beta)^2=(\sqrt{D})^2=D$

EX ⑤57　2 つの方程式 $x^2+ax+a+3=0$ …… ①，$x^2-2ax+8a=0$ …… ② について，次の条件を満たすような定数 a の値の範囲を求めよ。

(1)　①，② がともに実数解をもたない。

(2)　①，② の一方だけが実数解をもつ。　　　　　　［京都産大］

方程式 ①，② の判別式を，順に D_1，D_2 とすると
$$D_1=a^2-4\cdot1\cdot(a+3)=a^2-4a-12=(a+2)(a-6),$$
$$D_2=(-2a)^2-4\cdot1\cdot8a=4a^2-32a=4a(a-8)$$

← $\dfrac{D_2}{4}=(-a)^2-8a$ でもよい。

(1)　①，② がともに実数解をもたないための条件は
$$D_1<0\quad かつ\quad D_2<0$$
$D_1<0$ から　　$-2<a<6$ …… ③
$D_2<0$ から　　$0<a<8$ …… ④
③ と ④ の共通範囲を求めて
$$0<a<6$$

(2)　①，② の一方だけが実数解をもつための条件は
$$(D_1\geqq0\ かつ\ D_2<0)\ または\ (D_1<0\ かつ\ D_2\geqq0)$$
$D_1\geqq0$ から　　$a\leqq-2,\ 6\leqq a$ …… ⑤
$D_2\geqq0$ から　　$a\leqq0,\ 8\leqq a$ …… ⑥
$D_1\geqq0$ かつ $D_2<0$ を満たす a の値の範囲は，④ と ⑤ の共通範囲を求めて
$$6\leqq a<8\quad …… ⑦$$

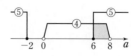

$D_1<0$ かつ $D_2\geqq0$ を満たす a の値
の範囲は，③ と ⑥ の共通範囲を求
めて

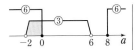

$$-2<a\leqq0 \quad\cdots\cdots ⑧$$

したがって，どちらか一方だけが実数解をもつような a の値の
範囲は，⑦ と ⑧ を合わせて

$$-2<a\leqq0, \quad 6\leqq a<8$$

EX
④**58**　■ a, b を定数とし，2次関数 $y=x^2+ax+b$ のグラフを F とする。F について述べた文とし
て正しいものを次の ①〜⑥ の中から2つ選べ。
① F は，上に凸の放物線である。
② F は，下に凸の放物線である。
③ $a^2>4b$ のとき，F と x 軸は共有点をもたない。
④ $a^2<4b$ のとき，F と x 軸は共有点をもたない。
⑤ $a^2>4b$ のとき，F と y 軸は共有点をもたない。
⑥ $a^2<4b$ のとき，F と y 軸は共有点をもたない。　　　〔センター試験〕

x^2 の係数は $1(>0)$ であるから，F は下に凸の放物線である。
よって，② は正しく，① は正しくない。
2次方程式 $x^2+ax+b=0$ の判別式を D とすると

$$D=a^2-4b$$

$D<0$ すなわち $a^2<4b$ のとき，F と x 軸は共有点をもたない。
ゆえに，④ は正しい。
したがって，F について述べた文として正しいものは

②，④

(補足)　$D>0$ すなわち $a^2>4b$ のとき，F と x 軸は異なる2
つの共有点をもつ。
よって，③ は正しくない。
$x=0$ のとき $y=b$ であるから，F と y 軸は共有点 $(0, b)$
をもつ。
ゆえに，⑤，⑥ は正しくない。

◀$y=ax^2+bx+c$ のグ
ラフについて
$a>0$ のとき　下に凸
$a<0$ のとき　上に凸

◀$y=x^2+ax+b$ のグ
ラフは，a と b の値に
関係なく y 軸と共有点
をもつ。

EX
④**59**　x についての異なる2つの2次方程式 $x^2+ax+b=0$ $\cdots\cdots$ ①，$x^2+bx+a=0$ $\cdots\cdots$ ②
がただ1つの共通解をもつとする。
(1)　その共通解を求めよ。　　　　　　(2)　a, b が満たすべき条件を求めよ。
(3)　①，② のもう1つの解はそれぞれ b, a に等しいことを示せ。　　　〔國學院大〕

(1)　共通解を α とすると　　$\alpha^2+a\alpha+b=0$ $\cdots\cdots$ ③，
$$\alpha^2+b\alpha+a=0 \cdots\cdots ④$$
③−④ から　　$(a-b)\alpha+b-a=0$
よって　　　　　$(a-b)(\alpha-1)=0$
ここで，①，② は異なる2次方程式であるから　$a\neq b$
よって　　$\alpha=1$　　　すなわち，①，② の共通解は　　**$x=1$**
(2)　$\alpha=1$ を ③ に代入すると　　$a+b+1=0$
ゆえに　　　$b=-a-1$ $\cdots\cdots$ ⑤

CHART
共通解の問題
共通解を α とおいて，α
と a, b の連立方程式を
解く
◀この条件に注意。

◀$\alpha=1$ を ④ に代入し
ても $a+b+1=0$ が
得られる。

⑤ を ①，② それぞれに代入して
$$x^2+ax-a-1=0, \quad x^2-(a+1)x+a=0$$
すなわち　$(x-1)(x+a+1)=0$ …… ⑥，
　　　　　$(x-1)(x-a)=0$ …… ⑦

⑥，⑦ は異なる 2 次方程式であるから，共通解である $x=1$ 以外の解は異なる。

よって　　$-a-1 \neq a$　　ゆえに　　$a \neq -\dfrac{1}{2}$

これと ⑤ を合わせて，求める条件は　$b=-a-1, \ a \neq -\dfrac{1}{2}$

◀ ___ の因数分解
a について整理すると
$a(x-1)+(x+1)(x-1)$
$=0$
よって
$(x-1)(x+a+1)=0$

(3)　⑤ より $a+1=-b$ であるから，⑥ は　$(x-1)(x-b)=0$
これと ⑦ から，①，② のもう 1 つの解はそれぞれ b，a に等しい。

EX
④**60**　x の不等式 $x^2+2x-8>0$, $x^2-(a+3)x+3a<0$ を同時に満たす整数 x が 3 つあるとき，定数 a の値の範囲を求めよ。　　　　　　　　　　　　　　　　　　　　　　　　　　　　　［類 東北工大］

$x^2+2x-8>0$ から　　$(x+4)(x-2)>0$
よって　　$x<-4, \ 2<x$ …… ①
また，$x^2-(a+3)x+3a<0$ から　$(x-3)(x-a)<0$ …… ②
　$a<3$ のとき，② の解は　　$a<x<3$ …… ③
　$a=3$ のとき，② は　$(x-3)^2<0$　　ゆえに，解はない。
　$a>3$ のとき，② の解は　　$3<x<a$ …… ④
[1]　$a<3$ のとき
　　①，③ を同時に満たす整数 x
　　が 3 つあるのは，右の図から，
　　$-8 \leqq a<-7$ のときである。
[2]　$a>3$ のとき
　　①，④ を同時に満たす整数 x
　　が 3 つあるのは，右の図から，
　　$6<a \leqq 7$ のときである。
以上から，求める定数 a の値の範囲は　$-8 \leqq a<-7, \ 6<a \leqq 7$

HINT まず，各不等式を解く。不等式 $x^2-(a+3)+3a<0$ は，場合分けして解く。

◀ すべての実数 x に対して $(x-3)^2 \geqq 0$

◀ $2<x<3$ の範囲に整数は含まれない。-8, -7 を a の値の範囲に含めるかどうかを慎重に見極める。

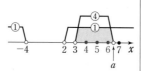

◀ $6, 7$ を a の値の範囲に含めるかどうかに注意。

EX
⑤**61**　a を定数とする関数 $f(x)=x^2+2x-a^2+5$ について，次が成り立つような a の値の範囲をそれぞれ求めよ。
(1)　すべての x について，$f(x)>0$ である。
(2)　$x \geqq 0$ を満たすすべての x について，$f(x)>0$ である。
(3)　$a \leqq x \leqq a+1$ を満たすすべての x について，$f(x) \leqq 0$ である。　　　［名城大］

(1)　$f(x)=(x+1)^2-a^2+4$ …… ①
　関数 $f(x)$ は $x=-1$ で最小値 $-a^2+4$ をとる。
　よって，すべての x について，$f(x)>0$ であるための条件は
　　　$-a^2+4>0$
　ゆえに　　$-2<a<2$

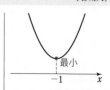

最小

別解　すべての x について，$f(x)>0$ であるための条件は，$y=f(x)$ のグラフが常に x 軸より上側にあることである。

よって，2次方程式 $x^2+2x-a^2+5=0$ の判別式を D とすると
$$D<0$$
ここで $D=2^2-4\cdot1\cdot(-a^2+5)=4a^2-16$
$$=4(a+2)(a-2)$$
ゆえに　$(a+2)(a-2)<0$
よって　$-2<a<2$

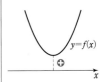

(2)　$x\geqq0$ を満たすすべての x について，$f(x)>0$ であるための条件は，$x\geqq0$ の範囲における $f(x)$ の最小値が正であることである。

①から，$y=f(x)$ のグラフの軸は　直線 $x=-1$

よって，$x\geqq0$ において，関数 $f(x)$ は $x=0$ で最小となるから　$f(0)>0$

$f(0)=-a^2+5$ であるから　$-a^2+5>0$

ゆえに　$-\sqrt{5}<a<\sqrt{5}$

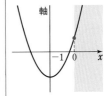

(3)　$a\leqq x\leqq a+1$ における関数 $f(x)$ の最大値を M とする。

$a\leqq x\leqq a+1$ を満たすすべての x について，$f(x)\leqq0$ であるための条件は　$M\leqq0$

区間 $a\leqq x\leqq a+1$ の中央の x の値は　$a+\dfrac{1}{2}$

[1]　$a+\dfrac{1}{2}<-1$ すなわち $a<-\dfrac{3}{2}$ のとき

$M=f(a)$ であるから
$$a^2+2a-a^2+5\leqq0 \quad \text{すなわち} \quad 2a+5\leqq0$$
ゆえに　$a\leqq-\dfrac{5}{2}$　　これは $a<-\dfrac{3}{2}$ を満たす。

[2]　$a+\dfrac{1}{2}=-1$ すなわち $a=-\dfrac{3}{2}$ のとき
$$M=f\left(-\dfrac{3}{2}\right)=f\left(-\dfrac{1}{2}\right)=2$$
$M\leqq0$ とならないから，不適。

[3]　$a+\dfrac{1}{2}>-1$ すなわち $a>-\dfrac{3}{2}$ のとき

$M=f(a+1)$ であるから
$$(a+1)^2+2(a+1)-a^2+5\leqq0 \quad \text{すなわち} \quad 4a+8\leqq0$$
ゆえに　$a\leqq-2$

これは $a>-\dfrac{3}{2}$ を満たさないから，不適。

以上から，求める a の値の範囲は　$a\leqq-\dfrac{5}{2}$

(3)　x の値の範囲
$h\leqq x\leqq k$ などの実数 x の集合を **区間** という。

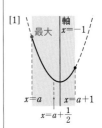

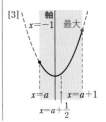

5章

EX

EX
⑤**62** 方程式 $ax^2+(a+7)x+2a-7=0$ が異なる 2 つの実数解をもつような定数 a の値の範囲は，$^{\mathcal{P}}\boxed{}<a<0,\ 0<a<^{\mathcal{イ}}\boxed{}$ である。また，異なる 2 つの実数解がともに $-3<x<3$ の範囲にあるような定数 a の値の範囲は，$^{\dot{\mathcal{D}}}\boxed{}<a<^{\mathcal{エ}}\boxed{}$ である。　　　〔立命館大〕

異なる 2 つの実数解をもつから　　$a\neq0$

このとき，$ax^2+(a+7)x+2a-7=0$ の判別式を D とすると

$$D>0$$

ここで　　$D=(a+7)^2-4a(2a-7)=-7a^2+42a+49$

$$=-7(a+1)(a-7)$$

$D>0,\ a\neq0$ から　　$^{\mathcal{P}}\boldsymbol{-1}<a<0,\ 0<a<^{\mathcal{イ}}\boldsymbol{7}$

$-1<a<0,\ 0<a<7$ のとき，$f(x)=ax^2+(a+7)x+2a-7$
とすると

$$f(x)=a\left(x^2+\frac{a+7}{a}x\right)+2a-7$$

$$=a\left\{x^2+\frac{a+7}{a}x+\left(\frac{a+7}{2a}\right)^2-\left(\frac{a+7}{2a}\right)^2\right\}+2a-7$$

$$=a\left(x+\frac{a+7}{2a}\right)^2-\frac{(a+7)^2}{4a}+2a-7$$

$$f(-3)=8a-28$$

$$f(3)=14a+14$$

$-1<a<0$ のとき，放物線 $y=f(x)$ は上に凸であるから，異なる 2 つの実数解がともに $-3<x<3$ の範囲にある条件は，次の条件が同時に成り立つことである。

　　$f(-3)<0,\ f(3)<0,$ 軸が $-3<x<3$ の範囲にある

$f(3)<0$ から　　$14a+14<0$

よって　　$a<-1$　　　これは $-1<a<0$ を満たさない。

$0<a<7$ のとき，放物線 $y=f(x)$ は下に凸であるから，異なる 2 つの実数解がともに $-3<x<3$ の範囲にある条件は，次の条件が同時に成り立つことである。

　　　　[1]　$f(-3)>0$　　　[2]　$f(3)>0$
　　　　[3]　軸が $-3<x<3$ の範囲にある

[1]　$f(-3)>0$ から　　$8a-28>0$

　　よって　　$a>\dfrac{7}{2}$ …… ①

[2]　$f(3)>0$ から　　$14a+14>0$
　　ゆえに　　$a>-1$ …… ②

[3]　$-3<-\dfrac{a+7}{2a}<3,\ a>0$ から

　　　　　$6a>a+7>-6a$

　　$6a>a+7$ から　　$a>\dfrac{7}{5}$

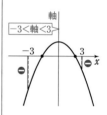

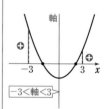

← $-3<-\dfrac{a+7}{2a}<3$ の
各辺に $-2a(<0)$ を
掛ける。

$a+7>-6a$ から $a>-1$

ゆえに $a>\dfrac{7}{5}$ …… ③

$0<a<7$, ①, ②, ③ の共通範囲を求めて $^{ウ}\dfrac{7}{2}<a<^{エ}7$

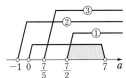
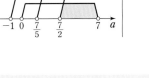

EX
⑤**63**

放物線 $y=x^2-4x+5$ …… ① と直線 $y=2x+b$ …… ② について

(1) ① と ② が共有点をもつとき,定数 b の値の範囲を求めよ。

(2) ① と ② が接するとき,b の値と接点の座標を求めよ。

①,② から y を消去すると $x^2-4x+5=2x+b$

整理すると $x^2-6x+5-b=0$ …… ③

この方程式の判別式を D とすると

$$D=(-6)^2-4\cdot1\cdot(5-b)=36-20+4b$$
$$=4(b+4)$$

(1) ① と ② が共有点をもつための条件は

$$D\geqq0$$

すなわち $b+4\geqq0$

よって $b\geqq-4$

(2) ① と ② が接するための条件は

$$D=0$$

すなわち $b+4=0$

よって $b=-4$

このとき,接点の x 座標は

③ から $x=-\dfrac{-6}{2\cdot1}=3$

$x=3$ と $b=-4$ を ② に代入して $y=2\cdot3-4=2$

したがって,接点の座標は $(3,\ 2)$

HINT ① と ② から y を消去して得られる,2次方程式の判別式を利用。

$D>0 \iff$ 共有点2個
$D=0 \iff$ 共有点1個

⟵③ は $x^2-6x+9=0$
ゆえに $(x-3)^2=0$

5章

EX

TR 右の図において，∠A=α，∠B=β とする。α，β の正弦，余弦，
①**111** 正接の値を求めよ。

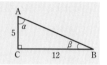

三平方の定理により　　$AB^2=5^2+12^2=25+144=169$
したがって　　　　　　$AB=13$

［α の三角比］

$\sin\alpha=\dfrac{BC}{AB}=\dfrac{12}{13}$

$\cos\alpha=\dfrac{AC}{AB}=\dfrac{5}{13}$

$\tan\alpha=\dfrac{BC}{AC}=\dfrac{12}{5}$

［β の三角比］

$\sin\beta=\dfrac{AC}{AB}=\dfrac{5}{13}$

$\cos\beta=\dfrac{BC}{AB}=\dfrac{12}{13}$

$\tan\beta=\dfrac{AC}{BC}=\dfrac{5}{12}$

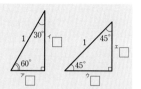

TR 右の図において，斜辺の長さをともに 1 とする。このとき，
①**112** 残りの辺の長さを求め，□ をうめよ。そして，30°，45°，60°
の正弦，余弦，正接の値を確かめよ。

[1]　右の図において

　　　$AB:BH:AH=2:1:\sqrt{3}$

　　よって　　$BH=\dfrac{1}{2}AB$，$AH=\dfrac{\sqrt{3}}{2}AB$

　　$AB=1$ であるから

　　　　　　$BH={}^{ア}\dfrac{1}{2}$，$AH={}^{イ}\dfrac{\sqrt{3}}{2}$

◆ $AB:BH=2:1$
　 $AB:AH=2:\sqrt{3}$

　したがって，30° と 60° の三角比は，図から

$\sin30°=\dfrac{BH}{AB}=\dfrac{1}{2}$，$\cos30°=\dfrac{AH}{AB}=\dfrac{\sqrt{3}}{2}$，

$\tan30°=\dfrac{BH}{AH}=\dfrac{1}{2}\div\dfrac{\sqrt{3}}{2}=\dfrac{1}{\sqrt{3}}$，$\sin60°=\dfrac{AH}{AB}=\dfrac{\sqrt{3}}{2}$，

$\cos60°=\dfrac{BH}{AB}=\dfrac{1}{2}$，$\tan60°=\dfrac{AH}{BH}=\dfrac{\sqrt{3}}{2}\div\dfrac{1}{2}=\sqrt{3}$

[2]　右の図において

　　　$AB:BC:AC=\sqrt{2}:1:1$

　　よって　　$BC=AC=\dfrac{1}{\sqrt{2}}AB$

　　$AB=1$ であるから　$BC=AC={}^{ウ,エ}\dfrac{1}{\sqrt{2}}$

◆ 問題の図は，正方形
　 の半分。

◆ $AB:BC=\sqrt{2}:1$
　 $AB:AC=\sqrt{2}:1$

　したがって，45° の三角比は，図から

$\sin45°=\dfrac{AC}{AB}=\dfrac{1}{\sqrt{2}}$，$\cos45°=\dfrac{BC}{AB}=\dfrac{1}{\sqrt{2}}$，$\tan45°=\dfrac{AC}{BC}=1$

TR
①**113** 三角比の表を用いて，次のものを求めよ。
(1) $\sin 15°$, $\cos 73°$, $\tan 25°$ の値
(2) $\sin\alpha=0.4226$, $\cos\beta=0.7314$, $\tan\gamma=8.1443$ を
満たす鋭角 α, β, γ
(3) 右の図の x の値と角 θ のおよその大きさ。ただし，
x は小数第 2 位を四捨五入せよ。

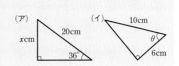

(1) $\sin 15°=0.2588$, $\cos 73°=0.2924$, $\tan 25°=0.4663$

(2) $\alpha=25°$, $\beta=43°$, $\gamma=83°$

(3) (ア) $\sin 36°=\dfrac{x}{20}$

三角比の表から　　　$\sin 36°=0.5878$
したがって　　　$x=20\sin 36°=20\times 0.5878=11.756$
四捨五入して　　**$x=11.8$**

(イ) $\cos\theta=\dfrac{6}{10}=0.6$

三角比の表から　　　$\cos 53°=0.6018$, 　　$\cos 54°=0.5878$
0.6 に近い方の値をとって　　　$\theta≒53°$

$0.6018-0.6=0.0018$
$0.6-0.5878=0.0122$

TR
③**114** 次の各問いに答えよ。ただし，小数第 2 位を四捨五入せよ。
(1) 木の根元から 5 m 離れた地点に立って木の先端を見上げると，水平面とのなす角が 55° で
あった。目の高さを 1.6 m として木の高さを求めよ。
(2) 水平面との傾きが 8° の下り坂の道を 80 m 進むと，水平方向に何 m 進んだことになるか。
また，鉛直方向には何 m 下ったことになるか。

(1) 右の図において

$$\tan 55°=\frac{x}{5}$$

三角比の表から　　　$\tan 55°=1.4281$
よって　　　$x=5\tan 55°$
　　　　　　　$=5\times 1.4281$
　　　　　　　$=7.1405$
四捨五入して　　　$x=7.1$
したがって，木の高さは
　　　　　$7.1+1.6=$**8.7 (m)**

CHART
測量の問題
直角三角形を見つける

◆ 目の高さを加える。

(2) 水平方向に x m 進み，鉛直
方向に y m 下ったとする。
右の図において

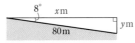

$$\cos 8°=\frac{x}{80}, \quad \sin 8°=\frac{y}{80}$$

三角比の表から　　　$\cos 8°=0.9903$, 　$\sin 8°=0.1392$
よって　　　　　　　$x=80\cos 8°=80\times 0.9903=79.224$
　　　　　　　　　　$y=80\sin 8°=80\times 0.1392=11.136$
四捨五入して　　　$x=79.2$, 　$y=11.1$
ゆえに，水平方向に **79.2 m** 進み，鉛直方向に **11.1 m** 下る。

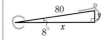

TR
②**115** θ は鋭角とする。$\sin\theta$, $\cos\theta$, $\tan\theta$ のうち，1つが次の値のとき，他の2つの値を，それぞれ求めよ。

(1) $\sin\theta=\dfrac{4}{5}$ (2) $\cos\theta=\dfrac{5}{13}$ (3) $\tan\theta=\dfrac{1}{2}$

(1) $\sin^2\theta+\cos^2\theta=1$ から

$$\cos^2\theta=1-\sin^2\theta=1-\left(\frac{4}{5}\right)^2=\frac{9}{25}$$

$\cos\theta>0$ であるから $\quad\boldsymbol{\cos\theta=\sqrt{\dfrac{9}{25}}=\dfrac{3}{5}}$

また $\quad\boldsymbol{\tan\theta}=\dfrac{\sin\theta}{\cos\theta}=\dfrac{4}{5}\div\dfrac{3}{5}=\dfrac{4}{5}\times\dfrac{5}{3}=\boldsymbol{\dfrac{4}{3}}$

(2) $\sin^2\theta+\cos^2\theta=1$ から

$$\sin^2\theta=1-\cos^2\theta=1-\left(\frac{5}{13}\right)^2=\frac{144}{169}=\left(\frac{12}{13}\right)^2$$

$\sin\theta>0$ であるから $\quad\boldsymbol{\sin\theta=\sqrt{\left(\dfrac{12}{13}\right)^2}=\dfrac{12}{13}}$

また $\quad\boldsymbol{\tan\theta}=\dfrac{\sin\theta}{\cos\theta}=\dfrac{12}{13}\div\dfrac{5}{13}=\dfrac{12}{13}\times\dfrac{13}{5}=\boldsymbol{\dfrac{12}{5}}$

(3) $1+\tan^2\theta=\dfrac{1}{\cos^2\theta}$ から $\quad 1+\left(\dfrac{1}{2}\right)^2=\dfrac{1}{\cos^2\theta}$

ゆえに $\quad\dfrac{1}{\cos^2\theta}=\dfrac{5}{4}\qquad$ よって $\quad\cos^2\theta=\dfrac{4}{5}$

$\cos\theta>0$ であるから $\quad\boldsymbol{\cos\theta=\sqrt{\dfrac{4}{5}}=\dfrac{2}{\sqrt{5}}}$

また $\quad\boldsymbol{\sin\theta}=\cos\theta\tan\theta=\dfrac{2}{\sqrt{5}}\times\dfrac{1}{2}=\boldsymbol{\dfrac{1}{\sqrt{5}}}$

(1) $\sin\theta=\dfrac{4}{5}\left(\dfrac{対辺}{斜辺}\right)$

を満たす直角三角形

(2) $\cos\theta=\dfrac{5}{13}\left(\dfrac{隣辺}{斜辺}\right)$

を満たす直角三角形

(3) $\tan\theta=\dfrac{1}{2}\left(\dfrac{対辺}{隣辺}\right)$

を満たす直角三角形

⬅ $\tan\theta=\dfrac{\sin\theta}{\cos\theta}$ から。

TR
①**116** $\sin70°$, $\cos80°$, $\tan55°$ を 45° 以下の鋭角の三角比で表せ。

$$\boldsymbol{\sin70°=\sin(90°-20°)=\cos20°}$$
$$\boldsymbol{\cos80°=\cos(90°-10°)=\sin10°}$$
$$\boldsymbol{\tan55°=\tan(90°-35°)=\dfrac{1}{\tan35°}}$$

⬅ $70°+20°=90°$
⬅ $80°+10°=90°$
⬅ $55°+35°=90°$

TR
①**117** 右の図において，角 θ の正弦，余弦，正接の値を求めよ。

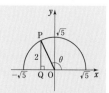

点 P は，半径 $\sqrt{5}$ の半円上にあるから　　OP$=\sqrt{5}$

図の直角三角形 OPQ において　　OQ$^2+2^2=(\sqrt{5})^2$

よって　　OQ$^2=1$　　ゆえに　　OQ$=1$

$\Leftarrow$ 三平方の定理。

したがって，図の点 P の座標は　　$(-1,\ 2)$

よって　　$\sin\theta=\dfrac{2}{\sqrt{5}}$, $\cos\theta=-\dfrac{1}{\sqrt{5}}$,

$$\tan\theta=\dfrac{2}{-1}=-2$$

$\Leftarrow r=\sqrt{5}$, $x=-1$,

$y=2$;

$\sin\theta=\dfrac{y}{r}$, $\cos\theta=\dfrac{x}{r}$,

$\tan\theta=\dfrac{y}{x}$

(補足) $0°$, $90°$, $180°$ の三角比

$0°$, $90°$, $180°$ の三角比は，次のようにして定義される。

$\theta=0°$ のとき，三角比の定義の式で，

$r=1$ として，座標が $(1,\ 0)$ である点 P_0 をとると

$$\sin 0°=\dfrac{0}{1}=0,\ \cos 0°=\dfrac{1}{1}=1,\ \tan 0°=\dfrac{0}{1}=0$$

$\theta=90°$ のとき，三角比の定義の式で，

$r=1$ として，座標が $(0,\ 1)$ である点 P_1 をとると

$$\sin 90°=\dfrac{1}{1}=1,\ \cos 90°=\dfrac{0}{1}=0,$$

$\tan 90°$ は $\dfrac{1}{0}$ で，**定義されない**

$\theta=180°$ のとき，三角比の定義の式で，

$r=1$ として，座標が $(-1,\ 0)$ である点 P_2 をとると

$$\sin 180°=\dfrac{0}{1}=0,\ \cos 180°=\dfrac{-1}{1}=-1,$$

$$\tan 180°=\dfrac{0}{-1}=0$$

$\Leftarrow$ 本冊 $p.205$ 参照。

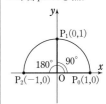

6章

TR

TR
①118
(1) 三角比の表を用いて，$128°$ の正弦，余弦，正接の値を求めよ。
(2) $\sin 27°=a$ とする。$117°$ の余弦を a を用いて表せ。

(1)　$\sin 128°=\sin(180°-52°)=\sin 52°$
　　　　　　　　$=0.7880$

　　$\cos 128°=\cos(180°-52°)=-\cos 52°$
　　　　　　　　$=-0.6157$

　　$\tan 128°=\tan(180°-52°)=-\tan 52°$
　　　　　　　　$=-1.2799$

(2)　$\cos 117°=\cos(180°-63°)=-\cos 63°$
　　　　　　　$=-\cos(90°-27°)=-\sin 27°$
　　　　　　　$=-a$

$\sin(180°-\theta)=\sin\theta$

$\cos(180°-\theta)=-\cos\theta$

$\tan(180°-\theta)=-\tan\theta$

$\cos(90°-\theta)=\sin\theta$

TR ①119 $0°≦θ≦180°$ のとき，次の等式を満たす $θ$ を求めよ。

(1) $\sinθ=\dfrac{1}{2}$ (2) $\cosθ=\dfrac{1}{\sqrt{2}}$ (3) $\tanθ=-\sqrt{3}$

(1) 半径 2 の半円上で，y 座標が 1 である点は，$P(\sqrt{3}, 1)$ と $Q(-\sqrt{3}, 1)$ の 2 つある。

求める $θ$ は，図の $\angle AOP$ と $\angle AOQ$ であるから，この大きさを求めて
$$θ=30°, 150°$$

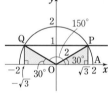

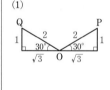
(1)

(2) 半径 $\sqrt{2}$ の半円上で，x 座標が 1 である点は，$P(1, 1)$ である。

求める $θ$ は，図の $\angle AOP$ であるから，この大きさを求めて
$$θ=45°$$

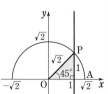

(2)

(3) x 座標が -1，y 座標が $\sqrt{3}$ である点 P をとると，求める $θ$ は，図の $\angle AOP$ である。

この大きさを求めて
$$θ=120°$$

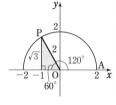

(3)

TR ③120 (1) $0°≦θ≦180°$，$\cosθ=-\dfrac{3}{4}$ のとき，$\sinθ$，$\tanθ$ の値を求めよ。

(2) $0°≦θ≦180°$，$\tanθ=-\dfrac{12}{5}$ のとき，$\sinθ$，$\cosθ$ の値を求めよ。

(1) $\sin^2θ+\cos^2θ=1$ から
$$\sin^2θ=1-\cos^2θ=1-\left(-\dfrac{3}{4}\right)^2=1-\dfrac{9}{16}=\dfrac{7}{16}$$

$\sinθ>0$ であるから $\quad \boldsymbol{\sinθ=\sqrt{\dfrac{7}{16}}=\dfrac{\sqrt{7}}{4}}$

また $\quad \boldsymbol{\tanθ=\dfrac{\sinθ}{\cosθ}=\dfrac{\sqrt{7}}{4}÷\left(-\dfrac{3}{4}\right)=-\dfrac{\sqrt{7}}{3}}$

(2) $\dfrac{1}{\cos^2θ}=1+\tan^2θ=1+\left(-\dfrac{12}{5}\right)^2=1+\dfrac{144}{25}=\dfrac{169}{25}$

よって $\quad \cos^2θ=\dfrac{25}{169}=\left(\dfrac{5}{13}\right)^2$

$\tanθ<0$ であるから $\quad 90°<θ<180°$

ゆえに，$\cosθ<0$ であるから $\quad \boldsymbol{\cosθ=-\sqrt{\left(\dfrac{5}{13}\right)^2}=-\dfrac{5}{13}}$

また $\quad \boldsymbol{\sinθ=\cosθ\tanθ=\left(-\dfrac{5}{13}\right)×\left(-\dfrac{12}{5}\right)=\dfrac{12}{13}}$

(1) $\cosθ<0$ であるから，$θ$ は鈍角である。

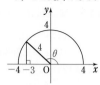

(2) 問題の条件は $0°≦θ≦180°$ であるが，$\tanθ<0$ であるから，$90°<θ<180°$ である。

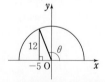

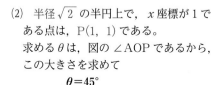

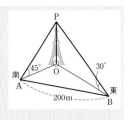

TR
④**121** 地点Oに塔が垂直に立っている。地点Oより真南にある地点Aから塔の頂点Pを見ると，仰角が45°で，地点Oより真東にある地点Bから頂点Pを見ると，仰角が30°であった。
A，B間の距離が200mであるとき，塔の高さを求めよ。ただし，目の高さは無視する。

> **注意** 点Aから点Pを見るとき，APとAを通る水平面とのなす角を，Pが水平面より上にあるとき **仰角**，下にあるとき **俯角** という。

図のように，塔の高さを
OP＝h(m) とすると

$$\tan 45°＝\frac{h}{\text{OA}}$$

$$\tan 30°＝\frac{h}{\text{OB}}$$

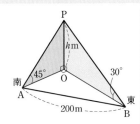

$\tan 45°＝1$, $\tan 30°＝\dfrac{1}{\sqrt{3}}$ である

から   OA＝h，OB＝$\sqrt{3}\,h$
直角三角形OABにおいて，三平方の定理により

$$h^2＋(\sqrt{3}\,h)^2＝200^2$$

よって $4h^2＝40000$
ゆえに $h^2＝100^2$
$h＞0$ であるから $h＝\textbf{100}(\textbf{m})$

← △OAP は 45°，45°，90°の直角三角形。
△OBP は 30°，60°，90°の直角三角形。

CHART
測量の問題
直角三角形を見つける

← OA²＋OB²＝AB²

6章
TR

TR
④**122** 2直線 $x-\sqrt{3}\,y＝0$，$x+\sqrt{3}\,y＝0$ のなす鋭角を求めよ。

直線 $x-\sqrt{3}\,y＝0$ すなわち $y＝\dfrac{1}{\sqrt{3}}x$

と x 軸の正の向きとのなす角を α とす

ると $\tan\alpha＝\dfrac{1}{\sqrt{3}}$

よって $\alpha＝30°$
直線 $x+\sqrt{3}\,y＝0$ すなわち

$y＝-\dfrac{1}{\sqrt{3}}x$ と x 軸の正の向きとのなす角を β とすると

$$\tan\beta＝-\frac{1}{\sqrt{3}}$$

よって $\beta＝150°$
ここで $\beta-\alpha＝150°-30°＝120°$
これは，鈍角であるから，2直線のなす鋭角は

$$180°-120°＝\textbf{60°}$$

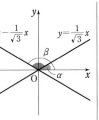

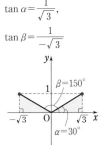

$\tan\alpha＝\dfrac{1}{\sqrt{3}}$，

$\tan\beta＝\dfrac{1}{-\sqrt{3}}$

← $\beta-\alpha$ が鈍角の場合，$180°-(\beta-\alpha)$ が求める鋭角。

TR
③**123** 右の直角三角形 ABC を利用して，15°の正弦，余弦，正接の値を求めよ。

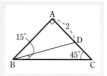

点 D から辺 BC に垂線を引き，その交点を E とする。

$\angle ABC = 180° - (90° + 45°) = 45°$ より，

$\triangle ABC$ は直角二等辺三角形であるから

$$AB = AC \quad \cdots\cdots ①,$$
$$BC = \sqrt{2}\,AB \quad \cdots\cdots ②$$

ゆえに　$\angle ABD = 45° - 15° = 30°$

よって，$\triangle ABD$ は内角が $30°$，$60°$，$90°$ の直角三角形であるから　$BD = 4$，$AB = 2\sqrt{3}$

ゆえに，① から

$$DC = AC - AD = AB - AD = 2\sqrt{3} - 2$$

$\triangle DEC$ は直角二等辺三角形であるから

$$DE = CE = \frac{DC}{\sqrt{2}} = \sqrt{6} - \sqrt{2}$$

ここで，② から　$BC = 2\sqrt{6}$

よって　$BE = BC - CE = 2\sqrt{6} - (\sqrt{6} - \sqrt{2})$
$$= \sqrt{6} + \sqrt{2}$$

ゆえに，$\triangle DBE$ に着目して

$$\sin 15° = \frac{DE}{BD} = \frac{\sqrt{6} - \sqrt{2}}{4}$$

$$\cos 15° = \frac{BE}{BD} = \frac{\sqrt{6} + \sqrt{2}}{4}$$

$$\tan 15° = \frac{DE}{BE} = \frac{\sqrt{6} - \sqrt{2}}{\sqrt{6} + \sqrt{2}}$$
$$= \frac{(\sqrt{6} - \sqrt{2})^2}{(\sqrt{6} + \sqrt{2})(\sqrt{6} - \sqrt{2})}$$
$$= \frac{8 - 4\sqrt{3}}{4} = 2 - \sqrt{3}$$

(参考) 例題 116 で学んだ $90° - \theta$ の三角比の公式を利用すると，$75°$ の三角比の値を求めることができる。

$$\sin 75° = \sin(90° - 15°)$$
$$= \cos 15° = \frac{\sqrt{6} + \sqrt{2}}{4}$$
$$\cos 75° = \cos(90° - 15°)$$
$$= \sin 15° = \frac{\sqrt{6} - \sqrt{2}}{4}$$
$$\tan 75° = \tan(90° - 15°)$$
$$= \frac{1}{\tan 15°} = \frac{1}{2 - \sqrt{3}}$$
$$= 2 + \sqrt{3}$$

TR
⑤**124** $0° \leqq \theta \leqq 180°$，$\sin\theta + \cos\theta = -\dfrac{1}{2}$ のとき，次の式の値を求めよ。

(1) $\sin\theta\cos\theta$ 　　　　(2) $\sin^3\theta + \cos^3\theta$ 　　　　〔類 神奈川大〕

(1) $\sin\theta + \cos\theta = -\dfrac{1}{2}$ の両辺を 2 乗すると

$$\sin^2\theta + 2\sin\theta\cos\theta + \cos^2\theta = \frac{1}{4}$$

CHART
$\sin\theta$ と $\cos\theta$ の対称式
基本対称式で表す

$\sin^2\theta+\cos^2\theta=1$ であるから

$$1+2\sin\theta\cos\theta=\frac{1}{4}$$

したがって $\sin\theta\cos\theta=-\dfrac{3}{8}$

$\Leftarrow \sin\theta\cos\theta$
$=\dfrac{1}{2}\Bigl(\dfrac{1}{4}-1\Bigr)$

(2) $\sin^3\theta+\cos^3\theta=(\sin\theta+\cos\theta)^3-3\sin\theta\cos\theta(\sin\theta+\cos\theta)$

$\Leftarrow a^3+b^3$
$=(a+b)^3-3ab(a+b)$

$\sin\theta+\cos\theta=-\dfrac{1}{2}$ と (1) の $\sin\theta\cos\theta=-\dfrac{3}{8}$ を代入して

$$\sin^3\theta+\cos^3\theta=\Bigl(-\frac{1}{2}\Bigr)^3-3\Bigl(-\frac{3}{8}\Bigr)\cdot\Bigl(-\frac{1}{2}\Bigr)$$

$$=-\frac{11}{16}$$

別解 $\sin^3\theta+\cos^3\theta$

$$=(\sin\theta+\cos\theta)(\sin^2\theta-\sin\theta\cos\theta+\cos^2\theta)$$

$$=-\frac{1}{2}\Bigl\{1-\Bigl(-\frac{3}{8}\Bigr)\Bigr\}$$

$$=-\frac{11}{16}$$

$\Leftarrow$ 因数分解の公式
a^3+b^3
$=(a+b)(a^2-ab+b^2)$
の利用。

TR
④**125** △ABC の内角 A, B, C に対し，次の等式が成り立つことを示せ。

(1) $\sin A=\sin(B+C)$ (2) $\cos\dfrac{A}{2}=\sin\dfrac{B+C}{2}$

$A+B+C=180°$ であるから $B+C=180°-A$

(1) $\sin(B+C)=\sin(180°-A)$

$$=\sin A$$

(2) $\sin\dfrac{B+C}{2}=\sin\dfrac{180°-A}{2}$

$$=\sin\Bigl(90°-\frac{A}{2}\Bigr)$$

$$=\cos\frac{A}{2}$$

$\Leftarrow$ 三角形の内角の和は
180°

$\Leftarrow \sin(180°-\theta)=\sin\theta$

$\Leftarrow$ 右辺の式から左辺の
式を導く。

$\Leftarrow \sin(90°-\theta)=\cos\theta$

EX ② 64 AB>AC, ∠A=90° の直角三角形 ABC において, 頂点Aから辺 BC に垂線 AD を下ろす。∠B=θ, AB=a とするとき, 次の線分の長さを a, θ で表せ。
(1) AD　　(2) AC　　(3) BC　　(4) CD

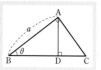

(1) $\sin\theta = \dfrac{AD}{AB}$

　よって　　$AD = AB\sin\theta = \boldsymbol{a\sin\theta}$

← △ABD に注目。

(2) $\tan\theta = \dfrac{AC}{AB}$

　よって　　$AC = AB\tan\theta = \boldsymbol{a\tan\theta}$

← △ABC に注目。

(3) $\cos\theta = \dfrac{AB}{BC}$

　よって　　$BC = \dfrac{AB}{\cos\theta} = \dfrac{\boldsymbol{a}}{\boldsymbol{\cos\theta}}$

← △ABC に注目。

(4) △ABC∽△DAC であるから　　∠CAD=θ

← ∠BAC=∠ADC,
　∠ACB=∠DCA

　よって　　$\tan\theta = \dfrac{CD}{AD}$

　ゆえに　　$CD = AD\tan\theta = \boldsymbol{a\sin\theta\tan\theta}$

← △CAD に注目。

別解　$BD = AB\cos\theta = a\cos\theta$ から

$$CD = BC - BD$$
$$= \dfrac{a}{\cos\theta} - a\cos\theta = a\left(\dfrac{1}{\cos\theta} - \cos\theta\right)$$
$$= a \cdot \dfrac{1-\cos^2\theta}{\cos\theta} = a \cdot \dfrac{\sin^2\theta}{\cos\theta} = a \cdot \sin\theta \cdot \dfrac{\sin\theta}{\cos\theta}$$
$$= \boldsymbol{a\sin\theta\tan\theta}$$

← $\sin^2\theta + \cos^2\theta = 1$ から
$1 - \cos^2\theta = \sin^2\theta$

EX ③ 65 半径 r の円Oにおいて, 弦 AB に対する中心角 ∠AOB の大きさを 2θ とし, Oから AB に下ろした垂線を OH とする。このとき, 弦 AB と垂線 OH の長さを r と θ で表せ。

　△AOB は二等辺三角形であるから, Oから辺 AB に下ろした垂線は ∠AOB を 2 等分する。

　よって　　∠AOH=∠BOH=θ

したがって, △OAH に注目して

$$\boldsymbol{AB} = 2AH = 2 \times r\sin\theta$$
$$= \boldsymbol{2r\sin\theta}$$
$$\boldsymbol{OH} = \boldsymbol{r\cos\theta}$$

← △OAH≡△OBH

← $\sin\theta = \dfrac{AH}{r}$

$\cos\theta = \dfrac{OH}{r}$

EX ③ 66 前問の結果を利用して, 半径 10 の円に内接している次の正多角形の 1 辺の長さを求めよ。また, 円の中心Oから, 正多角形の 1 辺に下ろした垂線の長さを求めよ。ただし, 三角比の表を用いてもよい。また, 小数第 2 位を四捨五入せよ。
(1) 正五角形　　　　　　　　　　(2) 正十角形

(1) 　右の図のように正五角形と点 A，B，H をとると　　　∠AOB$=\dfrac{360°}{5}=72°$

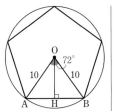

参考 半径 r の円に内接している正 n 角形について，1辺の長さは
$$2r\sin\dfrac{180°}{n}$$
また，円の中心からその1辺に下ろした垂線の長さは　$r\cos\dfrac{180°}{n}$

$r=10$，$\theta=\dfrac{1}{2}\times72°=36°$ として，前問の結果を利用すると

1辺の長さは　　　AB$=2\times10\sin36°$
　　　　　　　　　　　$=20\times0.5878=11.756$

四捨五入して　　　AB$=\mathbf{11.8}$

垂線の長さは　　OH$=10\cos36°=10\times0.8090=8.090$

四捨五入して　　　OH$=\mathbf{8.1}$

(2) 　右の図のように正十角形と点 A，B，H をとると

$$\angle AOB=\dfrac{360°}{10}=36°$$

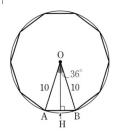

6章
EX

$r=10$，$\theta=\dfrac{1}{2}\times36°=18°$ として，前問の結果を利用すると

1辺の長さは　　　AB$=2\times10\sin18°=20\times0.3090=6.18$

四捨五入して　　　AB$=\mathbf{6.2}$

垂線の長さは　　OH$=10\cos18°=10\times0.9511=9.511$

四捨五入して　　　OH$=\mathbf{9.5}$

EX
③**67**　長さ 125 m のまっすぐな坂道がある。この坂道を登りつめると，21.7 m 高くなる。この坂道の傾斜角度は約何度か。また，この坂道の水平距離は何 m か。三角比の表を用いて考えよ。

坂道の傾斜角度を θ とすると
$$\sin\theta=\dfrac{21.7}{125}=0.1736$$

HINT　まず，直角三角形の図をかく。

三角比の表から　　$\theta=\mathbf{10°}$
また，この坂道の水平距離を x m とすると
$$\cos10°=\dfrac{x}{125}$$
よって　　　$x=125\cos10°=125\times0.9848$
　　　　　　　$=\mathbf{123.1(m)}$

EX
②**68**　(1) $\sin70°+\cos100°+\sin170°+\cos160°$ の値を求めよ。
　　(2) 次の式を簡単にせよ。
　　　　$\tan(45°+\theta)\tan(45°-\theta)$　　$(0°<\theta<45°)$

(1) 　$\sin70°=\sin(90°-20°)=\cos20°$，
　　　$\cos100°=\cos(180°-80°)=-\cos80°=-\cos(90°-10°)$
　　　　　　　$=-\sin10°$，
　　　$\sin170°=\sin(180°-10°)=\sin10°$，
　　　$\cos160°=\cos(180°-20°)=-\cos20°$　であるから
　　　　$\sin70°+\cos100°+\sin170°+\cos160°$
　　　　　$=\cos20°+(-\sin10°)+\sin10°+(-\cos20°)=\mathbf{0}$

⟸ $\sin(90°-\theta)=\cos\theta$
$\cos(90°-\theta)=\sin\theta$
$\sin(180°-\theta)=\sin\theta$
$\cos(180°-\theta)=-\cos\theta$
を用いて 45° 以下の鋭角の三角比にそろえる。

(2) $\tan(45°+\theta)\tan(45°-\theta)=\tan\{90°-(45°-\theta)\}\tan(45°-\theta)$

$$=\frac{1}{\tan(45°-\theta)}\times\tan(45°-\theta)$$
$$=1$$

⬅ $\tan(90°-A)=\dfrac{1}{\tan A}$

で $A=45°-\theta$

(参考) 右図において，

$$\tan(45°+\theta)=\frac{b}{a}, \quad \tan(45°-\theta)=\frac{a}{b}$$

であるから

$$\tan(45°+\theta)\tan(45°-\theta)=\frac{b}{a}\times\frac{a}{b}=1$$

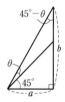

EX
③**69** $0°\leqq\theta\leqq180°$ とする。

(1) $\sin\theta=3\cos\theta$ のとき，$\sin\theta\cos\theta$ の値を求めよ。

(2) $\tan\theta=-2$ のとき，$\dfrac{1}{1-\sin\theta}+\dfrac{1}{1+\sin\theta}$ の値を求めよ。

(1) $\sin\theta=3\cos\theta$ を $\sin^2\theta+\cos^2\theta=1$ に代入すると

$$9\cos^2\theta+\cos^2\theta=1$$

すなわち $10\cos^2\theta=1$

したがって $\cos^2\theta=\dfrac{1}{10}$

よって $\sin\theta\cos\theta=3\cos\theta\cos\theta=3\cos^2\theta=\dfrac{3}{10}$

別解 $\theta=90°$ は $\sin\theta=3\cos\theta$ を満たさないから $\cos\theta\neq0$

$\sin\theta=3\cos\theta$ の両辺を $\cos\theta$ で割って $\tan\theta=3$

ゆえに $\cos^2\theta=\dfrac{1}{1+\tan^2\theta}=\dfrac{1}{1+3^2}=\dfrac{1}{10}$

よって $\sin\theta\cos\theta=3\cos\theta\cos\theta=3\cos^2\theta=\dfrac{3}{10}$

(2) $\dfrac{1}{1-\sin\theta}+\dfrac{1}{1+\sin\theta}=\dfrac{(1+\sin\theta)+(1-\sin\theta)}{(1-\sin\theta)(1+\sin\theta)}$

$$=\frac{2}{1-\sin^2\theta}=\frac{2}{\cos^2\theta}=2(1+\tan^2\theta)$$
$$=2\{1+(-2)^2\}=10$$

CHART
かくれた条件
$\sin^2\theta+\cos^2\theta=1$

⬅ $\cos\theta$ の値を求める必要はない。

⬅ $\tan\theta=\dfrac{\sin\theta}{\cos\theta}$

⬅ $1+\tan^2\theta=\dfrac{1}{\cos^2\theta}$

⬅ $\dfrac{1}{a}+\dfrac{1}{b}=\dfrac{b+a}{ab}$

⬅ $1-\sin^2\theta=\cos^2\theta$，
$\dfrac{1}{\cos^2\theta}=1+\tan^2\theta$

EX
④**70** 原点を通り，直線 $y=x$ となす鋭角が $15°$ である直線は 2 本引ける。これらの直線の式を求めよ。

直線 $y=x$ と x 軸の正の向きとのなす

角を θ とすると $\tan\theta=1$

$0°\leqq\theta\leqq180°$ であるから $\theta=45°$

求める直線は，$y=x$ の上下に 2 本

引けるから，求める直線と x 軸の正

の向きとのなす角は

$$45°-15°=30° \quad または$$
$$45°+15°=60°$$

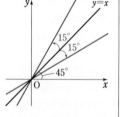

CHART
直線 $y=mx$ と x 軸の
なす角を θ とすると
$m=\tan\theta$

ゆえに，求める直線は，原点を通り，傾きが

$$\tan 30°=\frac{1}{\sqrt{3}} \quad \text{または} \quad \tan 60°=\sqrt{3}$$

の直線である。

よって，求める直線の式は $\quad \boldsymbol{y=\frac{1}{\sqrt{3}}x,\ \ y=\sqrt{3}\,x}$

EX
③**71**
　△ABC において，AB＝AC＝1，∠ABC＝72° とする。辺 AC 上に，∠ABD＝∠CBD を満たす点Dをとる。
　(1) ∠BDC を求めよ。
　(2) 辺 BC の長さを求めよ。
　(3) cos 36° の値を求めよ。　　　　　　　　　　　　　　　　　　　　　　　　[中央大]

(1)　△ABC は AB＝AC の二等辺三角形であるから

$$\angle ACB=\angle ABC=72°$$

　ゆえに　　∠BAC＝180°－72°×2

$$=36°$$

　また，∠ABD＝∠CBD であるから

$$\angle ABD=\angle CBD=72°×\frac{1}{2}=36°$$

　よって　　　∠BDC＝36°＋36°

$$\boldsymbol{=72°}$$

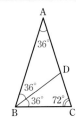

(2)　BC＝x とする。

　(1) より，△BCD は ∠BCD＝∠BDC＝72° の二等辺三角形であるから　　BD＝BC＝x

　また，△DAB は ∠DAB＝∠DBA＝36° の二等辺三角形であるから　　DA＝DB＝x

　ゆえに　　　CD＝1－x

　ここで，△ABC と △BCD において，

$$\angle ABC=\angle BCD, \quad \angle ACB=\angle BDC$$

　であるから　　　△ABC∽△BCD

　よって　　AB：BC＝BC：CD

　すなわち　1：$x＝x$：$(1-x)$

　ゆえに　　　1・$(1-x)＝x・x$　すなわち　$x^2+x-1=0$

　$x>0$ であるから　　　$x=\dfrac{-1+\sqrt{5}}{2}$

　すなわち　　BC＝$\dfrac{\sqrt{5}-1}{2}$

◆△ABD において，1つの外角は，それと隣り合わない2つの内角の和に等しい。

◆三角形の相似条件
2組の角がそれぞれ等しい。

◆$a：b＝c：d$ のとき
$ad＝bc$
外側の項の積と内側の項の積は等しい。

6章

EX

(3) 点Dから辺 AB に垂線を引き，その交点をHとすると　　$AH = BH = \dfrac{1}{2}$

よって，(2) から

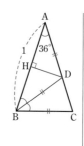

← 二等辺三角形の頂角の二等分線は，底辺を垂直に 2 等分する。

← △DAH に着目する。

$$\cos 36° = \frac{AH}{AD} = \frac{\dfrac{1}{2}}{\dfrac{\sqrt{5}-1}{2}} = \frac{1}{\sqrt{5}-1}$$

$$= \frac{\sqrt{5}+1}{(\sqrt{5}-1)(\sqrt{5}+1)} = \frac{\sqrt{5}+1}{4}$$

（参考）　頂点Aから辺 BC に垂線を引き，その交点をEとすると

$$BE = \frac{1}{2}BC = \frac{\sqrt{5}-1}{4}$$

ゆえに　　　$\cos 72° = \dfrac{BE}{AB} = \dfrac{\sqrt{5}-1}{4}$

EX ⑤ 72

$0° < \theta < 90°$ の範囲にある θ に対して，$\tan\theta + \dfrac{1}{\tan\theta} = 4$ のとき，$\cos\theta\sin\theta = {}^{ア}\boxed{}$，$\cos\theta + \sin\theta = {}^{イ}\boxed{}$，$\cos^3\theta + \sin^3\theta = {}^{ウ}\boxed{}$，$\cos^4\theta + \sin^4\theta = {}^{エ}\boxed{}$，$\dfrac{1}{\cos^4\theta} + \dfrac{1}{\sin^4\theta} = {}^{オ}\boxed{}$ である。

[類 関西学院大]

$0° < \theta < 90°$ から　　$\sin\theta > 0$，$\cos\theta > 0$

$$\tan\theta + \frac{1}{\tan\theta} = \frac{\sin\theta}{\cos\theta} + \frac{\cos\theta}{\sin\theta} = \frac{\sin^2\theta + \cos^2\theta}{\cos\theta\sin\theta}$$

$$= \frac{1}{\cos\theta\sin\theta}$$

← $\sin^2\theta + \cos^2\theta = 1$

よって　　　$\dfrac{1}{\cos\theta\sin\theta} = 4$

ゆえに　　　$\cos\theta\sin\theta = {}^{ア}\dfrac{1}{4}$

$$(\cos\theta + \sin\theta)^2 = \cos^2\theta + 2\sin\theta\cos\theta + \sin^2\theta$$

$$= 1 + 2\cdot\frac{1}{4} = \frac{3}{2}$$

← $\sin^2\theta + \cos^2\theta = 1$

$\cos\theta + \sin\theta > 0$ であるから

$$\cos\theta + \sin\theta = \sqrt{\frac{3}{2}} = {}^{イ}\frac{\sqrt{6}}{2}$$

よって　　$\cos^3\theta + \sin^3\theta$

$$= (\cos\theta + \sin\theta)^3 - 3\cos\theta\sin\theta(\cos\theta + \sin\theta)$$

$$= \left(\frac{\sqrt{6}}{2}\right)^3 - 3\cdot\frac{1}{4}\cdot\frac{\sqrt{6}}{2} = {}^{ウ}\frac{3\sqrt{6}}{8}$$

← $x^3 + y^3$
$= (x+y)^3 - 3xy(x+y)$

また　$\cos^4\theta + \sin^4\theta = (\cos^2\theta + \sin^2\theta)^2 - 2\cos^2\theta\sin^2\theta$

$$= 1^2 - 2\left(\frac{1}{4}\right)^2 = {}^{エ}\frac{7}{8}$$

← $\cos^4\theta = (\cos^2\theta)^2$，$\sin^4\theta = (\sin^2\theta)^2$

$$\frac{1}{\cos^4\theta} + \frac{1}{\sin^4\theta} = \frac{\sin^4\theta + \cos^4\theta}{\cos^4\theta\sin^4\theta} = \frac{\dfrac{7}{8}}{\left(\dfrac{1}{4}\right)^4} = {}^{\tau}224$$

別解 [(ウ)の別解]

$\cos^3\theta + \sin^3\theta$

$\quad = (\cos\theta + \sin\theta)(\cos^2\theta - \cos\theta\sin\theta + \sin^2\theta)$

$\quad = \dfrac{\sqrt{6}}{2}\left(1 - \dfrac{1}{4}\right) = {}^{\vartheta}\dfrac{3\sqrt{6}}{8}$

⟵ 因数分解の公式
$a^3 + b^3$
$\quad = (a+b)(a^2 - ab + b^2)$

EX ⑤73

等式 $\sin^2\theta - \dfrac{1}{2}\cos\theta - \dfrac{1}{2} = 0$ $(0° \le \theta \le 180°)$ について答えよ。

(1) $\cos\theta = x$ とおくとき，等式を x の式で表せ。

(2) x の値を求めよ。　　　(3) 等式を満たす θ を求めよ。　　　[類 愛知工大]

(1) $\sin^2\theta + \cos^2\theta = 1$ から　　$\sin^2\theta = 1 - \cos^2\theta = 1 - x^2$

よって，与えられた等式は　　$(1 - x^2) - \dfrac{1}{2}x - \dfrac{1}{2} = 0$

すなわち　　$2x^2 + x - 1 = 0$ …… ①

(2) ① から　$(x+1)(2x-1) = 0$ …… ②

ここで，$0° \le \theta \le 180°$ であるから　　$-1 \le \cos\theta \le 1$

すなわち　　$-1 \le x \le 1$

よって，② の解は　　$x = -1,\ \dfrac{1}{2}$

(3) (2) の結果から

$\quad \cos\theta = -1,\ \dfrac{1}{2}$

[1] $\cos\theta = -1$ のとき

半径 1 の半円上で，x 座標が -1 である点は，$P(-1,\ 0)$ である。$\cos\theta = -1$ を満たす θ は，図 [1] の $\angle$AOP であるから，この大きさを求めて　$\theta = 180°$

[2] $\cos\theta = \dfrac{1}{2}$ のとき

半径 2 の半円上で，x 座標が 1 である点は，$P(1,\ \sqrt{3}\,)$ である。$\cos\theta = \dfrac{1}{2}$ を満たす θ は，図 [2] の $\angle$AOP であるから，この大きさを求めて　$\theta = 60°$

[1]，[2] から，求める θ は　　$\theta = 60°,\ 180°$

CHART

かくれた条件
$\sin^2\theta + \cos^2\theta = 1$

⟵ たすきがけ
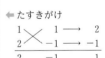

⟵ ともに $-1 \le x \le 1$ を満たす。

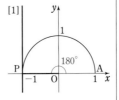

6章
EX

△ABC において，外接円の半径を R とする。次のものを求めよ。
(1) $a=10$，$A=30°$，$B=45°$ のとき C，b，R
(2) $b=3$，$B=60°$，$C=75°$ のとき A，a，R
(3) $c=2$，$R=\sqrt{2}$ のとき C

(1) $A+B+C=180°$ であるから
$$C=180°-(30°+45°)=\mathbf{105°}$$
正弦定理により
$$\frac{a}{\sin A}=\frac{b}{\sin B},\quad \frac{a}{\sin A}=2R$$
よって $\quad\dfrac{10}{\sin 30°}=\dfrac{b}{\sin 45°}$ …… ①
$$\frac{10}{\sin 30°}=2R \qquad ……②$$
① から $\quad b=\dfrac{10\sin 45°}{\sin 30°}=10\cdot\dfrac{1}{\sqrt{2}}\div\dfrac{1}{2}=\mathbf{10\sqrt{2}}$

② から $\quad R=\dfrac{1}{2}\cdot\dfrac{10}{\sin 30°}=\mathbf{10}$

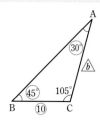

(2) $A+B+C=180°$ であるから
$$A=180°-(60°+75°)=\mathbf{45°}$$
正弦定理により
$$\frac{a}{\sin A}=\frac{b}{\sin B},\quad \frac{b}{\sin B}=2R$$
よって $\quad\dfrac{a}{\sin 45°}=\dfrac{3}{\sin 60°}$ …… ①
$$\frac{3}{\sin 60°}=2R \qquad ……②$$
① から $\quad a=\dfrac{3\sin 45°}{\sin 60°}=3\cdot\dfrac{1}{\sqrt{2}}\div\dfrac{\sqrt{3}}{2}$
$$=3\cdot\frac{1}{\sqrt{2}}\cdot\frac{2}{\sqrt{3}}=\mathbf{\sqrt{6}}$$

② から $\quad R=\dfrac{1}{2}\cdot\dfrac{3}{\sin 60°}=\mathbf{\sqrt{3}}$

(3) 正弦定理により $\quad\dfrac{c}{\sin C}=2R$

ゆえに $\quad\dfrac{2}{\sin C}=2\cdot\sqrt{2}$

よって $\sin C=\dfrac{2}{2\sqrt{2}}=\dfrac{1}{\sqrt{2}}\qquad$ ゆえに $\mathbf{C=45°,\ 135°}$

CHART

向かい合う辺と角の関係
には 正弦定理

← b の値を求めるため
に，$\dfrac{ⓐ}{\sin Ⓐ}=\dfrac{ⓑ}{\sin Ⓑ}$
を取り出す。
R の値を求めるために，
$\dfrac{ⓐ}{\sin Ⓐ}=2Ⓡ$ を取り
出す。

← $\sin 30°=\dfrac{1}{2}$

← a の値を求めるため
に，$\dfrac{ⓐ}{\sin Ⓐ}=\dfrac{ⓑ}{\sin Ⓑ}$
を取り出す。
R の値を求めるために，
$\dfrac{ⓑ}{\sin Ⓑ}=2Ⓡ$ を取り
出す。

← $\sin 60°=\dfrac{\sqrt{3}}{2}$

← C の値を求めるため
に，$\dfrac{ⓒ}{\sin Ⓒ}=2Ⓡ$ を
取り出す。

← C は 2 つある。

△ABC において，次のものを求めよ。
(1) $c=4$，$a=6$，$B=60°$ のとき b　　(2) $a=3$，$b=\sqrt{2}$，$c=\sqrt{17}$ のとき C
(3) $b=2$，$c=\sqrt{6}$，$C=60°$ のとき a

(1) 余弦定理により
$$b^2 = c^2 + a^2 - 2ca\cos B$$
よって
$$b^2 = 4^2 + 6^2 - 2\cdot 4\cdot 6\cos 60°$$
$$= 16 + 36 - 2\cdot 4\cdot 6\cdot\frac{1}{2} = 52 - 24$$
$$= 28$$
$b > 0$ であるから　$\boldsymbol{b = \sqrt{28} = 2\sqrt{7}}$

CHART
2辺とその間の角；
3辺がわかれば
　　余弦定理

(2) 余弦定理により
$$\cos C = \frac{a^2 + b^2 - c^2}{2ab}$$
ゆえに
$$\cos C = \frac{3^2 + (\sqrt{2})^2 - (\sqrt{17})^2}{2\cdot 3\cdot\sqrt{2}}$$
$$= \frac{9 + 2 - 17}{2\cdot 3\sqrt{2}} = -\frac{1}{\sqrt{2}}$$
よって　　$\boldsymbol{C = 135°}$

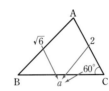

(3) 余弦定理により
$$c^2 = a^2 + b^2 - 2ab\cos C$$
ゆえに
$$(\sqrt{6})^2 = a^2 + 2^2 - 2\cdot a\cdot 2\cos 60°$$
よって　　　　$6 = a^2 + 4 - 4a\cdot\frac{1}{2}$
整理して　　$a^2 - 2a - 2 = 0$
これを解いて　　　$a = 1 \pm\sqrt{3}$
$a > 0$ であるから　$\boldsymbol{a = 1 + \sqrt{3}}$

7章

TR

(3) わかっている角が C であるから，$\cos C$ が含まれる
$$c^2 = a^2 + b^2 - 2ab\cos C$$
を利用する。

⬅ 解の公式から
$$a = -(-1)$$
$$\pm\sqrt{(-1)^2 - 1\cdot(-2)}$$

TR
③**128**　△ABC において，$a = \sqrt{6} + \sqrt{2}$，$b = 2$，$C = 45°$ のとき，残りの辺の長さと角の大きさを求めよ。

余弦定理により
$$c^2 = (\sqrt{6} + \sqrt{2})^2 + 2^2$$
$$\qquad - 2(\sqrt{6} + \sqrt{2})\cdot 2\cos 45°$$
$$= (6 + 2\sqrt{12} + 2) + 4$$
$$\qquad - 4\sqrt{2}(\sqrt{3} + 1)\cdot\frac{1}{\sqrt{2}}$$
$$= 12 + 4\sqrt{3} - 4\sqrt{3} - 4$$
$$= 8$$
$c > 0$ であるから　　$\boldsymbol{c = 2\sqrt{2}}$
正弦定理により　　$\dfrac{2}{\sin B} = \dfrac{2\sqrt{2}}{\sin 45°}$

⬅ $c^2 = a^2 + b^2 - 2ab\cos C$

⬅ $\sqrt{12} = 2\sqrt{3}$

⬅ $\dfrac{b}{\sin B} = \dfrac{c}{\sin C}$

よって　　　　　　$\sin B=\dfrac{2}{2\sqrt{2}}\cdot\sin 45°=\dfrac{2}{2\sqrt{2}}\cdot\dfrac{1}{\sqrt{2}}=\dfrac{1}{2}$

$\Leftarrow$ A を先に求めると，うまくいかない。本冊 $p.229$ ズーム UP 参照。

したがって　　　$B=30°,\ 150°$

[1] $B=30°$ のとき

　　　$A=180°-(30°+45°)=105°$

[2] $B=150°$ のとき

　　　$A=180°-(150°+45°)=-15°$　　これは不適。

以上により　　$A=105°,\ B=30°$

(参考) B を求めるときに，余弦定理を用いると

　　$\cos B=\dfrac{(2\sqrt{2})^2+(\sqrt{6}+\sqrt{2})^2-2^2}{2\cdot 2\sqrt{2}\,(\sqrt{6}+\sqrt{2})}=\dfrac{4\sqrt{3}\,(\sqrt{3}+1)}{8(\sqrt{3}+1)}=\dfrac{\sqrt{3}}{2}$

　　したがって　　　$B=30°$

TR
③**129**
$\triangle$ABC において，$b=2,\ c=\sqrt{6},\ B=45°$ のとき，残りの辺の長さと角の大きさを求めよ。
ただし，$\sin 15°=\dfrac{\sqrt{6}-\sqrt{2}}{4},\ \sin 75°=\dfrac{\sqrt{6}+\sqrt{2}}{4}$ であることを用いてもよい。

正弦定理により　　　$\dfrac{2}{\sin 45°}=\dfrac{\sqrt{6}}{\sin C}$

$\Leftarrow$ $\dfrac{b}{\sin B}=\dfrac{c}{\sin C}$

よって　　　　　$\sin C=\dfrac{\sqrt{6}}{2}\sin 45°=\dfrac{\sqrt{6}}{2}\cdot\dfrac{1}{\sqrt{2}}=\dfrac{\sqrt{3}}{2}$

したがって　　$C=60°,\ 120°$

$\Leftarrow$ 等式を満たす C は，2つある。

[1] $C=60°$ のとき　　　$A=180°-(45°+60°)=75°$

正弦定理により　　　$\dfrac{a}{\sin 75°}=\dfrac{2}{\sin 45°}$

$\Leftarrow$ $\dfrac{a}{\sin A}=\dfrac{b}{\sin B}$

　　よって　　$a=\dfrac{2\sin 75°}{\sin 45°}=2\cdot\dfrac{\sqrt{6}+\sqrt{2}}{4}\div\dfrac{1}{\sqrt{2}}$

　　　　　　　$=\dfrac{\sqrt{2}\,(\sqrt{6}+\sqrt{2})}{2}=\sqrt{3}+1$

[2] $C=120°$ のとき　　　$A=180°-(45°+120°)=15°$

正弦定理により　　　$\dfrac{a}{\sin 15°}=\dfrac{2}{\sin 45°}$

$\Leftarrow$ $\dfrac{a}{\sin A}=\dfrac{b}{\sin B}$

　　よって　　$a=\dfrac{2\sin 15°}{\sin 45°}=2\cdot\dfrac{\sqrt{6}-\sqrt{2}}{4}\div\dfrac{1}{\sqrt{2}}$

　　　　　　　$=\dfrac{\sqrt{2}\,(\sqrt{6}-\sqrt{2})}{2}=\sqrt{3}-1$

以上から　　$a=\sqrt{3}+1,\ A=75°,\ C=60°$　または

　　　　　　$a=\sqrt{3}-1,\ A=15°,\ C=120°$

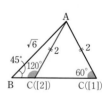

(参考) $C=60°,\ 120°$ を求めた後，余弦定理を用いると次のようになる。

[1] $C=60°$ のとき，余弦定理により

　　　　$(\sqrt{6})^2=a^2+2^2-2\cdot a\cdot 2\cos 60°$

$\Leftarrow$ $c^2=a^2+b^2-2ab\cos C$

　　ゆえに　　$a^2-2a-2=0$

よって　　$a=1\pm\sqrt{3}$

$a>0$ であるから　　$\boldsymbol{a=1+\sqrt{3}}$

[2]　$C=120°$ のとき，余弦定理により

$$(\sqrt{6}\,)^2=a^2+2^2-2\cdot a\cdot 2\cos120°$$

$\Leftarrow c^2=a^2+b^2-2ab\cos C$

ゆえに　　$a^2+2a-2=0$　　よって　　$a=-1\pm\sqrt{3}$

$a>0$ であるから　　$\boldsymbol{a=-1+\sqrt{3}}$

TR
③**130**

(1) △ABC の 3 辺の長さが次のようなとき，角 A は鋭角，直角，鈍角のいずれであるか。

　(ア)　$a=5,\ b=4,\ c=3\sqrt{2}$　　　(イ)　$a=17,\ b=10,\ c=5\sqrt{6}$

(2)　$a=10,\ b=6,\ c=7$ である △ABC は，鋭角三角形，直角三角形，鈍角三角形のいずれであるか。

(1)　(ア)　$a^2=25$　　　また　　　$b^2+c^2=16+18=34$

　　　よって　　$a^2<b^2+c^2$　　ゆえに　　$A<90°$（角Aは **鋭角**）

$\Leftarrow$ △ABC において
$A<90°\Longleftrightarrow a^2<b^2+c^2$
$A=90°\Longleftrightarrow a^2=b^2+c^2$
$A>90°\Longleftrightarrow a^2>b^2+c^2$

　(イ)　$a^2=289$　　　　また　　　$b^2+c^2=100+150=250$

　　　よって　　$a^2>b^2+c^2$　　ゆえに　　$A>90°$（角Aは **鈍角**）

(2)　a が最大の辺であり　　$a^2=100$

また　　　　$b^2+c^2=36+49=85$

よって　　　$a^2>b^2+c^2$　　　　ゆえに　　　$A>90°$

$\Leftarrow$ **最大の辺に向かい合う角が最大の角である**から，最大の角 A が鋭角・直角・鈍角のいずれであるかを調べる。

すなわち，角Aが鈍角であるから，△ABC は **鈍角三角形** である。

別解　余弦定理 $\cos A=\dfrac{b^2+c^2-a^2}{2bc}$ を利用して

(1)　(ア)　$\cos A=\dfrac{3}{8\sqrt{2}}>0$ から　　$A<90°$

$\Leftarrow$ △ABC において
$A<90°\Longleftrightarrow \cos A>0$
$A=90°\Longleftrightarrow \cos A=0$
$A>90°\Longleftrightarrow \cos A<0$

　　(イ)　$\cos A=-\dfrac{39}{100\sqrt{6}}<0$ から　　$A>90°$

(2)　$\cos A=-\dfrac{5}{28}<0$ から　　$A>90°$

のようにして，A が鋭角，直角，鈍角のいずれであるかを調べる。

TR
③**131**

■ △ABC において，$\dfrac{\sin A}{\sqrt{3}}=\dfrac{\sin B}{\sqrt{7}}=\sin C$ が成り立つとき，最も大きい内角の大きさを求めよ。

［類 明治薬科大］

条件から　$\sin A:\sin B:\sin C=\sqrt{3}:\sqrt{7}:1$

また，正弦定理により

$$a:b:c=\sin A:\sin B:\sin C$$

よって　　$a:b:c=\sqrt{3}:\sqrt{7}:1$

ゆえに　　$a=\sqrt{3}\,c,\ b=\sqrt{7}\,c$

$b>a>c$ であるから，最も大きい内角はBで，余弦定理により

$$\cos B=\frac{c^2+(\sqrt{3}\,c)^2-(\sqrt{7}\,c)^2}{2c\cdot\sqrt{3}\,c}=-\frac{\sqrt{3}}{2}$$

よって，最も大きい内角の大きさは　　**150°**

1 つの三角形では，「2 辺の大小関係は，その向かい合う角の大小関係と一致する」から，最大の辺に向かい合う角が最大の角である。

$\Leftarrow \cos B=\dfrac{c^2+a^2-b^2}{2ca}$

TR
③**132** ★ 四角形 ABCD は，円Oに内接し，AB=3，BC=CD=$\sqrt{3}$，$\cos\angle ABC=\dfrac{\sqrt{3}}{6}$ とする。このとき，次のものを求めよ。
(1) 線分 AC の長さ　　(2) 辺 AD の長さ　　(3) 円Oの半径R　　［類 センター試験］

(1) △ABC において，余弦定理により

$$AC^2=3^2+(\sqrt{3}\,)^2-2\cdot3\cdot\sqrt{3}\cdot\dfrac{\sqrt{3}}{6}$$
$$=9$$

AC>0 であるから　　AC=**3**

← $AC^2=AB^2+BC^2$
$-2AB\cdot BC\cos\angle ABC$

← 辺の長さは正。

(2) 四角形 ABCD は円に内接するから

$$\angle ADC=180°-\angle ABC$$

AD=x とおくと，△ACD において，余弦定理により

$$3^2=x^2+(\sqrt{3}\,)^2-2\cdot x\cdot\sqrt{3}\cos(180°-\angle ABC)$$
$$=x^2+3+2\sqrt{3}\,x\cos\angle ABC=x^2+3+x$$

よって　　$x^2+x-6=0$　　ゆえに　　$(x-2)(x+3)=0$

$x>0$ であるから　　$x=2$　すなわち　AD=**2**

CHART
円に内接する四角形
対角の和は 180°

← $\cos(180°-\theta)=-\cos\theta$

← $\cos\angle ABC=\dfrac{\sqrt{3}}{6}$

(3) △ABC において，正弦定理により　　$\dfrac{3}{\sin\angle ABC}=2R$

ここで　　$\sin\angle ABC=\sqrt{1-\cos^2\angle ABC}$
$$=\sqrt{1-\left(\dfrac{\sqrt{3}}{6}\right)^2}=\sqrt{\dfrac{33}{36}}=\dfrac{\sqrt{33}}{6}$$

よって　　$R=\dfrac{3}{2\sin\angle ABC}=\dfrac{3}{2}\div\dfrac{\sqrt{33}}{6}=\dfrac{9}{\sqrt{33}}=\dfrac{3\sqrt{33}}{11}$

← $\dfrac{AC}{\sin\angle ABC}=2R$

← $\sin^2\theta+\cos^2\theta=1$,
$\sin\angle ABC>0$

TR
②**133** 右の地図において，4点 A，B，P，Q は同一水平面上にあるものとする。
(1) A，P 間の距離を求めよ。
(2) P，Q 間の距離を求めよ。
ただし，答えは根号がついたままでよい。

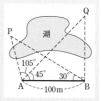

(1) △APB において　　$\angle APB=180°-(105°+30°)=45°$

ゆえに，正弦定理により

$$\dfrac{AP}{\sin30°}=\dfrac{100}{\sin45°}$$

よって　　$AP=\dfrac{100\sin30°}{\sin45°}=100\cdot\dfrac{1}{2}\div\dfrac{1}{\sqrt{2}}=\boldsymbol{50\sqrt{2}}$ **(m)**

← $\dfrac{AP}{\sin\angle ABP}$
$=\dfrac{AB}{\sin\angle APB}$

(2) 直角三角形 AQB において，$\angle QAB=45°$ であるから

$$AQ=100\sqrt{2}$$

また　　$\angle PAQ=105°-45°=60°$

△APQ において，余弦定理により

$$PQ^2=AP^2+AQ^2-2AP\cdot AQ\cos60°$$
$$=(50\sqrt{2}\,)^2+(100\sqrt{2}\,)^2-2\cdot50\sqrt{2}\cdot100\sqrt{2}\cdot\dfrac{1}{2}$$

$$=5000+20000-10000=15000$$
$$=10^2 \cdot 150=10^2 \cdot 5^2 \cdot 6$$

PQ>0 であるから　　PQ$=50\sqrt{6}$ m

TR
②**134**　次のような △ABC の面積 S を求めよ。

(1)　$b=12$, $c=15$, $A=30°$　　　　　(2)　$c=4$, $a=2\sqrt{2}$, $B=135°$

(3)　$a=3$, $b=3$, $C=60°$　　　　　(4)　$a=4$, $b=3$, $c=2$

(1)　$S=\dfrac{1}{2}bc\sin A=\dfrac{1}{2}\cdot 12\cdot 15\sin 30°$

　　　$=\dfrac{1}{2}\cdot 12\cdot 15\cdot\dfrac{1}{2}=\mathbf{45}$

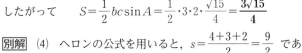

(2)　$S=\dfrac{1}{2}ca\sin B=\dfrac{1}{2}\cdot 4\cdot 2\sqrt{2}\sin 135°$

　　　$=\dfrac{1}{2}\cdot 4\cdot 2\sqrt{2}\cdot\dfrac{1}{\sqrt{2}}=\mathbf{4}$

(3)　$S=\dfrac{1}{2}ab\sin C=\dfrac{1}{2}\cdot 3^2\sin 60°=\dfrac{1}{2}\cdot 9\cdot\dfrac{\sqrt{3}}{2}=\dfrac{\mathbf{9\sqrt{3}}}{\mathbf{4}}$

(4)　余弦定理により

$$\cos A=\frac{b^2+c^2-a^2}{2bc}=\frac{9+4-16}{2\cdot 3\cdot 2}=-\frac{1}{4}$$

　よって　　$\sin^2 A=1-\left(-\dfrac{1}{4}\right)^2=\dfrac{15}{16}$

　$\sin A>0$ であるから　　$\sin A=\dfrac{\sqrt{15}}{4}$

　したがって　　$S=\dfrac{1}{2}bc\sin A=\dfrac{1}{2}\cdot 3\cdot 2\cdot\dfrac{\sqrt{15}}{4}=\dfrac{\mathbf{3\sqrt{15}}}{\mathbf{4}}$

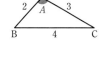

別解　(4)　ヘロンの公式を用いると，$s=\dfrac{4+3+2}{2}=\dfrac{9}{2}$ であ

　るから　　$S=\sqrt{\dfrac{9}{2}\left(\dfrac{9}{2}-4\right)\left(\dfrac{9}{2}-3\right)\left(\dfrac{9}{2}-2\right)}$

　　　　　　　$=\sqrt{\dfrac{9}{2}\cdot\dfrac{1}{2}\cdot\dfrac{3}{2}\cdot\dfrac{5}{2}}=\dfrac{\mathbf{3\sqrt{15}}}{\mathbf{4}}$

$\Leftarrow S$
$=\sqrt{s(s-a)(s-b)(s-c)}$

TR
③**135**　次の図形の面積 S を求めよ。

(1)　OA$=4$, OB$=6$, ∠AOB$=60°$ である平行四辺形 ABCD
　　　ただし，点Oは平行四辺形 ABCD の対角線の交点とする。

(2)　半径が 6 の円に内接する正十二角形

(1)　$\triangle$OAB$=\dfrac{1}{2}\cdot 4\cdot 6\sin 60°=6\sqrt{3}$

　　∠AOD$=180°-60°=120°$,

　　OD$=$OB$=6$ であるから

　　$\triangle$AOD$=\dfrac{1}{2}\cdot 4\cdot 6\sin 120°$

　　　　　　$=6\sqrt{3}$

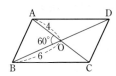

CHART

多角形の面積
いくつかの三角形に分け
て求める

よって
$$\triangle ABD = \triangle OAB + \triangle AOD = 12\sqrt{3}$$
$\triangle ABD \equiv \triangle CDB$ であるから
$$S = 2\triangle ABD = 24\sqrt{3}$$

(2) 円の中心をOとする。

右の図のように，正十二角形を 12 個の合同な三角形に分けると

$$\angle AOB = \frac{360°}{12} = 30°$$

よって　$S = 12\triangle OAB$
$$= 12 \times \frac{1}{2} \cdot 6 \cdot 6 \sin 30°$$
$$= 108$$

(参考)　一般に，下の四角形の面積は
$$\frac{1}{2}AC \cdot BD \sin\theta$$

(補足)　(2) の答えは $6^2 \cdot 3$ であり，半径 6 の円の面積 $\pi \cdot 6^2 \fallingdotseq 6^2 \times 3.14$ よりわずかに小さいことがわかる。

TR
③**136** △ABC において，$a=8$, $b=3$, $c=7$ のとき，次のものを求めよ。
　(1)　$\cos A$ の値　　(2)　△ABC の面積 S　　(3)　△ABC の内接円の半径 r

(1)　余弦定理により
$$\cos A = \frac{3^2 + 7^2 - 8^2}{2 \cdot 3 \cdot 7} = \frac{9 + 49 - 64}{2 \cdot 3 \cdot 7} = -\frac{1}{7}$$

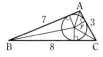

(2)　$\sin^2 A = 1 - \cos^2 A = 1 - \left(-\frac{1}{7}\right)^2 = \frac{48}{49}$

$\Leftarrow \sin^2 A + \cos^2 A = 1$

$\sin A > 0$ であるから　　$\sin A = \frac{4\sqrt{3}}{7}$

よって　　$S = \frac{1}{2}bc\sin A = \frac{1}{2} \cdot 3 \cdot 7 \cdot \frac{4\sqrt{3}}{7} = 6\sqrt{3}$

(3)　$S = \frac{1}{2}r(a+b+c)$ に代入して　　$6\sqrt{3} = \frac{1}{2}r(8+3+7)$

$\Leftarrow S = 6\sqrt{3}$, $a = 8$, $b = 3$, $c = 7$ を代入。

すなわち　　$6\sqrt{3} = 9r$　　したがって　　$r = \frac{2\sqrt{3}}{3}$

TR
③**137**　★　△ABC の ∠A の二等分線が辺 BC と交わる点を D とする。
　次の (1), (2) それぞれについて，指示に従って線分 AD の長さを求めよ。
　(1)　△ABC において，$\angle A = 60°$, $AB = 2$, $AC = 1+\sqrt{3}$ であるとき，三角形の面積について，△ABC = △ABD + △ADC であることを利用する。
　(2)　△ABC において，$a=6$, $b=5$, $c=7$ であるとき，角の二等分線の性質
　　BD : DC = AB : AC を利用する。

(1)　面積について，次の等式が成り立つ。
　　△ABC = △ABD + △ADC
　よって，$AD = d$ とすると
$$\frac{1}{2} \cdot 2 \cdot (1+\sqrt{3})\sin 60°$$
$$= \frac{1}{2} \cdot 2 \cdot d \sin 30° + \frac{1}{2}(1+\sqrt{3}) \cdot d \sin 30°$$

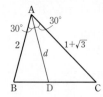

CHART
三角形の内角の二等分線の長さ
面積の利用 または
余弦定理の利用

すなわち　$(1+\sqrt{3})\cdot\dfrac{\sqrt{3}}{2}=d\cdot\dfrac{1}{2}+\dfrac{1+\sqrt{3}}{2}d\cdot\dfrac{1}{2}$

ゆえに　$\dfrac{3+\sqrt{3}}{4}d=\dfrac{3+\sqrt{3}}{2}$

よって　$d=2$　　すなわち　$AD=\mathbf{2}$

(2)　$BD:DC=AB:AC=7:5$ であ

るから　$BD=\dfrac{7}{7+5}BC=\dfrac{7}{12}\times6=\dfrac{7}{2}$

$\triangle ABC$ において，余弦定理により

$\cos B=\dfrac{7^2+6^2-5^2}{2\cdot7\cdot6}=\dfrac{5}{7}$

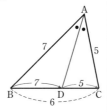

$\triangle ABD$ において，余弦定理により

$AD^2=AB^2+BD^2-2AB\cdot BD\cos B$

$=7^2+\left(\dfrac{7}{2}\right)^2-2\cdot7\cdot\dfrac{7}{2}\cdot\dfrac{5}{7}=\dfrac{105}{4}$

$AD>0$ であるから　$AD=\dfrac{\sqrt{105}}{2}$

←$\cos B=\dfrac{c^2+a^2-b^2}{2ca}$

7章

TR

TR
③**138** 同一水平面上に 3 地点 A，B，C があって，C には塔 PC が立っている。
AB＝80 m で，∠PAC＝30°，∠PAB＝75°，∠PBA＝60° であった。
塔の高さ PC を求めよ。
ただし，答えは根号がついたままでよい。

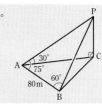

$\triangle ABP$ において　　$\angle APB=180°-(75°+60°)=45°$

したがって，正弦定理により　　$\dfrac{AP}{\sin60°}=\dfrac{80}{\sin45°}$

よって　　$AP=\dfrac{80\sin60°}{\sin45°}=80\cdot\dfrac{\sqrt{3}}{2}\div\dfrac{1}{\sqrt{2}}=40\sqrt{6}$

ゆえに，直角三角形 PAC において

$PC=AP\sin30°=40\sqrt{6}\cdot\dfrac{1}{2}=\mathbf{20\sqrt{6}}$ **(m)**

$\boxed{\text{HINT}}$ $\triangle ABP$ で 1 辺
と 2 角が与えられてい
るから，正弦定理を用いて，
まず，線分 AP の長さを
求める。

TR
③**139** ★ 1 辺の長さが 3 である正四面体 ABCD において，辺 BC 上に点 E を BE＝2，EC＝1 とな
るようにとる。
(1)　線分 AE の長さを求めよ。　　　(2)　∠AED＝θ とおくとき，$\cos\theta$ の値を求めよ。
(3)　$\triangle AED$ の面積を求めよ。 ［類 慶応大］

(1)　$\angle ABE=60°$ であるから，
$\triangle ABE$ において，余弦定理により
$AE^2=3^2+2^2-2\cdot3\cdot2\cdot\cos60°=7$
$AE>0$ であるから　　$AE=\sqrt{7}$
(2)　$\triangle ABE\equiv\triangle DBE$ から
$DE=AE=\sqrt{7}$

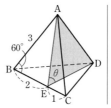

←AB＝DB，BE 共通，
∠ABE＝∠DBE＝60°

よって，△AED において，余弦定理により

$$\cos\theta=\frac{(\sqrt{7})^2+(\sqrt{7})^2-3^2}{2\cdot\sqrt{7}\cdot\sqrt{7}}=\frac{5}{14}$$

(3) $\sin\theta>0$ であるから

$$\sin\theta=\sqrt{1-\cos^2\theta}=\sqrt{1-\left(\frac{5}{14}\right)^2}$$
$$=\frac{3\sqrt{19}}{14}$$

← $0°<\theta<180°$

← $\sqrt{1-\left(\frac{5}{14}\right)^2}$
$=\sqrt{\frac{14^2-5^2}{14^2}}$
$=\frac{\sqrt{(14+5)(14-5)}}{14}$

ゆえに　　△AED$=\frac{1}{2}\cdot\sqrt{7}\cdot\sqrt{7}\cdot\frac{3\sqrt{19}}{14}=\frac{3\sqrt{19}}{4}$

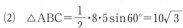

TR
③**140**　∠BAC=60°，AB=8，CA=5，OA=OB=OC=7 の四面体 OABC について，次のものを求めよ。

(1) 頂点Oから底面の △ABC に下ろした垂線 OH の長さ
(2) 四面体 OABC の体積 V

(1)　△OAH，△OBH，△OCH は，斜辺の長さが7の直角三角形で，OH は共通な辺であるから
　　　　△OAH≡△OBH≡△OCH
よって　　AH=BH=CH
したがって，点Hは，△ABC の外接円の中心で，AH はその半径である。
△ABC において，余弦定理により
　　　BC²=8²+5²−2·8·5cos60°
　　　　　=64+25−40=49
BC>0 であるから　　BC=7
△ABC において，正弦定理により

$$\frac{BC}{\sin A}=2AH$$

ゆえに　　AH$=\frac{7}{2\sin60°}=\frac{7}{\sqrt{3}}$

△OAH において，三平方の定理により

$$OH=\sqrt{OA^2-AH^2}=\sqrt{7^2-\left(\frac{7}{\sqrt{3}}\right)^2}$$
$$=7\times\sqrt{\frac{2}{3}}=\frac{7\sqrt{6}}{3}$$

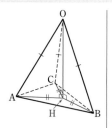

← $\sqrt{7^2-\left(\frac{7}{\sqrt{3}}\right)^2}$
$=\sqrt{7^2\left(1-\frac{1}{3}\right)}$

(2)　△ABC$=\frac{1}{2}\cdot8\cdot5\sin60°=10\sqrt{3}$

求める体積 V は，△ABC を底面とすると，高さは OH となるから　　$V=\frac{1}{3}\times△ABC\times OH$

$$=\frac{1}{3}\cdot10\sqrt{3}\cdot\frac{7\sqrt{6}}{3}=\frac{70\sqrt{2}}{3}$$

← 三角錐の体積は
$\frac{1}{3}\times$(底面積)×(高さ)

TR
④**141**
★　円に内接する四角形 ABCD があり，辺の長さは AB＝$\sqrt{7}$，BC＝$2\sqrt{7}$，CD＝$\sqrt{3}$，
DA＝$2\sqrt{3}$ である。このとき，次のものを求めよ。
(1)　$\cos B$ の値　　(2)　対角線 AC の長さ　　(3)　四角形 ABCD の面積 S　　〔類 センター試験〕

四角形 ABCD は円に内接するから
$$D＝180°－B$$

(1)　△ABC において，余弦定理により
$$AC^2＝(\sqrt{7})^2＋(2\sqrt{7})^2$$
$$－2\cdot\sqrt{7}\cdot2\sqrt{7}\cos B$$
$$＝35－28\cos B \quad\cdots\cdots①$$
△ACD において，余弦定理により
$$AC^2＝(\sqrt{3})^2＋(2\sqrt{3})^2－2\cdot\sqrt{3}\cdot2\sqrt{3}\cos(180°－B)$$
$$＝15＋12\cos B \quad\cdots\cdots②$$

①，② から　　$35－28\cos B＝15＋12\cos B$
整理すると　　$40\cos B＝20$

よって　　$\cos B＝\dfrac{1}{2}$

(2)　$\cos B＝\dfrac{1}{2}$ を ② に代入して　　$AC^2＝15＋12\cdot\dfrac{1}{2}＝21$

$AC>0$ であるから　　$AC＝\sqrt{21}$

(3)　$\cos B＝\dfrac{1}{2}$ から　$B＝60°$　　よって　$D＝180°－60°＝120°$

ゆえに　　$S＝△ABC＋△ACD$
$$＝\dfrac{1}{2}\cdot\sqrt{7}\cdot2\sqrt{7}\sin60°＋\dfrac{1}{2}\cdot\sqrt{3}\cdot2\sqrt{3}\sin120°$$
$$＝7\cdot\dfrac{\sqrt{3}}{2}＋3\cdot\dfrac{\sqrt{3}}{2}＝\mathbf{5\sqrt{3}}$$

← 円に内接する四角形
　の対角の和は　180°

← $AC^2＝AB^2＋BC^2$
　$－2AB\cdot BC\cos B$

← $\cos(180°－B)＝－\cos B$

7章

T R

△ABC
$＝\dfrac{1}{2}BA\cdot BC\sin B$
△ACD
$＝\dfrac{1}{2}DC\cdot DA\sin D$

TR
④**142**
図のように，高さ 4，底面の半径 $\sqrt{2}$ の円錐が球Oと側面で接し，底面の中心
Mでも接している。
(1)　円錐の母線の長さを求めよ。
(2)　球Oの半径 r を求めよ。
注意　円錐の母線とは，円錐の頂点と底面の円の周上の点を結ぶ線分のこと。

円錐の頂点をAとすると，Aと点 M を通る
平面で円錐を切ったときの切り口の図形は，
右の図のようになる。
(1)　円錐の母線の長さは
$$AB＝\sqrt{BM^2＋AM^2}＝\sqrt{(\sqrt{2})^2＋4^2}$$
$$＝\mathbf{3\sqrt{2}}$$
(2)　図の △ABC の面積は
$$△ABC＝\dfrac{1}{2}BC\cdot AM＝\dfrac{1}{2}\cdot2\sqrt{2}\cdot4＝4\sqrt{2}$$

CHART
空間図形の問題
平面図形（断面図）を取り
出す

← 直角三角形 ABM で
　三平方の定理を利用。

また，$\triangle ABC = \dfrac{1}{2} r(AB+BC+CA)$ であるから

$$4\sqrt{2} = \dfrac{1}{2} r(3\sqrt{2} + 2\sqrt{2} + 3\sqrt{2})$$

すなわち　$4\sqrt{2}\, r = 4\sqrt{2}$　　　したがって　　$r=1$

←円 O は，△ABC の内接円である。
三角形の内接円と面積については，本冊 p.237 を参照。

TR
⑤**143**　次の等式が成り立つとき，△ABC はどのような形をしているか。
　(1) $a\sin A = b\sin B$　　　　(2) $\cos B \sin C = \sin A$　　　[類 宮城教育大]

△ABC の外接円の半径をRとする。

(1) 正弦定理により　$\sin A = \dfrac{a}{2R}$, $\sin B = \dfrac{b}{2R}$

これらを $a\sin A = b\sin B$ に代入すると

$$a\cdot\dfrac{a}{2R} = b\cdot\dfrac{b}{2R}$$

よって　$a^2 = b^2$

$a>0$, $b>0$ であるから　　$a=b$

したがって，△ABC は　　**AC＝BC の二等辺三角形**

(2) 正弦定理，余弦定理により

$$\sin A = \dfrac{a}{2R}, \ \sin C = \dfrac{c}{2R}, \ \cos B = \dfrac{c^2+a^2-b^2}{2ca}$$

これらを $\cos B \sin C = \sin A$ に代入すると

$$\dfrac{c^2+a^2-b^2}{2ca}\cdot\dfrac{c}{2R} = \dfrac{a}{2R}$$

よって　$c^2+a^2-b^2 = 2a^2$

ゆえに　$c^2 = a^2 + b^2$

したがって，△ABCは　　**∠C＝90° の直角三角形**

CHART
三角形の辺や角で表された等式
辺だけの関係に もち込む
←両辺に $2R$ を掛ける。

←単に「二等辺三角形」と答えてはダメ。

←左辺を c で約分し，両辺に $4aR$ を掛ける。

←単に「直角三角形」と答えてはダメ。

EX ②74 ★ △ABC において，AB＝7，BC＝$4\sqrt{2}$，∠ABC＝45° とし，△ABC の外接円の中心をO とする。

(1) CA＝$^7\boxed{}$ であり，外接円Oの半径は $^4\boxed{}$ である。

(2) 外接円O上の点Aを含まない弧BC上に，点Dを CD＝$\sqrt{10}$ であるようにとる。このとき，∠ADC＝$^\gamma\boxed{}$ であるから，AD＝x とすると $x＝^{\t=}\boxed{}$ である。　[類 センター試験]

(1) 余弦定理により

$$CA^2＝7^2+(4\sqrt{2})^2-2\cdot7\cdot4\sqrt{2}\cos45°$$
$$＝49+32-56\sqrt{2}\cdot\frac{1}{\sqrt{2}}$$
$$＝25$$

CA＞0 であるから　　CA＝$^7\mathbf{5}$

△ABC の外接円Oの半径をRとすると，正弦定理により　$\dfrac{5}{\sin45°}＝2R$

よって　　$R＝\dfrac{5}{2\sin45°}＝\dfrac{5}{2}\div\dfrac{1}{\sqrt{2}}＝\dfrac{^4 5\sqrt{2}}{2}$

←まず，図をかく。

←$CA^2＝AB^2+BC^2$
　$-2AB\cdot BC\cos\angle ABC$

←$\dfrac{CA}{\sin\angle ABC}＝2R$

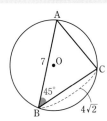

(2) 円周角の定理により
$$\angle ADC＝\angle ABC＝^\gamma\mathbf{45°}$$

AD＝x とすると，△ACD において余弦定理により

$$5^2＝x^2+(\sqrt{10})^2-2\cdot x\cdot\sqrt{10}\cos45°$$

よって　　$25＝x^2+10-2\sqrt{10}x\cdot\dfrac{1}{\sqrt{2}}$

ゆえに　　$x^2-2\sqrt{5}x-15＝0$

よって，解の公式から
$$x＝\frac{-(-\sqrt{5})\pm\sqrt{(-\sqrt{5})^2-1\cdot(-15)}}{1}$$
$$＝\sqrt{5}\pm2\sqrt{5}$$

すなわち　$x＝3\sqrt{5}$，$-\sqrt{5}$

$x＞0$ であるから　　$x＝^{\t=}\mathbf{3\sqrt{5}}$

←同じ弧に対する円周角の大きさは等しい。

←$CA^2＝AD^2+CD^2$
　$-2AD\cdot CD\cos\angle ADC$

←2次方程式
$ax^2+2b'x+c＝0$
の解の公式
$x＝\dfrac{-b'\pm\sqrt{b'^2-ac}}{a}$
を利用する。

EX ③75 △ABC において，$a＝\sqrt{3}$，$B＝45°$，$C＝15°$ のとき，次のものを求めよ。

(1) b　　　　(2) c　　　　(3) $\cos15°$ の値

(1) $A＝180°-(45°+15°)＝120°$ であるから，正弦定理により

$$\frac{\sqrt{3}}{\sin120°}＝\frac{b}{\sin45°}$$

よって　　$b＝\dfrac{\sqrt{2}}{2}\times\sqrt{3}\div\dfrac{\sqrt{3}}{2}＝\sqrt{2}$

←$A+B+C＝180°$

←$\dfrac{a}{\sin A}＝\dfrac{b}{\sin B}$

(2) (1)と余弦定理により　$(\sqrt{3})^2＝(\sqrt{2})^2+c^2-2\sqrt{2}c\cos120°$

整理すると　　$c^2+\sqrt{2}c-1＝0$

これを解くと $\quad c=\dfrac{-\sqrt{2}\pm\sqrt{2-4\cdot(-1)}}{2}=\dfrac{-\sqrt{2}\pm\sqrt{6}}{2}$

$c>0$ であるから $\quad c=\dfrac{\sqrt{6}-\sqrt{2}}{2}$

(3) (1), (2)と余弦定理により

$\cos 15°=\dfrac{a^2+b^2-c^2}{2ab}$

$\quad =\left\{(\sqrt{3})^2+(\sqrt{2})^2-\left(\dfrac{\sqrt{6}-\sqrt{2}}{2}\right)^2\right\}\div 2\cdot\sqrt{3}\cdot\sqrt{2}$

$\quad =\{3+2-(2-\sqrt{3})\}\div 2\sqrt{6}$

$\quad =\dfrac{3+\sqrt{3}}{2\sqrt{6}}=\dfrac{\sqrt{6}+\sqrt{2}}{4}$

参考 $15°$ の三角比も覚えておくと，問題を解く上で役に立つことがある。

$\sin 15°=\dfrac{\sqrt{6}-\sqrt{2}}{4}$
$\quad =\cos 75°,$
$\cos 15°=\dfrac{\sqrt{6}+\sqrt{2}}{4}$
$\quad =\sin 75°,$
$\tan 15°=2-\sqrt{3},$
$\tan 75°=2+\sqrt{3}$
など。

別解 頂点 A から辺 BC に垂線 AH を引くと，直角三角形 ABH において $\quad\angle ABH=\angle BAH=45°$
よって

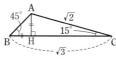

$BH=\dfrac{AB}{\sqrt{2}}=\dfrac{\sqrt{6}-\sqrt{2}}{2}\div\sqrt{2}=\dfrac{\sqrt{3}-1}{2}$

ゆえに，直角三角形 AHC において

$\cos 15°=\dfrac{CH}{AC}=\dfrac{1}{\sqrt{2}}\left(\sqrt{3}-\dfrac{\sqrt{3}-1}{2}\right)=\dfrac{\sqrt{6}+\sqrt{2}}{4}$

EX
②**76** △ABC において，次のものを求めよ。ただし，△ABC の面積を S とする。
(1) $A=120°,\ c=8,\ S=14\sqrt{3}$ のとき $a,\ b$
(2) $b=3,\ c=2,\ 0°<A<90°,\ S=\sqrt{5}$ のとき $\sin A,\ a$
(3) $a=13,\ b=14,\ c=15$ で，頂点Aから対辺 BC に下ろした垂線の長さを h としたとき $S,\ h$

(1) $S=\dfrac{1}{2}bc\sin A$ であるから $\quad 14\sqrt{3}=\dfrac{1}{2}b\cdot 8\sin 120°$

よって $\quad 14\sqrt{3}=2\sqrt{3}\,b$ ゆえに $\quad b=7$
また，余弦定理により

$\quad a^2=7^2+8^2-2\cdot 7\cdot 8\cos 120°=49+64+56=169$

$a>0$ であるから $\quad a=13$

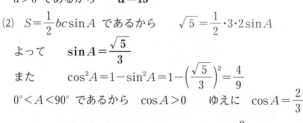

$\Leftarrow a^2=b^2+c^2-2bc\cos A$

(2) $S=\dfrac{1}{2}bc\sin A$ であるから $\quad\sqrt{5}=\dfrac{1}{2}\cdot 3\cdot 2\sin A$

よって $\quad\sin A=\dfrac{\sqrt{5}}{3}$

また $\quad\cos^2 A=1-\sin^2 A=1-\left(\dfrac{\sqrt{5}}{3}\right)^2=\dfrac{4}{9}$

$0°<A<90°$ であるから $\cos A>0$ ゆえに $\cos A=\dfrac{2}{3}$

よって，余弦定理により $a^2=3^2+2^2-2\cdot 3\cdot 2\cdot\dfrac{2}{3}=9+4-8=5$

$a>0$ であるから $\quad a=\sqrt{5}$

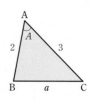

$\Leftarrow a^2=b^2+c^2-2bc\cos A$

(3)　余弦定理により

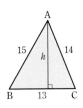

$$\cos A = \frac{14^2+15^2-13^2}{2\cdot 14\cdot 15} = \frac{196+225-169}{2\cdot 14\cdot 15} = \frac{252}{2\cdot 14\cdot 15} = \frac{3}{5}$$

よって　　$\sin^2 A = 1-\cos^2 A = 1-\left(\frac{3}{5}\right)^2 = \frac{16}{25}$

$\sin A > 0$ であるから　　$\sin A = \frac{4}{5}$

したがって　　$S = \frac{1}{2}bc\sin A = \frac{1}{2}\cdot 14\cdot 15\cdot \frac{4}{5} = 84$

また，$S = \frac{1}{2}\cdot 13h$ であるから　　$84 = \frac{13}{2}h$　　⟸ $S=84$ を代入。

これを解いて　　$h = \dfrac{168}{13}$

(参考)　ヘロンの公式を用いると，$s = \dfrac{13+14+15}{2} = 21$ である

から　　$S = \sqrt{21(21-13)(21-14)(21-15)} = \sqrt{21\cdot 8\cdot 7\cdot 6}$

$\qquad\qquad = \sqrt{2^4\cdot 3^2\cdot 7^2} = 2^2\cdot 3\cdot 7 = 84$

EX ③**77**　AB=5，BC=6，CD=5，DA=3，∠ADC=120° である四角形 ABCD の面積 S を求めよ。

$S = \triangle ABC + \triangle ACD$

$\quad \triangle ACD = \dfrac{1}{2}\cdot 5\cdot 3\sin 120° = \dfrac{15\sqrt{3}}{4}$

$\triangle ACD$ において，余弦定理により

$\quad AC^2 = 5^2+3^2-2\cdot 5\cdot 3\cos 120°$

$\qquad = 25+9-30\left(-\dfrac{1}{2}\right) = 49$

$AC > 0$ であるから　　$AC = 7$

$\triangle ABC$ において，余弦定理により

$\qquad \cos B = \dfrac{5^2+6^2-7^2}{2\cdot 5\cdot 6} = \dfrac{12}{60} = \dfrac{1}{5}$

$\sin B > 0$ であるから

$\qquad \sin B = \sqrt{1-\cos^2 B} = \sqrt{1-\left(\dfrac{1}{5}\right)^2} = \dfrac{2\sqrt{6}}{5}$

よって　　$\triangle ABC = \dfrac{1}{2}\cdot 5\cdot 6\cdot \dfrac{2\sqrt{6}}{5} = 6\sqrt{6}$

以上から　　$S = \dfrac{15\sqrt{3}}{4} + 6\sqrt{6}$

⟸ $\triangle ACD$ は，2 辺とその間の角がわかり，面積が求められる。

⟸ $\triangle ABC$ では，2 辺しかわからないから，まず対角線 AC の長さを求め，例題 134(3) と同様にして面積を求める。なお，ヘロンの公式を利用して $\triangle ABC$ の面積を求めると，次のようになる。

$\dfrac{5+6+7}{2} = 9$ から

$\triangle ABC = \sqrt{9\cdot 4\cdot 3\cdot 2}$
$\qquad\qquad = 6\sqrt{6}$

EX ③78 ★ AD∥BC, AB=5, BC=7, CD=6, DA=3 である台形 ABCD において, D を通り AB に平行な直線と辺 BC の交点を E とし, ∠DEC=θ とする。次のものを求めよ。
(1) 線分 DE, EC の長さ　　(2) cosθ の値　　(3) 台形 ABCD の面積

(1) AD∥BC, AB∥DE であるから,
四角形 ABED は平行四辺形である。

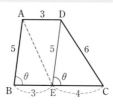

ゆえに **DE=AB=5**,
BE=AD=3
よって **EC=BC−BE**
=7−3=**4**

← 2 組の向かい合う 2 辺が平行な四角形は平行四辺形である。

(2) △DEC において, 余弦定理により

$$\cos\theta=\frac{5^2+4^2-6^2}{2\cdot5\cdot4}=\frac{5}{2\cdot5\cdot4}=\frac{1}{8}$$

← $\cos\theta$
$=\dfrac{DE^2+EC^2-DC^2}{2DE\cdot EC}$

(3) (2) から $\sin^2\theta=1-\cos^2\theta=1-\left(\dfrac{1}{8}\right)^2=\dfrac{63}{64}$

$\sin\theta>0$ であるから $\sin\theta=\sqrt{\dfrac{63}{64}}=\dfrac{3\sqrt{7}}{8}$

また, AB∥DE であるから
$$\angle ABE=\angle DEC=\theta$$
よって, 求める台形 ABCD の面積 S は
$$S=\square ABED+\triangle DEC$$
$$=2\triangle ABE+\triangle DEC$$
$$=2\cdot\frac{1}{2}AB\cdot BE\sin\theta+\frac{1}{2}DE\cdot EC\sin\theta$$
$$=5\cdot3\sin\theta+\frac{1}{2}\cdot5\cdot4\sin\theta=25\sin\theta$$
$$=25\cdot\frac{3\sqrt{7}}{8}=\boldsymbol{\frac{75\sqrt{7}}{8}}$$

← 同位角は等しい。

(参考) 台形の高さを h とすると
$$h=5\sin\theta=\frac{15\sqrt{7}}{8}$$
台形の面積の公式により
$$S=\frac{1}{2}(3+7)\cdot\frac{15\sqrt{7}}{8}$$
$$=\frac{75\sqrt{7}}{8}$$

EX ③79 右の図に示す四面体 ABCD において, AD=2, BD=4, CD=6,
∠ADB=∠ADC=∠BDC=90° であるとき, 次の値を求めよ。
(1) 四面体 ABCD の体積 V
(2) △ABC の面積 S
(3) 頂点 D から平面 ABC に下ろした垂線の長さ d 　　[岡山理科大]

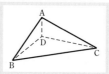

(1) 辺 AD は平面 BCD に垂直であるから

$$V=\frac{1}{3}\cdot\triangle BCD\cdot AD$$
$$=\frac{1}{3}\cdot\frac{1}{2}\cdot4\cdot6\cdot2=\boldsymbol{8}$$

← 三角錐の体積は
$\dfrac{1}{3}\times(底面積)\times(高さ)$

(2) △ABD, △ADC, △DBC は直角三角形であるから
$$AB=\sqrt{AD^2+BD^2}=\sqrt{20}=2\sqrt{5}$$
$$AC=\sqrt{AD^2+CD^2}=\sqrt{40}=2\sqrt{10}$$
$$BC=\sqrt{BD^2+CD^2}=\sqrt{52}=2\sqrt{13}$$

△ABC において，余弦定理により

$$\cos\angle BAC = \frac{AB^2+AC^2-BC^2}{2\cdot AB\cdot AC}$$

$$= \frac{20+40-52}{2\cdot 2\sqrt{5}\cdot 2\sqrt{10}} = \frac{1}{5\sqrt{2}}$$

$$\Leftarrow \frac{8}{8\cdot 5\sqrt{2}} = \frac{1}{5\sqrt{2}}$$

$\sin\angle BAC > 0$ であるから

$$\sin\angle BAC = \sqrt{1-\left(\frac{1}{5\sqrt{2}}\right)^2} = \frac{7}{5\sqrt{2}}$$

よって　　$S = \frac{1}{2}\cdot AB\cdot AC\sin\angle BAC$

$$= \frac{1}{2}\cdot 2\sqrt{5}\cdot 2\sqrt{10}\cdot \frac{7}{5\sqrt{2}}$$

$$= \mathbf{14}$$

(3)　$V = \frac{1}{3}Sd$ であるから，(1)，(2) より　　$8 = \frac{1}{3}\cdot 14d$

$\Leftarrow$ 三角錐の体積は
$\frac{1}{3}\times(底面積)\times(高さ)$

ゆえに　　$d = \dfrac{\mathbf{12}}{\mathbf{7}}$

EX
④**80**　★　△ABC について，$AB = 7\sqrt{3}$ および $\angle ACB = 60°$ であるとする。このとき，△ABC の外
接円Oの半径は $^{ア}\boxed{}$ である。外接円Oの，点Cを含む弧 AB 上で点Pを動かす。

(1)　$2PA = 3PB$ となるのは $PA = ^{イ}\boxed{}$ のときである。

(2)　△PAB の面積が最大となるのは $PA = ^{ウ}\boxed{}$ のときである。

(3)　$\sin\angle PBA$ の値が最大となるのは $PA = ^{エ}\boxed{}$ のときであり，このとき △PAB の面積は
$^{オ}\boxed{}$ である。　　　　　　　　　　　　　　　　　　　　　[類 センター試験]

EX

△ABC の外接円Oの半径を R とすると，
正弦定理により

$$\frac{7\sqrt{3}}{\sin 60°} = 2R$$

よって　　$R = \dfrac{7\sqrt{3}}{2\sin 60°} = {}^{ア}\mathbf{7}$

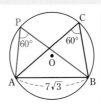

$\Leftarrow \dfrac{AB}{\sin\angle ACB} = 2R$

$\Leftarrow \sin 60° = \dfrac{\sqrt{3}}{2}$

(1)　$2PA = 3PB$ から

$$PA = 3x,\ PB = 2x\ \ (x > 0)$$

$\Leftarrow PA:PB = 3:2$

とおける。
円周角の定理から

$$\angle APB = \angle ACB = 60°$$

△ABP において，余弦定理により

$$(7\sqrt{3})^2 = (3x)^2+(2x)^2-2\cdot 3x\cdot 2x\cos 60°$$

$\Leftarrow AB^2 = PA^2+PB^2$
$\ -2PA\cdot PB\cos\angle APB$

ゆえに　　$49\cdot 3 = 9x^2+4x^2-2\cdot 3x\cdot 2x\cdot \dfrac{1}{2}$

$\Leftarrow (7\sqrt{3})^2$ を $49\cdot 3$ として
おくと後の計算がらく。

よって　　$7x^2 = 49\cdot 3$　　　　ゆえに　　$x^2 = 21$

$x > 0$ であるから　　$x = \sqrt{21}$

したがって　　$PA = 3x = {}^{イ}\mathbf{3\sqrt{21}}$

$\Leftarrow$ 求めるものは $3x$。

(2) 点Pから直線 AB に下ろした垂線
を PH とする。

△PAB の底辺を辺 AB とみたとき，
高さは PH である。

<u>線分 PH の長さが最大となるとき，
△PAB の面積が最大となる。</u>

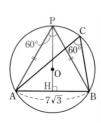

← 底辺 AB の長さは
AB$=7\sqrt{3}$ で一定。

このとき，右の図から　　PA＝PB

∠APB＝60° であるから，△PAB の面積が最大となるのは，
△PAB が正三角形のときである。

よって　　　PA＝AB＝$^{ウ}\mathbf{7\sqrt{3}}$

(3)　0°＜∠PBA＜120° であるから
$$0<\sin\angle PBA\leqq 1$$

よって，sin∠PBA の最大値は 1 であ
り，このとき　∠PBA＝90°

ゆえに，sin∠PBA の値が最大となる
とき，線分 PA は △ABC の外接円 O
の直径と一致する。

よって　　　PA$=2R=^{エ}\mathbf{14}$

このとき　　PB$=\dfrac{\text{PA}}{2}=7$

したがって，△PAB の面積は
$$\frac{1}{2}\cdot 7\sqrt{3}\cdot 7=^{オ}\frac{\mathbf{49\sqrt{3}}}{\mathbf{2}}$$

← $0<\sin\angle PBA<\dfrac{\sqrt{3}}{2}$
ではない。

← $\sin 90°=1$

← △PAB は直角三角形
で，∠APB＝60° から
PB：PA：AB$=1:2:\sqrt{3}$

← $S=\dfrac{1}{2}$AB・PB

EX
③81
△ABC において AB＝3，AC＝5，$A=120°$ とする。△ABC の面積の値は △ABC＝$^{ア}\boxed{}$
である。辺 BC の長さの値は BC＝$^{イ}\boxed{}$ である。点Aから辺 BC に下ろした垂線を AH とす
ると，線分 AH の長さの値は AH＝$^{ウ}\boxed{}$ である。また，$\cos B$ の値は $\cos B=^{エ}\boxed{}$ であ
る。辺 BC 上の点Kを ∠BAK＝60° であるようにとる。線分 KH の長さの値は KH＝$^{オ}\boxed{}$
である。　　　　　　　　　　　　　　　　　　　　　　　　　　　　　　　　　［関西学院大］

$$\triangle\text{ABC}=\frac{1}{2}\cdot 3\cdot 5\sin 120°=^{ア}\frac{\mathbf{15\sqrt{3}}}{\mathbf{4}}$$

← $S=\dfrac{1}{2}$AB・AC$\sin\angle$BAC

余弦定理により
$$\text{BC}^2=3^2+5^2-2\cdot 3\cdot 5\cos 120°$$
$$=34-2\cdot 3\cdot 5\cdot\left(-\frac{1}{2}\right)=49$$

← $\text{BC}^2=\text{AB}^2+\text{AC}^2$
$-2\text{AB}\cdot\text{AC}\cos\angle\text{BAC}$

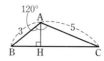

BC＞0 であるから　　BC＝$^{イ}\mathbf{7}$

また，△ABC$=\dfrac{1}{2}$BC・AH から

← $\dfrac{1}{2}\times$(底辺)$\times$(高さ)

$$\frac{15\sqrt{3}}{4}=\frac{1}{2}\cdot 7\cdot\text{AH}$$

ゆえに　　　AH$=^{ウ}\dfrac{\mathbf{15\sqrt{3}}}{\mathbf{14}}$

余弦定理により　　$\cos B = \dfrac{3^2+7^2-5^2}{2 \cdot 3 \cdot 7} = {}^{\text{エ}}\dfrac{11}{14}$

次に，$\angle BAK = 60°$ から，線分 AK は
$\angle BAC$ の二等分線である。

よって　　　$BK : KC = AB : AC = 3 : 5$

ゆえに　　　$BK = \dfrac{3}{8}BC = \dfrac{21}{8}$

また　　　　$BH = AB \cos B = 3 \cdot \dfrac{11}{14} = \dfrac{33}{14}$

したがって　$KH = BK - BH = \dfrac{21}{8} - \dfrac{33}{14} = {}^{\text{オ}}\dfrac{15}{56}$

$\Leftarrow \cos B = \dfrac{AB^2 + BC^2 - CA^2}{2 \cdot AB \cdot BC}$

$\Leftarrow$ 角の二等分線の性質。

$\Leftarrow BK = \dfrac{3}{3+5}BC$

$\Leftarrow \cos B = \dfrac{BH}{AB}$

EX ③82　円に内接する五角形 ABCDE において，AB=7，BC=3，CD=5，DE=6，$\angle BCD = 120°$ とするとき，次のものを求めよ。

(1) 線分 BD の長さ　　　(2) 線分 AD の長さ　　　(3) 辺 AE の長さ
(4) 四角形 ABDE の面積　　　　　　　　　　　　　　　　　　　　　［類 佐賀大］

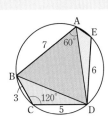

$\Leftarrow BD^2 = BC^2 + CD^2 \\ \qquad -2BC \cdot CD \cos \angle BCD$

(1)　$\triangle BCD$ において，余弦定理により
$$BD^2 = 3^2 + 5^2 - 2 \cdot 3 \cdot 5 \cos 120°$$
$$= 34 - 30\left(-\dfrac{1}{2}\right) = 49$$
$BD > 0$ であるから　　$BD = 7$

(2)　四角形 ABCD は円に内接するから
$$\angle BAD = 180° - \angle BCD$$
$$= 180° - 120° = 60°$$
$AB = BD = 7$ であるから
$$\angle ADB = \angle BAD = 60°$$
よって　　$\angle ABD = 180° - \angle ADB - \angle BAD = 60°$
ゆえに，$\triangle ABD$ は正三角形であるから　　$AD = 7$

(3)　四角形 ABDE は円に内接するから
$$\angle AED = 180° - \angle ABD = 180° - 60° = 120°$$
$AE = x$ とおくと，$\triangle ADE$ において余弦定理により
$$7^2 = x^2 + 6^2 - 2 \cdot x \cdot 6 \cos 120°$$
整理すると　　$x^2 + 6x - 13 = 0$
よって　　　　$x = -3 \pm \sqrt{3^2 - 1 \cdot (-13)} = -3 \pm \sqrt{22}$
$x > 0$ であるから　　$x = AE = \sqrt{22} - 3$

(4)　求める面積は
$$\triangle ABD + \triangle ADE = \dfrac{1}{2} \cdot 7 \cdot 7 \sin 60° + \dfrac{1}{2} \cdot 6(\sqrt{22}-3) \sin 120°$$
$$= \dfrac{49\sqrt{3}}{4} + \dfrac{6(\sqrt{22}-3)\sqrt{3}}{4}$$
$$= \dfrac{31\sqrt{3} + 6\sqrt{66}}{4}$$

$\Leftarrow$ 円に内接する四角形
　の対角の和は　180°

別解　(2)　$\triangle ABD$ において，余弦定理により
$7^2 = 7^2 + AD^2 \\ \qquad -2 \cdot 7 \cdot AD \cos 60°$
よって　$AD(AD - 7) = 0$
$AD > 0$ であるから
$\qquad AD = 7$

$\Leftarrow AD^2 = AE^2 + DE^2 \\ \qquad -2AE \cdot DE \cos \angle AED$

$\Leftarrow$ 解の公式を利用。

$\Leftarrow 4^2 < 22 < 5^2$ から
$4 < \sqrt{22} < 5$

$\Leftarrow \sin 60° = \sin 120° \\ \qquad = \dfrac{\sqrt{3}}{2}$

7章

EX

EX
⑤**83** △ABC において，$a^2\cos A\sin B = b^2\cos B\sin A$ が成り立つとき，△ABC はどのような形をしているか。 〔横浜国大〕

余弦定理により

$$\cos A = \frac{b^2+c^2-a^2}{2bc}, \quad \cos B = \frac{c^2+a^2-b^2}{2ca}$$

また，△ABC の外接円の半径を R とすると，正弦定理により

$$\sin A = \frac{a}{2R}, \quad \sin B = \frac{b}{2R}$$

これらを与えられた等式に代入して

$$a^2 \cdot \frac{b^2+c^2-a^2}{2bc} \cdot \frac{b}{2R} = b^2 \cdot \frac{c^2+a^2-b^2}{2ca} \cdot \frac{a}{2R}$$

よって　　$a^2(b^2+c^2-a^2) = b^2(c^2+a^2-b^2)$

両辺を展開して整理すると

$$a^4 - b^4 - a^2c^2 + b^2c^2 = 0$$

ゆえに　　$(a^2+b^2)(a^2-b^2) - c^2(a^2-b^2) = 0$

よって　　$(a^2-b^2)(a^2+b^2-c^2) = 0$

ゆえに　　$a^2-b^2=0$ 　または　 $a^2+b^2-c^2=0$

ここで，$a^2-b^2=0$ から 　　$a^2=b^2$

$a>0$，$b>0$ であるから　　$a=b$

したがって　　$a=b$ 　または　 $a^2+b^2=c^2$

以上から，△ABC は，

　　BC=CA の二等辺三角形，または ∠C=90° の直角三角形

である。

CHART

三角形の辺や角で
表された等式
辺だけの関係に もち込
む

⟸ 両辺に $4cR$ を掛けて，
　分母を払う。

⟸ a^2-b^2 が共通因数。

⟸ $a^2-b^2=0$ から
　$(a+b)(a-b)=0$
　$a+b>0$ であるから
　$a-b=0$
　よって　$a=b$

TR
①**144**　次のデータは，ある高校のクラス 30 人の名字の画数を調べたものである。

18	9	19	15	10	15	8	17	11	21	9	26	23	13	31
14	9	27	10	11	9	17	18	19	11	6	12	15	18	11	(画)

(1)　5 画以上 10 画未満を階級の 1 つとして，どの階級の幅も 5 画である度数分布表を作れ。
(2)　(1)の度数分布表をもとにして，ヒストグラムをかけ。
(3)　名字の画数が 20 画以下の生徒は何人いるか。

(1)

階　級（画）	度数
5 以上 10 未満	6
10 ～ 15	9
15 ～ 20	10
20 ～ 25	2
25 ～ 30	2
30 ～ 35	1
計	30

(2)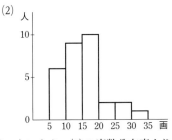

(1)　階級の境界にあたる 5 画，10 画，15 画，……，35 画の入る階級をはっきりさせておく。

a 以上，a 以下は a を含み，a 未満は a を含まない。

(3)　名字の画数が 20 画の人はいないから，(1)の度数分布表より
　　　　$6+9+10=$ **25**(人)

⬅ 20 画の人の扱いに注意。

TR
②**145**　(1)　次のデータの平均値を求めよ。
　　　　6, 8, 22, 18, 2, 6, 11, 0, 17, 7, 2, 14, 8, 11, 4, 8
　　(2)　7 個の値 1, 5, 8, 12, 17, 25, a からなるデータの平均値が 12 であるとき，a の値を求めよ。

(1)　$\dfrac{1}{16}(6+8+22+18+2+6+11+0$
　　　　　　$+17+7+2+14+8+11+4+8)$

　$=\dfrac{144}{16}=$ **9**

⬅ データの平均値
　$=\dfrac{データの総和}{データの大きさ}$

(2)　データの平均値が 12 であるから
　　　　$\dfrac{1}{7}(1+5+8+12+17+25+a)=12$

　よって　　$68+a=84$
　したがって　　$a=$ **16**

⬅ データの平均値
　$=\dfrac{データの総和}{データの大きさ}$

TR
①**146**　右の表は，A 市の 1 日の平均気温を 1 か月間測定した結果の度数分布表である。このデータの最頻値を求めよ。

階級（℃）	度数
14 以上 16 未満	2
16 ～ 18	6
18 ～ 20	16
20 ～ 22	5
22 ～ 24	2
計	31

度数が最も大きい階級は，18 以上 20 未満（℃）の階級であり，
その階級の階級値は　　$\dfrac{18+20}{2}=19$（℃）

よって，このデータの最頻値は　　**19 ℃**

⬅ 階級値 … 階級の真ん中の値。

8章
TR

TR
①**147** 次のデータ①は、生徒7人のある日曜日の睡眠時間である。
   ①： 410, 360, 440, 420, 390, 450, 400 （分）
   (1) データ①の中央値を求めよ。
   (2) データ①に、右の3人分の睡眠時間の値を加えたデータを②とするとき、データ②の中央値を求めよ。　　420, 360, 430 （分）

(1) データ①を値の大きさの順に並べると
   360, 390, 400, 410, 420, 440, 450
   よって、データ①の中央値は　**410分**

(2) データ②を値の大きさの順に並べると
   360, 360, 390, 400, 410, 420, 420, 430, 440, 450
   よって、データ②の中央値は　$\dfrac{410+420}{2}=$**415（分）**

> (1) データの大きさは7で**奇数** ⟶ 小さい方から4番目の値が中央値。
>
> (2) データの大きさは10で偶数 ⟶ 小さい方から5番目と6番目の値の平均が中央値。

TR
①**148** 次のデータは、A市とB市における、ある10日間の降雪量である。
   A市　3, 10, 8, 25, 7, 2, 12, 35, 5, 18 （cm）
   B市　5, 20, 16, 34, 10, 3, 12, 52, 6, 23 （cm）
   (1) A市のデータの第1四分位数、第2四分位数、第3四分位数を求めよ。
   (2) A市のデータの四分位範囲と四分位偏差を求めよ。
   (3) A市のデータとB市のデータでは、どちらの方がデータの散らばりの度合いが大きいか。四分位範囲を利用して判断せよ。

(1) A市のデータを値の大きさの順に並べると
   2, 3, 5, 7, 8, 10, 12, 18, 25, 35
   よって　$Q_2=\dfrac{8+10}{2}=$**9(cm)**,
   $Q_1=$**5(cm)**,　$Q_3=$**18(cm)**

(2) **四分位範囲は**　$Q_3-Q_1=18-5=$**13(cm)**
   四分位偏差は　$\dfrac{Q_3-Q_1}{2}=\dfrac{13}{2}=$**6.5(cm)**

(3) B市のデータを値の大きさの順に並べると
   3, 5, 6, 10, 12, 16, 20, 23, 34, 52
   よって、B市のデータの四分位数について
   $Q_1=$**6(cm)**,　$Q_3=$**23(cm)**
   B市のデータの四分位範囲は　$Q_3-Q_1=$**17(cm)**
   B市のデータの四分位範囲の方が大きいから、**B市のデータの方が散らばりの度合いが大きい**と考えられる。

> 下組
> ○○○○ 8
> 上組
> 10 ○○○○
> ↑ Q_2
>
> 下組　2, 3, 5, 7, 8
> ↑ Q_1
>
> 上組　10, 12, 18, 25, 35
> ↑ Q_3
>
> (3) A市、B市のデータの範囲がそれぞれ 33(=35-2)、49(=52-3) であることに注目しても、B市のデータの方が散らばりの度合いが大きいことがわかる。

TR
②**149** ★ 右のヒストグラムに対応する箱ひげ図を、下の①～③から選べ。

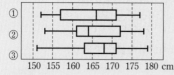

（ヒストグラムで、階級は150 cm以上155 cm未満、155 cm以上160 cm未満、……のようにとっている。）

データの最小値は 150 cm 以上 155 cm 未満の階級，
最大値は 175 cm 以上 180 cm 未満の階級　にある。
また，データの大きさは 30 であるから，データの値を大きさ
の順に並べたとき，

第 1 四分位数は小さい方から 8 番目，
中央値（第 2 四分位数）は小さい方から 15 番目と
16 番目の値の平均値，
第 3 四分位数は小さい方から 23 番目の値

である。
よって，

第 1 四分位数は 160 cm 以上 165 cm 未満の階級，
中央値は 165 cm 以上 170 cm 未満の階級，
第 3 四分位数は 170 cm 以上 175 cm 未満の階級

にある。
したがって，箱ひげ図として最も適当なものは　　③

⟵ 箱ひげ図 ①～③ はす
べて＿＿を満たす。

TR
②**150**　■ 右の図は，ある商店における，商品Aと商品Bの 30 日間にわ
たる販売数のデータの箱ひげ図である。この箱ひげ図から読みと
れることとして正しいものを，次の ①～③ からすべて選べ。
① 商品Aの販売数の第 3 四分位数は，商品Bの販売数の中央値
よりも小さい。
② 30 日間すべてにおいて，商品Aは 5 個以上，商品Bは 15 個
以上売れた。
③ 商品A，Bともに，20 個以上売れた日が 7 日以上ある。

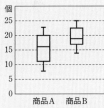

① 商品Aの販売数の第 3 四分位数は　　$Q_3 = 20$
商品Bの販売数の中央値は，20 より小さいから
（商品Aの Q_3）＞（商品Bの Q_2）
よって，① は正しくない。
② 商品Aのデータの最小値は 5 個より大きいから，30 日間
すべてにおいて商品Aは 5 個以上売れたが，商品Bのデータ
の最小値は 15 個より小さいから，商品Bの販売数が 15 個未
満の日が少なくとも 1 日ある。よって，② は正しくない。
③ 商品A，Bの販売数の第 3 四分位数はともに 20 以上で，
これはデータの大きい方から 8 番目の値である。
よって，③ は正しい。
以上から，正しいものは　　③

最大値
Q_3
中央値(Q_2)
Q_1
最小値

⟵ すなわち，8 日間は
20 個以上売れている。

TR
①**151**　海外の 8 つの都市について，成田空港からのおよその飛行時間 x を調べたところ，次のようなデー
タが得られた。

7, 5, 7, 6, 8, 7, 10, 6　（時間）

このデータの分散と標準偏差を求めよ。ただし，必要ならば小数第 2 位を四捨五入せよ。

平均値 $\bar{x}$ は　　$\bar{x} = \dfrac{1}{8}(7+5+7+6+8+7+10+6)$

$= \dfrac{56}{8} = 7$（時間）

⟵ $\dfrac{データの総和}{データの大きさ}$

8章

TR

x	7	5	7	6	8	7	10	6	計 56
$x-\bar{x}$	0	-2	0	-1	1	0	3	-1	計 0
$(x-\bar{x})^2$	0	4	0	1	1	0	9	1	計 16

←$x-\bar{x}$ の合計は 0

よって，**分散** s^2 は $\qquad s^2=\dfrac{16}{8}=2$

←**分散**
=偏差の 2 乗の平均値

ゆえに，**標準偏差** s は $\qquad s=\sqrt{2}=1.414\cdots\fallingdotseq\mathbf{1.4}$（時間）

←標準偏差の単位は，
もとのデータの単位と
同じ。

TR
①**152**
変量 x のデータの値が x_1, x_2, x_3, ……, x_n のとき，その平均値を $\bar{x}$，分散を s^2 とし，$\overline{x^2}$ は $x_1{}^2$, $x_2{}^2$, $x_3{}^2$, ……, $x_n{}^2$ の平均値を表すとすると，分散の公式 $s^2=\overline{x^2}-(\bar{x})^2$ が成り立つ。この公式を利用して，6 個の値 10, 7, 8, 0, 4, 2 からなるデータの分散を求めよ。ただし，小数第 2 位を四捨五入せよ。

6 個のデータの平均値は

$$\frac{1}{6}(10+7+8+0+4+2)=\frac{31}{6}$$

よって，分散は

$$\frac{1}{6}(10^2+7^2+8^2+0^2+4^2+2^2)-\left(\frac{31}{6}\right)^2=\frac{233}{6}-\frac{961}{36}$$

←（x^2 のデータの平均値）
$-$（x のデータの平均値）^{2}

$$=\frac{437}{36}\fallingdotseq\mathbf{12.1}$$

TR
①**153**
下の表は，10 種類のパンに関する，定価と売上個数のデータである。

種類	①	②	③	④	⑤	⑥	⑦	⑧	⑨	⑩
定価（円）	120	100	110	130	105	120	100	110	130	105
売上個数（個）	45	65	48	25	32	30	53	40	35	60

これらについて，散布図をかき，定価と売上個数に相関があるかどうかを調べよ。また，相関がある場合には，正・負のどちらの相関であるかをいえ。

散布図は，**右図**。
定価が上がると売上個数が減少する傾向がみられるから，定価と売上個数には**負の相関がある**。

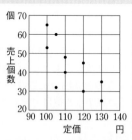

(参考) この問題のデータの相関係数は -0.73 である（小数第 3 位を四捨五入した）。

TR
①**154**
★ (1) 2 つの変量 x, y について，x の標準偏差が 1.2，y の標準偏差が 2.5，x と y の共分散が 1.08 であるとき，x と y の相関係数を求めよ。

(2) 下の表は，10 人の生徒に 10 点満点のテスト A，B を行った結果である。A，B の得点の相関係数を求めよ。必要ならば小数第 3 位を四捨五入せよ。

生徒の番号	①	②	③	④	⑤	⑥	⑦	⑧	⑨	⑩
テスト A	8	9	6	2	10	3	8	4	1	9
テスト B	2	2	5	5	2	5	4	4	7	4

相関係数を r とする。

(1)　$r = \dfrac{1.08}{1.2 \times 2.5} = \dfrac{108}{12 \times 25} = \mathbf{0.36}$

(2)　A の得点を x，B の得点を y とする。

x，y の平均値 $\overline{x}$，$\overline{y}$ は

$$\overline{x} = \frac{1}{10} \times 60 = 6, \quad \overline{y} = \frac{1}{10} \times 40 = 4$$

番号	x	y	$x-\overline{x}$	$y-\overline{y}$	$(x-\overline{x})(y-\overline{y})$	$(x-\overline{x})^2$	$(y-\overline{y})^2$
①	8	2	2	-2	-4	4	4
②	9	2	3	-2	-6	9	4
③	6	5	0	1	0	0	1
④	2	5	-4	1	-4	16	1
⑤	10	2	4	-2	-8	16	4
⑥	3	5	-3	1	-3	9	1
⑦	8	4	2	0	0	4	0
⑧	4	4	-2	0	0	4	0
⑨	1	7	-5	3	-15	25	9
⑩	9	4	3	0	0	9	0
計	60	40			-40	96	24

上の表から　$r = \dfrac{-40}{\sqrt{96} \cdot \sqrt{24}} = \dfrac{-40}{4\sqrt{6} \times 2\sqrt{6}} = -\dfrac{5}{6} \fallingdotseq \mathbf{-0.83}$

8章

TR

TR
①**155**　ある会社では，既に販売しているボールペン A を改良したボールペン B を開発した。書きやすさを評価してもらうために，無作為に選んだ 20 人に，A と B のどちらが書きやすいかのアンケートを行った結果，12 人が B と回答した。このアンケート結果から，B の方が書きやすいと消費者から評価されていると判断してよいか。基準となる確率を 0.05 とし，次のコイン投げの実験の結果を利用して考察せよ。

　　実験　公正な 1 枚のコインを投げ，そして，コイン投げを 20 回行うことを 1 セットとし，1 セットで表の出た枚数を記録する。
　　　　　この実験を 200 セット繰り返したところ，次の表のような結果となった。

表の枚数	5	6	7	8	9	10	11	12	13	14	15	16	計
度数	4	10	15	19	27	33	29	26	21	12	3	1	200

「主張：B の方が書きやすい」に対する次の仮説を立てる。
　　　仮説：A と B の書きやすさに差はない。
　　　　　　つまり，A と回答する場合と B と回答する場合
　　　　　　が半々の確率で起こる。

ここで，コインの表が出る場合を，B と回答する場合とする。
コイン投げの実験結果において，12 枚以上表が出たのは，200
セットのうち，$26+21+12+3+1=63$ セットであり，相対度
数は　　　$63 \div 200 = 0.315$
これは基準の確率 0.05 より大きい。
したがって，仮説は正しくない，とは判断できない。
よって，最初の主張が正しいとは判断できない。つまり，「**B
の方が書きやすい**」と評価されているとは**判断できない**。

注意　仮説のもとで計算した確率が，基準となる確率より大きいとき，仮説が正しいと言えるわけではない。

TR ③156

★ 次のデータはある 8 店舗での，1 kg あたりのみかんの価格である。ただし，a の値は自然数である。

$$530,\ 550,\ 499,\ 560,\ 550,\ 555,\ 500,\ a\quad(円)$$

a の値がわからないとき，8 店舗の価格の中央値として何通りの値がありうるか。

店舗数が 8 であるから，安い方から 4 番目と 5 番目の価格の平均が中央値となる。

a 以外の価格を安い方から順に並べると

$$499,\ 500,\ \underline{530},\ \underline{550},\ 550,\ 555,\ 560$$

$a \leqq \underline{530}$ のとき，価格の中央値は　$\dfrac{530+550}{2}=540\,(円)$

$a \geqq \underline{550}$ のとき，価格の中央値は　$\dfrac{550+550}{2}=550\,(円)$

$\underline{530<a<550}$ のとき，価格の中央値は a 円と 550 円の平均

$\dfrac{a+550}{2}$ であり，$530<a<550$ を満たす自然数 a の値は

$$a=531,\ 532,\ \cdots\cdots,\ 549$$

よって，価格の中央値は $1+1+(549-531+1)=\mathbf{21\,(通り)}$ の値がありうる。

CHART 中央値
データを値の大きさの順に並べて判断

← この場合の中央値
　≒540 円，≒550 円

← 531 以上 549 以下の整数の個数は
　$549-531+1$

TR ④157

★ 次のデータは，ある遊園地の「迷路」に挑戦した 8 人の高校生について，何分で抜け出すことができたかを調べたものである。

$$7,\ 16,\ 11,\ 8,\ 12,\ 15,\ 10,\ 9\quad(分)$$

(1) このデータの平均値を求めよ。

(2) このデータの一部に記録ミスがあり，正しくは 16 分が 15 分，11 分が 8 分，9 分が 13 分であった。この誤りを修正したときのデータの平均値，中央値，分散は修正前より増加するか，減少するか，一致するかそれぞれ答えよ。

(1) $\dfrac{1}{8}(7+16+11+8+12+15+10+9)=\dfrac{88}{8}=\mathbf{11\,(分)}$

(2) 修正した 3 つの値の総和について，修正前は $16+11+9=36$，修正後は $15+8+13=36$ である。

データの総和は変わらないから，修正後の **平均値は修正前と一致する**。

また，中央値は，データを値の大きさの順に並べたときの 4 番目と 5 番目の値の平均である。小さい方から 4 番目と 5 番目の値は，修正前は 10，11 であり，修正後は 10，12 となるから，修正後の **中央値は修正前より増加する**。

さらに，修正した 3 つの値の，偏差の 2 乗の総和について

修正前は　$(16-11)^2+(11-11)^2+(9-11)^2=25+4=29$

修正後は　$(15-11)^2+(8-11)^2+(13-11)^2=16+9+4=29$

ゆえに，偏差の 2 乗の総和は変わらないから，修正後の **分散は修正前と一致する**。

← 修正のある 3 つの値について，どれだけ変化するか調べる。

← 修正前 7，8，9，10，
　　11，12，15，16
　修正後 7，8，8，10，
　　12，13，15，15

TR
④**158**
男子 5 人，女子 5 人からなる 10 人のグループについて，1 か月の読書時間を調べたところ，男子 5 人の読書時間の平均値は 9，分散は 13.2 であり，女子 5 人の読書時間の平均値は 10，分散は 42.8 であった。このとき，グループ全体での読書時間の平均値は ア□□ であり，分散は イ□□ である。　　　　　　　　　　　　　　　　　　　　　　　　　　　　　　　　　[類 北里大]

グループ全体の読書時間の平均値は

$$\frac{1}{10}(9\times5+10\times5)={}^{\text{ア}}\textbf{9.5}$$

男子 5 人について，読書時間の 2 乗の平均値を $\overline{x^2}$ とすると

$$\overline{x^2}-9^2=13.2 \qquad \text{よって} \qquad \overline{x^2}=94.2$$

女子 5 人について，読書時間の 2 乗の平均値を $\overline{y^2}$ とすると

$$\overline{y^2}-10^2=42.8 \qquad \text{ゆえに} \qquad \overline{y^2}=142.8$$

よって，グループ全体の読書時間の 2 乗の総和は

$$94.2\times5+142.8\times5=1185$$

ゆえに，グループ全体の読書時間の分散は

$$\frac{1185}{10}-9.5^2=118.5-90.25={}^{\text{イ}}\textbf{28.25}$$

⬅ グループ全体の読書
　時間の総和は
　　$9\times5+10\times5$
⬅ (x のデータの分散)
　$=(x^2$ のデータの平均値)
　　$-(x$ のデータの平均値$)^2$

TR
④**159**
★ 右の変量 x のデータについて，次の問いに答えよ。　　　x：810, 850, 820, 840, 820, 810

(1) $y=x-830$ とおくことにより，変量 x の平均値 $\overline{x}$ を求めよ。

(2) $u=\dfrac{x-830}{10}$ とおくことにより，変量 x の分散 $s_x{}^2$，標準偏差 s_x を求めよ。

(1) x の各値とそれに対応する y の各値は，右のようになる。
よって，y の平均値 $\overline{y}$ は

x	810	850	820	840	820	810	計
y	-20	20	-10	10	-10	-20	-30

$$\overline{y}=\frac{1}{6}\times(-30)=-5$$

$y=x-830$ より，$x=y+830$ であるから

$$\overline{x}=\overline{y}+830=-5+830=\textbf{825}$$

⬅ $y=ax+b$ のとき
　$\overline{y}=a\overline{x}+b$

(2) x の各値とそれに対応する u，u^2 の各値は右のようになる。
ゆえに，u の分散 $s_u{}^2$ は

x	810	850	820	840	820	810	計
u	-2	2	-1	1	-1	-2	-3
u^2	4	4	1	1	1	4	15

$$s_u{}^2=\overline{u^2}-(\overline{u})^2=\frac{15}{6}-\left(\frac{-3}{6}\right)^2$$

$$=\frac{5}{2}-\frac{1}{4}=\frac{9}{4}$$

⬅ (分散)$=(u^2$ の平均値)
　　$-(u$ の平均値$)^2$

u の標準偏差 s_u は　　$\sqrt{\dfrac{9}{4}}=\dfrac{3}{2}$

$u=\dfrac{x-830}{10}$ より，$x=10u+830$ であるから

$$s_x{}^2=10^2 s_u{}^2=100\cdot\frac{9}{4}=\textbf{225}$$

$$s_x=10\cdot s_u=10\cdot\frac{3}{2}=\textbf{15}$$

⬅ $y=ax+b$ のとき
　$s_y{}^2=a^2 s_x{}^2$
　$s_y=|a|s_x$

EX
①**84**

右のヒストグラムは，ある高校の生徒 25 人について，この 1
週間における路線バスの利用日数を調査した結果である。
(1) 利用日数の最頻値，中央値を求めよ。
(2) 利用日数の平均値を求めよ。

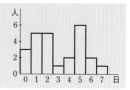

(1) このヒストグラムから，**最頻値は　5 日**
中央値は，利用日数が少ない方から $\underset{\sim}{13}$ 番目の値である。
利用日数が 0 日，1 日，2 日の生徒はそれぞれ 3 人，5 人，5 人
であり　　$3+5+5=\underset{\sim}{13}$
よって，**中央値は　2 日**

◀棒の一番高い部分に
注目。
◀データの大きさは 25

(2) 平均値は
$$\frac{1}{25}(0\times3+1\times5+2\times5+3\times1+4\times2+5\times6+6\times2+7\times1)$$
$$=\frac{75}{25}=3\ (日)$$

◀平均値
$$=\frac{データの総和}{データの大きさ}$$

EX
③**85**

★ 99 個の観測値からなるデータがある。四分位数について述べた記述で，どのようなデータで
も成り立つものを次の ⓪〜⑤ のうちから 2 つ選べ。
⓪ 平均値は第 1 四分位数と第 3 四分位数の間にある。
① 四分位範囲は標準偏差より大きい。
② 中央値より小さい観測値の個数は 49 個である。
③ 最大値に等しい観測値を 1 個削除しても第 1 四分位数は変わらない。
④ 第 1 四分位数より小さい観測値と，第 3 四分位数より大きい観測値とをすべて削除すると，
残りの観測値の個数は 51 個である。
⑤ 第 1 四分位数より小さい観測値と，第 3 四分位数より大きい観測値とをすべて削除すると，
残りの観測値からなるデータの範囲はもとのデータの四分位範囲に等しい。

[センター試験]

⓪ 平均値が第 1 四分位数と第 3 四分位数の間にない場合もあ
る。
(参考) を参照
よって，正しくない。
① 四分位範囲が標準偏差より小さい場合もある。
(参考) を参照
よって，正しくない。
② 観測値を大きさの順に並べて，小さい方から 50 番目の値
が中央値である。
小さい方から 49 番目の値が中央値と等しい場合もあり，そ
の場合，中央値より小さい観測値の個数は 48 個以下になる。
よって，正しくない。
③ 最大値に等しい観測値を 1 個削除すると，残りの観測値か
らなるデータの大きさは 98 であり，そのデータの第 1 四分
位数は値の小さい方から 25 番目の値である。

◀データの大きさは 99
で奇数であるから，小
さい方から 50 番目の
値が中央値である。

これはもとのデータの第 1 四分位数と同じである。

よって，正しい。

④　第 1 四分位数に等しい観測値が 2 個以上ある場合，第 1 四分位数より小さい観測値と，第 3 四分位数より大きい観測値とをすべて削除した残りの観測値の個数は 52 個以上になることがある。

よって，正しくない。

⑤　第 1 四分位数より小さい観測値と，第 3 四分位数より大きい観測値とをすべて削除すると，残りの観測値からなるデータの最大値，最小値は，それぞれもとのデータの第 3 四分位数，第 1 四分位数に等しい。

ゆえに，残りの観測値からなるデータの範囲は，もとのデータの四分位範囲に等しい。

よって，正しい。

以上から，どのようなデータでも成り立つものは　　③，⑤

(参考)　98 個の観測値が 0 で，残りの 1 個の観測値が 99 であるデータを考えると

$$平均値は　\frac{98 \cdot 0 + 99}{99} = 1,$$

$$第 1 四分位数は 0,　　第 3 四分位数は 0$$

また，四分位範囲は　　$0 - 0 = 0$

$$標準偏差は　\sqrt{\frac{1}{99}\{98 \cdot (0-1)^2 + (99-1)^2\}} = \sqrt{98}$$
$$= 7\sqrt{2}$$

◀データの大きさが 99 のとき，第 1 四分位数は下組 (49 個のデータ) の中央値，すなわち小さい方から 25 番目の値である。

8章

EX

◀観測値が 0 のデータの偏差の 2 乗は $(0-1)^2$

EX
④86

★ あるクラスの生徒 10 人について行われた 50 点満点の漢字の「読み」と「書き取り」のテストの得点を，それぞれ変量 x，変量 y とする。右の図は，変量 x と変量 y の散布図である。また，生徒 10 人の変量 x のデータは次の通りであった（単位は点）。

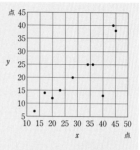

13, 17, 20, 23, 28, 34, 36, 40, 44, 45

(1) 変量 x のデータの平均値と中央値を求めよ。
(2) 変量 x の値が 40 点，変量 y の値が 13 点となっている生徒の変量 y の値は誤りであることがわかり，正しい値 32 点に修正した。修正前，修正後の変量 y のデータの中央値をそれぞれ求めよ。
(3) (2) のとき，修正前の x と y の相関係数を r_1，修正後の x と y の相関係数を r_2 とする。値の組 (r_1, r_2) として正しいものを，次の①〜④から選べ。
　① (0.82, 0.98) ② (0.98, 0.82) ③ (−0.82, −0.98) ④ (−0.98, −0.82)

(1)　x のデータの**平均値は**

$$\frac{1}{10}(13+17+20+23+28+34+36+40+44+45)$$

$$=\frac{300}{10}=\mathbf{30}\,(\text{点})$$

また，x のデータの**中央値は**　　$\dfrac{28+34}{2}=\mathbf{31}\,(\text{点})$

← データの総和／データの大きさ

← データの大きさは 10 ⟶ 中央値は小さい方から 5 番目と 6 番目の値の平均。

(2)　**修正前**の変量 y のデータの，小さい方から 5，6 番目の値は，散布図よりそれぞれ 15，20 であるから，中央値は

$$\frac{15+20}{2}=\mathbf{17.5}\,(\text{点})$$

修正後の変量 y のデータの，小さい方から 5，6 番目の値は，散布図よりそれぞれ 20，25 であるから，中央値は

$$\frac{20+25}{2}=\mathbf{22.5}\,(\text{点})$$

(3)　修正前，修正後とも，x の値が増加すると，y の値も増加する傾向がみられるから，x と y には正の相関がある。
よって　　$r_1>0,\ r_2>0$
また，修正後，散布図の点はより右上がりの直線に沿うように分布する。　ゆえに　　$r_2>r_1$
これらを満たす (r_1, r_2) の組は　　**①**

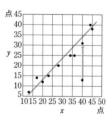

EX
④87

20 個の値からなるデータがあり，平均値は 7 で，分散は 20 である。そのうちの 10 個の値の平均値が 5，分散が 15 であるとき，残りの 10 個の値の平均値は ${}^{\mathcal{7}}\boxed{}$ であり，分散は ${}^{\mathcal{1}}\boxed{}$ である。

[成蹊大]

残りの 10 個の値の平均値は　　$\dfrac{7\times20-5\times10}{10}=\dfrac{90}{10}={}^{\mathcal{7}}\mathbf{9}$

平均値が 5，分散が 15 である 10 個のデータを $x_1, x_2, \cdots\cdots,$ x_{10}，残りの 10 個のデータを $x_{11}, x_{12}, \cdots\cdots, x_{20}$ とする。

$$15 = \frac{x_1{}^2 + x_2{}^2 + \cdots\cdots + x_{10}{}^2}{10} - 5^2$$ であるから

$$x_1{}^2 + x_2{}^2 + \cdots\cdots + x_{10}{}^2 = (15 + 5^2) \times 10 = 400 \quad \cdots\cdots ①$$

←10 個の値の平均値が 5，分散が 15 である。

$$20 = \frac{x_1{}^2 + x_2{}^2 + \cdots\cdots + x_{20}{}^2}{20} - 7^2$$ であるから

$$x_1{}^2 + x_2{}^2 + \cdots\cdots + x_{20}{}^2 = (20 + 7^2) \times 20 = 1380 \quad \cdots\cdots ②$$

←20 個の値の平均値は 7，分散は 20 である。

①，② から　　$x_{11}{}^2 + x_{12}{}^2 + \cdots\cdots + x_{20}{}^2 = 1380 - 400 = 980$

よって，残りの 10 個の値の分散は

$$\frac{x_{11}{}^2 + x_{12}{}^2 + \cdots\cdots + x_{20}{}^2}{10} - 9^2 = 98 - 81$$
$$= {}^\prime 17$$

←残りの 10 個の値について
(2 乗の平均値)
ー(平均値)²

EX
⑤**88**
★　4 人が 50 点満点のゲームを行ったときの得点は，a，43，b，c（点）であった。ただし，a，b，c は整数値で，$0 < c < b < 43 < a$ である。この得点のデータの平均値が 43 点，分散が 6.5，範囲が 7 点であったとき，次の問いに答えよ。
(1) $x = a - 43$，$y = b - 43$，$z = c - 43$ とするとき，$x + y + z$，$x^2 + y^2 + z^2$ の値を求めよ。
(2) a，b，c の値を求めよ。　　　　　　　　　　　　　　　［類 センター試験］

(1)　平均値が 43 点であるから
$$\frac{1}{4}(a + 43 + b + c) = 43$$
よって　　　　　　$a + b + c + 43 = 4 \cdot 43$
ゆえに　　　　　　$a + b + c - 3 \cdot 43 = 0$
よって　　　　　　$(a - 43) + (b - 43) + (c - 43) = 0$
すなわち　　　　**$x + y + z = 0$** …… ①
また，分散が 6.5 であるから

$x = a - 43$，$y = b - 43$，$z = c - 43$ としているから，仮平均を 43 点として仮平均との差を考えているのと同じことである。

$$\frac{1}{4}\{(a - 43)^2 + (43 - 43)^2 + (b - 43)^2 + (c - 43)^2\} = 6.5$$
ゆえに　　　　$(a - 43)^2 + (b - 43)^2 + (c - 43)^2 = 26$
すなわち　　　**$x^2 + y^2 + z^2 = 26$** …… ②

←**分散**
＝偏差の 2 乗の平均値

(2)　範囲について　　$x - z = (a - 43) - (c - 43) = a - c = 7$
よって　　　　　　$x = z + 7$　　　…… ③
③ を ① に代入して　　$z + 7 + y + z = 0$
ゆえに　　　　　　$y = -2z - 7$ …… ④
③，④ を ② に代入して　　$(z + 7)^2 + (-2z - 7)^2 + z^2 = 26$
整理すると　　　$z^2 + 7z + 12 = 0$
よって　　　　　$(z + 3)(z + 4) = 0$
ゆえに　　　　　$z = -3,\ -4$
③，④ から　　$z = -3$ のとき　　$x = 4,\ y = -1$
　　　　　　　　$z = -4$ のとき　　$x = 3,\ y = 1$
$c < b < 43 < a$ から　　$z < y < 0 < x$
これを満たす x，y，z の値は　　$x = 4,\ y = -1,\ z = -3$
よって　　　$a = x + 43 = \mathbf{47}$，$b = y + 43 = \mathbf{42}$，$c = z + 43 = \mathbf{40}$

←**範囲**
＝最大値ー最小値

←$6z^2 + 42z + 72 = 0$

←$c < b < 43 < a$ から
$c - 43 < b - 43 < 0 < a - 43$
すなわち　$z < y < 0 < x$

EX
⑤**89**

☆ 0または正の値だけとるデータの散らばりの大きさを比較するために,

変動係数＝$\dfrac{標準偏差}{平均値}$ で定義される「変動係数」を用いる。ただし,平均値は正の値とする。

昭和25年と平成27年の国勢調査の女の年齢データから表1を得た。

表1 平均値,標準偏差および変動係数

	人数(人)	平均値(歳)	標準偏差(歳)	変動係数
昭和25年	42,385,487	27.2	20.1	V
平成27年	63,403,994	48.1	24.5	0.509

次の ⁷□ に当てはまるものを,下の ⓪～② のうちから1つ選べ。

昭和25年の変動係数 V と平成27年の変動係数との大小関係は ⁷□ である。

⓪ $V<0.509$　　① $V=0.509$　　② $V>0.509$

次の ⁴□, ⁷□ に当てはまる最も適切なものを,下の ⓪～③ のうちから1つずつ選べ。ただし,同じものを繰り返し選んでもよい。

・平成27年の年齢データの値すべてを100倍する。このとき,変動係数は ⁴□。
・平成27年の年齢データの値すべてに100を加える。このとき,変動係数は ⁷□。

⓪ 小さくなる　　① 変わらない　　② 10倍になる　　③ 100倍になる　　〔センター試験〕

昭和25年の変動係数は　　$V=\dfrac{20.1}{27.2}$

よって　　$V>0.509$　　(⁷②)

平成27年の年齢データの値すべてを100倍すると,平均値はもとのデータの平均値の100倍になるから　　100×48.1

各値の偏差は,もとのデータの偏差の100倍になるから,分散はもとのデータの分散の100^2倍になる。

ゆえに,標準偏差はもとのデータの標準偏差の100倍になるから

$$100\times24.5$$

よって,変動係数は　　$\dfrac{100\times24.5}{100\times48.1}=\dfrac{24.5}{48.1}(=0.509)$

ゆえに,変動係数は変わらない。(⁴①)

平成27年の年齢データの値すべてに100を加えると,平均値はもとのデータの平均値に100を加えた値になるから

$$48.1+100$$

各値の偏差は,もとのデータの偏差と等しくなるから,分散はもとのデータの分散と等しい。

よって,標準偏差はもとのデータの標準偏差と等しいから

$$24.5$$

ゆえに,変動係数は　　$\dfrac{24.5}{48.1+100}<\dfrac{24.5}{48.1}(=0.509)$

したがって,変動係数は小さくなる。(⁷⓪)

⟸ 例えば,もとのデータの偏差が -3 のとき,その偏差の2乗は9である。また,100倍した後の偏差は -300 となり,偏差の2乗は $(-300)^2$ すなわち 9×100^2 となる。

数学 A TRAINING, EXERCISES の解答

注意 ・章ごとに，TRAINING，EXERCISES の問題と解答をまとめて扱った。
・主に本冊の CHART & GUIDE に対応した箇所を赤字で示した。
・問題番号の左上の数字は，難易度を表したものである。

TR
①1 全体集合 U と，その部分集合 A，B について
$$n(U)=80, \quad n(A)=36, \quad n(B)=24, \quad n(A \cap B)=12$$
であるとき，次の個数を求めよ。
(1) $n(A \cup B)$　　(2) $n(\overline{A})$　　(3) $n(\overline{B})$　　(4) $n(\overline{A \cup B})$　　(5) $n(\overline{A} \cup \overline{B})$

(1) $n(A \cup B) = n(A) + n(B) - n(A \cap B)$
$$= 36 + 24 - 12 = \mathbf{48}$$

(2) $n(\overline{A}) = n(U) - n(A)$
$$= 80 - 36 = \mathbf{44}$$

(3) $n(\overline{B}) = n(U) - n(B)$
$$= 80 - 24 = \mathbf{56}$$

(4) $n(\overline{A \cup B}) = n(U) - n(A \cup B)$
$$= 80 - 48 = \mathbf{32}$$

(5) ド・モルガンの法則より
$\overline{A} \cup \overline{B} = \overline{A \cap B}$ であるから
$$n(\overline{A} \cup \overline{B}) = n(\overline{A \cap B})$$
$$= n(U) - n(A \cap B)$$
$$= 80 - 12 = \mathbf{68}$$

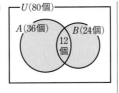

CHART
集合の要素の個数
図（ベン図）をかき，公式
を利用

⟸(1)の結果を代入。

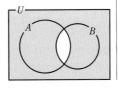

TR
②2 400 以下の自然数のうち，次のような数の個数を求めよ。
(1) 4 の倍数　　　　　　　　　　(2) 4 の倍数でない数
(3) 4 の倍数かつ 10 の倍数　　　(4) 4 の倍数または 10 の倍数

400 以下の自然数全体の集合を U とし，U の部分集合で，4 の
倍数全体の集合を A，10 の倍数全体の集合を B とすると
$$A=\{4 \cdot 1, \ 4 \cdot 2, \ \cdots\cdots, \ 4 \cdot 100\}, B=\{10 \cdot 1, \ 10 \cdot 2, \ \cdots\cdots, \ 10 \cdot 40\}$$

(1) $n(A) = \mathbf{100}$（個）

(2) 4 の倍数でない数全体の集合は $\overline{A}$ である。
よって　$n(\overline{A}) = n(U) - n(A) = 400 - 100 = \mathbf{300}$（個）

(3) 4 の倍数かつ 10 の倍数全体の集合は $A \cap B$ である。
$A \cap B$ は 20 の倍数全体の集合であるから
$$A \cap B = \{20 \cdot 1, \ 20 \cdot 2, \ \cdots\cdots, \ 20 \cdot 20\}$$
よって　$n(A \cap B) = \mathbf{20}$（個）

(4) 4 の倍数または 10 の倍数全体の集合は $A \cup B$ である。
よって　$n(A \cup B) = n(A) + n(B) - n(A \cap B)$
$$= 100 + 40 - 20 = \mathbf{120}$$（個）

⟸・は積を表す記号。
$400 \div 4 = 100$
$400 \div 10 = 40$

⟸20 は 4 と 10 の最小公
倍数。

TR ③3 あるクラスの生徒 50 人のうち，通学に電車を利用している人は 30 人，バスを利用している人は 40 人，両方を利用している人は 26 人である。このクラスで，電車もバスも利用していない人は ^ア□ 人，電車を利用しているが，バスは利用していない人は ^イ□ 人いる。

この 50 人の集合を U とし，電車を利用している人の集合を A，バスを利用している人の集合を B とすると

$$n(A)=30, \quad n(B)=40, \quad n(A \cap B)=26$$

(ア) 電車もバスも利用していない人の集合は $\overline{A} \cap \overline{B}$ であり，ド・モルガンの法則から $\overline{A} \cap \overline{B} = \overline{A \cup B}$ である。

ここで $n(A \cup B) = n(A)+n(B)-n(A \cap B)$
$$= 30+40-26 = 44$$

よって $n(\overline{A} \cap \overline{B}) = n(\overline{A \cup B}) = n(U)-n(A \cup B)$
$$= 50-44 = \mathbf{6}(人)$$

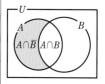

(イ) 電車を利用しているが，バスは利用していない人の集合は $A \cap \overline{B}$ である。

よって $n(A \cap \overline{B}) = n(A)-n(A \cap B)$
$$= 30-26 = \mathbf{4}(人)$$

TR ②4
(1) 1 個のさいころを 3 回投げ，その目の和が 7 となる場合は何通りあるか。
(2) A，B の 2 人が試合を行い，先に 3 勝した方が勝ちである。引き分けはなしで 5 回以内で勝負がつくのは何通りの場合があるか。

(1) 目の和が 7 となるように，1 回目，2 回目，3 回目の目の数を並べる樹形図をかくと，右の図のようになる。
したがって **15 通り**

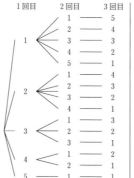

CHART
樹形図
もれなく，重複なく

← 1 個でも 6 が出ると，和は 7 を超えてしまうから，すべての目は 5 以下である。

(2) 5 回以内で勝負がつく場合の樹形図をかくと，右の図のようになる。
したがって **20 通り**

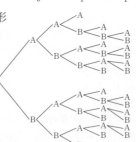

← A，B のどちらかが先に 3 勝したら終わる。

TR ② **5** 1個のさいころを2回投げるとき，目の積が12の倍数となる場合の数は何通りあるか。

目の積が12の倍数となるのは，目の積が12, 24, 36のいずれ
かになる場合である。

さいころの出る目を(1回目，2回目)のように表すと，目の積
が12となるのは (2, 6), (3, 4), (4, 3), (6, 2) の4通り。

目の積が24となるのは (4, 6), (6, 4) の2通り。

目の積が36となるのは (6, 6) の1通り。

よって，和の法則から　　$4+2+1=\boldsymbol{7}$(通り)

◄ 目の積は最大で
　　$6 \times 6 = 36$

◄ 目の積が12となる事
柄をA，24となる事
柄をB，36となる事
柄をCとすると，A
とBとCはどの2つも
同時には起こらない。

TR ② **6**　(1) 大中小3個のさいころを同時に投げるとき，どの目も奇数になる目の出方は何通りあるか。
　(2) 積 $(a+b+c)(x+y)(p+q)$ を展開すると，項は何個できるか。

(1) 大のさいころの目の出方は1, 3, 5の3通りある。そのどの
目に対しても，中のさいころの目の出方は3通り。

さらに，そのどの目の組に対しても小のさいころの目の出方は
3通り。

よって，積の法則からどの目も奇数になる目の出方は

$$3 \times 3 \times 3 = \boldsymbol{27}(通り)$$

(2) a, b, c の中から1つの文字を選び出す方法は　　3通り

そのどの場合に対しても，x, y の中から1つの文字を選び出
す方法は　　2通り

さらに，そのどの場合に対しても，p, q の中から1つの文字
を選び出す方法は　　2通り

よって，積の法則から展開式の項の個数は

$$3 \times 2 \times 2 = \boldsymbol{12}(個)$$

TR ③ **7** 648の正の約数の個数と，その総和を求めよ。

(約数の個数)　$648 = 2^3 \cdot 3^4$ であるから，648の正の約数は，2^3 の
正の約数と 3^4 の正の約数の積で表される。

2^3 の正の約数は1, 2, 2^2, 2^3 の4個あり，3^4 の正の約数は1,
3, 3^2, 3^3, 3^4 の5個ある。

よって，積の法則から　　$4 \times 5 = \boldsymbol{20}(個)$

(総和)　648の正の約数は $(1+2+2^2+2^3)(1+3+3^2+3^3+3^4)$ を
展開した項にすべて現れる。

したがって，求める総和は

$$(1+2+2^2+2^3)(1+3+3^2+3^3+3^4) = 15 \cdot 121 = \boldsymbol{1815}$$

CHART
約数の個数と総和
素因数分解し，積の法則
・式の展開を利用

◄　2)648
　　2)324
　　2)162
　　3) 81
　　3) 27
　　3)　9
　　　　3

TR ③ **8** 3桁の自然数のうち，各位の数の積が偶数になる数はいくつあるか。

3桁の自然数の総数は　　$999 - 99 = 900$(個)

このうち，各位の数の積が奇数になるのは，百の位，十の位，
一の位がすべて奇数の場合である。

◄ 100以上999以下。

よって，百の位，十の位，一の位は 1，3，5，7，9 の 5 通りあ
るから　　5×5×5＝125（個）　　　　　　　　　　　　　　　　　←積の法則
したがって，各位の数の積が偶数になる数は　　　　　　　　　　←（Aである）
　　　　　900－125＝**775**（個）　　　　　　　　　　　　　　　＝（全体）－（Aでない）

TR
①9

(1) $_{12}P_3$，$_7P_7$ の値をそれぞれ求めよ。
(2) 9 人の中学生の中から 4 人を選んで 1 列に並べる方法は何通りあるか。
(3) 赤，青，白，緑の 4 本の旗を 1 列に並べる方法は何通りあるか。
(4) 7 人の部員の中から，部長，副部長，会計を 1 人ずつ選ぶ方法は何通りあるか。ただし，兼任は認めないものとする。

(1) $_{12}P_3＝12\cdot11\cdot10＝\mathbf{1320}$，$_7P_7＝7\cdot6\cdot5\cdot4\cdot3\cdot2\cdot1＝\mathbf{5040}$
(2) 9 人の中学生の中から 4 人を選んで並べる順列の総数であるから　　$_9P_4＝9\cdot8\cdot7\cdot6＝\mathbf{3024}$（通り）
(3) 色の異なる 4 本の旗を 1 列に並べる順列の総数であるから　　$_4P_4＝4!＝4\cdot3\cdot2\cdot1＝\mathbf{24}$（通り）
(4) 7 人の部員の中から 3 人を選んで 1 列に並べる順列の総数と同じであるから　　$_7P_3＝7\cdot6\cdot5＝\mathbf{210}$（通り）

CHART
異なる n 個から
r 個取る順列
$_nP_r＝n(n-1)\cdots\cdots$
$\cdots(n-r+1)$

←部長，副部長，会計
の順に並べると考える。

TR
③10

大人 4 人，子ども 3 人の 7 人が 1 列に並ぶとき，次のような並び方は何通りあるか。
(1) 両端が大人である。　　　　　　　　(2) 子ども 3 人が続いて並ぶ。
(3) 子どもが隣り合わない。

(1) 両端の大人 2 人の並び方は　　$_4P_2$ 通り
そのどの場合に対しても，間に並ぶ残りの 5 人の並び方は
　　　　　5! 通り
よって，積の法則から求める並び方は
　　　　　$_4P_2×5!＝4\cdot3×5\cdot4\cdot3\cdot2\cdot1＝\mathbf{1440}$（通り）
(2) 子ども 3 人をひとまとめにする。
大人 4 人とひとまとめにした子どもの並び方は　　5! 通り
そのどの場合に対しても，ひとまとめにした子ども 3 人の並び方は　　3! 通り
よって，求める並び方は
　　　　　$5!×3!＝5\cdot4\cdot3\cdot2\cdot1×3\cdot2\cdot1＝\mathbf{720}$（通り）
(3) 大人 4 人が 1 列に並ぶ並び方は　　4! 通り
そのどの場合に対しても，子ども 3 人が両端および間の計 5 か所に並ぶ並び方は　　$_5P_3$ 通り
よって，求める並び方は
　　　　　$4!×_5P_3＝4\cdot3\cdot2\cdot1×5\cdot4\cdot3＝\mathbf{1440}$（通り）

注意 大人 4 人，子ども 3 人もそれぞれ区別する。

大 ○ ○ ○ ○ ○ 大
　　　残り 5 人

大 子 子 子 大 大 大
　　　子ども 3 人

←積の法則

└ 5 か所のどこかに
　子ども 3 人を並べる。

←積の法則

TR
②11

5 個の数字 1，2，3，4，5 から異なる 3 個の数字を取って 3 桁の整数を作るとき，次のような数はいくつできるか。
(1) 300 以上の数　　　　　　　　　　(2) 奇数

(1) 百の位の数は 3 か 4 か 5 であるから，その選び方は　3 通り
　　そのどの場合に対しても十の位，一の位には残りの 4 個の数字
　　から 2 個を取って並べるから，その並べ方は　　₄P₂ 通り
　　よって，積の法則から　　$3 \times {}_4P_2 = 3 \times 4 \cdot 3 = 36$（個）

(2) 一の位の数は 1 か 3 か 5 であるから，その選び方は　3 通り
　　そのどの場合に対しても百の位，十の位には残りの 4 個の数字
　　から 2 個を取って並べるから，その並べ方は　　₄P₂ 通り
　　よって，積の法則から　　$3 \times {}_4P_2 = 3 \times 4 \cdot 3 = 36$（個）

CHART
数字の順列
作りたい数に関係する位
の数から決める

← 一の位から決める。

TR
③**12**　0, 1, 2, 3, 4, 5 の 6 個の数字から異なる 4 個の数字を取って作られる 4 桁の整数のうち，次
　　のような数は何個あるか。

　　(1) 整数　　　　　　　　　　　　(2) 偶数

(1) 千の位の数は 0 以外の数字であるから，その選び方は
　　　　　5 通り
　　そのどの場合に対しても百の位，十の位，一の位には，残りの
　　5 個の数字から 3 個を取って並べるから，その並べ方は
　　　　　₅P₃ 通り
　　よって，積の法則から　　$5 \times {}_5P_3 = 5 \times 5 \cdot 4 \cdot 3 = 300$（個）

(2) 一の位の数が 0 かどうかで場合分けをする。
　　[1] 一の位が 0 のとき
　　　　千の位，百の位，十の位には 0 を除いた 5 個の数字から 3 個
　　　　を取って並べるから，その並べ方は　　${}_5P_3 = 60$（個）
　　[2] 一の位が 0 でないとき
　　　　一の位の数は 2 か 4 であるから，その選び方は　　2 通り
　　　　千の位の数は，一の位の数と 0 を除いた　　4 通り
　　　　百の位，十の位には残りの 4 個の数字から 2 個を取って並べ
　　　　るから，その並べ方は　　₄P₂ 通り
　　　　よって，積の法則から　　$2 \times 4 \times {}_4P_2 = 2 \times 4 \times 4 \cdot 3 = 96$（個）
　　[1]，[2] は同時には起こらないから　　$60 + 96 = 156$（個）

　　別解　4 桁の整数は，(1) から全部で 300 個ある。このうち 4
　　　　桁の奇数の個数を調べる。
　　　　一の位の数は 1, 3, 5 のいずれかであるから，その選び方は
　　　　　　　3 通り
　　　　千の位の数は，一の位の数と 0 を除いた　　4 通り
　　　　百，十の位には残りの 4 個の数字から 2 個を取って並べるか
　　　　ら，その並べ方は　　₄P₂ 通り
　　　　よって，4 桁の奇数は全部で
　　　　　　　$3 \times 4 \times {}_4P_2 = 3 \times 4 \times 4 \cdot 3 = 144$（個）
　　　　したがって，求める個数は　　$300 - 144 = 156$（個）

CHART
0 を含む数字の順列
最高位の数は 0 でないこ
とに注意
作りたい数に関係する位
の数から決める

[1]
千の位 百の位 十の位 一の位
　□　　□　　□　　0
　　　1〜5

[2]
千の位 百の位 十の位 一の位
　□　　□　　□　　□
0でない　　　　　　2か4

← 偶数の個数を求める
ために，偶数でない，
すなわち奇数の個数を
考える。

← （A である）
＝（全体）－（A でない）

TR ②13
(1) 7 人が円卓に着席する方法は何通りあるか。
(2) 異なる 6 個の玉を用いて作る首飾りは何通りあるか。

(1) $(7-1)!=6!=6\cdot5\cdot4\cdot3\cdot2\cdot1=$**720(通り)**
(2) 異なる 6 個の玉を円形に並べる方法の総数は
$(6-1)!=5!=5\cdot4\cdot3\cdot2\cdot1$
$=120$(通り)
これらの円順列のうち，右の図のように裏返して同じになるものが 2 通りずつあるから
$120\div2=$**60(通り)**

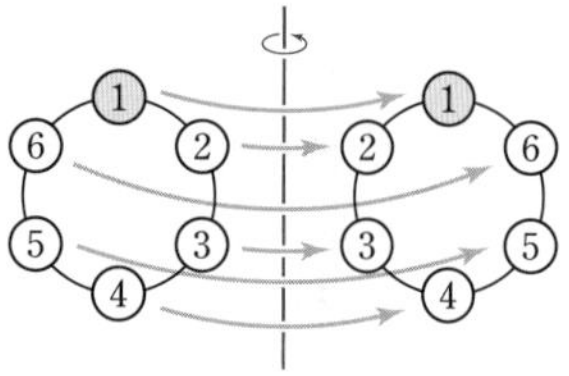

CHART
円順列・じゅず順列
じゅずは (円順列)÷2

⬅ 異なる n 個の円順列
$(n-1)!$ 通り

⬅ 異なる n 個のじゅず順列 $\dfrac{(n-1)!}{2}$ 通り

TR ③14
☆ 先生が男女 1 人ずつと生徒が男女 3 人ずつ，合計 8 人が円卓に等間隔に座るとき，次のような並び方の総数をそれぞれ求めよ。
(1) 男女が交互に並ぶ並び方
(2) 先生が向かい合う並び方
(3) 先生が隣り合う並び方

(1) 男 4 人の円順列の総数は
$(4-1)!$ 通り
そのどの場合に対しても，女 4 人が男の間に 1 人ずつ並ぶ方法は
$4!$ 通り
よって，並び方の総数は
$(4-1)!\times4!=3\cdot2\cdot1\times4\cdot3\cdot2\cdot1=$**144(通り)**

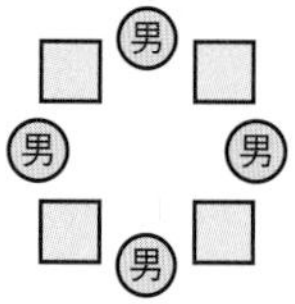

CHART
円順列の応用
特定のものを先に並べ
(固定して)，他のものの
配列を考える

⬅ 積の法則

(2) 先生の 1 人を固定する。
残りの先生の並び方は 1 通り
生徒 6 人の並び方は $6!$ 通り
よって，並び方の総数は
$1\times6!=6\cdot5\cdot4\cdot3\cdot2\cdot1$
$=$**720(通り)**

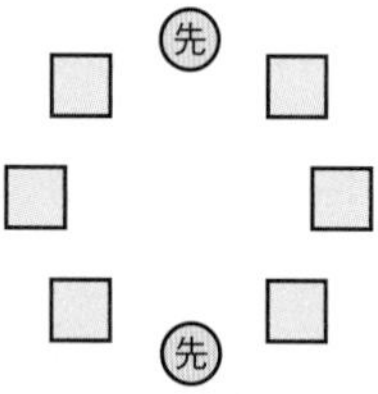

⬅ 先生の一方を固定すると，もう一方の先生の位置が自動的に決まる。

⬅ 積の法則

(3) 先生 2 人をひとまとめにする。
生徒 6 人とひとまとめにした先生 2 人の円順列の総数は
$(7-1)!$ 通り
そのどの場合に対しても先生 2 人の並び方は $2!$ 通り
よって，並び方の総数は
$(7-1)!\times2!=6\cdot5\cdot4\cdot3\cdot2\cdot1\times2\cdot1$
$=$**1440(通り)**

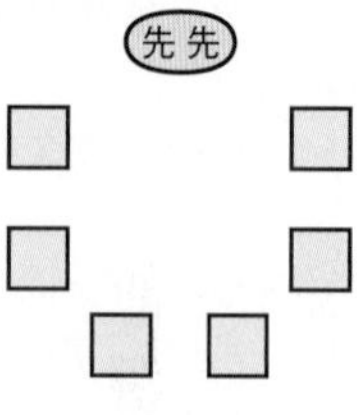

⬅ 先生 2 人を 1 人とみる。

⬅ 積の法則

TR ②15
(1) 2, 4, 6 の 3 種類の数字を繰り返し用いてよいとすると，5 桁の整数はいくつ作ることができるか。
(2) 6 題の問題に○，△，×のいずれかで答える方法は何通りあるか。

(1) 各位の数の選び方は，それぞれ 2, 4, 6 の　　3 通り
　　よって，求める 5 桁の整数の総数　　$3^5 = 243$（個）
(2) 各問題について，○か△か×の 3 通りの答え方がある。
　　よって，答え方は　　$3^6 = 729$（通り）

TR
②**16**
(1) $_5C_1$, $_8C_3$, $_9C_7$ の値をそれぞれ求めよ。
(2) 男子 6 人，女子 4 人の中から 4 人を選ぶ。
　(ア) 選び方は何通りあるか。
　(イ) 特定の女子 2 人を含む選び方は何通りあるか。
　(ウ) 男女 2 人ずつ選ぶ選び方は何通りあるか。

(1) $_5C_1 = 5,$　$_8C_3 = \dfrac{8 \cdot 7 \cdot 6}{3 \cdot 2 \cdot 1} = 56,$

　　$_9C_7 = {}_9C_{9-7} = {}_9C_2 = \dfrac{9 \cdot 8}{2 \cdot 1} = 36$

(2) (ア) $_{10}C_4 = \dfrac{10 \cdot 9 \cdot 8 \cdot 7}{4 \cdot 3 \cdot 2 \cdot 1} = 210$（通り）

　(イ) 特定の 2 人を除いた 8 人から 2 人を選べばよいから

　　　　$_8C_2 = \dfrac{8 \cdot 7}{2 \cdot 1} = 28$（通り）

　(ウ) 男子 2 人の選び方は　　$_6C_2$ 通り
　　　そのどの場合に対しても，女子 2 人の選び方は　　$_4C_2$ 通り
　　　よって　　$_6C_2 \times {}_4C_2 = \dfrac{6 \cdot 5}{2 \cdot 1} \times \dfrac{4 \cdot 3}{2 \cdot 1} = 90$（通り）

$\Leftarrow {}_5C_1 = \dfrac{5}{1}$

$\Leftarrow {}_nC_r = {}_nC_{n-r}$ を利用。

注意 男子 6 人，女子
4 人はそれぞれ区別する。

CHART
異なる n 個から
r 個取る組合せ
$_nC_r = \dfrac{n(n-1) \cdots \cdots (n-r+1)}{r(r-1) \cdots \cdots 3 \cdot 2 \cdot 1}$
女女女女男男男男男男
　↑
　2 人選ぶ
特定の女子
$\Leftarrow$ 積の法則

TR
②**17**
正七角形がある。このとき，次の図形の個数をそれぞれ求めよ。
(1) 正七角形の 2 個の頂点を結んでできる線分。
(2) 正七角形の 3 個の頂点を結んでできる三角形。
(3) (2)で，三角形の 1 辺だけを正七角形の辺と共有するもの。

(1) 正七角形の 7 個の頂点から 2 個の頂点を選ぶと 1 本の線分が
　　決まる。

　　よって，求める線分の本数は　　$_7C_2 = \dfrac{7 \cdot 6}{2 \cdot 1} = 21$（本）

(2) 正七角形のどの 3 個の頂点も一直線上にないから，3 個の頂
　　点を選ぶと 1 つの三角形が決まる。
　　よって，求める三角形の個数は

　　　　$_7C_3 = \dfrac{7 \cdot 6 \cdot 5}{3 \cdot 2 \cdot 1} = 35$（個）

(3) 三角形の 1 辺だけを正七角形の辺と共有するとき，残りの 1
　　個の頂点は共有する辺の両端および両隣以外の点を選べばよい。
　　共有する 1 辺の選び方は　　7 通り
　　そのどの場合に対しても，残りの 1 個の頂点のとり方は
　　　　　　　　$7 - 4 = 3$（通り）
　　よって，求める三角形の個数は　　$7 \times 3 = 21$（個）

$\Leftarrow$ 7 個の頂点はすべて
異なる。

(3)
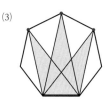

$\Leftarrow$ 共有する辺の両隣の
点をとると，2 辺を共
有してしまう。

$\Leftarrow$ 積の法則

TR ③18 12 人を次のように分けるとき，分け方は何通りあるか。
(1) 5 人，4 人，3 人の 3 組に分ける。
(2) A，B，C の 3 組に 4 人ずつ分ける。
(3) 4 人ずつ 3 組に分ける。

(1) 12 人から 5 人を選ぶ選び方は　　　$_{12}C_5$ 通り
残りの 7 人から 4 人を選ぶ選び方は　　$_7C_4$ 通り
5 人の組，4 人の組が決まれば，残りの組の 3 人は自動的に決まる。よって，求める分け方の総数は

$$_{12}C_5 \times _7C_4 = _{12}C_5 \times _7C_3$$
$$= \frac{12 \cdot 11 \cdot 10 \cdot 9 \cdot 8}{5 \cdot 4 \cdot 3 \cdot 2 \cdot 1} \times \frac{7 \cdot 6 \cdot 5}{3 \cdot 2 \cdot 1}$$
$$= 27720 \text{(通り)}$$

CHART
組分けの問題
分けた組が区別できるかどうかに注意

⬅ $_7C_4 = _7C_{7-4} = _7C_3$

(2) A 組の 4 人の選び方は　　　$_{12}C_4$ 通り
B 組の 4 人の選び方は，残りの 8 人から選べばよいから
　　　$_8C_4$ 通り
A 組の人，B 組の人が決まれば，残りの C 組の 4 人は自動的に決まる。よって，求める分け方の総数は

$$_{12}C_4 \times _8C_4 = \frac{12 \cdot 11 \cdot 10 \cdot 9}{4 \cdot 3 \cdot 2 \cdot 1} \times \frac{8 \cdot 7 \cdot 6 \cdot 5}{4 \cdot 3 \cdot 2 \cdot 1}$$
$$= 34650 \text{(通り)}$$

⬅ A 組に入れる 4 人，B 組に入れる 4 人，C 組に入れる 4 人を区別して数えている。

⬅ 積の法則

(3) (2)の分け方で，同じ人数の組の A，B，C の区別をなくすと，3! 通りずつ同じ組分けができる。
よって，求める分け方の総数は

$$\frac{34650}{3!} = \frac{34650}{3 \cdot 2 \cdot 1} = 5775 \text{(通り)}$$

⬅ r 個の組の区別をなくす ⟶ $r!$ で割る。

TR ②19 TANABATA の 8 文字をすべて使って文字列を作るとき，文字列は何個作れるか。

T が 2 個，A が 4 個，N が 1 個，B が 1 個あり，これら 8 個を 1 列に並べるから

$$\frac{8!}{2!4!1!1!} = \frac{8 \cdot 7 \cdot 6 \cdot 5}{2 \cdot 1} = 840 \text{(個)}$$

別解 2 個の T の位置の定め方は　　　$_8C_2$ 通り
残りの位置について，4 個の A の位置の定め方は　　$_6C_4$ 通り
さらに残りの位置について，1 個の N の位置の定め方は
　　　$_2C_1$ 通り
1 個の B は，残りの位置に置けばよい。
よって，求める文字列の個数は

$$_8C_2 \times _6C_4 \times _2C_1 = \frac{8 \cdot 7}{2 \cdot 1} \times \frac{6 \cdot 5}{2 \cdot 1} \times 2 = 840 \text{(個)}$$

CHART
同じものを含む順列
公式 $\dfrac{n!}{p!q!r! \cdots\cdots}$
$(p+q+r+\cdots\cdots=n)$
を利用

⬅ $_6C_4 = _6C_{6-4} = _6C_2$，
$_2C_1 = \dfrac{2}{1} = 2$

TR
③20 addition という単語の 8 文字を横 1 列に並べるとき，次のような並べ方は何通りあるか。
(1) すべての並べ方
(2) 「not」という連続した 3 文字が現れるような並べ方
(3) n の方が o より左に現れる並べ方

(1) 8 文字のうち，d が 2 個，i が 2 個あるから

$$\frac{8!}{2!2!1!1!1!1!}=\frac{8\cdot7\cdot6\cdot5\cdot4\cdot3}{2\cdot1}=10080\,(通り)$$

← 同じものを含む順列

(2) 「not」を X で表すと，X，d，d，i，i，a の 6 個の並べ方を考えればよい。d が 2 個，i が 2 個あるから

$$\frac{6!}{2!2!1!1!}=\frac{6\cdot5\cdot4\cdot3}{2\cdot1}=180\,(通り)$$

← 「not」を 1 文字とみる。

(3) □ 2 個，d 2 個，i 2 個，a，t を 1 列に並べ，2 個の□に左から順に n，o を入れると考えればよい。
よって，求める並べ方の総数は

$$\frac{8!}{2!2!2!1!1!}=\frac{8\cdot7\cdot6\cdot5\cdot4\cdot3}{2\cdot1\times2\cdot1}=5040\,(通り)$$

← 順序が定まったものは同じものとみる。

TR
③21 右の図のように道路が碁盤の目のようになった町で，A 地点から B 地点へ最短距離で行く。
(1) すべての道順は何通りあるか。
(2) (1)のうちで，C 地点を通る道順は何通りあるか。
(3) (1)のうちで，C 地点を通らない道順は何通りあるか。

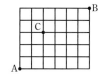

(1) 右へ 1 区画進むことを→，上へ 1 区画進むことを↑で表す。
A から B へ行く最短の経路は，6 個の→と 5 個の↑の順列で表される。
よって，A から B へ最短距離で行く道順の総数は

$$\frac{11!}{6!5!}=\frac{11\cdot10\cdot9\cdot8\cdot7}{5\cdot4\cdot3\cdot2\cdot1}=462\,(通り)$$

← 同じものを含む順列

(2) A から C へ行く最短の道順の総数は

$$\frac{5!}{2!3!}=\frac{5\cdot4}{2\cdot1}=10\,(通り)$$

← 2 個の→と 3 個の↑を 1 列に並べる順列。

その各々の道順に対して，C から B へ行く最短の道順の総数は

$$\frac{6!}{4!2!}=\frac{6\cdot5}{2\cdot1}=15\,(通り)$$

← 4 個の→と 2 個の↑を 1 列に並べる順列。

よって，求める最短の道順の総数は

$$10\times15=150\,(通り)$$

← 積の法則

(3) A から B へ行く最短の道順の総数から，A から C を通って B へ行く最短の道順の総数を引けばよいから，求める道順の総数は $462-150=312\,(通り)$

← A から B へは C を通るか通らないかのいずれかしかない。

TR ③22 800 以下の自然数のうち，8 または 12 または 15 で割り切れる数の個数を求めよ。

800 以下の自然数のうち，8 の倍数全体，12 の倍数全体，15 の倍数全体の集合をそれぞれ A，B，C とする。

$$A=\{8\cdot1,\ 8\cdot2,\ \cdots\cdots,\ 8\cdot100\},$$
$$B=\{12\cdot1,\ 12\cdot2,\ \cdots\cdots,\ 12\cdot66\},$$
$$C=\{15\cdot1,\ 15\cdot2,\ \cdots\cdots,\ 15\cdot53\},$$
$$A\cap B=\{24\cdot1,\ 24\cdot2,\ \cdots\cdots,\ 24\cdot33\},$$
$$B\cap C=\{60\cdot1,\ 60\cdot2,\ \cdots\cdots,\ 60\cdot13\},$$
$$C\cap A=\{120\cdot1,\ 120\cdot2,\ \cdots\cdots,\ 120\cdot6\},$$
$$A\cap B\cap C=\{120\cdot1,\ 120\cdot2,\ \cdots\cdots,\ 120\cdot6\}$$

← $A\cap B$ は 24 の倍数，$B\cap C$ は 60 の倍数，$C\cap A$ は 120 の倍数，$A\cap B\cap C$ は 120 の倍数の集合である。

よって $n(A)=100$，$n(B)=66$，$n(C)=53$，
$n(A\cap B)=33$，$n(B\cap C)=13$，$n(C\cap A)=6$，
$n(A\cap B\cap C)=6$

求める個数は $n(A\cup B\cup C)$ である。
したがって

$$n(A\cup B\cup C)=n(A)+n(B)+n(C)-n(A\cap B)$$
$$-n(B\cap C)-n(C\cap A)+n(A\cap B\cap C)$$
$$=100+66+53-33-13-6+6=\mathbf{173(個)}$$

TR ④23 ■ C, O, M, P, U, T, E の 7 文字を全部使ってできる文字列を，アルファベット順の辞書式に並べる。
(1) 最初の文字列は何か。また，全部で何通りの文字列があるか。
(2) COMPUTE は何番目にあるか。　(3) 200 番目の文字列は何か。　〔名城大〕

(1) 最初の文字列は **CEMOPTU**
文字列の総数は $7!=7\cdot6\cdot5\cdot4\cdot3\cdot2\cdot1=\mathbf{5040(通り)}$
(2) CE□□□□□ の形の文字列は
$5!=5\cdot4\cdot3\cdot2\cdot1=120(個)$
CM□□□□□ の形の文字列は，同様に　120 個
COE□□□□ の形の文字列は
$4!=4\cdot3\cdot2\cdot1=24(個)$
COME□□ の形の文字列は
$3!=3\cdot2\cdot1=6(個)$
その後は，COMPETU，COMPEUT，COMPTEU，COMPTUE，COMPUET，COMPUTE の順に続く。
よって，COMPUTE は
$$120+120+24+6+6=\mathbf{276(番目)}$$

CHART
順列の n 番目
順に並べ，タイプ別に分類して絞り込み

← タイプ別に分類して，個数を積み上げていく。

(3) CE□□□□，CM□□□□□ の形の文字列は，それぞれ
120個ずつあるから，200番目の文字列はCM□□□□□ の形
の文字列の80番目である。
CME□□□□，CMO□□□□，CMP□□□□，
CMT□□□□ の形の文字列は，それぞれ24個ずつあるから，
200番目の文字列はCMT□□□ の形の文字列の8番目であ
る。
CMTE□□ の形の文字列は6個ある。
その後は，CMTOEPU，CMTOEUP の順に続く。
よって，200番目の文字列は　　**CMTOEUP**

← CE…120個
CME…⎫
CMO…⎬ 4!×3
CMP…⎭ =72(個)
CMTE…3!=6(個)
CMTOEPU←199番目
CMTOEUP←答

1章

TR

TR ④24
(1) 8本の異なるジュースをA，Bの2人に分ける方法は何通りあるか。ただし，A，Bとも少なくとも1本はもらうものとする。
(2) 8本の異なるジュースを2つのグループに分ける方法は何通りあるか。

(1) 8本のジュースのそれぞれについて，Aがもらうか，Bが
もらうかの2通りあるから，分け方の総数は　　2^8 通り
ただし，この中には8本ともAがもらう場合と，8本ともBが
もらう場合が含まれているから，求める分け方は
$$2^8-2=256-2=254(通り)$$

← 重複順列 n^r

(2) (1)において，A，Bの区別がないときを考えればよいから，
求める分け方は
$$\frac{254}{2!}=\frac{254}{2\cdot1}=127(通り)$$

← r個の組の区別をなくす ⟶ $r!$ で割る

TR ③25
★ 右の図のA，B，C，D，E各領域を色分けしたい。隣り合った領域には異なる色を用いて塗り分けるとき，塗り分け方はそれぞれ何通りか。
(1) 4色以内で塗り分ける。　　(2) 3色で塗り分ける。
［類 広島修道大］

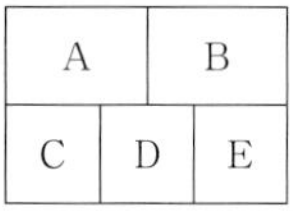

A	B
C	D	E

(1) D→A→B→C→E
の順に塗る。
D→A→B の塗り方は
$_4P_3=24(通り)$
この塗り方に対し，C，Eの
塗り方は2通りずつある。
よって，塗り分け方は全部で
$24×2×2=96(通り)$

(1) D→A→B→C→E
4 × 3 × 2 × 2 × 2
Dの色を除く
AとDの色を除く
AとDの色を除く
BとDの色を除く

← A，B，C，Eの4つの領域と隣り合うDから塗り始める。

← 「4色以内」とあるから，4色すべてを使わないで塗り分けることも考える。

(2) D→A→B→C→E
の順に塗る。
D→A→B の塗り方は
$3!=6(通り)$
この塗り方に対し，C，Eの塗り方は1通りずつある。
よって，塗り分け方は全部で　　$6×1×1=6(通り)$

(2) 3 × 2 × 1 × 1 × 1

← 与えられた領域を2色で塗り分けることはできない。

TR
④26
正四角錐の各面に，隣り合った面の色が異なるように，色を塗りたい。正四角錐を回転させて一致する塗り方は同じとみなすとき，次のような塗り方は何通りあるか。
(1) 赤，青，黄，緑，白の 5 色をすべて使って塗る場合
(2) 赤，青，黄，緑の 4 色をすべて使って塗る場合

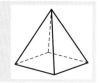

(1) 底面の正方形の色の塗り方は 5 通りある。そのどの場合に対しても，側面の塗り方は，異なる 4 個の円順列で $(4-1)!=3!=6$（通り）
よって，異なる 5 色をすべて使って塗る方法は $5 \times 6 = 30$（**通り**）

← 例えば正方形を赤で塗ると，側面は青，黄，緑，白の円順列となる。

← 円順列 $(n-1)!$

← 積の法則

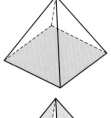

(2) 底面の正方形の色の塗り方は 4 通りある。そのどの場合に対しても，側面の塗り方は，向かい合う 2 つの面に塗る色を選ぶと，残りの面は 1 つに決定するから 3 通り
よって，異なる 4 色をすべて使って塗る方法は
$$4 \times 3 = 12 \text{（通り）}$$

← 側面が次の 2 つの場合は同じである。

← 積の法則

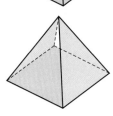

TR
⑤27
赤玉 1 個，青玉 2 個，黄玉 2 個，白玉 2 個がある。
(1) 7 個すべての玉を円形に並べる方法は何通りあるか。
(2) 7 個すべての玉に糸を通し，腕輪を作るとき，何通りの腕輪ができるか。

(1) 赤玉の位置を固定すると，青玉 2 個，黄玉 2 個，白玉 2 個を並べる順列と考えることができる。

よって，求める方法は $\dfrac{6!}{2!2!2!} = 90$（**通り**）

← 1 つのものを固定する。

← 同じものを含む順列

(2) 赤玉の位置を固定すると，円形に並べる方法は (1) から 90 通りある。このうち，裏返して自分自身と一致するものは，次の 6 通り。

← 左右対称

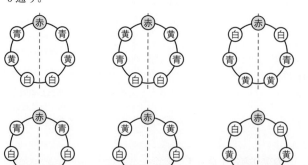

また，残りの 90−6＝84 通りの順列は，裏返すと一致するものが他に必ず1つある。

◀裏返すと同じになる ペア ──→ ÷2

よって，求める腕輪の総数は　　$6+\dfrac{84}{2}=48$（通り）

TR
④**28** 候補者が3人，投票する人が10人いる無記名投票で，1人1票を投票するとき，票の分かれ方は何通りあるか。

3人の候補者を A，B，C とする。

例えば，候補者Aが2票，候補者Bが3票，候補者Cが5票を得ることを，10個の ○ と2個の仕切り ｜ を用いて

○○ ｜ ○○○ ｜ ○○○○○

のように表すとする。

注意 無記名投票であるから，票の区別はないと考える。

このように考えると，票の分かれ方の総数は，10個の○と2個の仕切り ｜ を1列に並べる順列の総数に等しいから

$$\dfrac{12!}{10!2!}=\dfrac{12\cdot 11}{2\cdot 1}=66\text{（通り）}$$

◀同じものを含む順列

別解 異なる3個のものから重複を許して10個のものを取る重複組合せの総数に等しいから

$$_3H_{10}=_{3+10-1}C_{10}=_{12}C_{10}=_{12}C_2=66\text{（通り）}$$

◀$_{12}C_2=\dfrac{12\cdot 11}{2\cdot 1}=66$

EX ② 1 1 から 100 までの整数のうち，次のような数はいくつあるか。
(1) 3 で割り切れない数
(2) 3 でも 8 でも割り切れない数

1 から 100 までの整数全体の集合を U とし，U の部分集合で

3 で割り切れる数(3 の倍数)全体の集合を A，
8 で割り切れる数(8 の倍数)全体の集合を B

とすると $A=\{3\cdot1,\ 3\cdot2,\ \cdots\cdots,\ 3\cdot33\}$，　　　　　← $100\div3=33.\cdots$
$B=\{8\cdot1,\ 8\cdot2,\ \cdots\cdots,\ 8\cdot12\}$　　　　　← $100\div8=12.\cdots$

よって $n(A)=33,\ n(B)=12$

(1) 3 で割り切れない数全体の集合は $\overline{A}$ である。

よって $n(\overline{A})=n(U)-n(A)=100-33=$**67(個)**

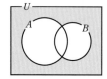

(2) 3 でも 8 でも割り切れない数全体の集合は $\overline{A}\cap\overline{B}$ である。

ド・モルガンの法則より，$\overline{A}\cap\overline{B}=\overline{A\cup B}$ であるから

$$n(\overline{A}\cap\overline{B})=n(\overline{A\cup B})=n(U)-n(A\cup B)$$

ここで $n(A\cup B)=n(A)+n(B)-n(A\cap B)$

$A\cap B$ は 3 の倍数かつ 8 の倍数，すなわち 24 の倍数全体の集　　← 24 は 3 と 8 の最小公
合であるから $A\cap B=\{24\cdot1,\ 24\cdot2,\ 24\cdot3,\ 24\cdot4\}$　　　　倍数。

よって，$n(A\cap B)=4$ であり　　　　　　　　　　　　　　← $100\div24=4.\cdots$

$$n(A\cup B)=33+12-4=41$$

ゆえに $n(\overline{A}\cap\overline{B})=n(\overline{A\cup B})=n(U)-n(A\cup B)$
$$=100-41=\textbf{59(個)}$$

EX ③ 2 大中小 3 個のさいころを同時に投げるとき，次の場合の数を求めよ。
(1) 出る 3 つの目の積が 5 の倍数となる場合
(2) 出る 3 つの目の積が 4 の倍数となる場合 　　　　　　　　　　〔(2) 東京女子大〕

さいころの目の出方の総数は $6\times6\times6=216$(通り)　　　　　← 積の法則

(1) 3 つの目の積が 5 の倍数にならないのは，3 個とも 5 以外の
目が出る場合である。

そのような目の出方の総数は

$$5\times5\times5=125(通り)$$　　　　　　　　　　　　　← 積の法則

よって，目の積が 5 の倍数となる場合の数は　　　　　　　← (A である)
$$216-125=\textbf{91(通り)}$$　　　　　　　　　　　　＝(全体)ー(A でない)

(2) 3 つの目の積が 4 の倍数にならないのは，次の 2 通りの場合
がある。

[1] 3 つとも奇数である。

[2] 2 つが奇数で他の 1 つが 2 か 6 である。

[1]のとき $3\times3\times3=27(通り)$　　　　　　　　　　← 積の法則

[2]のとき，例えば，2 か 6 の目が出るさいころが大のさいこ
ろのときは $2\times3\times3=18(通り)$　　　　　　　　　　← 積の法則

中，小のさいころのときも同様であるから，全部で

$$18+18+18=54(通り)$$　　　　　　　　　　　　　　← 和の法則

よって，求める場合の数は $216-(27+54)=\textbf{135(通り)}$　← (A である)
　　　　　　　　　　　　　　　　　　　　　　　　　　　＝(全体)ー(A でない)

EX
③3 5人の大人と3人の子どもが，円形のテーブルの周りに座る。子どもどうしが隣り合わない座り方は全部で◻通りある。ただし，回転して一致するものは同じ座り方とみなす。　　〔立教大〕

大人5人の円順列の総数は

$$(5-1)!(通り)$$

そのどの場合に対しても，子ども3人
が大人の間の5か所のうちの3カ所に
座る並び方は　　$_5P_3$ 通り
よって，求める場合の数は

$$(5-1)! \times {}_5P_3 = 4 \cdot 3 \cdot 2 \cdot 1 \times 5 \cdot 4 \cdot 3$$
$$= 1440(通り)$$

← まず，大人を円形に並べる。

← 積の法則

EX
③4 10人の生徒をいくつかのグループに分ける。このとき
　(1) 2人，3人，5人の3つのグループに分ける分け方は◻通りある。
　(2) 3人，3人，4人の3つのグループに分ける分け方は◻通りある。
　(3) 2人，2人，3人，3人の4つのグループに分ける分け方は◻通りある。　　〔北里大〕

(1) 10人から2人を選ぶ選び方は　　$_{10}C_2$ 通り
　次に，残った8人から3人を選ぶ選び方は　　$_8C_3$ 通り
　2人のグループ，3人のグループが決まれば，残りのグループ
　の5人は自動的に決まる。
　よって，求める分け方の総数は

$$_{10}C_2 \times {}_8C_3 = \frac{10 \cdot 9}{2 \cdot 1} \times \frac{8 \cdot 7 \cdot 6}{3 \cdot 2 \cdot 1} = 2520(通り)$$

← 各グループの人数が異なるから区別できる。

(2) A(3人)，B(3人)，C(4人)のグループに分けるとする。
　Aのグループに入れる3人を選ぶ選び方は　　$_{10}C_3$ 通り
　Bのグループに入れる3人を選ぶ選び方は　　$_7C_3$ 通り
　A，Bのグループが決まれば，残りのCのグループに入る4人
　は自動的に決まる。
　よって，A(3人)，B(3人)，C(4人)のグループに分ける分け
　方は　　$_{10}C_3 \times {}_7C_3$ 通り
　A，Bの区別をなくすと，同じものが2!通りずつできるから，
　求める分け方の総数は

$$\frac{_{10}C_3 \times {}_7C_3}{2!} = \frac{10 \cdot 9 \cdot 8}{3 \cdot 2 \cdot 1} \times \frac{7 \cdot 6 \cdot 5}{3 \cdot 2 \cdot 1} \times \frac{1}{2 \cdot 1}$$
$$= 2100(通り)$$

← まず区別をつけて考える。

← 2つの3人グループの区別がつかないから÷2!

(3) (2)と同様，A(2人)，B(2人)，C(3人)，D(3人)のグルー
　プに分けるとする。
　この分け方は　　$_{10}C_2 \times {}_8C_2 \times {}_6C_3$ 通り
　AとB，CとDの区別をなくすと，それぞれ同じものが2!通
　りずつできるから，求める分け方の総数は

$$\frac{_{10}C_2 \times {}_8C_2 \times {}_6C_3}{2!2!} = \frac{10 \cdot 9}{2 \cdot 1} \times \frac{8 \cdot 7}{2 \cdot 1} \times \frac{6 \cdot 5 \cdot 4}{3 \cdot 2 \cdot 1} \times \frac{1}{2 \cdot 1 \times 2 \cdot 1}$$
$$= 6300(通り)$$

← まず区別をつけて考える。

← 2つの2人グループと2つの3人グループの区別がつかないから，それぞれ　÷2!

EX ③**5**

☆ 図のように，東西に走る道が4本，南北に走る道が4本ある。次のような最短の経路は何通りあるか。

(1) A地点からB地点に行く経路。

(2) A地点からC地点とD地点の両方を通ってB地点に行く経路。

(3) A地点からB地点に行く最短の経路のうち，C地点とD地点の少なくとも1つの地点を通るもの。 [類 センター試験]

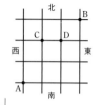

(1) 東へ1区画進むことを →，北へ1区画進むことを ↑ で表す。A地点からB地点に行く最短の経路は，→3個と↑3個を1列に並べる順列で表される。

よって，求める最短の経路は $\dfrac{6!}{3!3!}=\dfrac{6\cdot5\cdot4}{3\cdot2\cdot1}=\mathbf{20}$(通り)

(2) A地点からC地点に行く最短の経路は $\dfrac{3!}{1!2!}=3$(通り)

C地点からD地点に行く最短の経路は 1通り

D地点からB地点に行く最短の経路は $\dfrac{2!}{1!1!}=2$(通り)

よって，求める最短の経路は $3\times1\times2=\mathbf{6}$(通り)

⟸ 積の法則

(3) A地点からC地点を通ってB地点に行く最短の経路は

$$\dfrac{3!}{1!2!}\times\dfrac{3!}{2!1!}=9(\text{通り})$$

A地点からD地点を通ってB地点に行く最短の経路は

$$\dfrac{4!}{2!2!}\times\dfrac{2!}{1!1!}=12(\text{通り})$$

これと(2)から，求める最短の経路は
$9+12-6=\mathbf{15}$(通り)

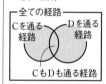

⟸ $n(A\cup B)$
$=n(A)+n(B)$
$\qquad-n(A\cap B)$

EX ③**6**

500以下の自然数の中で，次の集合の要素の個数を求めよ。

(1) 3で割り切れる数の集合

(2) 3でも5でも7でも割り切れる数の集合

(3) 3で割り切れるが，5で割り切れない数の集合

(4) 3でも5でも割り切れない数の集合

(5) 3で割り切れるが，5でも7でも割り切れない数の集合 [日本女子大]

1から500までの自然数全体の集合をUとし，そのうち3の倍数全体，5の倍数全体，7の倍数全体の集合をそれぞれA，B，Cとする。

(1) $A=\{3\cdot1,\ 3\cdot2,\ \cdots\cdots,\ 3\cdot166\}$ であるから
$$n(A)=\mathbf{166}$$

(2) 求める個数は $n(A\cap B\cap C)$ である。

$A\cap B\cap C$ は105の倍数全体の集合で
$$A\cap B\cap C=\{105\cdot1,\ 105\cdot2,\ 105\cdot3,\ 105\cdot4\}$$

よって $n(A\cap B\cap C)=\mathbf{4}$

(2)

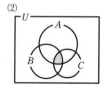

(3) 求める個数は $n(A\cap\overline{B})$ であり
$$n(A\cap\overline{B})=n(A)-n(A\cap B) \quad\cdots\cdots①$$
$A\cap B$ は 15 の倍数全体の集合で
$A\cap B=\{15\cdot1,\ 15\cdot2,\ \cdots\cdots,\ 15\cdot33\}$ であるから
$$n(A\cap B)=33$$
よって，① から $n(A\cap\overline{B})=166-33=\mathbf{133}$

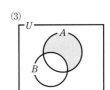

(4) 求める個数は，$n(\overline{A}\cap\overline{B})$ すなわち $n(\overline{A\cup B})$ で
$$n(\overline{A\cup B})=n(U)-n(A\cup B) \quad\cdots\cdots②$$
ここで，$B=\{5\cdot1,\ 5\cdot2,\ \cdots\cdots,\ 5\cdot100\}$ であるから
$$n(B)=100$$
ゆえに $n(A\cup B)=n(A)+n(B)-n(A\cap B)$
$$=166+100-33=233$$
よって，② から $n(\overline{A\cup B})=500-233=\mathbf{267}$

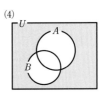

(5) 求める個数は $n(A\cap\overline{B}\cap\overline{C})$ であり
$$n(A\cap\overline{B}\cap\overline{C})$$
$$=n(A)-n(A\cap B)-n(A\cap C)+n(A\cap B\cap C) \quad\cdots\cdots③$$
ここで，$A\cap C$ は 21 の倍数全体の集合で
$A\cap C=\{21\cdot1,\ 21\cdot2,\ \cdots\cdots,\ 21\cdot23\}$ であるから
$$n(A\cap C)=23$$
したがって，③ から
$$n(A\cap\overline{B}\cap\overline{C})=166-33-23+4=\mathbf{114}$$

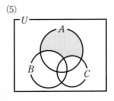

EX
④7
1, 2, 3, 4, 5 の 5 個の数字をそれぞれ 1 回ずつ使って 5 桁の整数をつくる。このとき，次の問いに答えよ。
(1) 万の位が 1 である整数は何個あるか。
(2) 21534 は小さい方から何番目の整数か。
(3) 小さい方から 100 番目の整数を求めよ。

[岡山理科大]

(1) 万の位が 1 であるとき，残りの位には 1 以外の 4 つの数字を並べればよいから，求める整数は $4!=\mathbf{24}$（個）

CHART
順列の n 番目
順に並べ，タイプ別に分類して絞り込み

(2) ○で任意の数字を表すものとし，21534 より小さい整数を考える。
　[1] 1○○○○のとき，(1) より 24 個
　[2] 213○○のとき，残りの 2 桁に 4 と 5 を並べるから
　　　$2!=2$（個）
　[3] 214○○のとき，[2] と同様に 2 個
　よって，21534 は小さい方から $24+2+2+1=\mathbf{29}$（番目）

(3) 万の位が 1, 2, 3, 4 の整数は，(1) と同様に考えて
　　　$4\times24=96$（個）
　よって，万の位が 5 の整数のうち小さい方から 4 番目の整数が求めるものである。
　小さい方から順に 51234, 51243, 51324, 51342 であるから，
　小さい方から 100 番目の整数は **51342**

← タイプ別に分類して，個数を積み上げていく。

EX **8**
④

★ 図のように，同じ大きさの 5 つの正方形を 1 列に並べ，赤色，緑色，青色で隣り合う正方形どうしが異なる色となるように塗り分ける。ただし，2 色で塗り分けることがあってもよいものとする。

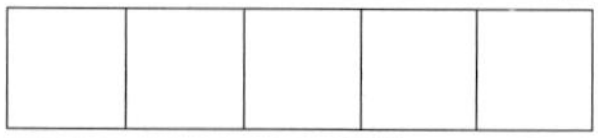

(1) 塗り方は全部で $^{ア}\boxed{}$ 通りあり，そのうち左右対称となるのは，$^{イ}\boxed{}$ 通りある。
(2) 赤色に塗られる正方形が 3 つであるのは，$\boxed{}$ 通りある。
(3) 赤色に塗られる正方形が 1 つであるのは，$\boxed{}$ 通りある。

[類 センター試験]

図のように，正方形をそれぞれ ①〜⑤ とする。

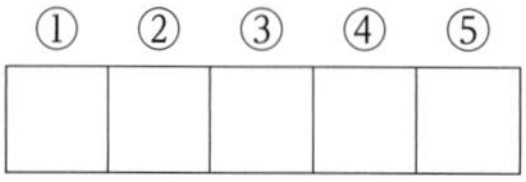

① ② ③ ④ ⑤

(1) (ア) ① の塗り方は 3 通り
② の塗り方は，① の色以外の 2 通り ← ① から順に塗る。
同様に，③，④，⑤ の塗り方も，それぞれその左にある正方形の色以外の 2 通りである。
したがって，求める塗り方は $3 \times 2 \times 2 \times 2 \times 2 = 48$(通り) ← 積の法則

(イ) 左右対称に塗るとき，④ は ② と，⑤ は ① と同じ色であるから，①，②，③ の塗り方のみ考えればよい。
③ の塗り方は 3 通り ← ③ から順に塗る。
② の塗り方は，③ の色以外の 2 通り
① の塗り方は，② の色以外の 2 通り
したがって，求める塗り方は $3 \times 2 \times 2 = 12$(通り) ← 積の法則

(2) 赤に塗られる正方形が 3 つであるのは，①，③，⑤ が赤のときで，このとき ②，④ の塗り方は，それぞれ緑と青の 2 通りである。 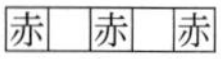
| 赤 | | 赤 | | 赤 |
よって，求める塗り方は $2 \times 2 = 4$(通り) ← 積の法則

(3) [1] ①，⑤ のどちらかが赤に塗られるとき
① が赤に塗られるとき，残りの正方形は緑と青が交互に塗られる。その塗り方は 2 通り 
⑤ が赤に塗られるときも同様に考えられるから，①，⑤ のどちらかが赤となる塗り方は $2 \times 2 = 4$(通り)

| 赤 | 緑 | 青 | 緑 | 青 |
| 赤 | 青 | 緑 | 青 | 緑 |

[2] ②，④ のどちらかが赤に塗られるとき 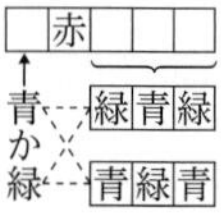
② が赤に塗られるとき，① の塗り方は緑と青の 2 通り
③，④，⑤ は緑と青を交互に塗るから 2 通り
よって，② が赤となる塗り方は $2 \times 2 = 4$(通り)
④ が赤に塗られるときも同様に考えられるから，②，④ のどちらかが赤となる塗り方は
$4 \times 2 = 8$(通り)

| | 赤 | | | |

青か緑 | 緑 | 青 | 緑
| 青 | 緑 | 青

[3] ③ が赤に塗られるとき 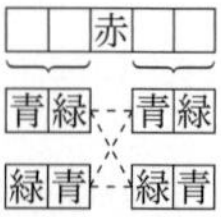
①，② は緑と青を交互に塗るから 2 通り
④，⑤ も緑と青を交互に塗るから 2 通り
よって，③ が赤となる塗り方は $2 \times 2 = 4$(通り)

| | | 赤 | | |

青 緑 ― 青 緑
緑 青 ― 緑 青

[1]〜[3] より，赤に塗られる正方形が 1 つであるのは
$4 + 8 + 4 = 16$(通り) ← 和の法則

EX
④**9** 方程式 $x+y+z=10$ を満たす x, y, z の 0 以上の整数解の組の総数は $^7\boxed{}$ 組であり，正の整数解の組の総数は $^イ\boxed{}$ 組である。　　　　　　　　　〔類 北里大〕

$x+y+z=10$ に対して，例えば $(x, y, z)=(1, 2, 7)$ は等式を満たすが，これは x が 1 個，y が 2 個，z が 7 個と考えることができる。

すなわち，x が 1 個，y が 2 個，z が 7 個を，10 個の○と 2 個の仕切り｜を用いて

　　　　　　○｜○○｜○○○○○○○

のように表すとする。

◆$(x, y, z)=(2, 0, 8)$ の場合は
○○｜｜○○○○○○○○
と表される。

(ア) 求める組の総数は，10 個の○と 2 個の仕切り｜の順列の総数に等しいから

$$\frac{12!}{10!2!}=\frac{12\cdot11}{2\cdot1}=66(組)$$

(イ) ○を 10 個並べ，○と○の間 9 か所から 2 か所を選んで仕切り｜を入れる総数に等しいから　　$_9C_2=\frac{9\cdot8}{2\cdot1}=36(組)$

◆(ア)と異なり，x, y, z は正の整数である。x, y, z が 0 にならないように，10 個の○の間に 2 個の仕切り｜を並べる。

TR ②**29**　(1)　大小 2 個のさいころを同時に投げるとき，出る目の積が 10 の倍数となる確率を求めよ。
　　　(2)　3 人でじゃんけんを 1 回するとき，あいことなる確率を求めよ。

積	1	2	3	4	5	6
1	1	2	3	4	5	6
2	2	4	6	8	10	12
3	3	6	9	12	15	18
4	4	8	12	16	20	24
5	5	10	15	20	25	30
6	6	12	18	24	30	36

(1)　2 個のさいころの目の出方は　　$6^2 = 36$（通り）
　　出る目の積が 10 の倍数，すなわち，10 または 20 または 30 になるのは
　　　　　(2, 5), (5, 2), (4, 5), (5, 4), (5, 6), (6, 5)
　　の　　6 通り

　　よって，出る目の積が 10 の倍数となる確率は　　$\dfrac{6}{36} = \dfrac{1}{6}$

(2)　1 人の手の出し方は，グー，チョキ，パーの　　3 通り
　　ゆえに，3 人の手の出し方は　　$3^3 = 27$（通り）
　　あいことなるのは，次の 2 つの場合である。
　　[1]　3 人とも手の出し方が同じ場合
　　　　3 人の手の出し方は，グー，チョキ，パーのいずれかで同じ
　　　　になるから　　3 通り
　　[2]　3 人とも手の出し方が異なる場合
　　　　3 人の手の出し方は　　$3 \times 2 \times 1 = 6$（通り）
　　よって，あいことなるのは　　$3 + 6 = 9$（通り）
　　したがって，求める確率は　　$\dfrac{9}{27} = \dfrac{1}{3}$

⟵ [2]　3 人を A，B，C とすると，A の手の出し方は 3 通り，B の手の出し方は A 以外の 2 通り，C の手の出し方は A，B 以外の 1 通り。

⟵ 和の法則

⟵ $N = 27$, $a = 9$

TR ②**30**　DREAM の 5 文字を任意に 1 列に並べるとき，次の場合の確率を求めよ。
　　　(1)　右端が E である。　　　　　　　　(2)　A と D が隣り合う。

　　5 文字の並べ方は　　5! 通り

(1)　右端が E であるときの並べ方は，残りの 4 文字の並べ方の総数と同じで　　4! 通り

　　よって，求める確率は　　$\dfrac{4!}{5!} = \dfrac{1}{5}$

4! 通り　　固定

(2)　A と D をひとまとめにする。
　　残り 3 文字とひとまとめにした文字の並べ方は　　4! 通り
　　そのどの場合に対しても，ひとまとめにした A と D の並べ方は
　　　　　2! 通り
　　よって，A と D が隣り合う並べ方は　　$4! \times 2!$ 通り
　　したがって，求める確率は　　$\dfrac{4! \times 2!}{5!} = \dfrac{2 \cdot 1}{5} = \dfrac{2}{5}$

⟵ 隣り合う A と D の組を 1 つの文字と考えると，4 文字の順列。

⟵ 積の法則

⟵ $N = 5!$, $a = 4! \times 2!$

TR ②**31**　袋の中に白玉 3 個，黒玉 6 個が入っている。この袋の中から同時に 4 個の玉を取り出すとき，次の場合が起こる確率を求めよ。
　　　(1)　白玉が 1 個，黒玉が 3 個出る。　　　(2)　4 個とも同じ色の玉が出る。

　　白玉 3 個，黒玉 6 個の合計 9 個から 4 個取る組合せは
　　　　　$_9C_4 = \dfrac{9 \cdot 8 \cdot 7 \cdot 6}{4 \cdot 3 \cdot 2 \cdot 1} = 126$（通り）

⟵ 同じ色の玉も区別して考える。

(1)　白玉 3 個から 1 個，黒玉 6 個から 3 個取る組合せは

$$_3C_1 \times _6C_3 = 3 \times \frac{6 \cdot 5 \cdot 4}{3 \cdot 2 \cdot 1} = 60(通り)$$

よって，求める確率は　　$\dfrac{60}{126} = \dfrac{\mathbf{10}}{\mathbf{21}}$

(2)　4 個とも同じ色の玉が出る場合は，4 個とも黒玉の場合に限られる。黒玉 6 個から 4 個取る組合せは

$$_6C_4 = _6C_2 = \frac{6 \cdot 5}{2 \cdot 1} = 15(通り)$$

よって，求める確率は　　$\dfrac{15}{126} = \dfrac{\mathbf{5}}{\mathbf{42}}$

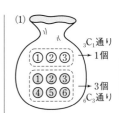

(1)

$_3C_1$ 通り → 1 個

$_6C_3$ 通り → 3 個

TR
②**32**　1 から 9 までの番号を書いた札が 1 枚ずつ合計 9 枚ある。この中から同時に 3 枚取り出すとき，3 枚の札の番号の和が奇数となる確率を求めよ。

「3 枚の札の番号の和が奇数となる」という事象は，
　　「番号がすべて奇数となる」という事象 A　と
　　「偶数の番号札が 2 枚，奇数の番号札が 1 枚となる」という事象 B
の和事象　$A \cup B$ である。
札の取り出し方の総数は $_9C_3$ 通りである。
奇数の番号札は 5 枚，偶数の番号札は 4 枚あるから

$$P(A) = \frac{_5C_3}{_9C_3} = \frac{10}{84}, \quad P(B) = \frac{_4C_2 \times _5C_1}{_9C_3} = \frac{30}{84}$$

事象 A，B は互いに排反であるから，求める確率 $P(A \cup B)$ は

$$P(A \cup B) = P(A) + P(B) = \frac{10}{84} + \frac{30}{84} = \frac{40}{84} = \frac{\mathbf{10}}{\mathbf{21}}$$

CHART
事象 A，B が互いに
排反であるとき
$P(A \cup B) = P(A) + P(B)$

← $\dfrac{10}{84}$，$\dfrac{30}{84}$ は約分できるが，分母を同じにするため，約分しない。

← 確率の加法定理

TR
②**33**　3 個のさいころを同時に投げるとき，次の確率を求めよ。
　　(1)　奇数の目が少なくとも 1 つ出る確率　　　(2)　3 つの目の和が 4 にはならない確率

　3 個のさいころの目の出方は　　$6^3 = 216(通り)$

(1)　「奇数の目が少なくとも 1 つ出る」という事象は，「3 個とも偶数の目が出る」という事象 A の余事象 $\overline{A}$ である。
　3 個とも偶数の目が出るのは　　$3^3 = 27(通り)$
　よって，求める確率は

$$P(\overline{A}) = 1 - P(A) = 1 - \frac{27}{216} = 1 - \frac{1}{8} = \frac{\mathbf{7}}{\mathbf{8}}$$

(2)　「3 つの目の和が 4 にならない」という事象は，「3 つの目の和が 4 になる」という事象 A の余事象 $\overline{A}$ である。
　3 つの目の和が 4 になるのは $(1,\ 1,\ 2)$，$(1,\ 2,\ 1)$，$(2,\ 1,\ 1)$ の 3 通りである。
　よって，求める確率は

$$P(\overline{A}) = 1 - P(A) = 1 - \frac{3}{216} = 1 - \frac{1}{72} = \frac{\mathbf{71}}{\mathbf{72}}$$

← 3 個のさいころは区別して考える。

CHART
少なくとも～の確率には
　　余事象の確率

← 余事象の確率

TR ③34 ★ (1) A，B，C，D，E，F の 6 人が輪の形に並ぶとき，A と B が隣り合わない確率を求めよ。

[類 神奈川大]

(2) 赤玉 5 個，白玉 4 個が入っている袋から，4 個の玉を同時に取り出すとき，取り出した玉の色が 2 種類である確率を求めよ。

(1) 6 人が輪の形に並ぶ並び方は $(6-1)!=5!$（通り）

「A と B が隣り合わない」という事象は「A と B が隣り合う」という事象 A の余事象 $\overline{A}$ である。

A，B 2 人をひとまとめにする。

残りの 4 人とひとまとめにした A，B が輪の形に並ぶ並び方は $(5-1)!=4!$（通り）

そのどの場合に対しても，A，B 2 人の並び方は $2!$ 通り

よって，求める確率は

$$P(\overline{A})=1-P(A)=1-\frac{4!\times2!}{5!}=1-\frac{2\cdot1}{5}=\frac{3}{5}$$

← 円順列

CHART

～でない確率には
余事象の確率

(2) 玉の取り出し方の総数は $\quad{}_9C_4=\dfrac{9\cdot8\cdot7\cdot6}{4\cdot3\cdot2\cdot1}=126$（通り）

「取り出した玉の色が 2 種類である」という事象は「取り出した玉の色が 1 種類である」という事象 A の余事象 $\overline{A}$ である。

[1] 赤玉を 4 個取り出す場合

$\quad{}_5C_4={}_5C_1=5$（通り）

[2] 白玉を 4 個取り出す場合

$\quad{}_4C_4=1$（通り）

[1]，[2] は互いに排反であるから，取り出した玉の色が 1 種類である場合の数は $\quad5+1=6$（通り）

したがって，求める確率は

$$P(\overline{A})=1-P(A)$$
$$=1-\frac{6}{126}=\frac{20}{21}$$

← 色が 1 種類となるのは，4 個とも赤玉または白玉のとき。

← 余事象の確率

TR ①35 1 から 6 までの番号をつけた赤玉 6 個と，1 から 5 までの番号をつけた青玉 5 個を入れた袋がある。この袋の中から玉を 1 個取り出すとき，その玉の番号が奇数または青玉である確率を求めよ。

「番号が奇数である」という事象を A，「青玉である」という事象を B とすると，求める確率は $P(A\cup B)$ である。

このとき，例えば 1 の番号をつけた赤玉を赤₁のように表すとすると

$$A=\{赤_1,\ 赤_3,\ 赤_5,\ 青_1,\ 青_3,\ 青_5\},$$
$$B=\{青_1,\ 青_2,\ 青_3,\ 青_4,\ 青_5\},$$
$$A\cap B=\{青_1,\ 青_3,\ 青_5\}$$

よって $\quad n(A)=6,\quad n(B)=5,\quad n(A\cap B)=3$

したがって，求める確率 $P(A\cup B)$ は

$$P(A\cup B)=P(A)+P(B)-P(A\cap B)$$
$$=\frac{6}{11}+\frac{5}{11}-\frac{3}{11}=\frac{8}{11}$$

←「奇数の青玉」があるから $A\cap B\neq\varnothing$ であり，A と B は互いに排反でない。

← 奇数の青玉

← 玉は全部で
$\quad6+5=11$（個）

TR (1) 1個のさいころと1枚の硬貨を同時に投げるとき，さいころは奇数の目が出て，硬貨は裏が
①**36** 　　出る確率を求めよ。
　　(2) 赤玉4個，白玉2個が入っている袋から，1個取り出し色を見てもとに戻し，更に1個取り
　　　出して色を見る。次の確率を求めよ。
　　　(ア) 白玉，赤玉の順に取り出される確率
　　　(イ) 取り出した2個がともに赤玉となる確率

(1) さいころを投げたとき奇数の目が出る確率は　　$\dfrac{3}{6}=\dfrac{1}{2}$

　硬貨を投げたとき裏が出る確率は　　$\dfrac{1}{2}$

　1個のさいころを投げる試行と1枚の硬貨を投げる試行は独立

であるから，求める確率は　　$\dfrac{1}{2}\times\dfrac{1}{2}=\dfrac{1}{4}$

(2) 1回目に玉を取り出す試行と，2回目に玉を取り出す試行は
独立である。
1回の試行で赤玉，白玉が取り出される確率はそれぞれ

$$\dfrac{4}{6}=\dfrac{2}{3}, \ \dfrac{2}{6}=\dfrac{1}{3}$$

　(ア) 白玉，赤玉の順に取り出される確率は

$$\dfrac{1}{3}\times\dfrac{2}{3}=\dfrac{2}{9}$$

　(イ) 取り出した2個がともに赤玉となる確率は

$$\dfrac{2}{3}\times\dfrac{2}{3}=\dfrac{4}{9}$$

CHART
独立なら確率と確率の掛
け算

⬅ 袋の中の玉の状態は，
　1回目と2回目で同じ。

TR Aの袋には白玉2個，赤玉3個，Bの袋には白玉5個，赤玉3個が入っている。A，Bの袋から
②**37** 1個ずつ玉を取り出すとき，玉の色が異なる確率を求めよ。

「取り出した玉の色が異なる」という事象は，次の [1]，[2] の
和事象である。
　[1] Aの袋から白玉，Bの袋から赤玉を取り出す

　　その確率は　　$\dfrac{2}{5}\times\dfrac{3}{8}=\dfrac{6}{40}$

　[2] Aの袋から赤玉，Bの袋から白玉を取り出す

　　その確率は　　$\dfrac{3}{5}\times\dfrac{5}{8}=\dfrac{15}{40}$

[1]，[2] の事象は互いに排反であるから，求める確率は

$$\dfrac{6}{40}+\dfrac{15}{40}=\dfrac{21}{40}$$

⬅ Aの袋から玉を1個
　取り出す試行と，Bの
　袋から玉を1個取り出
　す試行は**独立**である。
⬅ 約分できるが，分母
　を同じにするため，こ
　のままにしておく。

⬅ 約分しない。

⬅ 確率の加法定理

TR
②**38** A, B の 2 人が検定試験を受けるとき, 合格する確率はそれぞれ $\dfrac{2}{5}$, $\dfrac{3}{4}$ である。このとき, 次の確率を求めよ。
(1) 2 人とも合格しない確率   (2) 1 人だけが合格する確率

A が検定試験を受ける試行と, B が検定試験を受ける試行は独立である。

(1) A が合格しない確率は $1 - \dfrac{2}{5} = \dfrac{3}{5}$ ←余事象の確率

B が合格しない確率は $1 - \dfrac{3}{4} = \dfrac{1}{4}$ ←余事象の確率

よって, 2 人とも合格しない確率は $\dfrac{3}{5} \times \dfrac{1}{4} = \dfrac{3}{20}$ ←2 つの試行は独立である。

(2) 「1 人だけ合格する」という事象は, 次の [1], [2] の和事象である。

[1] A が合格して, B が合格しない確率は $\dfrac{2}{5} \times \dfrac{1}{4} = \dfrac{2}{20}$ ←約分できるが, 分母を同じにするため, このままにしておく。

[2] A が合格しないで, B が合格する確率は $\dfrac{3}{5} \times \dfrac{3}{4} = \dfrac{9}{20}$

[1], [2] の事象は互いに排反であるから, 求める確率は

$$\dfrac{2}{20} + \dfrac{9}{20} = \dfrac{11}{20}$$ ←確率の加法定理

TR
①**39** (1) 1 枚の硬貨を 5 回投げて, 表がちょうど 3 回出る確率を求めよ。
(2) 10 本のうち, 当たりが 2 本入っているくじがある。くじを 1 本ずつ引いてはもとに戻すことにして 4 回引いたとき, 当たりとはずれが同数になる確率を求めよ。

(1) 硬貨を 1 回投げるとき, 表が出る確率は $\dfrac{1}{2}$

よって, 5 回のうち表がちょうど 3 回出る確率は

$${}_5C_3\left(\dfrac{1}{2}\right)^3\left(1 - \dfrac{1}{2}\right)^{5-3} = 10 \times \left(\dfrac{1}{2}\right)^3 \times \left(\dfrac{1}{2}\right)^2 = \dfrac{5}{16}$$

CHART
反復試行の確率
$${}_nC_r\,p^r(1-p)^{n-r}$$
←${}_5C_3 = {}_5C_2 = \dfrac{5\cdot 4}{2\cdot 1} = 10$

(2) くじを 1 回引くとき, 当たりくじを引く確率は $\dfrac{2}{10} = \dfrac{1}{5}$

くじを 4 回引くとき, 当たりとはずれが同数になるのは, 当たりくじを 2 回引いたときである。

よって, 4 回のうち当たりくじをちょうど 2 回引く確率は

$${}_4C_2\left(\dfrac{1}{5}\right)^2\left(1 - \dfrac{1}{5}\right)^{4-2} = 6 \times \left(\dfrac{1}{5}\right)^2 \times \left(\dfrac{4}{5}\right)^2 = \dfrac{96}{625}$$

←当たりくじ 2 回, はずれくじ 2 回。

←${}_4C_2 = \dfrac{4\cdot 3}{2\cdot 1} = 6$

TR
②**40** 1 枚の硬貨を 6 回投げたとき, 次の確率を求めよ。
(1) 4 回以上表が出る確率   (2) 表が少なくとも 1 回出る確率

硬貨を 1 回投げるとき, 表が出る確率は $\dfrac{1}{2}$

(1) [1] 6 回のうち 4 回だけ表が出る確率は

$${}_6C_4\left(\dfrac{1}{2}\right)^4\left(1 - \dfrac{1}{2}\right)^{6-4} = 15 \times \left(\dfrac{1}{2}\right)^4 \times \left(\dfrac{1}{2}\right)^2 = \dfrac{15}{64}$$

←${}_6C_4 = {}_6C_2 = \dfrac{6\cdot 5}{2\cdot 1} = 15$

[2]　6 回のうち 5 回だけ表が出る確率は

$$_6\mathrm{C}_5\left(\frac{1}{2}\right)^5\left(1-\frac{1}{2}\right)^{6-5}=6\times\left(\frac{1}{2}\right)^5\times\frac{1}{2}=\frac{6}{64}$$

◀ 約分できるが，分母を同じにするため，このままにしておく。

[3]　6 回のうち 6 回とも表が出る確率は　　$\left(\frac{1}{2}\right)^6=\frac{1}{64}$

◀ 反復試行
$_6\mathrm{C}_6\left(\frac{1}{2}\right)^6$ としてもよい。

[1]，[2]，[3] の事象は互いに排反であるから，求める確率は

$$\frac{15}{64}+\frac{6}{64}+\frac{1}{64}=\frac{22}{64}=\frac{11}{32}$$

◀ 確率の加法定理

(2)　「表が少なくとも 1 回出る」という事象は「表が 1 回も出ない」すなわち「裏が 6 回出る」という事象の余事象であるから，

求める確率は　　$1-\left(1-\frac{1}{2}\right)^6=1-\frac{1}{2^6}=\frac{63}{64}$

CHART
少なくとも〜の確率には
　　余事象の確率

TR
③**41**　黒玉 2 個，白玉 4 個が中の見えない袋に入っている。玉を 1 個だけ取り出し，色を確かめて袋に戻す。この作業を黒玉が 3 回出るまで繰り返す。4 回目でこの作業が終わる確率を求めよ。

1 個の玉を取り出し，それが黒玉である確率は　　$\dfrac{2}{6}=\dfrac{1}{3}$

それが白玉である確率は　　$\dfrac{4}{6}=\dfrac{2}{3}$

4 回目で作業が終わるのは，3 回目までに黒玉が 2 回，白玉が 1 回出て，4 回目に黒玉が出る場合である。

よって，求める確率は　　$_3\mathrm{C}_2\left(\dfrac{1}{3}\right)^2\left(\dfrac{2}{3}\right)^{3-2}\times\dfrac{1}{3}=\dfrac{2}{27}$

◀ 黒玉が 3 回出た時点で作業は終わるので，3 回目の黒玉が出るのは，4 回目の作業のときである。

TR
②**42**　袋の中に 1 から 5 までの番号が 1 つずつ書かれた 5 枚の札が入っている。この中から 1 枚を取り出し，番号を確認してもとに戻すという試行を 2 回繰り返すとき，次の確率を求めよ。
(1)　1 回目に取り出した札に書かれた番号が偶数だったとき，取り出した札に書かれた番号の和が 6 である確率
(2)　取り出した札に書かれた番号の和が 6 であるとき，1 回目に取り出した札に書かれた番号が偶数である確率

「1 回目に取り出した札に書かれた番号が偶数である」という事象を A，「取り出した札に書かれた番号の和が 6 である」という事象を B とする。

取り出した札に書かれた番号を(1 回目，2 回目)のように表すと　　$A=\{(2,\ 1),\ (2,\ 2),\ (2,\ 3),\ (2,\ 4),\ (2,\ 5),$
$(4,\ 1),\ (4,\ 2),\ (4,\ 3),\ (4,\ 4),\ (4,\ 5)\}$
$B=\{(1,\ 5),\ (2,\ 4),\ (3,\ 3),\ (4,\ 2),\ (5,\ 1)\}$

よって　　$A\cap B=B\cap A=\{(2,\ 4),\ (4,\ 2)\}$

【個数による定義を用いた解答】

(1)　求める確率は $P_A(B)$ である。

$n(A)=10,\ n(A\cap B)=2$ であるから

$$P_A(B)=\frac{n(A\cap B)}{n(A)}=\frac{2}{10}=\frac{1}{5}$$

(2) 求める確率は $P_B(A)$ である。

$n(B)=5$, $n(B \cap A)=2$ であるから

$$P_B(A)=\frac{n(B \cap A)}{n(B)}=\frac{2}{5}$$

←$A \cap B=B \cap A$

【確率による定義を用いた解答】

2枚の札の取り出し方は $5^2=25$ (通り)

(1) $P(A)=\dfrac{10}{25}=\dfrac{2}{5}$, $P(A \cap B)=\dfrac{2}{25}$ であるから

$$P_A(B)=\frac{P(A \cap B)}{P(A)}=\frac{2}{25} \div \frac{2}{5}=\frac{1}{5}$$

←$\dfrac{2}{25} \div \dfrac{2}{5}=\dfrac{2}{25} \times \dfrac{5}{2}$

(2) $P(B)=\dfrac{5}{25}=\dfrac{1}{5}$, $P(B \cap A)=\dfrac{2}{25}$ であるから

$$P_B(A)=\frac{P(B \cap A)}{P(B)}=\frac{2}{25} \div \frac{1}{5}=\frac{2}{5}$$

←$\dfrac{2}{25} \div \dfrac{1}{5}=\dfrac{2}{25} \times \dfrac{5}{1}$

TR ②43 ジョーカーを含まない1組52枚のトランプから，A，Bの2人がこの順に1枚ずつカードを取り出す。取り出したカードはもとに戻さないとき，次の確率を求めよ。
(1) A，Bの2人がハートのカードを取り出す確率
(2) Bがハートのカードを取り出す確率

Aがハートのカードを取り出すという事象を A，Bがハートのカードを取り出すという事象を B とする。

(1) 求める確率は $P(A \cap B)$ であり，$P(A)=\dfrac{13}{52}$，$P_A(B)=\dfrac{12}{51}$

であるから $P(A \cap B)=P(A)P_A(B)=\dfrac{13}{52} \times \dfrac{12}{51}=\dfrac{1}{17}$

←$P_A(B)$：Aがハートのカードを取り出したときBがハートのカードを取り出す確率。
Bはハート12枚を含む51枚から1枚を取る。

(2) Bがハートのカードを取り出すのは
　A，Bともにハートのカードを取り出す場合　と，
　Aがハートのカード以外を取り出し，Bがハートのカードを取り出す場合
の2つがあり，これらの事象は互いに排反である。
よって，求める確率は

$$P(B)=P(A \cap B)+P(\overline{A} \cap B)$$
$$=P(A)P_A(B)+P(\overline{A})P_{\overline{A}}(B)$$
$$=\frac{13}{52} \times \frac{12}{51}+\frac{39}{52} \times \frac{13}{51}=\frac{1}{4}$$

(参考) A，Bがハートのカードを取り出す確率は同じ。

TR ③44 12本のくじの中に当たりくじが2本ある。A，B，Cの3人がこの順に1本ずつくじを引く。次の場合に，AとCだけが当たる確率を求めよ。
(1) 引いたくじを戻す　　　　(2) 引いたくじを戻さない

(1) A，B，Cがそれぞれくじを引く試行は独立である。
　A，B，Cは，それぞれ当たりくじ2本を含む12本のくじから1本ずつ引く。A，Cが当たり，Bははずれるから，求める

確率は $\dfrac{2}{12} \times \dfrac{10}{12} \times \dfrac{2}{12}=\dfrac{5}{216}$

←復元抽出
独立な事象の確率を考える。

(2) Aが当たりくじを引いた後，B は当たりくじ 1 本を含む 11 本からはずれくじを引く。その後，C は当たりくじ 1 本を含む 10 本から当たりくじを引く。よって，求める確率は

$$\frac{2}{12} \times \frac{10}{11} \times \frac{1}{10} = \frac{1}{66}$$

◆非復元抽出
条件付き確率を考える。

◆確率の乗法定理

TR
①**45**
(1) 大小 2 個のさいころを投げ，出た目が同じときは 2 個のさいころの目の和を得点とし，異なるときは 0 点とする。このとき，得点の期待値を求めよ。
(2) 6 枚の硬貨を同時に投げるとき，表の出る枚数の期待値を求めよ。

(1) 2 個とも 1，2，3，4，5，6 の目が出る確率はいずれも

$$\frac{1}{6^2} = \frac{1}{36}$$

出た目に対する得点はそれぞれ

$$2 \cdot 1 点, \ 2 \cdot 2 点, \ 2 \cdot 3 点, \ 2 \cdot 4 点, \ 2 \cdot 5 点, \ 2 \cdot 6 点$$

また，出た目が異なる確率は $\quad 1 - 6 \times \dfrac{1}{36} = \dfrac{30}{36} = \dfrac{5}{6}$

このとき，得点は 0 点

よって，得点と確率は次の表のようになる。

得点	2	4	6	8	10	12	0	計
確率	$\frac{1}{36}$	$\frac{1}{36}$	$\frac{1}{36}$	$\frac{1}{36}$	$\frac{1}{36}$	$\frac{1}{36}$	$\frac{30}{36}$	1

したがって，求める期待値は

$$2 \times \frac{1}{36} + 4 \times \frac{1}{36} + 6 \times \frac{1}{36} + 8 \times \frac{1}{36} + 10 \times \frac{1}{36} + 12 \times \frac{1}{36} + 0 \times \frac{5}{6}$$

$$= \frac{42}{36} = \frac{7}{6} \ (点)$$

(2) 表の出る枚数を X とすると，X のとりうる値は

$$X = 0, \ 1, \ 2, \ 3, \ 4, \ 5, \ 6$$

$X = 0$ のときの確率は $\quad \left(\dfrac{1}{2}\right)^6 = \dfrac{1}{64}$

$X = 1$ のときの確率は $\quad {}_6C_1 \dfrac{1}{2}\left(\dfrac{1}{2}\right)^5 = \dfrac{6}{64}$

$X = 2$ のときの確率は $\quad {}_6C_2\left(\dfrac{1}{2}\right)^2\left(\dfrac{1}{2}\right)^4 = \dfrac{15}{64}$

$X = 3$ のときの確率は $\quad {}_6C_3\left(\dfrac{1}{2}\right)^3\left(\dfrac{1}{2}\right)^3 = \dfrac{20}{64}$

$X = 4$ のときの確率は $\quad {}_6C_4\left(\dfrac{1}{2}\right)^4\left(\dfrac{1}{2}\right)^2 = \dfrac{15}{64}$

$X = 5$ のときの確率は $\quad {}_6C_5\left(\dfrac{1}{2}\right)^5 \dfrac{1}{2} = \dfrac{6}{64}$

$X = 6$ のときの確率は $\quad \left(\dfrac{1}{2}\right)^6 = \dfrac{1}{64}$

CHART
期待値
数量 X のとる値と，その値をとる確率の積の和

◆余事象の確率

◆確率の和が 1 となることを確認するため，表には約分しない形で書くとよい。

◆1 枚の硬貨を投げて表が出る確率は $\dfrac{1}{2}$，裏が出る確率も $\dfrac{1}{2}$ である。

CHART
反復試行の確率
$${}_nC_r p^r(1-p)^{n-r}$$

(参考) $X = 0$ のときは $X \times (確率) = 0$ となるから，必ずしも $X = 0$ のときの確率を求めなくてもよい。

よって，X の値と確率は次の表のようになる。

X	0	1	2	3	4	5	6	計
確率	$\dfrac{1}{64}$	$\dfrac{6}{64}$	$\dfrac{15}{64}$	$\dfrac{20}{64}$	$\dfrac{15}{64}$	$\dfrac{6}{64}$	$\dfrac{1}{64}$	1

したがって，求める期待値は

$$0 \times \frac{1}{64} + 1 \times \frac{6}{64} + 2 \times \frac{15}{64} + 3 \times \frac{20}{64} + 4 \times \frac{15}{64} + 5 \times \frac{6}{64} + 6 \times \frac{1}{64}$$

$$= \frac{192}{64} = 3 \,(枚)$$

← $\dfrac{6+30+60+60+30+6}{64}$

$= \dfrac{192}{64}$

(参考) 一般に，1 回の試行で事象 A の起こる確率が p のとき，この試行を n 回行う反復試行で，事象 A の起こる回数の期待値は **np** である。

(2) では，1 枚の硬貨を投げて表が出る確率が $\dfrac{1}{2}$ であるから，

求める期待値は $6 \times \dfrac{1}{2} = 3 \,(枚)$ となる。

TR
②**46**

A，B の 2 人が球の入った袋を持っている。A の袋には 1，3，5，7，9 の数字が 1 つずつ書かれた 5 個の球が入っており，B の袋には 2，4，6，8 の数字が 1 つずつ書かれた 4 個の球が入っている。
A と B が各自の袋から球を 1 個取り出し，書かれた数が大きい方の人を勝ちとする。また，勝ったときには自分が出した数を得点とし，負けたときには得点は 0 とする。このとき，A，B のどちらの方が有利か。

球の取り出し方の総数は $\quad 5 \times 4 = 20 \,(通り)$

A が取り出す球の数字を a，B が取り出す球の数字を b とする。

A が勝つ場合は

$\quad (a,\ b) = (3,\ 2),\ (5,\ 2),\ (5,\ 4),\ (7,\ 2),\ (7,\ 4),$
$\qquad\qquad (7,\ 6),\ (9,\ 2),\ (9,\ 4),\ (9,\ 6),\ (9,\ 8)$

B が勝つ場合は

$\quad (b,\ a) = (2,\ 1),\ (4,\ 1),\ (4,\ 3),\ (6,\ 1),\ (6,\ 3),$
$\qquad\qquad (6,\ 5),\ (8,\ 1),\ (8,\ 3),\ (8,\ 5),\ (8,\ 7)$

よって，A，B の得点ごとの確率は下の表のようになる。

CHART

期待値
数量 X のとる値と，その値をとる確率の積の和

A の得点	0	3	5	7	9	計
確率	$\dfrac{10}{20}$	$\dfrac{1}{20}$	$\dfrac{2}{20}$	$\dfrac{3}{20}$	$\dfrac{4}{20}$	1

← A が負ける確率は
$1 - \dfrac{10}{20} = \dfrac{10}{20}$

B の得点	0	2	4	6	8	計
確率	$\dfrac{10}{20}$	$\dfrac{1}{20}$	$\dfrac{2}{20}$	$\dfrac{3}{20}$	$\dfrac{4}{20}$	1

← B が負ける確率は
$1 - \dfrac{10}{20} = \dfrac{10}{20}$

ゆえに

A の得点の期待値は $\quad 3 \times \dfrac{1}{20} + 5 \times \dfrac{2}{20} + 7 \times \dfrac{3}{20} + 9 \times \dfrac{4}{20} = \dfrac{7}{2}$

B の得点の期待値は $\quad 2 \times \dfrac{1}{20} + 4 \times \dfrac{2}{20} + 6 \times \dfrac{3}{20} + 8 \times \dfrac{4}{20} = 3$

よって　　（Aの得点の期待値）＞（Bの得点の期待値）
したがって，**A の方が有利である。**

$\leftarrow \dfrac{7}{2}=3.5>3$

TR
④47　3個のさいころを同時に投げるとき，次の確率を求めよ。
　　(1)　どの目も 3 以上になる確率
　　(2)　出る目の最小値が 3 である確率　　　　　　　　　　　　　[類 滋賀大]

　3個のさいころを同時に投げる試行において，それぞれの目の
出方は互いに影響を与えない。
(1)　3個とも 3 以上の目が出る場合で，その確率は

$$\left(\dfrac{4}{6}\right)^3=\dfrac{64}{216}=\dfrac{8}{27}$$

$\leftarrow$ 3個とも，出る目は 3,
4，5，6 の 4 通り。

(2)　出る目の最小値が 3 であるという事象は，出る目がすべて 3
以上であるという事象から，出る目がすべて 4 以上であるとい
う事象を除いたものである。
　3個とも 4 以上の目が出る確率は

$$\left(\dfrac{3}{6}\right)^3=\dfrac{27}{216}$$

　よって，求める確率は　　$\dfrac{64}{216}-\dfrac{27}{216}=\dfrac{37}{216}$

$\leftarrow$ (出る目の最小値が 3)
＝(目が 3 以上)
　　－(目が 4 以上)
　　最小が 3 以上
1，2，$\underbrace{3,}_{\text{最小}}\ \underbrace{4,\ 5,\ 6}_{\text{最小が}}$
　　　　が 3　4 以上
$\leftarrow$ 余事象の考え方

TR
④48　A, B, C の 3 人がある問題を正解する確率はそれぞれ $\dfrac{1}{2}$, $\dfrac{1}{3}$, $\dfrac{3}{4}$ である。A, B, C の 3 人
　　が同時に問題を解くとき，次の確率を求めよ。
　　(1)　2 人だけが正解する確率　　　　　　　(2)　少なくとも 1 人が正解する確率

(1)　[1]　A，B の 2 人だけが正解する確率は

$$\dfrac{1}{2}\times\dfrac{1}{3}\times\left(1-\dfrac{3}{4}\right)=\dfrac{1}{24}$$

　　[2]　B，C の 2 人だけが正解する確率は

$$\left(1-\dfrac{1}{2}\right)\times\dfrac{1}{3}\times\dfrac{3}{4}=\dfrac{3}{24}$$

　　[3]　C，A の 2 人だけが正解する確率は

$$\dfrac{1}{2}\times\left(1-\dfrac{1}{3}\right)\times\dfrac{3}{4}=\dfrac{6}{24}$$

　　[1], [2], [3] の事象は互いに排反であるから，求める確率は

$$\dfrac{1}{24}+\dfrac{3}{24}+\dfrac{6}{24}=\dfrac{10}{24}=\dfrac{5}{12}$$

(2)　「少なくとも 1 人が正解する」という事象は，「3 人とも正解
しない」という事象の余事象である。
　3 人とも正解しない確率は

$$\left(1-\dfrac{1}{2}\right)\times\left(1-\dfrac{1}{3}\right)\times\left(1-\dfrac{3}{4}\right)=\dfrac{1}{12}$$

　よって，求める確率は　　$1-\dfrac{1}{12}=\dfrac{11}{12}$

$\leftarrow$ C が正解しない確率
は $1-\dfrac{3}{4}$

$\leftarrow$ A が正解しない確率
は $1-\dfrac{1}{2}$

$\leftarrow$ B が正解しない確率
は $1-\dfrac{1}{3}$

$\leftarrow$ 確率の加法定理

CHART
少なくとも～の確率には
　　余事象の確率

TR ④49 ■ x軸上に点Pがある。さいころを投げて，6の約数の目が出たときPはx軸上の正の方向に1だけ進み，6の約数でない目が出たときPはx軸上の負の方向に2だけ進むことにする。さいころを4回投げたとき，原点から出発した点Pが $x=-2$ の点にある確率は ⁷□，原点にある確率は ⁱ□ である。

[類 関西学院大]

さいころを1回投げたとき，6の約数の目，すなわち 1，2，3，6の目が出る確率は $\dfrac{4}{6}=\dfrac{2}{3}$

さいころを4回投げたとき，6の約数の目が出た回数を r とすると，点Pの x 座標は

$$x=1\cdot r+(-2)\cdot(4-r)=3r-8$$

CHART
反復試行と点の移動
まず，事柄が起こる回数を決定

(ア) $x=-2$ の点にあるとき $3r-8=-2$ よって $r=2$

したがって，4回のうち2回だけ6の約数の目が出れば $x=-2$ の点にあるから，求める確率は

$$_4C_2\left(\dfrac{2}{3}\right)^2\left(1-\dfrac{2}{3}\right)^{4-2}=6\times\dfrac{2^2}{3^4}=\dfrac{8}{27}$$

CHART
反復試行の確率
$_nC_r\,p^r(1-p)^{n-r}$

(イ) 原点にあるとき $3r-8=0$ …… ①

ここで，① を満たす整数 r は存在しない。

よって，求める確率は **0**

⬅$3r-8=0$ を解くと $r=\dfrac{8}{3}$

TR ④50 ある製品を製造する2つの工場A，Bがあり，A工場の製品には3％，B工場の製品には4％の割合で不良品が含まれる。A工場の製品とB工場の製品を3：2の割合で混ぜた大量の製品の中から1個取り出すとき，次の確率を求めよ。
(1) 取り出した製品が不良品でない確率
(2) 取り出した製品が不良品でなかったときに，それがA工場の製品である確率

取り出した1個が，工場Aの製品であるという事象を A，工場Bの製品であるという事象を B，不良品でないという事象を G とすると

$$P(A)=\dfrac{3}{5},\quad P(B)=\dfrac{2}{5},$$

$$P_A(G)=1-\dfrac{3}{100}=\dfrac{97}{100},\quad P_B(G)=1-\dfrac{4}{100}=\dfrac{96}{100}$$

⬅Bの製品は，「Aの製品でない」から，事象 B を事象 $\overline{A}$ としてもよい。また，「不良品である」の余事象は「不良品でない」である。

(1) 不良品でない製品には，[1] 工場Aの製品，[2] 工場Bの製品の2つの場合があり，これらは互いに排反である。

よって，求める確率 $P(G)$ は

$$P(G)=P(A\cap G)+P(B\cap G)$$
$$=P(A)P_A(G)+P(B)P_B(G)$$
$$=\dfrac{3}{5}\cdot\dfrac{97}{100}+\dfrac{2}{5}\cdot\dfrac{96}{100}=\dfrac{291}{500}+\dfrac{192}{500}=\dfrac{483}{500}$$

⬅全部で500個の製品を製造したと仮定すると

工場	製造数	不良品でない
A	300	291
B	200	192
計	500	483

(2) 求める確率は $P_G(A)$ であるから

$$P_G(A)=\dfrac{P(G\cap A)}{P(G)}=\dfrac{P(A\cap G)}{P(G)}=\dfrac{P(A)P_A(G)}{P(G)}$$
$$=\dfrac{291}{500}\div\dfrac{483}{500}=\dfrac{97}{161}$$

(1)の確率は $\dfrac{483}{500}$

(2)の確率は $\dfrac{291}{291+192}=\dfrac{97}{161}$

TR ④**51** ★ 箱Aには赤玉2個，白玉4個，箱Bには赤玉3個，白玉1個が入っている。箱Aから玉を同時に2個取り出し，それを箱Bに入れた後，箱Bから玉を同時に3個取り出すとき，それが3個とも赤玉である確率を求めよ。

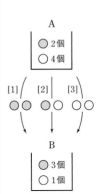

箱Aから取り出した玉の色と個数について

[1] 赤2個 [2] 赤1個，白1個 [3] 白2個

のどれかが起こり，これらの事象は互いに排反である。

各場合の，箱Aから玉を取り出す確率は

[1] $\dfrac{{}_2C_2}{{}_6C_2}$ [2] $\dfrac{{}_2C_1 \cdot {}_4C_1}{{}_6C_2}$ [3] $\dfrac{{}_4C_2}{{}_6C_2}$

[1]～[3] が起こったとき，箱Bの中の玉の色と個数はそれぞれ次のようになる。

[1] 赤5個，白1個 [2] 赤4個，白2個

[3] 赤3個，白3個

箱Bから赤玉を3個取り出す確率はそれぞれ

[1] $\dfrac{{}_5C_3}{{}_6C_3}$ [2] $\dfrac{{}_4C_3}{{}_6C_3}$ [3] $\dfrac{{}_3C_3}{{}_6C_3}$

したがって，求める確率は

$$\frac{{}_2C_2}{{}_6C_2} \times \frac{{}_5C_3}{{}_6C_3} + \frac{{}_2C_1 \cdot {}_4C_1}{{}_6C_2} \times \frac{{}_4C_3}{{}_6C_3} + \frac{{}_4C_2}{{}_6C_2} \times \frac{{}_3C_3}{{}_6C_3}$$

$$= \frac{1}{15} \times \frac{10}{20} + \frac{8}{15} \times \frac{4}{20} + \frac{6}{15} \times \frac{1}{20} = \frac{4}{25}$$

←それぞれに，乗法定理を用いて計算してから，加法定理で加える。

EX ②**10** 袋の中に赤玉 5 個，黒玉 4 個が入っている。この袋の中から同時に 3 個の玉を取り出すとき，次の確率を求めよ。
  (1) 3 個とも同じ色である確率　　　　　　(2) 2 個だけが同じ色である確率

9 個の玉から 3 個を同時に取り出す場合の数は　　$_9C_3$ 通り　　← 同じ色の玉も区別して考える。

(1) 「3 個とも同じ色である」という事象は，

　　　　「3 個とも赤玉である」という事象 A　と
　　　　「3 個とも黒玉である」という事象 B

の和事象 $A \cup B$ である。

ここで　　$P(A) = \dfrac{_5C_3}{_9C_3} = \dfrac{10}{84}$

　　　　　$P(B) = \dfrac{_4C_3}{_9C_3} = \dfrac{4}{84}$

← $_9C_3 = \dfrac{9 \cdot 8 \cdot 7}{3 \cdot 2 \cdot 1} = 84$,

　$_5C_3 = {}_5C_2 = \dfrac{5 \cdot 4}{2 \cdot 1} = 10$,

　$_4C_3 = {}_4C_1 = 4$

事象 A，B は互いに排反であるから，求める確率は

$P(A \cup B) = P(A) + P(B)$　　← 確率の加法定理

$\qquad\qquad = \dfrac{10}{84} + \dfrac{4}{84} = \dfrac{14}{84}$

$\qquad\qquad = \dfrac{1}{6}$

(2) 「2 個だけが同じ色である」という事象は，

　　　　「赤玉 2 個，黒玉 1 個が出る」という事象 A　と
　　　　「赤玉 1 個，黒玉 2 個が出る」という事象 B

の和事象 $A \cup B$ である。

ここで　　$P(A) = \dfrac{_5C_2 \times {}_4C_1}{_9C_3} = \dfrac{10 \times 4}{84} = \dfrac{40}{84}$

　　　　　$P(B) = \dfrac{_5C_1 \times {}_4C_2}{_9C_3} = \dfrac{5 \times 6}{84} = \dfrac{30}{84}$

← $_4C_2 = \dfrac{4 \cdot 3}{2 \cdot 1} = 6$

事象 A，B は互いに排反であるから，求める確率は

$P(A \cup B) = P(A) + P(B)$　　← 確率の加法定理

$\qquad\qquad = \dfrac{40}{84} + \dfrac{30}{84} = \dfrac{70}{84}$

$\qquad\qquad = \dfrac{5}{6}$

別解 (2) 「2 個だけが同じ色である」という事象は，「3 個とも同じ色である」という事象の余事象である。

よって，求める確率は，(1) の結果から

$1 - \dfrac{1}{6} = \dfrac{5}{6}$

← 2 種類のものから 3 個取り出すから，「3 個とも同じ色」か「2 個だけ同じ色」の 2 つの事象しかない。

EX ③**11** ★ 3 人の女子と 10 人の男子が円卓に座るとき
  (1) 3 人の女子が連続して並ぶ確率を求めよ。
  (2) 少なくとも 2 人の女子が連続して並ぶ確率を求めよ。　　〔西南学院大〕

男女 13 人の円順列の総数は　　　$(13-1)! = 12!$（通り）　　← 円順列 $(n-1)!$

(1)　3人の女子をひとまとめにして1組と考えて，10人の男子と1組の女子の円順列の総数は

$$(11-1)!=10!(通り)$$

そのどの場合に対しても，女子3人の並び方は　　3!通り

よって，求める確率は　　$\dfrac{10!\times3!}{12!}=\dfrac{3\cdot2\cdot1}{12\cdot11}=\dfrac{1}{22}$

(2)　「少なくとも2人の女子が連続して並ぶ」という事象は，「女子が隣り合わない」という事象Aの余事象$\overline{A}$である。

女子が隣り合わないのは，3人の女子が男子の間に並ぶ場合である。

男子10人の円順列の総数は　　$(10-1)!=9!(通り)$

そのどの場合に対しても，女子3人が男子の間の10カ所のうちの3カ所に座る並び方は　　$_{10}P_3$通り

ゆえに，女子が隣り合わない並び方は　　$9!\times{}_{10}P_3(通り)$

よって，求める確率は

$$P(\overline{A})=1-P(A)=1-\dfrac{9!\times{}_{10}P_3}{12!}$$

$$=1-\dfrac{10\cdot9\cdot8}{12\cdot11\cdot10}=\dfrac{5}{11}$$

CHART
少なくとも～の確率には
余事象の確率

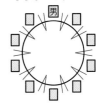

男子と男子の間10カ所のうち3カ所に女子が入る。

EX
② **12**
2つの組A，Bがあり，A組は男子2人，女子3人，B組は男子4人，女子1人からなる。この2つの組を合わせた合計10人の生徒から任意に3人の委員を選ぶとき，3人の生徒がB組の生徒だけになるか，または男子生徒だけになる確率を求めよ。

A組，B組の全生徒10人から3人の委員を選ぶ選び方は

$$_{10}C_3 通り$$

「B組の生徒だけになる」という事象をE，「男子生徒だけになる」という事象をFとする。

このとき　　$P(E)=\dfrac{_5C_3}{_{10}C_3}=\dfrac{10}{120}$

$$P(F)=\dfrac{_6C_3}{_{10}C_3}=\dfrac{20}{120}$$

また，$P(E\cap F)$はB組の男子だけになる確率であるから

$$P(E\cap F)=\dfrac{_4C_3}{_{10}C_3}=\dfrac{4}{120}$$

よって，求める確率$P(E\cup F)$は

$$P(E\cup F)=P(E)+P(F)-P(E\cap F)$$

$$=\dfrac{10}{120}+\dfrac{20}{120}-\dfrac{4}{120}=\dfrac{26}{120}$$

$$=\dfrac{13}{60}$$

⇐E：B組の5人から3人選ぶ。
　F：A，B組の男子6人から3人選ぶ。

⇐$E\cap F\neq\varnothing$（排反でない）

CHART
　和事象の確率
$P(A\cup B)=P(A)+P(B)$
$\qquad\qquad-P(A\cap B)$

EX
③**13** ★ 次の確率を求めよ。
(1) 1枚の硬貨を3回投げたとき，表が1回だけ出る確率
(2) 1枚の硬貨を3回投げたとき，表が少なくとも1回出る確率
(3) 1枚の硬貨を4回投げたとき，表が続けて2回以上出る確率
(4) 1枚の硬貨を5回投げたとき，表が続けて2回以上出ることがない確率　[類 センター試験]

1枚の硬貨を1回投げるとき，表が出る確率は $\dfrac{1}{2}$

(1) $_3C_1\left(\dfrac{1}{2}\right)^1\left(1-\dfrac{1}{2}\right)^{3-1}=3\cdot\dfrac{1}{2^3}=\dfrac{3}{8}$

　　$\Leftarrow {}_3C_1=3$

(2) 「表が少なくとも1回出る」という事象は，「3回とも裏が出る」という事象の余事象であるから，求める確率は

$$1-\left(1-\dfrac{1}{2}\right)^3=1-\dfrac{1}{8}=\dfrac{7}{8}$$

CHART
少なくとも～の確率には
余事象の確率

(3) 各回に表，裏が出る場合を

　　　（1回目）──（2回目）──（3回目）──（4回目）

のように表すと，表が続けて2回以上出る場合は

　　[1] 表──表──○──○　　[2] 裏──表──表──○
　　[3] ○──裏──表──表

となる。ただし，○は表，裏のどちらが出てもよい。
　[1] の場合の数は　　　　　2^2 通り
　[2]，[3] の場合の数は，それぞれ　2通り
それぞれの事象は互いに排反であるから，求める確率は

$$(2^2+2+2)\left(\dfrac{1}{2}\right)^4=\dfrac{1}{2}$$

　$\Leftarrow$ 表が初めて連続するのが何回目と何回目か，で場合に分けた。

　$\Leftarrow$ 表，裏が出る確率はともに $\dfrac{1}{2}$，○は表，裏の2通りずつある。

(4) 「表が続けて2回以上出ることがない」という事象は，「表が続けて2回以上出る」という事象の余事象である。
表が続けて2回以上出る場合は(3)と同様に考えると

　　表──表──○──○──○
　　裏──表──表──○──○
　　○──裏──表──表──○
　　○──裏──裏──表──表
　　裏──表──裏──表──表

$\Leftarrow 2^3$ 通り
$\Leftarrow 2^2$ 通り
$\Leftarrow 2^2$ 通り
$\Leftarrow 2$ 通り
$\Leftarrow 1$ 通り

それぞれの事象は互いに排反であるから，求める確率は

$$1-(2^3+2^2+2^2+2+1)\left(\dfrac{1}{2}\right)^5=\dfrac{13}{32}$$

　$\Leftarrow$ 余事象の確率

EX
②**14** 2個のさいころを投げ，出た目を X, Y $(X \leqq Y)$ とする。$X=1$ である事象を A，$Y=5$ である事象を B とする。確率 $P(A\cap B)$，条件付き確率 $P_B(A)$ をそれぞれ求めよ。　[鹿児島大]

2個のさいころの目の出方は　$6^2=36$(通り)
(前半) $A\cap B$ は $X=1$, $Y=5$ である事象であり，2個のさいころの目の出方は $(1, 5)$, $(5, 1)$ の2通りある。
よって，求める確率は　$P(A\cap B)=\dfrac{2}{36}=\dfrac{1}{18}$

（後半）　B は $Y=5$ である事象であり，2 個のさいころの目の出
方は

$$(1, 5),\ (2, 5),\ (3, 5),\ (4, 5),\ (5, 5),$$
$$(5, 4),\ (5, 3),\ (5, 2),\ (5, 1)$$

の 9 通りある。

よって　　$P(B)=\dfrac{9}{36}$

したがって，求める条件付き確率は

$$P_B(A)=\frac{P(A\cap B)}{P(B)}=\frac{2}{36}\div\frac{9}{36}=\frac{2}{9}$$

CHART
条件付き確率
$$P_B(A)=\frac{P(A\cap B)}{P(B)}$$

EX
③**15**

★　10 本のくじの中に 3 本の当たりくじと 1 本のチャンスくじがある。チャンスくじを引いたと
きは引き続いてもう 1 回引くものとする。A，B の順にくじを引くとき，次の確率を求めよ。た
だし，くじは 1 回に 1 本ずつ無作為に引き，もとに戻さないものとする。
(1)　A が当たる確率　　　　　　　　　　　　　(2)　A が当たって，B も当たる確率
(3)　A が当たらなくて，B が当たる確率

［明星大］

(1)　「A が当たる」という事象は，次の 2 つの事象の和事象である。
　　[1]　当たりくじを引く。
　　[2]　チャンスくじを引いてから，当たりくじを引く。
　　[1]，[2] の事象は互いに排反であるから，求める確率は

$$\frac{3}{10}+\frac{1}{10}\times\frac{3}{9}=\frac{1}{3}$$

CHART
確率の乗法定理
$$P(A\cap B)=P(A)P_A(B)$$
$$P(A\cap B\cap C)$$
$$=P(A)P_A(B)P_{A\cap B}(C)$$

(2)　「A が当たって，B も当たる」という事象は，次の 3 つの事
象の和事象である。
　　[1]　A が当たりくじ，B が当たりくじを引く。
　　[2]　A が当たりくじ，B がチャンスくじと当たりくじを引く。
　　[3]　A がチャンスくじと当たりくじ，B が当たりくじを引く。
　　[1]，[2]，[3] の事象は互いに排反であるから，求める確率は

$$\frac{3}{10}\times\frac{2}{9}+\frac{3}{10}\times\frac{1}{9}\times\frac{2}{8}+\frac{1}{10}\times\frac{3}{9}\times\frac{2}{8}=\frac{1}{12}$$

⬅ 事象 A，B，C が互い
　に排反であるとき
　　$P(A\cup B\cup C)$
　　$=P(A)+P(B)+P(C)$

(3)　「A が当たらなくて，B が当たる」という事象は，次の 3 つ
の事象の和事象である。
　　[1]　A がはずれくじ，B が当たりくじを引く。
　　[2]　A がはずれくじ，B がチャンスくじと当たりくじを引く。
　　[3]　A がチャンスくじとはずれくじ，B が当たりくじを引く。
　　[1]，[2]，[3] の事象は互いに排反であるから，求める確率は

$$\frac{6}{10}\times\frac{3}{9}+\frac{6}{10}\times\frac{1}{9}\times\frac{3}{8}+\frac{1}{10}\times\frac{6}{9}\times\frac{3}{8}=\frac{1}{4}$$

⬅ 確率の加法定理

EX
③**16**

☆ 12 本のくじがあり，その中に当たりくじが n 本 $(0 \leqq n \leqq 12)$ 含まれている。このくじから
1 本を引くとき，得点として，当たりくじならば 3 点，はずれくじならば -1 点が与えられるも
のとする。
このとき，得点の期待値が 1 以上になるための n の値の範囲を求めよ。　　　[類 センター試験]

当たりくじを引く確率は　　　$\dfrac{n}{12}$

はずれくじを引く確率は　　　$\dfrac{12-n}{12}$

よって，得点と期待値は右の表のようになる。

得点	-1	3	計
確率	$\dfrac{12-n}{12}$	$\dfrac{n}{12}$	1

ゆえに，得点の期待値は

$$(-1) \times \dfrac{12-n}{12} + 3 \times \dfrac{n}{12}$$

$$= \dfrac{-(12-n)+3n}{12} = \dfrac{n-3}{3}$$

よって，得点の期待値が 1 以上になるための条件は

$$\dfrac{n-3}{3} \geqq 1 \qquad \text{両辺を 3 倍して} \qquad n-3 \geqq 3$$

したがって，求める n の値の範囲は　　**$n \geqq 6$**

CHART
期待値
数量 X のとる値と，その
値をとる確率の積の和

EX
④**17**

1 個のさいころを 4 回投げるとき，次の確率を求めよ。
(1)　出る目の最小値が 1 である確率
(2)　出る目の最小値が 1 で，かつ最大値が 6 である確率

(1)　「出る目の最小値が 1 である」という事象は，「少なくとも 1
回は 1 の目が出る」という事象であり，この事象は「4 回とも
1 の目が出ない」という事象の余事象である。

　　よって，求める確率は　　$1-\left(\dfrac{5}{6}\right)^4 = 1-\dfrac{625}{1296} = \dfrac{\mathbf{671}}{\mathbf{1296}}$

(2)　「4 回とも 1 の目が出ない」という事象を A，「4 回とも 6 の
目が出ない」という事象を B とする。
　　「出る目の最小値が 1 で，かつ最大値が 6」という事象は
$\overline{A} \cap \overline{B}$ で表される。よって，求める確率は
$$P(\overline{A} \cap \overline{B}) = P(\overline{A \cup B}) = 1 - P(A \cup B)$$
$$= 1 - \{P(A) + P(B) - P(A \cap B)\}$$
$$= 1 - \left\{\left(\dfrac{5}{6}\right)^4 + \left(\dfrac{5}{6}\right)^4 - \left(\dfrac{4}{6}\right)^4\right\}$$
$$= 1 - \dfrac{625+625-256}{1296} = \dfrac{\mathbf{151}}{\mathbf{648}}$$

CHART
少なくとも～の確率には
余事象の確率

$\Leftarrow \overline{A \cup B} = \overline{A} \cap \overline{B}$

$\Leftarrow A \cap B$ は「4 回とも 1
の目も 6 の目も出な
い」という事象である。

EX
④**18**

ゆがんださいころがあり，1，2，3，4，5，6 の出る確率がそれぞれ $\dfrac{1}{6}$，$\dfrac{1}{6}$，$\dfrac{1}{4}$，$\dfrac{1}{4}$，$\dfrac{1}{12}$，
$\dfrac{1}{12}$ であるとする。このさいころを続けて 3 回投げるとき，出る目の和が 6 となる確率を求めよ。

[東京電機大]

出る目の和が 6 となるのは，次の 3 つの場合である。

[1]　1，2，3 の目が 1 回ずつ出るとき

その確率は　　$3! \times \dfrac{1}{6} \times \dfrac{1}{6} \times \dfrac{1}{4} = \dfrac{6}{6^2 \cdot 4}$

[2]　1 の目が 2 回，4 の目が 1 回出るとき

その確率は　　$_3C_2 \times \left(\dfrac{1}{6}\right)^2 \times \dfrac{1}{4} = \dfrac{3}{6^2 \cdot 4}$

[3]　2 の目が 3 回出るとき

その確率は　　$\left(\dfrac{1}{6}\right)^3 = \dfrac{1}{6^3}$

[1]〜[3] の事象は互いに排反であるから，

求める確率は　　$\dfrac{6}{6^2 \cdot 4} + \dfrac{3}{6^2 \cdot 4} + \dfrac{1}{6^3} = \dfrac{6 \cdot 6 + 3 \cdot 6 + 1 \cdot 4}{6^3 \cdot 4} = \dfrac{29}{432}$

⟸ 1，2，3 の目がどの順に出るかは，3! 通り。

CHART
反復試行の確率
$_nC_r\,p^r(1-p)^{n-r}$

2 章

E X

EX
④**19**　★　数直線上の 2 点 A，B は，最初 A が原点，B が座標 2 の点にあり，次の法則で動くものとする。

　　　　硬貨を投げて表が出れば，A は +1 だけ動き，B はその場にとどまる。
　　　　一方，裏が出れば，A はその場にとどまり，B は +1 だけ動く。

(1) 硬貨を 4 回投げた結果，A が座標 3 の点にある確率を求めよ。
(2) 硬貨を 5 回投げた結果，A と B が同じ位置にある確率を求めよ。
(3) A が B より先に座標 4 の点に到着する確率を求めよ。

(1)　硬貨を 4 回投げた結果，A が座標 3 の点にあるのは，4 回のうち，表が 3 回，裏が 1 回出た場合である。

よって，求める確率は　　$_4C_3\left(\dfrac{1}{2}\right)^3\left(1-\dfrac{1}{2}\right)^{4-3} = 4 \times \dfrac{1}{2^4} = \dfrac{1}{4}$

⟸ A がある点の座標は表が出た回数に一致する。
⟸ $_nC_r\,p^r(1-p)^{n-r}$

(2)　硬貨を 5 回投げた結果，表が r 回出たとすると

　　　　A がある点の座標は　　　r
　　　　B がある点の座標は　　　$2 + (5-r) = 7-r$

よって，A と B が同じ位置にあるとき　　$r = 7-r$

これを解くと　　$r = \dfrac{7}{2}$

ここで，r は整数であるから，この r の値は適さない。

したがって，硬貨を 5 回投げた結果，A と B が同じ位置にある確率は　　**0**

⟸ 裏が出るのは $(5-r)$ 回。

⟸ 空事象 $\varnothing$ について $P(\varnothing) = 0$

(3)　「A が B より先に座標 4 の点に到着する」という事象は，次の 2 つの事象の和事象である。

[1]　硬貨を 3 回投げた結果，A が座標 3 の点にあり，4 回目も表が出る場合。

[2]　硬貨を 4 回投げた結果，A が座標 3 の点にあり，5 回目に表が出る場合。

[1]，[2] の事象は互いに排反であるから，求める確率は

$$\left(\dfrac{1}{2}\right)^4 + \dfrac{1}{4} \times \dfrac{1}{2} = \dfrac{1}{16} + \dfrac{1}{8} = \dfrac{3}{16}$$

⟸ 4 回続けて表が出る。

⟸ (1) から，4 回目までの事象の確率は $\dfrac{1}{4}$

EX
④**20**

■ 赤球4個，青球3個，白球5個，合計12個の球がある。これら12個の球を袋の中に入れ，この袋からAがまず1個取り出し，その球をもとに戻さずに続いてBが1個取り出す。

(1) Aが取り出した球が赤球であったとき，Bが取り出した球が白球である条件付き確率を求めよ。

(2) Aは1球取り出した後，その色を見ずにポケットの中にしまった。Bが取り出した球が白球であることがわかったとき，Aが取り出した球も白球であった条件付き確率を求めよ。

[類 センター試験]

(1) Aが赤球を取り出す事象を A，Bが白球を取り出す事象を B とすると，求める確率は $P_A(B)$ である。

Aが赤球を取り出したあと，袋には赤球が3個，青球が3個，白球が5個の計11個が入っているから $\quad P_A(B)=\dfrac{5}{11}$

⬅ 経過により個数がわかる。

(2) Aが白球を取り出す事象を A' とすると，求める確率は

$$P_B(A')=\frac{P(A'\cap B)}{P(B)}$$

Aが白球を取り出し，かつBが白球を取り出す確率は

$$P(A'\cap B)=\frac{5}{12}\times\frac{4}{11}=\frac{5}{33}\quad\cdots\cdots①$$

⬅ まず $P(A'\cap B)$ を求める。

Bが白球を取り出す事象は，次の事象の和事象である。

[1] Aが赤球を取り出し，かつBが白球を取り出す。
[2] Aが青球を取り出し，かつBが白球を取り出す。
[3] Aが白球を取り出し，かつBが白球を取り出す。

⬅ 次に $P(B)$ を求める。

[1] の確率は $\quad \dfrac{4}{12}\times\dfrac{5}{11}=\dfrac{20}{12\times11}$

[2] の確率は $\quad \dfrac{3}{12}\times\dfrac{5}{11}=\dfrac{15}{12\times11}$

⬅ 約分しないでおく。

[3] の確率は，① から $\quad \dfrac{20}{12\times11}$

[1]，[2]，[3] は互いに排反であるから，Bが白球を取り出す確率 $P(B)$ は

$$P(B)=\frac{20+15+20}{12\times11}=\frac{55}{12\times11}=\frac{5}{12}$$

ゆえに，求める条件付き確率は

$$P_B(A')=\frac{P(A'\cap B)}{P(B)}=\frac{5}{33}\div\frac{5}{12}=\frac{4}{11}$$

(参考) Bが白球を取り出す確率は，取り出す順番によらないから $\dfrac{5}{12}$

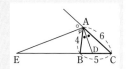

TR
②52 AB=4, BC=5, CA=6 である △ABC において，∠A および その外角の二等分線と直線 BC と交わる点を，それぞれ D, E とする。線分 DE の長さを求めよ。

AD は ∠A の二等分線であるから
$$BD:DC=AB:AC$$
$$=4:6=2:3$$

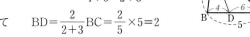

よって　$BD=\dfrac{2}{2+3}BC=\dfrac{2}{5}\times5=2$

また，AE は ∠A の外角の二等分線である
から　　　BE:EC=AB:AC=2:3
よって　　　BE:BC=2:(3−2)=2:1
ゆえに　　　BE=2BC=2×5=10
したがって　DE=BD+BE=2+10=**12**

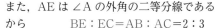

CHART
角の二等分線と比
(線分比)=(2辺の比)

◀ BD:DC=2:3 から
BD:BC=2:(2+3)
=2:5

◀ $a:b=c:d$ ならば
$ad=bc$

TR
②53 右の図で，点Oは △ABC の外心である。
α, β を求めよ。

(1) 　(2)

(1)　OA=OC であるから　　　∠OAC=∠OCA
よって　　　∠OCA=40°
ゆえに，△OCA において
　　　　　∠AOC=180°−2×40°=100°
円周角の定理により　∠AOC=2∠ABC
よって　　　100°=2α
ゆえに　　α=**50°**
また，OA=OB, OB=OC であるから
　　　　∠OAB=∠OBA, ∠OBC=∠OCB
よって　　α=18°+β
ゆえに　　β=50°−18°=**32°**

◀ 外接円の半径

◀ 三角形の内角の和

◀ 円周角の定理
(中心角)=2×(円周角)

◀ 外接円の半径

(2)　円周角の定理により
　　　　　360°−120°=2∠BAC
すなわち　240°=2α
よって　　α=**120°**
また，OB=OC であるから
　　　　　∠OBC=∠OCB
よって　　　∠OCB=$\dfrac{1}{2}$(180°−120°)=30°

∠ACB=180°−(15°+120°)=45° であるから
　　　　　β=∠OCB+∠ACB=30°+45°=**75°**

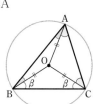

◀ 円周角の定理
(中心角)=2×(円周角)

◀ 外接円の半径

◀ △OBC の内角の和は
180°

◀ △ABC の内角の和は
180°

TR **②54**　右の図で，点 I は △ABC の内心である。次のものを求めよ。
(1)　α
(2)　CI : ID

(1)

(2)

(1)　△IBC において
$$\angle IBC + \angle ICB = 180° - 100° = 80° \cdots\cdots ①$$
BI は ∠B の二等分線であるから
$$\angle B = 2\angle IBC \cdots\cdots ②$$
CI は ∠C の二等分線であるから
$$\angle C = 2\angle ICB \cdots\cdots ③$$
ここで　　$\alpha = 180° - (\angle B + \angle C)$
②，③ を代入して
$$\alpha = 180° - (2\angle IBC + 2\angle ICB)$$
$$= 180° - 2(\angle IBC + \angle ICB)$$
① を代入して　$\alpha = 180° - 2 \times 80° = \mathbf{20°}$

(2)　CD は ∠C の二等分線であるから，△ABC において
$$AD : DB = CA : CB = 8 : 4 = 2 : 1$$
よって　　$AD = \dfrac{2}{2+1}AB = \dfrac{2}{3} \times 7 = \dfrac{14}{3}$
AI は ∠A の二等分線であるから，△ADC にお
いて　　$CI : ID = AC : AD = 8 : \dfrac{14}{3} = \mathbf{12 : 7}$

← 三角形の内角の和は 180°

CHART
　三角形の内心
　角の二等分線に注目

← △ABC の内角の和は 180°

← 共通因数 2 でくくる。

← 内角の二等分線の定理

← $8 : \dfrac{14}{3}$ ⟩ ×3
$= 24 : 14$ ⟩ ÷2
$= 12 : 7$

TR **②55**　右の図の △ABC で，点 D，E はそれぞれ辺 BC，AC の中点である。また，AD と BE の交点を F，線分 AF の中点を G，CG と BE の交点を H とする。
(1)　BE = 6 のとき，線分 FE，FH の長さを求めよ。
(2)　面積比 △EHC : △ABC を求めよ。

(1)　AD，BE は △ABC の中線であるから，その交点 F は
△ABC の重心である。よって　　BF : FE = 2 : 1
したがって　　$\mathbf{FE} = \dfrac{1}{2+1}BE = \dfrac{1}{3} \times 6 = \mathbf{2}$
また，点 C と点 F を結ぶと，CG，FE は △AFC の中線であ
るから，その交点 H は △AFC の重心である。
よって　　FH : HE = 2 : 1
したがって　　$\mathbf{FH} = \dfrac{2}{2+1}FE = \dfrac{2}{3} \times 2 = \dfrac{4}{3}$

(2)　点Eは辺ACの中点であるから　　△ABC＝2△EBC
また，BF：FE＝2：1より，BE：FE＝3：1であるから
$$\underline{\triangle \text{EBC}＝3\triangle \text{EFC}}$$
さらに，FH：HE＝2：1より，FE：HE＝3：1であるから
$$\underline{\triangle \text{EFC}＝3\triangle \text{EHC}}$$
よって　　△ABC＝2△EBC＝2・3△EFC
　　　　　　　　＝6△EFC＝6・3△EHC
　　　　　　　　＝18△EHC
したがって　　**△EHC：△ABC＝1：18**

← 高さが共通であるか
ら
△ABC：△EBC＝AC：EC
△EBC：△EFC＝BE：FE
△EFC：△EHC＝FE：HE

3章

TR

TR
③**56**　△ABCの内心と重心が一致するとき，△ABCは正三角形であることを示せ。

△ABCの内心と重心が一致するとき，その点をIとする。
点Iは内心であるから，直線AIは∠Aの二等分線である。
直線AIと辺BCの交点をDとすると
　　　　BD：DC＝AB：AC …… ①
点Iは重心でもあるから
　　　　BD：DC＝1：1
よって，①から　　AB：AC＝1：1
すなわち　AB＝AC …… ②
また，直線BIも∠Bの二等分線であ
るから，同様にして　BC＝BA …… ③
②，③から　　AB＝BC＝CA
したがって，△ABCは正三角形である。

CHART
△ABCが正三角形であ
ることの証明
　　AB＝BC＝CA
または
　　∠A＝∠B＝∠C
を示す

（参考）　例題56とTRAINING56から，外心・内心・重心のうち，
2つが一致する三角形は正三角形となることがわかる。また，
正三角形では，1辺の垂直二等分線は，その辺と向かい合う頂
角の二等分線でもあり，かつその頂点から対辺に引いた中線で
もある。これらのことから，**正三角形の外心・内心・重心はす
べて一致する**ことがわかる。

TR
③**57**　AB＝6，BC＝a，CA＝4である△ABCにおいて，辺BC，CAの中点をそれぞれM，Nとする。
　　(1)　AM＝$\sqrt{10}$のとき，aの値を求めよ。
　　(2)　aが(1)の値のとき，線分BNの長さを求めよ。

(1)　AMは△ABCの中線であるから，
中線定理により
$$AB^2＋AC^2＝2(AM^2＋BM^2)$$
よって　　$6^2＋4^2＝2\left\{(\sqrt{10})^2＋\left(\dfrac{a}{2}\right)^2\right\}$
すなわち　$52＝2\left(10＋\dfrac{a^2}{4}\right)$　　ゆえに　　$\dfrac{a^2}{4}＝16$
よって　　$a^2＝64$　　$a>0$であるから　　**$a＝8$**

CHART
　中線定理
$AB^2＋AC^2$
　　$＝2(AM^2＋BM^2)$

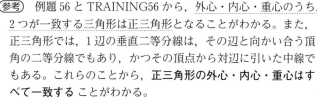

← 両辺を2で割って
$$26＝10＋\dfrac{a^2}{4}$$

(2) BN は △ABC の中線であるから，中線定理により

$$BC^2+BA^2=2(BN^2+CN^2)$$

よって　　　　　　　　$8^2+6^2=2(BN^2+2^2)$

すなわち　　　　　　　$100=2(BN^2+4)$

整理すると　　　　　　$BN^2=46$　　　　　　　　◀両辺を 2 で割って

BN>0 であるから　　$BN=\sqrt{46}$　　　　　　　　$50=BN^2+4$

TR △ABC の辺 AB を 3:2 に内分する点を D，辺 AC を 4:3 に内分する点を E とし，BE と CD
①58 の交点と A を結ぶ直線が BC と交わる点を F とするとき，比 BF:FC を求めよ。

△ABC において，チェバの定理により

$$\frac{BF}{FC} \cdot \frac{CE}{EA} \cdot \frac{AD}{DB}=1$$

ゆえに　　　$\dfrac{BF}{FC} \cdot \dfrac{3}{4} \cdot \dfrac{3}{2}=1$

よって　　　$\dfrac{BF}{FC}=\dfrac{8}{9}$

したがって　　BF:FC=**8:9**

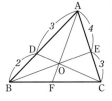

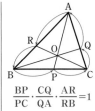

$$\frac{BP}{PC} \cdot \frac{CQ}{QA} \cdot \frac{AR}{RB}=1$$

TR △ABC の辺 AB の中点を D，線分 CD の中点を E，AE と BC との交点を F とする。このとき，
①59 次の比を求めよ。

(1) BF:FC　　　　　　　　　　　　(2) AE:EF

(1) △DBC と直線 AF について，
メネラウスの定理により

$$\frac{BF}{FC} \cdot \frac{CE}{ED} \cdot \frac{DA}{AB}=1$$

ゆえに　　　$\dfrac{BF}{FC} \cdot \dfrac{1}{1} \cdot \dfrac{1}{2}=1$

よって　　　$\dfrac{BF}{FC}=2$

したがって　　BF:FC=**2:1**

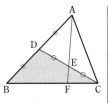

$$\frac{BP}{PC} \cdot \frac{CQ}{QA} \cdot \frac{AR}{RB}=1$$

◀$\dfrac{BF}{FC}=\dfrac{2}{1}$

(2) △ABF と直線 CD について，
メネラウスの定理により

$$\frac{BC}{CF} \cdot \frac{FE}{EA} \cdot \frac{AD}{DB}=1$$

(1) から　　$\dfrac{3}{1} \cdot \dfrac{FE}{EA} \cdot \dfrac{1}{1}=1$

よって　　　$\dfrac{AE}{EF}=3$　　　したがって　　AE:EF=**3:1**

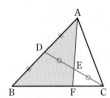

◀(1) から
BC:CF=(2+1):1
=3:1

TR ②60 次の長さの線分を3辺とする三角形が存在するかどうかを調べよ。

(1) 3, 4, 6   (2) 6, 8, 15

(1) $a=3$, $b=4$, $c=6$ とおくと，c が最大であり $a+b=7$

よって $c<a+b$

したがって，三角形は **存在する**。

(2) $a=6$, $b=8$, $c=15$ とおくと，c が最大であり

$a+b=14$ よって $c>a+b$

したがって，三角形は **存在しない**。

CHART
三角形の成立条件
c が最大のとき
$$c<a+b$$

TR ②61 (1) $\angle A=90°$, $AB=2$, $BC=3$ である $\triangle ABC$ の3つの角の大小を調べよ。
(2) $\angle A=70°$, $\angle B=\angle C$ である $\triangle ABC$ の3つの辺の長さの大小を調べよ。

(1) $CA=\sqrt{BC^2-AB^2}=\sqrt{3^2-2^2}$
$=\sqrt{5}$

よって $AB<CA<BC$

したがって $\angle C<\angle B<\angle A$

(2) $\angle B=\angle C=(180°-70°)\div2=55°$

よって $\angle B=\angle C<\angle A$

したがって $CA=AB<BC$

← 三平方の定理

← $\sqrt{4}<\sqrt{5}<\sqrt{9}$ から
$2<\sqrt{5}<3$

← $55°=55°<70°$

TR ①62 次の図において，α を求めよ。ただし，(1)では $BC=DC$，(3)の点 O は円の中心である。

(1)   (2)   (3)

(1) $BC=DC$ であるから $\angle CBD=\angle CDB$

よって $\angle C=180°-2\times30°=120°$

四角形 ABCD は円に内接するから

$$\angle A+\angle C=180°$$

したがって $\alpha=180°-120°=\mathbf{60°}$

(2) 直線 AB と直線 DC の交点を E，直線
AD と直線 BC の交点をFとする。

四角形 ABCD は円に内接するから

$$\angle BCE=\angle DAB=\alpha$$

また $\angle ABF=\angle BCE+\angle BEC$
$$=\alpha+60°$$

$\triangle ABF$ において

$$\alpha+20°+(\alpha+60°)=180°$$

整理して $2\alpha=100°$

したがって $\alpha=\mathbf{50°}$

← $\triangle CDB$ の内角の和は
180°

CHART
円に内接する四角形の性質
1 （対角の和）＝180°
2 （内角）＝（対角の外角）

← 内角はその対角の外
角に等しい。

← $\triangle BCE$ において
（三角形の外角）
＝（他の内角の和）

← 三角形の内角の和は
180°

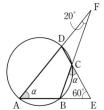

(3) 辺 CD は円Oの直径であるから

$$\angle DBC = 90°$$

△BCD において $\angle BCD = 180° - (90° + 50°) = 40°$ ⟸ 三角形の内角の和は 180°

四角形 ABCD は円に内接するから

$$\angle A + \angle C = 180°$$ ⟸ 対角の和は 180°

よって $\alpha = 180° - 40° = \mathbf{140°}$

TR **②63**
∠B=90° である △ABC の辺 BC 上に B，C と異なるように点 D をとる。次に，∠ADE=90°，∠DAE=∠BAC を満たす点 E を右の図のようにとる。このとき，4 点 A，C，D，E は 1 つの円周上にあることを証明せよ。

△ABC において

$$\angle C = 180° - (90° + \angle BAC)$$
$$= 90° - \angle BAC$$

△ADE において

$$\angle E = 180° - (90° + \angle DAE)$$
$$= 90° - \angle DAE$$

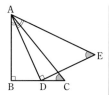

CHART
4 点が 1 つの円周上にあることの証明
[1] 円周角の定理の逆
[2] 四角形が円に内接するための条件

ここで，∠DAE=∠BAC であるから $\angle C = \angle E$
よって，2 点 C，E は直線 AD に関して同じ側にあり，
∠C=∠E であるから，円周角の定理の逆により，4 点 A，C，D，E は 1 つの円周上にある。

TR **②64**
(1) 右の四角形 ABCD のうち円に内接するものはどれか。
(2) 鋭角三角形 ABC の辺 BC 上に点 D（点 B，C とは異なる）をとり，点 D から辺 AB，AC にそれぞれ垂線 DE，DF を引く。このとき，四角形 AEDF は円に内接することを証明せよ。

①
②

(1) ① $\angle B + \angle D = 88° + 92° = 180°$
よって，1 組の対角の和が 180° であるから，四角形 ABCD は円に内接する。

② △ABC において $\angle ACB = 180° - (55° + 92°) = 33°$
2 点 C，D は直線 AB に関して同じ側にあり，
∠ACB=∠ADB であるから，円周角の定理の逆により，
4 点 A，B，C，D は 1 つの円周上にある。
よって，四角形 ABCD は円に内接する。

以上から，求めるのは ①，②

CHART
四角形が円に内接するための条件
1 （1 組の対角の和）=180°
2 （内角）=（対角の外角）

(2) ∠AED=90°，∠AFD=90° であるから

$$\angle AED + \angle AFD = 90° + 90° = 180°$$

よって，1 組の対角の和が 180° であるから，四角形 AEDF は円に内接する。

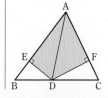

TR
②65 ☆ △ABC の内接円が辺 BC，CA，AB と接する点を，それぞれ P，Q，R とする。
    (1) AB=10，BP=4，PC=3 のとき，線分 AC の長さを求めよ。
    (2) AB=12，BC=5，CA=9 のとき，線分 BP の長さを求めよ。

(1) BR=BP=4

  AB=10 から   AR=10−4=6

  AQ=AR であるから   AQ=6

  また   CQ=CP=3

  よって   **AC=AQ+CQ=6+3=9**

(2) BP=x とする。

  BC=5 から   PC=5−x

  CQ=CP であるから   CQ=5−x

  また，BR=BP であるから   BR=x

  AB=12 であるから   AR=12−x

  AQ=AR であるから   AQ=12−x

  AC=AQ+QC，AC=9 であるから

    $(12-x)+(5-x)=9$

  これを解いて $x=4$ すなわち **BP=4**

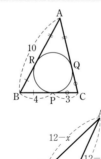

CHART
円の接線の性質
接線 2 本で二等辺

3章

TR

◆ AR=AQ，BR=BP，CQ=CP から，それぞれの線分の長さを x で表し，線分 AC についての式を作る。

◆ 整理すると
  $-2x=-8$

TR
②66 右の図において，x，y，z を求めよ。ただし，ℓ は円 O の接線であり，点 A は接点である。また，(2)では ∠ABD=∠CBD である。

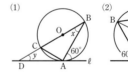

(1) 直線 ℓ 上に点 E を右の図のようにとると
    ∠ACB=∠BAE=60°

  線分 BC は円の直径であるから
    ∠BAC=90°

  よって，△BCA において
    $x=180°-(60°+90°)=30°$

  また，△ABD において $x+y=60°$

  よって $y=60°-x=60°-30°=30°$

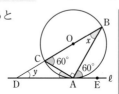

◆ 接弦定理

◆ 円周角の定理

◆ 三角形の内角の和は 180°

◆ (三角形の外角)
  =(他の内角の和)

(2) 四角形 ABCD は円に内接するから
    ∠BAD=180°−94°=86°

  直線 ℓ 上に点 E，F を右の図のようにとると   ∠BDA=∠BAE=60°

  よって   ∠ABD=∠DAF
                =180°−(60°+86°)
                =34°

  ∠CBD=∠ABD=34° であるから
    $z+34°+94°=180°$

  したがって $z=180°-128°=52°$

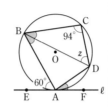

◆ 接弦定理

◆ △BCD の内角の和は 180°

TR ②67 右の図のように，2点P，Qで交わる2つの円O，O′がある。点P における円Oの接線と円O′の交点をA，直線AQと円Oの交点をB， 直線BPと円O′の交点をCとする。このとき AC＝AP であること を証明せよ。

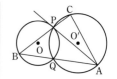

PとQを結び，右の図のように点Rを とる。接弦定理により
$$\angle BPR = \angle BQP \quad \cdots\cdots ①$$
また，四角形PQACは円O′に内接す るから
$$\angle BQP = \angle ACP \quad \cdots\cdots ②$$
対頂角は等しいから
$$\angle BPR = \angle APC \quad \cdots\cdots ③$$
①，②，③から
$$\angle ACP = \angle APC$$
ゆえに AC＝AP

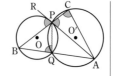

← (内角)＝(対角の外角)

← △APC は二等辺三角 形。

TR ①68 右の図において，x の値を求めよ。ただし，(2)のPT は円の接線である。

(1)

(2)

(1) 方べきの定理により $8 \cdot x = 9 \cdot 16$
よって $\boldsymbol{x = 18}$
(2) 方べきの定理により $3 \cdot (3+5) = x^2$
よって $x^2 = 24$ $x > 0$ であるから $\boldsymbol{x = 2\sqrt{6}}$

TR ③69 交わる2つの円O，O′において，共通な弦AB上の点Pを通る円Oの弦をCD，円O′の弦を EFとするとき，4点C，D，E，Fは1つの円周上にあることを証明せよ。ただし，4点C，D， E，Fは一直線上にないものとする。

円Oにおいて，方べきの定理により
$$PA \cdot PB = PC \cdot PD \quad \cdots\cdots ①$$
円O′において，方べきの定理により
$$PA \cdot PB = PE \cdot PF \quad \cdots\cdots ②$$
①，②から $PC \cdot PD = PE \cdot PF$
よって，方べきの定理の逆により，
4点C，D，E，Fは1つの円周上にある。

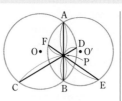

TR ②70 ★ 右の図において，ℓ は2円O，O′の共通接線であり，A，B はそれぞれ円O，O′との接点である。円O，O′の半径がそれぞ れ5，3で，O，O′間の距離が10のとき，線分ABの長さを求 めよ。

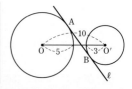

HINT 直線 OA と, 点 O′ を通り ℓ と平行な直線の交点を H とし, 直角三角形 OO′H において三平方の定理を適用。

点 O′ を通り, ℓ と平行な直線を ℓ' とする。

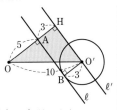

OA⊥ℓ であるから, OA と ℓ' の交点を H とすると   OH⊥ℓ'

OA＝5, AH＝BO′＝3 から

$$OH＝OA＋AH＝5＋3＝8$$

△OO′H は直角三角形であるから, 三平方の定理により

$$OO'^2＝O'H^2＋OH^2$$

O′H＞0 であるから

$$O'H＝\sqrt{OO'^2－OH^2}$$
$$＝\sqrt{10^2－8^2}＝\sqrt{36}＝6$$

AB＝O′H であるから   **AB＝6**

← 四角形 ABO′H は長方形である。

← AH＝BO′

TR
③**71**   点 P で内接する 2 つの円がある。右の図のように, 点 P を通る 2 本の直線と, 外側の円との交点を A, B, 内側の円との交点を C, D とする。このとき, AB と CD は平行であることを証明せよ。

点 P における 2 円の共通接線 ℓ を引き, 直線 ℓ 上に点 T を右の図のようにとる。
このとき, 小さい円と接線 ℓ において

$$\angle BPT＝\angle DCP \quad \cdots\cdots ①$$

また, 大きい円と接線 ℓ において

$$\angle BPT＝\angle BAP \quad \cdots\cdots ②$$

①, ② から $\angle DCP＝\angle BAP$

よって, 同位角が等しいから   AB∥CD

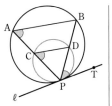

← 接弦定理

← 接弦定理

TR
②**72**   (1) 与えられた線分 AB を 3：2 に内分する点を作図せよ。
   (2) 与えられた線分 AB を 2：5 に外分する点を作図せよ。

(1) ① A を通り, 直線 AB と異なる半直線 ℓ を引く。
   ② ℓ 上に, A から等間隔に点をとり, 3 番目の点を C, 5 番目の点を D とする。
      このとき   AC：CD＝3：2
   ③ C を通り, 直線 BD に平行な直線を引き, 線分 AB との交点を E とする。
      点 E が求める点である。

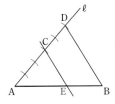

← 単位となる 1 の長さは適当にとる。

← BD∥EC から
AE：EB＝AC：CD
＝3：2

(2) ① Bを通り，直線 AB と異なる半
直線 ℓ を引く。

② ℓ 上に，B から等間隔に点をと
り，3番目の点を C，5番目の点
をDとする。

このとき　　BC : CD = 3 : 2

③ Dを通り，直線 CA に平行な直線を引き，直線 AB と
の交点をEとする。

点Eが求める点である。

← AC∥ED から
AE : EB = CD : DB
　　= 2 : 5

TR
②**73** 長さが1の線分 AB と長さが a, b の線分が与えられたとき，長さが $\dfrac{b}{3a}$ の線分を作図せよ。

① Aを通り，直線 AB と異なる半直
線 ℓ を引く。

② ℓ 上に，AC = 3a，CD = b となる
点 C，D を右の図のようにとる。

③ Dを通り，直線 BC に平行な直線
を引き，半直線 AB との交点をEと
する。

線分 BE が求める線分である。

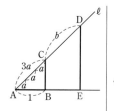

← CB∥DE より
AB : BE = AC : CD
であるから
$$BE = \frac{AB \cdot CD}{AC} = \frac{b}{3a}$$

TR
③**74** 長さ1の線分が与えられたとき，長さ $\sqrt{6}$ の線分を作図せよ。

① 長さが1の線分 AB を引き，線分
AB のBを越える延長上に BC = 6
となる点Cをとる。

② 線分 AC の垂直二等分線と AC の
交点をOとし，O を中心として，半
径 OA の円をかく。

③ Bを通り，直線 AB に垂直な直線
を引き，円Oとの交点を D，E とする。

このとき，方べきの定理により　　BA・BC = BD・BE

すなわち　　$1 \times 6 = BD^2$

よって，線分 BD は長さ $\sqrt{6}$ の線分である。

← 線分 BE でも正解。

別解 与えられた長さ1の線分を1辺とする正方形を作図する。

長さ2の線分を底辺とする直角三角形を右の図のよ
うに作図すると，斜辺の長さは，三平方の定理によ
り $\sqrt{5}$ となり，長さが $\sqrt{5}$ の線分が作図できる。

さらに，長さ $\sqrt{5}$ の線分を底辺とする直角三角形
を右の図のように作図すると，斜辺の長さは $\sqrt{6}$
となり，長さ $\sqrt{6}$ の線分が作図できる。

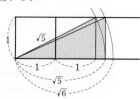

TR
②75　右の図の正五角柱 ABCDE－FGHIJ において，次の問いに答えよ。
(1)　辺 AB と垂直な辺をすべてあげよ。
(2)　辺 AF とねじれの位置にある辺をすべてあげよ。
(3)　次の 2 直線のなす角 θ を求めよ。ただし，$0°\leqq\theta\leqq90°$ とする。
　　(ア) AE, DI　(イ) AE, HI　(ウ) AD, GJ

3章

TR

(1)　**辺 AF，BG，CH，DI，EJ**

(2)　辺 AF とねじれの位置にある辺は AF と同じ平面上にない辺
であるから

　　　　　　　辺 BC，CD，DE，GH，HI，IJ

(3)　(ア)　2 直線 AE，DI のなす角は 2 直線 AE，AF のなす角と
等しい。
　　よって　　$\theta=\angle\text{EAF}=\textbf{90°}$

　　(イ)　2 直線 AE，HI のなす角は 2 直線 AE，BE のなす角と等
しい。正五角形の内角の和は
　　　　　　　$180°\times(5-2)=540°$
　　$\angle$BAE は正五角形の 1 つの内角であるから
　　　　　　　$\angle\text{BAE}=540°\div5=108°$
　　AB＝AE であるから
　　　　　　　$\theta=\angle\text{AEB}=(180°-108°)\div2=\textbf{36°}$

　　(ウ)　2 直線 AD，GJ のなす角は 2 直線 AD，CD のなす角と等
しい。
　　よって　　$\theta=\angle\text{ADC}=\angle\text{CDE}-\angle\text{ADE}$
　　　　　　　$=108°-36°=\textbf{72°}$

◀ AB⊥AF
AF，BG，CH，DI，
EJ は平行。

◀ DI∥AF

◀ $\angle$ADE＝$\angle$AEB＝36°

TR
②76　ℓ, m を空間内の異なる直線，α, β を空間内の異なる平面とする。次の記述のうち，常には正
しくないものを 2 つ選び，反例をあげよ。
①　「$\ell\perp m$　かつ　$\alpha\parallel\ell$」ならば　$\alpha\perp m$　である。
②　「$\alpha\perp\ell$　かつ　$\beta\parallel\ell$」ならば　$\alpha\perp\beta$　である。
③　「$\alpha\parallel\ell$　かつ　$\ell\parallel m$」ならば　$\alpha\perp m$　である。

常には正しくないのは，①，③ である。反例は次の通り。

① の反例
「$\ell\perp m$　かつ　$\alpha\parallel\ell$」
だが，$\alpha\parallel m$ である。

③ の反例
「$\alpha\parallel\ell$　かつ　$\ell\parallel m$」
だが，$\alpha\parallel m$ である。

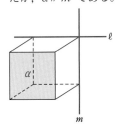

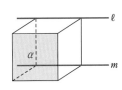

TR ③77

(1) 正四面体 ABCD において，次が成り立つことを証明せよ。
　(ア) 辺 AD の中点をMとすると AD⊥(平面MBC)　(イ) AD⊥BC
(2) 平面 α と α 上の直線 ℓ，α 上にない点 A，ℓ 上の点 B，α 上にあるが ℓ 上にない点Oについて，次の1と2が成り立つことを証明せよ。
　1　OA⊥α，OB⊥ℓ ならば AB⊥ℓ
　2　OA⊥α，AB⊥ℓ ならば OB⊥ℓ

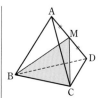

(1) (ア) △ADB は正三角形であり，AM＝MD から　AD⊥BM
　　また，△ADC も正三角形であり，AM＝MD から　AD⊥CM
　　辺 AD は，平面 MBC 上の交わる2直線 BM，CM に垂直
　　であるから　　　AD⊥(平面MBC)
　(イ) 辺 BC は平面 MBC 上にある。
　　よって，(ア)から　　AD⊥BC

(2) 1　直線 ℓ は平面 α 上にあり OA⊥α であるから
　　　　　　　　　　　OA⊥ℓ
　　また，仮定により　　OB⊥ℓ
　　直線 ℓ は，平面 OAB 上の交わる2直線 OA，OB に垂直で
　　あるから　　(平面OAB)⊥ℓ
　　直線 AB は平面 OAB 上にあるから
　　　　　　　　　　　AB⊥ℓ

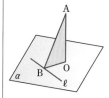

　⟸(平面OAB)⊥ℓ から
　　　AB⊥ℓ

　　2　直線 ℓ は平面 α 上にあり OA⊥α であるから
　　　　　　　　　　　OA⊥ℓ
　　また，仮定により　　AB⊥ℓ
　　直線 ℓ は，平面 OAB 上の交わる2直線 OA，AB に垂直で
　　あるから　　(平面OAB)⊥ℓ
　　直線 OB は平面 OAB 上にあるから
　　　　　　　　　　　OB⊥ℓ

　⟸(平面OAB)⊥ℓ から
　　　OB⊥ℓ

TR ②78

右の図のように，正八面体の各辺を3等分する点を通る平面で，すべてのかどを切り取ってできる凸多面体の面の数 f，辺の数 e，頂点の数 v を求めよ。

1つのかどを切り取ると，新しい面として，正方形が1つできる。正方形は6個できるから，この数だけ正八面体より面の数が増える。
よって，面の数は　　　$f＝8＋6＝14$
辺の数は　　　　$e＝(4×6＋6×8)÷2＝36$
オイラーの多面体定理から　　$v－36＋14＝2$
よって　　　　　　　　　$v＝24$

　⟸正方形6個，正六角形8個からなる多面体。

　⟸(頂点)－(辺)＋(面)＝2

TR
③**79** 正四面体 ABCD の頂点 A に集まる 3 つの辺 AB，AC，AD の各中点を通る平面で正四面体のかどを切り取る。さらに，頂点 B，C，D についても同じようにして，正四面体 ABCD の 4 つのかどを切り取って立体 K を作る。このとき，立体 K は正八面体である。
正四面体の 1 辺の長さが 4 であるとき，K の体積を求めよ。

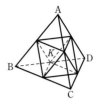

右の図のように頂点 P〜U を定める。
中点連結定理により

$$PT = \frac{1}{2}AC = \frac{1}{2} \cdot 4 = 2$$

よって，正八面体 K の 1 辺の長さは 2

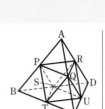

◆P，T はそれぞれ辺 AB，BC の中点。

また，線分 QS は，1 辺が 2 の正方形 QTSR の対角線であるから，その長さは $2\sqrt{2}$

ゆえに，立体 K の体積は，正四角錐 Q–PTUR の体積の 2 倍であるから

$$\left(\frac{1}{3} \times 2^2 \times \frac{1}{2} \cdot 2\sqrt{2} \right) \times 2 = \frac{8\sqrt{2}}{3}$$

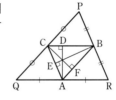

TR
④**80** 鋭角三角形 PQR の辺 QR，RP，PQ の中点を，それぞれ A，B，C とするとき，△ABC の垂心と △PQR の外心は一致することを証明せよ。

△ABC の頂点 A，B，C から対辺に引いた垂線をそれぞれ AD，BE，CF とする。すなわち

$$AD \perp BC \quad \cdots\cdots \text{①}$$
$$BE \perp CA \quad \cdots\cdots \text{②}$$
$$CF \perp AB \quad \cdots\cdots \text{③}$$

A，B，C はそれぞれ辺 QR，RP，PQ の中点であるから

$$CB /\!/ QR \quad \cdots\cdots \text{④}, \quad CA /\!/ PR \quad \cdots\cdots \text{⑤}, \quad BA /\!/ PQ \quad \cdots\cdots \text{⑥}$$

◆中点連結定理

①，④から AD⊥QR
②，⑤から BE⊥PR
③，⑥から CF⊥PQ

よって，
AD は辺 QR の垂直二等分線，
BE は辺 PR の垂直二等分線，
CF は辺 PQ の垂直二等分線

である。

ゆえに，△ABC の各頂点から対辺に引いた垂線は △PQR の各辺の垂直二等分線と一致する。

したがって，△ABC の垂心と △PQR の外心は一致する。

TR
④**81** 右の図のように，直線 ℓ と3点 A，B，C がある。ℓ 上に2点 P，Q を
とり，$L=AP+PB+BQ+QC$ とするとき，L が最小となるのは，2
点 P，Q をどのようにとったときか。

[1]　ℓ に関して A と対称な点を A′ と
する。
このとき，$AP=A'P$ であるから
$$AP+PB=A'P+PB \geqq A'B$$
よって，3点 A′，P，B が一直線上
にあるとき，AP+PB は最小とな
る。

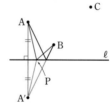

[2]　ℓ に関して C と対称な点を C′ と
する。
このとき，$QC=QC'$ であるから
$$BQ+QC=BQ+QC' \geqq BC'$$
よって，3点 B，Q，C′ が一直線上
にあるとき，BQ+QC は最小とな
る。

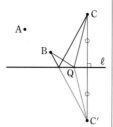

[1]，[2] から
$$L=(AP+PB)+(BQ+QC)$$
が最小となるのは

直線 ℓ に関して A，C と対称な点をそれぞれ A′，C′ とすると，
ℓ と A′B の交点を P，ℓ と BC′ の交点を Q としたとき
である。

CHART
折れ線の長さの最小値
折れ線は1本の線分にの
ばして考える

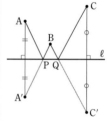

TR ④**82** 次のことをチェバの定理の逆を用いて証明せよ。
(1) 三角形の3つの中線は1点で交わる。
(2) 三角形の3つの角の二等分線は1点で交わる。

(1) △ABCの中線をそれぞれ AP, BQ,
CRとすると

$$\frac{BP}{PC} \cdot \frac{CQ}{QA} \cdot \frac{AR}{RB} = 1$$

よって，チェバの定理の逆により，3直
線 AP, BQ, CR は1点で交わる。
ゆえに，三角形の3つの中線は1点で交
わる。

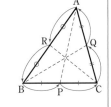

← BP=PC, CQ=QA,
AR=RB

(2) △ABCの∠A, ∠B, ∠Cの二等
分線がそれぞれ辺 BC, CA, AB と交
わる点を P, Q, R とする。
角の二等分線の定理により
AB : AC = BP : PC
BC : BA = CQ : QA
CA : CB = AR : RB

よって $\dfrac{BP}{PC} \cdot \dfrac{CQ}{QA} \cdot \dfrac{AR}{RB} = \dfrac{AB}{AC} \cdot \dfrac{BC}{BA} \cdot \dfrac{CA}{CB} = 1$

ゆえに，チェバの定理の逆により，3直線 AP, BQ, CR は1
点で交わる。
よって，三角形の3つの角の二等分線は1点で交わる。

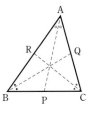

← AB : AC = BP : PC

$\Longleftrightarrow \dfrac{BP}{PC} = \dfrac{AB}{AC}$

BC : BA = CQ : QA

$\Longleftrightarrow \dfrac{CQ}{QA} = \dfrac{BC}{BA}$

CA : CB = AR : RB

$\Longleftrightarrow \dfrac{AR}{RB} = \dfrac{CA}{CB}$

TR ④**83** 右の図のような，O を中心とする扇形 OAB の内部に正方形 PQRS
を，辺 QR が線分 OA 上，頂点 P が線分 OB 上，頂点 S が弧 AB 上
にあるように作図せよ(作図の方法だけ答えよ)。

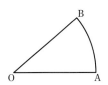

① 線分 OB 上に点 P′ をとり，
P′ から線分 OA 上に垂線 P′Q′
を引く。
② 線分 P′Q′ を1辺とする正方形
P′Q′R′S′ を扇形 OAB の内部に
作る。
③ 直線 OS′ と弧 AB の交点を S
とし，S から線分 OA 上に垂線 SR を引く。
④ QR=SR を満たす点Qを線分 OA 上の点Rの左側にとる。
⑤ Qを通り，OA に垂直な直線と線分 OB の交点をPとする。
四角形 PQRS が求める正方形である。

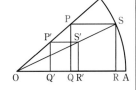

← 正方形は，基本作図
[1] **線分を移す**
[2] **点を通る垂線を
引く**
を組み合わせて，かく
ことができる。

EX
②**21**

(1) 鋭角三角形 ABC の外心を O とする。∠BAO の二等分線が △ABC の外接円と交わる点を D とすると、AB∥OD であることを証明せよ。

(2) 鋭角三角形 ABC の内心を I とし、直線 BI, CI が辺 AC, AB と交わる点をそれぞれ E, D とする。DE∥BC ならば AB=AC であることを証明せよ。

(1) AD は ∠BAO の二等分線であるから

$$∠BAD=∠OAD \quad \cdots\cdots ①$$

また、点Dは △ABC の外接円の周上にあるから   OA=OD

よって $∠ODA=∠OAD \quad \cdots\cdots ②$

①、② から $∠BAD=∠ODA$

したがって、錯角が等しいから   AB∥OD

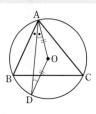

⬅ △OAD は二等辺三角形。

(2) BE は ∠B の二等分線であるから

$$BA:BC=AE:EC \quad \cdots\cdots ①$$

CD は ∠C の二等分線であるから

$$CA:CB=AD:DB \quad \cdots\cdots ②$$

DE∥BC であるから

$$AD:DB=AE:EC \quad \cdots\cdots ③$$

①、②、③ から

$$CA:CB=BA:BC$$

よって $AC \cdot BC=AB \cdot BC \quad \cdots\cdots ④$

BC>0 であるから   AB=AC

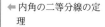
⬅ 内角の二等分線の定理

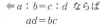
⬅ 内角の二等分線の定理

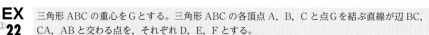

⬅ $a:b=c:d$ ならば $ad=bc$

⬅ ④ の両辺を BC で割る。

EX
②**22**

三角形 ABC の重心を G とする。三角形 ABC の各頂点 A, B, C と点 G を結ぶ直線が辺 BC, CA, AB と交わる点を、それぞれ D, E, F とする。

(1) 三角形 EFG の面積を S とするとき、三角形 BCG と三角形 AFE の面積をそれぞれ S を用いて表せ。

(2) 三角形 ABC の面積は、四角形 AFGE の何倍になるかを求めよ。   [鳥取大]

(1) 点 D, E, F は辺 BC, CA, AB の中点である。

中点連結定理により   FE∥BC

ゆえに、△EFG と △BCG において

$$∠EFG=∠BCG$$

また $∠EGF=∠BGC$

よって、2組の角がそれぞれ等しいから

$$△EFG∽△BCG$$

ここで、G は △ABC の重心であるから

$$EG:BG=1:2$$

ゆえに $△EFG:△BCG=1^2:2^2=1:4$

したがって   **△BCG=4S**

また、AG:GD=2:1 であるから

$$△ABC:△GBC=AD:GD=3:1$$

よって $△ABC=3△GBC=3 \cdot 4S=12S \quad \cdots\cdots ①$

⬅ 点 G は重心であるから、AD, BE, CF は △ABC の中線。

⬅ FE∥BC であるから、錯角が等しい。

⬅ 2つの図形の相似比が $a:b$ のとき、面積比は $a^2:b^2$

⬅ 底辺が BC で共通であるから（面積比）＝（高さの比）

さらに，△AFE と △ABC において

∠A は共通，∠AFE＝∠ABC

ゆえに，2組の角がそれぞれ等しいから　　△AFE∽△ABC

AF：AB＝1：2 であるから

$$△AFE：△ABC＝1^2：2^2＝1：4$$

したがって　　$△AFE＝\dfrac{1}{4}△ABC＝\dfrac{1}{4}・12S＝3S$

⟵ FE∥BC であるから，同位角が等しい。

⟵ 2つの図形の相似比が $a:b$ のとき，面積比は　$a^2:b^2$

（2）（1）から，四角形 AFGE の面積を T とおくと

$$T＝△EFG＋△AFE＝S＋3S＝4S \cdots\cdots ②$$

よって，①，②から　　$\dfrac{△ABC}{T}＝\dfrac{12S}{4S}＝3$

したがって　　**3倍**

3章

EX

EX
③23
△ABC の辺 BC を 3：2 に内分する点を D，辺 AB を 4：1 に内分する点を E とする。線分 AD と CE の交点を P とし，直線 BP と辺 CA との交点を F とする。
(1) 線分の比 AF：FC，AP：PD を求めよ。
(2) 面積の比 △APF：△ABC を求めよ。

（1）　チェバの定理により　$\dfrac{BD}{DC}・\dfrac{CF}{FA}・\dfrac{AE}{EB}＝1$

ゆえに　　$\dfrac{3}{2}・\dfrac{CF}{FA}・\dfrac{4}{1}＝1$

よって　　$\dfrac{AF}{FC}＝6$

したがって　　**AF：FC＝6：1**

また，△ABD と直線 EC にメネラウス
の定理を用いると

$$\dfrac{BC}{CD}・\dfrac{DP}{PA}・\dfrac{AE}{EB}＝1$$

ゆえに　　$\dfrac{5}{2}・\dfrac{DP}{PA}・\dfrac{4}{1}＝1$

よって　　$\dfrac{AP}{PD}＝10$

したがって　　**AP：PD＝10：1**

（2）　$△APF＝\dfrac{6}{6+1}△APC$

$＝\dfrac{6}{7}・\dfrac{10}{10+1}△ADC$

$＝\dfrac{6}{7}・\dfrac{10}{11}・\dfrac{2}{3+2}△ABC$

$＝\dfrac{24}{77}△ABC$

よって　　**△APF：△ABC＝24：77**

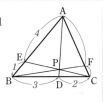

CHART
3頂点からの直線が1点
で交わるならば
　　　チェバ

⟵ $\dfrac{AF}{FC}＝\dfrac{6}{1}$

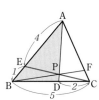

CHART
三角形と直線1本で
　　メネラウス

⟵ $\dfrac{AP}{PD}＝\dfrac{10}{1}$

（2）　△APF：△APC
　　＝AF：AC
　　　△APC：△ADC
　　＝AP：AD
　　　△ADC：△ABC
　　＝DC：BC

EX ③**24** AB=2, BC=x, CA=$4-x$ であるような △ABC がある。このとき，x の値の範囲を求めよ。

△ABC が存在するための必要十分条件は

2+x>4-x …… ① かつ 2+$(4-x)$>x …… ② かつ

x+$(4-x)$>2 …… ③

① から　2x>2　　よって　　x>1 …… ④

② から　2x<6　　よって　　x<3 …… ⑤

③ から　4>2　　これは常に成り立つ。

求める x の値の範囲は，④，⑤ の共通範囲で　**1<x<3**

(補足)　$a+b>c$ かつ $b+c>a$ かつ $c+a>b$ が成り立て

ば，$a>0$，$b>0$，$c>0$ も成り立つことを示そう。

$a+b>c$ かつ $a+c>b$ から　　$a+b+a+c>c+b$

整理すると　　$2a>0$　すなわち　$a>0$

$b>0$，$c>0$ も同様に示される。

よって，三角形の成立条件を考えるときは，3 辺の長さが正

という条件は考えなくてよいのである。

◀ 3 辺の長さが a, b, c の三角形が存在する ための条件は
　$a+b>c$
　かつ $b+c>a$
　かつ $c+a>b$

別解　$a=x$, $b=4-x$, $c=2$ として
$|a-b|<c<a+b$ を適用すると
$|x-(4-x)|<2<x+(4-x)$
ゆえに $|2x-4|<2<4$
よって，$|2x-4|<2$ から
　$-2<2x-4<2$
これを解いて
　$1<x<3$

EX ③**25** 右の図で，△ABC，△CDE はともに正三角形で，3 つの頂点 B, C, D は一直線上にある。AD と BE との交点を F とするとき，4 点 A, B, C, F は 1 つの円周上にあることを証明せよ。

△BCE と △ACD について

　　　　BC＝AC，CE＝CD

また　　　∠BCE＝∠BCA＋∠ACE

　　　　　＝∠ECD＋∠ACE

　　　　　＝∠ACD

よって，2 辺とその間の角がそれぞれ等しいから

　　　　△BCE≡△ACD

ゆえに　　∠EBC＝∠DAC

すなわち　∠FBC＝∠FAC

2 点 A，B は直線 CF に関して同じ側にあり，

∠FBC＝∠FAC であるから，円周角の定理の逆により，4 点

A，B，C，F は 1 つの円周上にある。

◀ ∠BCA＝∠ECD＝60°

EX ②**26** 右の図において，L, M, N は △ABC の辺と内接円との接点であり，∠C＝90°，AL＝3，BM＝10 である。
(1) 内接円の半径を r とするとき，AC，BC の長さをそれぞれ r で表せ。
(2) r の値を求めよ。

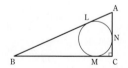

(1) 接線の長さは等しいから

$\quad$ AN=AL=3, BL=BM=10

また，△ABC の内接円の
中心を I とすると

$\quad$ ∠IMC=∠INC=90°

$\quad$ IM=IN=r

ゆえに，四角形 IMCN は 1 辺の長さが r の正方形である。

よって $\quad$ CM=CN=r

したがって $\quad$ **AC=AN+NC=3+r, BC=BM+MC=10+r**

CHART

円の接線の性質
接線 2 本で二等辺

⇐ (半径)⊥(接線)

⇐ 円の半径

3章

EX

(2) △ABC において，三平方の定理により

$$(3+r)^2+(10+r)^2=(3+13)^2$$

整理すると $\quad r^2+13r-30=0 \quad$ よって $\quad (r-2)(r+15)=0$

$r>0$ であるから $\quad \boldsymbol{r=2}$

⇐ $AC^2+BC^2=AB^2$

EX
②27

△ABC とその外接円があり，辺 BC 上に点 D を ∠BAD=∠CAD とな
るようにとる。また，点 A における円の接線と直線 BC との交点を P と
する。このとき，PA=PD であることを証明せよ。

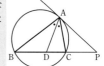

△ABD において

$\quad$ ∠ADP=∠ABD+∠BAD $\quad$ …… ①

PA は円の接線であるから

$\quad$ ∠ABD=∠CAP $\quad$ …… ②

また $\quad$ ∠BAD=∠CAD $\quad$ …… ③

②，③ を ① に代入すると

$\quad$ ∠ADP=∠CAP+∠CAD=∠DAP

よって，∠ADP=∠DAP であるから $\quad$ PA=PD

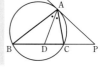

⇐ (三角形の外角)
　=(他の内角の和)

⇐ 接弦定理

⇐ △PAD は二等辺三角
　形。

EX
③28

2 点 P, Q で交わる 2 つの円 O, O′ がある。右の図のように，線分 QP
の P を越える延長上の 1 点 A から，円 O に接し円 O′ に交わる直線を引
き，その接点を C，交点を B, D とする。AB=a, BC=b, CD=c で
あるとき，c を a, b を用いて表せ。

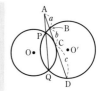

円 O′ において，方べきの定理により

$\quad$ AP・AQ=AB・AD $\quad$ …… ①

円 O において，方べきの定理により

$\quad$ AP・AQ=AC^2 $\quad$ …… ②

①，② から $\quad$ AB・AD=AC^2

すなわち $\quad a(a+b+c)=(a+b)^2$

展開して整理すると $\quad ac=b(a+b)$

$a>0$ であるから $\quad \boldsymbol{c=\dfrac{b(a+b)}{a}}$

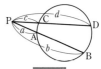

$ab=cd$

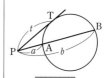

$ab=t^2$

EX ②**29** 右の図において，直線 AB は円 O，O′ にそれぞれ点 A，B で接している。円 O，O′ の半径をそれぞれ r，$r'(r<r')$，2つの円の中心間の距離を d とするとき，$AB=\sqrt{d^2-(r'-r)^2}$ であることを証明せよ。

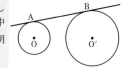

右の図のように，O から線分 O′B に垂線 OH を下ろすと

$$O'H=O'B-HB$$
$$=r'-r$$

また $OO'=d$

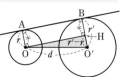

← 四角形 AOHB は長方形である。

← HB=OA

△OO′H は直角三角形であるから，三平方の定理により

$$OO'^2=O'H^2+OH^2$$

OH>0 であるから

$$OH=\sqrt{OO'^2-O'H^2}=\sqrt{d^2-(r'-r)^2}$$

AB=OH であるから $AB=\sqrt{d^2-(r'-r)^2}$

EX ③**30** 右の図のように，半径の異なる2つの円が点Aで接している。内側の円に点Dで接する直線を引き，外側の円との交点を B，C とする。このとき，AD は ∠BAC を2等分することを証明せよ。

点Aにおける2円の共通接線を引き，直線 BC との交点をEとすると

$$∠ACD=∠BAE \ \cdots\cdots ①$$

また，EA，ED は内側の円の接線であるから EA=ED

よって $∠EDA=∠EAD \ \cdots\cdots ②$

△ADC において

$$∠EDA=∠DAC+∠ACD$$

ゆえに $∠DAC=∠EDA-∠ACD$

①，② を代入して

$$∠DAC=∠EAD-∠BAE=∠BAD$$

したがって，AD は ∠BAC を2等分する。

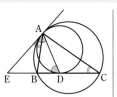

← 接弦定理

← 円の外部の1点からその円に引いた2つの接線の長さは等しい。

← (三角形の外角) ＝(他の内角の和)

EX
②31　正十二面体の各辺の中点を通る平面で，すべてのかどを切り取ってできる多面体の面の数 f，辺の数 e，頂点の数 v を，それぞれ求めよ。

正十二面体は，各面が正五角形であり，1 つの頂点に集まる面の数は 3 である。したがって，正十二面体の

　　　　辺の数は　　　$5 \times 12 \div 2 = 30$

　　　　頂点の数は　　$5 \times 12 \div 3 = 20$　……　①

次に，問題の多面体について考える。

正十二面体の 1 つのかどを切り取ると，<u>新しい面として正三角形が 1 つできる</u>。

① より，正三角形が 20 個できるから，この数だけ，正十二面体より面の数が増える。

　　したがって，面の数は　　$f = 12 + 20 = 32$

辺の数は，正三角形が 20 個あるから　　$e = 3 \times 20 = 60$

頂点の数は，オイラーの多面体定理から

　　　　　　$v - 60 + 32 = 2$

よって　　　　$v = 30$

3章
EX

問題の多面体は，次のようになる。

⬅ 正十二面体の各辺の中点が，問題の多面体の頂点になることに着目して，頂点の数から先に求めてもよい。

EX
③32　右の図の立方体 ABCD−EFGH から 4 つの正三角錐 A−BDE，C−DBG，F−BEG，H−DEG を切り取ってできる立体を K とする。
　(1)　立体 K の名称を答えよ。
　(2)　線分 BD の長さが a のとき，立体 K の体積を a で表せ。

(1)　[1]　立体 K の面 BDE は　BD＝DE＝EB　より正三角形である。同様に考えると，立体 K のすべての面は合同な正三角形である。

　　[2]　4 つの頂点に集まる正三角形の数はすべて 3 で等しい。

　　[1]，[2] から，立体 K は **正四面体** である。

(2)　BD＝a であるから，立方体の 1 辺の長さは $\dfrac{a}{\sqrt{2}}$ である。

　　立体 K の体積は

　　　　(立方体の体積) − (4 つの<u>正三角錐の体積</u>の和)

　　であるから

$$\left(\frac{a}{\sqrt{2}}\right)^3 - \frac{1}{3} \cdot \frac{1}{2}\left(\frac{a}{\sqrt{2}}\right)^2 \cdot \frac{a}{\sqrt{2}} \times 4 = \frac{a^3}{6\sqrt{2}} = \frac{\sqrt{2}}{12}a^3$$

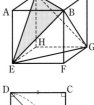

⬅ ⋯⋯ は，底面 △EFG，高さ BF と考える。

EX
④**33** AB=5，BC=6，CA=4 である △ABC において，∠B の外角の二等分線と ∠C の外角の二等分線の交点をPとする。
(1) Pから直線 AB に下ろした垂線を PD とするとき，線分 AD の長さを求めよ。
(2) 直線 AP は ∠A を 2 等分することを証明せよ。

(1) Pから直線 BC，AC に下ろした垂線
をそれぞれ PE，PF とする。

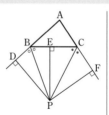

BP は ∠B の外角の二等分線，CP は
∠C の外角の二等分線であるから
  ∠PBD＝∠PBE，∠PCE＝∠PCF
よって，△PBD と △PBE において，
直角三角形の斜辺と 1 組の角がそれぞれ
等しいから　　△PBD≡△PBE …… ① ←斜辺は共通
同様に，△PCE と △PCF において，直角三角形の斜辺と 1 ←斜辺は共通
組の角がそれぞれ等しいから　　△PCE≡△PCF …… ②
① から　　PD＝PE
② から　　PE＝PF
ゆえに　　PD＝PF
したがって，△PAD と △PAF において，直角三角形の斜辺 ←斜辺は共通
と他の 1 辺がそれぞれ等しいから
　　　　　　△PAD≡△PAF …… ③
① から　　BD＝BE …… ④
② から　　CE＝CF …… ⑤
③ から　　AD＝AF …… ⑥
④～⑥ から　　AB＋BC＋CA＝AB＋BE＋EC＋CA
　　　　　　　　　　　　＝AB＋BD＋CF＋CA ←④，⑤ から
　　　　　　　　　　　　＝AD＋AF＝2AD ←⑥ から
ここで，AB＋BC＋CA＝5＋6＋4＝15 であるから
　　　　2AD＝15
ゆえに　　$AD=\dfrac{15}{2}$

(2) ③ から　　∠PAD＝∠PAF
したがって，直線 AP は ∠A を 2 等分する。

Lecture ［傍心，傍接円］　三角形の 1 つの頂点における内
角の二等分線と，他の 2 つの頂点における外角の二等分線は
1 点で交わる。この点を（1 つの頂角内の）**傍心** という。また，
三角形の傍心を中心として 1 辺と他の 2 辺の延長に接する円
が存在する。この円を，その三角形の **傍接円** という。
　1 つの三角形において，傍心と傍接円は 3 つずつある。
なお，これまでに学習してきた三角形における垂心，外心，
内心，重心と傍心を合わせて，**三角形の五心** という。

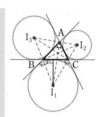

EX
⑤**34** ∠XOY=30° の角の内側に OA=3 である点Aがある。OX，OY 上にそれぞれ点 P，Q をとるとき，AP+PQ+QA の最小値を求めよ。

OX，OY に関して点Aと対称な点を
それぞれ B，C とすると
$$AP=BP, \quad AQ=CQ$$
よって　　AP+PQ+QA
　　　　　=BP+PQ+QC≧BC
ゆえに，4点 B，P，Q，C が一直線上
にあるとき，AP+PQ+QA は最小となり，求める最小値は
線分 BC の長さに等しい。
ここで，△OBC について
$$∠AOX=∠BOX, \quad ∠AOY=∠COY$$
よって　　∠BOC=2(∠AOX+∠AOY)
　　　　　　=2∠XOY
　　　　　　=2×30°=60° …… ①
また，OA=OB，OA=OC から
　　　　OB=OC …… ②
①，② から，△OBC は正三角形である。
OA=3 であるから　　OB=OC=BC=3
すなわち，求める最小値は　　**3**

CHART
折れ線の長さの最小値
折れ線は1本の線分にのばして考える

3章

EX

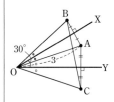

EX
④**35** ★ △ABC において，AB=AC=5，BC=$\sqrt{5}$ とする。辺 AC 上に点Dを AD=3 となるようにとり，辺 BC のBの側の延長と △ABD の外接円との交点でBと異なるものをEとする。
(1) BE=$^ア\boxed{}$ である。また，△ACE の重心をGとすると，AG=$^イ\boxed{}$ である。
(2) AB と DE の交点をPとすると $\dfrac{DP}{EP}=$ $^ウ\boxed{}$ である。
(3) DE=$^エ\boxed{}$，EP=$^オ\boxed{}$ である。　　　　　[類 センター試験]

(1)　方べきの定理により
$$CB·CE=CD·CA$$
$$=(5-3)·5=10$$
CE=CB+BE=$\sqrt{5}$+BE であるから
$$\sqrt{5}(\sqrt{5}+BE)=10$$
よって　　BE=$^ア\boldsymbol{\sqrt{5}}$
したがって，点Bは辺 EC の中点であ
るから，△ACE の重心Gは線分 AB を 2：1 に内分する。
ゆえに　　AG=$\dfrac{2}{2+1}$AB=$\dfrac{2}{3}$·5=$^イ\boldsymbol{\dfrac{10}{3}}$

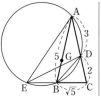

$ab=cd$

⇐ 5+$\sqrt{5}$ BE=10

⇐ AB は △ACE の中線であるから直線 AB 上に点Gがある。

(2) △ECD と直線 AB について, メネラウスの定理により $\dfrac{CA}{AD}\cdot\dfrac{DP}{PE}\cdot\dfrac{EB}{BC}=1$

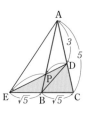
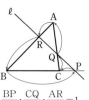

すなわち $\dfrac{5}{3}\cdot\dfrac{DP}{PE}\cdot\dfrac{\sqrt{5}}{\sqrt{5}}=1$

よって $\dfrac{DP}{EP}=$ ゥ$\dfrac{3}{5}$ …… ①

$\dfrac{BP}{PC}\cdot\dfrac{CQ}{QA}\cdot\dfrac{AR}{RB}=1$

(3) △ABC と △EDC において
円周角の定理により ∠CAB=∠CED
∠C は共通
よって, 2組の角がそれぞれ等しいから △ABC∽△EDC
△ABC は AB=AC の二等辺三角形であるから, △EDC は EC=ED の二等辺三角形である。
したがって DE=ェ$2\sqrt{5}$ …… ②

①, ②から $EP=\dfrac{5}{3+5}DE=\dfrac{5}{8}\cdot 2\sqrt{5}=$ ォ$\dfrac{5\sqrt{5}}{4}$

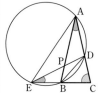

EX ④**36**
☆ 四角形 ABCD は円に内接し, AB=4, BC=2, DA=DC である。対角線 AC, BD の交点をE, 線分 AD を 2:3 の比に内分する点をF, 直線 FE, DC の交点をGとする。
(1) AE:EC=ァ☐:ィ☐, GC:GD=ゥ☐:ェ☐ である。
(2) 直線 AB が点Gを通る場合について考える。
  このとき, △AGD の辺 AG 上に点Bがあるから, BG=ォ☐ である。
  また, 直線 AB と直線 DC が点Gで交わり, 4点 A, B, C, D は同一円周上にあるから, DC=ヵ☐ である。 ［類 センター試験］

(1) DA=DC から
  ∠DAC=∠DCA
また, 円周角の定理により
  ∠DAC=∠DBC,
  ∠DCA=∠ABD
よって ∠ABD=∠DBC
ゆえに, 線分 BD は ∠ABC の二等分線であるから
  AE:EC=AB:BC=4:2=ァ**2**:ィ**1**

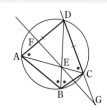

次に, △ACD と直線 FE について, メネラウスの定理により
  $\dfrac{DG}{GC}\cdot\dfrac{CE}{EA}\cdot\dfrac{AF}{FD}=1$

よって $\dfrac{DG}{GC}\cdot\dfrac{1}{2}\cdot\dfrac{2}{3}=1$

ゆえに $\dfrac{GC}{DG}=\dfrac{1}{3}$

すなわち GC:GD=ゥ**1**:ェ**3**

← 内角の二等分線の定理

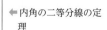
$\dfrac{BP}{PC}\cdot\dfrac{CQ}{QA}\cdot\dfrac{AR}{RB}=1$

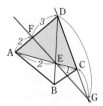

(2) チェバの定理により

$$\frac{AB}{BG} \cdot \frac{GC}{CD} \cdot \frac{DF}{FA} = 1$$

すなわち $\dfrac{4}{BG} \cdot \dfrac{1}{3-1} \cdot \dfrac{3}{2} = 1$

よって $BG = {}^{\varnothing}3$

また，方べきの定理により

$$GB \cdot GA = GC \cdot GD$$

$GD = 3GC$ であるから

$$3 \cdot (4+3) = GC \cdot 3GC$$

すなわち $GC^2 = 7$

$GC > 0$ であるから $GC = \sqrt{7}$

$DC = 2GC$ であるから $DC = {}^{\not{D}}2\sqrt{7}$

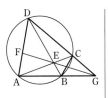

$$\frac{BP}{PC} \cdot \frac{CQ}{QA} \cdot \frac{AR}{RB} = 1$$

3章

EX

TR a, b は整数とする。次のことを証明せよ。
②**84**　(1)　a, b が 6 の倍数ならば，a−b, 3a+8b は 6 の倍数である。
　　　　(2)　a, b が −2 の倍数ならば，a^2-b^2 は 4 の倍数である。
　　　　(3)　5a−b, a が 9 の倍数ならば，b は 9 の倍数である。

k, l は整数とする。

(1)　a=6k, b=6l と表されるから
$$a-b=6k-6l=6(k-l),$$
$$3a+8b=3\cdot6k+8\cdot6l=6(3k+8l)$$
k−l, 3k+8l は整数であるから，a−b, 3a+8b は 6 の倍数である。

(2)　a=−2k, b=−2l と表されるから
$$a^2-b^2=(-2k)^2-(-2l)^2$$
$$=4k^2-4l^2=4(k^2-l^2)$$
k^2-l^2 は整数であるから，a^2-b^2 は 4 の倍数である。

(3)　5a−b=9k, a=9l と表されるから
$$b=5a-9k=5\cdot9l-9k$$
$$=9(5l-k)$$
5l−k は整数であるから，b は 9 の倍数である。

← 整数の和，差，積は整数であるから
k−l,
3k, 8l, 3k+8l
はすべて整数である。

← 整数の累乗は整数である。

TR (1)　4 桁の整数 1□11 は 3 の倍数であるが，9 の倍数ではない。このとき，百の位の数を求めよ。
②**85** (2)　4 桁の整数 □48□ は 5 の倍数であり，かつ 9 の倍数でもある。このような整数のうち，最大のものを求めよ。

(1)　百の位の数を a (a は整数, 0≦a≦9) とすると，各位の数の和は　　1+a+1+1=a+3
a=0, 1, 2, ……, 9 のうち，a+3 が 3 の倍数になるが，9 の倍数にならないものを選んで
　　　　a=0, 3, 9

(2)　5 の倍数であるから，一の位の数は　　0 または 5
千の位の数を a (a は整数, 1≦a≦9) とする。
[1]　一の位の数が 0 のとき，各位の数の和は
　　　　a+4+8+0=a+12
a+12 が 9 の倍数となるから　　a=6
[2]　一の位の数が 5 のとき，各位の数の和は
　　　　a+4+8+5=a+17
a+7 が 9 の倍数となるから　　a=1
[1]，[2] のうち，a の値が大きい場合が求める整数であるから
　　　　6480

← 3 の倍数 ⟺ 各位の数の和が 3 の倍数
9 の倍数 ⟺ 各位の数の和が 9 の倍数

← 5 の倍数 ⟺ 一の位の数が 0 か 5

← [1] のとき　6480
[2] のとき　1485

TR **②86**
(1) 1800 の正の約数の個数を求めよ。
(2) 自然数 N を素因数分解すると，素因数には 3 と 5 があり，それ以外の素因数はない。また，N の正の約数はちょうど 6 個あるという。このような自然数 N をすべて求めよ。

(1) $1800 = 2^3 \cdot 3^2 \cdot 5^2$
であるから，求める正の約数の個数は
$$(3+1)(2+1)(2+1) = 36 \text{(個)}$$

← (指数)+1 とした数の積。

(2) 条件から，a, b を自然数として $N = 3^a \cdot 5^b$
と表され，N の正の約数が 6 個であることから
$$(a+1)(b+1) = 6$$
が成り立つ。
$a+1$, $b+1$ はともに 2 以上の自然数であり，6
を 2 以上の 2 つの整数の積で表すとすると $6 = 2 \cdot 3$ しかない。
よって $a+1=2$, $b+1=3$ または $a+1=3$, $b+1=2$
ゆえに $a=1$, $b=2$ または $a=2$, $b=1$
したがって，求める N は $N = 3^1 \cdot 5^2$, $3^2 \cdot 5^1$
すなわち $N = 75, 45$

← a, b は自然数であるから
$a \geqq 1$, $b \geqq 1$
よって
$a+1 \geqq 2$, $b+1 \geqq 2$

```
2) 1800
2)  900
2)  450
3)  225
3)   75
5)   25
      5
```

TR **①87**
次の整数の組について，最大公約数と最小公倍数を求めよ。
(1) 198, 264
(2) 84, 252, 315

(1) 素因数分解すると
$$198 = 2 \cdot 3^2 \cdot 11$$
$$264 = 2^3 \cdot 3 \cdot 11$$
最大公約数は $2 \cdot 3 \cdot 11 = 66$
最小公倍数は $2^3 \cdot 3^2 \cdot 11 = 792$

```
2) 198     2) 264
3)  99     2) 132
3)  33     2)  66
    11     3)  33
              11
```

(2) 素因数分解すると
$$84 = 2^2 \cdot 3 \cdot 7$$
$$252 = 2^2 \cdot 3^2 \cdot 7$$
$$315 = 3^2 \cdot 5 \cdot 7$$
最大公約数は $3 \cdot 7 = 21$
最小公倍数は $2^2 \cdot 3^2 \cdot 5 \cdot 7 = 1260$

```
2) 84    2) 252    3) 315
2) 42    2) 126    3) 105
3) 21    3)  63    5)  35
    7    3)  21        7
            7
```

CHART
素因数分解をして，指数に注目

← 共通な素因数の積。
← 各数に現れる素因数は 2, 3, 11

← 共通な素因数の積。
← 各数に現れる素因数は 2, 3, 5, 7

別解 (1) 198 と 264 に共通な素因数で割れるだけ割っていくと，右のようになるから，
最大公約数は $2 \cdot 3 \cdot 11 = 66$
最小公倍数は $66 \cdot 3 \cdot 4 = 792$

```
 2) 198  264
 3)  99  132
11)  33   44
      3    4
```

(2) 84, 252, 315 に共通な素因数で割れるだけ割っていくと右のようになるから，
最大公約数は $3 \cdot 7 = 21$
下の 3 つの数 4, $12(=3 \cdot 4)$, $15(=3 \cdot 5)$ の最小公倍数は
$3 \cdot 4 \cdot 5 = 60$ であるから，**最小公倍数は** $21 \cdot 60 = 1260$

```
3) 84  252  315
7) 28   84  105
    4   12   15
```

← 左側の素因数の積。
← 最大公約数に下の 2 つの数を掛け合わせる。

← 左側の素因数の積。
← 最大公約数に下の 3 つの数の最小公倍数を掛け合わせる。

TR ③**88**
(1) 238 と自然数 n の最大公約数が 14, 最小公倍数が 1904 であるという。n を求めよ。
(2) 最大公約数が 11, 最小公倍数が 1320, 和が 253 である 2 つの自然数を求めよ。

> HINT 自然数 a, b の最大公約数 g, 最小公倍数 l の関係
> $a=ga'$, $b=gb'$ とすると   1 a', b' は互いに素 2 $l=ga'b'$ 3 $ab=gl$

(1) 条件から $238n=14\cdot1904$ すなわち $n=\dfrac{14\cdot1904}{238}=112$ ← $ab=gl$（HINT の 3）

　別解 上の関係 1 と 2 だけから求める。
　　$238=14\cdot17$ であるから, n は 17 と互いに素な自然数 k を用いて $n=14k$ と表される。   ← HINT の 1
　　よって $1904=14\cdot17\cdot k$ ゆえに $k=8$ ← $l=ga'b'$
　　したがって $n=14\cdot8=112$ ← $n=14k$

(2) 求める 2 つの自然数を $11m$, $11n$ とする。   ← HINT の 1
　　ただし, m, n は互いに素な自然数で $m<n$ とする。
　　条件から $1320=11mn$, $11m+11n=253$
　　すなわち $mn=120$ …… ①, $m+n=23$ …… ②
　　① および $m<n$ を満たす互いに素である m, n の組は   ← ① から, m, n は 120 の正の約数である。
　　　$(m, n)=(1, 120), (3, 40), (5, 24), (8, 15)$
　　このうち, ② を満たすのは $(m, n)=(8, 15)$ のみである。
　　したがって, 求める 2 数は   **88, 165**   ← $11m$, $11n$

　別解 ② から $n=23-m$
　　　これを ① に代入して整理すると $m^2-23m+120=0$ ← $m(23-m)=120$
　　　よって $(m-8)(m-15)=0$ ゆえに $m=8, 15$ ← $n=23-m$ から $m=8$ のとき $n=15$ $m=15$ のとき $n=8$ （8 と 15 は互いに素）
　　　よって $(m, n)=(8, 15), (15, 8)$
　　　$m<n$ であるから, $(m, n)=(8, 15)$ のみが適する。
　　　したがって, 求める 2 数は   **88, 165**   ← $11m$, $11n$

TR ③**89**
縦 3 m 24 cm, 横 1 m 80 cm の長方形の壁に, 1 辺の長さが整数で表される同じ大きさの正方形の紙をすき間なく貼りたい。貼る紙をできるだけ大きくするには 1 辺の長さを何 cm にすればよいか。また, そのときの紙の枚数を求めよ。

3 m 24 cm$=324$ cm, 1 m 80 cm$=180$ cm
1 辺の長さが a cm の正方形の紙を, 縦に m 枚, 横に n 枚並べるとすると
　　$324=am$, $180=an$ …… ①
すなわち a は, 324 と 180 の公約数である。
ゆえに, a の最大値は, 324 と 180 の最大公約数である。
　　$324=2^2\cdot3^4$, $180=2^2\cdot3^2\cdot5$
であるから, 324 と 180 の最大公約数は
　　$2^2\cdot3^2=36$
よって, a の最大値は 36 であるから, 求める 1 辺の長さは   **36 cm**

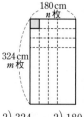

CHART
　最大公約数の応用問題
最大公約数を求めるには, まず素因数分解

← a, m, n は自然数であるから, ① より a は 324 の約数かつ 180 の約数である。

← 最大公約数は, 共通な素因数に, 最小の指数をつけて, 掛け合わせる。

$\begin{array}{r}2)\underline{324} \\ 2)\underline{162} \\ 3)\underline{81} \\ 3)\underline{27} \\ 3)\underline{9} \\ 3\end{array}$ $\begin{array}{r}2)\underline{180} \\ 2)\underline{90} \\ 3)\underline{45} \\ 3)\underline{15} \\ 5\end{array}$

このとき，① から　　$m=9,\ n=5$

したがって，求める紙の枚数は　　$mn=9\cdot5=\textbf{45(枚)}$

TR
③**90**　a は自然数とする。$a+4$ が 5 の倍数であり，$a+6$ が 8 の倍数であるとき，$a+14$ は 40 の倍数であることを証明せよ。

$a+4,\ a+6$ は自然数 $k,\ l$ を用いて

$$a+4=5k,\qquad a+6=8l$$

と表される。

$$a+14=(a+4)+10=5k+10=5(k+2)\ \cdots\cdots\ ①$$

また　　$a+14=(a+6)+8=8l+8=8(l+1)\ \cdots\cdots\ ②$

よって，① から $a+14$ は 5 の倍数であり，② から $a+14$ は 8 の倍数でもある。

5 と 8 は互いに素であるから，$a+14$ は $5\cdot8$ の倍数すなわち 40 の倍数である。

← ● の倍数なら
$=●k$（k は整数）

← $a,\ b$ が互いに素な整数のとき，a の倍数であり，b の倍数でもある整数は ab の倍数である。

別解　①，② を導くまでは同じ。

①，② から　　$5(k+2)=8(l+1)$

よって，$5(k+2)$ は 8 の倍数であるが，5 と 8 は互いに素であるから，$k+2$ は 8 の倍数である。

ゆえに，$k+2=8m$（m は整数）と表される。

よって　　$a+14=5\cdot8m=40m$

したがって，$a+14$ は 40 の倍数である。

← $a+14$ を消去。

← $a,\ b,\ c$ は整数で，$a,\ b$ は互いに素であるとき，ac が b の倍数であれば c は b の倍数である。

TR
②**91**　$a,\ b$ は整数とする。a を 11 で割ると 7 余り，b を 11 で割ると 4 余る。このとき，次の数を 11 で割った余りを求めよ。

(1) $a+b$　　　　　(2) $b-a$　　　　　(3) ab　　　　　(4) a^2-b^2

$a,\ b$ は整数 $k,\ l$ を用いて　$a=11k+7,\ b=11l+4$ と表される。

(1)　$a+b=(11k+7)+(11l+4)=11(k+l+1)$

　　よって，$a+b$ を 11 で割った余りは　　**0**

(2)　$b-a=(11l+4)-(11k+7)=11(l-k)-3=11(l-k-1)+8$

　　よって，$b-a$ を 11 で割った余りは　　**8**

(3)　$ab=(11k+7)(11l+4)=11^2kl+11k\cdot4+7\cdot11l+7\cdot4$

　　　$=11(11kl+4k+7l+2)+6$

　　よって，ab を 11 で割った余りは　　**6**

(4)　$a^2-b^2=(11k+7)^2-(11l+4)^2$

　　　$=11^2k^2+2\cdot11k\cdot7+49-11^2l^2-2\cdot11l\cdot4-16$

　　　$=11(11k^2+14k-11l^2-8l+3)$

　　よって，a^2-b^2 を 11 で割った余りは　　**0**

← 余り r は
$0\leqq r<11$
となるようにする。

別解　(1)　求める余りは $7+4=11$ を 11 で割った余りと同じで

　　　0

(2)　求める余りは $4-7=-3$ を 11 で割った余りと同じで　**8**

(3)　求める余りは $7\cdot4=28$ を 11 で割った余りと同じで　**6**

(4)　求める余りは $7^2-4^2=33$ を 11 で割った余りと同じで　**0**

← $-3=11\cdot(-1)+8$

← $28=11\cdot2+6$

TR ③92 n を整数とするとき，次のことを証明せよ。
(1) n^2+3n+6 は偶数である。　　　(2) $n(n+1)(5n+1)$ は 3 の倍数である。

(1) 整数 n は整数 k を用いて $2k$，$2k+1$ のいずれかの形に表される。

　[1] $n=2k$ のとき
$$n^2+3n+6=(2k)^2+3\cdot 2k+6=2(2k^2+3k+3)$$

　[2] $n=2k+1$ のとき
$$n^2+3n+6=(2k+1)^2+3(2k+1)+6$$
$$=4k^2+10k+10=2(2k^2+5k+5)$$

　[1]，[2] から，n^2+3n+6 は偶数である。

　別解　$n^2+3n+6=(n^2+3n+2)+4=(n+1)(n+2)+4$

　　$(n+1)(n+2)$ は連続する 2 つの整数の積であるから偶数で，
　　4 も偶数である。

　　よって，n^2+3n+6 は偶数である。

(2) 整数 n は整数 k を用いて $3k$，$3k+1$，$3k+2$ のいずれかの
　　形に表される。

　[1] $n=3k$ のとき
$$n(n+1)(5n+1)=3k(3k+1)(15k+1)$$
$$=3\cdot k(3k+1)(15k+1)$$

　[2] $n=3k+1$ のとき
$$n(n+1)(5n+1)=(3k+1)(3k+2)(15k+5+1)$$
$$=3\cdot(3k+1)(3k+2)(5k+2)$$

　[3] $n=3k+2$ のとき
$$n(n+1)(5n+1)=(3k+2)(3k+2+1)(15k+10+1)$$
$$=3\cdot(3k+2)(k+1)(15k+11)$$

　[1]～[3] から，$n(n+1)(5n+1)$ は 3 の倍数である。

CHART

すべての整数は，整数 k を用いて
$2k$，$2k+1$;
$3k$，$3k+1$，$3k+2$
と表される

◀連続する 2 つの整数の積は偶数であるという性質を利用しても証明できる。

◀〜が 3 の倍数。

◀〜が 3 の倍数。

◀〜が 3 の倍数。

TR ②93 n は整数とする。次のことを利用して，(1)，(2) を証明せよ。
　　　連続する 2 つの整数の積は 2 の倍数である
　　　連続する 3 つの整数の積は 6 の倍数である
(1) n が奇数のとき，n^2+2 を 8 で割った余りは 3 である。
(2) n^3-3n^2+2n は 6 の倍数である。

(1) n が奇数のとき，整数 k を用いて $n=2k+1$ と表される。

　　よって　$n^2+2=(2k+1)^2+2=4k^2+4k+1+2$
$$=4k(k+1)+3$$

　　$k(k+1)$ は連続する 2 つの整数の積であるから，2 の倍数である。ゆえに，整数 l を用いて $k(k+1)=2l$ と表され
$$n^2+2=4\cdot 2l+3=8l+3$$

　　よって，n^2+2 を 8 で割った余りは 3 である。

(2) $n^3-3n^2+2n=n(n^2-3n+2)=n(n-1)(n-2)$
$$=(n-2)(n-1)n$$

◀連続する 2 つの整数の積 $k(k+1)$ が現れた。

◀因数分解してみる。

$(n-2)(n-1)n$ は連続する 3 つの整数の積であるから，6 の倍数である。

← 例えば，$n=5$ なら $(n-2)(n-1)n=3\cdot4\cdot5$

TR ④94 自然数 n は，1 と n 以外にちょうど 4 個の正の約数をもつとする。このような自然数 n の中で，最小の数は $^ア\boxed{}$ であり，最小の奇数は $^イ\boxed{}$ である。 ［類 慶応大］

自然数 n の正の約数は全部で 6 個である。

$6=5+1$, $6=(2+1)(1+1)$ であるから，自然数 n は
$$n=p^5 \ (p \text{ は素数})$$
　または　$n=q^2r \ (q, \ r \text{ は異なる素数})$
と表される。

← $6=3\cdot2=(2+1)(1+1)$

← n の正の約数の個数は　$5+1=6$(個)　$(2+1)(1+1)=6$(個)

[1]　$n=p^5$ のとき

n が最小となるのは，$p=2$ のときであり，そのときの n は
$$n=2^5=32$$
また，n が最小の奇数となるのは，$p=3$ のときであり，そのときの n は　$n=3^5=243$

← 1 番小さい素数は　2

← 素数のうち，1 番小さい奇数は　3

[2]　$n=q^2r$ のとき

n が最小となるのは，$q=2$, $r=3$ のときであり，そのときの n は　$n=2^2\cdot3=12$
また，n が最小の奇数となるのは，$q=3$, $r=5$ のときであり，そのときの n は
$$n=3^2\cdot5=45$$

← 2 番目に小さい素数は　3

[1]，[2] から，最小の数は $^ア\mathbf{12}$ であり，最小の奇数は $^イ\mathbf{45}$ である。

TR ④95 (1) $\sqrt{756n}$ が自然数になるような最小の自然数 n を求めよ。

(2) $\sqrt{\dfrac{270}{n}}$ が自然数になるような自然数 n をすべて求めよ。

(1) $\sqrt{756n}$ が自然数になるのは，$756n$ が（自然数）^{2} の形になるときである。

756 を素因数分解すると　$756=2^2\cdot3^3\cdot7$
756 に $3\cdot7$ を掛けると　$2^2\cdot3^4\cdot7^2=(2\cdot3^2\cdot7)^2$
よって，求める自然数 n は　$n=3\cdot7=\mathbf{21}$

```
2) 756
2) 378
3) 189
3)  63
3)  21
     7
```

← 素因数 3 と 7 の指数が奇数であるから，偶数になるようにする。このとき，求めるのは最小の自然数 n であるから，それぞれ 1 つずつ増やす。

(2) $\sqrt{\dfrac{270}{n}}$ が自然数になるのは，$\dfrac{270}{n}$ が（自然数）^{2} の形になるときである。

270 を素因数分解すると　$270=2\cdot3^3\cdot5$
270 を $2\cdot3\cdot5=30$ で割ると　3^2
270 を $2\cdot3^3\cdot5=270$ で割ると　$1=1^2$
よって，求める自然数 n は　$n=\mathbf{30, \ 270}$

```
2) 270
3) 135
3)  45
3)  15
     5
```

← $2\cdot3^3\cdot5$ を割って素因数の指数を偶数にする。

TR ④**96**　(1)　n と 28 の最小公倍数が 980 となる自然数 n をすべて求めよ。
(2)　n と 45 と 60 の最小公倍数が 360 となる自然数 n をすべて求めよ。

(1)　28, 980 を素因数分解すると　　$28=2^2 \cdot 7$, $980=2^2 \cdot 5 \cdot 7^2$

$$\begin{array}{r} 2)\underline{28} \\ 2)\underline{14} \\ 7 \end{array} \qquad \begin{array}{r} 2)\underline{980} \\ 2)\underline{490} \\ 5)\underline{245} \\ 7)\underline{49} \\ 7 \end{array}$$

よって，28 との最小公倍数が 980 である自然数は
$$2^a \cdot 5 \cdot 7^2 \quad (a=0,\ 1,\ 2)$$
と表される。
したがって，求める自然数 n は　$n=5 \cdot 7^2,\ 2^1 \cdot 5 \cdot 7^2,\ 2^2 \cdot 5 \cdot 7^2$
すなわち　**$n=245,\ 490,\ 980$**

(2)　45, 60, 360 を素因数分解すると
$$45=3^2 \cdot 5,\ 60=2^2 \cdot 3 \cdot 5,\ 360=2^3 \cdot 3^2 \cdot 5$$

$$\begin{array}{r} 3)\underline{45} \\ 3)\underline{15} \\ 5 \end{array} \quad \begin{array}{r} 2)\underline{60} \\ 2)\underline{30} \\ 3)\underline{15} \\ 5 \end{array} \quad \begin{array}{r} 2)\underline{360} \\ 2)\underline{180} \\ 2)\underline{90} \\ 3)\underline{45} \\ 3)\underline{15} \\ 5 \end{array}$$

よって，45 と 60 との最小公倍数が 360 である自然数は
$$2^3 \cdot 3^a \cdot 5^b \quad (a=0,\ 1,\ 2\ ;\ b=0,\ 1)$$
と表される。
したがって，求める自然数 n は
$$n=2^3,\ 2^3 \cdot 3^1,\ 2^3 \cdot 3^2,\ 2^3 \cdot 5^1,\ 2^3 \cdot 3^1 \cdot 5^1,\ 2^3 \cdot 3^2 \cdot 5^1$$
すなわち　**$n=8,\ 24,\ 72,\ 40,\ 120,\ 360$**

⟵順に $(a,\ b)=(0,\ 0)$, $(1,\ 0), (2,\ 0), (0,\ 1)$, $(1,\ 1), (2,\ 1)$ が対応。

TR ③**97**　次の等式を満たす整数 x, y の組をすべて求めよ。
(1)　$(x+3)(y-4)=5$　　　　　(2)　$xy-6x+3y=20$

(1)　x, y は整数であるから，$x+3$, $y-4$ も整数である。
よって　　$(x+3,\ y-4)=(1,\ 5),\ (5,\ 1),$
$$(-1,\ -5),\ (-5,\ -1)$$
ゆえに　**$(x,\ y)=(-2,\ 9),\ (2,\ 5),\ (-4,\ -1),\ (-8,\ 3)$**

⟵このことを断る。
⟵掛けて 5 になる 5 の約数の組。
⟵$x+3=a$, $y-4=b$ のとき $x=a-3$, $y=b+4$

(2)　$xy-6x+3y=x(y-6)+3(y-6)+18$
$$=(x+3)(y-6)+18$$
よって，等式は
$$(x+3)(y-6)+18=20$$
すなわち　$(x+3)(y-6)=2$
x, y は整数であるから，$x+3$, $y-6$ も整数である。
ゆえに　　$(x+3,\ y-6)=(1,\ 2),\ (2,\ 1),$
$$(-1,\ -2),\ (-2,\ -1)$$
よって　　**$(x,\ y)=(-2,\ 8),\ (-1,\ 7),\ (-4,\ 4),\ (-5,\ 5)$**

⟵$xy-6x=x(y-6)$ に注目し，〜の部分を作り出す。そして，$-6 \cdot 3=-18$ に注目して 18 を加える。
⟵$(\ )\times(\ )=(整数)$ の形を作り出す。
⟵掛けて 2 になる 2 の約数の組。
⟵$x+3=a$, $y-6=b$ のとき $x=a-3$, $y=b+6$

TR
④**98**　(1)　60! を計算した結果は，3で最大何回割り切れるか。
　　　(2)　50! を計算すると，末尾に 0 は連続して何個並ぶか。　　　〔(2) 慶応大〕

(1)　60! が 3 で割り切れる最大の回数は，60! を素因数分解した
　　ときの素因数 3 の個数に一致する。　　　　　　　　　　　　　　　　　　←素因数 3 は 3 の倍数
　　　1 から 60 までの自然数のうち，　　　　　　　　　　　　　　　　　　　だけがもつ。

　　　　　3 の倍数の個数は，60 を 3 で割った商で　　　20
　　　　　3^2 の倍数の個数は，60 を 3^2 で割った商で　　　6
　　　　　3^3 の倍数の個数は，60 を 3^3 で割った商で　　　2　　　←$60<3^4$ であるから，
　　　よって，素因数 3 の個数は　　　20＋6＋2＝28（個）　　　　　　　　$3^n (n≧4)$ の倍数はな
　　　したがって，60! は 3 で最大 **28 回** 割り切れる。　　　　　　　　　い。

(2)　1 から 50 までの自然数のうち，
　　　　　5 の倍数の個数は，50 を 5 で割った商で　　　10
　　　　　5^2 の倍数の個数は，50 を 5^2 で割った商で　　　2　　　　←$50<5^3$ であるから，
　　　よって，素因数 5 の個数は　　　10＋2＝12（個）　　　　　　　　　$5^n (n≧3)$ の倍数はな
　　　50! を素因数分解したとき，素因数 5 の個数は素因数 2 の個数　　　　い。
　　　より少ないから，50! を計算したときの末尾に並ぶ 0 の個数は，
　　　50! を素因数分解したときの素因数 5 の個数に一致する。
　　　したがって，50! を整数で表したとき，末尾に 0 は **12 個** 並ぶ。

TR
⑤**99**　(1)　n は自然数とする。次の式の値が素数になるような n をすべて求めよ。
　　　　　(ア)　$n^2+6n-27$　　　　　　　　　　(イ)　$n^2-16n+39$
　　　(2)　a，b は自然数で，$p=a^2-a+2ab+b^2-b$ とする。p が素数となるような a，b をすべて
　　　　　求めよ。　　　　　　　　　　　　　　　　　　　　　　　　　　　　　　〔(2) 鹿児島大〕

(1)　(ア)　$n^2+6n-27=(n-3)(n+9)$　　　　　　　　　　　　　　　　←まず，因数分解。
　　　　n は自然数であるから　　$n+9>0$ ……　①　　　　　　　　　　←この大小関係に注意。
　　　　また　　　　$n-3<n+9$
　　　　$(n-3)(n+9)$ が素数となるとき，① から　　　$n-3>0$　　　←素数は正の整数。
　　　　よって　　　$n-3=1$　　　ゆえに　　　$n=4$
　　　　このとき，$(n-3)(n+9)=1·13=13$ となり，適する。　　　　　←素数となることを確
　　　　したがって，求める n の値は　　　**$n=4$**　　　　　　　　　　認。

　　(イ)　$n^2-16n+39=(n-3)(n-13)$　　　　　　　　　　　　　　　　←まず，因数分解。
　　　　$(n-3)(n-13)$ が素数となるとき，$n-3$ と $n-13$ の符号は　　←素数は正の整数。
　　　　一致する。また　　　$n-13<n-3$
　　　　[1]　$n-3>0$ かつ $n-13>0$ すなわち $n>13$ のとき　　　　←$n>3$ かつ $n>13$
　　　　　　　　　$n-13=1$　　　よって　　　$n=14$　　　　　　　←2 数が正 ⟶ 小さ
　　　　　このとき，$(n-3)(n-13)=11·1=11$ となり，適する。　　　い方が ＝1
　　　　[2]　$n-3<0$ かつ $n-13<0$ すなわち $n<3$ のとき　　　　←$n<3$ かつ $n<13$
　　　　　　　　　$n-3=-1$　　　よって　　　$n=2$　　　　　　　←2 数が負 ⟶ 大き
　　　　　このとき，$(n-3)(n-13)=-1·(-11)=11$ となり，適　　　い方が ＝-1
　　　　する。
　　　　したがって，求める n の値は　　　**$n=2，14$**

(2) $p=a^2+2ab+b^2-a-b=(a+b)^2-(a+b)$
$\qquad\qquad\qquad\qquad =(a+b)(a+b-1)$

$a\geqq1,\ b\geqq1$ から $a+b>a+b-1\geqq1$

また，p は素数であるから $a+b-1=1$ …… ①，
$\qquad\qquad\qquad\qquad\qquad a+b=p$ …… ②

① から $a+b=2$ $a\geqq1,\ b\geqq1$ から $a=1,\ b=1$

このとき，② から $p=2$ となり，p は素数である。

よって，p が素数となるような $a,\ b$ は $\boldsymbol{a=1,\ b=1}$

$\Leftarrow a+b-1\geqq1+1-1$
$\qquad =1$

TR
③**100** 24^{32} を 5 で割った余りを求めよ。

24 を 5 で割った余りは 4 であるから，24^2 を 5 で割った余りは，
4^2 すなわち 16 を 5 で割った余りに等しい。

よって，24^2 を 5 で割った余りは   1

ここで $32=2\times16$

$24^{32}=(24^2)^{16}$ から，24^{32} を 5 で割った余りは 1^{16} を 5 で割った
余りに等しい。

よって，求める余りは   1

CHART
a^k を m で割った余りが
1 となる k を見つける

TR
④**101** $a,\ k$ は自然数とする。a と $ka+1$ は互いに素であることを証明せよ。

a と $ka+1$ の最大公約数を g とすると
$\qquad a=gl,\ ka+1=gm$ ($l,\ m$ は互いに素な自然数)
と表される。

$a=gl$ を $ka+1=gm$ に代入すると
$\qquad kgl+1=gm$ すなわち $g(m-kl)=1$

$g,\ m-kl$ は整数で，$g>0$ であるから
$\qquad g=1,\ m-kl=1$

よって，a と $ka+1$ の最大公約数は 1 であるから，a と $ka+1$
は互いに素である。

$\Leftarrow$ 最大公約数が 1 とな
ることを示す方針。

$\Leftarrow a$ を消去。

$\Leftarrow$ 最大公約数が 1
$\longrightarrow$ 互いに素

TR
⑤**102** $a,\ b$ は自然数とする。このとき，次のことを証明せよ。
(1) a と b が互いに素ならば，a^2 と b^2 は互いに素である。
(2) $a+b$ と ab が互いに素ならば，a と b は互いに素である。

(1) a^2 と b^2 が互いに素でない，すなわち a^2 と b^2 は共通な素因
数 p をもつと仮定する。

a^2 は p の倍数であるから，a は p の倍数である。

同様に，b も p の倍数である。

これは，a と b が互いに素であることに矛盾する。

したがって，a^2 と b^2 は互いに素である。

$\Leftarrow$ 背理法によって示す。

$\Leftarrow$ なぜなら，a が p を
素因数にもたないとす
ると，a^2 も p を素因数
にもたないからである。

(2) a と b が互いに素でない，すなわち a と b が共通な素因数 p
をもつと仮定すると

$$a=pk, \quad b=pl \quad (k, l は自然数)$$

と表される。

このとき $\quad a+b=p(k+l), \quad ab=p^2kl$

よって，$a+b$ と ab はともに素因数 p をもつ。

このことは，$a+b$ と ab が互いに素であることに矛盾する。

したがって，a と b は互いに素である。

⟸(1)と同じように，背理法で証明する。

TR
⑤**103** a, b, c はどの2つも1以外の共通な約数をもたない自然数とする。a, b, c が $a^2+b^2=c^2$ を満たしているとき，次のことを証明せよ。
(1) a, b の一方は偶数で他方は奇数である。
(2) a が奇数のとき，b は4の倍数である。

4章

TR

> **HINT** (1) 「a, b がともに偶数」，「a, b がともに奇数」，「a, b の一方は偶数で他方は奇数」の
> 場合があるが，条件から＿＿の場合は起こらない。
> よって，「a, b がともに奇数である」と仮定して，矛盾を導く。
> (2) (1)の結果，および連続する2つの整数の積は2の倍数であることを利用。

$a^2+b^2=c^2$ …… ① とする。

(1) a, b は1以外の共通な約数をもたないから，ともに偶数と
なることはない。

a, b がともに奇数であると仮定すると，a^2, b^2 はともに奇数
であるから，① より c^2 は偶数であり，c も偶数である。

ゆえに，c^2 は4の倍数となる。

一方，$a=2m+1, b=2n+1 \ (m, n は0以上の整数)$ と表さ
れ $\quad a^2+b^2=(2m+1)^2+(2n+1)^2$
$$=(4m^2+4m+1)+(4n^2+4n+1)$$
$$=4(m^2+n^2+m+n)+2$$

よって，a^2+b^2 は4の倍数でないから，① に矛盾する。

したがって，a, b の一方は偶数で，他方は奇数となる。

(2) a が奇数のとき，(1)により b は偶数である。

よって，$a=2l-1, b=2m \ (l, m は自然数)$ と表される。

このとき，a^2 は奇数，b^2 は偶数であるから，a^2+b^2 は奇数で
ある。

よって，① より c^2 は奇数となり，c も奇数である。

ゆえに，$c=2n+1 \ (n は0以上の整数)$ と表されるから，
$b^2=c^2-a^2$ より $\quad (2m)^2=(2n+1)^2-(2l-1)^2$

よって $\quad 4m^2=(4n^2+4n)-(4l^2-4l)$

両辺を4で割ると $\quad m^2=n(n+1)-l(l-1)$ …… ②

ここで，$n(n+1), l(l-1)$ はともに連続する2つの整数の積
であるから，偶数である。

ゆえに，② から m^2 は偶数である。

したがって，m も偶数であるから，b は4の倍数である。

⟸a と b がともに偶数
ならば，a, b は共通
な約数2をもつ。

⟸奇＋奇＝偶

⟸整数 k について
k が偶数
$\iff k^2$ が偶数
k が奇数
$\iff k^2$ が奇数
が成り立つ。これは証明なしに用いてもよい。

⟸$a=2l+1$ としてもよいが，この場合は l を0以上の整数とする必要がある。

⟸$b=2×(偶数)$

TR ⑤104
(1) 合同式を利用して，次のものを求めよ。
  (ア) 12^{1000} を11で割った余り　　　　　(イ) 13^{81} の一の位の数
(2) 整数 a, b, c が $a^2+b^2=c^2$ を満たすとき，a, b のうち少なくとも1つは3の倍数であることを，合同式を利用して証明せよ。

(1) (ア) $12\equiv1\pmod{11}$ であるから
$$12^{1000}\equiv1^{1000}\equiv1\pmod{11}$$
したがって，12^{1000} を11で割った余りは　**1**

←$12-1=11$ から。

←$a\equiv b\pmod{m}$ のとき $a^k\equiv b^k\pmod{m}$
[k は自然数]

(イ) $13\equiv3\pmod{10}$ であるから
$$13^2\equiv3^2\equiv9\pmod{10}$$
よって　$13^4=(13^2)^2\equiv9^2\equiv81\equiv1\pmod{10}$
$81=4\cdot20+1$ から　$13^{81}=(13^4)^{20}\cdot13\equiv1^{20}\cdot3\equiv3\pmod{10}$
したがって，13^{81} の一の位の数は　**3**

←13^{81} を10で割った余りは　3

(2) a, b はともに3の倍数でないと仮定する。
このとき，次のいずれかが成り立つ。
[1] $a\equiv1\pmod3$, $b\equiv1\pmod3$
[2] $a\equiv1\pmod3$, $b\equiv2\pmod3$
[3] $a\equiv2\pmod3$, $b\equiv1\pmod3$
[4] $a\equiv2\pmod3$, $b\equiv2\pmod3$

←a, b は3で割った余りが1か2

整数 n に対し，$n\equiv1\pmod3$ のとき $n^2\equiv1^2\equiv1\pmod3$，
$n\equiv2\pmod3$ のとき $n^2\equiv2^2\equiv4\equiv1\pmod3$ であることに注意すると
[1] のとき　$a^2+b^2\equiv1+1\equiv2\pmod3$
[2] のとき　$a^2+b^2\equiv1+1\equiv2\pmod3$
[3] のとき　$a^2+b^2\equiv1+1\equiv2\pmod3$
[4] のとき　$a^2+b^2\equiv1+1\equiv2\pmod3$
よって，a^2+b^2 を3で割った余りは2である。…… ①

←[1]～[4] の場合ごとに a^2+b^2 を3で割った余りを調べる。

一方，$c\equiv0\pmod3$ のとき　　$c^2\equiv0^2\equiv0\pmod3$
　　　$c\equiv1\pmod3$ のとき　　$c^2\equiv1\pmod3$
　　　$c\equiv2\pmod3$ のとき　　$c^2\equiv1\pmod3$
ゆえに，c^2 を3で割った余りは0または1である。…… ②
①，②は $a^2+b^2=c^2$ が成り立つことに矛盾している。
したがって，a, b のうち少なくとも1つは3の倍数である。

←c^2 を3で割った余りを調べる。

EX ②37
(1) 0から9までの整数を1つずつ並べてできる10桁の自然数は9の倍数であることを示せ。
[広島修道大]
(2) 4桁の自然数176□が6の倍数であるとき，一の位の数を求めよ。

(1) 各位の数の和は
$$0+1+2+3+4+5+6+7+8+9=45=9\cdot5$$
よって，各位の数の和が9の倍数であるから，この10桁の自然数は9の倍数である。

⟸ 9の倍数 ⟺ 各位の数の和が9の倍数

(2) 176□が6の倍数であるとき，176□は2の倍数かつ3の倍数である。
まず，2の倍数であるから，一の位の数は偶数である。
よって，一の位の数を$a(a=0, 2, 4, 6, 8)$とすると，各位の数の和は　$1+7+6+a=a+14$
さらに，3の倍数であるから，$a=0, 2, 4, 6, 8$のうち$a+14$が3の倍数となるものを選んで　$a=4$

⟸ 3の倍数 ⟺ 各位の数の和が3の倍数

EX ③38
(1) 10000の約数の個数を求めよ。　[類 立教大]
(2) 12^nの正の約数の個数が28個となるような自然数nを求めよ。　[慶応大]

(1) 10000を素因数分解すると　$10000=2^4\cdot5^4$
よって，10000の正の約数の個数は
$$(4+1)(4+1)=25(個)$$
10000の負の約数も25個あるから，求める約数の個数は
$$25\times2=\textbf{50(個)}$$

⟸ $10000=10^4$ で，$10=2\cdot5$ から $10000=(2\cdot5)^4=2^4\cdot5^4$

⟸ 正の約数の個数と負の約数の個数は同じ。

(2) $12^n=(2^2\cdot3)^n=2^{2n}\cdot3^n$であるから，$12^n$の正の約数が28個であるための条件は　$(2n+1)(n+1)=28$
整理すると　$2n^2+3n-27=0$
よって　$(n-3)(2n+9)=0$
nは自然数であるから　$\textbf{n=3}$

⟸ $(ab)^n=a^nb^n$, $(a^m)^n=a^{mn}$

⟸ 1 ✗ -3 ⟶ -6 ／ 2 　 9 ⟶ 9 ／ 2 　-27 　 3

EX ③39
(1) 最大公約数が6，最小公倍数が432である2つの自然数を求めよ。
(2) 6より大きい2つの自然数の最大公約数は6，積は4536であるという。この2つの自然数を求めよ。

[HINT] 自然数a, bの最大公約数g，最小公倍数lの関係
$a=ga'$, $b=gb'$ とすると
1 a', b'は互いに素　2 $l=ga'b'$　3 $ab=gl$

(1) 求める2つの自然数を$6m$, $6n$とする。
ただし，m, nは互いに素な自然数で$m<n$とする。
条件から　$432=6mn$　すなわち　$mn=72$ …… ①
①および$m<n$を満たすm, nの組は
$$(m, n)=(1, 72), (2, 36), (3, 24),$$
$$(4, 18), (6, 12), (8, 9)$$
このうち，m, nが互いに素であるのは
$$(m, n)=(1, 72), (8, 9)$$
よって，求める2つの自然数は　**6, 432 または 48, 54**

⟸ HINT の 1

⟸ $m=n$ とすると，最大公約数と最小公倍数が等しくなり，不適。よって，$m<n$としている。

⟸ これ以外の組はどれも互いに素でない。

(2)　求める 2 つの自然数を $6m$，$6n$ とする。　　　　　　　　　←HINT の 1

ただし，m，n は互いに素な自然数とする。

$6m>6$，$6n>6$ であるから　　$m>1$，$n>1$

条件から　　$4536=6m\cdot6n$　すなわち　$mn=126$ …… ②

mn は（自然数）^{2} ではないから　　$m\neq n$　　　　　　←$m=n$ のときは

$\qquad mn=n^2$

よって，$1<m<n$ として ② を満たす m，n の組を求めると

$\qquad (m, n)=(2, 63), (3, 42), (6, 21),$

$\qquad\qquad\qquad (7, 18), (9, 14)$

このうち，m，n が互いに素であるのは

$\qquad (m, n)=(2, 63), (7, 18), (9, 14)$

よって，求める 2 つの自然数は

$\qquad$ **12，378　または　42，108　または　54，84**

EX ③40　n 人の子どもに 180 個のみかんを a 個ずつ，252 個のキャンディーを b 個ずつ残さずすべて配りたい。n の最大値とそのときの a，b の値を求めよ。ただし，文字はすべて自然数を表す。

n 人の子どもに 180 個のみかんを a 個ずつ，252 個のキャンディーを b 個ずつ配るとすると

$\qquad 180=na,\qquad 252=nb$ …… ①

a，b，n は自然数であるから，n は 180 と 252 の公約数である。

ゆえに，n の最大値は，180 と 252 の最大公約数である。

$\qquad 180=2^2\cdot3^2\cdot5,\qquad 252=2^2\cdot3^2\cdot7$

であるから，180 と 252 の最大公約数は　　$2^2\cdot3^2=36$

よって，n の最大値は　　**$n=36$**

このとき，① から　　**$a=5$，$b=7$**

CHART
最大公約数の応用問題
最大公約数を求めるには，
まず素因数分解

←最大公約数は，共通な素因数に，最小の指数をつけて，掛け合わせる。

EX ③41　自然数 n を 9 で割った商が m で余りが 5 である。商 m が奇数のとき，n^2 を 18 で割った余りを求めよ。

商 m は奇数であるから，整数 k を用いて　$m=2k+1$ と表される。

よって　　$n=9m+5=9(2k+1)+5=18k+14$

ゆえに　　$n^2=(18k+14)^2=18^2k^2+2\cdot18\cdot14k+14^2$

$\qquad\qquad =18(18k^2+28k)+196$

$\qquad\qquad =18(18k^2+28k+10)+16$

したがって，n^2 を 18 で割った余りは　　**16**

←整数の割り算の等式に代入。

←余り r は
$0\leqq r<18$
となるようにする。
$196=18\cdot10+16$

EX ③42　(1)　整数 n が 3 の倍数でないならば，n^2-1 は 3 の倍数であることを証明せよ。

(2)　どのような整数 n に対しても，n^2+n+1 は 5 で割り切れないことを証明せよ。

[(2) 学習院大]

(1)　3 の倍数でない整数 n は，整数 k を用いて　$3k+1$，$3k+2$ のいずれかの形に表される。

[1]　$n=3k+1$ のとき

$\qquad n^2-1=(n-1)(n+1)=3k(3k+2)$

よって，n^2-1 は 3 の倍数である。

←整数 n は，整数 k を用いて $3k$，$3k+1$，$3k+2$ のいずれかの形に表される。$3k$ は 3 の倍数であるから，ここでは除く。

[2]　$n=3k+2$ のとき
$$n^2-1=(n+1)(n-1)=(3k+3)(3k+1)=3(k+1)(3k+1)$$
よって，n^2-1 は 3 の倍数である。
以上から，整数 n が 3 の倍数でないならば，n^2-1 は 3 の倍数である。

(2)　整数 n は，整数 k を用いて $5k$，$5k+1$，$5k+2$，$5k+3$，$5k+4$ のいずれかの形に表される。
$n^2+n+1=n(n+1)+1$ に注意すると

⬅ 各分類について，n^2+n+1 を 5 で割った余りが 0 にならないことを示す。

[1]　$n=5k$ のとき　　$n^2+n+1=5k(5k+1)+1$
[2]　$n=5k+1$ のとき
$$n^2+n+1=(5k+1)(5k+2)+1=25k^2+15k+3$$
$$=5(5k^2+3k)+3$$
[3]　$n=5k+2$ のとき
$$n^2+n+1=(5k+2)(5k+3)+1=25k^2+25k+7$$
$$=5(5k^2+5k+1)+2$$
[4]　$n=5k+3$ のとき
$$n^2+n+1=(5k+3)(5k+4)+1=25k^2+35k+13$$
$$=5(5k^2+7k+2)+3$$
[5]　$n=5k+4$ のとき
$$n^2+n+1=(5k+4)(5k+5)+1=5(k+1)(5k+4)+1$$
よって，n^2+n+1 を 5 で割った余りはどの場合も 0 ではないから，n^2+n+1 は 5 で割り切れない。

EX
③**43**　n は整数とする。連続する 3 つの整数の積は 6 の倍数であることを使って，$2n^3+3n^2+n$ は 6 の倍数であることを証明せよ。

$$2n^3+3n^2+n=n(2n^2+3n+1)=n(n+1)(2n+1)$$
$$=n(n+1)\{(n+2)+(n-1)\}$$
$$=n(n+1)(n+2)+(n-1)n(n+1)$$

⬅ $2n^2+3n+1$
$=(n+1)(2n+1)$

$n(n+1)(n+2)$，$(n-1)n(n+1)$ はともに連続する 3 つの整数の積であるから，6 の倍数である。
よって，整数 k，l を用いて
$$n(n+1)(n+2)=6k,\ (n-1)n(n+1)=6l$$
と表される。
ゆえに　　$2n^3+3n^2+n=6k+6l=6(k+l)$
したがって，$2n^3+3n^2+n$ は 6 の倍数である。

EX
④**44**　2 つの自然数 a，b $(a<b)$ の差が 3，最小公倍数が 126 のとき，$a=^7\boxed{}$，$b=^4\boxed{}$ である。
〔立教大〕

a と b の最大公約数を g とすると，互いに素な自然数 p，q を用いて，$a=gp$，$b=gq$ と表される。
ここで　　$pqg=126$ …… ①
条件から　$b-a=3$　　よって　$g(q-p)=3$ …… ②
g は正の整数であるから，② より　$g=1$，3

⬅ 自然数 a，b の最大公約数を g，最小公倍数を l，$a=ga'$，$b=gb'$ とすると
a'，b' は互いに素
$l=ga'b'$

[1] $g=1$ のとき

① から $\quad pq=126 \qquad$ ② から $\quad q-p=3$

よって $\quad p(p+3)=126 \quad$ すなわち $\quad p^2+3p-126=0$

これを解いて $\quad p=\dfrac{-3\pm\sqrt{3^2-4\cdot1\cdot(-126)}}{2}$

$$=\dfrac{-3\pm\sqrt{513}}{2}=\dfrac{-3\pm3\sqrt{57}}{2}$$

これは，p が自然数であることを満たさないから不適。

[2] $g=3$ のとき

① から $\quad pq=42 \qquad$ ② から $\quad q-p=1$

よって $\quad p(p+1)=42 \quad$ すなわち $\quad p^2+p-42=0$

ゆえに $\quad (p-6)(p+7)=0$

これを満たす自然数 p は $\quad p=6$

このとき，$q=7$ であるから，p と q は互いに素な自然数である。

したがって $\quad a=3\cdot6={}^{\mathcal{T}}\mathbf{18},\ b=3\cdot7={}^{\mathcal{A}}\mathbf{21}$ $\qquad\Leftarrow a=gp,\ b=gq$

EX ④45 n は整数とする。n^5-n は 30 の倍数であることを証明せよ。

$$n^5-n=n(n^4-1)=n(n^2-1)(n^2+1) \qquad\Leftarrow \text{まず，因数分解。}$$
$$=(n-1)n(n+1)(n^2+1)$$

$(n-1)n(n+1)$ は連続する 3 つの整数の積であるから，6 の倍数である。

よって，$(n-1)n(n+1)(n^2+1)$ は 6 の倍数である。…… ① $\qquad\Leftarrow 30=6\cdot5$ に注目。

次に，$(n-1)n(n+1)(n^2+1)$ が 5 の倍数となることを示す。 $\qquad\Leftarrow 5$ で割った余りで分類。

すべての整数は，整数 k を用いて $5k,\ 5k+1,\ 5k+2,\ 5k+3,$ $5k+4$ のいずれかの形に表される。 $\qquad\Leftarrow$ [1]~[5] の分類ごとに，$n-1,\ n,\ n+1,$ n^2+1 のどれか 1 つが 5 の倍数となることを示す。

[1] $n=5k$ のとき，n は 5 の倍数であるから，

$(n-1)n(n+1)(n^2+1)$ は 5 の倍数である。

[2] $n=5k+1$ のとき，$n-1=(5k+1)-1=5k$ は 5 の倍数であるから，$(n-1)n(n+1)(n^2+1)$ は 5 の倍数である。

[3] $n=5k+2$ のとき，$n^2+1=(5k+2)^2+1=5(5k^2+4k+1)$ は 5 の倍数であるから，$(n-1)n(n+1)(n^2+1)$ は 5 の倍数である。

[4] $n=5k+3$ のとき，$n^2+1=(5k+3)^2+1=5(5k^2+6k+2)$ は 5 の倍数であるから，$(n-1)n(n+1)(n^2+1)$ は 5 の倍数である。

[5] $n=5k+4$ のとき，$n+1=(5k+4)+1=5(k+1)$ は 5 の倍数であるから，$(n-1)n(n+1)(n^2+1)$ は 5 の倍数である。

[1]~[5] から，$(n-1)n(n+1)(n^2+1)$ は 5 の倍数である。

…… ②

5 と 6 は互いに素であるから，①，② より n^5-n は 5・6 の倍数，すなわち 30 の倍数である。

(参考) 合同式を利用して，n^5-n が 5 の倍数になることを示す。

$n\equiv0$，1，2，3，4 (mod 5) のとき，n^5-n を計算すると右の表のようになるから

n	0	1	2	3	4
n^5	0	$1^5\equiv1$	$2^5\equiv2$	$3^5\equiv3$	$4^5\equiv4$
n^5-n	0	0	0	0	0

$\Leftarrow$ 5 を法として
$2^5=32\equiv2$，
$3^5\equiv3^4\cdot3\equiv1\cdot3$，
$4^5\equiv4^4\cdot4\equiv(4^2)^2\cdot4\equiv1\cdot4$

$n^5-n\equiv0 \pmod 5$

よって，n^5-n は 5 の倍数である。

4章
EX

EX ③**46** 8 個の正の約数をもつ最小の自然数を求めよ。

[1] 素因数分解したときの素因数が 1 種類であるとき，8 個の正の約数をもつ自然数は a^7（aは素数）と表される。
このうち，最小の自然数は $a=2$ のときで
$$2^7=128$$

$\Leftarrow$ 最小の素数は 2

[2] 素因数分解したときの素因数が 2 種類であるとき，8 個の正の約数をもつ自然数は ab^3（a と b は異なる素数）と表される。
このうち，最小の自然数は $a=3$，$b=2$ のときで
$$3\cdot2^3=24$$

$\Leftarrow$ 正の約数の個数は $(1+1)(3+1)$ 個。

$\Leftarrow$ $a=2$，$b=3$ としたら $2\cdot3^3=54$ となる。

[3] 素因数分解したときの素因数が 3 種類であるとき，8 個の正の約数をもつ自然数は abc（a，b，c はどれも異なる素数）と表される。このうち，最小の自然数は $a=2$，$b=3$，$c=5$ のときで　$2\cdot3\cdot5=30$

$\Leftarrow$ 正の約数の個数は $(1+1)(1+1)(1+1)$ 個。

[4] 素因数分解したときの素因数が 4 種類以上であるとき，8 個の正の約数をもつ自然数はない。

以上から，求める最小の自然数は　**24**

$\Leftarrow$ $8=2\cdot4=2\cdot2\cdot2$
2 以上の整数の積はこれだけである。

EX ④**47** (1) 5390 を自然数 n で割って，余りが 0 で，商が自然数の平方になるようにしたい。そのような n の最小値を求めよ。
(2) 150 に 2 桁の自然数 n を掛け，ある自然数の平方になるようにしたい。そのような n の最大値を求めよ。

(1) $5390=2\cdot5\cdot7^2\cdot11$ であるから，$n=2\cdot5\cdot11$
とすると　$\dfrac{5390}{n}=7^2$
よって，求める n は　**$n=110$**

```
2)5390
5)2695
7) 539
7)  77
    11
```

$\Leftarrow$ $n=2\cdot5\cdot11\cdot7^k$
$(k=0,2)$ ならば，商が平方数になる。

(2) $150=2\cdot3\cdot5^2$ であるから
$$n=2\cdot3,\ 2\cdot3\cdot2^2,\ 2\cdot3\cdot3^2,\ 2\cdot3\cdot4^2,\ 2\cdot3\cdot5^2,\ \cdots\cdots$$
すなわち　$n=6,\ 24,\ 54,\ 96,\ 150,\ \cdots\cdots$
とすると，$150n$ はある自然数の平方になる。
したがって，求める 2 桁の自然数 n の最大値は
　　$n=96$

```
2)150
3) 75
5) 25
    5
```

$\Leftarrow$ $150n$ が自然数の平方になる自然数 n は無数に存在する。つまり
$n=2\cdot3\cdot k^2$
（k は自然数）
の形で表される。

EX ④48 次の等式を満たす正の整数 a, b の組をすべて求めよ。

(1) $a^2-b^2=77$ (2) $\dfrac{2}{a}+\dfrac{1}{b}=\dfrac{1}{4}$

[(1) 金沢工大 (2) 類 名古屋大]

(1) $a^2-b^2=77$ から $(a+b)(a-b)=7\cdot11$ …… ①

a, b は正の整数であるから，$a+b$，$a-b$ も整数で

$\qquad a+b>a-b$

また，$a+b>0$ であるから，① より $a-b>0$

よって，① から $\begin{cases} a+b=11 \\ a-b=7 \end{cases}$, $\begin{cases} a+b=77 \\ a-b=1 \end{cases}$

それぞれの連立方程式を解いて $(a,\ b)=(9,\ 2),\ (39,\ 38)$

← $(\ )\times(\ )=$(整数)の形。

← $a+b=p$, $a-b=q$ のとき
$a=\dfrac{p+q}{2}$, $b=\dfrac{p-q}{2}$

(2) 両辺に $4ab$ を掛けて $8b+4a=ab$

よって $ab-4a-8b=0$

ここで $ab-4a-8b=a(b-4)-8(b-4)-32$
$\qquad\qquad\qquad\qquad =(a-8)(b-4)-32$

ゆえに，等式は $(a-8)(b-4)=32$ …… ①

a, b は正の整数であるから，$a-8$，$b-4$ も整数である。

また，$a\geqq1$，$b\geqq1$ であるから $a-8\geqq-7$，$b-4\geqq-3$

よって，① から $(a-8,\ b-4)=(1,\ 32),\ (2,\ 16),\ (4,\ 8),$
$\qquad\qquad\qquad\qquad\qquad (8,\ 4),\ (16,\ 2),\ (32,\ 1)$

したがって $(a,\ b)=(9,\ 36),\ (10,\ 20),\ (12,\ 12),$
$\qquad\qquad\qquad\quad (16,\ 8),\ (24,\ 6),\ (40,\ 5)$

← $xy+ax+by=0$ の形。

← $xy+ax+by$
$=(x+b)(y+a)-ab$

← $(\ )\times(\ )=$(整数)の形。

← この大小関係に注意。

← $a-8=p$, $b-4=q$ のとき
$a=p+8$, $b=q+4$

EX ④49 n は自然数とする。x の 2 次方程式 $x^2+2nx-12=0$ …… ① について

(1) 方程式 ① を解け。

(2) 方程式 ① の解が整数であるとき，n の値とそのときの解を求めよ。

(1) 解の公式により
$\qquad x=-n\pm\sqrt{n^2-1\cdot(-12)}=-n\pm\sqrt{n^2+12}$ …… ②

(2) ② から，$\sqrt{n^2+12}$ が整数であれば，方程式 ① の解は整数となる。$\sqrt{n^2+12}=m$（m は自然数）とおいて，両辺を 2 乗すると $n^2+12=m^2$ ゆえに $m^2-n^2=12$

よって $(m+n)(m-n)=12$ …… ③

m, n は自然数であるから，$m+n$ も自然数で，③ より $m-n$ も自然数である。また $0<m-n<m+n$

ゆえに，③ から $\begin{cases} m+n=12 \\ m-n=1 \end{cases}$, $\begin{cases} m+n=6 \\ m-n=2 \end{cases}$, $\begin{cases} m+n=4 \\ m-n=3 \end{cases}$

それぞれ解くと $(m,\ n)=\left(\dfrac{13}{2},\ \dfrac{11}{2}\right),\ (4,\ 2),\ \left(\dfrac{7}{2},\ \dfrac{1}{2}\right)$

n は自然数であるから $n=2$

このとき，$m=4$ であるから，方程式 ① の解は ② より

$x=-n\pm m=-2\pm4$ すなわち $x=2,\ -6$

← 2 次方程式
$ax^2+2b'x+c=0$ の解は
$x=\dfrac{-b'\pm\sqrt{b'^2-ac}}{a}$

← $(\ )\times(\ )=$(整数)

← ③ を満たすとき
$m+n>0$ なら
$m-n>0$

← 掛けて 12 になる，12 の正の約数の組。

← $n=2$ のとき，① から
$x^2+4x-12=0$
よって
$(x-2)(x+6)=0$

EX
③**50**　n を 2 以上の自然数とするとき，n^4+4 は素数にならないことを示せ。　　［宮崎大］

$$n^4+4=(n^4+4n^2+4)-4n^2=(n^2+2)^2-(2n)^2$$
$$=(n^2+2n+2)(n^2-2n+2)$$

← 平方の差の形にするために $4n^2$（$2n$ の平方）を加えて，それを引く。

$n \geqq 2$ であるから

$$n^2+2n+2=(n+1)^2+1 \geqq 3^2+1=10$$
$$n^2-2n+2=(n-1)^2+1 \geqq 1^2+1=2$$

← $n+1 \geqq 3$

← $n-1 \geqq 1$

よって，n^4+4 は 2 以上の 2 つの自然数の積で表される。
したがって，n^4+4 は素数にならない。

4章

EX

EX
⑤**51**　p，$2p+1$，$4p+1$ がいずれも素数であるような p をすべて求めよ。　　［類 一橋大］

p が素数のとき，$2p+1$，$4p+1$ が素数になるかどうかを調べる。

[1]　$p=2$ のとき　　$2p+1=5$，$4p+1=9$
　　9 は素数でないから，不適。

← 素数は 2 以上。

[2]　$p=3$ のとき　　$2p+1=7$，$4p+1=13$
　　3，7，13 は素数であるから，$p=3$ は適する。

[3]　$p \geqq 5$ のとき　　k を自然数として
　　　　$p=3k+1$　または　$p=3k+2$
　と表される。

← $p \geqq 5$ で，$p=3k$ のときは，p は 3 の倍数であるから，素数にならない。

　$p=3k+1$ のとき　　$2p+1=2(3k+1)+1=3(2k+1)$
　$2k+1 \geqq 2$ であるから，$2p+1$ は素数ではない。
　$p=3k+2$ のとき　　$4p+1=4(3k+2)+1=3(4k+3)$
　$4k+3 \geqq 2$ であるから，$4p+1$ は素数ではない。
　よって，[3] の場合は条件を満たさない。

以上から，求める p は　　$p=3$

TR ①**105** 次の2つの整数の最大公約数を，互除法を用いて求めよ。
(1) 767, 221　　　　(2) 966, 667　　　　(3) 1679, 837

(1) $767=221\cdot3+104$
$221=104\cdot2+13$
$104=13\cdot8+0$
よって，最大公約数は　**13**

CHART
2つの整数の最大公約数
互除法が有効

(2) $966=667\cdot1+299$
$667=299\cdot2+69$
$299=69\cdot4+23$
$69=23\cdot3+0$
よって，最大公約数は　**23**

(3) $1679=837\cdot2+5$
$837=5\cdot167+2$
$5=2\cdot2+1$
$2=1\cdot2+0$
よって，最大公約数は　**1**

←1679 と 837 は互いに素。

TR ②**106**
(1) 等式 $53x+29y=1$ を満たす整数 x, y の組を1つ求めよ。
(2) 等式 $53x+29y=-3$ を満たす整数 x, y の組を1つ求めよ。

(1) $53=29\cdot1+24$　移項すると　$24=53-29\cdot1$ …… ①
$29=24\cdot1+5$　移項すると　$5=29-24\cdot1$ …… ②
$24=5\cdot4+4$　移項すると　$4=24-5\cdot4$ …… ③
$5=4\cdot1+1$　移項すると　$1=5-4\cdot1$ …… ④

よって　$1=5-4\cdot1=5-(24-5\cdot4)\cdot1$
$=5\cdot5-24\cdot1$
$=(29-24\cdot1)\cdot5-24\cdot1$
$=29\cdot5+24\cdot(-6)$
$=29\cdot5+(53-29\cdot1)\cdot(-6)$
$=53\cdot(-6)+29\cdot11$

←④の4に③を代入。
←5, 24 について整理。
←5に②を代入。
←29, 24 について整理。
←24に①を代入。
←53, 29 について整理。

したがって，$53\cdot(-6)+29\cdot11=1$ が成り立つから，求める整数 x, y の組の1つは　**$x=-6$, $y=11$**

←$-318+319=1$

(2) (1)から，$53\cdot(-6)+29\cdot11=1$ が成り立つ。
この両辺を -3 倍して　$53\cdot18+29\cdot(-33)=-3$
よって，求める整数 x, y の組の1つは　**$x=18$, $y=-33$**

←$954-957=-3$

TR ①**107** 次の方程式の整数解をすべて求めよ。
(1) $12x-11y=0$　　　　(2) $23x+8y=1$

(1) 方程式を変形すると　$12x=11y$ …… ①
$12x$ は 11 の倍数であるが，12 と 11 は互いに素であるから，x は 11 の倍数である。
よって，k を整数として $x=11k$ と表される。
①に代入して　$12\cdot11k=11y$　よって　$y=12k$
ゆえに，すべての整数解は　**$x=11k$, $y=12k$（k は整数）**

←a, b は互いに素で $a●=b■$ の形。
←a, b, c は整数で，a, b は互いに素であるとき，ac が b の倍数ならば c は b の倍数である。

(2)　$x=-1$, $y=3$ は $23x+8y=1$ …… ① の整数解の 1 つである。

よって　　　　　　　$23\cdot(-1)+8\cdot3=1$　　　　…… ②

①－② から　　　$23\{x-(-1)\}+8(y-3)=0$

整理して　　　　　$23(x+1)+8(y-3)=0$

すなわち　　　　　$23(x+1)=-8(y-3)$　…… ③

23 と 8 は互いに素であるから，③ より $x+1$ は 8 の倍数である。

ゆえに，k を整数として，$x+1=8k$ と表される。

これを ③ に代入すると　　$y-3=-23k$

したがって，① のすべての整数解は

$$x=8k-1,\ y=-23k+3\quad(k\ は整数)$$

⟵a, b は互いに素で $a\bullet=b\blacksquare$ の形。

⟵$23\cdot8k=-8(y-3)$ ゆえに　$y-3=-23k$

TR
②**108**　(1)　方程式 $55x-16y=1$ …… ① の整数解をすべて求めよ。
　　(2)　方程式 $55x-16y=2$ …… ② の整数解をすべて求めよ。

(1)　$55=16\cdot3+7$　　　移項すると　　　$7=55-16\cdot3$

$16=7\cdot2+2$　　　移項すると　　　$2=16-7\cdot2$

$7=2\cdot3+1$　　　移項すると　　　$1=7-2\cdot3$

よって　$1=7-2\cdot3$

$=7-(16-7\cdot2)\cdot3$

$=7\cdot7+16\cdot(-3)$

$=(55-16\cdot3)\cdot7+16\cdot(-3)$

$=55\cdot7-16\cdot24$

すなわち　$55\cdot7-16\cdot24=1$ …… ③

①－③ から　　$55(x-7)-16(y-24)=0$

すなわち　　　$55(x-7)=16(y-24)$ …… ④

55 と 16 は互いに素であるから，④ より $x-7$ は 16 の倍数である。

ゆえに，k を整数として，$x-7=16k$ と表される。

これを ④ に代入すると　　$y-24=55k$

したがって，① のすべての整数解は

$$x=16k+7,\ y=55k+24\quad(k\ は整数)$$

(2)　③ の両辺を 2 倍して　　$55\cdot14-16\cdot48=2$ …… ⑤

②－⑤ から　　$55(x-14)-16(y-48)=0$

すなわち　　　$55(x-14)=16(y-48)$ …… ⑥

55 と 16 は互いに素であるから，⑥ より $x-14$ は 16 の倍数である。

ゆえに，k を整数として，$x-14=16k$ と表される。

これを ⑥ に代入すると　　$y-48=55k$

したがって，② のすべての整数解は

$$x=16k+14,\ y=55k+48\quad(k\ は整数)　……(*)$$

⟵55 と 16 の最大公約数は 1 であるから，互除法の計算過程で余りが 1 になるときが必ずある。

⟵1 を 55 と 16 で表すことができた。

⟵a, b, c は整数で，a, b は互いに素であるとき，ac が b の倍数ならば c は b の倍数である。

⟵右辺（定数の項）が 2 となるように変形。

(補足) **係数を小さくする方法** によって，次のように整数解の1つを求めることもできる。

$\Leftarrow$ 本冊 $p.482$ STEP UP 参照。

(1) $55=16\cdot3+7$ から $\qquad (16\cdot3+7)x-16y=1$

よって $\qquad\qquad\qquad 16(3x-y)+7x=1$

$3x-y=s$ とおくと $\qquad 16s+7x=1$

$16=7\cdot2+2$ から $\qquad (7\cdot2+2)s+7x=1$

ゆえに $\qquad\qquad\qquad 7(2s+x)+2s=1$

$2s+x=t$ とおくと $\qquad 7t+2s=1$

この方程式の整数解の1つは $t=1$，$s=-3$ である。

このとき $\quad x=t-2s=1-2(-3)=7$,

$\qquad\qquad\quad y=3x-s=3\cdot7-(-3)=24$

ゆえに，$x=7$，$y=24$ が ① の整数解の1つである。

$\Leftarrow$ 整数の割り算の等式を利用する。

$\Leftarrow$ さらに係数を小さくする。

(2) $55=16\cdot3+7$ から $\qquad (16\cdot3+7)x-16y=2$

よって $\qquad\qquad\qquad 16(3x-y)+7x=2$

$3x-y=s$ とおくと $\qquad 16s+7x=2$

この方程式の整数解の1つは $s=1$，$x=-2$ である。

このとき $\quad y=3x-s=3(-2)-1=-7$

ゆえに，$x=-2$，$y=-7$ が ② の整数解の1つである。

なお，この整数解を利用すると，② のすべての整数解は

$\qquad x=16k-2$，$y=55k-7$（k は整数）

となるが，これは先に求めたすべての整数解$(*)$において，k の代わりに $k-1$ とおくと得られる。

$\Leftarrow 55\cdot(-2)-16\cdot(-7)=2$

$\Leftarrow 16(k-1)+14=16k-2$, $55(k-1)+48=55k-7$

TR
③109 23で割ると8余り，15で割ると5余る自然数のうち，4桁で最小のものを求めよ。

23で割ると8余り，15で割ると5余る自然数を n とすると，n は整数 x，y を用いて

$\qquad n=23x+8$，$n=15y+5$

と表される。

よって $\qquad 23x+8=15y+5$

すなわち $\quad 23x-15y=-3$ …… ①

$x=2$，$y=3$ は $23x-15y=1$ の整数解の1つであるから

$\qquad 23\cdot2-15\cdot3=1$

この両辺を -3 倍して $\qquad 23\cdot(-6)-15\cdot(-9)=-3$ …… ②

①－② から $\qquad 23(x+6)-15(y+9)=0$

すなわち $\qquad 23(x+6)=15(y+9)$ …… ③

23と15は互いに素であるから，③ より $x+6$ は15の倍数である。ゆえに，k を整数として，$x+6=15k$ と表される。

よって，$x=15k-6$ であるから

$\qquad n=23x+8=23(15k-6)+8=345k-130$

$345k-130\geqq1000$ とすると $\qquad k\geqq\dfrac{1130}{345}=\dfrac{226}{69}=3.2\cdots$

$\Leftarrow a$ を b で割った商を q，余りを r とすると $a=bq+r$

$\Leftarrow$ 解がすぐに求められなければ互除法を利用。
$23=15\cdot1+8$,
$15=8\cdot1+7$,
$8=7\cdot1+1$ から
$1=8-7\cdot1$
$=8-(15-8\cdot1)\cdot1$
$=8\cdot2+15\cdot(-1)$
$=(23-15\cdot1)\cdot2+15\cdot(-1)$
$=23\cdot2-15\cdot3$

$\Leftarrow$ 4桁 $\longrightarrow$ 1000以上

この不等式を満たす最小の整数 k は　　$k=4$

このとき　　$n=345 \cdot 4 - 130 = 1250$

以上から，求める自然数は　　**1250**

← k が最小のとき，n も最小となる。

TR
①**110**

(1) 次の数を 10 進法で表せ。

　(ア) $1010101_{(2)}$　　　　(イ) $333_{(4)}$　　　　(ウ) $175_{(8)}$

(2) 次の 10 進数を [ ] 内の表し方で表せ。

　(ア) 54　[2 進法]　　　(イ) 1000　[5 進法]　　(ウ) 3776　[7 進法]

(1) (ア) $1 \cdot 2^6 + 0 \cdot 2^5 + 1 \cdot 2^4 + 0 \cdot 2^3 + 1 \cdot 2^2 + 0 \cdot 2^1 + 1 \cdot 2^0$

　　　$= 64 + 0 + 16 + 0 + 4 + 0 + 1 = \mathbf{85}$

　(イ) $3 \cdot 4^2 + 3 \cdot 4^1 + 3 \cdot 4^0 = 48 + 12 + 3 = \mathbf{63}$

　(ウ) $1 \cdot 8^2 + 7 \cdot 8^1 + 5 \cdot 8^0 = 64 + 56 + 5 = \mathbf{125}$

CHART

n 進数 ——→ 10 進数

$ab\cdots_{(n)}$ で m 桁なら

$a \cdot n^{m-1} + b \cdot n^{m-2} + \cdots$

10 進数 ——→ n 進数

n で割っていき，余りを下から順に並べる

5 章

TR

(2) (ア) 右の計算から

　　$110110_{(2)}$

　(イ) 右の計算から

　　$13000_{(5)}$

　(ウ) 右の計算から

　　$14003_{(7)}$

(ア)
```
2) 54      余り
2) 27  … 0 ↑
2) 13  … 1
2)  6  … 1
2)  3  … 0
2)  1  … 1
    0  … 1
```

(イ)
```
5) 1000    余り
5)  200 … 0 ↑
5)   40 … 0
5)    8 … 0
5)    1 … 3
      0 … 1
```

(ウ)
```
7) 3776     余り
7)  539 … 3 ↑
7)   77 … 0
7)   11 … 0
7)    1 … 4
      0 … 1
```

TR
③**111**

(1) (ア) $0.1001_{(2)}$　(イ) $0.43_{(5)}$　を 10 進法の小数で表せ。

(2) 10 進数 0.75 を　(ア) 2 進法　(イ) 3 進法　で表せ。

(1) (ア) $0.1001_{(2)} = \dfrac{1}{2} + \dfrac{0}{2^2} + \dfrac{0}{2^3} + \dfrac{1}{2^4} = \dfrac{2^3 + 1}{2^4} = \dfrac{9}{16} = \mathbf{0.5625}$

　(イ) $0.43_{(5)} = \dfrac{4}{5} + \dfrac{3}{5^2} = \dfrac{4 \cdot 5 + 3}{5^2} = \dfrac{23}{25} = \mathbf{0.92}$

CHART

n 進法の小数

$0.abc_{(n)}$

$= \dfrac{a}{n^1} + \dfrac{b}{n^2} + \dfrac{c}{n^3}$

(2) (ア) 0.75 に 2 を掛け，小数部分に 2 を掛けることを繰り返すと，右のようになる。

　　よって　　$0.75 = \mathbf{0.11_{(2)}}$

```
      0.75
   ×     2
      1.5
   ×     2
      1.0
```

← 整数部分は 1

← $0.5 \times 2 = 1.0$

← 整数部分は 1 で，小数部分は 0 となり，終了。

　(イ) 0.75 に 3 を掛け，小数部分に 3 を掛けることを繰り返すと，右のようになり，同じ計算が繰り返される。

　　よって　　$0.75 = \mathbf{0.\overset{\cdot}{2}\overset{\cdot}{0}_{(3)}}$

```
      0.75
   ×     3
      2.25
   ×     3
      0.75
   ×     3
      2.25
   ×     3
      0.75
```

← これ以降，整数部分は 2，0 が繰り返される —→ 循環小数。

TR ① **112**
平らな広場の地点Oを原点とし，東の方向を x 軸の正の向き，北の方向を y 軸の正の向きとする座標平面を考える。
地点Aは，点Oから東の方向に 28 進んだ位置にある。そして，2 点O，A を結んだ線より南側に地点Pがある。
地点Pは，Oからの距離が 25，A からの距離が 17 である。
(1) 地点Aの座標を求めよ。
(2) 地点Pの座標を求めよ。

(1) 地点Aは，地点Oから東の方向に 28 進んだ位置にあるから，
　　A の座標は　　**(28, 0)**

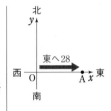

(2) Pの座標を (x, y) とする。ただし，$y<0$ とする。
　　右の図において，△OPQ，△APQ
　　は直角三角形であるから，それぞれ
　　に三平方の定理を用いると
$$x^2+y^2=25^2 \quad \cdots\cdots ①$$
$$(x-28)^2+y^2=17^2 \quad \cdots\cdots ②$$
　　②－① から　$(x-28)^2-x^2=17^2-25^2$
　　よって　　　$x^2-56x+784-x^2=-336$
　　整理して　　$56x=1120$　　ゆえに　　$x=20$
　　これを ① に代入して　　$20^2+y^2=25^2$
　　よって　$y^2=25^2-20^2=(25+20)(25-20)=45\cdot5=15^2$
　　$y<0$ であるから　　$y=-15$
　　したがって，点Pの座標は　　**(20, −15)**

$\Leftarrow$ AQ$=|x-28|$
$\Leftarrow 17^2-25^2$
$\quad =(17+25)(17-25)$
$\quad =42\cdot(-8)=-336$
$\Leftarrow 45\cdot5=3^2\cdot5\times5=(3\cdot5)^2$
$\quad =15^2$

TR ② **113**
(1) 点 $P(-2, 4, 3)$ から xy 平面，yz 平面，zx 平面にそれぞれ垂線 PA，PB，PC を下ろす。3 点 A，B，C の座標を求めよ。
(2) 点 $P(-2, 4, 3)$ と xy 平面，yz 平面，zx 平面に関して対称な点をそれぞれ D，E，F とする。3 点 D，E，F の座標を求めよ。
(3) 原点 O と点 $P(-2, 4, 3)$ の距離を求めよ。

(1) **A$(-2, 4, 0)$**
　　B$(0, 4, 3)$
　　C$(-2, 0, 3)$
(2) **D$(-2, 4, -3)$**
　　E$(2, 4, 3)$
　　F$(-2, -4, 3)$
(3) OP$=\sqrt{(-2)^2+4^2+3^2}$
　　　　$=\sqrt{29}$

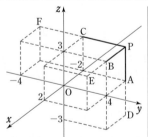

$P(a, b, c)$ に対して
xy 平面上 $\longrightarrow c=0$
yz 平面上 $\longrightarrow a=0$
zx 平面上 $\longrightarrow b=0$
また，xy 平面，yz 平面，zx 平面に関して対称な点は，順に
$c \to -c$,
$a \to -a$,
$b \to -b$

TR ④ **114**
4 人の生徒に 1 本 50 円の鉛筆と 1 冊 70 円のノートを買って配りたい。鉛筆が 1 人 1 人の生徒に同じ本数ずつ渡るように，また，ノートも 1 人 1 人の生徒に同じ冊数ずつ渡るように買ったところ，代金の合計が 1640 円になった。買った鉛筆の本数とノートの冊数をそれぞれ求めよ。

生徒 1 人あたりの鉛筆の本数を x 本，ノートの冊数を y 冊とすると　　$x\geqq1, y\geqq1$　$\cdots\cdots ①$
条件から　　　　　　$50\times4x+70\times4y=1640$

両辺を 40 で割って　　　$5x+7y=41$ ……②

$x=4$, $y=3$ は②の整数解の1つである。

よって　　　　　　$5\cdot4+7\cdot3=41$　　　　……③

②－③から　　　$5(x-4)+7(y-3)=0$

すなわち　　　　$5(x-4)=-7(y-3)$

5と7は互いに素であるから，k を整数とすると

$$x-4=7k,\quad y-3=-5k$$

ゆえに　　　$x=7k+4$, $y=-5k+3$ ……④

①から　　$7k+4\geqq1$ ……⑤，　$-5k+3\geqq1$ ……⑥

⑤から　　　$k\geqq-\dfrac{3}{7}$　　　　⑥から　　　$k\leqq\dfrac{2}{5}$

ゆえに　　　$-\dfrac{3}{7}\leqq k\leqq\dfrac{2}{5}$　　　したがって　　　$k=0$

このとき，④から　　　$x=4$, $y=3$

よって，**鉛筆の本数は**　　　$4x=\mathbf{16}$(**本**)，

　　　　ノートの冊数は　　　$4y=\mathbf{12}$(**冊**)

別解　②から，次のようにして x, y の値を求めてもよい。

②から　　　$5x=41-7y$ ……Ⓐ

$x\geqq1$ より，$5x\geqq5\cdot1=5$ であるから　　　$41-7y\geqq5$

よって　　　$y\leqq\dfrac{36}{7}=5.1\cdots$

Ⓐにおいて，$5x$ は 5 の倍数であるから，$41-7y$ は 5 の倍数である。$y=1$, 2, ……, 5 のうち，$41-7y$ が 5 の倍数になるものは　　　$y=3$

このとき，Ⓐから　　　$x=4$

したがって，**鉛筆の本数は**　　　$4x=\mathbf{16}$(**本**)，

　　　　ノートの冊数は　　　$4y=\mathbf{12}$(**冊**)

→ まず，1次不定方程式を作る。

→ $5x=41-7y$ として，$41-7y$ が 5 の倍数となるような y の値をさがす。

→ 個数の条件を利用し，不等式で解を絞り込む。

→ $-\dfrac{3}{7}=-0.4\cdots$，　$\dfrac{2}{5}=0.4$，k は整数。

5章

TR

→ 例題 115 (1) と同じ方針。(自然数)≧1 を利用して，まず y の値を絞り込む。

→ $y=3$ のとき　$5x=41-7\cdot3=20$

TR
④**115**
(1)　方程式 $5x+3y=23$ を満たす自然数 x, y の組をすべて求めよ。
(2)　方程式 $x+3y+z=10$ を満たす自然数 x, y, z の組の数を求めよ。

(1)　方程式から　　　$3y=23-5x$ ……①

$y\geqq1$ であるから　　　$3y\geqq3\cdot1=3$

よって　　　$23-5x\geqq3$　　　ゆえに　　　$x\leqq4$

したがって　　　$x=1$, 2, 3, 4

[1]　$x=1$ のとき，①から　$3y=18$　　よって　$y=6$

[2]　$x=2$ のとき，①から　$3y=13$　　よって　$y=\dfrac{13}{3}$

　　この y の値は自然数ではないから，不適。

[3]　$x=3$ のとき，①から　$3y=8$　　よって　$y=\dfrac{8}{3}$

　　この y の値は自然数ではないから，不適。

[4]　$x=4$ のとき，①から　$3y=3$　　よって　$y=1$

ゆえに，求める x, y の組は　　　$(\boldsymbol{x},\ \boldsymbol{y})=(1,\ 6),\ (4,\ 1)$

→ ①で，$3y$ は 3 の倍数であるから，$23-5x$ も 3 の倍数。よって，$x=1$, 2, 3, 4 のうち $23-5x$ が 3 の倍数になるものを求める方針で進めてもよい。

別解 方程式 $5x+3y=23$ …… Ⓐ の整数解の1つは $x=4$,
$y=1$ であるから $\quad 5\cdot4+3\cdot1=23$ …… Ⓑ

Ⓐ－Ⓑ から $\quad 5(x-4)+3(y-1)=0$

すなわち $\quad 5(x-4)=-3(y-1)$

5 と 3 は互いに素であるから，k を整数とすると
$$x-4=3k, \quad y-1=-5k$$

ゆえに $\quad x=3k+4, \quad y=-5k+1$ …… Ⓒ

$x\geqq1, \ y\geqq1$ であるから
$$3k+4\geqq1, \quad -5k+1\geqq1$$

したがって $\quad -1\leqq k\leqq0$ すなわち $\quad k=-1, \ 0$

Ⓒ から，$k=-1$ のとき $\quad x=1, \ y=6$

$\qquad k=0$ のとき $\quad x=4, \ y=1$

ゆえに，求める x，y の組は
$$(\boldsymbol{x}, \ \boldsymbol{y})=(1, \ 6), \ (4, \ 1)$$

(2) 方程式から $\quad x+z=10-3y$ …… ②

$x\geqq1, \ z\geqq1$ であるから $\quad x+z\geqq1+1=2$

よって $\quad 10-3y\geqq2$ ゆえに $\quad 3y\leqq8$

y は自然数であるから $\quad y=1, \ 2$

[1] $y=1$ のとき，② から $\quad x+z=7$

この方程式を満たす自然数 x，z の組は
$$(x, \ z)=(1, \ 6), \ (2, \ 5), \ (3, \ 4),$$
$$(4, \ 3), \ (5, \ 2), \ (6, \ 1)$$

の 6 組。

[2] $y=2$ のとき，② から $\quad x+z=4$

この方程式を満たす自然数 x，z の組は
$$(x, \ z)=(1, \ 3), \ (2, \ 2), \ (3, \ 1)$$

の 3 組。

以上から，求める x，y，z の組の数は $\quad 6+3=\boldsymbol{9}$（組）

TR
④**116** 方程式 $3xy=4x+2y$ を満たす自然数 x，y の組をすべて求めよ。ただし，$x\leqq y$ とする。

$x\leqq y$ であるから $\quad 4x+2y\leqq4y+2y$

これと $3xy=4x+2y$ から $\quad 3xy\leqq6y$

よって $\quad x\leqq2$ ゆえに $\quad x=1, \ 2$

[1] $x=1$ のとき

方程式は $\quad 3y=4+2y$ よって $\quad y=4$

[2] $x=2$ のとき

方程式は $\quad 6y=8+2y$ よって $\quad y=2$

以上から，求める x，y の組は
$$(\boldsymbol{x}, \ \boldsymbol{y})=(1, \ 4), \ (2, \ 2)$$

TR ④117　方程式 $\frac{1}{x}+\frac{1}{y}=\frac{1}{2}$ を満たす自然数 x，y の組をすべて求めよ。ただし，$x \leqq y$ とする。

$0<x \leqq y$ から　$\frac{1}{y} \leqq \frac{1}{x}$

よって　$\frac{1}{x}+\frac{1}{y} \leqq \frac{1}{x}+\frac{1}{x}$　　ゆえに　$\frac{1}{2} \leqq \frac{2}{x}$

よって　$x \leqq 4$　すなわち　$x=1,\ 2,\ 3,\ 4$

[1]　$x=1$ のとき

方程式は　$1+\frac{1}{y}=\frac{1}{2}$　　ゆえに　$\frac{1}{y}=-\frac{1}{2}$

よって　$y=-2$

これは自然数でないから不適。

[2]　$x=2$ のとき

方程式は　$\frac{1}{2}+\frac{1}{y}=\frac{1}{2}$　　ゆえに　$\frac{1}{y}=0$

これを満たす自然数 y はない。

[3]　$x=3$ のとき

方程式は　$\frac{1}{3}+\frac{1}{y}=\frac{1}{2}$　　よって　$\frac{1}{y}=\frac{1}{6}$

ゆえに　$y=6$

[4]　$x=4$ のとき

方程式は　$\frac{1}{4}+\frac{1}{y}=\frac{1}{2}$　　よって　$\frac{1}{y}=\frac{1}{4}$

ゆえに　$y=4$

以上から，求める x，y の組は　$\boldsymbol{(x,\ y)=(3,\ 6),\ (4,\ 4)}$

別解　**1.** 方程式の両辺に $2xy$ を掛けて

$$2y+2x=xy$$

$x \leqq y$ であるから　$2x+2y \leqq 2y+2y$

これと $2x+2y=xy$ から　$xy \leqq 4y$

よって　$x \leqq 4$　すなわち　$x=1,\ 2,\ 3,\ 4$

以降，$x=1,\ 2,\ 3,\ 4$ の場合ごとに y の値を調べる。

2. 方程式の両辺に $2xy$ を掛けて

$$2y+2x=xy$$

よって　$xy-2x-2y=0$

ゆえに　$x(y-2)-2(y-2)-4=0$

よって　$(x-2)(y-2)=4$

$1 \leqq x \leqq y$ より，$-1 \leqq x-2 \leqq y-2$ であるから

$$(x-2,\ y-2)=(1,\ 4),\ (2,\ 2)$$

ゆえに　$\boldsymbol{(x,\ y)=(3,\ 6),\ (4,\ 4)}$

⇐ $\frac{1}{2} \leqq \frac{2}{x}$ の両辺に $2x\ (>0)$ を掛けて　$x \leqq 4$

参考　$\frac{1}{x}<\frac{1}{x}+\frac{1}{y}$ であるから　$\frac{1}{x}<\frac{1}{2}$
よって　$2<x$
ゆえに　$2<x \leqq 4$
すなわち　$x=3,\ 4$
と進めることもできる。

⇐ 分母を払って，例題 116 と同様の方法で解く。

⇐ 分母を払って，本冊 $p.456$ 例題 97 (2) と同様に，
(　)×(　)=(整数) **の形に変形** して解く。

244──**数学 A**

TR
③**118** 次の足し算・引き算を，[ ]内の表し方で表せ。
(1) $10101_{(2)}+1101_{(2)}$ ［2 進法］　　(2) $11100_{(2)}-1011_{(2)}$ ［2 進法］
(3) $1343_{(5)}+234_{(5)}$ ［5 進法］　　(4) $302_{(4)}-133_{(4)}$ ［4 進法］

(1) $10101_{(2)}+1101_{(2)}=\mathbf{100010}_{(2)}$

```
    1  1      1
      1 0 1 0 1
  +     1 1 0 1
  ─────────────
    1 0 0 0 1 0
```

10 進法で計算すると
$$21 = 10101_{(2)}$$
$$+\ \ 13 = 1101_{(2)}$$
$$34 = \mathbf{100010}_{(2)}$$

← $0_{(2)}+0_{(2)}=0_{(2)}$,
$0_{(2)}+1_{(2)}=1_{(2)}+0_{(2)}=1_{(2)}$,
$1_{(2)}+1_{(2)}=10_{(2)}$ が計算のもととなる。

(2) $11100_{(2)}-1011_{(2)}=\mathbf{10001}_{(2)}$

```
            1
        0 10 10
    1 1 1 0 0
  −   1 0 1 1
  ─────────────
    1 0 0 0 1
```

10 進法で計算すると
$$28 = 11100_{(2)}$$
$$-\ \ 11 = 1011_{(2)}$$
$$17 = \mathbf{10001}_{(2)}$$

← 2^2 の位の 1 を 2^1 の位に，そして，2^1 の位の 10 を 1+1 として，1 を 1 つ 2^0 の位に繰り下げる。

(3) $1343_{(5)}+234_{(5)}=\mathbf{2132}_{(5)}$

```
    1 1 1
    1 3 4 3
  +   2 3 4
  ─────────
    2 1 3 2
```

10 進法で計算すると
$$223 = 1343_{(5)}$$
$$+\ \ 69 = 234_{(5)}$$
$$292 = \mathbf{2132}_{(5)}$$

← $3_{(5)}+4_{(5)}=12_{(5)}$,
$1_{(5)}+4_{(5)}+3_{(5)}=13_{(5)}$,
$1_{(5)}+3_{(5)}+2_{(5)}=11_{(5)}$,
$1_{(5)}+1_{(5)}=2_{(5)}$

(4) $302_{(4)}-133_{(4)}=\mathbf{103}_{(4)}$

```
        3
    2 10 12
    3 0 2
  − 1 3 3
  ─────────
    1 0 3
```

10 進法で計算すると
$$50 = 302_{(4)}$$
$$-\ \ 31 = 133_{(4)}$$
$$19 = \mathbf{103}_{(4)}$$

← 4^2 の位の 3 を 2+1 として，1 を 4^1 の位に，そして，4^1 の位の 10 を 3+1 として，1 を 4^0 の位に繰り下げる。

TR
④**119** (1) 自然数 N を 9 進法と 7 進法で表すと，ともに 3 桁の数であり，各位の数の並びが逆になるという。N を 10 進法で表せ。
(2) n は 3 以上の自然数とする。2 進数 $11111_{(2)}$ を n 進法で表すと $111_{(n)}$ となるような n の値を求めよ。

(1) $N=abc_{(9)}$ とすると，条件から　　$N=cba_{(7)}$
よって　　$abc_{(9)}=cba_{(7)}$ …… ①
ここで，$a\neq0$，$c\neq0$ であるから
$$1\leqq a\leqq6,\ 0\leqq b\leqq6,\ 1\leqq c\leqq6 \cdots\cdots ②$$
① から　　$a\cdot9^2+b\cdot9+c=c\cdot7^2+b\cdot7+a$
ゆえに　　$80a+2b-48c=0$
よって　　$b=8(3c-5a)$
ゆえに，b は 8 の倍数であるから，② より　　$b=0$
よって　　$3c-5a=0$
ゆえに　　$3c=5a$ …… ③
② の範囲で ③ を満たす a，c の値は　　$a=3$，$c=5$
したがって　　$N=3\cdot9^2+0\cdot9+5=\mathbf{248}$

← 各位の数の並びが逆。

← 最高位の数は 0 ではない。9 より 7 の方が小さいから，底 7 についてのみ各位の数の範囲を考えればよい。

← $N=abc_{(9)}$ に代入。

(2)　$11111_{(2)} = 1 \cdot 2^4 + 1 \cdot 2^3 + 1 \cdot 2^2 + 1 \cdot 2^1 + 1 = 31$　　　　　⬅ 10 進法で表す。

　　　$111_{(n)} = 1 \cdot n^2 + 1 \cdot n + 1$

　　これらは同じ数であるから　　$31 = n^2 + n + 1$　　　　⬅ n の 2 次方程式。

　　よって　　　$n^2 + n - 30 = 0$　　　　　　　　　　⬅ 解は　$n = 5, \ -6$

　　ゆえに　　　$(n-5)(n+6) = 0$

　　n は 3 以上の自然数であるから　　　$\boldsymbol{n = 5}$

TR　(1)　5 進法で表すと 3 桁となるような自然数 N は何個あるか。
④**120**　(2)　4 進法で表すと 10 桁となる自然数 N を 2 進法で表すと，何桁の数になるか。

(1)　N は 5 進法で表すと 3 桁となる自然数であるから

　　　　　$5^{3-1} \leqq N < 5^3$　　すなわち　　$5^2 \leqq N < 5^3$　　　　⬅ $5^3 \leqq N < 5^{3+1}$ は誤り！

　　この不等式を満たす自然数 N の個数は

　　　　　$5^3 - 5^2 = 5^2(5-1) = 25 \cdot 4 = \boldsymbol{100}$(**個**)　　　⬅ $125 - 25 = 100$ と直接
　　　　　　　　　　　　　　　　　　　　　　　　　　　計算してもよい。

　　　別解　5 進法で表すと，3 桁となる数は，$\bigcirc\square\square_{(5)}$ の $\bigcirc$ に　　⬅ 最高位に 0 は入らな

　　　1～4，$\square$ に 0～4 のいずれかを入れた数であるから，この場　　いことに注意。
　　　合の数を考えて　　$4 \cdot 5^2 = \boldsymbol{100}$(**個**)

(2)　N は 4 進法で表すと 10 桁となる自然数であるから

　　　　　$4^{10-1} \leqq N < 4^{10}$　　すなわち　　$4^9 \leqq N < 4^{10}$

　　よって　　$(2^2)^9 \leqq N < (2^2)^{10}$　　　ゆえに　　$2^{18} \leqq N < 2^{20}$　　⬅ $4 = 2^2$

　　この不等式を満たす N は　　$2^{18} \leqq N < 2^{19}$ のとき　**19 桁**，　　⬅ 答えは 2 通り。

　　　　　　　　　　　　　　　$2^{19} \leqq N < 2^{20}$ のとき　**20 桁**

5 章

T R

EX ① **52** 次の方程式の整数解をすべて求めよ。
(1) $17x+18y=1$　　(2) $37x-19y=1$　　(3) $12x+7y=19$

(1) $x=-1$, $y=1$ は $17x+18y=1$ …… ① の整数解の1つである。
よって　　　　$17\cdot(-1)+18\cdot1=1$　　…… ②
①－② から　　$17(x+1)+18(y-1)=0$
すなわち　　　$17(x+1)=-18(y-1)$ …… ③
17 と 18 は互いに素であるから，③ より $x+1$ は 18 の倍数である。
ゆえに，k を整数として，$x+1=18k$ と表される。
これを ③ に代入すると　　$y-1=-17k$
したがって，① のすべての整数解は
$$x=18k-1,\ y=-17k+1\ (k\text{ は整数})$$

◄ y の係数が x の係数より 1 大きいことに注目して，整数解を1つ見つけた。

◄ a, b は互いに素で $a\bullet=b\blacksquare$ の形。

◄ $17\cdot18k=-18(y-1)$ ゆえに　$y-1=-17k$

(2) $x=-1$, $y=-2$ は $37x-19y=1$ …… ① の整数解の1つである。
よって　　　　$37\cdot(-1)-19\cdot(-2)=1$ …… ②
①－② から　　$37(x+1)-19(y+2)=0$
すなわち　　　$37(x+1)=19(y+2)$　　…… ③
37 と 19 は互いに素であるから，③ より $x+1$ は 19 の倍数である。
ゆえに，k を整数として，$x+1=19k$ と表される。
これを ③ に代入すると　　$y+2=37k$
したがって，① のすべての整数解は
$$x=19k-1,\ y=37k-2\ (k\text{ は整数})$$

◄ $37x=1+19y$ として，$1+19y$ が 37 の倍数になるような y の値を見つける。

◄ a, b は互いに素で $a\bullet=b\blacksquare$ の形。

◄ $37\cdot19k=19(y+2)$ ゆえに　$y+2=37k$

(3) $x=1$, $y=1$ は $12x+7y=19$ …… ① の整数解の1つである。
よって　　　　$12\cdot1+7\cdot1=19$　　…… ②
①－② から　　$12(x-1)+7(y-1)=0$
すなわち　　　$12(x-1)=-7(y-1)$ …… ③
12 と 7 は互いに素であるから，③ より $x-1$ は 7 の倍数である。
ゆえに，k を整数として，$x-1=7k$ と表される。
これを ③ に代入すると　　$y-1=-12k$ （k は整数）
したがって，① のすべての整数解は
$$x=7k+1,\ y=-12k+1\ (k\text{ は整数})$$

◄ $12+7=19$ に注目し $12\cdot1+7\cdot1=19$

◄ a, b は互いに素で $a\bullet=b\blacksquare$ の形。

◄ $12\cdot7k=-7(y-1)$ ゆえに　$y-1=-12k$

EX ② **53** 次の方程式の整数解をすべて求めよ。
(1) $37x+32y=1$　　〔類 鹿児島大〕 (2) $138x-91y=3$
(3) $97x+68y=12$

(1)　$37x+32y=1$ …… ① とする。

$37=32 \cdot 1+5$　　移項すると　　$5=37-32 \cdot 1$

$32=5 \cdot 6+2$　　移項すると　　$2=32-5 \cdot 6$

$5=2 \cdot 2+1$　　移項すると　　$1=5-2 \cdot 2$

よって　　$1=5-2 \cdot 2=5-(32-5 \cdot 6) \cdot 2=5 \cdot 13+32 \cdot(-2)$

$=(37-32 \cdot 1) \cdot 13+32 \cdot(-2)$

$=37 \cdot 13+32 \cdot(-15)$

すなわち　　　$37 \cdot 13+32 \cdot(-15)=1$　　　…… ②

①$-$② から　　$37(x-13)+32(y+15)=0$

すなわち　　　$37(x-13)=-32(y+15)$ …… ③

<u>37 と 32 は互いに素であるから，③ より $x-13$ は 32 の倍数</u>である。

ゆえに，k を整数として，$x-13=32k$ と表される。

これを ③ に代入すると　　$y+15=-37k$

したがって，① のすべての整数解は

$$x=32k+13, \quad y=-37k-15 \quad (k \text{ は整数})$$

← 1つの整数解が簡単には見つからないので，互除法を利用する。37と 32 は互いに素であるから，互除法の計算過程で余りが 1 になるときが必ずある。

(2)　$138x-91y=3$ …… ① とする。

$138=91 \cdot 1+47$　　移項すると　　$47=138-91 \cdot 1$

$91=47 \cdot 1+44$　　移項すると　　$44=91-47 \cdot 1$

$47=44 \cdot 1+3$　　移項すると　　$3=47-44 \cdot 1$

よって　$3=47-44 \cdot 1=47-(91-47 \cdot 1) \cdot 1=47 \cdot 2-91 \cdot 1$

$=(138-91 \cdot 1) \cdot 2-91 \cdot 1$

$=138 \cdot 2-91 \cdot 3$

すなわち　　　$138 \cdot 2-91 \cdot 3=3$　　　…… ②

①$-$② から　　$138(x-2)-91(y-3)=0$

すなわち　　　$138(x-2)=91(y-3)$ …… ③

<u>138 と 91 は互いに素であるから，③ より $x-2$ は 91 の倍数</u>である。

ゆえに，k を整数として，$x-2=91k$ と表される。

これを ③ に代入すると　　$y-3=138k$

したがって，① のすべての整数解は

$$x=91k+2, \quad y=138k+3 \quad (k \text{ は整数})$$

← 余りが 3（① の右辺と同じ）となったから，ここで計算をやめる。

← $138=2 \cdot 3 \cdot 23$，$91=7 \cdot 13$

(3)　$97x+68y=12$ …… ① とする。

$97=68 \cdot 1+29$　　移項すると　　$29=97-68 \cdot 1$

$68=29 \cdot 2+10$　　移項すると　　$10=68-29 \cdot 2$

$29=10 \cdot 2+9$　　移項すると　　$9=29-10 \cdot 2$

$10=9 \cdot 1+1$　　移項すると　　$1=10-9 \cdot 1$

よって　$1=10-9 \cdot 1=10-(29-10 \cdot 2) \cdot 1=10 \cdot 3+29 \cdot(-1)$

$=(68-29 \cdot 2) \cdot 3+29 \cdot(-1)=68 \cdot 3+29 \cdot(-7)$

$=68 \cdot 3+(97-68 \cdot 1) \cdot(-7)$

$=97 \cdot(-7)+68 \cdot 10$

すなわち　　　$97 \cdot(-7)+68 \cdot 10=1$

← $97x+68y=1$ の整数解を 1 つ求め，それを利用して ① の整数解を 1 つ求める。

5章

EX

両辺を 12 倍して　　$97\cdot(-84)+68\cdot120=12$ …… ②
①－② から　　　　　$97(x+84)+68(y-120)=0$
すなわち　　　　　　$97(x+84)=-68(y-120)$ …… ③
97 と 68 は互いに素であるから，③ より $x+84$ は 68 の倍数である。
ゆえに，k を整数として，$x+84=68k$ と表される。
これを ③ に代入すると　　$y-120=-97k$
したがって，① のすべての整数解は
　　　　$x=68k-84,\ y=-97k+120$　（k は整数）

EX
②**54**　$3x+5y=7$ を満たす整数 $x,\ y$ で，$100\leqq x+y\leqq200$ となる $(x,\ y)$ の個数は ☐ 個である。
〔関西大〕

$3x+5y=7$ …… ① とする。
$x=-1,\ y=2$ は ① の整数解の 1 つである。
よって　　　　　$3\cdot(-1)+5\cdot2=7$ …… ②
①－② から　　$3(x+1)+5(y-2)=0$
すなわち　　　$3(x+1)=-5(y-2)$ …… ③
3 と 5 は互いに素であるから，③ より $x+1$ は 5 の倍数である。
ゆえに，k を整数として，$x+1=5k$ と表される。
これを ③ に代入して　　$y-2=-3k$
したがって，① のすべての整数解は
　　　　$x=5k-1,\ y=-3k+2$　（k は整数）
$100\leqq x+y\leqq200$ から　　$100\leqq2k+1\leqq200$
すなわち　　　　$\dfrac{99}{2}\leqq k\leqq\dfrac{199}{2}$

$\Leftarrow a,\ b$ は互いに素で $a\bullet=b\blacksquare$ の形。

$\Leftarrow 3\cdot5k=-5(y-2)$
ゆえに　$y-2=-3k$

$\Leftarrow 99\leqq2k\leqq199$

これを満たす整数 k は，$k=50,\ 51,\ \cdots\cdots,\ 99$ であるから，
求める個数は　　$99-50+1=$**50**（個）

EX
③**55**　$n+2016$ が 5 の倍数で，$n+2017$ が 12 の倍数であるような自然数 n のうち，3 桁で最大のものを求めよ。

$n+2016$ は 5 の倍数，$n+2017$ は 12 の倍数であるから，整数
$x,\ y$ を用いて　　$n+2016=5x,$　　$n+2017=12y$
すなわち $n=5x-2016,$　$n=12y-2017$ と表される。
よって　　　$5x-2016=12y-2017$
すなわち　　$5x-12y=-1$ …… ①
$x=5,\ y=2$ は $5x-12y=1$ の整数解の 1 つであるから
　　　　　$5\cdot5-12\cdot2=1$
この両辺を -1 倍して
　　　　　$5\cdot(-5)-12\cdot(-2)=-1$ …… ②
①－② から　　$5(x+5)-12(y+2)=0$

$\Leftarrow 5x=12y+1$ として，$12y+1$ が 5 の倍数となるような y の値をさがす。

すなわち　　　$5(x+5)=12(y+2)$ …… ③

5 と 12 は互いに素であるから，③ より $x+5$ は 12 の倍数である。

ゆえに，k を整数として，$x+5=12k$ と表される。

よって，$x=12k-5$ であるから

$$n=5x-2016=5(12k-5)-2016$$
$$=60k-2041$$

$60k-2041<1000$ とすると

$← 3桁 \longrightarrow 1000 未満$

$$k<\frac{3041}{60}=50.6\cdots$$

この不等式を満たす最大の整数 k は　　　$k=50$

$← k$ が最大のとき，n も最大となる。

このとき　　　$n=60\cdot50-2041=959$

以上から，求める自然数は　　**959**

$← 5章$
$← EX$

EX ② **56**
(1) $21201_{(3)}+623_{(7)}$ を計算し，その結果を 5 進法で表せ。　　　[広島修道大]

(2) $11011_{(2)}$ を 4 進法で表せ。　　　[類 センター試験]

(1)　$21201_{(3)}$，$623_{(7)}$ をそれぞれ 10 進法で表すと

$$21201_{(3)}=2\cdot3^4+1\cdot3^3+2\cdot3^2+0\cdot3^1+1\cdot3^0$$
$$=162+27+18+1=208$$
$$623_{(7)}=6\cdot7^2+2\cdot7^1+3\cdot7^0$$
$$=294+14+3=311$$

よって　　　$21201_{(3)}+623_{(7)}=208+311=519$

右の計算から，519 を 5 進法で表すと　　**$4034_{(5)}$**

```
5) 519   余り
5) 103 … 4 ↑
5)  20 … 3
5)   4 … 0
     0 … 4
```

CHART

10 進数 $\longrightarrow n$ 進数
n で割っていき，余りを下から順に並べる

(2)　$11011_{(2)}=1\cdot2^4+1\cdot2^3+0\cdot2^2+1\cdot2^1+1\cdot2^0$
$$=1\cdot(2^2)^2+(2+0)\cdot2^2+(2+1)\cdot2^0$$
$$=1\cdot4^2+2\cdot4^1+3\cdot4^0=\mathbf{123}_{(4)}$$

$←$ 右端から，2 つずつ区切る。

EX ③ **57**
自然数 N を 5 進法と 7 進法で表すと，ともに 2 桁の数であり，各位の数の並びが逆になるという。N を 10 進法で表せ。

$N=ab_{(5)}$ とすると，条件から　　　$N=ba_{(7)}$

$←$ 各位の数の並びが逆。

よって　　　$ab_{(5)}=ba_{(7)}$ …… ①

ここで，$a\neq0$，$b\neq0$ で，$ab_{(5)}$ の各位の数は 4 以下であることから　　　$1\leqq a\leqq4$，　$1\leqq b\leqq4$

$←$ 最高位の数は 0 ではない。

① から　　　$a\cdot5^1+b\cdot5^0=b\cdot7^1+a\cdot7^0$

すなわち　　　$5a+b=7b+a$

整理して　　　$2a=3b$

ゆえに，$2a$ は 3 の倍数であるが，2 と 3 は互いに素であるから，a は 3 の倍数である。

$1\leqq a\leqq4$ であるから　　　$a=3$

このとき，$2\cdot3=3b$ から　　　$b=2$

$← 2a=3b$

これは，$1\leqq b\leqq4$ を満たす。

したがって　　　$N=3\cdot5^1+2\cdot5^0=\mathbf{17}$

$← N=ab_{(5)}$ に代入。

EX ③58 10 進数 2.875 を 2 進法で表せ。

$2.875 = 2 + 0.875$

2 を 2 進法で表すと $\quad 10_{(2)}$

次に，0.875 を 2 進法で表す。

0.875 に 2 を掛け，小数部分に 2 を掛けることを繰り返すと，右のようになる。

よって $\quad 0.875 = 0.111_{(2)}$

ゆえに $\quad 2.875_{(2)} = 10_{(2)} + 0.111_{(2)}$

$\qquad = \mathbf{10.111_{(2)}}$

$\begin{array}{r} 2)\underline{2} \quad 余り \\ 2)\underline{1} \cdots 0 \\ 0 \cdots 1 \end{array}$

$\begin{array}{r} 0.875 \\ \times \quad 2 \\ \hline 1.75 \\ \times \quad 2 \\ \hline 1.5 \\ \times \quad 2 \\ \hline 1.0 \end{array}$

CHART
n 進法の小数
$0.abc_{(n)}$
$= \dfrac{a}{n^1} + \dfrac{b}{n^2} + \dfrac{c}{n^3}$

⟸ 整数部分は 1
⟸ $0.75 \times 2 = 1.5$
⟸ 整数部分は 1
⟸ $0.5 \times 2 = 1.0$
⟸ 整数部分は 1 で，小数部分は 0 となり，終了。

EX ③59 整数 a, b が $2a + 3b = 42$ を満たすとき，ab の最大値を求めよ。　　[早稲田大]

$2a + 3b = 42$ から $\quad 2a = 3(14 - b)$

2 と 3 は互いに素であるから

$\qquad a = 3k, \ 14 - b = 2k \ (k \text{ は整数})$

と表される。

よって $\quad a = 3k, \ b = 14 - 2k \ (k \text{ は整数})$

ゆえに $\quad ab = 3k(14 - 2k) = -6(k^2 - 7k)$

$\qquad = -6\left(k - \dfrac{7}{2}\right)^2 + 6\left(\dfrac{7}{2}\right)^2 = -6\left(k - \dfrac{7}{2}\right)^2 + \dfrac{147}{2}$

ここで，k を実数とすると，$y = -6\left(k - \dfrac{7}{2}\right)^2 + \dfrac{147}{2}$ のグラフ

は上に凸の放物線で，軸は直線 $k = \dfrac{7}{2}$ である。

この軸に最も近い整数 k は $\quad k = 3, \ 4$

ゆえに，ab は $k = 3, \ 4$ のとき最大となり，その値は $\quad 72$

$k = 3$ のとき $\quad a = 9, \ b = 8$

$k = 4$ のとき $\quad a = 12, \ b = 6$

よって $\quad \mathbf{(a, \ b) = (9, \ 8), \ (12, \ 6)}$ のとき最大値 **72**

⟸ p と q は互いに素で $p\bullet = q\blacksquare$ の形。

⟸ 2 次式は基本形 $p(k - q)^2 + r$ に直す。

⟸ 上に凸の放物線 —— 軸に近いほど値は大きい。

EX ④60 ある工場で作る部品 A, B, C はネジをそれぞれ 7 個，9 個，12 個使っている。出荷後に残ったこれらの部品のネジをすべて外したところ，ネジが全部で 35 個あった。残った部品 A, B, C の個数をそれぞれ l, m, n として，可能性のある組 (l, m, n) をすべて求めよ。　　[類 東北大]

残った部品 A, B, C の個数をそれぞれ l, m, n とすると，ネジの総数は $7l + 9m + 12n$ である。よって，

$\qquad 7l + 9m + 12n = 35, \ l \geqq 0, \ m \geqq 0, \ n \geqq 0$

を満たす整数 l, m, n の組を求める。

$n \geqq 3$ のとき，$12n \geqq 36$ であるから，$7l + 9m + 12n = 35$ を満たす組 (l, m, n) はない。ゆえに $\quad n = 0, 1, 2$

⟸ 0 個となる部品もありうる。

⟸ まず，係数が最も大きい n の値を絞る。

[1]　$n=0$ のとき

　$7l+9m=35$　　　　よって　　$7l=35-9m$ …… ①

　$7l\geqq0$ であるから　　$35-9m\geqq0$

　ゆえに　　　$m\leqq\dfrac{35}{9}=3.8\cdots$

　よって，$m=0,\ 1,\ 2,\ 3$ であるが，① より $35-9m$ は 7 の
　倍数であるから，適する m は　　$m=0$

　このとき，① から　　$7l=35$　　　よって　　$l=5$

[2]　$n=1$ のとき

　$7l+9m=23$　　　　よって　　$7l=23-9m$ …… ②

　$7l\geqq0$ であるから　$23-9m\geqq0$　　ゆえに　$m\leqq\dfrac{23}{9}=2.5\cdots$

　よって，$m=0,\ 1,\ 2$ であるが，② より $23-9m$ は 7 の倍
　数であるから，適する m は　　$m=1$

　このとき，② から　　$7l=14$　　　よって　　$l=2$

[3]　$n=2$ のとき

　$7l+9m=11$　　　　よって　　$7l=11-9m$ …… ③

　$7l\geqq0$ であるから　$11-9m\geqq0$　　ゆえに　$m\leqq\dfrac{11}{9}=1.2\cdots$

　よって，$m=0,\ 1$ であるが，この m の値に対して $11-9m$
　は 7 の倍数にならない。

　ゆえに，③ を満たす $l,\ m$ の組はない。

以上から　　$(l,\ m,\ n)=(5,\ 0,\ 0),\ (2,\ 1,\ 1)$

別解　$7l+9m+12n=35$ から　　$3(3m+4n)=7(5-l)$

　3 と 7 は互いに素であるから，k を整数とすると

　　　　　　　　　　$3m+4n=7k,\ 5-l=3k$ …… ①

　$m\geqq0,\ n\geqq0$ であるから　　$3m+4n\geqq0$

　よって　　$7k\geqq0$　　ゆえに　　$k\geqq0$

　また，① から　　$l=5-3k$

　$l\geqq0$ であるから　　$5-3k\geqq0$　　よって　　$k\leqq\dfrac{5}{3}$

　$0\leqq k\leqq\dfrac{5}{3}$ を満たす整数 k は　　$k=0,\ 1$

[1]　$k=0$ のとき　　$l=5,\ 3m+4n=0$

　　よって　　$m=0,\ n=0$

[2]　$k=1$ のとき　　$l=2,\ 3m+4n=7$

　　$3m=7-4n\geqq0$ であるから　　$n\leqq\dfrac{7}{4}$

　　ゆえに　　$n=0,\ 1$

　　$n=0$ のとき　$3m=7$　これを満たす整数 m はない。

　　$n=1$ のとき　$3m+4=7$　　よって　　$m=1$

以上から　　$(l,\ m,\ n)=(5,\ 0,\ 0),\ (2,\ 1,\ 1)$

← 係数の大きいmについて値を絞る。

← $m=0,\ 1,\ 2,\ 3$ に対し，$35-9m$ の値は順に 35, 26, 17, 8

← $7l+9m+12=35$

← $m=0,\ 1,\ 2$ に対し，$23-9m$ の値は順に 23, 14, 5

← $7l+9m+24=35$

← $m=0$ のとき $11-9m=11,$ $m=1$ のとき $11-9m=2$

← $9m+12n=35-7l$ とし，$a⊛=b▨(a と b$ は互いに素)の形に変形。

← $l\geqq0,\ m\geqq0,\ n\geqq0$ を利用して，k の値を絞る。

← $\dfrac{5}{3}=1.6\cdots$

← ① に $k=0$ を代入。
← $3m+4n\geqq0$
← ① に $k=1$ を代入。

← 係数の大きいnの値を先に絞る。

EX
④61
(1) $x^2+3y^2=36$ を満たす整数 x，y の組をすべて求めよ。
(2) $x^2+xy+y^2=19$ を満たす自然数 x，y の組をすべて求めよ。　　〔(2) 類 立教大〕

(1) $x^2+3y^2=36$ から　　$x^2=36-3y^2$　……　①

　$x^2 \geqq 0$ であるから　　$36-3y^2 \geqq 0$　　　よって　　$y^2 \leqq 12$

　y^2 は 0 または平方数であるから　　$y^2=0$，1，4，9

　この y^2 の値を ① に代入し，x^2 が 0 または平方数になる場合
　を調べると

　　[1] $y^2=0$ のとき　　$x^2=36$

　　[2] $y^2=9$ のとき　　$x^2=9$

　[1] の場合について，$y^2=0$ から　　$y=0$

　　　　　　　　　　　$x^2=36$ から　　$x=\pm6$

　[2] の場合について，$y^2=9$ から　　$y=\pm3$

　　　　　　　　　　　$x^2=9$ から　　$x=\pm3$

　したがって　　$(\boldsymbol{x}，\boldsymbol{y})=(6，0)，(-6，0)，(3，3)$，

　　　　　　　　　　　　$(3，-3)，(-3，3)，(-3，-3)$

(2) $x^2+xy+y^2=19$　……　① から　　$xy+y^2=19-x^2$

　$x \geqq 1$，$y \geqq 1$ であるから　　$xy+y^2 \geqq 1 \cdot 1+1^2=2$

　よって　　$19-x^2 \geqq 2$　　ゆえに　　$x^2 \leqq 17$

　x は自然数であるから　　$x=1$，2，3，4

　[1] $x=1$ のとき，① から　　$y^2+y-18=0$

　　　よって　　$y=\dfrac{-1\pm\sqrt{1^2-4\cdot1\cdot(-18)}}{2\cdot1}=\dfrac{-1\pm\sqrt{73}}{2}$

　　　この y の値は自然数ではないから，不適。

　[2] $x=2$ のとき，① から　　$y^2+2y-15=0$

　　　よって　　$(y-3)(y+5)=0$

　　　y は自然数であるから　　$y=3$

　[3] $x=3$ のとき，① から　　$y^2+3y-10=0$

　　　よって　　$(y-2)(y+5)=0$

　　　y は自然数であるから　　$y=2$

　[4] $x=4$ のとき，① から　　$y^2+4y-3=0$

　　　よって　　$y=-2\pm\sqrt{2^2-1\cdot(-3)}=-2\pm\sqrt{7}$

　　　この y の値は自然数ではないから，不適。

　したがって　　$(\boldsymbol{x}，\boldsymbol{y})=(2，3)，(3，2)$

　別解 左辺は x，y の対称式であるから，$x \leqq y$ とすると

　　　　　　$x^2+x\cdot x+x^2 \leqq x^2+xy+y^2$

　　　よって　　$3x^2 \leqq 19$

　　　この式を満たす自然数 x は　　$x=1$，2

　　　[1] $x=1$ のとき，等式は　　$y^2+y-18=0$

　　　　ゆえに　　$y=\dfrac{-1\pm\sqrt{73}}{2}$

　　　　この y の値は不適。

← (実数)$^2 \geqq 0$ を値の絞
り込みに利用する。

平方数 とは，(自然数)^2
の形の整数で 1，4，9，
16，25，36，49，…

← $y^2=1$，4 のとき，そ
れぞれ $x^2=33$，24
（平方数ではない）

← $(x，y)=(\pm6，0)$，
$(\pm3，\pm3)$（複号任意）
と書く方法もある。

← $1^2+1\cdot y+y^2=19$

← 解の公式を利用。

← $2^2+2y+y^2=19$

← $3^2+3y+y^2=19$

← $x=4$ のとき
$x^2+xy+y^2=16+4y$
$+y^2 \geqq 16+4\cdot1+1^2$
$=21$ から，不適とす
ることもできる。

← x と y を入れ替えて
も同じ式（対称式）であ
るから，
$(x，y)=(p，q)$ が解
なら，$(x，y)=(q，p)$
も解となる。

[2]　$x=2$ のとき，等式は　　$y^2+2y-15=0$

ゆえに　　$(y-3)(y+5)=0$

y は自然数であるから　　$y=3$

[1]，[2] から　　$(x,\ y)=(2,\ 3)$

$x>y$ のときも含めて，求める組は

$$(\boldsymbol{x},\ \boldsymbol{y})=(2,\ 3),\ (3,\ 2)$$

⟸ $x \leqq y$ の制限をはずす。

EX ④62

$l,\ m,\ n$ を自然数とする。

(1)　$l \leqq m \leqq n$ のとき，$\dfrac{1}{l}+\dfrac{1}{m}+\dfrac{1}{n}$ と $\dfrac{3}{l}$ の大小を比較せよ。

(2)　$l \leqq m \leqq n$ のとき，$\dfrac{1}{l}+\dfrac{1}{m}+\dfrac{1}{n}=\dfrac{3}{2}$ を満たす組 $(l,\ m,\ n)$ をすべて求めよ。

5章 EX

(1)　$0<l \leqq m \leqq n$ であるから　　$\dfrac{1}{n} \leqq \dfrac{1}{m} \leqq \dfrac{1}{l}$ …… ①

よって　　$\dfrac{1}{l}+\dfrac{1}{m}+\dfrac{1}{n} \leqq \dfrac{1}{l}+\dfrac{1}{l}+\dfrac{1}{l}=\dfrac{3}{l}$

⟸ $0<a \leqq b$ のとき $\dfrac{1}{b} \leqq \dfrac{1}{a}$

(2)　$\dfrac{1}{l}+\dfrac{1}{m}+\dfrac{1}{n}=\dfrac{3}{2}$ …… ② とする。

(1) から　　$\dfrac{1}{l}+\dfrac{1}{m}+\dfrac{1}{n} \leqq \dfrac{3}{l}$　すなわち　$\dfrac{3}{2} \leqq \dfrac{3}{l}$

よって　　$l \leqq 2$　　l は自然数であるから　　$l=1,\ 2$

⟸ まず，l の値を絞り込む。

[1]　$l=1$ のとき

② から　　$\dfrac{1}{m}+\dfrac{1}{n}=\dfrac{1}{2}$ …… ③

ここで　　$\dfrac{1}{m}<\dfrac{1}{m}+\dfrac{1}{n}$

また，① から　　$\dfrac{1}{m}+\dfrac{1}{n} \leqq \dfrac{1}{m}+\dfrac{1}{m}=\dfrac{2}{m}$

よって　　$\dfrac{1}{m}<\dfrac{1}{2},\ \dfrac{1}{2} \leqq \dfrac{2}{m}$

ゆえに　　$2<m \leqq 4$　すなわち　$m=3,\ 4$

$m=3$ のとき，③ から　　$\dfrac{1}{n}=\dfrac{1}{6}$　　よって　　$n=6$

$m=4$ のとき，③ から　　$\dfrac{1}{n}=\dfrac{1}{4}$　　よって　　$n=4$

⟸ $1+\dfrac{1}{m}+\dfrac{1}{n}=\dfrac{3}{2}$

⟸ m の値を絞り込む。〜〜 の関係式も使い，より少なく絞り込んだ。

⟸ $\dfrac{1}{m}<\dfrac{1}{2}$ から　$2<m$ $\dfrac{1}{2} \leqq \dfrac{2}{m}$ から　$m \leqq 4$

[2]　$l=2$ のとき

② から　　$\dfrac{1}{m}+\dfrac{1}{n}=1$ …… ④

[1] と同様にして　　$\dfrac{1}{m}<1,\ 1 \leqq \dfrac{2}{m}$

よって　　$1<m \leqq 2$　すなわち　$m=2$

このとき，④ から　　$\dfrac{1}{n}=\dfrac{1}{2}$　　よって　　$n=2$

以上から　　$(l,\ m,\ n)=(1,\ 3,\ 6),\ (1,\ 4,\ 4),\ (2,\ 2,\ 2)$

⟸ $\dfrac{1}{2}+\dfrac{1}{m}+\dfrac{1}{n}=\dfrac{3}{2}$

⟸ $\dfrac{1}{m}<\dfrac{1}{m}+\dfrac{1}{n}$, $\dfrac{1}{m}+\dfrac{1}{n} \leqq \dfrac{2}{m}$

⟸ $\dfrac{1}{2}+\dfrac{1}{n}=1$

EX
④**63** n 進法で表された 3 桁の数 $abc_{(n)}$ があり，$c \neq 0$，$a > c$ とする。$abc_{(n)}$ と $cba_{(n)}$ の差が 10 進法で 15 になるように n を定め，$abc_{(n)}$ を 10 進法で表せ。

条件から　　　$1 \leq c < a \leq n-1$，$0 \leq b \leq n-1$ …… ①

また　　　　　$an^2 + bn + c - (cn^2 + bn + a) = 15$

よって　　　$(a-c)n^2 - (a-c) = 15$

ゆえに　　　$(a-c)(n^2-1) = 15$ …… ②

n は 2 以上の自然数であるから　　$n^2 \geq 4$

よって　　$n^2 - 1 \geq 3$

ゆえに，② から　　$n^2 - 1 = 3,\ 5,\ 15$

すなわち　　$n^2 = 4,\ 6,\ 16$

n^2 は平方数であるから，$n = 4,\ 16$ のみが適する。

よって　　　$n = 2,\ 4$

[1]　$n = 2$ のとき，① から　　　$1 \leq c < a \leq 1$

　　この不等式を満たす整数 a，c は存在しない。

[2]　$n = 4$ のとき，② から　　　$a - c = 1$ …… ③

　　① より，$1 \leq c < a \leq 3$ であるから，③ を満たす整数 a，c
　　の組は　　　$(a,\ c) = (2,\ 1),\ (3,\ 2)$

　　また，b は $b = 0,\ 1,\ 2,\ 3$ のいずれでもよい。

以上から　　**$n = 4$**

このとき，$abc_{(n)}$ は

$$201_{(4)},\ 211_{(4)},\ 221_{(4)},\ 231_{(4)},$$
$$302_{(4)},\ 312_{(4)},\ 322_{(4)},\ 332_{(4)} \Big\} \quad \text{……} \ ④$$

$201_{(4)}$ は 10 進法で　　　$2 \cdot 4^2 + 0 \cdot 4 + 1 = 33$

$302_{(4)}$ は 10 進法で　　　$3 \cdot 4^2 + 0 \cdot 4 + 2 = 50$

$abc_{(4)}$ は，b が 1 増えるごとに 10 進法では 4 ずつ増えるから，④ の各数を 10 進法で表すと，順に

$$33,\ 37,\ 41,\ 45,\ 50,\ 54,\ 58,\ 62$$

CHART

　n 進法の扱い
10 進法で考える。
$abc_{(n)}$ は 10 進法で
$an^2 + bn + c$

⇐ $n^2 - 1$ は 15 の約数。

⇐ $(a-c) \cdot 15 = 15$

TRAINING 実践
の解答

TR実践
④I-1 不等式 $|x|+1>2x$ の解は ア である。

ア の解答群

⓪ $x>0$　　① $x>1$　　② $x>2$　　③ $x<0$　　④ $x<1$　　⑤ $x<2$
⑥ $0<x<1$　　⑦ $1<x<2$

$x\geqq0$ のとき，不等式は　　$x+1>2x$

これを解くと　　$x<1$

$x\geqq0$ との共通範囲は　　$0\leqq x<1$ …… ①

$x<0$ のとき，不等式は　　$-x+1>2x$

これを解くと　　$x<\dfrac{1}{3}$

$x<0$ との共通範囲は　　$x<0$ …… ②

求める解は ① と ② を合わせた範囲で　$x<1$ （ア④）

⟵数学Ⅰ例題 44 の解答方針
⟵$x<1$ は $x\geqq0$ の範囲における解。
⟵$x<\dfrac{1}{3}$ は $x<0$ の範囲における解。
⟵数学Ⅰ実践例題 1 の解答方針

(参考)　$y=|x|+1-2x$ とすると，不等式の解は，

$y=|x|+1-2x$ のグラフの $y>0$ となる x の値の範囲である。

$x\geqq0$ のとき　$y=x+1-2x$
　　　　　　　　　$=-x+1$
$x<0$ のとき　$y=-x+1-2x$
　　　　　　　　$=-3x+1$

よって，$y=|x|+1-2x$ のグラフは
右の図の実線部分のようになる。
したがって，$y>0$ となる x の値の範
囲は，グラフより　$x<1$

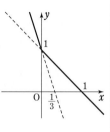

TR実践
④I-2 定義域を $0\leqq x\leqq3$ とする関数 $f(x)=ax^2-2ax+b$ の最大値が 9，最小値が 1 のとき，$a=$ ア ，$b=$ イ または $a=$ ウエ ，$b=$ オ である。ただし，$a\neq0$ とする。

$f(x)=a(x^2-2x)+b=a(x-1)^2-a+b$

よって，$y=f(x)$ のグラフの軸は　直線 $x=1$

$a>0$ のとき，$y=f(x)$ のグラフは下に凸の放物線となり，
$0\leqq x\leqq3$ の範囲で $f(x)$ は

　　$x=3$ で最大値 $f(3)=3a+b$,
　　$x=1$ で最小値 $f(1)=-a+b$　をとる。

したがって　　$3a+b=9$, $-a+b=1$

これを解くと　　$a=2$, $b=3$　　これは $a>0$ を満たす。

$a<0$ のとき，$y=f(x)$ のグラフは上に凸の放物線となり，
$0\leqq x\leqq3$ の範囲で $f(x)$ は

　　$x=1$ で最大値 $f(1)=-a+b$,
　　$x=3$ で最小値 $f(3)=3a+b$　をとる。

したがって　　$-a+b=9$, $3a+b=1$

これを解くと　　$a=-2$, $b=7$　　これは $a<0$ を満たす。

以上から　　$a=$ ア2, $b=$ イ3 または $a=$ ウエ-2, $b=$ オ7

別解　$X=x^2-2x$ とおくと
$$f(x)=a(x^2-2x)+b=aX+b$$
$X=(x-1)^2-1$ であるから，$0 \leqq x \leqq 3$ のとき
$$-1 \leqq X \leqq 3$$
$a>0$ のとき，1次関数 $y=aX+b$ のグラフは右上がりの直線であるから，$X=-1$ で最小値1，$X=3$ で最大値9をとる。

よって　　　　$-a+b=1$，$3a+b=9$

これを解くと　$a=2$，$b=3$　　これは $a>0$ を満たす。

$a<0$ のとき，1次関数 $y=aX+b$ のグラフは右下がりの直線であるから，$X=-1$ で最大値9，$X=3$ で最小値1をとる。

よって　　　　$-a+b=9$，$3a+b=1$

これを解くと　$a=-2$，$b=7$　　これは $a<0$ を満たす。

以上から　　　　$a={}^{ア}2$，$b={}^{イ}3$ または $a={}^{ウエ}-2$，$b={}^{オ}7$

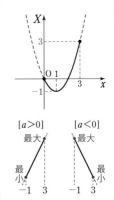

[$a>0$]　　[$a<0$]

最大　　　　最大

最小　　　　最小
-1　3　　-1　3

TR実践
④ **I-3**　2次不等式 $(x-2)(x-a)<0$ を満たす整数 x がちょうど3個となるのは
$-2 \boxed{ア} a \boxed{イ} -1$, $5 \boxed{ウ} a \boxed{エ} 6$ のときである。
$\boxed{ア} \sim \boxed{エ}$ の解答群（同じものを繰り返し選んでもよい。）
⓪　$<$　　　①　$\leqq$

2次不等式 $(x-2)(x-a)<0$　……① の解は
$$a>2 \text{ のとき}　　2<x<a$$
$$a<2 \text{ のとき}　　a<x<2$$
$$a=2 \text{ のとき}　　解なし$$
よって，① を満たす整数 x がちょうど3個となるのは，
$$a>2 \text{ または } a<2$$
のときである。

$a>2$ のとき，3個の整数 x は
$$x=3, 4, 5$$
したがって　　$5<a \leqq 6$

また，$a<2$ のとき，3個の整数 x は
$$x=-1, 0, 1$$
したがって　　$-2 \leqq a<-1$

以上から，求める a の値の範囲は
$$-2 \leqq a<-1, 5<a \leqq 6 \quad ({}^{ア}①, {}^{イ}⓪, {}^{ウ}⓪, {}^{エ}①)$$

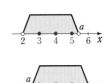

2　3　4　5　6　x

-2　-1　0　1　2　x

注意　$a=6$ のとき，① の解は $2<x<6$ であるから，これを満たす整数 x は 3, 4, 5 の3個である。

同様に，$a=-2$ のとき，① の解は $-2<x<2$ であるから，これを満たす整数 x は -1, 0, 1 の3個である。

$<$ か $\leqq$ か判断に迷う場合は，このように $=$ の場合を考えてみるとよい。

⇐ a が6より少しでも大きいと，① を満たす整数 x は 3〜6 の4個となり，適さない。

TR実践
③I-4 △ABC において，BC=a，CA=b，AB=c，外接円の半径を 3，面積を S とする。このとき，$S=\boxed{ア}\,abc$ である。

$\boxed{ア}$ の解答群

⓪ $\dfrac{1}{2}$ ① $\dfrac{1}{3}$ ② $\dfrac{1}{6}$ ③ $\dfrac{1}{8}$ ④ $\dfrac{1}{12}$

正弦定理により $\dfrac{c}{\sin C}=2\cdot 3$

$\Leftarrow \dfrac{c}{\sin C}=2R$

よって $\sin C=\dfrac{c}{6}$

$S=\dfrac{1}{2}ab\sin C$ であるから

$$S=\dfrac{1}{2}ab\cdot\dfrac{c}{6}=\dfrac{1}{12}abc \qquad (^{\text{ア}}\text{④})$$

TR実践
④I-5 右の図において，△ABC は鋭角三角形，四角形 ADEB，BFGC，CHIA は正方形であり，BC=a，CA=b，AB=c，∠CAB=A，∠ABC=B，∠BCA=C とする。
△ABC，△AID，△BEF，△CGH のうち，外接円の半径が最も小さい三角形は $\boxed{ア}$ である。ただし，必要があれば ID>BC，EF>CA，GH>AB であることを証明なしに用いてよい。

$\boxed{ア}$ の解答群
⓪ △ABC ① △AID ② △BEF ③ △CGH

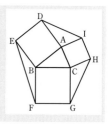

△ABC，△AID，△BEF，△CGH の外接円の半径をそれぞれ R，R_1，R_2，R_3 とする。
正弦定理から

$$\dfrac{a}{\sin A}=2R, \qquad \dfrac{\text{ID}}{\sin(180°-A)}=2R_1$$

$\Leftarrow \dfrac{\text{ID}}{\sin\angle DAI}=2R_1$

よって $R=\dfrac{a}{2\sin A}$，$R_1=\dfrac{\text{ID}}{2\sin A}$

$\Leftarrow \sin(180°-\theta)=\sin\theta$

$\sin A>0$，$a<\text{ID}$ であるから $R<R_1$

同様に $\dfrac{b}{\sin B}=2R$，$\dfrac{\text{EF}}{\sin(180°-B)}=2R_2$

$$\dfrac{c}{\sin C}=2R, \qquad \dfrac{\text{GH}}{\sin(180°-C)}=2R_3$$

ゆえに，$R=\dfrac{b}{2\sin B}$，$R_2=\dfrac{\text{EF}}{2\sin B}$ から $R<R_2$

$\Leftarrow \text{CA}<\text{EF}$

$$R=\dfrac{c}{2\sin C},\quad R_3=\dfrac{\text{GH}}{2\sin C} \text{ から} \qquad R<R_3$$

$\Leftarrow \text{AB}<\text{GH}$

したがって，△ABC の外接円の半径が最も小さい。$(^{\text{ア}}⓪)$

$\Leftarrow R$ が最も小さい。

TR実践
③**I-6**　下の[図1]～[図3]は，1955年，1985年，2015年の3つの年について，東京における8月の日最高気温(各日における最高気温)をヒストグラムにしたものである。

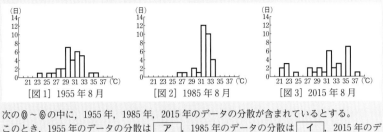

[図1] 1955年8月　　　　[図2] 1985年8月　　　　[図3] 2015年8月

次の⓪～⑥の中に，1955年，1985年，2015年のデータの分散が含まれているとする。
このとき，1955年のデータの分散は　ア　，1985年のデータの分散は　イ　，2015年のデータの分散は　ウ　となる。
ア　，イ　，ウ　に当てはまるものを，次の⓪～⑥のうちから1つずつ選べ。

⓪　-22.1　　　　①　-6.12　　　　②　-2.10　　　　③　0
④　2.10　　　　⑤　6.12　　　　⑥　22.1

一般に，変量xのデータの値がx_1，x_2，……，x_nで，その平均値が$\overline{x}$のとき，変量xの分散$s_x{}^2$は

$$s_x{}^2=\frac{1}{n}\{(x_1-\overline{x})^2+(x_2-\overline{x})^2+\cdots\cdots+(x_n-\overline{x})^2\}$$ である。

⬅ 本冊$p.266$参照。

よって，分散は必ず0以上であり，分散が0となるのは，すべてのデータの値が等しいときである。
このことから，1955年，1985年，2015年のデータの分散は，④，⑤，⑥のいずれかであることがわかる。
また，分散は，データの平均値からの散らばりの度合いを表す。
[図1]，[図2]，[図3]を比較すると，平均値からの散らばりの度合いが最も大きいと考えられるのは2015年であり，最も小さいと考えられるのは1985年である。

⬅ 平均値からの散らばりの度合いが大きいほど，分散の値は大きい。

したがって　⑦　⑤　　⑦　④　　⑦　⑥

TR実践
④**A-1** 5個の数字1, 2, 3, 4, 5を左から右に1列に並べた順列 ……(*)を考える。順列(*)のうち、「$a_1 \neq 1$ かつ $a_2 \neq 2$ かつ $a_3 \neq 3$ である順列」は ［アイ］個ある。

順列(*)の集合を全体集合 U とし、部分集合として「$a_1=1$ である順列」の集合を A、「$a_2=2$ である順列」の集合を B、「$a_3=3$ である順列」の集合を C とすると、「$a_1 \neq 1$ かつ $a_2 \neq 2$ かつ $a_3 \neq 3$ である順列」の集合は

$\overline{A} \cap \overline{B} \cap \overline{C}$ すなわち $\overline{A \cup B \cup C}$

ここで $n(U)=5!$,
$\qquad n(A)=n(B)=n(C)=4!$,
$\qquad n(A \cap B)=n(B \cap C)=n(C \cap A)=3!$

また、$A \cap B \cap C$ は「$a_1=1$ かつ $a_2=2$ かつ $a_3=3$ である順列」の集合であるから $n(A \cap B \cap C)=2!$

よって $n(A \cup B \cup C)$
$\quad =n(A)+n(B)+n(C)-n(A \cap B)-n(B \cap C)-n(C \cap A)$
$\qquad +n(A \cap B \cap C)$
$\quad =4! \times 3-3! \times 3+2!=56$

したがって、求める総数は
$n(\overline{A \cup B \cup C})=n(U)-n(A \cup B \cup C)$
$\qquad\qquad\qquad\quad =5!-56={}^{アイ}\mathbf{64}$(個)

← 数学A実践例題1から。

← a_4, a_5 は 4, 5 を並べる。

← 数学A例題22参照。

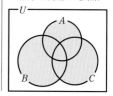

TR実践
④**A-2** 10本のくじの中に当たりくじが4本ある。引いたくじは、もとに戻さないものとして、A、B、Cの3人がこの順に1本ずつ引く。

(1) Cがはずれたとき、Aが当たっている条件付き確率は $\dfrac{ア}{イ}$ である。

(2) BもCもはずれたとき、Aが当たっている条件付き確率は $\dfrac{ウ}{エ}$ である。

当たりを〇、はずれを×で表すと、Cがはずれる場合は、次の4つの場合があり、これらは互いに排反である。

[1] A:〇, B:〇, C:×　　[2] A:〇, B:×, C:×
[3] A:×, B:〇, C:×　　[4] A:×, B:×, C:×

[1]～[4]の各場合の確率は、それぞれ次のようになる。

[1] $\dfrac{4}{10} \times \dfrac{3}{9} \times \dfrac{6}{8}=\dfrac{1}{10}$　　　[2] $\dfrac{4}{10} \times \dfrac{6}{9} \times \dfrac{5}{8}=\dfrac{1}{6}$

[3] $\dfrac{6}{10} \times \dfrac{4}{9} \times \dfrac{5}{8}=\dfrac{1}{6}$　　　[4] $\dfrac{6}{10} \times \dfrac{5}{9} \times \dfrac{4}{8}=\dfrac{1}{6}$

(1) Cがはずれるのは、[1]～[4]のいずれかが起こる場合で、その確率は $\dfrac{1}{10}+\dfrac{1}{6} \times 3=\dfrac{3}{5}$

CがはずれてAが当たっているのは、[1]または[2]の場合で、その確率は $\dfrac{1}{10}+\dfrac{1}{6}=\dfrac{4}{15}$

よって、求める条件付き確率は $\dfrac{4}{15} \div \dfrac{3}{5}={}^{ア}\dfrac{\mathbf{4}}{{}^{イ}\mathbf{9}}$

A, B, C が当たりくじを引く事象をそれぞれ A, B, C とすると

(1) 求める確率は
$P_{\overline{C}}(A)=\dfrac{P(\overline{C} \cap A)}{P(\overline{C})}$

(2) BもCもはずれるのは，[2] または [4] の場合で，その確率

は $\dfrac{1}{6} \times 2 = \dfrac{1}{3}$

B，C がはずれてAが当たっているのは，[2] の場合で，その

確率は $\dfrac{1}{6}$

よって，求める条件付き確率は

$$\dfrac{1}{6} \div \dfrac{1}{3} = {}^{ウ}\dfrac{1}{{}_{エ}2}$$

(2) 求める確率は

$$P_{\overline{B} \cap \overline{C}}(A)$$

$$= \dfrac{P(\overline{B} \cap \overline{C} \cap A)}{P(\overline{B} \cap \overline{C})}$$

TR実践
④**A-3**

右の図において，∠CAD＝∠EBC であるから，四角形 ABDE は円に内接する。よって，円周角の定理により，∠ADE＝ アイ であ
る。また，∠BEC＝ ウエ °，∠ADC＝ オカ °であるから，四角形
CEHD は円に内接する。よって，円周角の定理により，
∠HCE＝ キク °であるから，∠AFC＝ ケコ °である。
したがって，∠HFE＝ サシ °，∠HDF＝ スセ °などがわかるか
ら，点Hは △DEF の ソ である。
ソ の解答群
⓪ 内心　① 外心　② 重心

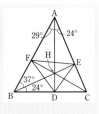

2点 A，B は線分 DE に関して同じ側にあり，
∠CAD＝∠EBC，すなわち ∠EAD＝∠EBD であるから，
円周角の定理の逆により，四角形 ABDE は円に内接する。
よって，円周角の定理により
　　　∠ADE＝∠ABE＝ ^{アイ}**37°**
また，△ABE において，三角形の内角と外角の性質から
　　　∠BEC＝37°＋29°＋24°＝ ^{ウエ}**90°**
△ABD において，三角形の内角と外角の性質から
　　　∠ADC＝29°＋37°＋24°＝ ^{オカ}**90°**
ゆえに，∠HEC＝∠HDC＝90° から
　　　∠HEC＋∠HDC＝180°
対角の和が 180° であるから，四角形 CEHD は円に内接する。
よって，円周角の定理により
　　　∠HCE＝∠HDE＝∠ADE＝ ^{キク}**37°**
したがって，△AFC において
　　　∠AFC＝180°－(37°＋29°＋24°)＝ ^{ケコ}**90°**
∠AFH＋∠AEH＝90°＋90°＝180°，
∠BFH＋∠BDH＝90°＋90°＝180° より，対角の和がそれぞれ
180° であるから，四角形 AFHE，FBDH は円に内接する。
よって，円周角の定理により
　　　∠HFE＝∠HAE＝ ^{サシ}**24°**，
　　　∠HDF＝∠HBF＝ ^{スセ}**37°**，
　　　∠DFH＝∠DBH＝24°
したがって　　∠DFH＝∠HFE，∠HDF＝∠HDE

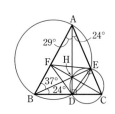

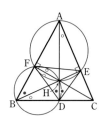

ゆえに，点Hは ∠DFE の二等分線と ∠FDE の二等分線の交点であるから，△DEF の内心である。(^{ツ}⑩)

⬅三角形の内角の二等分線の交点は内心である。

三 角 比 の 表

θ	$\sin\theta$	$\cos\theta$	$\tan\theta$	θ	$\sin\theta$	$\cos\theta$	$\tan\theta$
0°	0.0000	1.0000	0.0000	45°	0.7071	0.7071	1.0000
1°	0.0175	0.9998	0.0175	46°	0.7193	0.6947	1.0355
2°	0.0349	0.9994	0.0349	47°	0.7314	0.6820	1.0724
3°	0.0523	0.9986	0.0524	48°	0.7431	0.6691	1.1106
4°	0.0698	0.9976	0.0699	49°	0.7547	0.6561	1.1504
5°	0.0872	0.9962	0.0875	50°	0.7660	0.6428	1.1918
6°	0.1045	0.9945	0.1051	51°	0.7771	0.6293	1.2349
7°	0.1219	0.9925	0.1228	52°	0.7880	0.6157	1.2799
8°	0.1392	0.9903	0.1405	53°	0.7986	0.6018	1.3270
9°	0.1564	0.9877	0.1584	54°	0.8090	0.5878	1.3764
10°	0.1736	0.9848	0.1763	55°	0.8192	0.5736	1.4281
11°	0.1908	0.9816	0.1944	56°	0.8290	0.5592	1.4826
12°	0.2079	0.9781	0.2126	57°	0.8387	0.5446	1.5399
13°	0.2250	0.9744	0.2309	58°	0.8480	0.5299	1.6003
14°	0.2419	0.9703	0.2493	59°	0.8572	0.5150	1.6643
15°	0.2588	0.9659	0.2679	60°	0.8660	0.5000	1.7321
16°	0.2756	0.9613	0.2867	61°	0.8746	0.4848	1.8040
17°	0.2924	0.9563	0.3057	62°	0.8829	0.4695	1.8807
18°	0.3090	0.9511	0.3249	63°	0.8910	0.4540	1.9626
19°	0.3256	0.9455	0.3443	64°	0.8988	0.4384	2.0503
20°	0.3420	0.9397	0.3640	65°	0.9063	0.4226	2.1445
21°	0.3584	0.9336	0.3839	66°	0.9135	0.4067	2.2460
22°	0.3746	0.9272	0.4040	67°	0.9205	0.3907	2.3559
23°	0.3907	0.9205	0.4245	68°	0.9272	0.3746	2.4751
24°	0.4067	0.9135	0.4452	69°	0.9336	0.3584	2.6051
25°	0.4226	0.9063	0.4663	70°	0.9397	0.3420	2.7475
26°	0.4384	0.8988	0.4877	71°	0.9455	0.3256	2.9042
27°	0.4540	0.8910	0.5095	72°	0.9511	0.3090	3.0777
28°	0.4695	0.8829	0.5317	73°	0.9563	0.2924	3.2709
29°	0.4848	0.8746	0.5543	74°	0.9613	0.2756	3.4874
30°	0.5000	0.8660	0.5774	75°	0.9659	0.2588	3.7321
31°	0.5150	0.8572	0.6009	76°	0.9703	0.2419	4.0108
32°	0.5299	0.8480	0.6249	77°	0.9744	0.2250	4.3315
33°	0.5446	0.8387	0.6494	78°	0.9781	0.2079	4.7046
34°	0.5592	0.8290	0.6745	79°	0.9816	0.1908	5.1446
35°	0.5736	0.8192	0.7002	80°	0.9848	0.1736	5.6713
36°	0.5878	0.8090	0.7265	81°	0.9877	0.1564	6.3138
37°	0.6018	0.7986	0.7536	82°	0.9903	0.1392	7.1154
38°	0.6157	0.7880	0.7813	83°	0.9925	0.1219	8.1443
39°	0.6293	0.7771	0.8098	84°	0.9945	0.1045	9.5144
40°	0.6428	0.7660	0.8391	85°	0.9962	0.0872	11.4301
41°	0.6561	0.7547	0.8693	86°	0.9976	0.0698	14.3007
42°	0.6691	0.7431	0.9004	87°	0.9986	0.0523	19.0811
43°	0.6820	0.7314	0.9325	88°	0.9994	0.0349	28.6363
44°	0.6947	0.7193	0.9657	89°	0.9998	0.0175	57.2900
45°	0.7071	0.7071	1.0000	90°	1.0000	0.0000	な し

発行所
数研出版株式会社

本書の一部または全部を許可なく
複写・複製すること，および本書
の解説書，問題集ならびにこれに
類するものを無断で作成すること
を禁じます。

〒101-0052　東京都千代田区神田小川町2丁目3番地3
　　　　　　　〔振替〕　00140-4-118431
〒604-0861　京都市中京区烏丸通竹屋町上る大倉町205番地
〔電話〕代表　(075)231-0161
ホームページ　https://www.chart.co.jp
印刷　岩岡印刷株式会社
乱丁本・落丁本はお取り替えします。　　　　　220205

10207A

数研出版
https://www.chart.co.jp

White Chart Method Mathematics $\text{I}+\text{A}$